“十三五”国家重点出版物出版规划项目
现代机械工程系列精品教材
机械创新设计系列

机 械 设 计

第 2 版

主编 王德伦 马雅丽
参编 朱林剑 毛范海 杨光辉
申会鹏 孙守林
主审 王黎钦 谭庆昌

机 械 工 业 出 版 社

本书是依据教育部高等学校机械基础课程教学指导分委员会最新编写的《高等学校机械设计课程基本要求》和《机械设计课程教学改革建议》精神，结合近年来的教学与科研经验，同时考虑到我国机械制造业的发展现状而编写的“机械创新设计系列”丛书教学版之二——机械设计。

全书分六篇。第一篇为机器与零件的结构与性能，主要介绍机器的结构与性能、机器结构与技术性能方案规划、机械零件技术性能设计基础；第二篇为动连接，主要阐述滑动轴承、滚动轴承、移动副、齿轮副、蜗杆副；第三篇为静连接，包含螺纹连接、键与销连接、过盈连接、铆接、焊接、粘接；第四篇为典型零件，主要有轴、机架类零件、弹簧；第五篇为典型部件，包括带传动、链传动、齿轮传动、螺旋传动、联轴器、离合器、制动器；第六篇为典型机器，主要叙述机器整机设计流程与方法、典型机器（立式加工中心）结构与性能的技术设计。

本书可作为高等学校机械类各专业的教学用书，也可供机械工程领域的研究生和有关工程技术人员参考。

图书在版编目（CIP）数据

机械设计/王德伦，马雅丽主编. —2版. —北京：机械工业出版社，2020.7（2023.2重印）
“十三五”国家重点出版物出版规划项目
ISBN 978-7-111-65079-9

Ⅰ.①机… Ⅱ.①王… ②马… Ⅲ.①机械设计-高等学校-教材 Ⅳ.①TH122

中国版本图书馆CIP数据核字（2020）第042544号

机械工业出版社（北京市百万庄大街22号 邮政编码100037）
策划编辑：余 皞 责任编辑：余 皞 徐鲁融
责任校对：刘雅娜 封面设计：张 静
责任印制：常天培
固安县铭成印刷有限公司印刷
2023年2月第2版第2次印刷
184mm×260mm·30.5印张·752千字
标准书号：ISBN 978-7-111-65079-9
定价：85.00元

电话服务	网络服务
客服电话：010-88361066	机 工 官 网：www.cmpbook.com
010-88379833	机 工 官 博：weibo.com/cmp1952
010-68326294	金 书 网：www.golden-book.com
封底无防伪标均为盗版	机工教育服务网：www.cmpedu.com

前 言

机械设计课程是机械类专业的一门主干技术基础课，是本科生从基础理论课程学习过渡到研究机械工程技术问题的桥梁，承担培养学生机器及零部件性能与结构设计能力的任务，在机械类系列课程体系中占有十分重要的地位。近年来全国机械设计课程教学研究与改革成果十分丰富，出版了很多具有各校特点的机械设计教材，呈现出从传统的以机械零件结构与性能校核分析为主线的内容体系过渡到零件校核分析与设计并重，再到以机器及零件设计为主线的内容体系的发展趋势，尤其是加强机器整机结构与性能的技术方案设计，使得教学由机械零件向机械设计课程内涵延伸和扩展，体现了机械设计课程与机械工程实际的结合日益紧密，加强了对学生机械创新设计能力的培养。

本书以培养学生具有一定的机器及零部件结构与性能技术方案创新设计能力为目标，建立"以结构与性能设计为主线，整机方案设计为牵引，零部件及其连接技术设计为支撑"的新体系。本次修订主要更新了国家标准及相关工程案例，结构上没有明显变化。

在全书具体内容安排上，编者根据多年的教学和科研经验，并密切联系机械制造企业的实际，在以下几方面作出探索和尝试。

1. 课程内涵

机械设计课程是由机械零件课程发展和演变而来的，因而现有"机械设计"的教学要求、方式和内容体系都带有浓厚的机械零件色彩，使得学生的理解和思维聚焦在局部零件上。然而，零件设计需要服从整机结构与性能要求，不能游离整机之外；同时，课程内容需要体现出零件结构与性能的技术方案设计，而不是零件细节设计。因此，本书在机械设计原有内涵基础上加以调整，增加机器整体结构与性能的技术方案设计，扩充整机与部件、零件的结构及技术性能联系，强化零件及其连接的结构与性能的技术设计过程、计算依据和表达准确性。培养学生的整机设计视野与大局观，使蕴藏在机器结构与性能设计中的独特魅力得到体现，如创新性与多样性，激发学生的学习热情，培养创新设计意识和能力。

2. 内容体系

本书以机器整机技术设计为牵引，机器结构组成与技术性能展开为相关部件、零件及其连接性能，形成机械设计的主题与系统性，继而分别阐述动连接，静连接，零件、部件的结构与性能的技术设计内涵，再回归到机器整机技术方案设计，构建一个较完整的机械设计课程内容体系。其中动连接是指运动副，包括转动副、移动副和高副（齿轮副与凸轮副）；部件是功能与结构相对独立的组合体，如驱动、传动和执行部件，典型传动与连接部件包括带传动、链传动、齿轮传动、螺旋传动以及联轴器与离合器等。

3. 知识表达与扩展

传统的机械零件课程研究对象是机器中的零部件设计，不是机器整机设计，而设计的前提相对独立。由于机器整机及其零部件设计需要在机器构型方案与运动设计基础上开展，本书保留原有机械零件课程的基本内容，增加了与机械原理课程知识体系密切联系的设计内容，如运动副、构件、机构的结构设计等，将体现机器运动方案和尺度的机构简图进行结构

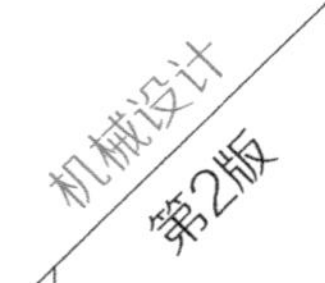

展开和技术性能设计，与实际机器设计过程更接近。对于课时少的学校可以选讲第一至四篇内容，即可保持原有课程内容；对于课时充裕的学校可以全部讲授，使得学生对机器技术设计过程和课程设计环节有更全面与深入的了解和掌握。

4. 知识性与趣味性

本书以设计为主线，各章既独立又联系的内容可以形成更严密的学术体系，但为了避免枯燥、增加趣味性以引人入胜，本书采用案例阐述方式，并在各章节开头和正文穿插工程或生活中的实际问题案例，在每章结尾增加与本章内容密切相关的人物或科学故事介绍，以增加读者的兴趣。

5. 系统性与适用性

本书中各章节内容具有相关性，可以遵循知识体系集中安排，而为了便于教学过程安排，把部分内容分开在不同章节，虽然略显重复，但兼顾全书总体呼应。例如，第一篇第1章中介绍机器的结构组成与技术性能，并总结了几种常见连接形式与特点，为第2章机器结构与技术性能方案规划做铺垫，虽然在第二篇和第三篇中又有较详细的论述，但全书内容围绕机器整机结构与性能的技术方案设计展开阐述，也使得课程设计等实践环节可以安排与课堂教学同步进行，既可集中也可分散进行，有利于多环节教学内容协调融合。第五、六篇把本课程内容适当延伸，便于结合课程设计和后续课程进行教学。

本次修订的编者安排：第1、2、3章（王德伦、马雅丽），第4、5章（毛范海），第6章（孙守林、马雅丽），第7、8章（马雅丽），第9章（杨光辉），第10、11、12章（马雅丽），第13章（马雅丽、王德伦），第14章（马雅丽），第15、16章（朱林剑），第17、18章（申会鹏、王德伦），第19章（朱林剑），第20章（申会鹏、王德伦）。陈观慈编写了本书第1版的第3、5章。全书由王德伦、马雅丽担任主编并统稿。

本书是编者领导的课题组编写的“机械创新设计系列”丛书之二，该丛书共五本，包括学术版《机构运动微分几何学分析与综合》，工程应用版《机械创新设计及应用》，教学版《机械原理》《机械设计》《机械原理与机械设计实践》，是编者多年从事机械基础领域理论研究、解决机械企业设计制造中的大量实际问题以及开展教学研究和改革的成果总结。本书力图将有关机器结构强度学、摩擦学、机械设计方法学等领域的研究成果引入教学，体现了编者对机械设计课程内涵的理解，并与当前我国机械制造业由制造大国向制造强国转变过程中对人才类型与能力的需求相适应，同时在教材内容体系和表达方式上有一定的变化，如果能够在机械设计教材中做到理论联系实际，体现我国机械企业现状与时代需求，激发学生的学习热情和兴趣等方面发挥积极作用，那就是编者的心愿。

本书由哈尔滨工业大学王黎钦教授、吉林大学谭庆昌教授担任主审，大连机床集团薛孺牛高级工程师审阅了第6、18、20章内容，在此一并致谢。

本书的编写从策划到定稿出版历时四年，修订再版工作又历时五年，但由于采用新内容、新体系、新方式阐述，书中误漏欠妥在所难免，恳请同仁和读者批评指正。

编　者

目　录

第三篇 静 连 接

第四篇 典 型 零 件

第五篇 典 型 部 件

第六篇 典型机器

第一篇

机器与零件的结构与性能

机器是由零件组成的，但在进行机器设计时并不是首先直接设计零件，而是抽象构思机器的运动构型、机构尺度综合和运动性能计算，即机器运动设计，然后将体现机器运动本质的机构简图进行结构化和性能设计计算，即机器的结构方案和技术性能设计，最后进行机器零件的详细设计。为了便于读者阅读和自学，本书按照机器设计过程介绍相关内容。机器运动设计在机械原理课程介绍，机器的结构方案和技术性能设计在机械设计课程介绍。机器的详细设计需要在专业课程的基础上，结合具体机器的使用要求和制造条件等，在工程实际中完成。

本篇为机器与零件的结构与性能，包括三章：机器的结构与性能、机器结构与技术性能方案规划、机械零件技术性能设计基础。

机器的结构与性能一章介绍机器的组成，即机器由部件组合而成，部件又由构件通过运动副的动连接形成，而构件则由零件以静连接方式固连组成。所以，机器是由零件有序组合而成的。如果说机械原理课程中机构设计是确定运动副类型与连接尺度（构件长度）的话，那么机械设计课程中的机器结构设计则是确定零件间的连接类型与结构，而且每个零件都有相应的功能作用，零件的性能体现了机器整机性能。

机器结构与技术性能方案规划一章主要介绍在给定机器的运动方案（机构简图表达）和整机技术性能指标的情况下，如何规划机器中的部件、构件和零件间的连接结构方案和连接技术性能，并给出初步流程和示例。

机械零件技术性能设计基础一章介绍机械零件的失效形式与设计准则；机械零件的强度设计，包括静强度、疲劳强度和表面强度；机械零件的刚度设计；机械零件的摩擦学设计；机械零件的材料选用与结构工艺性等。

第1章 机器的结构与性能

1.1 机器结构组成

机器是服务人类活动的工具，机器的技术水平是人类文明程度的标志。在机械原理课程中，把用来变换或传递能量、物料与信息的机构的组合称为机器，而在工程实际中，一台机器一般由机械主运动、辅助运动、润滑、测量与控制等多个子系统组合协调而成。机械设计课程主要介绍机器机械部分设计的基础知识与方法，其他内容在相关课程中介绍。

机器是由多个大小不同、形状各异的零件有序组成的，为便于加工和装配，把构件设计成一个或多个零件组合体，而把运动副设计成固定配对的单元。由于零件种类多，差别大，其组成、分类和名称在机械工程领域目前还没有固定通用的约定术语，如零件、元件和部件等术语没有严格定义，因此在不同场合下常混用，为了便于对机器整机组成的有序叙述和后续内容的介绍，本书在此作如下定义。

零件：是机器中基本的组成元素，也是最小单个制造实体。零件可分为标准件、通用件和专用件。通常把各种机器中都经常使用而生产已完全标准化与专业化的零件称为标准件，如螺栓、螺母、垫圈、密封圈等；虽然在各种机器中经常使用，但生产没有系列化与专业化的零件称为通用件，如轴、齿轮、箱体等；而仅仅在企业内部设计为特定的机器使用的零件称为专用件。

组件：指在机器中属于一个运动实体并由若干个零件静态固定连接而成的组合体。为了便于制造并考虑经济性，将其设计成多个零件静态固定连接的组合体。机构中的构件可能是一个零件，也可能是一个组件。

单元：指实现某一相对运动功能的若干个零件成形的组合体，如滚动轴承、滑动轴承、滚珠丝杠、滚动导轨、机床主轴单元等。为了提高性能并降低成本，单元往往采用专业化生产，成为标准单元或功能单元，供设计时选用。单元中的零件可称为元件。

部件：指能够独立实现运动、动力的变换与功能传递，由若干零件、组件和单元组成并能独立安装的组合体，如电动机、联轴器、离合器、齿轮减速器等，其内部的零件有相对运动。部件主要有三大类：驱动部件、传动部件、执行部件。

机械子系统：指能够实现机器中一个独立功能分支的若干个部件的组合体，如挖掘机转向系统、挖掘系统等。机械子系统的大小和复杂程度取决于机器整机的规模和设计者的划分，简单的子系统可以是电动机驱动一个执行构件，复杂的可以是一条生产线。在本书中机械子系统的内涵主要指机器的机械主运动或机械辅助运动部分，一般包括从驱动到执行的内容。

一般而言，机器整机是具有运动和功能转化的多子系统组合体，但机器的含义也很宽泛，大到包含多个复杂子系统，小到仅由两个简单子系统组成，如电动机驱动执行构件的机械子系统和驱动控制子系统，某些场合下也可把一个机械子系统称为机器。

机械设计课程是由机械零件课程发展而来的，其主要内容是在已有机器功能原理与运动方案基础上，从性能与结构两方面研究机器整机与通用零件，从而达到能正确设计或改进设计的目的。在学习设计机器前，需要了解机器的结构组成，本节主要以活塞式压缩机及立式加工中心为例，介绍机器的结构组成。

1.1.1 活塞式压缩机的结构组成

图 1-1a 所示为活塞式压缩机。该压缩机可将输入的工作介质（氨气）进行压缩，当从压缩机输出的氨气进入冷凝装置内时体积变大，从而吸收热量达到制冷的目的。因此，活塞式压缩机的运动要求为：通过活塞的往复运动实现对密闭气缸内氨气的压缩。

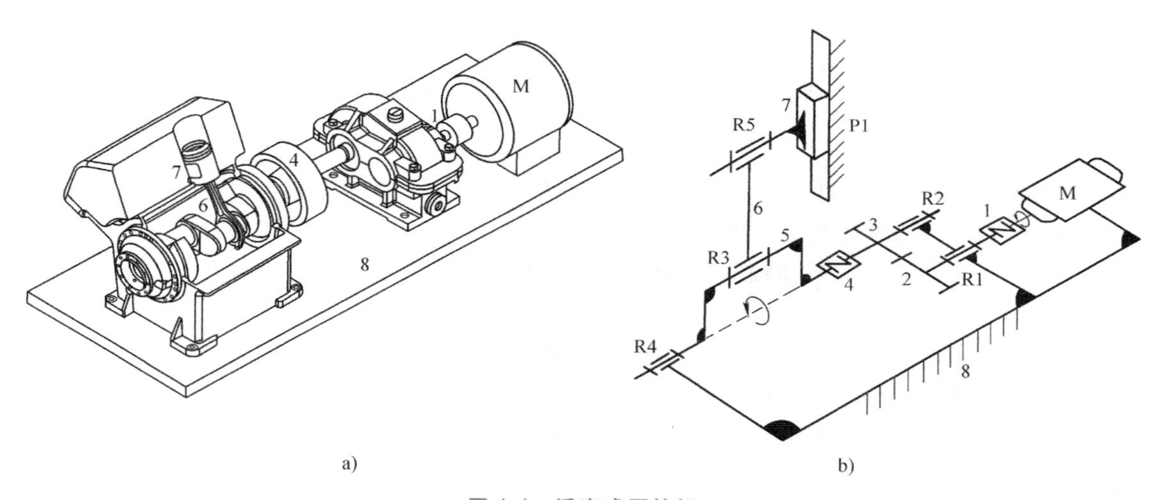

a)　　b)

图 1-1　活塞式压缩机

a）压缩机结构示意图　b）压缩机机构示意图

1、4—联轴器　2—输入齿轮　3—输出齿轮　5—曲轴　6—连杆　7—活塞　8—机架

M—电动机　P1—移动副　R1、R2、R3、R4、R5—转动副

压缩机整机由机械、润滑、控制等多个子系统组成，其机械子系统由驱动部件（电动机 M）、传动部件（一对齿轮机构组成的齿轮箱）和执行部件（曲柄滑块机构）三部分通过联轴器 1 和 4（通用部件）连接组成。电动机通过减速器驱动曲轴回转，曲轴通过连杆带动活塞往复运动完成吸入、压缩、排出制冷介质的过程，如图 1-1b 所示。齿轮箱中的齿轮（轴）2、3 分别与机架 8 构成转动副 R1 和 R2，两齿轮构成齿轮副，而压缩机中的曲轴 5 分别与连杆 6、机架 8 构成转动副 R3 和 R4，活塞 7 分别与连杆 6、机架 8 构成转动副 R5 和移动副 P1。

显然，执行机构是由曲轴、连杆、活塞、机架四个构件通过运动副动连接组成的；连杆与曲轴、连杆与活塞、曲轴与箱体都是由转动副（轴承单元）连接，而活塞与箱体则为活塞环缸套的移动副连接。曲轴、连杆、活塞和箱体四个构件分别由若干个零件通过静态固定连接形成组件。

图 1-2 所示的曲轴和箱体间的滑动轴承单元由曲轴 a1、多块轴瓦 a2、瓦背 a3 等零件组成，轴内有油路，轴瓦带有储油槽，两者通过液体润滑形成转动副。

图 1-3 所示的连杆组件由连杆体 b1、大头轴瓦 b2、连杆头 b3、连接螺钉 b4 及小头轴瓦 b5 等零件组成，为使曲轴装配方便，连杆头与连杆体部分通过螺栓连接，连杆组件承受交变载荷，要求具备良好的强度与刚度性能。

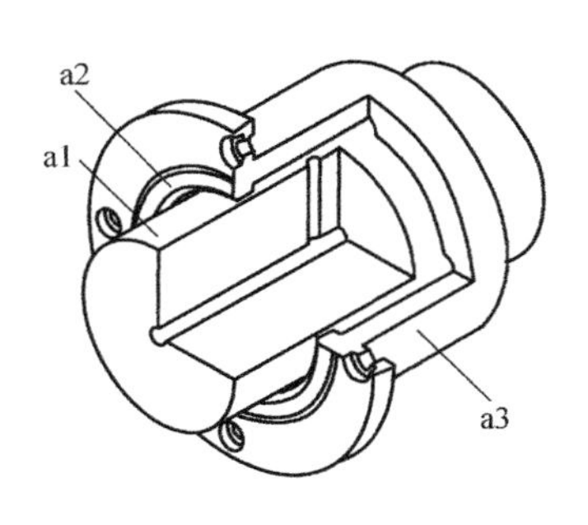

图 1-2 曲轴与箱体间的滑动轴承单元示意图

a1—曲轴 a2—轴瓦 a3—瓦背

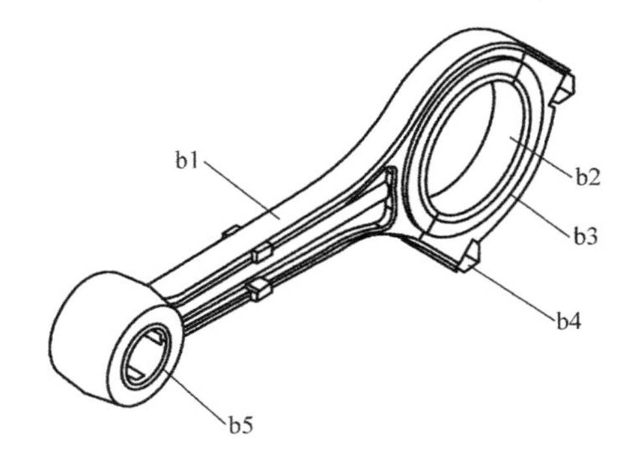

图 1-3 连杆组件示意图

b1—连杆体 b2—大头轴瓦 b3—连杆头 b4—连接螺钉 b5—小头轴瓦

图 1-4 所示的活塞组件由活塞环槽 c1、活塞体 c2、销轴 c3 等零件组成，为保证气缸压缩空间密闭性能，活塞体与活塞环过盈配合于活塞体的凹槽；活塞体内装配销轴，可与连杆组件小头形成转动副（即滑动轴承）。活塞组件在气缸内往复移动，需要具备良好的润滑及密封性能。

图 1-5 所示的机体组件由机体 d3、轴承端盖 d1、气缸 d2 等零件组成。机体组件为主承载件，因此其必须具备强度、刚度、零件工艺及精度等性能要求，电动机输出轴与联轴器内孔采用键连接。此外，为简化视图表达，在机体组件中还有若干零件和组件没有画出，如进、排气阀组件等。

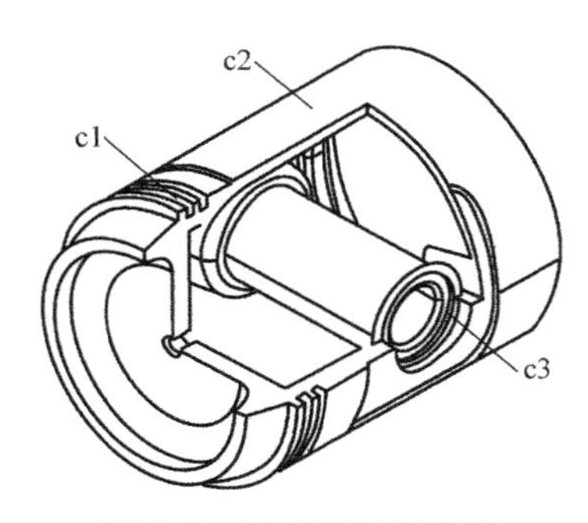

图 1-4 活塞组件示意图

c1—活塞环槽 c2—活塞体 c3—销轴

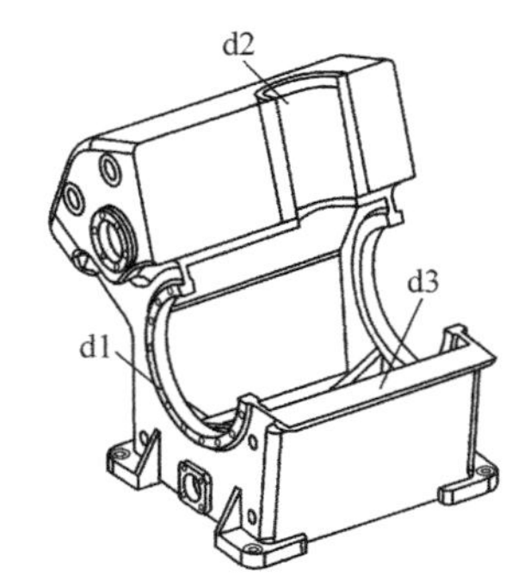

图 1-5 机体组件示意图

d1—轴承端盖 d2—气缸 d3—机体

1.1.2 定工作台立式加工中心的结构组成

图 1-6 所示为三轴定工作台立式加工中心，刀具可实现 X、Y、Z 轴往复移动及主轴回

转，用于板类、盘类、壳体类等精密零件的加工，一次装夹可完成铣、镗、钻等多道工序。

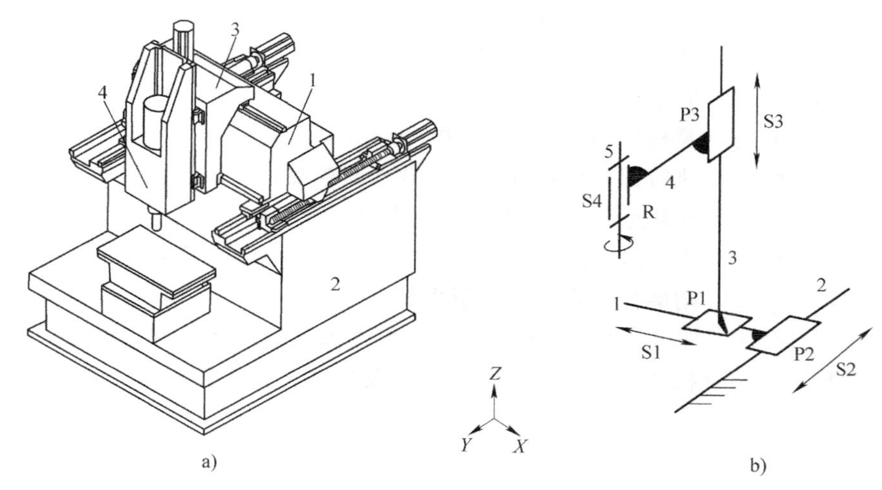

图 1-6 三轴定工作台立式加工中心

a）立式加工中心示意图 b）立式加工中心机构示意图

1—床身 2—横梁 3—立柱 4—主轴箱 5—主轴 P1、P2、P3—移动副 R—转动副

整机结构组成：该加工中心由机械、换刀、润滑、控制等多个子系统组成，其机械系统又由四个子系统组成：*X*、*Y*、*Z* 轴直线驱动系统 S1、S2、S3 及主轴系统 S4。四个子系统各自相对机架（1、2、3、4）串联形成开式链机构，主轴 5 为末端执行构件。因前三个子系统都是采用螺旋传动的驱动系统，故在此仅以 *Y* 轴直线驱动子系统 S2 为例进行介绍。图 1-7 所示为 *Y* 轴直线驱动子系统 S2 结构示意图和机构示意图，*Y* 轴直线驱动子系统 S2 采用双驱动，由电动机、联轴器、转动副、丝杠单元、导轨单元与横梁组成。

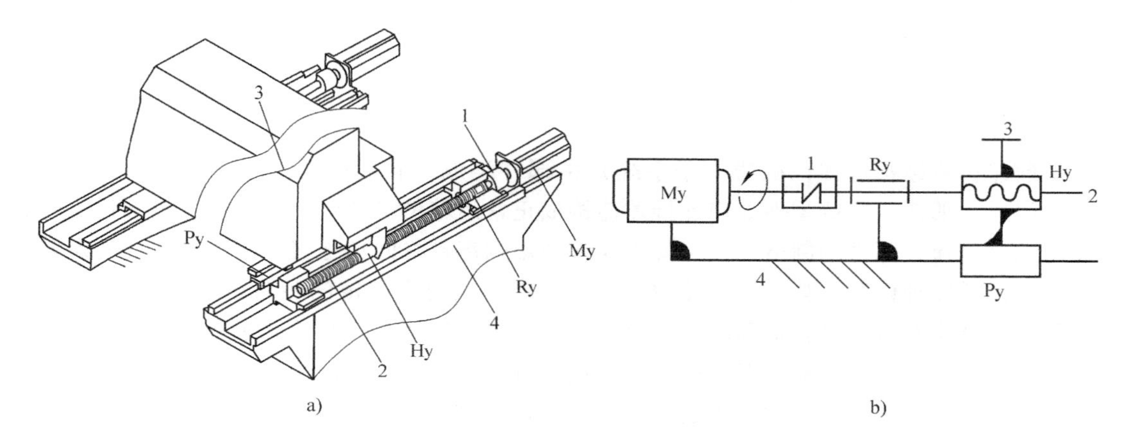

图 1-7 *Y* 轴直线驱动子系统 S2

a）*Y* 轴直线驱动子系统 S2 结构示意图 b）*Y* 轴直线驱动子系统 S2 机构示意图

1—弹性联轴器 2—丝杠轴 3—横梁组件 4—床身 My—*Y* 轴伺服电动机

Hy—滚珠丝杠单元 Py—滚动导轨单元 Ry—滚动轴承单元

Y 轴直线驱动子系统 S2 由驱动部件（伺服电动机 My）、传动部件（滚珠丝杠单元 Hy）、执行部件（移动横梁组件 3）三部分组成。驱动部件 My 通过弹性联轴器 1 连接到传动部件

Hy（滚珠丝杠单元）上，将电动机的回转运动变换为滚珠丝杠螺母的往复直线运动，而该螺母又通过螺栓固定连接在执行部件横梁组件上，从而带动横梁在床身（通过滚动导轨单元 Py）上往复移动。电动机与联轴器 1 分别是标准件和通用部件；传动部件由横梁组件 3、滚珠丝杠单元 Hy（螺旋副）、两个滚动轴承单元 Ry（转动副）、导轨单元和床身及其连接零件组成；滚珠丝杠与床身构成转动副 Ry（两个轴承单元）；床身 4 与横梁组件 3 构成滚动导轨单元 Py（移动副）；执行部件仅由横梁组件 3 及其连接件组成（执行构件）。

图 1-8 所示的滚动导轨单元 Py 由滑块 f3、轨道 f1、滚动体 f5、挡板 f2 等组成，挡板 f2 与滑块 f3 通过螺栓连接。轨道 f1 是各组件的承力件，为保证快速移动及机床精度，要求其具备足够的强度、刚度、耐磨性和良好的润滑条件。

图 1-9 所示的滚珠丝杠单元 Hy 由丝杠 g1、螺栓孔 g2、螺母 g3、滚动体 g4、密封圈等组成，端盖与螺母间采用螺栓连接。为提高丝杠效率及精度，要求其具有良好的润滑及刚度、强度性能。

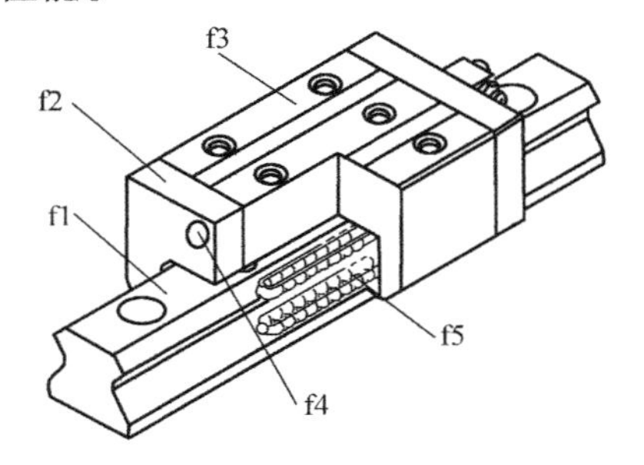

图 1-8　滚动导轨单元 Py 结构示意图

f1—轨道　f2—挡板　f3—滑块　f4—螺钉孔　f5—滚动体

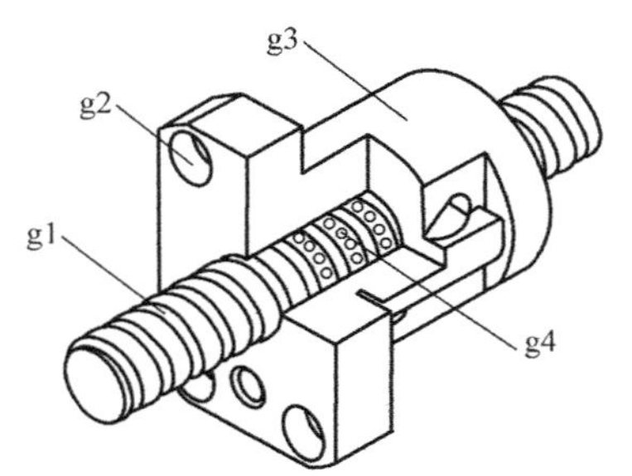

图 1-9　滚珠丝杠单元 Hy 结构示意图

g1—丝杠　g2—螺栓孔　g3—螺母　g4—滚动体

1.2　机器连接方式

由前述机器结构可知，机器（子系统）由部件组成，而部件又由组件、单元及其所含的零件组成。那么，这些零件如何连接才能构成正常运转的机器呢？由于机器的部件之间有运动与动力传递，部件的制造误差和安装误差会影响部件之间的连接使用性能，这种误差需要连接部件予以补偿和调整；而机器中组件（构件）间也有特定的相对运动，如相对转动、相对移动、既相对转动又相对移动等，也需要有特定的连接方式与单元来实现；组件所属的零件之间虽然没有相对运动，但有时为了在使用过程中拆卸，或由于加工装配工艺与经济性需要而分为几个零件加工，然后再连接组合成一体，这些都需要可拆卸或不可拆卸的连接。因此，机器的连接结构包括部件间连接、组件间连接及零件间连接。部件间连接包括离合器及联轴器等，组件间连接包括移动副、转动副、螺旋副、高副以及带、链等挠性连接；零件间连接分为可拆卸连接及不可拆卸连接。机器主要连接方式如图 1-10 所示。

1.2.1　零件间的连接

机器零件间的连接分为可拆卸连接和不可拆卸连接。可拆卸连接包括螺纹连接、键连接

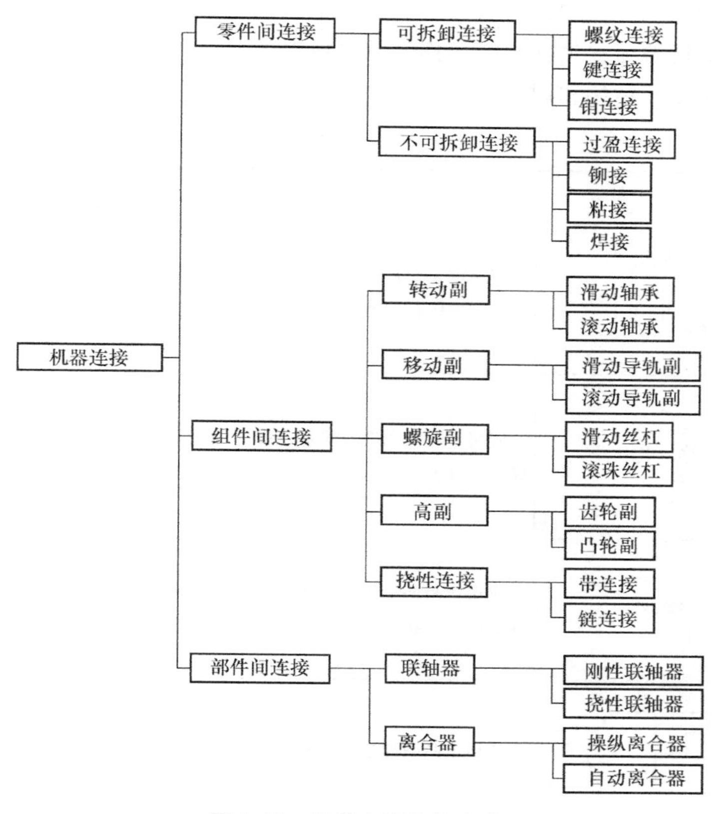

图 1-10　机器主要连接方式

及销连接等；不可拆卸连接包括铆接、焊接、粘接及过盈连接等。为便于机器结构的方案设计规划，在此简单概述几种常用连接的主要应用场合，更多连接方式与详细设计计算内容见本书相关章节。

1. 可拆卸连接（表 1-1）

表 1-1　可拆卸连接类型及应用场合

类　型	示 意 图	应 用 场 合	实　例
螺纹连接		应用于固定紧固连接、密封等场合	
键连接		用于实现轴与轮毂之间的周向固定，以传递转矩	
销连接		用于固定零件之间的相对位置	

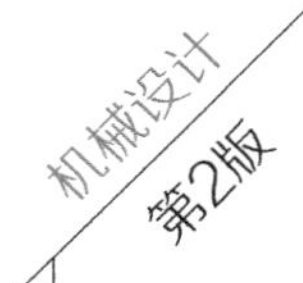

2. 不可拆卸连接（表 1-2）

不可拆卸连接指需要损失甚至毁坏连接部分或整体性能才能拆开的连接。不可拆卸连接包括过盈连接、铆接、粘接和焊接。

表 1-2　不可拆卸连接类型及应用场合

类　型	示 意 图	应 用 场 合	实　例
过盈连接		用于轴与轮毂、滚子链销轴与外链板、套筒与内链板的连接	过盈连接
铆接		应用于较低强度的固定连接，连接两件或两件以上的轻薄工件	铆接
粘接		应用于相同或不同材料之间的较低强度的固定连接	粘接
焊接		应用于高强度连接的复杂工件	焊接

1.2.2　组件间的连接（表 1-3）

机器中组件间的动连接包括转动副、移动副、螺旋副及高副连接。其中，转动副包括滑动轴承、滚动轴承；移动副包括滚动导轨副、滑动导轨副；螺旋副包括滚珠丝杠、滑动丝杠；高副包括齿轮副、凸轮副。这些动连接中，采用滚动方式连接的运动副，如滚动轴承、滚珠丝杠、滚动导轨副都已经专业化生产，形成标准化连接单元。组件间的连接类型及应用场合见表 1-3。

表 1-3　组件间的连接类型及应用场合

类　型	示 意 图	应 用 场 合	实　例
转动副		广泛应用于轴系等支承	
移动副		广泛应用于工程和生活中的移动连接	

（续）

类　型	示 意 图	应 用 场 合	实　例
螺旋副		广泛应用于运动件的驱动与定位	
高副		应用于运动与动力传递	
挠性连接		用于两轴间和多轴间动力传递	
		主要用于平行轴间动力传递	

1.2.3 部件间的连接（表1-4）

机器部件间的连接包括联轴器和离合器，具体见表1-4。

表1-4 部件间的连接类型及应用场合

类　型	示 意 图	应 用 场 合	实　例
联轴器		用于两轴之间的固定连接	
离合器		用于两轴系之间的连接与分离转换	

1.3 机器的性能

机器的性能是指机器在使用过程中所呈现的多种功能参数指标随工况与环境变化的适应范围。在机器的功能原理、运动构型和结构尺度确定以后，机器的功能能否达到预期的设计要求、使用效果和使用时间，取决于机器的性能设计水平。对于不同的机器，因工作原理、工作环境和使用对象不同，所选择的功能参数指标不同，要求也不同。对于整机而言，常用技术、经济、使用等性能指标表示。由于机器由若干零件装配组成，故零件性能决定了整机性能，但整机性能又不能等同于零件性能的简单求和。

机器由于各种原因而不能正常工作或某些工作参数无法达到规定指标的状况，称为失效。失效并不等同于损坏，而是具有更广泛的含义。不同的机器有不同的正常工作方式，有不同的参数指标要求，因而有不同的失效形式。常见的机器失效形式有：主要零件的各种破坏（易损件更换除外），变形过大导致的不能正常工作，工作精度严重下降超出限定范围，工作效率过低，污染严重等。

机器的整机性能是机器正常运转工作的保证，在整机性能指标上可以分为技术性能、经济性能、使用性能与可靠性等几方面。通常，使用性能和经济性能是机器设计前期论证中的主要目标和方向，而部分技术性能则是论证依据，并在设计过程中加以实现。机器的组成部分不同，有的机器只有几个子系统，有的则有很多个，各个子系统相互联系，性能相互影响；机器的功能各不相同，对其性能的要求也各不相同。综合各种机器的性能要求，大致可以归纳为以下三个方面。

1. 机器技术性能

机器技术性能指机器能够正常工作时呈现出的性质与能力，即机器主要几何、物理、化学参数及其变化规律和适用范围或限度，通常以机器或整机的技术参数及适用范围表示，如尺度、体积、重量、速度、加速度、时间、温度、摩擦、磨损、润滑、功率、功耗、声强、频率、应力、应变等，主要技术参数可归纳为运动与动力、强度与刚度、摩擦与润滑、工艺与精度、材料与原材料等，与机器的应用场合和使用要求有关，在此阐述常见的五方面技术性能。

（1）运动与动力　指机器整机中各个部件及组件在工作过程中的几何学、运动学、静力学与动力学参数变化规律及其适应范围。体现在驱动、传动和执行部件的实现原理和运动与动力参数范围及匹配上。在机械原理课程中，机器整机运动方案设计与部件机构选型时需要重点考虑实现原理及运动参数；在机械设计课程中，结构设计的重点是提供性能的结构实现与保证，当结构设计难以保证性能或代价过大时需要修改原有实现原理及方案和运动与动力参数，如电动机类型与参数、传动机构类型与参数、执行机构与构件的类型和参数等。运动与动力技术参数往往作为主要技术指标标注在机器的技术规格书中，为用户选用机器提供依据。例如，图 1-1 所示的活塞式压缩机，其运动与动力学性能，如机器规格与尺寸、制冷量（活塞截面积与行程、气体压力与压缩比、速度与加速度等）、电动机功率与转速等，在设计任务书中应明确要求。图 1-6 所示的立式加工中心，主轴的工作空间与转速范围，各个坐标轴的行程与定位精度、进给与空程速度和加速度，整机的振动等，在设计任务书中应明确要求。

（2）强度与刚度　机器整机的强度是指在工作载荷下机器抵抗破坏的能力，即零部件材料所呈现的应力与允许应力的数值比较指标。实际工作最大应力相对允许应力越小，抵抗破坏的安全余度越大，强度越高。机器的强度取决于薄弱环节，即强度低的组件与零件、单元与元件。机器设计在强度足够的情况下，并非强度越高越好，过高强度使机器笨重，浪费材料，而且使得动力学性能变差。例如，图1-1所示的活塞式压缩机，在周期驱动及活塞的约束下产生较大的交变载荷，机体、连杆及活塞等组件要求足够的强度，但是连杆、活塞组件若设计得过于笨重，将消耗更多的动力及钢材，产生更大的惯性力和交变载荷，致使动力学特性变差。机器的整机刚度则是机器在载荷作用下抵抗变形的能力，在相同载荷下变形越小，刚度越大。机器在不同的受力方向有不同的刚度，由机器中该方向相关零件刚度及其连接单元性能叠加综合体现。机器整机刚度大小需要依据机器工作需要而定。强度和刚度是机器设计过程中的技术参数指标，一般在机器设计计算说明书中阐述计算过程、依据和结果。例如，图1-6所示的立式加工中心对主轴及支承件有刚度要求，以保证机床工作时的精度。

（3）摩擦与润滑　机器整机的摩擦是指以摩擦作为工作原理的执行构件和存在相对运动的连接单元中的摩擦。摩擦在机器中是不可避免的，如何减少摩擦和由摩擦引起的磨损是提高机器工作效率、延长机器使用寿命的有效途径；而润滑正是减少摩擦和磨损的重要措施，润滑方式及其系统工作是否有效将决定机器的效率与寿命。因此，摩擦与润滑是机器设计必须考虑的因素。摩擦与润滑的有关内容一般在设计图样上标明，在机器设计计算说明书中也有相关计算过程、依据和结果，而特别需要调整或注意的事项，应在装配图样的技术要求中注明。例如，图1-1所示的活塞式压缩机，在机体内设计储油槽，在曲轴、连杆组件、滑动轴承单元中设计油路，由液压泵通过管路提供润滑油进行润滑，减少运动副摩擦。在图1-6所示的立式加工中心中，主轴系统S4内设计有润滑回路，通过泵站系统注入油气进行润滑，减小摩擦；采用滚珠丝杠和滚动导轨将滑动摩擦变为滚动摩擦，也减少了摩擦。

（4）工艺与精度　机器的工艺性包括整机装配工艺性和零件制造工艺性。零件（元件）通过装配才能形成组件与单元，再装配组成部件，然后组装成机器。也正是出于装配原因和制造工艺因素，才将构件设计成为若干个零件的组件。因此，装配工艺性是机器整机技术性能不可缺少的要素。机器整机精度是指机器正常工作时实际几何与运动参数值和理想参数值的接近程度，各个零件的精度是前提条件，但装配精度与装配工艺也是保证机器整机技术性能的重要因素。装配工艺与装配精度可以通过图样标注得以体现，需要强调和难以在装配图样标注的，可在装配图样的技术要求中逐条说明。虽然企业中一般工艺与精度设计需要由工艺部门重新审查和编制工艺文件，但在机器设计时设计者必须充分考虑，否则需要多次反复修改设计才能得以批准通过。例如，图1-6所示的立式加工中心，其工艺和精度属于机床的核心技术。

（5）材料与原材料　机器是由零件组成的，而零件是由特定材料制成的物理实体，因此，材料的物理性能和处理工艺决定了零件的物理性能。选择材料的初始形状作为零件毛坯也是零件设计的重要内容，不同的毛坯不仅物理性能差异大，基本决定了零件的后续工艺路线，而且影响零件制造的经济性，如金属材料中有铸件、锻件、型材、焊接件等。材料与原材料一般需要在零件图样中标明，部分强调内容，如热处理表面硬度等，需要在零件图样的

技术要求中明确提出。例如，立式加工中心的支承件和活塞式压缩机的机体一般采用铸铁件，适合规模生产而且吸振性能好，而主轴采用锻钢件，强度高。

2. 机器经济性

机器经济性分为机器正常使用过程的经济性和机器本身制造的经济性，前者是指机器正常工作的效率与效益，在机械原理课程进行运动方案设计时论证，后者是指该机器的制造成本，在机械设计课程进行性能和结构方案设计时考虑。机器70%的制造成本是在设计过程中确定的，机器在设计过程中需要充分考虑零件结构的工艺性、精度和材料的使用，降低生产制造成本，提高机器的制造经济性。机器正常工作效率取决于机器设计的工作原理与性能和制造结果是否达到设计要求以及使用是否得当，而机器正常工作效益取决于使用状况。机器经济性在机器设计前应作充分论证，才能使得投资者把机器的设计蓝图变成现实。显然，机器的经济性在一定程度上取决于使用状况，如使用效率和效益并不是设计者依靠技术参数能够得以论证的，而是依赖产品的应用场合，同时机器的制造成本也与该机器的生产制造方式有关。

3. 机器使用性能

机器的使用性能是指机器工作环境与安全性、效率与消耗、操作与维护、可靠性与寿命等方面的性质与能力。其中，环境与安全性包括环境污染和安全隐患，如放射性、有毒有害物质等物理化学污染，爆炸燃烧等安全隐患，机器最常见的环境影响是振动噪声与漏油等；效率与消耗性能包括机器运行时的工作效率、原材料与能源动力消耗；操作与维护性能是指机器的操作与维护的方便、快捷、宜人化、符合人机工程学等性能。可靠性和寿命是使用性能的综合体现，可以说是最重要的性能指标。

（1）机器可靠性　机器可靠性用可靠度指标来衡量，即机器在规定的条件下和规定的时间内完成规定功能的概率，实质是指机器正常工作能力的保持性与稳定性，表现形式是故障次数的多少，故障次数越少，可靠性越高。这里的保持性是指在设计寿命内，机器在相同工况下运行的技术参数基本不变或变化范围不大，也可以说相同工况下重复运行结果的一致性；而稳定性指在设计寿命内，机器在不同工况下运行的技术参数仍然在技术参数变化规律适应范围之内，或者说机器对工况变化的适应性与抗干扰能力。应当指出，机器整机的可靠性涵盖机器的所有部件、单元、组件与零件，任何一个零件的技术参数指标不能胜任机器的正常运行工况而出现异常都会导致机器故障，从而降低机器的可靠性。在机器设计时，为了提高机器的可靠性，往往提高机器零部件的技术性能指标，如提高强度与刚度，但会使得机器体积变大，成本提高。如何合理留有余度是可靠性设计研究的课题，同时，提高机器的可靠性还务必考虑机器设计参数与制造结果的一致性。例如，立式加工中心的相关标准要求其平均无故障时间不小于500h，而活塞式压缩机要求不小于8000h，需要在制造过程中从零件结构和技术性能方面加以保证。

（2）机器寿命　机器寿命是指机器能够正常工作，主要零部件不发生失效的有效时间。机器设计寿命长短取决于机器使用场合，有的需要很多年，如发电机设备；有的则只有几分钟，如火箭等。一般而言，机器的寿命是有限的，无论是从技术进步的角度还是从消费促进生产的角度，都需要进行机器有限寿命设计，能够进行机器可预知的有限寿命设计，特别是机器的主要零件等的寿命设计是机械设计的“最高境界”。机器中的易损更换件是指机器中设计寿命难以达到机器整机寿命时间的零件，需要在机器正常工作中定时或定期更换。例如，活塞式压缩机的过滤器，吸气阀与排气阀的阀片都是易损件；立式加工中心的切削刀具为易损件等。

需要指出的是，以机器整机寿命作为性能指标的机械设计是难度极大的命题，不仅需要机器设计时保证计算依据正确与准确、考虑因素周全，而且需要所有零件制造结果与设计条件一致性强、制造过程严格按照设计要求执行，否则就会出现制造结果与设计指标不符，难以体现设计要求，从而影响机器的整机使用寿命，这对设计与制造条件要求过于苛刻，只有在研究能力相对成熟、大量理论计算和试验能够准确完成、严格管理与筛选能保质实施的极特殊情况下才能完成，而且设计、制造与管理成本过高，对于一般民用产品而言并不经济。因此，现阶段的机器设计往往采用留有余量的设计方式来弥补设计与制造条件不一致或管理薄弱的缺陷，因而会出现一台机器中部分零件性能过剩的现象。

习　题

1-1　如图 1-11 所示为上海永久牌自行车，针对该自行车：

图 1-11　上海永久牌自行车

1）画出驱动子系统和控制子系统的机构简图。

2）哪些属于部件？哪些属于组件？哪些是单元和元件？哪些是零件和标准件？

3）有哪些静连接和动连接方式？能否改变或替换连接方式？为什么？

4）有哪些性能指标？

1-2　举例说明转动副的不同结构类型在工业和生活中的应用。

1-3　举例说明移动副的不同结构类型在工业和生活中的应用。

1-4　举例说明静连接的不同结构类型在工业和生活中的应用。

1-5　举例说明工业和生活中的装置有哪些性能要求。

知识拓展

瓦特与蒸汽机

1736 年，瓦特（图 1-12）出生在英国苏格兰格拉斯哥市附近的一个小镇格里诺克，他的父亲是一个经验丰富的木匠，祖父和叔父都是机械工匠。他曾经就读于格里诺克的文法学校，数学成绩特别优秀，但没有毕业就退学了。退学后，他在父母的教导下，一直坚持自学，常常自己动手修理和制作起重机、滑车和一些航海器械。1753 年，瓦特到伦敦的一家仪表修理厂当徒工。凭借着自己的勤奋好学，他很快学会了制造那些难度较高的仪器。一年的学徒生活使他饱尝辛酸，也使他练就了精湛的手艺，培养了他坚韧的个性。

图 1-12　少年瓦特在思考

1756 年，瓦特来到格拉斯哥市。他想当一名修造仪器的工人，但是因为他的手艺没有满师，当时的行会不允许。幸运的是，瓦特的才能引起了格拉斯哥大学教授台克的重视。在他的介绍下，瓦特进入格拉斯哥大学当了教学仪器的工人。这所学校拥有当时较为完善的仪器设备，这使瓦特在修理仪器时见识了先进的技术，开阔了眼界。这时，他对以蒸汽作动力的机械产生了浓厚的兴趣，开始收集有关资料，还为此学会了意大利文和德文。

1764 年，学校请瓦特修理一台纽可门式蒸汽机。在修理的过程中，瓦特熟悉了蒸汽机的构造和原理，并且发现了这种蒸汽机的缺点。1765 年的春天，在一次散步时，瓦特想到，既然纽可门式蒸汽机的热效率低是蒸汽在缸内冷凝造成的，那么为什么不能让蒸汽在缸外冷凝呢？在产生这种设想以后，瓦特在同年设计了一种带有分离冷凝器的蒸汽机。

1784 年，瓦特以带有飞轮、齿轮联动装置和双向装置的高压蒸汽机的综合组装取得了他在革新纽可门式蒸汽机过程中的第四项专利。1788 年，瓦特发明了离心调速器和节气阀；1790 年，他又发明了气缸示工器，至此瓦特完成了蒸汽机改良的全过程。

第2章

机器结构与技术性能方案规划

第 1 章已介绍了机器的结构与性能，如活塞式压缩机的结构组成与性能，其机械部分子系统主要包括驱动部件（电动机）、传动部件（减速器）和执行部件（曲柄滑块机构），如图 2-1 所示。

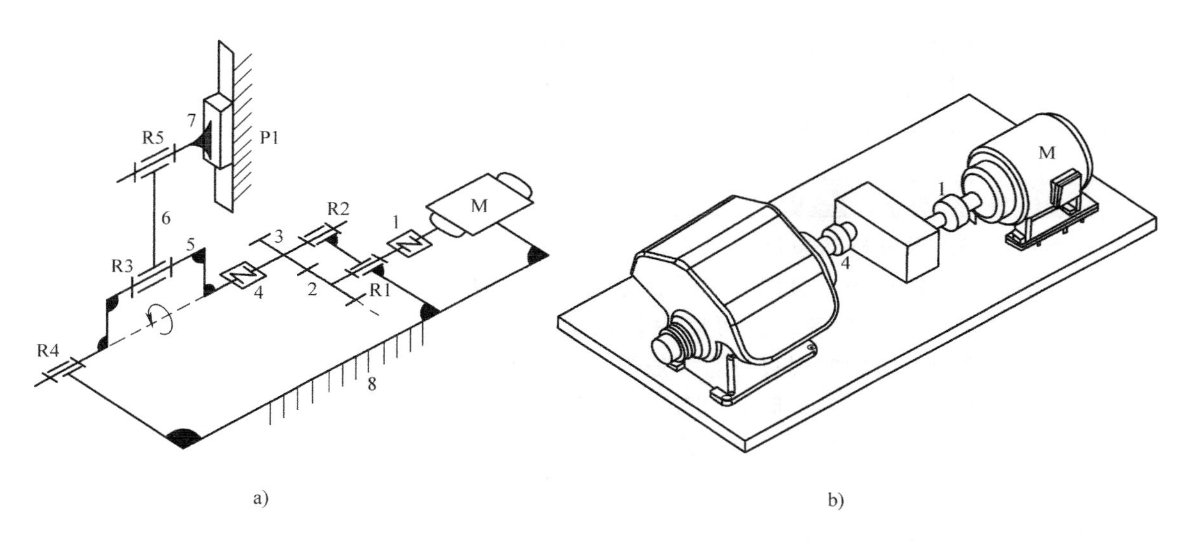

图 2-1 压缩机机组

a）压缩机机构示意图 b）压缩机部件布局示意图

1、4—联轴器 2—输入齿轮 3—输出齿轮 5—曲轴 6—连杆 7—活塞 8—机架

M—电动机 P1—移动副 R1、R2、R3、R4、R5—转动副

那么，依据机器的机构示意图，如何进行结构与性能方案的规划呢？本章介绍机器结构与性能方案规划的过程、要求与主要内容。

2.1 机器设计的一般要求与过程

2.1.1 机器设计的一般要求

机器是人类进行生产活动的工具，必然需要满足使用者的需求。对机器设计而言，不仅需要满足用户使用功能与使用性能要求，而且需要依据当前需求量和制造技术条件，使其具有更好的经济性。一般来说，不管机器的类型如何，机器设计都需要满足以下的基本要求。

1. 使用功能

机器应具有预定的使用功能，这主要靠正确地选择机器的工作原理，合理地设计或选用能全面实现功能要求的执行机构、传动机构与原动机，以及恰当地配置必要的辅助系统来实现。

2. 使用性能

任何机器都要求能在一定的寿命下可靠地工作。随着人类社会的发展和技术进步，机器功能越来越多，结构越来越复杂，稳定而又可靠地工作的要求也越来越高，并伴随着智能化产生不断变化。机器工作的稳定性与可靠性受到了越来越大的挑战。在这种情况下，人们对机器除了习惯上的工作寿命的要求外，明确地对稳定性、可靠性、便捷性和环境友好性也提出要求是很自然的，而机器的稳定性与可靠性一般是由机器的技术性能来保证的。

3. 经济性

机器的经济性体现在设计、制造和使用过程中，设计机器时就要全面综合地进行考虑。设计制造的经济性表现为机器的成本低；使用经济性表现为高生产率、高效率，较少地消耗能源、原材料，以及管理和维护费用低。

2.1.2 机器设计的一般过程

机器从市场需求分析到通过装配调试出厂需要经过一个完整的设计制造过程，通称为机器制造，即机器的设计与制造是两个不同阶段，也可以说设计是为了制造，而制造是设计蓝图的实现过程。一般而言，机器的设计包括四个阶段，如图 2-2 所示，即决策与任务阶段，包括市场需求分析、功能与性能要求确定、经济技术分析；功能原理与运动设计阶段，主要有功能原理设计、运动构型设计、尺度与动力性能设计；结构与技术性能设计阶段（技术性能设计简称为性能设计），涵盖整机与部件布局设计、部件与零件结构方案设计、部件与零件技术性能设计；详细设计阶段：总体与零件结构、性能详细设计。其中，决策与任务阶段是在产品论证阶段进行的，给出的结果是产品功能要求与技术规格书；功能原理与运动设计是机械原理课程研究的内容，其结果是给出具有构型与尺度信息的机构运动简图和运动性能技术参数；结构与技术性能设计阶段是机械设计课程要讨论的内容，得到具有计算依据的整机与零部件布局、结构方案及技术性能参数，为后续详细设计提供可实施的技术方案和关键技术参数。

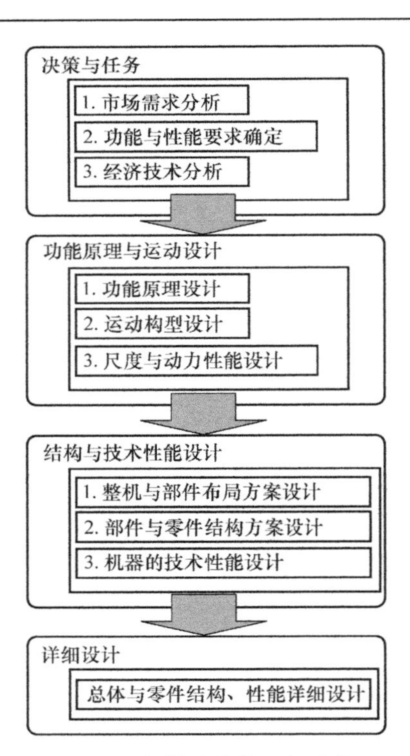

图 2-2 机器设计的一般过程

由于机器的应用场合复杂多变，对机器的结构与性能要求也多种多样，即使负责各阶段的工作人员是专业且富有经验的机器的设计也几乎不可能一次就满足要求，有时需要在一个阶段内部进行多次修改和调整，有时则需要进行跨阶段的反复修改和调整，甚至是颠覆性的改动。一个好的功能原理设想和机构构型创意，需要有好的结构和技术性能支撑，才能把创意构思变成创新设计。

2.1.3 机器结构与技术性能设计的条件和任务

由于机器的类型与复杂程度差别很大，故机器设计的各个阶段内涵也随之变化，但对于机器结构与技术性能设计阶段而言，主要内容包括整机、子系统、部件及零件的结构与技术性能的规划设计，即整机总体结构布局方案规划和性能分配，统筹各个子系统的运动协调、结构布置和性能分配；子系统内部的结构与技术性能规划设计，对该子系统内的驱动、传动和执行部件进行结构与技术性能规划设计；部件和主要零件及其连接的结构与技术性能设计。当机器整机只有一个机械子系统时，该子系统结构与性能规划设计即为机器整机结构与性能规划设计。

机器结构与技术性能规划设计阶段的已知条件应该是图 2-2 中的前两个设计阶段的结果，即任务与决策设计阶段给出的具体的机器功能、技术性能及规格要求，功能原理与运动设计阶段给出的机构运动构型、尺度与运动、动力性能，以及蕴含这些性能的机构简图。

机器结构与技术性能设计阶段的任务：基于已知设计条件，把抽象的机构构型与尺度（机构简图）以具体的三维空间结构方案实体化，并将主要部件、零件、连接功能单元及连接面的技术性能参数具体化，给出计算过程和依据。这里的三维空间结构方案意味着主要部分而非全部结构，技术性能参数是以主要性能参数作为设计计算指标，而非全部性能参数，所有结构和性能细节内容应在详细设计阶段完成，因为这一阶段尚在构思和尝试各种结构和技术参数的可能性，不可能也没有必要设计、计算或表达全部细节。而在该阶段的一开始，需要给出尽量多的可能实体结构与相互空间位置关系方案或性能分配关系方案，称为规划设计。只有初步规划，逐步修改与完善，才能有后期的技术性能设计与计算。

为便于理解，本章对工程实际中的活塞式制冷压缩机进行简化，并以整机的简单布局和齿轮减速器部件作为例子，说明整机结构方案规划、部件及零件（组件）结构方案规划以及技术性能规划设计的主要过程和思路，更具体的机器结构和技术性能规划设计在第六篇讨论。

2.2 机器结构方案规划设计

由第 1 章可知，机器的性能通过机器的具体结构实现，而机器结构由零件和部件通过静连接和动连接组成，那么，机器的结构设计就是在机构简图基础上，依据设计要求进行三维结构展开设计。由于机器性能千差万别，整机结构复杂多变，因此结构设计的优劣不仅关系到机器功能与性能是否能够得以实现，而且直接影响制造工艺的难度和 70%以上的制造成本。目前还没有成熟和通用的机械结构设计方法，这也是机械专业学生的学习难点，即使是优秀的机械工程师也会困扰于此，但这正是机械结构设计的魅力所在，机械设计具有复杂性、多样性和创新性，是机械学科值得骄傲之处。机械设计课程是机械专业本科生学习机械结构设计的入门课程，它把机器结构设计过程条理化和简单化，并采用简单示例，便于初学者入门。

机器整机一般有一到多个子系统，当仅包含一个机械子系统时，机器整机结构就是该子系统结构。本章主要以活塞式制冷压缩机（一个机械子系统）的结构规划为例，阐述机器整机（或子系统）结构规划设计过程，多个子系统的机器结构规划设计在第六篇介绍。

2.2.1 整机的总体布局方案规划设计

机器整机（子系统）的总体结构规划设计是对所含部件进行选型、结构布置与连接方案设计。首先从主运动子系统开始，依次对执行部件、传动部件和驱动部件进行选型，然后是连接与安装固定方案设计。选型设计是在相同功能、不同结构和安装形式的部件中做出选择，包括内部结构，输入、输出和安装方式等。连接设计是确定从驱动部件经传动部件到执行部件各输入与输出轴之间的连接方式和结构方案等，为后续强度与刚度设计提供依据，设计上尽可能使输入与输出轴对中，减少附加载荷，一般采用联轴器、离合器或传动轴等。安装固定设计是确定各个部件的安装与固定方式，如果各个部件是分别设计制造的，如活塞式制冷压缩机组，那么需要规划共同的固定机（底）座，再确定各个部件的安装固定方式；如果各个部件设计为集成一体式，如内燃机，则采用共用箱体（机架）。

现以图 2-1 所示的活塞式压缩机组为例，其整机的总体结构方案规划如下。

1. 执行部件

依据机器（子系统）执行部件的结构与工作空间大小和操作方位，建立执行部件的工作空间参考坐标，把部件看成为一个整体，安排执行部件的输入与输出连接方向、位置和要求等，再确定底座安装的方向和位置。

如图 2-1a 所示，运动本质为一曲柄滑块机构，在此视为一个整体部件，其输入轴线在水平面内沿 Z 方向称为卧式，也可采用立式（输入轴线在铅垂面沿 Y 方向）的安装方式。图 2-3 所示为卧式安装方式，底座与地基采用螺栓连接。

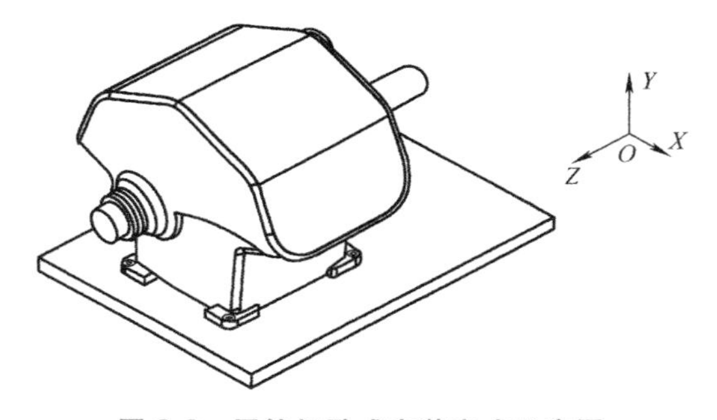

图 2-3 压缩机卧式安装方式示意图

2. 传动部件

传动部件（含联轴器）联系执行部件和驱动部件，其输出方式需要符合执行部件的输入要求，而输入方式可以选择相应的驱动部件。传动部件的安装方式（包括与底座的固定和输入、输出方式）可列出多种可能方案。如图 2-1 所示压缩机组中的传动部件为一减速器，其可列出多种输入、输出布置方式，如输入、输出轴同侧上下布置，输入、输出轴同侧水平布置，输入、输出轴异侧水平布置，输入、输出轴异侧上下布置四种，同时还可以有箱体下底面固定、箱体前面固定、箱体侧面固定三类安装固定方式，因此，传动部件减速器共有十二种安装方式可供选择，图 2-4 所示为其中六种；另外还可以选择由输入或输出轴支承而箱体浮动等。

3. 驱动部件

驱动部件有多种类型（如电动机与内燃机、气动与液压马达、液压缸等），也有多种结构与安装方式，一般选择标准型号，特殊情况下可以订制。对于图 2-1 所示压缩机组中的电动机，可选择常见的卧式底座固定或端面法兰固定两种安装方式，如图 2-5 所示。

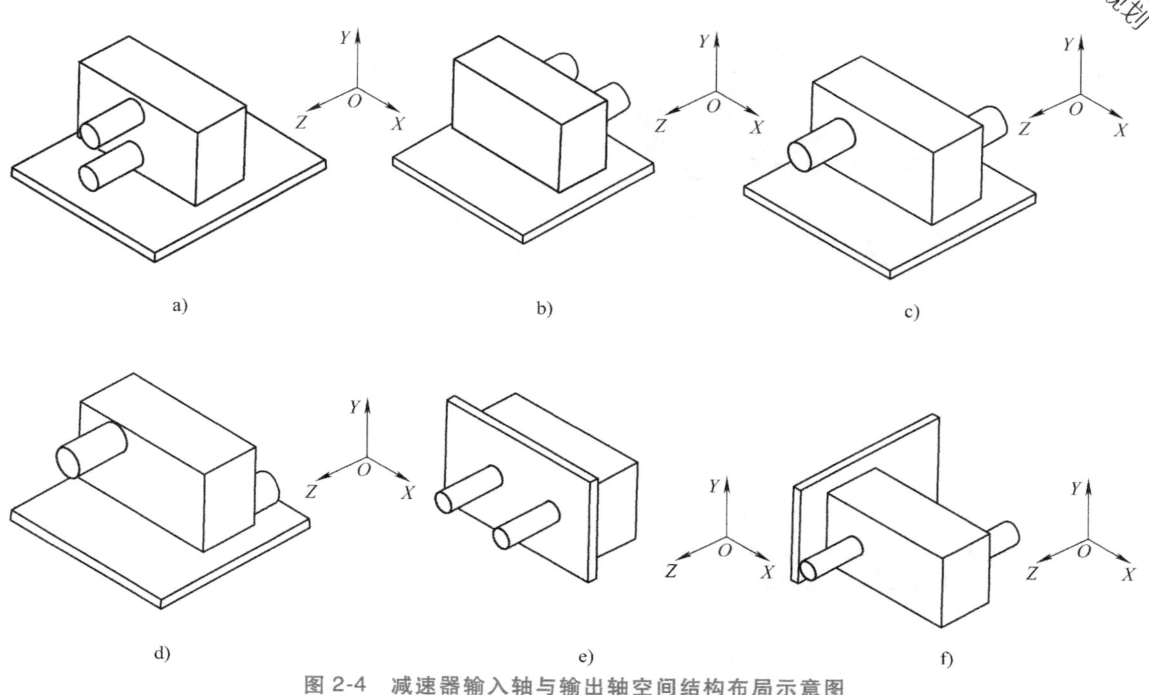

图 2-4 减速器输入轴与输出轴空间结构布局示意图

a）输入、输出轴同侧上下布置 b）输入、输出轴同侧水平布置 c）输入、输出轴异侧水平布置 d）输入、输出轴异侧上下布置 e）箱体前面固定 f）箱体侧面固定

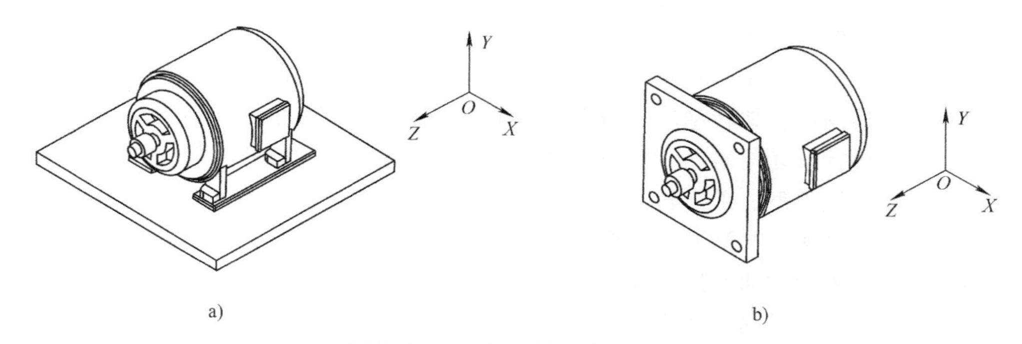

图 2-5 电动机安装方式示意图

a）卧式底座固定 b）端面法兰固定

4. 整机总体结构布局

机器整机结构布局就是布置驱动、传动和执行部件的相对空间位置及安装固定和连接方式等，目标是使整机结构紧凑，安装、操作、维修方便，制造成本低。依据图 2-5 所示驱动部件，图 2-4 所示传动部件及图 2-3 所示执行部件的结构类型和安装方式，图 2-1 所示压缩机组的机构运动简图对应多个整机结构布局方案，在此列出两种，图 2-6a 所示方案为展开式整机结构布局，卧式电动机（图 2-5a）、输入或输出轴异侧水平布置（下底面固定）减速器（图 2-4c）和卧式压缩机（图 2-3）之间分别采用联轴器连接；图 2-6b 所示方案为同侧式整机结构布局，端面固定电动机（图 2-5b）与前面固定减速器（图 2-4e）采用花键连接，减速器与卧式压缩机采用联轴器连接。

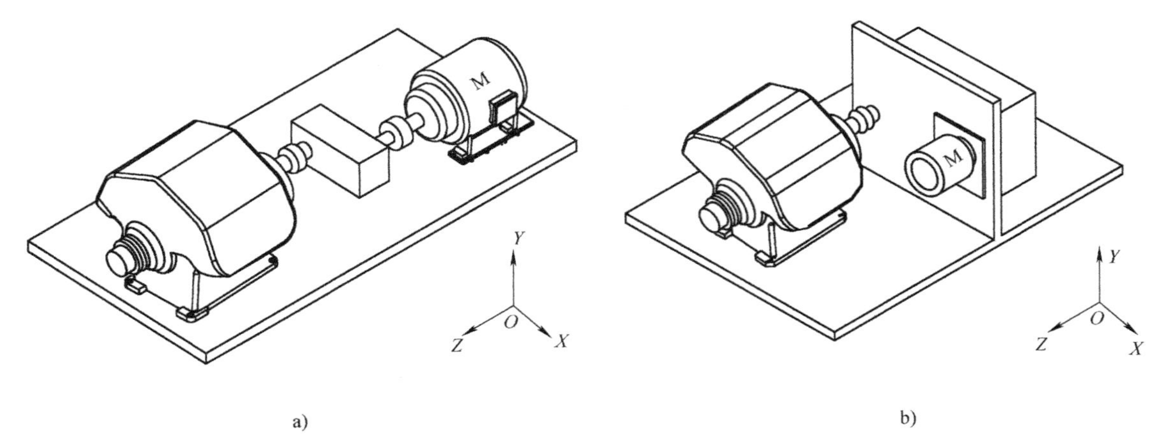

图 2-6　常见的压缩机组方案结构布局示意图

2.2.2　部件与组件的结构方案规划设计

自行设计制造的部件需要部件结构规划，在设计时，一般依据机构运动简图，按运动副与构件展开结构方案设计，包括机构与机构、构件（组件）与构件、零件与零件之间的连接结构方案，构件与构件之间的运动副连接（动连接）是重要内容；因加工、装配等工艺性或节省材料与降低工艺成本等经济性，而需要把一个构件设计成用几个零件静态固定连接成组件的形式，在部件结构规划时也应予以考虑，特别是高精度、重载荷关键组件与大型复杂组件，如轴、齿轮、机座与箱体等。

构件与构件之间运动副连接（动连接）的结构设计依据的是运动副约束，以零件结构形状实现运动副的约束，如转动副采用多轴承结构形式，通过支承方式与支承点个数实现五个自由度约束，包括滚动与滑动、向心与推力等轴承类型，布置方式有简支与悬臂等；移动副由滚动与滑动导轨类型、单导轨与多导轨等结构形式实现五个自由度约束；螺旋副的结构是螺旋面形状，通过滚动与滑动等类型结构实现回转与移动的相关运动，并约束其他五个自由度；齿轮副与凸轮副的曲面形式在运动设计时已经确定。同时，运动副的连接结构需要根据构件及运动副的受力情况和强度与刚度等性能要求确定类型和尺寸，并给出具体布置方式和安装位置尺寸，为建立力学模型提供依据，还需要考虑安装调整和机器运转时零件的热膨胀。

为了便于初学者入门，在此仅以图 2-1 所示压缩机组的齿轮减速器传动部件为例，介绍部件与组件的结构方案规划。该部件的机构运动简图如图 2-7 所示，由三个构件（组件）、一个高副（齿轮副）和两个转动副组成单级齿轮机构。

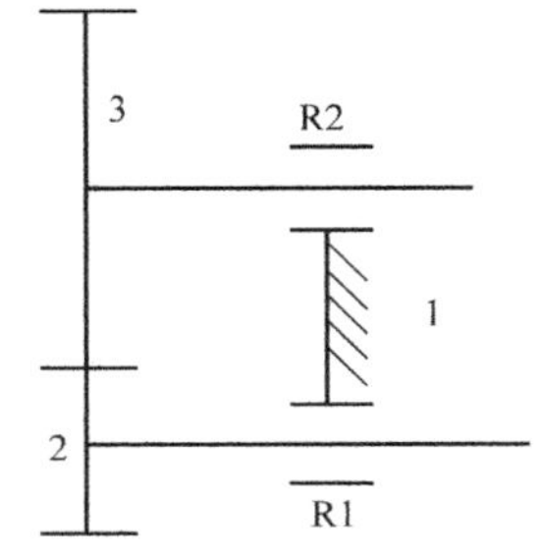

图 2-7　齿轮机构运动简图
1—机架　2—输入齿轮
3—输出齿轮　R1、R2—转动副

1. 齿轮副及其结构

齿轮副依据共轭原理实现运动传递，其共轭齿廓曲面形状在机械原理课程中已经阐述，在此仅指初选齿轮结构形式，如直齿、斜齿、人字齿等，再由载荷确定具体模数和齿轮宽度等结构参数，在第二篇齿轮副一章中将详细阐述。齿轮啮合传动时，主、从动齿轮不仅传递圆周方向的力（矩），还产生径向力甚至轴向力（如斜齿），对其他零件的结构设计产生影响，因此，齿轮结构形式需要综合考虑。

2. 转动副及其结构

如图 2-7 所示，构件 2 和构件 3 分别与机架（箱体）构成两个转动副 R1 和 R2，即需要箱体与构件的运动副结构仅保留一个构件（齿轮及轴）绕其自身轴线（Z 轴）的回转自由度，约束其他五个自由度，即绕 X、Y 两个轴的回转运动和沿 X、Y、Z 三个方向的移动运动。在机械原理课程中讨论的构件是刚体，不考虑运动副的结构、尺寸和刚度（变形）、强度等因素，而这些正是机械设计课程结构和性能设计的主要内容。

转动副的相对回转运动是通过轴承（滑动和滚动）实现的，转动副的连接结构通常由轴、轴承（瓦）和轴承座等零件组成，轴承的类型（径向、轴向）、个数与位置分布需要在转动副结构方案规划时初步确定。通常单个径向轴承仅限制 X 和 Y 方向位移，而轴向（Z 方向）位移约束需要轴承座有相应结构才能实现，而绕 X、Y 两个轴的回转运动约束需要通过两个（或多个）轴承组合实现，因此，一般情况下，一个转动副由轴、两个轴承与轴承座组成。轴上分别有输入和输出载荷（力或力矩）位置，两轴承应间隔分布，如图 2-8 所示。图 2-8a 所示轴上齿轮零件的两端分别有轴承，称为简支支承，其简化表示如图 2-8c 所示；图 2-8b 所示轴上齿轮零件的一端有相邻两个轴承，称为悬臂支承，其简化表示如图 2-8d 所示。悬臂支承两轴承间的距离不宜过小，有时为了增加支承刚度，采用多组轴承组合使用，如机床主轴等。此外，轴承需要考虑润滑与密封方式。

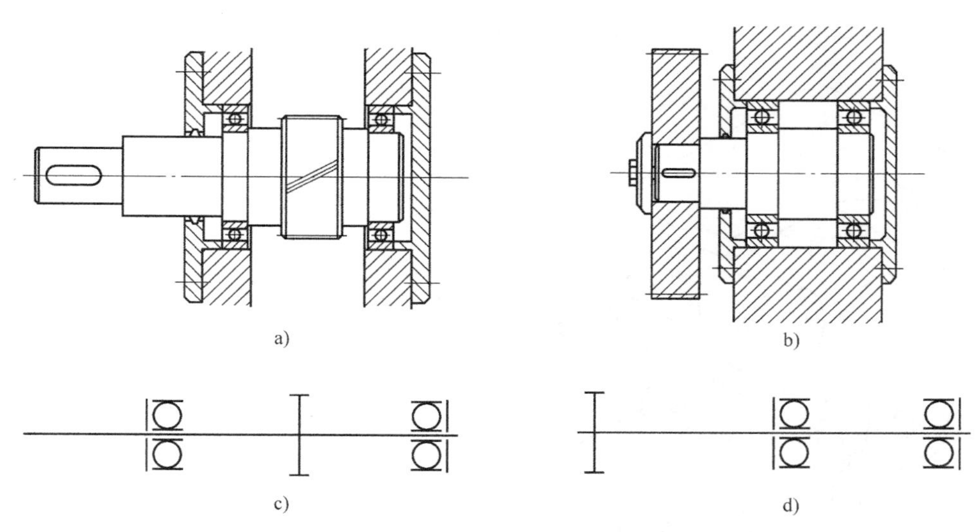

图 2-8 轴承支承方式

a）简支支承转动副结构 b）悬臂支承转动副结构

c）简支支承的简化表示 d）悬臂支承的简化表示

3. 齿轮与轴的组件连接结构

由上述齿轮副和转动副结构可知，图 2-7 所示构件 2 和 3 分别对应输入轴组件和输出轴组件，由轴、齿轮、轴承内圈等零件通过静连接组成。一般情况下，轴与轴承内圈采用过盈连接，而齿轮与轴之间的静连接主要有过盈、键、销、螺钉等，当齿轮与轴径向尺寸差别不大时采用齿轮轴（一体），图 2-9 所示为其中三种情况。

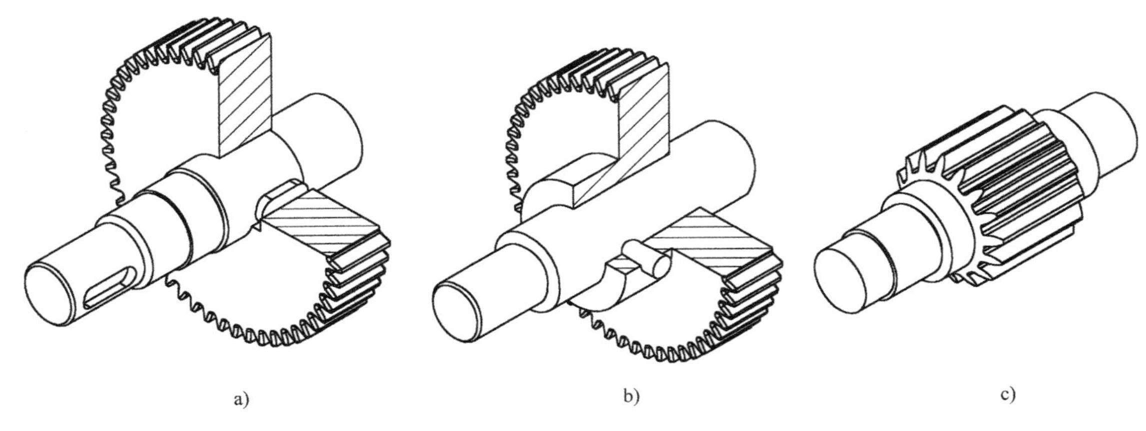

图 2-9　齿轮与轴的连接方式

a）键连接　b）销连接　c）齿轮轴

4. 机架（箱体）组件结构

在图 2-7 所示齿轮机构中，构件 2 和 3 分别与机架（箱体）构成转动副，因此箱体需要包含两个作为转动副元素的轴承座；齿轮传动需要润滑，为了避免润滑油溅出，减速器箱体一般设计成封闭结构；同时，考虑到齿轮体积较大，减速器需要有足够的敞开空间才能便于装配，因此箱体（机架）一般设计成剖分结构，装配后用螺栓固定连接在一起，如图 2-10 所示。箱体组件包括上下（左右）箱体、端盖、螺栓、轴承外圈等。

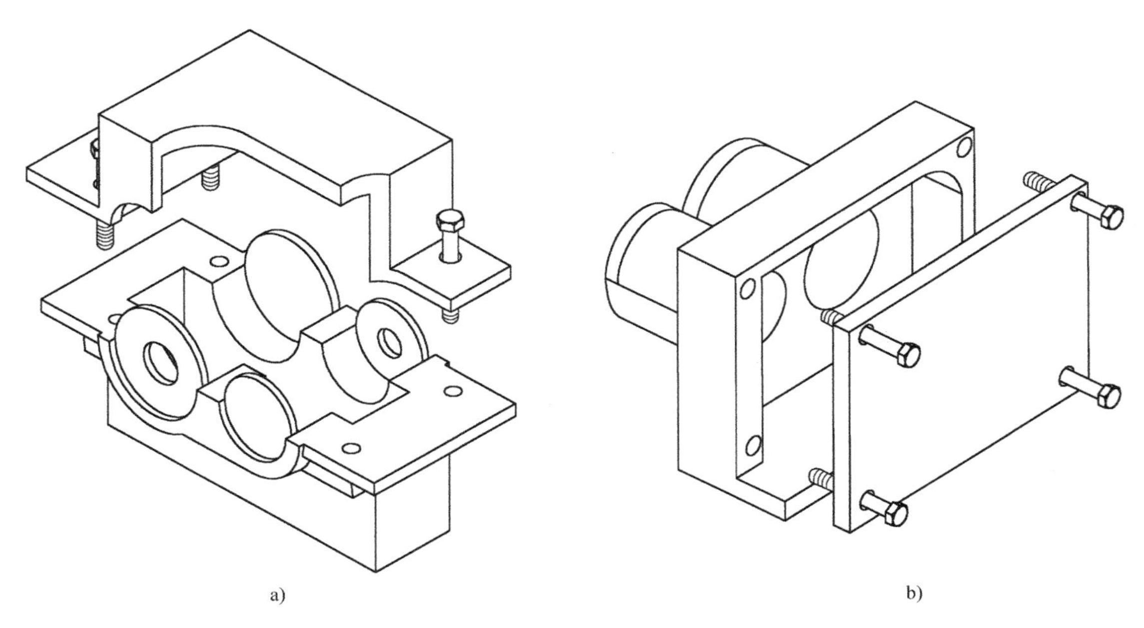

图 2-10　两种箱体剖分结构

a）箱体水平剖分式结构　b）箱体竖直剖分式结构

5. 总体结构规划

综合上述齿轮副、转动副、齿轮组件、箱体组件的结构，可以形成多种总体结构方案，通常需要具体地综合考虑强度、刚度、加工装配工艺以及使用维护等性能而确定，其中较为常见的两种总体结构方案如图 2-11 所示。

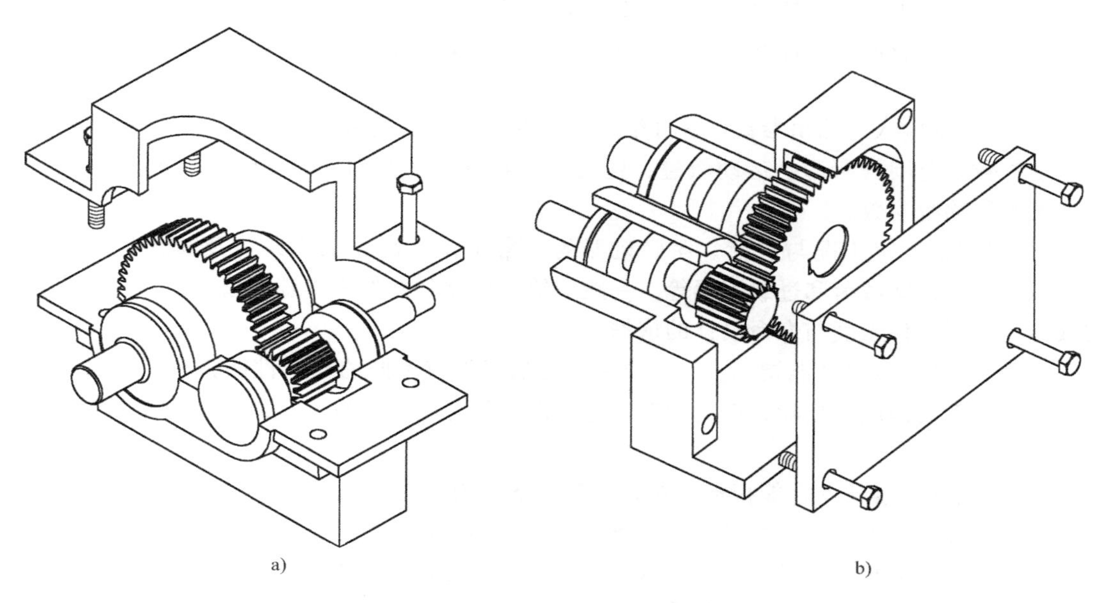

图 2-11 减速器总体结构布局规划

a）简支水平剖分总体结构 b）悬臂竖直剖分总体结构

2.3 机器技术性能规划设计

机器的技术性能是通过部件和组件的技术性能来体现的，而机器设计过程又是先整机设计后部件与零件设计。因此，在理论上应首先确定整机的技术性能，如强度、刚度、精度等，才能按照整机和零部件技术性能的关系再分配和确定部件与零件的技术性能。整机某些技术性能可以直接由相关零部件的技术性能体现，如强度；而某些整机与零件之间的技术性能定量关系还有待研究，如刚度与精度等，往往依赖设计者的经验或简单地提高零件技术性能指标来确保整机技术性能，甚至有时仅以零件技术性能为指标，整机组装后的技术性能只能顺其自然。所以，能够进行规划的机器整机技术性能指标还非常有限，这一领域还有待发展。

2.3.1 机器的技术性能规划设计

机器整机技术性能中，使用性能和经济性能是根据市场形势和用户需求制订的，技术性能则是机器功能、使用性能和经济性能的保障，第 1 章阐述了机器整机技术性能包括运动与动力、强度与刚度、摩擦与润滑、工艺与精度、材料与原材料五个方面，由于运动与动力性能的设计在机械原理课程中已经介绍，而材料与原材料性能在零件设计时直接体现，工艺与精度性能的设计有另外的后续课程详细论述，故在本书所述的设计中会有所提及但不展开推导与阐述，这里主要对机器整机的强度与刚度、摩擦与润滑等技术性能规划进行论述。

1. 机器整机技术性能

机器整机技术性能规划重点是确定整机的使用工况与性能指标，主要包括输入与输出参数、额定工况与载荷、设计寿命与使用寿命、精度、使用环境等，也就是机器整机技术设计任务书的内容。

1）机器的输入与输出参数。驱动参数（功率、电压、电流）与工作转速，执行构件输出运动参数与范围（行程、运动轨迹、速度、加速度），整机的安装方式、质量与体积等，类似机器的铭牌参数。

2）机器的额定工况与载荷。明确机器的正常工作状况、工作载荷及其变化规律与范围，包括极限瞬间载荷和过载因素等，一般应给出机器负载的工作载荷谱。机器的额定工况与载荷是机器零件强度与寿命设计的依据。

3）机器整机技术性能指标。不同应用场合的机器有不同的技术性能指标，本书主要介绍机器的强度与静刚度指标，有时假定制造工况与设计条件一致，从而转化为设计寿命与使用寿命指标。

4）机器的间接技术性能指标。在某些条件下，用户会对机器的使用条件做出超出正常工作状况的要求，如噪声、振动、温度等环境条件和体积、质量、操作方式等使用条件的特殊的间接技术性能指标要求，需要将这些间接技术性能转化为机器整机的技术性能指标，如材料选用、精度等级、润滑与冷却等。

2. 部件技术性能

部件一般作为机器整机的一部分，但有时也可以成为独立的整机。对于前者，需要将机器整机的技术性能指标分配落实到本部件中的主要组件（零件）与运动副上，包括运动参数、工况与载荷、设计寿命与使用寿命等，尤其是需要等效或转化到主要零件上的工作载荷谱，是零件强度设计的依据；而对于后者，是在前者的基础上，增加机器整机相同的技术性能指标要求，并在装配工艺性上服从整机要求。

部件在等效或转化机器整机的工作载荷谱时，需要在部件机构简图和结构规划方案基础上，依据初步选定的运动副结构类型与布置方式，遵循功率或力的传递路线，从执行构件的工作载荷或驱动件输出功率与力矩开始，建立各个构件（组件）的力学模型，设计出各个运动副和构件（组件）的具体结构方案并计算出工作载荷，如转动副中的各轴承，移动副中的导轨，齿轮副或凸轮副的接触面，轴、机座与箱体等重要静连接面等，从而建立整个部件与组件的结构简图与力学模型，计算出动连接运动副、静连接面组件及重要零件的载荷及载荷谱，为零件技术性能设计与计算提供依据。

3. 动连接技术性能

1）转动副单元的强度与刚度。转动副由轴与轴承组成。其中轴承类型有滚动与滑动、向心与推力，布置方式有简支与悬臂结构等。依据机器运行工况分配到轴承的载荷情况，确定轴承的载荷谱，包括动载荷、静载荷、极限转速等，可计算轴承的强度和额定寿命以及回转精度等，而刚度指标为最大静载荷下的弹性变形值。

2）移动副单元的强度与刚度。移动副一般由两个平行布置的导轨组成，在重载情况下可用多个导轨。其类型有滚动与滑动，外形有山形、平面及圆柱形（如压缩气体的活塞）。依据机器运行工况分配到导轨的载荷情况，包括动载荷、静载荷、极限移动速度，可确定导轨的强度或额定寿命。而刚度指标为最大静载荷下的弹性变形值以及支承精度等。

3）螺旋副的强度与刚度。螺旋副通常由螺母和丝杠组成，一般情况下与转动副、移动副配合使用，有滚动与滑动两种类型。依据机器运行工况分配到螺旋副的载荷情况，确定螺母和丝杠的载荷谱，包括动载荷、静载荷，可计算螺母和丝杠强度或额定寿命。而刚度指标为最大静载荷下的弹性变形值或螺旋运动精度等。

4）高副的强度与刚度。常用的高副有齿轮副和凸轮副，包括平面和空间两种结构类型。依据机器运行工况分配到高副的载荷情况，确定齿轮副的载荷谱，可计算齿轮副的强度，包括接触疲劳、弯曲疲劳、静载荷以及传动精度等。其刚度指标为最大静载荷下的弹性变形值。而凸轮副的强度为接触疲劳、弯曲疲劳、静载荷以及运动精度等，其刚度指标为最大静载荷下的弹性变形值。

动连接的四种运动副在机器中传递与变换运动和力，接触表面就会有摩擦，不仅消耗功率，而且加剧零件磨损，影响机器使用寿命，还会产生热和噪声。因此，不同的动摩擦一般都有相应的润滑方式，各动摩擦处的润滑点通过管路连在一起形成机器的润滑系统，一般情况下，润滑在减少摩擦的同时还能带走因摩擦产生的热量。

4. 静连接技术性能

对于由多个零件通过静连接组成的组件（构件），包括螺栓、键、销、过盈、焊接、粘接等连接方式与结构，在机器工作载荷作用下，组件中的零件及其静连接面承受相应的载荷作用，对于重要或较为薄弱的连接部位，需要提出强度或刚度要求，并进行相应的计算和校核，如重要螺栓连接面需要计算螺栓静强度和疲劳强度、预紧力与连接刚度等，而键连接面需要计算挤压强度和刚度，传递载荷的销连接需要计算强度或刚度，过盈连接面必须计算过盈量与配合压力及零件强度，对于焊接和粘接，往往是校核薄弱环节处的强度。

5. 典型零件技术性能

对于机器中承受复杂载荷的重要零件，不仅其技术性能体现了机器整机的技术性能，而且其制造成本高（占机器总成本的比例大），制造工艺复杂、难度大，如大型轴、齿轮、箱体等，在技术性能规划时需要重点关注，包括材料成分和毛坯选用、加工工艺和精度、疲劳强度与静强度，有时也需要刚度指标（如机床支承件）。

2.3.2 齿轮减速器技术性能规划设计

本节在2.2.2节压缩机组中的传动部件减速器结构方案规划基础上，进一步说明齿轮减速器技术性能规划设计内容。

1. 总体技术性能规划

减速器总体技术性能规划主要包括减速器的工作状态与效率、额定工况与载荷、设计寿命与使用寿命、精度、使用环境等。减速器技术参数有传递功率（1.48kW）、输出转速（750r/min）、传动比（1.933），减速器工作效率为98%，工作年限为15年，每年365天，每天工作24h，压缩机活塞压缩工作载荷2500N，可依此建立构件（组件）的力学模型，计算各构件（组件）的工况载荷及其变化规律与范围。另外要注意减速器工作环境温度为22℃，润滑油最高温度不能超过45℃，且减速器振动不能超过3mm/s，噪声（声功率）级应小于78dB。

2. 齿轮与轴承技术性能规划

（1）齿轮副　齿轮副的技术性能需要与减速器整机的技术性能相匹配，主要包括齿轮副在压缩机工况载荷下安全工作 15 年，满足寿命要求，计算静强度及接触疲劳和弯曲疲劳强度，并考虑工作效率为 98%，噪声为 79dB，温升不超过 23℃ 等要求，确定齿轮精度为 7 级。

（2）轴承　轴承的技术性能是保证齿轮减速器寿命与可靠性的重要因素，根据减速器额定寿命为 15 年和运行工况及轴承载荷情况，确定轴承的类型与技术性能参数，计算校核轴承的强度和额定寿命。

3. 静连接结构的技术性能规划

减速器的静连接主要包括螺栓、键等。根据齿轮减速器的工况载荷，确定静连接零件的载荷，进行静强度和疲劳强度、预紧力与连接刚度等校核计算。对齿轮与轴之间的键连接面需要计算挤压强度和刚度，传递载荷的销连接需要计算强度或刚度。

4. 重要零件的技术性能规划

本设计案例涉及的齿轮减速器有两根轴，一般情况下需要计算轴的静强度、疲劳强度和刚度，尤其是输出轴需要计算复合载荷下的疲劳强度。箱体是减速器的重要组件，承受轴承传递的工作载荷，而且载荷工况复杂，故应具有足够的强度，同时，箱体刚度也需要计算，刚度过小会产生过大变形而影响齿轮啮合性能，从而产生噪声、振动和温升，也影响轴承使用寿命，现在一般用有限元方法计算箱体的应力和变形。

习　题

2-1　图 2-12a 所示为广西某景区的古代水车，图 2-12b 为陕西农村用驴拉的石磨。请用古代水车作为动力源来驱动石磨，画出该装置的机构简图，并依据机构简图规划出两种不同结构方案，绘出结构方案示意图；分析驱动、传动和执行部件之间的连接方式；说明运动副的结构形式和关键组件的静连接方式。

a)

b)

图 2-12　水车与石磨

a）广西某景区内的古代水车　b）陕西农村用驴拉的石磨

2-2 根据生活中的折叠窗的机构简图，如图 2-13 所示，规划出不同结构方案和技术性能，并比较各个方案之间的差异。

2-3 根据工业中的钳工台虎钳的机构简图，如图 2-14 所示，规划出不同结构方案和技术性能，并比较各个方案之间的差异。

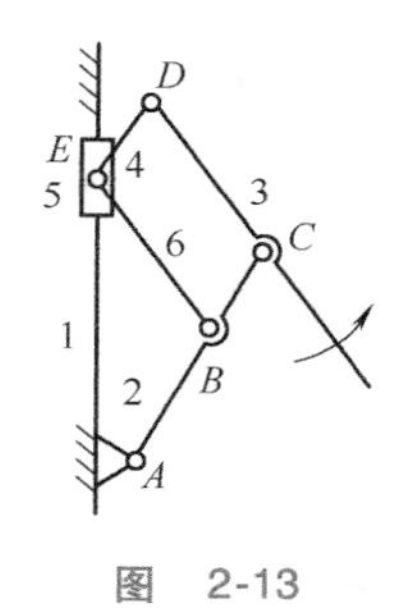

图 2-13

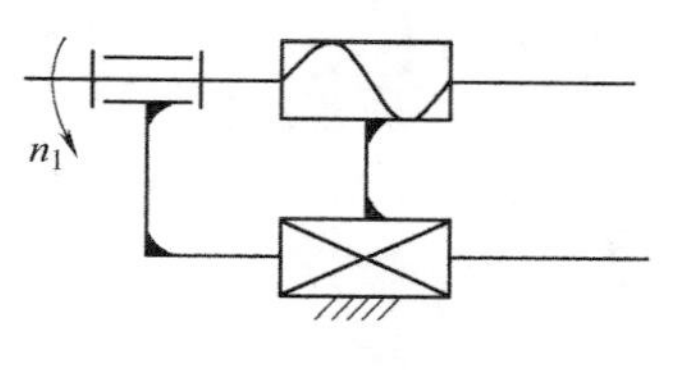

图 2-14

2-4 某曲柄压力机以电动机（1440r/min，4kW）为驱动部件，曲柄滑块机构为执行机构，实现冲压头（滑块）在重力方向上的往复移动（50 次/分，行程 100mm），负载最大冲击力 400kN，试规划该曲柄压力机的驱动、传动和执行部件的结构布局方案，并阐述各部件之间的连接方式。

2-5 某螺旋压力机以电动机（1440r/min，4kW）为驱动部件，螺旋机构为执行机构，实现冲压头（滑块）重力方向上的往复移动（20 次/min，行程 100mm），负载最大冲击力 400kN，试规划该螺旋压力机的驱动、传动和执行部件的结构布局方案，并阐述各部件之间的连接方式。

知识拓展

达·芬奇与机械设计

蒙娜丽莎的微笑，迷人而神秘，直到今天还有人在破解其中之谜。只是破解这个谜谈何容易，要知道制造这个谜的人，自己就曾经破解了许多自然科学之谜。其实鲜为人知的是达·芬奇同样擅长机械设计。1460 年，达·芬奇随父亲来到佛罗伦萨，开始了他的学徒生涯，同时开始学画。学画的达·芬奇参与安装了佛罗伦萨圣母玛丽亚大教堂穹顶灯塔上的巨型铜球，由此接触并感受到了各式各样机械系统的神奇。

佛罗伦萨圣母玛丽亚大教堂是文艺复兴时期建筑的开端。达·芬奇在为其安装穹顶灯塔上的巨型铜球时，亲眼目睹了三速提升机等机械装置的效率，深感其中的神奇。由此，对布鲁内莱斯基的机械系统设计理念产生了很大兴趣。而同时一批锡耶纳工程师对达·芬奇也产生了重要影响。

当时锡耶纳的工程师们设计了一种外形像船的河道淤泥挖掘机，用来清除浅水河口的沙砾和淤泥，还设计了一种能够提高装载量并增加行驶速度的桨叶船，这些锡耶纳工程师的发明，让达·芬奇对机械的魔力产生了巨大的兴趣。从此，达·芬奇开始了他在机械设计领域的探索。图 2-15 所示为达·芬奇设计的提水机械系统与原始汽车的手绘稿。

据记载，达·芬奇一生还设计过很多机械装置，如密码筒、直升机、自行车、纺织机、潜水艇等，可见达·芬奇对机械的热爱和设计才能。

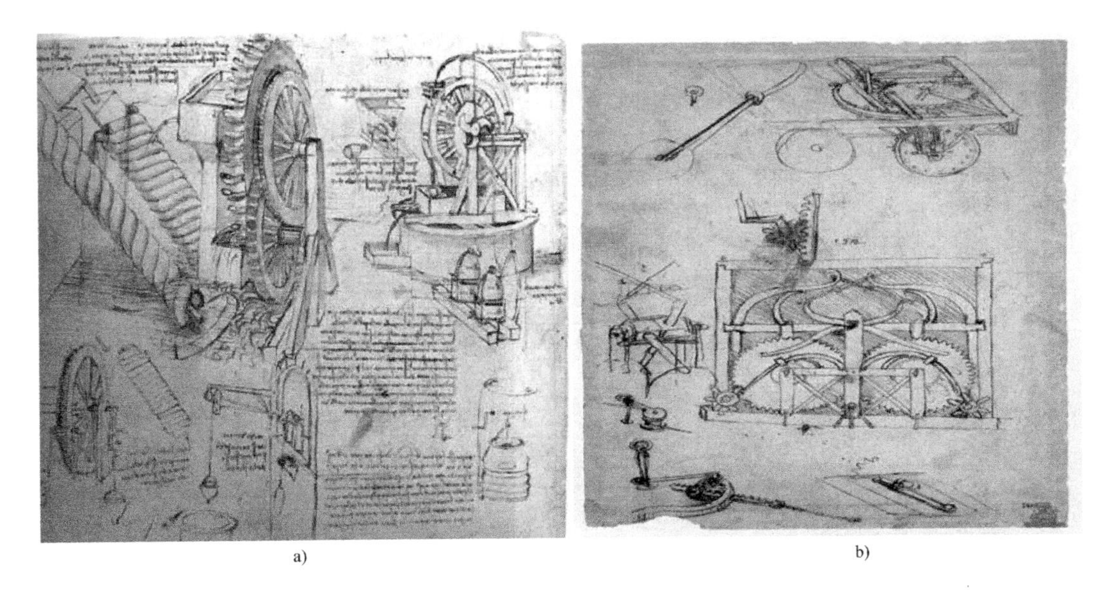

a) b)

图 2-15 达·芬奇设计的提水机械系统与原始汽车的手绘稿

第3章

机械零件技术性能设计基础

机器整机是由零件装配而成的，零件的技术性能决定了整机的技术性能。由于静连接和动连接的存在，整机性能与零件性能之间的定量关系很难确定并有待研究，整机性能如何合理而准确地分配到零件上目前还缺乏理论依据。本书仅讨论机械零件的性能，零件是制造过程中的基本制造单元，如轴、轴瓦、轴承座、齿轮、键、螺栓等。

对于零件而言，其技术性能主要包括强度与刚度、摩擦与润滑、工艺与精度、材料与原材料等方面，涉及机械结构强度学、材料学、摩擦学、动力学、制造工艺学等学科，因此零件性能设计是相关基础学科知识应用于机械设计的过程。为便于初学者入门，在此简要介绍零件技术性能设计相关知识基础与常用方法。

3.1 机械零件技术性能设计概述

机械零件技术性能是指零件在工作过程中的性质和能力，包括强度、刚度、耐磨性、温度、材料等对工作能力的影响以及工艺性、振动稳定性和可靠性等方面的问题。本章分别阐述考虑这些问题的理论基础和计算准则。

（1）零件强度与刚度　指在工作载荷下零件抵抗破坏的能力与抵抗变形的能力。零件设计时需要满足强度条件，但并非强度越高越好。强度过高不仅浪费材料，而且使得动力学性能变差。零件在不同的受力方向有不同的刚度。强度和刚度是零件设计过程中的重要技术参数指标，机器中重要零件的强度和刚度都需要在设计计算说明书中列写计算过程、依据和结果。

（2）零件摩擦与润滑　零件、组件与功能单元中的摩擦是指利用摩擦作为工作原理的工作面上的摩擦和其他工作时的摩擦行为。零件摩擦性能设计得合适与否，一定程度上决定零件与机器能否正常工作，以及零件的工作效率和使用寿命。而润滑正是减少摩擦和磨损的重要措施，润滑方式是否有效将一定程度上决定机器的效率与寿命。因此，摩擦与润滑是零件设计必须考虑的因素。摩擦与润滑的有关内容需要在零件设计计算说明书中给出计算过程、依据和结果，特别需要注意的事项，要在零件图样的技术要求中注明。

（3）零件工艺与精度　零件工艺性是指零件制造工艺性，由材料毛坯到零件设计形状和精度需要逐步实现的工艺过程。因此，零件工艺性是零件技术性能不可缺少的要素。零件精度是指零件正常工作时实际几何参数值与理想参数值的接近程度。零件精度在零件图样上以公差形式标注，若需要强调或难以在图样上标注的，需要在零件图样的技术要求中逐条说

明。虽然工艺与精度设计一般会由企业工艺业务部门重新审查并最终编制工艺文件，但在设计时也必须充分考虑零件的经济精度。

（4）零件材料与原材料　零件是由特定材料制成的物理实体，因此，材料的物理性能和处理工艺决定了零件的物理性能。选择材料的初始形状作为零件毛坯也是零件设计的重要内容，如金属材料中有铸件、锻件、型材焊接件等，不同的毛坯物理性能差异大，影响零件制造的经济性。材料与原材料需要在零件图样中标注，部分强调内容，如热处理方法、表面硬度等，需要在零件图样的技术要求中明确提出。

（5）零件可靠性　零件可靠性用可靠度作为指标，即零件在规定使用条件下和规定时间内（或作用次数、距离等），不失效地发挥工作能力的概率。设计计算依据不够准确，设计计算结果存在误差，零件的材料、工艺及制造结果与设计要求不能完全一致等，都会使得零件的实际工作能力与设计工作能力有一定差异，导致零件在预期寿命内具有失效概率。在零件设计时，为了提高可靠性，往往提高零件的技术性能设计指标，如强度与刚度，使得机器体积变大、成本提高，以牺牲经济性换取可靠性。而实际中，零件的制造结果与设计要求的一致性是影响可靠性的重要因素。

（6）零件经济性　零件经济性是指零件制造的经济性，即零件的制造成本，由零件的设计与生产制造方式确定。在零件设计过程中需要充分考虑并合理设计零件结构的工艺性、精度和材料的使用以降低生产制造成本，提高机器的制造经济性。

3.2　机械零件的失效与设计准则

机械零件在规定的寿命期内和工作条件下不能完成规定的功能，称为失效。零件失效不一定损坏，如轴产生过大的弹性变形而不能正常工作就是一种失效，但轴并不一定损坏。零件常见的失效有结构破坏、塑性变形、表面过度磨损等。

零件不发生失效的安全工作限度称为工作能力。对承受载荷的零件而言工作能力即为承载能力，其他类型的零件也有相对温度、压力、速度、弹性变形等方面的工作能力。一个零件在正常工作时可能同时有几种不同的工作要求，也有不同的失效形式，对应不同的工作能力。

机械零件设计是为了满足预期性能要求而进行的结构与参数设计，且性能又常常体现强度和刚度，即零件强度与刚度是由零件结构与参数设计来保证的。零件在不同载荷和环境下，相同零件结构与参数不失效的工作时间和能力是不同的，如果失效，其失效原因和形式亦不相同。因此，零件的强度与刚度设计需要以统一度量的载荷与环境、失效原因与形式来制定零件强度与刚度设计准则。本节主要介绍机械零件常见的载荷与环境、失效原因与形式的内涵与零件的强度与刚度设计对策。

3.2.1　载荷与应力

1. 载荷类型

零件在载荷作用下其材料内部会有相应的应力和应变，而且随零件结构、工作环境、载荷的变化而变化。因此，要对机械零件进行强度与刚度分析，首先应对其所受的载荷作出统一的界定与分类。

载荷按其随时间的变化关系分为静载荷和变载荷，如图 3-1 所示。载荷的大小和方向不随时间变化或变化缓慢的称为静载荷，如重力。载荷大小和（或）方向随时间作周期性变化（如压缩机等往复式动力机械的曲轴所受的载荷）或非周期性变化的（如支承车身重量的悬挂弹簧所受载荷）称为变载荷。变载荷又分为稳定变载荷和不稳定变载荷，周期性的变载荷称为稳定变载荷，非周期性的变载荷称为不稳定变载荷。

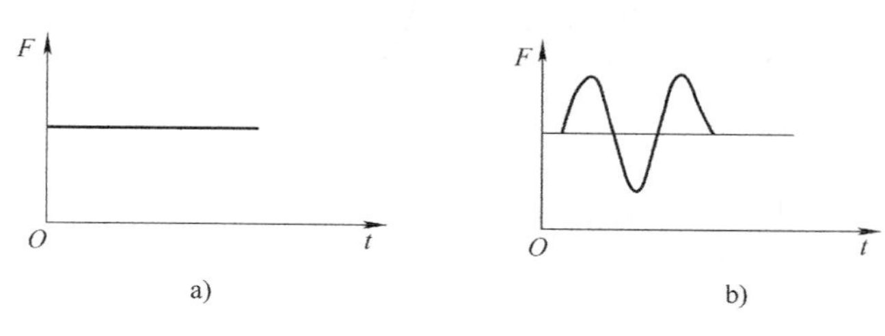

图 3-1 载荷类型

a）静载荷 b）变载荷

2. 应力类型

（1）静应力和变应力 应力按其随时间的变化关系同样分为静应力和变应力。应力的大小和方向不随时间变化的应力称为静应力。大小、方向随时间变化的应力称为变应力。变应力可以由变载荷产生，也可以由静载荷产生。

应力特征由五个参量进行描述：最大应力 σ_{max}、最小应力 σ_{min}、平均应力 σ_m、应力幅 σ_a 和应力循环特性系数（应力比）r。它们之间的关系为

$$\sigma_m=\frac{\sigma_{max}+\sigma_{min}}{2},\quad \sigma_a=\frac{\sigma_{max}-\sigma_{min}}{2},\quad r=\frac{\sigma_{min}}{\sigma_{max}}$$

$$\sigma_{max}=\sigma_m+\sigma_a,\ \sigma_{min}=\sigma_m-\sigma_a$$

这五个应力特征参数仅有两个是独立参量。因此，知道其中任意两个参数即可准确描述一个循环应力。

变应力分为周期性变应力和非周期性变应力。周期性变应力又称为循环变应力，如图 3-2 所示，循环变应力又分为稳定循环变应力和非稳定循环变应力两种类型。应力特征参数不随时间变化的循环变应力称为稳定循环变应力（五个应力特征参数为常数），图 3-2a、b、c 给出了稳定循环变应力的三种基本类型：对称循环变应力（$\sigma_m=0$、$\sigma_a=\sigma_{max}=-\sigma_{min}$、$r=-1$），脉动循环变应力（$\sigma_{min}=0$、$\sigma_a=\sigma_m=\sigma_{max}/2$、$r=0$）和非对称循环变应力。应力特征参数按一定规律周期性变化的循环变应力称为非稳定循环变应力（为多级稳定循环应力的循环作用），如图 3-2d 所示。非周期性变应力又称为随机变应力，如图 3-3 所示。

（2）名义应力和计算应力 机械零件的应力（载荷）又分为名义应力（载荷）与计算应力（载荷）。按理想受载情况、利用力学计算公式得到的应力（载荷），称为名义应力（载荷）。机器正常工作时零件所受的载荷为实际载荷。机械零件工作时受到机器动力参数不稳定、载荷分布不均匀等多种实际因素影响，致使零件的实际载荷难以准确计算，即零件的实际载荷与名义载荷存在一定的差异。为此，工程中常引入载荷系数对名义载荷进行修正，修正以后的载荷称为计算载荷。其表达式为

$$F_{ca}=KF \tag{3-1}$$

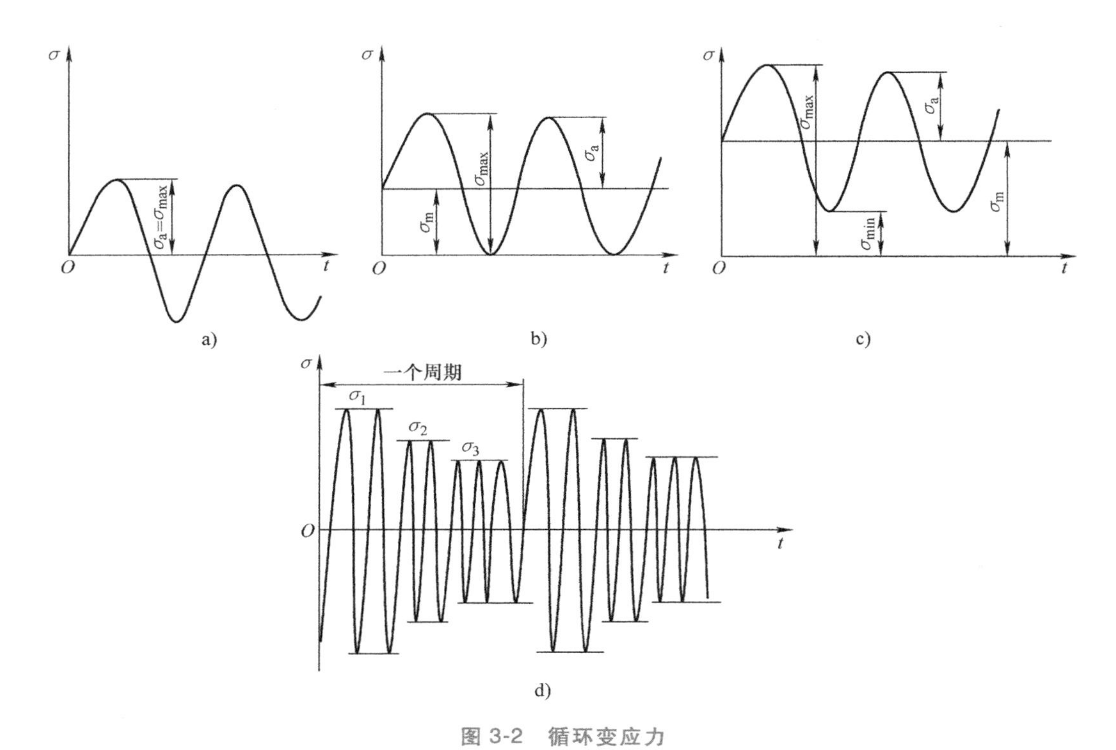

图 3-2 循环变应力

a）对称循环变应力 b）脉动循环变应力 c）非对称循环变应力 d）非稳定循环变应力

式中 F_{ca}——计算载荷；

K——载荷系数；

F——名义载荷。

零件载荷受多种因素影响时，载荷系数 K 为若干个系数的乘积。其具体取值因零件和工况而异。

按照名义载荷计算得到的应力为名义应力（σ、τ）；按照计算载荷求得的应力为计算应力（σ_{ca}、τ_{ca}）。

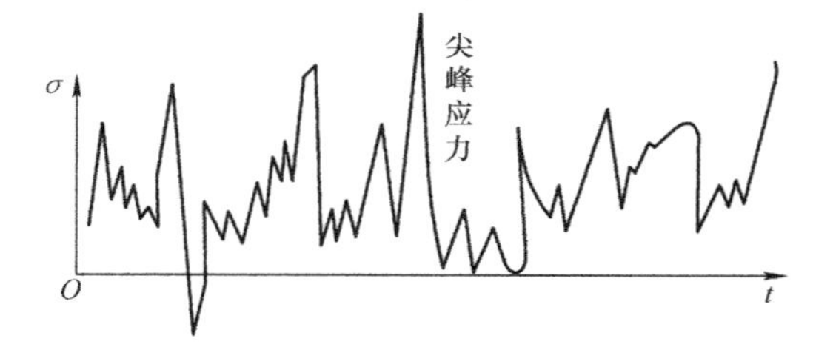

图 3-3 随机变应力

3.2.2 机械零件的失效形式

机械零件失效形式根据机理主要分为强度失效、刚度失效、表面损伤失效及功能失效等。

1. 强度失效

强度根据载荷作用性质常分为静强度和疲劳强度。静强度不足常出现零件的整体断裂或塑性变形。疲劳强度不足将会出现零件的整体疲劳断裂、表面疲劳点蚀。静强度断裂是静应力超过材料的极限值而产生的断裂破坏。疲劳断裂则是由于交变应力的作用而引起的。据统计，机械零件的整体断裂以疲劳断裂为主。

（1）静强度失效　零件静强度失效表现为零件在静应力作用下出现的整体断裂、整体

塑性变形或表面塑性变形。零件因危险截面上的静应力大于零件的强度极限而引起的断裂称为整体断裂，如螺栓及轴的过载折断等。零件整体塑性变形指塑性材料制成的零件承受的应力超过材料屈服极限时，零件发生永久性的变形。表面塑性变形多因表面挤压应力过大而使零件工作表面产生过大的塑性变形（塑性材料）或压碎破坏（脆性材料）。

（2）疲劳强度失效　零件疲劳强度失效分为整体疲劳强度失效和接触疲劳强度失效，表现为零件在疲劳应力作用下出现的整体疲劳断裂或接触疲劳点蚀等。

零件整体疲劳断裂为危险截面上的变应力小于零件极限应力的情况下多次循环作用而引起的断裂，如齿轮轮齿的疲劳折断等。

接触疲劳点蚀是在交变接触应力循环作用下，零件表层材料产生初始疲劳裂纹、裂纹不断扩展，直至剥落，使零件表面形成麻点或凹坑的现象，简称点蚀。零件接触表面初始裂纹的发生受材料存在的微裂纹、杂质等缺陷影响。点蚀的形成会减少零件的有效工作面积，从而降低零件传递载荷的能力。此外，由于表面被破坏，零件失去正确的形状，工作时将引起振动和噪声。疲劳点蚀是闭式传动齿轮、滚动轴承等零件的主要失效形式。

2. 刚度失效

机械零件刚度失效体现在过大的弹性变形。零件受载荷作用产生的弹性变形量超过许可范围时，零件或机器便不能正常工作即发生失效。弹性变形量过大会破坏零件间相互位置及配合关系，有时还会引起附加动载荷及振动。

3. 表面损伤失效

零件的表面损伤失效有磨损、胶合与腐蚀等形式，将降低表面精度或改变表面尺寸和形状，影响零件正常工作性能，使摩擦增大，甚至会使零件完全不能工作。

磨损是两个接触表面相对运动过程中，因摩擦而引起零件表面材料剥落或转移的现象。胶合是因摩擦瞬时温度过高而产生工作表面局部粘焊的现象，通常相对运动又会导致材料的转移。胶合常发生在高速重载工况下润滑不良的零件上。腐蚀是金属表面发生的电化学侵蚀或化学侵蚀的现象。腐蚀的结果会使金属表面产生锈蚀，从而使零件表面遭到破坏。

4. 功能失效

零件功能失效是由于正常工作条件丧失而失去工作能力的一种失效形式。如 V 带传动传递的负载圆周力大于摩擦力的极限值时将会发生打滑失效；高速运动零件的激振频率与系统固有频率相等或接近时会发生共振而失效等。

零件发生哪种形式的失效，与零件的结构、工况、材料与热处理等多种因素有关，需根据具体情况进行综合分析。

3.2.3　机械零件的设计准则

为了使机械零件能够安全可靠地工作，避免在寿命周期内失效，在进行设计之前，应根据零件可能的失效形式确定相应的设计准则。机械零件一般在多工况下工作，不同工况下有不同的失效形式，即使同一种零件也可能有几种不同的失效形式。那么对应于不同的失效形式就有不同的设计准则。本章主要介绍如下两种常见设计准则。

1. 强度准则

强度是机械零件抵抗整体断裂、塑性变形和表面接触疲劳的能力。零件的强度准则有两种判断方式：应力准则和安全系数准则。应力准则是零件在载荷作用下其危险截面或工作表

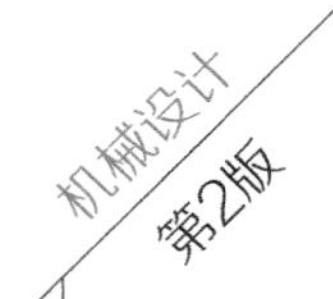

面的工作应力 σ 不超过零件的许用应力 $[\sigma]$。工作应力与许用应力可分别对应于静应力和疲劳应力。强度准则的一般表达式为

$$\sigma \leqslant [\sigma] \tag{3-2}$$

安全系数准则是零件工作时的计算安全系数 S_{ca} 不小于许用安全系数 $[S]$，即

$$S_{ca} \geqslant [S] \tag{3-3}$$

2. 刚度准则

刚度是零件受载后抵抗弹性变形的能力。如果零件的刚度不够，就会因为过大的弹性变形而引起失效。为了保证零件具有足够的刚度，设计时应使零件在载荷作用下产生的变形量 y（广义地代表任何形式的弹性变形量）小于或等于机器工作性能所能允许的极限值 $[y]$（许用变形量），即

$$y \leqslant [y] \tag{3-4}$$

式中　y——弹性变形量，可由各种求变形量的理论或试验方法确定；

$[y]$——许用变形量，即机器工作性能所允许的极限值，应视不同的工作情况，由理论或经验确定其合理的数值。

磨损、胶合等表面失效尚无适合工程实际的计算方法，有时仅采取条件性简化计算，其对策为摩擦学设计。腐蚀迄今为止也无相应的有效计算方法，本书不予讨论。

零件的功能失效与其相应的工作条件相关，将在相应的零件设计中介绍。

3.3　机械零件的强度设计

机械零件的强度可分为整体强度和表面强度。整体强度包括静强度和疲劳强度；而表面强度包含表面挤压强度和表面接触疲劳强度。由于零件疲劳强度主要由材料疲劳特性体现，在此分别阐述材料的疲劳特性与零件的疲劳强度设计，也会介绍机械零件的静强度设计。

3.3.1　机械零件的静强度设计

机械零件的静强度设计是指针对承受静应力的结构按静强度设计准则进行设计计算与度量。静强度准则常采用应力和安全系数两种表达式。前者给出了零件是否满足强度要求；后者则给出了零件的安全程度。零件的可靠性和安全性要求高的场所常采用安全系数法进行设计计算。若变应力的应力循环次数 N 小于 10^3，也常近似按静强度计算。

静强度准则的应力表达形式是工作应力小于其许用应力，其一般表达式为

$$\begin{cases} \sigma \leqslant [\sigma] = \dfrac{\sigma_{\lim}}{S_0} \\ \tau \leqslant [\tau] = \dfrac{\tau_{\lim}}{S_0} \end{cases} \tag{3-5}$$

其中，σ 和 τ 分别为零件危险截面的工作拉应力和剪应力；S_0 为静应力下的安全系数；$\sigma_{\lim}$ 和 $\tau_{\lim}$ 分别为静应力下零件材料的拉伸和剪切强度极限或屈服极限。

机械零件静强度设计的安全系数法是危险截面处的计算安全系数 $S_{\sigma ca}$、$S_{\tau ca}$ 大于或等于许用安全系数 $[S]$，即

$$S_{\sigma ca}=\frac{\sigma_{\lim}}{\sigma}\geqslant[S_{\sigma}]$$
$$S_{\tau ca}=\frac{\tau_{\lim}}{\tau}\geqslant[S_{\tau}] \tag{3-6}$$

塑性材料的零件在静应力作用下的主要失效形式是塑性变形，极限应力取材料的屈服极限表示为（R_{eH}，τ_s），即 $\sigma_{\lim}=R_{eH}$、$\tau_{\lim}=\tau_s$。脆性材料因无明显的塑性变形，零件在静应力作用下的主要失效形式是脆性破坏，极限应力为材料的强度极限表示为（R_m，τ_B），即 $\sigma_{\lim}=R_m$、$\tau_{\lim}=\tau_B$。

安全系数的选取是决定零件静强度计算合理性的关键因素之一。影响安全系数的因素主要有：载荷确定的准确性、材料性能数据的可靠性、零件的重要性和计算方法的合理性等。安全系数过大会使零件过于笨重；其值取得过小又不安全。合理的选择原则是根据零件实际工作背景和需求在保证安全可靠的前提下，尽可能减小安全系数。

3.3.2 材料的疲劳特性

1. 材料的疲劳现象

在小于或远小于极限应力的变应力反复作用于表面无缺陷的金属材料时，会使材料受到一定的损伤。随应力循环次数的增加，损伤累积到一定程度时，金属表面或内部将出现初始裂纹，裂纹扩展直至发生材料脱落或完全断裂，这种破坏称为疲劳破坏。疲劳破坏常见形式有疲劳点蚀和疲劳断裂。

疲劳断裂过程大体分为产生初始裂纹和裂纹扩展直至断裂两个阶段。前者是金属表面上应力较大处的材料发生剪切滑移，产生初始裂纹，形成疲劳源的过程。金属表面上的划伤、腐蚀小坑及内部组织结构缺陷，如铸造或锻造缺陷等，都可能成为初始疲劳源。后者是以疲劳源为中心，裂纹逐渐扩展，直至达到临界尺寸时发生突然断裂。材料疲劳破坏的特征是：材料承受的应力为变应力，且最大工作应力小于或远小于极限应力；应力是长时间的反复作用；疲劳断裂从宏观上看具有突发性，其截面特征如图 3-4 所示。光学显微镜下试样表面疲劳裂纹的生长如图 3-5 所示。

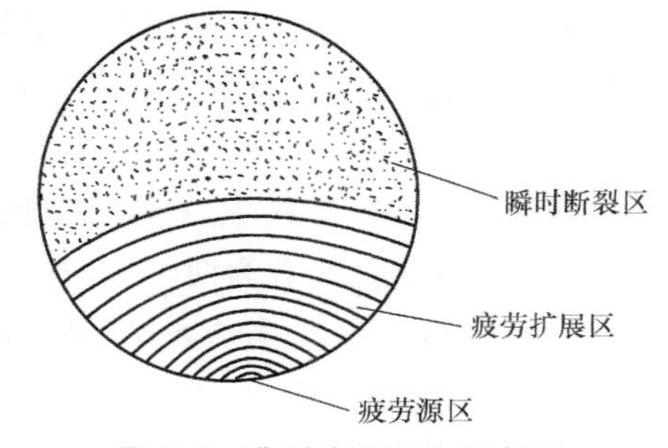

图 3-4 典型疲劳断口示意图

2. 材料的疲劳曲线

在应力循环特性 r 一定时，材料循环 N 次不发生破坏的最大应力称为材料的疲劳极限，用 σ_{rN} 表示。应力循环特性 r 不同，材料的疲劳极限和循环次数之间的关系不同。这种关系可通过标准试件在应力循环特性 r 的条件下通过试验得到。

为了揭示材料的疲劳特性，将特定试验材料制成直径为 6~10mm 的标准试件，按照国家标准规定分别在弯曲、拉压、扭转材料疲劳试验机上按给定应力循环特性 r 进行试验。在给定不同最大正应力 σ 的情况下，进行多组试验，每组按同一标准（如断裂或出现同尺寸裂纹）记录循环次数 N，此时最大正应力 σ 即为有限寿命疲劳极限 σ_{rN}。将试验结果以最大正应力 σ 为纵坐标、循环次数 N 为横坐标绘制曲线，即得到疲劳极限 σ_{rN} 与循环次数 N 之

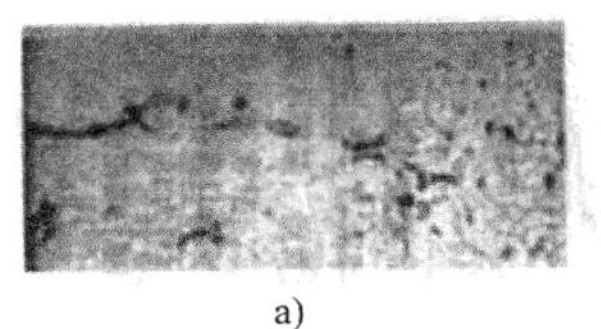

a)

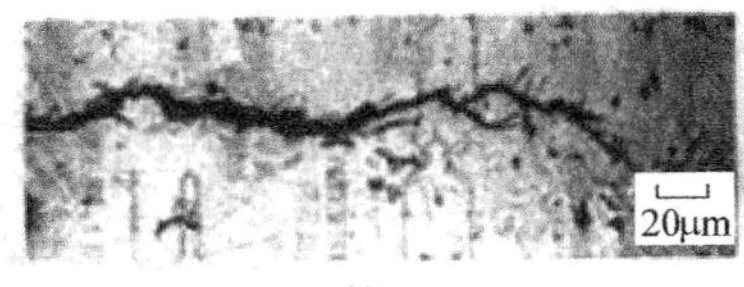

b)

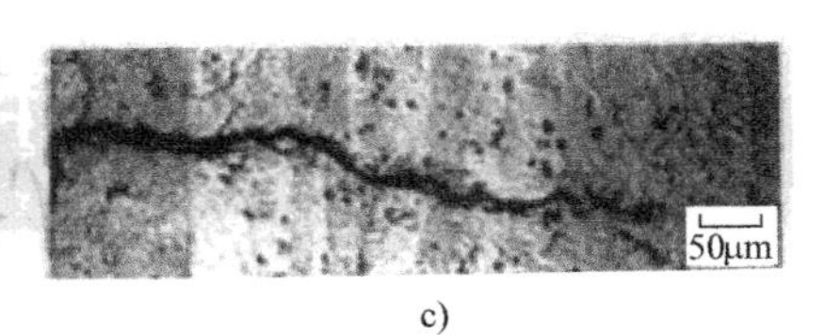

c)

图 3-5 光学显微镜下试样表面疲劳裂纹的生长

a）96000 次循环，裂纹长度 60μm b）96800 次循环，裂纹长度 380μm

c）97400 次循环，裂纹长度 570μm

间的关系曲线，称为材料疲劳曲线（σ-N 曲线），如图 3-6 所示。

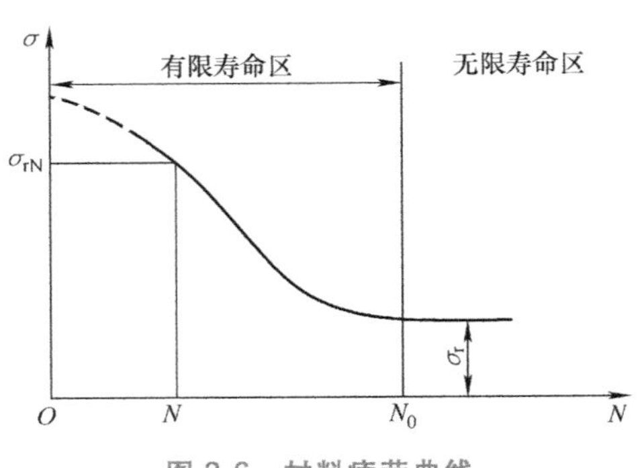

图 3-6 材料疲劳曲线

当 $N<10^3$ 时，疲劳发生在较少的循环次数 N 下，此类疲劳称为低周疲劳。其特点是：应力水平高，疲劳寿命低，设计时适用于静载荷工况。应力循环次数 $N>10^3$ 时的疲劳，称为高周疲劳。高周疲劳是零件疲劳强度研究的主要内容。

金属材料的疲劳曲线有两种类型。一种是疲劳极限 σ_{rN} 随循环次数 N 的增大而降低。循环次数 N 超过某一次数（N_0）时，曲线趋于水平，即 $N>N_0$ 时疲劳极限 σ_{rN} 不再随 N 的增大而减小，如图 3-6 所示。N_0 称为循环基数。另一种是疲劳曲线没有明显的水平部分，不存在无限寿命区。因此，工程上常以某一循环次数（$N_0=10^8$ 或 5×10^8）下的有限寿命疲劳极限（也记为 σ_r）作为表征材料疲劳强度的基本指标。如某些高强度合金钢和非铁金属的疲劳曲线。

材料不同，循环基数 N_0 在很大范围内变动。一般来说，强度越高的钢，N_0 越大。有明显水平部分的疲劳曲线分为两个区域：$N\geqslant N_0$ 区为无限寿命区，$N<N_0$ 区为有限寿命区。

（1）无限寿命区　当 $N\geqslant N_0$ 时，疲劳曲线趋于水平线，对应的疲劳极限为一定值，称为持久疲劳极限，用 σ_r 表示。工程设计一般可以认为：当材料受到的应力不超过 σ_r 时，则可以经受无限次应力循环而不破坏，典型的对称循环、脉动循环的疲劳极限分别表示为 σ_{-1}、σ_0。

（2）有限寿命区　材料受到的应力超过 σ_r 时，其疲劳之前只能承受有限次的应力循环。因此，曲线上非水平段（$N<N_0$ 时）的疲劳极限即为有限寿命疲劳极限 σ_{rN}。在有限寿命区，疲劳曲线方程一般可以采用回归曲线法得到，即

$$\sigma_{rN}^{m}N=C \tag{3-7}$$

式（3-5）称为疲劳曲线方程（其中 C 为常数）。根据前述可知，对于持久疲劳极限 σ_r 和循环基数 N_0，$\sigma_r^m N_0=C$，将其代入式（3-5）得

$$\sigma_{rN}^{m}N=\sigma_r^m N_0 \tag{3-8}$$

则 N 次循环下的有限寿命疲劳极限为

$$\sigma_{rN}=\sqrt[m]{\frac{N_0}{N}}\sigma_r=K_N\sigma_r \tag{3-9}$$

式中　K_N——寿命系数，$K_N=\sqrt[m]{\frac{N_0}{N}}$，计算 K_N 时，如果 $N>N_0$，则取 $N=N_0$；

m——寿命指数，其值与受载方式及材质有关。钢质试件在拉压、弯曲及扭转的应力作用下，取 $m=9$，在接触应力下，取 $m=6$；青铜试件在弯曲应力下，取 $m=9$，在接触应力下，取 $m=8$；

N_0——循环基数，其值与材质有关。硬度小于 350HBW 的钢，$N_0\approx10^7$；硬度大于 350HBW 的钢，通常取 $N_0\approx25\times10^7$。

疲劳曲线方程式（3-7）是适用于高周疲劳的有限寿命疲劳设计的基本方程。材料处于低周疲劳区间时，由于循环次数少，一般适用于静载荷工况，可按静强度处理。

3. 等寿命疲劳曲线（极限应力线图）

图 3-7 所示的疲劳特性曲线可用于表达不同应力比时，疲劳极限的特性。按试验的结果，这一疲劳特性曲线为二次曲线。但在工程应用中，常将其以直线来近似替代，图 3-8 所示的双折线极限应力线图就是一种常用的近似替代线图。

在作材料试验时，通常是求出对称循环及脉动循环时的疲劳极限 σ_{-1} 及 σ_0。把这两个极限应力标在 σ_m-σ_a 图上（图 3-8）。由于对称循环变应力的平均应力 $\sigma_m=0$，最大应力等于应力幅，所以对称循环疲劳极限在图中以纵坐标轴上的 A' 点来表示。由于脉动循环变应力的平均应力及应力幅均为 $\sigma_m=\sigma_a=\frac{\sigma_0}{2}$，所以脉动循环疲劳极限以由原点 O 所作 45°射线上的 D' 点来表示。连接 A'、D' 得直线 $A'D'$。由于这条直线与不同循环特性时进行试验所求得的疲劳极限应力曲线（即曲线 $A'D'$，图 3-8 中未示出）非常接近，故用此直线代替曲线是可以的，所以直线 $A'D'$ 上任何一点都代表了一定循环特性时的疲劳极限。横轴上任何一点都代表应力幅等于零的应力，即静应力。取 C 点的坐标值等于材料的屈服极限 R_{eL}，并自 C 点作一直线与直线 CO 成 45°的夹角，交 $A'D'$ 的延线于 G'，则 CG' 上任何一点均代表 $\sigma_{max}=\sigma'_m+\sigma'_a=R_{eL}$ 的变应力状况。

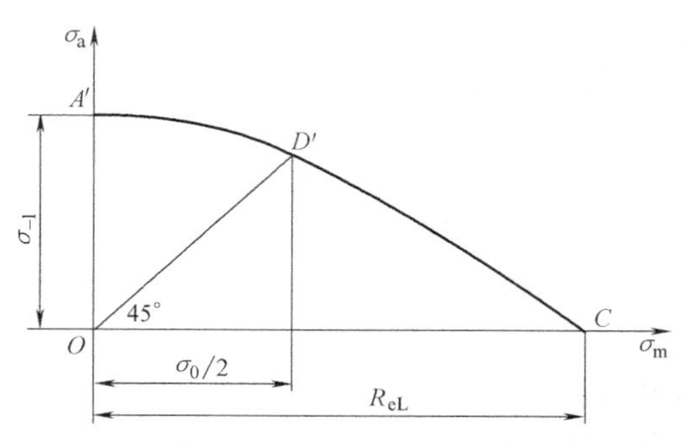

图 3-7　等寿命疲劳曲线（极限应力线图）

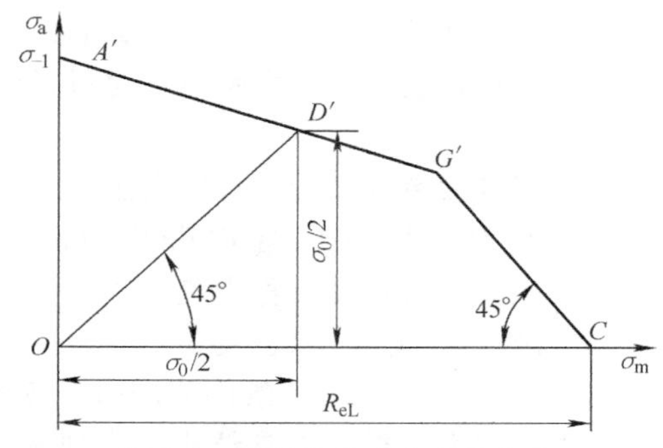

图 3-8　材料的等寿命疲劳曲线

4. 非稳定变应力下的材料疲劳强度理论

材料在 Z 级变应力 σ_1，σ_2，…，σ_Z 作用下，每一级应力对材料均有疲劳损伤。材料的疲劳损伤累积到一定程度，达到疲劳寿命极限时便发生疲劳断裂。

若各级变应力 σ_1，σ_2，…，σ_Z 的循环次数分别为 n_1，n_2，…，n_Z，发生疲劳破坏时的极限循环次数分别为 N_1，N_2，…，N_Z，则每一级应力对材料的损伤率分别为 n_1/N_1，n_2/N_2，…，n_Z/N_Z。

材料达到疲劳寿命极限时，理论上（不考虑应力作用次序等因素对损伤程度的影响）总损伤率为1，即

$$\frac{n_1}{N_1}+\frac{n_2}{N_2}+\cdots+\frac{n_Z}{N_Z}=1 \tag{3-10}$$

或

$$\sum_{i=1}^{Z}\frac{n_i}{N_i}=1 \tag{3-11}$$

式（3-9）称为 Miner 方程。

材料所承受的各级应力的作用次序影响其实际损伤程度。当各应力按从大到小的次序作用于零件时，材料达到疲劳破坏时的总损伤率小于1，即式（3-9）左边小于1；反之，当各应力按从小到大的次序作用于零件时，材料总损伤率大于1，即式（3-9）左边大于1。

3.3.3 机械零件整体疲劳强度设计

机械零件抵抗疲劳破坏的能力，称为零件的疲劳强度。零件疲劳强度设计是根据疲劳强度理论和疲劳试验数据，为零件确定合理的结构和尺寸设计。

实际工作中，绝大部分零件所受的应力都不是静应力，而是交变应力，如支承旋转齿轮的轴上任一点的工作应力、传递动力的齿轮的齿根应力等。此时，这类零件产生的失效将是疲劳失效。据统计，50%～90%的零件破坏为疲劳失效。易发生疲劳失效的零件应进行疲劳强度设计。

材料在无限次（$N \geqslant N_0$）应力循环下不发生疲劳的设计称为无限寿命设计，并以 σ_r 作为极限应力。材料在有限次（$N<N_0$）应力循环下不发生疲劳的设计称为有限寿命设计，此时以有限寿命疲劳极限 σ_{rN} 作为极限应力。材料有限寿命设计对应于疲劳曲线有限寿命区的高周疲劳段（图3-6），利用该段曲线方程可以求得疲劳寿命 N 下材料的有限寿命疲劳极限 σ_{rN}；反之，同样可以求得某个循环应力下的疲劳寿命。

机械零件疲劳强度受多种因素影响，因此零件的疲劳极限低于材料的疲劳极限。零件的疲劳极限可通过引入疲劳影响系数对材料极限应力进行修正得到。由此也可得到零件的等寿命疲劳曲线。

机械零件疲劳强度的影响因素主要有应力集中、尺寸、表面状况及表面强化等。

（1）应力集中影响　零件几何形状突变处（如孔、圆角、键槽、螺纹），局部应力要远大于名义应力，这种现象称为应力集中。其对疲劳强度的降低程度用有效应力集中系数 k_σ 和 k_τ 进行修正，见表3-1、表3-2。

（2）尺寸影响　其他条件相同时，零件截面绝对尺寸越大，其疲劳强度也越低。这是由于零件尺寸大，材料的晶粒粗，出现缺陷的概率大且机械加工后表面冷作硬化层相对薄弱，降低了零件的疲劳强度。这种影响用零件的尺寸系数 ε_σ 进行修正，见表3-3。

（3）表面质量影响　零件表面加工状况、表面腐蚀状况对零件的疲劳强度均有影响。如其他条件相同时，零件表面越粗糙，其疲劳强度也越低。这种影响用零件的表面质量系数 β_σ 进行修正，见表3-4。

（4）零件表面强化影响　零件表面的强化处理，如表面化学热处理、表面高频感应淬火、表面硬化加工等，均可不同程度地提高零件的疲劳强度。这种影响用强化系数 β_q 修正，见表 3-5。

表 3-1　螺纹、键槽、花键、横孔处及配合边缘处的有效应力集中系数 k_σ 和 k_τ

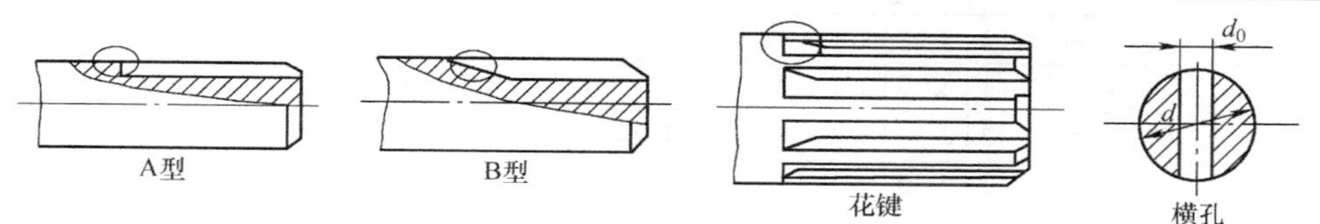

R_m/MPa	螺纹($k_\tau=1$) k_σ	键槽 k_σ A型	键槽 k_σ B型	键槽 k_τ A型、B型	花键 k_σ	花键 k_τ 矩形	花键 k_τ 渐开线形	横孔 k_σ $d_0/d=$0.05~0.15	横孔 k_σ $d_0/d=$0.15~0.25	横孔 k_τ $d_0/d=$0.05~0.25	配合 H7/r6 k_σ	配合 H7/r6 k_τ	配合 H7/k6 k_σ	配合 H7/k6 k_τ	配合 H7/h6 k_σ	配合 H7/h6 k_τ
400	1.45	1.51	1.30	1.20	1.35	2.10	1.40	1.90	1.70	1.70	2.05	1.55	1.55	1.25	1.33	1.14
500	1.78	1.64	1.38	1.37	1.45	2.25	1.43	1.95	1.75	1.75	2.30	1.69	1.72	1.36	1.49	1.23
600	1.96	1.76	1.46	1.54	1.55	2.35	1.46	2.00	1.80	1.80	2.52	1.82	1.89	1.46	1.64	1.31
700	2.20	1.89	1.54	1.71	1.60	2.45	1.49	2.05	1.85	1.80	2.73	1.96	2.05	1.56	1.77	1.40
800	2.32	2.01	1.62	1.88	1.65	2.55	1.52	2.10	1.90	1.85	2.96	2.09	2.22	1.65	1.92	1.49
900	2.47	2.14	1.69	2.05	1.70	2.65	1.55	2.15	1.95	1.90	3.18	2.22	2.39	1.76	2.08	1.57
1000	2.61	2.26	1.77	2.22	1.72	2.70	1.58	2.20	2.00	1.90	3.41	2.36	2.56	1.86	2.22	1.66
1200	2.90	2.50	1.92	2.39	1.75	2.80	1.60	2.30	2.10	2.00	3.87	2.62	2.90	2.05	2.50	1.83

注：1. 滚动轴承与轴的配合按 H7/r6 配合选择系数。
2. 蜗杆螺旋根部有效应力集中系数可取 $k_\sigma=2.3\sim2.5$；$k_\tau=1.7\sim1.9$。

表 3-2　圆角处的有效应力集中系数 k_σ 和 k_τ

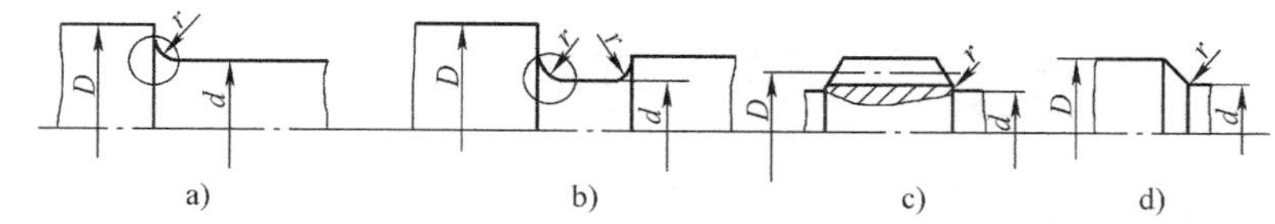

$(D-d)/r$	r/d	k_σ 400	k_σ 500	k_σ 600	k_σ 700	k_σ 800	k_σ 900	k_σ 1000	k_σ 1200	k_τ 400	k_τ 500	k_τ 600	k_τ 700	k_τ 800	k_τ 900	k_τ 1000	k_τ 1200
		R_m/MPa															
2	0.01	1.34	1.36	1.38	1.40	1.41	1.43	1.45	1.49	1.26	1.28	1.29	1.29	1.30	1.30	1.31	1.32
	0.02	1.41	1.44	1.47	1.49	1.52	1.54	1.57	1.62	1.33	1.35	1.36	1.37	1.37	1.38	1.39	1.42
	0.03	1.59	1.63	1.67	1.71	1.76	1.80	1.84	1.92	1.39	1.40	1.42	1.44	1.45	1.47	1.48	1.52
	0.05	1.54	1.59	1.64	1.69	1.73	1.78	1.83	1.93	1.42	1.43	1.44	1.46	1.47	1.50	1.51	1.54
	0.10	1.38	1.44	1.50	1.55	1.61	1.66	1.72	1.83	1.37	1.38	1.39	1.42	1.43	1.45	1.46	1.50
4	0.01	1.51	1.54	1.57	1.59	1.62	1.64	1.67	1.72	1.37	1.39	1.40	1.42	1.43	1.44	1.46	1.47
	0.02	1.76	1.81	1.86	1.91	1.96	2.01	2.06	2.16	1.53	1.55	1.58	1.59	1.61	1.62	1.65	1.68
	0.03	1.76	1.82	1.88	1.94	1.99	2.05	2.11	2.23	1.52	1.54	1.57	1.59	1.61	1.64	1.66	1.71
	0.05	1.70	1.76	1.82	1.88	1.95	2.01	2.07	2.19	1.50	1.53	1.57	1.59	1.62	1.65	1.68	1.74

（续）

(D-d)/r	r/d	kσ								kτ							
		R_m/MPa															
		400	500	600	700	800	900	1000	1200	400	500	600	700	800	900	1000	1200
6	0.01	1.86	1.90	1.94	1.99	2.03	2.08	2.12	2.21	1.54	1.57	1.59	1.61	1.64	1.66	1.68	1.73
	0.02	1.90	1.96	2.02	2.08	2.13	2.19	2.25	2.37	1.59	1.62	1.66	1.69	1.72	1.75	1.79	1.86
	0.03	1.89	1.96	2.03	2.10	2.16	2.23	2.30	2.44	1.61	1.65	1.68	1.72	1.74	1.77	1.81	1.88
10	0.01	2.07	2.12	2.17	2.23	2.28	2.34	2.39	2.50	2.12	2.18	2.24	2.30	2.37	2.42	2.48	2.60
	0.02	2.09	2.16	2.23	2.30	2.38	2.45	2.52	2.66	2.03	2.08	2.12	2.17	2.22	2.26	2.31	2.40

表 3-3　零件的尺寸系数ε_σ

直径 d/mm		20~30	30~40	40~50	50~60	60~70	70~80	80~100	100~120	120~150	150~500
ε_σ	碳钢	0.91	0.88	0.84	0.81	0.78	0.75	0.73	0.70	0.68	0.60
	合金钢	0.83	0.77	0.73	0.70	0.68	0.66	0.64	0.62	0.60	0.54

表 3-4　表面粗糙度的表面质量系数β_σ

加工方法	轴表面粗糙度值/μm	R_m/MPa		
		400	800	1200
磨削	Ra=0.4~0.2	1	1	1
车削	Ra=3.2~0.8	0.95	0.90	0.80
粗车	Ra=25~6.3	0.85	0.80	0.65
未加工表面		0.75	0.65	0.45

表 3-5　强化处理的强化系数β_q

强化方法	心部强度 R_m/MPa	β_q		
		光　轴	低应力集中的轴 $k_\sigma \le 1.5$	高应力集中的轴 $k_\sigma \ge 1.8\sim2$
高频感应淬火	600~800	1.5~1.7	1.6~1.7	2.4~2.8
	800~1000	1.3~1.5		
渗氮	900~1200	1.1~1.25	1.5~1.7	1.7~2.1
渗碳	400~600	1.8~2.0	3	2.5
	700~800	1.4~1.5	2.3	2.7
	1000~1200	1.2~1.3	2	2.3
喷丸硬化	600~1500	1.1~1.25	1.5~1.6	1.7~2.1
滚子滚压	600~1500	1.1~1.3	1.3~1.5	1.6~2.0

注：1. 高频感应淬火是根据直径 10~20mm，淬硬层厚度为（0.05~0.20）d 的试件实验求得的数据，对大尺寸的试件，强化系数值会有所降低。

2. 渗氮层厚度为 0.01d 时用最小值，在（0.03~0.04）d 时用最大值。

3. 喷丸硬化是根据厚度为 8~40mm 的试件试验求得的数据，喷丸速度低时用最小值，速度高时用最大值。

4. 滚子滚压是根据直径为 17~130mm 的试件试验求得的数据。

根据试验经验，应力集中、尺寸效应和表面状况各因素仅对零件的应力幅 σ_a 有影响，而对平均应力 σ_m 无影响。通常，引入弯曲疲劳综合影响系数 K_σ 综合考虑上述各因素对零件的疲劳强度影响，即

$$K_\sigma=\left(\frac{k_\sigma}{\varepsilon_\sigma}+\frac{1}{\beta_\sigma}-1\right)\frac{1}{\beta_q} \tag{3-12}$$

零件的等寿命疲劳曲线是利用材料的等寿命疲劳曲线引入综合影响系数 K_σ 得到的。材料等寿命疲劳曲线图 3-8 中 $A'G'$引入 K_σ，得到零件极限应力线 AG；CG 是静强度极限应力线，不需修正。图 3-9 即为简化的零件等寿命疲劳曲线。

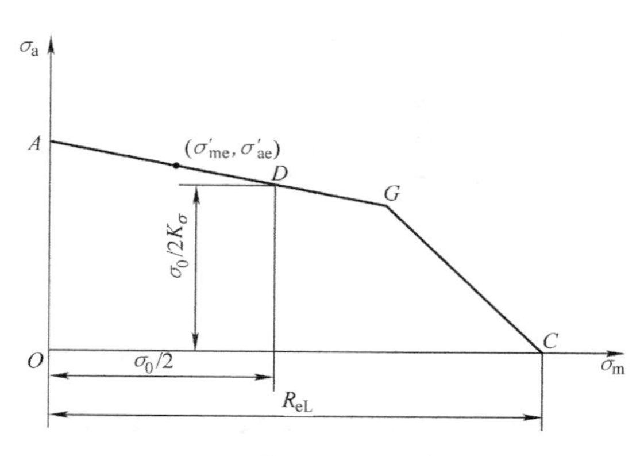

图 3-9　零件等寿命疲劳曲线

在零件的等寿命疲劳曲线上，零件的对称循环点为 A（0，σ_{-1e}），σ_{-1e} = （σ_{-1}/K_σ），脉动循环疲劳极限点为 $D(\sigma_0/2，\sigma_0/2K_\sigma)$，曲线上任一点的坐标为（$\sigma'_{me}$，$\sigma'_{ae}$），可得到直线 AG 的方程为

$$\sigma_{-1e}=\sigma'_{ae}+\psi_{\sigma e}\sigma'_{me} \tag{3-13}$$

或

$$\sigma_{-1}=K_\sigma\sigma'_{ae}+\psi_\sigma\sigma'_{me} \tag{3-14}$$

式中　ψ_σ——标准试件的材料特性，$\psi_\sigma=\dfrac{2\sigma_{-1}-\sigma_0}{\sigma_0}$；

$\psi_{\sigma e}$——零件的材料特性，$\psi_{\sigma e}=\dfrac{\psi_\sigma}{K_\sigma}=\dfrac{1}{K_\sigma}\cdot\dfrac{2\sigma_{-1}-\sigma_0}{\sigma_0}$。

一般碳钢 $\psi_\sigma\approx0.1\sim0.2$，合金钢 $\psi_\sigma\approx0.2\sim0.3$。

直线 CG 的方程为

$$\sigma'_{ae}+\sigma'_{me}=R_{eL} \tag{3-15}$$

若零件的工作应力点位于 $ADGC$ 折线以内，表示其不发生破坏；$ADGC$ 折线外是疲劳和塑性失效区，表示零件一定要发生破坏。

1. 单向稳定变应力状态下的零件疲劳强度

若应力为单向应力（一维应力），则这种稳定变应力称为单向稳定变应力。

计算机械零件疲劳强度时，需求得安全系数 S_{ca} 并满足强度条件 $S_{ca}=\sigma_{lim}/\sigma\geqslant$ [S]。为此，首先求出机械零件危险截面上的工作应力点 M 的平均应力 σ_m 及工作应力幅 σ_a，如图 3-10 所示；其次根据零件的加载规律及等寿命疲劳曲线，确定相应的极限应力点，并求解极限应力；最后求解零件的安全系数并判断是否安全。

零件的典型加载规律即工作应力变化规律有以下三种情况。①循环特性为常数（$r=C$）：加载线在图 3-10 中表现为过坐标原点和工作应力点 M（或 N）的直线 MM'_1（或 NN'_1），与极限应力线 AG（或 CG）分别交于 M'_1(或 N'_1)。M'_1 或 N'_1 点即为与工作应力具有相同应力比的极限应力点。②平均应力为常数（$\sigma_m=C$）：加载线为图 3-10 中的 MM'_2（或 NN'_2）直线，极限应力点为 M'_2（或 N'_2）。③最小应力为常数（$\sigma_{min}=C$）：加载线为图 3-10 中的 MM'_3

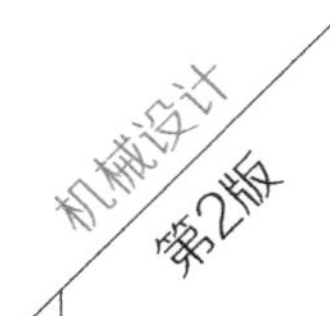

（或 NN_3'）直线，极限应力点为 M_3'（或 N_3'）。

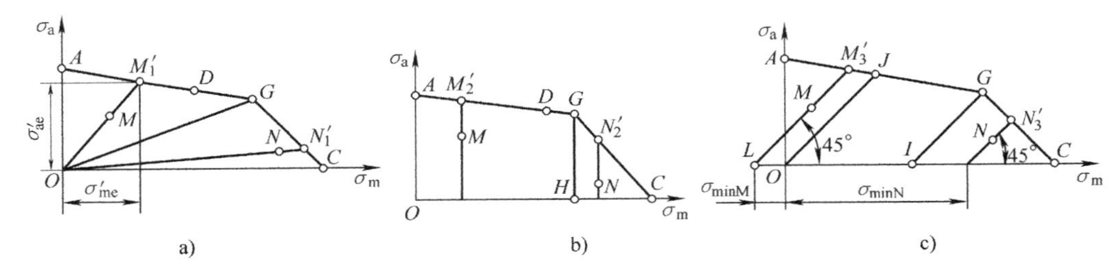

图 3-10 零件的典型加载规律

a）$r=C$ b）$\sigma_m=C$ c）$\sigma_{min}=C$

零件加载线与极限应力线 AG 相交时，零件主要以疲劳失效为主，应进行疲劳强度计算。加载线与极限应力线 CG 相交时，零件主要以屈服失效为主，应进行静强度计算。若极限应力点交于零件的等寿命疲劳曲线上的 G 点附近，则无法准确判断零件的主要失效形式，零件的疲劳强度和静强度均需进行计算。

（1）疲劳强度下的安全系数 零件疲劳强度的求解方法：首先基于给定加载规律，写出加载线的直线方程；其次求解加载线与极限应力线的交点坐标，其纵横坐标值之和即为极限应力。如加载规律为 $r=C$，其加载线为 MM_1'，则直线方程为

$$\frac{\sigma_a}{\sigma_m}=\frac{\sigma'_{ae}}{\sigma'_{me}} \tag{3-16}$$

MM_1' 直线方程与极限应力线 AG 直线方程式（3-14）联立求解，得到极限应力 σ'_{max}。加载规律 $r=C$ 时零件的安全系数为

$$S_{\sigma ca}=\frac{\sigma_{lim}}{\sigma}=\frac{\sigma'_{max}}{\sigma_{max}}=\frac{\sigma_{-1}}{K_\sigma\sigma_a+\psi_\sigma\sigma_m}\geqslant[S] \tag{3-17}$$

同理，可得到加载规律 $\sigma_m=C$ 时零件的安全系数为

$$S_{\sigma ca}=\frac{\sigma'_{max}}{\sigma_{max}}=\frac{\sigma_{-1}+(K_\sigma-\psi_\sigma)\sigma_m}{K_\sigma(\sigma_m+\sigma_a)}\geqslant[S] \tag{3-18}$$

$\sigma_{min}=C$ 时零件的安全系数为

$$S_{\sigma ca}=\frac{\sigma'_{max}}{\sigma_{max}}=\frac{2\sigma_{-1}+(K_\sigma-\psi_\sigma)\sigma_{min}}{(K_\sigma+\psi_\sigma)(2\sigma_a+\sigma_{min})}\geqslant[S] \tag{3-19}$$

进一步分析式（3-17），分子为材料的对称循环弯曲疲劳极限，分母为工作应力幅乘以应力幅的综合影响系数（即 $K_\sigma\sigma_a$）再加上 $\psi_\sigma\sigma_m$。从实际效果来看，可以把 $\psi_\sigma\sigma_m$ 项看成是一个应力幅，而 ψ_σ 是把平均应力折算为等效的应力幅的折算系数。因此，$K_\sigma\sigma_a+\psi_\sigma\sigma_m$ 相当于将原来作用的非对称循环变应力等效为对称循环应力。这样的概念为应力的等效转化，并将 $K_\sigma\sigma_a+\psi_\sigma\sigma_m$ 称为等效应力，记为 σ_{ad}，即

$$\sigma_{ad}=K_\sigma\sigma_a+\psi_\sigma\sigma_m \tag{3-20}$$

上述所讨论的三种应力加载规律下的强度计算是在零件无限寿命下推导的。若按照有限寿命计算，则上述计算公式中的 σ_{-1} 和 σ_0 分别以 σ_{-1N} 和 σ_{0N} 来代替。

零件承受切应力情况时，只需把上述各公式中各参数（或下标）的弯曲应力 σ 改为 τ 即可。

（2）静强度下的安全系数　零件静强度计算方法：极限应力点交于 CG 线时，对应三种加载规律下，其纵横坐标之和均为屈服极限 R_{eH}，故其静强度安全系数计算式为

$$S_{\sigma ca}=\frac{\sigma_{\lim}}{\sigma}=\frac{R_{eH}}{\sigma_{\max}}=\frac{R_{eH}}{\sigma_a+\sigma_m}\geqslant[S] \tag{3-21}$$

2. 非稳定变应力下的机械零件疲劳强度设计

非稳定变应力主要分为规律性非稳定变应力和随机变应力两类。规律非稳定变应力呈现一定的变化规律，并按其规律循环，周而复始。如规定工作环境与加工对象的专用机床主轴、高炉上料机构的零件等。随机变应力的变化受到很多偶然因素的影响，如起重机、轧钢机、挖掘机、汽车、拖拉机、飞机、船舶等机械上的零件，在其工作过程中，应力的大小是随机变化的。

（1）规律性非稳定变应力下的疲劳强度设计　规律性非稳定变应力下的零件疲劳强度可根据 Miner 方程及疲劳曲线方程，采取应力等效方法计算。其基本思想是将不稳定变应力转化为疲劳损伤程度与之等效的稳定变应力（当量应力），然后按稳定变应力进行疲劳强度计算。

规律性非稳定变应力通常以多级稳定变应力给出（σ_i，n_i），其中 n_i 为各级应力的实际循环次数。若某级应力 $\sigma_i<\sigma_r$（持久疲劳极限），理论上在该应力作用下零件具有无限寿命，因此计算时略去该应力。由式（3-9）得

$$\sum_{i=1}^{z}\frac{\sigma_i^m n_i}{\sigma_i^m N_i}=1 \tag{3-22}$$

若零件承受非稳定的对称循环变应力，由疲劳曲线可知

$$\sigma_1^m N_1=\sigma_2^m N_2=\cdots=\sigma_i^m N_i=\sigma_{-1}^m N_0 \tag{3-23}$$

不稳定变应力时的极限条件为

$$\sum_{i=1}^{z}\frac{\sigma_i^m n_i}{N_0\sigma_{-1}^m}=1 \tag{3-24}$$

如果材料在上述应力作用下未达到破坏，则

$$\sum_{i=1}^{z}\frac{\sigma_i^m n_i}{N_0\sigma_{-1}^m}\leqslant 1 \tag{3-25}$$

整理得

$$\sqrt[m]{\frac{1}{N_0}\sum_{i=1}^{z}\sigma_i^m n_i}\leqslant\sigma_{-1} \tag{3-26}$$

由强度准则可知：式（3-26）的左侧相当于零件承受的一对称循环应力，其对零件损伤程度与多级（σ_i，n_i）相当，故称其为当量应力，记为 σ_{ca}

$$\sigma_{ca}=\sqrt[m]{\frac{1}{N_0}\sum_{i=1}^{z}\sigma_i^m n_i} \tag{3-27}$$

考虑零件疲劳影响因素，零件非稳定的对称循环变应力下的疲劳强度条件为

$$S_{ca}=\frac{\sigma_{-1}}{K_\sigma\sigma_{ca}}=\frac{\sigma_{-1}}{K_\sigma\sqrt[m]{\frac{1}{N_0}\sum_{i=1}^{z}\sigma_i^m n_i}}\geqslant[S] \tag{3-28}$$

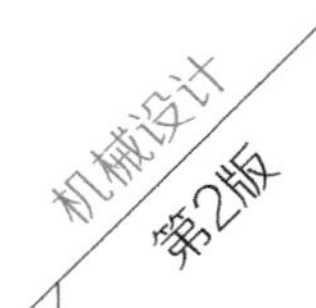

对于非稳定的非对称循环应力，首先利用式（3-20）将非对称循环应力转化为对称循环应力，则零件疲劳强度条件为

$$S_{ca}=\frac{\sigma_{-1}}{\sqrt[m]{\frac{1}{N_0}\sum_{i=1}^{z}\sigma_{adi}^{m}n_i}}=\frac{\sigma_{-1}}{\sqrt[m]{\frac{1}{N_0}\sum_{i=1}^{z}(K_\sigma\sigma_{ai}+\psi_\sigma\sigma_{mi})^m n_i}}\geqslant S \tag{3-29}$$

其中，σ_{ai}、σ_{mi} 为 σ_i 的应力幅和平均应力，σ_{adi} 为 σ_i 的等效对称循环变应力。

（2）随机变应力下的疲劳强度设计　实际工程中机器的载荷往往不能主动预测与控制，具有随机性质，即属于随机载荷。承受随机载荷的机械零件疲劳强度计算方法的本质是将随机变应力转化为规律性非稳定变应力。

机械零件的随机载荷常通过载荷随时间连续变化的历程进行描述，称为载荷-时间历程。疲劳强度设计和寿命计算之前必须对连续的载荷-时间历程进行处理，获得载荷与其出现的累计频次关系图，即载荷谱。许多机器运行过程中，每次实测得到的载荷-时间历程中的幅值和频率的变化情况都各不相同。遵循损伤随机变应力转化为规律稳定变应力的方法：即把一个连续的随机载荷按照载荷变化幅值、频率和出现的概率大小与范围等进行分段划分与合并统计，其中每段载荷作为一稳定变应力，相应的累计作用次数即为载荷的循环次数。这种按零件损伤程度将一个连续的随机载荷对零件所造成的损伤当量定量地反映出来，称为“载荷谱编制”。该过程相当于将随机载荷等效为规律非稳定变应力。

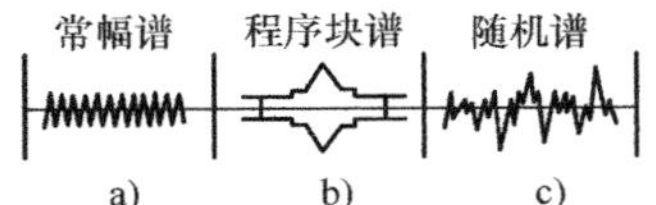

图 3-11　载荷谱示意图
a）常幅谱　b）程序块谱
c）随机谱

载荷谱包括各种环境条件，如温度、腐蚀、噪声等。必要时，还需考虑交变载荷和交变环境因素的综合影响，形成更为复杂的环境载荷谱。图 3-11 给出了几种常见的载荷谱。

图 3-12 给出了一种风电设备随机载荷的编谱过程。通过概率分布函数来统计分析进而制订风电设备载荷谱，同时依据疲劳损伤累积理论获得相应的风电设备载荷谱的等效载荷，可以通过此等效载荷谱及对应的应力谱进行滚动轴承寿命试验和强度校核与设计。

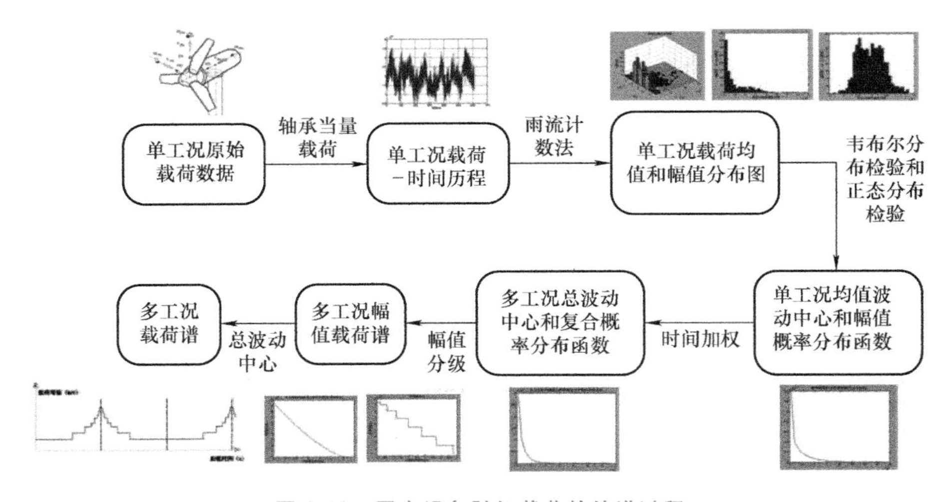

图 3-12　风电设备随机载荷的编谱过程

3. 复合稳定变应力状态下的零件疲劳强度

机械零件工作时，同时承受弯曲应力和扭转切应力的联合作用，称为双向应力状态，也属于复合应力状态。如转轴承受弯曲应力和扭转切应力的联合作用。

钢制机械零件同时作用有同周期、同相位的对称循环稳定法向正应力 σ_a 和切应力 τ_a 时，经过疲劳试验得到极限应力关系为

$$\left(\frac{\tau_a'}{\tau_{-1e}}\right)^2+\left(\frac{\sigma_a'}{\sigma_{-1e}}\right)^2=1 \tag{3-30}$$

其中，σ_a' 和 τ_a' 为同时作用的法向和切向应力幅的极限值。

在$\dfrac{\sigma_a}{\sigma_{-1e}}$和$\dfrac{\tau_a}{\tau_{-1e}}$为横纵坐标轴的坐标系中，式（3-30）是一个单位圆弧，如图 3-13 所示。根据对称循环变应力特征，应力幅即为最大应力。图 3-13 中的圆弧 $AM'B$ 上任一个点即代表一对极限应力 σ_a'及 τ_a'。零件承受的工作应力的应力幅 σ_a 及 τ_a 在图中用 M 表示。零件工作应力点 M 位于极限圆内，零件是安全的。

过 M 点引直线 OM 与 $\overset{\frown}{AB}$ 交于 M'点，则安全系数 S_{ca} 为

$$S_{ca}=\frac{OM'}{OM}=\frac{OC'}{OC}=\frac{OD'}{OD} \tag{3-31}$$

式中各线段的长度为 $OC'=\dfrac{\tau_a'}{\tau_{-1e}}$，$OC=\dfrac{\tau_a}{\tau_{-1e}}$，$OD'=\dfrac{\sigma_a'}{\sigma_{-1e}}$，$OD=\dfrac{\sigma_a}{\sigma_{-1e}}$，代入式（3-31）得

$$\begin{cases}\dfrac{\tau_a'}{\tau_{-1e}}=S_{ca}\dfrac{\tau_a}{\tau_{-1e}},\text{即 }\tau_a'=S_{ca}\tau_a\\[2ex]\dfrac{\sigma_a'}{\sigma_{-1e}}=S_{ca}\dfrac{\sigma_a}{\sigma_{-1e}},\text{即 }\sigma_a'=S_{ca}\sigma_a\end{cases} \tag{3-32}$$

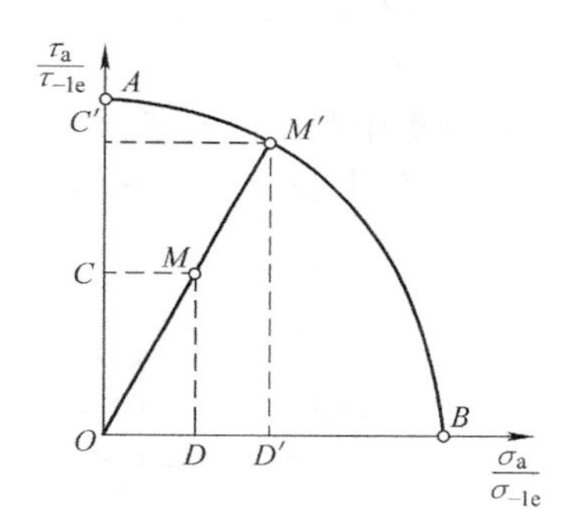

图 3-13　双向应力时的极限应力线图

将式（3-32）代入式（3-30），得

$$\left(\frac{S_{ca}\tau_a}{\tau_{-1e}}\right)^2+\left(\frac{S_{ca}\sigma_a}{\sigma_{-1e}}\right)^2=1 \tag{3-33}$$

根据安全系数概念可知，$\dfrac{\tau_{-1e}}{\tau_a}=S_\tau$ 是零件上只承受切应力 τ_a 时的计算安全系数；$\dfrac{\sigma_{-1e}}{\sigma_a}=S_\sigma$ 是零件上只承受正应力 σ_a 时的计算安全系数，故

$$\left(\frac{S_{ca}}{S_\tau}\right)^2+\left(\frac{S_{ca}}{S_\sigma}\right)^2=1 \tag{3-34}$$

因此，双向稳定变应力下的安全系数为

$$S_{ca}=\frac{S_\sigma S_\tau}{\sqrt{S_\sigma^2+S_\tau^2}} \tag{3-35}$$

其中零件法向正应力和切应力下的安全系数分别为

$$S_\sigma=\frac{\sigma_{-1}}{K_\sigma\sigma_a+\psi_\sigma\sigma_m} \tag{3-36}$$

$$S_\tau = \frac{\tau_{-1}}{K_\tau \tau_a + \psi_\tau \tau_m} \tag{3-37}$$

双向稳定变应力下的疲劳强度安全系数计算过程：首先根据式（3-36）和式（3-37）计算单向应力状态下的安全系数；然后按式（3-35）求出双向稳定变应力下零件的计算安全系数。

4. 提高机械零件疲劳寿命的措施

提高零件整体疲劳强度主要从结构和工艺两方面入手。

零件结构形状的改进对提高零件整体疲劳强度有非常重要的作用。提高零件疲劳强度和寿命的常见措施有以下几方面。

1）零件形状的缓慢改变与圆滑过渡，减小应力集中。零件结构形状必须改变之处采用缓慢改变与圆滑过渡，避免截面尺寸突然变化，或使变化尽可能小；而圆滑过渡，是减少应力集中的有效措施，在交变应力下尤为重要。

2）卸载结构设计。在必须出现结构变化之处，为了减少应力集中幅度，在附近设计出卸载结构，减少或“转移”应力集中幅度。如在应力较小处设计出孔洞或缺口以减小同一截面上的主要应力集中源处的应力尖峰（图3-14），或以切口减缓主要应力集中源处的应力流变化（图3-15）。

3）减少集中载荷。在承载面上尽可能使载荷均匀分布，避免产生集中载荷，如改变零件上可能受到集中载荷的部分形状，以便其余部分共同承担载荷，如齿轮修形。

图3-14 轴上开卸载槽　　图3-15 轮毂上开卸载槽

3.3.4 机械零件的表面强度设计

机器中零件之间是通过接触来实现力传递的。组件中固定连接一般为表面接触，而运动副一般是曲面相接触，即线接触（图3-16a、b）和点接触（图3-16c、d）。渐开线直齿圆柱齿轮齿面间的接触为线接触：其中外啮合时为外接触，内啮合时为内接触，如图3-17和图3-18所示。凸轮机构中，从动件与凸轮工作面之间存在着点接触或线接触。滚动轴承中，钢球与套圈的接触为点接触，如图3-19所示。

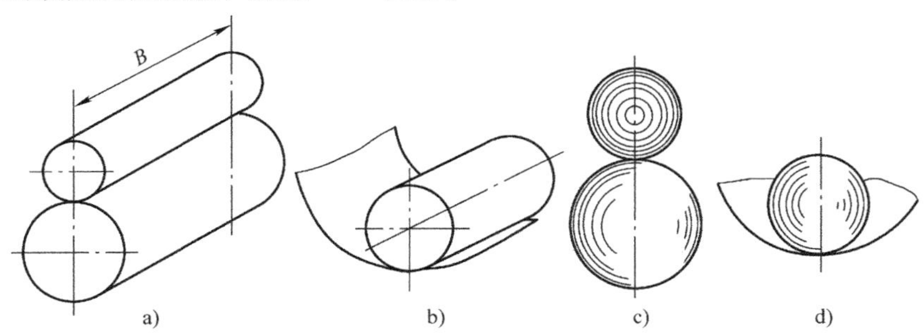

图3-16 几种曲面的接触情况

图 3-17 齿轮啮合外接触

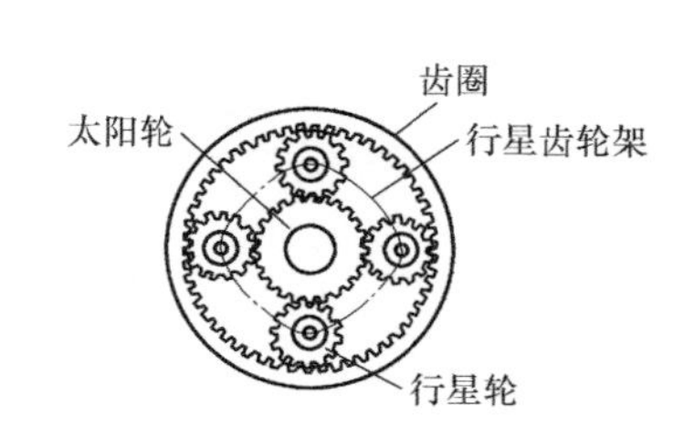

图 3-18 齿轮啮合内接触

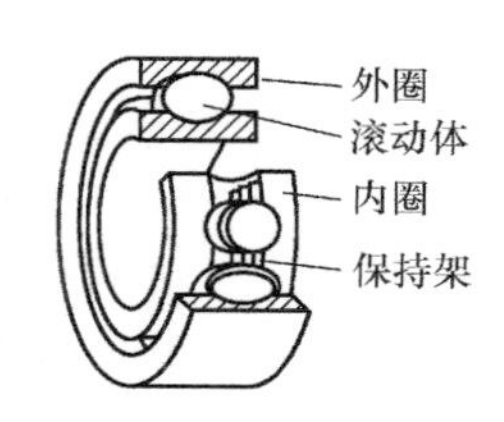

图 3-19 滚动轴承滚子与滚道接触

若两个零件受载前是点接触或线接触，受载后由于变形，接触处转化为一小接触面。通常此处面积甚小而表层产生的局部应力却很大，这种应力称为接触应力。这时零件强度称为接触强度。接触强度与工作面的接触应力息息相关。

1. 接触应力

接触应力的计算是一个弹性力学问题。图 3-20 所示为两个轴线平行的圆柱体外接触和内接触受力的轴截面示意图。受力前，两圆柱体沿与轴线相平行的一条线（在图中投影为一个点）相接触（图 3-21）；受力后，由于材料的弹性变形，接触线变成宽度为 $2b$ 的一个矩形面。两零件接触面上，在接触宽度的不同点处材料发生的弹性位移量，在连心线方向上是不同的。因此，接触表面所承受的压应力也处处不相同，此接触应力大小分布呈半椭圆柱形。点接触（图 3-22）情形，接触区一般呈椭圆形，接触应力分布呈半椭球形。当两个球接触时，接触区则变成一个球形。

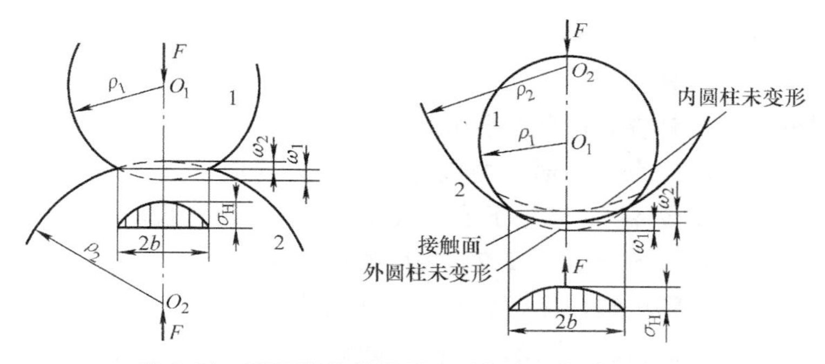

图 3-20 两圆柱体接触受力后的变形与应力分布

下面给出线接触（图 3-21）的接触应力计算公式——赫兹公式。

$$\sigma_H=\sqrt{\frac{\frac{F}{L}\left(\frac{1}{\rho_1}\pm\frac{1}{\rho_2}\right)}{\pi\left(\frac{1-\mu_1^2}{E_1}+\frac{1-\mu_2^2}{E_2}\right)}} \tag{3-38}$$

式中 F——作用于接触面上的总压力；

L——初始接触线长度；

ρ_1、ρ_2——零件 1 和 2 初始接触处的曲率半径；

μ_1、μ_2——零件 1 和 2 材料的泊松比；

E_1、E_2——零件 1 和 2 材料的弹性模量。

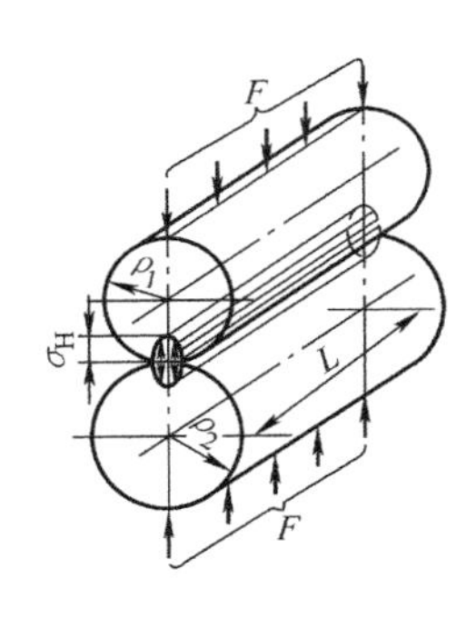

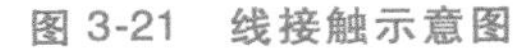
图 3-21 线接触示意图

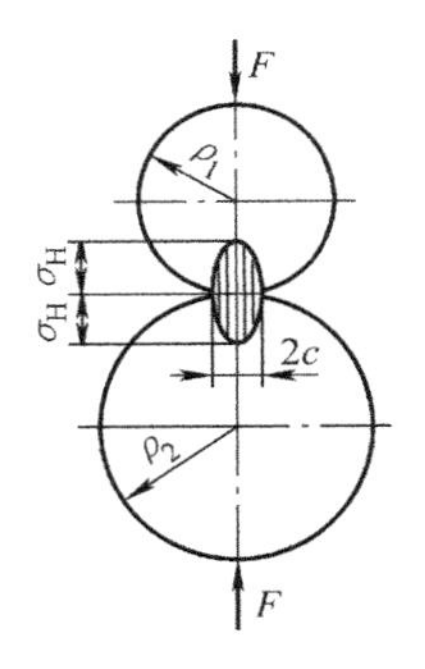

图 3-22 点接触示意图

通常，令$\dfrac{1}{\rho_{\Sigma}}=\dfrac{1}{\rho_1}\pm\dfrac{1}{\rho_2}$，称为综合曲率，$\rho_{\Sigma}=\dfrac{\rho_1\rho_2}{\rho_1\pm\rho_2}$称为综合曲率半径，其中正号用于外接触，负号用于内接触。平面与圆柱或球接触，取平面曲率半径 $\rho_2=\infty$。

2. 接触疲劳强度

零件表面在接触循环应力作用下的强度称为表面接触疲劳强度。接触疲劳强度不足会出现疲劳点蚀。判断金属表面接触疲劳强度的指标是接触疲劳极限 σ_{Hlim}，即在规定的应力循环次数下材料不发生点蚀现象时的极限应力。表面接触疲劳强度的计算准则为

$$\sigma_{\mathrm{H}}\leqslant[\sigma_{\mathrm{H}}] \tag{3-39}$$

式中 $[\sigma_{\mathrm{H}}]$——许用接触应力，$[\sigma_{\mathrm{H}}]=\sigma_{\mathrm{Hlim}}/S_{\mathrm{H}}$；

σ_{Hlim}——极限接触应力；

S_{H}——安全系数。

作用在两零件上的接触应力具有大小相等、方向相反、左右对称及稍离接触区中线即迅速降低等特点。由于接触应力是局部性的应力，且应力的增长与载荷 F 并非线性关系，而是要缓慢得多，故安全系数 S_{H} 可取等于或稍大于 1。对于闭式齿轮传动，进行齿面接触疲劳强度计算，表面未强化时 $S_{\mathrm{H}}=1.1\sim1.2$，表面强化时 $S_{\mathrm{H}}=1.2\sim1.3$。

由赫兹公式及强度准则可知，提高表面接触强度的主要措施有：

1）增大接触表面的综合曲率半径，以减小接触应力，如将标准齿轮传动改为正传动。

2）外接触改为内接触。

3）点接触改为线接触，如用圆柱滚子轴承代替球轴承。

4）提高零件表面硬度，如采用表面强化处理。

5）在一定范围内提高接触表面的加工质量，增加实际接触面积，从而减小接触应力。

6）采用黏度较高的润滑油，既能降低渗入裂纹的能力，又能在接触区形成较厚的油膜，延缓裂纹扩展。

3. 表面挤压强度

通过局部配合面间的接触来传递载荷的零件，在接触面上的压应力称为挤压应力。挤压应力超过其极限应力时，接触面将产生“压溃”失效。塑性材料将产生表面塑性变形，脆性材料将产生表面破坏。挤压应力分布比较复杂，常采用简化的方法计算，即假设挤压应力在接触面上呈均匀分布。这种简化某些条件的计算方法称为条件性计算。

挤压强度的计算公式为

$$\sigma_p = \frac{F}{A} \leqslant [\sigma_p] \tag{3-40}$$

式中 σ_p——挤压应力；

$[\sigma_p]$——许用挤压应力；

A——接触面积或曲面接触时的投影面积。

当各零件的材料和接触面积均不相同时，应分别计算其挤压强度。

3.3.5 机械零件强度设计实例

【例】 某风电机组零件材料为45钢并经过调质处理，其相关参数：$\sigma_{-1}=307\text{MPa}$，$N_0=5\times10^6$，$m=9$。现进行疲劳试验，以对称循环变应力 $\sigma_1=500\text{MPa}$ 作用 10^4 次，$\sigma_2=400\text{MPa}$ 作用 10^5 次。试求该零件在此条件下的计算安全系数。在此基础上若再以 $\sigma_3=350\text{MPa}$ 作用于该零件，还能再循环多少次才会使零件破坏？

【解】

计算项目	计算依据	单位	计算结果
1. 计算当量应力 σ_{ca}	式(3-27)：$\sigma_{ca}=\sqrt[m]{\frac{1}{N_0}\sum_{i=1}^{z}\sigma_i^m n_i}$	MPa	$z=2$ $\sigma_{ca}=275.52$
2. 计算安全系数 S_{ca}	式(3-28)：$S_{ca}=\frac{\sigma_{-1}}{K_\sigma \sigma_{ca}}$		$S_{ca}=1.114$
3. 计算各级应力的极限循环次数 N_i	式(3-7)：$N_i=N_0\left(\frac{\sigma_{-1}}{\sigma_i}\right)^m$		$N_1=0.0625\times10^6$ $N_2=0.47\times10^6$ $N_3=1.54\times10^6$
4. 计算实际循环次数 n_3	式(3-8)：$\frac{n_1}{N_1}+\frac{n_2}{N_2}+\frac{n_3}{N_3}=1$		$n_3=0.97\times10^6$ 该试件在对称循环变应力 σ_3 的作用下，尚可循环 0.97×10^6 次

3.4 机械零件的刚度设计

机械零件的刚度是指该零件在载荷作用下抵抗弹性变形的能力。由单位外力或外力矩的作用产生的变形，称为柔度。机械零件刚度是基本技术性能之一，它影响机器工作时能否达到预定使用的要求。根据零件所受载荷性质的不同，又分为静力刚度、动力刚度和热刚度。零件在静态力作用下表现的刚度称为静力刚度，简称静刚度；零件在动态力作用下表现的刚度称为动力刚度，简称动刚度；而在温度场作用下体现的刚度，称为热刚度。

零件的刚度分为整体刚度和表面接触刚度两种。前者是指零件整体抵抗在载荷作用下发生的伸长、缩短、挠曲、扭转等弹性变形的能力；后者是指零件表面抵抗外载荷作用导致的两零件接触面变形并产生相对位移的能力，常称为接触刚度。

进行机械设计时，除了满足强度要求外，还应满足刚度要求，其原因有以下几方面。

1）如果某些零件刚度不足，将影响机器正常工作。例如，轴的弯曲刚度不足时，轴颈将在轴承中倾斜，使两者接触不良。

2）加工零件时，若被加工零件或机床零件（如主轴、刀架等）的刚度不足，则被加工零件或机床零件的变形会引起制造误差，影响零件的加工精度。此外，被加工零件的刚度，还是决定进给量和切削速度的重要因素，对生产率有直接的影响。

3）刚度有时是决定零件承载能力的重要条件。例如，受压的长杆、压力容器等，其承载能力，主要取决于它们对变形的稳定性。要想提高这类零件的承载能力，一般都要从提高其刚度入手。

4）对于弹簧一类的弹性零件，其设计的出发点就是要在一定的载荷作用下，产生一定的弹性变形（压缩或伸长量等），因此，满足刚度要求是这类零件设计的基本前提。

5）刚度还会影响零件的固有频率，对零件的动态性能有较大的影响。

3.4.1 静刚度设计

静刚度条件主要是限定机械零件的弹性变形量不大于许用变形量。零件的变形量有伸长量、挠度、偏转角、扭转角等。刚度准则见式（3-4）。

一般形状简单的零件，其变形量可按材料力学的有关公式进行计算。对于形状复杂的零件，可用有限元法进行刚度计算。作为近似，可将复杂形状的零件用简化的模型来代替，如用等直径轴代替阶梯轴作条件性计算等。

影响刚度的因素及其改进措施主要有以下几方面。

（1）材料对零件刚度的影响　材料的弹性模量越大，零件的刚度越大。由于同类金属的弹性模量相差不大，因此，以价格昂贵的高强度合金钢代替普通碳钢来提高零件的刚度是不经济的。

（2）结构对刚度的影响　当剖面面积相同时，中空剖面比实心剖面的惯性矩大，故零件的弯曲刚度和扭转刚度也较大。此外，采用加强肋的方式也可以提高零件的刚度。

支承方式对零件的刚度也有较大的影响。减小支点距离，尽量避免采用悬挂结构，或尽量减小悬臂长度，均有利于提高零件的刚度。

（3）预紧装配对接触刚度的影响　接触刚度是指接触表面层在载荷作用下抵抗弹性变形的能力。接触刚度随载荷的增大而增大，故采用预紧工艺可提高零件的接触刚度。

3.4.2 动刚度设计

机器在工作时，不仅受到静态力的作用，同时受到运动零件的惯性力，以及支承件（轴承）或传动件工作过程中的再生颤振等引起的动态力的作用，使机器及零部件产生振动。机器工作时产生的振幅超出了允许的范围将导致机器工作性质的恶化，加速零部件的磨损，降低生产率，严重时将使整个系统不能正常工作。当机器受动载荷作用时，其动态位移不仅与动载荷特性密切相关，还与静刚度、质量、阻尼相关。通常用动刚度的概念来描述系统抵抗动位移的能力。

对于单自由度线性系统而言，其抵抗简谐激励的动刚度幅值可以定义为

$$K_D=\sqrt{(K-M\omega^2)^2+(C\omega)^2} \tag{3-41}$$

式中　K_D——动刚度；

K——静刚度；

M——质量；

C——阻尼系数；

ω——激励频率。

显而易见，动刚度是频率的函数。当共振发生时，$K-M\omega^2\approx 0$，动刚度最小。系统对简谐激励的抵抗能力最低。稳态振幅 A、简谐力幅值 F 及动刚度存在如下简单关系

$$A=K_D^{-1}F \tag{3-42}$$

对于多自由度线性系统来说，动刚度是一复数矩阵，可定义为

$$[\boldsymbol{K}]_D=[\boldsymbol{M}]s^2+[\boldsymbol{C}]s+[\boldsymbol{K}] \tag{3-43}$$

式中　$[\boldsymbol{K}]_D$——动刚度矩阵；

$[\boldsymbol{K}]$——静刚度矩阵；

$[\boldsymbol{M}]$——质量矩阵；

$[\boldsymbol{C}]$——阻尼矩阵；

s——拉普拉斯参数。

对于多自由度线性系统，复振幅矢量 $\{\overline{\boldsymbol{A}}\}$ 与激励矢量的拉普拉斯变换 $\{\overline{\boldsymbol{F}}(s)\}$ 有如下简单关系

$$\{\overline{\boldsymbol{A}}(s)\}=[\boldsymbol{K}]_D^{-1}\{\overline{\boldsymbol{F}}(s)\} \tag{3-44}$$

系统响应除与动载荷有直接关系外，还与动刚度有关。动刚度越大，表明机械零件在动态力作用下的振幅越小；反之，动刚度越小，则振幅越大。

3.4.3 热刚度设计

机器零件的热刚度是指该零件抵抗温度变化引起弹性变形的能力，其大小用产生单位变形所需的温度来表示。如机床，由于机床内部和外部热源的影响，机床温度分布（温度场）不均匀使机床零件产生热变形，从而引起机床的几何精度和刀具与工件间的相对位置变化，以致降低加工精度。

热变形对精密、高精密机床和大型机床的影响很大，由热变形引起的加工误差占40%~70%。对于精密和超精密的加工来说，解决机床热变形的影响是一个永恒的课题。

各种热源的发热量和环境温度随工况和时间的变化而变化，而机械零件都有一定的热容量，温升有一定的时间滞后，所以，机械零件的热变形是随时间变化的非定常现象。由于零件的结构及其传热、散热的复杂性，热变形的研究在很大程度上还依赖于试验研究。在试验中，主要检测温度与热位移。

减少和稳定机械零件热变形的主要措施有：

1）改善零件结构设计，如采用热对称结构，采用热膨胀系数小的材料，使机械零件结构热稳定性好。

2）减少或均衡零件内部热源，如设置人工热源、采用热管技术、把某些热源从机器内部移出去等。

3）控制温升，如强制冷却，或采取隔热措施，改善散热条件以及控制环境温度等。

4）改变机器结构中各装配约束状态，使热位移控制在非敏感方向。

5）采用热位移补偿和控制技术。

3.5 机械零件的摩擦学设计

机械零件摩擦学设计的一般过程是先给定分析对象的各种有关数据，然后求摩擦学性能，根据摩擦学性能，预测可能产生的失效，对原有设计给出评价和修正设计方案，直至设计方案能获得满意的摩擦学性能为止。

在给定分析对象的有关数据时，通常有以下五种数据：①几何参数；②表面粗糙度；③工况条件（如载荷、速度和温度范围等）；④润滑剂特性；⑤材料特性等。

给定分析对象后，摩擦学性能由下列4个参数表征：①油膜厚度 H；②接触压力 P；③摩擦力 F；④接触温度 T。

3.5.1 摩擦

摩擦按其发生的位置可分为两类：一是发生在物质内部，阻碍分子间相对运动的内摩擦；另一种是在外力作用下，相互作用的两物体作相对运动或有相对运动的趋势，其接触表面间产生的阻碍相对运动的外摩擦。

根据摩擦状态（或称润滑状态）分为干摩擦、边界摩擦、混合摩擦和流体摩擦。

1. 干摩擦

两摩擦表面间无外加润滑剂或保护膜而直接接触的摩擦，称为干摩擦。干摩擦时，其阻力最大。在这种状态下，金属间的摩擦系数 $f=0.3\sim1.5$。摩擦理论可归纳为以下几种：

（1）摩擦的机械理论　18世纪以前，许多学者认为摩擦源于固体表面上的凹凸不平，当两个固体表面发生接触时，表面凹凸不平处互相嵌入和啮合，而产生了阻碍两固体相对运动的摩擦阻力，故这一摩擦理论被称为“机械理论”。

实践表明，机械理论只适用于粗糙表面，即降低表面粗糙度可以降低摩擦系数。但当表面粗糙度达到使表面分子吸引力有效发生作用时（如超精加工表面），摩擦系数反而加大，这个理论就不适用了。

（2）分子理论　分子理论认为，摩擦力是由于接触表面双方的分子相互作用产生的，故表面越光滑，摩擦阻力越大。由此推论，摩擦力的大小与接触面积成比例，但这与实验结果不一致。

（3）机械—分子理论　机械—分子理论认为，摩擦过程既要克服分子相互作用力，又要克服机械作用的阻力，摩擦力是接触点上分子吸引力和机械作用产生的切向阻力的总和。

机械—分子理论是苏联的克拉盖尔斯基于1939年提出的，后经不断完善，这一理论已被普遍接受，不仅适用于干摩擦，也适用于边界摩擦，通常用来解决接触面积较大的摩擦问题。

（4）粘着理论　英国的鲍登（F. P. Bowden）和泰博（D. Tabor）在20世纪40年代提出了现代摩擦理论——粘着理论。该理论认为：当两表面相接触时，在载荷作用下，某些接触点的单位压力很大，这些点将牢固地粘着，使两表面形成一体即称为粘着或冷焊。当一表

面相对另一表面滑动时，粘着点被剪断，而剪断这些连接的力就是摩擦力。此外，如果一表面比另一表面硬一些，则硬表面的粗糙微凸体顶端将会在较软表面上产生犁沟，这种犁沟的力也是摩擦力。

2. 边界摩擦（边界润滑）

两摩擦表面被吸附在表面的边界膜隔开，摩擦性质不取决于流体黏度，而与边界膜和表面的吸附性质有关，称为边界摩擦，又称为边界润滑。这层边界膜的厚度一般在0.1μm以下，在边界摩擦时摩擦规律基本上与干摩擦相同，只是摩擦系数小些，一般为$f=0.1\sim0.5$，因为它不能完全避免表面直接接触，所以仍产生磨损。

3. 流体摩擦

两摩擦表面被一流体层（液体或气体）隔开，摩擦性质取决于流体内部分子间黏性阻力的摩擦，称为流体摩擦。这时润滑剂中的分子已大都不受金属表面吸附作用的支配而自由移动，摩擦是在流体内部的分子之间进行的，所以摩擦系数极小，$f=0.001\sim0.01$或更小（使用油润滑时$f=0.001\sim0.008$），几乎无磨损产生，是比较理想的摩擦状态。

4. 混合摩擦

实际使用中，较多的摩擦副表面是处于干摩擦、边界摩擦、流体摩擦的混合状态，故称为混合摩擦。在这种摩擦状态下，摩擦系数$f=0.01\sim0.10$。

上述边界摩擦、混合摩擦和流体摩擦，都必须在一定的润滑条件下实现，所以它们又被称为边界润滑、混合润滑和流体润滑。

此外，若按运动状态分，摩擦又可分为静摩擦和动摩擦。前者是指在外力作用下，两物体表面间有产生相对运动的趋势，但尚未产生宏观相对运动的摩擦。后者是指当外力超过最大静摩擦力后，物体产生宏观相对运动后的摩擦，此时动摩擦力小于最大静摩擦力。

若按运动形式分，摩擦可分为滑动摩擦和滚动摩擦。两物体表面上的接触点之间有相对滑动（切向）速度的摩擦，称为滑动摩擦。两物体表面上至少有一个接触点相对滑动（切向）速度为0（纯滚动）时的摩擦，称为滚动摩擦。

3.5.2 磨损

磨损是运动副之间的摩擦导致零件表面材料逐渐丧失或迁移的现象。磨损会影响机器的效率，降低工作的可靠性，甚至促使机器提前失效或报废。

1. 机械零件的典型磨损过程

磨损是伴随摩擦而产生的必然结果，它是相互接触的物体在相对运动时，表层材料不断发生损耗的过程或者产生残余变形的现象。因此，磨损能毁坏工作表面，影响机械功能，消耗材料和能量，并使机械设备使用寿命降低。

试验结果表明，机械零件的一般磨损过程大致分为磨合、稳定磨损和急剧磨损三个阶段，如图3-23所示。

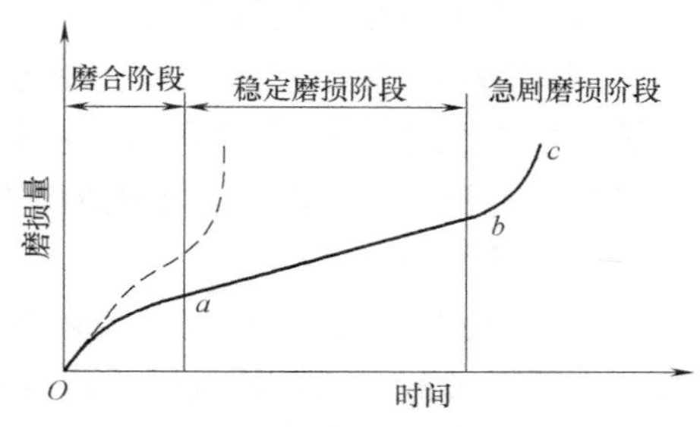

图3-23 典型磨损过程

（1）磨合阶段　新的摩擦副表面较粗糙，在一定的载荷作用下，摩擦表面逐渐被磨平，实际接触面积逐渐增大，磨损速度开始很快，然后减慢，如图3-23中Oa阶段。

（2）稳定磨损阶段　经过磨合，摩擦表面被加工硬化，微观几何形状改变，从而建立了弹性接触的条件，磨损速度缓慢，处于稳定状态，如图 3-23 中的 *ab* 阶段。

（3）急剧磨损阶段　经过较长时间的稳定磨损后，由于摩擦条件发生较大的变化（如温度的急剧增高、金属组织的变化等），磨损速度急剧增加。这时机械效率下降，精度降低，出现异常的噪声和振动，最后导致零件失效，如图 3-23 中的 *bc* 阶段。

根据大量统计，约有 80%的机器零件是由于磨损而损坏的，因此磨损是引起机械零件失效的主要原因。

从磨损过程的变化来看，为了提高机械零件的使用寿命，应在设计或使用机器时，力求缩短磨合期，延长稳定磨损阶段，推迟急剧磨损阶段的到来。若设计不当或工作条件恶化则不能建立稳定磨损阶段，在短暂的磨合后立即转入急剧磨损阶段，使零件很快损坏。如图 3-23 中虚线所示，应尽量避免这种情况的发生。

2. 磨损的类型及机理

机械零件的磨损，按其磨损机理可分成以下五种基本类型。

（1）粘着磨损　摩擦副在互相接触时，由于表面不平，实际上是微凸体之间的接触。在相对滑动和一定载荷作用下，接触点发生塑性变形或剪切，摩擦表面温度增高，使表面膜破裂，严重时表层金属会局部软化或熔化，导致接触区发生粘附或焊合。然后出现粘附—剪断—再粘附—再剪断的循环过程，这就形成了粘着磨损。

根据粘附程度的不同，粘着磨损可分为轻微磨损、涂抹、擦伤、胶合和咬死。研究表明，粘着磨损时，材料的磨损量与法向载荷及滑动距离成正比，与较软材料的屈服强度（或硬度）成反比。因此，设计时必须控制压强。

（2）磨粒磨损　两接触面受外界硬质颗粒或粗糙硬表面在软的工作表面上的切削或刮擦作用引起表面材料脱落的现象，称为磨粒磨损。农业机械、工程机械、矿山机械、建筑机械和运输机械中的许多机械零件，在与泥沙、矿石或灰渣等直接接触的条件下发生摩擦，都会产生不同形式的磨粒磨损。据统计，因磨粒磨损而造成的损失，占整个工业范围内磨损损失的 50%。

总的来说，磨粒磨损机理属于磨粒的机械作用。这种机械作用在很大程度上与磨粒的相对硬度、形状、大小、固定程度以及载荷作用下磨粒与被磨表面的力学性能有关。

（3）疲劳磨损　当两接触表面作滚动或滚动滑动复合摩擦（如滚动轴承运转或齿轮传动）时，因周期性载荷的作用使表面产生循环接触应力和变形，从而使材料发生疲劳裂纹和剥落出微片或颗粒的磨损，称为疲劳磨损。疲劳裂纹一般在固体有缺陷的地方出现。这些缺陷可能是机械加工时造成的（如擦伤）或材料在冶金过程中造成的（如气孔、夹渣等）。裂纹还可以在金相的晶界之间形成。

（4）腐蚀磨损　在摩擦过程中，摩擦副表面材料与周围介质（如空气中的氧或润滑油中的酸等）发生化学或电化学作用，在相对运动中造成表面材料的损失，称为腐蚀磨损。腐蚀磨损是一种机械化学磨损。单纯的腐蚀不属于磨损范畴，只有当腐蚀与摩擦过程相结合时才能形成腐蚀磨损。

（5）冲蚀磨损　冲蚀磨损分为流体磨粒磨损和流体侵蚀磨损两种。前者指由流动的液体或气体中所夹带的硬质物体或硬质颗粒作用引起的机械磨损。利用高压空气输送型砂或用高压水输送碎矿石时，管道内壁所产生的机械磨损是其实例。流体侵蚀磨损是指由液流或气流的冲蚀作用引起的机械磨损。近年来，由于燃气涡轮机的叶片、火箭发动机的尾喷管的磨损，才引起人们对这种磨损形式的特别注意。

3. 机械零件表面抗磨损强度设计

单位时间（或单位行程、转等）材料的损失量，称为磨损率。耐磨性是指材料抵抗磨损的能力，与磨损率成倒数关系。

在滑动摩擦下工作的零件，常因过度磨损而失效。影响磨损的因素很多且复杂，通常采用条件性计算方法：限制工作表面的平均压强 p、限制摩擦功耗（pv 值）及限制滑动速度 v。

提高表面抗磨损强度的主要措施和方法有以下几方面。

（1）合理选择运动副材料　由于相同金属比异种金属、单相金属比多相金属粘着倾向大，脆性材料比塑性材料抗粘着能力高，所以选择异种金属、多相金属、脆性材料有利于提高抗粘着磨损的能力。采用硬度高和韧性好的材料有益于抵抗磨粒磨损和疲劳磨损。降低表面粗糙度值，使表面尽量光滑，同样可以提高耐疲劳磨损的能力。

（2）润滑　润滑是减小摩擦与磨损的最有效的方法。改善润滑状态，合理选择润滑剂及添加剂，适当选用高黏度的润滑油，在润滑油中使用极压添加剂或采用固体润滑剂，可以提高耐疲劳磨损的能力。

（3）进行表面处理　对摩擦表面进行热处理（表面淬火等）、化学处理（表面渗碳、渗氮、氧化等）、喷涂、镀层等也可提高摩擦表面的耐磨性。

（4）控制运动副的工作条件　对于一定硬度的金属材料，其磨损量随着压强的增大而增加，因此设计时一定要控制最大许用压强。表面温度过高易使油膜破坏，发生粘着，还易加速化学磨损的进程，所以应限制摩擦表面的温升。此外，要防止尘土落入两摩擦表面间，如加防尘罩。

3.5.3 润滑

1. 润滑剂的作用

机械零件的接触表面在相对运动过程中，不可避免要产生摩擦。润滑如果不当，将导致零件磨损，机械精度下降，寿命降低，带来发热、振动、噪声等不利影响。因此，在机器设计中，润滑是一个很重要的因素，一般形成一个润滑子系统。在机械摩擦副中加入润滑剂主要起到减小摩擦、提高机械效率、减轻磨损、带走摩擦热、排走污物、缓冲吸振、防锈、密封等作用。

2. 润滑剂的种类及其性能指标

（1）润滑剂的种类　润滑剂有液体、半固体、固体及气体润滑剂四种基本类型。

1）液体润滑剂。液体润滑剂主要有矿物油、化学合成油、动植物油。矿物油是从石油中经提取后蒸馏精制而成，因具有来源充足，成本低廉，适用范围广，而且稳定性好、黏度品种多、挥发性低、惰性好、防腐性强等特点，应用最广。动植物油是最早使用的润滑油，因含有较多的硬脂酸，在边界润滑时有很好的润滑性能，但因其稳定性差、易变质且来源有限，所以使用不多，常作为添加剂使用。化学合成油是通过化学合成方法制成的润滑油，它能满足矿物油所不能满足的某些要求，如高温、低温、高速、重载等。由于它多是针对某种特定需要而制，适用面较窄，成本又很高，故一般机器应用较少。

2）半固体润滑剂。润滑脂是除润滑油外应用最多的一类润滑剂，属于半固体润滑剂，其在液体润滑剂（常用矿物油）中加入增稠剂制成。增稠剂有金属皂类（如铝皂、钙皂、锂皂、钠皂等）、非皂类（如硅石粉、酞菁颜料等）和填充物（如石墨、石棉、金属粉末等）。此外，还可以加入一些添加剂，以增加抗氧化性和油膜强度。润滑脂的应用范围稍次于润滑油，但因密封装置简单，且无需经常换油、加油，故常用于不易加油、重载、低速等场合。

3）固体润滑剂。固体润滑剂通常用在高温、高压、极低温、真空、强辐射、不允许污染以及无法给油等场合，但其减摩、抗磨效果一般不如润滑油脂。固体润滑剂的材料有无机化合物、有机化合物及金属等。无机化合物有石墨、二硫化钼、二硫化钨、硼砂、一氮化硼及硫酸银等。石墨和二硫化钼都是惰性物质，热稳定性好。有机化合物有聚合物、金属皂、动物蜡等。属于聚合物的有聚四氟乙烯、聚氯氟乙烯、尼龙等。金属有铅、金、银、锡、铟等。

4）气体润滑剂。空气、氢气、氦气、水蒸气、其他工业气体以及液态金属蒸气等都可以作为气体润滑剂。最常用的为空气，它对环境没有污染。气体润滑剂由于黏度很低，所以摩擦阻力极小，温升很低，故特别适用于高速场合。由于气体的黏度随温度变化很小，所以能在低温（-200℃）或高温（2000℃）环境中应用。但气体润滑剂的气膜厚度和承载能力都较小。

（2）润滑剂的主要性能指标

1）黏度。黏度是表征流体流动时内摩擦力性质的变量。它是液体润滑剂最重要的物理性能之一。黏度越大，内摩擦力越大，流动性越小。黏度是选择液体润滑剂的主要依据。润滑油的黏度分为动力黏度和运动黏度。

① 动力黏度。两相对运动平板间流体作层流运动，流体中任一点处的切应力 τ 均与该处流体速度 u 的梯度成正比，该比例常数即为动力黏度 η。其关系式为

$$\tau=-\eta\frac{\partial u}{\partial y} \tag{3-45}$$

式（3-45）称为牛顿黏性定律。满足牛顿黏性定律的流体称为牛顿流体。

② 运动黏度。运动黏度是动力黏度 η 与该液体同温度下的密度 ρ 的比值，即

$$\nu=\frac{\eta}{\rho} \tag{3-46}$$

矿物油的密度 $\rho=850\sim900\text{kg/m}^3$。

黏度单位有国际单位制（SI）和绝对单位制（C. G. S.）两种。动力黏度单位和运动黏度单位的名称及单位间的换算关系见表3-6。

表3-6 动力黏度、运动黏度单位制及换算关系

黏度	国际单位制	绝对单位制	单位间换算
动力黏度	帕·秒($\text{Pa}\cdot\text{s}=\text{N}\cdot\text{s/m}^2$)	泊($\text{P}=\text{dyn}\cdot\text{s/cm}^2$)；厘泊(cP)	$1\text{Pa}\cdot\text{s}=10\text{P}=10^3\text{cP}$
运动黏度	m^2/s	斯($\text{St}=\text{cm}^2/\text{s}$)；厘斯(cSt)	$1\text{St}=1\text{cm}^2/\text{s}=100\text{cSt}=10^{-4}\text{m}^2/\text{s}$

我国工业润滑油产品的牌号按油品40℃时的运动黏度的中心值给出。

润滑油的黏度受温度变化影响很明显。温度升高，润滑油黏度降低。图3-24所示为常

用的润滑油黏度-温度曲线。

2）油性。油性是指润滑油中极性分子与金属表面吸附形成一层边界油膜，以减小摩擦和磨损的性能。油性越好，油膜与金属表面的吸附能力越强。对于那些低速、重载或润滑不充分的场合，油性具有特别重要的意义。一般来说，动植物油和脂肪酸的油性较高。

3）极压性。极压性是指润滑油中活性分子在金属表面生成抗磨、耐高压的边界膜的性能。极压性好的润滑油在重载、高速、高温条件下，可改善边界润滑性能。普通润滑油的极压性能都不好，通过添加抗磨极压剂（如含硫、磷、氯的有机极性化合物）可改善这种性能。

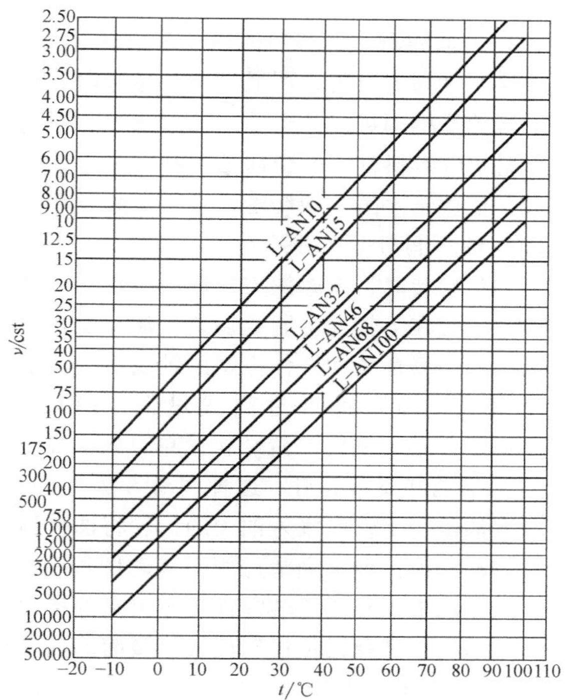

图 3-24　几种润滑油黏度-温度曲线

4）闪点与燃点。闪点是指当油在标准仪器中加热蒸发出的油气，一遇火焰即能发出闪光时的最低温度；闪烁能持续 5s 以上的最低温度称为燃点。它们是衡量油的易燃性的指标。对于高温和易燃环境中工作的机器，通常应使工作温度比油的闪点低 30～40℃。

5）锥入度。锥入度是表征润滑脂稠稀度的指标。锥入度是指用重量为 1.5N 的标准锥体，于 25℃恒温下，由润滑脂表面刺入 5s 后的深度（以 0.1mm 为单位）。它标志着润滑脂内阻力的大小和流动性的强弱。锥入度越小，润滑脂越稠，内摩擦力越大，不易充满摩擦面；锥入度越大，润滑脂越稀，内摩擦力越小，但润滑脂易从摩擦表面上被挤出。锥入度是润滑脂的一项主要指标，润滑脂的牌号就是该润滑脂锥入度的等级。

6）滴点和凝点。滴点是指在规定的加热条件下，润滑脂从标准测量杯的孔口滴下第一滴时的温度，它反映润滑脂的耐热性能。为保证润滑效果，润滑脂的工作温度应低于滴点 20～30℃。

凝点是指润滑油在规定条件下，不能再自由流动时所达到的最高温度。它是润滑油在低温下工作的一个重要指标，直接影响到机器在低温下的启动性能和磨损情况。

3. 润滑方法和润滑装置

在选定润滑剂之后，就需要采用适当的方法和装置将润滑剂送到润滑部位。润滑方法及润滑装置是构成机器结构的重要一环，直接关系到零件在工作时所处的润滑状态，对提高机器工作性能及其使用寿命起着极为重要的作用。下面介绍几种常用的润滑方法及润滑装置。

（1）手工注油润滑　定期用油壶向油孔或油杯内注油，或直接加在摩擦面上，这种润滑方法称为手工注油润滑。这种润滑方法简单，但维护工作量较大。由于完全是手工操作，若忘记及时加油则易造成发热磨损，还容易污染润滑部位。另外，手工注油不能控制油量，送油不均匀，送油的连续性和油的利用率极差。所以，手工注油润滑只可用于小型、低速或间歇运动的摩擦副，如开式齿轮、链条等。

（2）滴油润滑　针阀油杯和油芯油杯都可做到连续滴油润滑。针阀油杯靠手柄的卧倒或竖立控制针阀的启闭，可通过调节螺母调节滴油速度以改变供油量，并且停止工作时只需扳倒上端的手柄即可停止供油。油芯油杯利用油绳的毛细作用和虹吸作用向摩擦面供油，停止工作时仍继续供油，会引起浪费和污染。这两种装置结构简单，工作较为可靠，但维护量仍较大，仅次于手工注油润滑，宜用于数量不多而又容易靠近的摩擦副上。

（3）油环润滑　在轴颈上套一油环，油环下部浸在油池中，这种润滑方法称为油环润滑。当轴颈旋转时，靠摩擦力带动油环转动，将油带到轴颈表面进行润滑，为了防止油环沿轴向移动，可在上轴瓦上制成切口。油环浸在油池中的深度约为其直径的1/4。这种润滑装置只能用于连续运转和工作稳定的轴线水平的轴承。供油量和轴的转速、油环剖面形状及油的黏度有关。轴颈速度过高或过低，油环带油量都会不足，通常要求转速不低于50~60r/min。油环润滑装置结构简单，供油充分，耗油量小，机器一起动就能自动供油。

（4）油池和飞溅润滑　这种润滑方法主要用于闭式减速器、内燃机等。齿轮以适当的深度浸入油池，工作时浸入油中的齿轮将油带到摩擦表面。如果齿轮在油面以上，可装上一惰轮来带油润滑。油池润滑适用于齿轮圆周速度小于12m/s或蜗杆圆周速度小于10m/s的情况。飞溅润滑是利用旋转零件飞溅出来的稀油滴来润滑摩擦表面的。齿轮减速器中支承齿轮轴的轴承，往往就是借齿轮旋转时溅起的油雾来进行润滑的。

（5）压力循环润滑　这是一种完善的自动润滑方法，它是利用液压泵以一定的压力使润滑油经油路系统进入摩擦面。压力循环润滑不但润滑可靠，同时可起到冷却与冲洗的作用。但这种润滑装置形成机器中的一个润滑子系统，需要相应辅助结构，会提高机器成本，常用于具有重载、高速或载荷变化较大等工况的重要的机器设备中。

（6）油气润滑　油气润滑是利用具有一定压力的压缩气流，将微量的润滑油均匀连续地喷入润滑表面。该方法的特点是用油量极少，功耗低，特别适用于高速润滑表面，如高速滚动轴承的润滑。

3.6　机械零件材料的选用与热处理

机械产品的零件设计，一般包括零件的结构设计、性能设计、材料的选用和工艺设计，其中合理地选用材料是非常重要的。在设计零件时所选用的材料必须适应零件的工作性能，必须具有良好的加工工艺性能和经济性，同时，材料选择也伴随着毛坯的选择，对后续工艺过程产生直接影响。

1. 机械零件常用的材料

（1）金属材料　机械零件所用的材料是多种多样的，但目前一般以金属材料特别是钢材和铸铁应用最为广泛。

1）铸铁。铸铁是机械零件制造中的主要铸造材料，其特点是铸造成型性能好，成本低，抗压强度高，但是抗拉强度低，具有脆性，不宜受冲击载荷，但铸造成型过程会污染环境，且周期相对较长。

2）碳钢和合金钢。这两种材料是机械制造中应用最广的材料。对于受力不大，而且基

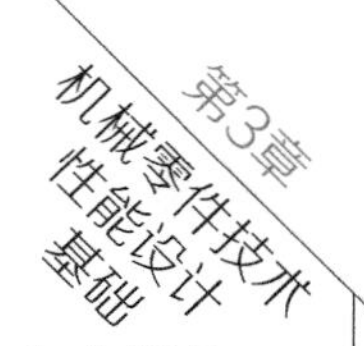

本上承受静载荷的一般零件，可用普通碳钢；对于重要零件，一般选用优质碳钢。合金钢的成本较高，但力学性能好，而且热处理性能好，所以也常用于重要零件的制造。尤其是钢板、角钢、工字钢等轧制成型材料，下料和焊接灵活方便，已经在机器及零件设计中优先选择。而大型重载与性能要求高的零件往往选择锻件，以保证毛坯材料具有良好的组织结构和性能。

3）非铁金属。在非铁金属中，铝、铜及其合金的应用最多，由于其成本高，强度低，因此目前多用于制造耐磨、减摩或耐蚀零件。

（2）非金属材料　机械零件所用非金属材料主要有：工程塑料、橡胶制品、陶瓷材料、复合材料等。目前一般还只有在特殊场合时才考虑选用非金属材料，如高的耐磨性、耐热性、耐蚀性，以及高硬度等要求。

2. 零件材料的选用原则

合理选用零件材料，对于机械零件使用性能、工作能力及制造成本等都有很大影响。零件材料选择的前提是保证满足机械零件的设计要求，因此，通常应考虑以下原则：

（1）零件的工作能力要求　为保证机械零件不失效，根据载荷作用情况，及零件尺寸的限制和零件重要程度，对材料提出强度、刚度、弹性、塑性及冲击韧性等力学性能要求。同时，由于工作环境的影响，有时还要对材料的密度、导热性、耐蚀性、热稳定性等方面有要求。

（2）工艺性要求　工艺性要求主要是考虑零件及其毛坯制造的可能性和难易程度。如铸造性能、锻造性能、焊接性能、机械加工性能、热处理性能等。

（3）经济性要求　从经济观点出发，在满足性能要求的前提下，应尽可能选用廉价的材料，以降低生产成本。另外，还应综合考虑到生产批量等因素的影响，如大量生产宜用铸造毛坯；单件生产采用焊接件，可降低制造费用。

（4）材料供应状况　选用材料时，还应考虑材料的供应可能性。同时，同一台机器应尽可能减少材料的品种，以利于生产准备工作。一般而言，选用材料时应尽可能少用非铁金属和稀有金属，尽量使用碳钢和铸铁。

3. 零件材料的热处理

热处理可有效提高零件的强度、硬度等性能。常用热处理工艺方法有退火与正火、调质、淬火、化学热处理等。零件热处理工艺方法应根据其使用性能和技术要求、材料成分、形状与尺寸等因素进行合理选用，详见机械设计手册。

3.7　零件的结构工艺性

在机械零件设计中，不仅要保证所设计的机械零件满足工作性能，而且要考虑能否制造和便于制造。这种零件制造、装配工艺以及维修等多方面因素称为机械零件的工艺性。

零件工艺性包括零件材料与毛坯选择、机械加工、热处理、机器装配、机器操作及维修等，各方面都相互联系，设计时必须全面考虑。

1. 影响零件工艺性的主要因素

机械零件设计工艺性主要考虑生产类型、制造条件和经济性，在制造技术条件可满足零

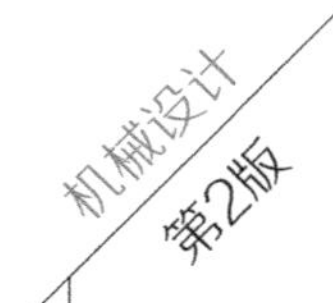

件性能的前提下，经济性优先，而生产类型也是经济性的体现，随着社会与经济的发展，环境保护的意识越来越强，零件工艺对环境的影响也需要充分考虑。

（1）生产类型　生产类型是指零件的生产方式，即大批量生产还是单件小批量生产。当单件小批量生产零件时，一般不宜采用专用设备，大多采用通用性较强的设备和工艺装备，采用普通的制造工艺方法。因此，机器和零件的结构应与这类工艺装备和工艺方法相适应。反之，大批大量生产时，机械零件的结构也要与高效率的工艺装备和工艺方法相适应，多采用专用设备和工艺装备。

（2）制造条件　机械零件的结构需要与制造厂家的生产条件相适应，包括毛坯的生产能力及技术水平；机械加工设备的规格；热处理的能力；技术人员的水平等。

（3）经济性　零件制造经济性既体现在零件材料和加工设备费用上，也体现在完成零件加工的时间上。零件的加工工艺多种多样，新的加工设备和工艺方法又随着生产技术的进步不断出现，如精密铸造、精密锻造、精密冲压、轧制成形、粉末冶金、3D 打印等先进工艺，使毛坯制造精度大大提高；电火花、激光、电子束、超声波等加工技术使得难加工材料、复杂型面等的加工越来越方便。有些工艺装备虽然价格较贵，但加工精度、质量和效率高，占用时间少，而采用一般通用设备则需要多台设备，工艺流程长，时间长；当今制造装备的发展方向是高速、高精、复合化加工和增材制造，如在一台车铣复合加工中心上可以完成多项加工工序，而 3D 打印可以一次增材形成复杂形状零件甚至装配体。

2. 机械零件工艺性的基本要求

机械零件的工艺性主要是指在保证技术要求的前提下和一定的生产条件下，采用较小的劳动量、较少的加工费用将零件制造出来。

1）从整个机器的制造工艺性出发，分析零部件的装配与结构工艺性。零部件是为整机服务的，不可将两者分开。

2）在满足零件工作性能的前提下，零件造型应尽量简单；同时应尽量减少零件的加工表面数量和加工面积；多采用标准件、通用件；增加相同形状和相同元素的数量。对批量生产和单件生产的工艺性是不同的，因而其零件结构设计的理念差距很大。

3）零件设计时应考虑加工的可能性、方便性和经济性；在满足零件工作性能的前提下，尽量降低零件的技术要求。

4）尽量减少零件的机械加工量，应使毛坯尺寸在保证加工工艺要求的前提下余量小，以降低生产成本，也可采用先进的加工技术以达到上述要求。

5）合理选择零件材料，充分考虑材料的力学性能，如碳钢的锻造、切削加工等方面的性能好，但强度不够高，淬透性低等。

习　题

3-1　列举自行车可能发生的失效形式。哪些失效发生在零件的表面？哪些失效发生在零件的内部？引起失效的原因是什么？

3-2　影响疲劳强度的因素有哪些？什么是疲劳损伤累积假说？它对疲劳强度的计算有什么意义？提高机械零件疲劳强度的措施有哪些？

3-3　试说明同一材料的疲劳曲线与疲劳极限线图各是在什么条件下得出来的？找出两图中的共同点。

3-4　试举例说明什么零件的疲劳破坏属于低周疲劳破坏？什么零件的疲劳破坏属于高周疲劳破坏？

3-5 一钢制试件，材料的弯曲疲劳极限 $\sigma_r=120\text{MPa}$，寿命指数 $m=9$，应力循环基数 $N_0=5\times10^6$，试求循环次数 N 分别为 5×10^4、8×10^4、6×10^5 次时有限寿命下的弯曲疲劳极限 σ_{rN}。

3-6 某转动心轴，其危险截面上的平均应力为 $\sigma_m=20\text{MPa}$，应力幅 $\sigma_a=30\text{MPa}$，试求最大应力 σ_{max}、最小应力 σ_{min} 和循环特性 r。

3-7 某试件受弯曲应力 $\sigma_b=150\text{MPa}$，扭转剪应力 $\tau_t=50\text{MPa}$，材料为 35 钢（$R_m=540\text{MPa}$，$R_{eH}=320\text{MPa}$）。试求计算应力 σ_{ca}，并校核静强度是否安全？

3-8 某内燃机中的活塞连杆，当气缸点火膨胀时连杆受压应力 $\sigma=-130\text{MPa}$，当气缸进气开始时，连杆受最大拉应力 $\sigma=30\text{MPa}$，试求连杆的平均应力 σ_m、应力幅 σ_a 和循环特性 r。

3-9 一零件由 45 钢制成，材料力学性能为：$R_{eH}=360\text{MPa}$，$\sigma_{-1}=300\text{MPa}$，$\psi_\sigma=0.2$。已知零件上的最大工作应力 $\sigma_{max}=190\text{MPa}$，最小工作应力 $\sigma_{min}=110\text{MPa}$，应力变化规律为 $\sigma_m=$常数，弯曲疲劳极限的综合影响系数 $K_\sigma=2.0$，试分别用图解法和计算法确定该零件的计算安全系数。

3-10 某试件材料用 45 钢调质处理后的性能为：200HBW，$\sigma_{-1}=300\text{MPa}$，$m=9$，$N_0=5\times10^6$。该试件在对称循环变应力下，以最大应力 $\sigma_1=500\text{MPa}$ 作用 10^4 次，$\sigma_2=400\text{MPa}$ 作用 10^5 次，$\sigma_3=200\text{MPa}$ 作用 10^6 次，试求安全系数计算值 $S_{\sigma ca}$。若要求其再工作 10^6 次，求其能承受的最大应力。

3-11 转轴承受规律性非稳定对称循环变应力作用，如图 3-25 所示。其工作时间 $t_h=500\text{h}$，转速 $n=100\text{r/min}$，材料为 45 钢调制，硬度 217HBW，$\sigma_{-1}=300\text{MPa}$，$m=9$，$N_0=10^7$，$k_\sigma=1.9$，$\varepsilon_\sigma=0.75$，$\beta_\sigma=1$，$\beta_q=1$，许用安全系数 $[S]=1.5$，求当量应力 σ_{ca}，并检验疲劳强度是否安全。

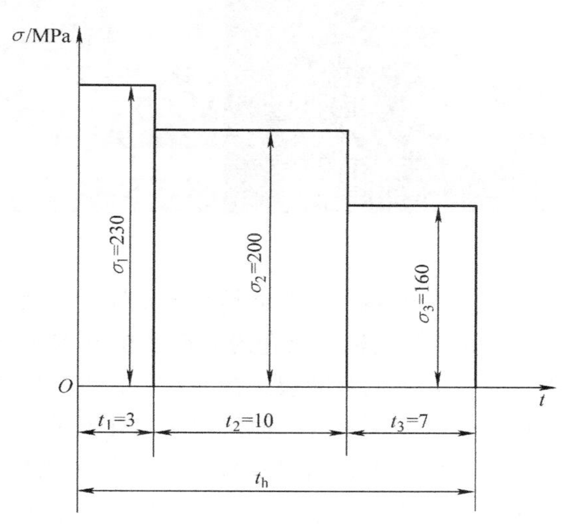

图 3-25 题 3-11 图

3-12 已知某钢材的力学性能 $R_{eH}=1000\text{MPa}$，$\sigma_{-1}=500\text{MPa}$，$\sigma_0=800\text{MPa}$，试绘制材料的简化等寿命疲劳曲线。由该材料制成的零件承受非对称循环变应力作用，已知循环特性 $r=0.3$，工作应力 $\sigma_{max}=800\text{MPa}$，有效应力集中系数 $k_\sigma=1.49$，绝对尺寸系数 $\varepsilon_\sigma=0.83$，表面状态系数 $\beta_\sigma=1$，$\beta_q=1.6$。按简单加载情况在所绘图中标出工作应力点和极限应力点，并判断过载时哪种破坏的可能性大，验算其安全系数。

知识拓展

疲劳失效案例简析

1954 年 1 月 10 日上午 11 时，一位渔民正在地中海里撒网捕鱼，突然听到从云层的某个地方传来三声巨大的爆炸声，一些银光闪闪的亮片从几英里之外的天空中降落，紧随其后的是一股黑色的浓烟。渔民划船靠近，他被眼前的景象吓呆了：飞机的残骸在海面上四处漂浮。此次空难源于英国海外航空公司的“彗星号”喷气式客机在 9000m 高空爆炸，导致 29 名乘客和 6 名机组人员丧生。飞机失事现场照片如图 3-26 所示。

在世界民用飞机的发展历史上，“彗星号”客机是一个跨时代的产品。它由英国的德·

哈维兰公司在 1949 年研制成功，是第一种以喷气式发动机作为动力的民用客机，当时被认为是革命性的技术进步。1952 年，“彗星号”客机投入运营。

但厄运接连不断，从 1953 年到 1954 年，短短的一年时间内，投入运营的 9 架“彗星号”客机，就有 3 架坠毁，英国海外航空公司撤出了所有在飞的“彗星号”客机。而制造商德·哈维兰公司对空难的原因却一无所知，甚至怀疑有人蓄意破坏，为此英国的军情五处还专门进行调查。

第二起空难发生后，英国皇家海军打捞了尽可能多的飞机残骸，送往英国皇家航空中心检测，最终找到了元凶——金属疲劳。

图 3-26　飞机失事现场

金属疲劳破坏在时间上具有突发性，故疲劳破坏通常不易被及时发现且易于造成事故。

“彗星号”飞机增压仓内方形舷窗处的蒙皮，在反复的增压和减压冲击下，产生变形、裂纹，最终发生疲劳断裂。在高空中，飞机内外压差的作用下，飞机如同被针扎到的气球一般瞬间爆炸，顷刻解体，而蒙皮断裂处就是气球上被扎的那个落点。当时，金属疲劳还是一项无人知晓的现象，而“彗星号”喷气式飞机比其他飞机都飞得快，机舱内外压差也就更大，金属蒙皮所受的应力更大，更易发生疲劳断裂。

金属疲劳问题最终毁掉了英国德·哈维兰公司。这家公司名誉扫地，在 1959 年不得不与霍克西德利公司合并，而彗星号生产线又继续蹒跚了几年后，于 1962 年正式关闭。

当时，正亦步亦趋地向德·哈维兰公司学习研制新型喷气式客机的美国波音公司，吸取了彗星号的教训，采用了新型材料，并将舷窗形状从方形改成了圆形，终于在 1954 年推出了波音 707。其他飞机制造公司也接受了这一教训，舷窗的结构均采用整体锻件形式，尽力避免金属疲劳的发生。

第二篇

动 连 接

机器中两构件之间有相对运动的连接称为动连接，由运动副实现。机械原理中讲述的运动副是基于刚体构件和理想曲面元素的，但在实际机器运动副的结构和性能设计时，需要考虑零件是弹性体并且有制造误差，运动副元素必须有合理的结构和尺度，保证运动副的性能，如足够的强度与刚度。

机器中常见的运动副有四种，即转动副、移动副、螺旋副和齿轮副（高副），其他类型的运动副在某些场合也偶尔有应用，如球面副、圆柱副等。本篇介绍机器设计中常见的四种运动副的结构设计与性能计算。

转动副是由两个构件直接接触保留一个回转运动自由度的动连接，需要运动副在结构上约束其余五个自由度。实际转动副为了减少回转运动的摩擦和磨损，一般采用滑动轴承或滚动轴承支承，即转动副的单元或标准元件，而其余五个自由度运动采用多个轴承与轴组合进行约束。本篇分两章分别阐述滑动轴承和滚动轴承的选型与结构设计及性能计算，轴的结构与性能设计在第四篇典型零件中介绍。

移动副是由两个构件直接接触保留一个直线运动自由度的动连接，需要运动副在结构上约束其余五个自由度。同转动副一样，实际移动副为了减少摩擦和磨损，一般采用滑动或滚动支承，称为滑动导轨和滚动导轨（或导向），两类直线导轨已经成为移动副的单元或标准元件，而其余五个自由度运动采用多个导轨或导向单元组合进行约束。本篇在第六章介绍其选型与结构设计和性能计算。

螺旋副是由两个构件直接接触并产生回转运动，同时沿回转轴方向作相关联的直线运动的动连接，需要螺旋副结构约束其余五个自由度。同转动副一样，实际螺旋副为了减少摩擦和磨损，一般采用滑动或滚动螺旋结构，称为滑动螺旋和滚动螺旋（或滚珠丝杠），也已经成为螺旋副的标准单元或标准元件，由于螺旋副需要与转动副、移动副组合使用，即形成螺旋传动，其选型与结构设计和性能计算在第五篇典型部件中介绍。

高副是两个构件上异型曲面直接接触，有五个运动自由度的动连接，包括齿轮副、蜗杆副和凸轮副等。齿轮副和蜗杆副已有系列标准参数。本篇分两章分别介绍齿轮和蜗杆蜗轮的选型与结构设计和性能计算。作为传动部件的齿轮副和蜗杆副需要与转动副组合使用，构成独立部件时称为齿轮（蜗杆）减速器，其相关内容在第五篇典型部件中介绍。

第4章

滑动轴承

转动副通常由提供约束的基体和在其座孔中作回转运动的轴联合构成，如图 4-1 所示。

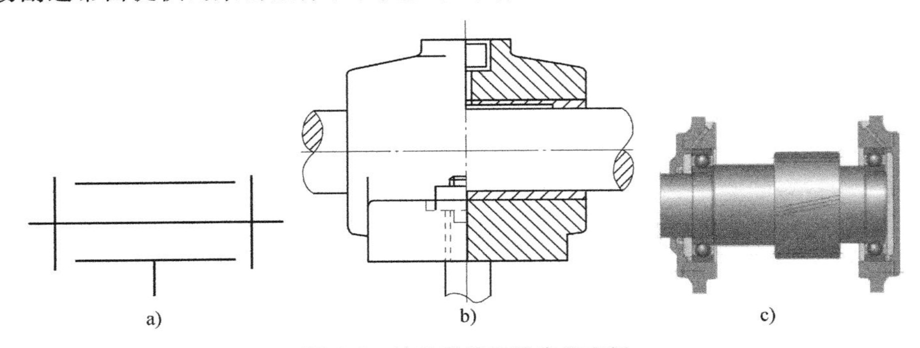

图 4-1 转动副简图及应用实例

a）运动简图 b）滑动轴承支承 c）滚动轴承支承

为减少两转动副元素曲面间的摩擦与磨损，在相对运动表面间置入介质，如流体或滚动体。前者称为滑动轴承（图 4-1b）；后者为滚动轴承（图 4-1c）。本章和第 5 章将分别介绍滑动轴承和滚动轴承的结构与性能设计计算。

4.1 滑动轴承分类与设计内容

1. 分类

滑动轴承是指回转轴表面与支承曲面间相对运动为滑动的一类动连接方式。为了减少滑动轴承的摩擦、磨损和温升，需要置入介质，如油、水、气等润滑剂，形成润滑状态。滑动轴承按润滑状态分为液体润滑轴承和非完全液体润滑轴承。

液体润滑轴承相对运动表面间完全被液体润滑剂隔开，呈现液体摩擦状态，也可称为液体润滑滑动轴承。根据液体膜承载机理，液体润滑轴承又可分为液体静压润滑轴承（简称静压轴承）与液体动压润滑轴承（简称动压轴承）。液体静压润滑轴承是由液压系统供给压力油，强制形成压力油膜以隔开轴承滑动摩擦表面，通过油的静压力平衡外载荷。液体动压润滑轴承是由摩擦表面间形成收敛油楔和相对运动，由黏性流体产生油膜压力来平衡外载，其基本理论是雷诺方程。液体动压轴承及静压轴承广泛应用于重载（如轧钢机）、精密（如金属切削机床）、高速（如汽轮机和航空发动机）等机器中。

非完全液体润滑轴承两表面之间部分区域被液体润滑剂隔开，处于非完全液体摩擦状态，也可称为非完全液体润滑滑动轴承或不完全液体润滑滑动轴承。也可称普通滑动轴承，如手动辘轳、门窗合页等。

此外，滑动轴承按其承受载荷方向可分为径向轴承（承受径向载荷）和推力轴承（承受轴向载荷）。按轴承结构形式可分为整体式轴承、剖分式轴承和自位式轴承。

滑动轴承具有如下特点：①面接触，承载能力高；②轴承工作面上的油膜有良好的耐冲击性、吸振性，以及消除噪声的作用，处于液体摩擦状态下的滑动轴承的摩擦系数非常小，寿命长；③中间元件少，可以达到很高的回转精度；④结构简单，径向尺寸小，可以制成剖分式结构以便于拆装；⑤对大型轴承，其制造成本低于滚动轴承；⑥维护复杂，对润滑条件要求高；⑦不完全液体润滑轴承的摩擦磨损较大。

本章重点讨论液体动力润滑的基本理论、液体动压润滑径向滑动轴承的设计。

2. 滑动轴承的设计要求

滑动轴承需要满足的基本要求为：

1）满足运动约束要求：两构件间仅保留一个相对回转自由度。

2）满足工作载荷下的强度、刚度、精度和寿命要求。

3）具有良好的结构工艺性。

4）使用维护方便。

5）经济成本低。

普通滑动轴承设计可视具体要求进行简化。

3. 滑动轴承的设计内容

滑动轴承的设计内容包括结构设计、性能计算、润滑剂和润滑方法的选用等。

（1）结构设计　主要包括轴承结构形式、结构参数、加工与装配工艺等的选择。

（2）性能计算　主要包括按非完全液体润滑状态进行的初步性能设计；依据液体动力润滑基本理论进行的静态性能（如承载能力、摩擦阻力和功耗以及温升等）、动态性能（主要包括油膜刚度和油膜阻尼）以及稳定性（判断轴颈静平衡位置是否稳定，避免发生轴承油膜失稳或油膜振荡）等性能计算。本章主要针对滑动轴承静态性能进行设计计算，更深入的内容如摩擦阻力、功耗及动态性能计算等详见有关设计资料。

（3）润滑剂和润滑方法的选用　主要包括润滑剂型号与黏度的选择及其供应方式等。

4.2　滑动轴承的结构设计

滑动轴承的结构设计内容主要有滑动轴承的结构形式、轴瓦的结构参数与固定方式等的设计。滑动轴承选用时，应考虑滑动轴承轴颈 d、安装中心高 h、整体外形尺寸、安装尺寸等。本节主要讨论径向滑动轴承，推力轴承见后续章节，其他结构形式滑动轴承可见机械设计手册。

4.2.1　滑动轴承结构形式

滑动轴承一般由轴承座、轴瓦、润滑和密封装置组成。径向滑动轴承结构形式分为整体式和对开式等。

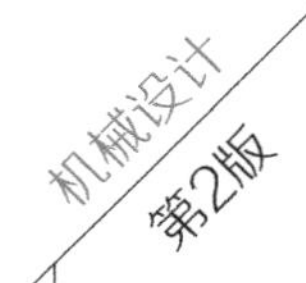

1. 整体式径向滑动轴承

整体式径向滑动轴承由轴承座 1、整体轴瓦（套）2 等组成，如图 4-2 所示。轴承座上面设有安装润滑油杯的螺纹孔。在轴套上开有油孔，并在轴套的内表面上开有油槽。

整体式滑动轴承结构简单，成本低廉。但轴套磨损后，轴承间隙过大时无法调整。另外，只能从轴颈端部装拆，对于重型机器的轴或具有中间轴颈的轴，装拆不便或无法安装。这类轴承多用于低速、轻载或间歇性工作的机器中，如某些农业机械、手动机械等。

整体滑动轴承结构尺寸选用见 JB/T 2560—2007。

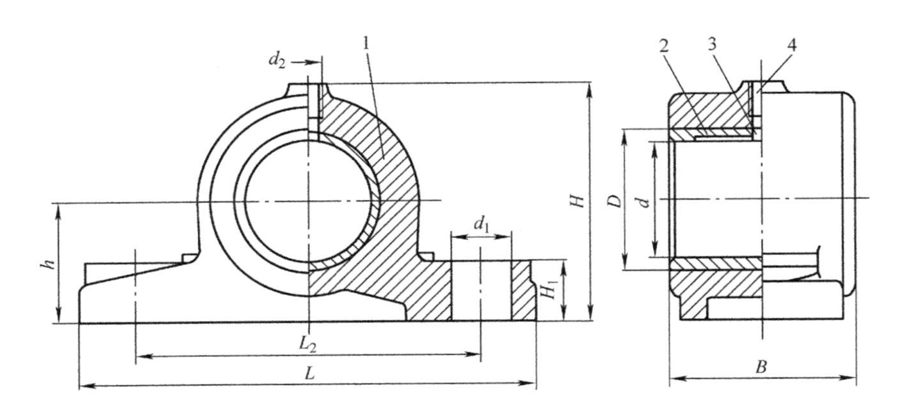

图 4-2 整体式径向滑动轴承

1—轴承座 2—整体轴套 3—油孔 4—螺纹孔

2. 对开式径向滑动轴承

对开式径向滑动轴承由轴承座 1、轴承盖 2、剖分式轴瓦 4、5 和双头螺柱 3 等组成，如图 4-3 所示。轴承剖分面最好与载荷方向近似垂直。轴承盖和轴承座的剖分面常制成阶梯形，以便对中和防止横向错动。轴承盖上部开有螺纹孔，用以安装油杯或油管。剖分式轴瓦由上、下两半组成，通常是下轴瓦承受载荷，上轴瓦不承受载荷。在轴瓦内壁不承受载荷的表面上开设油槽，润滑油通过油孔和油槽流进轴承间隙。

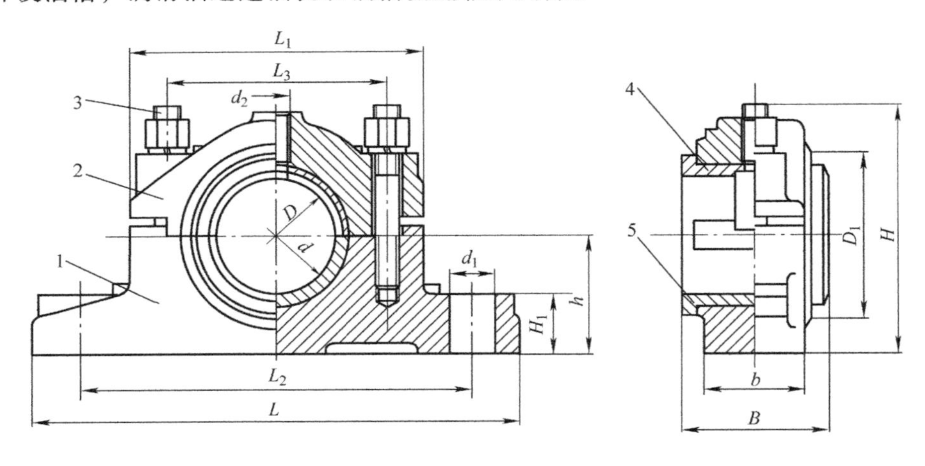

图 4-3 对开式径向滑动轴承

1—轴承座 2—轴承盖 3—双头螺柱 4—上轴瓦 5—下轴瓦

这类轴承装拆方便，轴瓦磨损后可通过减少剖分面处的垫片厚度来调整轴承间隙。对开式径向滑动轴承结构尺寸选用见 JB/T 2561—2007。

4.2.2 轴瓦结构

轴瓦是滑动轴承中的重要零件，根据摩擦学设计要求，通常采用贵金属材料制作，其结构是否合理对轴承性能影响很大。为节省贵重金属或考虑结构需要，常在轴瓦内表面上浇注或轧制一层减摩材料，称为轴承衬。轴瓦应具有一定的强度和刚度，在轴承中定位可靠，便于输入润滑剂，容易散热，并且装拆、调整方便。为此，轴瓦在设计时应考虑外形结构、定位、油槽开设和配合等内容。

1. 轴瓦形式和结构

轴瓦结构也分为整体式和对开式两种结构。

整体式轴瓦按材料及制法不同，分为整体轴瓦（图 4-4）和卷制轴瓦（图 4-5）。整体轴瓦结构尺寸选用见 GB/T 18324—2001 及 JB/ZQ 4613—2006。

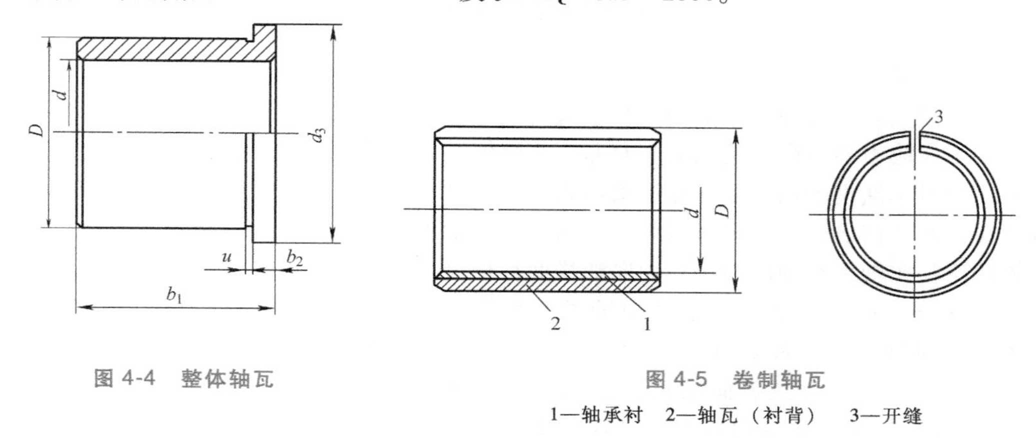

图 4-4 整体轴瓦

图 4-5 卷制轴瓦

1—轴承衬 2—轴瓦（衬背） 3—开缝

对开式轴瓦有厚壁轴瓦和薄壁轴瓦之分。厚壁轴瓦用铸造方法制造（图 4-6），内表面可附有轴承衬，并通过离心铸造法浇注在轴瓦内表面上。轴瓦内表面上常制出各种形式的榫头、凹沟或螺纹，以保证轴承合金与轴瓦贴附牢靠。轴承合金浇注用槽标准见 JB/ZQ 4259—2006。

薄壁轴瓦在汽车发动机、柴油机上得到广泛应用。薄壁不翻边轴瓦结构尺寸选用可参考 GB/T 7308—2008。

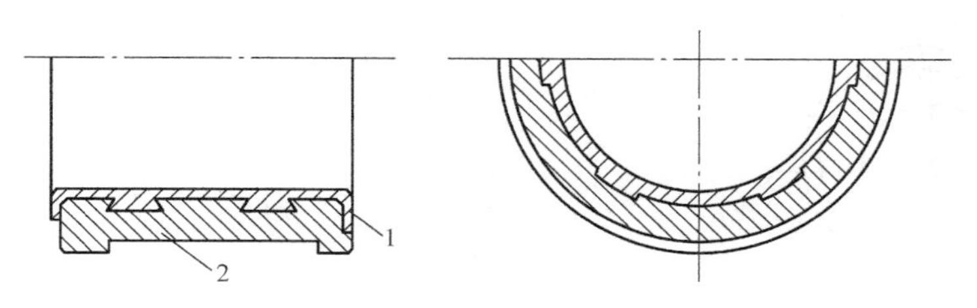

图 4-6 对开式厚壁轴瓦

1—轴承衬 2—轴瓦

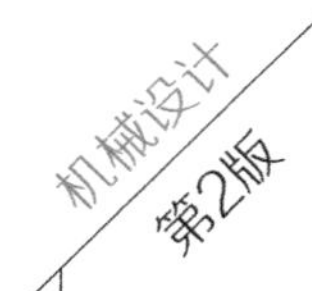

2. 轴瓦固定与定位

轴瓦和轴承座之间不允许有相对移动，即要求轴瓦在轴承座内进行轴向和周向固定。对此，轴瓦两端做出凸缘来实现轴向定位；或在轴瓦剖分面上冲出定位唇以供定位使用（见机械设计手册）；也可采用紧定螺钉、销或键（图 4-7）进行固定。轴瓦的定位方式选用见 JB/ZQ 4616—2006。

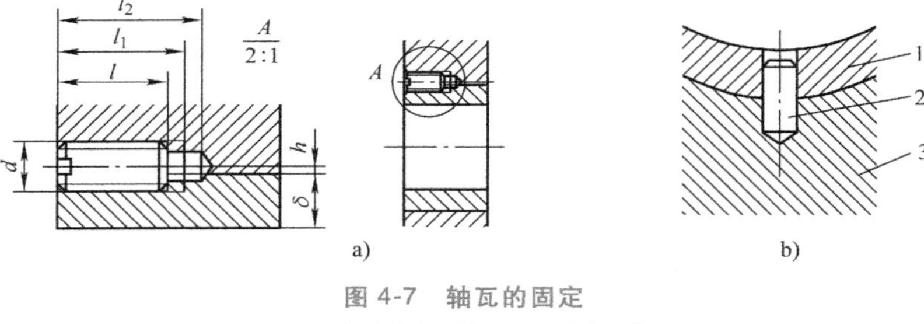

图 4-7　轴瓦的固定

a）用紧定螺钉固定　b）用销固定

1—轴瓦　2—圆柱销　3—轴承座

3. 油孔与油槽的设置

轴瓦或轴颈上须开设油孔或油槽以利于润滑油导入整个摩擦面。油孔和油槽的位置和形状对轴承的工作能力和寿命影响很大。对非完全液体润滑轴承，油槽尽量延伸到最大压力区附近。液体润滑单油楔轴承，油孔和油槽如果设在油膜承载区，将降低轴承的承载能力，因此，应将油孔和油槽设计在油膜非承载区，通常开在轴承的最大间隙位置附近。

液体动压径向轴承有轴向油槽和周向油槽两种形式。

轴向油槽分为单轴向油槽及双轴向油槽。整体式径向轴承轴颈单向旋转时，载荷方向变化不大，单轴向油槽最好开在最大油膜厚度位置（图 4-8），以保证润滑油从压力最小的地方输入轴承。对开式径向轴承，常把轴向油槽开在轴承剖分面处（剖分面与载荷作用线成 90°）；如果轴颈双向旋转，可在轴承剖分面上开设双轴向油槽（图 4-9），通常轴向油槽应较轴承宽度稍短，以便在轴瓦两端留出封油面，防止润滑油从端部大量流失。周向油槽适用于载荷方向变动范围超过 180°的场合。它常设在轴承宽度中部，把轴承分为两个独立部分；当宽度相同时，设有周向油槽轴承的承载能力低于设有轴向油槽的轴承（图 4-10）。非完全液体润滑径向轴承常用油槽形状如图 4-11 所示，设计时可以将油槽从非承载区延伸到承载区。油槽尺寸选用见 GB/T 6403.2—2008。

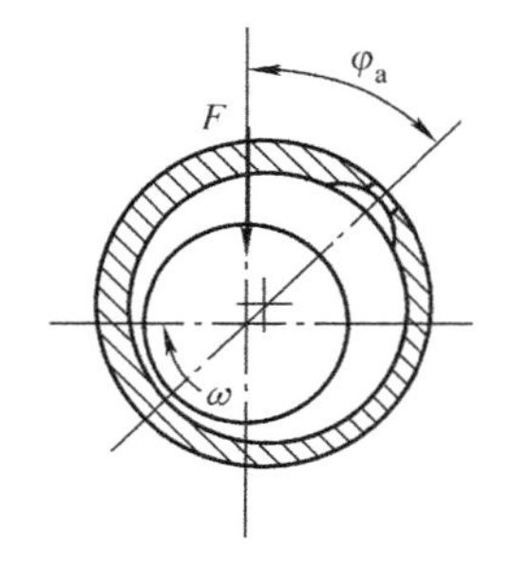

图 4-8　油槽位于最大油膜厚度处

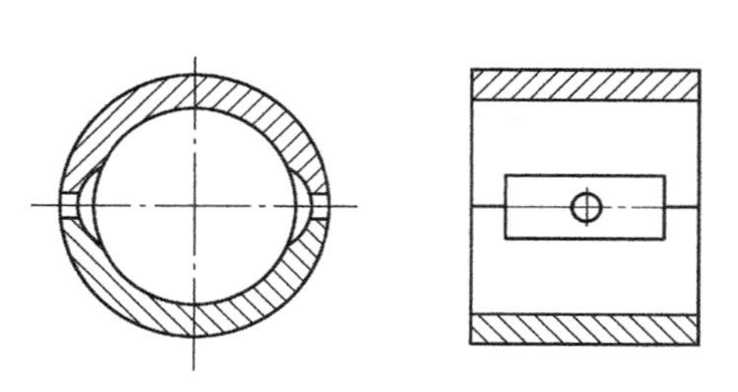

图 4-9　双轴向油槽位于轴承剖分面处

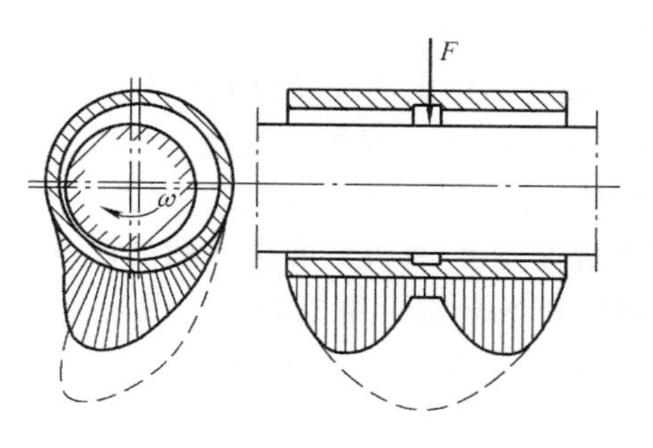

图 4-10 周向油槽对轴承承载能力的影响

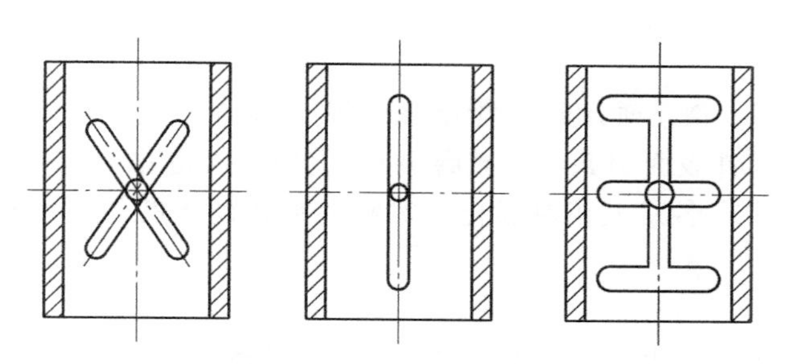

图 4-11 非完全液体润滑径向轴承常用油槽形状

4.3 设计准则、常用材料及润滑剂的选用

4.3.1 失效形式、设计准则

1. 失效形式

滑动轴承的失效形式主要有磨粒磨损、胶合、刮伤、疲劳剥落和腐蚀。动压轴承的失效形式还有功能失效。

（1）磨粒磨损　进入轴承间隙的硬颗粒（如灰尘、砂粒等）有的嵌入轴承表面，有的游离于间隙中并随轴一起转动，它们都将对轴颈和轴承表面起研磨作用。在起动、停车或轴颈与轴承发生边缘接触时，它们都将加剧轴承磨损，导致几何形状改变、精度丧失、轴承间隙加大，使轴承性能急剧恶化。

（2）胶合　胶合是指当轴承温升过高、载荷过大、油膜破裂时，或在润滑油供应不足条件下，轴颈和轴承的相对运动表面材料发生粘附和迁移的现象。胶合有时甚至可能导致相对运动中止。

（3）刮伤　进入轴承间隙中的硬颗粒或轴颈表面粗糙的轮廓峰顶，在轴瓦上划出线状伤痕，会导致轴承因刮伤而失效。

（4）疲劳剥落　在载荷反复作用下，轴承表面出现与滑动方向垂直的疲劳裂纹，当裂纹向轴承衬与衬背结合面扩展后，造成轴承衬材料的剥落。它与轴承衬和衬背因结合不良或结合力不足造成轴承衬的剥离有些相似，但疲劳剥落周边不规则，而结合不良造成的剥离周边比较光滑。

(5) 腐蚀　轴承零件金属表面与环境介质发生化学或电化学反应所造成的表面损伤称为腐蚀失效。与轴承零件表面起化学作用的环境介质有大气和润滑油的氧化产物等。通常轴承表面腐蚀可以分为电介质腐蚀、有机酸腐蚀、其他介质腐蚀（如润滑油中的硫化物）和电流腐蚀等。滑动轴承中润滑剂在使用中不断氧化，所生成的酸性物质对轴承材料有腐蚀性，特别是对铸造铜铅合金中的铅，腐蚀后易形成点状的脱落。氧对锡基巴氏合金的腐蚀，会使轴承表面形成一层由 SnO_2 和 SnO 混合组成的黑色硬质覆盖层，它能擦伤轴颈表面，并使轴承间隙发生变化。此外，硫对含银或含铜的轴承材料的腐蚀，润滑油中水分对铜铅合金的腐蚀，都应予以注意。

(6) 功能失效　液体动压润滑轴承润滑油膜厚度不满足设计要求，轴承滑动表面之间部分区域出现固体与固体直接接触的现象，从而形成非完全液体摩擦状态，导致液体动压润滑轴承发生功能失效。

由于工作条件不同，滑动轴承还可能出现气蚀（气体冲蚀零件表面引起的机械磨损）、流体侵蚀（流体冲蚀零件表面引起的机械磨损）、电侵蚀（电化学或电离作用引起的机械磨损）和微动磨损（发生在名义上相对静止，实际上存在循环的微幅滑动的两个紧密接触的零件表面上）等损伤。

2. 设计准则

非完全液体润滑轴承设计准则是边界膜不破裂，维持粗糙表面微腔内有液体润滑存在。

因边界油膜破裂的因素较复杂，这类轴承工程上目前仍采用简化的条件性计算。为限制磨损，应限制平均压强 p($p\leqslant[p]$,$[p]$ 为许用压强)；为限制局部过度磨损，限制滑动速度 v（$v\leqslant[v]$，$[v]$ 为许用滑动速度）；为限制轴承的温升，限制轴承 pv 值（$pv\leqslant[pv]$，$[pv]$ 为轴承材料的 pv 许用值）。这种计算方法只适用于一般对工作可靠性要求不高的低速、重载或间歇工作的轴承。

液体动压润滑轴承为保证液体摩擦，防止轴颈与轴瓦直接接触的发生，其设计准则是限制最小油膜厚度 h_{min} 和温升 Δt（即热平衡计算），即 $h_{min}\geqslant[h]$（$[h]$为许用油膜厚度），$\Delta t<[\Delta t]$（$[\Delta t]$为许用温升值）。

4.3.2 常用材料的选用

轴瓦和轴承衬材料统称为轴承材料。针对滑动轴承失效形式，轴承材料应满足以下要求：

1）良好的减摩性和耐磨性。减摩性是指轴颈表面与轴瓦或轴承衬表面之间具有低的摩擦系数，而耐磨性是指材料的抗磨损性能。

2）良好的抗胶合性，防止因摩擦生热使油膜破裂后造成胶合。

3）足够的疲劳强度，以保证轴瓦在变载荷作用下有足够的寿命。

4）足够的抗压强度，防止产生过大的塑性变形。

5）较好的吸附润滑油的能力，易于形成抗剪切能力较强的边界膜。

6）良好的摩擦顺应性、嵌入性和磨合性。摩擦顺应性是指材料通过表层弹塑性变形来补偿轴承滑动表面初始配合不良的能力。嵌入性是指材料容纳硬质颗粒嵌入，从而减轻轴承滑动表面发生刮伤或磨粒磨损的性能。磨合性是指轴瓦与轴颈表面经短期轻载运转后，易于形成相互吻合的表面粗糙度。

7）良好的导热性、加工工艺性和经济性等。

应该指出，没有一种轴承材料能够全面具备上述性能，因而必须针对各种具体情况，进

行分析后合理选用。

轴承材料分三大类：金属材料，如轴承合金、铝基合金、青铜、减摩铸铁等；多孔质金属材料（粉末冶金材料）；非金属材料，如塑料、橡胶、硬木等。

选择轴瓦材料时，主要依据载荷、速度、温度、环境条件、经济性等方面进行考虑。常用金属轴承材料许用值和性能比较见表 4-1。

表 4-1 常用金属轴承材料许用值和性能比较

材料类别	牌号(名称)	最大许用值①			最高工作温度/℃	轴颈硬度/HBW	性能比较②				备注
		[p]/MPa	[v]/(m/s)	[pv]/(MPa·m/s)			抗咬黏性③	顺应性嵌入性	耐蚀性	疲劳强度	
锡基轴承合金	ZSnSb11Cu6 ZSnSb8Cu4	平稳载荷			150	150	1	1	1	5	用于高速、重载下工作的重要轴承，变载荷下易疲劳，价格高
		25	80	20							
		冲击载荷									
		20	60	15							
铅基轴承合金	ZPbSb16Sn16Cu2	15	12	10	150	150	1	1	3	5	用于中速、中等载荷的轴承，不宜受显著冲击。可为锡锑轴承合金的代用品
	ZPbSb15Sn5Cu3Cd2	5	8	5							
锡青铜	ZCuSn10P1 (10-1 锡青铜)	15	10	15	280	200~300	3	5	1	1	用于中速、重载及受变载荷的轴承
	ZCuSn5Pb5Zn5 (5-5-5 锡青铜)	8	3	15							用于中速、中载的轴承
铅青铜	ZCuPb30 (30 铅青铜)	25	12	30	280	300	3	4	4	2	用于高速、重载轴承，能承受变载和冲击
铝青铜	ZCuAl10Fe3 (10-3 铝青铜)	15	4	12	280	300	5	5	5	2	最宜用于润滑充分的低速、重载轴承
灰铸铁	HT150~HT250	1~4	0.5~2	—	—	—	4	5	1	1	宜用于低速、轻载的不重要轴承，价廉

① 一般值，润滑良好。[*pv*] 值适用于混合润滑工况，对于液体润滑，因与散热条件有很大关系，故限制 [*pv*] 值无意义。

② 性能比较：1~5 依次由好到差。

③ 抗咬黏性指材料的耐热性和抗粘附性。

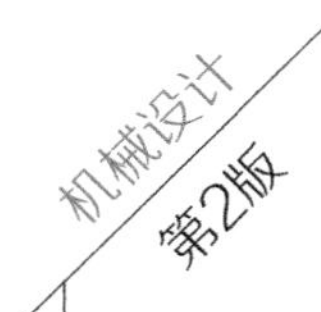

4.3.3 滑动轴承润滑剂的选用

轴承润滑的目的主要是减小摩擦功耗，降低磨损率，同时可起冷却、防尘、防锈以及吸振等作用。

常用的润滑材料是润滑油和润滑脂。

1. 润滑油及其选择

对于液体动压润滑轴承，润滑油的黏度是最重要的指标，也是选择轴承用油的主要依据。选择时应考虑轴承压力、滑动速度、摩擦表面状况、润滑方式等条件。

一般选用原则：①在压力大或冲击、变载等工作条件下，应选用黏度较高的油；②滑动速度高时，容易形成油膜，为了减小摩擦功耗，应采用黏度较低的油；③加工粗糙或未经磨合的表面，应选用黏度较高的油；④循环润滑、芯捻润滑或油垫润滑时，应选用黏度较低的油；飞溅润滑应选用高品质、能防止与空气接触而氧化变质或因激烈搅拌而乳化的油；⑤低温工作的轴承应选用凝点低的油。

非完全液体润滑轴承的润滑油选择可参考表 4-2。液体动压润滑轴承的润滑油选择参考第 3 章。润滑油的循环润滑、芯捻润滑等供应方式可参考第 3 章。

表 4-2 非完全液体润滑轴承的润滑油选择（工作温度<60℃）

轴颈速度 v/(m/s)	平均压强 p<3MPa	轴颈速度 v/(m/s)	平均压强 p=3~7.5MPa
<0.1	L-AN100、AN150	<0.1	L-AN150
0.1~0.3	L-AN68、AN100	0.1~0.3	L-AN100、AN150
0.3~0.25	L-AN46、AN68	0.3~0.6	L-AN100
	汽轮机油 TSA46		
2.5~5	L-AN32、AN46	0.6~1.2	L-AN100、AN68
	汽轮机油 TSA46		
5~9	L-AN15、AN32	1.2~2	L-AN100、AN68
	汽轮机油 TSA46、TSA32		
>9	L-AN7、AN10、AN15		

注：表中润滑油是以 40℃时运动黏度为基础的牌号。

2. 润滑脂及其选择

润滑脂属于半固体润滑剂，流动性差，无冷却效果。常用于那些要求不高、难以经常供油，或者低速重载以及做摆动运动的非完全液体摩擦滑动轴承。

润滑脂选择的一般原则：①当压力高和滑动速度低时，选择锥入度小的牌号；②所用润滑脂的滴点，一般应较轴承的工作温度高 20~30℃，以免工作时润滑脂过多地流失；③在有水淋或潮湿的环境下，应选择防水性强的钙基或铝基润滑脂；在温度较高环境下应选用钠基或复合钙基润滑脂。

滑动轴承润滑脂的选择见表 4-3。

此外，某些有特殊要求的场合可采用固体润滑剂进行润滑，通过在摩擦表面上形成固体膜来减小摩擦表面间的摩擦阻力。

表 4-3 滑动轴承润滑脂的选择

最高工作温度/℃	轴颈圆周速度 v/(m/s)	压强 p/MPa	选用的牌号
55	≤1	≤1.0	3号钙基脂
60	0.5~5	1.0~6.5	2号钙基脂
75	≤0.5	≥6.5	3号钙基脂
75	0.5~5	≤6.5	2号钠基脂
110	≤0.5	>6.5	1号钙钠基脂
120	≤1	1.0~6.5	锂基脂
-50~100	0.5	>6.5	2号压延机脂

4.4 非完全液体润滑滑动轴承性能设计

4.4.1 非完全液体润滑径向滑动轴承计算

非完全液体润滑径向滑动轴承（图 4-2）设计时，常用简单的条件性计算来确定轴承的尺寸。计算准测如下。

1. 限制轴承平均压强 p

为限制轴承磨损，应限制平均压强 p，即

$$p=\frac{F}{dB}\leqslant[p] \tag{4-1}$$

式中 F——轴承径向载荷（N）；

d、B——轴颈直径和有效宽度（mm）；

$[p]$——许用压强（MPa），其取值见表 4-1。

低速或间歇转动轴的轴承只需进行压强校核。

2. 限制轴承 pv 值

速度较高的轴承常需限制 pv 值。v 是轴颈的圆周速度，即工作表面间的相对滑动速度。轴承的发热量与其单位面积上表征摩擦功耗的 fpv 成正比（f 为摩擦系数），故限制 pv 值也就限制了轴承的温升，即

$$pv=\frac{F}{Bd}\frac{\pi dn}{60\times1000}=\frac{Fn}{19100B}\leqslant[pv] \tag{4-2}$$

式中 v——轴颈圆周速度，即滑动速度（m/s）；

$[pv]$——轴承材料的 pv 许用值（MPa · m/s），其值见表 4-1；

n——轴颈转速（r/min）。

3. 限制滑动速度 v

当滑动轴承平均压强 p 较小时，即使 p 与 pv 都在许用范围内，也可能由于滑动速度过高而加速磨损，因而要求

$$v=\frac{\pi dn}{60\times1000}\leqslant[v] \tag{4-3}$$

式中　$[v]$——许用滑动速度（m/s），其值见表 4-1。

非完全液体润滑径向滑动轴承设计计算过程如下：

1）根据工作条件和使用要求，确定轴承的结构形式，选择轴承材料，具体见 4.2 节和 4.3 节。

2）确定轴承宽度 B。B/d 的选取可参考 4.6.3 节，对非完全液体润滑轴承，可取 $B/d=0.5\sim1.5$。

3）计算轴承的平均压强 p、轴承 pv 值、滑动速度 v。若验算不合格，应根据具体情况改选更好的轴承材料或增大宽径比 B/d 重新计算。

4）确定轴承间隙。一般以选择适当的配合来获得合适的间隙。常用配合有$\frac{\mathrm{H9}}{\mathrm{d9}}$、$\frac{\mathrm{H8}}{\mathrm{f7}}$、$\frac{\mathrm{H7}}{\mathrm{f6}}$等。

4.4.2 非完全液体润滑推力滑动轴承计算

1. 普通推力滑动轴承结构

推力滑动轴承按结构类型可分为普通轴承结构和动压轴承结构。

常用的普通推力滑动轴承结构形式有空心式、单环式和多环式，其中结构尺寸见表 4-4。通常不采用实心轴颈，因其端面上靠近中心处的压力很高，线速度很小，对润滑极为不利，此外轴颈端面中心处对磨损非常敏感。空心式轴颈接触面上压力分布较为均匀，润滑条件较实心式有所改善。单环式是利用轴颈的环形端面承受单向轴向载荷，而且可以利用纵向油槽供给润滑油，结构简单，润滑方便，广泛用于低速、轻载的场合。多环式推力润滑轴承不仅能承受较大的轴向载荷，有时还可以承受双向轴向载荷。

表 4-4　推力滑动轴承结构形式及尺寸

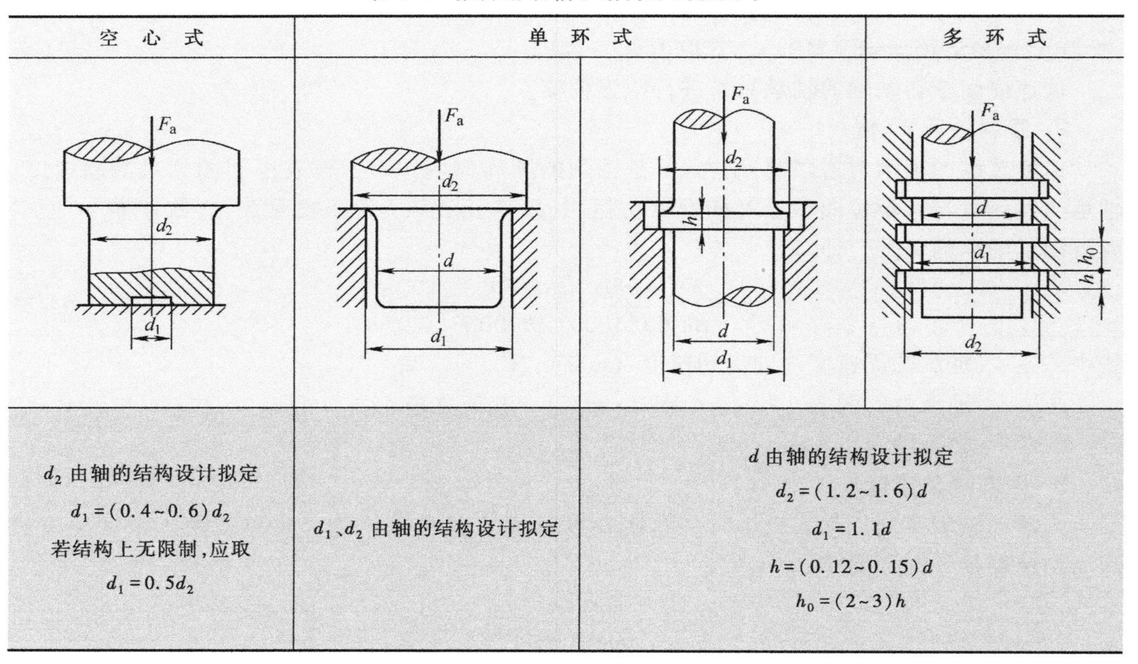

空心式	单环式		多环式
d_2 由轴的结构设计拟定 $d_1=(0.4\sim0.6)d_2$ 若结构上无限制，应取 $d_1=0.5d_2$	d_1、d_2 由轴的结构设计拟定	d 由轴的结构设计拟定 $d_2=(1.2\sim1.6)d$ $d_1=1.1d$ $h=(0.12\sim0.15)d$ $h_0=(2\sim3)h$	

2. 推力滑动轴承性能设计

在设计推力滑动轴承时，通常已知条件如下：

轴承所受轴向载荷 F_a、轴颈转速 n、轴环直径 d_2、轴承孔直径 d_1 以及轴环数目（参考表 4-4 中图示）。计算公式如下：

$$p=\frac{F_a}{A}=\frac{F_a}{z\frac{\pi}{4}(d_2^2-d_1^2)}\leqslant[p] \tag{4-4}$$

$$v=\frac{\pi(d_1+d_2)n}{60\times1000\times2}\leqslant[v] \tag{4-5}$$

$$pv=\frac{F_a}{z\frac{\pi}{4}(d_2^2-d_1^2)}\frac{\pi(d_1+d_2)n}{60\times1000\times2}\leqslant[pv] \tag{4-6}$$

式中 d_1——轴承孔直径（mm）；

d_2——轴环直径（mm）；

z——环的数目；

F_a——轴向载荷（N）；

$[p]$——许用压强（MPa），其值见表 4-5。对于多环式推力轴承，由于载荷在各环间分布不均匀，因此，许用压力 $[p]$ 比单环式降低 50%；

$[v]$——许用滑动速度（m/s），其值可参考表 4-5；

n——轴颈的转速（r/min）；

$[pv]$——pv 的许用值（MPa · m/s），见表 4-5。同样，由于多环式推力滑动轴承中的载荷在各环间分布不均，因此，$[pv]$ 值也应比单环式的降低 50%。

表 4-5 推力滑动轴承的 $[p]$、$[pv]$ 值

轴(轴环端面、凸缘)	轴　承	$[p]$/MPa	$[pv]$/(MPa · m/s)
未淬火钢	铸铁	2.0~2.5	1~2.5
	青铜	4.0~5.0	
	轴承合金	5.0~6.0	
淬火钢	青铜	7.5~8.0	1~2.5
	轴承合金	8.0~9.0	
	淬火钢	12~15	

4.5 流体动力润滑基本理论

流体动压润滑轴承的润滑剂将轴与轴瓦隔离。流体动压润滑轴承的设计需要满足一定的几何与物理条件，而且轴承的性能也随物理条件的变化而变化。在此简要介绍流体动压润滑轴承的理论基础。

4.5.1 流体动力润滑基本方程

Beauchamp Tower 在 1880 年所做的车辆轴承润滑实验中发现了动压现象。Osborne Reynolds（雷诺）用流体力学分析了动压产生的机理，并导出了描述油膜压力分布的微分方程，奠定了流体动力润滑的理论基础。迄今机械中的动压润滑计算仍以雷诺方程为基本进行求解。

如图 4-12 所示，雷诺把 Tower 的实验轴承设想成轴心与孔心不相重合的状态，轴与孔之间的间隙呈楔形，间隙中充满润滑油。当轴颈按图示顺时针方向转动时，由于流体的黏性，润滑油被带入越来越窄的楔形间隙中，于是形成流体动压力来平衡外载荷。

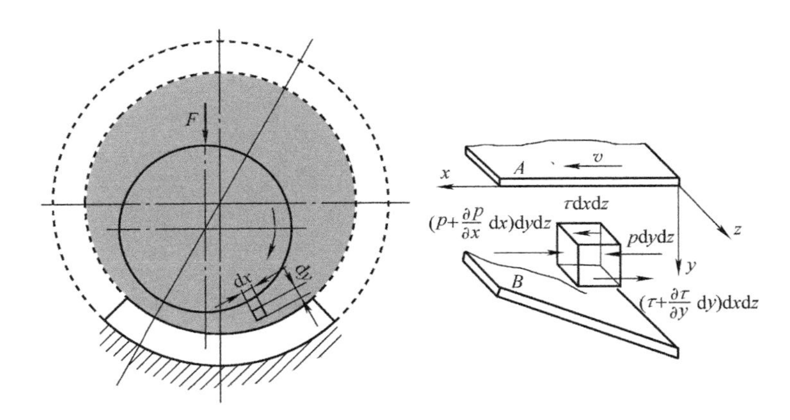

图 4-12　流体动力润滑分析

流体动压基本方程可结合流体的速度分布、任意截面流量的推导公式得到。

1. 流体的速度分布

雷诺认为，流体膜的厚度与轴承半径相比很小，曲率的影响可以忽略；径向轴承可视为由两块互相倾斜的平板构成的平面轴承，如图 4-12 所示。A、B 两板互相倾斜，板 B 静止不动，板 A 以速度 v 沿 x 方向运动。

为简化问题，做以下假设：

① 流体的重力和惯性力比黏性阻力小得多，忽略不计。

② 流体不可压缩。

③ 因流体膜厚度很薄，忽略流体膜压力沿流体膜厚度方向的变化。

④ 流体为符合牛顿黏性定律的流体，并作层流流动；流体黏度在整个流体膜内保持不变。

上述假设①、②、③一般条件下是符合实际的，假设④是条件性的。

从流体膜中取一微单元体 $\mathrm{d}x\mathrm{d}y\mathrm{d}z$ 进行分析。由图 4-12 可见，p 及$\left(p+\dfrac{\partial p}{\partial x}\mathrm{d}x\right)$为作用在微单元体左右两侧的压力，$\tau$ 及$\left(\tau+\dfrac{\partial \tau}{\partial y}\mathrm{d}y\right)$为作用在微单元体上下两面的切应力。根据 x 方向的力系平衡，得

$$p\mathrm{d}y\mathrm{d}z-\left(p+\frac{\partial p}{\partial x}\mathrm{d}x\right)\mathrm{d}y\mathrm{d}z+\tau\mathrm{d}x\mathrm{d}z-\left(\tau+\frac{\partial \tau}{\partial y}\mathrm{d}y\right)\mathrm{d}x\mathrm{d}z=0$$

整理后得

$$\frac{\partial p}{\partial x}=-\frac{\partial \tau}{\partial y} \tag{4-7}$$

将牛顿黏性流体定律 $\tau=-\eta\frac{\partial u}{\partial y}$ 对 y 求导后代入式（4-7），得

$$\frac{\partial p}{\partial x}=\eta\frac{\partial^2 u}{\partial y^2} \tag{4-8}$$

根据假设④，将式（4-8）对 y 作两次积分，得

$$\frac{\partial u}{\partial y}=\frac{1}{\eta}\frac{\partial p}{\partial x}y+C_1 \tag{4-9}$$

$$u=\frac{1}{2\eta}\frac{\partial p}{\partial x}y^2+C_1y+C_2 \tag{4-10}$$

式中　C_1、C_2——积分常数，由边界条件来确定。

由于流体的黏性及其与零件表面间的吸附作用，与板 A 紧贴的流体流层的流速 u 等于板速 v，与板 B 紧贴的流体流层的流速 u 等于 0。由图 4-12 可知，当 $y=0$ 时 $u=v$，$y=h$ 时 $u=0$。于是

$$u=\frac{v}{h}(h-y)+\frac{1}{2\eta}\frac{\partial p}{\partial x}(y-h)y \tag{4-11}$$

式（4-11）为流体的速度分布方程。流速 u 由两部分组成：第一项表示速度按线性分布，这是由动板以速度 v 运动引起的，该流动由流体层受到剪切作用而产生，称为剪切流；第二项表示速度按抛物线分布，这是由流体层受到载荷作用产生的，由流体压力在 x 方向变化引起的，称为压力流。流速 u 分布如图 4-13 所示。

2. 沿 x 方向任一截面流体流量

不考虑流体侧泄，沿 x 方向任何截面的单位宽度（$\mathrm{d}z=1$）流量为

$$q_x=\int_0^h u\mathrm{d}y=\frac{v}{2}h-\frac{1}{12\eta}\frac{\partial p}{\partial x}h^3 \tag{4-12}$$

设流体压力最大处的间隙为 h_0（即 $\frac{\partial p}{\partial x}=0$ 时 $h=h_0$），在这一截面上的流量为

$$q_0=\frac{1}{2}vh_0 \tag{4-13}$$

3. 流体动力润滑基本方程

根据流量连续性原理，即通过任一截面时流量不变，故 $q_x=q_0$，即

$$\frac{vh_0}{2}=\frac{vh}{2}-\frac{h^3}{12\eta}\frac{\partial p}{\partial x} \tag{4-14}$$

由式（4-14）得

$$\frac{\partial p}{\partial x}=6\eta v\frac{h-h_0}{h^3} \tag{4-15}$$

式（4-15）为一维雷诺动力润滑方程。它是计算流体动压润滑轴承的基本方程。利用这一方程，对 x 经一次积分后可求得流体膜上各点压力 p 沿 x 方向的分布，再将该压力分布对

面积积分，便可求得流体膜的承载能力。可以看出，流体膜压力的变化与流体的黏度、两表面间相对滑动速度和流体膜厚度的变化量有关。流体膜上各点压力 p 沿 x 方向的分布如图 4-13 所示。

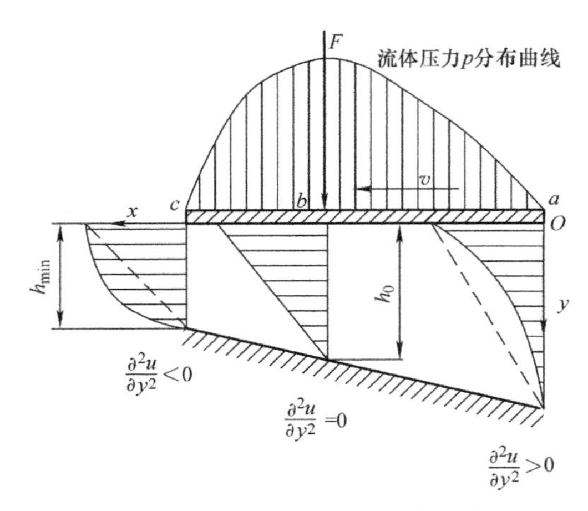

图 4-13　流速分布及压力分布

4.5.2　流体膜承载机理

1. 两平板间形成楔形收敛间隙

两平板间形成楔形收敛间隙，且两板的相对运动方向指向楔形间隙的收敛一侧，间隙内充满具有一定黏度的流体，如图 4-13 所示。假定流体不可压缩、沿垂直于纸面方向板宽为无限宽，且流体在该方向上不流动。由雷诺方程式（4-15）及图 4-13 可知，ab 段：$h>h_0$，则$\frac{\partial p}{\partial x}>0$，即流体压力 p 沿 x 方向逐渐增大；bc 段，$h<h_0$，则$\frac{\partial p}{\partial x}<0$，即流体压力 p 沿 x 方向逐渐降低；$h=h_0$ 处，$\frac{\partial p}{\partial x}=0$，压力 p 达到最大值。由于流体膜沿着 x 方向各处的流体压力都大于入口和出口的压力，压力分布曲线为图 4-13 上部曲线，因而流体压力的合力具有承受外载荷的能力。这种黏性流体流入楔形收敛间隙产生压力的效应称为流体动力润滑的楔效应。

2. 两平板间形成平行间隙

两平板间具有间隙且有相对运动存在，间隙内充满具有一定黏度的流体，如图 4-14 所示，其中图 4-14a 假设两平板间有相对运动存在，且承受外载荷，为图 4-14b 和图 4-14c 两种流速分布情况的叠加；图 4-14b 假设两平板间仅有相对运动存在的流速分布；图 4-14c 假设两平板间仅承受外载荷的流速分布。由图 4-14a 可知两平板间流体进口流量小于出口流量，故无法承受外载荷。由式（4-15）可知，当 $h\equiv h_0$ 时，$\frac{\partial p}{\partial x}=0$，流体压力 p 沿 x 方向没有变化，故两平板间流体膜无法承受外载荷。

3. 两平板间形成反向楔形收敛间隙

两平板间形成楔形收敛间隙，且两板的相对运动方向指向楔形间隙的大口一侧，如图 4-15 所示。由式（4-15）及图 4-15 可知，ab 段：$h<h_0$，则$\frac{\partial p}{\partial x}<0$，即流体压力 p 沿 x 方向

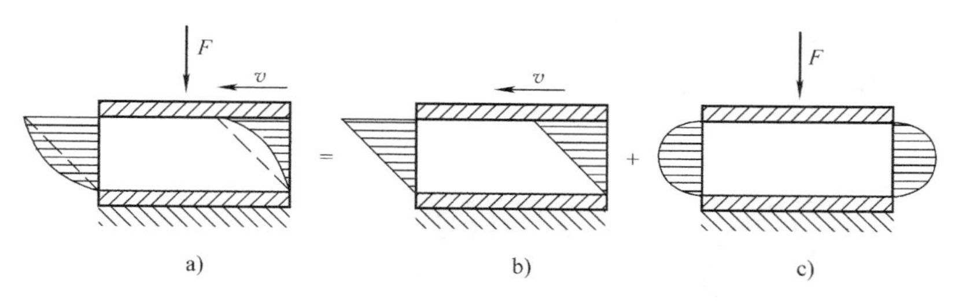

图 4-14　流速分布

逐渐减少，由进口压力（即外界大气压）减至某一极值；bc 段：$h>h_0$，则$\frac{\partial p}{\partial x}>0$，即流体压力 p 沿 x 方向逐渐增大，增大至和出口压力（即外界大气压）相等；在 $h=h_0$ 处，$\frac{\partial p}{\partial x}=0$，压力 p 达到最小值。两平板间形成反向楔形收敛间隙，两平板间流体膜无法承受外载荷。

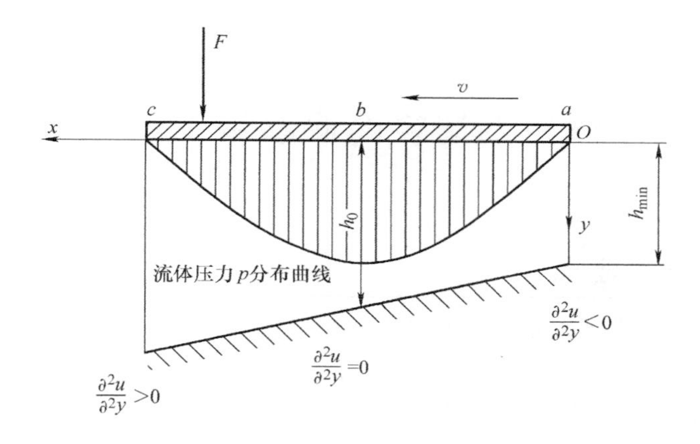

图 4-15　反向流速及压力分布

综上所述，形成流体动力润滑（即形成动压流体膜）的必要条件是：

1）相对滑动的两表面间必须呈收敛的楔形间隙。

2）被流体膜分开的两表面必须有足够的相对滑动速度。流体运动方向必须由大口流进，从小口流出。

3）流体必须有一定的黏度，供油要充分。

4.5.3　动压流体膜形成过程

径向滑动轴承轴颈与轴承孔间存在着间隙，如图 4-16 所示。轴颈静止时处于轴承孔最低位置（图 4-16a），此时两表面间自然形成收敛的楔形空间。轴颈初始转动时，速度较低，带入间隙中的流体流量较少，轴承处于非完全液体润滑状态，摩擦力较大。轴承孔对轴颈摩擦力的方向与轴颈表面圆周速度方向相反，迫使轴颈在摩擦力作用下沿孔壁向右爬升（图 4-16b）。随着轴的转速增大，轴颈表面的圆周速度增大，带入楔形空间的流体流量也逐渐增多。这时，右侧楔形流体膜产生了一定的动压力，将轴颈向左浮起。当轴颈达到稳定运转时，轴颈便稳定在一定的偏心位置上（图 4-16c）。这时，轴承处于流体动力润滑状态，流体膜产生的动压力与外载荷 F 相平衡。此时，轴承内的摩擦阻力仅为流体的内阻力，故摩擦系数达到最小值。

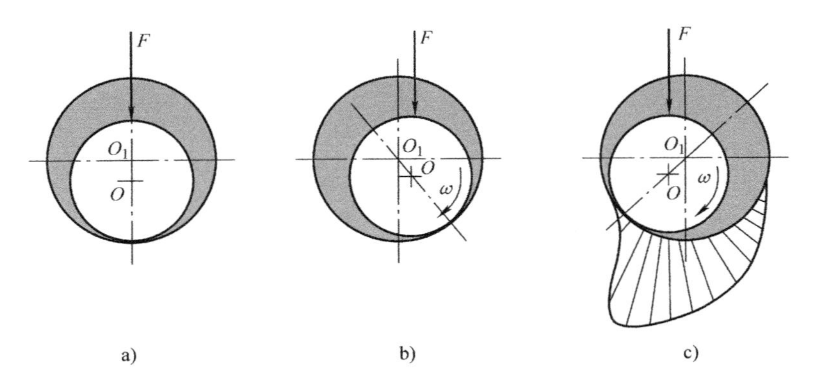

图 4-16　径向滑动轴承形成流体动力润滑过程

a）$n=0$　b）$n\approx0$　c）$n>0$ 形成流体膜

4.6　动压润滑径向滑动轴承性能设计

4.6.1　主要几何参数

图 4-17 所示为径向滑动轴承工作时轴颈所处的位置。轴承孔和轴颈的连心线 OO_1 与外载荷 F（载荷作用在轴颈中心上）方向形成一偏位角 φ_a。轴承孔和轴颈直径分别用 D 和 d 表示，则轴承直径间隙为

$$\Delta=D-d \tag{4-16}$$

半径间隙为轴承孔半径 R 与轴颈半径 r 之差，则

$$c=R-r=\Delta/2 \tag{4-17}$$

直径间隙与轴颈公称直径之比称为相对间隙，以 ψ 表示，则

$$\psi=\frac{\Delta}{d}=\frac{c}{r} \tag{4-18}$$

轴颈在稳定运转的中心 O 与轴承孔中心 O_1 之间的距离，称为偏心距，用 e 表示。偏心距与半径间隙的比值，称为偏心率，以 χ 表示，则

$$\chi=\frac{e}{c} \tag{4-19}$$

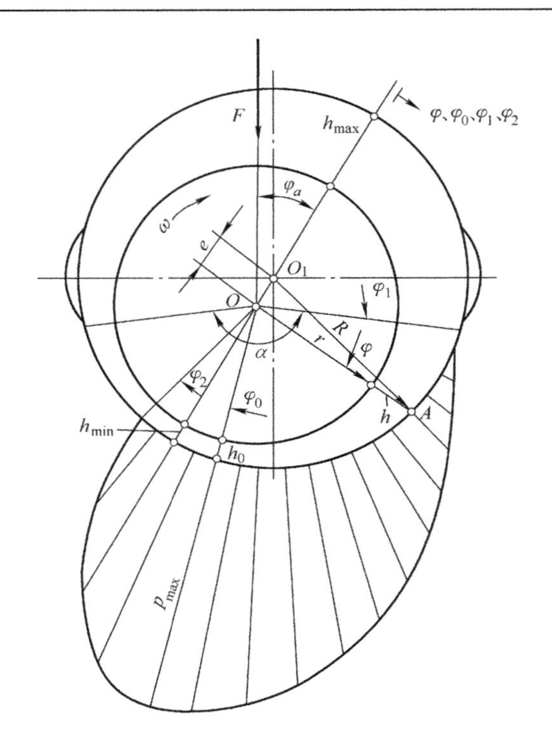

图 4-17　径向滑动轴承的几何参数和油压分布

由图可见，最小油膜厚度为

$$h_{\min}=c-e=c(1-\chi)=r\psi(1-\chi) \tag{4-20}$$

对于径向滑动轴承，采用极坐标描述较方便。建立极坐标系：极点为轴颈中心 O，轴孔中心连线 OO_1 为极轴。油膜厚度 h 大小可在△AOO_1 中应用余弦定理求得，即

$$R^2=e^2+(r+h)^2-2e(r+h)\cos\varphi$$

解得

$$r+h=e\cos\varphi\pm R\sqrt{1-\left(\frac{e}{R}\right)^2\sin^2\varphi}$$

若上式略去微量$\left(\frac{e}{R}\right)^2\sin^2\varphi$，并取根式的正号，则得任意位置的油膜厚度为

$$h=c(1+\chi\cos\varphi)=r\psi(1+\chi\cos\varphi) \tag{4-21}$$

在油压最大处的油膜厚度 h_0 为

$$h_0=c(1+\chi\cos\varphi_0)=r\psi(1+\chi\cos\varphi_0) \tag{4-22}$$

其中 φ_0 对应于油膜最大压力处的极角。

4.6.2 性能设计

1. 承载能力

滑动轴承油膜承载能力可利用雷诺方程求得。先对雷诺方程进行一次积分后可获得油膜上各点压力 p 沿 x 方向的分布，再将该压力分布对面积进行积分，就可求得油膜的承载能力。

设轴承为无限宽。将 $dx=rd\varphi$，$v=r\omega$ 及式（4-21）、式（4-22）代入雷诺方程式（4-15），得到极坐标形式的雷诺方程：

$$\frac{dp}{d\varphi}=6\eta\frac{\omega}{\psi^2}\frac{\chi(\cos\varphi-\cos\varphi_0)}{(1+\chi\cos\varphi)^3} \tag{4-23}$$

式（4-23）从油膜起始角 φ_1 到任意角 φ 进行积分，得任意位置的压力

$$p_\varphi=6\eta\frac{\omega}{\psi^2}\int_{\varphi_1}^{\varphi}\frac{\chi(\cos\varphi-\cos\varphi_0)}{(1+\chi\cos\varphi)^3}d\varphi \tag{4-24}$$

压力 p_φ 在外载荷方向上的分量为

$$p_{\varphi y}=p_\varphi\cos[\pi-(\varphi_a+\varphi)]=-p_\varphi\cos(\varphi_a+\varphi) \tag{4-25}$$

将上式在 $\varphi_1\sim\varphi_2$ 的油膜区间内积分，即得出在轴承单位宽度上的油膜承载力：

$$\begin{aligned}p_y&=\int_{\varphi_1}^{\varphi_2}p_{\varphi y}rd\varphi=-\int_{\varphi_1}^{\varphi_2}p_\varphi\cos(\varphi_a+\varphi)rd\varphi\\&=6\frac{\eta\omega r}{\psi^2}\int_{\varphi_1}^{\varphi_2}\left[\int_{\varphi_1}^{\varphi}\frac{\chi(\cos\varphi-\cos\varphi_0)}{(1+\chi\cos\varphi)^3}d\varphi\right][-\cos(\varphi_a+\varphi)]d\varphi\end{aligned} \tag{4-26}$$

理论上油膜承载能力只需将 p_y 与轴承宽度 B 相乘即可。但在实际轴承中，轴承并非无限宽度，润滑油会从轴承两端流出，导致油膜压力降低，压力沿轴承宽度的变化呈抛物线分布（图 4-18）。因此，油膜承载能力计算必须考虑润滑油端泄的影响。这种影响引入系数 C'

进行修正，C'的值取决于宽径比B/d和偏心率χ的大小。这样，在φ角和距轴承中线为z处的油膜压力为

$$p_y' = p_y C'\left[1-\left(\frac{2z}{B}\right)^2\right] \tag{4-27}$$

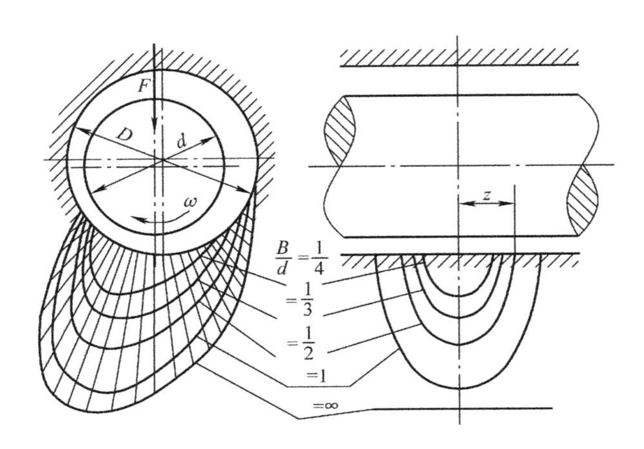

图 4-18　不同宽径比时沿轴承周向和轴向的压力分布

对有限宽度轴承，油膜的总承载能力为

$$\begin{aligned}F &= \int_{-B/2}^{+B/2} p_y' \mathrm{d}z \\ &= 6\frac{\eta\omega r}{\psi^2}\int_{-B/2}^{+B/2}\int_{\varphi_1}^{\varphi_2}\int_{\varphi_1}^{\varphi}\left[\frac{\chi(\cos\varphi-\cos\varphi_0)}{(1+\chi\cos\varphi)^3}\mathrm{d}\varphi\right][-\cos(\varphi_a+\varphi)]\mathrm{d}\varphi C'\left[1-\left(\frac{2z}{B}\right)^2\right]\mathrm{d}z\end{aligned} \tag{4-28}$$

令

$$C_p = 3\int_{-B/2}^{+B/2}\int_{\varphi_1}^{\varphi_2}\int_{\varphi_1}^{\varphi}\left[\frac{\chi(\cos\varphi-\cos\varphi_0)}{B(1+\chi\cos\varphi)^3}\mathrm{d}\varphi\right][-\cos(\varphi_a+\varphi)\mathrm{d}\varphi]C'\left[1-\left(\frac{2z}{B}\right)^2\right]\mathrm{d}z \tag{4-29}$$

将式（4-28）简化为

$$F = \frac{\eta\omega dB}{\psi^2}C_p \tag{4-30}$$

式（4-29）也可表达为

$$C_p = \frac{F\psi^2}{\eta\omega dB} = \frac{F\psi^2}{2\eta vB} \tag{4-31}$$

式中　C_p——承载量系数，是一个无量纲的量；

η——润滑油在轴承平均工作温度下的动力黏度（$\mathrm{N\cdot s/m^2}$或$\mathrm{Pa\cdot s}$）；

B——轴承宽度（m）；

F——外载荷（N）；

v——轴颈圆周速度（m/s）。

由式（4-29）可知，在给定边界条件时，C_p是轴颈在轴承中位置的函数，其值取决于轴承的包角α（指轴承表面上的连续光滑部分包围轴颈的角度，即入油口到出油口间所包轴

颈的夹角)、相对偏心率χ和宽径比B/d。当轴承的包角α($\alpha=120°$、180°或360°)给定时,C_p可以表示为

$$C_p \propto (\chi, B/d) \tag{4-32}$$

系数C_p计算非常困难,因而采用数值积分的方法进行计算,并制成相应的线图或表格供设计者使用。若轴承是在非承载区内进行无压力供油,且设液体动压力是在轴颈与轴承衬的180°弧内产生时,则不同χ和B/d的C_p值见表4-6。

表4-6 有限宽轴承的承载量系数C_p

B/d	χ													
	0.3	0.4	0.5	0.6	0.65	0.7	0.75	0.8	0.85	0.9	0.925	0.95	0.975	0.99
	承载量系数C_p													
0.3	0.0522	0.0826	0.128	0.203	0.259	0.347	0.475	0.699	1.122	2.074	3.352	5.73	15.15	50.52
0.4	0.0893	0.141	0.216	0.339	0.431	0.573	0.776	1.079	1.775	3.195	5.055	8.393	21.00	65.26
0.5	0.133	0.209	0.317	0.493	0.622	0.819	1.098	1.572	2.428	4.261	6.615	10.706	25.62	75.86
0.6	0.182	0.283	0.427	0.655	0.819	1.070	1.418	2.001	3.036	5.214	7.956	12.64	29.17	83.21
0.7	0.234	0.361	0.538	0.816	1.014	1.312	1.720	2.399	3.580	6.029	9.072	14.14	31.88	88.90
0.8	0.287	0.439	0.627	0.972	1.199	1.538	1.965	2.745	4.053	6.721	9.992	15.37	33.99	92.89
0.9	0.339	0.515	0.754	1.118	1.371	1.745	2.248	3.067	4.459	7.294	10.753	16.37	35.66	96.35
1.0	0.391	0.589	0.853	1.253	1.528	1.929	2.469	3.372	4.808	7.772	11.38	17.18	37.00	98.95
1.1	0.44	0.658	0.947	1.377	1.669	2.097	2.664	3.580	5.106	8.186	11.91	17.86	38.12	101.15
1.2	0.487	0.723	1.033	1.489	1.796	2.247	2.838	3.787	5.364	8.533	12.35	18.43	39.04	102.90
1.3	0.529	0.784	1.111	1.590	1.912	2.379	2.990	3.968	5.586	8.831	12.73	18.91	39.81	104.42
1.5	0.610	0.891	1.248	1.763	2.099	2.600	3.242	4.266	5.947	9.304	13.34	19.68	41.07	106.84
2.0	0.763	1.091	1.483	2.070	2.446	2.981	3.671	4.778	6.545	10.091	14.34	20.97	43.11	110.79

2. 最小油膜厚度h_{min}

动压轴承保证液体润滑条件的设计准则是最小油膜厚度h_{min}大于许用值$[h_{min}]$。许用油膜厚度$[h_{min}]$应考虑轴颈、轴瓦工作表面的表面粗糙度与轴颈挠度,并引入安全系数S,得

$$h_{min} = r\psi(1-\chi) \geqslant [h_{min}] \tag{4-33}$$

$$[h_{min}] = S(Rz_1 + Rz_2) \tag{4-34}$$

式中 S——安全系数,常取$S \geqslant 2$;

Rz_1、Rz_2——轴颈、轴瓦工作表面的表面粗糙度(μm)。

3. 轴承温升

轴承工作时摩擦功耗将转变为热量,使润滑油温度升高。润滑油温度升高将使油的黏度降低,则轴承承载能力就要降低。因此轴承工作时油的温升Δt需控制在允许的范围内。

供油方式对轴承温升有很大影响。供油方式不同，轴承温升计算方法也不同。对非压力供油的轴承，轴承达热平衡时单位时间内发热量与散热量相同；单位时间内轴承摩擦所产生的热量 Q 等于同时间内流动油所带走的热量 Q_1 与轴承散发的热量 Q_2 之和，即

$$Q=Q_1+Q_2 \tag{4-35}$$

轴承中的热量由摩擦损失的功转变而来。单位时间内在轴承中产生的热量 Q（单位为 W）为

$$Q=fFv \tag{4-36}$$

由流出的油带走的热量 Q_1（单位为 W）为

$$Q_1=q\rho c(t_o-t_i) \tag{4-37}$$

式中 q——润滑油流量（m^3/s），按润滑油流量系数求出；

ρ——润滑油的密度，对矿物油为 850~900kg/m^3；

c——润滑油的比热容，对矿物油为 1675~2090J/(kg·℃)；

t_o——油的出口温度（℃）；

t_i——油的入口温度，通常由于冷却设备的限制，取为 35~40℃。

轴承金属表面通过传导和辐射散发的热量 Q_2，与轴承的散热表面的面积、空气流动速度等有关。这部分热量的精确计算很难，通常采用近似计算，即

$$Q_2=\alpha_s\pi dB(t_o-t_i) \tag{4-38}$$

其中，α_s 为轴承的表面传热系数，随轴承结构的散热条件而定。对于轻型结构的轴承，或周围的介质温度高和难于散热的环境（如轧钢机轴承），取 α_s=50W/(m^2·℃)；对于中型结构或一般通风条件，取 α_s=80W/(m^2·℃)；在良好冷却条件下（如周围介质温度很低，轴承附近有其他特殊用途的水冷或气冷的冷却设备）工作的重型轴承，可取 α_s=140W/(m^2·℃)。

轴承达到热平衡时，将式（4-36）、式（4-37）和式（4-38）代入式（4-35），则轴承温升 Δt（单位为℃）为

$$\Delta t=t_o-t_i=\frac{\left(\dfrac{f}{\psi}\right)p}{c\rho\left(\dfrac{q}{\psi vBd}\right)+\dfrac{\pi\alpha_s}{\psi v}} \tag{4-39}$$

式中 $\dfrac{q}{\psi vBd}$——润滑油流量系数，是一个无量纲数，可根据轴承的宽径比 B/d 及偏心率 χ 由图 4-19 查出；

v——轴颈圆周速度（m/s）；

f——动压润滑滑动轴承液体摩擦状态下的摩擦系数，采用如下公式得到

$$f=\frac{\pi}{\psi}\frac{\eta\omega}{p}+0.55\psi\xi \tag{4-40}$$

式中 ξ——随轴承宽径比变化的系数，对于 $B/d<1$ 的轴承，$\xi=\left(\dfrac{d}{B}\right)^{\frac{3}{2}}$，对于 $B/d\geqslant1$ 的轴承，$\xi=1$；

ω——轴颈角速度（rad/s）；

p——轴承的平均压力（Pa）；

η——润滑油的动力黏度（Pa·s）。

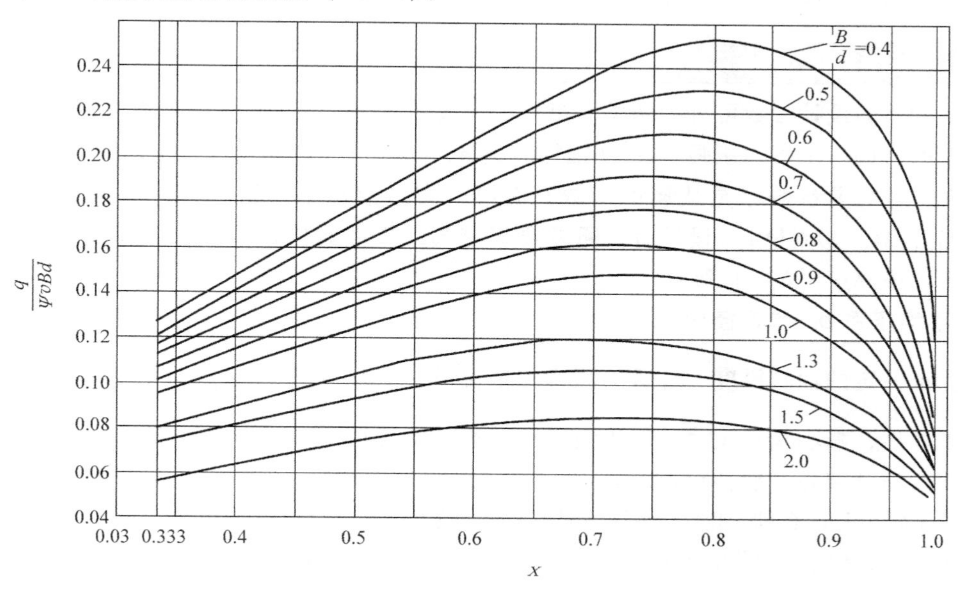

图 4-19 润滑油流量系数线图（指速度供油的耗油量）

式（4-39）仅求出了润滑油平均温度差，实际上轴承各点的温度不同。润滑油从入口到流出轴承，温度逐渐升高，因而轴承不同位置处油的黏度也将不同。研究结果表明，利用式（4-30）计算轴承的承载能力时，可以采用润滑油平均温度时的黏度。润滑油的平均温度 $t_m=\frac{t_o+t_i}{2}$，而温升 $\Delta t=t_o-t_i$，所以润滑油的平均温度 t_m 为

$$t_m=t_i+\frac{\Delta t}{2} \tag{4-41}$$

为了保证轴承的承载能力，建议平均温度不超过 75℃。

上述轴承热平衡计算中的润滑油流量仅考虑了速度供油量，即由旋转轴颈从油槽带入轴承间隙的油量，忽略了液压泵供油时，油被输入轴承间隙时的压力供油量，这将影响轴承温升计算的准确性。因此，上述方法适用于一般用途的液体动压润滑径向滑动轴承的热平衡计算，对于重要以及采用压力供油的液体动压轴承计算可参考机械设计手册。

轴承性能设计计算是根据热平衡状态下轴承平均温度 t_m（即端泄油平均温度）进行的。设计时，由于润滑油平均温度 t_m 事先未知，通常是先假定平均温度 t_m，按式（4-39）求出的温升 Δt 来校核油的入口温度 t_i。初步计算时可取 $t_m=50\sim60$℃。

滑动轴承进油温度一般取 $t_i=35\sim40$℃；平均油温 $t_m=\frac{t_i+t_o}{2}\leqslant 75$℃；温升的许用值 $[\Delta t]=10\sim30$℃，且

$$\Delta t=t_o-t_i\leqslant[\Delta t] \tag{4-42}$$

若进油温度 $t_i>35\sim40$℃，轴承热平衡易于建立，轴承承载能力尚未用尽，此时应降低给定的平均温度，并允许适当地加大轴瓦及轴颈的表面粗糙度，再重新进行计算。

若进油温度 t_i<35℃，轴承不易达到热平衡状态。此时应加大轴承的间隙，适当降低轴瓦及轴颈的表面粗糙度，再重新进行计算。

4.6.3 轴承参数选择

滑动轴承的设计参数可分为两类，第一类一般是由设计人员给定的或由性能设计计算时预先选定的，如：①平均压强 p_m；②轴的转速 n；③润滑油的黏度 η；④轴承尺寸：d，Δ，B 及包角。第二类参数则是从属的参数，由第一类参数派生，如：①最小油膜厚度 h_{min}；②轴承温升 Δt；③流量 q。设计时，通常要规定第二类参数的许用值，如许用温升 $[\Delta t]$，许用最小油膜厚度 $[h_{min}]$ 等。

1. 平均压强 p_m 和宽径比 B/d

在保证一定的油膜厚度、合适的温升等前提下，平均压强 $p_m=\frac{F}{Bd}$宜取较高值，以保证运转的平稳性，减小轴承尺寸。但压强过高，油膜厚度过薄，对润滑油性能的要求将提高，且液体润滑易遭破坏，使轴承损伤。

宽径比较小时，有利于增大压强，减轻边缘接触，提高轴承运转平稳性，增大端泄量以降低温升。宽径比较大时，轴承的承载能力提高，但功耗大、温升高，同时由于宽径比增大，对轴的刚度及轴承的制造和安装精度要求将提高，如不满足上述要求，则易产生轴承边缘接触。

通常取 $B/d=0.3\sim1.5$。高速重载轴承温升高，有边缘接触危险，B/d 宜取小值。低速重载轴承为提高轴承整体刚性，B/d 宜取大值。高速轻载轴承，如对轴承刚性无过高要求，可取小值。转子挠性较大的轴承宜取小值。需要转子有较大刚性的机床轴承，宜取较大值。用于航空、汽车发动机等空间受限制部位的轴承，B/d 可取小值。

一般机器常用的 B/d 值为：汽轮机、风机、发电机、电动机、离心泵 $B/d=0.4\sim1.0$；齿轮变速装置 $B/d=0.6\sim1.5$；机床、拖拉机 $B/d=0.8\sim1.2$；轧钢机 $B/d=0.6\sim0.9$。

2. 相对间隙 ψ

相对间隙 ψ 大时，流量大、温升低、承载能力低。

一般取 $\psi=0.0002\sim0.003$。ψ 值主要应根据载荷和速度选取：速度越高，ψ 值应越大；载荷越大，ψ 值则越小。此外，直径大、宽径比小、调心性能好、加工精度高时，ψ 可取小值；反之，ψ 取大值。

间隙大小对轴承系统稳定性有较大影响。一般压强小的轴承，减小相对间隙可提高系统稳定性；而压强大的轴承，增大相对间隙可提高系统稳定性。

一般轴承，按转速取 ψ 值的经验公式为

$$\psi\approx\frac{\left(\frac{n}{60}\right)^{\frac{4}{9}}}{10^{\frac{31}{9}}} \tag{4-43}$$

式中 n——轴颈转速（r/min）。

一般机器常用的相对轴承间隙 ψ 为：汽轮机、电动机、发电机 $\psi=0.001\sim0.002$；轧钢机、铁路车辆 $\psi=0.0002\sim0.0005$；内燃机 $\psi=0.0005\sim0.001$；风机、离心泵、齿轮变速装置 $\psi=0.001\sim0.003$；机床 $\psi=0.0001\sim0.0005$。

3. 润滑油的黏度

润滑油的黏度对轴承的承载能力、功耗和轴承温升有较大影响，是轴承设计中的一个重要参数。轴承工作时油膜各点温度是不同的。通常认为轴承温度等于油膜的平均温度。轴承平均温度计算的准确性，将直接影响到润滑油黏度的取值。平均温度过低，相应油的黏度较大，算出的承载能力偏高；反之，则承载能力偏低。

进行轴承性能设计时，要保证计算得到的轴承平均温度与初始假定的轴承平均温度（一般取 $t_m=50\sim60℃$）一致或较接近，否则应重新假定轴承平均温度，选择黏度再计算。

一般轴承可按轴颈转速 n（单位为 r/min）先初估油的动力黏度 η'（单位为 Pa · s），即

$$\eta'=\frac{\left(\frac{n}{60}\right)^{-\frac{1}{3}}}{10^{\frac{7}{6}}} \tag{4-44}$$

由式 $\nu'=\frac{\eta'}{\rho}$ 算出相应的运动黏度 ν'，选定平均油温 t_m，参照图 3-24 选定润滑油牌号，并得到 t_m 时润滑油的运动黏度 ν_{t_m} 和动力黏度 η_{t_m}。最后再验算入口油温。

4.7 动压滑动轴承设计工程应用实例

【例】 设计一制冷压缩机曲轴用的液体动压润滑径向滑动轴承，载荷垂直向下，工作情况稳定，采用对开式径向轴承。已知工作载荷 $F=20\text{kN}$，轴颈直径 $d=100\text{mm}$，转速 $n=960\text{r/min}$，在水平剖分面单侧供油。

【解】

计算项目	计算依据	单位	计算结果
1. 按非完全液体润滑状态选择材料			
选择轴承宽径比 B/d	依据 4.6.3 节内容，取宽径比为 1		
计算轴承宽度 B	$B=(B/d)\times d$	mm	$B=100$
计算轴颈圆周速度 v	$v=\frac{\pi dn}{60\times1000}$	m/s	$v=5.024$
计算轴承的工作压力 p_m	$p_m=\frac{F}{dB}$	MPa	$p_m=2.0$
选择轴瓦材料	表 4-1		ZCuSn10P1
2. 润滑油的选择及其供应			
润滑油选择	图 3-24		L-AN46 机械油
润滑油供应	表 4-2		由供油系统完成
3. 按完全液体润滑状态进行性能设计			
初选润滑油黏度	取平均油温 t_m	℃	$t_m=50$
运动黏度 ν	由图 3-24 查得 ν	cSt	$\nu=30$
动力黏度 η	$\eta=\rho\nu$	Pa · s	$\eta=0.027$
计算轴颈角速度 ω	$\omega=\frac{2\pi n}{60}$	rad/s	$\omega=100.48$

（续）

计算项目	计算依据	单位	计算结果
计算相对间隙 ψ	$\psi \approx \dfrac{\left(\dfrac{n}{60}\right)^{\frac{4}{9}}}{10^{\frac{31}{9}}}$ 式(4-43)		$\psi \approx 0.0011$
计算半径间隙 c	$c=\psi d/2$ 式(4-18)	mm	$c=0.055$
计算轴承承载量系数 C_p	$C_p=\dfrac{p_m\psi^2}{\eta\omega}$ 式(4-31)		$C_p=0.892$
求轴承偏心率 χ	依据表 4-6，插值得到		$\chi=0.48$
计算最小油膜厚度 h_{min}	$h_{min}=c(1-\chi)$ 式(4-33)	mm	$h_{min}=0.0286$
确定轴颈、轴承孔表面轮廓最大高度	按加工精度要求选取轴颈表面粗糙度 $Rz_1=0.0016$，轴承孔表面粗糙度 $Rz_2=0.0032$	mm	$Rz_1=0.0016$ $Rz_2=0.0032$
计算许用最小油膜厚度 $[h_{min}]$	取安全系数 $S=2$， $[h_{min}]=S(Rz_1+Rz_2)$ 式(4-34)	mm	$[h_{min}]=0.0096$ 满足 $h_{min}\geqslant[h_{min}]$
计算润滑油温升 Δt	$\Delta t=t_o-t_i=\dfrac{\left(\dfrac{f}{\psi}\right)p}{c\rho\left(\dfrac{q}{\psi vBd}\right)+\dfrac{\pi\alpha_s}{\psi v}}$ 式(4-39) 取润滑油密度 $\rho=900\text{kg/m}^3$，比热容 $c=1900\text{J/(kg}\cdot℃)$，轴承的表面传热系数 $\alpha_s=80\text{W/(m}^2\cdot℃)$	℃	$\Delta t=21.39$
计算进油温度 t_i	$t_i=t_m-\dfrac{\Delta t}{2}$ 一般进油温度 $t_i=35\sim40℃$	℃	$t_i=39.3$ 合适
4. 结构设计			
轴颈直径		mm	$d=100$
轴承宽度		mm	$B=100$
选择配合	依据 GB/T 1801—2009，选配合 $\dfrac{E8}{h6}$，查得轴承孔尺寸公差		$\dfrac{E8}{h6}$， 轴承孔：$\phi100^{+0.126}_{+0.072}$， 轴颈：$\phi100^{0}_{-0.022}$
求轴孔配合最大、最小间隙	$\Delta=2c$，在 Δ_{max} 与 Δ_{min} 之间	mm	$\Delta=0.11$ $\Delta_{max}=0.148$ $\Delta_{min}=0.072$ 所选配合合适

（续）

计算项目	计算依据	单位	计算结果
校核轴承的承载能力、最小油膜厚度及润滑油温升	分别按 Δ_{max} 与 Δ_{min} 进行校核，如果在允许的范围内，则绘制轴承工作图；否则需要重新选择参数，再作设计及校核计算		略
5. 绘制滑动轴承轴瓦零件图	参考 4.2 节		略

4.8 其他滑动轴承简介

1. 动压径向滑动轴承

动压轴承依据油楔数目分为单油楔式轴承和多油楔式轴承。

只有一个油楔产生油膜压力的径向轴承，称为单油楔滑动轴承（见图 4-17）。这种轴承在工作时，如果轴颈受到某些微小干扰而偏离平衡位置，其难以自动恢复到原来平衡位置。轴颈将作一种新的有规则或无规则的运动，这种状态称为轴承失稳。

为了提高轴承的稳定性和油膜刚度，在高速滑动轴承中广泛采用了椭圆轴承、错位轴承（图 4-20）或多油楔式轴承（图 4-21）。目前多油楔轴承构成油楔方法有：轴瓦内表面上加工楔形槽，如三油楔轴承和四油楔轴承等；利用材料的弹性变形获得多油楔；采用扇形块摆动轴瓦形成多油楔轴承。

多油楔轴承和单油楔轴承相比，其稳定性好，旋转精度高，但承载能力低，摩擦损耗大。它的承载能力等于各油楔中油膜压力的矢量和。

可倾瓦多油楔径向轴承（图 4-22）的轴瓦由三块或三块以上（通常为奇数）的扇形块组成。扇形块由带球端的调整螺钉支承。球面支承中心在圆周方向上偏向轴颈旋转方向的一侧，使其倾斜度可随轴颈位置的不同而自动地调整，以适应不同的载荷、转速和轴的弹性变形及偏斜等，从而保持轴颈与轴瓦间的适当间隙，建立可靠的液体摩擦润滑状态。球面螺钉可以调整轴承间隙的大小。螺钉的球头经过淬火处理，并与扇形块的球窝成对地精研，故支承点的接触刚度很大。扇形块基体为钢材，其内表面浇以青铜或再衬敷一层轴承合金。

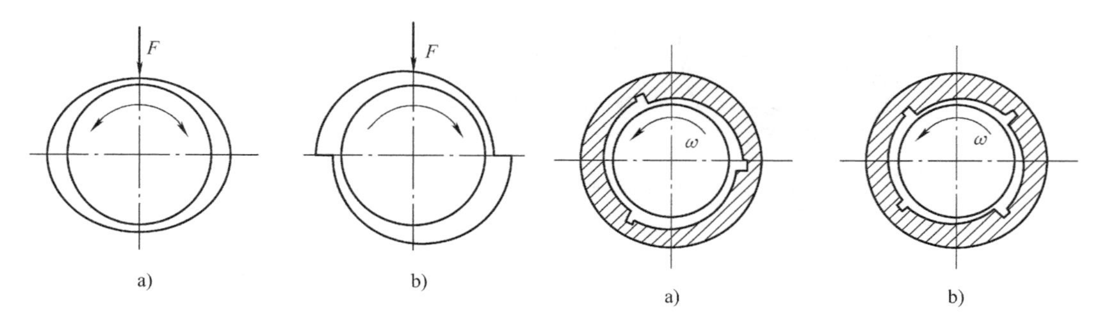

图 4-20　双油楔椭圆轴承和双油楔错位轴承示意图
a）双油楔椭圆轴承　b）双油楔错位轴承

图 4-21　三油楔和四油楔轴承示意图
a）三油楔轴承　b）四油楔轴承

多油楔式滑动轴承的共同特点：即使在空载运转时，轴和轴瓦间也存在几个油楔，即轴相对于每一个油楔都处在某个偏心位置上；在某个偏心位置上，这几个油楔均产生油压，故提高了轴承的稳定性和油膜刚度。

2. 动压推力滑动轴承

流体动压推力滑动轴承由多块扇形瓦构成，属于多油楔轴承。其承载能力为各轴瓦面承载能力的总和。图 4-23 所示为可倾摆动瓦推力轴承，主要用于工况经常变化的大、中、小型轴承。它能随着工况的变化自动调节摆动瓦的倾斜度，水轮机、汽轮机等轴承大都采用这种结构。固定瓦推力轴承主要用于工况比较稳定的中小型轴承，可参考有关机械设计手册。

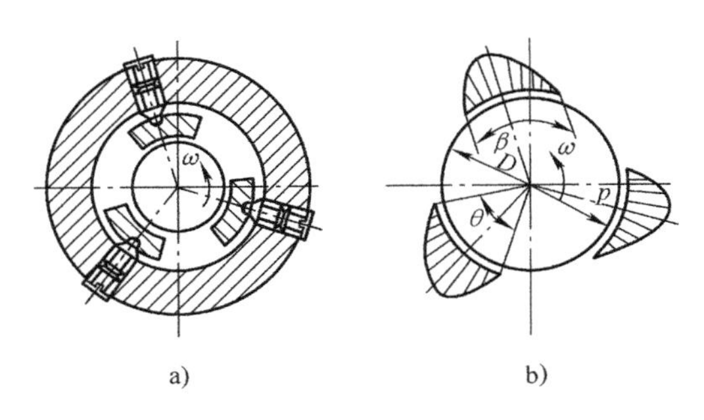

图 4-22 可倾瓦多油楔径向轴承示意图

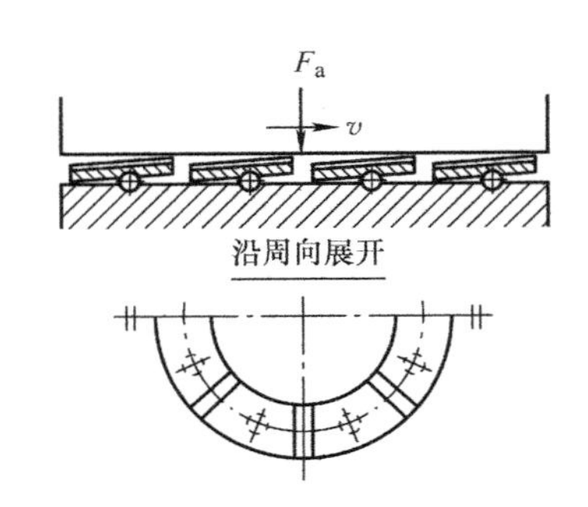

图 4-23 可倾摆动瓦推力轴承示意图

3. 液体静压及动静压轴承

（1）液体静压轴承 液体静压轴承依靠液压系统供给压力油，强制在轴承间隙里形成压力油膜以隔开摩擦表面，从而保证轴颈在任何转速（包括转速为零）和预定载荷下都与轴承处于液体摩擦状态。液体静压径向轴承如图 4-24 所示。

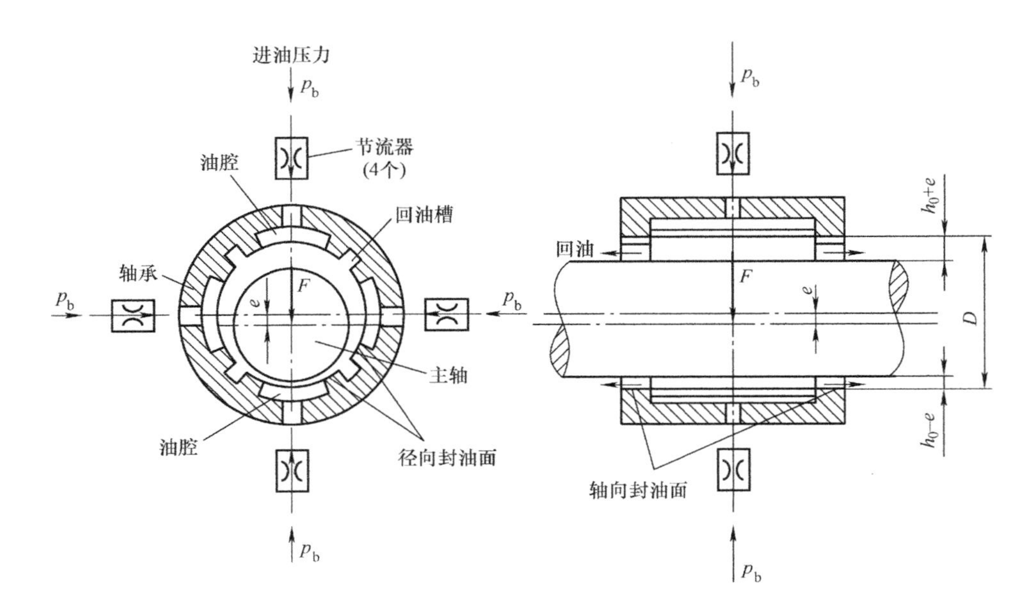

图 4-24 液体静压径向轴承示意图

液体静压轴承为完全液体润滑，故具有摩擦阻力小，使用寿命长，能长期保持高运转精度，转速应用范围广（包括速度为零），抗振性能好等优点，但也存在一些缺点，如需要专门的供油装置，维护保养成本高，标准化实现较难等。

液体静压轴承的类型很多，可根据供油方式和轴承结构进行划分。

（2）液体动静压轴承　静压轴承在工作转速足够高时将产生动压效应，计入这一因素影响的轴承称为动静压轴承。

液体动静压轴承兼有静压和动压轴承的优点。它正常工作的速度范围较大。动静压轴承在结构上与静压轴承、动压轴承也有不同。

液体动静压轴承也可分为径向轴承和推力轴承两类。液体径向动静压轴承的结构形式分为高压小油腔结构动静压轴承、阶梯腔动静压轴承、倾斜腔动静压轴承等。液体动静压推力轴承的结构形式分为油腔式、直油槽式和环形油槽式。具体见相关设计资料。

必须指出，由于动静压轴承中静压腔的开设非常灵活，因此，动静压轴承的结构可以千变万化。只要掌握了动静压轴承的理论计算和设计方法，完全可以设计出各种不同结构的动静压轴承来满足实际需要。

4. 气体润滑轴承

当轴颈转速极高（n>100000r/min）时，处于液体摩擦状态下工作的轴承摩擦损失还是很大的。由于气体黏度显著低于液体黏度（如在20℃时，全损耗系统用油的黏度为0.072Pa·s，而空气的黏度为0.89×10^{-5}Pa·s，两者比值为8100），采用气体润滑剂可极大地降低摩擦损失，这类轴承称为气体润滑轴承（简称气体轴承）。气体轴承也可分为动压轴承、静压轴承及动静压轴承，其工作原理与液体滑动轴承相同。气体润滑剂主要为空气。空气无需特别制造，用过之后也不必回收。特殊场合可采用氢气、氮气等。氢气的黏度比空气低1/2，适用于高速；氮气具有惰性，在高温时使用可使机件不致生锈。

气体润滑剂的黏度随温度变化小，且具有耐辐射性及对机器无污染等优点，因而气体轴承在高速（如转速在每分钟十几万转以上甚至超过每分钟百万转）、要求摩擦很小、高温（600℃以上）、低温以及有放射线存在的场合，显示了其独特的优势。如气体轴承应用于高速磨头、高速离心分离机、原子反应堆、陀螺仪表、电子计算机记忆装置等尖端技术装备上。

5. 电磁轴承

电磁轴承设计利用的是可控磁悬浮技术。电磁轴承具有许多传统轴承所不具备的优点：①能达到很高的转速，在相同轴径下，电磁轴承所能达到的转速比滚动轴承高约5倍，比流体动压滑动轴承高约2.5倍；②摩擦功耗小，只有流体动压滑动轴承的10%～20%；③由于电磁轴承依靠磁场力悬浮转子，两相对运动表面间没有接触，因此没有磨损和接触疲劳所带来的寿命问题；④无需润滑，因此不存在润滑剂对环境造成污染的问题；⑤可控制、可在线工况监测；但结构复杂，要求条件苛刻，对环境有磁干扰。

无源电磁轴承如图4-25所示，相同磁极间的排斥力用以支承载荷，但其承载能力较低。图4-26所示为现代电磁轴承工作原理图，基本部件包括轴（转子）、传感器、调节器（或称控制器）和执行器（其中执行器由电磁铁和功率放大器组成）。位移传感器拾取转子的位移信号；调节器对位移信号进行处理并生成控制信号；功率放大器按控制信号产生所需要的控制电流并送往电磁铁线圈，从而调节执行电磁铁所产生的磁力，以使得转子稳定地悬浮在平衡位置附近。

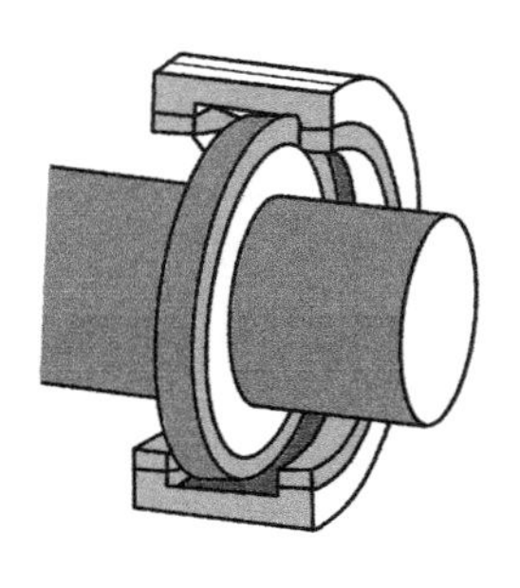

图 4-25　无源电磁轴承

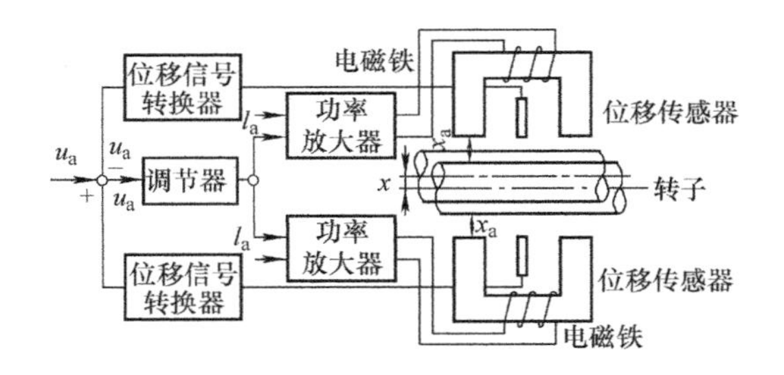

图 4-26　现代电磁轴承工作原理图

习　题

4-1　试分别从摩擦状态、油膜形成的原理对滑动轴承进行分类。

4-2　为什么滑动轴承要分成轴承座和轴瓦，有时又在轴瓦上敷上一层轴承衬？

4-3　一减速器中的非完全液体润滑径向滑动轴承，轴的材料为 45 钢，轴瓦材料为铸造青铜 ZCuSn5Pb5Zn5，承受径向载荷 $F=35\text{kN}$，轴径 $d=190\text{mm}$，工作宽度 $B=250\text{mm}$，转速 $n=150\text{r/min}$。试验算该轴承是否适合使用。

4-4　起重机卷筒轴采用两个非完全液体润滑径向滑动轴承支承，已知每个轴承上的径向载荷 $F=100\text{kN}$，轴径 $d=90\text{mm}$，转速 $n=90\text{r/min}$。拟采用整体式轴瓦，试设计此轴承，并选择润滑剂牌号。

4-5　已知某非完全液体润滑推力轴承，其轴颈结构为空心，轴环直径 $d_2=120\text{mm}$，轴承孔直径 $d_1=90\text{mm}$（表 4-4），转速 $n=300\text{r/min}$，轴瓦材料为青铜，试求该轴承能承受多大轴向载荷。

4-6　试述径向动压滑动轴承油膜的形成过程。

4-7　结合流体动力润滑的一维雷诺方程 $\dfrac{\partial p}{\partial x}=6\eta v\dfrac{(h-h_0)}{h^3}$，说明形成液体动力润滑的必要条件。

4-8　对已设计好的液体动力润滑径向滑动轴承，试分析在仅改动下列参数之一时，将如何影响该轴承的承载能力。

1）转速由 $n=800\text{r/min}$ 改为 $n=1000\text{r/min}$；

2）宽径比 B/d 由 1.0 改为 0.8；

3）润滑油由 46 号改为 68 号；

4）轴承孔表面粗糙度由 $Rz=6.3\mu\text{m}$ 改为 $Rz=3.2\mu\text{m}$。

4-9　液体动力润滑滑动轴承的相对间隙 ψ 的大小，对滑动轴承的承载能力、温升和运转精度有何影响？

4-10　在设计液体润滑轴承时，当出现下列情况之一后，可考虑采取什么改进措施（对每种情况提出两种改进措施）？

1）当 $h_{\min}<[h_{\min}]$ 时；

2）当条件 $p<[p]$，$v<[v]$，$pv<[pv]$ 不满足时；

3）当计算入口温度 t_i 偏低时。

4-11　某径向滑动轴承，已知径向载荷 $F=18\text{kN}$，轴径 $d=150\text{mm}$，轴承宽度 $B=120\text{mm}$，轴的转速 $n=1500\text{r/min}$，平均工作温度 $t_m=50℃$。选用润滑油 L-AN32，轴承直径间隙为 0.3mm，轴颈、轴瓦表面粗糙度 $Rz_1=1.6\mu\text{m}$、$Rz_2=3.2\mu\text{m}$。计算该轴承是否能形成流体动压润滑。

4-12　一单油楔剖分式流体动压润滑径向滑动轴承，包角为 180°，非压力供油，轴的刚性较大，安装对中性好。已知 $d=100\text{mm}$，$B=100\text{mm}$，实测轴承直径间隙 $\Delta=0.15\text{mm}$，轴颈表面粗糙度 $Rz_1=3.2\mu\text{m}$，轴

瓦表面粗糙度 $Rz_2=6.3\mu m$，轴承受径向载荷 $F=32kN$。若工作温度下润滑油的黏度 $\eta=0.027$ Pa·s 时，求能形成液体动压润滑时的最低转速。

4-13 一液体动力润滑径向滑动轴承，承受径向载荷 $F=70kN$，转速 $n=1500r/min$，轴径 $d=200mm$，宽径比 $B/d=0.8$，相对间隙 $\psi=0.0015$，包角 $\alpha=180°$，采用润滑油 L-AN32（无压力供油），假设轴承平均油温 $t_m=50℃$，求最小油膜厚度 h_{min}。

4-14 某汽轮机用动压润滑径向滑动轴承，轴承直径 $d=80mm$，转速 $n=1000r/min$，轴承上的径向载荷 $F=10kN$，载荷平稳，试确定轴瓦材料、轴承宽度 B、润滑油牌号、流量、最小油膜厚度、轴与孔的配合公差及表面粗糙度，并进行轴承热平衡计算。

知识拓展

滑动轴承的发展史

早在公元前三千多年，历史学家就曾对车轮的使用有所记载。带有盘形轮子的车辆，远在苏尔曼时期就已经被采用。而关于轮轴的支承问题，其历史则和车轮的使用同样古老。

最初的棍子或轴是一些被粗糙地砍削过的树干。它在用较硬木料做成的轴套中，即空心的木头底座中旋转，相配合的两部分在运转中产生严重的磨损和剧烈的发热。

为了减小摩擦和磨损，据文献记载，约在商周时代，中国古人便开始用动物脂肪对车上的滑动部件进行润滑。战国时期的车上已有金属轴瓦的应用，并出现了木材与金属组合而成的滑动轴承。在汉代古墓的壁画上可以看到利用轴承原理制造的纺车，纺车的轴承很简单，圆圆的木轴就在支架的圆孔中转动。古代巴比伦人和亚述人在具有木头轴、轴套及传动装置的水车和磨坊中，也开始利用动物脂肪、沥青和石蜡、树脂及蜂蜡等进行润滑，以减少磨损。1724 年，洛伊波尔德（Luepold）首先研究并提出了专门用作润滑剂的某些材料，但主要限于脂肪、动物油及植物油。至于矿物油的应用可追溯到 19 世纪 60 年代。

中世纪，达·芬奇（Leonardo da Vinci 1452—1519）公开提出了滑动轴承的设计原理。当时轴几乎都用木料做成，其两端装有铁质的轴颈。通过摩擦试验及计算，达·芬奇得出结论：摩擦力与摩擦表面积无关。摩擦力 F_f 是法向压力 N 的四分之一，因此摩擦系数 f 应为 0.25。令人惊讶的是，这个数值和今天在两个无润滑金属表面摩擦试验中测得的数值（$f=0.2\sim0.3$）竟如此吻合。此外，达·芬奇还首先建议采用三份铜和七份锡配制成轴承合金来制造轴承。但这个建议实际上已经为人们所遗忘，直到 19 世纪中叶，巴比特（Isaac Babbit）才将轴承合金作为钢或青铜轴承的表面浇注层在轴承中应用。同样，达·芬奇对摩擦的观点亦很快被人们所遗忘，直到 1699 年，才由法国工程师阿蒙顿（Amontons 1633—1705）通过试验重新提出。阿蒙顿提出：①摩擦力与法向压力成正比，但与接触表面积即摩擦表面积的大小无关；②摩擦系数为 0.33；③摩擦系数与载荷及相互滑动的两物体间的相对速度有关。又经过一百年，到 1799 年，巴黎科学院为解决“机器中的摩擦”这一问题设奖鼓励人们研究，这时摩擦问题才得到科学家们的普遍认识。法国物理学家库仑（Coulomb 1736—1806）作为第三个人再一次发现了摩擦定律，他进行了大规模的试验，从而使他的结论得到人们的公认。此后，摩擦定律在德国的文献中一般被称为库仑摩擦定律，而在英语国家中则往往被称为阿蒙顿摩擦定律，所谓 $F_f=fN$，即摩擦力 F_f 与法向压力 N 成正比，而比例系数即为摩擦系数 f。达·芬奇、阿蒙顿和库仑所研究的摩擦领域，在今天被称为干摩擦和边界摩擦，这两种摩擦状态具有一种特性，即不断地发生磨损。鲍登（Bowden）和泰伯（Tabor）在这方面取得了很多成就。

在生产实践中，液体摩擦比边界摩擦更为重要。出现这种摩擦的润滑状态，称为液体润滑、流体润滑、完全润滑或流体动力润滑和流体静力润滑。流体润滑的基础是由牛顿（Isaac Newton 1643—1727）奠定的，他对润滑材料的黏度这一物理特性下了定义。

流体动力润滑领域中最早的工作是由英国人托尔（Tower）进行的，他在19世纪80年代研究和改进了铁路车辆轴承的润滑与设计问题。托尔进行了一个著名的试验：在轴承上开一小孔，孔内并未充油而用一木塞塞住，轴承工作时木塞受润滑油压力的作用被弹出来，由此证明了在流体动力润滑轴承中会自动形成压力。这一现象立即引起英国自然科学家们极大的兴趣。之后雷诺（Reynolds）用流体动力学定律分析润滑剂在间隙中的流动，从而求得了表示轴承中压力分布的基本微分方程。［主要摘自（德）O. R. Lang 主编《滑动轴承》，经改编］

第5章

滚动轴承

滚动轴承是指相对回转面间处于滚动摩擦状态的一类动连接方式。滚动摩擦一般通过滚动体来实现。滚动轴承是标准件，结构类型及尺寸均已标准化。通常由多个滚动轴承与轴及轴承座组合形成转动副，约束三个直线移动自由度和另两个方向的转动自由度，图 5-1 所示为滚动轴承组合装置结构。

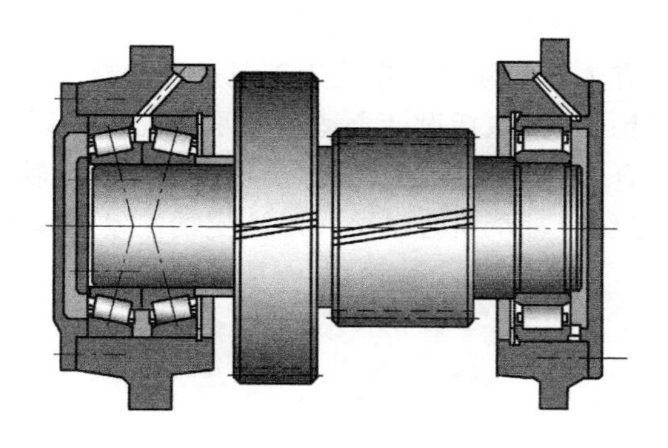

图 5-1　滚动轴承组合装置结构

5.1　概　　述

1. 结构和材料

典型的滚动轴承结构如图 5-2 所示，由内圈 1、外圈 2、滚动体 3、保持架 4 组成。通常轴承内、外圈有相对运动（内圈随轴颈转动，外圈固定；也可外圈转动，内圈固定；或内、外圈同时转动），通过滚动体与内、外圈滚道间的滚动接触减轻两者间的摩擦和磨损。保持架将轴承中的一组滚动体等距隔开，避免滚动体直接接触产生摩擦及磨损。

有些轴承除上述四个元件外，还增加了特殊元件，如密封盖或在外圈上的止动环等。

轴承内圈、外圈和滚动体，通常用高碳铬轴承钢（如 GCr15）或渗碳轴承钢（如 G20Cr2Ni4A）制造，热处理后硬度一般不低于 60HRC。由于一般轴承的这些元件都经过 150℃的回火处理，所以当轴承工作温度低于 120℃时，元件的硬度不会下降。保持架有冲

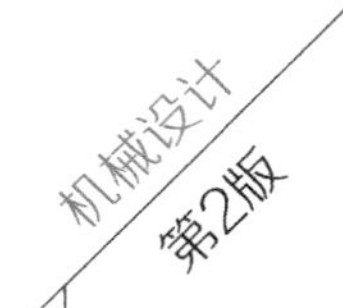

压和实体两种（图 5-2)。冲压保持架一般由低碳钢板冲压制成，它与滚动体间有较大的间隙，运动由滚动体引导。实体保持架常用铜合金（如 HPb59-1、QAl10-3-1.5)、铝合金（如LY11CZ)、塑料（如聚四氟乙烯、酚醛胶布)、合金钢（如 1Cr18Ni 9Ti、S16SiCuCr）等材料经切削加工制成，运动由外圈内径或内圈外径表面引导，有较好的定心作用和高速性能。

2. 设计要求

滚动轴承需要满足的基本要求为：

1）满足工作载荷下的强度、刚度、精度和寿命要求。

2）具有良好的装配工艺性。

3）使用维护方便。

4）经济成本低。

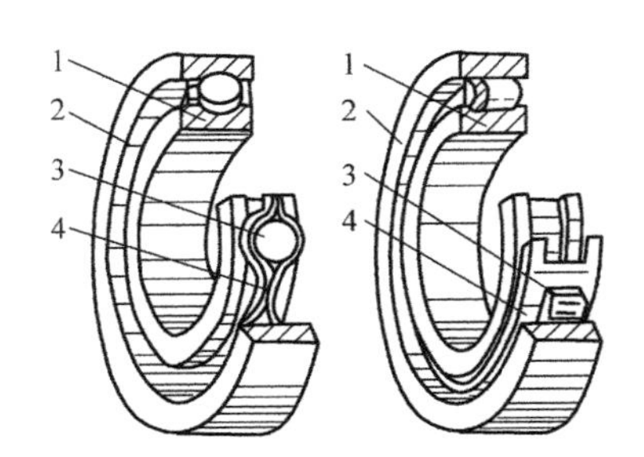

图 5-2 滚动轴承结构

1—内圈 2—外圈 3—滚动体 4—保持架

3. 设计内容

滚动轴承的设计内容包括滚动轴承选型、组合结构设计和性能设计。

1）滚动轴承选型：滚动轴承选型与所受载荷方向、性质、大小、转速，以及调心性能、装拆要求等工作条件有关。实际中根据使用工况条件选择滚动轴承类型。

2）轴承组合结构设计：主要包括设计合适的轴承组配形式以及支承结构，确认轴承与轴及轴承座孔的精度、配合、预紧装置以及游隙调整装置，确定轴承润滑、密封等。

3）性能设计：主要是结合轴承组合结构，对选定的滚动轴承型号进行疲劳寿命、静强度等计算。

5.2 滚动轴承特点与分类

5.2.1 轴承分类及应用

滚动轴承按滚动体类型分为球轴承和滚子轴承。滚动体是球的称为球轴承；滚动体是圆柱滚子、圆锥滚子、球面滚子或滚针的称为滚子轴承。

球轴承和滚子轴承的性能比较见表 5-1。在同一工况条件下，轴承外形尺寸相同时，滚子轴承寿命长得多。

表 5-1 球轴承和滚子轴承的性能比较

性能	类型	
	球轴承	滚子轴承
承受载荷	较轻	较重
转速	可高速运转	用于稍低转速
摩擦系数	较小	稍大
耐冲击性	较小	较大
寿命	较短	较长

滚动轴承按承载方向分为向心轴承、推力轴承和向心推力轴承，如图 5-3 所示。向心轴承主要承受径向载荷，同时也可承受少量轴向载荷；推力轴承仅能承受轴向载荷；向心推力轴承能同时承受径向载荷和轴向载荷，主要承受轴向载荷的向心推力轴承也可称为推力向心轴承。

滚动体和滚道接触点（线）处的法线 $N—N$ 与垂直于轴承轴线的径向平面间的夹角 α（图 5-3c）称为接触角。一般向心轴承接触角等于 0°；向心推力轴承接触角小于或等于 45°；推力向心轴承接触角大于 45°；推力轴承接触角为 90°。轴承实际所承受的径向载荷 F_r 与轴向载荷 F_a 的合力与半径方向的夹角 β，称为载荷角（图 5-3c）。

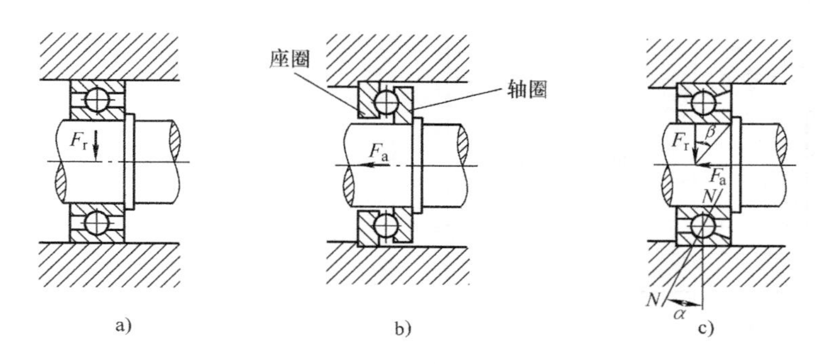

图 5-3　不同类型轴承的承受载荷情况

a）向心轴承　b）推力轴承　c）向心推力（或推力向心）轴承

常用滚动轴承的类型、主要性能和特点见表 5-2。

表 5-2　常用滚动轴承的类型、主要性能和特点

类型代号[1]	名称、简图	结构代号	基本额定动载荷比[2]	极限转速比[2]	允许角偏差	轴向限位能力[3]	性能特点
0	双列角接触球轴承	00000	1.6~2.1	中	1′~6′	Ⅰ	能同时承受径向和双向轴向载荷。相当于成对安装、反装的角接触球轴承（接触角 30°）
1	调心球轴承	10000	0.6~0.9	中	2°~3°	Ⅰ	双列钢球，外圈滚道为内球面形，具有自动调心性能。主要承受径向载荷

（续）

类型代号[1]	名称、简图	结构代号	基本额定动载荷比[2]	极限转速比[2]	允许角偏差	轴向限位能力[3]	性能特点
2	调心滚子轴承	20000	1.8~4	低	1°~2.5°	Ⅰ	与调心球轴承相似。双列滚子，有较高承载能力
	推力调心滚子轴承	29000	1.6~2.5	低	1.5°~2.5°	Ⅱ	外圈滚道是球面，调心性能好。能承受轴向载荷为主的径向、轴向联合载荷
3	圆锥滚子轴承	30000	1.5~2.5	中	2′	Ⅱ	能同时承受径向和单向轴向载荷，承载能力大。内、外圈可分离，安装时可调整轴承的游隙。一般需成对使用
4	双列深沟球轴承	40000	1.6~2.3	中	2′~10′	Ⅰ	能同时承受径向和轴向载荷。径向刚度和轴向刚度均大于深沟球轴承
5	推力球轴承	51000	1	低	不允许	Ⅱ	只能承受单向轴向载荷。回转时，因钢球离心力与保持架摩擦发热，故极限转速较低。套圈可分离
	双向推力球轴承	52000	1	低	不允许	Ⅰ	能承受双向的轴向载荷。其他同推力球轴承

（续）

类型代号①	名称、简图	结构代号	基本额定动载荷比②	极限转速比②	允许角偏差	轴向限位能力③	性能特点
6	深沟球轴承 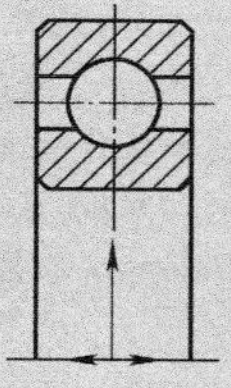	60000	1	高	8′~16′	Ⅰ	结构简单。主要承受径向载荷，也可承受一定的双向轴向载荷。高速装置中可代替推力轴承。摩擦系数小，极限转速高，价廉。应用范围广泛
7	角接触球轴承 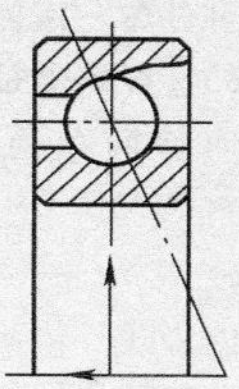	70000	1~1.4	高	2′~10′	Ⅱ	能同时承受径向载荷和单向轴向载荷。接触角 α 有 15°、25°和 40°三种，轴向承载能力随接触角增大而提高。一般需成对使用
8	推力圆柱滚子轴承 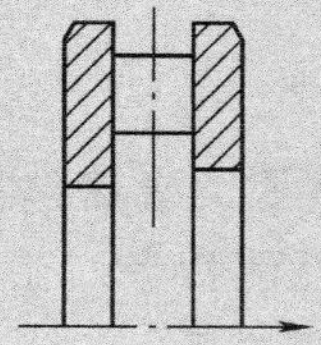	80000	1.7~1.9	低	不允许	Ⅱ	能承受较大单向轴向载荷，轴向刚度大
N	圆柱滚子轴承 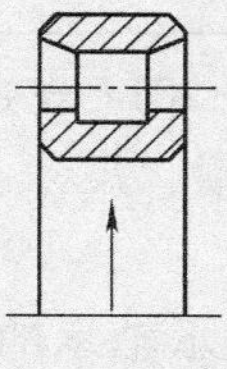	N0000	1.5~3	高	2′~4′	Ⅲ	可承受较大的径向载荷。内、外圈间可作自由轴向移动，不能承受轴向载荷
UC	外球面球轴承 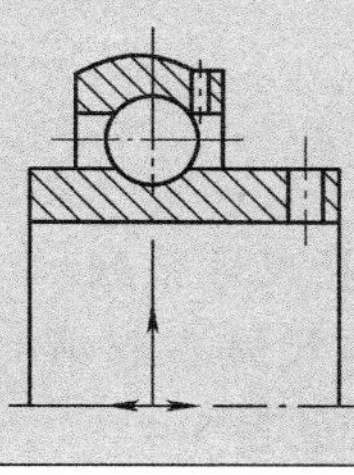	UC000	1	中	2.5°~5°	Ⅰ	轴承内部结构同深沟球轴承，两面密封，外圈外表面为球面，与轴承座的凹球面相配，具有一定自动调心作用。内圈用紧定套或顶丝固定在轴上，拆装方便，结构紧凑

（续）

类型代号[①]	名称、简图	结构代号	基本额定动载荷比[②]	极限转速比[②]	允许角偏差	轴向限位能力[③]	性能特点
NA	滚针轴承	NA0000	-	低	不允许	Ⅲ	与其他类型轴承相比，同样内径条件下其外径最小，内圈或外圈可以分离，工作时允许内、外圈有少量的轴向错动。有较大的径向承载能力。一般不带保持架。摩擦系数较大
QJ	四点接触球轴承	QJ000	1.4~1.8	高	4′~12′	Ⅰ	具有双半内圈，内、外圈可分离。两侧接触角均为35°，可承受径向载荷和双向轴向载荷。旋转精度较高

① 滚动轴承类型名称、代号按 GB/T 272—2017，四点接触球轴承类型名称、代号按 GB/T 294—2015。

② 基本额定动载荷比、极限转速比是指同一尺寸系列的轴承与深沟球轴承之比的平均值。极限转速比（脂润滑、0级公差等级）>90%为高，60%~90%为中，<60%为低。

③ Ⅰ表示双向轴向限位，Ⅱ表示单向轴向限位，Ⅲ表示不可轴向限位。

除了上述标准轴承外，还有一些特殊应用的轴承，如铁道车辆轴承、滚珠丝杠支承轴承、转台轴承以及直线运动球轴承等专用轴承。各类轴承有其不同的性能特点，在实际应用中，要根据机械设备的使用环境以及工况要求，并结合轴承的特点进行选择。

5.2.2 轴承代号

为了统一表征各类轴承的特点，便于组织生产和选用，GB/T 272—2017 规定了轴承代号的表示方法。滚动轴承代号是用数字（或字母）表示滚动轴承的类型、尺寸、结构、公差等级、技术性能等特征的产品符号。

滚动轴承代号由基本代号、前置代号和后置代号构成。基本代号表示轴承的基本类型、结构和尺寸；前置、后置代号表示轴承结构形状、尺寸、公差、技术要求以及轴承分部件等的补充代号。

滚动轴承代号构成见表 5-3。

1. 基本代号

轴承基本代号包括类型、尺寸系列（宽度和直径尺寸系列）和内径尺寸系列。

（1）内径尺寸系列代号　轴承内径是指轴承内圈的直径，用基本代号右起第一、二位数字表示。对常用内径 d=20~495mm 的轴承，内径一般为 5 的倍数，见表 5-4。

表 5-3　滚动轴承代号

<table>
<tr><td>前置代号</td><td colspan="5">基本代号</td><td colspan="8">后置代号</td></tr>
<tr><td rowspan="3">轴承分部件代号</td><td>五</td><td>四</td><td>三</td><td>二</td><td>一</td><td rowspan="3">内部结构代号</td><td rowspan="3">密封与防尘结构代号</td><td rowspan="3">保持架及其材料代号</td><td rowspan="3">特殊轴承材料代号</td><td rowspan="3">公差等级代号</td><td rowspan="3">游隙代号</td><td rowspan="3">多轴承配置代号</td><td rowspan="3">其他代号</td></tr>
<tr><td rowspan="2">类型代号</td><td colspan="2">尺寸系列</td><td colspan="2" rowspan="2">内径尺寸系列代号</td></tr>
<tr><td>宽度系列代号</td><td>直径系列代号</td></tr>
</table>

注：基本代号下面的一至五表示代号自右向左的位置序列。

表 5-4　轴承的内径尺寸系列代号

内径尺寸系列代号	00	01	02	03	04~99
轴承的内径尺寸/mm	10	12	15	17	20~495（数字×5）

注：内径小于 10 和大于 495 的轴承的内径尺寸系列代号另有规定，见轴承样本。

（2）直径系列代号　轴承的直径系列是指结构相同、内径相同的轴承在外径和宽度方面的变化系列，用基本代号右起第三位表示。直径系列代号有 7、8、9、0、1、2、3、4 和 5，对应于相同内径轴承的外径尺寸依次递增。部分直径系列之间的尺寸对比如图 5-4 所示。

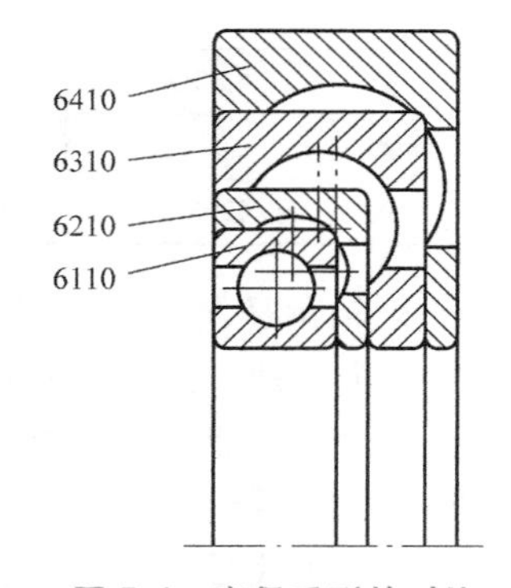

图 5-4　直径系列的对比

（3）宽度系列代号　轴承的宽度系列代号（即结构、内径和直径系列都相同的轴承，在宽度方面的变化系列）用基本代号右起第四位数字表示。宽度系列代号有 8、0、1、2、3、4、5 和 6，对应同一系列轴承，其宽度依次递增。当宽度系列为 0 系列时，对多数轴承在代号中不标出宽度系列代号 0，但对于调心滚子轴承和圆锥滚子轴承，宽度代号 0 应标出。对于推力轴承是指高度系列。高度系列代号有 7、9、1 和 2，轴承高度依次递增。

直径系列代号和宽度系列代号统称为尺寸系列代号，其中向心轴承尺寸系列代号见表 5-5。

表 5-5　向心轴承尺寸系列代号

代号	7	8	9	0	1	2	3	4	5	6
宽度系列	—	特窄	—	窄	正常	宽	特宽			
直径系列	超特轻	超轻		特轻		轻	中	重	—	

（4）轴承类型代号　轴承类型代号用基本代号右起第五位数字（或字母）表示，见表 5-2。

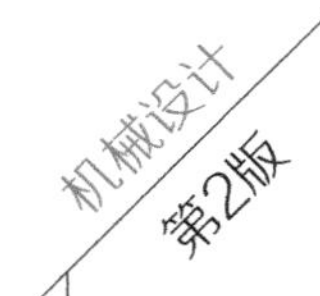

2. 后置代号

轴承的后置代号是用字母和数字等表示轴承的结构、公差及材料的特殊要求等。后置代号的内容很多，下面介绍几种常用代号。

（1）内部结构代号　轴承内部结构代号是表示同一类型轴承的不同内部结构，用字母紧跟着基本代号表示，见表5-6。如接触角为15°、25°和40°的角接触球轴承分别用C、AC和B表示内部结构的不同。

表5-6　轴承内部结构常用代号

轴承类型	代　号	含　义	示　例
角接触球轴承	C AC B	$\alpha=15°$ $\alpha=25°$ $\alpha=40°$	7210C 7210AC 7210B
圆锥滚子轴承	B	接触角 α 加大	32310B
圆柱滚子轴承	E	加强型①	N207E

① 内部结构设计改进，增大轴承承载能力。

（2）公差等级代号　轴承公差等级代号分为2级、4级、5级、6级（或6x级）和0级，共6个级别，依次由高级到低级，其代号分别为/P2、/P4、/P5、/P6（或/P6x）和/P0。公差等级中，6x级仅适用于圆锥滚子轴承；0级为普通级（在轴承代号中不标出），是最常用的轴承公差等级；4级以上轴承属于精密轴承。常用公差等级代号见表5-7。

表5-7　公差等级代号

代　号	/P2	/P4	/P5	/P6x	/P6	省　略
公差等级	2级	4级	5级	6x级	6级	0级
示　例	6203/P2	6203/P4	6203/P5	30210/P6x	6203/P6	6203

（3）轴承径向游隙系列代号　轴承径向游隙系列分为1组、2组、0组、3组、4组和5组，共6个级别，其径向游隙依次由小到大。0组游隙是常用的游隙级别，在轴承代号中不标出，其余游隙级别在轴承代号中分别用/C1、/C2、/C3、/C4、/C5表示。

3. 前置代号

轴承前置代号用于表示轴承的分部件，用字母表示。如用L表示可分离轴承的可分离套圈；K表示轴承的滚动体与保持架组件等。

关于滚动轴承更详细的代号表示方法可查阅GB/T 272—2017。

轴承代号举例：

6308——表示深沟球轴承，尺寸系列为03，内径为40mm，正常结构，0级公差，0组游隙。

7211C/P5——表示角接触球轴承，尺寸系列为02，内径为55mm，接触角 $\alpha=15°$，5级公差，0组游隙。

5.3　滚动轴承选择及组合结构设计

由多个滚动轴承组合实现转动副的运动与约束时，需要选用合适的滚动轴承类型和轴承组合方式与结构。包括设计出合适的轴承组配形式以及支承结构，确认轴承与轴及轴承座孔的精度、配合、预紧装置以及游隙调整装置，确定轴承润滑、密封等。

5.3.1 滚动轴承类型的选择

轴承类型选择主要依据载荷方向、性质、大小以及转速、调心性能、装拆要求等工作条件。

1. 工作载荷

轴承所受载荷的方向、性质、大小是选择轴承类型的主要依据。

（1）载荷方向　承受纯轴向载荷时，通常选用推力轴承；承受纯径向载荷时，通常选用深沟球轴承、圆柱滚子轴承或滚针轴承，也可采用调心球或滚子轴承；同时承受径向载荷及不大的轴向载荷时，可选用深沟球轴承或接触角小的角接触球轴承、圆锥滚子轴承，若同时承受径向载荷及较大轴向载荷时，可选用接触角较大的这两类轴承，也可以采用向心轴承和推力轴承的组合支承结构。

（2）载荷性质　当有冲击载荷时，优先选用滚子轴承。

（3）载荷大小　当承受较大载荷时，应优先选用线接触的滚子轴承。球轴承是点接触，适用于轻载荷及中等载荷。

2. 轴承转速

轴承工作时允许的最高转速称为极限转速。轴承样本给出的极限转速 $n_{\lim}$ 是指当量动载荷 $P\leqslant 0.1C$（C 为基本额定动载荷）、润滑冷却条件正常、且为 0 级公差等级精度时轴承允许的最高转速。轴承实际极限转速随载荷的增大而降低，随公差等级的提高而增高。轴承的转速主要受工作时温升的限制。

根据工作转速选择轴承时，可参考以下几点：

1）球轴承比滚子轴承有较高的极限转速，故在高速时应优先选用球轴承。

2）在一定条件下，工作转速较高时，宜选用超轻、特轻系列的轴承：内径相同时，外径越小，则滚动体越轻、越小，运转时滚动体加在外圈滚道上的离心惯性力也越小，因而更适于较高转速下工作。

3）实体保持架比冲压保持架允许的转速高。

4）推力轴承的极限转速较低。工作转速较高时，若轴向载荷不是很大，可采用角接触球轴承或深沟球轴承来承受纯轴向载荷。

5）若工作转速超过轴承的极限转速时，可以通过提高轴承的公差等级、适当加大轴的径向游隙以及改善润滑条件等途径来提高轴承的极限转速。

3. 调心性能要求

当轴的中心线与轴承（孔）中心线不重合而存在角度误差时（如多支点轴），或轴受载后弯曲变形较大而造成轴承内、外圈轴线发生偏斜时，宜选用调心轴承。

4. 支承部位刚性要求

轴和安装轴承的外壳或轴承座，以及轴承装置中的其他受力零件必须有足够的刚性，过大变形将阻滞滚动体的滚动而使轴承提前损坏。为保证支承部位有较高刚性，可选择高刚性的轴承，如优选滚子轴承、尺寸大的轴承、滚动体数目多或滚动体列数多的轴承、可调节游隙的轴承。在必要情况下，也可采用不带内圈、不带外圈或不带内外圈的轴承，从而减小变

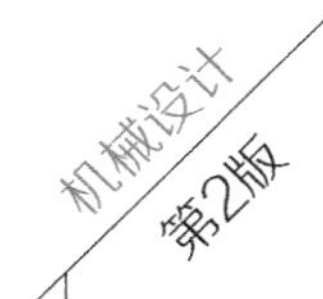

形环节并增加滚动体数目来提高支承部位刚性。

5. 空间尺寸要求

在径向空间尺寸受到限制时，可选用滚针轴承或特轻、超轻直径系列的轴承。在轴向尺寸受到限制的场合，可选用宽度尺寸较小的，如窄或特窄宽度系列的轴承。

6. 安装和拆卸要求

在轴承座不是剖分式而必须沿轴向拆装轴承以及需要频繁拆装轴承时，应优先选用内、外可分离的轴承（如 N0000、30000 型）；当轴承在长轴上安装时，为便于装拆可选用带内锥孔和紧定套的轴承。

7. 经济性要求

一般来说，同精度的深沟球轴承价格最低，滚子轴承比球轴承价格高。

总之，选择轴承的总体原则是在满足工作性能要求的前提下，使所选轴承成本最低。

轴承类型选定后，进行滚动轴承装置的组合设计，并通过寿命计算确定轴承基本尺寸。

5.3.2 滚动轴承的组合结构设计

轴承组合设计主要考虑如下问题：①轴承在轴和轴承座上的安装、固定和游隙调整；②保证配合部分的同轴度和刚度；③轴承与轴、轴承座的配合；④轴承预紧；⑤轴承润滑和密封等。

1. 轴承的轴向约束设计

机器中轴的位置是通过轴承来固定的。工作时，轴和轴承相对机座不允许有径向移动，且轴向移动也应控制在一定限度之内。轴一般由两个支承点共同约束，每个支点可由一个或多个轴承组成。轴承组合设计应考虑轴在机器中位置正确、防止轴向窜动以及轴受热膨胀后不致将轴承卡死等因素。由此轴承支承结构分为以下几种形式。

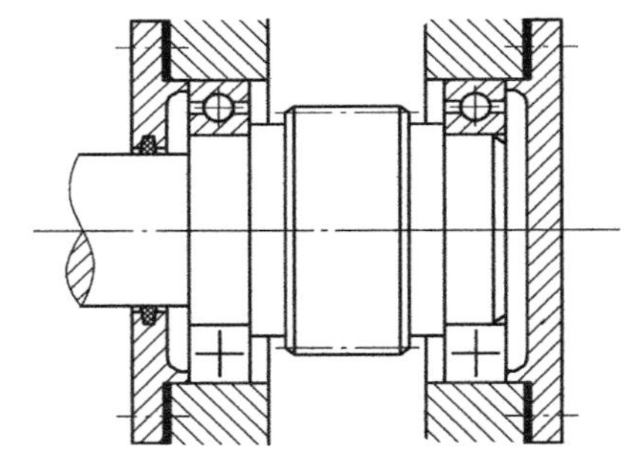
图 5-5 双支点单向固定

（1）双支点单向固定（全固式） 双支点单向固定是指轴的两个支承端各限制一个方向的轴向位移的支承结构形式，两个支承组合可限制轴的双向移动。如图 5-5 所示，利用内圈和轴肩、外圈和轴承盖实现轴承的定位和固定。

（2）单支点双向固定（固游式） 单支点双向固定是指轴的一个支承端限制轴的双向移动（固定端）、另一个支承端游动，如图 5-6 所示。固定支承的轴承内、外圈在轴向都要固定，游动端轴承与轴或轴承座孔间可以相对移动（游动端），以补偿轴因热变形及制造安装误差所引起的长度变化。

（3）两端游动支承（全游式） 两端游动支承是指轴的两个支承端轴承均为游动支承，如图 5-7 所示人字齿轮轴支承。由于人字齿轮自身具有相互轴向限位作用，且齿轮左、右螺旋角加工存在偏差，这就要求两个齿轮应有较准确的轴向相对位置。为此，人字齿轮的组合通常设计为一个轴的位置相对机架轴向固定，另一个轴的轴向位置可相对游动。图 5-7 中小齿轮轴可以轴向游动，大齿轮轴则为两端固定支承。

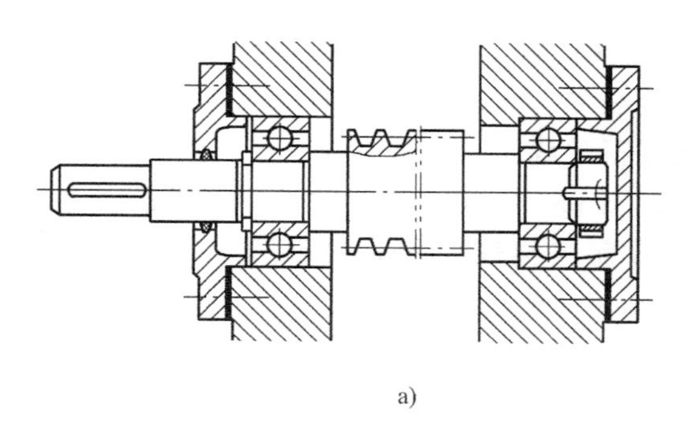

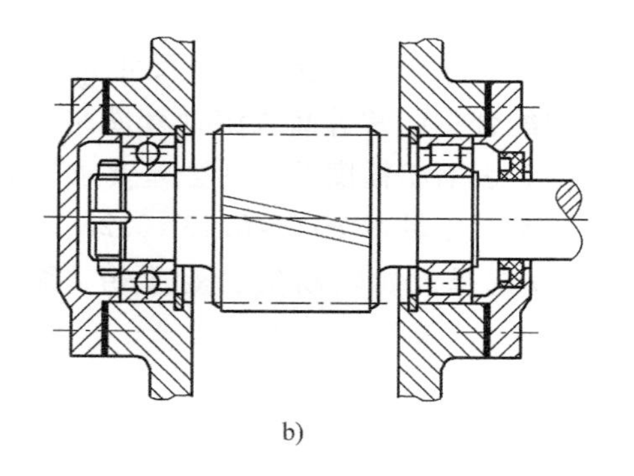

a)　　b)

图 5-6　单支点双向固定

a）左端轴承与轴承座孔间可以相对移动　b）右端滚子轴承可以游动

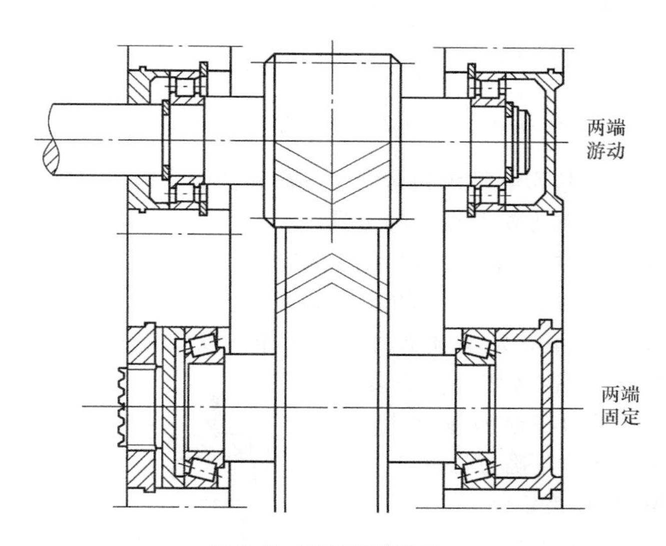

图 5-7　两端游动支承

2. 轴承安装方式与调整

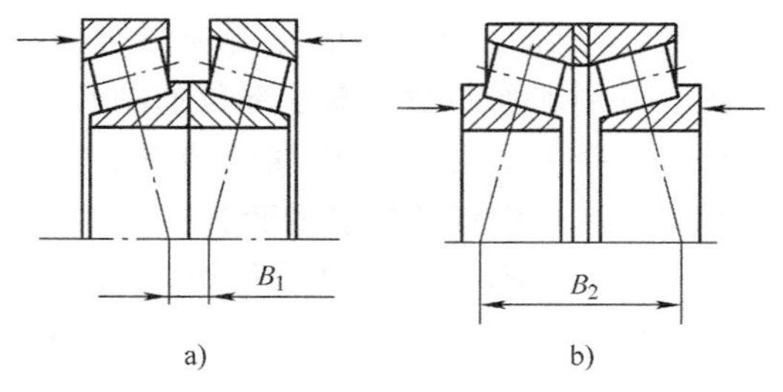

图 5-8　角接触向心类轴承安装方式

a）正装，DF　b）反装，DB

受径向载荷和轴向载荷联合作用的轴，两支承通常选用同型号的角接触向心类轴承。此时，两轴承的安装方式有正装和反装两种方案（图 5-8）。正装（面对面，DF）时两轴承外圈窄边相对，反装（背对背，DB）则外圈宽边相对。一般机器多采用正安装，因为轴承间隙通过外圈调节，正装方式的安装和调整都较方便。反装方案中，因两轴承反力作用点的距离 B_2 较大（比较两图 $B_2>B_1$），故两轴承支承间刚性相对较低。还有一种安装方案为串联安装（DT），多组轴承组合时才会使用。

3. 轴承配合与装拆

一般情况下，轴承内圈与轴的配合采用基孔制，轴承外圈与轴承座孔的配合采用基轴制。轴承内圈与轴颈的配合较紧，外圈与轴承座孔之间的配合较松，常用配合公差带如图 5-9 所示。一般来说，尺寸大、载荷大、振动大、转速高或工作温度高等情况下应选较紧的配合；经常拆卸或游动套圈采用较松配合。与较高公差等级轴承配合的轴或孔，加工精度、表面粗糙度及几何公差要求较高。一般通用机械正常载荷（球轴承 $P/C=0.07\sim0.15$，圆锥滚子轴承 $P/C=0.13\sim0.26$，其他滚子轴承 $P/C=0.08\sim0.18$）下，轴承配合可参考图 5-9 选择，如电动机、变速箱、泵、内燃机等。轻载荷应选较松配合而重载荷应选较紧配合。

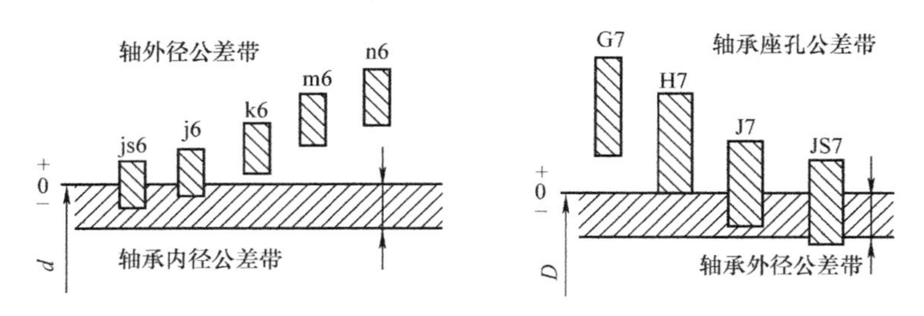

图 5-9　轴承内圈与轴颈及外圈与轴承座孔的配合公差带

轴承安装正确与否直接影响轴承的精度、寿命和性能。因此，轴承的安装与拆卸，应严格按规程进行，采用正确的方法和适当的工具。

轴承的安装、拆卸方法，应根据轴承的结构、尺寸大小以及配合性质而定。安装拆卸轴承的作用力，应直接加在紧配合的套圈端面上，切不可通过滚动体传递压力，以免在轴承工作表面上形成压痕，影响轴承的正常工作，以致造成早期失效。轴承的保持架、密封圈、防尘盖等零件很容易变形，安装拆卸时的作用力也不能加在这些零件上。图 5-10 给出了轴承装拆的正确方法。

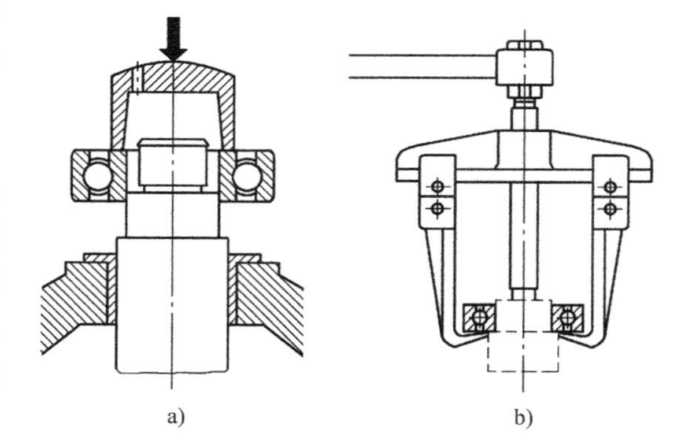

图 5-10　轴承的拆装
a）轴承安装　b）轴承拆卸

4. 轴承支承部位的刚度设计

轴承支承部位应满足支承刚性要求，即安装轴承的外壳及轴承座孔壁均应有足够的厚度，外壳上轴承座的悬臂应尽可能地缩短，或用加强肋增强支承部位的刚性。如果外壳是用轻合金或非金属制成的，安装轴承处可采用钢或铸铁制的套杯。

为提高支承部位刚性，可采用如下方法。

1）适当调节箱体结构参数，以利于提高支承刚性。对于一根轴上两个支承的座孔，必须尽可能保持同心，以免轴承内外圈间产生过大的偏斜。

2）利用轴承预紧来提高支承刚性。

3）对于向心推力球轴承或滚子轴承，正装（面对面，DF）配置的跨距小，抗弯曲变形能力强。轴承反装（背对背，DB）配置，抗倾覆力矩的能力大，在温度变化时原预紧量变化较小。

4）采用多轴承支承方式提高支承刚性。在轴向空间允许的条件下，每一支点采用两套或两套以上的轴承作为径向支承，可以提高支承刚性。例如，对机床主轴部件，同一支点广泛采用了轴向预紧安装的几套向心推力轴承。

5. 轴承预紧

滚动轴承预紧是指在安装时使轴承内部滚动体与套圈间保持一定的初始压力和弹性变形，以减小工作载荷下轴承的实际变形量。轴承预紧是改善支承刚度、提高回转精度的一种措施。例如，机床的主轴轴承，常用预紧来提高其回转精度和轴向刚度。

轴承的预紧分轴向预紧和径向预紧，轴向预紧又分为定位预紧和定压预紧。

控制滚动轴承的预紧力可以用加金属垫片或磨窄套圈的方法，如图 5-11 所示。

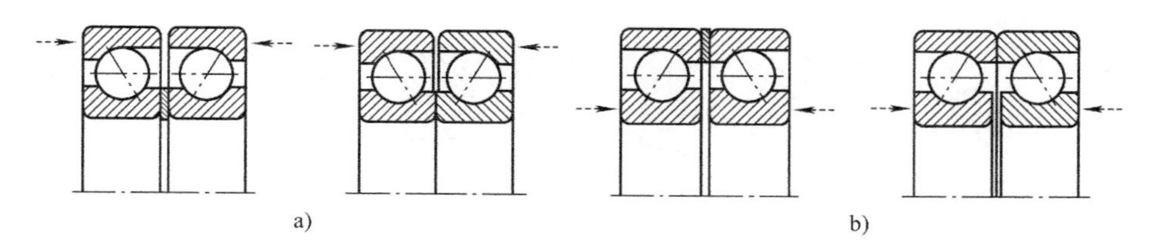

图 5-11　轴承的预紧方法

a）面对面角接触轴承的预紧　b）背对背角接触轴承的预紧

6. 轴承的润滑与密封

滚动轴承润滑分为脂润滑、油润滑和固体润滑等。脂润滑的优点是轴承座、密封结构及润滑设施简单，维护保养容易，润滑脂不易泄漏，有一定的防止水、气、灰尘和其他有害杂质侵入轴承的能力。因此在一般情况下，脂润滑得到广泛的应用。油润滑的优点是可用于重载、高速、高温等场合，润滑油流动性良好，能及时带走轴承内部摩擦产生的热量。在某些特殊环境如高温和真空条件下，也可采用固体润滑的方法。

选择润滑剂时考虑的因素主要包括轴承的工作温度、工作载荷及工作转速。

（1）轴承工作温度　各种润滑剂都有其各自适于工作的温度范围。过高的工作温度会使润滑剂的黏度降低，润滑效果变差，甚至完全失效。

（2）轴承工作载荷　当轴承所受载荷增大时，轴承润滑区内的润滑油容易被从摩擦副中挤出，或产生金属间的直接接触。因此，轴承承受载荷越大，润滑油黏度应选得越高，并应具有较好的油性和极压性。

（3）轴承工作转速　轴承转速越高，内部摩擦发热量越大。为了控制轴承的温升，通常对轴承的 dn 值（d 为轴承内径，单位为 mm；n 为转速，单位为 r/min）加以限制，见表 5-8。

表 5-8　各种润滑方式下轴承的允许 dn 值

（单位：mm · r/min×10^4）

轴承类型	油浴/飞溅润滑	滴油润滑	喷油润滑（循环油）	油雾润滑	脂润滑
深沟球轴承 角接触球轴承 圆柱滚子轴承	≤25	≤40	≤60	>60	≤20~30
圆锥滚子轴承	≤16	≤23	≤30	—	
推力球轴承	≤6	≤12	≤15	—	

滚动轴承的密封是为了阻止润滑剂从轴承中流失及外界灰尘、水分等侵入轴承。按照密封的原理不同可分为接触式密封和非接触式密封两大类，前一类用于速度不很高的场合，后一类可用于高速场合。各种密封装置的结构和特点见表 5-9。

表 5-9 轴承密封装置

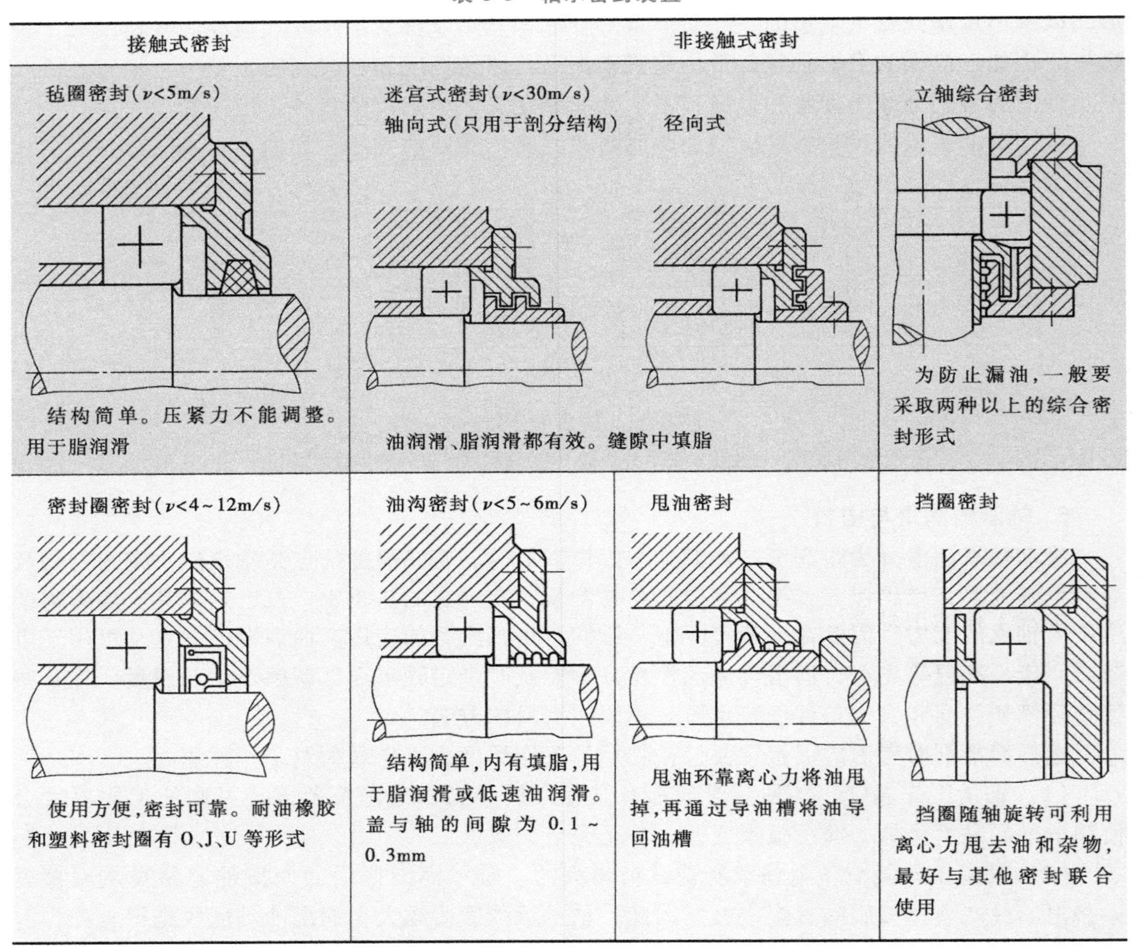

接触式密封	非接触式密封		
毡圈密封（$v<5$m/s） 结构简单。压紧力不能调整。用于脂润滑	迷宫式密封（$v<30$m/s） 轴向式（只用于剖分结构） 径向式 油润滑、脂润滑都有效。缝隙中填脂		立轴综合密封 为防止漏油，一般要采取两种以上的综合密封形式
密封圈密封（$v<4\sim12$m/s） 使用方便，密封可靠。耐油橡胶和塑料密封圈有 O、J、U 等形式	油沟密封（$v<5\sim6$m/s） 结构简单，内有填脂，用于脂润滑或低速油润滑。盖与轴的间隙为 0.1～0.3mm	甩油密封 甩油环靠离心力将油甩掉，再通过导油槽将油导回油槽	挡圈密封 挡圈随轴旋转可利用离心力甩去油和杂物，最好与其他密封联合使用

5.4 滚动轴承工作载荷与设计准则

5.4.1 轴承内部载荷分布

滚动轴承在承受纯轴向载荷作用时，理论上各滚动体受力相等。而在承受径向载荷作用时，各滚动体受力不等，外载荷由部分滚动体承担。下面以径向游隙为零的向心轴承为例分析载荷分布情况。

向心轴承承受径向载荷且一个滚动体的中心位于径向载荷的作用线上。此时，上半圈滚动体不承受载荷，称为非承载区；而下半圈滚动体承受载荷，称为承载区。受载滚动体数目和载荷大小分析方法：忽略套圈的弯曲变形，根据滚动体的接触变形协调条件，通过内圈上的外加载荷 F_r、内圈及滚动体间的接触力构成的力平衡关系求解各滚动体的接触载荷。轴承的载荷分布近似余弦曲线，如图 5-12 所示。处于 F_r 作用线上的接触点法向变形量最大，受力（F_{N0}）最大；由此点向两边各接触点处法向变形量逐渐减小，受力也逐渐减小。

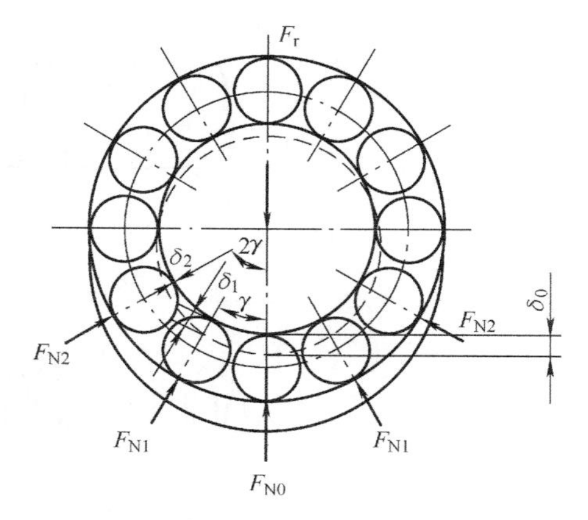

图 5-12　径向载荷作用下的轴承内部载荷分布

由理论分析可知，点接触向心轴承受力最大的滚动体所承受的载荷 F_{N0} 近似为

$$F_{N0} \approx \frac{5}{Z} F_r \tag{5-1}$$

线接触轴承受力最大的滚动体所承受的载荷近似为

$$F_{N0} \approx \frac{4.6}{Z} F_r \tag{5-2}$$

式中　F_r——轴承所受的径向力；

　　　Z——滚动体数目。

5.4.2　滚动体与套圈应力

轴承工作时因轴承的转动及载荷分布，轴承元件上所受的载荷及应力是时刻变化的。滚动体将依次通过承载区与非承载区。滚动体进入承载区后，滚动体上的接触点不断与内、外圈交替接触，所承受的载荷将由零逐渐增加到最大值；之后将逐渐减小至零，滚动体进入非承载区。滚动体的接触应力是周期性不稳定变化的，如图 5-13 所示。

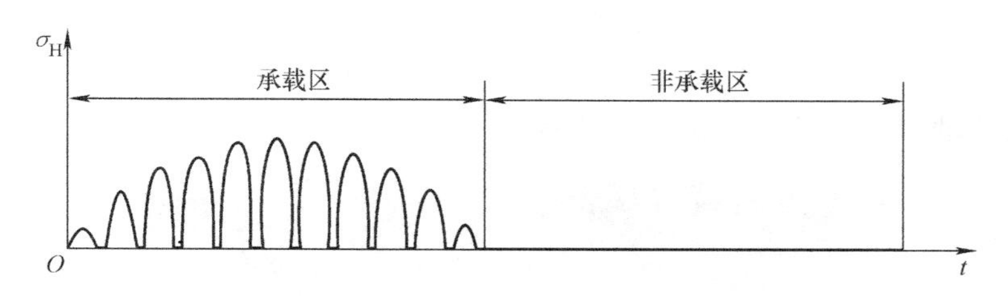

图 5-13　滚动体上接触应力变化

滚动轴承工作时，一般是一个套圈固定，另一套圈转动。固定套圈在承载区内的不同接触点承受的载荷不同。对于固定接触点，滚动体每次滚过时，便承载一次，其载荷大小不变。固定套圈承受脉动循环载荷作用，如图 5-14a 所示。载荷变化频率的快慢取决于滚动体中心的圆周速度（即滚动体公转速度）。转动套圈上某一固定点的接触载荷及应力变化规律与滚动体的类似，如图 5-14b 所示。

5.4.3　失效形式及设计准则

影响滚动轴承失效的因素很多，包括材料、制造、安装条件、环境条件和维护保养等。滚动轴承的主要失效形式如下：

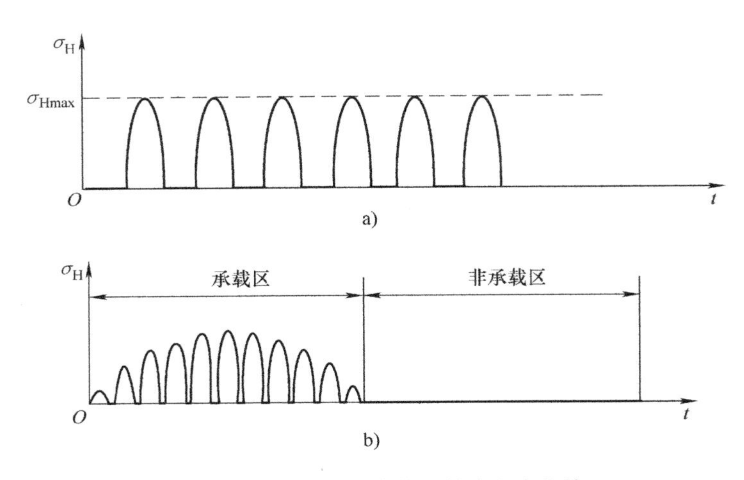

图 5-14 套圈上固定点的接触应力变化情况

a）固定套圈上固定点的接触应力变化 b）转动套圈上固定点的接触应力变化

（1）接触疲劳点蚀 滚动轴承套圈和滚动体表面在交变的接触应力反复作用下将发生接触疲劳点蚀。

（2）塑性变形 不回转、缓慢摆动或转速很低的滚动轴承，一般不会发生接触疲劳点蚀。轴承在很大的静载荷或冲击载荷作用下，内、外圈滚道与滚动体的接触处会产生过量的塑性变形，形成不均匀凹坑。塑性变形将导致振动和噪声增加，摩擦力矩加大，运转精度降低。

（3）磨损及碎裂 当滚动轴承的工作环境恶劣、润滑不良、密封不好或安装使用不当时，各元件会发生过早磨损或碎裂，导致轴承失效。过大的磨损将使轴承游隙加大，运转精度降低，振动和噪声增大。

（4）烧伤 滚动轴承运转时，若温度急剧升高，润滑剂失效，发生金属粘接，轴承卡死，这种现象称为烧伤。高速轴承中，摩擦热较大，若润滑供给不充分或润滑失效，易引起烧伤。

几种常见的轴承失效形式如图 5-15 所示。

图 5-15 轴承的主要失效形式

a）点蚀 b）塑性变形 c）磨损 d）烧伤

滚动轴承的承载能力取决于接触疲劳强度和静强度。接触应力和变形的计算是轴承性能分析的基础，滚动轴承的疲劳寿命、额定静载荷和刚度的计算方法等都是在应力和变形计算的基础上建立起来的。

转速较高（$n>10\text{r/min}$）的滚动轴承，主要发生疲劳点蚀失效，其对应的设计准则是根据接触疲劳强度进行寿命计算，或基此选择轴承型号。转速较低（$n<10\text{r/min}$）的轴承或摆动轴承，为了防止产生塑性变形，相应的设计准则是静强度计算，以此控制过大塑性变形。转速很高的轴承，除了进行寿命计算外，为防止产生粘着磨损，还需校核其极限转速。为了防止产生磨粒磨损，轴承使用时需进行可靠的密封并保持润滑剂的清洁。

5.5 滚动轴承性能设计

5.5.1 滚动轴承寿命与额定载荷

1. 疲劳寿命与基本额定寿命

大部分滚动轴承因疲劳点蚀失效，故轴承寿命常指其疲劳寿命。轴承疲劳寿命是指轴承中任一元件出现疲劳点蚀前两套圈之间的总相对转数或在一定转速下总的工作小时数。试验表明，轴承的疲劳寿命是相当离散的。同一批生产的同一型号的轴承，在完全相同的条件下运转，疲劳寿命各不相同，相差最多可达数十倍。换言之，一个具体的轴承很难预知其准确的疲劳寿命，但一批同一型号轴承的疲劳寿命却服从一定的概率分布规律。因此，轴承的选用以引入工作可靠性后的基本额定寿命作为标准。

轴承工作可靠性用可靠度指标来衡量。即在同一条件下一组相同型号的滚动轴承运转所期望达到或超过规定寿命的百分率。单个轴承的可靠度为该轴承达到或超过规定寿命的概率。

基本额定寿命是指一批同型号轴承，在相同条件下运转，其中10%轴承发生接触疲劳点蚀之前的寿命，用 L_{10}（单位为 10^6r）表示，或用一定转速下运转的小时数 L_h（h）表示。此时，单个轴承能达到基本额定寿命的概率即可靠度为90%。滚动轴承的寿命分布曲线如图5-16所示。

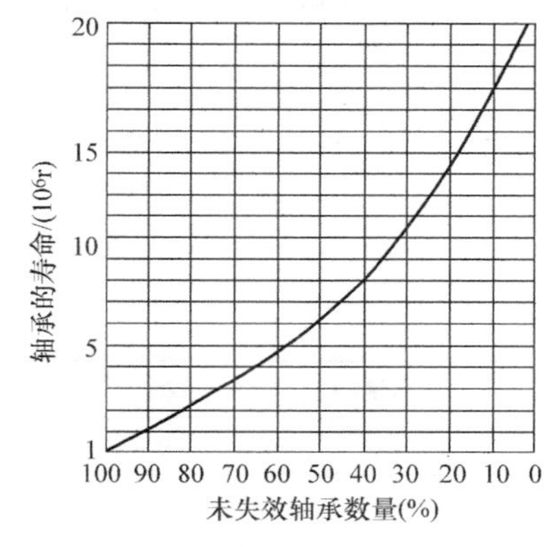

图5-16 滚动轴承寿命分布曲线

2. 基本额定动载荷

轴承的额定寿命与载荷的大小有关。为衡量轴承抵抗疲劳点蚀失效的承载能力，规定轴承在基本额定寿命 $L_{10}=1$（10^6r）时所能承受的最大载荷值为基本额定动载荷，用 C 表示，单位为N。向心轴承和向心推力轴承 C 是指径向基本额定动载荷 C_r；推力轴承 C 是指轴向基本额定动载荷 C_a。基本额定动载荷越大，其承载能力越强。

3. 基本额定静载荷

滚动轴承受载后，使受载最大的滚动体与套圈滚道产生的接触应力达到规定值（引起滚动体与滚道产生总永久变形量约为滚动体直径的0.0001时的接触应力）的载荷称为基本

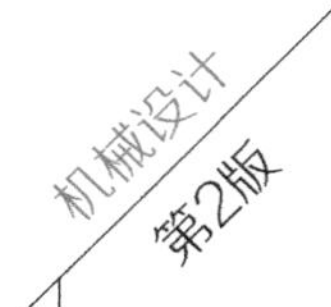

额定静载荷，用 C_0（C_{0r} 为径向基本额定静载荷，C_{0a} 为轴向基本额定静载荷）表示，单位为 N，见标准 GB/T 4662—2012。

5.5.2 滚动轴承寿命计算公式

滚动轴承的载荷与寿命关系曲线 P-L_{10} 如图 5-17 所示。

根据疲劳曲线方程可得到轴承的基本额定寿命 L_{10} 为

$$L_{10}=\left(\frac{C}{P}\right)^{\varepsilon} \tag{5-3}$$

式中　L_{10}——基本额定寿命（10^6r）；

C——基本额定动载荷（N）；

P——当量动载荷（N）；

ε——寿命指数，球轴承 $\varepsilon=3$，滚子轴承 $\varepsilon=10/3$。

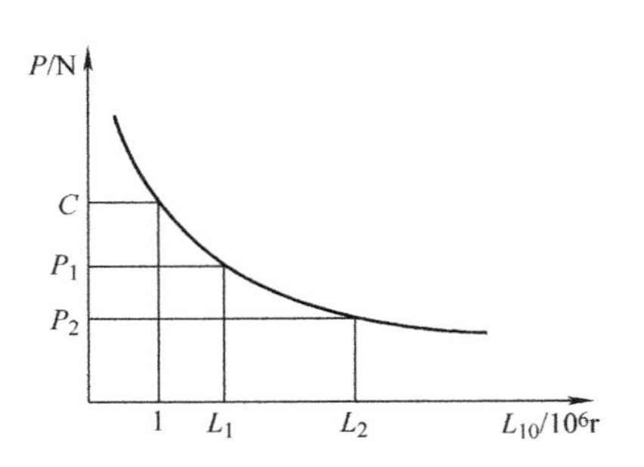

图 5-17　滚动轴承的载荷-寿命曲线

若轴承转速恒定，其基本额定寿命用运转小时数表示为

$$L_h=\frac{10^6}{60n}\left(\frac{C}{P}\right)^{\varepsilon} \tag{5-4}$$

式中　L_h——基本额定寿命（h）；

n——轴承转速（r/min）。

滚动轴承样本或手册中给出了正常工作温度（$t\leqslant120$℃）下的基本额定动载荷值。若轴承工作温度高于 120℃，因金属组织、硬度等的变化，基本额定动载荷值将降低，故需引入温度系数 f_t（见表 5-10）进行修正。

引入温度系数 f_t 后，滚动轴承的寿命公式，即式（5-3）和式（5-4）表达为

$$L_{10}=\left(\frac{f_tC}{P}\right)^{\varepsilon} \tag{5-5}$$

$$L_h=\frac{10^6}{60n}\left(\frac{f_tC}{P}\right)^{\varepsilon} \tag{5-6}$$

表 5-10　温度系数 f_t

轴承工作温度/℃	≤120	125	150	175	200	225	250	300	350
温度系数 f_t	1.00	0.95	0.90	0.85	0.80	0.75	0.70	0.60	0.50

基本额定寿命 L_{10} 作为选择与评定轴承寿命的一般准则，其确定标准是可靠度达到 90% 以上。若使用场合对可靠度、轴承性能以及运转条件有特殊要求，则需对基本额定寿命进行修正，修正后的寿命称为修正基本额定寿命，其计算公式为

$$L_{na}=a_1a_2a_3L_{10} \tag{5-7}$$

式中　L_{na}——特殊的轴承性能和运转条件，可靠度为 $(100-n)\%$ 的修正基本额定寿命（10^6r）；

a_1——可靠性寿命修正系数；

a_2——特殊的轴承性能寿命修正系数；

a_3——运转条件的寿命修正系数。

（1）可靠性寿命修正系数 a_1　轴承疲劳寿命的可靠度为90%时，$a_1=1$；若可靠度高于90%，a_1 系数按表5-11选取。

表5-11　可靠性寿命修正系数 a_1

可靠度(%)	90	95	96	97	98	99
a_1	1	0.64	0.55	0.47	0.37	0.25
L_{na}	L_{10a}	L_{5a}	L_{4a}	L_{3a}	L_{2a}	L_{1a}

（2）特殊的轴承性能寿命修正系数 a_2　采用特殊种类与质量的材料和特殊的制造工艺以及专门的设计来达到特殊的寿命特性要求时，用 a_2 系数修正寿命值。目前 a_2 值需根据经验选取。

（3）运转条件的寿命修正系数 a_3　运转条件包括是否充分润滑（在工作速度和温度下），是否存在外来有害物质，以及是否存在引起材料性能改变的条件（如会造成材料硬度降低的高温）。在正常的运转条件下，即轴承安装正确，润滑充分，防止外界物质侵入的措施得当，且没有引起材料性能改变的高温，滚动接触表面由润滑油膜完全隔开时，可取 $a_3=1$；润滑条件十分理想，足以在轴承滚动接触表面形成弹性流体动压油膜，而大大降低表面疲劳失效概率时，可取 $a_3>1$。润滑不良，工作温度下润滑剂的运动黏度过低，对于球轴承小于13mm²/s，对于滚子轴承小于20mm²/s，或转速特别低（$nD_{pw}<10000\text{mm}\cdot\text{r/min}$，$n$ 为转速，单位为r/min，D_{pw} 为轴承滚动体节圆直径，单位为mm）时，应取 $a_3<1$。

为安全起见，这里将轴承修正寿命 L_{na} 作为轴承应满足的寿命要求。

5.5.3　滚动轴承当量动载荷

滚动轴承的载荷条件在大多数应用场合与基本额定动载荷不一致，一些场合下还同时受径向载荷和轴向载荷的联合作用。因此，轴承寿命计算时，必须把实际载荷转换成与基本额定动载荷的载荷条件相一致的载荷，即当量动载荷。轴承当量动载荷下的寿命与实际载荷作用下的寿命相当，此假想的载荷称为当量动载荷。

滚动轴承当量动载荷为

$$P=XF_r+YF_a \tag{5-8}$$

式中　P——当量动载荷（N）；

F_r——轴承所受径向载荷（N）；

F_a——轴承所受轴向载荷（N）；

X——径向动载荷系数；

Y——轴向动载荷系数。

各类轴承当量动载荷系数 X、Y 取值见表5-12。表中 e 为轴向载荷影响的判断系数。当 $F_a/F_r\leq e$ 时，$Y=0$，$P=F_r$，即轴向载荷对当量动载荷的影响可以忽略不计。仅承受轴向载荷的推力轴承，当量动载荷为 $P=F_a$。

轴承工作时常会伴有冲击等附加载荷的作用，这时需要引入冲击载荷系数 f_P 进行修正，其值见表5-13。

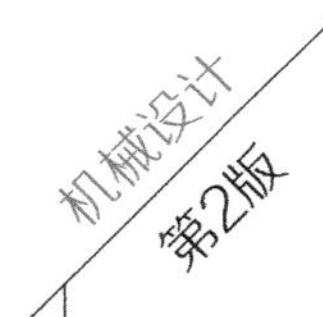

表 5-12　径向动载荷系数 X 和轴向动载荷系数 Y

轴承类型		相对轴向载荷	单列轴承				
			$F_a/F_r \leq e$		$F_a/F_r > e$		
		F_a/C_{0r}	X	Y	X	Y	e
深沟球轴承		0.014 0.028 0.056 0.084 0.110 0.170 0.280 0.420 0.560	1	0	0.56	2.30 1.99 1.71 1.55 1.45 1.31 1.15 1.04 1.00	0.19 0.22 0.26 0.28 0.30 0.34 0.38 0.42 0.44
角接触球轴承	$\alpha=15°$ (70000C)	0.015 0.029 0.058 0.087 0.120 0.170 0.290 0.440 0.580	1	0	0.44	1.47 1.40 1.30 1.23 1.19 1.12 1.02 1.00 1.00	0.38 0.40 0.43 0.46 0.47 0.50 0.55 0.56 0.56
	$\alpha=25°$ (70000AC)	—	1	0	0.41	0.87	0.68
	$\alpha=40°$ (70000B)	—	1	0	0.35	0.57	1.14
圆锥滚子轴承 $\alpha \neq 0°$			1	0	0.40	$0.4\cot\alpha$	$1.5\tan\alpha$

表 5-13　冲击载荷系数 f_P

载荷性质	f_P	举例
无冲击或轻微冲击	1.0~1.2	电动机、汽轮机、通风机、水泵等
中等冲击	1.2~1.8	车辆、机床、起重机、冶金设备、内燃机等
强大冲击	1.8~3.0	破碎机、轧钢机、石油钻机、振动筛等

轴承考虑载荷系数的当量动载荷如下：

1）仅承受径向载荷的向心圆柱滚子轴承、滚针轴承的当量动载荷

$$P=f_P F_r \tag{5-9}$$

2）仅承受轴向载荷的推力轴承的当量动载荷

$$P=f_P F_a \tag{5-10}$$

3）承受径向载荷和轴向载荷联合作用的向心轴承、向心推力轴承的当量动载荷

$$P=f_P(XF_r+YF_a) \tag{5-11}$$

单个轴承所受径向载荷 F_r 可通过建立简化的力学模型并求解相应的支反力得到，此处不再赘述。单个轴承所受轴向载荷 F_a 由轴承装置的轴向固定结构形式及轴承类型决定。深

沟球轴承、推力轴承等所受轴向载荷由轴承装置结构确定；角接触类向心轴承所受轴向载荷计算方法见5.5.4节。

对机床、起重机等机械中的轴承来说，工作载荷和转速都是频繁地改变着的。可以根据不稳定变应力时的疲劳损伤累计理论求出轴承的计算载荷 P_m 及计算转速 n_m。

假设轴承依次在当量动载荷 P_1、P_2、…、P_S 下工作，其相应的转速为 n_1、n_2、…、n_S，轴承在每种工作状态下的运转时间与总运转时间之比为 q_1、q_2、…、q_S，则计算载荷 P_m 及计算转速 n_m 的公式为

$$P_m = \sqrt[\varepsilon]{\frac{\sum_{i=1}^{S} n_i q_i P_i^{\varepsilon}}{n_m}} \tag{5-12}$$

$$n_m = \sum_{i=1}^{S} n_i q_i \tag{5-13}$$

得到轴承寿命公式为

$$L'_h = \frac{10^6}{60 n_m}\left(\frac{C}{P_m}\right)^{\varepsilon} \tag{5-14}$$

其中，L'_h 的单位为h，其余各符号的意义和单位同前。

5.5.4 角接触类向心轴承轴向载荷计算

1. 角接触类向心轴承的派生轴向力

如图5-18所示，当角接触类向心轴承承受径向外载荷 F_r 时，由于滚动体与滚道的接触线与轴承轴线之间夹一接触角 α，所以各滚动体的反力 F'_{Ni} 并不指向半径方向，而是可分解为一个径向分力 F_{Ni} 和一个轴向分力 F_{di}（$F_{Ni}\tan\alpha$）。所有滚动体的径向分力 F_{Ni} 的矢量和与径向外载荷 F_r 相平衡；所有轴向分力 F_{di} 之和 F_d，称为轴承派生轴向力。

派生轴向力是由于向心轴承的接触角不为零，因而在其承受径向外载荷时产生的轴向力。它迫使轴颈有轴向移动趋势，且其方向使轴承产生内、外圈分离。为保证轴承处于平衡状态，需要一轴向力 F_a 与派生轴向力平衡，如图5-18所示。

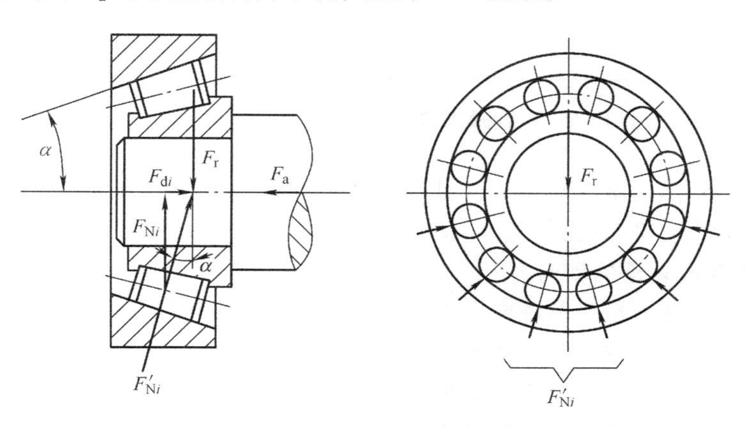

图5-18 角接触类向心轴承的受力情况

滚动轴承若仅有最下面一个滚动体受载时，其派生轴向力为

$$F_a = F_d = F_r \tan\alpha \tag{5-15}$$

当受载的滚动体数目增多时，同样径向载荷 F_r 作用下产生的派生轴向力为

$$F_d = \sum_{i=1}^{n} F_{di} = \sum_{i=1}^{n} F_{Ni} \tan\alpha > F_r \tan\alpha \tag{5-16}$$

即有

$$F_a = F_d > F_r \tan\alpha \tag{5-17}$$

式中 n——受载的滚动体数目；

F_{di}——各滚动体的派生轴向力；

F_{Ni}——各滚动体的径向分力。

由上述分析可知：①角接触类向心轴承总是在径向外载荷 F_r 和轴向力 F_a 的联合作用下工作；②派生轴向力 F_d 随受载滚动体数增多而增大，与之平衡的轴向力 F_a 也随之增大；反之，轴承的轴向外载荷越大，承载的滚动体数越多。轴承半数滚动体同时受载时，$F_a = F_d \approx 1.25 F_r \tan\alpha$（图 5-19b）；全部滚动体同时受载时 $F_a \approx 1.7 F_r \tan\alpha$（图 5-19c）。

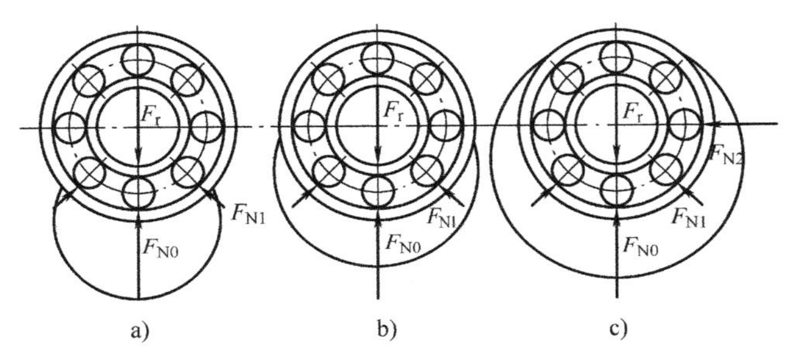

图 5-19 角接触类向心轴承中受载滚动体数目的变化

角接触类向心轴承约半数滚动体受载时的派生轴向力 F_d 大小见表 5-14。

表 5-14 角接触类向心轴承约半数滚动体受载时的派生轴向力 F_d 计算公式

圆锥滚子轴承	角接触球轴承		
	70000C（$\alpha=15°$）	70000AC（$\alpha=25°$）	70000B（$\alpha=40°$）
$F_d=\dfrac{F_r}{2Y}$	$F_d = eF_r$	$F_d=0.68F_r$	$F_d=1.14F_r$

注：Y 是对应表 5-12 中 $\dfrac{F_a}{F_r}>e$ 的 Y 值。e 值由表 5-12 中查得。

角接触类向心轴承通常成对使用，且使两轴承的派生轴向力方向相反（正装和反装），以此减小派生轴向力对轴系的影响。

2. 角接触类向心轴承的轴向力

角接触类向心轴承所承受的轴向力需同时考虑轴上的轴向外载荷和由径向力引起的派生轴向力。轴承轴向力依据轴承配置情况（正装或反装）由力平衡关系求解。

图 5-20a 为一对反装圆锥滚子轴承支承的轴系，其中 F_{re} 和 F_{ae} 分别为作用在轴上的径向外载荷和轴向外载荷；轴承 1 和轴承 2 分别承受的径向载荷为 F_{r1} 和 F_{r2}；F_{d1}、F_{d2} 分别

为两个轴承派生轴向力，其方向如图 5-20a 所示。

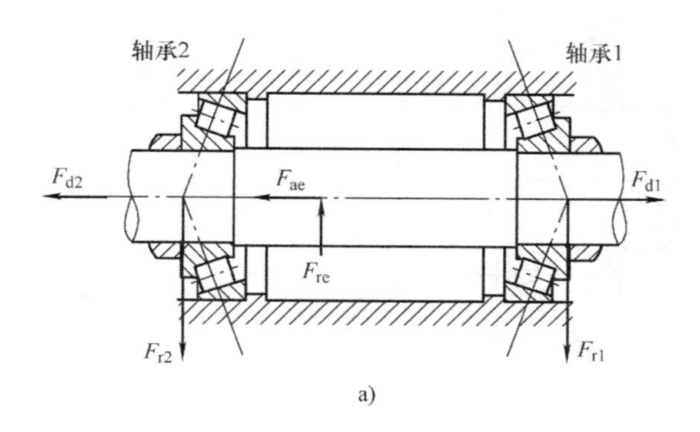

a)

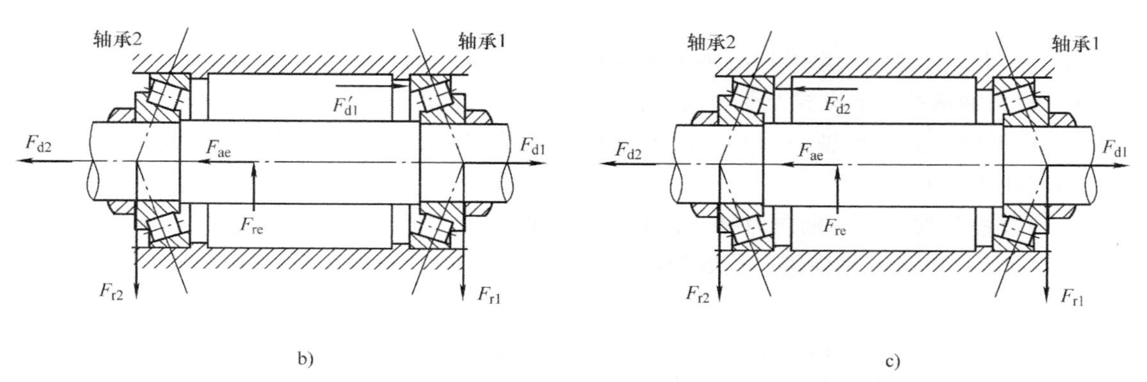

b) c)

图 5-20 角接触类向心轴承（反装）所受轴向载荷分析

下面以轴和与其相配合的轴承内圈为分离体，分析图 5-20 所示轴系轴向力平衡关系的三种情况。

（1）$F_{ae}+F_{d2}=F_{d1}$ 若 $F_{ae}+F_{d2}=F_{d1}$（图 5-20a），此时轴处于轴向的平衡状态。轴承 1、轴承 2 所受的轴向载荷分别为

$$F_{a1}=F_{d2}+F_{ae}=F_{d1} \tag{5-18}$$

$$F_{a2}=F_{d1}-F_{ae}=F_{d2} \tag{5-19}$$

（2）$F_{ae}+F_{d2}>F_{d1}$ 若 $F_{ae}+F_{d2}>F_{d1}$（图 5-20b），则轴有向左移动趋势。因轴承 1 仅可承受向左的轴向力，这种移动趋势使轴承 1 端呈“压紧”状态；相反，轴承 2 一端则呈“放松”状态。为了保证轴处于平衡位置，箱体必然通过轴承 1 外圈上施加一个向右的附加轴向平衡力 F'_{d1}，即有 $F'_{d1}+F_{d1}=F_{d2}+F_{ae}$。此时轴承 1、2 的轴向载荷 F_{a1}、F_{a2} 分别为

$$F_{a1}=F_{d1}+F'_{d1}=F_{d2}+F_{ae} \tag{5-20}$$

$$F_{a2}=F_{d2} \tag{5-21}$$

（3）$F_{ae}+F_{d2}<F_{d1}$ 若 $F_{ae}+F_{d2}<F_{d1}$（图 5-20c），则轴有向右移动趋势，轴承 1 一端呈“放松”状态，轴承 2 一端则呈“压紧”状态。同理，轴承 2 外圈上必有一个附加轴向平衡力 F'_{d2}，即有 $F'_{d2}+F_{d2}+F_{ae}=F_{d1}$。此时两轴承的轴向载荷 F_{a1}、F_{a2} 分别为

$$F_{a1}=F_{d1} \tag{5-22}$$

$$F_{a2}=F_{d2}+F'_{d2}=F_{d1}-F_{ae} \tag{5-23}$$

图 5-21 为一对正装圆锥滚子轴承支承的轴系，其轴承轴向力 F_a 分析计算方法同上。

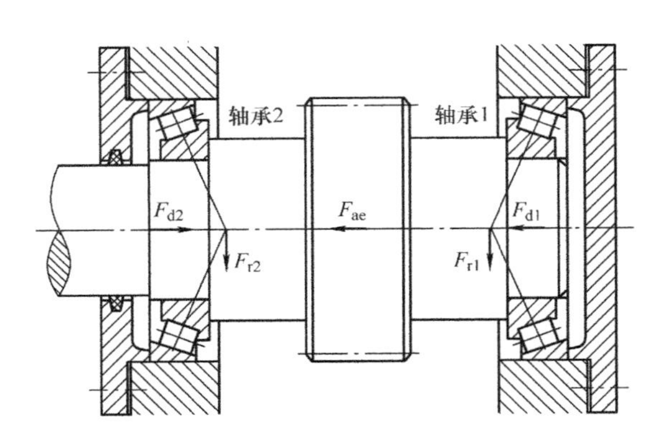

图 5-21 角接触向心轴承（正装）所受轴向载荷分析

综上分析，计算角接触类向心轴承的轴向力 F_a 方法可归纳如下：

1）根据轴承的安装方式及受力情况，确定 F_{d1}、F_{d2} 和 F_{ae} 的方向和大小。

2）根据轴承的派生轴向力及轴向外载荷关系及轴承安装情况，分析轴承两端的“放松”和“压紧”状态。

3）“放松”端轴承的轴向力等于其本身派生轴向力；“压紧”端轴承的轴向力等于除本身派生轴向力以外其余轴向力的代数和。

5.5.5 滚动轴承静强度

为限制滚动轴承在静载荷和冲击载荷作用下产生过大的塑性变形，应进行静强度计算。

1. 当量静载荷

轴承的当量静载荷 P_0 是指在承受最大载荷的滚动体与滚道接触中心处，引起与实际载荷条件相当接触应力的静载荷。与当量动载荷相似，轴承当量静载荷也分为径向当量静载荷 P_{0r} 和轴向当量静载荷 P_{0a}。轴承上同时作用有径向载荷 F_r 和轴向载荷 F_a 时，应折合成一个当量静载荷。径向轴承的径向当量静载荷 $P_{0r}=F_r$，推力轴承的轴向当量静载荷 $P_{0a}=F_a$，角接触类向心轴承的径向当量静载荷（取两式计算的较大值）为

$$\begin{cases}P_{0r}=X_0F_r+Y_0F_a\\P_{0r}=F_r\end{cases}\tag{5-24}$$

式中 X_0——径向静载荷系数；

Y_0——轴向静载荷系数，见轴承手册。

2. 滚动轴承静强度的计算

轴承静强度准则为

$$\frac{C_0}{P_0}\geqslant S_0\tag{5-25}$$

式中 C_0——基本额定静载荷（N）；

S_0——静强度安全系数；

P_0——当量静载荷（N）。

载荷变化较大、尤其是受较大冲击载荷作用的轴承，轴承在按额定动载荷计算后，必须再根

据额定静载荷进行校验。若轴承的转速较低，对转动精度和摩擦力矩要求不高时，可以允许有较大的接触应力，即可取 $S_0<1$；反之，则取 $S_0>1$。推力调心滚子轴承，无论其转动与否，均取 $S_0\geqslant4$。另外，轴承在按额定静强度计算时，还必须注意与轴承配合部位的刚度。轴承支承处的刚度较低时，可选取较高的安全系数；反之，则取较低的安全系数。轴承的静强度安全系数 S_0 见表 5-15。

表 5-15　轴承的静强度安全系数 S_0

使用要求或载荷性质	S_0	
	球轴承	滚子轴承
对转动精度及平稳性要求高，或承受冲击载荷	1.5~2	2.5~4
正常使用	0.5~2	1~3.5
对转动精度及平稳性要求较低，没有冲击和振动	0.5~2	1~3

5.5.6 滚动轴承的工程应用实例

【例 5-1】 已知一单级圆柱齿轮减速器中，相互啮合的一对齿轮为渐开线圆柱直齿轮，且对称布置。已知输入轴直径 $d=55$mm，转速 $n=1450$r/min，拟采用滚动轴承支承。两轴承所承受的径向载荷均为 $F_r=2400$N，齿轮作用在轴上的轴向载荷 $F_{ae}=520$N，载荷平稳，工作温度正常。要求预期寿命为 25000h，试确定轴承型号。

【解】

计算项目	计算依据	单　位	计算结果
1. 确定径向、轴向动载荷系数 X、Y 初选轴承类型	依照已知条件，轴承主要承受径向载荷，并且转速较高，同时轴承还应具有承受较小轴向载荷的能力。参考表 5-2、表 5-12		初选深沟球轴承
轴向载荷影响判断系数 e	$F_{ae}/F_r=520/2400$ $e_{max}=0.44$、$e_{min}=0.19$		$F_{ae}/F_r=0.217$ $X=0.56$，暂选 $Y=1.99$，$e=0.22$
2. 计算当量动载荷 P	取 $f_P=1.2$（表 5-13） $P=f_P(XF_r+YF_a)$ 式(5-11)	N	$P=2854.56$
3. 计算基本额定动载荷 C	取 $f_t=1$（表 5-10） $C=\frac{P}{f_t}\sqrt[\varepsilon]{\frac{60nL_h}{10^6}}$　式(5-6)	N	$C=36985$
4. 确定轴承型号，验算轴承寿命 轴向载荷影响判断系数 e	依照轴承样本或设计手册选择 $C=43500$N 的 6211 深沟球轴承。此轴承的基本额定静载荷为 $C_0=29300$N		插值计算得到判断系数 $e=0.20$

（续）

计算项目	计算依据	单位	计算结果
确定径向、轴向动载荷系数 X、Y	根据表 5-12，Y 由插值计算得到		$X=0.56$， $Y=2.211$
计算当量动载荷 P	$f_P=1.2$（表 5-13） $P=f_P(XF_r+YF_a)$ 式(5-11)	N	$P=2992.46$
验算 6211 轴承的寿命	$L_h=\dfrac{10^6}{60n}\left(\dfrac{f_tC}{P}\right)^{\varepsilon}$　式(5-6)	h	$L_{10h}=35307>25000$ 6211 轴承满足要求

【例 5-2】 某大型起重机的减速装置采用了三级定轴圆柱齿轮减速器，如图 5-22 所示。已知低速轴的轴承水平面：支承反力 $F_{NH1}=59565N$、$F_{NH2}=108886N$，垂直面：支承反力 $F_{NV1}=-49446N$、$F_{NV2}=112127N$，转速为 6.285r/min，轴承型号 32048，减速器工作时运行平稳，常温工作，预期工作寿命 10 年，每年工作 300 天，每天工作 8h。低速轴所受轴向载荷 $F_{ae}=35805N$，方向如图 5-22b 所示。试对轴承寿命进行校核。

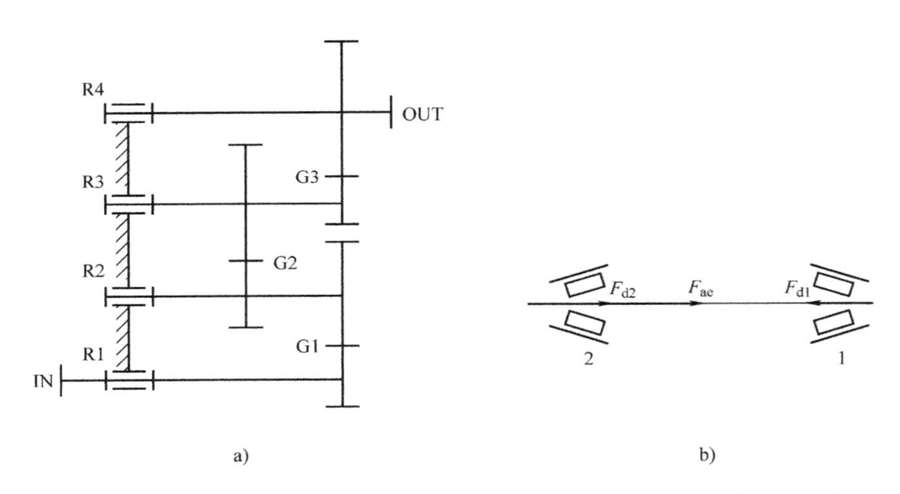

图 5-22　三级定轴圆柱齿轮减速器机构简图及低速级轴承的组合结构示意图

【解】

计算项目	计算依据	单位	计算结果
1. 计算两端轴承径向载荷	$F_{r1}=\sqrt{F_{NH1}^2+F_{NV1}^2}$ $F_{r2}=\sqrt{F_{NH2}^2+F_{NV2}^2}$	N N	$F_{r1}=77414$ $F_{r2}=156297$
2. 计算两端轴承轴向载荷			
派生轴向力 F_d 计算	$F_d=\dfrac{F_r}{2Y}$（表 5-14） 查机械设计手册，$Y=1.3$	N	$F_{d1}=22769$ $F_{d2}=45970$
分析“放松”端和“压紧”端	$F_{d2}+F_{ae}>F_{d1}$		轴承 2 为“放松”端，轴承 1 为“压紧”端

（续）

计算项目	计算依据	单位	计算结果
轴向载荷 F_a 确定	$F_{a1}=F_{d2}+F_{ae}$ $F_{a2}=F_{d2}$	N	$F_{a1}=81775$ $F_{a2}=45970$
3. 计算当量载荷 P	查轴承样本或机械设计手册： $e=0.46$ $Y=1.3$ 依据表 5-12 $\frac{F_{a1}}{F_{r1}}=1.056>e=0.46$ $X_1=0.4, Y_1=1.3$ $\frac{F_{a2}}{F_{r2}}=0.29<e=0.46$ $X_2=1, Y_2=0$ $f_P=1.5$（表 5-13） $P=f_P(XF_r+YF_a)$ 式(5-11)	N	$P_1=205910$ $P_2=234446$
4. 寿命校核 静强度校核（略）	$L_h=\frac{10^6}{60n}\left(\frac{f_tC_r}{P}\right)^{\varepsilon}$ 式(5-6) 依照轴承样本或设计手册选择 $C_r=920000$N $f_t=1$（表 5-10）	h	$L_{h10}=2.52\times10^5$ $2.52\times10^5>24000$ 满足要求

5.6 其他滚动轴承简介

1. 高速轴承

通常把 $dn>10^6$mm · r/min 的轴承称为高速轴承。高速轴承的失效形式，除疲劳点蚀破坏外，常见的还有滚道烧伤、保持架断裂、保持架引导边磨损、润滑油失效（氧化或焦化）以及过大的振动等。因此，选用高速轴承时应注意以下几点：

1）高速运转下的轴承，要求轴承的滚道应有很准确的几何形状、最小的偏心以及很低的表面粗糙度值，故常选用高精度轴承。

2）采用强度较高的且能用轴承内圈外径或外圈内径来引导定心的实体保持架，其材料可用合金钢、酚醛胶布、铝合金或青铜，以适应较高的工作温度，保持架还要经过很好的平衡检验。

3）尽可能加强对高速轴承的冷却与润滑。为此，喷油润滑、油雾润滑是高速轴承的主要润滑方式。

4）为减轻或消除轴承振动对整机振动的影响，除了改善轴承自身条件外，还可在轴承设计方面采取措施，如采用油膜减振支承等结构形式，采用空心球作滚动体以降低离心惯性力的影响。

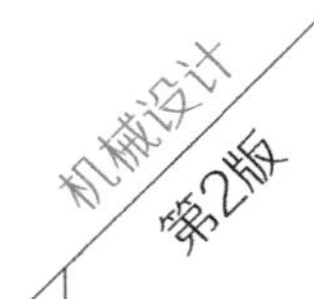

2. 高温轴承

通常工作温度高于 120℃ 的轴承称为高温轴承。典型应用场合有航空发动机、燃气轮机、核反应堆系统等。

高温轴承的主要失效形式有：过热烧伤、退火和表面疲劳剥落等。为此，高温轴承选取材料时，可选用常用轴承钢经高温回火处理或者直接选用耐热轴承钢。使用时选取合适的润滑剂和润滑方法，并注意温度对轴承性能参数的影响。

高温轴承宜采用合成润滑油润滑，普通的矿物润滑油为石油产品，高温时易氧化成脂肪酸，导致轴承腐蚀而失效。当温度更高时，可采用固体润滑剂。

此外，考虑到温度的变化会引起配合游隙的变化，在结构设计上应加强冷却和散热，尽量降低轴承的工作温度，以保证工作可靠。

3. 密珠轴承

密珠轴承作为滚动轴承的特例，其基本结构是由主轴轴颈、轴套以及径向和轴向密集于两者之间的具有过盈配合的滚珠所组成。

密珠轴承结构特点：密集和过盈。

密集就是滚珠按螺旋线密集排列，即在轴承的每个径向和轴向截面内均布满了滚珠，使每个滚珠循独自的滚道绕主轴转动，这样的好处在于有“均化”和降低滚道表面磨损的作用，提高了轴系的转动精度和使用寿命；过盈是指这种轴承内主轴轴颈、滚珠和轴套这三者之间均存在着过盈量，这相当于滚动轴承的预负荷作用，以消除其间隙提高轴系的转动精度和刚度。

密珠轴承常应用于高精度轴系。

4. 陶瓷轴承

陶瓷材料可以承担金属材料和高分子材料难以胜任的高温、高速、耐腐蚀等特殊工作环境，同时又具备轴承材料所要求的重要特性。

陶瓷轴承的优点：

1）陶瓷滚动轴承适宜在腐蚀性介质的恶劣条件下工作。

2）陶瓷滚动体比钢滚动体密度低，重量轻，转动时对外圈的离心作用可降低 40%，可大幅度降低高速轴承离心力对轴承寿命的影响，令使用寿命大大延长。

3）陶瓷受热胀冷缩的影响比钢小，在轴承的间隙一定时，可允许轴承在温差变化较为剧烈的环境中工作，但对轴、轴承座的材料和配合要求更严格。

4）陶瓷的弹性模量比钢高，受力时不易变形，有利于提高工作速度，并达到较高的精度。

陶瓷轴承广泛应用于医疗器械、低温工程、光学仪器、高速机床等众多领域。

习　题

5-1　说明型号为 6010，N209/P5，7307B，3206/P5 轴承的类型、尺寸系列、结构特点、公差等级及其适用场合。

5-2　什么是滚动轴承的预紧？预紧的目的是什么？预紧方法有哪些？

5-3　滚动轴承内、外圈轴向固定有哪些常用的方法？滚动轴承支承结构形式有哪几种？各适用于什么场合？如何选择滚动轴承的润滑方式、润滑剂以及相应的密封装置。

5-4　角接触类向心轴承的派生轴向力是怎样产生的？

5-5　以下各轴承受径向载荷 F_r、轴向载荷 F_a 作用，试计算各轴承的当量动载荷。

1）N207 轴承：$F_r=3500N$，$F_a=0$；2）51306 轴承：$F_r=0$，$F_a=5000N$；

3）6008 轴承：$F_r=2000N$，$F_a=500N$；4）30212 轴承：$F_r=2450N$，$F_a=780N$；

5）7309AC 轴承：$F_r=1000N$，$F_a=1650N$。

5-6　一水泵选用深沟球轴承，已知轴径 $d=35mm$，转速 $n=2900r/min$，轴承所受的径向力 $F_r=2300N$，轴向力 $F_a=540N$，要求使用寿命 $L_h=5000h$，试选择轴承型号。假设轴承在轻微载荷，常温工作下运行。

5-7　试计算如图 5-23 所示正装、反装两种情况下一对 7205AC 型角接触球轴承（两端单向固定）的径向载荷 F_r、轴向载荷 F_a、当量动载荷 P 以及轴承的寿命。（已知作用在轴上的径向载荷 $F_{re}=3200N$，轴向载荷 $F_{ae}=600N$，$n=1440r/min$，冲击载荷系数 $f_P=1.2$，温度系数 $f_t=1$）

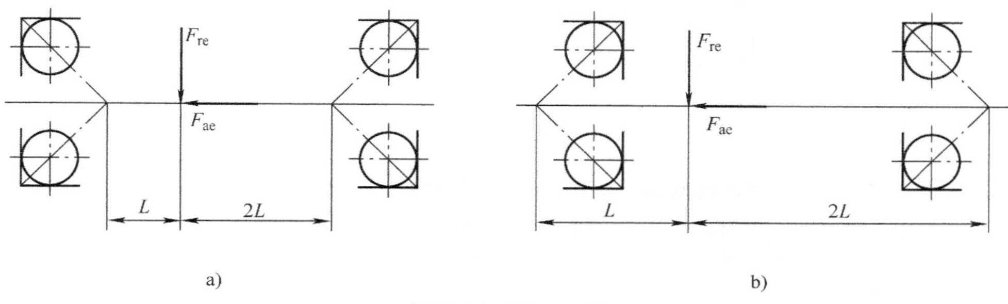

图 5-23　题 5-7 图

5-8　如图 5-24 所示，轴由一对 30307 型轴承支承，轴承所受的径向载荷 $F_{r1}=7000N$，$F_{r2}=4000N$，轴上作用的轴向载荷 $F_{ae}=1000N$。试求各轴承的轴向载荷 F_a。（30307 型轴承 Y=1.9）。

5-9　某单级齿轮减速器的输入轴由一对深沟球轴承支承，如图 5-25 所示，装轴承处的轴径为 30mm，轴承与齿轮受力处之间的跨距 $L=50mm$。已知齿轮所受切向载荷 $F_{te}=3000N$，径向载荷 $F_{re}=1125N$，轴向载荷 $F_{ae}=744N$（由轴承 2 承受），方向如图 5-25 所示。齿轮分度圆直径 $d=40mm$，轴的转速 $n=960r/min$，载荷平稳，常温工作，要求轴承寿命不低于 9000h，试选择轴承型号。

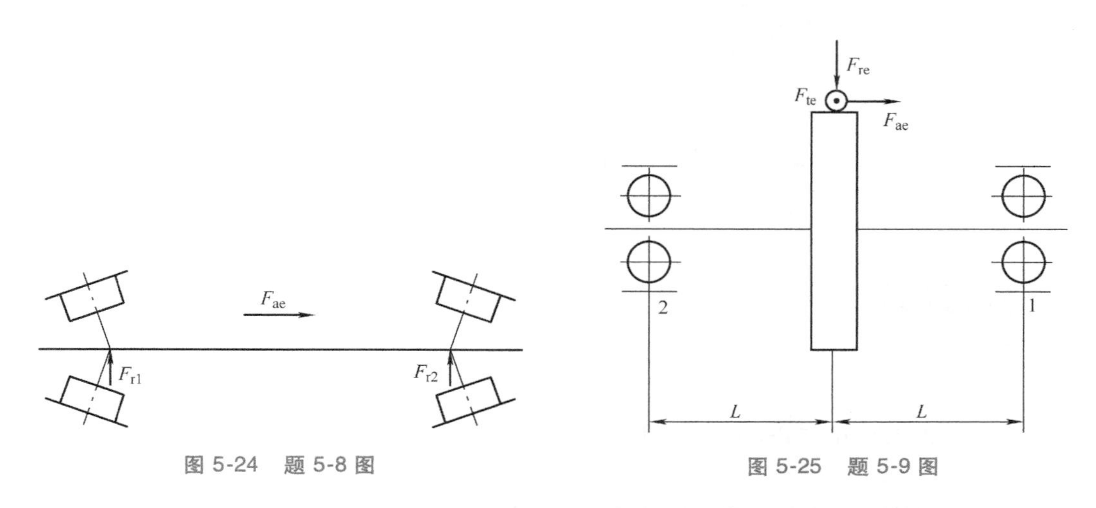

图 5-24　题 5-8 图　　图 5-25　题 5-9 图

5-10　如图 5-26 所示，采用一对角接触球轴承。已知两轴承的径向载荷分别为 $F_{r1}=1500N$，$F_{r2}=7000N$。若冲击载荷系数 $f_P=1.2$，作用在轴上的轴向外加载荷 $F_{ae}=5600N$，试计算：

1）两个轴承的轴向载荷 F_{a1}、F_{a2}；

2）两个轴承的当量动载荷 P_1、P_2。

5-11　根据工作条件，决定在轴两端选用 $\alpha=25°$ 的两个角接触球轴承，如图5-27所示正装。轴径 $d=35$mm，工作中有中等冲击，转速 $n=1800$r/min，已知两轴承的径向载荷分别为 $F_{r1}=3390$N，$F_{r2}=1040$N，外加轴向载荷 $F_{ae}=870$N，作用方向指向轴承1。假设轴承在常温下运行，试确定其工作寿命。

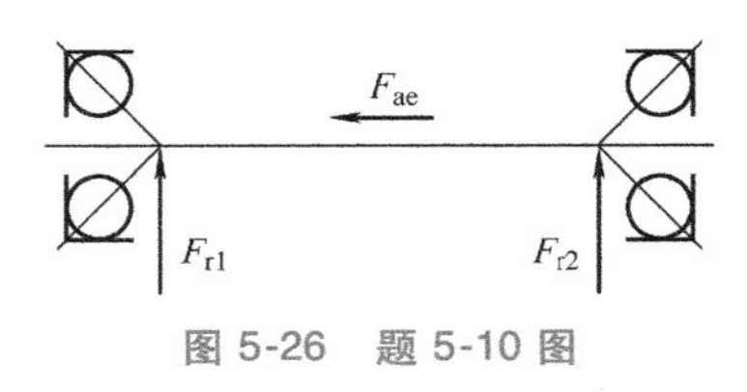

图5-26　题5-10图

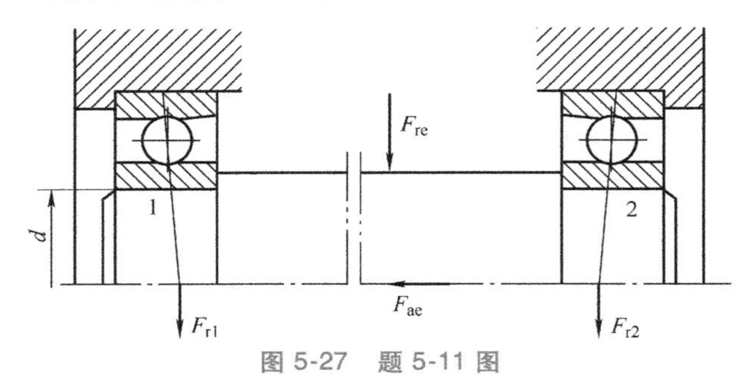

图5-27　题5-11图

5-12　根据工作条件决定在轴的两端反装两个角接触球轴承，如图5-28所示。已知轴上齿轮受切向载荷 $F_{te}=2000$N，径向载荷 $F_{re}=750$N，轴向载荷 $F_{ae}=496$N，齿轮分度圆直径 $d=200$mm，齿轮转速 $n=500$r/min，运转中有中等冲击载荷，轴承预期寿命 $L_h'=15000$h。设初选两个轴承型号均为7207B，试验算轴承是否可达到预期寿命要求。

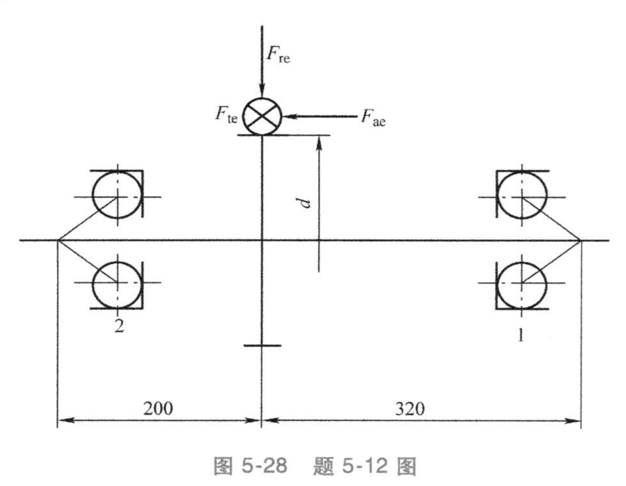

图5-28　题5-12图

知识拓展

滚动轴承的发展史

轴承（西方人写作“Bearing”，日本人称“轴受”）是当代机械设备中一种举足轻重的零部件。

滚动轴承结构的变化与人类对滚动优于滑动的认识发展史密切相关。原始社会人们就已经认识到滚动优于滑动，采用圆木、木棒等作为滚子搬运重物，后来逐步发展为车轮。公元前900年到公元400年，人类开始研制早期形式的球轴承和滚子轴承。在对位于罗马东南大

约18英里处的尼米湖的考古中发现了三种最普通的现行滚动轴承前身，在沉入湖底的船中找到一个设计成能在装有耳轴的青铜球上回转的平台（图5-29），它实际上是一个推力球轴承。文艺复兴时期，人们已经清楚地认识到，在机器的低摩擦支承中滚动优于滑动。此时期的著名画家达·芬奇设计的“滚子-圆盘”轴承即滚子轴承（图5-30）可以看作是自由滚动轴承的前身。后来人们进一步认识到有必要将轴承的滚动体分隔开，因此提出了保持架的概念。达·芬奇又设计出了一种具备保持架的推力球轴承（图5-31）。球轴承和滚子轴承的重大发展出现在工业革命时期，磨削机床的研制和使用促进了滚动轴承的大量生产和精密制造。19世纪末20世纪初许多专业轴承生产厂家相继出现，设计制造的球轴承和滚子轴承迅速为世界各国所采用。特别是两次世界大战的爆发造成了军事工业领域的巨大需求，直接推动了滚动轴承的发展，出现了我们今天能够看到的从微型到大型、从普通到超精密等各种类型的现代滚动轴承。

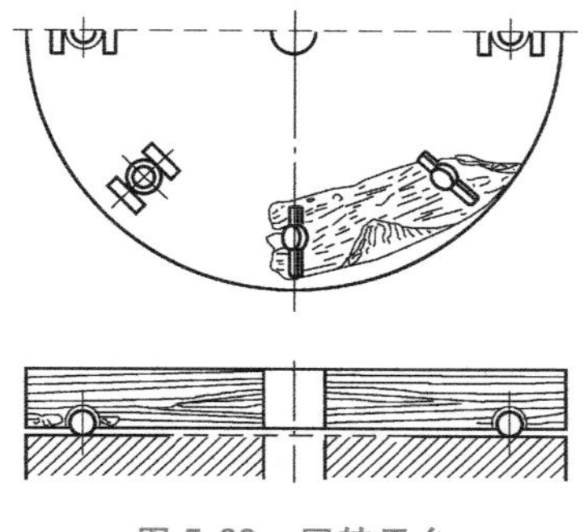

图5-29　回转平台

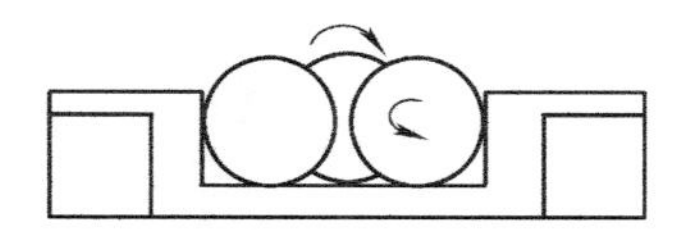

图5-30　达·芬奇设计的“滚子-圆盘”轴承简图

滚动轴承的发展伴随着轴承基础理论研究的不断进步。轴承基础理论主要指寿命、额定静载荷和极限转速等的相关理论。百余年来，轴承寿命理论研究经历了四个阶段：第一阶段是1945年以前的Stribeek的载荷分布理论，第二阶段是1945～1960年间Lundberg和Palmgren的轴承疲劳失效理论，第三阶段是1960～1980年间的寿命修正理论，第四阶段是1980～1998年间以Loannides和Harris为代表的新寿命理论。1962年，国际标准化组织ISO将经典的L-P公式作为轴承额定动载荷与寿命计算方法标准列入ISO/R281中。近年来，由于材料技术、加工技术、润滑技术的进步和使用条件的精确化，轴承寿命有了较大提高，ISO适时地给出了含有可靠性、材料、运转条件和性能等修正系数的寿命计算公式。20世纪80年代以来Harris等学者在大量试验的基础上提出接触疲劳极限的新理论，将寿命理论又向前推进了一步，使轴承寿命计算方法不断完善。允许轴承发生相当于万分之一滚动体直径的永久变形，一直是ISO额定静载荷标准的基础。最新的额定静载荷理论的贡献是给出了对应于这个永久变形的各类轴承的最大滚动体接触应力。轴承极限转速研究也取得了新进展。当前世界上较有影响的轴承公司如瑞典的SKF、德国Schaeffler、日本NTN等公司对极限转速的定义、限定范围与使用条件都做出了较科学的规定，使极限转速的研究更加深入。

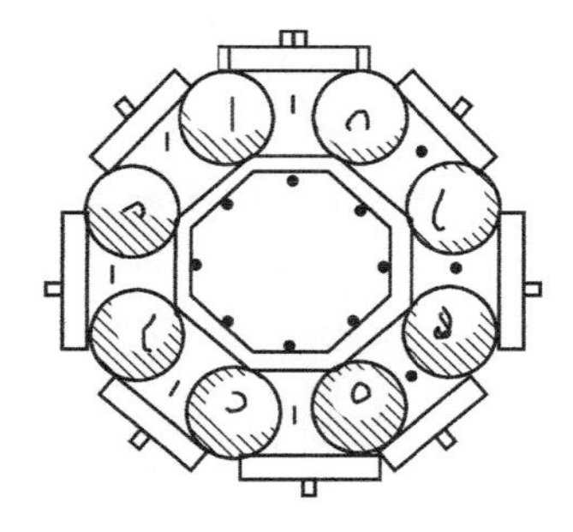

图5-31　达·芬奇设计的有保持架的推力球轴承

第6章

移动副

移动副是两构件间仅保留一个相对直线运动自由度的连接形式。通常由提供约束的导轨和在其上运动的滑块联合构成，因此也称滑动副、导轨副，有时也称为导向或导轨。移动副常用简图如图 6-1 所示。

移动副是实现直线相对运动的重要动连接方式，在机械中应用相当广泛，如活塞压缩机中的活塞与气缸；也常用于各类型机床中的移动部件间的连接，如机床工作台与滑台间的连接等，如图 6-2 所示。

本章将介绍移动副具体有哪些结构和实现方式，如何保证其功能的有效性。

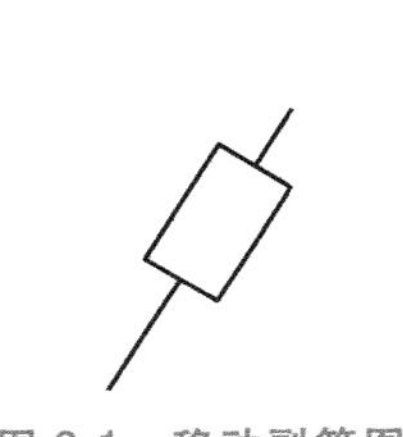

图 6-1　移动副简图

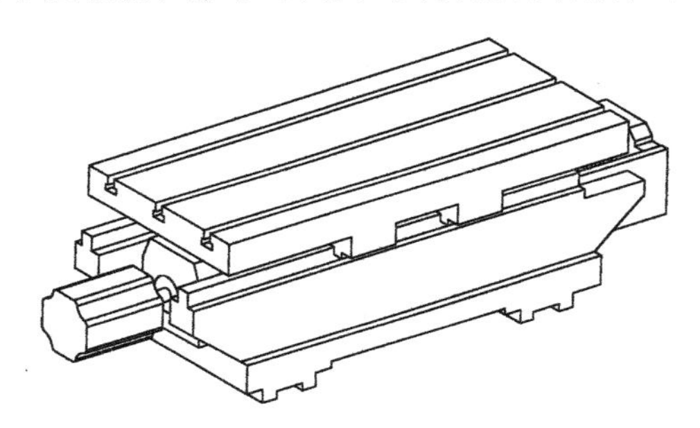

图 6-2　加工中心工作台与滑台

6.1　移动副概述

6.1.1　移动副的结构要素

两构件间的相对运动有六个自由度，即沿 X、Y、Z 方向的直线移动和绕 X、Y、Z 三个轴的转动。若两构件直接接触并产生相对移动构成移动副，则两构件间仅保留一个相对直线运动自由度而约束其他五个运动自由度。

移动副的运动约束要求：仅保留一个相对直线移动自由度，必须有相应的结构约束另外两个方向的直线移动和绕三个轴的转动。

移动副元素的几何形状要求：无论是两构件上移动副元素间的运动与载荷传递，还是一个构件对另一个构件的运动约束，均要有较好的承载能力和润滑性能，以及较好的工艺性，即要求构件上移动副元素一般为形状简单的几何表面，如平面和圆柱面等。

移动副结构的元素组合要求：移动副的结构约束往往由多个简单几何形状元素的组合来实现。两构件上相同几何形状元素组成移动副而形成的相互配合可以约束多个自由度，如一个平面可约束另一个平面运动的三个自由度（两个转动和一个单向法向移动）。因此，一般情况下，移动副的结构约束采用多个几何要素（平面或圆柱面等）组合实现。

移动副实际结构中的平面元素如果过小，在约束转动时会承受过大弯矩，造成零件弹性变形过大，但过大或连续的平面元素又增加制造工艺难度和成本。因此，移动副的结构元素通常为不连续异向平面元素或多个异向狭长平面元素的组合，且在移动方向上有一定的长度，称为导向长度。图 6-3 所示为几种常见的移动副平面元素及其组合结构。

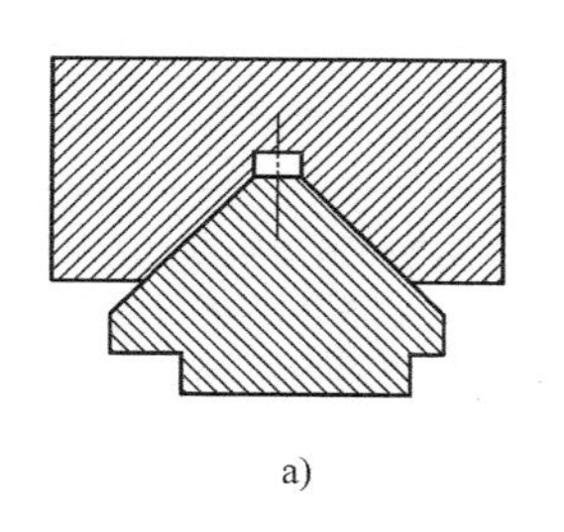

a)

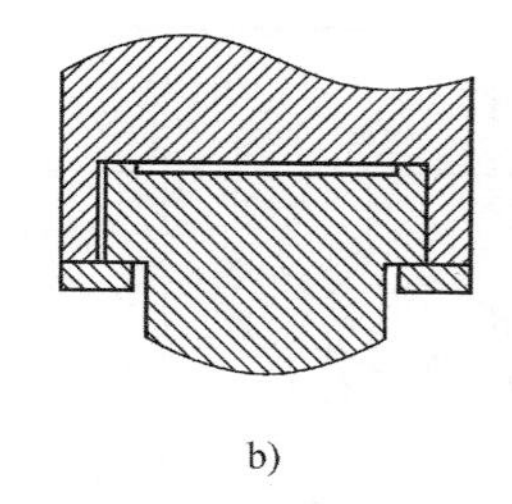

b)

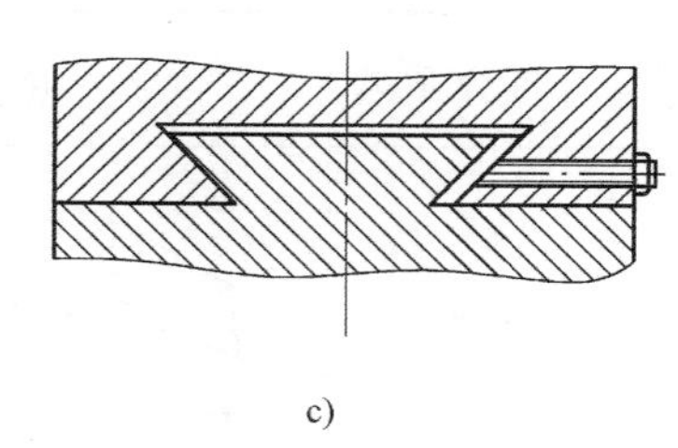

c)

图 6-3　平面元素构成的移动副

a）三角形导轨　b）矩形导轨　c）燕尾形导轨

移动副结构采用圆柱面元素如图 6-4 所示，其中图 6-4a 所示单一圆柱面约束四个运动自由度（需要有较长的轴向导向长度，约束两个方向移动和绕两个轴转动），还需要其他结构约束另一个自由度。一般多采用双圆柱面对称结构（图 6-4b）、圆柱面与平面组合结构（图 6-4c）或带滑键结构（图 6-4d）。

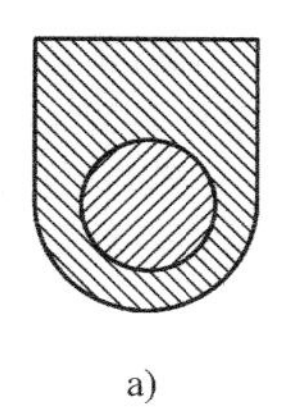

a)

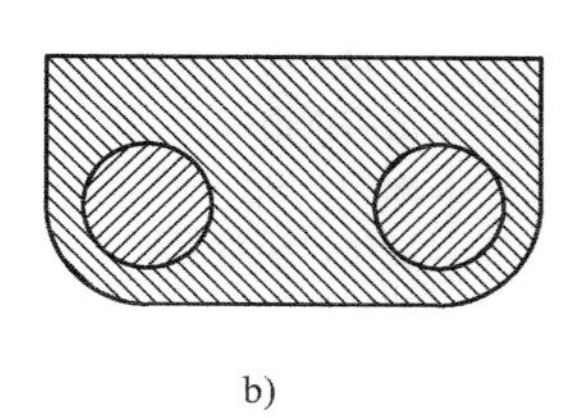

b)

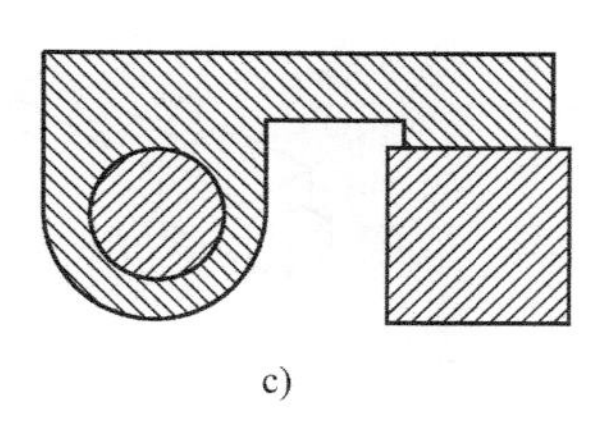

c)

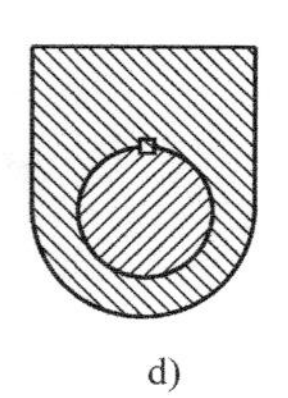

d)

图 6-4　移动副结构与圆柱面元素

移动副平面元素的结构也需要有一定的导向长度，增加导向长度不仅可以提高移动副连接面的法向承载能力，改善结合面间的摩擦性能，而且也可以减小移动副连接面端部的弯曲载荷。为减小制造工艺难度和成本，导向部分可采用中间间断或多处支承的结构形式，如图 6-5 所示。在某些情况下，为减少摩擦，移动副的平面元素可用滚轮代替，如图 6-6 所示。

综上所述，移动副结构具有如下共同特点：

1）有足够的导向长度，以减小法向比压和弯曲载荷，通常导向长度与导向杆横截面宽度的比应不小于 1.5∶1。

2）采用中间间断或多处支承的结构形式，一方面可以使导向面受力均匀，另一方面也可减少加工量，降低加工难度。

3）良好润滑减小摩擦、磨损。设置注油装置和储油槽，或接触面采用耐磨、减摩材料，如铜合金、石墨、粉末冶金材料或聚四氟乙烯等。

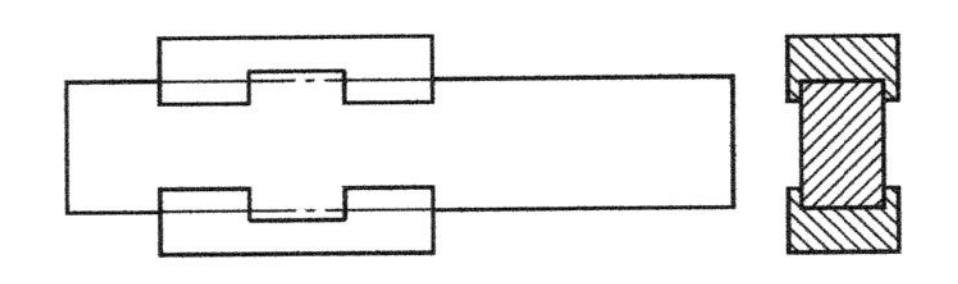

图 6-5　端部接触移动副

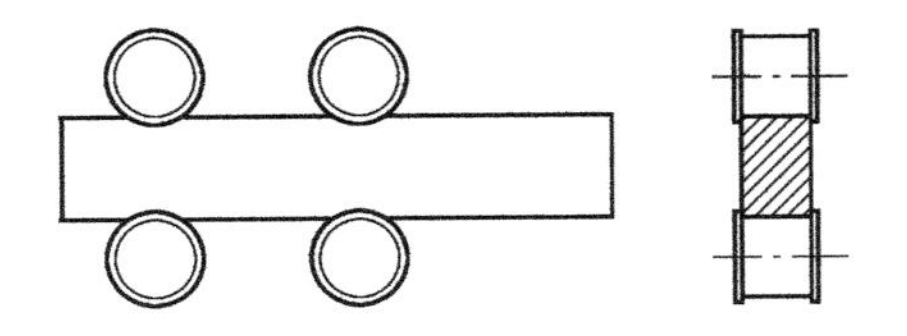
图 6-6　端部滚轮式移动副

移动副的结构要素及常见元素组合形式与特点见表 6-1。

表 6-1　移动副的结构要素及常见元素组合形式与特点

移动副结构要素	组合形式	图　例	特　点
圆柱面	单圆柱面		圆柱面易于获得较高的加工精度，生产成本低。单个圆柱面(轴和孔间隙配合)不能约束被导向件的转动，导杆较长时，受侧力或弯矩作用变形较大。用于仅受轴向载荷，且对转动没有要求的场合
	键-单圆柱面		在杆上设导向键或导向槽，可以承受一定的转矩。导向面难获得较高精度，多用于滑动速度较低场合
	双圆柱面		采用两个轴平行的圆柱面共同来实现移动副功能。两圆柱面的平行度要求增加了制造工艺难度和成本。常用于滑动速度较高而载荷较小的场合
平面	矩形		多平面元素组合为矩形，可通过刨削、铣削加工后磨削而成；为了实现工作表面的可加工性和装配的便利性，矩形孔一般设计成剖分式结构，并通过螺纹连接等形成一个封闭结构，可以承受一定的转矩
	三角形		两平面元素组合为三角形(亦称山形)，兼具支承和导向功能
	双槽形		多平面元素组合为槽面，实现导向和防止转动的功能
	燕尾槽		燕尾槽可用标准的燕尾槽铣刀加工。通常燕尾角的大小为 55°，所需的高度空间较小，尤其适合空间要求较紧凑的场合

综上所述，移动副结构通常由两构件上多个元素表面组合而成。同时由于行程的限制，运动方式只能是往复运动，且由于难以形成液体润滑，一般运动速度较低。

6.1.2 移动副的设计要求与内容

1. 移动副设计的基本要求

移动副需要满足以下几方面基本要求。

1）保证两构件间有一个相对直线运动自由度而约束其他五个运动自由度。

2）在工作载荷下，满足强度、刚度、精度、寿命和成本要求。

3）具有良好的结构工艺性。

4）使用维护方便。

对简易移动副，设计要求可根据具体工况适度简化。

2. 移动副的设计内容

移动副的设计内容包括结构设计和工作能力计算两方面。主要有：

1）移动副结构设计：根据工作条件和使用性能选择截面形状及组合方式等。

2）移动副材料选用：选择合适的材料与热处理要求等。

3）移动副性能设计：对移动副零件进行受力分析、强度与刚度设计计算。

4）移动副润滑与辅助装置设计：设计润滑方式与系统、防护系统装置、调整间隙装置和补偿方法等。

5）移动副的工艺设计：确定移动副零件加工、装配工艺与技术要求。

移动副根据其元素间的摩擦状态分为滑动导轨副和滚动导轨副，简称为滑动导轨和滚动导轨。移动副中的两构件，相对运动的构件称运动导轨、动导轨或滑块，相对固定的构件称支承导轨、固定导轨或导轨。高性能的导轨副要求其导向精度高、精度保持性好、运动轻便平稳、耐磨性好、刚性好、温度变化不敏感以及结构工艺性好等。目前，导轨副设计不仅采用统一的规范，而且已有专业化生产的滚动导轨。本章重点介绍滑动导轨和滚动导轨的技术设计。

6.2 典型滑动导轨副及其应用

滑动导轨按结构及表面材料分为普通整体导轨、贴塑导轨和镶金属导轨；按滑动导轨表面摩擦性质分为静压导轨、动压导轨、边界摩擦导轨和混合摩擦滑动导轨。混合摩擦滑动导轨应用较多，本节主要介绍这类滑动导轨，并简称为滑动导轨。

滑动导轨的动导轨与固定导轨直接接触，其间润滑如果不良，就会导致摩擦系数大，容易磨损，低速易产生爬行等。但其结构简单，使用维修方便，接触刚度大，工艺性好，刚度便于保证，在加速度要求不高的场合仍得到广泛的应用。

滑动导轨一般推荐按照下述流程进行技术设计。

1）根据机器的工作条件、使用性能选择导轨类型。

2）选择滑动导轨的截面形状及组合方式。

3）选择导轨材料、热处理方法等。

4）对导轨进行受力分析、压强计算，以及结构设计。

5）设计导轨间隙调整装置和补偿方法。

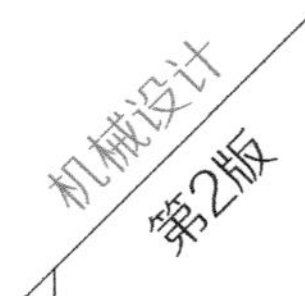

6）设计润滑、防护装置。

7）制订导轨加工、装配的技术要求。

6.2.1 滑动导轨常用结构

从结构工艺性考虑，构成机床滑动导轨副的结构要素可以直接在零件上制造出来，即为一体式；也可以将实现滑动导轨副的结构按多个独立的零件加工，然后再与其他零件组装在一起，即为镶装式。

1. 一体式滑动导轨

一体式滑动导轨的精度由加工保证，不必考虑后续连接和调整问题，性能稳定可靠。但由于结构尺寸一般较大，加工较困难。

常用一体式滑动导轨副基本截面形状主要有三角形、矩形、燕尾形及圆柱形四种，见表 6-1。在不同构件上分别设置凸形或凹形（凸形或凹形可互换位置），形成耦合关系构成导轨。下面简述单根导轨的主要结构特征、特点和常见用途。

（1）三角形导轨　凸三角形导轨又称山形导轨，凹三角形导轨也称 *V* 形导轨，顶角 α 一般为 90°，如图 6-7 所示，导轨面 *M*、*N* 兼具导向和支承作用。当 *M* 和 *N* 面上受力不对称时，为使导轨面上压强分布均匀，可采用不对称结构。重型机器的导轨承受很大的垂直载荷时，通常采用较大的顶角（$\alpha = 110° \sim 120°$），但导向性较差。

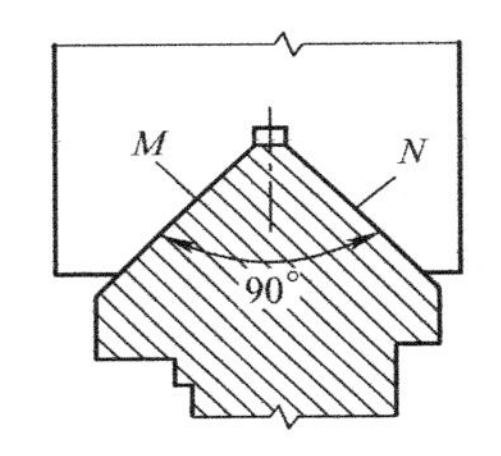

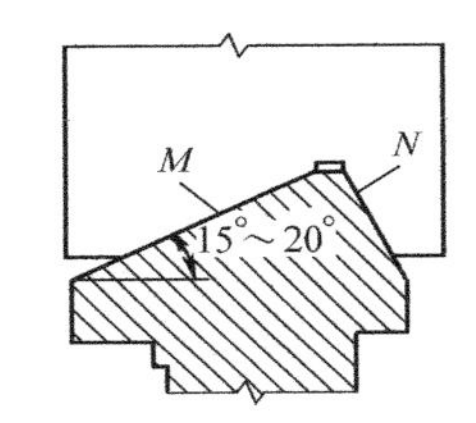

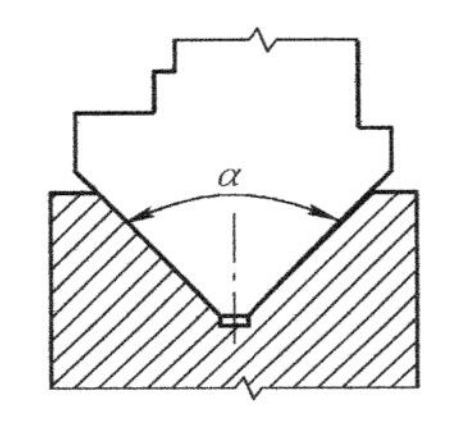

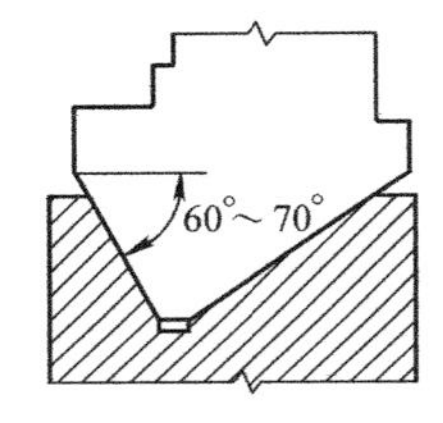

图 6-7　三角形导轨

在实际应用场合，导轨面可能需要设置为水平、竖直或斜向等不同布置方式。当导轨水平布置，凸形导轨置于下方时，不易积存切屑和脏物，但也不易存油，多用于移动速度小的场合；凹形导轨置于下方时，润滑条件较好，但必须有防屑的保护装置，常用在移动速度较大的情况下。

（2）矩形导轨　矩形导轨又称平导轨，如图 6-8 所示，其中导向面 *M* 起导向作用，保证在垂直面内的直线移动精度，同时 *M* 面又是垂直载荷的主要支承面，刚度和承载能力大；*J* 面是压板面，防止运动部件抬起；*N* 面是保证水平面内直线移动精度的导向面。水平方向和垂直方向上的位移互不影响，安装和调整也比较方便。但当 *N* 面磨损后，不能自动补偿间隙，需要有间隙调节装置。

（3）燕尾形导轨　如图 6-9 所示，*M* 面起导向和压板作用，*J* 为支承面，夹角一般为 55°。这是闭式导轨中接触面最小的结构。当承受垂直载荷时，以 *J* 面为主要工作面，它的刚度与矩形导轨相近；当承受倾覆力矩时，*M* 面为主要工作面，刚度较低，一般用在高度小而层次多的移动部件上，如车床的刀架导轨及仪表机床上的导轨，磨损后不能补偿间隙，需用镶条调整。两个燕尾面起压板作用，用一根镶条可以调整水平和垂直方向的间隙。

（4）圆柱形导轨　如图 6-10 所示，圆柱形导轨制造简单，内孔可珩磨，与磨削后的外圆可以精密配合，但磨损后调整间隙困难；为防止转动，在圆柱表面上开键槽或加工出平面。主要用于受轴向载荷的部件，如拉床、珩磨机及机械手等。

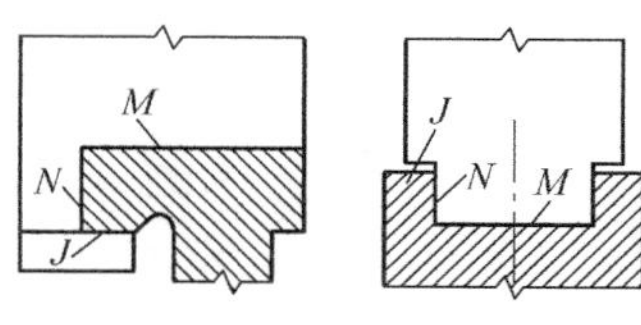

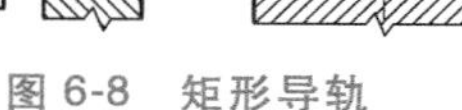
图 6-8　矩形导轨

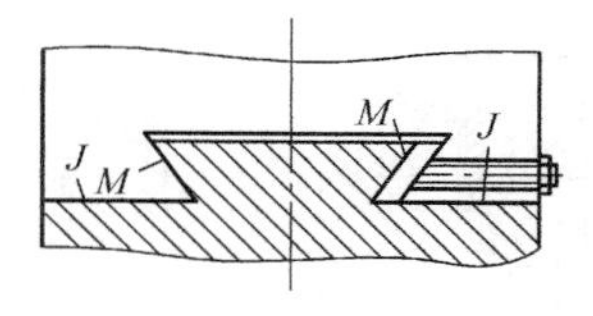

图 6-9　燕尾形导轨

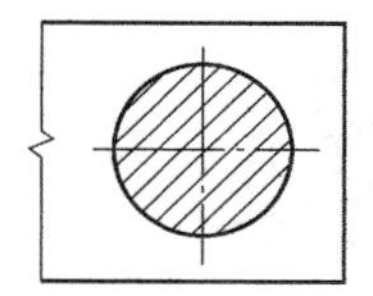
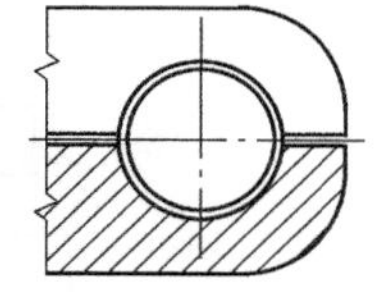
图 6-10　圆柱形导轨

一般机器常采用两条导轨组合来承受复杂多变的载荷并实现导向。要求高刚度的重型机器也可用三条至四条甚至更多导轨组合。滑动导轨典型组合形式主要有：双三角形组合、双矩形组合、三角形-平面组合和平面-三角形-平面组合，如图 6-11 所示。

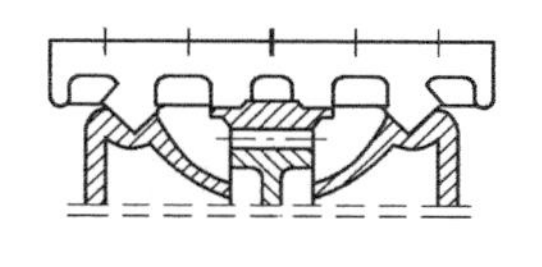
a)
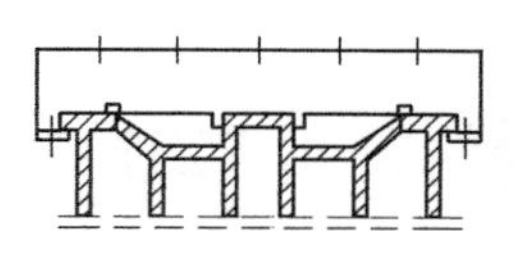
b)
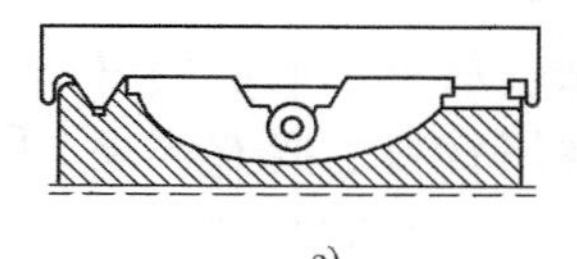
c)
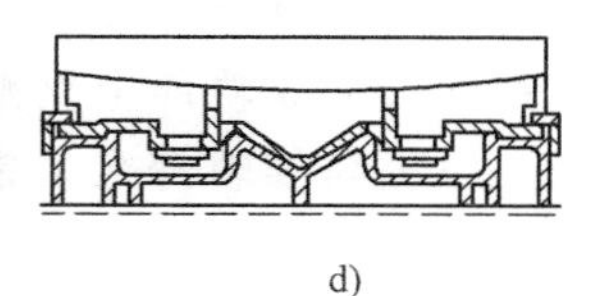
d)

图 6-11　滑动导轨的典型组合形式

a）双三角形组合　b）双矩形组合　c）三角形-平面组合　d）平面-三角形-平面组合

双三角形组合同时起支承和导向作用，磨损后能自行补偿垂直方向和水平方向的间隙，尤以 90°三角形为最优；且双三角形导轨具有最好的导向性、贴合性和精度自检性，是精密机器理想的导轨形式；但要求四个导轨表面同时接触，刮研或磨削的工艺难度较高。

双矩形组合主要用于要求垂直承载能力大的机器，如升降台铣床、龙门铣床等。其特点是制造和调整简便，但导向性不如双三角形组合和三角形-平面组合。闭式导轨要用压板调整间隙，导向面用镶条调整间隙，或者采用镶钢导轨及偏心轮消隙机构。

三角形-平面组合通常用于磨床、精密镗床和龙门刨床。由于磨削力主要是向下的，且精镗切削力不大，工作台不至于上抬。

平面-三角形-平面组合用于大型、重载且要求较高支承刚度的设备，如龙门刨铣床工作台的宽度大于 3000mm 时，为提高工作台本身的刚度，采用这类导轨组合。中间增加的三角形导轨主要起导向作用，两侧的平面导轨主要起承载作用。

2. 镶装导轨结构

镶装导轨多用于结构尺寸庞大的结构支承部件，如床身、立柱等支承件的固定导轨，铸造床身镶装淬硬钢块、钢板或钢带。采用镶装导轨主要基于以下原因：①可提高导轨的耐磨性或改善其摩擦特性；②便于更换已磨损的导轨；③可购买或定制标准导轨组件。

镶装导轨结构主要由机械镶装和粘接两种方法来实现。可根据导轨的导向精度、载荷大小和导轨材料、形式的不同，选取不同的镶装方法。

（1）机械镶装结构　机械镶装结构主要用于载荷较大的淬硬钢导轨。机械镶装的方法主要有用螺钉直接紧固和通过压板固定两种。

螺钉固定镶装结构如图 6-12 所示。其中图 6-12a、图 6-12b 是螺钉从底部固定，不损坏导轨面；当受结构限制时，可选用如图 6-12c 所示用头部无槽的沉头螺钉、螺母固定；图

6-12d 是螺钉拧紧后再切去头部。图 6-12c、d 两种镶装方法所用螺钉的材料应与导轨材料相同，头部淬火至导轨面的硬度，同导轨一起进行磨削加工。

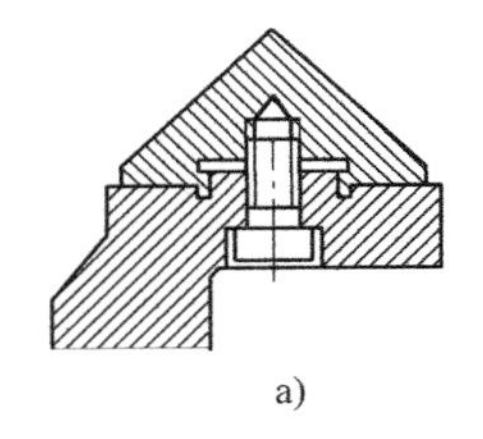

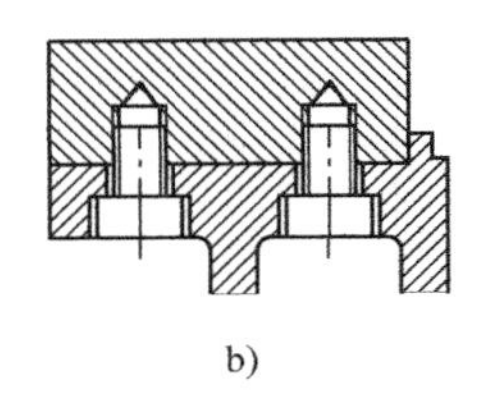

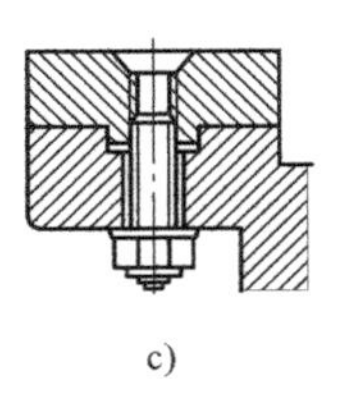

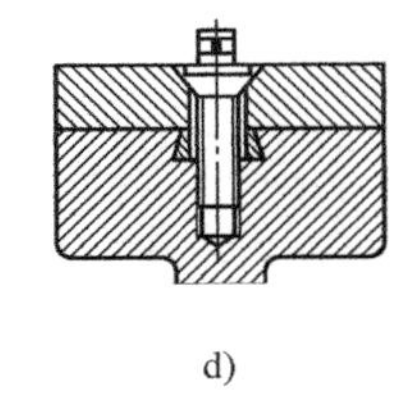

图 6-12　螺钉固定镶装结构

压板固定镶装结构，如图 6-13 所示。图 6-13a 为用压板挤紧导轨的结构；图 6-13b 为拉紧导轨的结构，夹紧牢固程度不如螺钉固定，但不损坏导轨面，导轨板的厚度可以减薄。

（2）粘接导轨结构　粘接导轨是在铸铁或钢的滑动导轨面上粘贴一层更为耐磨的材料，以提高导轨寿命。常用材料主要有淬硬的钢板、钢带、铝青铜、锌合金和塑料等。

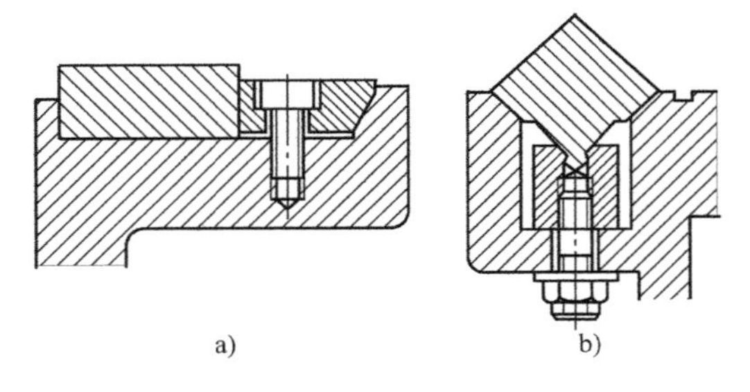

图 6-13　压板固定镶装结构

粘接导轨可以节省贵重耐磨材料，还可以避免机械镶装使用螺钉固定时压紧力不均匀的现象，目前应用日益广泛。

粘接钢带导轨结构，如图 6-14 所示。冷轧硬化的钢带作为导轨工作面，主要用在铸造结构的固定导轨上。图 6-14a 为螺钉压板镶装工艺，先把钢带绷紧在床身 5 的导轨上，再用压板 3 压紧并用螺钉紧固。图 6-14b 是粘接工艺，当压紧钢带时，粘结剂 6 被挤压均匀，使钢带牢固地粘在铸铁导轨面上。多余的粘结剂被挤到沟槽 7 中，以免粘结剂进入钢带的中间部位，影响导轨的精度。

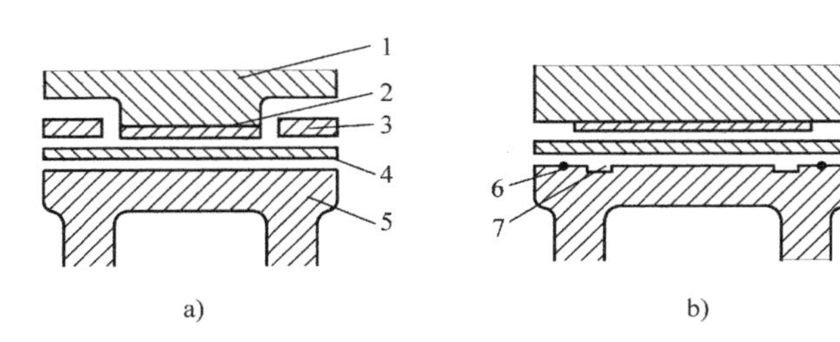

图 6-14　粘接钢带导轨结构

a）用压板夹住钢带　b）用粘结剂粘接钢带

1—动导轨　2—塑料板　3—压板　4—钢带　5—床身　6—粘结剂

7—容纳挤出的多余粘结剂的槽（即沟槽）

6.2.2　滑动导轨常用材料

1. 常用材料

滑动导轨的材料应具有耐磨性好，摩擦系数小，动、静摩擦系数差小，良好的耐油、湿和抗腐蚀能力，足够的强度、导热性，良好的加工和热处理性质等特点。常用的滑动导轨材料有铸铁、钢、非铁合金和塑料等，各材料的动、静摩擦系数见表 6-2。

铸铁：一种应用最广泛的导轨材料，易于铸造，切削加工性好，成本低，有良好的耐磨性和减振性。一般重要的铸铁导轨粗加工后进行一次时效处理，高精度机床导轨半精加工后需进行第二次时效处理。

钢：低碳合金钢 15Cr、20Cr、18CrMnTi、20CrMnTi 等经渗碳淬火、回火至 56~62HRC，常可用作长度大、精度要求高的导轨。中、高碳合金钢 40Cr、T8、T10、9SiCr 经高频淬火等表面强化处理后，导轨的耐磨性比普通铸铁导轨高 5~10 倍，常用于镶装结构。

非铁合金：非铁合金常用作导轨工作表面涂覆材料或镶装材料。导轨常用的非铁合金材料有锌合金 ZnAl10-5、铝青铜 QAl9-2、青铜 ZQZn5-5-5 和黄铜 H62、H68 等。非铁合金镶装导轨主要用作重型机器的运动导轨，或与铸铁或钢的支承导轨匹配使用，以防止咬合磨损，提高耐磨性、运动平稳性及运动精度。

塑料：主要有三种耐磨工程塑料，即以聚四氟乙烯为主要材料的填充聚四氟乙烯导轨软带、塑料导轨板和塑料导轨涂层。主要特点是具有自润滑性，摩擦系数小而稳定，且静、动摩擦系数接近，低速运行时，干摩擦和油润滑状态下均可有效防止爬行现象的发生，制造工艺简便，经济性好。其缺点为刚度低、耐热性差、热导率低、容易蠕变、吸湿性大、容易影响尺寸稳定等。

表 6-2　滑动导轨材料的动、静摩擦系数

材料及热处理	摩擦系数											
	静摩擦系数				动摩擦系数							
	静止接触时间				滑动速度/(mm/min)							
	2s	10min	1h	10h	0.8	5	20	110	360	530	720	1200
灰铸铁 HT200、180HBW	0.27	0.27	0.28	0.30	0.22	0.18	0.18	0.17	0.12	0.08	0.05	0.03
钢 50HRC	0.30	0.30	0.32	—	0.28	0.25	0.22	0.18	0.15	0.10	0.08	0.05
聚四氟乙烯	0.05	0.05	0.05	0.06	0.03	0.03	0.03	0.03	0.04	0.04	0.04	0.05

2. 导轨副材料的匹配

导轨副材料应具有不同的硬度，尽量使用不同材料的导轨匹配；如果导轨副是同种材料，应采用不同的热处理或不同的硬度。通常动导轨（常为短导轨）用较软和耐磨性低的材料制造；固定导轨（长导轨）用较硬的和耐磨的材料制造。导轨材料匹配及其相对寿命见表 6-3。

表 6-3　导轨材料匹配及其相对寿命

序号	导轨材料及热处理	相对寿命	序号	导轨材料及热处理	相对寿命
1	铸铁/铸铁	1	4	淬火铸铁/淬火铸铁	4~5
2	铸铁/淬火铸铁	2~3	5	铸铁/镀铬或喷涂钼铸铁	3~4
3	铸铁/淬火钢	>4	6	塑料/铸铁	8

注：导轨材料为动导轨/固定导轨，相对寿命为各组材料相对“铸铁/铸铁”的寿命。

6.2.3　滑动导轨副失效及改善措施

1. 失效形式

滑动导轨副的失效形式主要为导轨的磨损。运动导轨面沿固定导轨面长期运行会引起导

轨不均匀磨损，破坏导轨的导向精度。导轨磨损分为磨料磨损和粘着磨损两种形式。导轨的磨损速度与导轨材料、接触表面质量、滑动速度、压强、润滑条件及洁净状况有关。

2. 提高导轨耐磨性的措施

提高滑动导轨副耐磨性除选用合理的材料组合、保证充分润滑、安装必要防护装置等常规方式外，还需使磨损均匀，并且磨损后可及时补偿。

(1) 均匀磨损　磨损是否均匀对导轨的寿命影响很大。磨损不均匀的原因主要有三个：两工作接触面的平行度不足，实际接触面小；摩擦面压强分布不均匀；导轨面各部分使用频率不等。使磨损趋于均匀的措施有：改进结构参数的设计以减小连接面的载荷，尤其减小力矩载荷；通过刮研工艺确保整个工作面内单位面积接触斑点的均匀分布；提高导轨副连接件的刚度，减少变形的影响。

(2) 磨损后补偿　磨损后导轨面间的间隙变大，会使导轨的运行不平稳，加重磨损，及时补偿可减少磨损的影响，恢复导向精度。补偿的方法分为自动补偿和人工补偿两种：前者的典型应用如三角形导轨，随着磨损的增加，动导轨由于自身重力而下沉，减小间隙；矩形导轨和燕尾形导轨则需人工进行补偿，如调整镶条或压板装置，如图 6-15 所示。

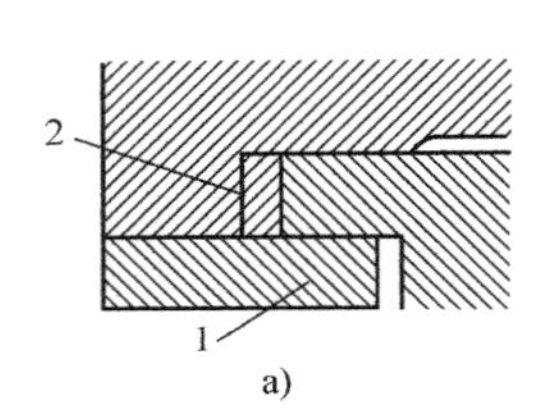

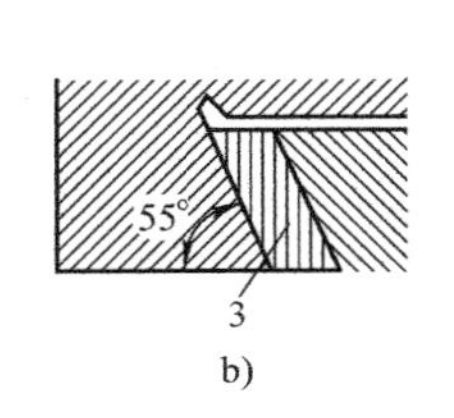

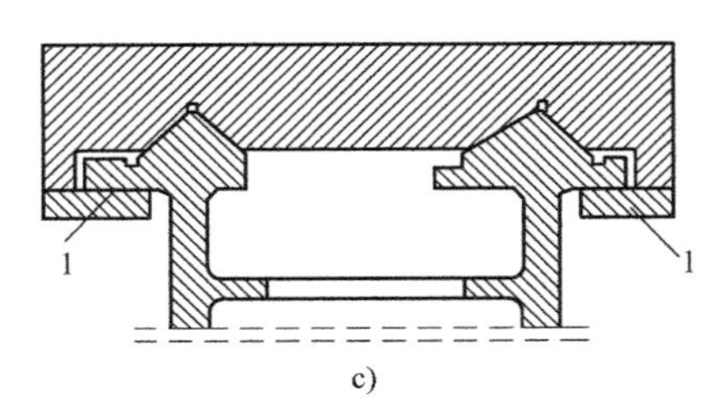

图 6-15　车床导轨间隙调整

1—压板　2、3—镶条

6.2.4　滑动导轨的载荷分析

在外力作用下，滑动导轨面的支反力和支反力矩可由静力平衡方程求得，以表 6-4 中的机床导轨为例，可得双矩形导轨的支反力、支反力矩和牵引力的计算公式。其他类型的可类比分析或参考有关资料。

6.2.5　滑动导轨的压强计算

滑动导轨的磨损与导轨表面的压强有密切关系，随着压强的增加，导轨面的磨损量增加。导轨面的接触变形与压强近似地成正比。滑动导轨的设计准则通常限定其平均工作压强 p_{avg} 和最大工作压强 p_{max} 均不超出相应的许用压强，即

$$p_{avg} \leqslant [p_{avg}] \tag{6-1}$$

$$p_{max} \leqslant [p_{max}] \tag{6-2}$$

1. 压强的计算步骤

导轨面压强的分析计算，可按以下四个步骤进行：

1) 受力分析：导轨受力一般包括外力（如牵引力）、其上部件的重力及在外力作用下导轨面产生的支反力和支反力矩。

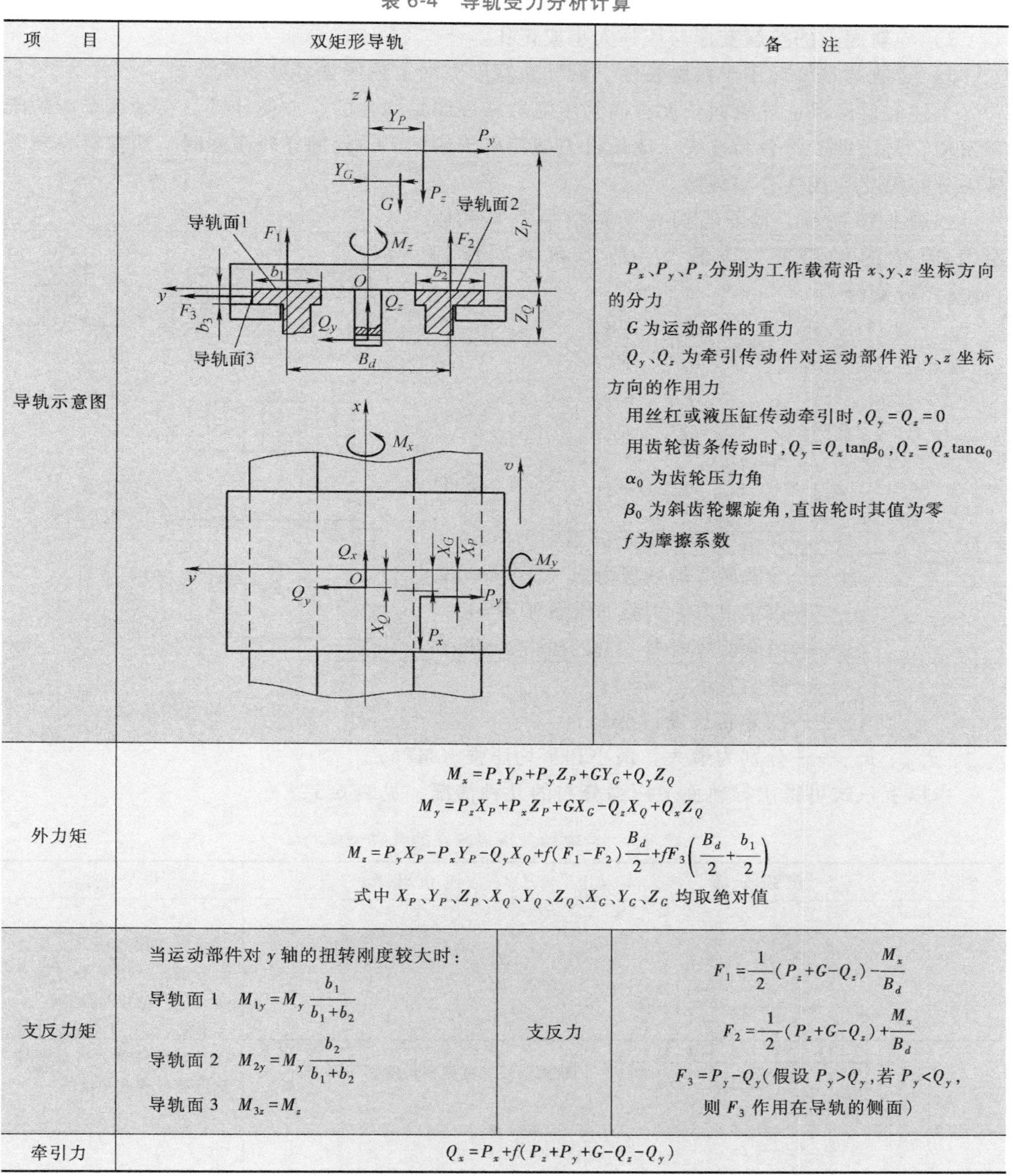

表 6-4　导轨受力分析计算

项　　目	双矩形导轨		备　　注
导轨示意图	（见图）		P_x、P_y、P_z 分别为工作载荷沿 x、y、z 坐标方向的分力 G 为运动部件的重力 Q_y、Q_z 为牵引传动件对运动部件沿 y、z 坐标方向的作用力 用丝杠或液压缸传动牵引时，$Q_y=Q_z=0$ 用齿轮齿条传动时，$Q_y=Q_x\tan\beta_0$，$Q_z=Q_x\tan\alpha_0$ α_0 为齿轮压力角 β_0 为斜齿轮螺旋角，直齿轮时其值为零 f 为摩擦系数
外力矩	$M_x=P_zY_P+P_yZ_P+GY_G+Q_yZ_Q$ $M_y=P_zX_P+P_xZ_P+GX_G-Q_zX_Q+Q_xZ_Q$ $M_z=P_yX_P-P_xY_P-Q_yX_Q+f(F_1-F_2)\frac{B_d}{2}+fF_3\left(\frac{B_d}{2}+\frac{b_1}{2}\right)$ 式中 X_P、Y_P、Z_P、X_Q、Y_Q、Z_Q、X_G、Y_G、Z_G 均取绝对值		
支反力矩	当运动部件对 y 轴的扭转刚度较大时： 导轨面 1　$M_{1y}=M_y\frac{b_1}{b_1+b_2}$ 导轨面 2　$M_{2y}=M_y\frac{b_2}{b_1+b_2}$ 导轨面 3　$M_{3z}=M_z$	支反力	$F_1=\frac{1}{2}(P_z+G-Q_z)-\frac{M_x}{B_d}$ $F_2=\frac{1}{2}(P_z+G-Q_z)+\frac{M_x}{B_d}$ $F_3=P_y-Q_y$（假设 $P_y>Q_y$，若 $P_y<Q_y$，则 F_3 作用在导轨的侧面）
牵引力	$Q_x=P_x+f(P_z+P_y+G-Q_z-Q_y)$		

2）压强计算：每个导轨面所受外载荷均可简化为一个集中力 F 和一个倾覆力矩 M。由 F 可求出导轨面上的平均压强；考虑 M 的影响，得到最大压强。

3）按压强设计准则判断导轨是否满足要求。

4）根据压强分布情况判断其结构是否需要设置压板装置。

2. 导轨面压强分布规律及其计算

导轨面上的压强分布比较复杂，工程计算时通常以下面的假设为前提：

1）导轨本身刚度很大，受力后导轨接触面仍为一个平面。

2）导轨面上的接触变形与压强大小成正比。

3）导轨的宽度远小于接触长度，沿导轨宽度方向上的压强各处相等。

上述假设可保证导轨面长度方向的压强分布规律是线性的，方便计算。在计算车床的床鞍刀架、铣床的工作台和铣头、滚齿机刀架等机床的短工作台的导轨压强时，通常将导轨面压强分布简化为线性分布规律。

如图 6-16 所示，动导轨面在受到集中力 F 和倾覆力矩 M 的作用下，其最大、最小和平均压强（MPa）分别为

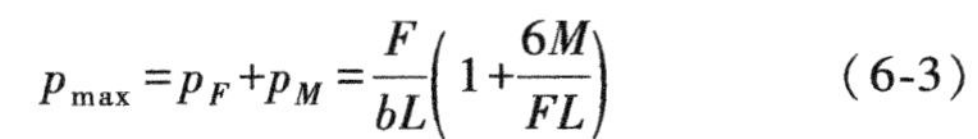

$$p_{\max}=p_F+p_M=\frac{F}{bL}\left(1+\frac{6M}{FL}\right) \quad (6\text{-}3)$$

$$p_{\min}=p_F-p_M=\frac{F}{bL}\left(1-\frac{6M}{FL}\right) \quad (6\text{-}4)$$

$$p_{\text{avg}}=\frac{1}{2}(p_{\max}+p_{\min})=\frac{F}{bL} \quad (6\text{-}5)$$

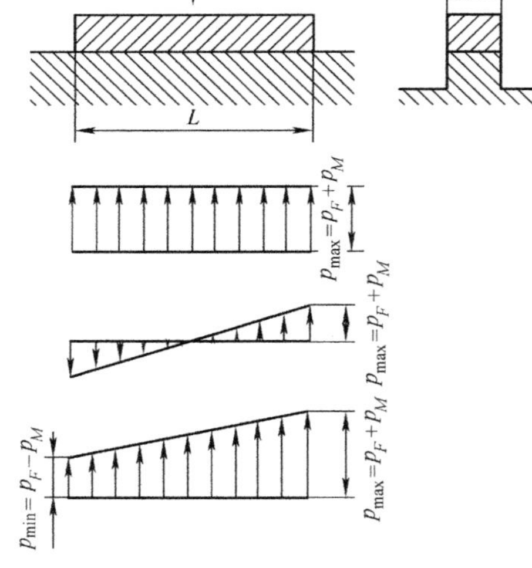

图 6-16 导轨面压强

式中 F——作用于导轨面上的集中力（N）；

M——导轨所受的倾覆力矩（N·mm）；

p_F——由集中力 F 引起的压强（MPa）；

p_M——由倾覆力矩 M 引起的压强（MPa）；

b——导轨宽度（mm）；

L——动导轨长度（mm）；

$p_{\max}$、$p_{\min}$、p_{avg}——分别为最大、最小和平均压强（MPa）。

由以上三式可得出导轨面上压强分布的几种情况，见表 6-5。

表 6-5 导轨面上压强分布的几种情况

类型	压强分布	压强计算	说明
Ⅰ	F, L	$p_{\text{avg}}=\frac{F}{bL}$ $p_{\max}=p_{\text{avg}}$ F 为导轨的支反力，b 和 L 分别为导轨面的接触宽度和长度。下同	只有支反力而无支反力矩的情况。压强为均匀分布，运动导轨均匀磨损 只有在外力不大，只考虑运动部件重力的水平导轨可能出现这种情况
Ⅱ	F, M, L, $p_{\max}$, $p_{\min}$	$p_{\max}=\frac{F}{bL}\left(1+\frac{6M}{FL}\right)$ $p_{\min}=\frac{F}{bL}\left(1-\frac{6M}{FL}\right)$ M 为导轨的支反力矩	有支反力 F 和支反力矩 M，且 $\frac{M}{FL}<\frac{1}{6}$ 时的情况。压强为梯形分布，运动导轨不均匀磨损，但相差不大

（续）

类型	压 强 分 布	压 强 计 算	说 明
Ⅲ		$p_{avg}=\frac{F}{bL}$ $p_{max}=\frac{2F}{bL}$ $p_{min}=0$	有支反力 F 和支反力矩 M，且 $\frac{M}{FL}=\frac{1}{6}$ 时的情况。压强为三角形分布，导轨仍保持全长接触，只是一种临界情况
Ⅳ		$p_{max}=\frac{F}{bL}(k_\Delta+k_m)$ 压板在副导轨面上的最大压强为 $p'_{max}=p_{max}k'$	支反力矩很大且 $\frac{M}{FL}>\frac{1}{6}$ 的情况，需要压板承受倾覆力矩。式中 k_Δ、k_m 分别为压板间隙和压板的影响系数，k' 为比例系数，可由图 6-17 查得
Ⅴ		$p_{max}=p_M(k'_\Delta+k'_m)$ $p'_{max}=p_{max}k''$ $p_M=\frac{6M}{bL^2}$	只有支反力矩 M（$F=0$ 或者很小时）的情况。式中 k'_Δ、k'_m、k'' 和分别与 k_Δ、k_m 和 k' 意义相同。k'_Δ 由图 6-17 查得，k'_m 和 k'' 可由表 6-6 查得

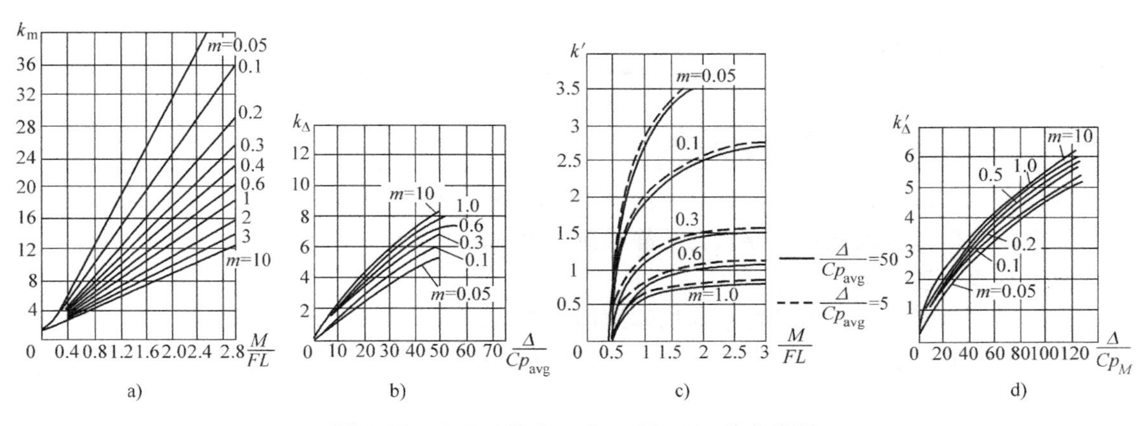

图 6-17 确定系数 k_m、k_Δ、k'、k'_Δ 的曲线图

图 6-17 中，Δ 为压板与导轨面的间隙；C 为接触柔度，其值按表 6-7 选取。$m=\frac{b'}{\xi b}$，b 为主导轨面的接触宽度；b' 为副导轨面的接触宽度；ξ 为考虑压板弯曲的系数，取 1.5～2，压强大时取大值。

表 6-6　系数 k'_m、k''

m	0.05	0.1	0.2	0.4	0.6	0.8	1.0	2	5	10
k'_m	3.7	2.1	1.6	1.3	1.15	1.06	1	0.86	0.72	0.66
k''	4.5	3.25	2.25	1.6	1.3	1.12	1	0.7	0.45	0.32

表 6-7　直线运动铸铁导轨接触柔度 C　　（单位：μm/MPa）

平均压强/MPa	导轨宽度/mm		
	≤50	≤100	≤200
≤0.3	8~10	15	20
>0.3~0.4	4~6	7~9	10~12

注：柔度即单位载荷下的位移，其倒数称为刚度。

若导轨本身刚度较小，则确定导轨压强时需要考虑导轨本身的弹性变形和导轨面的接触变形。此时，导轨面的压强分布是非线性的，最大压强可为平均压强的 2~3 倍或更大，如立车刀架、牛头刨床和插床的滑枕、龙门刨床的刀架、外圆磨床工作台和各种长工作台的导轨等的压强。

3. 滑动导轨的许用压强

导轨的许用压强取得过大，则导轨允许的磨损大；若取得过小，又会增大尺寸。因此，应根据具体情况，适当选取许用压强。不同材料匹配的导轨副，其许用压强可参考表 6-8。

表 6-8　导轨副许用压强参考值　　（单位：MPa）

导轨材料	平均许用压强$[p_{avg}]$	最大许用压强$[p_{max}]$
铸铁-铸铁	低速时:0.5~1.2 高速时:0.2~0.4 载荷越大取值越小	$[p_{max}]=2[p_{avg}]$
铸铁-钢		
钢-钢	比铸铁增加 30%	
铸铁-聚四氟乙烯	0.35	1.0
铸铁-锌合金	0.2	—

6.2.6　滑动导轨的刚度计算

为保证机器的工作精度，设计时应保证导轨的最大弹性变形量不超过允许值。必要时应进行导轨的刚度计算或验算。导轨在受静载荷作用时的刚度是静刚度。这里主要介绍滑动导轨静刚度计算方法。

由于导轨的变形计算涉及复杂的机体结构，手工计算往往很难获得准确的结果，因此通常进行简化计算。目前，采用有限元方法进行导轨的变形计算已比较容易，具体方法可参见有关资料。

如果忽略机座变形对导轨刚度的影响（假设机座为绝对刚体），则导轨的刚度主要取决于在载荷作用下，导轨运动件和支承件的弯曲变形以及它们工作面的接触变形的大小。

在计算导轨的弯曲变形时，可将与导轨运动件连成一体的工作台简化为梁，按材料力学中梁的变形公式进行简化计算。为了提高导轨的刚度，除必要时增大导轨尺寸外，常采用合理布置加强肋的办法，以达到既保证刚度又减轻重量的目的。

导轨的接触变形可按经验公式估算，对于名义接触面积为100～150cm^2的钢和铸铁的接触，其接触变形δ（单位：μm）为

$$\delta=c\sqrt{p} \tag{6-6}$$

式中　p——接触面间的平均压力（N/cm^2）；

c——系数，对于精刮导轨面（每25mm×25mm在16点以上）和磨削导轨面（表面粗糙度值Ra为0.8～0.4μm）为1.47～1.94，研磨表面（每25mm×25mm在20～25点以上）为0.69。

6.3　典型滚动导轨副及其应用

为减少移动副摩擦，在滑动导轨副间加入滚动体，将滑动摩擦变换为滚动摩擦，即形成滚动导轨副。滚动导轨副已是专业化生产的标准件，常见的三种滚动体滚动形式如图6-18～图6-20所示。

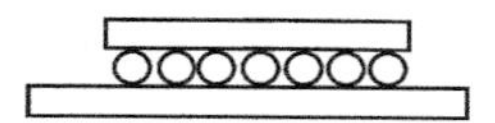

图6-18　加入滚动体图

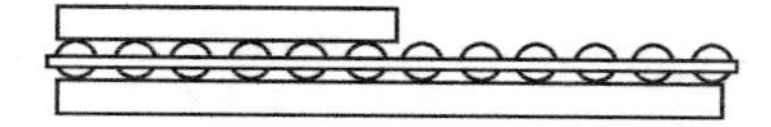

图6-19　加入保持架

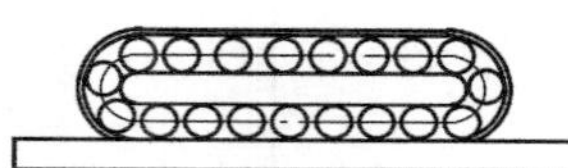

图6-20　循环滚动

滚动导轨副具有摩擦系数小，且动、静摩擦系数之差较小，微量移动灵活、准确，低速时无蠕动爬行，磨损小，寿命长，加速性能好等特点。

滚动导轨副的结构形式种类较多，其中典型结构有四类：滚动支承块、滚动直线导套副、滚动花键副、滚动直线导轨副。以下重点介绍应用最广泛的滚动直线导轨副。

6.3.1　滚动直线导轨副的结构

滚动直线导轨副结构由导轨、滑块、滚动体、返向器、保持器、密封端盖及挡板组成，如图6-21所示。在滑块和导轨上分别有安装孔，可通过螺钉与移动部件或机座相连。密封端盖上设置反向沟槽使滚动体经滑块内循环通道返回工作滚道，从而形成闭合回路。

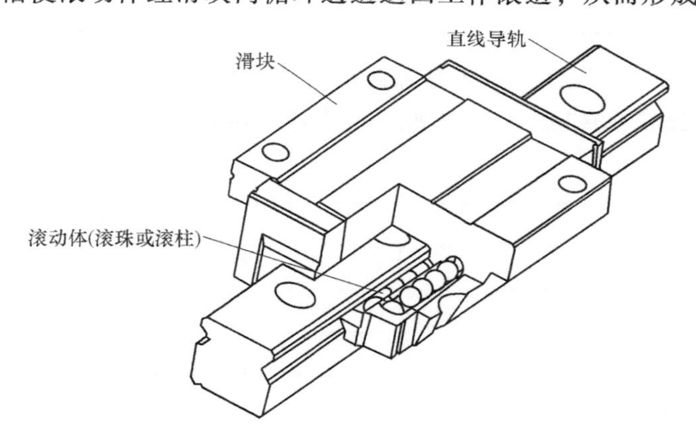

图6-21　滚动直线导轨副

滚动直线导轨副也称直线导轨、线性滑轨、线轨等。导轨和滑块上的滚道均是经过淬硬和精密磨削加工而成的。导轨滚道的结构、布置形式、滚动体形状、承载能力及性能特点各不相同。表 6-9 给出几种滚动直线导轨副主要类型及参数。

表 6-9 滚动直线导轨副主要类型及参数

名 称	结构简图	特点及适用场合、标准参数
四滚道型 四方向等负载	A	轨道两侧各有互成 45°的两列承载滚珠。垂直向上、向下和向左、向右水平额定载荷相同。额定载荷大，刚性好，可承受冲击及重载，用途较广，如加工中心、数控机床、机器人、机械手、焊接机、包装机、木工机械、传输生产线等。*A* 为标准参数(也为型号代码)：20、25、30、35、40、45、50、55、65、85、100、120
两滚道型 (双边单列)	A	轨道两侧各有一列承载滚珠。结构轻、薄、短小，且调整方便，可承受上下左右的载荷及不大的力矩，是集成电路片传输装置、医疗设备、办公自动化设备、机器人等的常用导轨。*A* 为标准参数(也为型号代码)：7、9、12、15、20、25(有普通系列和宽系列)
分离型 (单边双列)	1 2 1—滑块 2—导轨	双列滚珠与运动平面均成 45°接触，因此同一平面只要安装一组导轨，就可以上下左右均匀地承载。若采用两组平行导轨，上下左右可承受同一额定载荷，间隙调整方便，广泛用于电加工机床、精密工作台等电子机械设备(参数尚未标准化)
交叉圆柱滚子 V 形直线导轨副	1 2 1—滑块 2—轨道	采用圆柱滚子代替滚珠，且相邻滚子安装位置交错 90°，采用 V 形导轨，其接触面长为原来的 1.7 倍，刚度为 2 倍，寿命为 6 倍，适用于轻、重载荷，无间隙，运动平稳、无冲击的场合，如精密内外圆磨床、电加工机床、测量仪器、医疗器械等

JB/T 7175.4—2006 定义了四滚道型和两滚道型以滚珠为滚动体的导轨副，有 1~6 级精度，且精度按 1~6 级依次递减。一般工况下的推荐使用精度见表 6-10。

表 6-10 滚动直线导轨副推荐的精度等级

机械类型		坐 标	精度等级			
			2	3	4	5
数控机床	车床	x	√	√	√	
		z		√	√	√
	铣床、加工中心	x、y	√	√	√	
		z		√	√	√
	精密十字工作台	x、y		√		

（续）

机械类型	坐　　标	精度等级			
		2	3	4	5
普通机床	x、y		√		
	z		√	√	
通用机械				√	√

6.3.2　滚动直线导轨的设计流程

本节仅以四滚道型四方向等负载滚动直线导轨副为例说明滚动导轨支承的设计过程，其他类型可参照有关资料进行设计。

一般滚动直线导轨副设计是根据已知使用条件进行选型并确定规格，基本流程如下。

1）明确使用条件，包括设备的尺寸、导向部位的空间、安装方式（如水平、垂直、倾斜、悬吊）、作用载荷的大小和方向、行程长度、运行速度、使用频率（工作周期）、使用环境等。

2）确定滚动直线导轨副的类型、组合形式及安装方案。

3）计算各工况下导轨副每个滑块上的载荷，计算其当量载荷、最大当量载荷。

4）根据经验、安装空间或初步估算，初选一种直线导轨的型号规格尺寸。

5）进行静态校核、寿命预测、刚度预测，并确定精度要求。确定轨道和相应连接滑块的数目，通过刚度计算确定预压力的大小，确定固定方式，必要时进行刚度验算。

6）进行寿命计算，根据静强度计算结果及寿命计算结果判断初选的导轨副型号是否满足要求。

7）选择润滑剂，确定润滑方法，进行防尘设计。

6.3.3　滚动直线导轨的性能参数

滚动体与滚道间的作用关系和滚动轴承类似，两者的主要失效形式和失效机理也是一致的，因而可参照滚动轴承进行分析。滚动直线导轨的滚动体承受脉动循环应力作用，其主要失效形式是在循环应力作用下的接触疲劳点蚀；在过大静载荷作用下的塑性变形或表面压溃。滚动直线导轨的疲劳点蚀也采用寿命准则进行设计。

由于滚动直线导轨的工作形式为有限行程的往复直线运动，与滚动轴承的连续回转运动有所不同，因而在一些概念，如寿命、额定寿命、基本额定动载荷等的定义上也略有差异，简要说明如下。

1）滚动直线导轨的使用寿命 L 是指发生失效前的总运行距离，通常以 km 为单位。

2）滚动直线导轨的基本额定寿命 L_{10} 指的是一批相同的滚动直线导轨在相同条件下分别运行时，其中 90%产生点蚀破坏前所能达到的总运行距离。

3）基本额定载荷。滚动直线导轨工作时，导轨与滑块间可传递的载荷有：在垂直于相对移动方向的截面内，指向和背离导轨顶面的法向载荷 P_R 和负法向载荷 P_L，以及平行于轨道顶面的横向载荷 P_T，如图 6-22 所示。

基本额定载荷的含义与滚动轴承的基本一致。滚动直线导轨也具有两种类型的基本额定载荷：用于计算使用寿命的基本额定动载荷 C 和规定静态允许载荷极限的基本额定静载荷 C_0。

① 基本额定动载荷 C 是指在规定条件下，对一批直线导轨施加在方向、大小都不变的载荷的情况下，使得该批直线导轨的额定寿命恰好为规定值的试验载荷。对于使用钢球的直线导轨，其基本额定寿命（L_{10}）规定值为 $L_{10c}=50\text{km}$，而对于使用滚柱的直线导轨则为 $L_{10c}=100\text{km}$。基本额定动载荷 C 可用于计算直线运动系统在所承受载荷下运行时的使用寿命。

② 基本额定静载荷 C_0 是指在承受最大应力的接触部位上，当使滚动体与滚道面的永久变形量之和达到滚动体直径的 0.0001 时，直线导轨承受的方向、大小均固定不变的静载荷。直线导轨的基本额定静载荷用法向载荷来定义。

4）静态允许力矩 M_0。在使用直线导轨副时有时只有一个滑块，或将双滑块靠紧使用，此时若有力矩作用，导轨副内滚动体受载会极不均匀，甚至出现局部接触应力过高。为此规定了单个滑块的静态允许力矩（M_0）。它是指在承受最大应力的接触部分上，使滚动体的永久变形量与滚动面的永久变形量之和达到滚动体直径的 0.0001 的、大小和方向均一定的力矩。静态允许力矩是对应方向上静态力矩的极限。

滚动直线导轨的静态允许力矩按俯仰力矩 M_A、偏转力矩 M_B、侧旋力矩 M_C 三个方向分别定义，如图 6-23 所示。

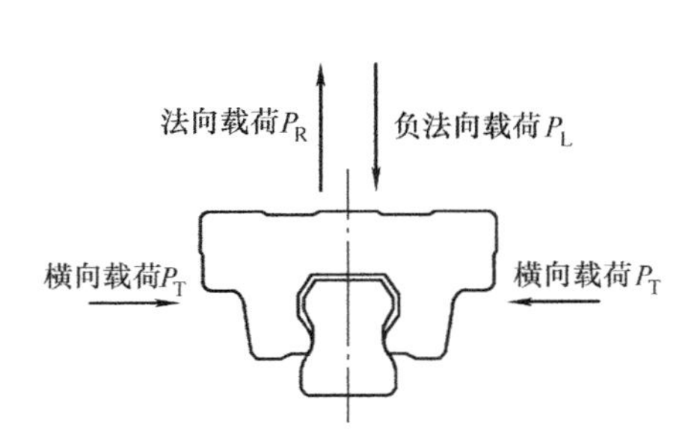

图 6-22　四滚道型四方向等负载滚动直线导轨副的载荷

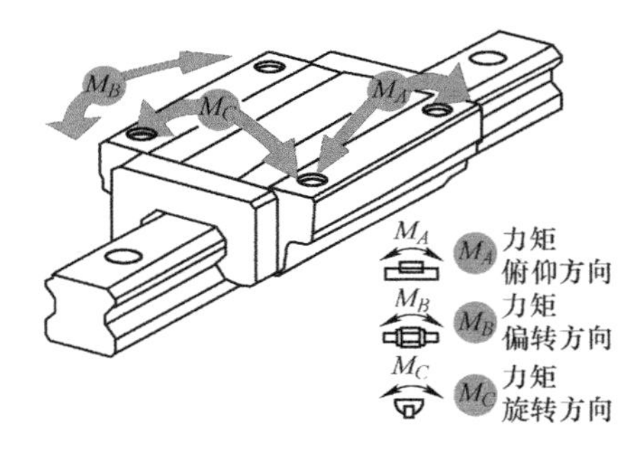

图 6-23　静态允许力矩

6.3.4　滚动直线导轨当量载荷计算

当滚动直线导轨受载形式为单一载荷或同时有多种载荷组合作用时，均需计算其当量载荷，其计算式为

$$P_c=|P_R|+|P_T|+\left|C_0\frac{M_t}{M_0}\right| \tag{6-7}$$

式中　P_c——当量载荷（N），一个假想载荷，其对导轨的损伤效果等价于所有实际载荷产生的共同效果；

P_R——作用于直线导轨滑块上的总的法向载荷或负法向载荷（N）；

P_T——作用于直线导轨滑块上的总的横向载荷（N）；

C_0——额定静载荷（N）；

M_t——工作力矩（N·m），按 M_A、M_B、M_C 三个方向分别定义（图 6-23）；

M_0——静态允许力矩（N·m），分别为 M_A、M_B、M_C。

当载荷分量为不稳定载荷，或按规定载荷谱作用时，应计算其当量平均载荷

$$P_m = \sqrt[\varepsilon]{\frac{1}{L}\sum_{i=1}^{n}(P_i^{\varepsilon} l_i)} \tag{6-8}$$

式中 P_m——当量平均载荷（N）；

P_i——分段稳定载荷（N），假设有 n 种稳定工况；

L——直线导轨副滑块总工作行程（m）；

l_i——对应 P_i 的工作行程（m）；

ε——寿命系数，滚动体为球形时，$\varepsilon=3$；滚动体为滚子时，$\varepsilon=10/3$。

6.3.5 滚动直线导轨的性能设计

1. 静态校核

滚动直线导轨的静态校核是保证其承受过大的瞬时载荷时避免由于静强度不足而失效。静态校核准则为

$$\frac{f_c C_0}{P_{cmax}} \geqslant S_s \tag{6-9}$$

式中 C_0——基本额定静载荷（N）；

f_c——接触系数，用以应对靠近安装的多个滑块间载荷分配不均的影响的修正系数，见表 6-11；

P_{cmax}——瞬时最大载荷（N）；

S_s——静态安全系数，见表 6-12。

表 6-11 接触系数 f_c

每根导轨上的滑块(或导套)数或每根轴上花键套个数	f_c
1	1.00
2	0.81
3	0.72
4	0.66
5	0.61

表 6-12 静态安全系数 S_s

运动条件	载荷条件	S_s 的范围
不经常运行	冲击小,导轨挠曲变形小时	1.0~1.3
	有冲击、扭曲载荷作用时	2.0~3.0
普通运行的情况	普通载荷,导轨挠曲变形小时	1.0~1.5
	有冲击、扭曲载荷作用时	2.5~7.0

2. 疲劳寿命校核

滚动直线导轨的额定寿命 L 的基本计算公式为

$$L_{10}=\left(\frac{f_{\mathrm{H}} f_{\mathrm{T}} f_{\mathrm{c}}}{f_{\mathrm{w}}} \frac{C}{P_{\mathrm{c}}}\right)^{\varepsilon} L_{10\mathrm{c}} \tag{6-10}$$

式中 L_{10}——直线滚动导轨在 P_c 作用下的基本额定寿命（km）；

L_{10c}——直线滚动导轨在 C 作用下的基本额定寿命，当滚动体为滚珠时，$L_{10c}=50\text{km}$；当滚动体为滚子时，$L_{10c}=100\text{km}$；

ε——寿命系数，滚动体为滚珠时，$\varepsilon=3$；滚动体为滚子时，$\varepsilon=10/3$；

f_H——硬度系数，用以应对因滚动体或滚道硬度变化引起的差异的修正系数，$f_H=\left(\frac{\text{实际硬度 HRC}}{58\text{HRC}}\right)^{3.6}$，一般厂家滚动元件及滚道表面的实际硬度均在58HRC以上，f_H 均可取1；

f_T——温度系数，当滚动直线导轨工作温度超过100℃时，工作能力随温度升高而下降，见表6-13；

f_c——接触系数，用以应对靠紧安装的多个滑块间载荷分配不均的影响的修正系数，见表6-11；

f_w——载荷系数，见表6-14，往复运动的机械大都伴有振动或冲击，f_w 用以处理起动或停止所导致的冲击的影响。

表6-13　温度系数 f_T

工作温度/℃	f_T
≤100	1.00
100~150	0.90
150~200	0.73
200~250	0.6

表6-14　载荷系数 f_w

工作条件		f_w
外部冲击或振动微小	微速：$v\leqslant0.25\text{m/s}$	1~1.2
外部冲击或振动小	低速：$0.25\text{m/s}\leqslant v\leqslant1\text{m/s}$	1.2~1.5
明显冲击或振动	中速：$1\text{m/s}<v\leqslant2\text{m/s}$	1.5~2
冲击或振动较大	高速：$v>2\text{m/s}$	2~3.5

3. 刚度预测

（1）预紧选择　在精度要求较高场合，需计算滚动直线导轨的刚度 K。采用预压力（即预先给滚动体施加内部载荷）的方法可以提高滚动直线导轨的刚度。预压力越大，刚度提高越多，但滚动直线导轨的滚动摩擦系数也有所增大，寿命会相应减小，故使用时应根据使用要求选择适合的预压力，选用规则见表6-15。

滚动直线导轨的预压力是在制造时加大滚动体直径来实现的，利用滚动体与滚道之间的负向间隙，使滚动体和滚道间空载时就存在预压，此种做法能提高导轨的刚度并消除间隙。

表 6-15 预压力等级

预压等级	标记	预压力	使用条件	适用范围
无预压	Z_0	$(0\sim0.02)C$	载荷方向固定且冲击小，精度要求低	搬送装置、自动包装机、自动化产业机械
轻预压	Z_A	$(0.05\sim0.07)C$	轻载荷且要求高精度	数控车床精密 XY 平台、机械加工中心、工业用机器人
中预压	Z_B	$(0.10\sim0.12)C$	刚性要求，且有振动、冲击的使用环境	机械加工中心、磨床、数控车床、立式或卧式铣床、重切削加工机

注：预压力中 C 为基本额定动载荷。

（2）刚度计算　应用于精密机械时或需要分析导轨接触变形对加工精度的影响时，可按下式近似计算导轨接触变形量：

滚子导轨

$$\delta=C_1q \tag{6-11}$$

滚珠导轨

$$\delta=C_2p \tag{6-12}$$

式中　δ——接触变形量（μm）；

q——滚子单位长度上承受的载荷（N/mm）；

p——单个滚珠承受的载荷（N）；

C_1——滚子导轨的柔度系数（μm · mm/N）；

C_2——滚珠导轨的柔度系数（μm · mm/N）。

柔度系数可根据初始载荷或导轨的重力、工件重力、预紧力从图 6-24 中查取。其中，图 6-24a 用于滚子导轨，曲线 1、2 分别用于短滚子、长滚子导轨，曲线 3 用于刮研的铸铁导轨；图 6-24b 用于滚珠导轨，图中 d 为滚珠直径。

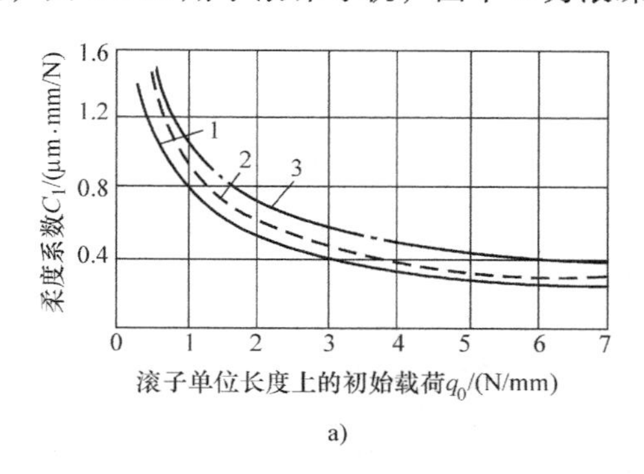

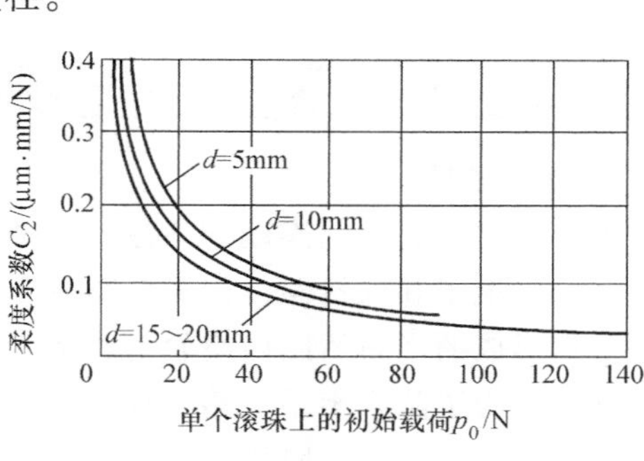

图 6-24　柔度系数曲线

a）滚子导轨　b）滚珠导轨

6.3.6　滚动直线导轨选型工程实例

【例】　三轴立式加工中心工作台 X 向运动部件欲选用 NSK 型号为 VH35BL 的滚动直线导轨（滚珠导轨），共两根，每根导轨采用两个滑块。工作时有快移和切削加工两种工况。

经过工作状态分析，单个滑块切削工况下载荷为 10390N，快移时载荷为 8600N。该加工中心每天工作 8h，其中快移时间为 0.11h，切削时间为 7.62h，其余时间静止；快移速度为 30m/min，切削速度为 0.36m/min，试进行静态校核及寿命计算。

【解】

计算项目	计算依据	单位	计算结果
1. X 向导轨单个滑块中最大载荷 P_0	根据题意	N	$P_0=10390$
2. 静态安全系数 S	式(6-9)：$S=\dfrac{C_0}{P_0}$		$S=11.26$，大于静态安全系数 S_s 的要求
3. 每天加工切削工作行程 l_1	$l_1=7.62\times60\times0.36$	m	$l_1=164.6$
4. 每天快移工作行程 l_2	$l_2=0.11\times60\times30$	m	$l_2=198$
5. 每天总行程 l	$l=l_1+l_2$	m	$l=362.6$
6. 当量动载荷 P_m	式(6-8)：$P_m=\sqrt[\varepsilon]{\dfrac{1}{L}\sum\limits_{i=1}^{n}(P_i^{\varepsilon}l_i)}$	N	$P_m=9496.7$
7. 温度系数 f_T	表 6-13		$f_T=1$
8. 接触系数 f_c	表 6-11		$f_c=0.81$
9. 硬度系数 f_H	滚动元件及滚道的硬度在 58HRC 以上		$f_H=1$
10. 载荷系数 f_w	表 6-14		$f_w=1.6$
11. 额定寿命 L	式(6-10)	km	$L=1761.8$
12. 滚动直线导轨的使用年限 L_a	按每年工作 300 天计	年	$L_a=16.2$

6.3.7 其他类型滚动导轨支承简介

1. 滚动支承块

滚动支承块是简易的滚动导轨副，主要结构包括轨道台、滚子和保持器，如图 6-25 所示。滚子在保持器形成的半封闭腔内绕轨道作周而复始的循环滚动。为了防止滚子脱落，保持器上的弹簧钢带从滚子中段将滚子限位。运动时滚子露出的一侧（图中上侧）与机座的导轨表面做滚动接触并承受载荷，而另一侧（下侧）仅辅助完成滚子循环。单个滚动支承块只能承受单向载荷。

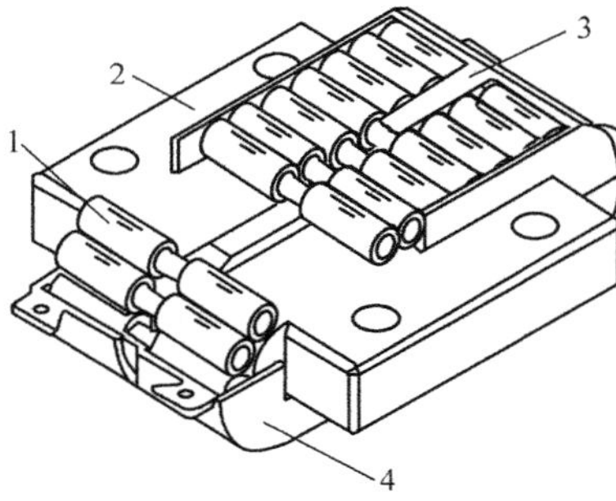

图 6-25　滚动支承块

1—滚子　2—轨道台　3、4—保持器

这种支承块承载能力大，刚度高，行程长度不受限制，运动灵活，寿命长，应用面较广，小规格的可用在模具、精密仪器的直线运动系统及数控机床上，大规格的可用在重型机械设备上。这种支承块已经系列化，在我国已有专业化工厂批量生产。

2. 滚动直线导套副

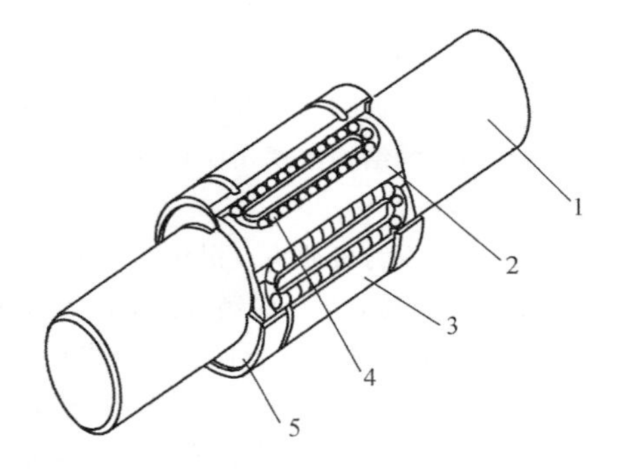

图 6-26 直线运动球轴承

1—光轴 2—保持器 3—轴承套 4—滚珠 5—密封挡板

滚动直线导套副是由直线运动球轴承（GB/T 16940—2012）、轴承支座、圆形导轨轴及导轨轴两端支座（开放型可加中间导轨轴支座）组成。如图 6-26 所示，直线运动球轴承外部为轴承套，保持器上的循环槽使滚珠能跟光轴和轴承套内表面在一直边同时接触，而在另一直边和弧形沟道内则跟光轴完全隔开。保持器不仅为滚珠循环形成闭合回路，还保证滚珠不至于脱落。由于结构上的原因，直线运动球轴承只能沿导轨轴向直线往复运动，而不能旋转。负载滚珠与导轨轴外圆柱为点接触，因而许用载荷较小，摩擦阻力也较小。这种轴承运动轻便、灵活，精度较高，价格较低，维护方便，更换容易，适用于精度要求较高且载荷较轻的直线往复运动系统，广泛用于机床、电子仪器、输送机械等。

3. 滚动花键副

滚动花键副由花键轴、花键套、滚珠及保持器等组成，如图 6-27 所示。花键轴上有三条互为 120°的花键，花键的两侧均有滚珠及滚道，其中三列滚珠用于正向传递转矩，另三列滚珠则用于反向传递转矩。当花键轴与花键套产生相对直线运动时，滚珠就在滚道及保持器的循环槽中滚动，形成闭合回路。滚动花键副按花键轴截面形状不同可分为凹槽式与凸缘式两类，如图 6-28 所示。花键轴采用优质合金钢中频淬硬，硬度可达 58HRC；花键套采用优质合金钢渗碳淬硬，硬度可达 58HRC，因此具有较高的寿命和强度。

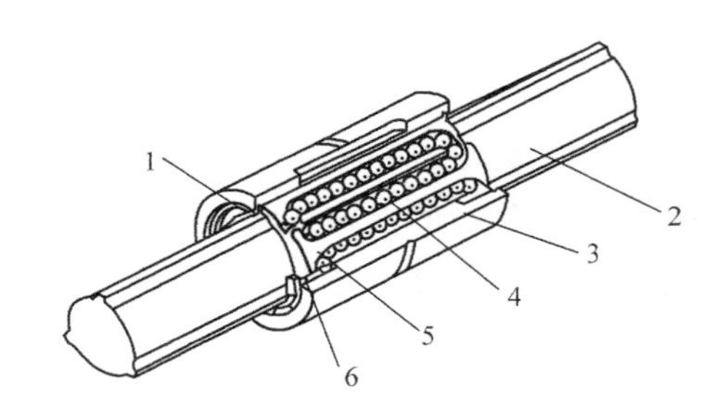

图 6-27 滚动花键副

1—密封垫片 2—花键轴 3—梯形花键 4—滚珠 5—保持器 6—止动环

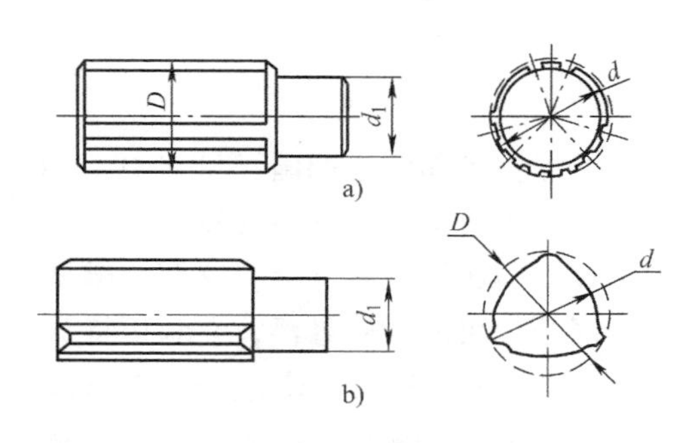

图 6-28 花键轴的两种形式

a）凹槽式花键轴 b）凸缘式花键轴

滚珠、花键套、保持器与密封装置组成一体，可以自由地从花键轴上卸下，滚珠及花键套上的其他零件均不会散落。因此，滚动花键副具有结构紧凑，组装简单的特点。

由于滚珠与花键套和花键轴滚道的接触角为 45°，因此既能承受径向载荷，又能传递转矩。同时选配合适的滚珠可使滚动花键副内产生过盈，即预加载荷，可以提高接触刚度、运动精度和抗冲击的能力。这种移动副已广泛应用于机器人、机床、切割机等机械设备中。

习　题

6-1　移动副约束哪几个自由度？分别采用哪几种对应结构实现约束？画出结构示意图。

6-2　移动副的结构实现在什么情况下采用滑动导轨？什么情况下采用滚动导轨？简述它们的主要特点和具体应用场合。

6-3　某曲柄压力机冲头（滑块）往复移动（50次/min），行程100mm，负载最大冲击力400kN，依据习题2-4的整机布局方案，绘制该曲柄压力机执行机构冲压头移动副的结构方案（提出两种以上方案），指出每个移动副结构方案中的导向面、定位面，并比较它们的优缺点。

6-4　某螺旋压力机压头（滑块）往复移动（20次/min），行程100mm，负载最大冲击力400kN，依据习题2-5的整机布局方案，绘制该螺旋压力机执行机构冲压头移动副的结构方案（提出两种以上方案），指出每个移动副结构方案中的导向面、定位面，并比较它们的优缺点。

6-5　某中型卧式车床导轨截面如图6-29所示。已知溜板在三角形-平面组合的导轨上移动，三角形导轨A两斜面宽度均为20mm，平导轨面D宽度为34mm，当切削直径为142mm的45钢时，其切削力$F_z=1600\text{N}$，$F_y=6400\text{N}$；工件及溜板重力可忽略不计；溜板x向长度$L_x=600\text{mm}$；三角形导轨A两斜面夹角为90°。要求验算三角形-平面组合各导轨面平均压强是否合理，如不合理应怎样修改原设计方案？

6-6　某轻型铣床工作台采用两根水平滚动直线导轨，每根导轨有两个滑块，总载荷$P=18\text{kN}$，作用于工作台中心。单向行程长度0.6m，每分钟往返次数$n=4$，每日平均开机6h，每年工作300天，要求使用5年，试选择合适型号的滚动直线导轨。

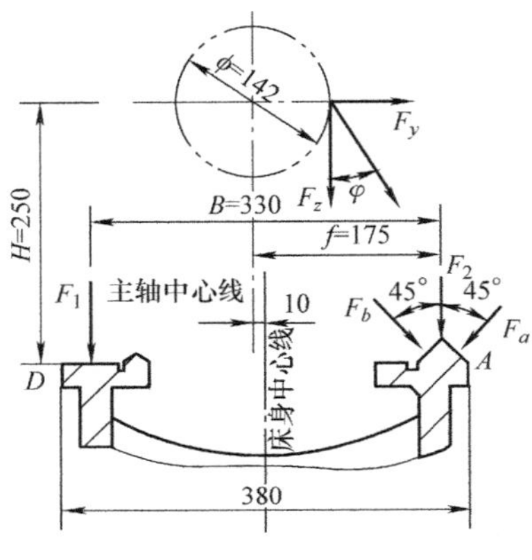

图6-29　某中型卧式车床导轨截面

知识拓展

磁悬浮技术

磁悬浮技术起源于德国，早在1922年，德国工程师赫尔曼·肯佩尔就提出了电磁悬浮原理。目前世界上有三种主要磁悬浮技术类型：一是以德国为代表的常导型磁悬浮，二是以日本为代表的超导型磁悬浮，这两种磁悬浮都需要用电力来产生磁悬浮动力。而第三种，就是以我国为代表的永磁悬浮，它利用特殊的永磁材料，不需要任何其他动力支持。

常导型磁悬浮利用常导电磁体与铁磁轨道相互吸引的原理实现悬浮。它由安装在列车悬浮架托臂上的常导电磁体（悬浮电磁铁）、侧面的导向电磁体与位于悬浮电磁体上方的T型铁磁轨道间的相互引力实现竖直方向和水平方向的悬浮。超导型磁悬浮列车系统是在车厢两侧或底部布置超导磁体，在轨道两侧布置铝环线圈。当列车运动时，超导磁体产生的磁场切割轨道上的线圈，线圈内部产生感应电流，形成一个同极性反磁场，产生相互排斥力以使车体悬浮。永磁悬浮利用永磁铁与轨道（由电磁轨道或导磁材料组成）相斥来保持列车的悬浮运行，即使在不通电的情况下，车体和轨道之间仍保持不接触。磁悬浮原理如图6-30所示。

我国首条磁悬浮列车示范运营线——上海磁悬浮列车是常导型磁悬浮。2006年建成后，从浦东龙阳路站到浦东国际机场，列车单程行驶30km大约需要8min，其中有80%的路段速度可以超过100km/h；60%的路段速度可以超过300km/h；另外，还有10km的超高速路段，

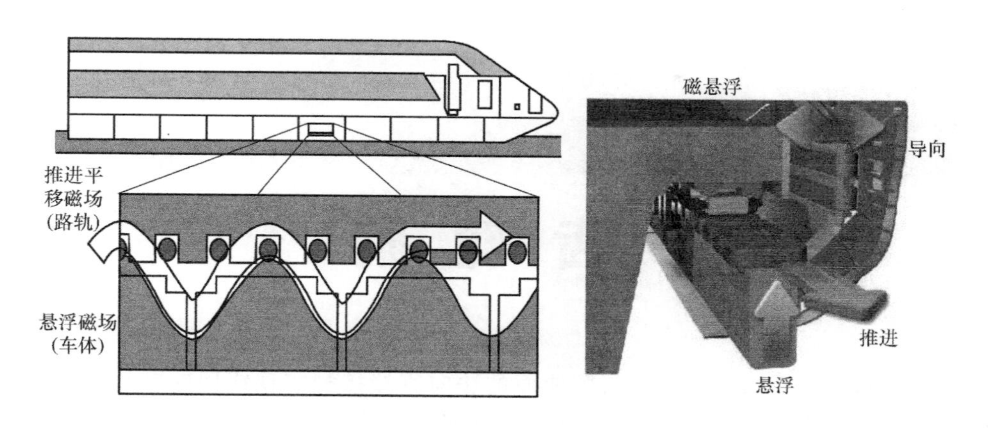

图 6-30　磁悬浮原理示意图

时速可以超过 400km/h。

2015 年 12 月 26 日试运行的长沙高铁南站至黄花机场的 18.55km “长沙磁浮快线” 采用了西南交大与南车株洲电力机车有限公司合作研制的中低速磁浮列车系统技术，该列车悬浮系统核心技术由西南交通大学提供。

2019 年 5 月 23 日 10 时 50 分，我国时速 600km/h 的高速磁浮试验样车在青岛下线。这标志着我国在高速磁浮技术领域实现重大突破。

目前在磁悬浮技术领域，磁悬浮轴承成为研究的热点，它的无接触、无摩擦、使用寿命长、无需润滑以及高精度等特点引起世界各国科学界的特别关注，但其控制技术、起停和过载条件下的备份、轴承自润滑技术依然是难点，国内外学者和企业界人士都对其倾注了极大的兴趣和研究热情。

第7章 齿 轮 副

齿轮副（高副）是通过两特定齿廓曲面的法向直接接触实现绕回转轴线作定传动比转动的运动副，是四种常用运动副之一，也是齿轮机构的关键要素。构成齿轮副的一对齿廓称为共轭齿廓。齿轮副可传递运动和动力。如图 7-1 所示为风力发电机变速箱的行星齿轮和外齿圈发生断齿，是一种严重的齿轮失效形式。试分析该齿轮副可能的失效原因？采取什么措施能有效防止其失效？

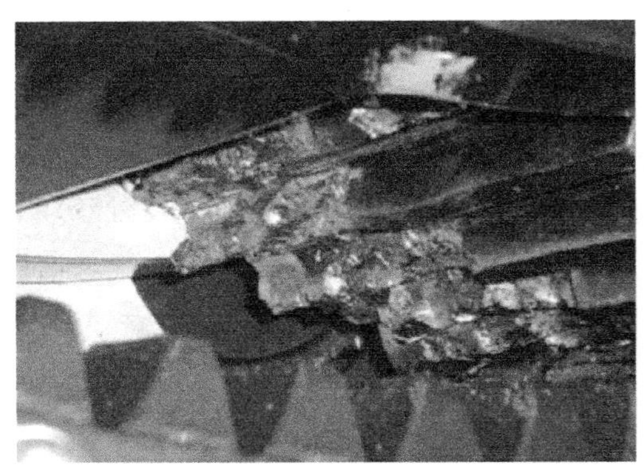

图 7-1 齿轮失效现象

7.1 概 述

齿轮副是通过两齿轮的共轭齿廓曲面直接接触实现运动和动力的传递，而齿轮机构，即齿轮传动，通常是由齿轮副、转动副和其他构件共同组成。本章仅讨论齿轮副，即齿轮的本体部分如轮齿的结构与性能设计。而齿轮机构作为传动部件，其结构与性能方案设计将在第五篇中介绍。按照齿廓曲面形状及齿轮整体结构形状的不同，齿轮副可以分为圆柱齿轮副、锥齿轮副和蜗杆副等。针对蜗杆副的特殊性，其内容将在第 8 章中单独介绍。

1. 齿轮副的特点

齿轮副通过轮齿啮合构成高副，是齿轮传动的核心要素。这种啮合传动主要有以下几方面特点。

1）传动比稳定。齿轮副传动的瞬时传动比和平均传动比均是恒定的。这正是齿轮传动

应用广泛的主要原因之一。

2）承载能力高，可传递功率范围大，工作可靠。齿轮以轮齿啮合的方式承载，同样条件下较其他传动方式承载能力高，可靠性高。

3）结构紧凑。在传递的功率、传动比相同的条件下，齿轮传动较带传动和链传动所需的总体空间更小。

4）传动效率高，使用寿命长。在常用机械传动形式中，齿轮副工作的摩擦损耗低，传动效率最高。同时，在正常设计、制造及使用维护条件下，其工作寿命相对较长。

5）制造和安装精度要求高，成本较高。齿轮工作时需要良好的啮合状态，就要求较高的制造和安装精度。齿轮的共轭齿廓曲面的制造需要专用设备。

6）不适用于传动距离过大的场合。因为单对齿轮副的传动距离增大，将使中心距增大，从而使齿轮直径增大，增加材料成本和机构体积重量。

2. 齿轮副的工作条件分类

齿轮副按工作条件分为闭式传动、开式传动和半开式传动。

闭式齿轮传动形式是齿轮副在完全封闭的空间内工作的传动形式，简称闭式传动。其特点是润滑、防护条件好，一般用于重要场合，如汽车、机床、航空发动机、齿轮减速器（增速器）等。开式齿轮传动形式是齿轮外露、无封闭箱体（防护罩）的传动形式，简称开式传动。在这种传动形式下外界杂质极易落入啮合表面，润滑不良，轮齿易磨损。故其只适用于低速传动及不重要场合，如部分农业机械、建筑机械及简易机械设备。半开式齿轮传动是装有简单防护罩的齿轮传动形式，简称半开式传动。其工作条件和润滑条件等较开式传动有所改善，但仍不能严密防止外界杂物侵入。

齿轮的传动形式在一定程度上决定了齿轮的失效形式。

3. 齿轮副设计的主要内容

齿轮副设计内容归结为满足运动变换要求的齿廓曲面的运动设计，为满足传递动力要求的齿轮和轮齿的性能设计和结构设计。齿轮副的运动设计是机械原理课程中的内容，本课程不再讨论。

齿轮副性能设计指为满足强度、刚度等指标的主要参数设计。齿轮副性能设计主要步骤：首先简化其力学模型；其次，判断在给定工况下的失效形式；最后根据失效形式，确定设计准则进行设计，获得齿轮的主要几何参数如分度圆直径、模数等。

齿轮副的结构设计是根据齿轮的工况条件及主要尺寸确定齿轮的结构形式，并在性能设计基础上确定余下的所有结构尺寸参数。这些尺寸参数在机械设计手册中均有推荐选用范围，故本章不作详细介绍。齿轮副的精度设计是根据其工况及与其他零件的配合要求，确定齿轮副的精度等级、尺寸精度、形状和位置精度。

4. 齿轮副的设计流程

齿轮副的设计方法主要有计算法、优化设计法及有限元分析方法。公式计算和优化设计主要针对轮齿的设计。公式计算是传统的常规的设计方法，设计结果可满足性能要求，但未必是最优结果。齿轮的优化设计是根据设计需求确定优化目标，将其他性能设计准则作为约束条件，并选定齿轮参数作为优化变量进行优化设计，通过优化设计可获得满足优化目标函数和约束条件的最优解。齿轮的有限元分析方法主要用于轮齿与齿轮轮毂整体的应力与应变分析。

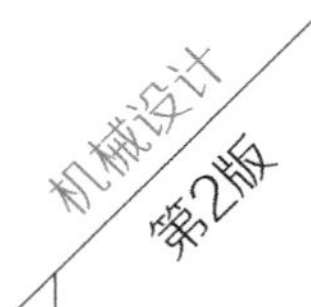

按常规计算法进行齿轮副设计的主要流程包括以下几方面。

1）根据功能需求确定齿轮类型，如圆柱齿轮、锥齿轮或人字齿轮等。

2）根据工况和工作条件（如传动形式）分析齿轮可能的失效形式。

3）根据受载情况选择材料、热处理方式、齿面硬度及精度等级。

4）根据最主要的失效形式确定齿轮副的性能设计准则（选用相应的初步设计公式）。

5）根据上一步确定的性能设计准则进行齿轮副的主要参数设计：一般主要为疲劳强度（齿面接触疲劳强度、轮齿弯曲疲劳强度）设计、静强度设计，确定齿轮的主要参数，如分度圆直径、模数、齿宽等。

6）按相关的性能准则（强度、刚度）校核其他可能的失效形式。

7）确定齿轮结构形式和参数：依据齿轮直径及加工方法确定齿轮的结构形式。

8）齿轮精度设计。

9）绘制零件图。

7.2 齿轮副的设计准则

7.2.1 齿轮副的失效

齿轮副失效以轮齿失效为主，齿轮轮毂整体失效所占比例较小。轮齿失效的主要形式有轮齿折断、齿面疲劳点蚀、齿面磨损、齿面胶合及塑性变形等。齿轮失效主要与其工作条件（如闭式或开式传动）、工作载荷性质（如交变应力或冲击应力等）及齿轮材料（硬齿面或软齿面）等因素有关，具体失效形式需根据实际工况进行综合分析判断。

1. 轮齿折断

直齿轮的轮齿折断一般发生在齿根位置，主要是齿根弯曲疲劳折断和轮齿过载折断，如图 7-2 所示。齿轮副传递载荷时，轮齿承受交变的弯曲应力。根据承载状况轮齿可简化为悬臂梁，故齿根处的弯曲应力最大，同时在齿根处有应力集中，因此轮齿齿根处为危险截面。

齿根弯曲疲劳折断是轮齿在高循环次数的交变弯曲应力作用下，齿根处有疲劳裂纹产生并逐步扩展直至轮齿折断的失效形式。齿轮轮齿过载折断通常只在严重过载时发生。轮齿严重磨损后齿厚过分减少时，也会在正常载荷作用下发生折断。这两种轮齿折断都起始于齿受拉应力的一边。

图 7-2　轮齿过载折断

齿宽较小的直齿圆柱齿轮一般发生全齿折断。齿宽较大的直齿圆柱齿轮在制造或安装不良或支承刚度过小（轴弯曲变形过大）的情况下，轮齿受载不均匀，局部受载过大也将会导致局部折断。斜齿圆柱齿轮副啮合时的接触线为一斜线，故轮齿将发生局部折断。

轮齿疲劳折断是润滑良好的闭式传动齿轮特别是硬齿面齿轮的主要失效形式之一。

提高齿轮的抗折断能力的措施有：①减小齿根应力集中，增加齿根过渡圆角半径、降低表面粗糙度值；②提高轮齿接触线上载荷的均匀性；③增大轴的支承刚度，提高制造安装精度；④改善齿轮材料性能：采用合适的热处理方法提高齿轮韧性；⑤采用喷丸、滚压等工艺措施提高材料表层硬度。

2. 齿面点蚀

图 7-3　齿面点蚀

齿轮副啮合时，齿面承受交变的接触应力。齿面在这种交变接触应力的循环作用下将发生疲劳点蚀，即出现麻点状凹坑，如图 7-3 所示。齿轮副在啮合过程中，相对滑动速度越高，越易形成油膜，润滑状况也就越好。实践证明，点蚀首先发生在齿轮节线附近靠近齿根面处。其原因是轮齿节线位置在啮合过程中的相对滑动速度低，形成油膜的条件差，摩擦力较大；加之同时啮合的齿对少，轮齿受力大。

点蚀是润滑良好的闭式齿轮传动的最主要失效形式之一。齿面点蚀的后果是齿轮运转不良、效率降低，产生振动和噪声。

提高齿轮抗点蚀能力的措施：①选择适宜的润滑油：润滑油一方面可以减小齿轮啮合面间的摩擦，减缓点蚀，但另一方面，润滑油又会进入齿面的初始疲劳裂纹中（黏度越低，越易浸入），轮齿啮合时，润滑油在裂纹内受到挤胀，从而加快裂纹的扩展和点蚀的产生，因此，速度不高的齿轮传动，宜采用黏度大的润滑油，速度较高（如圆周速度>12m/s）的齿轮传动，宜采用黏度低的润滑油；②提高齿面硬度；③提高材料和热处理质量，降低齿面表面粗糙度值。

开式齿轮传动因齿面磨损较快，大多情况是出现点蚀前已磨损。

3. 齿面磨损

磨损是两个表面有相对滑动时出现的材料移失。齿轮齿面的损伤性磨损主要有磨粒磨损和过度磨损，如图 7-4 所示。磨粒磨损为啮合表面有坚硬微粒，如金属碎屑、氧化皮或砂粒等，导致两齿面材料移失或错位。过度磨损形貌类似于磨粒磨损，但其发展较快，致使齿轮副达不到设计寿命。

磨损是开式齿轮传动的主要失效形式之一。

a)

b)

图 7-4　齿面磨损

a）磨粒磨损　b）过度磨损

提高齿面耐磨性的主要措施：①选择合适的齿轮参数，降低齿面滑动率；②提高齿面硬度；③减小齿面表面粗糙度值；④保证良好润滑：供给充足、清洁的润滑油；⑤采用黏度较大的润滑油，并在润滑油中添加适当的添加剂等；⑥将齿轮由开式传动形式改为闭式传动。

4. 齿面胶合

啮合位置润滑油膜的破裂能导致齿面间出现局部焊合，又会因相对滑动而撕开，形成沿相对滑动方向的带状撕痕，并伴有齿面材料迁移的现象即为胶合，如图 7-5 所示。传动时齿面瞬时温度越高，相对滑动速度越大，越易发生胶合。

低速重载的齿轮传动中，压力过大导致的齿面间的油膜破坏也会引起胶合的发生。此时，齿面的瞬时温度并无明显增高，故称为冷胶合。

提高齿轮抗胶合能力的措施：①改善润滑，采用抗胶合能力强的润滑油（如硫化油），或在润滑油中加入极压添加剂等；②选择适宜的材料，选用抗胶合能力好的材料，并提高齿面硬度。

5. 塑性变形

塑性变形包括齿面或齿体材料的塑性流动，是卸去施加的载荷后不能恢复的永久变形，如图 7-6 所示。轮齿受到过大撞击会发生弯曲、压陷；重载下轮齿滚动和滑动作用可使齿面材料流动。

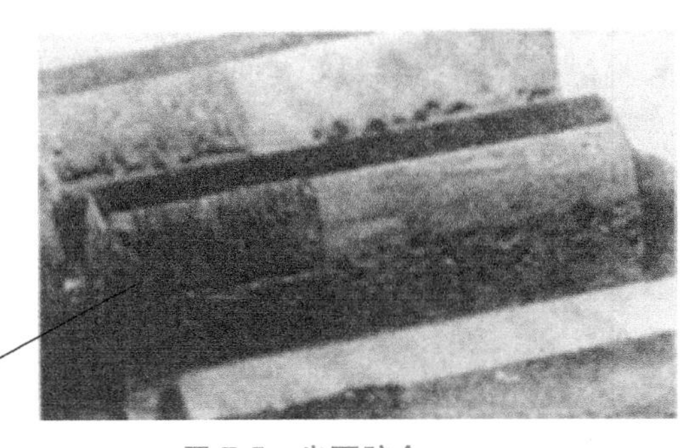

图 7-5　齿面胶合

图 7-6　齿轮塑性变形

齿轮塑性变形主要有滚压塑变和锤击塑变。滚压塑变是由于啮合轮齿的相互滚压与滑动而引起的材料塑性流动。主动轮节线处相对滑动速度为零，齿面摩擦力方向在节线处相反，从而产生齿面滚压塑变，使材料向齿根和齿顶流动，形成沟槽。相似地，从动轮的轮齿则在节线处被挤出脊棱。齿面锤击塑变则是过大冲击导致的沿接触线方向的浅沟槽。

提高齿轮抗塑性变形能力的主要措施是提高轮齿齿面硬度，采用高黏度或加有极压添加剂的润滑油。

7.2.2　齿轮副性能设计准则

齿轮副性能设计是基于可能的失效形式及其相应的设计准则进行主要参数设计，以保证齿轮在整个工作寿命期间具有正常工作的能力。

闭式传动齿轮副的主要失效形式是齿面疲劳点蚀、轮齿弯曲疲劳折断和齿面胶合。开式传动齿轮副的主要失效形式是齿面磨损和轮齿疲劳折断。

齿面疲劳点蚀对应的设计准则为齿面接触疲劳强度准则。齿根弯曲疲劳折断对应的设计准

则为齿根弯曲疲劳强度准则。齿面胶合可能发生在高速大功率的齿轮传动中，其计算相对较复杂。故一般闭式齿轮传动只进行齿面接触疲劳强度和齿根弯曲疲劳强度计算。齿轮胶合承载能力的计算方法有闪温法和积分温度法，参见 GB/Z 6413.1—2003 和 GB/Z 6413.2—2003。

齿面磨损目前尚无较完善的、适于工程设计的计算方法。故一般工况下齿轮副的磨损按齿根弯曲疲劳强度进行计算。

齿轮副的短时过载失效表现为轮齿过载折断，相应强度设计准则为静强度准则。

由于齿轮轮毂的强度和刚度均较高，因此一般用途的齿轮可以不进行轮毂的强度、刚度及振动稳定性的计算。重要用途齿轮的轮毂强度、刚度及振动稳定性可利用有限元方法进行分析计算。

工程上，对一般工况下齿轮的设计计算通常是首先按最主要失效形式对应的准则进行设计，确定主要几何参数；然后再校核是否满足其他失效形式对应的设计准则的要求。诸如一般工况下闭式传动的软齿面齿轮（齿面硬度≤350HBW），最可能的失效形式是疲劳点蚀，因此通常先按接触疲劳强度准则进行设计，再对弯曲疲劳强度进行校核。硬齿面齿轮（齿面硬度≥350HBW），最可能的失效形式是轮齿的疲劳折断，因此通常先按弯曲疲劳强度准则进行设计，再对接触疲劳强度进行校核。

7.2.3 齿轮材料及热处理

齿轮材料及其热处理方法是影响齿轮承载能力和使用寿命的关键因素，同时也是影响齿轮加工质量和成本的重要因素之一。对齿轮材料的基本要求为满足齿轮的性能要求：齿面具有较高的硬度，使其有较强的抗点蚀、抗磨损、抗胶合和抗塑性变形的能力；轮齿芯部具有较好的韧性，使其有较强的承受冲击载荷的能力。齿轮材料及热处理方法的选用规则是综合考虑齿轮工作条件（载荷性质和大小、可能的失效形式）、加工工艺、材料来源及经济性等因素，在满足性能要求的同时保证成本最低。

齿轮材料主要有钢、铸铁和铜合金。

（1）钢　工程中，最常用的齿轮材料是钢材。主要原因是钢韧性好、耐冲击，热处理或化学热处理可改善力学性能，进而提高齿轮的承载能力和使用寿命。

1）锻钢。锻钢的力学性能优于铸钢。除不适宜锻造的齿轮（尺寸过大或者结构形状复杂）外，工程上一般均采用锻钢制造齿轮。常用锻钢是碳的质量分数为 0.15%～0.6%的碳钢或合金钢；热处理方法有正火、调质、淬火（高频淬火、渗碳淬火）、渗氮等。

2）铸钢。铸钢常用于大型齿轮或复杂结构齿轮。铸钢齿轮的热处理方法主要是正火、调质、高频感应淬火。但铸钢齿轮容易有铸造缺陷。

（2）铸铁　铸铁齿轮与钢制齿轮相比具有较好的铸造性、可加工性和耐磨性，而且成本较低，但承载能力不高。灰铸铁和可锻铸铁常用于制造低速、轻载、无冲击的齿轮；球墨铸铁可用于制造载荷和冲击较大的齿轮。

（3）铜合金　铜合金具有强度高、耐磨性好、耐腐蚀等优点，但成本较高。

（4）非金属材料　非金属材料（如夹布塑料、尼龙等）齿轮常用于高速、轻载及精度不高的传动。

齿轮的材料及其力学性能见表 7-1。

表 7-1 齿轮材料及其力学性能

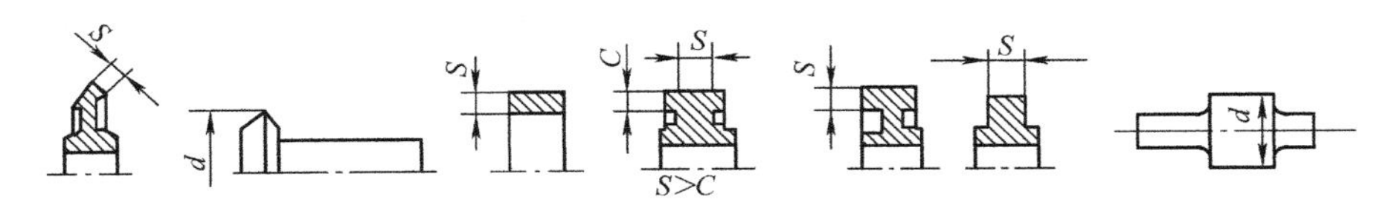

材料	热处理种类	截面尺寸/mm		力学性能		硬度	
		直径 d	壁厚 S	R_m /MPa	R_{eH} /MPa	HBW	表面淬火(HRC)(渗氮 HV)
调质钢							
45	正火	≤100	≤50	588	294	169~217	40~50
		101~300	51~150	569	284	162~217	
		301~500	151~250	549	275	162~217	
		501~800	251~400	530	265	156~217	
	调质	≤100	≤50	647	373	229~286	40~50
		101~300	51~150	628	343	217~255	
		301~500	151~250	608	314	197~255	
40Cr	调质	≤100	≤50	735	539	241~286	48~55
		101~300	51~150	686	490	241~286	
		301~500	151~250	637	441	229~269	
		501~800	251~400	588	343	217~255	
35CrMo	调质	≤100	≤50	735	539	241~286	45~55
		101~300	51~150	686	490	241~286	
		301~500	151~250	637	441	229~269	
		501~800	251~400	588	392	217~255	
渗碳钢、渗氮钢							
20Cr	渗碳、淬火、回火	≤60		637	392		渗碳 56~62
20CrMnTi	渗碳、淬火、回火	15		1079	834		渗碳 56~62
20CrMnMo	渗碳、淬火、回火 两次淬火、回火	15		1170	883	28~33HRC	渗碳 56~62
		≤30		1079	786		
		≤100		834	490		
铸钢							
ZG310-570	正火			570	310	163~197	
ZG340-640	正火			640	340	179~207	
ZG35SiMn	正火、回火			569	343	163~217	45~53
	调质			637	412	197~248	

（续）

材　料	热处理种类	截面尺寸/mm		力学性能		硬　度	
		直径 d	壁厚 S	R_m /MPa	R_{eH} /MPa	HBW	表面淬火(HRC)（渗氮 HV）
铸　铁							
HT250			>4~10 >10~20 >20~30 >30~50	270 240 220 200		175~263 164~247 157~236 150~225	
HT300			>10~20 >20~30 >30~50	290 250 230		182~273 169~255 160~241	

齿面硬度分为软齿面（硬度≤350HBW）和硬齿面（硬度>350HBW）。

软齿面齿轮（硬度≤350HBW）适用于对齿轮强度、精度要求都不太高的低速场合。软齿面齿轮的热处理方法为正火或调质；加工顺序是热处理后切齿及完成轮齿加工；齿轮精度一般为 8 级，精切时可达 7 级。这类齿轮加工较容易、经济性好、生产效率高。

硬齿面齿轮（硬度>350HBW）适用于高速、重载、空间小及精密机器（如精密机床、航空发动机）等场合。向合金钢添加不同金属成分可分别提高材料的韧性、耐冲击性、耐磨性及抗胶合性等性能，也可通过热处理或化学热处理改善材料的力学性能。硬齿面齿轮的处理方法有表面淬火、渗碳、渗氮及碳氮共渗等；一般加工顺序为切齿、齿轮表面硬化处理、精加工；齿轮精度一般为 5 级或 4 级。这类齿轮一般强度和精度较高，价格较贵。

7.3　直齿圆柱齿轮副的性能设计

齿轮啮合过程中载荷的作用位置随啮合点位置的变化而呈现周期性的变化，载荷的大小在啮合点不同时也不同；同时在齿轮副工作过程中，每一个轮齿都是交替处于啮合和非啮合状态的，即齿轮在其寿命周期内承受交变载荷的循环作用：齿面承受交变的接触应力作用；作用于轮齿上的载荷使齿根处产生交变的弯曲应力。相应的齿轮性能设计准则为齿轮齿面接触疲劳强度和齿根弯曲疲劳强度。

7.3.1　直齿圆柱齿轮副的载荷

1. 直齿圆柱齿轮副的名义载荷

齿轮副工作时通过轮齿啮合传递动力，轮齿齿面相接触并受力。齿轮副工作时传递转矩，两齿面均受到沿啮合点法向的载荷（简称法向力）润滑良好的齿轮传动，轮齿啮合面间的摩擦力通常很小，在受力分析时可忽略。

直齿圆柱齿轮副啮合的名义载荷大小为其啮合时的法向力 F_n（N），如图 7-7 所示。主动齿轮 1 将转矩传递给从动齿轮 2，轮齿在节点 P 处的法向力 F_n 可分解为两个互相垂直的分力：沿分度圆切线方向的切向力 F_t（N）和沿分度圆直径方向的径向力 F_r（N）。

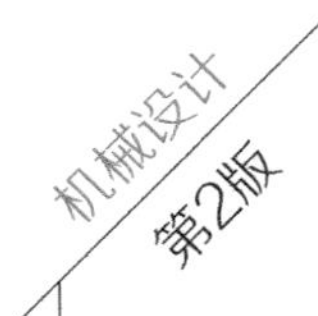

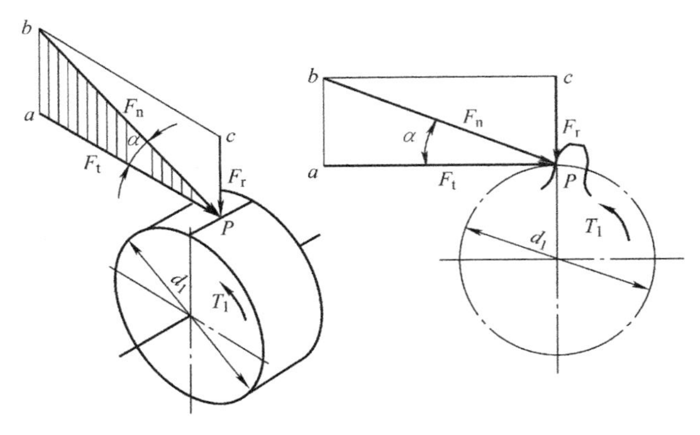

图 7-7　轮齿的受力分析

由图 7-7 可知：

$$\begin{cases} F_t = 2000T_1/d_1 \\ F_r = F_t\tan\alpha \\ F_n = F_t/\cos\alpha \end{cases} \tag{7-1}$$

式中　T_1——主动轮传递的转矩（N · m）；

d_1——主动轮的分度圆直径（mm）；

α——分度圆压力角。

主动轮与从动轮上的各对应力互为作用力和反作用力，它们大小相等、方向相反。其中，主动轮的切向力与其回转方向相反，从动轮的切向力与其回转方向相同；外啮合齿轮的径向力分别由作用点（啮合点）指向各自齿轮轮心；法向力的方向均为啮合点处的法线方向。

2. 直齿圆柱齿轮副的计算载荷

齿轮工作中的实际载荷与名义载荷（以传递功率计算出的载荷）存在着差异。其原因是齿轮工作时受多种随机因素的影响，诸如：①原动机和工作机运转平稳性的影响，作用于齿轮的外部载荷变化的影响；②因制造精度等因素产生的内部动载荷的影响；③多齿啮合时载荷在齿对间分配不均匀的影响；④齿轮制造、安装的误差及支承系统变形等因素导致的载荷沿接触线分布不均匀的影响。因此，综合考虑上述影响因素并引入载荷系数 K 来修正名义载荷 F_n，获得计算载荷 F_{ca} 为

$$F_{ca} = KF_n \tag{7-2}$$

其中：

$$K = K_A K_v K_\alpha K_\beta \tag{7-3}$$

式中　K——载荷系数；

K_A——使用系数；

K_v——动载系数；

K_α——齿间载荷分配系数；

K_β——齿向载荷分布系数。

3. 直齿圆柱齿轮副的载荷系数

（1）使用系数 K_A　使用系数 K_A 是考虑外部因素（如原动机和工作机受到外部变动、冲击载荷或过载等）引起的齿轮啮合附加动载荷的系数。使用系数主要与原动机、工作机和联轴器的工作特性及运行状态、机械装置的转动惯量等因素有关。使用系数的大小可通过精确测量或分析来确定。表 7-2 给出了在非共振区运行的齿轮传动使用系数 K_A，可供参考。

表 7-2　齿轮传动的使用系数 K_A

工作特性	工作机	原动机			
		均匀平稳（电动机、均匀运转的蒸汽机、小燃气轮机等）	轻微冲击（蒸汽机、燃气轮机、液压马达等）	中等冲击（多缸内燃机）	严重冲击（单缸内燃机）
均匀平稳	发电机、均匀传送的带式运输机、螺旋运输机、机床进给传动、通风机和离心泵等	1.00	1.25	1.50	1.75
轻微冲击	不均匀传动的带式运输机、机床主传动、重型升降机离心泵和多缸活塞泵等	1.10	1.35	1.60	1.85
中等冲击	橡胶挤压机、轻型球磨机、木工机械、提升装置、单缸活塞泵等	1.25	1.50	1.75	2.00
严重冲击	挖掘机、重型球磨机、橡胶搓揉机、破碎机、冶金机械、重型给水泵、带材冷轧机、碾碎机等	1.50	1.75	2.00	2.25 或更大

（2）动载系数 K_v　动载系数 K_v 是考虑齿轮制造精度、运转速度对齿轮内部附加动载荷影响的系数。

影响齿轮内部附加动载荷的主要因素有：①齿轮制造精度：如齿轮基节和齿形误差产生的传动误差；②运转速度：节线速度；③转动件的转动惯量；④轮齿载荷；⑤轮齿的啮合刚度及轴和轴承的支承刚度及其变化：齿轮啮合过程是单对齿和双对齿交替啮合过程，啮合齿对数量的变化会使啮合刚度发生变化，从而引起动载荷。

齿轮制造误差及弹性变形会导致两个齿轮的基节 P_{b1} 与 P_{b2} 不等，如图 7-8 所示，其中 ω_1 和 ω_2 分别为主动轮 1 和从动轮 2 的角速度。若 $P_{b1} \geqslant P_{b2}$，以单对齿啮合为例，如图 7-8a 所示，前一对齿将要脱开啮合时，后一对齿尚未进入啮合，即有一定滞后。若 $P_{b1} \leqslant P_{b2}$，如图 7-8b 所示，前一对齿尚未脱开啮合时，后一对齿已进入啮合，即有一定提前。上述两种情况主动轮以等角速度回转，从动轮以变角速度回转，从而产生角加速度，并产生附加动载荷。齿轮精度越低，圆周速度越高，轮齿啮合过程中产生的动载荷越大。

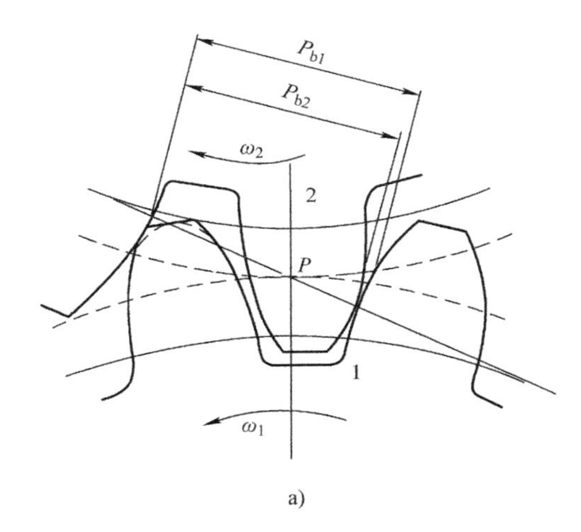

a)

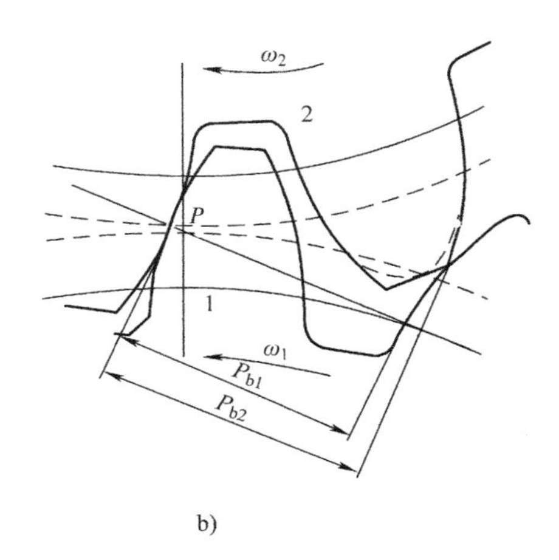

b)

图 7-8　轮齿修缘

a）主动轮齿修缘　b）从动轮齿修缘

减小齿轮啮合动载荷的措施有：①提高齿轮制造精度；②通过减小齿轮直径等方式降低圆周速度；③齿轮齿顶修缘，即适量修掉原有齿廓，减小两个齿轮基节的误差，提高齿轮传动的稳定性。当 $P_{b1} \geqslant P_{b2}$ 时可对主动轮齿顶修缘，如图 7-8a 所示；当 $P_{b1} \leqslant P_{b2}$ 时可对从动轮齿顶修缘，如图 7-8b 所示。图中齿顶部分虚线即为修缘后齿廓。修缘可减小动载荷，同时也可减小重合度。因此，修缘量是非常重要的参数。实践中修缘量的选择可参考国家标准。

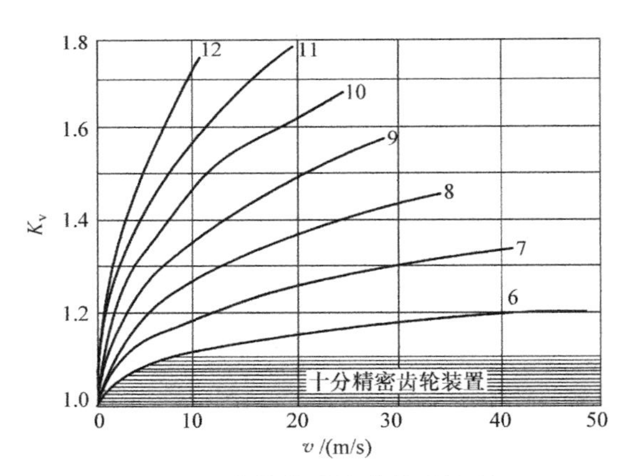

图 7-9　齿轮传动的动载系数 K_v

注：6~12 为齿轮传动精度系数

本书给出齿轮传动的动载系数 K_v 的简化确定方法，如图 7-9 所示。其中 6~12 为齿轮传动精度系数，其值与齿轮精度有关。若按齿轮精度等级查取 K_v 值，将偏于安全。工程设计应参考 GB/T 3480—1997 确定 K_v。

（3）齿间载荷分配系数 K_α　齿间载荷分配系数 K_α 是考虑同时啮合的各对轮齿间载荷分配不均匀影响的系数。齿面接触疲劳强度计算中的该系数记为 $K_{H\alpha}$，轮齿弯曲疲劳强度计算中该系数记为 $K_{F\alpha}$。

重合度 $\varepsilon_\alpha>1$ 的齿轮传动，双齿啮合的理想状况是两对齿均匀受载；但由于齿轮制造误差、啮合刚度等因素的影响，两对轮齿实际受载不同。因此，引入齿间载荷分配系数进行齿轮强度计算。

齿间载荷分配系数的主要影响因素有：基节偏差、轮齿受载后变形、载荷、磨合情况等。

齿间载荷分配系数 K_α 的详尽计算方法可参考国家标准。表 7-3 给出了一般工况下（不需要作精确计算）K_α 的参考值。其适用条件为基本齿廓符合 GB/T 1356—2001 的钢制外啮合和内啮合直齿轮及 $\beta \leqslant 30°$的斜齿轮。

表 7-3 齿间载荷分配系数 K_α

$K_A F_t/b$		≥100N/mm				<100N/mm
精度等级		5	6	7	8	5 级及更低
硬齿面直齿轮	$K_{H\alpha}$	1.0		1.1	1.2	$1/Z_\varepsilon^2 \geqslant 1.2$
	$K_{F\alpha}$					$1/Y_\varepsilon \geqslant 1.2$
硬齿面斜齿轮	$K_{H\alpha}$	1.0	1.1	1.2	1.4	$\varepsilon_\alpha/\cos^2\beta_b \geqslant 1.4$
	$K_{F\alpha}$					
非硬齿面直齿轮	$K_{H\alpha}$	1.0			1.1	$1/Z_\varepsilon^2 \geqslant 1.2$
	$K_{F\alpha}$					$1/Y_\varepsilon \geqslant 1.2$
非硬齿面斜齿轮	$K_{H\alpha}$	1.0		1.1	1.2	$\varepsilon_\alpha/\cos^2\beta_b \geqslant 1.4$
	$K_{F\alpha}$					

注：1. 硬齿面和软齿面相啮合的齿轮副，齿间载荷分配系数取平均值。
2. 小齿轮和大齿轮精度等级不同时，则按精度等级较低的取值。

（4）齿向载荷分布系数 K_β　齿向载荷分布系数 K_β 是考虑齿向载荷分布不均匀影响的系数。接触疲劳强度计算中该系数记为 $K_{H\beta}$，弯曲疲劳强度计算中记为 $K_{F\beta}$。

齿向载荷分布系数的主要影响因素：①接触精度，齿轮和箱体孔的制造误差、轴承的间隙和误差、两齿轮轴的平行度等误差；②齿轮啮合刚度、尺寸结构和支承形式，以及轮缘、轴、轴承、箱体的刚度；③轮齿、轴、轴承及箱体变形，受载后的弯曲变形和扭转变形、热变形等均直接影响齿轮齿向的载荷分布，特别是齿轮非对称布置时其影响更大，图 7-10 给出了轴的弯曲变形引起的轮齿齿向载荷分布不均的情况；④载荷和齿宽的大小，载荷大使轮齿两端的载荷差值大，齿宽越宽，齿的两端变形差越大，两者均使载荷分布不均变严重；⑤齿轮磨合情况。

改善齿向载荷分布状况的措施有：①提高轴、轴承和箱体的刚度，并选取合理的齿轮布置形式；②提高齿轮及支承系统的制造和安装精度；③选择适宜的轮齿宽度；④齿轮修形，齿轮修鼓（将齿轮轮齿沿齿宽方向修成鼓形），如图 7-11 所示，其齿向载荷分布如图 7-10c 所示。修鼓后齿轮啮合时齿宽中部首先接触，并扩大到整个齿宽，载荷分布不均匀现象可大大改善。

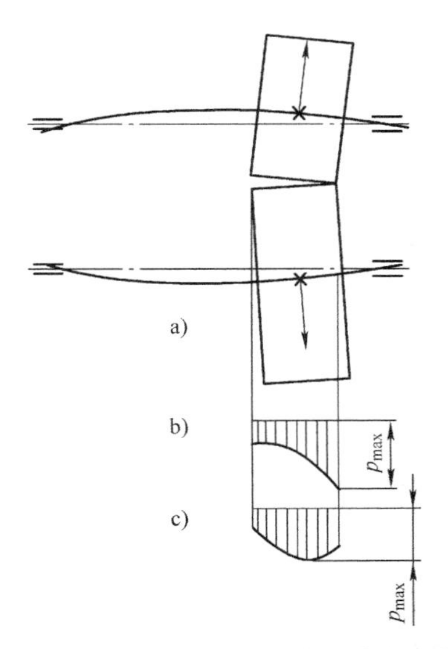

图 7-10　轴的弯曲变形对轮齿齿向载荷分布的影响

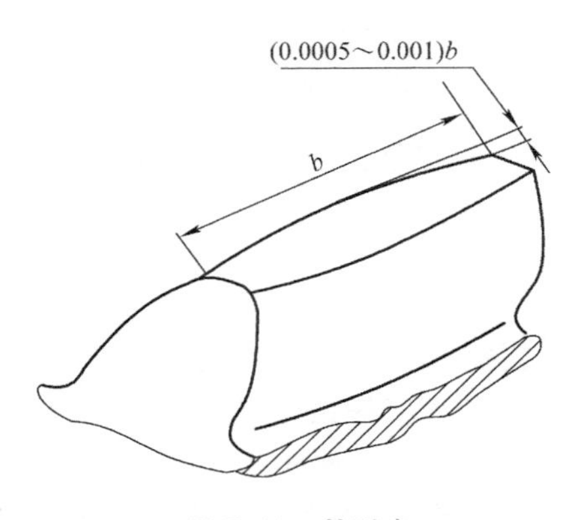

图 7-11　鼓形齿

齿向载荷分布系数因影响因素较多而计算复杂，在此仅给出其简化计算方法。考虑齿轮副装配时是否进行检验调整，接触疲劳强度计算的齿向载荷分布系数 $K_{H\beta}$ 可参考表 7-4。弯曲疲劳强度计算的齿向载荷分布系数 $K_{F\beta}$ 可按式（7-4）计算

$$K_{F\beta i}=K_{H\beta i}^{N} \tag{7-4}$$

式中　N——幂指数，与齿轮的齿宽 b（mm）、齿高 h（mm）有关，且 b/h 应取啮合两齿轮中的小值：

$$N=\frac{(b/h)^2}{1+(b/h)+(b/h)^2} \tag{7-5}$$

表 7-4　接触疲劳强度计算的齿向载荷分布系数 $K_{H\beta}$

	简化计算公式：$K_{H\beta}=a_1+a_2\left[1+a_3\left(\frac{b}{d_1}\right)^2\right]\left(\frac{b}{d_1}\right)^2+a_4b$							
	精度等级		a_1	a_2	a_3（支承方式）			a_4
					对称	非对称	悬臂	
调质齿轮 $K_{H\beta}$	装配时不作检验调整	5	1.14	0.16	0	0.6	6.7	2.3×10^{-4}
		6	1.15	0.18	0	0.6	6.7	3.0×10^{-4}
		7	1.17	0.18	0	0.6	6.7	4.7×10^{-4}
		8	1.23	0.18	0	0.6	6.7	6.1×10^{-4}
	装配时检验调整或对研磨合	5	1.10	0.18	0	0.6	6.7	1.2×10^{-4}
		6	1.11	0.18	0	0.6	6.7	1.5×10^{-4}
		7	1.12	0.18	0	0.6	6.7	2.3×10^{-4}
		8	1.15	0.18	0	0.6	6.7	3.1×10^{-4}
硬齿面齿轮 $K_{H\beta}$	简化计算公式：$K_{H\beta}=a_1+a_2\left[1+a_3\left(\frac{b}{d_1}\right)^2\right]\left(\frac{b}{d_1}\right)^2+a_4b$							
	装配时不作检验调整；首先用 $K_{H\beta}\leqslant1.34$ 计算							
	精度等级		a_1	a_2	a_3（支承方式）			a_4
					对称	非对称	悬臂	
	$K_{H\beta}\leqslant1.34$	5	1.09	0.26	0	0.6	6.7	2.0×10^{-4}
	$K_{H\beta}>1.34$		1.05	0.31	0	0.6	6.7	2.3×10^{-4}
	$K_{H\beta}\leqslant1.34$	6	1.09	0.26	0	0.6	6.7	3.3×10^{-4}①
	$K_{H\beta}>1.34$		1.05	0.31	0	0.6	6.7	3.8×10^{-4}
	装配时检验调整或磨合；首先用 $K_{H\beta}\leqslant1.34$ 计算							
	$K_{H\beta}\leqslant1.34$	5	1.05	0.26	0	0.6	6.7	1.0×10^{-4}
	$K_{H\beta}>1.34$		0.99	0.31	0	0.6	6.7	1.2×10^{-4}
	$K_{H\beta}\leqslant1.34$	6	1.05	0.26	0	0.6	6.7	1.6×10^{-4}
	$K_{H\beta}>1.34$		1.00	0.31	0	0.6	6.7	1.9×10^{-4}

① GB/T 3480—1997 中误为 0.47×10^{-3}。

7.3.2　直齿圆柱齿轮副的接触疲劳强度设计

1. 齿面接触疲劳强度条件

齿轮齿面接触疲劳强度设计的主要目的是防止齿轮在规定寿命周期内出现齿面疲劳点蚀，以此确定齿轮影响疲劳强度的主要参数（一般为齿轮分度圆直径或中心距）。

齿轮齿面接触疲劳强度设计方法主要有许用应力法和安全系数法。前者通过齿面接触应力是否小于许用应力为准则进行设计；后者则通过安全系数给出齿轮的安全程度。

1）齿轮接触疲劳强度许用应力法的计算准则

$$\sigma_H \leqslant [\sigma_H] \tag{7-6}$$

2）齿轮接触疲劳强度安全系数法的计算准则

$$S_H = \frac{\sigma_{Hlim}}{\sigma_H} \geqslant S_{Hmin} \tag{7-7}$$

式中　σ_H——齿面计算接触应力（MPa），其大小按赫兹公式计算；

$[\sigma_H]$——许用接触应力（MPa）；

σ_{Hlim}——齿轮的接触疲劳极限应力（MPa），如图 7-13 所示；

S_H——接触疲劳强度的计算安全系数；

S_{Hmin}——接触疲劳强度的最小安全系数，其值可参考表 7-7 选取。

本书主要介绍齿面接触疲劳强度计算的简化方法。该方法适于总体方案设计和重合度 $\varepsilon \leqslant 2.5$ 的非重要齿轮副的设计和校核。齿轮接触疲劳强度的一般计算方法参见 GB/T 3480—1997 和相关资料。

2. 齿面计算接触应力

齿轮接触疲劳强度设计应首先确定啮合过程中的危险状态及相应的接触应力。

在不同啮合点处齿轮齿面接触应力大小是不同的。齿轮材料选定后，其材料的弹性模量、泊松比随之确定，利用赫兹公式，与材料相关的系数即可确定。齿轮啮合的总压力越大，接触应力越大，单对齿啮合时轮齿的总压力最大；齿轮啮合的接触线长度越短，接触应力越大，齿轮单对齿啮合时接触线较双齿啮合时短；综合曲率半径越小，接触应力越大，外啮合齿轮的综合曲率半径随两齿轮的曲率半径变小而变小。综合曲率半径在啮合区间内的变化如图 7-12 所示。

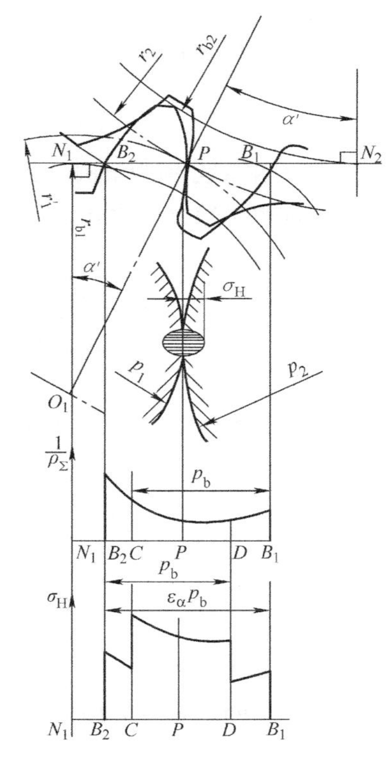

图 7-12　齿面接触应力

综上所述，齿面最大接触应力应出现在总压力最大、接触线最短和综合曲率半径最小处，但齿轮实际啮合时不存在同时满足上述条件的状态。在任何啮合瞬间，两个齿轮的接触应力总是相等的，但两齿轮的最大接触应力是出现在不同的啮合位置的。小齿轮的齿面最大接触应力一般出现在单对齿啮合区 C 点或节点 P，大齿轮的一般出现在单对齿啮合区 D 点，如图 7-12 所示。而齿面疲劳点蚀常发生在节线靠近齿根处，为简化计算，本书采用齿轮啮合节点处的接触应力作为接触疲劳强度计算时的计算接触应力。

3. 齿面接触疲劳强度公式

根据赫兹公式，并以齿轮的法向计算载荷 F_{ca} 代替压力 F，则齿面接触应力为

$$\sigma_H = \sqrt{\frac{F_{ca}\left(\frac{1}{\rho_1} \pm \frac{1}{\rho_2}\right)}{\pi\left[\left(\frac{1-\mu_1^2}{E_1}\right)+\left(\frac{1-\mu_2^2}{E_2}\right)\right]L}} \tag{7-8}$$

令 Z_E 为弹性影响系数

$$Z_E = \sqrt{\frac{1}{\pi\left[\left(\frac{1-\mu_1^2}{E_1}\right)+\left(\frac{1-\mu_2^2}{E_2}\right)\right]}}$$

齿面法向计算载荷为

$$F_{ca} = KF_t/\cos\alpha \tag{7-9}$$

直齿圆柱齿轮传动的接触线长度为

$$L = b/Z_\varepsilon^2 \tag{7-10}$$

其中，Z_ε 为重合度系数。

综合曲率半径 ρ_Σ 为

$$\frac{1}{\rho_\Sigma} = \frac{1}{\rho_1} \pm \frac{1}{\rho_2}$$

若令 d' 和 α' 分别为节圆直径和啮合角，据机械原理课程知识可知两齿轮渐开线齿廓在节点处的曲率半径分别为 $\rho_1 = d_1'\sin\alpha'/2$，$\rho_2 = d_2'\sin\alpha'/2$。则综合曲率半径为

$$\frac{1}{\rho_\Sigma} = \frac{1}{\rho_1} \pm \frac{1}{\rho_2} = \frac{\rho_2 \pm \rho_1}{\rho_2\rho_1} = \frac{\frac{\rho_2}{\rho_1} \pm 1}{\rho_1\left(\frac{\rho_2}{\rho_1}\right)} = \frac{2\left(\frac{\rho_2}{\rho_1} \pm 1\right)}{d_1'\sin\alpha'\left(\frac{\rho_2}{\rho_1}\right)}$$

因为 $d_1' = d_1\cos\alpha/\cos\alpha'$，且轮齿在节点啮合时，两轮齿廓曲率半径之比与两轮直径或齿数成正比，即

$$\frac{\rho_2}{\rho_1} = \frac{d_2}{d_1} = \frac{d_2'}{d_1'} = \frac{z_2}{z_1} = u$$

则

$$\frac{1}{\rho_\Sigma} = \frac{2}{d_1\cos\alpha\tan\alpha'}\frac{u \pm 1}{u} \tag{7-11}$$

将式（7-9）、式（7-10）、式（7-11）带入式（7-8），则齿轮接触疲劳强度条件为

$$\sigma_H = Z_E Z_\varepsilon\sqrt{\frac{KF_t}{bd_1}\frac{u \pm 1}{u}}\sqrt{\frac{2}{\cos^2\alpha\tan\alpha'}} \leqslant [\sigma_H]$$

令 $Z_H = \sqrt{\frac{2}{\cos^2\alpha\tan\alpha'}}$，称为节点区域系数，同时代入 $F_t = \frac{2T_1}{d_1}$，则接触疲劳强度条件可写为

$$\sigma_H = Z_E Z_H Z_\varepsilon\sqrt{\frac{2KT_1}{bd_1^2}\frac{u \pm 1}{u}} \leqslant [\sigma_H] \tag{7-12}$$

若引入齿宽系数 $\phi_d=b/d_1$，根据式（7-12）得到齿轮接触疲劳强度的设计公式为

$$d_1 \geqslant \sqrt[3]{\frac{2KT_1}{\phi_d}\frac{u\pm1}{u}\left(\frac{Z_E Z_H Z_\varepsilon}{[\sigma_H]}\right)^2} \tag{7-13}$$

齿轮齿面接触疲劳强度校核公式（7-12）和设计公式（7-13）的相关说明如下：

1）参数及符号说明。T_1、d_1、z_1 分别是小齿轮的转矩（N·mm）、分度圆直径（mm）和齿数；b 是齿轮工作宽度（mm），即一对齿轮中较小的齿宽，一般 $b_1=b_2+(5\sim10\text{mm})$；$u$ 是两个齿轮的齿数比，即大齿轮与小齿轮的齿数比，$u=z_2/z_1$；K 为载荷系数；ϕ_d 是齿宽系数，即齿轮工作齿宽与小齿轮分度圆直径之比，$\phi_d=b/d_1$；Z_E 为弹性影响系数（$\sqrt{\text{MPa}}$），其值取决于材料的性能，可参考表 7-5 选取；Z_H 为节点区域系数，用以考虑节点处齿廓曲率对接触应力的影响，标准直齿轮 $\alpha_n=20°$时的节点区域系数 $Z_H=2.5$；Z_ε 为重合度系数，表示重合度对接触线长度的影响，取值参考表7-6，齿轮端面重合度：$\varepsilon_\alpha=\left[1.88-3.2\left(\frac{1}{z_1}\pm\frac{1}{z_2}\right)\right]\cos\beta$，纵向重合度：$\varepsilon_\beta=\frac{b\sin\beta}{\pi m_n}=0.318\phi_d z_1\tan\beta$；$[\sigma_H]$ 为齿轮的许用接触应力（MPa）。

2）式中“+”用于外啮合，“-”用于内啮合。

3）一对齿轮接触疲劳强度高低的判断方法：一对啮合齿轮在任意啮合瞬时接触应力均相等，即 $\sigma_{H1}=\sigma_{H2}$；许用接触应力因材料、热处理、硬度不同，一般不相同，即 $[\sigma_{H1}]\neq[\sigma_{H2}]$。一对齿轮中许用接触应力低的强度较弱，因此，接触疲劳强度计算时应代入 $[\sigma_H]$ 小值。

4）影响齿轮接触疲劳强度的主要几何参数有：分度圆直径 d（或中心距 a）、工作齿宽 b、齿数比 u，其中 d（或 a）影响最大。

5）设计时适当考虑下列因素可有助于提高齿轮的接触疲劳强度：加大齿轮分度圆直径 d 或中心距 a；适当增大齿宽 b（或齿宽系数）；采用正变位齿轮；提高齿轮精度等级；改善齿轮材料和热处理方式。

表 7-5 弹性影响系数 Z_E

齿轮 1			齿轮 2			$Z_E/\sqrt{\text{MPa}}$
材料	弹性模量 E_1/MPa	泊松比 μ_1	材料	弹性模量 E_2/MPa	泊松比 μ_2	
钢	206000	0.3	钢	206000	0.3	189.8
			铸钢	202000		188.9
			球墨铸铁	173000		181.4
			灰铸铁	118000~126000		162.0~165.4
			锡青铜	113000		159.8
			铸锡青铜	103000		155.0
铸钢	202000	0.3	铸钢	202000	0.3	188.0
			球墨铸铁	173000		180.5
			灰铸铁	118000		161.4

（续）

齿轮 1			齿轮 2			$Z_E/\sqrt{\text{MPa}}$
材料	弹性模量 E_1/MPa	泊松比 μ_1	材料	弹性模量 E_2/MPa	泊松比 μ_2	
球墨铸铁	173000	0.3	球墨铸铁	173000	0.3	173.9
			灰铸铁	118000		156.6
灰铸铁	118000~126000	0.3	灰铸铁	118000	0.3	143.7~146.0

表 7-6　重合度系数 Z_ε

直齿轮	斜齿轮	
$Z_\varepsilon=\sqrt{\dfrac{4-\varepsilon_\alpha}{3}}$	$\varepsilon_\beta<1$	$Z_\varepsilon=\sqrt{\dfrac{4-\varepsilon_\alpha}{3}(1-\varepsilon_\beta)+\dfrac{\varepsilon_\beta}{\varepsilon_\alpha}}$
	$\varepsilon_\beta\geqslant1$	$Z_\varepsilon=\sqrt{\dfrac{1}{\varepsilon_\alpha}}$

4. 齿面许用接触应力

齿轮的许用接触应力是根据工况所确定的最小安全系数和试验齿轮的疲劳极限共同确定的，当齿轮的设计工作条件与试验条件不同时，需加以修正。由第 3 章可知，应力循环次数影响齿轮接触疲劳极限应力，因而引入接触疲劳的寿命系数进行修正。此外，齿轮接触疲劳极限应力与齿轮圆周速度、表面粗糙度、润滑状态、齿轮绝对尺寸及齿面的工作硬化等因素有关。由于这些因素对一般工作条件下的齿轮副影响较小，因此本书进行了简化，忽略了上述因素的影响。

齿轮许用接触应力为

$$[\sigma_H]=\frac{\sigma_{H\lim}Z_{NT}Z_W}{S_{H\min}} \tag{7-14}$$

式中　$\sigma_{H\lim}$——齿轮的接触疲劳极限应力（MPa），如图 7-13 所示；

$S_{H\min}$——接触疲劳强度的最小安全系数，参考表 7-7 选取；

Z_W——齿面工作硬化系数，考虑光整加工（$Rz<6\mu m$）的硬齿面小齿轮对调质大齿轮（齿面硬度 130~470HBW）齿面产生的冷作硬化作用，从而提高大齿轮许用接触应力，查图 7-15；

Z_{NT}——接触疲劳强度的寿命系数，考虑齿轮要求有限寿命时齿面接触疲劳极限提高的修正系数，按齿面接触应力循环次数 N_L 查图 7-14，其中：

$$N_L=60njL_h \tag{7-15}$$

式中　n——齿轮转速（r/min）；

j——齿轮回转一周，齿轮同一工作齿面接触应力作用次数；

L_h——齿轮的工作寿命（h）。

表 7-7　齿轮接触、弯曲疲劳强度的最小安全系数 S_{Hmin}、S_{Fmin}

使用要求	使用场合	S_{Fmin}	S_{Hmin}
高可靠度	特殊工作条件下要求可靠度很高的齿轮	2.00	1.50~1.60
较高可靠度	长期连续运转和较长的维修间隔；设计寿命虽不长，但可靠性要求较高，一旦失效可能造成严重的经济损失或安全事故	1.6	1.25~1.30
一般可靠度	通用齿轮和多数工业用齿轮，对设计寿命和可靠度有一定要求	1.25	1.00~1.10
低可靠度	齿轮设计寿命不长，易于更换的不重要齿轮；或者设计寿命虽不短，但对可靠度要求不高	1.00	0.85

注：1. 在经过试验验证或对材料强度、载荷工况及制造精度拥有较准确的数据时，可取表中 S_{Hmin} 的下限值。
2. 一般齿轮传动不推荐采用低可靠度的安全系数值。
3. 采用低可靠度的接触安全系数值时，可能在点蚀前出现齿面塑性变形。

齿轮的接触疲劳极限应力图 7-13 中 ML、MQ、ME 线分别对应于材料和热处理质量达到最低要求、中等要求和很高要求时的接触疲劳极限应力，MX 表示对淬透性及金相组织有特殊考虑的调质合金钢的取值线。

5. 齿轮齿面接触疲劳的初步设计

齿轮设计之初，因齿轮尺寸参数未知，无法选定某些系数进行齿轮设计。因此，在齿轮初步设计时首先选取载荷系数 K_t 和齿宽系数 ϕ_d，利用设计公式（7-13）计算齿轮的分度圆直径 d_t，然后按 d_t 值计算齿轮的圆周速度，查取相关系数计算载荷系数 K。若 K 与 K_t 相差不大，则不必修改原计算；若相差较大，应按下式修正分度圆直径

$$d_1 = d_{1t}\sqrt[3]{K/K_t} \tag{7-16}$$

其中，齿宽系数 ϕ_d 可参考表 7-8 选取。载荷系数 K 一般取 1.2~2。载荷系数在下述情况下可取较小值：载荷平稳、齿宽系数较小、轴承对称布置、轴的刚度较大、齿轮精度较高（6 级以上）；反之取较大值。

表 7-8　齿宽系数 ϕ_d 的推荐范围

<table>
<tr><td rowspan="3">支承对齿轮的配置</td><td rowspan="3">载荷特性</td><td colspan="2">ϕ_d 的最大值</td><td colspan="2">ϕ_d 的推荐值</td></tr>
<tr><td colspan="4">工作齿面硬度</td></tr>
<tr><td>一对或一个齿轮≤350HBW</td><td>两个齿轮都是>350HBW</td><td>一对或一个齿轮≤350HBW</td><td>两个齿轮都是>350HBW</td></tr>
<tr><td rowspan="2">对称配置并靠近齿轮</td><td>变动较小</td><td>1.8(2.4)</td><td>1.0(1.4)</td><td rowspan="2">0.8~1.4</td><td rowspan="2">0.4~0.9</td></tr>
<tr><td>变动较大</td><td>1.4(1.9)</td><td>0.9(1.2)</td></tr>
<tr><td rowspan="4">非对称配置</td><td rowspan="2">变动较小</td><td rowspan="2">1.4(1.9)</td><td rowspan="2">0.9(1.2)</td><td colspan="2">结构刚度较大时（如两级减速器的低速级）</td></tr>
<tr><td>0.6~1.2</td><td>0.3~0.6</td></tr>
<tr><td rowspan="2">变动较大</td><td rowspan="2">1.15(1.65)</td><td rowspan="2">0.7(1.1)</td><td colspan="2">结构刚度较小时</td></tr>
<tr><td>0.4~0.8</td><td>0.2~0.4</td></tr>
<tr><td rowspan="2">悬臂配置</td><td>变动较小</td><td>0.8</td><td>0.55</td><td rowspan="2" colspan="2"></td></tr>
<tr><td>变动较大</td><td>0.6</td><td>0.4</td></tr>
</table>

注：1. 括号内的数值用于人字齿轮，其齿宽是两个半人字齿轮齿宽之和。
2. 齿宽与承载能力成正比，当载荷一定时，增大齿宽可以减小中心距，但齿向载荷分布的不均匀性随之增大。在必须增大齿宽时，为避免严重的偏载，齿轮和齿轮箱应具有较高的精度和足够的刚度。

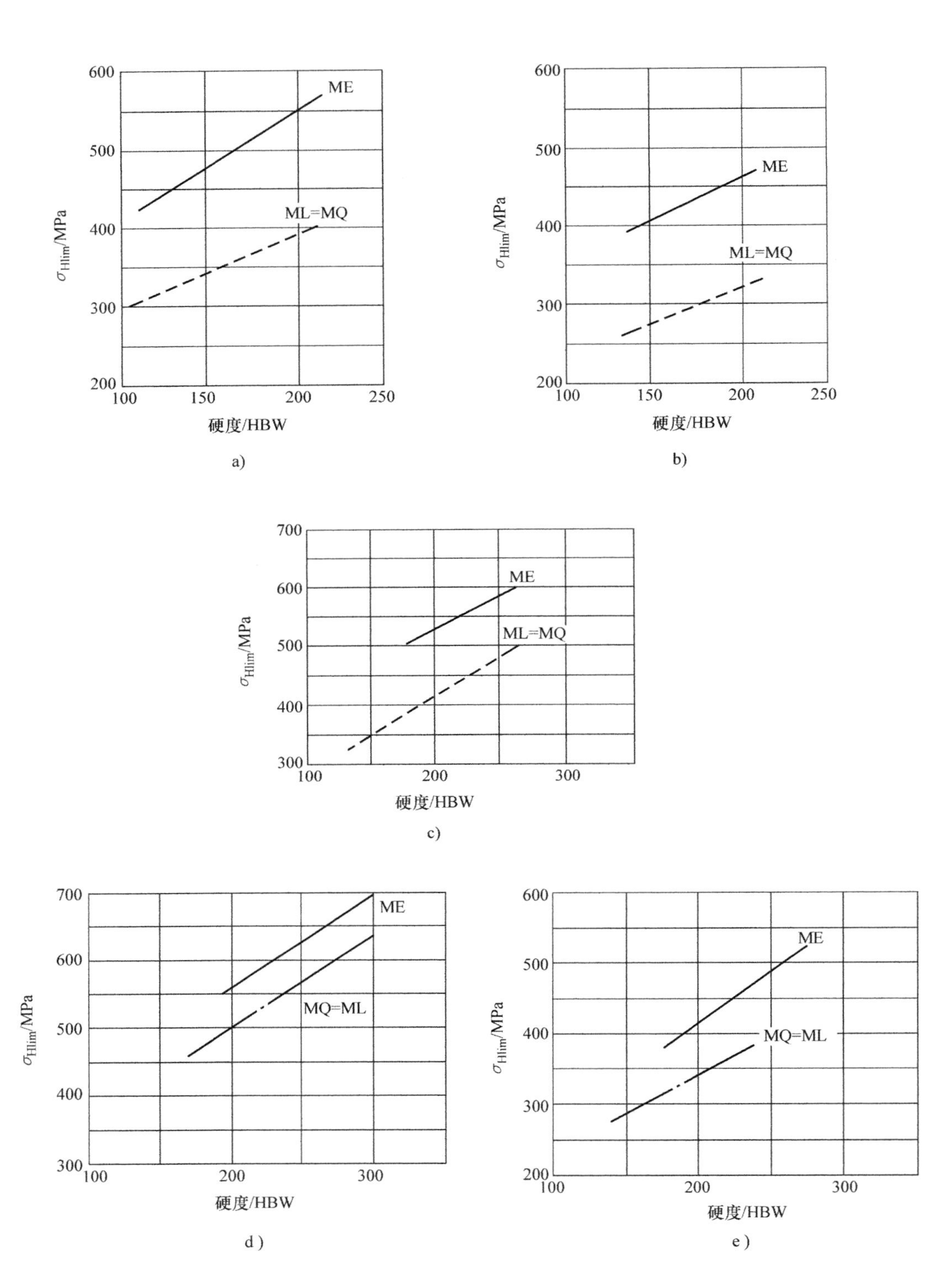

图 7-13 齿轮接

a）正火处理的结构钢 b）正火处理的铸钢 c）可锻铸铁 d）球墨铸铁 e）灰铸铁

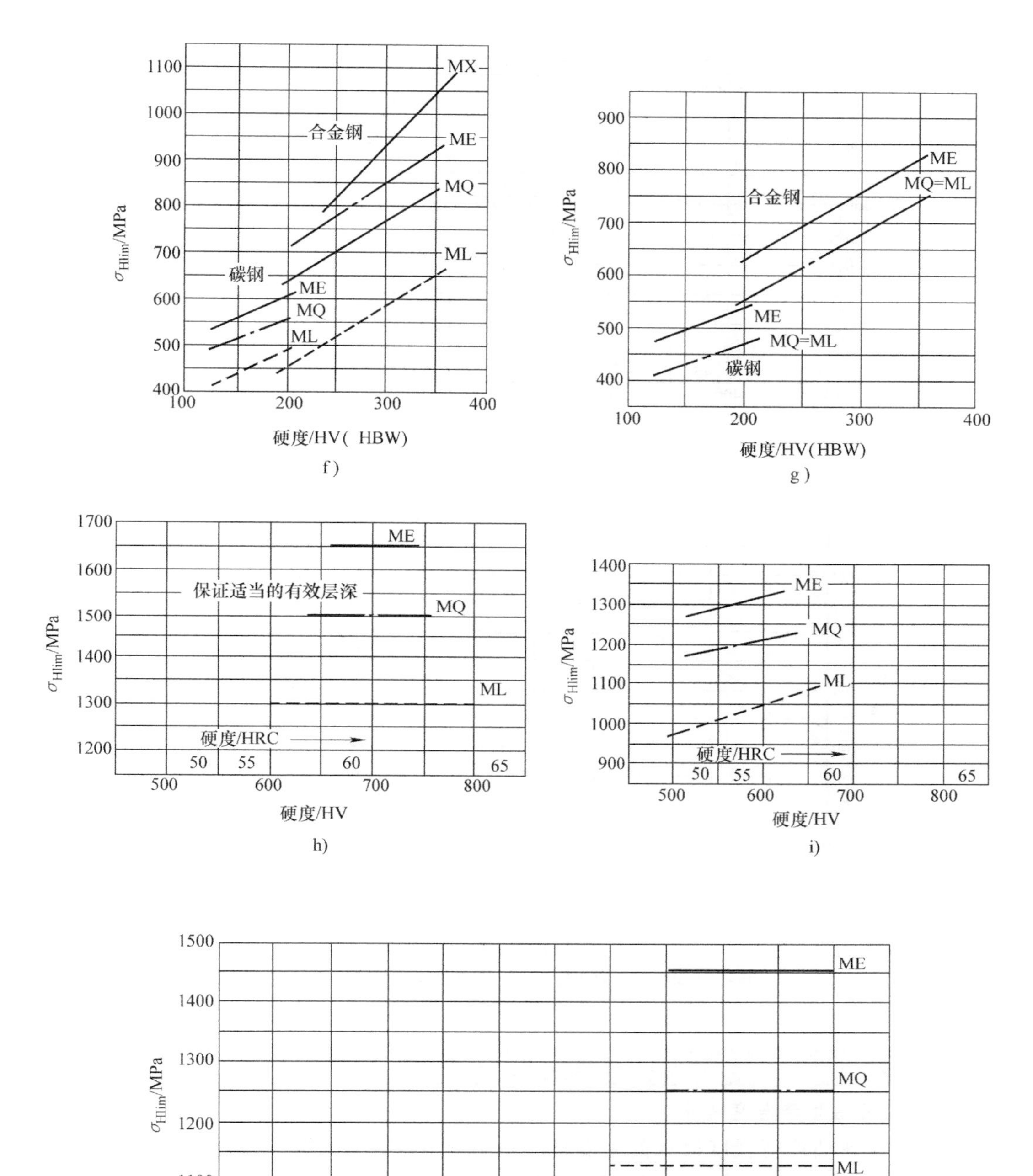

触疲劳极限应力

f）调质钢 g）调质处理的铸钢 h）渗碳淬火钢 i）火焰或感应淬火钢 j）调质-气体渗氮处理的渗氮钢

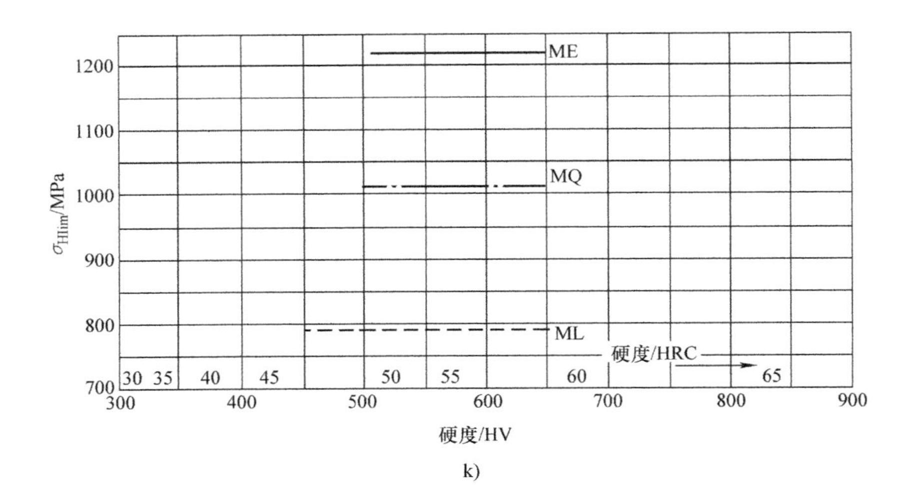

k)

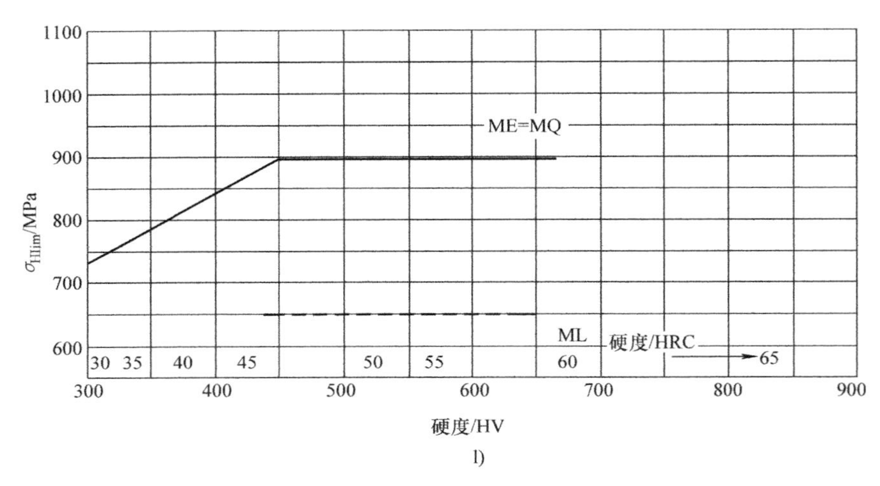

l)

图 7-13 齿轮接触疲劳极限应力（续）

k）调质-气体渗氮处理的调质钢 l）调质或正火-氮碳共渗处理的调质钢

7.3.3 直齿圆柱齿轮副的弯曲疲劳强度设计

1. 齿根弯曲疲劳强度条件

齿轮齿根弯曲疲劳强度设计的主要目的是防止齿轮在规定寿命周期内发生轮齿疲劳折断，以此确定影响弯曲疲劳强度的齿轮主要参数（如齿轮模数）。

齿轮齿根弯曲疲劳强度准则的许用应力法和安全系数法表达如下。

1）齿轮弯曲疲劳强度许用应力法的计算准则

$$\sigma_F \leqslant [\sigma_F] \tag{7-17}$$

2）齿轮弯曲疲劳强度安全系数法的计算准则

$$S_F = \frac{\sigma_{\mathrm{Flim}}}{\sigma_F} \geqslant S_{\mathrm{Fmin}} \tag{7-18}$$

式中 σ_F——齿根弯曲应力（MPa）；

$[\sigma_F]$——许用弯曲应力（MPa）；

σ_{Flim}——弯曲疲劳的极限应力（MPa）；

S_F——弯曲疲劳强度的计算安全系数；

S_{Fmin}——弯曲疲劳强度的最小安全系数。

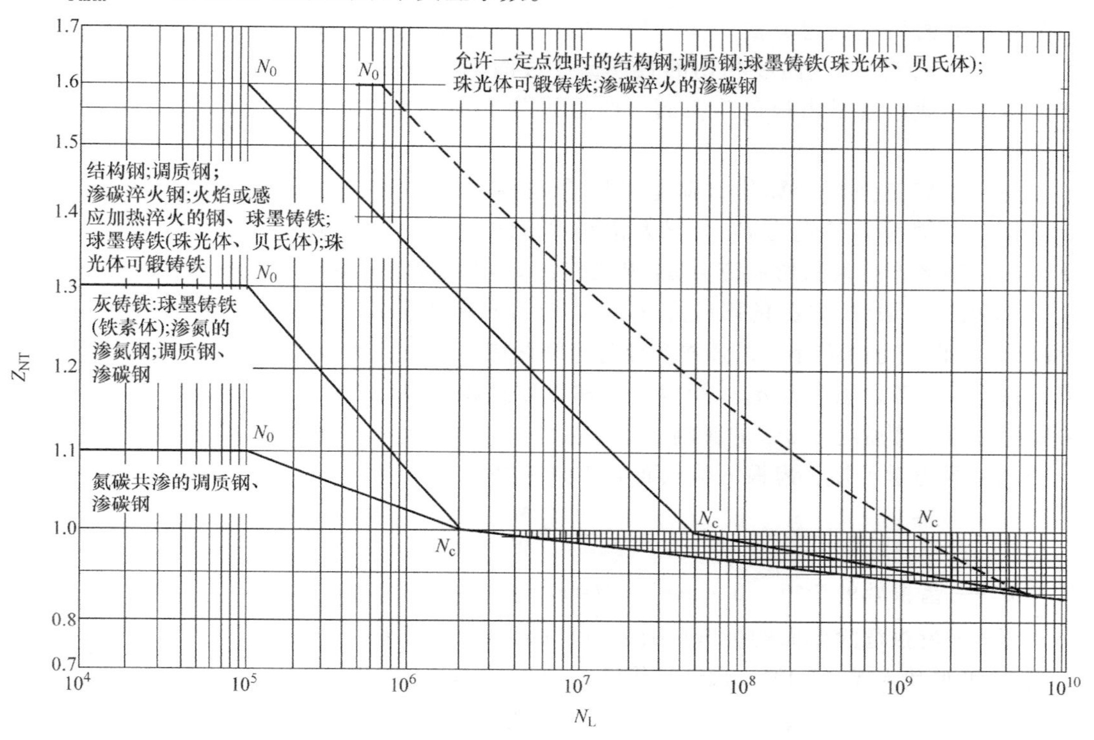

图 7-14 接触疲劳强度的寿命系数 Z_{NT}

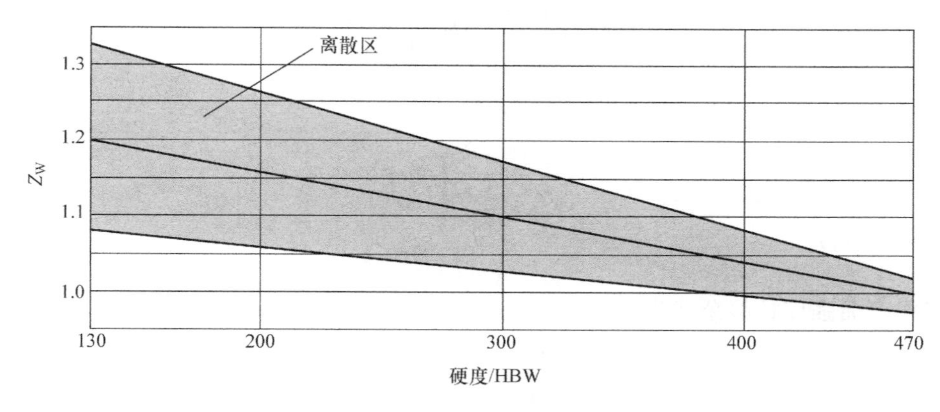

图 7-15 接触强度的齿面工作硬化系数 Z_W

本书介绍的齿轮弯曲疲劳强度计算方法适于齿根内轮缘厚度不小于 3.5mm 的圆柱齿轮传动。

2. 齿轮弯曲疲劳强度公式

齿轮弯曲疲劳强度计算首先应确定啮合过程中齿根的危险截面，其次确定该截面的齿根最大弯曲应力大小。

齿轮轮齿受载的简化力学模型可化作宽度为齿宽的悬臂梁。轮齿受载时齿根所受弯矩最大，相应的齿根弯曲应力也最大，因此其折断可能性较大。危险截面的确定转化为确定载荷作用点与其相对距离（力臂）。常用的齿根危险截面简化确定方法是30°切线法：作与轮齿对称中心线成30°角并与齿根过渡曲线相切的直线，通过两侧切点并平行于齿轮轴线的截面就是齿根危险截面，即为如图7-16所示的AB所在平面。

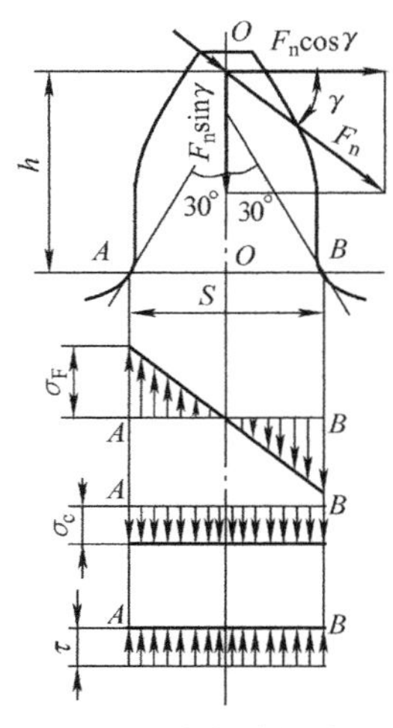

图 7-16　齿轮齿根应力

齿轮弯曲疲劳强度计算的载荷是沿啮合法线方向的法向力F_n，如图7-16所示。法向力F_n分解为相互垂直的两个力$F_n\cos\gamma$和$F_n\sin\gamma$。前者产生齿根弯曲应力σ_F和切应力τ；后者产生压应力σ_c。齿根危险截面AB处的压应力σ_c和切应力τ相对弯曲应力σ_F很小。因此，为简化计算，公式推导时忽略两应力，而引入应力修正系数Y_{Sa}考虑压应力σ_c、切应力τ和齿根过渡圆角处应力集中效应对齿根弯曲应力σ_F的影响。

根据材料力学可知，齿根危险截面的弯曲应力为

$$\sigma_F=\frac{M}{W} \tag{7-19}$$

式中　M——齿根处的弯矩（N·mm），$M=F_n\cos\gamma\cdot h$；

W——齿根危险截面的抗弯截面系数（mm³），$W=bS^2/6$。

将M和W代入式（7-19），以计算载荷F_{ca}代替法向力F_n并以切向力F_t表达，同时引入应力修正系数Y_{Sa}、重合度系数Y_ε，得齿根弯曲应力为

$$\sigma_F=\frac{KF_t}{\frac{bS^2}{6}}\frac{h\cos\gamma}{\cos\alpha}Y_{Sa}Y_\varepsilon=\frac{KF_t}{bm}\frac{6\left(\frac{h}{m}\right)\cos\gamma}{\left(\frac{S}{m}\right)^2\cos\alpha}Y_{Sa}Y_\varepsilon$$

令

$$Y_{Fa}=\frac{6\left(\frac{h}{m}\right)\cos\gamma}{\left(\frac{S}{m}\right)^2\cos\alpha}$$

则可得齿根弯曲强度校核公式为

$$\sigma_F=\frac{KF_t}{bm}Y_{Fa}Y_{Sa}Y_\varepsilon\leqslant[\sigma_F]$$

或以小齿轮传递的转矩表达为

$$\sigma_F=\frac{2KT_1}{bd_1m}Y_{Fa}Y_{Sa}Y_\varepsilon\leqslant[\sigma_F] \tag{7-20}$$

将齿宽系数$\phi_d=\frac{b}{d_1}$和$d_1=mz_1$代入式（7-20），变换后可得到直齿圆柱齿轮齿根弯曲疲

劳设计计算公式为

$$m \geqslant \sqrt[3]{\frac{2KT_1}{\phi_d z_1^2} \frac{Y_{Fa} Y_{Sa} Y_\varepsilon}{[\sigma_F]}} \tag{7-21}$$

齿轮齿根弯曲疲劳强度校核公式（7-20）和设计公式（7-21）相关说明如下：

1）参数及符号说明。Y_{Fa} 为齿形系数，是考虑当载荷作用于齿顶时齿形对名义弯曲应力的影响，用于近似计算，见表 7-9；Y_{Sa} 为应力修正系数，考虑压应力、切应力和齿根过渡圆角处应力集中对齿根弯曲应力的影响，见表 7-9；Y_ε 为弯曲疲劳强度计算的重合度系数，是将载荷由齿顶转换到单对齿啮合区外界点的系数，通过公式进行计算：$Y_\varepsilon = 0.25 + \frac{0.75}{\varepsilon_\alpha}$；$[\sigma_F]$ 为齿轮的许用弯曲应力（MPa）。

2）两齿轮弯曲应力大小：一对啮合齿轮当 $i \neq 1$ 时，$z_1 \neq z_2$，两个齿轮的 Y_{Fa} 和 Y_{Sa} 不同，则 $\sigma_{F1} \neq \sigma_{F2}$，即两个齿轮弯曲应力大小不同，需分别计算。

3）齿轮弯曲疲劳强度判断：$\sigma_{F1} \neq \sigma_{F2}$，$[\sigma_{F1}] \neq [\sigma_{F2}]$。因此，$[\sigma_{F1}]/\sigma_{F1}$ 和 $[\sigma_{F2}]/\sigma_{F2}$ 比值小的齿轮强度低。

4）影响齿轮弯曲疲劳强度的主要几何参数有：模数 m、工作齿宽 b、齿数比 u，其中影响最大的是模数 m。

表 7-9 齿形系数 Y_{Fa} 及应力修正系数 Y_{Sa}

$z(z_v)$	17	18	19	20	21	22	23	24	25	26	27	28	29
Y_{Fa}	2.97	2.91	2.85	2.80	2.76	2.72	2.69	2.65	2.62	2.60	2.57	2.55	2.53
Y_{Sa}	1.52	1.53	1.54	1.55	1.56	1.57	1.575	1.58	1.59	1.595	1.60	1.61	1.62
$z(z_v)$	30	35	40	45	50	60	70	80	90	100	150	200	∞
Y_{Fa}	2.52	2.45	2.40	2.35	2.32	2.28	2.24	2.22	2.20	2.18	2.14	2.12	2.06
Y_{Sa}	1.625	1.65	1.67	1.68	1.70	1.73	1.75	1.77	1.78	1.79	1.83	1.865	1.97

注：1. 基准齿形的参数为 $\alpha=20°$、$h_a^*=1$、$c^*=0.25$、$\rho=0.38m$（m 为齿轮模数），变位系数 $x=0$。

2. 内齿轮：当 $\alpha=20°$、$h_a^*=1$、$c^*=0.25$、$\rho=0.15m$ 时，齿形系数 $Y_{Fa}=2.053$，应力修正系数 $Y_{Sa}=2.65$。

3. 齿轮弯曲疲劳许用应力

齿轮许用弯曲应力根据最小安全系数和试验齿轮的弯曲疲劳极限确定。当设计齿轮工作条件与试验条件不同时，需加以修正。齿轮应力循环次数影响弯曲疲劳极限应力，引入弯曲疲劳寿命系数进行修正。齿轮弯曲极限应力与齿根应力集中的敏感程度及圆角处的表面状态、齿轮绝对尺寸等因素有关。同样鉴于这些因素对一般工作条件下的齿轮副影响较小，本书忽略了上述因素影响。工程设计可参考 GB/T 3480—1997《渐开线圆柱齿轮承载能力计算方法》。

齿轮弯曲疲劳的许用应力为

$$[\sigma_F] = \frac{\sigma_{Flim} Y_{ST} Y_{NT}}{S_{Fmin}} \tag{7-22}$$

式中 Y_{ST}——试验齿轮的应力修正系数，取 $Y_{ST}=2$；

Y_{NT}——考虑齿轮寿命小于或大于持久寿命条件循环次数 N_C 时，其可承受的弯曲应力值与其相应的条件循环次数 N_C 时疲劳极限应力的比例的系数，查图 7-18。

齿轮工作过程中一旦发生断齿，其后果严重，故一般取 $S_{Fmin}=1.25\sim1.5$，具体数值选

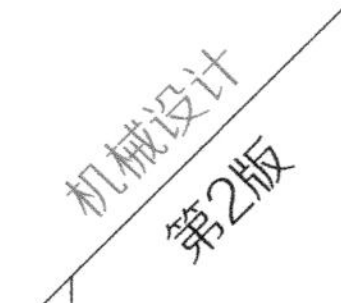

取可参见表 7-7。图 7-17 中弯曲疲劳强度极限应力 σ_{Flim} 值适用于单向循环轮齿载荷。当存在反向满载时，需减小图中极限应力值。在最恶劣条件下（每次啮合均有反向满载，如中间轮），极限应力 σ_{Flim} 值乘以 0.7。图 7-17 中 σ_{FE} 为材料的弯曲疲劳极限应力的基本值（相应齿轮材料制成的无缺口标准试件，在完全弹性范围内经受脉动载荷作用时的名义弯曲疲劳极限应力），$\sigma_{FE}=\sigma_{Flim}Y_{ST}$。

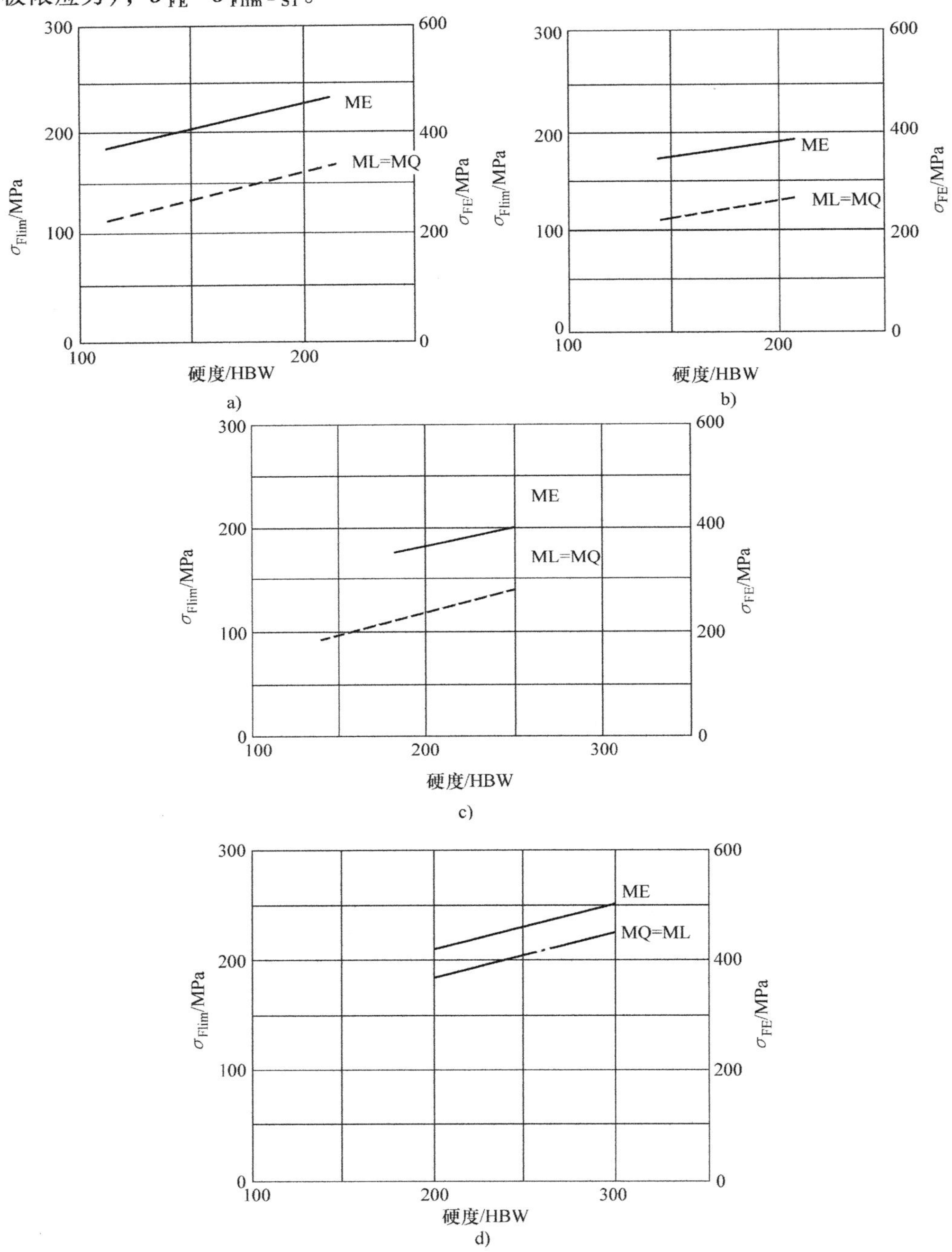

图 7-17　齿轮弯曲疲劳极限应力

a）正火处理的结构钢　b）正火处理的铸钢　c）可锻铸铁　d）球墨铸铁

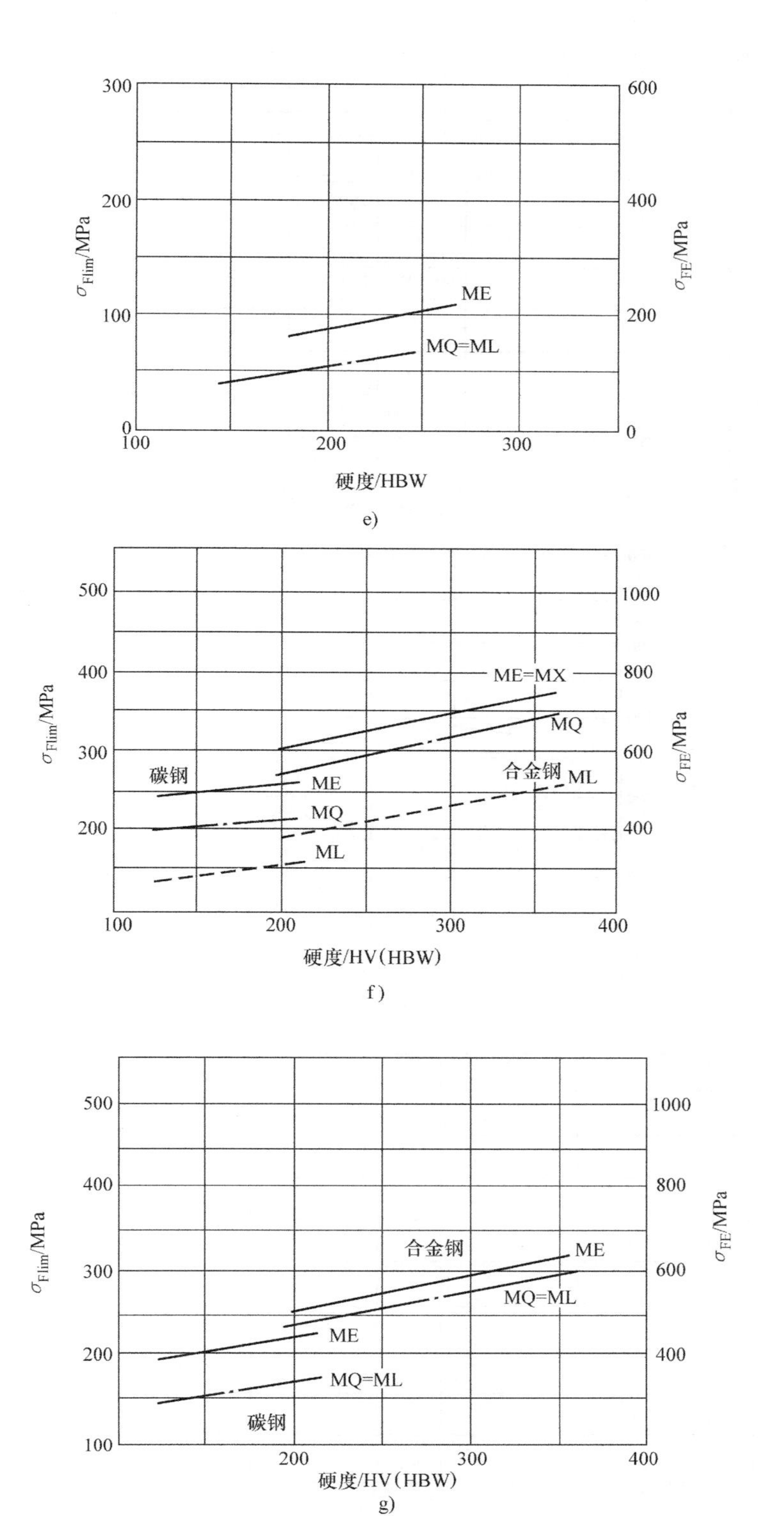

图 7-17 齿轮弯曲疲劳极限应力（续）

e）灰铸铁 f）调质锻钢 g）调质铸钢

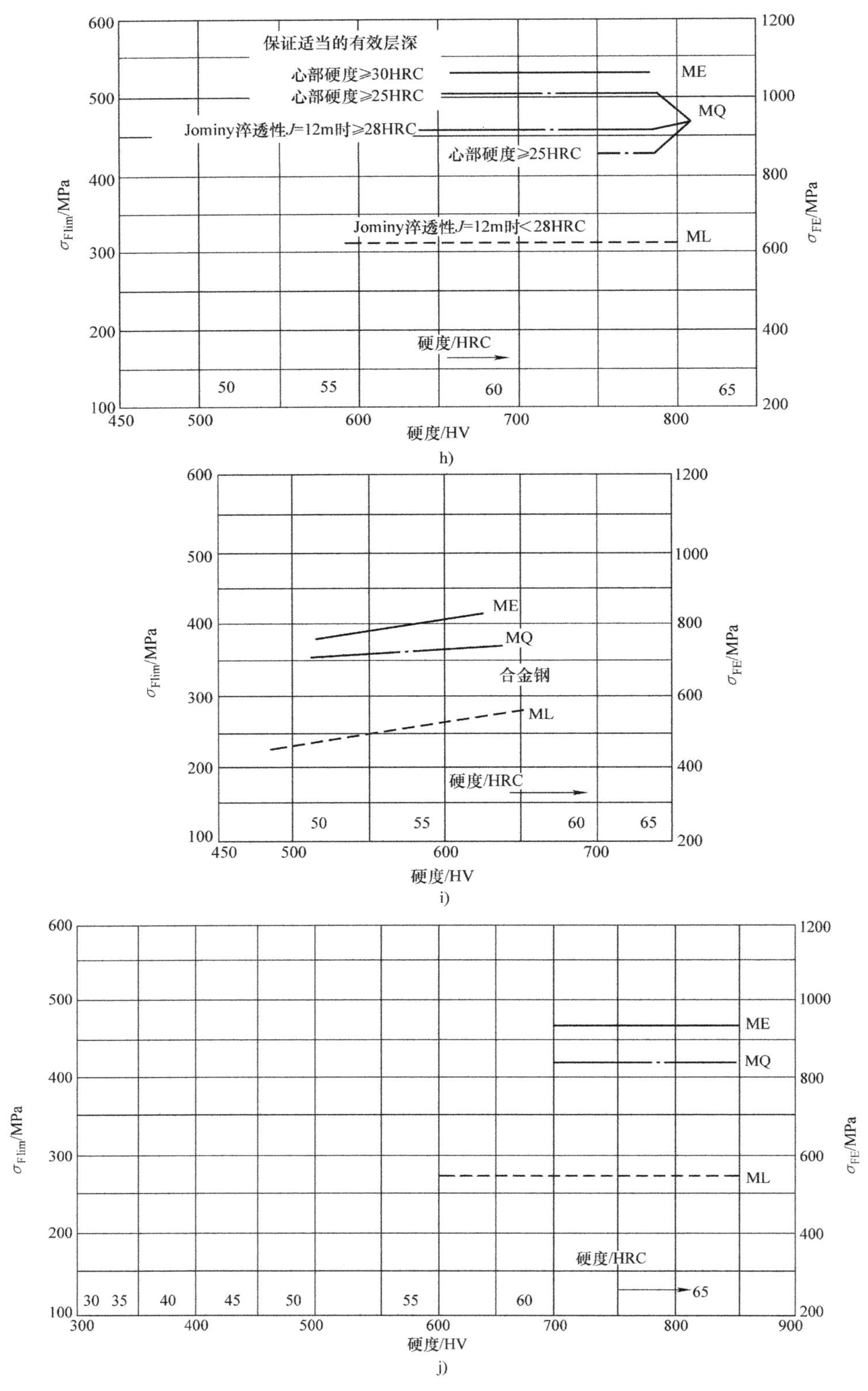

图 7-17 齿轮弯曲疲劳极限应力（续）

h）渗碳锻钢 i）表面硬化钢 j）调质-气体渗氮处理的渗氮钢（不含铝）

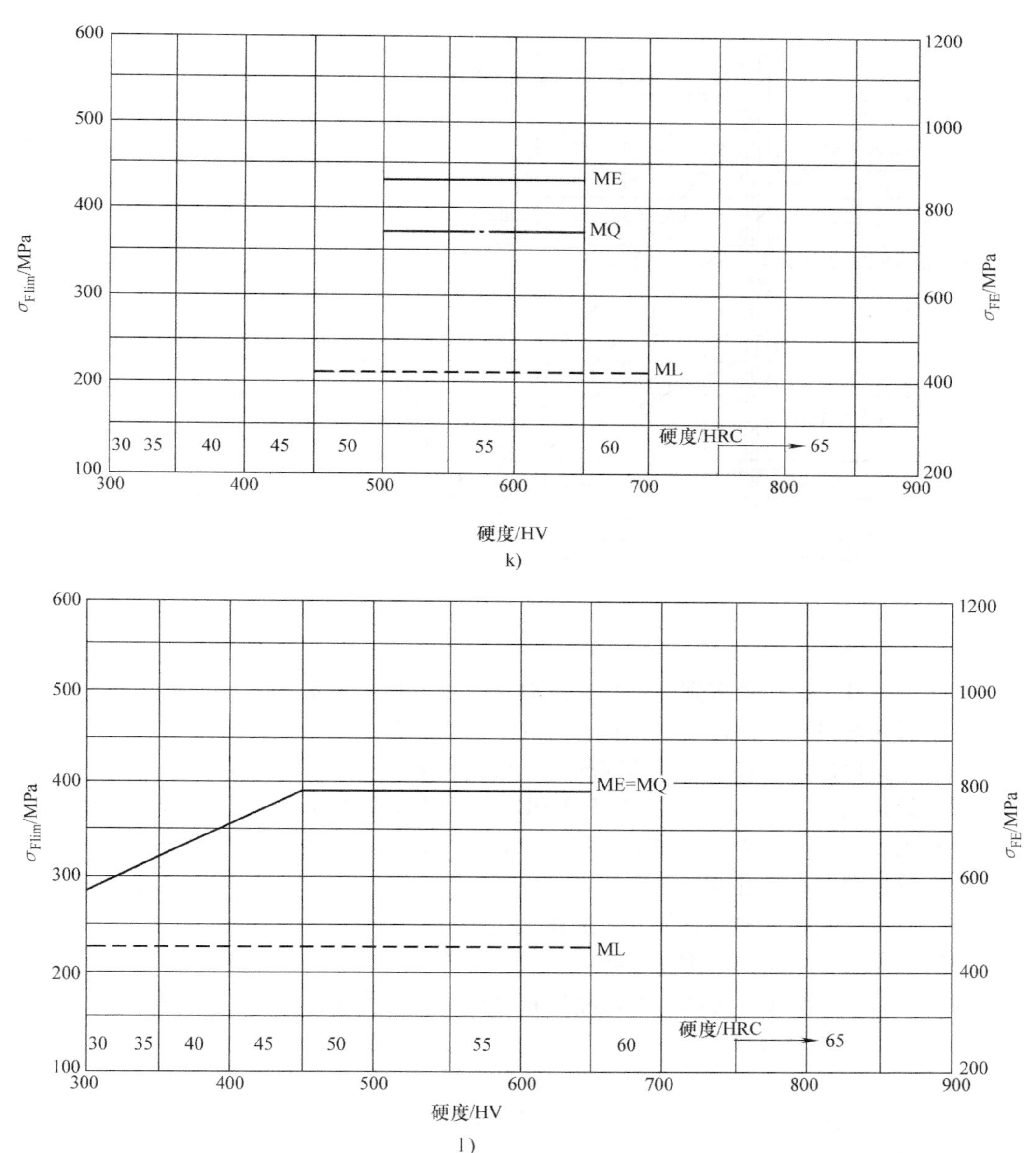

图 7-17　齿轮弯曲疲劳极限应力（续）

k）调质-气体渗氮处理的调质钢　l）调质或正火-氮碳共渗处理的调质钢

4. 齿轮弯曲疲劳强度的初步设计

齿轮按弯曲疲劳强度初步设计时，方法与 7.3.2 节中有关接触疲劳强度初步设计的内容相同，初选 K_t 和齿宽系数 ϕ_d，按式（7-21）确定 m_t，再进行修正。

7.3.4　齿轮主要参数选择

1. 齿数

齿轮齿数的多少对传动性能有一定的影响。当中心距一定时：①齿数多，重合度增大，

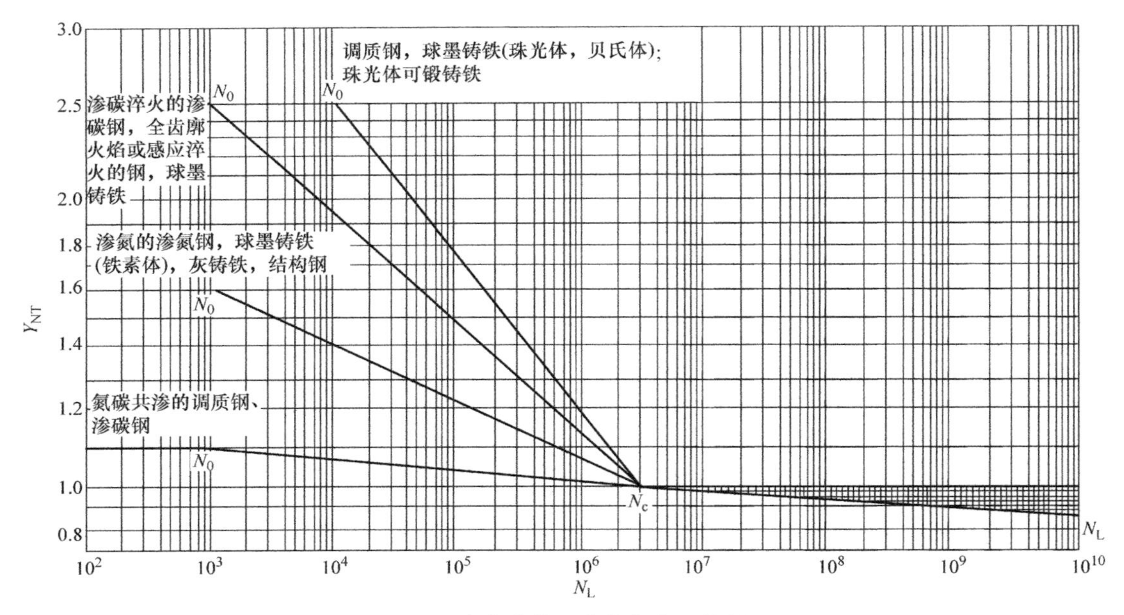

图 7-18 弯曲疲劳强度的寿命系数 Y_{NT}

可改善传动平稳性；②齿数多则模数小，滑动比减小，即轮齿磨损和胶合的危险性会降低；模数小则金属切削量少；但模数小，轮齿的抗弯强度降低。

齿轮在满足弯曲疲劳强度条件的前提下，齿数宜取大值，一般取 $z_1=18\sim30$。

闭式齿轮传动：软齿面（硬度小于 350HBW）且过载不大的齿轮，齿数宜取较大值；硬齿面（硬度大于 350HBW）且过载大的齿轮，齿数宜取较小值。

开式齿轮传动：齿数宜取较小值。

高速、胶合危险性大的齿轮传动，推荐用 $z_1\geqslant25\sim27$。

一般减速器中常取 $z_1+z_2=100\sim200$。

当齿轮齿数 $z>100$ 时，为减小和消除齿轮制造误差对传动的影响，在满足传动要求的前提下尽量使 z_1、z_2 互为质数。

2. 模数 m

模数 m 由强度设计确定，其值需按标准值选取。一般动力传动的齿轮 $m\geqslant2$mm。

3. 齿宽系数 ϕ_d

齿宽系数 ϕ_d（$\phi_d=b/d_1$）大时，同样承载能力下可使齿轮中心距 a 及直径 d 减小，但齿宽的增大会加重载荷沿齿宽分布不均现象。一般取值范围 $\phi_d=0.2\sim2.4$。齿宽系数推荐值见表 7-8。

7.4 斜齿圆柱齿轮副的性能设计

斜齿圆柱齿轮副因存在螺旋角，其齿面上的啮合接触线是倾斜的，如图 7-19 所示，即同一工作齿面上在齿顶（接触线为 e_1p）和齿根（接触线为 e_2p）同时接触。而直齿轮副齿面上的啮合接触线与轴线平行，不会出现齿顶和齿根部同时参与啮合的情况。因此，斜齿轮副较直齿轮副有如下传动特点。

1）平稳性更高。斜齿轮逐渐进入啮合、退出啮合，平稳性更高。

2）强度提高。螺旋角的存在使重合度加大，啮合时总接触线加长，单位长度上的载荷变小。其结果是齿轮的接触疲劳强度和弯曲疲劳强度均有一定的提高。啮合点的综合曲率半径变大，提高了齿轮接触疲劳强度。

3）产生轴向分力。

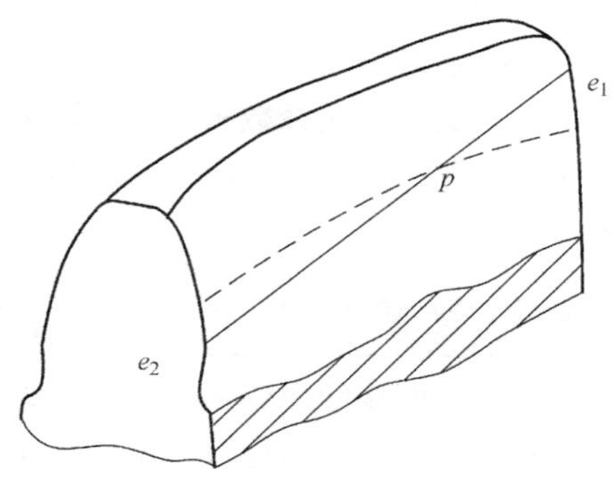

图 7-19　斜齿轮齿面上的接触线

7.4.1　斜齿圆柱齿轮副的载荷

1. 斜齿圆柱齿轮副的名义载荷

斜齿轮副的名义载荷为啮合时位于法平面 $Pabc$ 内的齿面作用力 F_n，其方向为啮合点的法向方向，且与节圆柱切平面 $Pa'ae$ 夹角为法向啮合角 α_n，如图 7-20 所示。F_n 分解为沿齿轮的周向、径向及轴向三个相互垂直的分力。其分解过程：①在法平面内，F_n 分解为径向分力 F_r（径向力）和分力 F'；②在平面 $Pa'ae$ 内，F'分解为周向分力 F_t（切向力）及轴向分力 F_a（轴向力）。各分力的大小为

$$\begin{cases} F_t=\dfrac{2000T_1}{d_1} \\ F_r=\dfrac{F_t\tan\alpha_n}{\cos\beta} \\ F_a=F_t\tan\beta \\ F_n=\dfrac{F_t}{\cos\alpha_n\cos\beta}=\dfrac{F_t}{\cos\alpha_t\cos\beta_b} \end{cases} \tag{7-23}$$

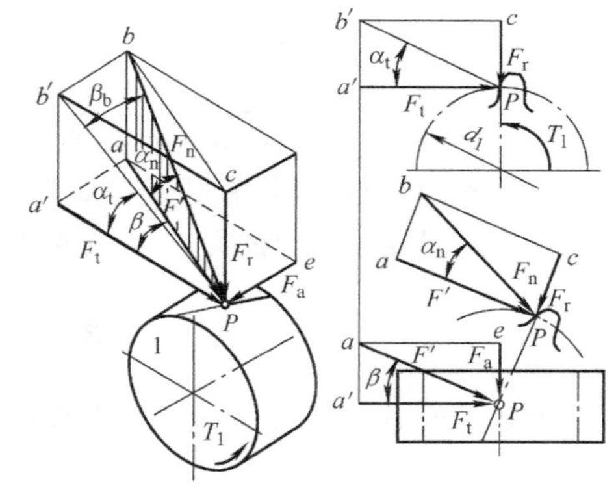

图 7-20　斜齿轮副受力分析

式中　T_1——主动轮传递的转矩（N · m）；

β——节圆螺旋角；

β_b——基圆螺旋角；

α_n——法向压力角，标准斜齿轮，$\alpha_n=20°$；

α_t——端面压力角。

斜齿轮副各分力方向如图 7-20 所示。

1）切向力：主动轮切向力与其回转方向相反，从动轮切向力与其回转方向相同。

2）外啮合齿轮径向力：分别由作用点（啮合点）指向各自齿轮轮心。

3）轴向力：主动轮轴向力方向可用左右手定则进行判断：主动轮右旋用右手，左旋用左手；握起的四指方向代表齿轮的回转方向，拇指指向为主动轮的轴向力方向。从动轮轴向力与主动轮轴向力大小相等，方向相反。一对齿轮的旋向互异，一个为左旋，另一个则为右旋。

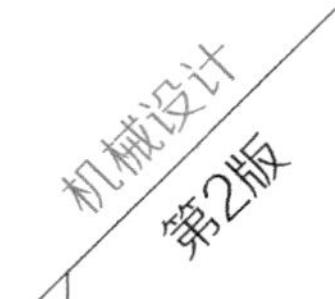

2. 斜齿圆柱齿轮副的计算载荷

斜齿齿轮副的计算载荷与直齿轮相同：在名义载荷基础上引入载荷系数 K（$K=K_AK_vK_\alpha K_\beta$）。其中使用系数 K_A 与齿向载荷分布系数 K_β 的选取与直齿轮相同；动载系数 K_v 可由图 7-9 查取；齿间载荷分配系数 $K_{H\alpha}$ 和 $K_{F\alpha}$ 可根据其精度等级、齿面硬化情况和载荷大小查表 7-3。

7.4.2 斜齿圆柱齿轮副的接触疲劳强度设计

斜齿轮的齿面接触疲劳强度条件仍为式（7-6）和式（7-7）。

由于斜齿轮啮合时的总合力位于法向平面内，故强度应按其法向齿形进行计算。以斜齿轮法向齿形构造一个假想直齿轮，即两者齿形相当，该假想的直齿轮称为当量齿轮。斜齿轮的接触应力可按当量齿轮利用赫兹公式进行计算。

1）综合曲率半径 ρ_Σ 的计算代入两当量齿轮的曲率半径即可，两当量齿轮的曲率半径即斜齿轮的法向曲率半径 ρ_{n1} 和 ρ_{n2}。齿轮节点 P 处的法向曲率半径 ρ_n 与端面曲率半径 ρ_t 的几何关系为

$$\rho_n=\frac{\rho_t}{\cos\beta_b} \tag{7-24}$$

斜齿轮节点处的端面曲率半径为

$$\rho_t=\frac{d\sin\alpha_t}{2} \tag{7-25}$$

因而由式（7-24）及式（7-25）得斜齿轮的当量齿轮综合曲率半径为

$$\frac{1}{\rho_\Sigma}=\frac{1}{\rho_{n1}}\pm\frac{1}{\rho_{n2}}=\frac{2\cos\beta_b}{d_1\sin\alpha_t}\pm\frac{2\cos\beta_b}{ud_1\sin\alpha_t}=\frac{2\cos\beta_b}{d_1\sin\alpha_t}\left(\frac{u\pm1}{u}\right) \tag{7-26}$$

2）斜齿轮接触线倾斜有利于提高接触疲劳强度，引入螺旋角系数 Z_β 考虑螺旋角造成的接触线倾斜对接触应力的影响。则斜齿圆柱齿轮齿面接触疲劳强度的校核公式为

$$\sigma_H=Z_HZ_EZ_\varepsilon Z_\beta\sqrt{\frac{2KT_1}{bd_1^{\ 2}}\frac{u\pm1}{u}}\leqslant[\sigma_H] \tag{7-27}$$

将齿宽系数 $\phi_d=b/d_1$ 代入式（7-27），可得斜齿轮齿面接触疲劳强度设计公式为

$$d_1\geqslant\sqrt[3]{\frac{2KT_1}{\phi_d}\frac{u\pm1}{u}\left(\frac{Z_EZ_HZ_\varepsilon Z_\beta}{[\sigma_H]}\right)^2} \tag{7-28}$$

式中 Z_E——弹性影响系数（$\sqrt{\mathrm{MPa}}$），见表 7-5；

Z_ε——重合度系数，见表 7-6；

Z_β——螺旋角系数，$Z_\beta=\sqrt{\cos\beta}$。

Z_H——标准斜齿轮的节点区域系数，

$$Z_H=\sqrt{\frac{2\cos\beta_b}{\sin\alpha_t\cos\alpha_t}} \tag{7-29}$$

其中，α_t 为端面分度圆压力角 $\alpha_t=\arctan\left(\frac{\tan\alpha_n}{\cos\beta}\right)$，$\beta_b$ 为基圆螺旋角，$\beta_b=\arctan(\tan\beta\cos\alpha_t)$。

公式中的其余各参数及符号含义和单位同直齿轮接触疲劳强度公式。

7.4.3 斜齿圆柱齿轮副的弯曲疲劳强度设计

斜齿圆柱齿轮副因接触线沿齿向倾斜，故受载时轮齿弯曲折断为局部折断（图 7-21），其弯曲疲劳强度较直齿轮高。斜齿圆柱齿轮副的弯曲疲劳强度计算的简化模型仍为悬臂梁。但由于啮合接触线倾斜，轮齿弯曲应力计算较复杂。

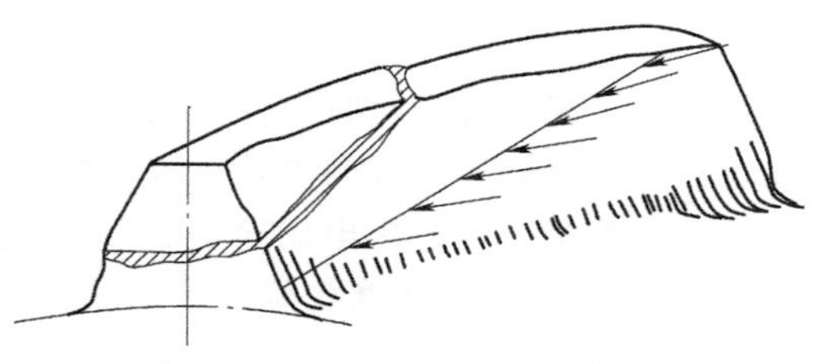
图 7-21　斜齿圆柱齿轮轮齿受载及折断

为简化计算，斜齿圆柱齿轮的弯曲疲劳强度计算通常按法向当量直齿圆柱齿轮进行：以齿轮啮合的法向平面作为分析平面，直齿轮弯曲强度公式中的相应参数选为法向参数；其次考虑啮合接触线倾斜提高了弯曲强度，引入螺旋角系数 Y_β 进行修正。则斜齿圆柱齿轮弯曲疲劳强度的校核公式为

$$\sigma_F=\frac{2KT_1}{bd_1m_n}Y_{Fa}Y_{Sa}Y_\varepsilon Y_\beta\leqslant[\sigma_F] \tag{7-30}$$

将 $\phi_d=b/d_1$、$d_1=m_nz_1/\cos\beta$ 代入式（7-30），则斜齿轮弯曲疲劳强度的设计公式为

$$m_n\geqslant\sqrt[3]{\frac{2KT_1\cos^2\beta}{\phi_d z_1^{\,2}}Y_\varepsilon Y_\beta\frac{Y_{Fa}Y_{Sa}}{[\sigma_F]}} \tag{7-31}$$

式中　β——螺旋角；

Y_{Fa}——齿形系数，近似地按当量齿数 $z_v=z/\cos^3\beta$ 查表 7-9；

Y_{Sa}——应力修正系数，按当量齿数查表 7-9；

Y_β——弯曲疲劳强度的螺旋角影响系数，即

$$Y_\beta=1-\varepsilon_\beta\frac{\beta}{120°}\geqslant Y_{\beta\min}$$

$$Y_{\beta\min}=1-0.25\varepsilon_\beta\geqslant0.75$$

其中，$\varepsilon_\beta>1$ 时，按 $\varepsilon_\beta=1$ 计算；$Y_\beta<0.75$ 时，取 $Y_\beta=0.75$；当 $\beta>30°$时，按 $\beta=30°$计算。

Y_ε——弯曲疲劳强度的重合度影响系数，按式（7-32）计算

$$Y_\varepsilon=0.25+\frac{0.75}{\varepsilon_{\alpha v}} \tag{7-32}$$

其中，$\varepsilon_{\alpha v}$ 为当量齿轮的端面重合度：$\varepsilon_{\alpha v}=\dfrac{\varepsilon_\alpha}{\cos^2\beta_b}$，$\varepsilon_\alpha$ 为斜齿轮的端面重合度；β_b 为基圆螺旋角，$\cos\beta_b=\sqrt{1-(\sin\beta\cos\alpha_n)^2}$，$\alpha_n$ 为法向压力角。

齿轮螺旋角 β 大，会产生较大轴向力；β 太小，会丧失斜齿轮的传动优点。一般取 $\beta=8°\sim15°$，常取 $8°\sim12°$。人字齿轮因同一轮齿上两个轴向分力大小相等、方向相反，理论上轴向力的合力为零。因而人字齿轮的螺旋角 β 可取较大的数值（$25°\sim40°$），常取稍大于 30°。

齿轮弯曲疲劳强度的校核公式（7-30）和设计公式（7-31）适用于标准齿轮传动和变位

齿轮传动。公式中其他各参数的意义、单位和确定方法同直齿圆柱齿轮传动。

7.5 圆柱齿轮副的静强度设计

齿轮副工况若包含短时、少次数过载（超过额定工况载荷），为防止齿轮副发生塑性变形或齿根突然折断等形式的失效，应进行静强度校核计算。这种校核适用的场合包括使用大起动转矩电动机、运行中出现异常的重载或重复性的中等甚至严重冲击等情况。

1. 齿轮静强度的计算载荷

齿轮静强度下的载荷是通过载荷谱中或实测的最大载荷，或预期的最大转矩 T_{max}（如起动转矩、堵转转矩、短路或其他最大过载转矩）所确定的切向力，其大小为

$$F_{cal}=\frac{2000T_{max}}{d} \tag{7-33}$$

式中 F_{cal}——静强度下的切向载荷（N）；

d——齿轮分度圆直径（mm）；

T_{max}——最大转矩（N·m）。

齿轮副静强度计算载荷的修正系数：$K=K_AK_vK_\alpha K_\beta$，其具体取值如下。

1）使用系数 K_A：因已按最大载荷计算，故取 $K_A=1$。

2）动载系数 K_v：对在起动或堵转时产生的最大载荷或在低速工况下，取 $K_v=1$；其余情况 K_v 按 7.3 节中的动载系数选取。

3）齿间载荷分配系数 $K_{H\alpha}$、$K_{F\alpha}$ 和齿向载荷分布系数 $K_{H\beta}$、$K_{F\beta}$ 分别按 7.3 节中相应系数选取。

2. 齿面接触静强度

齿面接触静强度条件为

$$\sigma_{Hst}\leqslant\sigma_{HPst} \tag{7-34}$$

式中 σ_{Hst}——静强度最大齿面应力（MPa）；

σ_{HPst}——静强度许用齿面应力（MPa）。

齿轮静强度最大齿面应力为

$$\sigma_{Hst}=Z_HZ_EZ_\varepsilon Z_\beta\sqrt{\frac{KF_{cal}}{d_1b}\frac{u\pm1}{u}} \tag{7-35}$$

齿轮静强度许用齿面应力为

$$\sigma_{HPst}=\frac{\sigma_{Hlim}Z_{NT}Z_W}{S_{H\min}} \tag{7-36}$$

式中 Z_{NT}——静强度接触寿命系数，此时取 $N_L=N_0$，如图 7-14 所示；

Z_W——工作硬化系数，按图 7-15 选取。

式（7-35）和式（7-36）中其他参数含义及选取方法同前。

3. 齿根弯曲静强度

齿根弯曲静强度条件为

$$\sigma_{Fst} \leqslant \sigma_{FPst} \tag{7-37}$$

其中，σ_{Fst} 为静强度最大齿根弯曲应力（MPa），σ_{FPst} 为静强度许用齿根弯曲应力（MPa）。其计算公式分别为

$$\sigma_{Fst} = \frac{KF_{cal}}{bm_n} Y_{Fa} Y_{Sa} Y_{\varepsilon} Y_{\beta} \tag{7-38}$$

$$\sigma_{FPst} = \frac{\sigma_{Flim} Y_{ST} Y_{NT}}{S_{F\min}} \tag{7-39}$$

式中　Y_{ST}——试验齿轮的应力修正系数，$Y_{ST}=2.0$；

Y_{NT}——静强度弯曲寿命系数，此时取 $N_L=N_0$，如图 7-18 所示。

式（7-38）和式（7-39）中其他参数含义与选取方法同前。

7.6　圆柱齿轮设计的工程实例

【例 7-1】 试设计图 7-22 所示的立式加工中心的第二级齿轮传动。已知电动机输入功率 $P_1=7.5\text{kW}$，同步带效率 $\eta=0.98$，齿轮 1 转速 $n=1525.9\text{r/min}$，齿数比 $u=3$，工作寿命 15 年，每年工作 300 天，每天工作 8h，工作平稳，单向回转。

【解】 选用直齿圆柱齿轮传动。$n=1525.9\text{r/min}$，工作平稳，由表 7-1 选择小齿轮材料为 40Cr，调质处理，硬度为 280HBW；大齿轮材料为 45 钢，调质处理，硬度为 240HBW。闭式传动软齿面，按齿轮接触疲劳强度进行设计，按弯曲疲劳强度进行校核。

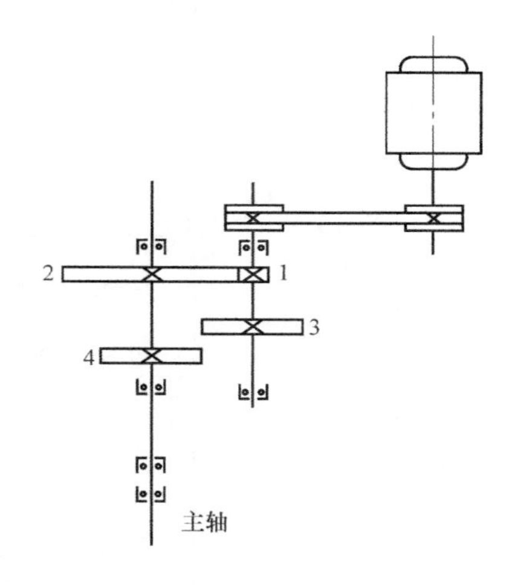

图 7-22　立式加工中心齿轮传动

计算项目	计算依据	单　位	计算结果
1. 按齿面接触疲劳强度设计			
(1)确定齿轮齿数 z	选小齿轮 $z_1=19$，大齿轮 $z_2=uz_1$		$z_1=19$ $z_2=57$
(2)许用齿面接触应力计算			
1)接触疲劳极限 σ_{Hlim}	图 7-13f	MPa	$\sigma_{Hlim1}=575$ $\sigma_{Hlim2}=550$
2)应力循环次数 N	由式(7-15) $N_1=60n_1jL_h$ $N_2=60n_2jL_h$		$N_1=3.139\times10^9$ $N_2=1.046\times10^9$
3)接触疲劳寿命系数 Z_{NT}	图 7-14		$Z_{NT1}=0.93$, $Z_{NT2}=0.95$
4)接触疲劳许用应力$[\sigma_H]$	安全系数 $S_{Hmin}=1$ $[\sigma_H]_1=\frac{Z_{NT1}\sigma_{Hlim1}}{S_{Hmin}}$，$[\sigma_H]_2=\frac{Z_{NT2}\sigma_{Hlim2}}{S_{Hmin}}$	MPa	$[\sigma_H]_1=534.8$ $[\sigma_H]_2=522.5$

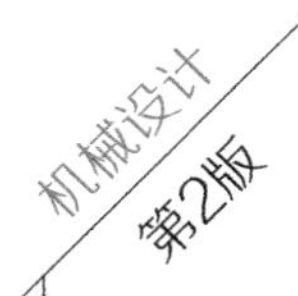

（续）

计算项目	计算依据	单位	计算结果
(3)接触疲劳强度计算			
1)小齿轮转矩 T_1	$T_1=9550\times10^3\dfrac{\eta P_1}{n_1}$(效率取 $\eta=0.98$)	N·mm	$T_1=4.6\times10^4$
2)载荷系数 K_t	初选 K_t		$K_t=1.5$
3)齿宽系数 ϕ_d	根据表 7-8 选取 ϕ_d		$\phi_d=1$
4)弹性影响系数 Z_E	表 7-5	$\sqrt{\text{MPa}}$	$Z_E=189.8$
5)小齿轮分度圆直径 d_{1t}	代入$[\sigma_H]_1$、$[\sigma_H]_2$ 中较小值 $d_{1t}\geqslant2.32\times\sqrt[3]{\dfrac{K_tT_1}{\phi_d}\dfrac{u\pm1}{u}\left(\dfrac{Z_E}{[\sigma_H]_2}\right)^2}$	mm	$d_{1t}\geqslant53.26$
6)圆周速度 v	$v=\dfrac{\pi d_{1t}n_1}{60\times1000}$	m/s	$v=4.26$
7)齿宽 b	$b=\phi_d d_{1t}$	mm	$b=53.26$
8)宽高比$\dfrac{b}{h}$	模数 $m_t=\dfrac{d_{1t}}{z_1}$ 齿高 $h=2.25m_t$	mm mm	$m_t=2.803$ $h=6.31$ $\dfrac{b}{h}=8.44$
9)载荷系数 K	根据 $v=4.26$m/s,6 级精度 由图 7-9 查得 $K_v=1.05$;由表 7-2 查得 $K_A=1$;查表 7-3,$K_{H\alpha}=K_{F\alpha}=1.2$;查表 7-4 小齿轮非对称布置时,$K_{H\beta}=1.405$,由式(7-4)得 $K_{F\beta}=1.47$ $K=K_A\times K_v\times K_{H\alpha}\times K_{H\beta}$		$K=1.770$
10)分度圆直径 d_1	由式(7-16),$d_1=d_{1t}\sqrt[3]{\dfrac{K}{K_t}}$	mm	$d_1=56.281$
(4)确定齿轮主要几何参数			
1)计算模数 m	$m=\dfrac{d_1}{z_1}$	mm	$m=2.96$,取标准模数 $m=3$
2)中心距 a	$a=\dfrac{m(z_1+z_2)}{2}$	mm	$a=114$
3)分度圆直径	$d_1=mz_1$, $d_2=mz_2$	mm mm	$d_1=57$ $d_2=171$
4)确定齿宽 b	$b=\phi_d d_1$	mm	$b=57$
2. 校核齿根弯曲疲劳强度			
(1)计算许用弯曲应力			
1)弯曲疲劳极限 σ_{Flim}	图 7-17f	MPa	$\sigma_{Flim1}=225$ $\sigma_{Flim2}=170$
2)弯曲疲劳寿命系数 Y_{NT}	图 7-18		$Y_{NT1}=0.85$ $Y_{NT2}=0.88$
3)弯曲疲劳许用应力$[\sigma_F]$	取弯曲疲劳寿命系数 $S_{Fmin}=1.25$;$Y_{ST}=2$ 由式(7-22), $[\sigma_F]_1=\dfrac{Y_{ST}Y_{NT1}\sigma_{Flim1}}{S_{Fmin}}$, $[\sigma_F]_2=\dfrac{Y_{ST}Y_{NT2}\sigma_{Flim2}}{S_{Fmin}}$	MPa	$[\sigma_F]_1=273.21$ $[\sigma_F]_2=213.71$

（续）

计算项目	计算依据	单　位	计算结果
(2)计算齿根弯曲应力			
1)齿形系数 Y_{Fa}	表 7-9		$Y_{Fa1}=2.85$　$Y_{Fa2}=2.292$
2)应力修正系数 Y_{Sa}	表 7-9		$Y_{Sa1}=1.54$　$Y_{Sa2}=1.721$
3)重合度系数 Y_{ε}	$Y_{\varepsilon}=0.25+\frac{0.75}{\varepsilon_{\alpha}}, \varepsilon_{\alpha}=1.88-3.2\left(\frac{1}{z_1}\pm\frac{1}{z_2}\right)$		$Y_{\varepsilon}=0.703$
4)计算弯曲应力	$\sigma_{F1}=\frac{2KT_1 Y_{Fa1} Y_{Sa1} Y_{\varepsilon}}{bd_1 m}, \sigma_{F2}=\sigma_{F1}\frac{Y_{Fa2} Y_{Sa2}}{Y_{Fa1} Y_{Sa1}}$	MPa	$\sigma_{F1}=52.873<[\sigma_{F1}]$ $\sigma_{F2}=47.519<[\sigma_{F2}]$ 结论：齿轮满足弯曲疲劳强度要求
3. 绘制齿轮零件工作图			（略）

【例 7-2】 某大型起重机的减速装置采用了三级圆柱齿轮减速器。已知减速器由电动机驱动，轴Ⅰ的输入功率为 $P_1=65.29\text{kW}$，输入转速 $n_1=1000\text{r/min}$，高速级传动比 $i=6.78$；工作时运行平稳，正反两方向运转，工作寿命 10 年，每年工作 300 天，每天工作 8h。试设计高速级齿轮传动。

【解】 选用斜齿圆柱齿轮传动。起重机为一般工作机，速度不高，故选用 7 级精度。根据表 7-1，小齿轮材料选用 20Cr2Ni4，渗碳并表面淬火，齿面硬度为 58～62HRC；大齿轮材料选用 40Cr，并表面淬火，齿面硬度为 54HRC。闭式传动，硬齿面，可按齿轮弯曲疲劳强度进行设计，校核其接触疲劳强度。

计算项目	计算依据	单　位	计算结果
1. 按齿根弯曲疲劳强度设计			
(1)初选参数			
1)初选齿轮齿数及螺旋角	初选 $z_1=20$，则大齿轮齿数 $z_2=uz_1$，初选螺旋角为 12°		$z_1=20$ $z_2=136$ $\beta=12°$
2)初估小齿轮直径 $d_{1估}$		mm	$d_{1估}=82$
3)齿轮圆周速度 $v_{估}$	$v_{估}=\frac{\pi d_1 n_1}{60\times1000}$	m/s	$v_{估}=4.29$
(2)许用齿根弯曲应力计算			
1)应力循环次数 N	式(7-15)：$N_1=60n_1 jL_h$，$N_2=\frac{N_1}{u}$		$N_1=1.44\times10^9$ $N_2=2.124\times10^8$
2)弯曲疲劳寿命系数 Y_{NT}	图 7-18		$Y_{NT1}=0.86$ $Y_{NT2}=0.90$
3)弯曲疲劳寿命极限 σ_{Flim}	图 7-17h	MPa	$\sigma_{Flim1}=500$ $\sigma_{Flim2}=500$
4)弯曲疲劳许用应力 $[\sigma_F]$	取安全系数 $S_{Fmin}=1.5$，应力修正系数 $Y_{ST}=2$，由于双向传动，故式(7-22)改为 $[\sigma_F]_1=\frac{0.7Y_{ST}Y_{NT1}\sigma_{Flim1}}{S_{Fmin}}$ $[\sigma_F]_2=\frac{0.7Y_{ST}Y_{NT2}\sigma_{Flim2}}{S_{Fmin}}$	MPa	$[\sigma_F]_1=401.3$ $[\sigma_F]_2=420$

（续）

计算项目	计算依据	单位	计算结果
(3)弯曲疲劳强度计算			
1)小齿轮转矩 T_1	$T_1=9550\times10^3\dfrac{P_1}{n_1}$	N·mm	$T_1=6.235\times10^5$
2)齿宽系数 ϕ_d	表 7-8		$\phi_d=0.9$
3)载荷系数 K	根据 $v_{估}=4.29\text{m/s}$，7 级精度，由表 7-2 查得 $K_A=1$；由图 7-9 查得 $K_v=1.16$；由表 7-4 查得 $K_{H\beta}=1.15$；由公式(7-4)计算得 $K_{F\beta}=1.03$；由表 7-3 查得 $K_{H\alpha}=K_{F\alpha}=1.2$ 故载荷系数为 $K=K_AK_vK_{H\alpha}K_{H\beta}$		$K=1.6$
4)当量齿数 z_v	$z_{v1}=\dfrac{z_1}{\cos^3\beta}$，$z_{v2}=\dfrac{z_2}{\cos^3\beta}$		$z_{v1}=21.37$ $z_{v2}=145.32$
5)齿形系数 Y_{Fa}	查表 7-9		$Y_{Fa1}=2.72$ $Y_{Fa2}=2.14$
6)应力修正系数 Y_{Sa}	查表 7-9		$Y_{Sa1}=1.57$ $Y_{Sa2}=1.83$
7)重合度系数 Y_ε	由式(7-32)： $\alpha_t=\arctan\left(\dfrac{\tan\alpha_n}{\cos\beta}\right)$，$\beta_b=\arctan(\tan\beta\cos\alpha_t)$， $\varepsilon_{\alpha n}=\dfrac{\varepsilon_\alpha}{\cos^2\beta_b}$，$Y_\varepsilon=0.25+\dfrac{0.75}{\varepsilon_{\alpha n}}$		$Y_\varepsilon=0.693$
8)螺旋角影响系数 Y_β	根据公式 $Y_\beta=1-\varepsilon_\beta\dfrac{\beta}{120°}$，计算 $Y_\beta=1-\varepsilon_\beta\dfrac{\beta}{120°}=0.9$ 其中，$\varepsilon_\beta>1$ 时，按 $\varepsilon_\beta=1$ 计算 由于 $Y_\beta<1$，取 $Y_\beta=0.75$		$Y_\beta=0.75$
9)比较 $\dfrac{Y_{Fa}Y_{Sa}}{[\sigma_F]}$	$\dfrac{Y_{Fa1}Y_{Sa1}}{[\sigma_F]_1}$，$\dfrac{Y_{Fa2}Y_{Sa2}}{[\sigma_F]_2}$		$\dfrac{Y_{Fa1}Y_{Sa1}}{[\sigma_F]_1}=0.011$ $\dfrac{Y_{Fa2}Y_{Sa2}}{[\sigma_F]_2}=0.009$ 按小齿轮计算弯曲疲劳强度
10)确定所需模数 m	$m_n\geqslant\sqrt[3]{\dfrac{2KT_1}{\phi_dz_1^2}\cos^2\beta Y_\varepsilon Y_\beta\dfrac{Y_{Fa}Y_{Sa}}{[\sigma_F]}}$	mm	$m_n\geqslant3.08$ 取标准值 $m_n=4$
(4)确定齿轮主要几何参数			
1)中心距 a	$a=\dfrac{m_n(z_1+z_2)}{2\cos\beta}$	mm	$a=318.97$ 圆整为 $a=320$
2)螺旋角 β	$\beta=\arccos\dfrac{m_n(z_1+z_2)}{2a}$		$\beta=12.84°$ 与初设相差不大

（续）

计算项目	计算依据	单位	计算结果
3)分度圆直径 d	$d_1=\frac{m_n z_1}{\cos\beta}, d_2=\frac{m_n z_2}{\cos\beta}$	mm	$d_1=82.05$ $d_2=557.95$
4)齿宽 b	$b=\phi_d d_1$	mm	$b=73.845$ 圆整 $b=74$
2. 校核齿面接触疲劳强度			
(1)计算许用接触应力			
1)接触疲劳寿命系数 Z_{NT}	图 7-14		$Z_{NT1}=0.9, Z_{NT2}=0.95$
2)接触疲劳极限 σ_{Hlim}	按齿面硬度查图 7-13h	MPa	$\sigma_{Hlim1}=1500$ $\sigma_{Hlim2}=1500$
3)接触疲劳许用应力$[\sigma_H]$	取安全系数 $S_{Hmin}=1$，由式(7-14)： $[\sigma_H]_1=\frac{Z_{NT1}\sigma_{Hlim1}}{S_{Hmin}}, [\sigma_H]_2=\frac{Z_{NT2}\sigma_{Hlim2}}{S_{Hmin}}$	MPa	$[\sigma_H]_1=1350$ $[\sigma_H]_2=1425$
(2)计算齿面接触应力			
1)节点区域系数 Z_H	$\alpha_t=\arctan(\tan\alpha_n/\cos\beta)$ $\cos\beta_b=\sqrt{1-(\sin\beta\cos\alpha_n)^2}$ $Z_H=\sqrt{\frac{2\cos\beta_b}{\sin\alpha_t\cos\alpha_t}}$		$Z_H=2.443$
2)弹性影响系数 Z_E	查表 7-5	$\sqrt{MPa}$	$Z_E=189.8$
3)重合度系数 Z_ε	由式： $\varepsilon_\alpha=\left[1.88-3.2\left(\frac{1}{z_1}\pm\frac{1}{z_2}\right)\right]\cos\beta$，得 $\varepsilon_\alpha=1.654>1$，经查表 7-6，得 $Z_\varepsilon=\sqrt{1/\varepsilon_\alpha}$		$Z_\varepsilon=0.778$
4)螺旋角系数 Z_β	$Z_\beta=\sqrt{\cos\beta}$		$Z_\beta=0.987$
5)计算齿面接触应力 σ_H	$\sigma_H=Z_H Z_E Z_\varepsilon Z_\beta\sqrt{\frac{2KT_1}{bd_1^2}\frac{u+1}{u}}$	MPa	$\sigma_H=763.95<[\sigma_H]_1$ 结论：满足齿面接触疲劳强度要求
3. 绘制齿轮零件工作图			（略）

7.7 直齿锥齿轮副性能设计

锥齿轮副用于相交轴之间的运动和动力传递。直齿锥齿轮较难达到较高制造精度，振动和噪声大，一般用于线速度较低的场合，速度高时可采用曲线齿锥齿轮副。下面着重介绍最常用的、轴交角 $\Sigma=90°$的标准直齿锥齿轮副的性能设计。

7.7.1 直齿锥齿轮的计算载荷

1. 直齿锥齿轮副几何参数

直齿锥齿轮副的齿廓大小从大端到小端是变化的，标准规定大端参数为标准值。轴交角 $\Sigma=90°$ 的直齿锥齿轮副的几何关系如图 7-23 所示，其主要尺寸见表 7-10。

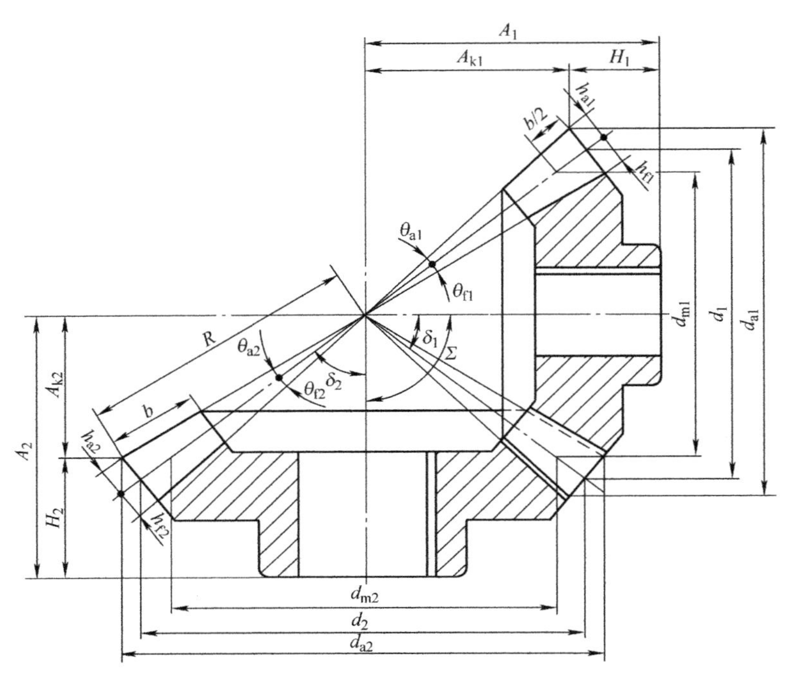

图 7-23 直齿锥齿轮副的几何尺寸

表 7-10 标准直齿锥齿轮副的几何尺寸计算公式

名称	代号	小齿轮	大齿轮
齿数比	u	$u=z_2/z_1=d_2/d_1=\cot\delta_1=\tan\delta_2$，按传动要求确定	
分锥角	δ	$\tan\delta_1=\dfrac{\sin\Sigma}{u+\cos\Sigma}$	$\delta_2=\Sigma-\delta_1$
外锥距	R	$R=\dfrac{d_1}{2\sin\delta_1}=\dfrac{d_2}{2\sin\delta_2}=\sqrt{\left(\dfrac{d_1}{2}\right)^2+\left(\dfrac{d_2}{2}\right)^2}=d_1\dfrac{\sqrt{u^2+1}}{2}$	
齿宽系数	φ_R	$\varphi_R=b/R$，一般 $\varphi_R=\dfrac{1}{4}\sim\dfrac{1}{3}$，常用 0.25~0.35，最常用的值为 1/3	
齿宽	b	$b=\varphi_R R$，适当圆整	
平均分度圆直径	d_m	$d_{m1}=d_{a1}(1-0.5\varphi_R)$	$d_{m2}=d_{a2}(1-0.5\varphi_R)$
当量分度圆直径	d_v	$d_{v1}=\dfrac{d_{m1}}{\cos\delta_1}$	$d_{v2}=\dfrac{d_{m2}}{\cos\delta_2}$
当量齿数	z_v	$z_{v1}=\dfrac{d_{v1}}{m_{m1}}=\dfrac{z_1}{\cos\delta_1}$	$z_{v2}=\dfrac{d_{v2}}{m_{m2}}=\dfrac{z_2}{\cos\delta_2}$
平均模数	m_m	$m_m=m_a(1-0.5\varphi_R)$，m_a 为大端模数	
当量齿轮齿数比	u_v	$u_v=\dfrac{z_{v2}}{z_{v1}}=u^2$	

锥齿轮副因其大、小端齿廓尺寸不同而强度不同，故其强度设计时以齿宽中点处的当量齿轮进行。锥齿轮的当量齿轮是假想锥齿轮展成扇形并将缺口补满所构成的圆柱齿轮，其齿数 z_v 称为锥齿轮的当量齿数。为使锥齿轮不发生根切，当量齿数应不小于直齿圆柱齿轮的根切齿数。

2. 轮齿的受力分析

直齿锥齿轮啮合时齿面上的合力为法向力 F_n，设 F_n 为集中力并作用于齿宽中点的法向截面 $N—N$（$Pabc$ 平面）内，如图 7-24 所示。锥齿轮的法向力 F_n 分解为切于分度圆锥面的切向力 F_t、径向力 F_r 及轴向力 F_a。

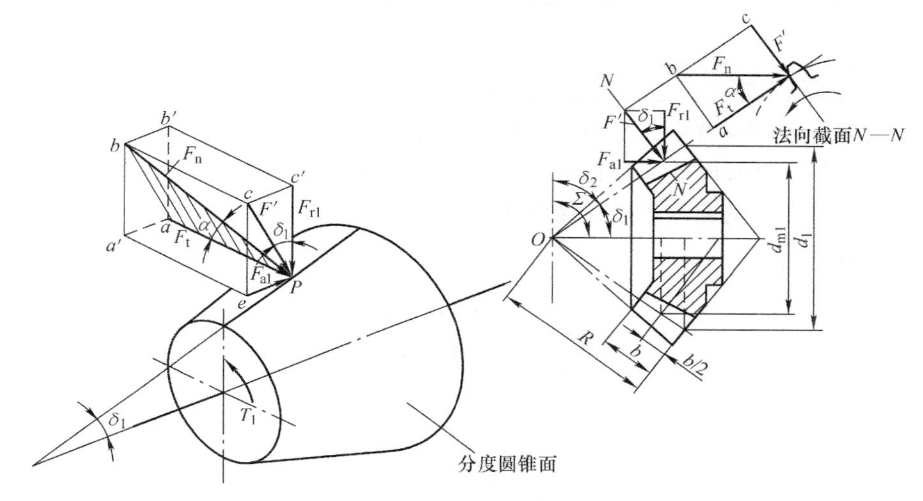

图 7-24　直齿锥齿轮的轮齿受力分析

各分力的大小分别为

$$\begin{cases} F_t = \dfrac{2000T_1}{d_{m1}} \\ F_{r1} = F_t \tan\alpha\cos\delta_1 = -F_{a2} \\ F_{a1} = F_t \tan\alpha\sin\delta_1 = -F_{r2} \\ F_n = \dfrac{F_t}{\cos\alpha} \end{cases} \tag{7-40}$$

式中　T_1——小齿轮转矩（N·m）；

d_{m1}——小齿轮齿宽中点分度圆直径（mm）。

锥齿轮各分力的方向：

1）切向力：主动轮切向力与其回转方向相反，从动轮切向力与其回转方向相同。

2）径向力：分别由作用点（啮合点）处指向各自齿轮轮心，且 $F_{r1}=-F_{a2}$。

3）轴向力：指向齿轮大端，且 $F_{a1}=-F_{r2}$。

3. 计算载荷及载荷系数

直齿锥齿轮副的计算载荷同圆柱齿轮：$F_{ca}=KF_n$，载荷系数为 $K=K_AK_vK_\alpha K_\beta$。其中使用系数 K_A 可查表 7-2；动载系数 K_v 可按降低一级精度及平均分度圆处圆周速度 v 查图 7-9；齿

间载荷分配系数 $K_{H\alpha}$、$K_{F\alpha}$ 查表 7-3（表中重合度 ε_{α} 应代以当量齿轮的重合度 $\varepsilon_{\alpha v}$）；齿向载荷分布系数 $K_{H\beta}=K_{F\beta}=1.5K_{H\beta be}$。其中，$K_{H\beta be}$ 是轴承系数，可由表 7-11 查取。

表 7-11　轴承系数 $K_{H\beta be}$

应　用	小轮和大轮的支承		
	两者都是两端支承	一个两端支承一个悬臂	两者都是悬臂
飞机	1.00	1.10	1.25
车辆	1.00	1.10	1.25
工业用、船舶用	1.10	1.25	1.50

7.7.2　直齿锥齿轮副的接触疲劳强度设计

直齿锥齿轮强度按齿宽中点平均分度圆处的当量直齿圆柱齿轮计算。利用直齿轮接触疲劳强度公式（7-14）计算时，需进行下列参数代换：载荷代入平均分度圆处的载荷；综合曲率半径代入两当量齿轮的曲率半径；接触线长度为齿轮工作齿宽 b（$L=b$）。

法向计算载荷为

$$F_{nc}=KF_{n}=\frac{KF_{t1}}{\cos\alpha}=\frac{2KT_{1}}{d_{m1}\cos\alpha} \tag{7-41}$$

综合曲率为

$$\frac{1}{\rho_{\Sigma}}=\frac{1}{\rho_{v1}}+\frac{1}{\rho_{v2}}$$

可得

$$\frac{1}{\rho_{\Sigma}}=\frac{2\cos\delta_{1}}{d_{m1}\sin\alpha}\left(1+\frac{1}{u_{v}}\right) \tag{7-42}$$

其中，$u_{v}=u^{2}$，$\cos\delta_{1}=\dfrac{u}{\sqrt{u^{2}+1}}$。

因此，锥齿轮齿面接触疲劳强度校核公式为

$$\sigma_{H}=Z_{H}Z_{E}Z_{\varepsilon}\sqrt{\frac{4KT_{1}}{\varphi_{R}(1-0.5\varphi_{R})^{2}d_{1}^{3}u}}\leqslant[\sigma_{H}] \tag{7-43}$$

锥齿轮齿面接触疲劳强度设计公式为

$$d_{1}\geqslant\sqrt[3]{\frac{4KT_{1}}{\varphi_{R}(1-0.5\varphi_{R})^{2}u}\left(\frac{Z_{E}Z_{H}Z_{\varepsilon}}{[\sigma_{H}]}\right)^{2}} \tag{7-44}$$

公式中参数符号意义和单位同前。

7.7.3　直齿锥齿轮副的弯曲疲劳强度设计

直齿锥齿轮的弯曲疲劳强度仍近似地按平均分度圆处的当量直齿圆柱齿轮进行计算。因而引用标准直齿圆柱齿轮弯曲强度公式（7-22），并代入齿宽中点的当量齿轮模数（其值等于平均模数 m_m），得直齿锥齿轮弯曲疲劳强度公式为

$$\sigma_F=\frac{KF_t}{bm(1-0.5\varphi_R)}Y_{Fa}Y_{Sa}Y_\varepsilon\leqslant[\sigma_F] \tag{7-45}$$

代入齿宽系数 φ_R 和切向力 F_t，整理得到锥齿轮弯曲疲劳强度设计公式

$$m\geqslant\sqrt[3]{\frac{4KT_1}{\varphi_R(1-0.5\varphi_R)^2z_1^2\sqrt{u^2+1}}\frac{Y_{Fa}Y_{Sa}Y_\varepsilon}{[\sigma_F]}} \tag{7-46}$$

式（7-45）和式（7-46）中 Y_{Fa}、Y_{Sa} 分别为齿形系数及应力修正系数，按当量齿数查表 7-9。其余参数符号意义和单位同前。

7.8 齿轮副的结构设计

齿轮结构设计是在其性能设计确定了齿轮的主要尺寸（如分度圆直径、模数等）基础上，确定齿轮的结构形式、其余结构尺寸及与轴的连接形式（除齿轮轴）。

齿轮结构设计规则：①齿轮结构形式按齿轮直径大小选定；②齿轮与轴的连接设计要考虑连接的承载能力、平衡及对中性等，选定连接形式，如单键、双键和花键等；③尺寸设计要综合考虑毛坯加工方法、材料、使用要求及经济性等因素进行结构设计。如齿圈、轮辐、轮毂等的结构形式及尺寸大小。

齿轮结构形式有齿轮轴（齿轮和轴制成一体）、实心式、腹板式、轮辐式和剖分式等，见表 7-12。

表 7-12　齿轮结构形式

序号	结构形式	结构图	说明
1	齿轮轴	d_a　d　e	当 $d_a<2d$ 或 $e\leqslant2.5m_t$ 时，应将齿轮制成齿轮轴
2	实心式结构		当齿顶圆直径 $d_a\leqslant160$mm 时，可以做成实心结构的齿轮；但航空产品中的齿轮，虽然 $d_a\leqslant160$mm，也有做成腹板式的

（续）

序号	结构形式	结构图	说明
3	腹板式结构	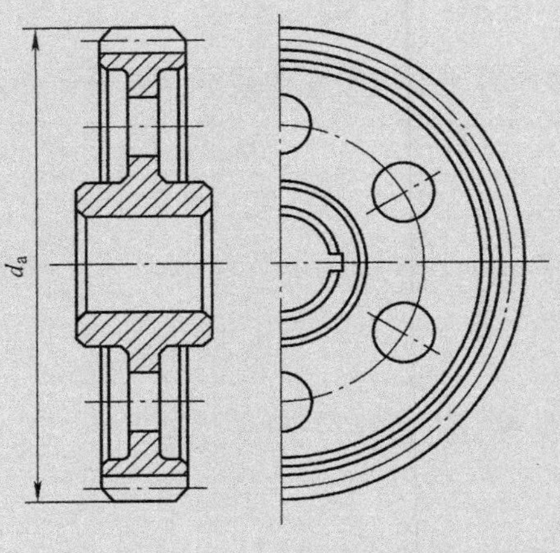	当齿顶圆直径 d_a<500mm 时，可做成腹板式结构，腹板上开孔的数目按结构尺寸大小及需要而定
4	轮辐式结构	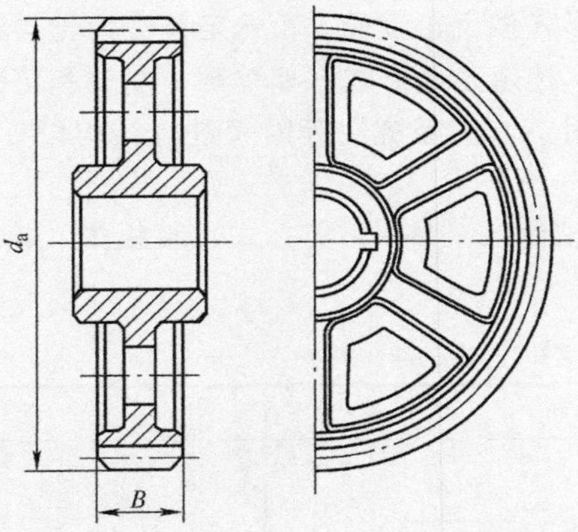	当齿顶圆直径 400mm<d_a<1000mm，$B \leqslant$ 200mm 时，可做成轮辐截面为十字形的轮辐式结构的齿轮
5	铸造齿轮	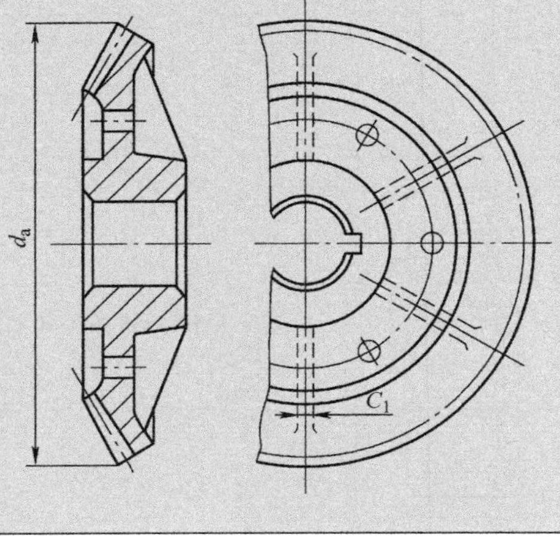	齿顶圆直径 d_a>300mm 的铸造锥齿轮，可做成带加强肋的腹板式结构，加强肋的厚度 C_1，其他结构尺寸与腹板式相同

（续）

序号	结构形式	结构图	说明
6	组装齿圈结构	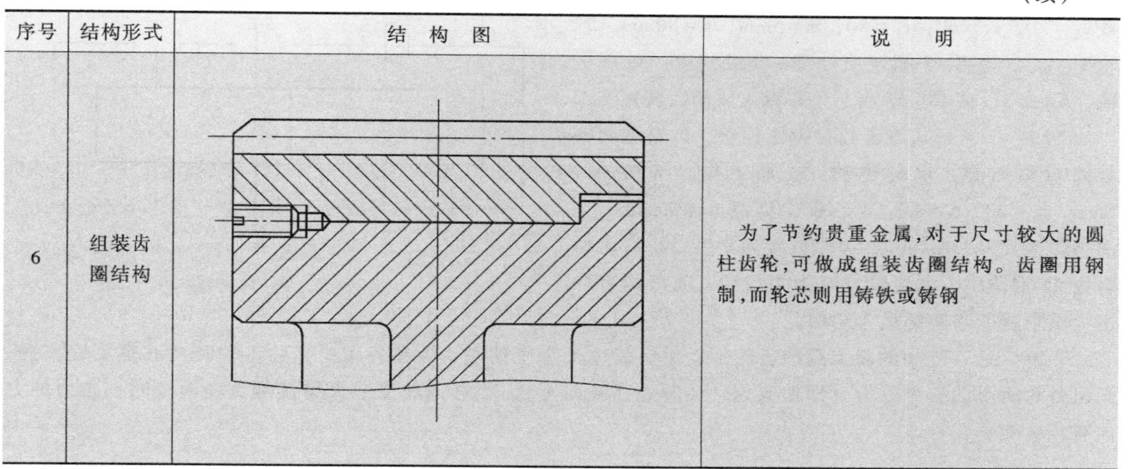	为了节约贵重金属，对于尺寸较大的圆柱齿轮，可做成组装齿圈结构。齿圈用钢制，而轮芯则用铸铁或铸钢

习　题

7-1　齿轮传动的主要失效形式有哪些？开式、闭式齿轮传动的失效形式有什么不同？设计准则通常是按哪些失效形式制订的？

7-2　齿根弯曲疲劳裂纹首先发生在危险截面的哪一边？为什么？为提高齿轮的抗弯曲疲劳折断的能力可采取哪些措施？

7-3　齿面点蚀首先发生在什么部位？为什么？

7-4　为什么一对软齿面的大、小齿轮在其材料选择和热处理方法上常常不同？

7-5　什么是名义载荷？什么是计算载荷？载荷系数 K 由几部分组成？各考虑什么因素的影响？

7-6　什么叫齿廓修形？正确的齿廓修形对载荷系数中的哪个系数有影响？

7-7　为防止轮齿失效，目前比较成熟的计算方法有哪些？各种方法设计得到的主参数是什么？说明什么问题？

7-8　开式齿轮传动应按何种强度条件进行计算？为什么？怎样考虑磨损问题？

7-9　齿面接触疲劳强度计算和齿根弯曲疲劳强度计算的理论依据各是什么？公式是怎样推导出来的？

7-10　试说明齿形系数 Y_{Fa} 的物理意义，如两个齿轮的齿数和变位系数相同，而模数不同，问齿形系数是否变化？

7-11　一对标准钢制直齿圆柱齿轮传动，$z_1=19$，$z_2=88$，问哪个齿轮接触应力大？哪个齿轮的弯曲应力大？为什么？

7-12　一对标准钢齿轮（45钢调质280HBW）和一对铸铁齿轮（HT200，230HBW），尺寸、参数及传递载荷相同，问哪对齿轮接触应力大？哪对齿轮接触疲劳强度高？为什么？

7-13　齿轮齿数的选取对传动有何影响？设计时怎样选定小齿轮齿数 z_1？大齿轮齿数取得过多又会出现什么问题？

7-14　设计圆柱齿轮传动时，常取小齿轮的齿宽 b_1 大于大齿轮的齿宽 b_2，为什么？在强度计算公式中齿宽 b 代入 b_1 还是 b_2？

7-15　普通斜齿圆柱齿轮的螺旋角取值范围是多少？为什么人字齿和双斜齿轮的螺旋角可取较大的数值？

7-16　增速传动时，轮齿强度计算公式如何应用？

7-17　直齿圆柱齿轮、斜齿圆柱齿轮、直齿锥齿轮各取什么位置的模数为标准值？为什么？

7-18　如图7-25所示的直齿圆柱齿轮减速器，轮1为主动轮，单向转动，长期工作。轮2和轮3输出

最大转矩 T_2 和 T_3 相等（不计摩擦损失）；各轮齿参数 $z_1=20$，$z_2=60$，$z_3=80$，$m=5\text{mm}$，$b=80\text{mm}$。若轮 1、2、3 均用 45 钢调质处理，8 级精度，载荷平稳，$K=1.3$，试求主动轴 Ⅰ 允许输入的最大转矩 T_1。

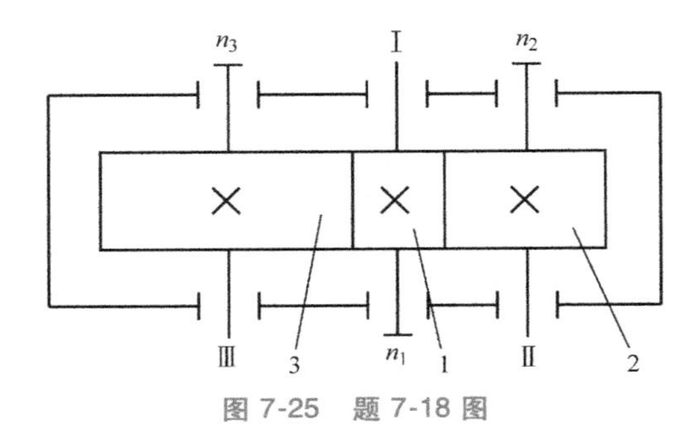

图 7-25　题 7-18 图

7-19　一对开式直齿圆柱齿轮传动，齿轮在两轴承间对称布置，单向传动，长期工作。已知 $m=5\text{mm}$，$z_1=20$，$z_2=80$，$\alpha=20°$，齿宽 $b_2=72\text{mm}$，主动轴转速 $n_1=330\text{r/min}$，齿轮精度为 9 级，小齿轮材料为 45 钢调质，大齿轮材料为 HT250，载荷稍有冲击，试求所能传递的最大功率。

7-20　图 7-26 中的斜齿圆柱齿轮传动中，齿轮 1 为主动轮。请在各图中标注各轮转向和螺旋线方向，画出各轮所受的三个分力（即切向力、径向力和轴向力）。当转向改变或者螺旋线方向改变时，各力的方向有什么变化？

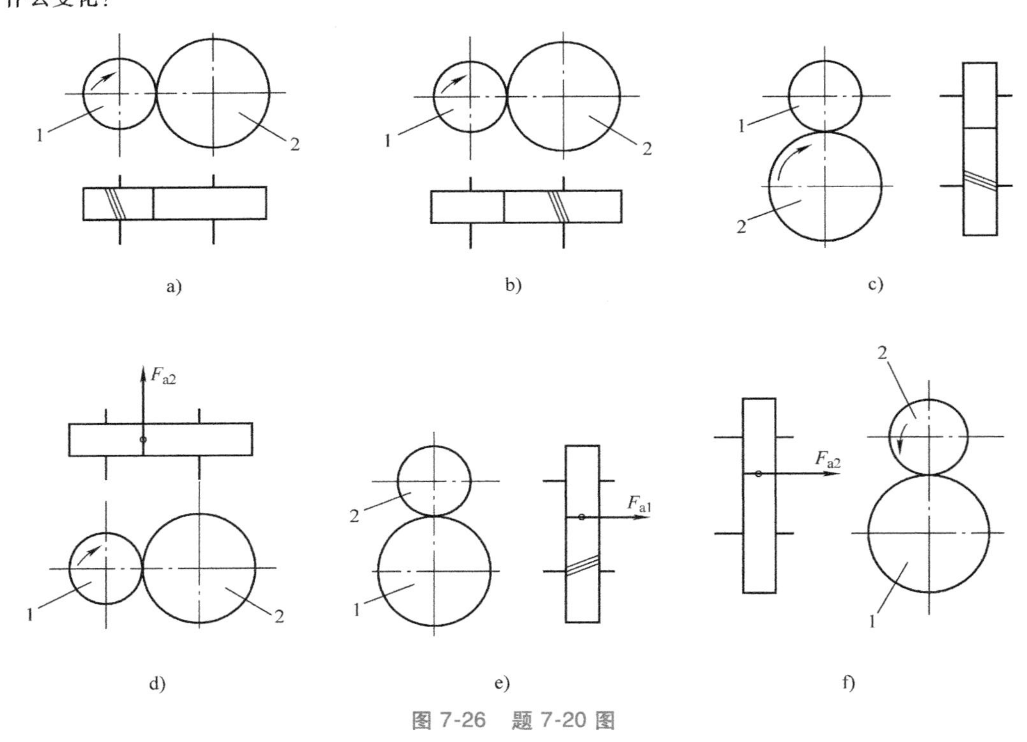

图 7-26　题 7-20 图

7-21　图 7-27 所示为斜齿圆柱齿轮传动，当忽略摩擦损失时，

1）如果轮 1 为主动轮，试在图上画出齿轮 2 所受各力的方向。

2）如果轮 2 为主动轮，试另画一图并在其中标出齿轮 2 所受各力的方向。

3）在以上两种情况下，画图说明 Ⅱ 轴所受弯矩和转矩的变化规律。

7-22　内啮合圆柱齿轮传动中，轮 1 为主动轮，右旋，转向如图 7-28 所示。试在图中画出齿轮 1 和齿轮 2 的切向力、径向力和轴向力。

7-23　标准斜齿圆柱齿轮减速器的一对齿轮传动，小齿轮对称布置，载荷平稳，单向传动。已知：$n_1=750\text{r/min}$，$z_1=24$，$z_2=108$，$\beta=8°06'34''$，$m_n=6\text{mm}$，$b=160\text{mm}$，8 级精度，小齿轮材料为 35SiMn（调质），大齿轮材料为 ZG340-640（常化），工作寿命 20 年（每年 300 个工作日），每日两班，每班 8h。试计算该齿

轮传动所能传递的功率。

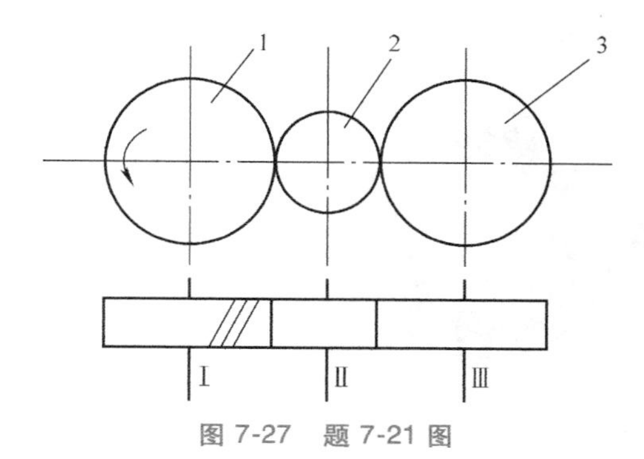

图 7-27　题 7-21 图

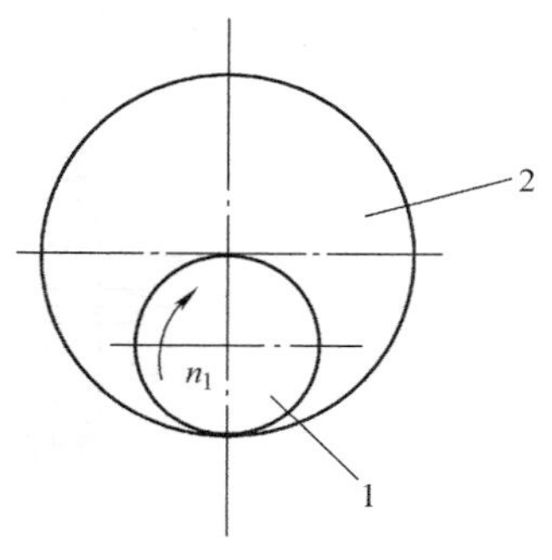

图 7-28　题 7-22 图

7-24　设计一闭式斜齿圆柱齿轮传动。已知传递功率 $P=5\text{kW}$，转速 $n_1=970\text{r/min}$，传动比 $i=3$，载荷有中等冲击，单向传动，工作寿命 10 年，单班制工作，每天工作 8h，齿轮为不对称布置。

7-25　图 7-29 所示为直齿锥齿轮和斜齿圆柱齿轮组成的二级减速装置。已知小锥齿轮 1 为主动轮，其转动方向如图所示。直齿锥齿轮的齿数比 $u=2.5$，压力角 $\alpha=20°$，齿宽中点分度圆的切向力 $F_{t1}=F_{t2}=5600\text{N}$；斜齿圆柱齿轮分度圆螺旋角 $\beta=11°36'$，螺旋角 β 的方向如图所示，切向力 $F_{t3}=9500\text{N}$。试求：

1）轴Ⅱ上总的轴向力 $F_{a\text{Ⅱ}}$ 的大小和方向。

2）在图上标出锥齿轮 2 和斜齿轮 3 所受各力的方向。

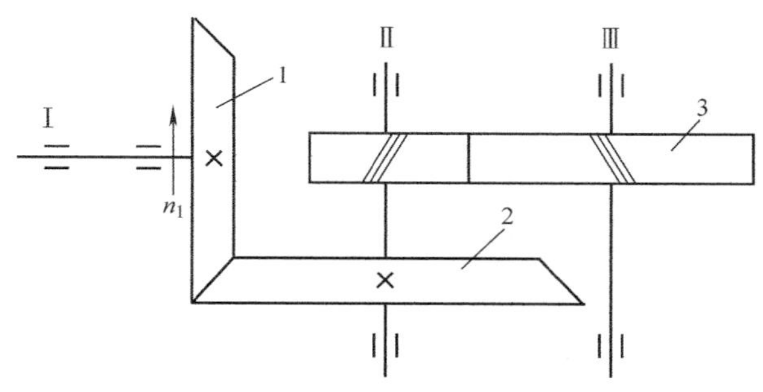

图 7-29　题 7-25 图

7-26　试设计一对由电动机驱动的闭式直齿锥齿轮，小齿轮悬臂布置。已知 $\Sigma=90°$，$P_1=4.5\text{kW}$，$n_1=1440\text{r/min}$，$i=3.5$，载荷有不大的冲击，齿轮为 8 级精度，单向传动，单班制工作，每班工作 8h，要求工作寿命为 10 年，每年工作 300 天。

知识拓展

谐波齿轮传动

谐波齿轮传动是 20 世纪 50 年代后期由 C. M. Musser 发明的一种新型传动，与普通行星齿轮传动的传动原理有着本质的区别，它是利用机械波控制柔性齿轮的弹性变形来传递运动和力的一种新型传动装置。谐波齿轮传动结构简单，由三个基本构件组成，分别是波发生器、柔轮和刚轮，如图 7-30 所示，波发生器装入带有外齿的柔轮中，当波发生器转动时，柔轮在波发生器的作用下产生弹性变形，在波发生器长轴的两端处柔轮齿与刚轮齿啮合；在波发生器短轴的两端处柔轮齿与刚轮齿完全脱开；在波发生器长轴与短轴的区间，柔轮齿与刚轮齿有的处于半啮合状态，称为啮入；有的处于半脱开状态，称为啮出。由于波发生器连续转动，使得啮入、完全啮合、啮出、完全脱开这四种情况依次变化，循环不已。

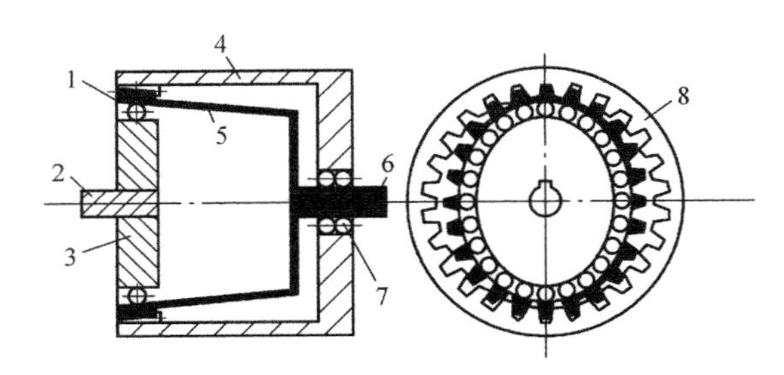

图 7-30 谐波齿轮传动结构图

1—弹性支座 2—输入轴 3—波发生器 4—外壳 5—柔性齿轮 6—输出轴 7—轴承 8—刚性齿轮

由于柔轮比刚轮少两个齿，所以当波发生器转动一周时柔轮向相反的方向转过刚轮齿与柔轮齿的齿数差对应的角度，从而实现了大传动比传动。谐波传动不仅传动比大，而且传动比范围大（单级传动比为 50~500），重量轻，传动精度高，承载能力大，效率高，空回小，同时具有啮合齿数多（高达总齿数的 10%~20%）及可以向密闭空间传递运动等一系列其他传动所难以达到的特殊性能。

第8章

蜗 杆 副

蜗杆蜗轮副传递交错轴之间的回转运动，简称蜗杆副，工程上也称这种特殊的空间齿轮机构为蜗杆传动。大多数情况下蜗杆和蜗轮两轴为空间垂直交错布置。某泵的减速装置采用蜗杆副传动，如图 8-1 所示，该装置在有效寿命期内且工作一段时间后，蜗杆表面良好，但蜗轮齿面出现了鳞片状损伤和磨蚀损伤，如图 8-2 所示。那么，蜗轮这种失效原因是什么？应如何解决此类问题呢？

图 8-1 蜗杆减速装置

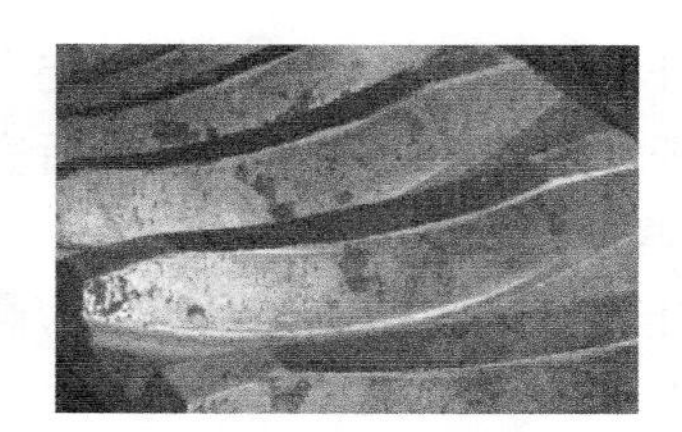

图 8-2 蜗轮磨损

8.1 概　　述

蜗杆副可实现空间交错布置的轴之间（常用夹角为 90°）的运动和动力传递，如图 8-3 所示。蜗杆副因其独特的传动特点，广泛应用于机床、汽车、仪器、起重运输机械、冶金机械等机器设备。

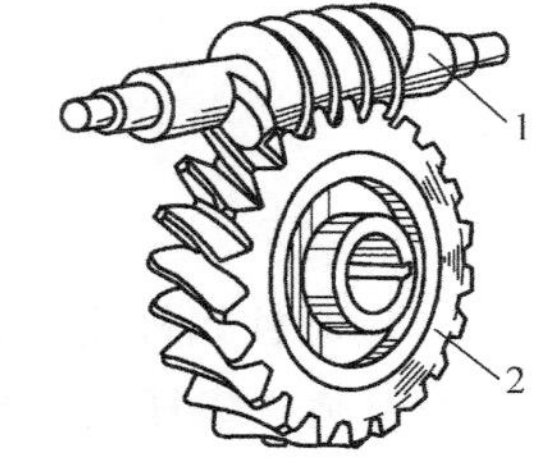

图 8-3 圆柱蜗杆副

1—蜗杆　2—蜗轮

蜗杆副与齿轮副同属于啮合传动，在失效形式、强度计算方面具有一定的共性。如两者均可能发生疲劳点蚀、齿根折断、胶合与磨损等失效，但首先发生的主要失效形式有一定差异。又如强度计算一般均以齿面接触疲劳强度准则和弯曲疲劳强度准则为主要计算准则，但在影响强度的主要因素方面有所不同。除此之外，蜗杆副还具有自身的特点。

1. 蜗杆副的主要特点

1）传动比大，结构紧凑。蜗杆头数一般较少，从而可获得大传动比。一般传递动力的蜗杆副传动比 $i=5\sim80$；主要传递运动的蜗杆副传动比可达 1000。与齿轮、带和链等传动方式相比，相同传动比下蜗杆副结构更紧凑。

2）传动平稳。蜗杆轮齿相当于连续的螺旋齿，与蜗轮齿是逐渐进入啮合并逐渐退出啮合的，且同时啮合的齿数较多。因此，传动平稳，噪声小。

3）具有自锁性。蜗杆导程角小于啮合面当量摩擦角时，其逆行程自锁。

4）啮合摩擦损失较大，效率低，发热大。蜗杆副啮合齿面间存在较大的相对滑动。这种相对滑动产生较大的摩擦和磨损；其啮合摩擦损失较大，传动效率低。蜗杆副具有自锁性时，效率低于0.5，不适用于大功率传动场合。

2. 蜗杆副设计的主要内容

蜗杆副设计也包括性能设计和结构设计。性能设计除了进行强度设计外，蜗杆轴常需要按轴类零件的计算方法进行刚度设计和校核；因啮合时发热较大，故需进行热平衡计算。蜗杆副设计主要流程也是首先根据工况分析可能的主要失效形式，并确定相应的设计准则，进行主要参数设计；其次校核其他性能指标是否满足要求；最后进行结构设计。

8.2 蜗杆副的结构设计

蜗杆副的结构设计是首先选定类型（圆柱蜗杆副、环面蜗杆副和锥蜗杆副），其次分别确定蜗杆和蜗轮的结构形式，最后完成蜗杆和蜗轮的结构设计。

1. 蜗杆副类型

蜗杆副根据蜗杆结构形状分为圆柱蜗杆副（图8-4a）、环面蜗杆副（图8-4b）和锥蜗杆副（图8-4c）三大类。

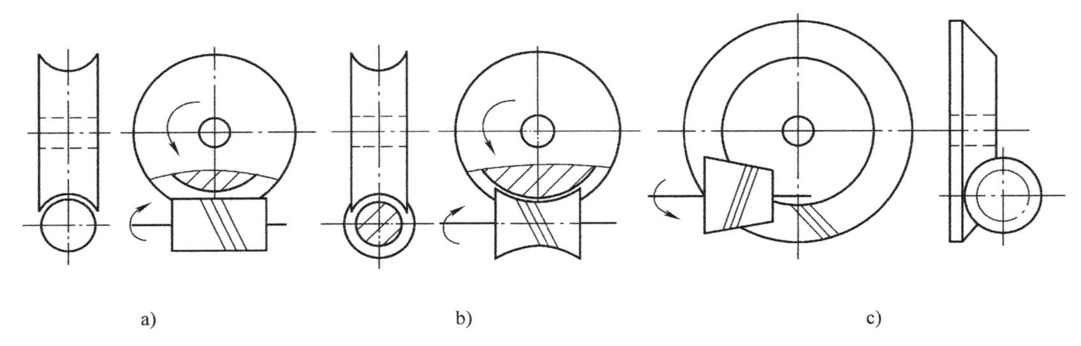

图8-4 蜗杆副的类型

a）圆柱蜗杆副 b）环面蜗杆副 c）锥蜗杆副

（1）圆柱蜗杆副 圆柱蜗杆副分为普通圆柱蜗杆副和圆弧圆柱蜗杆副两类。

普通圆柱蜗杆副根据齿廓形状分为阿基米德蜗杆（ZA蜗杆）、渐开线蜗杆（ZI蜗杆）、法向直廓蜗杆（ZN蜗杆）和锥面包络蜗杆（ZK蜗杆），其特点和应用见表8-1。

圆弧圆柱蜗杆副（ZC蜗杆）和普通圆柱蜗杆副仅齿廓形状不同，在中间平面（或称轴向剖面：过蜗杆轴线并垂直蜗轮轴线的平面）Ⅰ—Ⅰ上，蜗杆齿廓为凹弧形，蜗轮齿廓为凸弧形，如图8-5所示。圆弧圆柱蜗杆副特点和应用见表8-1。

（2）环面蜗杆副 环面蜗杆副的特征是蜗杆体轴向外形是以凹圆弧为母线的旋转曲面，

如图 8-4b 所示。环面蜗杆副分为直线环面蜗杆副（图 8-6）和平面包络环面蜗杆副（图 8-7）。前者齿廓在轴向剖面内为直线，采用切于主基圆的直线刀刃，且通过蜗杆轴面的回转运动进行加工；后者是用盘状铣刀或平面砂轮在专用机床上按包络原理进行加工。环面蜗杆副特点和应用见表 8-1。

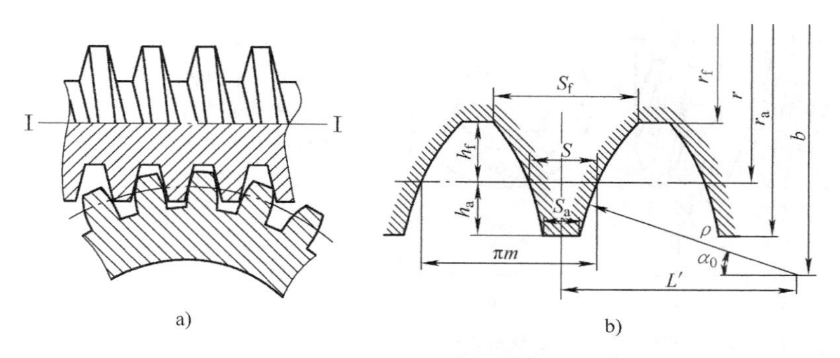

图 8-5　圆弧圆柱蜗杆副

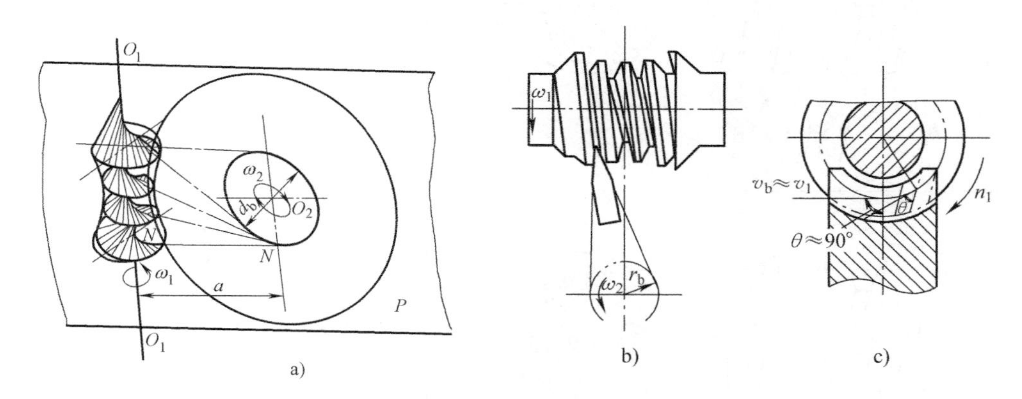

图 8-6　直线环面蜗杆副形成原理及切齿简图

a）形成原理　b）刀具位置　c）接触线的位置

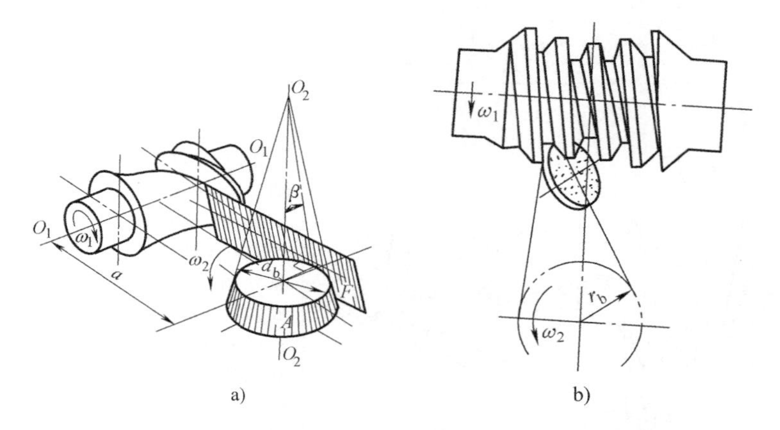

图 8-7　平面包络环面蜗杆副形成原理及切齿简图

a）形成原理　b）刀具位置

表 8-1 圆柱、环面蜗杆副的分类、特点及应用

类型		简图	蜗杆加工	特点	应用
圆柱蜗杆副	阿基米德蜗杆		车削：直线刀刃的单刀或双刀。车刀刀刃平面通过蜗杆的中间平面（Ⅰ—Ⅰ平面）	蜗杆齿廓形状：端面齿形为阿基米德螺旋线；轴向齿形为直线 车削工艺好，但精度低	一般用于头数较少、载荷较小、低速、不太重要的场合
	法向直廓蜗杆		车削：单刀和双刀切制，直线刀刃平面通过蜗杆法平面 N—N 磨削加工	蜗杆齿廓形状：蜗杆法平面内齿形是直线；端面是延伸渐开线 加工精度易于保证	用于转速较高和较精密场合，如磨齿机；也用于载荷和功率较大的场合
	渐开线蜗杆		车削：刀刃平面与蜗杆基圆柱相切 磨削：专用机床	蜗杆齿廓形状：蜗杆端面齿形为渐开线；轴向和法平面齿形均为曲线 加工精度易保证，承载能力高于其他直齿廓圆柱蜗杆，效率高	同上
	锥面包络蜗杆		铣削和磨削加工。蜗杆螺旋线由锥面盘状铣刀或砂轮包络加工而成，即刀具在蜗杆法面内绕其轴线回转，蜗杆作螺旋运动	蜗杆齿廓形状：蜗杆任意截面内，其齿形均是曲线 加工容易，可磨削，加工精度高	一般用于中速、中载、连续运转的动力蜗杆副

（续）

类型		简图	蜗杆加工	特点	应用
圆柱蜗杆副	圆弧圆柱蜗杆副	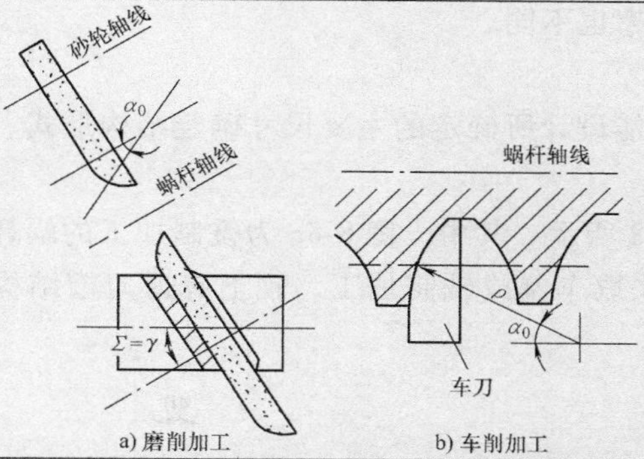 砂轮轴线 α_0 蜗杆轴线 $\Sigma=\gamma$ 蜗杆轴线 ρ α_0 车刀 a) 磨削加工 b) 车削加工	可磨削，采用凸圆弧刃刀具加工	蜗杆齿廓形状：蜗杆齿廓为凹弧形，蜗轮的齿廓为凸弧形 承载能力大，效率高；中心距误差较敏感	用于载荷大的场合
环面蜗杆副	直线环面蜗杆	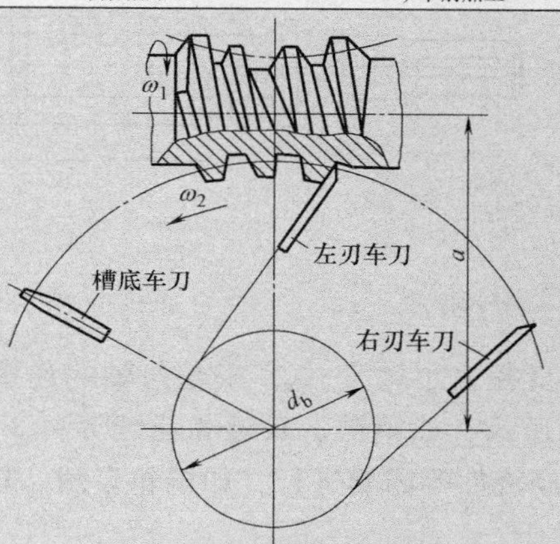 ω_1 ω_2 左刃车刀 槽底车刀 右刃车刀 a d_b	车削：切于主基圆的直线刀刃（单刀或双刀）作回转运动；难于精确磨削	蜗杆齿廓形状：中间平面内蜗杆和蜗轮均为直线齿廓 承载能力高，效率高	同上
	包络环面蜗杆	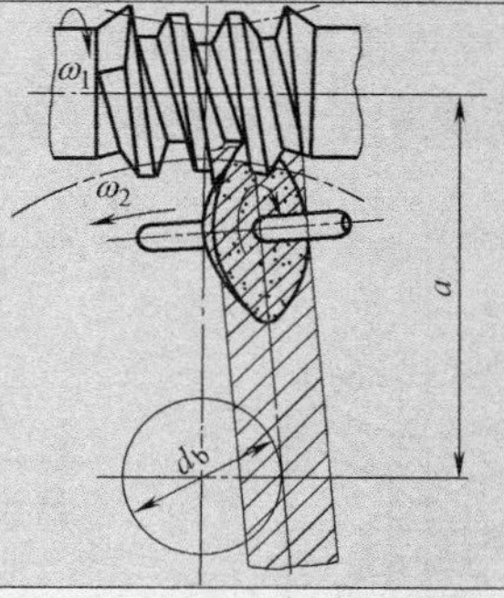 ω_1 ω_2 a d_b	铣、磨削：平面盘状铣刀或平面砂轮以包络原理在专用机床加工制成	加工精度高，效率高	同上
锥蜗杆副		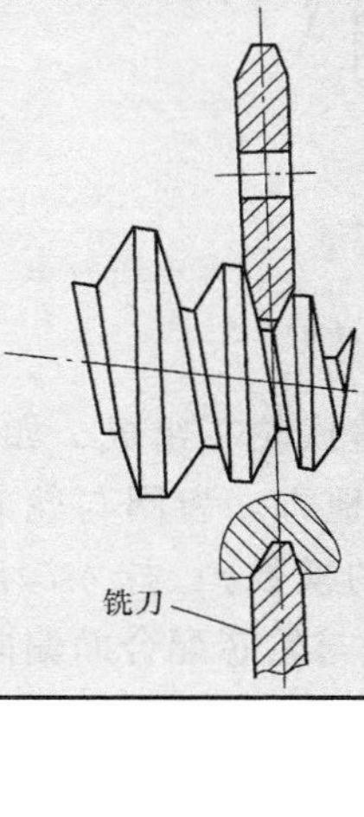 铣刀	锥面盘状铣刀或砂轮包络加工而成的螺旋面	端面齿廓近似为阿基米德螺旋面 同时啮合齿数多，重合度大、承载能力和效率高；能作离合器使用；传动比范围大（10 ~ 360）；工艺性好	同上

（3）锥蜗杆副　锥蜗杆副的蜗杆齿是节圆锥上的等导程螺旋；蜗轮外形类似于曲线齿锥齿轮。蜗轮可用淬火钢制成，以节约非铁金属。由于结构上的原因，传动具有不对称性，因而正、反转时受力不同，承载能力和效率也不同。

2. 普通圆柱蜗杆和蜗轮的结构设计

蜗杆副结构设计与齿轮相似，根据性能设计所确定的主要尺寸确定结构形式、结构尺寸及与轴的连接形式（除蜗杆轴）。

蜗杆的结构形式常为蜗杆轴，如图 8-8 所示。其中，图 8-8a 为铣制加工的蜗杆结构形式（无退刀槽结构）；图 8-8b 所示的结构可采取车制或铣制加工，轴上有退刀槽结构，该种结构形式的蜗杆刚度较前一种差。

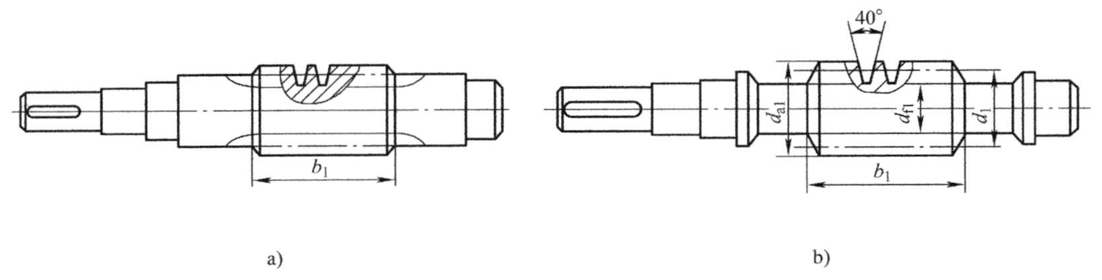

图 8-8　蜗杆结构

蜗轮结构设计规则：①结构形式按蜗轮直径大小选定；② 蜗轮与轴的连接设计要考虑连接的承载能力、平衡及对中性等选定连接形式，如单键、双键和花键等；③ 尺寸设计要综合考虑毛坯加工方法、材料、使用要求及经济性等因素进行，如蜗轮齿圈、轮辐、轮毂等的结构形式及尺寸大小设计。

蜗轮常用结构形式有整体浇注式、齿圈式、螺栓连接式和镶铸式。

（1）整体浇注式蜗轮　整体浇注式蜗轮结构主要用于铸铁蜗轮、铝合金蜗轮或尺寸很小的青铜蜗轮，如图 8-9a 所示。

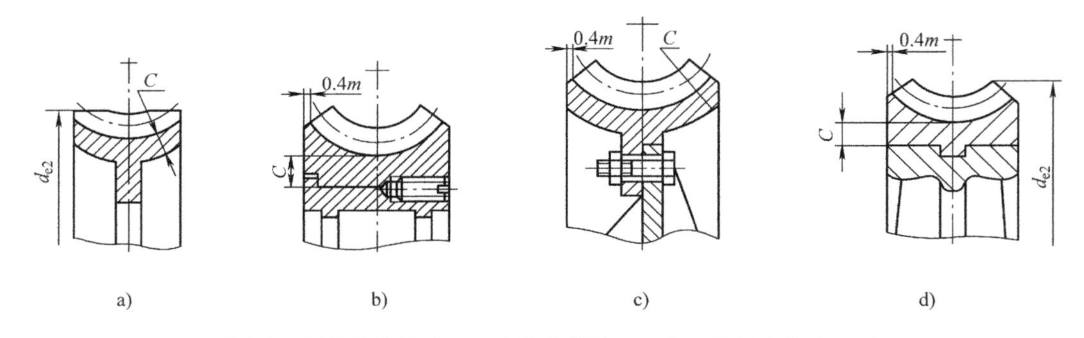

图 8-9　蜗轮结构形式（m 为蜗轮模数，m 和 C 的单位均为 mm）

a)、c) $C\approx1.5m$　b)、d) $C\approx1.6m+1.5$

（2）齿圈式蜗轮　齿圈式蜗轮结构由青铜齿圈及铸铁轮芯组成，如图 8-9b 所示。齿圈式蜗轮结构多用于尺寸不太大或工作温度变化较小的地方。齿圈与轮芯常用 H7/r6 配合，并用螺钉固定。螺钉直径取 $(1.2\sim1.5)m$（m 为蜗轮的模数）；拧入深度取 $(0.3\sim0.4)B$（B 为蜗轮宽度）。为了便于钻孔，将螺钉中心线由齿圈与轮芯配合面偏向轮芯 2~3mm。

(3) 螺栓连接式蜗轮　螺栓连接式蜗轮结构是齿圈与轮芯采用螺栓连接，如图 8-9c 所示。螺栓尺寸和数目根据蜗轮尺寸、螺栓强度确定。此种结构装拆方便，用于尺寸较大或易磨损的蜗轮。

(4) 镶铸式蜗轮　镶铸式蜗轮结构是在铸铁的轮芯上加铸青铜齿圈，再切齿加工，如图 8-9d 所示。此种结构形式一般只用于大批制造的蜗轮。

蜗轮的几何尺寸可按表 8-4 中的计算公式及图 8-9、图 8-10 所示的结构尺寸来确定；轮芯部分的结构尺寸可参考齿轮的结构尺寸。

3. 蜗杆副的主要参数

普通圆柱蜗杆副在蜗杆轴平面内相当于齿轮和齿条的啮合运动，如图 8-10 所示。因此，规定蜗杆副的轴平面参数为计算基准。

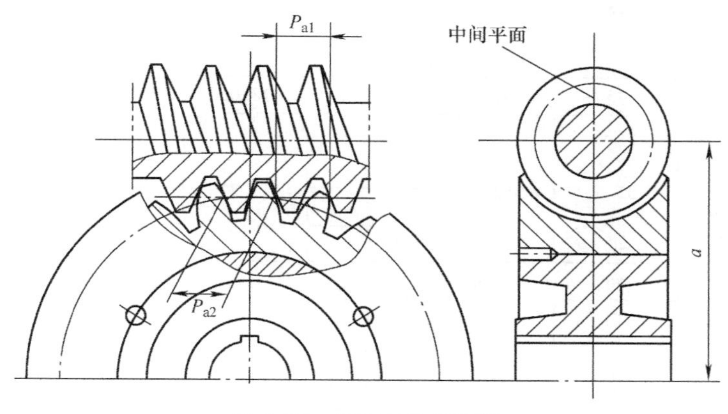

图 8-10　普通圆柱蜗杆副

(1) 模数 m 和压力角 α　蜗杆副的正确啮合条件是：在轴平面内蜗杆的轴向模数和轴向压力角分别与蜗轮的端面模数和端面压力角相等，即

$$m_{a1} = m_{t2} = m$$

$$\alpha_{a1} = \alpha_{t2}$$

圆柱蜗杆副的模数 m 规定为标准值，按表 8-2 选用。

表 8-2　普通圆柱蜗杆基本尺寸和参数及其与蜗轮参数的匹配

中心距 a /mm	模数 m /mm	分度圆直径 d_1 /mm	m^2d_1 /mm^3	蜗杆头数 z_1	直径系数 q	分度圆导程角 γ	蜗轮齿数 z_2	变位系数 x_2
40	1	18	18	1	18.00	3°10′47″	62	0
50							82	0
40	1.25	20	31.25	1	16.00	3°34′35″	49	−0.500
50		22.4	35		17.92	3°11′38″	62	+0.040
63							82	+0.440
50	1.6	20	51.2	1	12.50	4°34′26″	51	−0.500
				2		9°05′25″		
				4		17°44′41		
63		28	71.68	1	17.50	3°16′14″	61	+0.125
80							82	+0.250

（续）

中心距 a /mm	模数 m /mm	分度圆直径 d_1/mm	m^2d_1 /mm^3	蜗杆头数 z_1	直径系数 q	分度圆导程角 γ	蜗轮齿数 z_2	变位系数 x_2
40 (50) (63)	2	22.4	89.6	1	11.20	5°06′08″	(29) (39) (51)	-0.100 (-0.100) (+0.400)
				2		10°07′29″		
				4		19°39′14″		
				6		28°10′43″		
80 100		35.5	142	1	17.75	3°13′28″	62 82	+0.125
50 (63) (80)	2.5	28	175	1	11.2	5°06′08″	(29) (39) (53)	-0.100 (+0.100) (-0.100)
				2		10°07′29″		
				4		19°39′14″		
				6		28°10′43″		
100		45	281.25	1	18.00	3°10′47″	62	0
63 (80) (100)	3.15	35.5	352.25	1	11.27	5°04′15″	29 (39) (53)	-0.1349 (+0.2619) (-0.3889)
				2		10°03″48″		
				4		19°32′29″		
				6		28°01′50″		
125		56	555.66	1	17.778	3°13′10″	62	-0.2063
80 (100) (125)	4	40	640	1	10.00	5°42′38″	31 (41) (51)	-0.500 (-0.500) (+0.750)
				2		11°18′36″		
				4		21°48′05″		
				6		30°57′50″		
160		71	1136	1	17.75	3°13′28″	62	+0.125
100 (125) (160) (180)	5	50	1250	1	10.00	5°42′38″	31 (41) (53) (61)	-0.500 (-0.500) (+0.500) (+0.500)
				2		11°18′36″		
				4		21°48′05″		
				6		30°57′50″		
200		90	2250	1	18.00	3°10′47″	62	0
125 (160) (180) (200)	6.3	63	2500.47	1	10.00	5°42′38″	31 (41) (48) (53)	-0.6587 (-0.1032) (-0.4286) (+0.2460)
				2		11°18′36″		
				4		21°48′05″		
				6		30°57′50″		
250		112	4445.28	1	17.778	3°13′10″	61	+0.2937

注：1. 本表中导程角 γ 小于 3°30′的圆柱蜗杆均为自锁蜗杆。

2. 括号中的参数不适用于蜗杆头数 $z_1=6$ 时。

3. 本表节选自 GB/T 10085—2018。

阿基米德圆柱蜗杆（ZA）的轴向压力角 α_a 定义为标准值（20°）；渐开线、法向直廓和锥面包络圆柱蜗杆（ZI、ZN、ZK）的法向压力角 α_n 定义为标准值（20°）。蜗杆轴向压力角与法向压力角的关系为

$$\tan\alpha_a=\frac{\tan\alpha_n}{\cos\gamma} \tag{8-1}$$

式中　γ——蜗杆导程角。

（2）蜗杆头数 z_1　蜗杆头数 z_1 可根据传动比要求和效率进行选择。单头蜗杆的传动比大，易自锁，但效率低，不宜用于传递功率较大的场合，如对反行程有自锁要求时取 z_1 为1；需要传递功率较大时，z_1 应取 2 或 4。蜗杆头数多，导程角大，加工较困难。GB/T 10085—2018 标准规定蜗杆的头数 z_1 为 1、2、4、6。

（3）蜗杆副的分度圆直径 d_1 和直径系数 q　为保证蜗杆与蜗轮正确啮合，加工蜗轮的滚刀应与蜗杆的几何参数完全相同。为减少蜗轮滚刀的种类并利于刀具标准化，引入蜗杆直径系数 q（d_1 与模数 m 的比值），将蜗杆分度圆直径 d_1 定为标准值，见表 8-2。

$$q=\frac{d_1}{m} \tag{8-2}$$

蜗杆直径系数 q 对蜗杆副性能影响：直径系数 $q(d_1)$ 较大时，蜗杆的刚度大，挠度小；且圆周速度大，容易形成油膜，润滑条件好；q 大时，因 $\tan\gamma=z_1/q$，导程角小，传动效率较低。反之，分度圆直径系数 q（d_1）较小时，蜗杆的刚度小，挠度大；导程角大，效率高。

（4）蜗轮齿数 z_2　蜗轮齿数 z_2 主要根据传动比来确定。当 $z_2\leqslant 22$（$z_1=1$）或 $z_2\leqslant 26$（$z_1>1$）时，发生根切，蜗杆副的啮合区会显著减小，其平稳性降低。蜗杆副用于动力传动，为避免蜗轮尺寸过大而造成蜗杆的跨距增大和刚度降低，一般 $z_2\leqslant 80$。通常 $z_2=27\sim80$，常取 $z_2=30\sim50$。z_1、z_2 的推荐用值见表 8-3（具体选择时，还应考虑表 8-2 中的匹配关系）。

表 8-3　蜗杆头数 z_1 与蜗轮齿数 z_2 的推荐用值

$i=z_2/z_1$	z_1	z_2	$i=z_2/z_1$	z_1	z_2
≈5	6	29~31	14~30	2	29~61
7~15	4	29~61	29~82	1	29~82

（5）蜗杆副的标准中心距 a　蜗杆副的标准中心距为

$$a=\frac{1}{2}(d_1+d_2)=\frac{1}{2}(q+z_2)m \tag{8-3}$$

圆柱蜗杆副设计时，m^2d_1 按强度条件确定后，再根据 GB/T 10085—2018 规定的参数值予以匹配，见表 8-2。

普通圆柱蜗杆副的几何尺寸计算见图 8-11 和表 8-4。

表 8-4　普通圆柱蜗杆副标准传动基本几何尺寸计算公式

名　称	代　号	计算公式	说　明
中心距	a	$a=\frac{1}{2}(d_1+d_2)=\frac{1}{2}(q+z_2)m$	按规定选取
蜗杆头数	z_1	通常用 $z_1=1,2,4,6$	按规定选取
蜗轮齿数	z_2	通常 $z_2\geqslant 28$	按传动比确定
压力角	α	$\alpha_a=20°$ 或 $\alpha_n=20°$	按蜗杆类型确定
蜗杆轴向模数（蜗轮端面模数）	m	$m=m_a=\frac{m_n}{\cos\gamma}$	按规定选取

（续）

名　称	代　号	计算公式	说　明
传动比	i	$i=\frac{n_1}{n_2}$	蜗杆为主动，按规定选取
齿数比	u	$u=\frac{z_2}{z_1}$	
蜗杆直径系数	q	$q=\frac{d_1}{m}$	
蜗杆分度圆直径	d_1	$d_1=mq$	按规定选取
蜗杆导程角	γ	$\tan\gamma=\frac{mz_1}{d_1}=\frac{z_1}{q}$	
蜗轮分度圆直径	d_2	$d_2=mz_2$	
蜗轮咽喉母圆半径	r_{g2}	$r_{g2}=a-\frac{1}{2}d_{a2}$	d_{a2} 为蜗轮齿顶圆直径

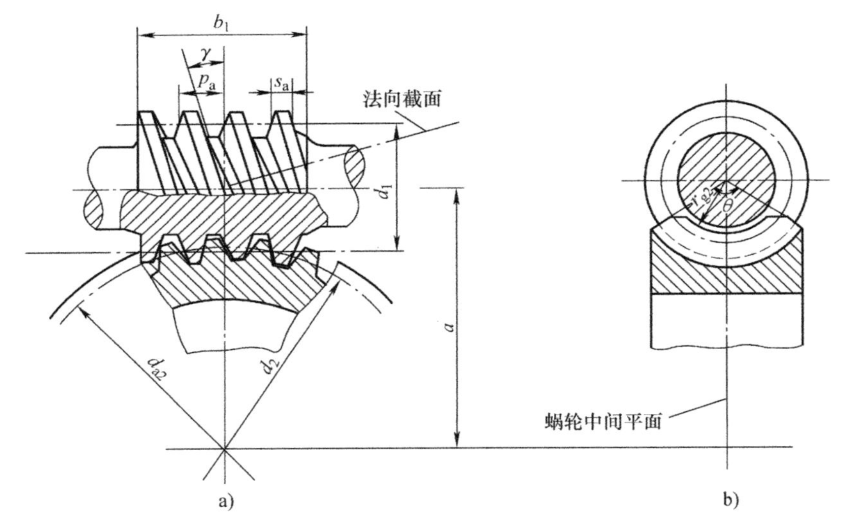

图 8-11　普通圆柱蜗杆副的基本几何尺寸

a）蜗轮中间平面处的蜗杆轴向截面　b）蜗杆端截面

8.3　普通圆柱蜗杆副的性能设计

蜗杆副的性能设计与齿轮副相同，即根据工作条件确定主要失效形式，并确定相应的设计准则进行性能设计，获得主要尺寸参数（模数、分度圆直径等）。

8.3.1　蜗杆副的设计准则

1. 蜗杆副的力学模型

蜗杆副与齿轮副相同，均是通过轮齿啮合传递运动和动力的。因此，就轮齿而言，其设计同样是接触和弯曲的问题。蜗杆副的接触问题即研究齿面的接触应力及接触时的相对滑动问题。研究蜗杆副轮齿弯曲问题时，其简化力学模型也为悬臂梁。以蜗杆作为整体研究对象时，可将其归属为简支方法支承的轴类零件，故其简化的力学模型为简支轴。

2. 蜗杆副的失效形式

蜗杆副的主要失效形式有齿面点蚀、磨损、胶合和齿根折断，且失效多发生在蜗轮轮齿上。蜗杆与蜗轮齿面间有较大的相对滑动，发热量大，从而增加了产生胶合和磨损失效的可能性。蜗轮首先失效的原因是其材料力学性能低于蜗杆，以及其他结构上的原因，此外蜗轮轮齿强度一般低于蜗杆齿强度。

3. 蜗杆副的性能设计准则

蜗杆副性能设计一般只计算蜗轮轮齿。闭式传动的蜗杆副多出现齿面点蚀（图 8-12）或胶合（图 8-13），相应设计准则为蜗轮齿面接触疲劳强度满足要求。针对齿面胶合失效，因目前尚无完善的胶合计算公式，故采用接触强度的条件性计算。考虑蜗杆副发热较大，一般需要进行热平衡计算。仅当 z_2>80~100 时才校核弯曲疲劳强度。

图 8-12　蜗杆齿面点蚀

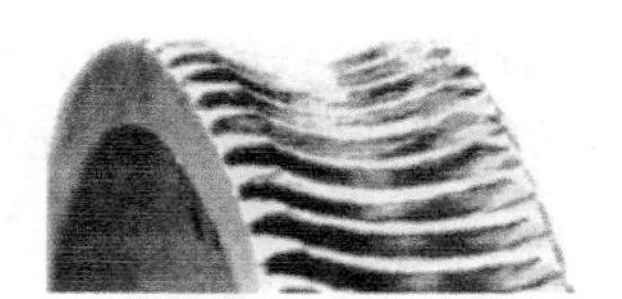

图 8-13　蜗轮齿面胶合

开式传动或润滑不良的闭式传动，蜗轮多发生齿面磨损（图 8-14）和轮齿折断（图 8-15）。因此，蜗轮齿根弯曲强度为开式传动的主要设计准则，并用降低许用应力或增大模数的方法加大齿厚，以考虑磨损的储备量。

蜗杆的性能计算方法依据轴的强度和刚度校核方法进行。

图 8-14　蜗轮齿面磨损

图 8-15　蜗轮轮齿折断

8.3.2　蜗杆副的材料

蜗杆、蜗轮材料的选用原则是不仅要具有足够的强度，更重要的是要具有良好的减摩性、耐磨性和磨合性能。因此，蜗杆、蜗轮材料的选用要考虑其匹配性能。

蜗杆副常采用淬硬钢制蜗杆与铜制蜗轮（低速时可用铸铁）相匹配。

1. 蜗杆材料

蜗杆一般用优质碳钢或合金钢制成。蜗杆齿面热处理方法主要有表面淬火、渗氮或调质等，可提高硬度和耐磨性。蜗杆热处理后需磨削或抛光。高速重载蜗杆常采用 15Cr 或

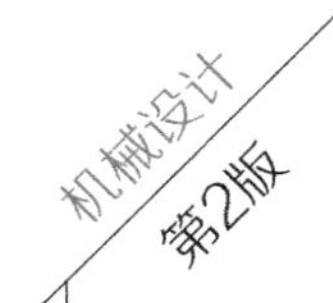

20Cr，并经渗碳淬火；也可用40、45钢或40Cr淬火。调质蜗杆只用于速度低、载荷较小的场合，可采用40或45钢调质处理。蜗杆常用材料及热处理见表8-5。

表8-5 蜗杆常用材料及热处理

材料牌号	热处理方法	齿面硬度	齿面表面粗糙度 Ra/μm
45、35SiMn、40Cr、40CrNi、35CrMo、42CrMo	调质	≤350HBW	1.6~3.2
45、40Cr、40CrNi、35CrMo	表面淬火	45~55HRC	≤0.8
20Cr、20CrV、20CrMnTi、12CrNi3A、20CrMo	渗碳淬火	58~63HRC	≤0.8
38CrMoAlA、42CrMo、50CrVA	渗氮	63~69HRC	≤0.8

2. 蜗轮材料

蜗轮材料的许用应力见表8-6。蜗轮材料常选用青铜、黄铜或铸铁，其许用接触应力见表8-7。常用铜材料有铸造锡青铜（ZCuSn10P1、ZCuSn5Pb5Zn5）、铸造铝青铜（ZCuAl10Fe3、ZCuAl10Fe3Mn2）、铸造黄铜（ZCuZn38Mn2Pb2）；常用铸铁材料有灰铸铁（HT150、HT200、HT250）。锡青铜耐磨性最好，是理想的蜗轮材料，但价格高，可用于滑动速度 $v_s \geqslant 3\text{m/s}$ 的重要传动；铝青铜和黄铜的耐磨性和抗胶合能力较锡青铜差些，但价格便宜，可用于滑动速度 $v_s \leqslant 4\text{m/s}$ 的传动；如果是滑动速度不高（$v_s \leqslant 2\text{m/s}$），效率要求不高的蜗轮传动，可采用灰铸铁。

表8-6 蜗轮材料及 $N_L=10^7$ 时的许用接触应力 $[\sigma_H]'$、$N_L=10^6$ 时的许用弯曲应力 $[\sigma_F]'$

（单位：MPa）

蜗轮材料	铸造方法	适用的滑动速度 v_s/(m/s)	力学性能 $R_{p0.2}$	力学性能 R_m	$[\sigma_H]'$ 蜗杆齿面硬度 ≤350HBW	$[\sigma_H]'$ 蜗杆齿面硬度 >45HRC	$[\sigma_F]'$ 单侧受载	$[\sigma_F]'$ 双侧受载
ZCuSn10P1	砂型	≤12	130	220	180	200	51	32
	金属型	≤25	170	310	200	220	70	40
ZCuSn5Pb5Zn5	砂型	≤10	90	200	110	125	33	24
	金属型	≤12	100	250	135	150	40	29
ZCuAl10Fe3	砂型	≤10	180	490	见表8-7		82	64
	金属型		200	540			90	80
ZCuAl10Fe3Mn2	砂型	≤10	—	490			—	—
	金属型			540			100	90
ZCuZn38Mn2Pb2	砂型	≤10	—	245			62	56
	金属型			345			—	—
HT150	砂型	≤2	—	150			40	25
HT200	砂型	≤2~5	—	200			48	30
HT250	砂型	≤2~5	—	250			56	35

表8-7 铝青铜、黄铜及铸铁的许用接触应力 $[\sigma_H]$ （单位：MPa）

蜗轮材料	蜗杆材料	滑动速度 v_s/(m/s) 0.25	0.5	1	2	3	4	6	8
ZCuAl10Fe3,ZCuAl10Fe3Mn2	钢经淬火①	—	250	230	210	180	160	120	90

（续）

蜗轮材料	蜗杆材料	滑动速度 v_s/(m/s)							
		0.25	0.5	1	2	3	4	6	8
ZCuZn38Mn2Pb2	钢经淬火[①]	—	215	200	180	150	135	95	75
HT200，HT150（120～150HBW）	渗碳钢	160	130	115	90	—	—	—	—
HT150（120～150HBW）	调质或淬火钢	140	110	90	70	—	—	—	—

① 蜗杆如未经淬火，表中[σ_H]值需降低20%。

3. 蜗杆与蜗轮材料的匹配

蜗杆与蜗轮材料的匹配见表8-8。

表8-8 蜗杆与蜗轮材料的匹配

蜗轮材料	ZCuSn10Zn2	ZCuSn10P1	ZCuAl10Fe3	灰铸铁
蜗杆材料	20CrMnTi、40Cr等	20CrMnTi、40Cr等	40Cr等	45、40Cr等
特性	$v_s \geq 8 \sim 26$m/s	$v_s \geq 5 \sim 10$m/s	$v_s \leq 4$m/s	$v_s \leq 2$m/s

8.3.3 普通圆柱蜗杆副的计算载荷

1. 蜗杆副的受力分析

蜗杆副的受力分析与斜齿轮相似。蜗杆副与斜齿轮副的旋向关系：蜗杆副的蜗杆与蜗轮旋向相同，斜齿轮副的两齿轮旋向不同。蜗杆副、斜齿轮的旋向影响其轴向力方向。

蜗杆副受力分析时，忽略摩擦力。图8-16a是以右旋蜗杆为主动件，并沿图示的方向旋转时，蜗杆螺旋面上的受力情况。F_n为集中作用于节点P处的法向载荷，可分解为三个互相垂直的分力：切向力F_{t1}、径向力F_{r1}和轴向力F_{a1}。显然，蜗杆与蜗轮间存在着三对作用力和反作用力：F_{t1}与F_{a2}、F_{r1}与F_{r2}和F_{a1}与F_{t2}，即三对力分别大小相等、方向相反。

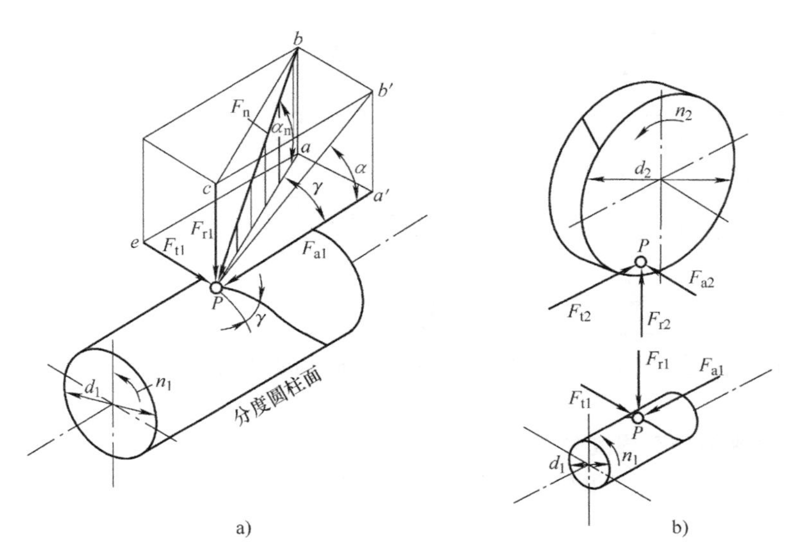

图8-16 蜗杆副的受力分析

蜗杆副上各力的大小可按下列各式计算，各力的单位均为 N：

$$F_{t1}=F_{a2}=\frac{2000T_1}{d_1} \tag{8-4}$$

$$F_{a1}=F_{t2}=\frac{2000T_2}{d_2} \tag{8-5}$$

$$F_{r1}=F_{r2}=F_{t2}\tan\alpha \tag{8-6}$$

$$F_n=\frac{F_{a1}}{\cos\alpha_n\cos\gamma}=\frac{F_{t2}}{\cos\alpha_n\cos\gamma}=\frac{2000T_2}{d_2\cos\alpha_n\cos\gamma} \tag{8-7}$$

式中 T_1、T_2——蜗杆及蜗轮上的公称转矩（N·m）；

d_1、d_2——蜗杆及蜗轮的分度圆直径（mm）。

蜗杆副各力方向：

① 切向力：主动轮与其回转方向相反，从动轮与其回转方向相同。

② 径向力：分别由作用点（啮合点）处指向各自轮心。

③ 轴向力：主动轮轴向力可用左右手定则进行判断：主动轮右旋用右手，左旋用左手；握起的四指方向代表主动轮的回转方向，拇指指向即为主动轮的轴向力方向。从动轮轴向力与主动轮切向力大小相等，方向相反。一对啮合的蜗杆和蜗轮的旋向相同。

2. 蜗杆副的计算载荷

与齿轮传动相同，蜗杆传动的计算载荷也引入载荷系数 K，$K=K_AK_vK_\beta$。其中，使用系数 K_A 见表 8-9；齿向载荷分布系数 K_β：当蜗杆副载荷平稳时，取 $K_\beta=1$，当有冲击、振动载荷时，取 $K_\beta=1.3\sim1.6$；动载系数 K_v：由于蜗杆副传动一般较平稳，精确制造且当蜗轮圆周速度 $v_2\leqslant3\text{m/s}$ 时，取 $K_v=1.0\sim1.1$，当蜗轮圆周速度 $v_2>3\text{m/s}$ 时，取 $K_v=1.1\sim1.2$。

表 8-9 蜗杆副使用系数 K_A

工作类型	Ⅰ		Ⅱ		Ⅲ	
载荷性质	均匀无冲击		不均匀有小冲击		不均匀有大冲击	
每小时起动次数	<25		25~50		>50	
起动载荷	小		较大		大	
蜗轮速度/(m/s)	≤3	>3	≤3	>3	≤3	>3
K_A	1	1.1	1.15	1.2	1.2	1.3

8.3.4 蜗轮齿面接触疲劳强度设计

蜗轮齿面的接触疲劳强度条件同齿轮副。蜗轮齿面接触疲劳应力根据赫兹公式进行计算。

1. 蜗轮齿面接触疲劳强度公式

蜗轮齿面接触应力 σ_H（单位为 MPa）按赫兹公式计算为

$$\sigma_H=Z_E\sqrt{\frac{KF_n}{L_0\rho_\Sigma}} \tag{8-8}$$

式（8-8）中的法向载荷 F_n 可按式（8-7）计算，再参考斜齿轮接触疲劳强度推导过程，代入 L_0、ρ_Σ 值；整理后得到蜗杆副接触疲劳强度的校核公式为

$$\sigma_H = Z_E \sqrt{\frac{9400KT_2}{d_1 d_2^2}} \leqslant [\sigma_H] \tag{8-9}$$

而蜗轮接触疲劳强度条件设计计算公式为

$$m^2 d_1 \geqslant 9400\left(\frac{Z_E}{z_2[\sigma_H]}\right)^2 KT_2 \tag{8-10}$$

式中　T_2——作用在蜗轮轴上的名义转矩（N·m）；

Z_E——材料的弹性影响系数，见表 8-10；

$[\sigma_H]$——蜗轮许用接触应力（MPa），与蜗轮轮缘的材料有关。

其他符号参数同前。

表 8-10　材料的弹性影响系数 Z_E　（单位：$\sqrt{\text{MPa}}$）

蜗杆材料	蜗轮材料			
	铸造锡青铜	铸造铝青铜	灰铸铁	球墨铸铁
钢	155	156	162	181.4

2. 蜗轮齿面许用接触应力

蜗杆副的承载能力若主要取决于抗齿面胶合能力，且蜗轮材料选铝青铜、黄铜或铸铁（$R_m \geqslant 300$MPa）时，其许用接触应力 $[\sigma_H]$ 与应力循环次数 N 无关（因胶合不属于疲劳失效），而与相对滑动速度大小有关。因而，$[\sigma_H]$ 按相对滑动速度直接查表 8-7。

蜗杆副的承载能力若主要取决于抗接触疲劳点蚀能力，且蜗轮材料选锡青铜（$R_m <$ 300MPa）时，其许用接触应力与应力的循环次数有关，为

$$[\sigma_H] = K_{HN}[\sigma_H]'$$

$$K_{HN} = \sqrt[8]{\frac{10^7}{N}}$$

其中，$[\sigma_H]'$为名义许用接触应力，查表 8-6；K_{HN} 为接触强度的寿命系数；N 为应力循环次数，$N = 60jn_2L_h$，式中 n_2 为蜗轮转速（r/min）；L_h 为工作寿命（h）；j 为蜗轮每转一转，每个轮齿齿面参与啮合的次数。

设计蜗轮时，根据设计公式计算蜗杆分度圆直径和模数，再查表 8-2 确定 m、d_1 标准值。

8.3.5 蜗轮齿根弯曲疲劳强度设计

蜗轮的齿厚在中间平面和与其平行的其他截面内不同。因此，精确计算蜗轮齿根弯曲应力比较困难。蜗轮的弯曲疲劳强度计算一般近似为斜齿圆柱齿轮进行条件性计算。

1. 蜗轮齿根弯曲疲劳强度公式

按斜齿圆柱齿轮齿根弯曲强度的计算公式得蜗轮齿根的弯曲应力为

$$\sigma_F=\frac{2KT_2}{\hat{b}_2 d_2 m_n}Y_{Fa2}Y_{Sa2}Y_{\varepsilon}Y_{\beta} \tag{8-11}$$

式中 $\hat{b}_2$——蜗轮轮齿弧长（mm），$\hat{b}_2=\frac{\pi d_1\theta}{360°\cos\gamma}$，$\theta=2\arcsin\left(\frac{b_2}{d_1}\right)$（单位：°）；

m_n——法向模数（mm），$m_n=m\cos\gamma$；

Y_{Sa2}——齿根应力修正系数，在［σ_F］中考虑；

Y_{ε}——弯曲疲劳强度的重合度系数，取 $Y_{\varepsilon}=0.667$。

分别将各参数代入式（8-11），取 $\theta\approx100°$，得到蜗杆副的校核公式为

$$\sigma_F=\frac{1.53KT_2}{d_1 d_2 m}Y_{Fa2}Y_{\beta}\leqslant[\sigma_F] \tag{8-12}$$

蜗轮齿根弯曲疲劳强度条件设计计算公式为

$$m^2 d_1\geqslant\frac{1.53KT_2}{z_2[\sigma_F]}Y_{Fa2}Y_{\beta} \tag{8-13}$$

式中 σ_F——蜗轮齿根弯曲应力（MPa）；

Y_{Fa2}——蜗轮齿形系数，根据蜗轮当量齿数 $z_{v2}=\frac{z_2}{\cos^3\gamma}$及蜗轮的变位系数 x_2 从图 8-17 中查得；

Y_{β}——螺旋角影响系数，$Y_{\beta}=1-\frac{\gamma}{120°}$；

［σ_F］——蜗轮的许用弯曲应力（MPa）。

计算出 $m^2 d_1$ 后，可根据表 8-2 确定 m、d_1，然后按表 8-4 计算蜗杆、蜗轮的其他参数。

2. 蜗轮许用弯曲应力

蜗轮的许用弯曲应力 $[\sigma_F]=[\sigma_F]'K_{FN}$，$K_{FN}$ 为寿命系数，$K_{FN}=\sqrt[9]{\frac{10^6}{N}}$，$N$ 为应力循环次数，$[\sigma_F]'$为计入齿根应力修正系数 Y_{Sa2} 后蜗轮的名义许用弯曲应力，见表 8-6。

8.3.6 普通圆柱蜗杆副刚度计算

蜗杆一般制成蜗杆轴，其支点跨距受蜗轮直径约束，且一般较大，因而挠曲变形较大。因此，蜗杆刚度计算的目的是避免其受载后产生过大的变形，造成轮齿上的载荷集中，影响蜗杆与蜗轮的正常啮合。

蜗杆刚度性能条件是最大变形量小于许用值。蜗杆轴挠曲变形主要是由切向力 F_t 和径向力 F_r 产生。假设轴的支点为自由支承，则 F_t 和 F_r 在啮合点处产生的挠曲量分别为

$$y_{t1}=\frac{F_{t1}L^3}{48EI} \tag{8-14a}$$

$$y_{r1}=\frac{F_{r1}L^3}{48EI} \tag{8-14b}$$

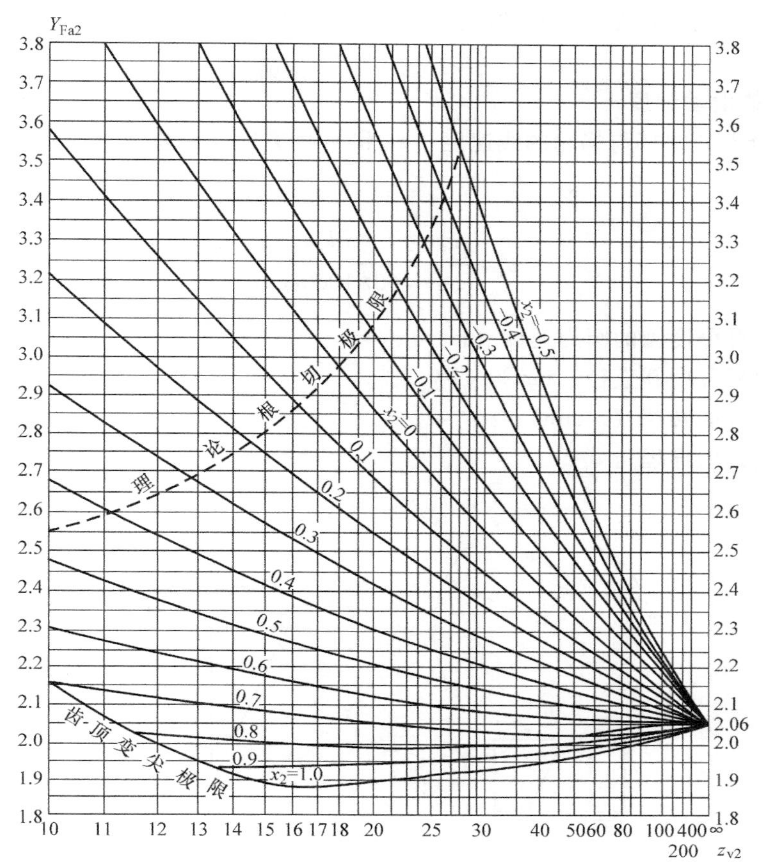

图 8-17　蜗轮的齿形系数 Y_{Fa2}（$\alpha=20°$，$h_a^*=1$，$\rho_{a0}=0.3m_n$）

蜗杆轴的最大挠度 y 近似为 $y=\sqrt{{y_{t1}}^2+{y_{r1}}^2}$，则其刚度条件为

$$y=\sqrt{{y_{t1}}^2+{y_{r1}}^2}=\frac{\sqrt{F_{t1}^2+F_{r1}^2}}{48EI}L^3\leqslant[y] \tag{8-15}$$

式中　F_{t1}——蜗杆所受的圆周力（N）；

F_{r1}——蜗杆所受的径向力（N）；

E——蜗杆材料的弹性模量（MPa）；

I——蜗杆危险截面的惯性矩（mm^4）$I=\frac{\pi d_{f1}^4}{64}$，其中 d_{f1} 为蜗杆齿根圆直径（mm）；

L——蜗杆两端支承间的跨距（mm），视具体结构要求而定，初步计算时可取 $L\approx0.9d_2$；

d_2——蜗轮分度圆直径（mm）；

$[y]$——许用最大挠度（mm），$[y]=\frac{d_1}{1000}$，其中 d_1 为蜗杆分度圆直径（mm）。

8.3.7　蜗杆副的传动效率

蜗杆与蜗轮啮合过程中，两齿廓在同一啮合点上（节点除外）的线速度大小和方向均不相同，因而啮合点处存在相对滑动。由于蜗杆副的滑动速度较大，其传动效率一般低于齿轮传动。

1. 蜗杆副的滑动速度

蜗杆副啮合点处蜗杆与蜗轮的线速度（v_1 和 v_2）方向互相垂直，如图 8-18 所示。相对滑动速度 v_s 为

$$v_s=\frac{v_1}{\cos\gamma}=\frac{\pi d_1 n_1}{60\times1000\cos\gamma} \tag{8-16}$$

式中 v_1——蜗杆分度圆的圆周速度（m/s）；

d_1——蜗杆分度圆直径（mm）；

n_1——蜗杆的转速（r/min）；

γ——蜗杆的导程角（°）。

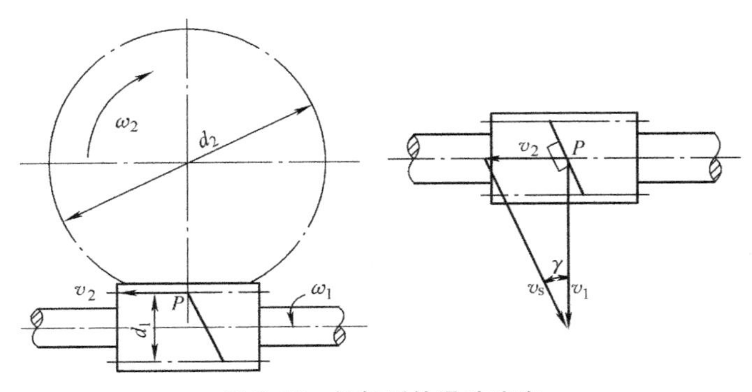

图 8-18 蜗杆副的滑动速度

2. 蜗杆副的传动效率

闭式传动蜗杆副的功率损耗主要包括三部分：轮齿啮合摩擦损耗、零件浸入油池中的搅油损耗和轴承摩擦损耗，这三部分损耗对应的传动效率分别为 η_1、η_2 和 η_3，因此总效率 η 为

$$\eta=\eta_1\eta_2\eta_3 \tag{8-17}$$

1）轮齿啮合摩擦损耗对应的啮合效率 η_1。

蜗杆主动时，啮合效率 η_1 为

$$\eta_1=\frac{\tan\gamma}{\tan(\gamma+\varphi_v)} \tag{8-18a}$$

蜗轮主动时，啮合效率 η_1 为

$$\eta_1=\frac{\tan(\gamma-\varphi_v)}{\tan\gamma} \tag{8-18b}$$

式中 γ——普通圆柱蜗杆分度圆导程角；

φ_v——当量摩擦角，$\varphi_v=\arctan f_v$，其值可根据滑动速度 v_s 由表 8-11 选取。

2）搅油损耗对应的传动效率 η_2：$\eta_2=0.95\sim0.99$。

3）轴承摩擦损耗对应的传动效率 η_3：滚动轴承 $\eta_3=0.98\sim0.99$，滑动轴承 $\eta_3=0.97\sim0.98$。

表 8-11　普通圆柱蜗杆副 f_v、φ_v 值

蜗轮齿圈材料	锡青铜				铝青铜、黄铜		灰铸铁			
蜗杆齿面硬度	≥45HRC		其他		≥45HRC		≥45HRC		其他	
滑动速度 v_s①/(m/s)	f_v②	φ_v②	f_v	φ_v	f_v②	φ_v②	f_v②	φ_v②	f_v	φ_v
0.01	0.110	6°17′	0.120	6°51′	0.180	10°12′	0.180	10°12′	0.190	10°45′
0.05	0.090	5°09′	0.100	5°43′	0.140	7°58′	0.140	7°58′	0.160	9°05′
0.10	0.080	4°31′	0.090	5°09′	0.130	7°24′	0.130	7°24′	0.140	7°58′
0.25	0.065	3°43′	0.075	4°17′	0.100	5°43′	0.100	5°43′	0.120	6°51′
0.50	0.055	3°09′	0.065	3°43′	0.090	5°09′	0.090	5°09′	0.100	5°43′
1.0	0.045	2°35′	0.055	3°09′	0.070	4°00′	0.070	4°00′	0.090	5°09′
1.5	0.040	2°17′	0.050	2°52′	0.065	3°43′	0.065	3°43′	0.080	4°34′
2.0	0.035	2°00′	0.045	2°35′	0.055	3°09′	0.055	3°09′	0.070	4°00′
2.5	0.030	1°43′	0.040	2°17′	0.050	2°52′				
3.0	0.028	1°36′	0.035	2°00′	0.045	2°35′				
4	0.024	1°22′	0.031	1°47′	0.040	2°17′				
5	0.022	1°16′	0.029	1°40′	0.035	2°00′				
8	0.018	1°02′	0.026	1°29′	0.030	1°43′				

① 当滑动速度与表中数值不一致时，可用插值法求得 f_v 和 φ_v 值。

② 蜗杆齿面经磨削或抛光并仔细磨合、正确安装，以及采用黏度合适的润滑油进行充分润滑时。

由上可知，蜗杆副导程角 γ 是影响传动效率的主要参数之一，在一定范围内 η_1 随 γ 的增大而提高。要求效率高的蜗杆副动力传动可取 $\gamma=15°\sim28°$；要求蜗杆副自锁，可取 $\gamma<\varphi_v$，此时，$\eta_1<0.5$。

蜗杆副性能设计时，需考虑传动效率求出蜗轮轴上的转矩 T_2。因此，在设计初期，蜗杆副相关尺寸未知时，η 值可按表 8-12 估算。

表 8-12　蜗杆副总效率的近似值

蜗杆头数	z_1	1	2	4	6
总效率	η	0.7~0.75	0.75~0.82	0.87~0.92	0.95

8.3.8　蜗杆副的热平衡计算

蜗杆副热平衡计算的目的是避免因摩擦发热引起工作温度过高、润滑条件变差而导致齿面胶合失效。蜗杆副的热平衡计算条件是限定达到热平衡时的油温能够稳定在规定的范围内。

蜗杆副热平衡计算方法是以单位时间内的发热量 H_1 等于同时间内的散热量 H_2 为条件来计算润滑油的工作温度。发热量 H_1 主要源于蜗杆副啮合的摩擦损耗；散热量 H_2 主要根据蜗杆副冷却方式来确定。

蜗杆副摩擦损耗的功率 $P_f=P(1-\eta)$，则单位时间内的发热量（单位：W）为

$$H_1=1000P(1-\eta) \tag{8-19}$$

式中　P——蜗杆副传递的功率（kW）；

η——蜗杆副传动的总效率。

蜗杆副若采取自然冷却方式，散热量主要是由箱体外壁散失的热量，其单位时间内的散

热量（单位：W）为

$$H_2 = K_s A(t_1 - t_0) \tag{8-20}$$

式中 K_s——箱体的表面传热系数，无循环空气流动时 $K_s = 8.15 \sim 10.5\text{W}/(\text{m}^2 \cdot ℃)$，通风良好时，$K_s = 14 \sim 17.45\text{W}/(\text{m}^2 \cdot ℃)$；

A——散热面积（m^2），即内表面被油浸溅着而外表面裸露在空气中的箱体表面积，凸缘及散热片的面积按其50%计算；

t_0——空气温度，一般取 $t_0 = 20℃$；

t_1——达到热平衡时的工作油温，一般限制为60~70℃，最高不超过90℃。

根据热平衡条件 $H_1 = H_2$，得到的工作油温 t_1 为

$$t_1 = t_0 + \frac{1000P(1-\eta)}{K_s A} \tag{8-21}$$

或保持正常热平衡所需要的散热面积 $A(\text{m}^2)$ 为

$$A = \frac{1000P(1-\eta)}{K_s(t_1 - t_0)} \tag{8-22}$$

若达到热平衡时的工作油温 t_1 超过限定值，必须采取有效措施，提高散热能力。具体措施如下：

1）增大散热面积。如加散热片，散热片配置方向要有利于热传导。

2）增加散热装置。如蜗杆轴端安装风扇，以增大散热系数 K_s，如图8-19a所示；或在油液内加循环冷却水管，如图8-19b所示。

3）采用外接冷却器。如采用压力喷油循环冷却，如图8-19c所示。

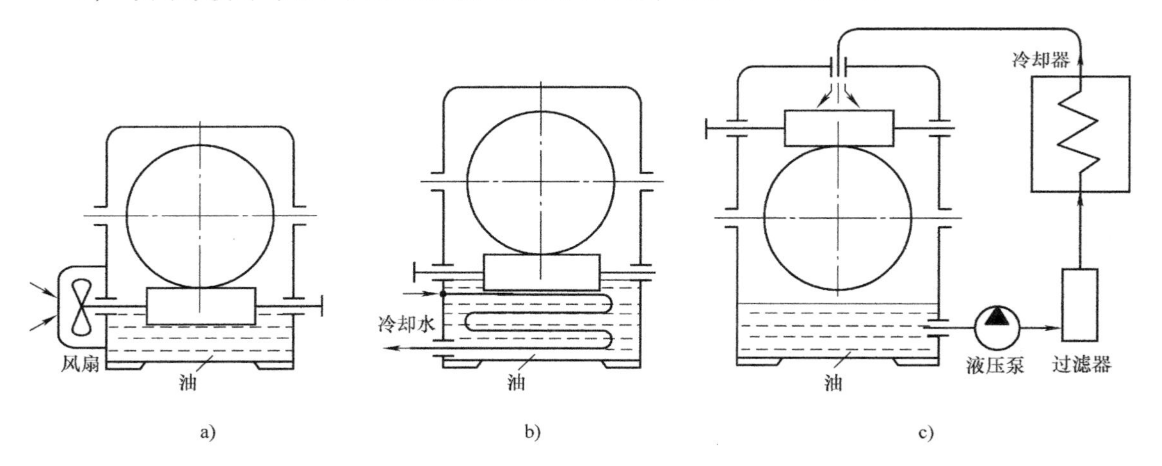

图8-19 蜗杆减速器的冷却方法

a）风扇冷却 b）冷却水管冷却 c）压力喷油（冷却油）冷却

8.4 蜗杆副的精度

GB/T 10089—2018规定蜗杆副精度等级分为12级，其中第1级的精度最高，第12级

的精度最低。根据蜗杆副的应用场合、工作条件、技术要求等选择精度等级。普通圆柱蜗杆副的精度一般以6~9级应用最多。6级精度的蜗杆副可用于中等精度机床的分度机构、发动机调节系统的传动以及武器读数装置的精密传动，它允许的蜗轮圆周速度 $v_2>5\text{m/s}$。7级精度常用于运输和一般工业中的中等速度（$v_2<7.5\text{m/s}$）的动力传动。8级精度常用于短时工作、低速（$v_2\leqslant 3\text{m/s}$）不重要传动。蜗杆副按蜗轮圆周速度 v_2 选择精度等级，见表8-13。

表8-13　按蜗轮圆周速度 v_2 选择精度等级

项　目		蜗轮圆周速度 v_2/(m/s)			
		>7.5	3~7.5	1.5~3	<1.5或手动
精度等级		6	7	8	9
轮齿工作表面粗糙度值 Ra/μm	蜗杆	0.8	1.6	3.2	6.3
	蜗轮	1.6	1.6	3.2	6.3

8.5　蜗杆副设计的工程实例

【例】　试设计闭式蜗杆减速器中的普通圆柱蜗杆副。已知：输入功率 $P=4\text{kW}$，蜗杆转速 $n_1=1440\text{r/min}$，传动比 $i_{12}=30$，减速器为大批量生产，单向传动，工作载荷平稳，要求寿命 $L_h=8000\text{h}$。

【解】　蜗杆材料选择45钢，蜗杆齿面要求淬火，硬度44~55HRC。蜗杆头数 $z_1=2$。蜗轮用铸造锡青铜ZCuSn10P1，金属型铸造，仅齿圈用青铜制造，而轮芯用灰铸铁HT100制造。蜗轮齿数 $z_2=z_1i_{12}=2\times30=60$。因一般情况下蜗轮首先发生失效，故按蜗轮进行计算。

计算项目	计算依据	单　位	计算结果
1. 接触疲劳强度计算			采用渐开线圆柱蜗杆
(1)蜗轮许用接触应力			
1)应力循环次数 N	$N=60jn_2L_h$, $n_2=48\text{r/min}$		$N=2.3\times10^7$
2)名义许用接触应力 $[\sigma_H]'$	表8-6	MPa	$[\sigma_H]'=220$
3)许用接触应力 $[\sigma_H]$	$[\sigma_H]=\sqrt[8]{\dfrac{10^7}{N}}[\sigma_H]'$	MPa	$[\sigma_H]=198.2$
(2)计算 T、K、m^2d_1 值			
1)蜗轮上的转矩 T_2	$\eta=0.8$, $T_2=9549\dfrac{P_2}{n_2}$	N·m	$T_2=636.6$
2)工作情况系数 K_A	表8-9		$K_A=1$
3)动载荷系数 K_v	转速不高		$K_v=1.05$
4)载荷分布系数 K_β	载荷较稳定		$K_\beta=1$
5)载荷系数 K	$K=K_AK_\beta K_v$		$K=1.05$
6)弹性影响系数 Z_E	表8-10	$\sqrt{\text{MPa}}$	$Z_E=155$
7) m^2d_1	式(8-10)，查表8-2	mm³	$m^2d_1=1067$ 取 $m^2d_1=1250$

（续）

计算项目	计算依据	单　位	计算结果
8）确定 m、q 值	因 $i=30,q=\dfrac{d_1}{m}$		$m=5,q=10$
（3）确定传动尺寸			
1）中心距 a	$a=\dfrac{m(q+z_2)}{2}$	mm	$a=175$
2）蜗杆分度圆直径 d_1	$d_1=qm$	mm	$d_1=50$
3）蜗轮分度圆直径 d_2	$d_2=z_2m$	mm	$d_2=300$
4）蜗轮圆周速度 v_2	$v_2=\dfrac{\pi d_2 n_2}{60000}$	m/s	$v_2=0.7536$
5）导程角 γ	$\gamma=\arctan\dfrac{z_1 m}{d_1}$	（°）	$\gamma=11°18'36''$
2. 验算蜗轮弯曲疲劳强度			
（1）蜗轮许用弯曲应力			
1）名义许用弯曲应力 $[\sigma_F]'$	表 8-6	MPa	$[\sigma_F]'=70$
2）许用弯曲应力 $[\sigma_F]$	$[\sigma_F]=[\sigma_F]'\sqrt[9]{\dfrac{10^6}{N}}$	MPa	$[\sigma_F]=49.4$
（2）计算蜗轮弯曲应力			
1）蜗轮当量齿数 z_{v2}	$z_{v2}=\dfrac{z_2}{\cos^3\gamma}$		$z_{v2}=63.63$
2）齿形系数 Y_{Fa2}	图 8-17		$Y_{Fa2}=2.58$
3）螺旋角影响系数 Y_β	$Y_\beta=1-\dfrac{\gamma}{120°}$		$Y_\beta=0.9058$
4）计算蜗轮弯曲应力 σ_F	$\sigma_F=\dfrac{1.53KT_2}{d_1d_2m}Y_{Fa2}Y_\beta$	MPa	$\sigma_F=31.87\leqslant 49.4$ 弯曲强度满足要求
3. 热平衡计算			
（1）滑动速度 v_s	$v_s=\dfrac{\pi d_1 n_1}{60000\cos\gamma}$	m/s	$v_s=3.84$
（2）当量摩擦角 φ_v	查表 8-11，利用插值法求	（°）	$\varphi_v=1°24'14''$
（3）啮合效率 η_1	$\eta_1=\dfrac{\tan\gamma}{\tan(\gamma+\varphi_v)}$		$\eta_1=0.8865$
（4）搅油损耗效率 η_2			$\eta_2=0.96$
（5）轴承摩擦损耗的效率 η_3			$\eta_3=0.99$
（6）总效率 η	$\eta=\eta_1\eta_2\eta_3$		$\eta=0.84$，大于估计值 0.8
（7）所需要散热面积 A	$A=\dfrac{1000P(1-\eta)}{K_s(t_1-t_0)}$	m^2	$A=1.821$
4. 绘制蜗轮零件工作图			（略）

习　题

8-1　蜗杆副的传动比如何计算？能否使用分度圆直径表示传动比？为什么？

8-2 何谓蜗杆副的中间平面？中间平面上的参数在蜗杆副中有何重要意义？

8-3 试述蜗杆直径系数的意义，为何要引入蜗杆直径系数 q？

8-4 为什么在蜗杆副的标准中规定每一种模数 m 对应有限个 d_1 值？

8-5 蜗杆的头数 z_1 及导程角 γ 对啮合效率有何影响？

8-6 为增加蜗杆减速器输出轴的转速，决定用双头蜗杆代替原来的单头蜗杆，问原来的蜗轮是否可以继续使用？为什么？

8-7 与齿轮传动相比较，蜗杆副的失效形式有何特点？为什么？

8-8 闭式蜗杆副和开式蜗杆副的主要失效形式有何不同？其设计计算准则是什么？

8-9 蜗杆传动的效率为何比齿轮传动的效率低得多？

8-10 何谓蜗杆副的相对滑动速度？它对蜗杆副有何影响？

8-11 蜗杆副为何要进行热平衡计算？当热平衡不满足要求时，可采取什么措施？

8-12 图 8-20 所示为开式蜗杆-斜齿圆柱齿轮传动。已知蜗杆主动，螺旋方向为右旋，轴Ⅲ的转向 n_3。试在图中画出：

1）蜗杆的转向。

2）使轴Ⅱ上两轮的轴向力抵消一部分的齿轮 3、4 的螺旋线方向。

3）蜗轮 2 和齿轮 3 的各分力。

8-13 图 8-21 所示为某起重设备的减速装置。已知各轮齿数 $z_1=20$，$z_3=60$，$z_4=2$，$z_5=40$，直径 $D=136\text{mm}$。试分析：

1）为使重物上升，轮 1 的转向（在图中标出）。

2）设系统总效率 $\eta=0.8$，为使重物上升，当轮 1 上输入转矩 $T_1=10\text{N}\cdot\text{m}$ 时，可提升重物的重量是多少？

3）当提升或降下重物时，蜗轮齿面是单侧受载还是双侧受载？

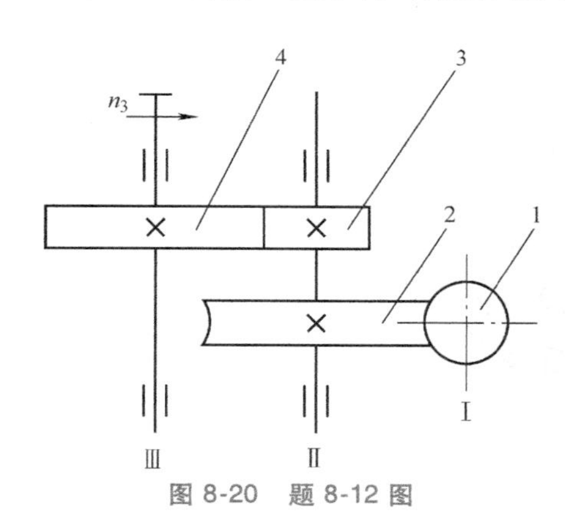

图 8-20 题 8-12 图

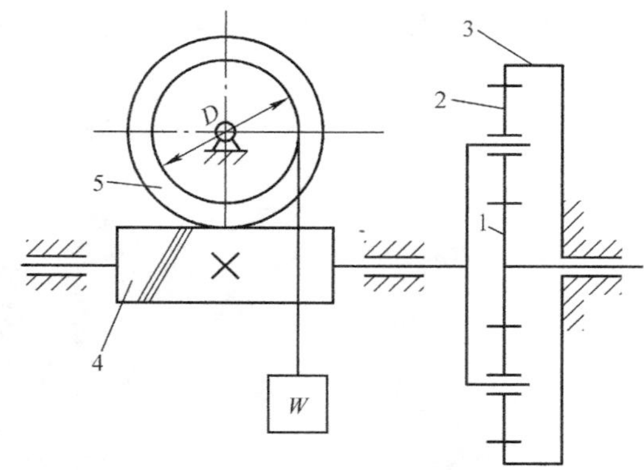

图 8-21 题 8-13 图

8-14 设计一生产线输送带驱动用的闭式蜗杆传动。蜗杆每天工作两班，每班工作 8h，要求使用寿命为 5 年（每年按 250 个工作日计）。蜗杆输入功率 $P_1=8.5\text{kW}$，转速 $n_1=1440\text{r/min}$，传动比 $i=30$。

8-15 在一蜗杆传动中，主动蜗杆转速 $n_1=1450\text{r/min}$，传动比 $i=15$，蜗杆头数 $z_1=2$，模数 $m=5\text{mm}$，直径系数 $q=10$。蜗杆材料为 40Cr，齿面硬度大于 45HRC。蜗轮材料为 ZCuSn10P1。求该传动的啮合效率。

8-16 一蜗杆减速器，在自然通风良好的工作环境下工作，每天工作两班，每班工作 8h，要求使用寿命为 5 年（每年按 300 个工作日计）。主动蜗杆转速 $n_1=960\text{r/min}$，输入功率 $P_1=3\text{kW}$，载荷平稳。模数 $m=6.3\text{mm}$，直径系数 $q=10$，蜗杆头数 $z_1=2$，蜗轮齿数 $z_2=30$。蜗杆材料用 45 钢，调质处理，齿面硬度为 300~320HBW。蜗轮齿圈材料用 ZCuSn10P1，砂模铸造。试计算该蜗杆副的承载能力，并计算减速器所需的散热面积。

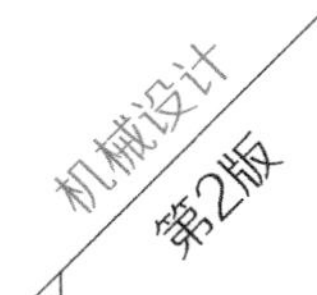

知识拓展

托森差速器简介

说起四轮驱动（All Wheel Drive，简称 AWD）轿车驱动系统，人们不能不想到奥迪 Quattro，正是奥迪的大胆创新和义无反顾才使得越来越多的人享受到 AWD 带来的驾驶乐趣，而奥迪 Quattro AWD 的核心正是托森限滑差速器（Limited Slip Differential，简称 LSD）系统。

每辆汽车都要配备有差速器，普通差速器的作用是：①通过一组减速齿轮，使从变速箱输出的高转速转化为正常车速；②可以使左右驱动轮速度不同，也就是在弯道时对左右车轮输出不同的转速以保持平衡。它的缺陷是在经过湿滑路面时就会因打滑失去牵引力。而给差速器增加限滑功能就能满足轿车在恶劣路面具有良好操控性的需求，这就是 LSD。世界上的 LSD 有几种形式，这里只简单介绍托森差速器系统。

托森差速器（Torsen LSD，TLSD）是根据蜗轮蜗杆原理实现限制滑动的，其限制程度随相对转动速度的增加而增加，因此又被称为转矩感应（Torque Sensing）差速器。从托森差速器的结构视图（图 8-22）中可以看到双蜗轮、蜗杆结构，它们的相互啮合互锁以及转矩单向地从蜗轮传送到蜗杆齿轮的构造实现了差速器锁止功能，也正是这一特性限制了滑动。在弯道行驶没有车轮打滑时，TLSD 的作用与传统差速器一样，蜗杆齿轮不影响半轴输出速度。如车向左转时，右侧车轮比差速器快，而左侧速度低，左右速度不同的蜗轮能够严密地匹配同步啮合齿轮。此时蜗轮蜗杆并没有锁止，因为转矩是从蜗轮到蜗杆齿轮。当右侧车轮打滑时，蜗轮蜗杆组件发挥作用，此时快速旋转的右侧半轴将驱动右侧蜗杆，并通过同

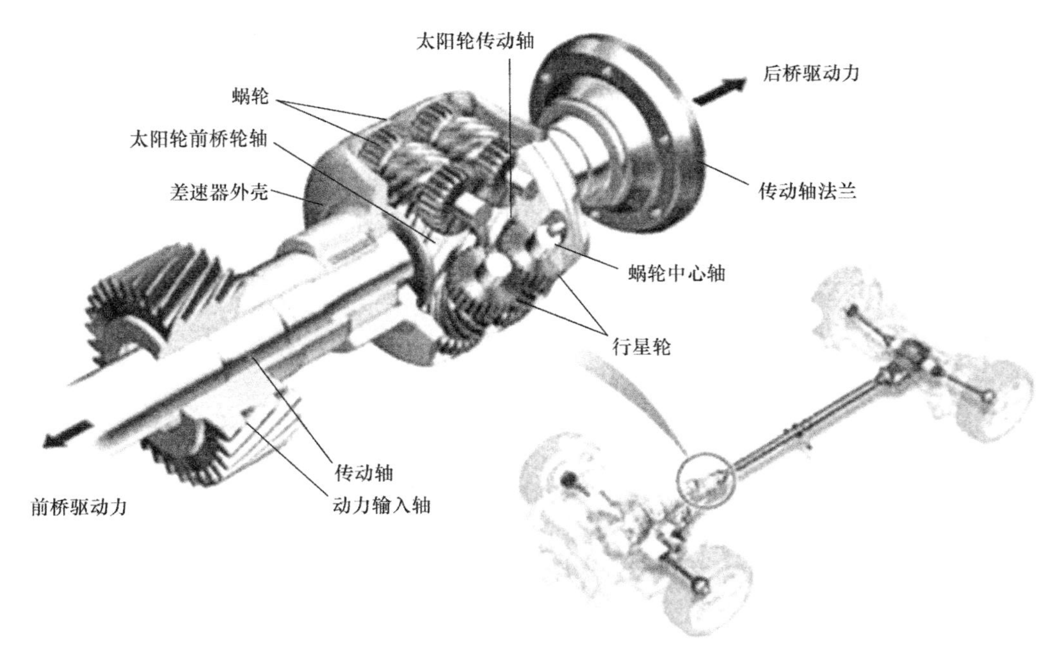

图 8-22　托森差速器

步啮合齿轮驱动左侧蜗杆，此时蜗轮蜗杆特性发挥作用。当蜗杆驱动蜗轮时，它们就会锁止，左侧蜗杆和右侧蜗杆实现互锁，保证了非打滑车轮具有足够的牵引力。

托森差速器的锁止介入没有时间上的延迟，也不会消耗总转矩数值的大小，它没有传统锁止差速器所配备的多片式离合器，磨损非常小，可以实现免维护。除了本身性能上的优势，托森差速器有两个难以解决的问题，一是造价高，所以一般托森差速器都用在高档车上；二是重量太大，装上它后对车辆的加速性是一份拖累。

总之，托森差速器是一个很精密很富创造力的发明，从诞生至今，它一直保持着纯机械的特质。在各大汽车厂商迅速、不断推出各种电子设备装置的今天，它却能一直保持着在很多性能方面的领先，这不得不让我们对托森差速器以及它的设计师充满敬佩。

第三篇

静 连 接

机器中，构件之间由运动副构成动连接来实现确定的相对运动，第二篇已介绍了常见的转动副、移动副和齿轮副（高副）的结构与性能设计。而构件的结构形状与尺寸大小随应用工况和实现功能的不同而异，对精度、表面质量和材料性能等因素的要求在各处也不尽相同。若将一个构件制造成一个整体零件，有时会增加加工、装配、运输、安装和维护等方面的难度和成本，甚至无法实现。因此在工程实际中，一个构件往往采用多个零件固定连接制成，这种连接方式即为静连接。本书未指明是动连接的均约定为静连接，简称为连接。

从连接件是否可以重复使用来看，连接可以分为可拆连接和不可拆连接两类。可拆连接有螺纹连接、键连接、花键连接和销连接等。采用可拆连接通常是由于结构和使用维护上的原因，也有的是出于加工、装配、运输和安装等方面的要求。不可拆连接有铆钉连接、焊接、粘接等，采用不可拆连接往往是由于结构工艺性或经济性的原因。过盈连接可做成可拆或不可拆连接。

从连接传递载荷（力或力矩）的工作原理来看，可分为摩擦连接与非摩擦连接两类，前者由连接面之间的摩擦来传递载荷，如过盈连接；后者通过连接面直接接触与变形来传递载荷，如平键连接。有的连接既可以做成摩擦的，也可做成非摩擦的，如螺纹连接。也有的连接同时采用摩擦和变形来传递载荷，如键连接中的楔键连接。

轴与轴之间的连接一般采用联轴器。由于两轴之间存在制造及安装误差，联轴器一般需要有误差补偿能力，以减少误差造成的附加载荷。联轴器是一个部件，用来实现部件之间的连接，而非零件之间的静连接，具体内容将在本书第五篇部件设计中介绍。

本篇介绍螺纹连接、键与销连接、铆接、焊接、粘接和过盈连接等。

第9章

螺纹连接

螺纹连接是由螺纹零件组成的可拆连接，是典型的常见连接形式，应用十分广泛。本章介绍螺纹连接的结构和性能设计。

9.1 概　　述

螺纹连接的工程实例：某厂一台活塞压缩机，由于结构和工艺需要，大量采用螺纹连接，如图 9-1 所示。其中方框部分为压缩机的排气管与截止阀的螺栓连接。将方框部分放大如图 9-2 所示，截止阀与排气管间为什么采用了螺栓连接？如何布局？螺栓的数目需要多少？其规格如何选取？它们是怎么设计计算的？本章将讨论以上这些典型的螺纹连接问题。

图 9-1　活塞压缩机

图 9-2　排气管与截止阀螺栓连接

螺纹连接设计的基本内容包括螺纹连接类型选择与结构设计和性能计算。螺纹连接有不同的类型和方式，螺纹连接元件也很多，包括螺栓、螺钉、螺母、垫片、防松元件等，但这些元件都已经标准化。螺纹连接类型选择的任务就是根据实际工程条件，确定合适的螺纹连接类型。螺纹连接的结构设计包括螺纹连接的布置形式、连接面形状和防松结构等的设计。而螺纹性能设计主要为连接强度与刚度、紧密性（密封性）等的设计，通过计算确定出螺纹连接件的公称直径。

进行螺纹连接设计时，一般需要进行螺纹连接布局设计、螺纹连接类型选择、性能设计

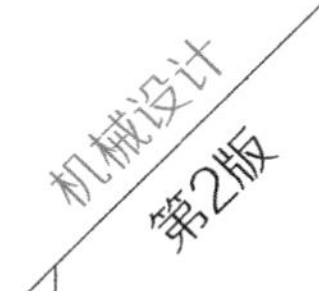

及结构设计等。

（1）螺纹连接布局设计　大多数机器的螺纹连接件都是成组使用的，设计时，根据受力情况、结构尺寸及密封要求，先进行结构布局设计，即确定螺栓的布置方式、数量及连接结合面几何形状。

（2）螺纹连接结构设计　螺纹连接结构设计包括被连接件结合面结构设计、螺纹连接防松设计等。

（3）螺纹连接类型选择　螺纹连接有普通螺栓、铰制孔用螺栓、双头螺柱、螺钉等多种类型，其选择与被连接件的厚度、材料、装拆要求、受力大小和方向等因素有关。

（4）螺纹连接性能设计　螺纹连接性能设计首先在其布局设计（确定螺栓的布置形式和数目）基础上，进行受力分析，计算确定该连接中受力最大的螺栓及其所受载荷的大小；其次，按照螺纹连接的失效形式选择相应设计准则，进行强度计算、密封性校验、连接刚度计算等性能设计。

本章最后以活塞压缩机为工程实例，介绍螺纹连接的设计方法。

9.2　螺纹及螺纹连接

9.2.1　螺纹的类型及应用

螺纹有外螺纹和内螺纹之分，两者共同组成螺纹连接或螺旋传动，顾名思义，它们的功能分别为连接和传动。螺旋传动实质上构成了螺旋副，将在第五篇中介绍。螺纹又分为米制和寸制（螺距以每英寸牙数表示）两类。我国除管螺纹保留寸制外，其他均采用米制螺纹。

常用连接螺纹的类型主要有普通螺纹、米制锥螺纹和管螺纹，且都已标准化。标准螺纹的基本尺寸可查阅有关国家标准获取。常用螺纹的类型、特点和应用见表 9-1。

表 9-1　常用螺纹的类型、特点和应用

螺纹类型		牙型图	特点和应用
连接螺纹	普通螺纹	60°　内螺纹　外螺纹　P　d　d_2　d_1	牙型为等边三角形，牙型角 $\alpha=60°$，内外螺纹旋合后留有径向间隙。外螺纹牙根允许有较大的圆角，以减小应力集中。同一公称直径按螺距大小，分为粗牙和细牙。细牙螺纹的牙型与粗牙相似，但螺距小，升角小，自锁性较好，强度高，因牙细不耐磨，容易滑扣 一般连接多用粗牙螺纹，细牙螺纹常用于细小零件、薄壁管件或受冲击、振动和变载荷的连接中，也可作为微调机构的调整螺纹

（续）

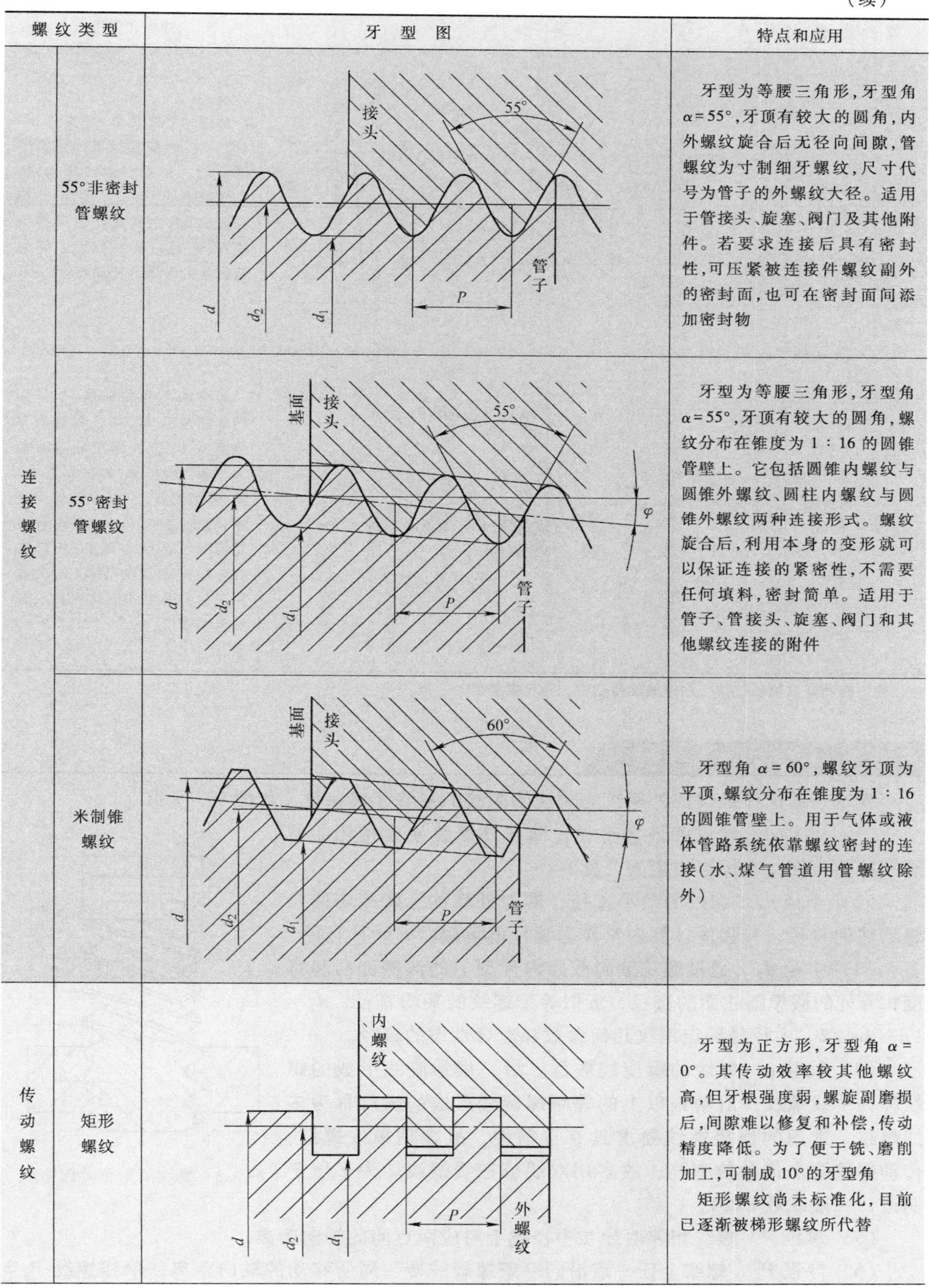

螺纹类型		牙型图	特点和应用
连接螺纹	55°非密封管螺纹		牙型为等腰三角形，牙型角 $\alpha=55°$，牙顶有较大的圆角，内外螺纹旋合后无径向间隙，管螺纹为寸制细牙螺纹，尺寸代号为管子的外螺纹大径。适用于管接头、旋塞、阀门及其他附件。若要求连接后具有密封性，可压紧被连接件螺纹副外的密封面，也可在密封面间添加密封物
	55°密封管螺纹		牙型为等腰三角形，牙型角 $\alpha=55°$，牙顶有较大的圆角，螺纹分布在锥度为 1∶16 的圆锥管壁上。它包括圆锥内螺纹与圆锥外螺纹、圆柱内螺纹与圆锥外螺纹两种连接形式。螺纹旋合后，利用本身的变形就可以保证连接的紧密性，不需要任何填料，密封简单。适用于管子、管接头、旋塞、阀门和其他螺纹连接的附件
	米制锥螺纹		牙型角 $\alpha=60°$，螺纹牙顶为平顶，螺纹分布在锥度为 1∶16 的圆锥管壁上。用于气体或液体管路系统依靠螺纹密封的连接（水、煤气管道用管螺纹除外）
传动螺纹	矩形螺纹		牙型为正方形，牙型角 $\alpha=0°$。其传动效率较其他螺纹高，但牙根强度弱，螺旋副磨损后，间隙难以修复和补偿，传动精度降低。为了便于铣、磨削加工，可制成10°的牙型角 矩形螺纹尚未标准化，目前已逐渐被梯形螺纹所代替

（续）

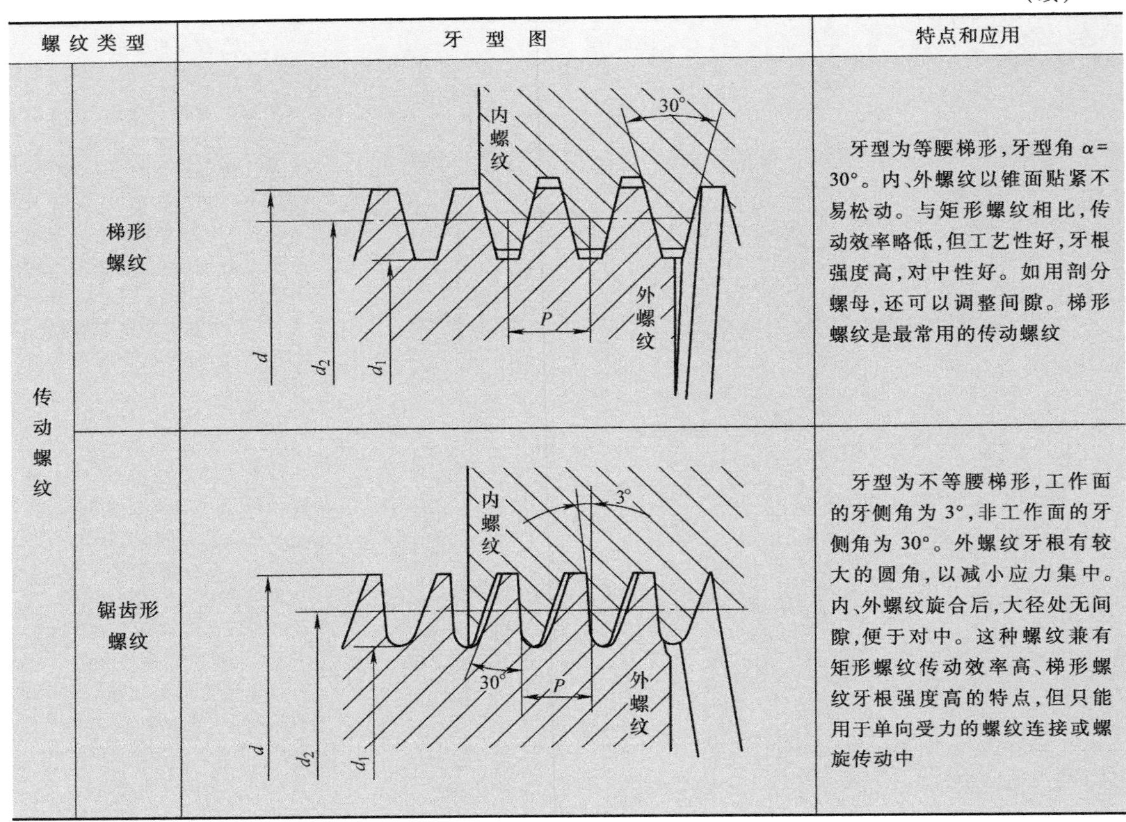

螺纹类型		牙型图	特点和应用
传动螺纹	梯形螺纹		牙型为等腰梯形，牙型角 α=30°。内、外螺纹以锥面贴紧不易松动。与矩形螺纹相比，传动效率略低，但工艺性好，牙根强度高，对中性好。如用剖分螺母，还可以调整间隙。梯形螺纹是最常用的传动螺纹
	锯齿形螺纹		牙型为不等腰梯形，工作面的牙侧角为 3°，非工作面的牙侧角为 30°。外螺纹牙根有较大的圆角，以减小应力集中。内、外螺纹旋合后，大径处无间隙，便于对中。这种螺纹兼有矩形螺纹传动效率高、梯形螺纹牙根强度高的特点，但只能用于单向受力的螺纹连接或螺旋传动中

注：传动螺纹属动连接，用于螺旋传动中，详见螺旋传动一章。

9.2.2 螺纹的主要参数

现以普通圆柱螺纹的外螺纹为例说明螺纹的主要几何参数，如图 9-3 所示。

（1）大径 d　螺纹的最大直径，即与外螺纹牙顶相切的假想圆柱的直径，在标准中定为公称直径。

（2）小径 d_1　螺纹的最小直径，即与外螺纹牙底相切的假想圆柱的直径，在强度计算中常作为螺杆危险截面的计算直径。

（3）中径 d_2　通过螺纹轴向截面内牙型上的沟槽和凸起宽度相等处的假想圆柱面的直径，近似等于螺纹的平均直径，$d_2 \approx (d+d_1)/2$。中径是确定螺纹几何参数和配合性质的直径。

（4）线数 n　螺纹的螺旋线数目。沿一根螺旋线形成的螺纹称为单线螺纹；沿两根以上的等距螺旋线形成的螺纹称为多线螺纹。常用的连接螺纹要求具有自锁性，故多用单线螺纹；传动螺纹要求传动效率高，故多用双线或三线螺纹。为了便于制造，一般线数 $n \leqslant 4$。

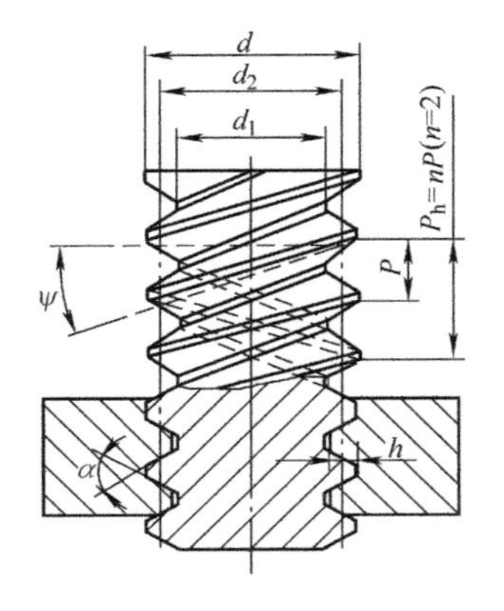

图 9-3　螺纹的主要几何参数

（5）螺距 P　螺纹相邻两牙在中径线上对应两点间的轴向距离。

（6）导程 P_h　螺纹上任一点沿同一条螺旋线转一周所移动的轴向距离。单线螺纹 $P_h=$

P，多线螺纹 $P_h = nP$。

（7）螺纹升角 ψ　螺旋线的切线与垂直于螺纹轴线的平面间的夹角。在螺纹的不同直径处，螺纹升角各不相同。通常按螺纹中径 d_2 处计算，即

$$\psi = \arctan \frac{P_h}{\pi d_2} = \arctan \frac{nP}{\pi d_2} \tag{9-1}$$

（8）牙型角 α　螺纹轴向截面内，螺纹牙型两侧边的夹角。螺纹牙型的侧边与螺纹轴线的垂直平面的夹角称为牙侧角 β，对称牙型的牙侧角 $\beta = \alpha/2$ 。

（9）接触高度 h　内、外螺纹旋合后的接触面的径向高度。

各种管螺纹的主要几何参数可查阅有关标准，其公称直径都不是螺纹大径，而近似等于管子的内径。

9.2.3 螺纹连接的类型

1. 螺栓连接

螺栓连接分为普通螺栓连接和铰制孔用螺栓连接两类。

常见的普通螺栓连接如图 9-4a 所示。其连接方式为在被连接件上开有通孔，插入螺栓后在螺栓的另一端拧上螺母。这种连接的特点是被连接件上的通孔和螺栓杆间留有间隙，通孔的加工精度要求低，结构简单，装拆方便，使用时不受被连接件材料的限制，因此应用广泛。

铰制孔用螺栓连接如图 9-4b 所示。孔和螺栓杆多采用基孔制过渡配合。这种连接能精确固定被连接件的相对位置，并能承受横向载荷，但孔的加工精度要求较高。

2. 双头螺柱连接

如图 9-5a 所示，这种连接适用于结构上不能采用螺栓连接的场合，如被连接件之一太厚不宜制成通孔，材料又比较软（如用铝镁合金制造的壳体），且需要经常拆装时，往往采用双头螺柱连接。拆卸这种连接时不用拆下螺柱，能避免被连接件螺纹孔的磨损。

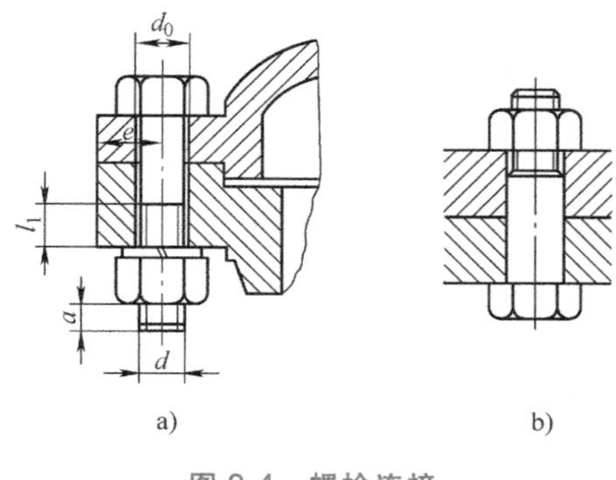

图 9-4　螺栓连接

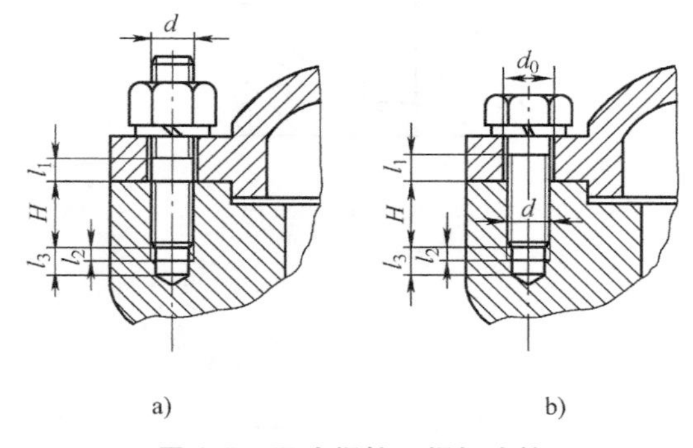

图 9-5　双头螺柱、螺钉连接

a）双头螺柱连接　b）螺钉连接

3. 螺钉连接

如图 9-5b 所示，这种连接的特点是螺钉直接拧入被连接件的螺纹孔中，不用螺母，在结构上比双头螺柱连接简单、紧凑。其用途和双头螺柱连接相似，但经常拆装时，容易使螺

纹孔磨损，可能导致被连接件报废，故多用于受力不大，或不需要经常拆装的场合。

4. 紧定螺钉连接

如图 9-6 所示，紧定螺钉连接是利用拧入零件螺纹孔中的螺钉末端顶住另一零件的表面或顶入相应的凹坑中，以固定两个零件的相对位置，并可传递不大的力或转矩。

螺钉除作为连接和紧定用外，还可用于调整零件位置，如机器、仪器的调节螺钉等。

除上述四种基本螺纹连接形式外，还有设备与地基间的地脚螺栓连接（图 9-7），装在机器或大型零、部件的顶盖或外壳上便于起吊用的吊环螺钉连接（图 9-8），用于工装设备中的 T 形槽螺栓连接（图 9-9）等。

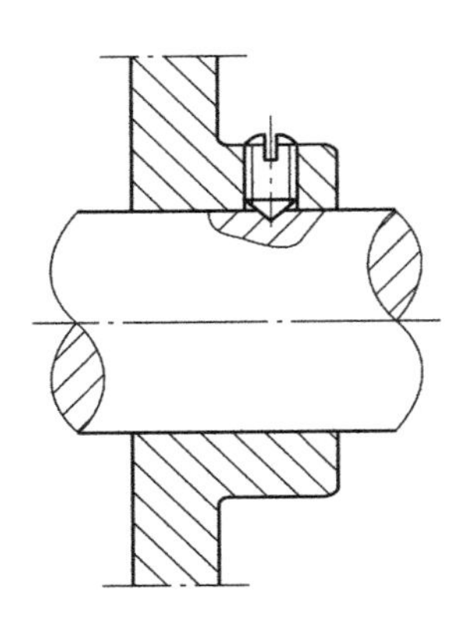

图 9-6 紧定螺钉连接

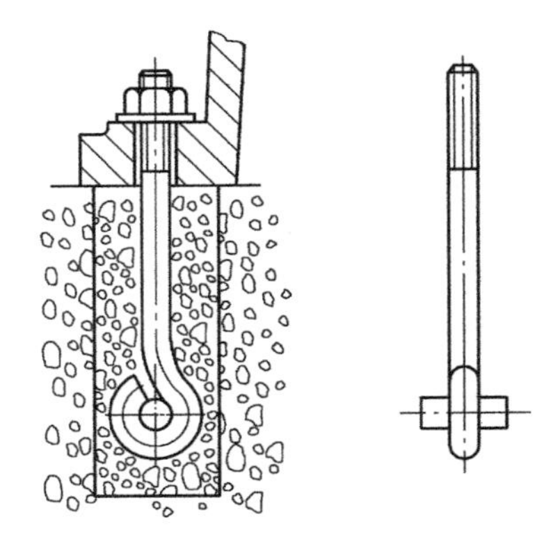

图 9-7 地脚螺栓连接

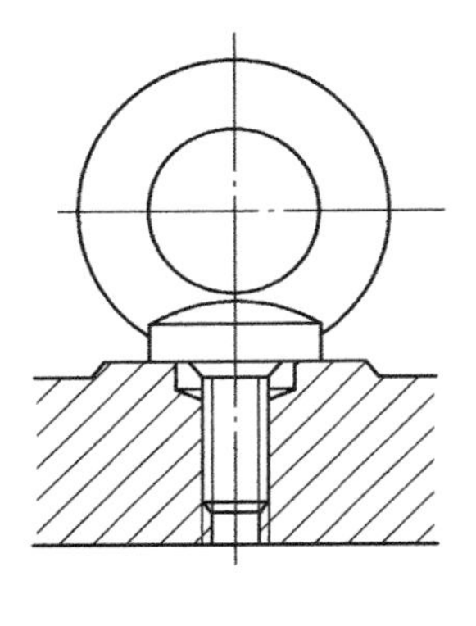

图 9-8 吊环螺钉连接

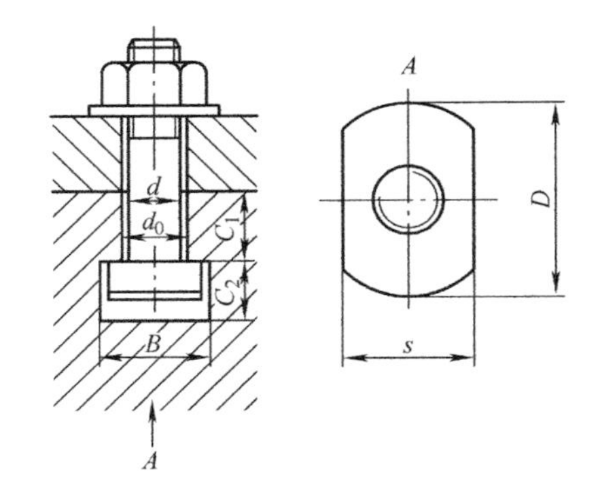

图 9-9 T 形槽螺栓连接

9.2.4 螺纹连接的标准件

常见的螺纹连接件有螺栓、双头螺柱、螺钉、螺母和垫圈等，这类零件的结构形式和尺寸都已标准化，设计时可根据有关标准选用，它们的结构特点和应用见表 9-2。

根据 GB/T 3103. 1—2002 的规定，螺纹连接件分为三个精度等级，其代号为 A、B、C 级。A 级精度的公差小，精度最高，用于要求配合精确、防止振动等重要零件的连接；B 级精度多用于受载较大且经常装拆、调整或承受变载荷的连接；C 级精度多用于一般的螺纹连接。常用的标准螺纹连接件（螺栓、螺钉）通常选用 C 级精度。

表 9-2　常用螺纹连接标准件的结构特点和应用

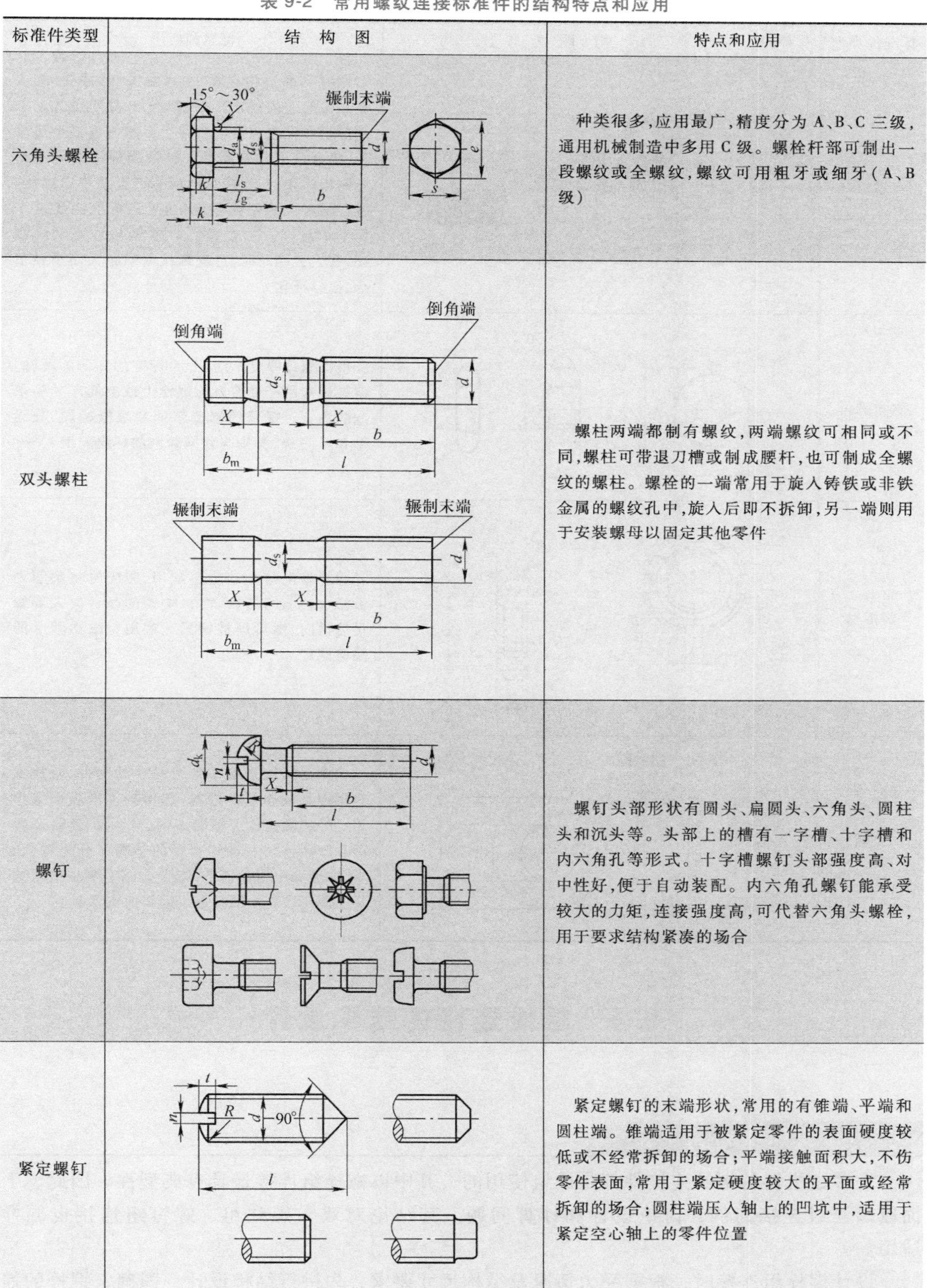

标准件类型	结　构　图	特点和应用
六角头螺栓		种类很多，应用最广，精度分为A、B、C三级，通用机械制造中多用C级。螺栓杆部可制出一段螺纹或全螺纹，螺纹可用粗牙或细牙（A、B级）
双头螺柱		螺柱两端都制有螺纹，两端螺纹可相同或不同，螺柱可带退刀槽或制成腰杆，也可制成全螺纹的螺柱。螺栓的一端常用于旋入铸铁或非铁金属的螺纹孔中，旋入后即不拆卸，另一端则用于安装螺母以固定其他零件
螺钉		螺钉头部形状有圆头、扁圆头、六角头、圆柱头和沉头等。头部上的槽有一字槽、十字槽和内六角孔等形式。十字槽螺钉头部强度高、对中性好，便于自动装配。内六角孔螺钉能承受较大的力矩，连接强度高，可代替六角头螺栓，用于要求结构紧凑的场合
紧定螺钉		紧定螺钉的末端形状，常用的有锥端、平端和圆柱端。锥端适用于被紧定零件的表面硬度较低或不经常拆卸的场合；平端接触面积大，不伤零件表面，常用于紧定硬度较大的平面或经常拆卸的场合；圆柱端压入轴上的凹坑中，适用于紧定空心轴上的零件位置

（续）

标准件类型	结构图	特点和应用
自攻螺钉	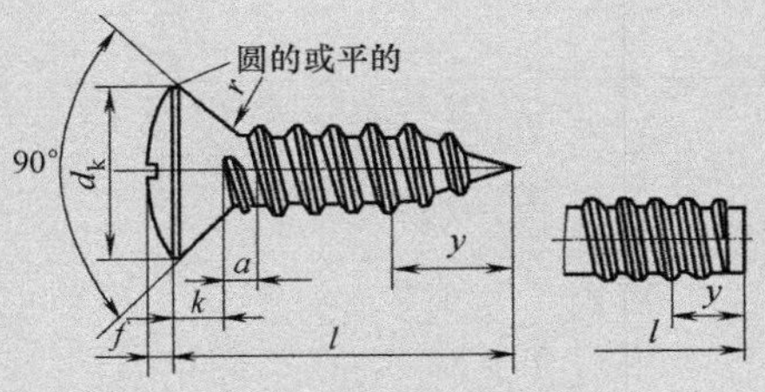	螺钉头部形状有圆头、六角头、圆柱头、沉头等。头部上的槽有一字槽、十字槽等形式。末端形状有锥端和平端两种。多用于连接金属薄板、轻合金或塑料零件。在被连接件上可不预先制出螺纹，在连接时利用螺钉直接攻出螺纹。螺钉材料一般用渗碳钢，热处理后表面硬度不低于45HRC。自攻螺钉的螺纹与普通螺纹相比，在大径相同时，自攻螺纹的螺距大而小径稍小，已标准化
六角螺母	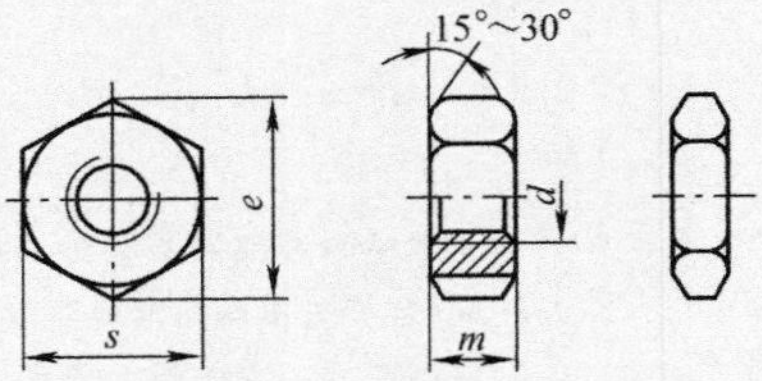	根据螺母厚度不同，分为标准的和薄的两种。薄螺母常用于受剪力的螺栓上或空间尺寸受限制的场合。螺母的制造精度和螺栓相同，分为A、B、C三级，分别与相同级别的螺栓配用
圆螺母	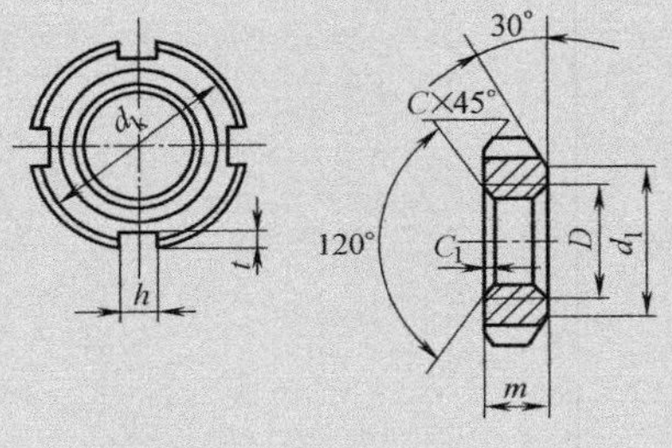	圆螺母常与止动垫圈配用，装配时将垫圈内舌插入轴上的槽内，而将垫圈的外舌嵌入圆螺母的槽内，螺母即被锁紧。常用于滚动轴承的轴向固定
垫圈	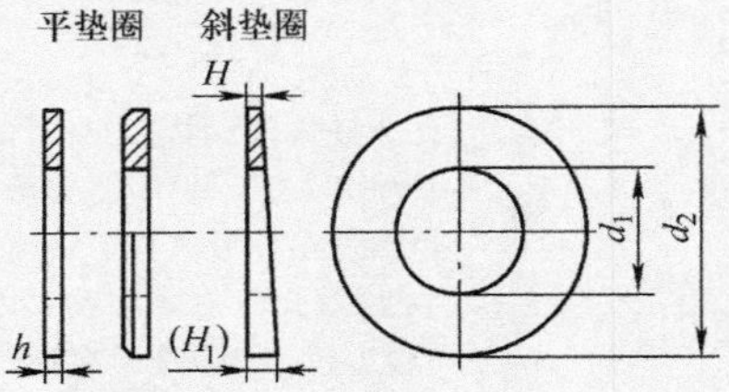 平垫圈　斜垫圈	垫圈是螺纹连接中不可缺少的附件，常放置在螺母和被连接件之间，起保护支承表面等作用。平垫圈按加工精度不同，分为A级和C级两种。用于同一螺纹直径的垫圈又分为特大、大、普通和小四种规格，特大垫圈主要在铁木结构上使用。斜垫圈只用于倾斜的支承面上

9.3　螺纹连接的结构设计

9.3.1　螺栓组布局设计

大多数机器的螺纹连接件都是成组使用的，其中以螺栓组连接最具有典型性。因此，下面以螺栓组连接为例，讨论设计和计算问题。其结论对双头螺柱组、螺钉组连接也同样适用。

设计螺栓组连接时，根据受力情况及结构尺寸要求，先进行结构设计，即确定螺栓的连接结合面几何形状、布置方式及数量；然后进行受力分析，确定螺栓组中受力最大的螺栓及其受力大小，进行强度计算和校核。

螺栓组设计时应综合考虑以下几方面问题：

1）连接结合面几何形状要简单合理（如成轴对称的形状）、接触均匀、便于加工制造。

2）螺栓组的形心与结合面形心尽量重合。

3）螺栓的位置应该使受力合理，尽量靠近结合面边缘，以减少螺栓受力，如图 9-10 所示。如螺栓同时承受较大轴向及横向载荷时，可采用销、套筒或键等零件来承受横向载荷。

4）同一组螺栓的直径和长度应尽量相同。

5）应避免螺栓受附加弯曲载荷。

6）各螺栓中心间的最小距离应不小于扳手空间的最小尺寸，最大距离应按连接用途及结构尺寸大小而定，见表 9-3。

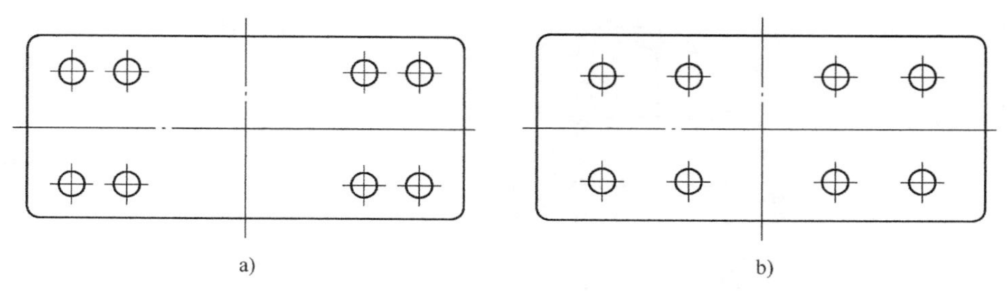

图 9-10 结合面受弯矩或转矩时螺栓的布置

a）合理 b）不合理

表 9-3 螺栓间距 t_0

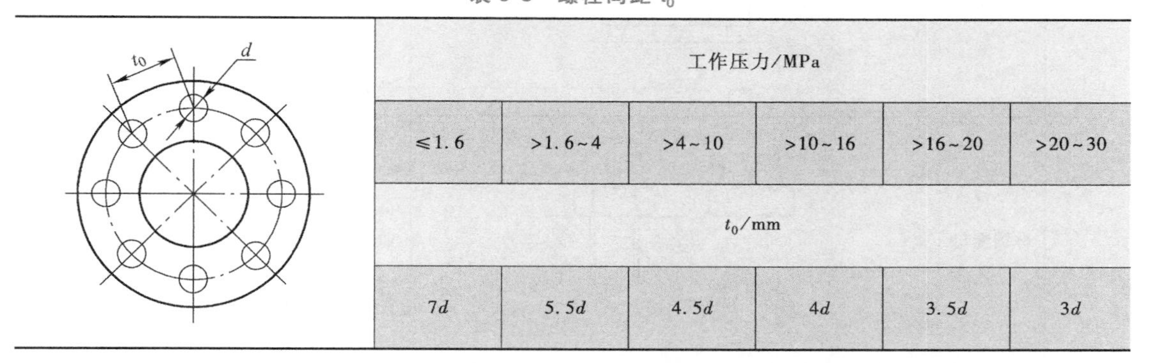

工作压力/MPa					
≤1.6	>1.6~4	>4~10	>10~16	>16~20	>20~30
t_0/mm					
7d	5.5d	4.5d	4d	3.5d	3d

9.3.2 螺纹连接的防松

螺纹连接件一般采用单线普通螺纹，螺纹升角小于螺旋副的当量摩擦角，因此，连接螺纹都能满足自锁条件（$\psi<\varphi_v$）。此外，拧紧以后螺母和螺栓头部等支承面上的摩擦力也有防松作用，所以在静载荷和工作温度变化不大时，螺纹连接不会自动松脱。但在冲击、振动工况下或在变载荷的作用下，组成螺纹副的内外螺纹间的摩擦力会瞬时减小或消失，这种情况多次重复累积后，就会使螺纹副间的摩擦力渐渐变小，以至于最后消失，导致连接松脱。在高温或温度变化较大的情况下，螺纹连接件和被连接件的材料会发生蠕变和应力松弛，这也会使连接中的预紧力和摩擦力逐渐减小，最终导致连接松脱。

螺纹副的松脱属于螺纹连接的一种失效形式，轻则导致被连接件松动、分离，影响机器正常工作，重则牵连其他零部件导致联锁失效，造成整个机器的损坏，甚至造成严重事故。所以，螺纹连接必须采用可靠的防松措施。

螺纹副连接松脱的本质就是组成螺纹副的内外螺纹间产生相对转动，防松的根本就是采取措施防止螺纹副间产生相对转动。防松的方法按其工作原理可分为摩擦防松、机械防松以及冲点铆接防松等。

一般说，摩擦防松简单、方便，但没有机械防松可靠。对于重要的连接，特别是在机器内部的不易检查的连接，应采用机械防松。螺纹连接常用的防松方法见表 9-4。

表 9-4　螺纹连接常用的防松方法

防松方法		结构形式	特点和应用
摩擦防松	对顶螺母	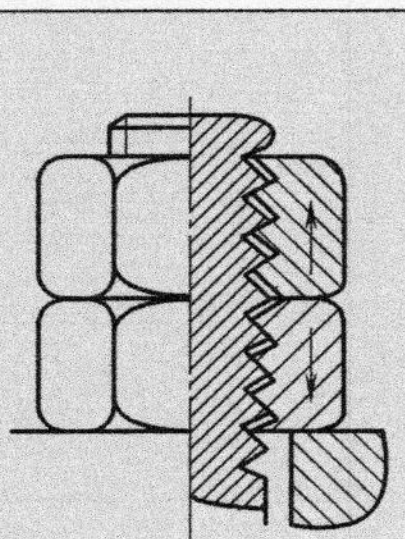	两螺母对顶拧紧后，使旋合螺纹间始终受到附加的压力和摩擦力的作用。工作载荷有变动时，该摩擦力仍然存在。旋合螺纹间的接触情况如左图所示，下螺母螺纹牙受力较小，其高度可小些，但为了防止装错，两螺母的高度取成相等为宜 结构简单，适用于平稳、低速和轻载的固定装置上的连接
	弹簧垫圈	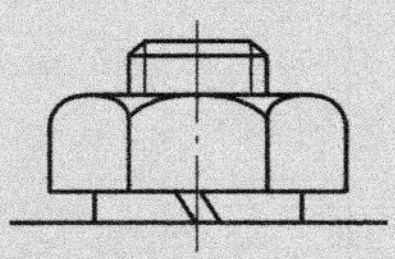	螺母拧紧后，靠垫圈压平而产生的弹性反力使旋合螺纹间压紧。同时垫圈斜口的尖端抵住螺母与被连接件的支承面也有防松作用 结构简单、使用方便。但由于垫圈的弹力不均，在冲击、振动的工作条件下，其防松效果较差，一般用于不重要的连接
	自锁螺母	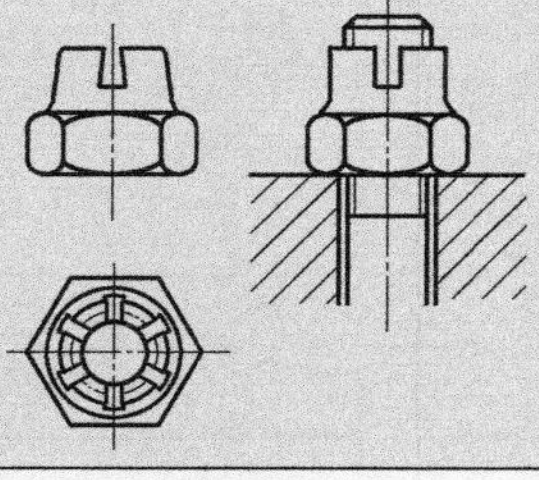	螺母一端制成非圆形收口或开缝后径向收口。当螺母拧紧后，收口胀开，利用收口的弹力使旋合螺纹间压紧 结构简单，防松可靠，可多次装拆而不降低防松性能
机械防松	开口销与六角开槽螺母	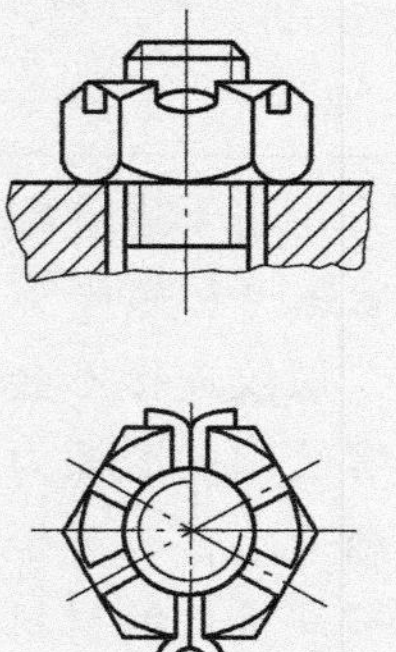	六角开槽螺母拧紧后将开口销穿入螺栓尾部的小孔和螺母的槽内，将开口销尾部掰开并贴紧螺母侧面。也可用普通螺母代替六角开槽螺母，但要拧紧螺母后再配钻销孔 适用于较大冲击、振动的高速机械中运动部件的连接

（续）

防松方法		结构形式	特点和应用
机械防松	止动垫圈	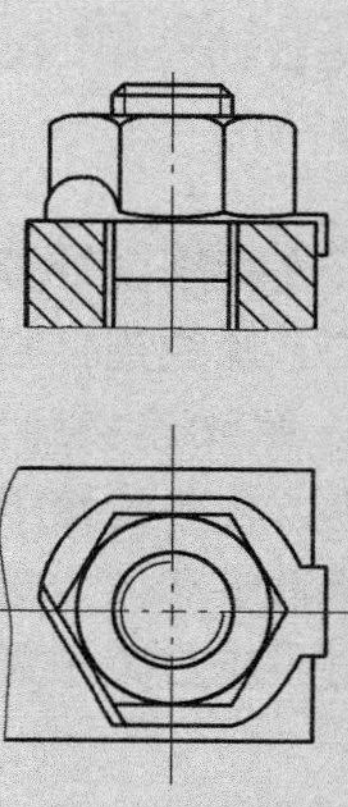	螺母拧紧后，将单耳或双耳止动垫圈分别向螺母和被连接件的侧面折弯贴紧，即可将螺母锁住。若两个螺栓需要双联锁紧时，可采用双联止动垫圈，使两个螺母相互止动 结构简单，使用方便，防松可靠
	串联钢丝	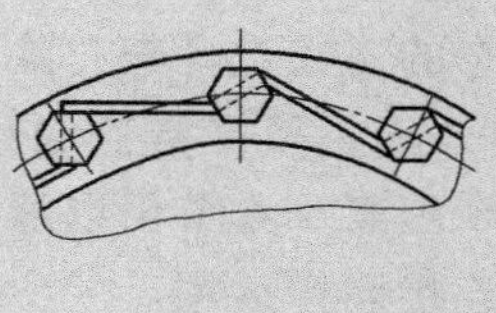	用低碳钢丝穿入各螺钉头部的孔内，将各螺钉串联起来，使其相互制约。使用时必须注意钢丝的穿入方向 适用于螺钉组连接，防松可靠，但装拆不便
冲点铆接防松	冲点	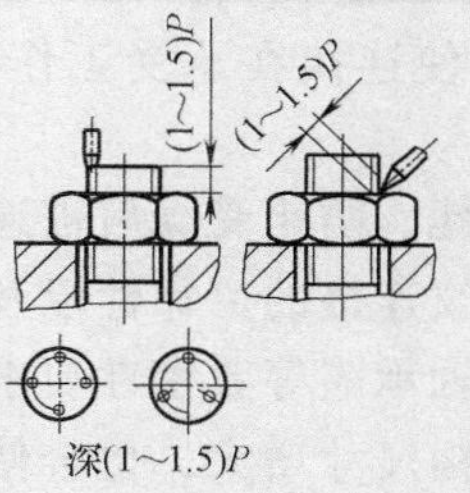 端面冲点 (1~1.5)P (1~1.5)P 深(1~1.5)P	在螺纹末端小径处冲点，可冲单点或多点。防松性能一般，只适用低强度紧固件
	铆接	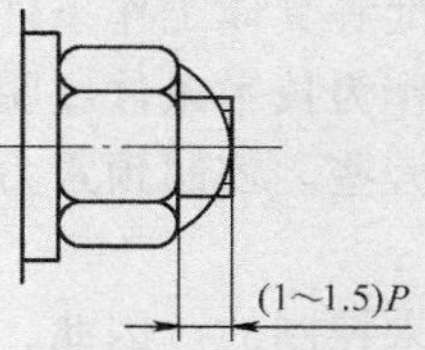 铆接 (1~1.5)P	螺栓杆末端外露(1~1.5)P长度，拧紧螺母后铆死。用于低强度螺栓，不拆卸的场合
粘接防松	粘接	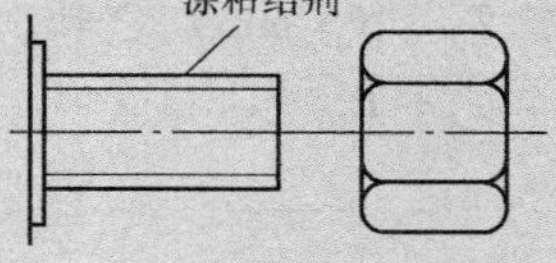 涂粘结剂	粘接螺纹方法简单、经济并有效。其防松性能与粘结剂直接相关，大体分为：低强度、中等强度和高温（承受100℃以上）条件，以及可拆卸或不可拆卸等要求，应分别选用适当的粘结剂

还有一些特殊的防松方法，如在螺母末端镶嵌尼龙环等。

9.4 螺纹连接的性能设计

螺纹连接的性能设计主要包括：强度计算、连接刚度计算、密封性校验等。

设计螺纹连接时，强度是其基本的性能要求。螺纹连接强度必须同时满足连接的工作要求、连接件（如螺栓）及被连接件的强度要求。螺纹连接强度决定的工作能力按其危险截面进行计算。在连接强度设计中，由于载荷和应力在各连接零件上、工作面上分配不均，在连接零件的各截面上分布也不均，因此存在载荷集中和应力集中的问题，故应从结构、制造和装配工艺上采取适当的改善措施，如减少或削弱应力集中源，保证一定的制造精度、装配位置准确性等。

对精度要求较高或尺寸较大的连接，还需要进行刚度计算，以保证其变形在允许的范围内。

应注意，在对密封有特殊要求的高压场合的连接设计中，除考虑强度及刚度等基本问题外，必须满足紧密性的要求。对于重要连接，还必须严格控制预紧力，以保证连接的可靠性。同时，设计时也要关注影响经济性的各个因素。本节仍以螺栓组连接为例，进行受力分析和计算。主要结论对双头螺柱组、螺钉组连接同样适用。

9.4.1 螺纹连接的预紧

绝大多数螺纹连接在装配时都需拧紧，使连接在承受工作载荷之前，预先受到力的作用。这个预加作用力称为预紧力。

预紧的目的是增强连接的可靠性和紧密性，防止受载后被连接件间出现缝隙或发生相对滑移。经验证明适当选用较大的预紧力对螺纹连接的可靠性以及连接件的疲劳强度都是有利的，特别对于像气缸盖、管路凸缘、齿轮箱轴承盖等紧密性要求较高的螺纹连接，预紧更为重要。但过大的预紧力会导致整个连接的结构尺寸增大，也会使连接件在装配或偶然过载时被拉断。因此，为了保证连接所需要的预紧力，又不使螺纹连接件过载，对重要的螺纹连接，在装配时要控制预紧力。

预紧力的大小应根据载荷性质、连接刚度等具体工作条件确定。对于重要的或有特殊要求的螺栓连接，预紧力的数值应在装配图上作为技术条件注明，以便在装配时加以保证。受变载荷的螺栓连接的预紧力应比受静载荷的大些。控制预紧力的方法很多，通常是借助测力矩扳手或定力矩扳手。

装配时，预紧力的大小是通过拧紧力矩来控制的。因此，应从理论上找出预紧力和拧紧力矩之间的关系。如图9-11所示，由于拧紧力矩 T（$T=FL$）的作用，螺栓和被连接件之间会产生预紧力 F_0（N）。拧紧力矩 T 等于螺旋副间的摩擦力矩 T_1（N · mm）及螺母环形端面与被连接件（或垫圈）支承面间的摩擦力矩 T_2（N · mm）之和，即

$$T = T_1 + T_2 \tag{9-2}$$

螺纹副之间的摩擦力矩为

$$T_1 = F_0 \frac{d_2}{2}\tan(\psi+\varphi_v) \tag{9-3}$$

螺母与支承面间的摩擦力矩为

$$T_2=\frac{1}{3}f_cF_0\frac{D_0^3-d_0^3}{D_0^2-d_0^2} \tag{9-4}$$

故

$$T=\frac{1}{2}\left[\frac{d_2}{d}\tan(\psi+\varphi_v)+\frac{2f_c}{3d}\left(\frac{D_0^3-d_0^3}{D_0^2-d_0^2}\right)\right]dF_0=KdF_0 \tag{9-5}$$

式中 φ_v——当量摩擦角，$\varphi_v=\arctan(f/\cos\beta)$；

D_0、d_0——螺母与被连接件的环形接触面的外径与内径（mm），如图 9-11 所示；

K——拧紧力矩系数，一般 $K=0.1\sim0.3$，平均取 $K\approx0.2$；

d_2——螺纹中径。

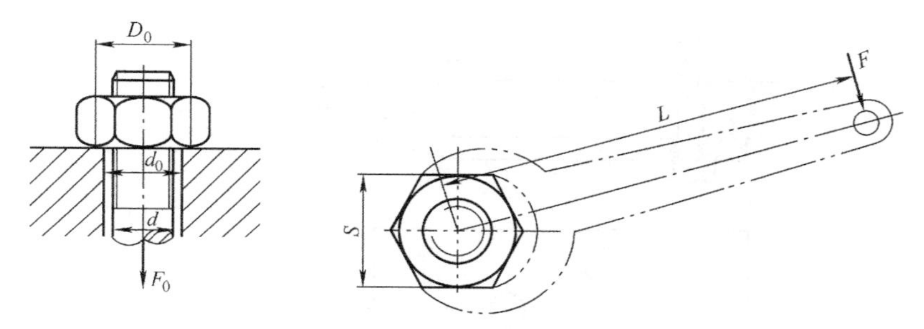

图 9-11 螺纹连接的拧紧力矩

9.4.2 螺栓组连接的受力分析

在螺栓组连接中，为提高连接结构工艺性和减少所用螺栓规格，通常选取相同材料和规格的螺栓。但各螺栓受力大小不尽相同，螺栓组受力分析的目的就是找出其中受力最大的螺栓及其所受的力，为强度计算提供依据。对螺栓组而言，所受的典型外载荷可分为轴向载荷、横向载荷、转矩和倾覆力矩。

为了简化计算，在对螺栓组进行受力分析时，假设：

1）螺栓为弹性体，其变形在弹性范围内。

2）每个螺栓的材料、直径、长度和预紧力均相同。

3）螺栓组的对称中心与连接结合面的形心重合。

4）结合面的压强均布；被连接件为刚体，受载后连接结合面仍保持为平面。

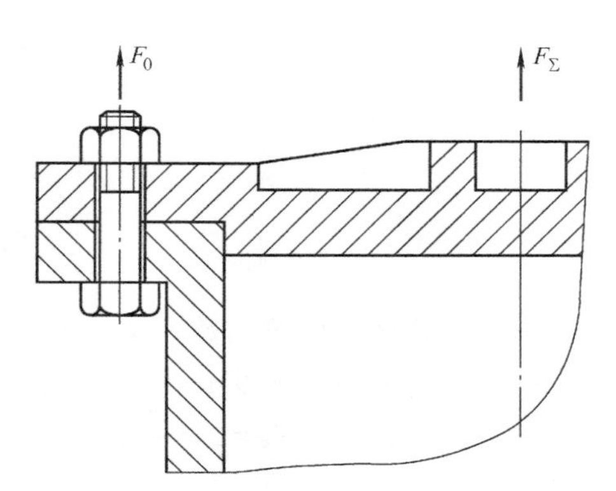

图 9-12 受轴向载荷的螺栓组连接

1. 受轴向载荷的螺栓组连接

图 9-12 为气缸盖螺栓组连接，外载荷 F_Σ 通过螺栓组中心，其方向与各螺栓轴线平行。由于螺栓均匀布置，所以每个螺栓所受的轴向工作载荷 F_z（N）相等，即

$$F_z=\frac{F_{\Sigma}}{z} \tag{9-6}$$

式中　z——螺栓数量。

应当指出的是，各螺栓除承受轴向工作载荷 F 外，还受到预紧力 F_0 的作用。各螺栓在工作时所受的总拉力并非简单等于 F_z 与 F_0 之和，具体计算见 9.4.3 节。

2. 受横向载荷的螺栓组连接

螺栓组连接承受的横向外载荷的作用线与螺栓轴线垂直，并通过螺栓组的对称中心。图 9-13 所示为由 4 个螺栓组成的受横向载荷的螺栓组连接。承受横向外载荷的螺栓组连接可采用普通螺栓和铰制孔用螺栓连接，但两类螺栓的承载机理不同。当采用螺栓杆与孔壁间留有间隙的普通螺栓连接时（图 9-13a），靠连接预紧后结合面间的摩擦力来平衡横向外载荷；当采用铰制孔用螺栓连接时（图 9-13b），靠螺栓杆受剪切和挤压来抵抗横向载荷。

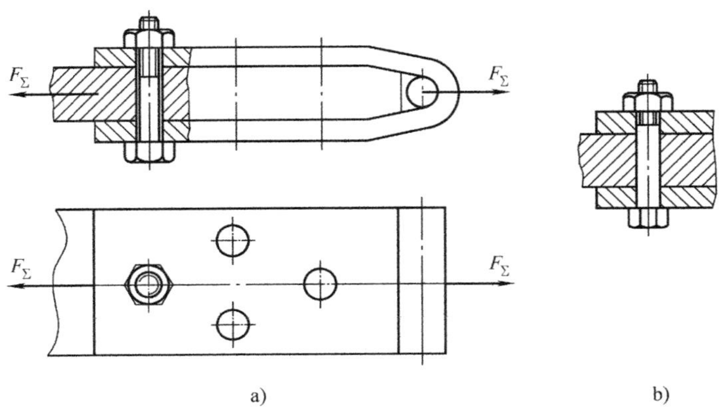

图 9-13　受横向载荷的螺栓组连接

（1）普通螺栓　普通螺栓组连接承受横向外载荷时，应保证连接预紧后，结合面间所产生的最大摩擦力必须大于或者等于横向外载荷，即保证不发生滑移。假设各螺栓所需要的预紧力均为 F_0，螺栓数目为 z，并引入防滑系数 K_S，则其平衡条件为

$$fF_0zi \geqslant K_S F_{\Sigma} \tag{9-7}$$

由此得预紧力 F_0 为

$$F_0 \geqslant \frac{K_S F_{\Sigma}}{fzi} \tag{9-8}$$

式中　f——结合面的摩擦系数，见表 9-5；

i——结合面数，图 9-13 中，$i=2$；

K_S——防滑系数，$K_S=1.1\sim1.3$。

表 9-5　连接结合面的摩擦系数

被连接件	结合面的表面状态	摩擦系数 f
钢或铸铁零件	干燥的加工表面	0.10~0.16
	有油的加工表面	0.06~0.10

（续）

被连接件	结合面的表面状态	摩擦系数 f
钢结构件	轧制表面，钢丝刷清理浮锈	0.30~0.35
	涂漆	0.35~0.40
	喷砂处理	0.45~0.55
铸铁对砖料、混凝土或木材	干燥表面	0.40~0.45

（2）铰制孔用螺栓　铰制孔用螺栓组连接承受横向外载荷时，如有 z 个螺栓共同作用，每个螺栓所受的横向工作剪力 F_z 为

$$F_z=\frac{F_\Sigma}{z} \tag{9-9}$$

3. 受转矩的螺栓组连接

螺栓组连接所受转矩 T（N·mm）作用在连接结合面内时，在转矩 T 作用下，被连接件（底板）将存在绕螺栓组对称中心线（通过 O 点并垂直结合面）转动的趋势，如图 9-14 所示。这类螺栓组可以采用普通螺栓连接，也可以采用铰制孔用螺栓连接。两者传力方式与承受横向外载荷的螺栓组连接相同。

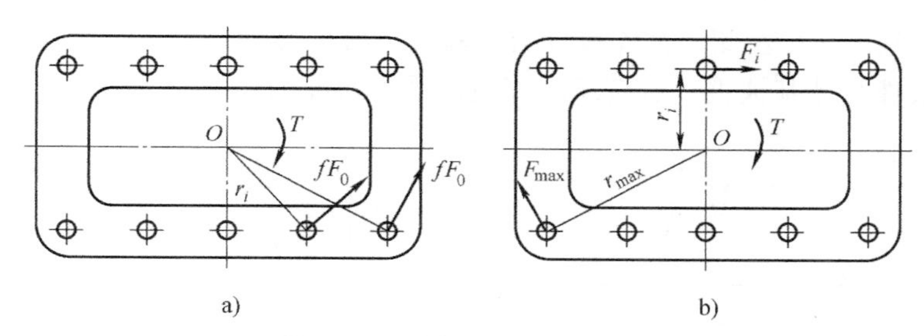

图 9-14　受转矩的螺栓组连接

（1）普通螺栓连接　由连接预紧后在结合面间产生的摩擦力矩来抵抗转矩 T（图 9-14a）。假设每个螺栓的预紧力均为 F_0，则各螺栓连接处产生的摩擦力均相等，并假设此摩擦力集中作用在螺栓中心处。为阻止结合面发生相对转动，各摩擦力与该螺栓的轴线到螺栓组对称中心 O 的连线（即力臂 r_i）相垂直。根据作用在底板上的力矩平衡及连接强度条件，应有

$$fF_0r_1+fF_0r_2+\cdots+fF_0r_z\geqslant K_ST \tag{9-10}$$

由上式可得单个螺栓所需的预紧力为

$$F_0\geqslant\frac{K_ST}{f(r_1+r_2+\cdots+r_z)} \tag{9-11}$$

式中　f——结合面的摩擦系数，见表 9-5；

r_i——第 i 个螺栓的轴线到螺栓组对称中心 O 的距离（mm）；

z——螺栓数目；

K_S——防滑系数，$K_S=1.1\sim1.3$。

（2）铰制孔用螺栓连接　在转矩 T 的作用下，各螺栓受到剪切和挤压作用，各螺栓所受的横向工作剪力与该螺栓轴线到螺栓组对称中心 O 的连线（即力臂 r_i）相垂直。依据前

述假设，各螺栓的剪切变形量与该螺栓轴线到螺栓组对称中心 O 的距离成正比，即螺栓的剪切变形量越大时，其所受的工作剪力也越大。

如图 9-14 b 所示，F_i、F_{max} 分别表示第 i 个螺栓和受力最大螺栓的工作剪力（N），r_i、r_{max} 分别表示第 i 个螺栓和受力最大的螺栓的轴线到螺栓组对称中心 O 的距离（mm），则

$$\frac{F_{max}}{r_{max}}=\frac{F_i}{r_i} \tag{9-12}$$

根据作用在底板上的力矩平衡条件得

$$\sum_{i=1}^{z} F_i r_i = T \tag{9-13}$$

可求得受力最大的螺栓工作剪力为

$$F_{max}=\frac{Tr_{max}}{\sum_{i=1}^{z} r_i^2} \tag{9-14}$$

4. 受倾覆力矩的螺栓组连接

倾覆力矩 M（N·mm）作用在通过 x—x 轴且垂直于连接结合面的对称面内。在承受倾覆力矩前，由于螺栓拧紧产生的预紧力 F_0 的作用，被连接件有均匀的压缩。当受到倾覆力矩作用后，在轴线 O—O 左侧，被连接件与地基被放松，螺栓被进一步拉伸；在右侧，螺栓被放松，被连接件与地基被进一步挤压。底板的受力情况如图 9-15 所示。

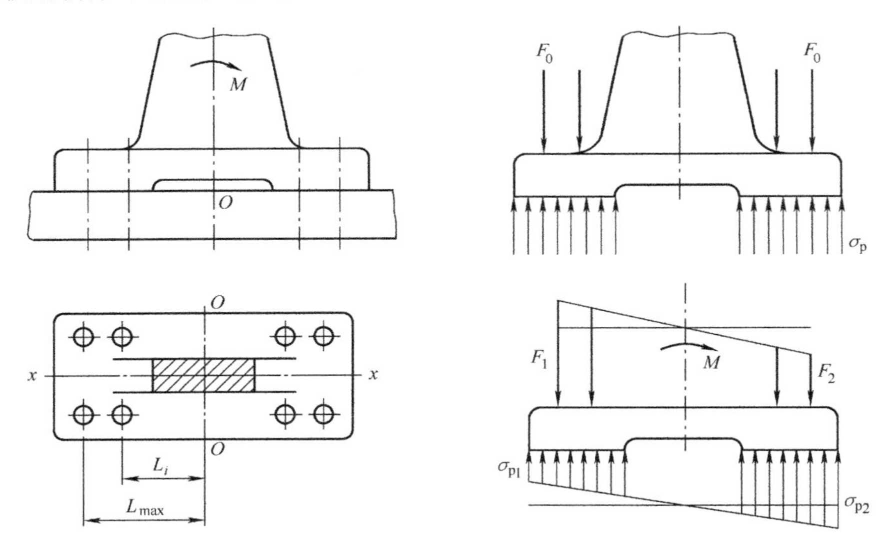

图 9-15　受倾覆力矩的螺栓组连接

上述过程，可用单个螺栓-被连接件的受力变形图来表示，如图 9-16 所示。为简便起见，被连接件与地基间的相互作用力以作用在各螺栓中心的集中力表示。如图 9-16 所示，斜线 O_bA、O_mA 分别表示螺栓、被连接件的受力变形线。在倾覆力矩 M 作用之前，螺栓和地基均受预紧力 F_0 的作用，其工作点都处于 A 点。当施加倾覆力矩 M 后，在轴线 O—O 左侧，螺栓伸长、拉力增加，地基的压力减小，螺栓和被连接件工作点分别移至 B_1 与 C_1 点。两者作用到底板上的合力 F_n，其大小等于螺栓的工作载荷，方向向下。

在 $O—O$ 右侧，螺栓与被连接件的工作点分别移至 B_2 和 C_2 点，两者作用到底板上的合力等于载荷 F_m，其大小等于工作载荷，但方向向上。作用在 $O—O$ 两侧底板上的两个总合力，对 $O—O$ 形成一个力矩，这个力矩与外载荷倾覆力矩 M 平衡，即

$$M = \sum_{i=1}^{z} F_i L_i \tag{9-15}$$

因为

$$F_i = F_{\max} \frac{L_i}{L_{\max}} \tag{9-16}$$

则

$$M = F_{\max} \sum_{i=1}^{z} \frac{L_i^2}{L_{\max}} \tag{9-17}$$

于是螺栓所受的最大工作载荷为

$$F_{\max} = \frac{ML_{\max}}{\sum_{i=1}^{z} L_i^2} \tag{9-18}$$

式中 z——总的螺栓个数；

L_i——各螺栓轴线到底板中心线 $O—O$ 的距离（mm）；

F_i——距离为 L_i 的螺栓的工作拉力（N）；

$L_{\max}$——L_i 中的最大值（mm）；

$F_{\max}$——F_i 中的最大值（N）。

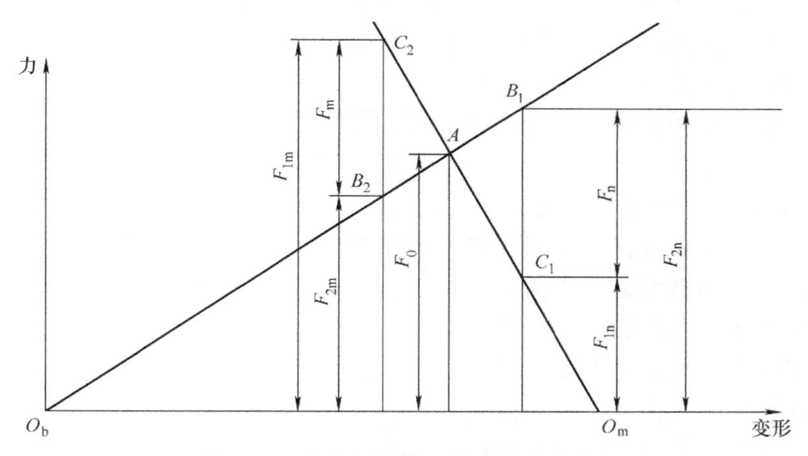

图 9-16 单个螺栓-被连接件的受力变形图

为了防止结合面受压最大处被压溃或受压最小处出现间隙，应该满足受载后地基结合面压力最大值不超过允许值，最小值不小于零，即有

$$\sigma_{\text{pmax}} = \sigma_{\text{p}} + \Delta\sigma_{\text{pmax}} \leqslant [\sigma_{\text{p}}] \tag{9-19}$$

$$\sigma_{\text{pmin}} = \sigma_{\text{p}} - \Delta\sigma_{\text{pmax}} > 0 \tag{9-20}$$

其中，$\sigma_{\text{p}} = \dfrac{zF_0}{A}$，代表地基结合面在受载前由于预紧力而产生的挤压应力（MPa），A 为结合面的有效面积（mm^2）；$[\sigma_{\text{p}}]$ 为地基结合面的许用挤压应力（MPa）；$\Delta\sigma_{\text{pmax}}$ 代表由于加载而在地基结合面上产生的附加挤压应力的最大值（MPa）。对于刚度大的地基，螺栓刚度相对来说

比较小，可用下式近似计算 $\Delta\sigma_{pmax}$ 为

$$\Delta\sigma_{pmax} \approx \frac{M}{W} \tag{9-21}$$

式中 W——结合面的有效抗弯截面系数（mm^3）。

由式（9-19）和式（9-20）可知，螺栓组结合面强度条件为

$$\sigma_{pmax} \approx \frac{zF_0}{A} + \frac{M}{W} \leqslant [\sigma_p] \tag{9-22}$$

$$\sigma_{pmin} \approx \frac{zF_0}{A} - \frac{M}{W} > 0 \tag{9-23}$$

连接结合面材料的许用挤压应力 $[\sigma_p]$ 可查表 9-6。

表 9-6 连接结合面材料的许用挤压应力 $[\sigma_p]$

材　料	钢	铸铁	混凝土	砖(水泥浆缝)	木材
$[\sigma_p]$/MPa	$0.8R_{eH}$	$(0.4\sim0.5)R_m$	2.0~3.0	1.5~2.0	2.0~4.0

9.4.3 螺纹连接的性能设计计算

1. 螺纹连接的失效形式及计算准则

如前所述，对螺栓组而言，其外载荷包括轴向载荷、横向载荷、转矩和倾覆力矩。但对单个螺栓而言，其受载的形式不外乎受轴向力或受横向力。根据统计分析，静载作用下的螺栓连接只有在严重过载情况下才会发生失效。就破坏形式而言，约有 90% 的螺栓失效是由于疲劳破坏。而且疲劳断裂常发生在螺纹根部，即截面面积较小并有缺口应力集中的部位，如图 9-17 所示。

受拉螺栓（受轴向力包括预紧力作用）的主要失效形式是螺栓杆发生塑性变形或断裂，其设计准则是保证螺栓的静力强度或疲劳拉伸强度；受剪螺栓（受横向力作用且是铰制孔用螺栓）的主要失效形式是螺栓杆和孔壁的贴合面上出现压溃或螺栓杆被剪断，其设计准则是保证螺栓杆和孔壁的挤压强度和螺栓的剪切强度。

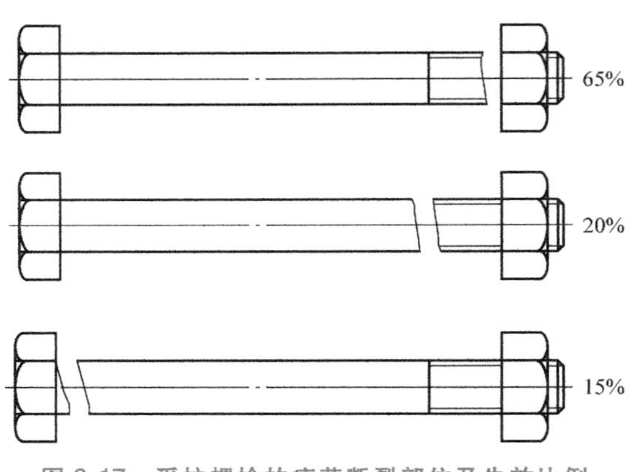

图 9-17 受拉螺栓的疲劳断裂部位及失效比例

螺栓连接的强度计算，首先是根据连接的类型、连接的装配情况（预紧或不预紧）、载荷状态等条件，确定螺栓的受力；然后按相应的强度条件计算螺栓危险截面的直径（螺纹小径）或校核其强度。对螺栓的其他部分（螺纹牙、螺栓头、光杆）和螺母、垫圈的结构尺寸，通常都不需要进行强度计算，而是按螺栓螺纹的公称直径依据国家标准选定。

2. 螺纹的拉伸强度设计

（1）松螺栓连接强度设计　在松螺栓连接装配时，螺母不需要拧紧。在承受工作载荷之前，螺栓不受力。这种连接应用范围有限，如拉杆、起重吊钩等螺纹连接均属此类。

当松螺栓连接承受轴向载荷 F 时，螺栓所受的工作拉力为 F（如图 9-18 所示的起重吊

钩），则螺栓危险截面的拉伸强度条件为

$$\sigma=\frac{F}{\frac{\pi}{4}d_1^2}\leqslant[\sigma] \tag{9-24}$$

其设计公式为

$$d_1\geqslant\sqrt{\frac{4F}{\pi[\sigma]}} \tag{9-25}$$

式中　F——工作拉力（N）；

d_1——螺栓危险截面的直径（mm）；

$[\sigma]$——螺栓材料的许用拉应力（MPa）。

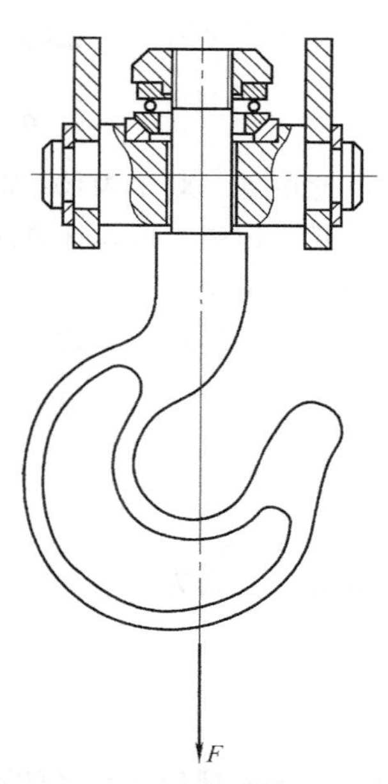

图 9-18　起重吊钩的松螺栓连接

（2）紧螺栓连接强度设计　紧螺栓连接装配时螺母拧紧。紧螺栓自身承受的轴向力主要有两种情况：仅承受预紧力（如普通螺栓连接承受横向外载荷或转矩的情况）和承受预紧力加轴向工作载荷（如普通螺栓连接承受轴向外载荷或倾覆力矩的情况）。

1）仅承受预紧力的紧螺栓连接。承受横向外载荷的普通螺栓连接（图 9-19），其工作原理是拧紧螺栓后，由预紧力在结合面间产生的摩擦力来平衡横向外载荷，这时，螺栓仅承受预紧力的作用。而且，预紧力不受工作载荷的影响，在连接承受工作载荷后保持不变。预紧力 F_0 的大小需根据结合面不产生滑移的条件确定，9.4.2 节的第 2、3 节内容中已给出了具体介绍。在拧紧力矩作用下，螺栓除受预紧力 F_0 产生的拉伸应力外，还受螺纹摩擦力矩 T_1 产生的扭转切应力，即处于拉伸与扭转的复合应力作用的状态。因此，进行仅承受预紧力的紧螺栓强度设计时，应综合考虑拉伸应力和扭转切应力的作用。

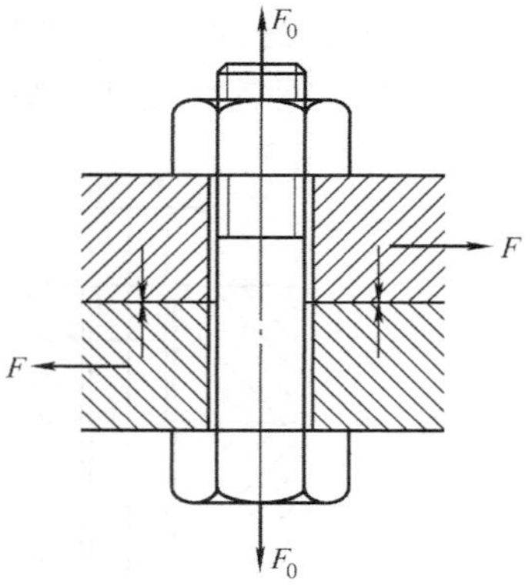

图 9-19　承受横向外载荷的普通螺栓连接

螺栓危险截面的拉伸应力为

$$\sigma=\frac{F_0}{\frac{\pi}{4}d_1^2} \tag{9-26}$$

螺栓危险截面的扭转切应力为

$$\tau=\frac{F_0\tan(\psi+\varphi_v)\frac{d_2}{2}}{\frac{\pi}{16}d_1^3}=\frac{\tan\psi+\tan\varphi_v}{1-\tan\psi\tan\varphi_v}\frac{2d_2}{d_1}\frac{F_0}{\frac{\pi}{4}d_1^2} \tag{9-27}$$

对于 M10~M64 普通螺纹的钢制螺栓，取 $\tan\varphi_v\approx0.17$，$\frac{d_2}{d_1}=1.04\sim1.08$，$\tan\psi\approx0.05$，由此可得

$$\tau\approx0.5\sigma \tag{9-28}$$

由于螺栓材料是塑性的，故可根据第四强度理论，求出螺栓预紧状态下的计算应力为

$$\sigma_{ca}=\sqrt{\sigma^2+3\tau^2}=\sqrt{\sigma^2+3(0.5\sigma)^2}\approx1.3\sigma \tag{9-29}$$

由此可见，对于M10～M64普通螺纹的钢制紧螺栓连接，在拧紧时虽然同时承受拉伸和扭转的联合作用，但在计算时可以只计算拉伸应力，并将所受的拉伸应力增大30%来考虑扭转应力的影响。

根据式（9-26）和式（9-29），仅承受预紧力作用的螺栓危险截面拉伸强度条件可写为

$$\sigma_{ca}=\frac{1.3F_0}{\frac{\pi}{4}d_1^2}\leqslant[\sigma] \tag{9-30}$$

其设计公式为

$$d_1\geqslant\sqrt{\frac{4\times1.3F_0}{\pi[\sigma]}} \tag{9-31}$$

式中　F_0——螺栓所承受的预紧力（N）。

这种靠摩擦力抵抗横向外载荷的紧螺栓连接，要求保持较大的预紧力，会使螺栓的结构尺寸增加。此外，在振动、冲击载荷或变载荷下，摩擦力会发生变动，将使连接的可靠性降低，甚至可能出现松脱。为了避免上述缺陷，可以考虑用减载零件来抵抗横向外载荷，如图9-20所示。这种具有减载零件的紧螺栓连接将不再需要抵抗横向外载荷，因此预紧力不必很大。但这种连接增加了结构和工艺上的复杂性。

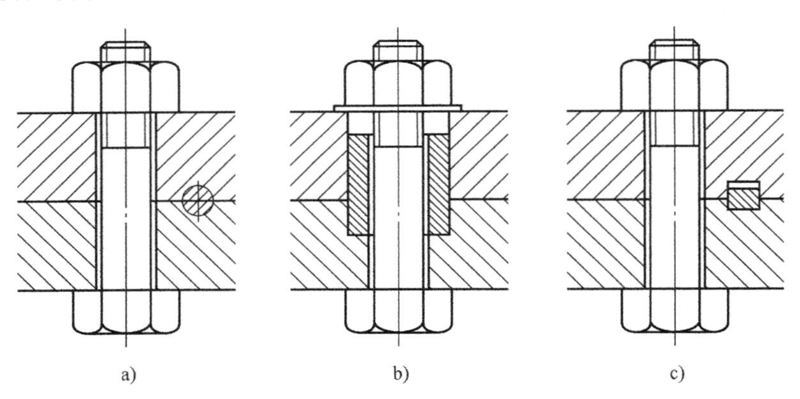

图9-20　采用减载零件的螺栓连接

a）减载销　b）减载套筒　c）减载键

2）承受预紧力和轴向工作拉力的紧螺栓连接。这种紧螺栓连接承受轴向拉伸工作载荷后，由于螺栓和被连接件的弹性变形，螺栓所受的总拉力并不等于预紧力和工作拉力之和。螺栓的总拉力大小可通过分析螺栓受力和变形关系确定。

图9-21所示为单个螺栓连接在承受轴向拉伸载荷前后的受力及变形情况。其中图9-21a是螺母刚与被连接件接触，尚未拧紧的情况。此时，螺栓和被连接件均不受力，也未产生变形。图9-21b是螺母已拧紧，但尚未承受工作载荷的情况。此时，螺栓受预紧力 F_0 的拉伸

作用，其伸长量为 λ_b。相反，被连接件则受 F_0 的压缩作用，其压缩量为 λ_m。

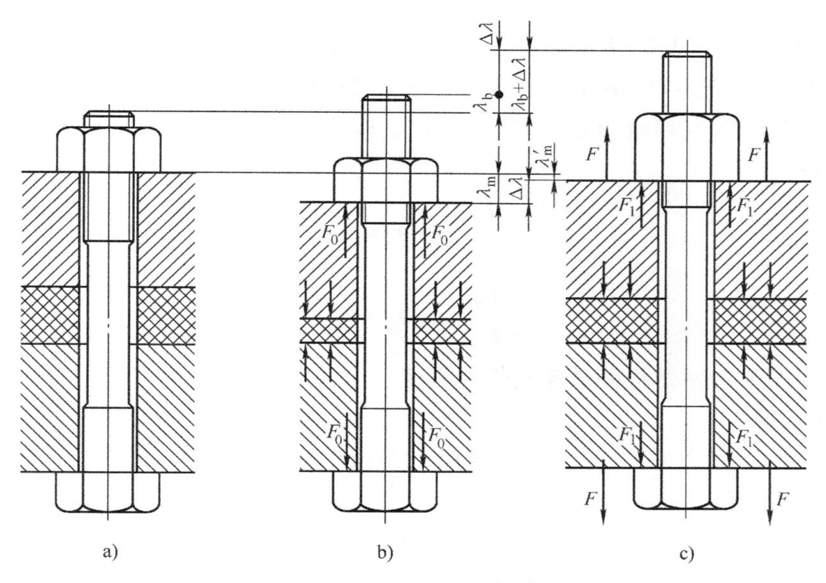

图 9-21 单个紧螺栓连接受力变形图

a）螺母未拧紧 b）螺母已拧紧 c）已承受工作载荷

图 9-21c 是承受工作载荷时的情况。此时若螺栓和被连接件的材料均在弹性变形范围内，则两者的受力与变形的关系符合拉（压）胡克定律。当螺栓承受工作载荷后，因所受的拉力由 F_0 增至 F_2 而继续伸长，其伸长量增加 $\Delta\lambda$，总伸长量为 $\Delta\lambda+\lambda_b$。与此同时，原来被压缩的被连接件，因螺栓伸长而被放松，其压缩力由 F_0 减至 F_1，F_1 称为残余预紧力；根据连接的变形协调条件，被连接件压缩量的减少量等于螺栓拉伸变形的增加量 $\Delta\lambda$，即加载后被连接件的压缩量为 $\lambda'_m=\lambda_m-\Delta\lambda$。

上述的螺栓和被连接件的受力与变形关系可以用线图表示为如图 9-22 所示的关系。图中纵坐标为力，横坐标为变形。螺栓拉伸变形由坐标原点 O_b 出发沿坐标轴正向变化，如图 9-22a 所示；被连接件压缩变形则沿坐标轴负向变化，如图 9-22b 所示。根据螺栓连接预紧时螺栓和被连接件受力均为预紧力 F_0，可以将图 9-22a 和图 9-22b 合并成图 9-22c 。

可见，螺栓的总拉力 F_2 等于残余预紧力 F_1 与工作拉力 F 之和，即

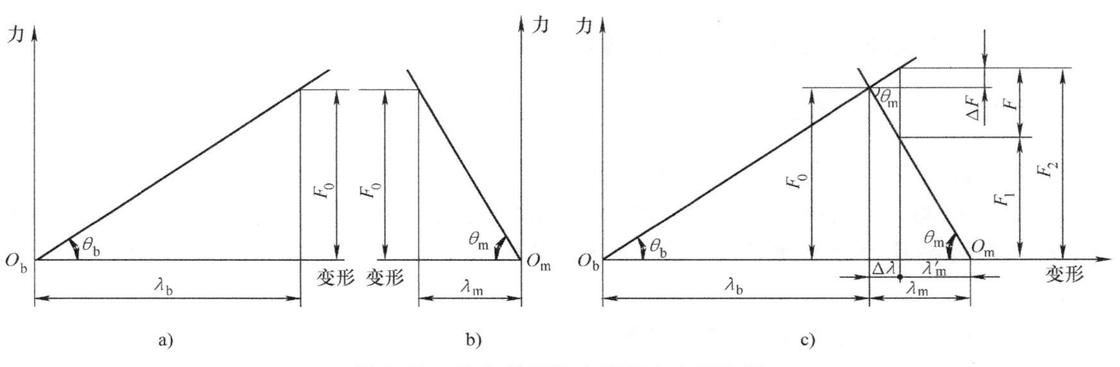

图 9-22 单个紧螺栓连接受力变形线图

$$F_2 = F_1 + F \tag{9-32}$$

为保证连接的紧密性，以及防止连接受载后结合面间出现缝隙，应使 $F_1>0$。对于有密封性要求的连接，$F_1=(1.5\sim1.8)F$；对于一般连接，工作载荷稳定时，$F_1=(0.2\sim0.6)F$；工作载荷不稳定时，$F_1=(0.6\sim1.0)F$；对于地脚螺栓连接，$F_1\geqslant F$。

螺栓的预紧力 F_0 与残余预紧力 F_1、总拉力 F_2 的关系可由图 9-22 中的几何关系推出。由图 9-22 可得

$$\frac{F_0}{\lambda_b} = \tan\theta_b = C_b \tag{9-33}$$

$$\frac{F_0}{\lambda_m} = \tan\theta_m = C_m \tag{9-34}$$

其中，C_b、C_m 分别表示螺栓和被连接件的刚度，均为定值。

由图 9-22c 得

$$F_0 = F_1 + (F - \Delta F) \tag{9-35}$$

由图中几何关系得

$$\frac{\Delta F}{F-\Delta F} = \frac{\Delta\lambda\tan\theta_b}{\Delta\lambda\tan\theta_m} = \frac{C_b}{C_m}$$

可得

$$\Delta F = \frac{C_b}{C_b+C_m}F \tag{9-36}$$

将式（9-36）带入式（9-35），得螺栓的预紧力为

$$F_0 = F_1 + \left(1 - \frac{C_b}{C_b+C_m}\right)F = F_1 + \frac{C_m}{C_b+C_m}F \tag{9-37}$$

螺栓的总拉力为

$$F_2 = F_0 + \Delta F \tag{9-38}$$

或

$$F_2 = F_0 + \frac{C_b}{C_b+C_m}F \tag{9-39}$$

其中，$\frac{C_b}{C_b+C_m}$为螺栓连接的相对刚度。若被连接件的刚度很大，而螺栓的刚度很小（如细长的活塞用的中空螺栓），则螺栓的相对刚度趋于零，此时，工作载荷变化时，螺栓所受的总拉力变化较小。反之，当螺栓刚度较大时，螺栓总拉力随载荷变化的变化较大。$\frac{C_b}{C_b+C_m}$的大小与螺栓和被连接件的结构尺寸、材料及垫片种类、工作载荷的作用位置等因素有关，其值在 0~1 之间变动，可通过计算或实验确定。一般设计时，可根据垫片材料不同选择使用下列数据：金属垫片（或无垫片）0.2~0.3，皮革垫片 0.7，铜皮石棉垫片 0.8，橡胶垫片 0.9。

螺栓设计时，可先根据连接的受载情况，求出螺栓的工作拉力 F；再根据连接的工作要求选取 F_1 值；然后按式（9-39）计算螺栓的总拉力 F_2，求得 F_2 值后即可进行螺栓强度计

算。参考式（9-29），考虑扭转切应力的影响，将其增加30%作为计算应力，即 $\sigma_{ca}=1.3\sigma$，则螺栓危险截面的拉伸强度条件为

$$\sigma_{ca}=\frac{1.3F_2}{\frac{\pi}{4}d_1^2}\leqslant[\sigma] \tag{9-40}$$

其设计公式为

$$d_1\geqslant\sqrt{\frac{4\times1.3F_2}{\pi[\sigma]}} \tag{9-41}$$

其中，各符号的意义及单位同前。

对于受轴向变载荷的重要连接（如内燃机气缸盖螺栓连接等），除按上式进行静强度计算外，还应根据下述方法校核螺栓的疲劳强度。

如图9-23所示，当工作拉力在 $0\sim F$ 之间发生变化时，螺栓所受的总拉力将在 $F_0\sim F_2$ 之间变化。如果不考虑螺纹摩擦力矩的扭转作用，则螺栓危险截面的最大拉伸应力为

$$\sigma_{max}=\frac{F_2}{\frac{\pi}{4}d_1^2} \tag{9-42}$$

最小拉伸应力为

$$\sigma_{min}=\frac{F_0}{\frac{\pi}{4}d_1^2} \tag{9-43}$$

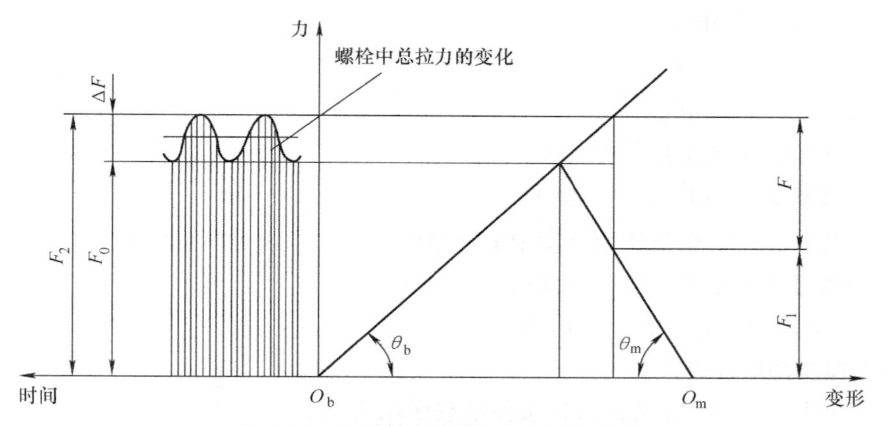

图9-23　承受轴向变载荷的紧螺栓连接

应力幅为

$$\sigma_a=\frac{\sigma_{max}-\sigma_{min}}{2}=\frac{C_b}{C_b+C_m}\frac{2F}{\pi d_1^2} \tag{9-44}$$

因螺栓连接的预紧力 F_0 不变，其应力变化规律是 σ_{min} 保持不变。因此，螺栓的计算安全系数为

$$S_{ca}=\frac{2\sigma_{-1tc}+(K_\sigma-\psi_\sigma)\sigma_{min}}{(K_\sigma+\psi_\sigma)(2\sigma_a+\sigma_{min})}\geqslant S \tag{9-45}$$

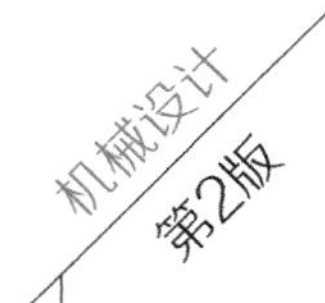

其中，σ_{-1tc} 是螺栓材料的对称循环拉压疲劳极限（MPa），见表 9-7；其他参数意义及单位同第 3 章。

表 9-7　螺纹连接件常用材料的疲劳极限

材　料	疲劳极限/MPa	
	σ_{-1}（弯曲）	σ_{-1tc}（拉压）
10	160～220	120～150
Q215	170～220	120～160
35	220～300	170～220
45	250～340	190～250
40Cr	320～440	240～340

3. 螺纹连接的剪切及挤压强度设计

铰制孔用螺栓连接承受横向外载荷 F 时，如图 9-24 所示，螺栓杆与孔壁之间无间隙，接触表面受挤压，连接结合面处螺栓杆受剪切。因此，应分别按剪切及挤压强度条件计算。

计算时，假设螺栓杆与孔壁表面上的压力分布是均匀的；又因这种连接的预紧力较小，所以可忽略预紧力和螺纹摩擦力矩的影响。

螺栓杆的剪切强度条件为

$$\tau=\frac{F}{\frac{\pi}{4}d_0^2}\leqslant[\tau] \tag{9-46}$$

螺栓杆与孔壁的挤压强度条件为

$$\sigma_p=\frac{F}{d_0L_{min}}\leqslant[\sigma_p] \tag{9-47}$$

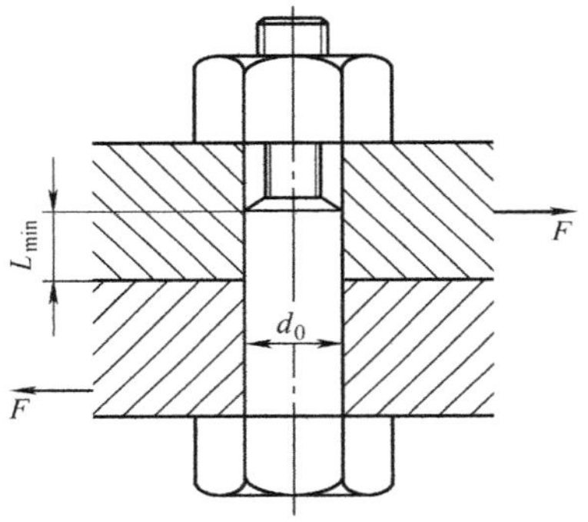

图 9-24　承受工作剪力的螺栓连接

式中　F——螺栓所受的工作剪力（N）；

d_0——螺栓剪切面的直径（mm）；

L_{min}——螺栓杆与孔壁挤压面高度中的最小值（mm），设计时应使 $L_{min}\geqslant1.25d_0$；

$[\sigma_p]$——螺栓或孔壁材料的许用挤压应力（MPa）；

$[\tau]$——螺栓材料的许用切应力（MPa）。

4. 螺纹连接的刚度设计

如图 9-25 所示，螺栓连接的被连接件承载区域可假定为锥台。设螺栓数为 i，被连接件的承载锥台数量也为 i。受载时，其结合面呈现出一系列压缩弹簧特征，因此螺栓连接的总刚度与各锥台刚度之间关系为

$$\frac{1}{C_m}=\frac{1}{C_{m1}}+\frac{1}{C_{m2}}+\frac{1}{C_{m3}}+\cdots+\frac{1}{C_{mi}} \tag{9-48}$$

式中　C_m——连接结合面的总刚度；

C_{m1}、C_{m2}、…、C_{mi}——被连接件 1、2、…、i 的刚度。

如果其中一个是软的垫圈，它的刚度相对其他成员通常很小，以至于对实际的目标，其他成员的刚度可以被忽略，只考虑垫圈的刚度。

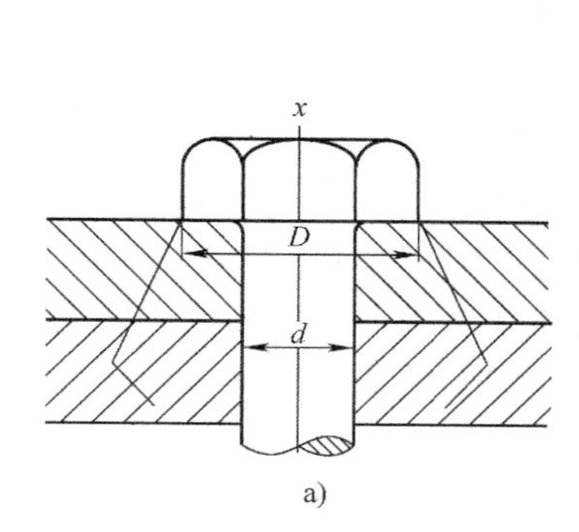

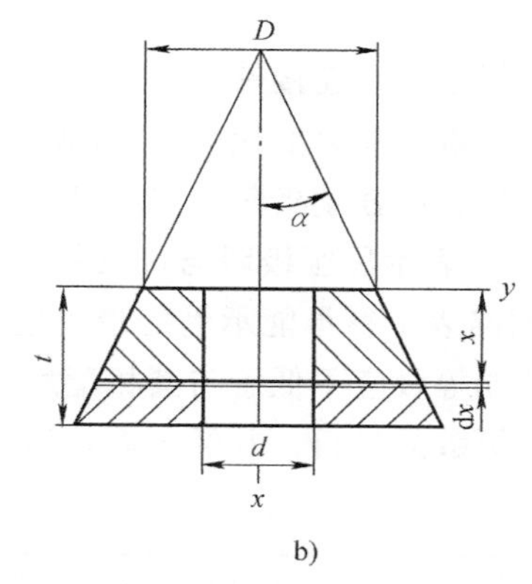

图 9-25 螺栓刚度计算模型

如果没有垫圈，除了做实验外，获得每个成员的刚度会相对困难，因为在螺栓头和螺母之间会产生压缩，面积不统一。因此，在这种情况下的面积很难确定。

一般采用超声波技术检测被连接件的压力分布，结果显示压力存在于 1.5 倍半径范围内，但是压力远离螺栓。因此，建议选取不同的角度 α，来使用 Rotscher's 的压力锥方法计算刚度。这种方法相对复杂，因此此处仅采用选取一个固定圆锥角的简单方法。

在单元厚度 dx 的锥内，单元受压缩，所受到的力为 P，则

$$\mathrm{d}\delta=\frac{P\mathrm{d}x}{EA} \tag{9-49}$$

单元的面积为

$$A=\pi\left(x\tan\alpha+\frac{D+d}{2}\right)\left(x\tan\alpha+\frac{D-d}{2}\right) \tag{9-50}$$

对其积分得

$$\delta=\frac{P}{\pi Ed\tan\alpha}\ln\frac{(2t\tan\alpha+D-d)(D+d)}{(2t\tan\alpha+D+d)(D-d)} \tag{9-51}$$

则单个被连接件的等效刚度为

$$C_{\mathrm{m}}=\frac{P}{\delta}=\frac{\pi Ed\tan\alpha}{\ln\dfrac{(2t\tan\alpha+D-d)(D+d)}{(2t\tan\alpha+D+d)(D-d)}} \tag{9-52}$$

式中 E——材料的弹性模量（MPa）；

α——锥台的锥半角。

式（9-48）中，当只有两个被连接件时，其总体等效刚度为

$$C_{\mathrm{m}}=\frac{C_{\mathrm{m1}}C_{\mathrm{m2}}}{C_{\mathrm{m1}}+C_{\mathrm{m2}}} \tag{9-53}$$

9.4.4 螺纹连接件的材料及许用应力

1. 螺纹连接件的材料

螺纹连接件的常用材料有低碳钢（Q215、10）和中碳钢（Q235、35、45）。对于承受冲击、振动或变载荷的螺纹连接件，可采用低合金钢、合金钢，如 15Cr、40Cr、

30CrMnSi 等。

国家标准规定螺纹连接件按材料的力学性能分 10 个等级，见表 9-8、表 9-9。性能等级数值含义为：小数点前数字代表 $R_m/100$，小数点后数字代表 $10R_{eL}/R_m$，其中 R_m、R_{eL} 分别为螺纹连接件材料的强度极限和屈服极限。如性能等级 4.6，其中 4 表示材料的抗拉强度极限为 400MPa，6 表示屈服极限与抗拉强度极限之比为 0.6。螺母的性能等级分为 7 级，从 4 到 12。数字粗略表示螺母能承受的最小应力 σ_{min} 的 1/100（$\sigma_{min}/100$）。选用时，必须注意所用螺母的性能等级应不低于与其相配螺栓的性能等级。重要或有特殊要求的螺纹连接件，需采用高性能等级的材料，并经表面处理（如氧化、镀锌钝化、磷化、镀铬等）。

表 9-8　螺栓性能等级（摘自 GB/T 3098.1—2010）

性能等级(标记)	3.6	4.6	4.8	5.6	5.8	6.8	8.8	9.8	10.9	12.9
抗拉强度极限 $R_{m\ min}$ /MPa	330	400	420	500	520	600	800	900	1040	1220
屈服极限 $R_{eL\ min}$ /MPa	190	240	340	300	420	480	—	—	—	—
硬度(max)/HBW	90	114	124	147	152	181	238	276	304	366
推荐材料	低碳钢	低碳钢或中碳钢					中碳钢,淬火并回火		中碳钢,低、中碳合金钢,淬火并回火,合金钢	合金钢

注：规定性能等级的螺栓、螺母在图样中只标出性能等级，不需标出材料牌号。

表 9-9　螺母的性能等级（摘自 GB/T 3098.2—2000）

性能等级(标记)	4	5	6	8	9	10	12
抗拉强度极限 $R_{m\ min}$ /MPa	510 ($d\geqslant16\sim39$mm)	520 ($d\geqslant3\sim4$mm,右同)	600	800	900	1040	1150
推荐材料	易切削钢		低碳或中碳钢	中碳钢,低、中碳合金钢,淬火并回火			
相配螺栓的性能等级	3.6,4.6,4.8 ($d>16$mm)	3.6,4.6,4.8 ($d\leqslant16$mm); 5.6,5.8	6.8	8.8	8.8 ($d\geqslant16\sim39$mm), 9.8($d\leqslant16$mm)	10.9	12.9

注：硬度（max）= 30HRC。

2. 螺纹连接件的许用应力

螺纹连接件的许用应力与其材料有关，同时需考虑载荷性质（静、变载荷）、装配情况（松连接或紧连接）以及螺纹连接件的结构尺寸等因素的影响，并通过引入安全系数考虑这些因素的影响。

螺纹连接件的许用拉应力按下式确定：

$$[\sigma]=\frac{R_{eL}}{S} \tag{9-54}$$

螺纹连接件的许用切应力为

$$[\tau]=\frac{R_{eL}}{S_\tau} \tag{9-55}$$

钢制螺纹件的许用挤压应力为

$$[\sigma_p]=\frac{R_{eL}}{S_p} \tag{9-56}$$

铸铁螺纹件的许用挤压应力为

$$[\sigma_p]=\frac{R_m}{S_p} \tag{9-57}$$

式中　R_{eL}、R_m——螺纹连接件材料的屈服极限和抗拉强度（MPa），见表 9-8 和表 9-9，常用铸铁连接件的 R_m 可取 200～250MPa；

S、S_τ、S_p——抗拉、剪切、挤压安全系数，见表 9-10。

表 9-10　螺纹连接的安全系数

<table>
<tr><th colspan="3">受载类型</th><th colspan="4">静载荷</th><th colspan="4">变载荷</th></tr>
<tr><td colspan="3">松螺栓连接</td><td colspan="8">1.2～1.7</td></tr>
<tr><td rowspan="4">紧螺栓连接</td><td rowspan="3">受轴向及横向载荷的普通螺栓连接</td><td rowspan="2">不控制预紧力的计算</td><td></td><td>M6～M16</td><td>M16～M30</td><td>M30～M60</td><td></td><td>M6～M16</td><td>M16～M30</td><td>M30～M60</td></tr>
<tr><td>碳钢</td><td>4～5</td><td>2.5～4</td><td>2～2.5</td><td>碳钢</td><td>8.5～12.5</td><td>8.5</td><td>8.5～12.5</td></tr>
<tr><td></td><td>合金钢</td><td>5～5.7</td><td>3.4～5</td><td>3～3.4</td><td>合金钢</td><td>6.8～10</td><td>6.8</td><td>6.8～10</td></tr>
<tr><td></td><td>控制预紧力的计算</td><td colspan="4">1.2～1.5</td><td colspan="4">1.2～1.5(S_a=2.5～4.0)</td></tr>
<tr><td colspan="3">铰制孔用螺栓连接</td><td colspan="4">钢：S_τ=2.5；S_p=1.25
铸铁：S_p=2.0～2.5</td><td colspan="4">钢：S_τ=3.5～5；S_p=1.5
铸铁：S_p=2.5～3.0</td></tr>
</table>

9.5　提高螺纹连接性能的措施

9.5.1　提高螺纹连接的强度

螺纹连接的强度主要取决于螺栓的强度。影响螺栓强度的因素很多，有螺纹牙间的载荷分配、应力变化幅度、应力集中、附加弯曲应力、材料的力学性能及制造工艺等。下面仅就工程上常用的受拉螺栓加以说明，并分析各种因素对受拉螺栓强度的影响和提高强度的措施。

1. 均匀螺纹牙受力分配

受拉普通螺栓所受的总拉力是通过螺纹牙传递的。当采用普通螺母时，由于螺栓和螺母的刚度和变形性质不同，各圈螺纹牙上的受力不均匀。如图 9-26 所示螺纹连接受载时，螺栓受拉，螺距增大；而螺母受压，螺距减小。这种螺距的变化差通过旋合的各圈螺纹牙的变形来补偿。从螺母支承面算起，第一圈螺纹变形最大，以后各圈递减。旋合螺纹间载荷的分布如图 9-27 所示。理论分析和实验证明，旋合圈数越多，载荷分布不均的现象越严重；第一圈约受 1/3 载荷作用，到第 8～10 圈之后，螺纹牙几乎不受载，所以采用圈数过多的厚螺母并不能提高连接的强度。

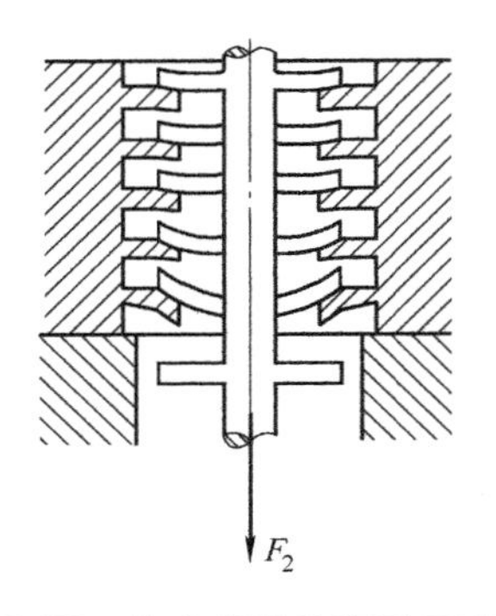

图 9-26　旋合螺纹的变形示意图

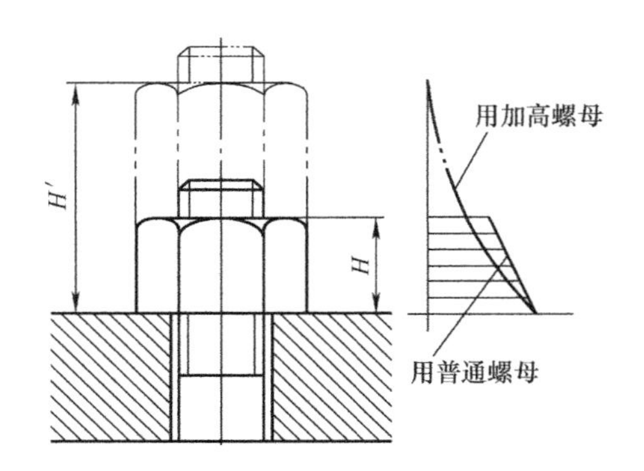

图 9-27　旋合螺纹间的载荷分布

改善螺纹牙上载荷分布不均现象可采用的螺母结构：①悬置螺母（图 9-28a）：螺母悬置使其变受压为受拉，螺栓、螺母均受拉减少了两者螺距变化差，螺纹牙上载荷变化趋于均匀；②环槽螺母（图 9-28b）：螺母下端开凹槽使螺母局部受拉，作用与悬置螺母相似；③内斜螺母（图 9-28c）：螺母旋入端受力大的几圈螺纹处，制成 10°~15°的内斜角，载荷将向上转移到原受力小的牙上，使载荷分布趋于均匀，这种特殊结构的螺母，加工复杂，只限于重要的或大型的连接中使用。图 9-28d 所示结构兼有环槽螺母和内斜螺母作用和特点。

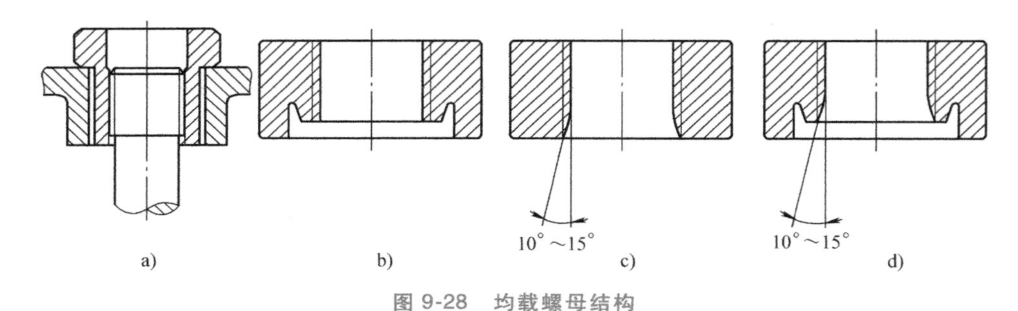

图 9-28　均载螺母结构

a）悬置螺母　b）环槽螺母　c）内斜螺母　d）兼有环槽螺母和内斜螺母作用

2. 减轻应力集中

螺栓的螺纹牙根、螺纹收尾和螺栓头部与螺栓杆的过渡圆角等处都会产生应力集中。为了减少应力集中，可采用较大的过渡圆角和卸载结构（图 9-29），或将螺纹收尾改为退刀槽等。

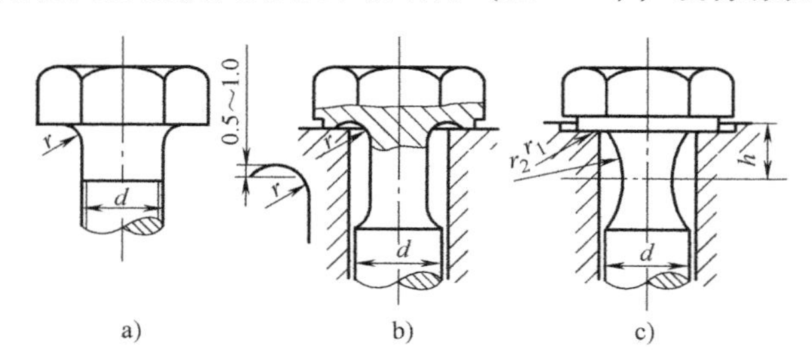

图 9-29　圆角和卸载结构

3. 降低应力幅

受变载荷的紧螺栓连接，当最小应力一定时，交变应力幅越小，螺栓越不容易发生疲劳破坏。当螺栓所受工作载荷 F 在 $0\sim F$ 之间变化时，则螺栓的总拉力 F_2 将在 $F_0\sim F_2$ 之间变化。减小螺栓的交变应力幅可降低螺栓的刚度 C_b，或增大被连接件的刚度 C_m，或同时采用两种措施。如图 9-30a，b 所示为提高螺栓连接变应力强度的措施，其表示在预紧力和工作载荷不变的情况下，分别降低螺栓刚度或增大被连接件刚度的交变应力幅变化情况。如图 9-30c 所示在保持螺栓总拉力、工作载荷和残余预紧力 F_1 不变的情况下，同时降低螺栓刚度及增大被连接件刚度，虽然预紧力 F_0 增大，但交变应力幅减小。

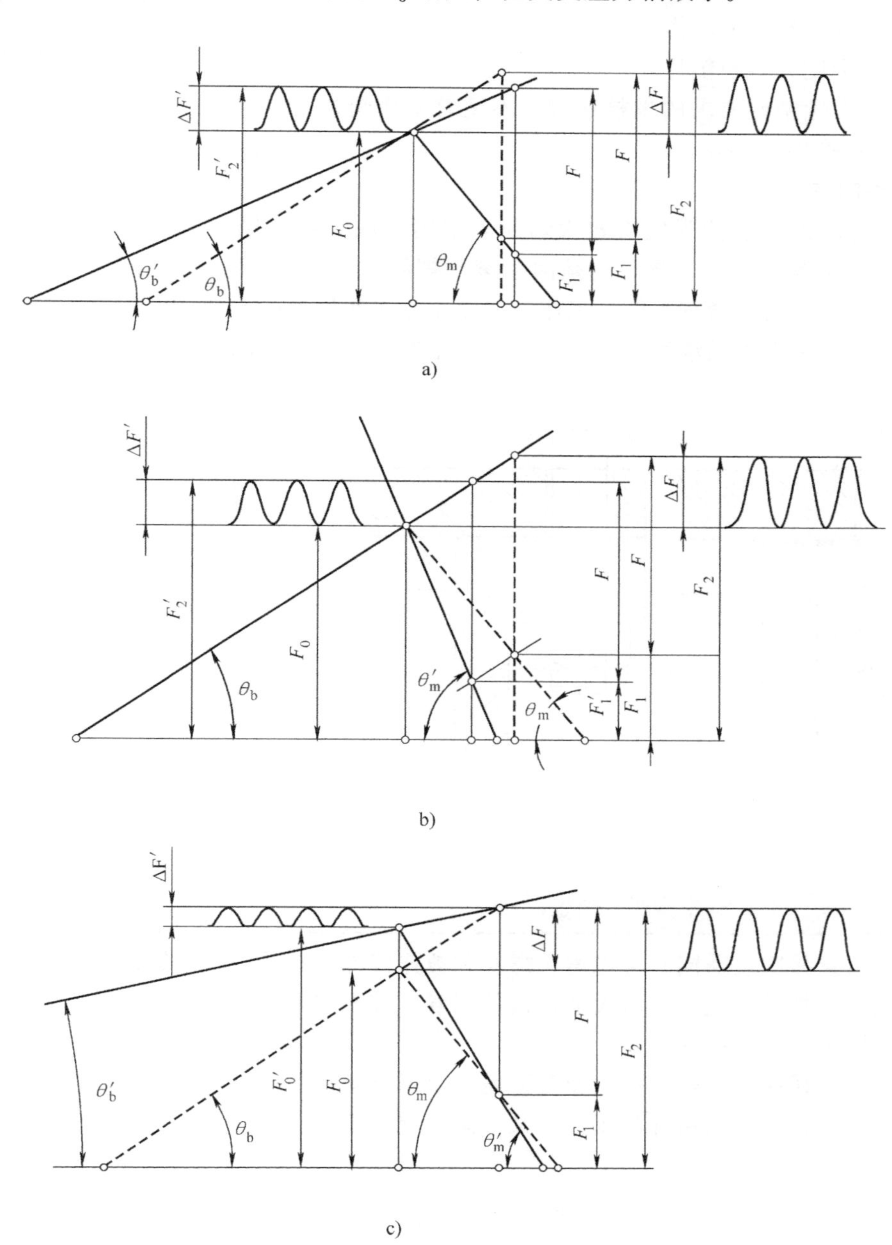

图 9-30 提高螺栓连接变应力强度的措施

a）降低螺栓刚度（$C'_b<C_b$，即 $\theta'_b<\theta_b$） b）增大被连接件刚度（$C'_m>C_m$，即 $\theta'_m>\theta_m$）

c）同时采用三种措施（$F'_0>F_0$，$C'_b<C_b$，$C'_m>C_m$）

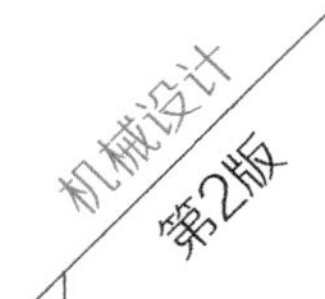

减小螺栓刚度的方法（图 9-31）：

1）适当增加螺栓长度。

2）采用柔性螺栓，减小螺栓光杆部分的横剖面积，或采用空心螺栓。

3）螺母下安装弹性元件。

增大被连接件刚度的方法：

1）改进被连接件的结构。

2）采用刚度大的硬垫片。

3）对于有紧密性要求的螺栓连接，不适宜采用垫片时，可改用密封环，如图 9-32 所示。

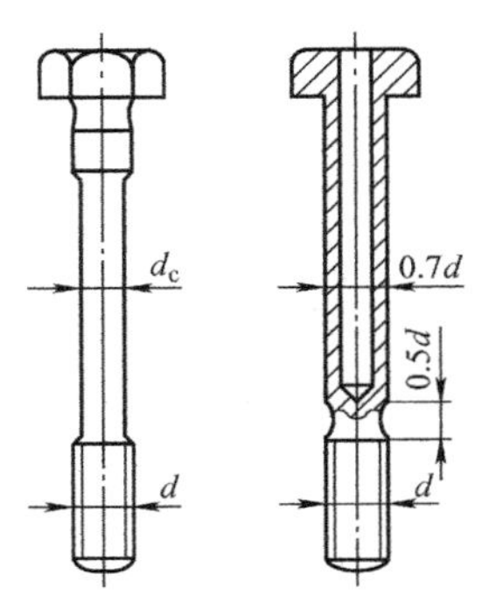

图 9-31　腰状杆螺栓与空心螺栓

4. 改善制造工艺

制造工艺对螺栓疲劳强度有较大影响。采用冷镦头部（图 9-33）和滚压螺纹的螺栓，其疲劳强度比车制螺栓高 35%。这是因为滚压螺纹时，由于冷作硬化作用，表层有残余压应力，滚压后金属组织紧密，螺纹工作时，力流方向和材料纤维方向一致。

此外，在工艺上采用渗氮、喷丸等表面硬化处理方法也能提高疲劳强度。

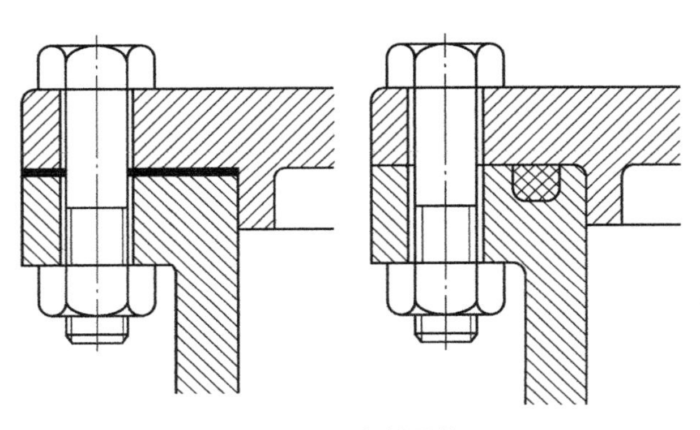
图 9-32　密封元件

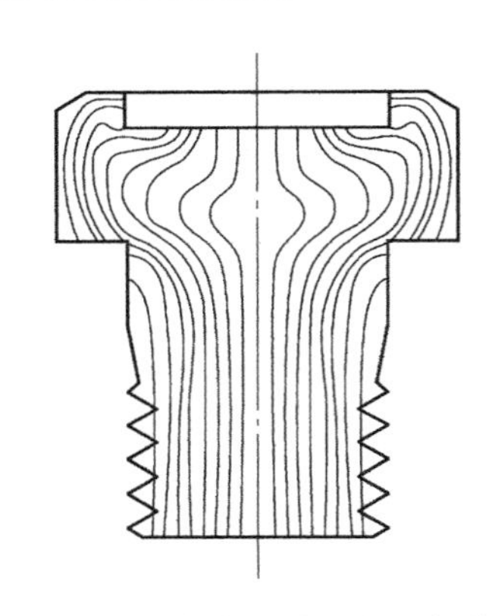
图 9-33　冷镦与滚压加工螺栓中的金属流线

9.5.2 提高螺纹连接的刚度

提高螺纹连接刚度需同时考虑增大螺栓和被连接件的刚度。增大螺栓刚度可通过减小螺栓长度、适当增加螺栓直径。增大被连接件刚度，首先需采用较大刚度的被连接件结构，其次需要采用刚度大的硬垫片。

提高螺纹连接刚度会降低螺栓疲劳强度，对于有紧密性要求的连接，可以采用密封环等密封结构，既可保证被连接件的刚度，又可满足密封要求。

9.6 设计实例

【例】 活塞压缩机螺栓连接设计实例。

1. 活塞压缩机工况

如图9-1所示的活塞式空气压缩机，气缸内空气被压缩时，压力升高，当压力达到一定值时，排气阀被顶开，压缩空气经管路进入储气罐内，不断地向储气罐内输送压缩空气使罐内压力逐渐增大，从而获得所需的压缩空气，排气管内的工作压力一般可达几个兆帕。

2. 截止阀的法兰螺栓连接设计

如图9-34所示为某厂一台活塞压缩机的排气管与截止阀的法兰连接。已知排气管内的工作压力 $p=0\sim1.5\text{MPa}$，法兰均为钢制，其结构尺寸 $D=120\text{mm}$、$D_1=160\text{mm}$，如图9-35所示。试设计此连接。

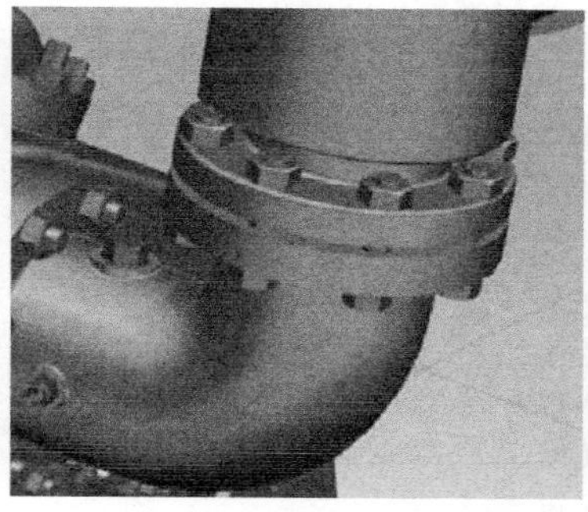
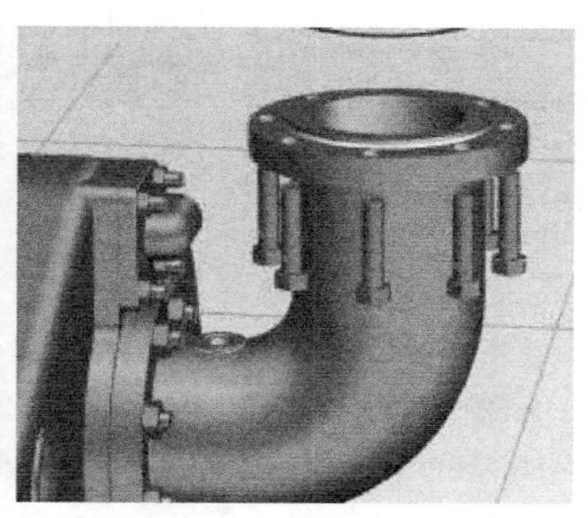

图9-34 排气管与截止阀的法兰连接

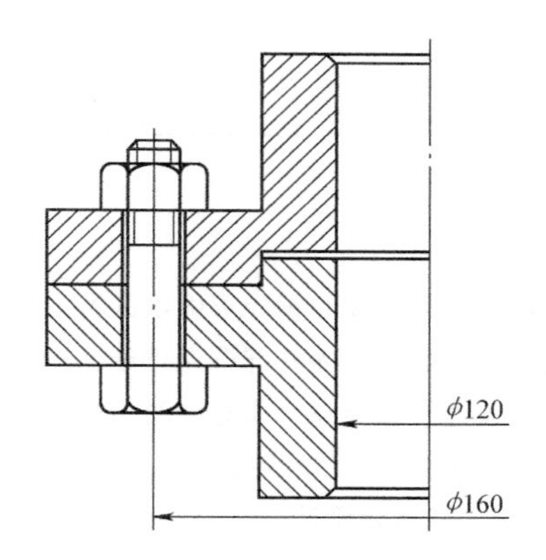

图9-35 螺栓连接结构简图

【解】 连接类型选用普通螺栓，被连接件法兰为钢制，通孔易加工、成本低，可反复拆装而不损伤被连接件；布置形式沿圆周均布，并留出适当扳手空间。

计算项目	计算依据	单位	计算结果
1. 螺栓组结构设计			
(1)初估螺栓直径 d		mm	$d=10$
(2)初选螺栓间距 t_0	表9-3	mm	$t_0=7d=70$
(3)螺栓数目 z	$z=\dfrac{180°}{\arcsin(t_0/D_1)}$		$z=6.94$ 加工工艺要求对称布置，取 $z=8$
2. 螺栓受力分析			
(1)截止阀所受最大压力 F_Σ	$F_\Sigma=\dfrac{p\pi D^2}{4}$（$D$为气缸内径）	N	$F_\Sigma=16964.6$

（续）

计算项目	计算依据	单位	计算结果
(2)单个螺栓工作载荷 F	$F=\frac{F_{\Sigma}}{z}$	N	$F=2120.6$
(3)残余预紧力 F_1	有密封要求的连接	N	$F_1=1.5F$
(4)螺栓所受总拉力 F_2	$F_2=F+F_1$	N	$F_2=5301.5$
3. 确定螺栓直径			
(1)选螺栓材料、性能等级及屈服极限 R_{eL}	表 9-7、表 9-8	MPa	材料 Q235，性能等级 4.6 $R_{eL}=240$
(2)螺纹连接安全系数 S	表 9-10		$S=1.5$
(3)螺栓许用应力$[\sigma]$	$[\sigma]=R_{eL}/S$	MPa	$[\sigma]=160$
(4)计算螺纹小径 d_1	$d_1\geqslant\sqrt{\frac{4\times1.3\times F_2}{\pi[\sigma]}}$	mm	$d_1\geqslant7.406$ 选用公称直径 $d=10$ 的 M10 螺栓，其小径 $d_1=8.376>7.406$
4. 验算螺栓疲劳强度			
(1)螺栓危险截面的最大拉应力 σ_{max}	式(9-42)	MPa	$\sigma_{max}=96.2$
(2)应力幅 σ_a	式(9-44)	MPa	$\sigma_a=15.4$
(3)螺栓最大应力安全系数 S_{ca}	式(9-45) 查表 9-10		$S_{ca}=1.41$ $S_{ca}\in S=1.2\sim1.5$ 在许用范围内
结论：螺栓连接疲劳强度安全			

习 题

9-1 分析比较普通螺纹、管螺纹、梯形螺纹和锯齿形螺纹的特点，各举一例说明它们的应用。

9-2 将承受轴向变载荷的螺纹连接的螺栓的光杆部分做得细些有什么好处？

9-3 分析活塞式空气压缩机气缸盖连接螺栓在工作时的受力变化情况，它的最大应力、最小应力如何得出？当气缸内的最高压力提高时，它的最大应力、最小应力将如何变化？

9-4 初估 $d=8$mm，其他条件不变，试重新设计例题中活塞压缩机的排气管与截止阀的法兰连接。

9-5 已知一个托架的边板用 6 个螺栓与相邻的机架相连接。托架受一与边板螺栓组的垂直对称轴线相平行、距离为 250mm、大小为 60kN 的载荷作用。现有如图 9-36 所示的两种螺栓布置形式，设采用铰制孔用螺栓连接，试问哪一种布置形式所用的螺栓直径较小？为什么？

9-6 两块金属板用两个 M12 的普通螺栓连接。若结合面的摩擦系数 $f=0.3$，螺栓预紧力控制在其屈服极限的 70%。螺栓用性能等级为 4.8 的中碳钢制造，求此连接所能传递的横向载荷。

9-7 受轴向载荷的紧螺栓连接，被连接钢板间采用橡胶垫片。已知螺栓预紧力 $F_0=15000$N，当受轴向工作载荷 $F=10000$N 时，求螺栓所受的总拉力 F_2 及被连接件之间的残余预紧力 F_1 的大小。

9-8 如图 9-37 所示为一气缸盖螺栓组连接。已知气缸内的工作压力 $p=0\sim1$MPa，缸盖与缸体均为钢制，其结构尺寸如图 9-37 所示。试设计此连接。

9-9 有一气缸盖与缸体凸缘采用普通螺栓连接，如图 9-38 所示。已知气缸中的压力 p 在 0~2MPa 之间变化，气缸内径 $D=500$mm，螺栓分布圆直径 $D_0=650$mm。为满足气密性要求，残余预紧力 $F_1=1.8F$，螺栓间距 $t\leqslant4.5d$（d 为螺栓的大径）。螺栓材料的许用拉伸应力 $[\sigma]=120$MPa，许用应力幅 $[\sigma_a]=20$MPa。选用铜皮石棉垫片，螺栓相对刚度为 0.8，试设计此螺栓组连接。

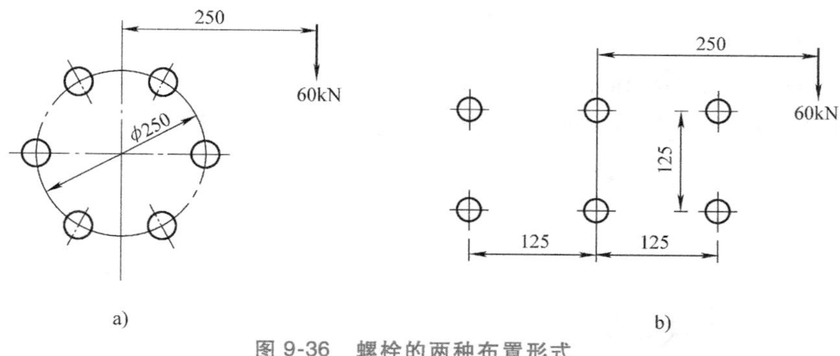

图 9-36 螺栓的两种布置形式

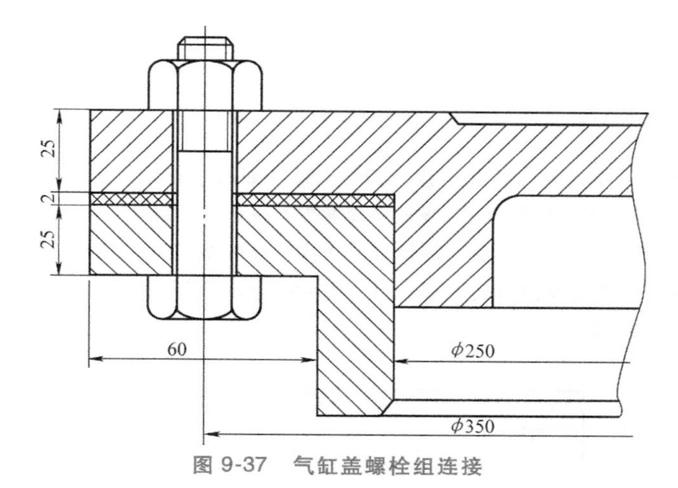

图 9-37 气缸盖螺栓组连接

9-10 如图 9-39 所示，一钢结构托架由一块边板和一块承重板组成，边板用四个螺栓与立柱相连接，其结构尺寸如图所示。托架所受的最大载荷为 20kN，载荷有较大的变动。试问：

1）此螺栓连接采用普通螺栓连接还是铰制孔用螺栓连接为宜？

2）如采用铰制孔用螺栓连接，螺栓的直径应为多大？

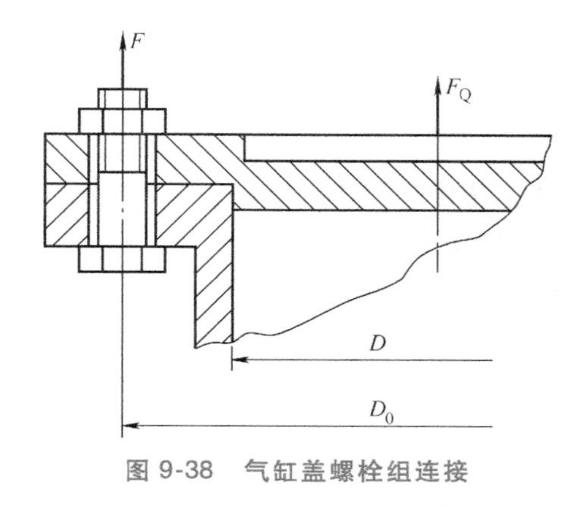

图 9-38 气缸盖螺栓组连接

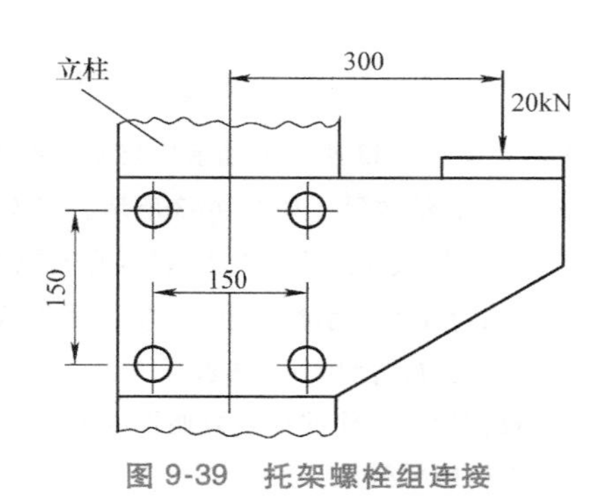

图 9-39 托架螺栓组连接

9-11 一牵曳钩用两个 M10 的普通螺钉固定于机体上，如图 9-40 所示。已知结合面间的摩擦系数 f = 0.15，螺钉材料为 Q235、强度级别为 4.6 级，装配时控制预紧力，试求螺钉组连接允许的最大牵引力。

9-12 一刚性凸缘联轴器用 6 个 M10 的铰制孔用螺栓（GB/T 196—2003）连接，结构尺寸如图 9-41 所

示。两半联轴器材料为HT200，螺栓材料为Q235、性能等级5.6级。设两半联轴器间的摩擦系数$f=0.16$，防滑系数$K_S=1.2$。试求：

1）该螺栓组连接允许传递的最大转矩。

2）若所传递的最大转矩不变，改用普通螺栓连接，试计算螺栓直径并确定其公称直径。

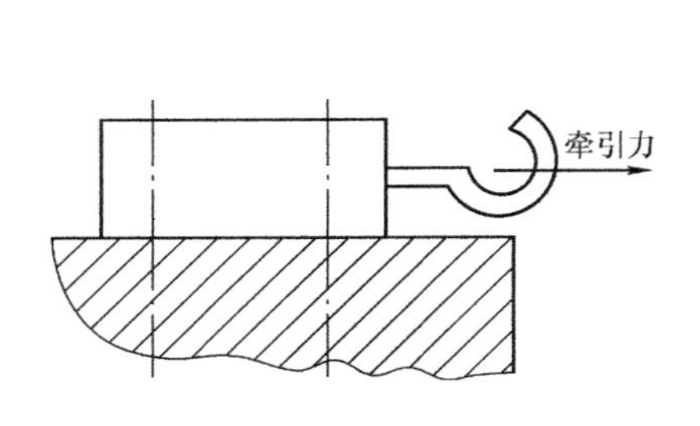

图9-40　牵曳钩螺钉连接

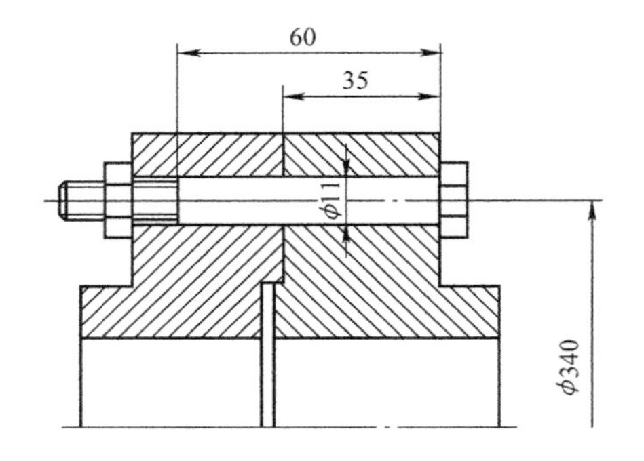

图9-41　凸缘联轴器铰制孔用螺栓组连接

9-13　一方形盖板用4个螺栓与箱体连接，其结构尺寸如图9-42所示。盖板中心O点的吊环受拉力$F_Q=20\text{kN}$，螺栓所受的轴向工作载荷为F，设残余预紧力$F_1=0.6F$。试求：

1）螺栓所受的总拉力F_2，并计算确定螺栓直径（螺栓材料为45钢，性能等级为6.8级）。

2）如因制造误差，吊环由O点移到O'点，且$OO'=5\sqrt{2}\text{mm}$，求受力最大的螺栓所受的总拉力F_2，并校核1）中确定的螺栓的强度。

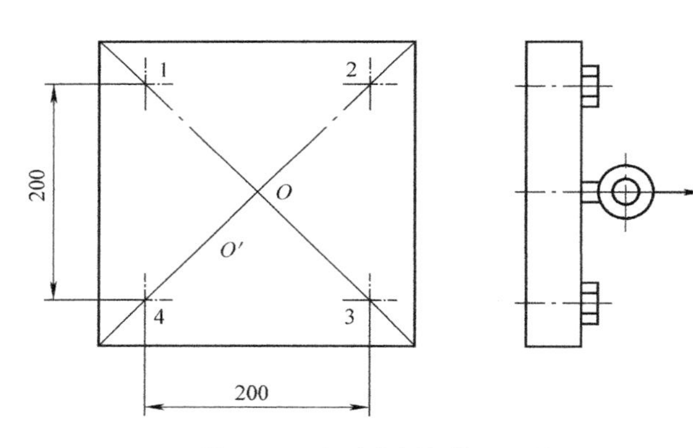

图9-42　方形盖板螺栓组连接

9-14　如图9-43所示为轴承托架紧固在钢立柱上，托架材料为铸铁，螺栓材料的性能等级为6.8级，载荷$F=6\text{kN}$，结构尺寸如图9-43所示，螺栓数为4。试设计此螺栓连接。

9-15　一铸铁支架用4个M16的普通螺栓安装在混凝土立柱上，结构尺寸如图9-44所示，已知载荷$F=8\text{kN}$，结合面摩擦系数$f=0.3$，防滑系数$K_S=1.2$，螺栓材料的屈服极限$R_{eL}=360\text{MPa}$，安全系数$S=3$，取螺栓的预紧力$F_0=9\text{kN}$。试求：

1）校核所取螺栓的预紧力能否满足支架不滑移的条件。

2）校核螺栓强度。

3）若取混凝土的许用挤压应力$[\sigma_p]=2.5\text{MPa}$，结合面的承载面积$A=4\times10^4\text{mm}^2$，抗弯截面模量$W=5\times10^6\text{mm}^3$，校核连接的结合面是否会出现间隙或压溃。

9-16　如图9-45所示的夹紧连接中，柄部承受载荷$P=600\text{N}$，柄长$L=350\text{mm}$，轴径$d_b=60\text{mm}$，螺栓

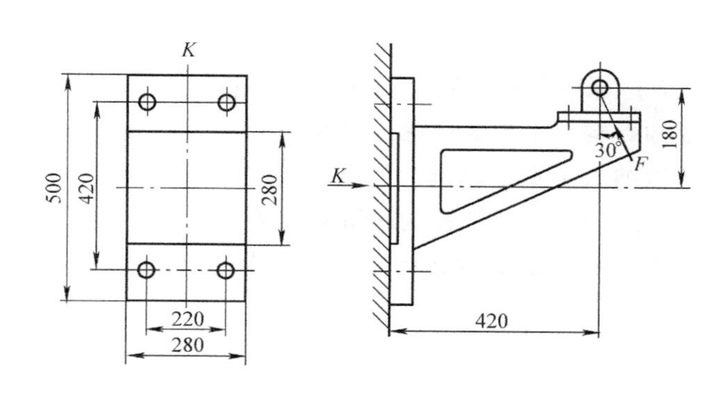

图 9-43　轴承托架螺栓组连接

个数 $z=2$，结合面摩擦系数 $f=0.15$，螺栓机械性能等级为 8.8，取安全系数 $S=1.5$，防滑系数 $K_s=1.2$，试确定螺栓直径。（R 为夹紧力示意）

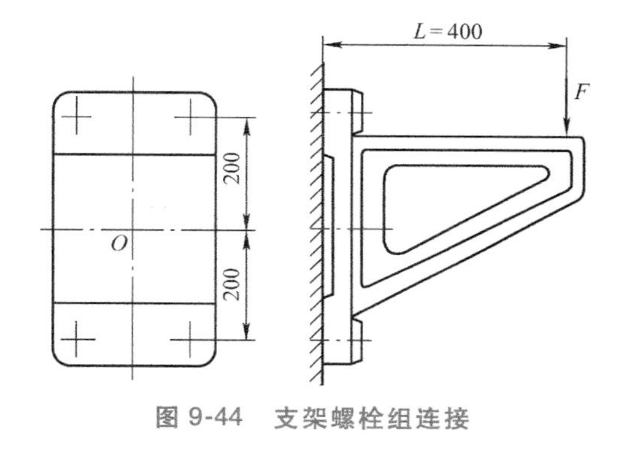

图 9-44　支架螺栓组连接

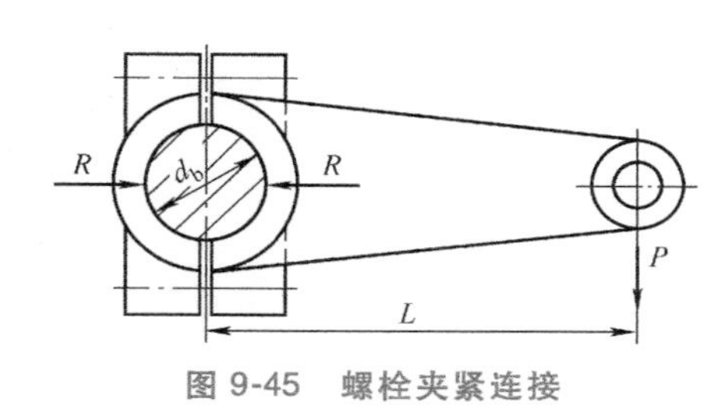

图 9-45　螺栓夹紧连接

知识拓展

螺纹发展史

螺纹是人类最早发明的简单机械结构之一。在古代，人们曾利用螺纹固定战袍的铠甲、提升物体、压榨油料。18 世纪末，英国工程师亨利·莫兹利（Henry Maudslay）发明了螺纹丝杠车床。第一次工业革命后，英国人又发明了车床、板牙和丝锥，为螺纹件的大批生产奠定了技术基础。1841 年，英国人约瑟夫·惠特沃斯（Joseph Whitworth）发表了世界上第一份螺纹标准，即 B. S. 84，包含英国标准惠氏螺纹（B. S. W.）和英国标准细牙螺纹（B. S. F.），从而奠定了螺纹标准的技术体系。1905 年，英国人泰勒（William Taylor）发明了螺纹量规设计原理（泰勒原则）。从此，英国成为世界上第一个全面掌握螺纹加工和检测技术的国家。英制螺纹标准是世界上现行螺纹标准的祖先，并最早得到了世界范围的认可和推广。

世界上最有影响的紧固螺纹有三种，它们是：英国的惠氏螺纹、美国的赛氏螺纹、法国的米制螺纹。最有影响的管螺纹有两种：英国的惠氏管螺纹、美国的布氏管螺纹。这五种螺纹均于 19 世纪问世，它们奠定了螺纹标准化的技术体系，其他绝大多数螺纹均采用或借鉴了它们的标准结构。

美国的国家螺纹（N）标准是在英制惠氏螺纹基础上发展起来的，美制标准螺纹对现代国际贸易有着极为重要的影响。米制普通螺纹（M）来源于美制国家螺纹（N），在欧洲大陆得到了广泛使用，并被纳入了 ISO 标准。当公制单位制（米是其中的长度单位）被确定为国际法定计量单位后，米制普通螺纹在国际贸易中的地位又得到了进一步提升。现在，米制普通螺纹不但可以与美制和英制螺纹进行对抗，而且显示出逐步取代美制和英制螺纹的势头。

第10章

键与销连接

键主要用于轴和轮毂零件间的连接，实现圆周方向的固定并传递转矩（如图 10-1 所示），有些情况下还能实现轴向固定并传递一定的轴向载荷，或实现轴上零件沿轴向移动的导向作用。销主要用于零件间相对位置的定位，销连接通常只传递少许载荷，也可作为安全装置。

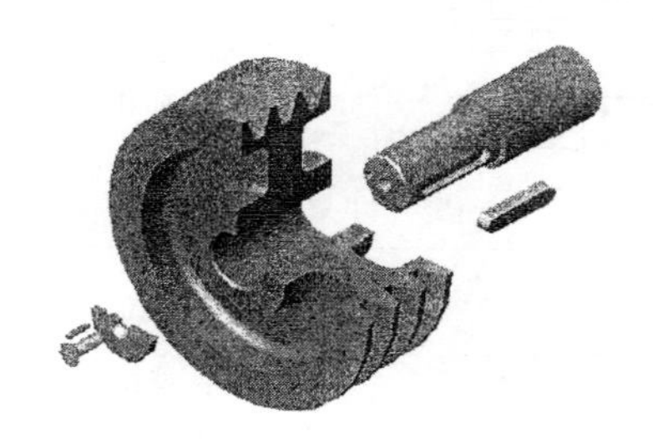

图 10-1　键连接

10.1　键　连　接

10.1.1　键连接的类型及应用

1. 键连接的类型

键连接的主要类型有平键、半圆键、楔键和切向键连接，其类型与特点见表 10-1。

平键根据用途分为普通型平键、薄型平键、导向平键和滑键四种。其中普通平键和薄型平键用于静连接，导向平键和滑键用于动连接。普通平键按结构分为圆头（A 型）平键、平头（B 型）平键和单圆头（C 型）平键三种，其特点与应用见表 10-1。

2. 键连接的选用

键是标准件，设计时需合理地选用键的类型和尺寸，并满足强度要求和工艺性要求。

键连接的类型可根据连接的使用要求、工作条件和结构进行选择。

键的主要尺寸包括键的截面尺寸（一般以“键宽 b×键高 h”表示）和键的长度 L。键的截面尺寸根据轴的直径从标准中选取。键的长度基于轮毂长度确定（一般略短于轮毂长度），并符合标准规定的长度系列。导向键长度按轮毂长度及滑动距离确定。普通平键和普通楔键的主要尺寸见表 10-2。

表 10-1 键的类型及特点

类型		连接示例	工作原理	特点及应用
平键	普通平键	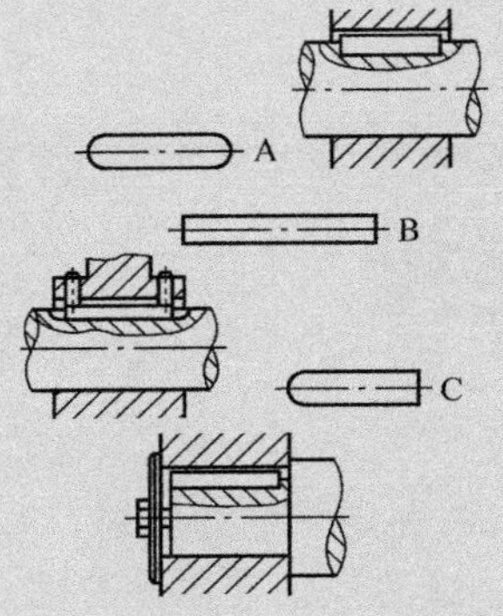 A B C	工作面：键的两侧面。无轴向固定作用	普通平键对中性好、易拆装、精度较高，应用最广；适用于高速轴或冲击、正反转场合。如齿轮、带轮、链轮在轴上的周向定位与固定 A 型平键采用面铣刀加工键槽，键在槽中好固定，但键槽处的应力集中大；B 型平键用盘铣刀加工键槽，键槽处应力集中较小；C 型平键用于轴端
	导向平键	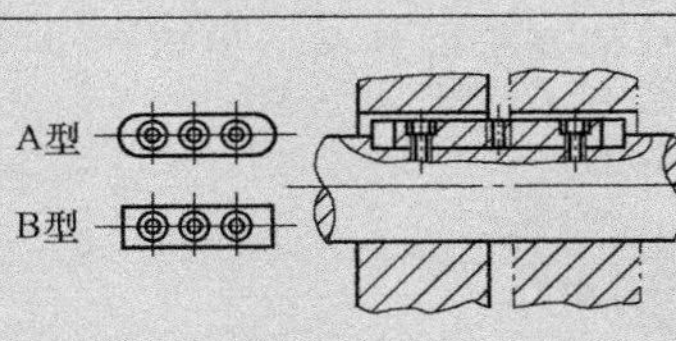 A型 B型	工作面：键的两侧面。具有轴向导向作用	导向平键对中性好，易拆装。常用于轴上零件轴向移动量不大的场合，如变速箱中的滑移齿轮
	滑键	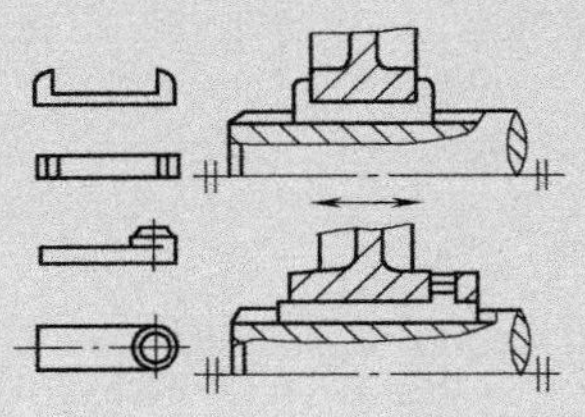	工作面：键的两侧面。键固定在轮毂上，具有轴向导向作用	滑键连接对中性好，易拆装。用于轴上零件轴向移动量较大的场合
半圆键		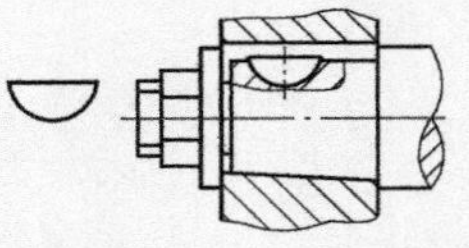	工作面：键的两侧面。键在槽中能绕底圆弧曲率中心摆动	装拆方便，键槽较深，削弱了轴的强度。半圆键连接一般用于轻载，适用于轴的锥形端部
楔键	普通楔键	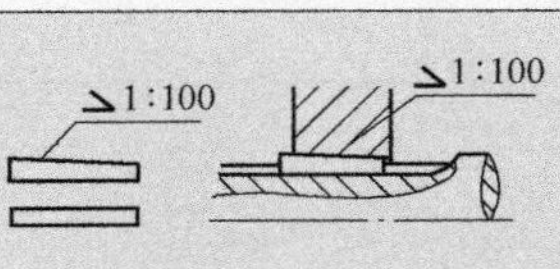 1:100 1:100	工作面：键的上下两面。靠楔紧力传递转矩，并对零件有轴向固定作用和传递单向轴向力	楔键楔紧使零件偏心，对中精度不高。楔键连接用于精度要求不高、转速较低时传递较大、双向或有振动的转矩
	钩头楔键	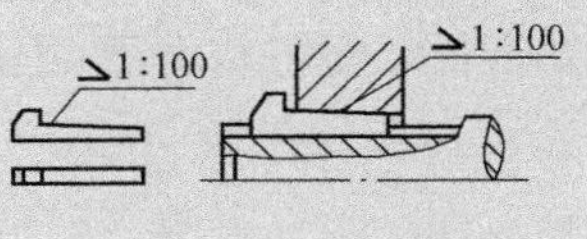 1:100 1:100		钩头楔键用于单方向拆装场合。钩头供拆卸用，应注意加保护罩
切向键		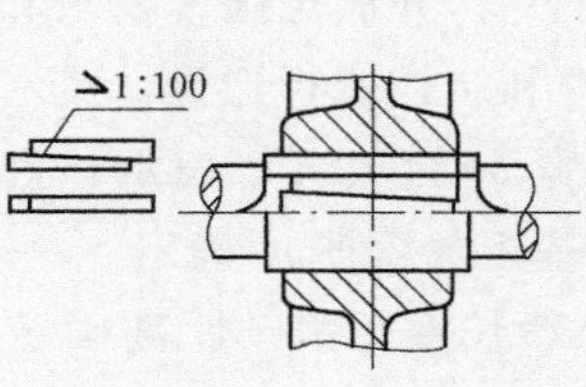 1:100	工作面：键的上下两面。一个切向键仅传递一个方向的转矩；传递双向转矩时，需两个互成 120°~135°角的切向键	由两个楔键组成。切向键连接用于载荷很大、对中要求不高的场合。由于键槽对轴的削弱较大，常用于直径大于 100mm 的轴上。如大型带轮及飞轮，矿用大型绞车的卷筒及齿轮等与轴的连接

表 10-2　普通平键和普通楔键的主要尺寸　　（单位：mm）

轴的直径 d	6~8	8~10	10~12	12~17	17~22	22~30	30~38	38~44
键宽 b×键高 h	2×2	3×3	4×4	5×5	6×6	8×7	10×8	12×8
轴的直径 d	44~50	50~58	58~65	65~75	75~85	85~95	95~110	110~130
键宽 b×键高 h	14×9	16×10	18×11	20×12	22×14	25×14	28×16	32×18
键的长度系列 L	6,8,10,12,14,16,18,20,22,25,28,32,36,40,45,50,56,63,70,80,90,100,110,125,140,180,200,220,250…							

注：1. 参考《机械设计手册》。

2. 选用键的尺寸时，可参考轴的直径。

3. 在轴径相同时，选用的平键和楔键的尺寸相同。

10.1.2　键连接强度计算

1. 平键连接的强度计算

普通平键连接传递转矩时，键、轴上键槽及轮毂键槽工作面均承受挤压应力，同时，键沿 a—a 剖面受剪切，如图 10-2 所示。因此，键连接的失效形式为连接中强度最低零件的工作面压溃，或键被剪断。其强度条件分别是工作面上的挤压应力或切应力小于相应的许用应力值。

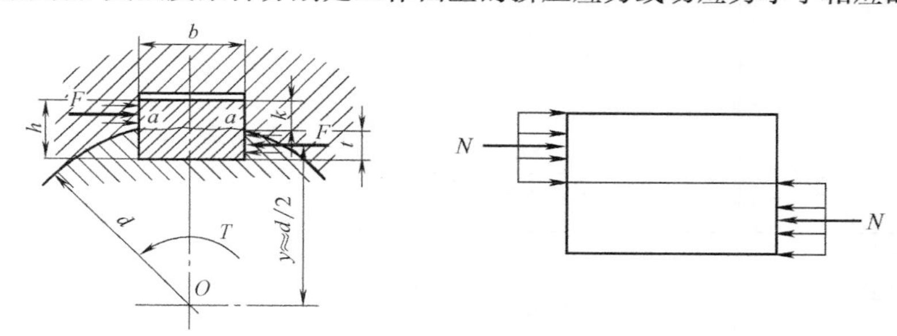

图 10-2　平键连接受力

导向键和滑键连接（动连接）的主要失效形式是工作面的过度磨损。其强度条件是按工作面的压力进行计算的。

普通平键连接的挤压强度条件为

$$\sigma_p=\frac{2T}{lkd}\leqslant[\sigma_p] \tag{10-1}$$

导向平键和滑键连接的磨损条件为

$$p=\frac{2T}{lkd}\leqslant[p] \tag{10-2}$$

式中　T——传递的转矩$\left(T=Ny\approx F\dfrac{d}{2}\right)$（N · mm）；

k——键与轮毂键槽的接触高度，$k=0.5h$，h 为键的高度（mm）；

l——键的工作长度（mm），圆头平键 $l=L-b$，平头平键 $l=L$，单圆头平键 $l=L-\dfrac{b}{2}$，此处 L 为键的公称长度（mm），b 为键的宽度（mm）；

d——轴的直径（mm）；

$[\sigma_p]$——键、轴、轮毂三者中强度最低材料的许用挤压应力（MPa），见表 10-3；

$[p]$——键、轴、轮毂三者中硬度最低材料的许用压力（MPa），见表 10-3。

键的材料采用抗拉强度不低于 600MPa 的钢，通常为 45 钢。

表 10-3　材料的许用挤压应力和许用压力　　（单位：MPa）

许用挤压应力 许用压力	连接方式	零件材料	载荷性质		
			静载荷	轻微冲击	冲击
$[\sigma_p]$	静连接	钢	120~150	100~120	60~90
		铸铁	70~80	50~60	30~45
$[p]$	动连接	钢	50	40	30

注：1. $[\sigma_p]$、$[p]$ 应按连接材料力学性能最弱的零件选取。

2. 如与键有相对滑动的被连接件表面经过淬火，则动连接的许用压力 $[p]$ 可提高 2~3 倍。

2. 其他键连接的强度计算

半圆键连接、楔键连接、切向键连接的简化强度计算见表 10-4。

表 10-4　半圆键连接、楔键连接、切向键连接的简化强度计算

键的类型	计算内容	强度校核公式	说明
半圆键	连接工作面挤压	$\sigma_p=\dfrac{2T}{lkd}\leqslant[\sigma_p]$	T—传递的转矩(N·mm) d—轴的直径(mm) l—键的工作长度(mm) k—键与轮毂的接触高度(mm)，平键 $k=0.4h$ b—键的宽度(mm) t—切向键的工作面宽度(mm) c—切向键倒角的宽度(mm) μ—摩擦系数，对钢和铸铁为 0.11~0.17
楔键	连接工作面挤压	$\sigma_p=\dfrac{12T}{bl(6\mu d+b)}\leqslant[\sigma_p]$	
切向键	连接工作面挤压	$\sigma_p=\dfrac{T}{(0.5\mu+0.45)dl(t-c)}\leqslant[\sigma_p]$	

键连接强度不能满足要求时可采用双键，或在允许的情况下增加键的长度。采用双键时应考虑键的合理布置：两个平键最好相隔 180°；两个半圆键则应沿轴向布置在同一母线上；两个楔键夹角一般为 90°~120°，两个切向键夹角一般为 120°~135°。双键连接的强度按 1.5 个键计算。若轴和轮毂允许适当加长，可增加键的长度，但一般键长不宜超过（1.6~1.8）d（d 为轴径）。

10.1.3　键连接计算实例

【例】 选择并校核蜗轮与轴的键连接。已知蜗轮轴传递功率 $P=8\text{kW}$，转速 $n=111\text{r/min}$，轻微冲击。轴径 $d=63\text{mm}$，轮毂长 $L'=98\text{mm}$，轮毂材料为铸铁，轴材料为 45 钢。

【解】

计算项目	计算依据	单位	计算结果
1. 键的整体尺寸	表 10-2	mm	键宽 $b=18$，键高 $h=11$，键长 $L=90$
2. 校核键的强度			
1）许用挤压应力 $[\sigma_p]$	表 10-3 轮毂，轻微冲击	MPa	$[\sigma_p]=60$

（续）

计算项目	计算依据	单　位	计算结果
2)转矩 T	$T=9.55\times10^6\times P/n$	N·mm	$T=6.883\times10^5$
3)键的工作长度 l	$l=L-b$	mm	$l=72$
4)键与键槽的工作高度 k	$k=h/2$	mm	$k=5.5$
5)挤压应力 σ_p	$\sigma_p=\dfrac{2T}{lkd}$	MPa	$\sigma_p=55.179$
6)判断	$\sigma_p=55.179\text{MPa}<[\sigma_p]$		键连接满足强度要求

10.2　花键连接

10.2.1　花键连接的类型及应用

花键连接是由周向均布多个键齿的花键轴（外花键）与带有相应数目键齿槽的轮毂孔（内花键）相配合而成，如图 10-3 所示。花键的齿侧面为工作面，以此传递转矩或运动。

花键连接相当于多个平键连接的组合，其特点有：①承载能力强，接触齿数较多；②轴与轮毂对中性好；③用于动连接时具有良好的导向性；④齿槽较浅，齿根应力集中较小，对轴的强度削弱较少；⑤采用磨削加工，加工精度和加工质量高，但有时需要专用设备，加工成本较高。

花键按齿形分为矩形花键和渐开线花键两类，且均已标准化。

1. 矩形花键

矩形花键的齿廓为矩形。其连接采用小径定心方式（图 10-4），即外花键与内花键的小径为配合表面。这种定心方式定心精度高、稳定性好。矩形花键的标准系列分为轻系列和中系列。轻系列花键的齿高较小，承载能力相对较小，常用于轻载的静连接；中系列多用于中等载荷的连接。

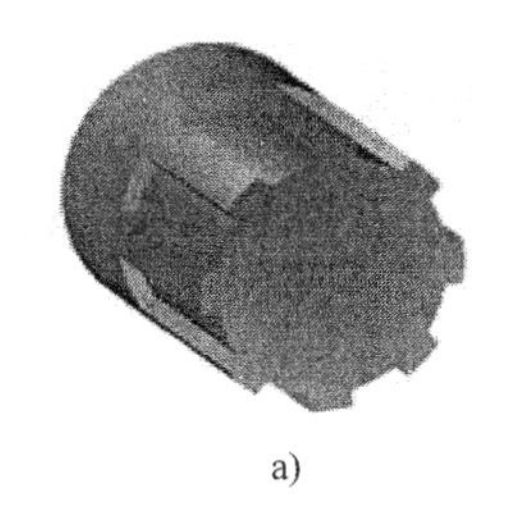

a)　　b)

图 10-3　花键

a）外花键　b）内花键

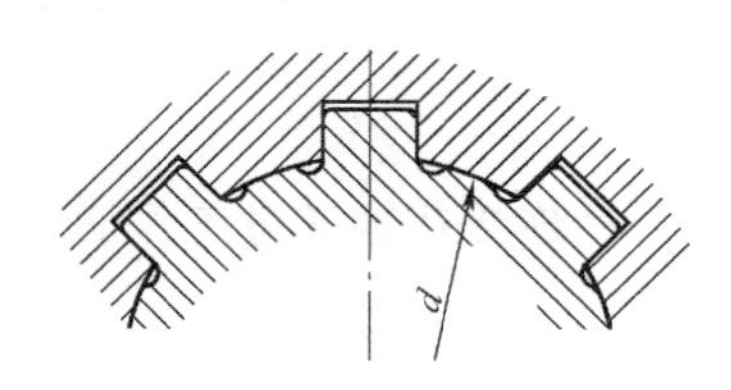

图 10-4　矩形花键连接

矩形花键连接应用广泛，主要用于定心精度要求较高、传递中等载荷的连接，如飞机、汽车、机床、农业机械等传动装置中。

2. 渐开线花键

渐开线花键的齿廓为渐开线（图 10-5）。受载时花键齿面产生径向力，具有自动定心作用。渐开线花键的特点是各齿受力均匀、强度高、寿命长；加工工艺与齿轮相同，制造精度较高。

渐开线花键的压力角常为30°（图10-5a）和45°（图10-5b）两种。30°压力角渐开线花键齿高较大，承载能力较高，多用于载荷较大的连接；45°压力角渐开线花键齿高较小，齿根较宽，对连接强度的削弱较小，多用于载荷不大、尺寸较小的静连接，特别是薄壁零件的连接。

花键连接既可用于静连接也可用于动连接，常用于定心精度要求高、载荷大或需经常滑移的连接。花键连接的选用是首先根据被连接件的结构特点、使用要求和工作条件，选择花键的类型和尺寸；然后进行强度校核计算。

10.2.2 花键连接强度计算

花键连接的强度计算是根据失效形式确定强度条件准则。花键连接传递动力时在工作面上承受挤压应力，因此，其主要失效形式是工作面被压溃（静连接）或工作面过度磨损（动连接）。相应地，静连接花键强度条件是按工作面上的挤压强度来考虑的；动连接花键的强度计算是进行条件性的耐磨计算。花键连接受力如图10-6所示。

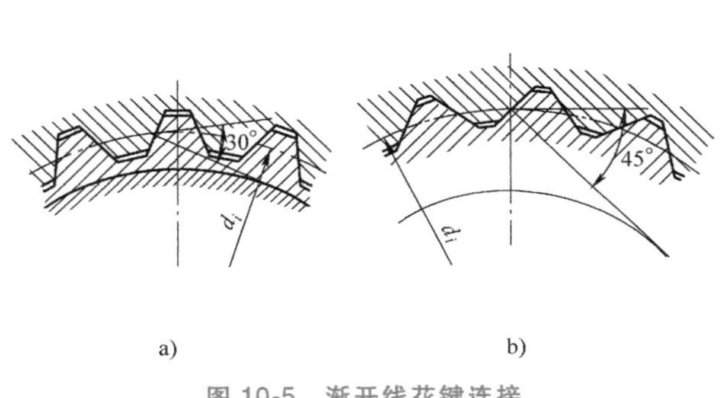

图10-5 渐开线花键连接

a）压力角 $\alpha=30°$　b）压力角 $\alpha=45°$

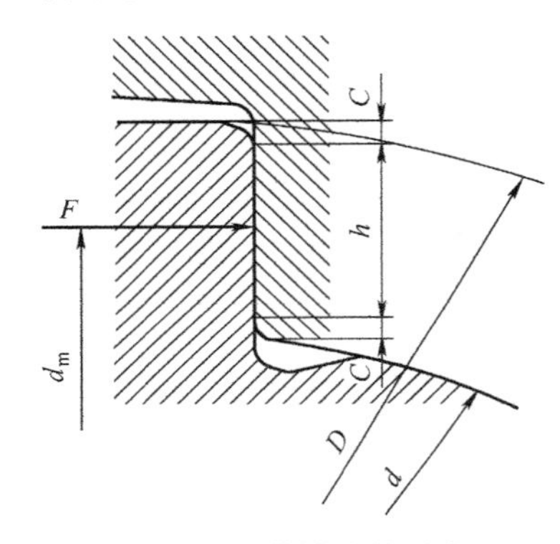

图10-6 花键连接受力

花键连接各齿面压力的合力 F 作用在平均直径 d_m 处，其传递的转矩 $T=zF\dfrac{d_m}{2}$。同时引入载荷分配不均匀系数 ψ 来考虑各花键齿受载的不均匀性，则静连接花键的挤压强度条件为

$$\sigma_p=\frac{2T}{\psi zlhd_m}\leqslant[\sigma_p] \tag{10-3}$$

动连接花键通过工作面的压力条件为

$$p=\frac{2T}{\psi zlhd_m}\leqslant[p] \tag{10-4}$$

式中　T——传递的转矩（N·mm）；

ψ——各齿间载荷不均匀系数，与齿数有关，一般取 $\psi=0.7\sim0.8$，齿数多时取小值；

z——花键的齿数；

l——花键齿的工作长度（mm）；

h——花键齿侧面的工作高度。矩形花键，$h=\dfrac{D-d}{2}-2C$，其中 D 为花键大径（mm），

d 为花键内径（mm），C 为倒角尺寸（mm）；渐开线花键，$\alpha=30°$时，$h=m$，$\alpha=45°$时，$h=0.8m$，其中 m 为模数；

d_m——花键的平均直径（mm）。矩形花键，$d_m=\frac{D+d}{2}$；渐开线花键，$d_m=d_i$，d_i 为分度圆直径；

$[\sigma_p]$——花键连接的许用挤压应力（MPa），见表 10-5；

$[p]$——花键连接的许用压力（MPa），见表 10-5。

表 10-5　花键连接的许用挤压应力和许用压力　（单位：MPa）

许用挤压应力、许用压力	连接工作方式	使用和制造情况	齿面未经热处理	齿面经热处理
$[\sigma_p]$	静连接	不良	35~50	40~70
		中等	60~100	100~140
		良好	80~120	120~200
$[p]$	空载下的动连接	不良	15~20	20~35
		中等	20~30	30~60
		良好	25~40	40~70
	载荷作用下的动连接	不良	—	3~10
		中等		5~15
		良好		10~20

注：1. 使用和制造不良是指受变载，有双向冲击，振动频率高和振幅大，润滑不好（对动连接），材料硬度不高和精度不高等。

2. 同一情况下，$[\sigma_p]$ 或 $[p]$ 的较小值用于工作时间长和较重要的场合。

3. 内、外花键材料的抗拉强度不低于 600MPa。

10.3　销　连　接

1. 销连接的类型及应用

销是标准件，按其功用不同分为定位销、连接销和安全销。定位销的主要功能是零件的定位。定位销常用于零件在加工、装配、使用和维修过程中需要多次拆装、且要保持零件位置准确的场合。连接销主要用于轴与毂的连接或其他零件的连接，并可传递不大的载荷，如图 10-7a 所示。安全销用作安全装置的过载保护元件，如图 10-7b 所示。

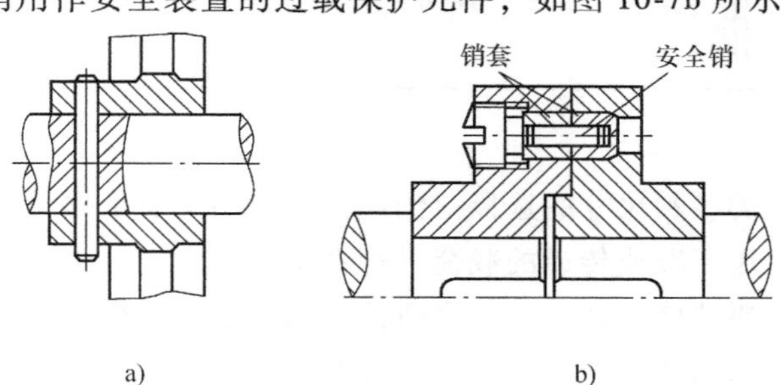

图 10-7　销连接

a）连接销　b）安全销

销按其形状不同分为圆柱销、圆锥销、槽销、销轴和开口销等类型。销连接的类型、特点及应用见表 10-6。

表 10-6 销连接的类型、特点及应用

类　型	连接示例	工作原理	特点及应用
圆柱销		销通过过盈配合固定在销孔中	主要用于定位，也可以用于连接。只能传递不大的载荷。多次装拆会降低圆柱销的定位精度和连接的紧固性
圆锥销		销有 1∶50 的锥度，通过过盈与孔配合	主要用于定位，也可用于固定、连接、传递动力。受横向力时可自锁，但受力不及圆柱销均匀；安装方便，定位精度高，可多次装拆而不影响定位精度；孔需铰制。用于经常装拆的场合
槽销		槽销打入销孔后，由于材料的弹性使销挤紧在销孔中	有定位和连接作用。槽销上用弹簧钢滚压或模锻出三条纵向凹槽。槽销孔不需铰制，加工方便，可多次装拆，能承受振动和变载荷，不易松脱。用于有严重振动或冲击载荷的场合
销轴		销轴通常用开口销锁定	用于两零件铰接处，构成铰链连接。工作可靠，拆卸方便
开口销		开口销是连接零件的防松装置。使用时穿入螺母、带销孔的螺栓或其他连接件的销孔中，然后把销尾部分开	开口销连接是一种较可靠的锁紧方法。与销轴配用，也用于螺纹连接的防松装置。常用于有冲击振动的场合

2. 销连接的选用

销连接的选用包括类型和尺寸的选择。销连接的类型主要依据其使用要求来确定。销连接的尺寸主要根据其使用工况或传递的载荷进行选用。

定位销以定位为主要功能，通常不承受载荷或只受很小载荷，因此在以定位为目的的销连接中，销的数目一般采用两个即可，其直径可按结构确定：销在每一被连接件内的长度约为销直径的 1~2 倍。连接销类型的选用首先以连接要求为准，其次销的直径可根据连接强度确定。安全销主要根据其强度要求进行选用。

3. 销连接的强度计算

销连接的性能计算是根据其失效形式确定相应的计算准则。销连接承受横向载荷时，销受切应力和挤压应力，失效形式主要是被剪断、销或被连接件工作表面被压溃，相应的计算准则为抗剪强度和挤压强度条件，见表 10-7。

表 10-7　销连接的受力情况和强度条件

类　型	受力情况	计算内容	强度条件
圆柱销	F_t　d　F_t	销的抗剪强度	$\tau=\dfrac{4F_t}{\pi d^2 z}\leqslant[\tau]$
	d　D　T	销或被连接零件工作面的抗压强度	$\sigma_p=\dfrac{4T}{Ddl}\leqslant[\sigma_p]$
		销的抗剪强度	$\tau=\dfrac{2T}{Ddl}\leqslant[\tau]$
圆锥销	d　D　T	销的抗剪强度	$\tau=\dfrac{4T}{\pi d^2 D}\leqslant[\tau]$
说明	F_t—横向力(N) T—转矩(N·mm) z—销的数量 d—销的直径(mm),对于圆锥销为平均直径 D—轴径(mm)	$[\tau]$—销连接的许用切应力(MPa) $[\sigma_p]$—销连接的许用挤压应力(MPa) l—销的长度(mm)	

习　题

10-1　用于轴毂连接的键有哪些类型？各类键的适用场合和优缺点是什么？

10-2　为什么采用两个平键时，一般布置在沿周向相隔 180°的位置；采用两个楔键时，相隔 90°~120°；而采用两个半圆键时，却布置在轴的同一条母线上？

10-3　普通平键连接有哪些失效形式？判断强度不够时可采取什么措施？

10-4　花键有哪几种？哪种应用最广？各自的定心方式是什么？

10-5　销连接有哪些类型？请列举出在实际生活中的应用实例。

10-6　选择并校核蜗轮与轴的键连接。已知蜗轮轴传递功率 $P=7.2\text{kW}$，转速 $n=105\text{r/min}$，有轻微冲击。轴径 $d=60\text{mm}$，轮毂长 $L=100\text{mm}$，轮毂材料为铸铁，轴材料为 45 钢。

10-7　如图 10-8 所示为变速箱中的双联滑移齿轮，传递的额定功率 $P=4\text{kW}$，转速 $n=250\text{r/min}$。齿轮在空载下移动，工作情况良好。试选择花键类型和尺寸，并校核连接强度。

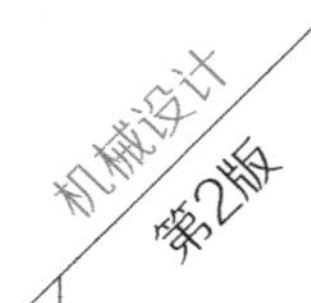

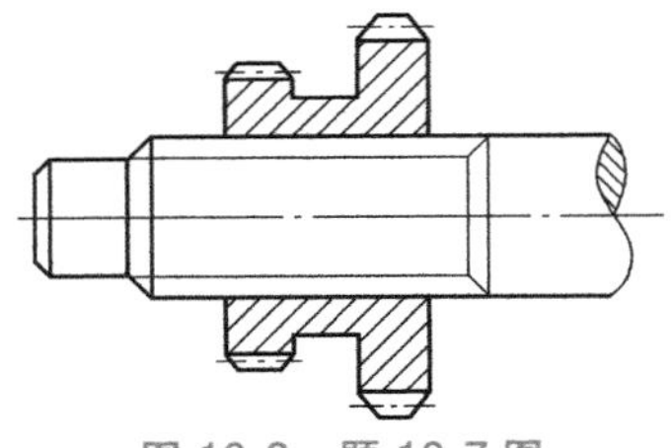

图 10-8　题 10-7 图

10-8　指出图 10-9 中的错误结构，并画出正确的结构图。

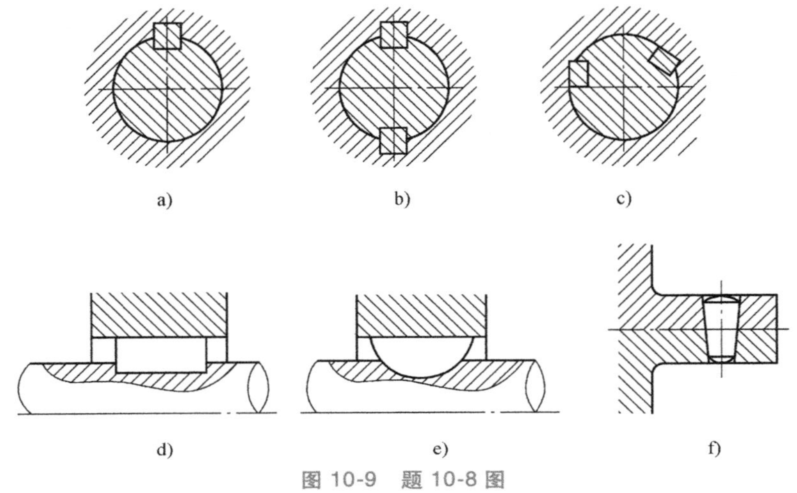

图 10-9　题 10-8 图

a）平键连接　b）双楔键连接　c）传递双向转矩的切向键连接

d）楔键连接　e）半圆键连接　f）圆锥销定位

知识拓展

轴销传感器

轴销传感器是一根承受剪力作用的空心截面圆轴，在轴孔内，双剪型电阻应变计粘贴在中心孔内凹槽中心的位置上。电阻应变计以两种组桥测量方式进行测量，即两个双剪型电阻应变计共同组成一个惠斯通电桥，或分别组成惠斯通电桥再并联。

轴销传感器可以简化为两端简支中间受一集中载荷 F 作用的空心截面梁，其力学模型和空心截面如图 10-10 所示。轴销传感器的输出受很多因素影响，主要有轴销中心孔的直径 d、凹槽的最小直径 D、销与支承之间的间隙、支承材料硬度和双剪型电阻应变计尺寸等。结构设计与计算时需考虑尺寸选择最佳化，以保证轴销传感器性能波动最小。

轴销传感器是测量轴承、滑轮等构件的径向载荷或钢丝绳张力的专用传感器，它可以代替滑轮销轴安装在结构中作径向力测量元件。根据用途不同，可安装在两金属结构连接处的挂钩、索具卸扣、动滑轮（组）、定滑轮（组）、楔形接头、钢索索节、船用索具、开式螺旋扣、拉杆头部、叉形接头、连接叉、吊环、钢轮的轴孔内，既能替代原有轴的功能，又起到测力传感器的作用，从而使整个测力控制系统的机械结构得到简化。

如图 10-11 所示，轴销传感器应用于电子吊秤，与 U 形吊环配合，组装成无线传输式电子吊秤。轴销直接装配在吊环和吊钩中，既省去了结构复杂的承载壳体，也可提高装配精度，保证了测量的准确度。同时，吊钩可设计成 360°旋转型。

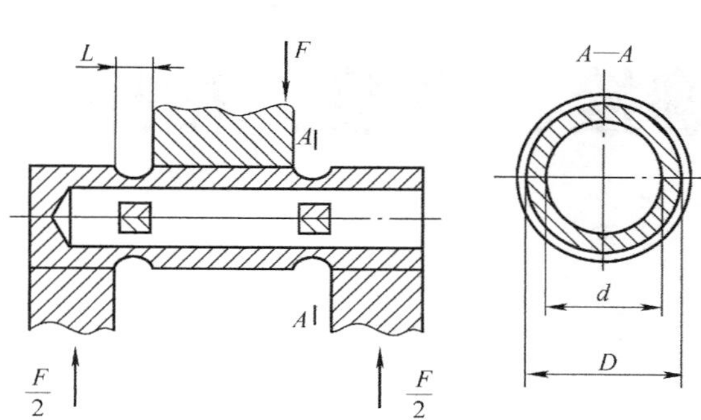

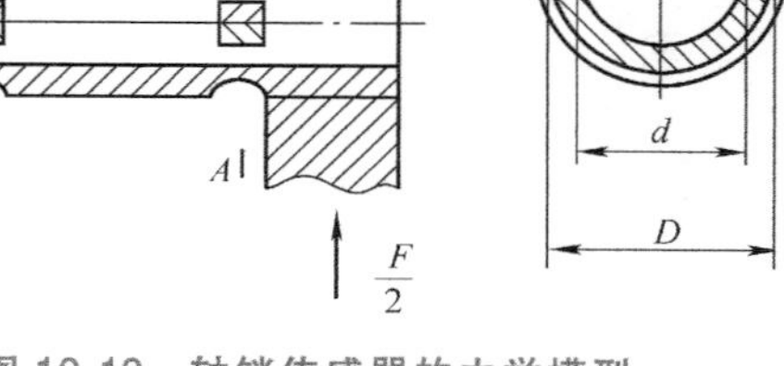

图 10-10　轴销传感器的力学模型

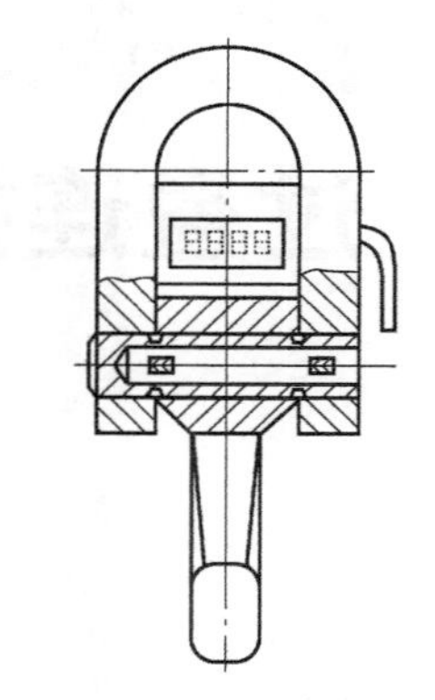

图 10-11　集成化电子吊秤简图

轴销传感器体现了电子衡器小型化、模块化、集成化、智能化的发展方向，是继集成化称重板、称重轨、称重梁后又一个研发热点，在国内外、已批量生产，应用比较广泛。

第11章 过盈连接、铆接、焊接、粘接

11.1 过盈连接

11.1.1 概述

过盈连接是利用零件间配合的过盈量在连接面上产生正压力，利用摩擦实现连接。两连接零件分别称为包容件和被包容件，被包容件压入包容件中形成静连接。过盈连接的特点是结构简单、定心精度高；可承受转矩、轴向力及一定的冲击、振动载荷。其缺点是配合面加工精度的要求较高，装拆不便。过盈连接主要用于轴与毂、轮圈与轮芯、滚动轴承与轴或座孔的连接等，如重型机械、起重机械、船舶、机车及通用机械的中等和大尺寸零件连接。

过盈连接根据零件结合面形状分为圆柱面过盈连接和圆锥面过盈连接。圆柱面过盈连接的过盈量由零件间的配合量决定。其结构简单，加工方便，不宜多次拆装；常用于轴毂、滚动轴承与轴、曲轴等连接。圆锥面过盈连接是两连接零件利用相对轴向位移而装配在一起后相互压紧，实现连接，装配中的轴向移动可通过螺纹连接件或液压方法实现。圆锥面过盈连接装配时的压合距离短，拆装方便；拆装时结合面不易擦伤。这种连接多用于载荷大、需多次拆装的场合，特别是大型零件的连接，如轧钢机械等。

过盈连接的装配方法有压入法；胀缩法（温差法）和液压法。圆柱面过盈连接的装配常用压入法和胀缩法；液压法主要用于圆锥面过盈连接。压入法是在常温下利用压力机将被包容件直接压入包容件中，其特点是工艺简单，但配合表面易擦伤，适用于过盈量或尺寸较小的场合。胀缩法是利用金属的热胀冷缩性质，先将包容件加热或（和）将被包容件冷却，再进行装配。液压法是将高压油压入配合表面，涨大包容件内径或（和）缩小被包容件外径，同时施以轴向力使两个零件相对移动到预定位置，然后排出高压油实现装配。液压法装配要求零件配合面的精度较高，且需在包容件或（和）被包容件上制造出油孔和油沟，此外在装配时还需要高压液压泵等专用设备。胀缩法和液压法的工艺较压入法复杂，配合表面不易擦伤，可重复拆装，适用于尺寸较大的场合。

11.1.2 过盈连接的设计

过盈连接主要用来承受轴向力或传递转矩，或同时承受两种载荷作用（个别情况也用以承受弯矩）。过盈连接通过配合面间的摩擦力传递载荷，其承载能力主要取决于连接的摩

擦力和各零件强度。

过盈连接计算的具体内容主要有以下几方面：①确定配合面的最小结合压力及最小过盈量，需满足传递载荷的最小摩擦力要求；②确定配合面的最大结合压力及最大有效过盈量，需满足不产生塑性变形的强度要求；③选定连接面的配合，需满足上述最小和最大过盈量要求；④强度校核计算；⑤过盈连接的装拆参数计算：若采用胀缩法装配，应计算零件加热及冷却的温度，若采用压入法装配，应计算装拆时所需的压入力及压出力。

过盈连接计算有如下假设：连接零件中的应力处于平面应力状态（即轴向应力 $\sigma_z=0$），应变均在弹性范围内；材料的弹性模量为常量；连接部分为两个等长的厚壁零件，配合面上的压力均匀分布。本节简要介绍圆柱面过盈连接的设计计算，其详细内容可参阅相关手册。

1. 配合面间的最小结合压力 p

过盈连接配合面间的最小结合压力直接影响连接摩擦力的大小。配合面最小结合压力条件是连接在所传递载荷的作用下不产生滑移，并根据传递的轴向力或转矩分别计算。

（1）传递轴向力 F　过盈连接在传递轴向力 F（N）时（图 11-1）不产生轴向滑动，则其配合面上产生的轴向摩擦力 F_f 应大于或等于外载荷 F，即 $F_f \geqslant F$。设配合面间的摩擦系数为 f，配合的公称直径为 d（mm），结合长度为 l（mm），则轴向摩擦力（N）为

$$F_f = fp\pi ld \tag{11-1}$$

配合面最小结合压力（MPa）为

$$p \geqslant \frac{F}{f\pi ld} \tag{11-2}$$

（2）传递转矩 T　过盈连接在传递转矩 T（N · mm）时（图 11-2）不产生周向滑移，则其配合面间所能产生的摩擦阻力矩 M_f 应大于或等于转矩 T，即 $M_f \geqslant T$。各参数的意义和单位同前，则摩擦阻力矩（N · mm）为

$$M_f = fp\pi dl\frac{d}{2} \tag{11-3}$$

配合面最小结合压力（MPa）为

$$p \geqslant \frac{2T}{f\pi d^2 l} \tag{11-4}$$

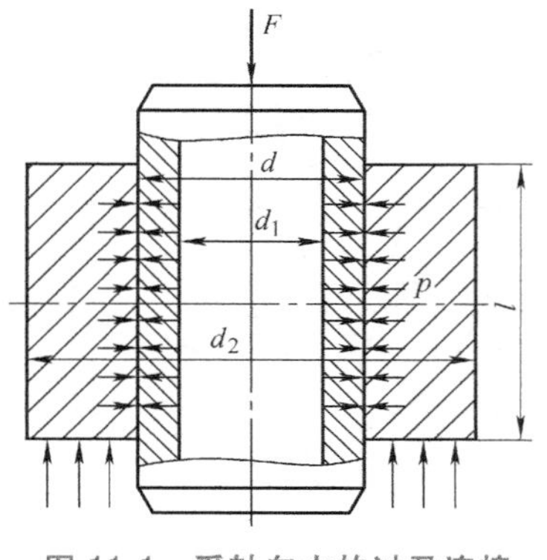

图 11-1　受轴向力的过盈连接

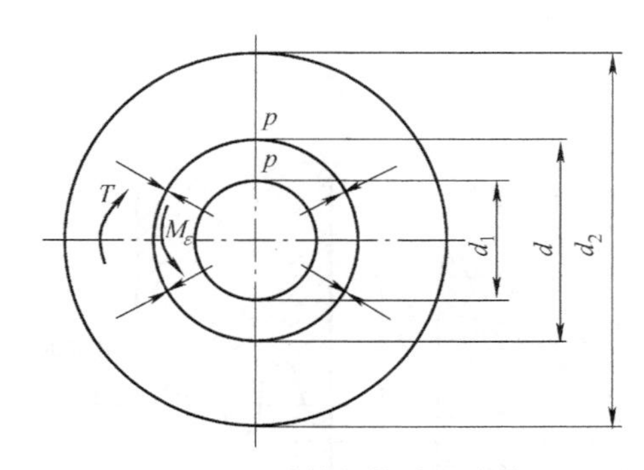

图 11-2　受转矩的过盈连接

（3）传递轴向力 F 和转矩 T　过盈连接在同时传递轴向力 F 和转矩 T 时不发生相对滑

动的条件为

$$p \geqslant \frac{\sqrt{F^2+\left(\frac{2T}{d}\right)^2}}{f\pi dl} \tag{11-5}$$

2. 最小有效过盈量$\delta_{\min}$

过盈连接的有效过盈量是连接中起作用的过盈量。根据材料力学有关厚壁圆筒的计算理论，过盈连接在最小结合压力为p时的最小过盈量（μm）为

$$\delta'_{\min}=pd\left(\frac{C_1}{E_1}+\frac{C_2}{E_2}\right)\times10^3 \tag{11-6}$$

式中　p——配合面结合压力（MPa）；

d——配合的公称直径（mm）；

E_1、E_2——被包容件和包容件材料的弹性模量（MPa）；

C_1、C_2——被包容件和包容件的刚性系数，分别为

$$C_1=\frac{d^2+d_1^2}{d^2-d_1^2}-\mu_1,\ C_2=\frac{d_2^2+d^2}{d_2^2-d^2}+\mu_2 \tag{11-7}$$

式中　d_1、d_2——被包容件的外径与包容件的内径（mm）；

μ_1、μ_2——被包容件与包容件材料的泊松比，钢：$\mu=0.3$，铸铁：$\mu=0.25$。

考虑到采用压入法装配时，零件配合表面的不平波峰将会被压平，如图 11-3 所示，因此按式（11-6）计算的过盈量$\delta'_{\min}$应适当增加被压平部分，否则影响连接承载能力。考虑压平量的最小有效过盈量为

$$\delta_{\min}=\delta'_{\min}+3.2(Ra_1+Ra_2) \tag{11-8}$$

式中　$\delta_{\min}$——最小有效过盈量（μm）；

Ra_1、Ra_2——被包容件及包容件表面粗糙度（μm）。

3. 过盈连接的强度计算

过盈连接装配后，被包容件被向内挤压而产生周向和径向的压应力；包容件被向外胀开而产生拉应力。根据厚壁圆筒应力分析，连接零件中的应力大小及分布情况如图 11-4 所示。

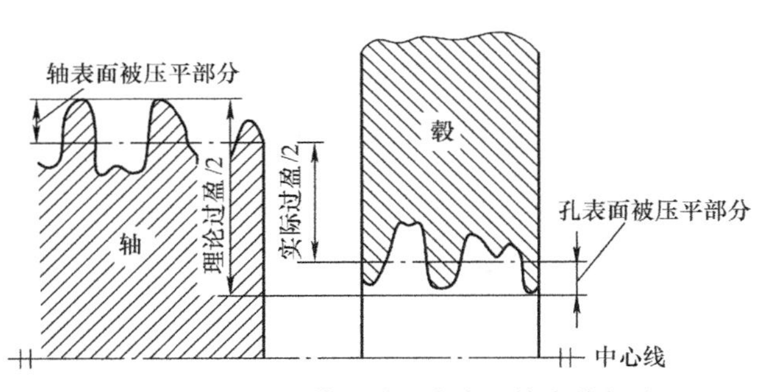

图 11-3　压入法装配时配合表面擦去的部分

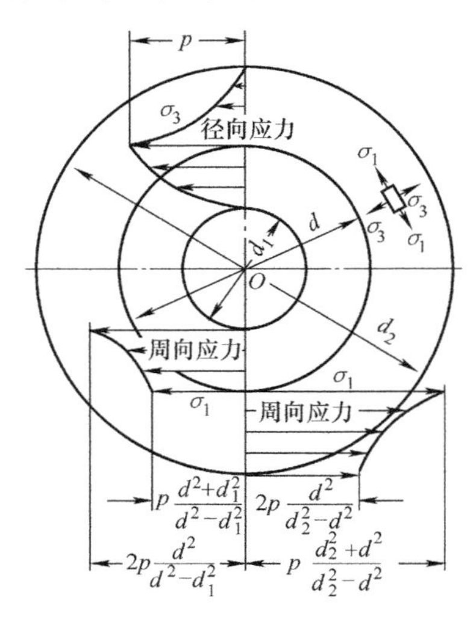

图 11-4　过盈连接中的应力大小及分布情况

连接件为塑性材料时，需检验承受最大应力的表层是否处于弹性变形范围内。被包容件和包容件最大应力分别为

$$p_{1\max} \leqslant \frac{d^2 - d_1^2}{2d^2} R_{eL1} \tag{11-9}$$

$$p_{2\max} \leqslant \frac{d_2^2 - d^2}{\sqrt{3d_2^4 + d^4}} R_{eL2} \tag{11-10}$$

式中　R_{eL1}、R_{eL2}——被包容件和包容件材料的屈服极限。

4. 包容件加热温度及被包容件的冷却温度

采用胀缩法装配过盈连接时，为保证装配安全方便，应使装配时配合面间留有必要的间隙。如采用加热包容件的方法，加热温度 t_2 可按下式计算

$$t_2 \geqslant \frac{\delta_{\max} + \Delta_0}{\alpha_2 d \times 10^3} + t_0 \tag{11-11}$$

如采用冷却被包容件的方法，冷却温度 t_1 可按下式计算

$$t_1 \leqslant -\frac{\delta_{\max} + \Delta_0}{\alpha_1 d \times 10^3} + t_0 \tag{11-12}$$

式中　$\delta_{\max}$——所选择的标准配合在装配前的最大过盈量（μm）；

Δ_0——装配时为了避免配合面相互擦伤所需的最小间隙（μm）；

d——配合的公称直径（mm）；

α_1、α_2——被包容件和包容件材料的线膨胀系数，查有关手册；

t_0——装配环境温度（℃）。

11.2 铆　接

铆钉连接是利用铆钉将两个或两个以上零件连接成不可拆卸的静连接，简称铆接。铆接主要由连接件铆钉 1 和被连接件 2、3 构成，或附加辅助连接垫板 4，如图 11-5 所示。铆接过程是将铆钉插入被连接件的孔内，再利用端模制出另一端的铆头，实现连接。

铆接的主要特点是连接可靠，抗振和耐冲击性能好。铆接与焊接相比，结构相对笨重，被连接件强度因开有铆孔而被降低；一般情况下，铆接的劳动强度大，噪声大。铆接的抗拉强度比抗剪强度低得多，故一般不用于承受拉力的场合。

铆接分为冷铆和热铆两种。冷铆时铆钉杆镦粗，胀满铆钉孔，铆钉与钉孔间无间隙。热铆紧密性较好，但铆钉与钉孔间有间隙，铆钉不参与传力，此时，横向外力或力矩将由被连接件接触面间的摩擦力承受。

11.2.1 铆缝的种类、特性及应用

铆钉和被铆件铆合部分一起构成铆缝。根据工作要求，铆缝的结构形式分为强固铆缝、紧密铆缝和强密铆缝。强固铆缝是以强度为基本要求的铆缝，如用于建筑结构的铆缝。紧密铆缝是以紧密性为基本要求的铆缝，如用于流体容器的铆缝。强密铆缝是要求其具有足够的

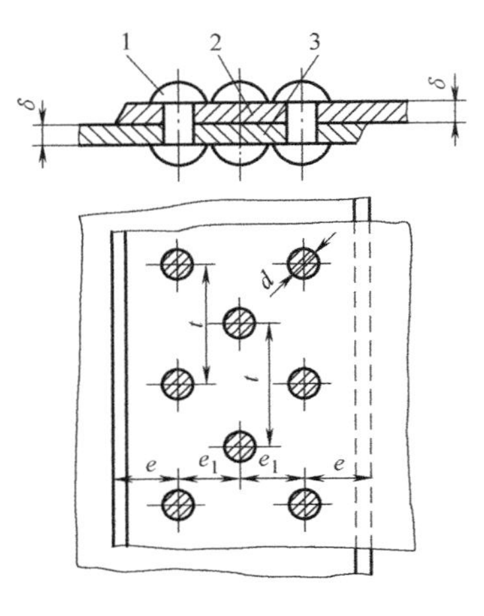

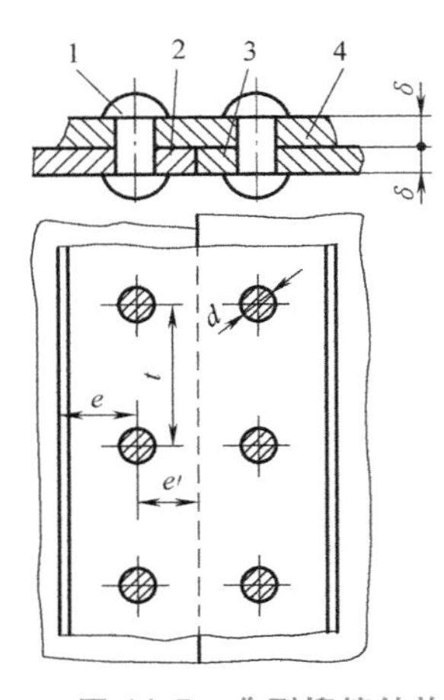

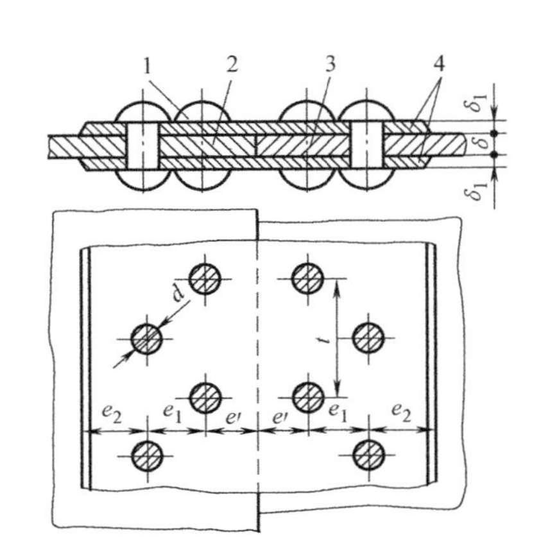

图 11-5　典型铆接结构

1—铆钉　2、3—被连接件　4—垫板

强度和良好的紧密性，如用于压力容器的铆缝。

根据被铆件的相接位置，铆缝分为搭接和对接两种。对接又分单剪垫板对接和双剪垫板对接两种。铆钉可布置为单排、双排和多排等形式，如图 11-6 所示。如图 11-6a 所示为搭接，通常用于没有严格要求的一般机械结构的连接。如图 11-6b 所示为单剪垫板对接，适用于表面平滑的外部结构连接，被连接板可等厚也可不等厚，垫板厚度一般大于被连接板。如图 11-6c 所示为双剪垫板对接，适用于受力很大的结构连接，两垫板等厚，且总厚度应大于被连接件中较厚者，若被连接板不等厚时应先垫平。

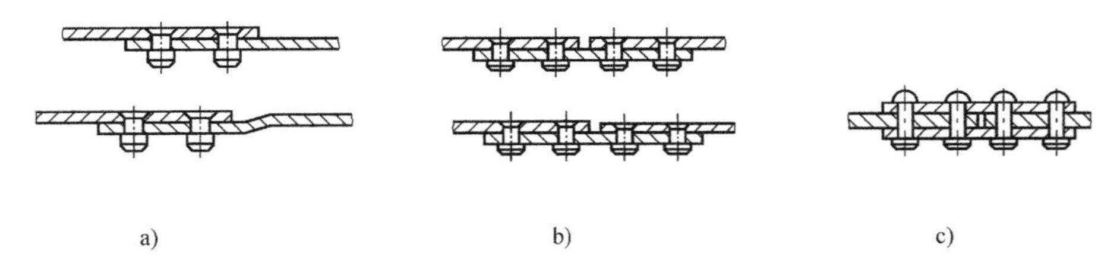

a)　　b)　　c)

图 11-6　典型铆接结构

a）搭接　b）单剪垫板对接　c）双剪垫板对接

11.2.2　铆钉

铆钉是采用棒料锻制或冷拔而成的。铆钉材料应具有高塑性，便于铆钉头成形。铆钉分为实心和空心两大类，最常用的是实心铆钉。实心铆钉多用于受力大的金属零件的连接；空心铆钉用于受力较小的薄板或非金属零件的连接。

根据铆钉头形状的不同，铆钉可分为：圆头铆钉、半圆头铆钉、平头铆钉、平锥头铆钉、沉头铆钉和半沉头铆钉，铆接后的结构如图 11-7 所示。各类铆钉大多已经标准化。

11.2.3　铆接的失效形式及设计

铆钉和被连接件的受力情况与铆接结构形式及外载荷有关。当铆钉所承受的横向外力（力矩）在被连接件接触面摩擦力（力矩）范围之内时，载荷是通过摩擦力（力矩）来传

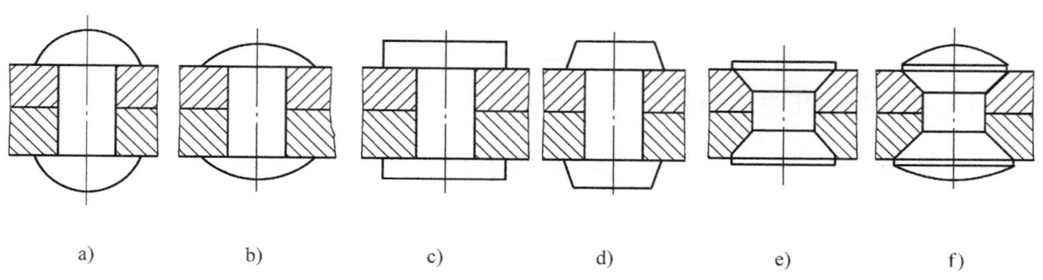

图 11-7　常用铆钉铆接的结构形式

a）圆头铆钉　b）半圆头铆钉　c）平头铆钉　d）平锥头铆钉

e）沉头铆钉　f）半沉头铆钉

递的。若横向外力（力矩）增大到超出接触面间摩擦力（力矩）时，铆钉受到弯曲、挤压和剪切作用。铆接的破坏形式主要有铆钉被剪断、被连接件被剪坏、钉孔接触面被压溃、板沿钉孔被拉断和板边被撕裂等，如图 11-8 所示。

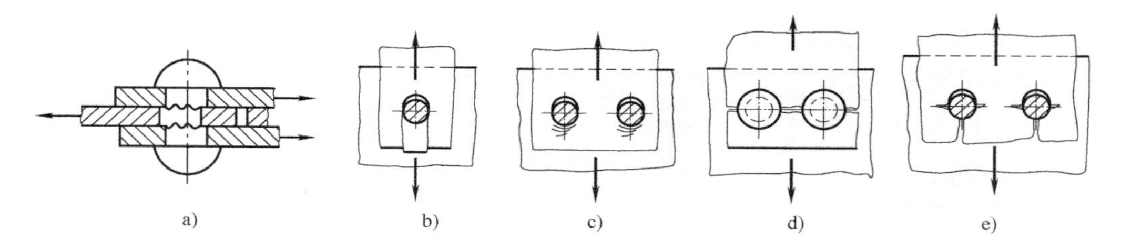

图 11-8　铆接的受力及破坏形式

a）铆钉被剪断　b）被连接件被剪坏　c）钉孔接触面被压溃

d）板沿钉孔被拉断　e）板边被撕裂

设计铆缝时，通常是根据承载情况及具体要求，选出合适的铆钉规格及铆缝类型，进行铆缝的结构设计；然后分析受力和可能的破坏形式，进行必要的强度校核。

铆接受力分析时假设：①一组铆钉中的各个铆钉受力均等；②危险截面上的拉应力或切应力、工作面上的挤压应力是均匀分布的；③被铆件贴合面上无摩擦力；④铆缝不受弯矩作用。实际上，在弹性范围内，铆钉和被铆件的受力是不均匀分布的。如受力方向上的一列铆钉的切应力、铆钉与孔壁间的挤压应力、被铆件在钉孔附近各个截面上的拉应力都不是均匀分布的。但是在达到塑性变形时，上述假定大致上是可以成立的，故可直接按材料力学的基本公式进行强度校核。

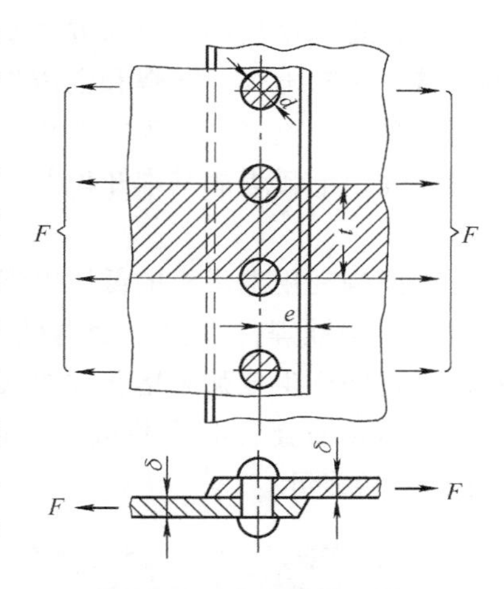

图 11-9　单排搭接形式的铆缝的受力

以图 11-9 所示的单排搭接形式的铆缝为例进行静强度分析。设边距 e 符合规范要求，即不致出现图 11-8 所示的破坏形式。垂直于受载方向的钉距称为节距 t，取图中宽度等于钉距 t 的阴影部分进行设计。于是可得被铆件的拉伸强度条件为

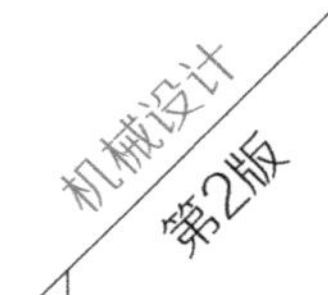

$$\sigma=\frac{F_1}{(t-d)\delta}\leqslant[\sigma] \tag{11-13}$$

被铆件上孔壁的挤压强度条件为

$$\sigma_{\mathrm{p}}=\frac{F_2}{d\delta}\leqslant[\sigma_{\mathrm{p}}] \tag{11-14}$$

铆钉的剪切强度条件为

$$\tau=\frac{4F_3}{\pi d^2}\leqslant[\tau] \tag{11-15}$$

其中，$[\sigma]$ 为被铆件的许用拉伸应力（MPa）；$[\sigma_{\mathrm{p}}]$ 为被铆件的许用挤压应力（MPa）；$[\tau]$ 为铆钉的许用切应力（MPa），见表 11-1；F_i 的单位为 N；d、t、δ 的单位均为 mm。以上述三式计算得到的 F 最小值作为铆缝的承载能力。

表 11-1　强固铆缝各元件的静载许用应力　　（单位：MPa）

许用应力类型	元件材料		说　　明
	Q215	Q235、Q255	
被铆件的许用拉应力$[\sigma]$	200	210	采用冲孔或各被铆件分开钻孔而不用样板时，$[\sigma]$、$[\sigma_{\mathrm{p}}]$降低 20%；角钢单边铆接时，各许用应力降低 25%
被铆件的许用挤压应力$[\sigma_{\mathrm{p}}]$	400	420	
铆钉的许用切应力$[\tau]$	180	180	

11.3 焊　　接

焊接是利用局部加热的方法使两个金属元件在连接处熔融而构成的不可拆卸连接。常用的焊接方法有电焊、气焊和电渣焊，其中以电焊应用范围最广。电焊又分为电弧焊和电阻焊两种。本节简要介绍电弧焊的基本知识及常见焊缝强度计算的方法。

电弧焊利用电焊机的低压电流，通过焊条（一个电极）与被焊件（另一个电极）间形成的电路，在两极之间产生电弧来熔化被焊接部分的金属和焊条，使熔化的金属混合并填充在接缝中形成连接，如图 11-10 所示。

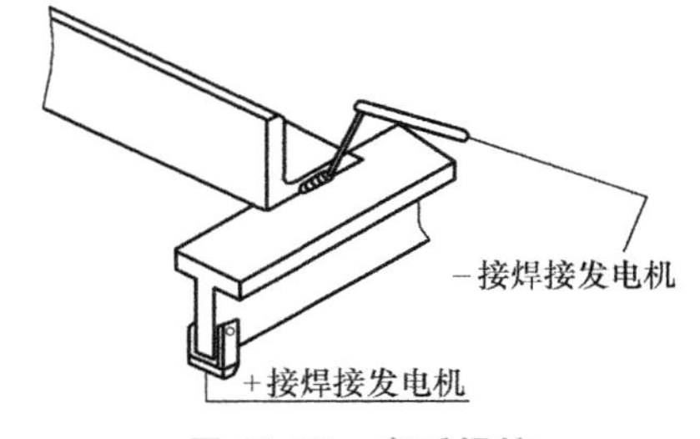

图 11-10　电弧焊接

11.3.1　焊接的特点及应用

焊接具有以下优点：焊接接头强度高，焊接结构的尺寸和形状可以满足大范围的要求，容易制造封闭的中空零件以及有严密性要求的零件，工艺简单而且生产周期短，因连接而增加的质量小，焊接件成品率较高等。焊接的缺点为：焊接容易导致变形和内应力，接头性能不均匀，焊接处有应力集中等，易导致结构疲劳破坏或产生裂纹。

用焊接件代替铸件可以节约大量金属。常见的铸造零件如机座、机壳、大齿轮等，已逐步改为焊接件，如图 11-11 所示。

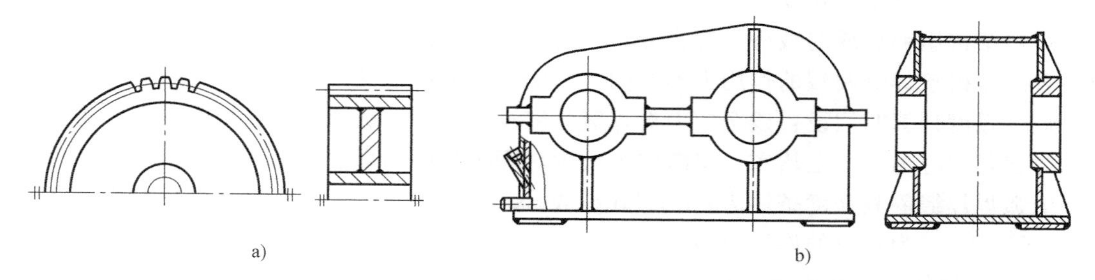

图 11-11 电弧焊的应用

a）焊接的齿轮 b）焊接的减速器箱体

11.3.2 电弧焊缝的基本形式

焊接件经焊接后形成的结合部分称为焊缝。电弧焊缝主要有对接焊缝、角焊缝等，如图 11-12 所示。对接焊缝用于连接位于同一平面内的被焊件，角焊缝用于连接不同平面内的被焊件。角焊缝有搭接、正接等形式。搭接焊缝根据受力方向的不同分为：端焊缝——垂直于载荷方向的角焊缝；侧焊缝——平行于载荷方向的角焊缝；混合焊缝——同时包含端焊缝和侧焊缝。

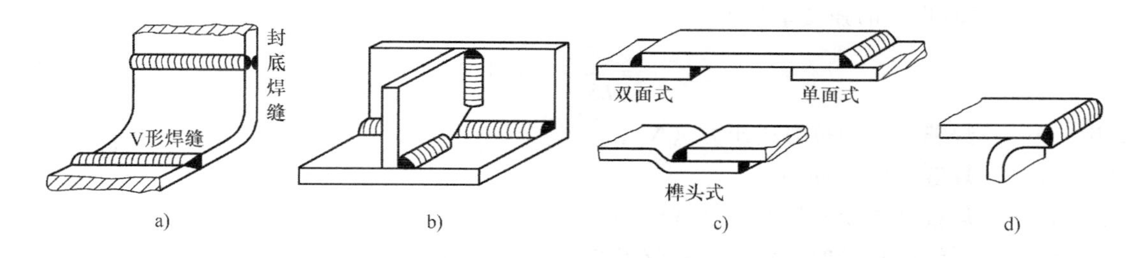

图 11-12 电弧焊缝常用形式

a）对接焊缝 b）正接角焊缝 c）搭接角焊缝 d）卷边焊缝

11.3.3 焊接件常用材料及焊条

焊接物料包括焊条、焊丝、焊剂、钎料、钎剂、保护气体等。焊条的种类很多，根据具体要求从手册中选取。常用的焊条型号为 E4303、E5003 等。焊接的金属结构常用材料为 Q215、Q235；焊接的零件则常用 Q275、15 钢、20 钢、25 钢、30 钢、35 钢、40 钢、45 钢、50 钢，以及 50Mn、50Mn2 等。焊接件广泛使用各种型材、板材及管材。

11.3.4 焊缝的强度计算

焊缝强度的主要影响因素有：①焊接材料；②焊接工艺；③焊接结构。

焊缝中的容积金属包含焊条材料和焊接件母体金属材料，故焊缝强度同时取决于两种材料。

焊接强度在很大程度上取决于焊接工艺。不当的焊接顺序会引起很高的焊接应力，甚至导致在金属冷却收缩时焊缝断裂。不正确的焊接工艺还可造成未焊透、夹渣等缺陷，使焊缝强度降低，特别是疲劳强度。

焊接结构影响焊缝的载荷与应力分布。搭接焊缝载荷分布不均，焊缝越长，不均匀现象越显著。若搭接焊缝两端的作用力不在同一平面，焊缝将承受弯曲作用。

焊缝强度计算时假设：残余应力对焊缝强度没有影响；载荷沿焊缝均匀分布；焊缝的工作应力在其相应的剖面上均布，忽略应力集中对焊缝强度的影响。

电弧焊焊缝静载强度条件为：$\sigma \leqslant [\sigma]$ 或 $\tau \leqslant [\tau]$，其中 σ、τ 为平均工作拉应力和切应力，$[\sigma]$、$[\tau]$ 为焊缝的许用应力。

1. 对接焊缝的静载强度计算

对接焊缝的强度计算选取两板厚度较小者进行，并忽略焊缝余高，焊缝长度取实际长度。若焊缝许用应力与焊接件金属的相近，可不必进行焊缝的强度计算。

对接焊缝的受力情况如图 11-13 所示，其中 F_s 为切力，F 为拉力或者压力，M_1 为平面内弯矩，M_2 为垂直平面的弯矩。

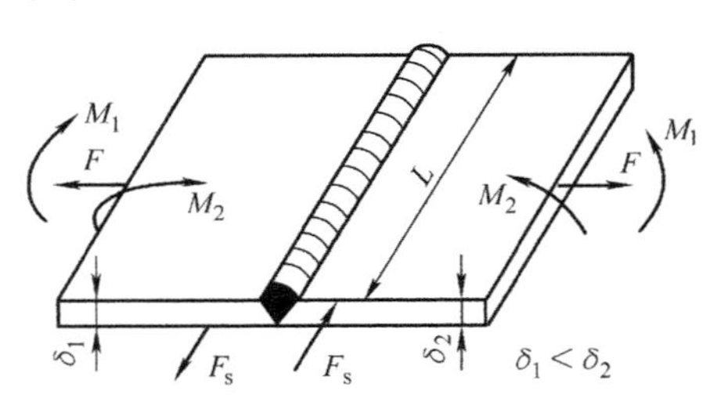

图 11-13　对接焊缝受力情况

（1）对接焊缝的拉压强度计算　零件受拉时焊缝的强度条件为

$$\sigma_t = \frac{F}{L\delta_1} \leqslant [\sigma_t] \tag{11-16}$$

零件受压时焊缝的强度条件为

$$\sigma_p = \frac{F}{L\delta_1} \leqslant [\sigma_p] \tag{11-17}$$

式中　F——焊缝所受的拉力或压力（N）；
L——焊缝长度（mm）；
δ_1——焊接件中较薄板的厚度（mm）；
σ_t、σ_p——焊缝所承受的工作拉应力或工作压应力（MPa）；
$[\sigma_t]$——焊缝的许用拉应力（MPa）；
$[\sigma_p]$——焊缝的许用压应力（MPa）。

（2）对接焊缝的剪切强度计算　对接焊缝的剪切强度条件为

$$\tau = \frac{F_s}{L\delta_1} \leqslant [\tau] \tag{11-18}$$

式中　F_s——切力（N）；
δ_1——焊接件中较薄板的厚度（mm）；
τ——焊缝所承受的切应力（MPa）；
$[\tau]$——焊缝许用切应力（MPa）。

2. 搭接焊缝的强度计算

搭接焊缝三种主要形式的受力情况如图 11-14 所示，图中 K、L、L_1、L_2 的单位均为 mm。搭接焊缝受力时的应力情况很复杂，需进行条件性强度计算。

（1）端焊缝的剪切强度计算　端焊缝的剪切强度条件为

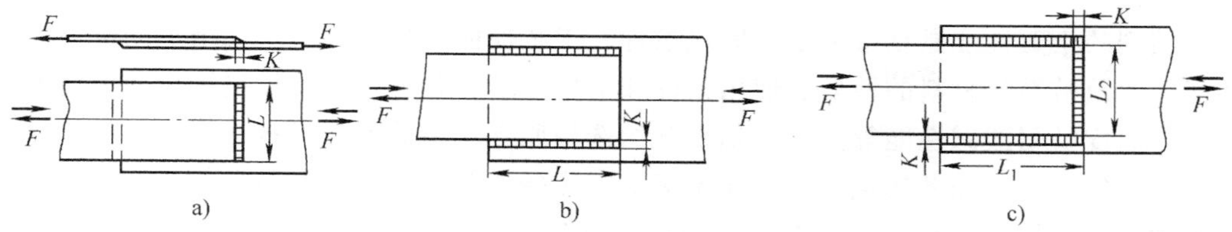

图 11-14 搭接焊缝受力情况
a）端焊缝 b）侧焊缝 c）联合焊缝

$$\tau=\frac{F}{0.7KL}\leqslant[\tau] \tag{11-19}$$

（2）侧焊缝的剪切强度计算 侧焊缝的剪切强度条件为

$$\tau=\frac{F}{1.4KL}\leqslant[\tau] \tag{11-20}$$

（3）联合焊缝的剪切强度计算 联合焊缝的剪切强度条件为

$$\tau=\frac{F}{0.7K\sum L}\leqslant[\tau] \tag{11-21}$$

式中 $\sum L$——焊缝的总长度（mm）。

11.4 粘 接

11.4.1 粘接的特点及粘结剂

机械装置中也可采用粘结剂连接零件，它是一种不可拆的连接。其连接特点有：①应力分布较均匀，被连接件不需钻孔，可避免出现较严重的应力集中；②粘接承力面积大，承载能力可以超过焊接或铆接；③对被连接件的材料和结构限制较少，可粘接不同的、很脆的材料，以及复杂结构或极薄零件；④粘结层具有较好的密封性。粘接也有以下缺点：①粘接接头强度分散性较大，粘接性能易随环境和应力的作用发生变化，其抗剥离、抗冲击等强度较低；②多数粘结剂的耐热性不高，工作温度具有很大的局限性，通常为100~150℃；③耐老化性能差；④耐油性能差。

粘结剂的类型繁多，按照粘结剂的粘料性质可分为有机粘结剂和无机粘结剂。按使用目的可分为结构粘结剂、非结构粘结剂和特殊用途粘结剂。

1. 结构粘结剂

结构粘结剂在常温下的抗剪强度一般不低于8MPa，粘接件能承受较大的载荷，并可经受一般的高温、低温或化学作用而不降低其性能。

2. 非结构粘结剂

非结构粘结剂在正常使用时有一定的粘接强度，但在高温或重载时性能会迅速下降。

3. 特殊用途粘结剂

特殊用途粘结剂具有满足防锈、绝缘、导电、透明、超高温、超低温、耐酸、耐碱等特殊要求的性能。

粘结剂的主要性能是粘接强度、固化条件、工艺性能及特殊性能。粘结剂的选用应考虑其性能，以及被粘接材料的性质、使用条件和工作环境，并且要满足粘接接头受力情况和大小、环境温度及耐酸碱性能等要求。粘结剂的选用原则：①被粘接材料性质；②粘接件的使用条件与工作环境，如粘接强度、工作温度、固化条件等，并兼顾其特殊要求（如防锈等）及工艺性；③粘接件受载状况，连续受力的粘接件，一般选用耐老化性好或柔韧的粘结剂，承受一般冲击、振动的粘接件，宜选用弹性模量小的粘结剂。各种粘结剂的具体性能可查阅相关手册。

11.4.2 粘接接头设计要点

粘接接头的典型结构形式如图 11-15 所示。

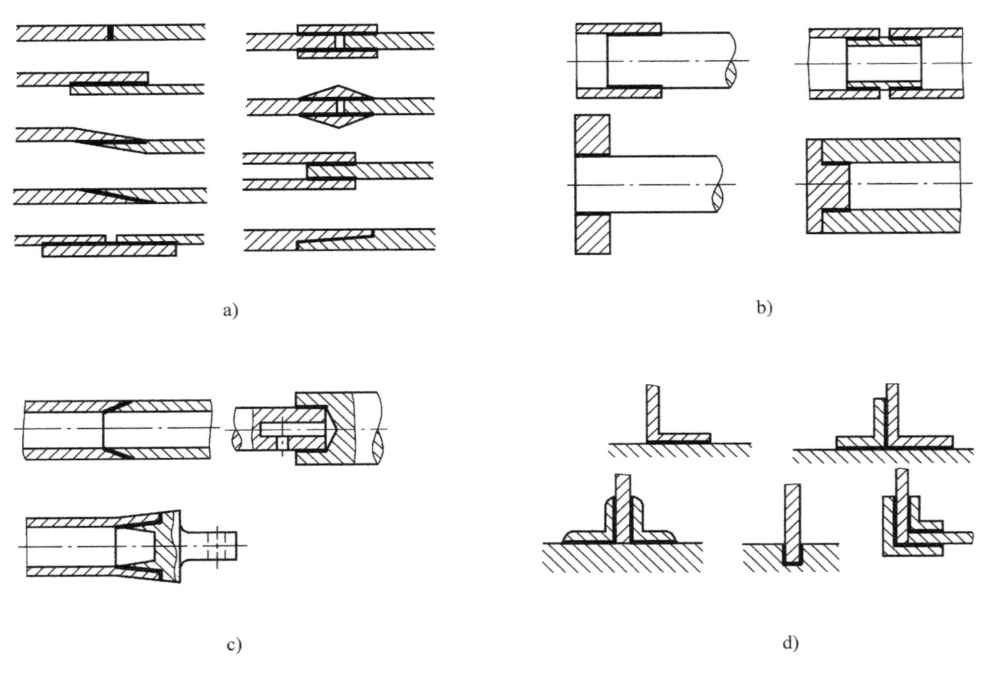

图 11-15 粘接接头典型结构形式

a）板件接头 b）圆柱形接头 c）锥形及不通孔接头 d）角接头

粘接接头的受力状况有拉伸、剪切、剥离与扯离等，如图 11-16 所示。实践证明，粘接接头抗拉伸和剪切的性能较好，而承受不均匀的剥离力和扯离力的能力较差。影响粘接接头强度的因素很多，粘接接头的强度计算结果难以作为其设计的可靠依据，且其强度试验数据具有很大的离散性。

在粘接接头设计时应注意以下几方面的问题：①合理选择粘结剂；②合理选择接头结构形式；③充分利用接头的承载特性，尽量使其承受剪切或拉伸载荷，避免承受扯离，为提高连接强度，可采用粘接与机械连接组合的连接方式，如粘接与螺栓连接、粘接与铆接、粘接与焊接等组合方式；④较大冲击、振动场合，应在粘接面间增加玻璃布层等缓冲减振材料；⑤在可能与允许的条件下适当地增大粘接面积，提高粘缝承载能力；⑥合理选取工艺参数，

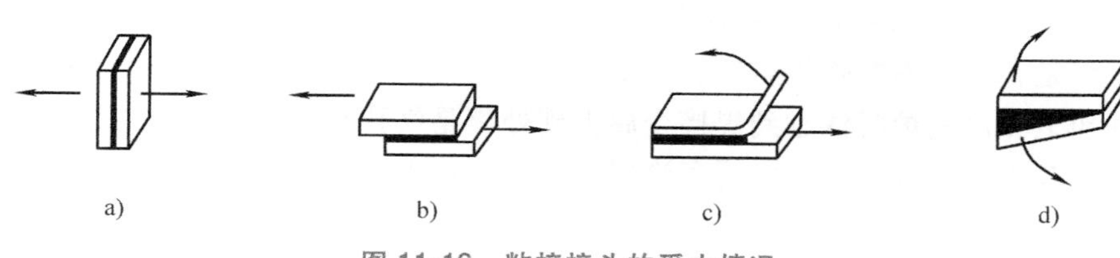

图 11-16 粘接接头的受力情况

a) 拉伸 b) 剪切 c) 剥离 d) 扯离

注意工艺性，接头应便于加工、所用夹具结构简单、粘接质量易于控制；⑦尽量减小粘缝处的应力集中，如将粘缝处的被粘接件端部制成斜角的，或选择和粘接件材料的膨胀系数相近的粘结剂。

习 题

11-1 铆缝和焊缝有哪几种结构形式？

11-2 列举铆接、焊接、粘接和过盈连接在实际生活中的应用。

11-3 过盈连接有哪几种装配方法？简要介绍一下各方法。

11-4 为了保证焊接的质量，应该采取哪些措施？

11-5 过盈连接有何特点？主要应用于什么场合？

知识拓展

焊接技术发展史

焊接基本方法——电阻焊、气焊和电弧焊都是在第一次世界大战前发明的。工业化的发展和两次世界大战的爆发促进了现代焊接技术的快速发展。19 世纪 80 年代，焊接只出现在铁匠的锻造工作中。20 世纪早期，气体焊接切割在制造和修理工作中占主导地位。数年后，电焊得到了同样的认可。

电阻焊：首例电阻焊要追溯到 1856 年。James Joule（Joule 加热原理发明者）成功用电阻加热法对一捆铜丝进行了熔化焊接。1886 年，英国的 Elihu Thomson 制造了第一台焊接变压器并为此项工艺申请了专利。此后，Thomson 又发明了点焊机、缝焊机、凸焊机以及闪光对焊机，后来点焊成为电阻焊最常用的方法，如今已广泛应用于汽车工业等许多领域的金属焊接上。1964 年，Unimation 生产的首批用于电阻点焊的机器人在通用汽车公司使用。

气焊：19 世纪末，一种氧乙炔火焰的气焊在法国出现。大约在 1900 年，Edmund Fouche 和 Charles Picard 制造了第一支焊炬。实验证明焊炬发出的火焰炙热，大约在 3100℃ 以上，当乙炔燃烧时，奇亮无比，这一点成为它的主要用途。然而，在传输和使用乙炔时经常发生爆炸。1896 年，Le Chatelier 发明了一种安全储存乙炔的方法，那就是在圆瓶内使用丙酮和多孔石来储存乙炔。但依然时有乙炔在传输过程中发生爆炸的报道。后来，瑞典人 Gustaf Dahlen 改变了渗透物的成分，成功做到了让乙炔 100%安全传输。

电弧焊：1810 年，Humphrey Davy 在电路的两极间制造了一个稳定的电弧，奠定了电弧焊的基础。在 1881 年的巴黎“首届世界电器展”上，俄罗斯人 Nikolai Benardos 展示了一种电弧焊的方法。他在碳极和工件间打出一个弧，填充金属棒或填充金属丝可以送进这个电弧并熔化。1890年，他用金属棒代替碳棒作为电极并获得专利，电极熔化，从而充当热源和填充金属。但是，焊缝不能隔绝空气，质量问题也接踵而来。瑞典人 Oscar Kjellberg 在使用该方法修理船上蒸汽锅炉时注意到焊接金属上到处都是气孔和小缝，这样的话焊缝根本不可能防水。为了改善这种方法，他发明了涂层焊条并获得了专利。焊条质量改善后，电焊技术获得了突破。

先进的焊接工艺：等离子焊接出现时，实验证明等离子束是更集中、更炙热的能源，利用它可以提高焊接速度。20世纪60年代出现的激光电子束焊接也与之有相似的优势。先进的激光电子束焊接工艺使质量提高，容差减小，超过了传统工艺可能达到的标准。并且对新材料和不同金属组合都能进行焊接。但电子束狭窄，焊接时要求必须使用机械化设备。

发展趋势：焊接发展趋势是不断提高生产力，进一步机械化并寻找更高效的焊接工艺。传统的钨极惰性气体保护电弧焊、熔化极惰性气体保护电弧焊以及埋弧焊工艺毫无疑问将继续占主导地位。但诸如混合激光熔化极惰性气体保护电弧焊和搅拌摩擦焊等新工艺也将不断出现，并获得发展。

第四篇

典型零件

机器中的构件由若干个零件通过静连接组合在一起构成。由于应用工况和实现功能不同，零件呈不同结构形状，有不同性能特点。但不乏一些具有一定共性和通用性的零件，如轴、机架和弹簧等。本篇将对这些典型零件的结构和性能设计作简单介绍。

机器中具有相对回转运动的支承常需要轴与轴承配合构成转动副。轴类零件的共同特点有它们均是回转体且轴向尺寸一般大于径向尺寸，一般由轴承支承。轴承作为转动副基本单元已经在第二篇作了介绍。本篇在此基础上将轴的结构进一步介绍清楚，在整体上展现转动副的结构和性能。

任何机器都有机架，即机座。该类零件的主要功能之一是支承，故也被称为支承件。机器中有时有多个机架或机座，如机床支承件等。机架类零件一般具有结构复杂、多筋板、体积大、质量大等特点，如机座类、箱体类、框架类等。本篇将简要介绍典型机架类零件的现代设计方法。

弹簧是一类具有弹性的典型零件，在许多场合下必不可少，如汽车、仪器仪表等。本篇将简单介绍弹簧的结构和性能设计。

第12章

轴

某轴承厂生产的铁路轴承试验机示意图及其失效轴的断口如图 12-1 所示。主轴两端为试验轴承，中间为陪衬轴承，起支承主轴的作用。试验时可对试验轴承外圈施加径向载荷和轴向脉动载荷。

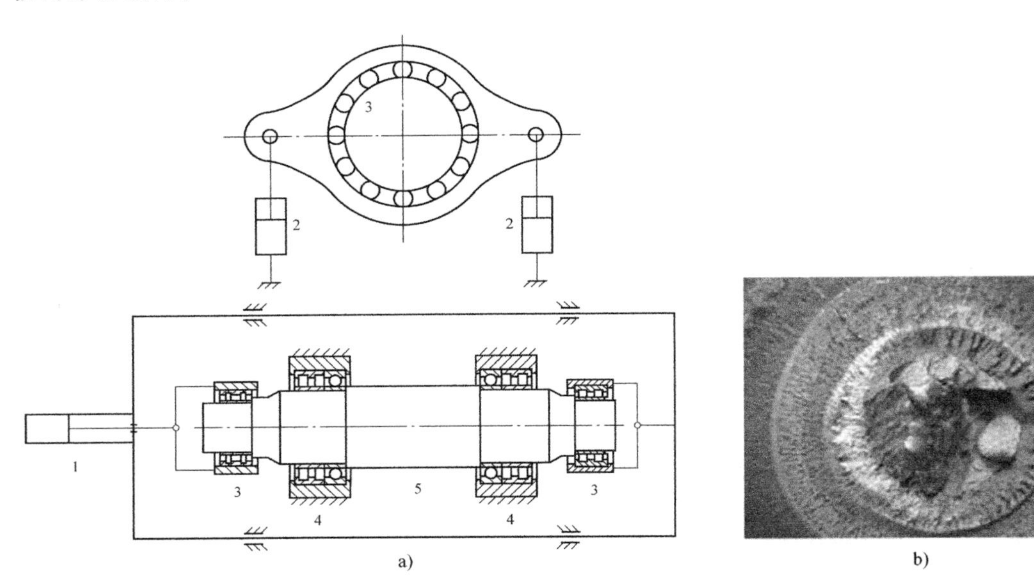

图 12-1　轴承试验机示意图及其失效轴的断口

a）轴承试验机结构简图　b）主轴断口

1—轴向加载液压缸　2—径向加载液压缸　3—试验轴承　4—陪衬轴承　5—试验机主轴

如果该轴承试验过程中，试验机的主轴发生了断裂。那么，应如何分析其断裂的可能原因？又如何解决呢？本章介绍的内容将回答以上问题。

12.1　概　　述

12.1.1　轴的功用与类型

轴是组成机器的主要通用零件之一。轴与安装并固定在其上的零件（如齿轮、带轮等）

构成一个整体组件，其与轴承构成转动副，与机架相连起支承作用。因此，轴的主要功用是支承零件且使其保持确定的位置、传递运动和动力。

轴根据承载情况分为转轴、心轴、传动轴三类，见表 12-1。

转轴同时承受弯矩和转矩，既支承零件又传递动力，是机器中最常见的轴，如减速器中的轴。

心轴只承受弯矩，主要用于支承零件。心轴根据其是否回转分为转动心轴和固定心轴。转动心轴如铁路车辆轴，轴与车轮固定在一起，行车时随车轮一同回转；固定心轴如支承滑轮轴，滑轮活套在轴上，见表 12-1。

传动轴只传递转矩而不承受弯矩或弯矩很小，即只传递运动，如汽车驱动轴。

表 12-1　轴的类型

转　轴	心　轴		传　动　轴
	转 动 心 轴	固 定 心 轴	
轴同时受弯矩和转矩	轴只受弯矩 转动心轴受变应力	轴只受弯矩 固定心轴受静应力	轴受转矩 不受弯矩或弯矩很小
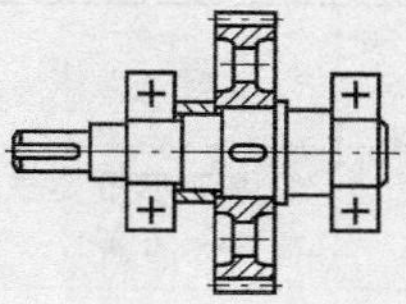	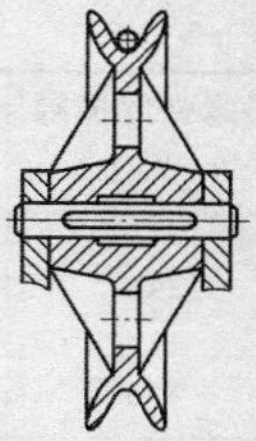	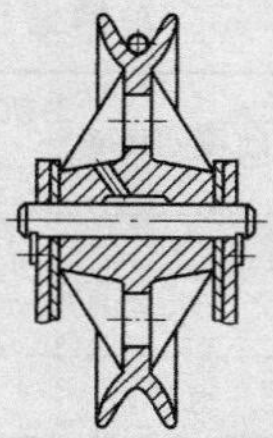	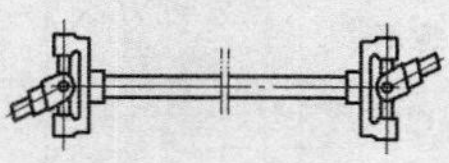
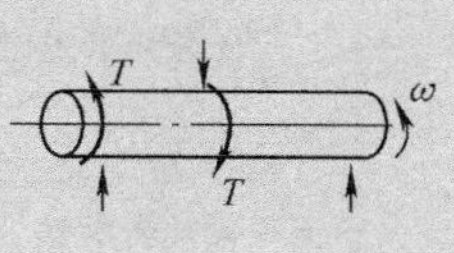 T T ω	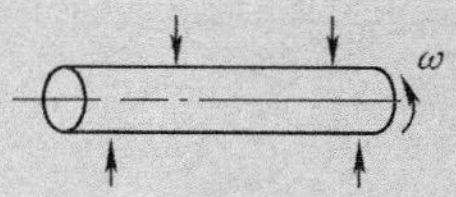 ω	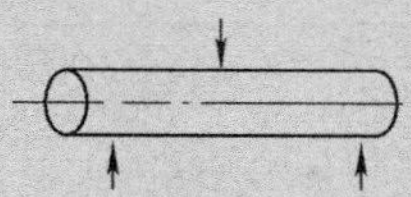	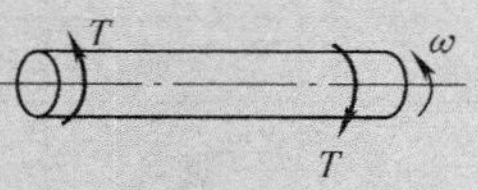 T T ω

轴根据其轴线几何形状分为直轴、曲轴和软轴。

直轴根据其结构形状分为光轴和阶梯轴，或实心轴和空心轴。光轴主要用于心轴和传动轴，阶梯轴常用于转轴。光轴形状简单，易加工，应力集中源少，但轴上零件不易定位；阶梯轴则与其相反。曲轴如图 12-2 所示，可见于发动机中曲柄滑块机构的曲柄。软轴可传递运动和较小的动力，一般无支承作用。它由多组钢丝分层绕制而成（图 12-3），能在空间受限的场合传递回转运动，如用于两轴不共线或工作时有相对运动的空间传动。

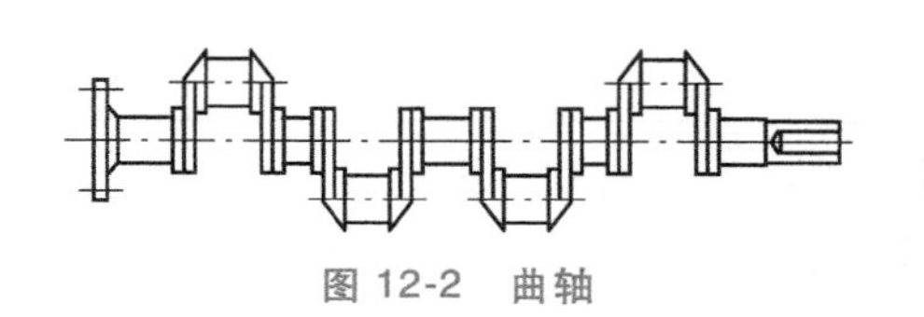

图 12-2　曲轴

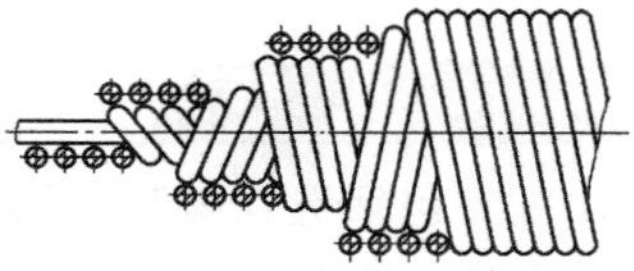

图 12-3　钢丝软轴

12.1.2　轴的材料及热处理

设计轴时需根据强度、刚度、耐磨性、制造工艺性等要求选择其材料及热处理方式。

轴的材料主要选用优质碳素钢和合金钢，也可选用球墨铸铁和高强度铸铁。碳素钢较合金钢价廉，对应力集中敏感性小，故应用较为广泛。

轴常用的优质碳素结构钢有 35 钢、45 钢、50 钢等，其中 45 钢最常用。轴受载荷较小或不重要的场合时可用普通碳素钢（如 Q235A、Q275 等）。

合金钢具有较高的强度、较好的淬火性，常用于载荷较大、需减轻轴的重量及有特殊要求的轴。但因一般工作温度下，合金钢的弹性模量与碳素钢相近，选用合金钢来提高轴的刚度将不能达到预期效果。轴常用的合金钢有 40Cr、40MnB、40CrNi 等。

球墨铸铁和高强度铸铁，因其铸造性好、易铸成复杂形状，且减振性好、应力集中敏感性低等特点，常用于结构复杂的轴。特别是我国研制的稀土-镁球墨铸铁，因冲击韧性好、减摩、吸振等优点，已用于制造汽车、机床上的重要轴类零件，如曲轴等。

轴常需根据工作条件要求进行整体或表面处理。轴整体热处理一般采用调质，不重要的轴可采用正火。机械性能要求高或耐磨要求高的轴或轴段，常采用表面处理及表面强化处理（如喷丸、辊压等）和化学处理（如渗碳、渗氮等）。

轴的常用材料及其力学性能见表 12-2。

表 12-2　轴的常用材料、热处理及其力学性能

材料牌号	热处理方法	毛坯直径 d/mm	硬度/HBW	抗拉强度极限 R_m/MPa	屈服强度极限 R_{eL}/MPa	弯曲疲劳极限 σ_{-1}/MPa	应　用
Q235 Q275F				440	240	180	用于不重要或载荷不大的轴
35	正火	25	≤187	540	320	230	用于一般轴
45	正火	25	≤241	610	360	260	用于较重要的轴
	调质	≤200	217~255	650	360	270	
40Cr	调质	≤100	241~286	750	550	350	用于载荷较大、无很大冲击的轴
35SiMn (42SiMn)	调质	≤100	229~286	800	520	355	性能接近于 40Cr，用于中、小尺寸轴
40MnB	调质	≤200	241~286	750	500	335	性能接近于 40Cr，用于重要的轴
35CrMo	调质	≤100	207~269	750	550	350	用于重载荷的轴

注：表中所列弯曲疲劳极限 σ_{-1} 值是按照下列关系式计算的，供设计时参考。

$\sigma_{-1}\approx0.27(R_m+R_{eL})$，$\tau_{-1}\approx0.156(R_m+R_{eL})$，$\tau_S\approx(0.55\sim0.62)R_{eL}$，$\sigma_0\approx1.46_{-1}$，$\tau_0\approx1.5\tau_{-1}$。

12.1.3　轴的设计内容

轴的设计主要包括选择材料、结构设计、性能设计与精度设计等。

轴的结构设计内容是确定轴的合理外形和全部结构尺寸。由于轴、轴上零部件（包括支承轴承）等构成了轴系组件，故轴的结构设计需同时考虑轴上零部件的定位、固定、调整、装拆等功能需求。

轴的性能设计主要包括强度设计、刚度设计。轴的性能设计首先需进行其力学模型的简化（根据其支承方式常简化为简支梁和悬臂梁）；其次根据其承载类型和工况确定其可能的

失效形式，进而选用相应的设计准则进行性能设计。轴的性能设计准则包括强度准则（断裂失效或塑性变形）和刚度准则（过大弹性变形失效）。高速轴常需要进行振动稳定性设计。轴的振动稳定性设计主要目的是避免轴振动过大，特别是发生共振。

轴的精度设计，包括确定其尺寸公差和几何公差。

12.2 轴的结构设计

12.2.1 轴的结构设计原则

轴的结构设计是根据工作条件确定其结构形状和尺寸。

轴的结构的主要影响因素有：①轴上零件的类型、数量、尺寸；②轴上零件的布置方式、定位与固定方式根据载荷的性质、方向、大小及分布情况而确定；③轴上零件的装配方案及工艺；④轴的制造工艺。轴的结构设计的一般原则概括：

1）提高轴的性能，包括合理布置轴上零件使轴受力合理，采用减少应力集中的结构。

2）轴上零件的装配方案合理，方案应利于零件的装配、拆卸和调整。

3）轴上零件能够准确定位、固定。

4）有良好的加工及装配工艺性。

5）减轻重量，应尽量采用等强度外形尺寸或大截面系数的截面形状。

12.2.2 轴的结构设计

1. 轴的装配方案

轴的装配方案用来确定轴上零件的装配方向、顺序和相互关系。轴上零件的装配方案决定了轴的基本结构形式，也在一定程度上影响零件是否具有良好的装配工艺性。有时甚至关系到能否改善轴的受力情况、提高轴的强度等问题。

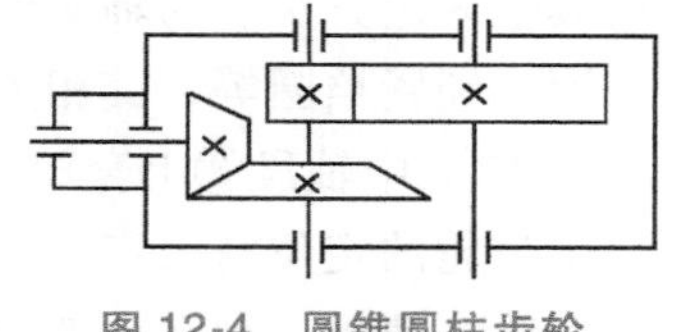

图 12-4 圆锥圆柱齿轮减速器结构简图

如图 12-4 所示为圆锥圆柱齿轮减速器结构简图。图 12-5 给出了该减速器低速轴的两种装配方案。两个方案的区别是齿轮的装配方向不同：图 12-5a 所示方案的齿轮从右侧装配；图 12-5b 所示方案的齿轮从左侧装配。图 12-5a 所示方案中齿轮右侧的轴套太长，刚度低且不利于加工，齿轮右侧的轴段直径较小，降低了轴的强度；图 12-5b 所示方案则无上述问题，结构更为合理。

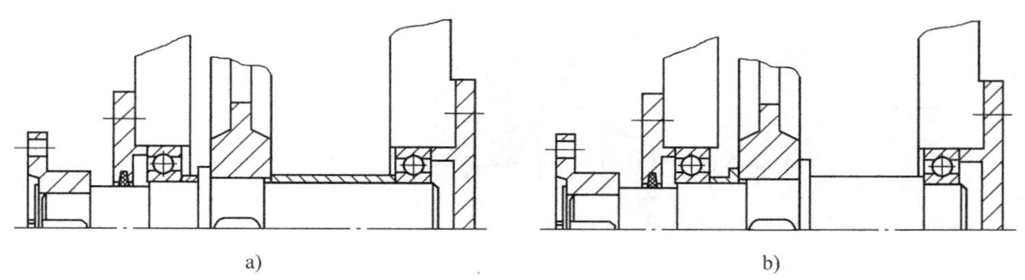

图 12-5 齿轮减速器低速轴的装配方案

2. 轴上零件的定位与固定

轴上零件定位的目的是保证其在准确的工作位置，固定的目的则是防止轴上零件在受力时发生沿轴向或周向的相对运动。按作用方向，可分为轴向和周向定位与固定。除了有游动或空转的要求外，轴上零件必须定位并固定。

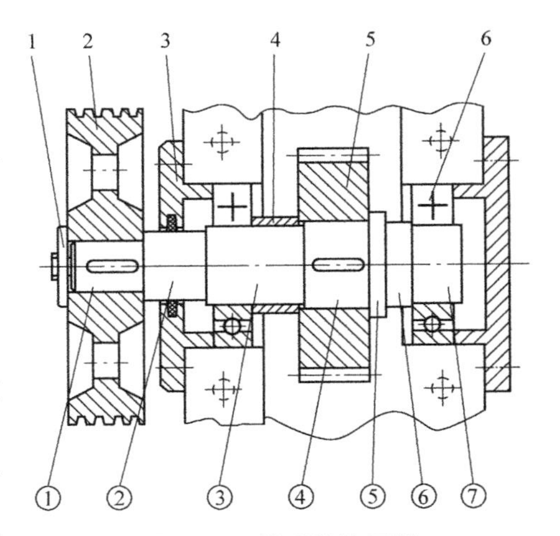

图 12-6　轴系结构示例

1—端盖挡圈　2—带轮　3—轴承圈　4—套筒　5—齿轮　6—滚动轴承

（1）零件轴向定位与固定　轴上零件的轴向定位与固定方法主要有轴肩、套筒、圆螺母、轴端挡圈、弹性挡圈、锁紧挡圈、紧定螺钉和圆锥面定位等。

轴肩是阶梯轴上截面变化处的端面，按其功用分为定位轴肩和非定位轴肩。定位轴肩对轴上零件具有轴向定位作用；非定位轴肩常是为了便于轴上零件的装拆或避免应力集中而设置的轴肩。轴肩定位是最方便可靠的定位方法。但轴肩使轴的直径增大，且因截面尺寸突变而会出现应力集中现象。若两相邻轴肩的轴向间距较小时，该轴段也称为轴环。轴肩或轴环定位一般多应用于轴向力较大的场合。

图 12-6 中，轴段①和②、④和⑤、⑥和⑦间的轴肩分别实现带轮、齿轮和滚动轴承的轴向定位。轴段②和③之间的轴肩为非定位轴肩，其主要功用是便于装拆滚动轴承，减少配合表面的擦伤。

为保证零件定位的可靠性，轴肩或轴环端面必须与零件端面可靠接触。为此，轴肩或轴环的圆角半径要小于零件圆角半径或倒角尺寸，见表 12-3。

轴肩和轴环定位只能限制零件在一个方向的轴向移动，要限制其反向移动，就必须联合使用其他固定方法。与轴肩定位联合使用的固定零件主要有：套筒、圆螺母、轴端挡圈、弹性挡圈、锁紧挡圈等，其相关结构和特点见表 12-3。

图 12-6 中轴段③上套筒实现左端滚动轴承的定位；轴段①与②间轴肩与轴端挡圈联合实现了带轮的定位与固定。

套筒、螺母、轴端挡圈作轴向固定零件时，为确保套筒、螺母或轴端挡圈与零件端面可靠接触，装有零件的轴段长度应比零件轮毂宽度短 2~3mm，见表 12-3。

表 12-3　轴上零件轴向定位和固定的方法与特点

定位方法	简　图	特　点
轴肩 轴环	h　C　r　d　　b　h　r　R　d	定位方便可靠，结构简单，可承受较大的轴向力。轴肩直径变化产生应力集中，削弱轴的强度。尺寸约束：轴肩高度 $h=(0.07\sim0.1)d$；轴环宽度 $b\geqslant1.4h$；轴肩圆角 $r<C$、$r<R$。滚动轴承的定位轴肩尺寸参考其安装尺寸，见相关手册

（续）

定位方法	简　图	特　点
套筒	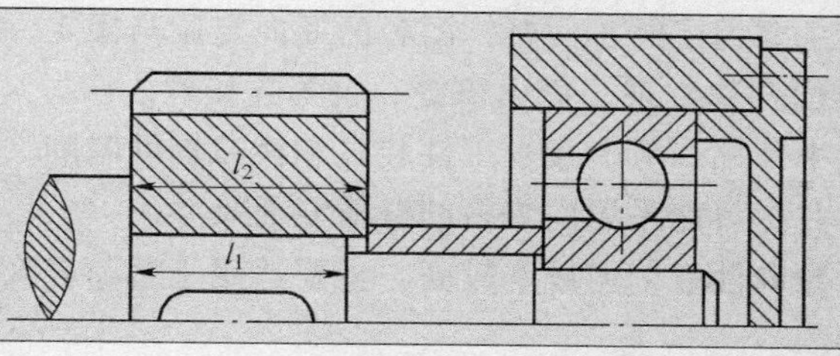	结构简单，定位方便可靠，不削弱轴的疲劳强度。一般用于两定位零件的间距较小的场合，不适于轴的转速很高的场合 $l_2>l_1$，一般 $l_2=l_1+2\sim3\text{mm}$
弹性挡圈	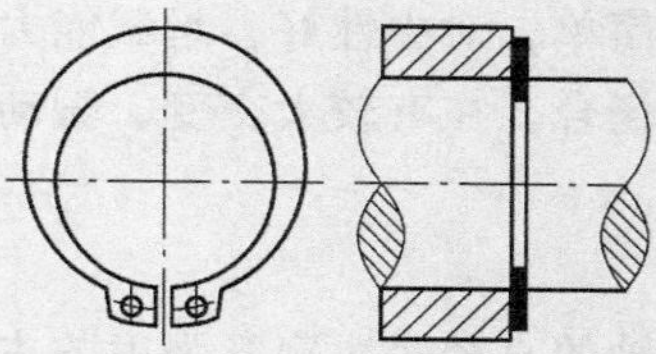	结构简单紧凑，只能承受很小的轴向力。需轴上开槽，会引起应力集中，削弱轴的疲劳强度 弹性挡圈是标准件，结构尺寸见相关标准
圆螺母	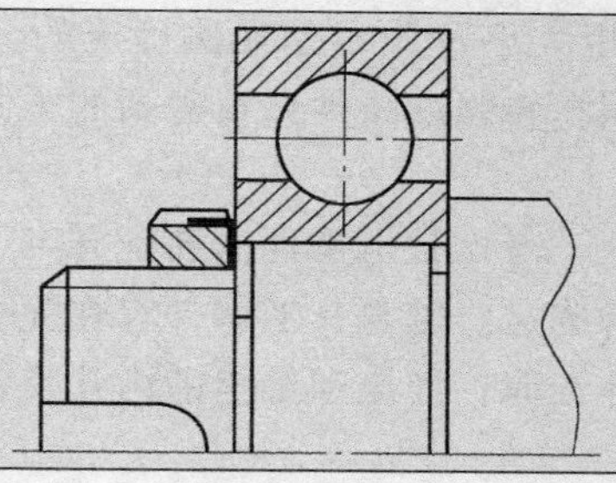	固定可靠，装拆方便，可承受大的轴向力。轴上螺纹处有较大应力集中，降低轴的疲劳强度。圆螺母须防松，常采用双圆螺母、圆螺母与止动垫片两种形式。一般用于固定轴端的零件；当两零件间距较大时，也可代替套筒 圆螺母与止动垫片是标准件，结构尺寸见相关标准
轴端挡圈	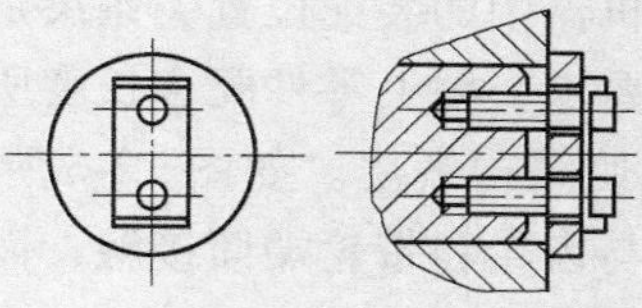	适用于固定轴端零件，工作可靠，装卸方便，可以承受较大的轴向力；也可承受剧烈振动和冲击载荷 轴端挡圈是标准件，结构尺寸见相关标准
锁紧挡圈	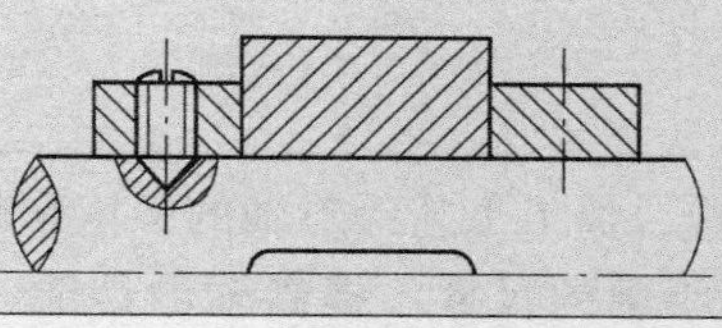	结构简单，不能承受大的轴向力，不宜用于高速场合。常用于光轴上零件的固定 锁紧挡圈是标准件，结构尺寸见相关标准
紧定螺钉	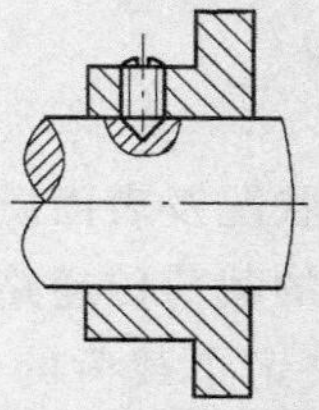	适用于轴向力很小、转速很低或仅为防止零件偶然滑动的场合。为防止螺钉松动，可加锁圈；同时可起到周向固定作用 紧定螺钉是标准件，结构尺寸见相关标准
圆锥面	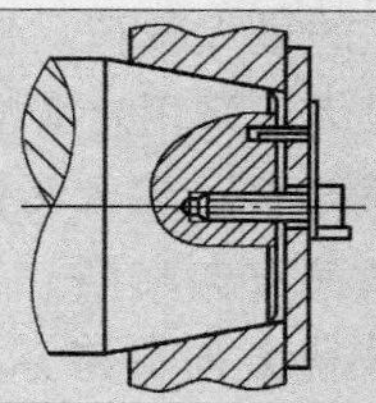	定心精度高，装拆较方便，能承受冲击载荷，可兼作周向固定。与轴端压板或螺母联合使用，零件获得轴向的双向固定。用于承受冲击载荷和同心度要求较高的轴端零件定位

（2）零件周向定位及固定　轴上零件周向定位的目的是限制零件与轴之间的相对转动，以传递运动和动力。轴上零件的周向定位及固定多采用键、花键、销、紧定螺钉或过盈配合等连接形式。轴与滚动轴承内孔连接主要为了同步回转，两者的周向定位与固定一般采用一定过盈量（常为过度配合或少量过盈配合）实现，而无需键、销等连接件。

键连接结构简单，拆装方便，对中性好。考虑减少工件装夹和换刀辅助时间，轴上各轴段的键槽应设计在同一加工直线上，并尽可能采用同规格的键槽截面尺寸。

花键连接承载能力高，定心性及导向性好，但成本较高。主要适用于载荷较大、对定心精度要求较高的滑动连接或固定连接。

过盈连接需要保证一定的过盈量。其结构简单，对中性好，承载能力高，可实现轴向和周向同时固定。过盈连接不宜用于经常拆卸的场合。在有较大交变、振动和冲击载荷时，可采用中等以下过盈量的过盈连接和键连接组合。

3. 轴的结构尺寸设计

轴的结构尺寸是指各轴段的直径和长度。轴的直径是决定其强度的主要参数。在轴的跨距（支点间的距离）未知的情况下，轴的弯矩大小及分布是无法确定的，即无法根据弯曲强度条件确定轴的直径。轴的最小直径是根据扭转强度条件计算得到的，并按该轴段上的零件尺寸要求进行协调确定。

阶梯轴各段的直径需在最小直径的基础上，考虑轴上零件的装配方案、定位、装拆及有配合关系零件的孔径尺寸要求等因素进行综合确定。轴与其他零件存在配合关系时，轴的直径有时需适应配合零件的孔径，或按标准尺寸选取。如滚动轴承的内孔直径是标准值，则该段轴的直径需按轴承孔径确定。

轴的长度由轴上零件的长度或宽度、轴在机器中的装配位置关系决定。阶梯轴的各轴段长度主要是根据轴系在机械中的总体结构尺寸要求，轴上零件配合长度所需的轴向尺寸，零件装配或调整必要的空间等来确定，并尽可能使结构紧凑。如图 12-6 所示，为保证齿轮和带轮轴向定位可靠，即套筒、轴端挡圈应分别与齿轮和带轮端面接触，而避免与轴肩或轴端面接触，相应轴段的长度应比轮毂宽度短 2~3mm。

12.2.3　轴的结构要素

轴和轴上零件的安装布置顺序、结构形式、加工工艺等对轴的强度影响较大。因此，轴的设计只有充分考虑到这些要素才能有效减小轴的尺寸、提高轴的性能、降低轴的制造成本等。

1. 提高轴强度的要素

轴的强度与其尺寸、载荷性质和大小、应力集中状况及表面质量等因素有关。轴上零件的布置、结构、连接方式等因素在不同程度上影响轴的载荷传递路径及受载状况。

（1）合理布置轴上零件　轴上零件的布置顺序决定了载荷的传递路径，并影响轴的载荷大小。合理布置轴上零件可在相同工况下减小轴上的最大载荷。使载荷方向正反交错可减小轴的最大弯矩；轴采取简支形式支承，其受力状况优于采用悬臂支承形式。

图 12-7 中，轴上零件 1 为输入件，其余零件为输出件。输入转矩与输出转矩关系为 $T_1=T_2+T_3+T_4$。若采取图 12-7a 所示的零件布置方案（载荷方向相同），轴所承受的最大转矩为 $T_2+T_3+T_4$；若采取图 12-7b 所示的零件布置方案（载荷方向交错），轴的最大转矩仅为 T_3+

T_4。因此，从轴受载角度分析，图 12-7b 所示方案优于图 12-7a 所示方案。

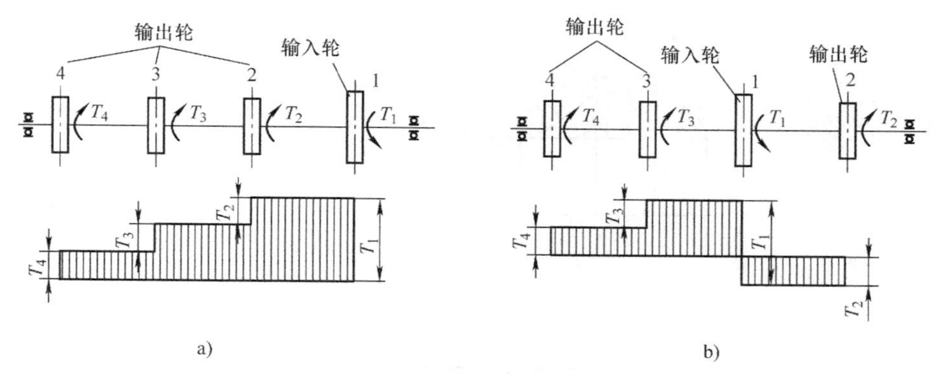

图 12-7 轴上零件布置与轴的载荷

(2) 改进轴上零件结构 轴上零件结构在某些情况下会影响轴的载荷。图 12-8 给出了轴上两齿轮的两种结构形式：分装齿轮和双联齿轮。图 12-8a 所示齿轮 *A* 和 *B* 分别为输入轮和输出轮，轴为转轴，同时承受弯矩和转矩；图 12-8b 所示双联齿轮 *A* 和 *B* 的转矩通过齿轮直接输出，轴为心轴，仅受弯矩，而不承受转矩。因此图 12-8b 所示方案的轴的载荷较图 12-8a 所示方案的小。

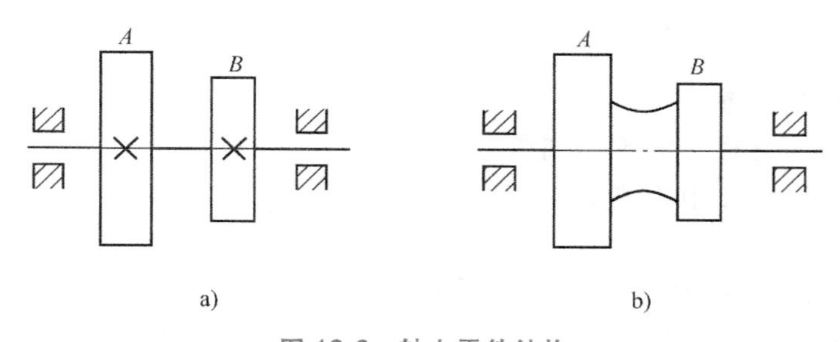

图 12-8 轴上零件结构

a) 分装齿轮 b) 双联齿轮

(3) 改进轴与零件的连接方式 轴与零件的连接方式在某些情况下可改变轴的受力状态。

表 12-1 中的两种心轴类型表现了轴与零件的两种连接方式：轴与零件无相对转动，轴为转动心轴；轴与零件有相对转动，轴为固定心轴。在相同外载荷且为静载荷作用时，转动心轴受交变弯曲应力作用，而固定心轴受弯曲静应力作用。

(4) 减小应力集中的结构 轴通常在交变应力的循环作用下工作，相应的，其失效形式是疲劳断裂。在这种状况下，应力集中的存在将降低轴的疲劳强度。

轴的直径突变处、轴上键槽及孔的截面处以及轴与轴上零件的紧配合处，均有应力集中现象。轴结构导致的应力集中现象可从结构及尺寸方面予以减小，相应措施有：①增大圆角半径。阶梯轴轴肩处尽可能采用较大的圆角半径 r（$r/d>0.1$），但同时圆角半径 r 还必须小于零件的圆角 R 或倒角 C，如图 12-9a、b 所示。如果轴肩或轴环定位要求圆角半径很小时，可采用内凹圆角或加装隔离环，如图 12-9c、d 所示。②增加卸载结构。在轴或轮毂上开卸载槽，如图 12-10 所示。③加大配合部分直径，如图 12-11 所示。④键槽处减小应力集中：圆盘铣刀加工的键槽，在两端过渡处应力集中较小；也可通过增大花键直径、加退刀槽的办法减小应力集中。

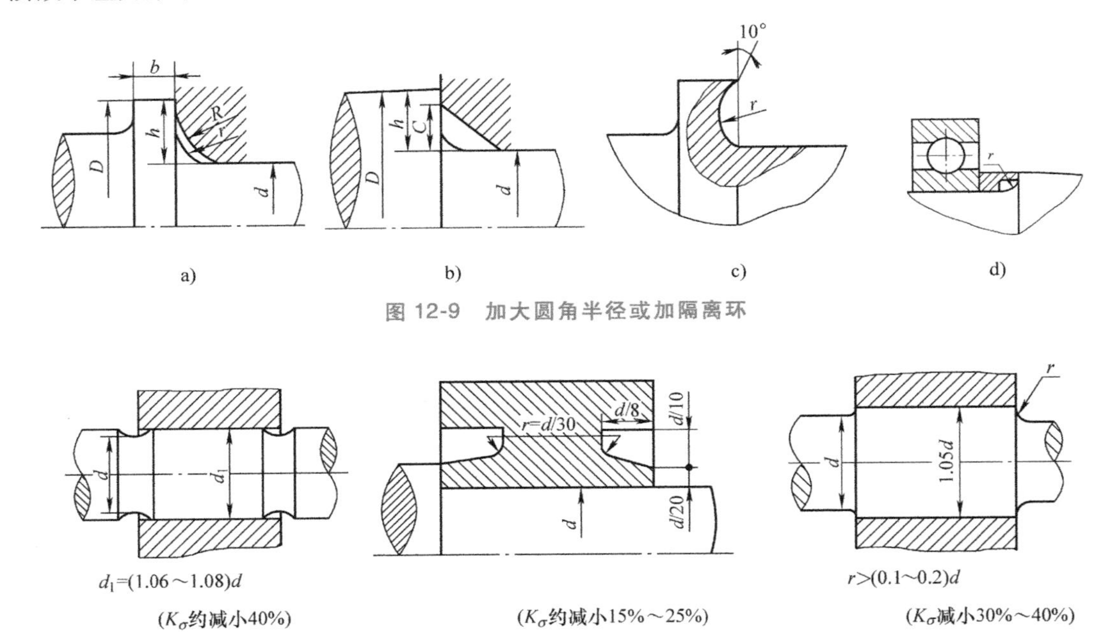

图 12-9　加大圆角半径或加隔离环

$d_1=(1.06\sim1.08)d$

(K_σ约减小40%)

(K_σ约减小15%～25%)

图 12-10　轴、轮毂的卸载结构

$r>(0.1\sim0.2)d$

(K_σ减小30%～40%)

图 12-11　加大配合直径

2. 提高轴刚度的要素

轴的刚度与轴的直径、支承距离等要素有关。轴的结构设计中提高其刚度的主要措施有：

1）合理设计轴的支承方案。尽可能少用悬臂支承结构或设置辅助支承。

2）合理布置轴上零件的顺序。如轴上受力较大的零件应尽可能靠近支承处，以减小弯矩。

3）增大轴的直径，缩短轴的长度及支承跨距。

4）采用适当的卸载结构来减小弯矩。

如图 12-12 所示，带轮传递的转矩通过法兰、花键传递到轴上；带轮的压轴力通过滚动轴承、轴承支座传递到箱体上，从而避免轴承受过大弯矩，提高了悬臂轴的刚度。

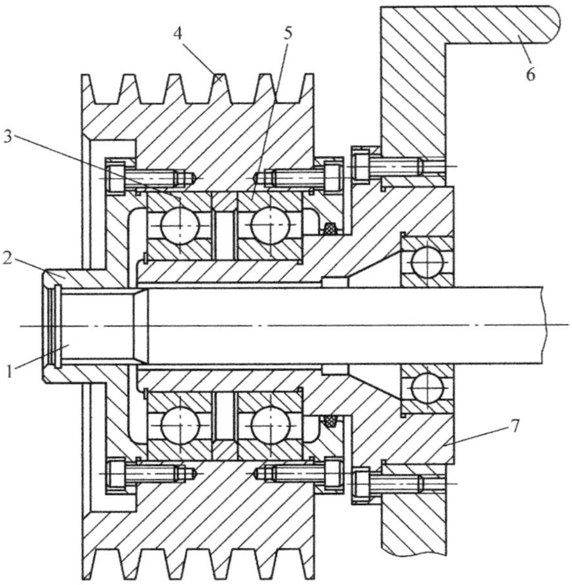

图 12-12　卸载结构

1—花键轴　2—法兰　3、5—滚动轴承　4—V 带轮　6—箱体　7—轴承支座

3. 轴的结构工艺性要素

轴的结构工艺性要素是指能提高轴的结构可加工性和轴上零件的可装配性的要素。轴具有良好的结构工艺性会使轴便于加工和装配，还可提高生产率、降低成本。轴的结构工艺性

要素实例有：

（1）轴端倒角　为便于零件的安装，防止锐边伤手或碰伤其他零件，轴端应有倒角。

（2）退刀槽、越程槽　在轴上需要车削螺纹处设置螺纹退刀槽；在轴段磨削加工处设有砂轮越程槽。

（3）结构形状与尺度　同一轴上不同轴段的键槽应尽可能采用统一规格的键槽截面尺寸，并布置在同一母线上，以减少零件装夹时间，减少加工辅助时间。轴上砂轮越程槽宽度、退刀槽宽度等应尽可能采用相同的尺寸，以减少刀具数量并利于加工。

12.3　轴的性能设计

12.3.1　轴的性能设计内容

1. 轴的失效形式

轴的失效形式有由疲劳强度不足引起的疲劳断裂，由静强度不足引起的塑性变形或过载断裂，以及磨损，超过允许值的变形和振动，其中疲劳断裂是轴的主要失效形式。

轴的断裂分为过载断裂和疲劳断裂。过载断裂是因静强度不足而发生的断裂，设计时按静强度条件进行校核计算。轴通常是在变应力作用下工作而发生疲劳断裂，相应的计算准则是疲劳强度条件。轴过量变形是轴在载荷作用下发生的过大弹性变形，这种弹性变形将影响机器的精度、运转零部件上载荷分布的均匀性及轴的振动等。如装有齿轮的轴发生弯曲变形会导致齿轮啮合偏载；轴的弯曲变形也会使其上的滚动轴承内外圈相互倾斜，而降低轴承寿命甚至无法正常回转。

2. 轴的性能设计内容和计算方法

轴的性能设计是在其结构设计后进行的校核计算。轴的性能设计内容和方法如下：

（1）轴的强度校核

1）轴强度按扭转强度计算。仅考虑转矩作用的强度计算，可据此初步估算轴径。

2）轴强度按弯扭合成强度近似计算，即计算当量弯矩以同时考虑弯矩和转矩的作用。

3）疲劳强度的安全系数校核。用于轴在变应力作用工况下的较精确的强度计算。

4）静强度的安全系数校核。用于轴在静应力作用工况下的较精确的强度计算。

按扭转强度计算和按弯扭合成强度计算这两种方法都既适用于轴的危险截面受静应力的情况，又适用于危险截面受变应力的情况。而疲劳强度的安全系数校核方法只适用于危险截面受变应力的情况，静强度的安全系数校核方法只适用于危险截面受静应力的情况。

（2）轴的刚度校核　校核方法是根据载荷计算相应的变形（挠度、偏转角和扭转角）。一般受力较大的细长轴（如蜗杆轴）、刚度要求高的轴，需要进行刚度计算。

（3）振动稳定性计算　在高速下工作的轴，因有共振危险，故应进行振动稳定性计算。

12.3.2　轴强度的扭转计算方法

轴强度的扭转强度计算是按轴承受的转矩计算轴的危险截面上的扭转切应力，并判断是否满足强度条件。扭转强度计算主要适用于三种情况的计算：①对只传递转矩的传动轴按扭

转强度进行计算。②对以传递转矩为主的转轴作近似强度计算，并采用降低许用扭转切应力的方式来考虑弯矩的影响。③初步估算轴的最小直径。

轴的扭转强度条件为

$$\tau_T=\frac{T}{W_T}\approx\frac{9.55\times10^6\ \dfrac{P}{n}}{0.2d^3}\leqslant[\tau_T] \tag{12-1}$$

由式（12-1）可得实心轴的直径为

$$d\geqslant\sqrt[3]{\frac{9.55\times10^6}{0.2[\tau_T]}}\sqrt[3]{\frac{P}{n}}=A_0\sqrt[3]{\frac{P}{n}} \tag{12-2}$$

空心轴直径为

$$d\geqslant A_0\sqrt[3]{\frac{P}{n(1-\beta^4)}} \tag{12-3}$$

式中 τ_T——扭转切应力（MPa）；

T——轴承受的转矩（N·mm）；

W_T——轴的抗扭截面系数（mm^3），见表12-6；

n——轴的转速（r/min）；

P——轴传递的功率（kW）；

d——轴的计算截面处直径（mm）；

$[\tau_T]$——许用扭转切应力（MPa），见表12-4；

A_0——与$[\tau_T]$相关的系数，$A_0=\sqrt[3]{\dfrac{9.55\times10^6}{0.2[\tau_T]}}$，见表12-4；

β——空心轴的内径d_1与外径d之比，$\beta=\dfrac{d_1}{d}$，通常取$\beta=0.5\sim0.6$。

表12-4 材料的许用扭转切应力$[\tau_T]$与系数A_0

轴的材料	$[\tau_T]$/MPa	A_0
Q235A，20	12~20	160~135
35	20~30	135~118
45	30~40	118~107
40Cr，35SiMn，42SiMn	40~52	107~98

键槽会削弱轴的强度。因此，轴最小直径处有键槽时，需适当增大此处直径：直径$d>100$mm的轴，轴上有单键时轴径需增加3%，轴上有双键时轴径需增加7%；直径$d\leqslant100$mm的轴，轴上有单键时轴径需增加5%~7%，轴上有双键时轴径需增加10%~15%。

12.3.3 轴强度的弯扭合成计算方法

轴强度的弯扭合成计算适用于转轴（既承受弯矩又承受转矩）的近似强度计算。弯扭合成法需在完成轴的结构设计后，依据轴的结构尺寸、轴上外载荷求解轴所承受的弯矩，并按弯扭合成理论进行轴危险截面的应力求解及强度校核。

进行轴的弯扭合成强度计算需首先做力学模型简化：①将轴简化为双支点梁，支点反力作用点按轴承类型进行选取，如图 12-13 所示；②将轴上零件的作用力简化为集中力，其作用点取在零件轮毂宽度中点。

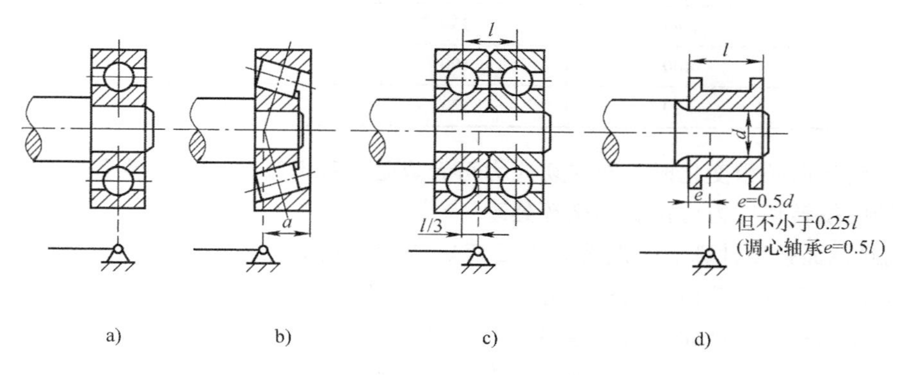

图 12-13 轴承支点的简化位置

a）向心轴承 b）向心推力轴承 c）两个向心轴承 d）滑动轴承

轴强度的弯扭合成计算步骤如下：

1）绘出轴的空间受力简图。按轴的力学模型简化规则，绘出轴的空间受力简图。

2）求解水平面和垂直面分力和支反力。将轴上作用力分解为水平面分力和垂直面分力，并求出两面上的支反力。

3）求解水平面和垂直面弯矩。分别求解水平面弯矩 M_H 和垂直面弯矩 M_V 并绘出它们的图。

4）求解合成弯矩。计算合成弯矩 $M=\sqrt{M_H^2+M_V^2}$，并绘出合成弯矩图。

5）绘出转矩 T 图。

6）求解当量弯矩。计算当量弯矩 $M_{ca}=\sqrt{M^2+(\alpha T)^2}$，绘出当量弯矩图。

轴所承受的弯曲应力以对称循环应力为多，而扭转切应力随传递的载荷情况变化而变化。当量弯矩公式中，α 是考虑弯曲应力与扭转切应力的循环特性不同而引入的修正系数。扭转切应力循环特性和相应的 α 值为：①静应力时，取 $\alpha=\frac{[\sigma_{-1b}]}{[\sigma_{+1b}]}\approx0.3$；②脉动循环时，取 $\alpha=\frac{[\sigma_{-1b}]}{[\sigma_{0b}]}\approx0.6$；③对称循环时，取 $\alpha=1$。其中 $[\sigma_{-1b}]$、$[\sigma_{0b}]$、$[\sigma_{+1b}]$ 分别为对称循环、脉动循环及静应力状态下的许用弯曲应力，其值见表 12-5。

表 12-5 轴的许用弯曲应力 （单位：MPa）

材 料	R_m	$[\sigma_{+1b}]$	$[\sigma_{0b}]$	$[\sigma_{-1b}]$
碳素钢	400	130	70	40
	500	170	75	45
	600	200	95	55
	700	230	110	65

（续）

材　料	R_m	$[\sigma_{+1b}]$	$[\sigma_{0b}]$	$[\sigma_{-1b}]$
合金钢	800	270	130	75
	900	300	140	80
	1000	330	150	90
铸钢	400	100	50	30
	500	120	70	40

轴的回转方向频繁变化时，扭转切应力可看成是对称循环的。载荷性质无法判断时，一般不重要轴的扭转切应力可按脉动循环处理。

7）危险截面强度计算。一般选择当量弯矩较大、轴的尺寸较小的截面作为危险截面。根据当量弯矩计算危险截面的当量应力 σ_{ca}，并判断是否满足强度条件：$\sigma_{ca}\leqslant[\sigma_{-1b}]$。

一般用途轴的危险截面的当量弯曲应力可按第三强度理论求得。即

$$\sigma_{ca}=\frac{M_{ca}}{W}=\frac{\sqrt{M^2+(\alpha T)^2}}{W}\leqslant[\sigma_{-1b}] \tag{12-4}$$

式中　σ_{ca}——轴的计算当量应力（MPa）；

M——轴所受的弯矩（N·mm）；

T——轴所受的转矩（N·mm）；

W——轴的抗弯截面系数（mm^3），见表 12-6；

$[\sigma_{-1b}]$——轴受对称循环变应力时的许用弯曲应力，见表 12-5。

表 12-6　抗弯、抗扭截面系数

截面	抗弯截面系数 W	抗扭截面系数 W_T	截面	抗弯截面系数 W	抗扭截面系数 W_T
d	$\frac{\pi d^3}{32}\approx 0.1d^3$	$\frac{\pi d^3}{16}\approx 0.2d^3$	b, t, d	$\frac{\pi d^3}{32}-\frac{bt(d-t)^2}{d}$	$\frac{\pi d^3}{16}-\frac{bt(d-t)^2}{d}$
d, d_1	$\frac{\pi d^3}{32}(1-\beta^4)$ $\approx 0.1d^3(1-\beta^4)$ $\beta=\frac{d_1}{d}$	$\frac{\pi d^3}{16}(1-\beta^4)$ $\approx 0.2d^3(1-\beta^4)$ $\beta=\frac{d_1}{d}$	d_1, d	$\frac{\pi d^3}{32}\left(1-\frac{1.54d_1}{d}\right)$	$\frac{\pi d^3}{16}\left(1-\frac{d_1}{d}\right)$
b, t, d	$\frac{\pi d^3}{32}-\frac{bt(d-t)^2}{2d}$	$\frac{\pi d^3}{16}-\frac{bt(d-t)^2}{2d}$	b, d, D	$\frac{\pi d^4+bz(D-d)(D+d)^2}{32D}$ z—花键齿数	$\frac{\pi d^4+bz(D-d)(D+d)^2}{16D}$ z—花键齿数

12.3.4 疲劳强度的安全系数校核方法

轴的弯扭合成强度计算中未考虑应力集中、表面状态和绝对尺寸等因素对轴的疲劳强度的影响。轴的疲劳强度的安全系数校核是对在变应力下工作的轴，考虑疲劳影响因素，计算轴抵抗疲劳破坏的能力，并利用安全系数评价轴的安全裕度。

轴的疲劳强度的安全系数校核是在结构设计、弯矩和转矩计算的基础上完成的，其计算过程如下：

1）选择材料。

2）结构设计。

3）弯矩和转矩的计算。与弯扭合成计算方法的计算过程相同，包括力学模型简化、受力分析及载荷求解，以及水平面和垂直面弯矩、当量弯矩、转矩的求解，弯矩图和转矩图的绘制等内容。

4）危险截面的弯曲应力、切应力的计算。一般确定 2~3 个危险截面进行计算。

5）平均应力 σ_m 和 τ_m、应力幅 σ_a 和 τ_a 的计算。根据弯曲应力、切应力及其循环特性*进行计算。*

6）弯曲应力、切应力作用下的安全系数 S_σ 和 S_τ 的计算。

轴仅承受弯矩时，即弯曲应力作用下的安全系数为

$$S_\sigma=\frac{\sigma_{-1}}{K_\sigma\sigma_a+\varphi_\sigma\sigma_m} \tag{12-5}$$

轴仅承受转矩时，即切应力作用下的安全系数为

$$S_\tau=\frac{\tau_{-1}}{K_\tau\tau_a+\varphi_\tau\tau_m} \tag{12-6}$$

式中 $\sigma_{-1}(\tau_{-1})$——材料的对称循环弯曲（剪切）疲劳极限；

$K_\sigma(K_\tau)$——弯曲（剪切）疲劳极限的综合影响系数；

$\varphi_\sigma(\varphi_\tau)$——受循环弯曲（剪切）应力时的材料常数。

7）求危险截面的计算安全系数为

$$S_{ca}=\frac{S_\sigma S_\tau}{\sqrt{S_\sigma^2+S_\tau^2}}\geqslant[S] \tag{12-7}$$

其中，[S] 为许用安全系数，见表 12-7。重要的轴，破坏会引起重大事故时，可以适当增大 [S] 值。

表 12-7 疲劳强度的许用安全系数

条件		[S]
材料的力学性能符合标准规定(或有实验数据),加工质量能满足设计要求	载荷确定精确,应力计算准确	1.3~1.5
	载荷确定不够精确,应力计算近似	1.5~18
	载荷确定精确,应力计算较粗略或轴径较大(d>200mm)	1.8~2.5
	脆性材料制造的轴	2.5~3

轴的表面品质对其疲劳强度有显著的影响。为改进轴的表面品质，可选用适当的加工方法、表面粗糙度和表面强化处理方法。轴的表面强化处理可产生预压应力，从而提高轴的抗疲劳能力。轴的表面强化处理常用方法有进行表面高频感应淬火等热处理，表面渗碳、渗氮、碳氮共渗等化学热处理及碾压、喷丸等强化处理。

12.3.5 静强度的安全系数校核方法

轴的静强度校核旨在评定轴对塑性变形或过载折断的抵抗能力。轴承受的瞬时载荷产生的工作应力超过材料屈服极限时，轴将发生塑性变形而失效；工作应力超过材料强度极限时，轴将发生折断。轴的静强度计算可按轴所承受的最大瞬时载荷或冲击载荷（相应的转矩或弯矩），进行扭转强度校核或确定轴的最小直径（主要承受转矩的轴），或进行弯扭合成强度校核（同时承受弯矩和转矩的轴），而较精确的轴静强度校核可通过安全系数校核方法来实现。

轴的静强度的安全系数校核方法为危险截面的计算安全系数大于许用值。计算安全系数为

$$S_{S_{ca}}=\frac{S_{S_\sigma}S_{S_\tau}}{\sqrt{S_{S_\sigma}^2+S_{S_\tau}^2}}\geqslant[S_S] \tag{12-8}$$

其中，S_{S_σ} 和 S_{S_τ} 分别为仅考虑弯曲和仅考虑扭转时的静强度安全系数。即

$$S_{S_\sigma}=\frac{R_{eL}}{M_{max}/W} \tag{12-9}$$

$$S_{S_\tau}=\frac{\tau_S}{T_{max}/W_T} \tag{12-10}$$

式中　R_{eL}、τ_S——材料的抗弯、抗扭屈服极限（MPa），其中 $\tau_S\approx$（0.55~0.62）R_{eL}；

M_{max}、T_{max}——轴的危险截面上所受的最大弯矩和最大转矩（N · mm）；

W、W_T——危险截面的抗弯和抗扭截面系数（mm^3）；

$S_{S_{ca}}$——危险截面静强度的计算安全系数；

$[S_S]$——静强度的许用安全系数，见表 12-8。

表 12-8　静强度的许用安全系数

许用安全系数	峰值载荷作用时间极短，其数值可精确求得时				峰值载荷很难准确求得时
	高塑性钢 $R_{eL}/R_m\leqslant0.6$	中塑性钢 $R_{eL}/R_m>0.6\sim0.8$	低塑性钢 $R_{eL}/R_m>0.8$	铸铁	
$[S_S]$	1.2~1.4	1.4~1.8	1.8~2	2~3	3~4

12.3.6 轴的刚度计算

轴受载会发生弯曲、扭转等变形，并影响轴上零件的工作性能。变形量超过允许值时轴将失效。轴的刚度计算即校核轴的变形量是否满足要求。轴的刚度根据变形的类型主要分为弯曲刚度和扭转刚度，弯曲刚度采用挠度 y 和偏转角 θ 来度量，扭转刚度用扭转角 φ 来度

量。重要轴或刚度要求高的轴一般需进行刚度校核计算。轴的刚度校核方法主要有计算法和有限元法。本书仅简要介绍刚度校核的计算法，其详细内容请参阅材料力学相关知识；有限元法可参阅相关资料及软件说明。

1. 轴的弯曲刚度

轴的弯曲变形的影响因素较多，如轴承间隙、箱体刚度、轴上零件刚度及局部结构导致的刚度削弱等，用传统的方法实现精确计算比较困难。因此，在轴的弯曲变形计算中常进行不同程度的简化。光轴可直接用材料力学中的公式计算其挠度或偏转角。阶梯轴弯曲刚度的计算方法主要有当量直径法和能量法。当量直径法是把阶梯轴当作等直径轴来计算，这种方法适用于阶梯轴各段直径差很小、计算精度要求不高的近似计算。应用能量法可以计算轴上几个特定点的变形或利用计算机来实现计算，适用于要求进行较精确计算的场合。本书仅简要介绍轴弯曲刚度计算的当量直径法。

（1）轴弯曲刚度条件　挠度 y（mm）和偏转角 θ（rad）限制在许用值范围内，即

$$y \leqslant [y] \tag{12-11}$$

$$\theta \leqslant [\theta] \tag{12-12}$$

其中，$[y]$、$[\theta]$ 分别为许用挠度（mm）和许用偏转角（rad），其值见表 12-9。

表 12-9　轴的许用变形量

条　件	$[y]$/mm	条　件	$[\theta]$/rad
一般用途的轴	$(0.0003 \sim 0.0005)l$	滑动轴承处	0.001
金属切削机床	$0.0002l$	深沟球轴承处	0.005
		调心球轴承处	0.05
安装齿轮处	$(0.01 \sim 0.03)m_n$	圆柱滚子轴承处	0.0025
安装蜗轮处	$(0.01 \sim 0.03)m_t$	圆锥滚子轴承处	0.0016
		安装齿轮处	0.001～0.002

注：l 为轴承支点间的跨距；m_n 为齿轮的法向模数；m_t 为蜗轮的端面模数。

（2）轴的弯曲变形计算　按轴的当量直径计算轴的挠度 y、偏转角 θ。阶梯轴的当量直径 d_v（mm）为

$$d_v = \sqrt[4]{\frac{L}{\sum_{i=1}^{z} \frac{l_i}{d_i^4}}} \tag{12-13}$$

式中　l_i——阶梯轴第 i 段的长度（mm）；

d_i——阶梯轴第 i 段的直径（mm）；

L——阶梯轴的计算长度（mm）；

z——阶梯轴计算长度内的轴段数。

当载荷作用于两支承之间时，$L=l$（l 为支承跨距）；当载荷作用于悬臂端时，$L=l+c$（c 为轴的悬臂长度，mm）。

表 12-10 给出了两种常见情况的轴的挠度和偏转角的计算公式，其他详细资料参考相关手册。

表 12-10　轴的挠度和偏转角

梁的类型及载荷简图	偏转角 θ/rad	挠度 y/mm
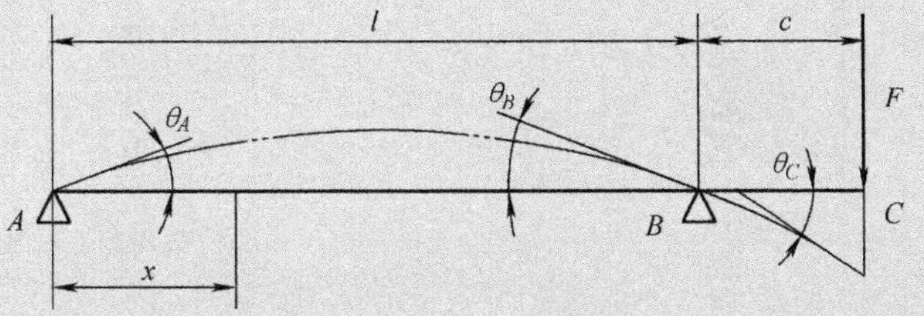	$\theta_A=\dfrac{Fcl}{6\times10^4 d_v^4}$ $\theta_B=-\dfrac{Fcl}{3\times10^4 d_v^4}=-2\theta_A$ $\theta_C=\theta_B-\dfrac{Fc^2}{2\times10^4 d_v^4}$ A-B 段： $\theta_x=\theta_A\left[1-3\left(\dfrac{x}{l}\right)^2\right]$	$y_C=\theta_B c-\dfrac{Fc^3}{3\times10^4 d_v^4}$ $y_x=\theta_A x\left[1-\left(\dfrac{x}{l}\right)^2\right]$ $y_{\max}=\dfrac{Fcl^2}{9\sqrt{3}\times10^4 d_v^4}\approx0.384\theta_A l$ （在 $x=\dfrac{l}{\sqrt{3}}=0.577l$ 处）
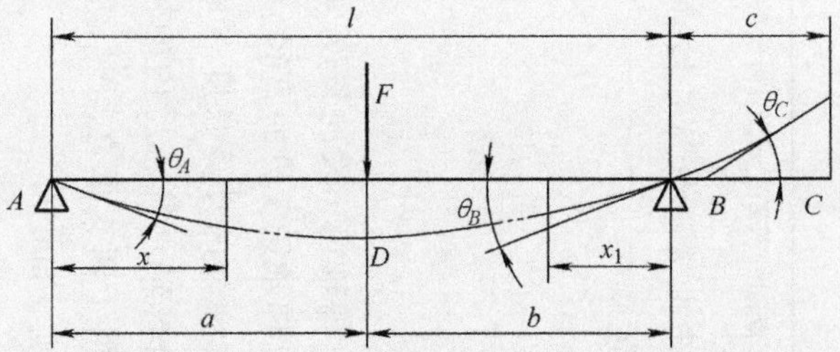 $(a>b)$	$\theta_A=-\dfrac{Fab}{6\times10^4 d_v^4}\left(1+\dfrac{b}{l}\right)$ $\theta_B=\theta_C=\dfrac{Fab}{6\times10^4 d_v^4}\left(1+\dfrac{a}{l}\right)$ $\theta_D=-\dfrac{Fab}{3\times10^4 d_v^4}\left(1-2\times\dfrac{a}{l}\right)$ A-D 段： $\theta_x=-\dfrac{Fab}{6\times10^4 d_v^4}\left[1-\left(\dfrac{b}{l}\right)^2-3\left(\dfrac{x}{l}\right)^2\right]$ B-D 段： $\theta_{x_1}=\dfrac{Fab}{6\times10^4 d_v^4}\left[1-\left(\dfrac{a}{l}\right)^2-3\left(\dfrac{x_1}{l}\right)^2\right]$	$y_C=\theta_B c$ A-D 段： $y_x=-\dfrac{Fblx}{6\times10^4 d_v^4}\left[1-\left(\dfrac{b}{l}\right)^2-\left(\dfrac{x}{l}\right)^2\right]$ B-D 段： $y_{x_1}=-\dfrac{Falx_1}{6\times10^4 d_v^4}\left[1-\left(\dfrac{a}{l}\right)^2-\left(\dfrac{x_1}{l}\right)^2\right]$ $y_D=-\dfrac{Fa^2b^2}{6\times10^4 l d_v^4}$ $y_{\max}^{*}=0.384l\theta_A\sqrt{1-(b/l)^2}$ （在 $x=\sqrt{(l^2-b^2)/3}\approx0.577\sqrt{l^2-b^2}$ 处）

2. 轴的扭转刚度

轴扭转刚度校核是针对轴工作时的扭转变形进行的，并用单位长度扭转角 φ 来度量。

（1）轴扭转刚度条件　轴扭转刚度条件为

$$\varphi \leqslant [\varphi] \tag{12-14}$$

式中　$[\varphi]$——轴单位长度的许用扭转角，与轴的使用场合有关。一般传动轴，取 $[\varphi]=0.5\sim1(°)/m$；精密传动轴，取 $[\varphi]=0.25\sim0.5(°)/m$；精度要求不高的传动轴，$[\varphi]$ 可大于 $1(°)/m$。

（2）轴的扭转变形计算　轴的单位长度扭转角 φ 按材料力学的相关公式计算。轴受转矩作用时，圆形光轴的 $\varphi((°)/m)$ 为

$$\varphi=5.73\times10^4\frac{T}{GI_p} \tag{12-15}$$

圆形阶梯轴的单位长度扭转角 φ 为

$$\varphi=5.73\times10^4\frac{1}{LG}\sum_{i=1}^{z}\frac{T_il_i}{I_{pi}} \tag{12-16}$$

式中　T——轴受的转矩（N·mm）；

G——轴材料的切变模量（MPa），钢材的取值为 $G=8.1\times10^4$MPa；

I_p——轴截面的极惯性矩（mm^4），圆轴的计算公式为 $I_p=\frac{\pi d^4}{32}$；

L——阶梯轴受转矩作用的长度（mm）；

T_i、l_i、I_{pi}——阶梯轴第 i 段上所受的转矩、长度和极惯性矩；

z——阶梯轴受转矩作用的轴段数。

12.3.7　轴的振动稳定性计算

轴（轴系）在转速达到一定值时，因运转不稳定而发生显著的反复变形的现象即为轴的振动。轴振动产生的主要原因：①轴和轴上零件的自身质量（或转动惯量）和弹性变形；②轴和轴上零件的材料组织不均、制造误差、安装误差或轴的对中不良等因素造成的轴系重心偏移。轴的振动形式按轴的变形类型分为弯曲振动（横向振动）、扭转振动、纵向振动。重心偏移引起的以离心力为周期性干扰力的轴的强迫振动即为弯曲振动。传递功率的周期性变化引起轴反复发生显著的扭转变形，这种振动即为扭转振动。轴向的周期性的干扰力引起纵向振动。一般机械中，轴的弯曲振动（横向振动）较为常见，故本书仅简要介绍轴的横向振动的计算方法。

轴在其强迫振动频率与自振频率相同时将发生共振。共振时的变形迅速增大，是一种失效形式。产生共振现象时轴的转速称为临界转速。理论上，同型振动存在无穷多个的临界转速。临界转速按转速值由低至高分别称为一阶、二阶、三阶等。工作转速低于一阶临界转速的轴，称为刚性轴。工作转速超过一阶临界转速的轴，称为挠性轴。

轴的振动稳定性条件是其工作转速避开任一阶临界转速。一般情况下，刚性轴的弯曲振动稳定性条件为

$$n<0.75n_{c1} \tag{12-17}$$

挠性轴的稳定性条件为

$$1.4n_{c1}<n<0.7n_{c2} \tag{12-18}$$

式中　n——轴的工作转速；

n_{c1}、n_{c2}——轴的一阶、二阶临界转速。

轴的临界转速与轴的材料、形状尺寸、支承形式、轴上零件的质量等有关。阶梯轴的临界转速的精确计算较复杂，可按当量直径的光轴进行计算，详见相关手册。

下面以不计轴自重但装有单圆盘的轴为例，如图 12-14 所示，简要介绍一种计算临界转速的方法。

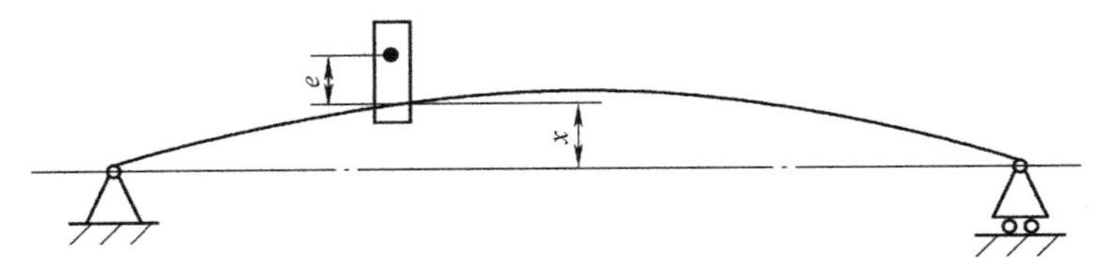

图 12-14　单圆盘轴的弯曲变形简图

设圆盘质量为 m，轴的刚度为 k，圆盘的倾斜忽略不计，不计摩擦的影响，圆盘的质心与轴心的偏心距为 e，轴的挠度为 x。当轴旋转时，由弹性力与惯性力的平衡得

$$kx=m(x+e)\omega^2 \tag{12-19}$$

或整理为

$$\begin{gathered} x(k-m\omega^2)=me\omega^2 \\ x=me\omega^2/(k-m\omega^2) \end{gathered} \tag{12-20}$$

式中　$(x+e)\omega^2$——圆盘的加速度（rad/s²）；

ω——轴的回转角速度（rad/s）。

由式（12-20）可知，当 $k=m\omega^2$ 时，x 变得无穷大，故得轴的临界角速度为

$$\omega_c=\sqrt{\frac{k}{m}} \tag{12-21}$$

由于轴的刚度 $k=\dfrac{mg}{x_0}$（g 为重力加速度，x_0 为轴在圆盘处的静挠度），所以式（12-21）可写为

$$\omega_c=\sqrt{\frac{g}{x_0}} \tag{12-22}$$

对于等截面轴，若其上无集中质量，仅有轴本身的均布质量，则临界角速度可近似地等于

$$\omega_c=\sqrt{\frac{5}{4}\frac{g}{x_{max}}} \tag{12-23}$$

式中　x_{max}——由于轴本身的均布质量引起的最大静挠度。

不同状态轴弯曲振动的临界转速的计算方法很多，可参考相关文献。

轴的振动稳定性取决于轴的刚度、支承特性、轴及轴上零件的质量、相对于轴线的不平衡情况及整个系统的阻尼特性等。

轴上选用减小或缓和振动的零件，也能提高轴的振动稳定性。如弹性联轴器，利用弹性

元件的阻尼作用可缓冲、减小振动。此外，避免轴振动的有效措施是消除或减小振动源的振动。例如，在曲轴上装扭转减振器可有效减小曲轴的扭振。

12.3.8 多支承轴的性能计算方法

轴系采用多支承（两个以上支承），可提高轴的性能及整机的性能。轴系采用多支承结构（图 12-15）的优点包括：①改变轴系的受力状态，提高轴的强度，如在轴的危险截面处增设支承可提高轴的抗弯强度；②提高轴的支承刚度，减少轴的变形量；③合理分配轴承的作用力，延长轴承使用寿命；④降低振动，校正轴线跳动，减小回转误差和振动。轴系的多支承结构广泛用于机床、内燃机及压缩机等设备，如机床主轴、直升机尾部传动轴等轴系。

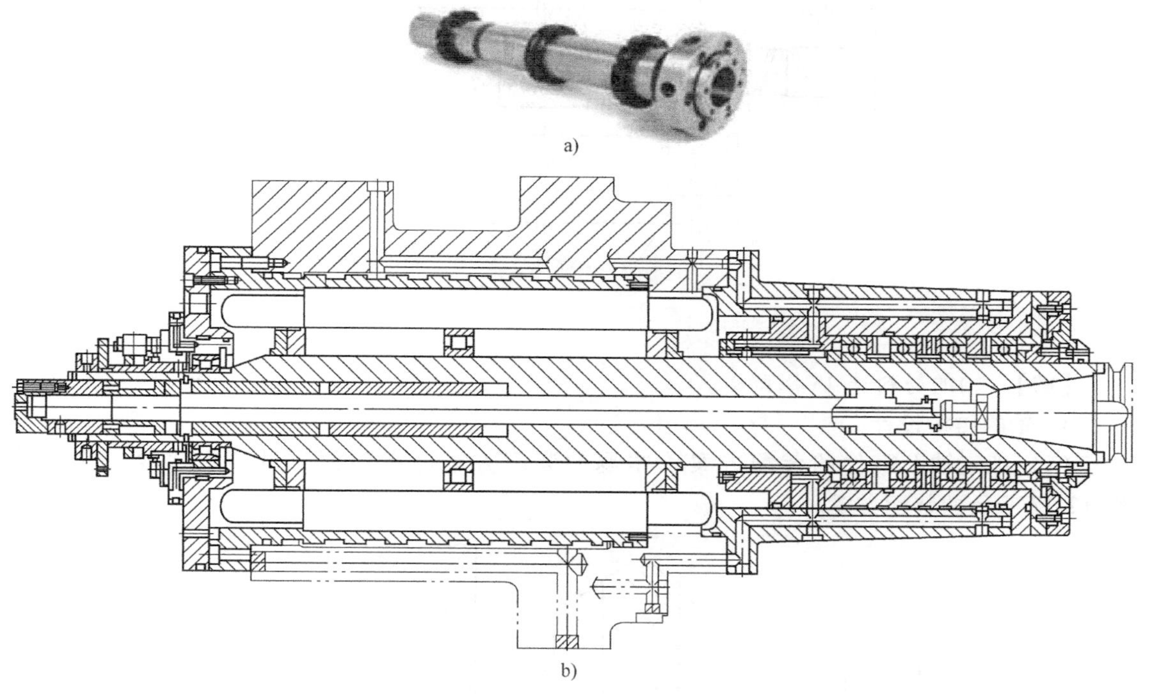

a)

b)

图 12-15 机床主轴三支承结构

多支承轴的设计内容：配置支承数目、支承位置及支承形式。

轴的强度关键取决于轴的内力。确定内力后，多支承轴的静强度和疲劳强度计算方法与双支承轴相同。轴内力的分布特性由支承的结构特点和使用条件决定，其大小可根据力矩进行求解。因此，多支承轴的强度计算应首先求解轴的弯矩。

多支承轴系属于静不定结构。静不定结构的求解可用支承弯矩法，即取支承截面处的弯矩作为未知量求解。可将多支承同心直轴转化为多个简支梁，利用支承左右两截面的弯矩、转角相等条件，列出相邻两跨距的三个支点处的弯矩之间的关系式进行求解。具体求解过程见相关资料。

目前，已可采用有限元方法进行轴系中轴的应力分析和位移分析等，并可获得轴的各位置的应力云图和位移云图。

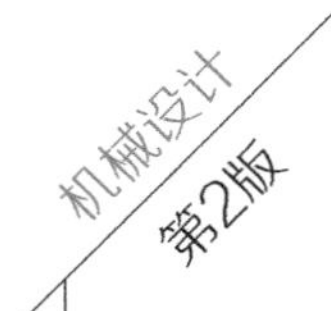

12.4 工程设计实例

【例】 轴的结构设计和强度设计。

某大型起重机的减速装置采用了三级定轴圆柱齿轮减速器，如图 12-16 所示。减速器输出轴Ⅳ的传递功率为 $P=59.626\text{kW}$，转速为 $n=6.285\text{r/min}$。减速器输出齿轮 6 的参数：模数$m_n=10\text{mm}$，齿数 $z=74$，螺旋角 $\beta=11.9°$，齿宽 $B=170\text{mm}$。试完成该减速器输出轴的结构设计与强度设计。

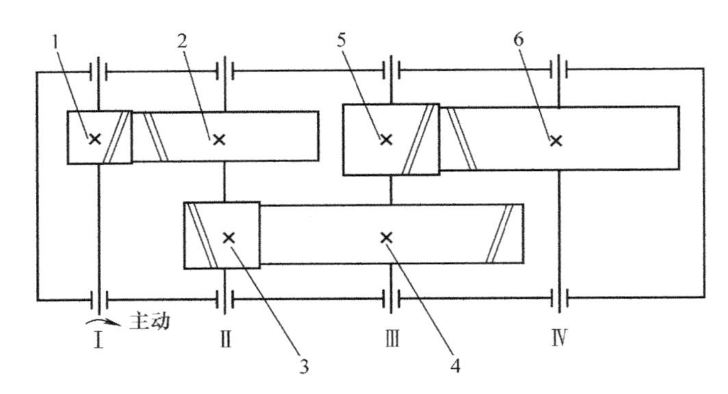

图 12-16 某三级定轴圆柱齿轮减速器简图

【解】 轴的材料选 45 钢调质。

1. 轴的结构设计

(1) 拟定轴上零件的装配方案 本题的装配方案已在前面作过分析比较，现选用图 12-17 所示的装配方案。

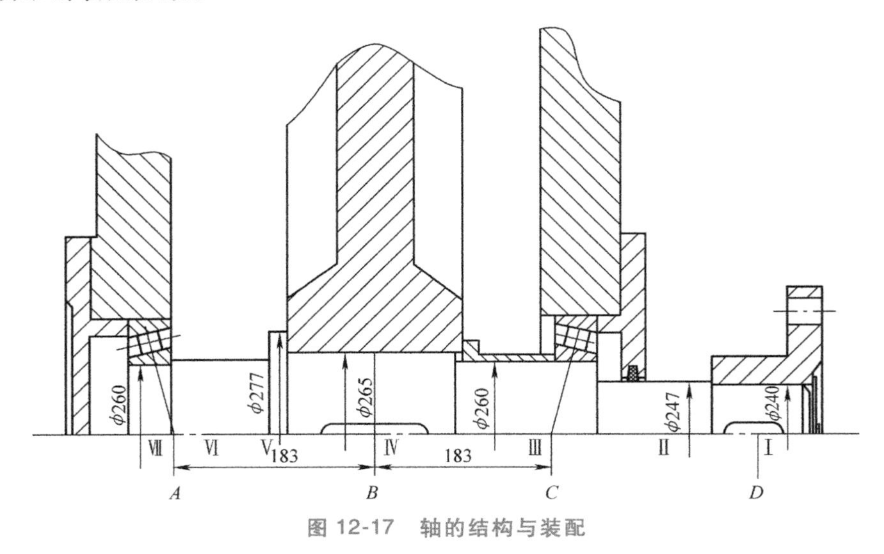

图 12-17 轴的结构与装配

(2) 轴上零件的轴向定位与固定

1) 半联轴器。Ⅰ-Ⅱ轴右端轴肩与左端的轴端挡圈联合定位与固定。

2）滚动轴承。左端和右端滚动轴承分别采用轴肩与端盖、套筒与端盖联合定位与固定。

3）齿轮。采用轴肩与套筒联合定位与固定。

（3）初算轴的最小直径　依据扭转强度条件 $d_{\min}=A_0\sqrt[3]{\frac{P}{n}}$，计算得 $d_{\min}=232.86\text{mm}$。

（4）确定轴的各段直径和长度　各轴段参数计算中的 b 和 h 的意义和数值仅限于本步计算有效。

1）轴段Ⅰ（半联轴器）。①直径：按扭转强度条件计算得到的轴的最小直径，需与选定的联轴器孔径匹配。查手册选用联轴器 GⅡCL14，确定该段直径：$d_{\text{I}}=240\text{mm}$。②长度：查手册确定半联轴器与轴配合孔长度 $L_1=410\text{mm}$。为保证半联轴器可靠固定（轴端挡圈与半联轴器直接接触，而与轴端面不接触），应有该段长度 $l_{\text{I}}<L_1$，取 $l_{\text{I}}=300\text{mm}$。

2）轴段Ⅱ。①直径：考虑半联轴器轴向定位，确定轴段Ⅰ-Ⅱ的轴肩高度为 3.5mm，故该段直径取 $d_{\text{II}}=247\text{mm}$。②长度：该轴段长度由减速器总体设计确定，本例中 $l_{\text{II}}=50\text{mm}$。

3）轴段Ⅲ（滚动轴承及套筒）。初选滚动轴承型号圆锥滚子轴承 32952，查手册确定其尺寸为 $d\times D\times T=260\text{mm}\times360\text{mm}\times63.5\text{mm}$。①直径：与轴承孔径相同，$d_{\text{III}}=260\text{mm}$。②长度：涉及滚动轴承宽度、套筒长度及齿轮宽度与相配合轴段长度间的差值（齿轮宽度小于相配合轴段长度）。轴承宽度 T 为 63.5mm。套筒长度由轴承位置和齿轮位置确定。滚动轴承内侧端面距箱体内壁距离为 s，取 $s=8\text{mm}$。齿轮端面位置距箱体内壁距离（考虑回转件与固定件间留有一定距离）取 $a=16\text{mm}$。齿轮宽度（80mm）与相配合轴段长度（76mm）差值为 4mm。轴段Ⅲ长度 $l_{\text{III}}=T+s+a+(80-76)\text{mm}=63.5\text{mm}+8\text{mm}+16\text{mm}+4\text{mm}=91.5\text{mm}$。

4）轴段Ⅳ（齿轮）。①直径：轴段Ⅲ-Ⅳ处轴肩是考虑便于齿轮装拆的非定位轴肩，轴肩高度 $h_{\text{III-IV}}=2.5\text{mm}$，该轴段Ⅳ直径 $d_{\text{IV}}=265\text{mm}$。②长度：取小于齿轮宽度 $l_{\text{VI}}=76\text{mm}$。

5）轴段Ⅴ。①直径：齿轮右端采用轴肩定位，轴肩高度 $h>0.07d$，取 $h=6\text{mm}$，则轴段Ⅴ（轴环）处的直径 $d_{\text{V}}=277\text{mm}$。②长度：轴环宽度 $b\geqslant1.4h$，取 $l_{\text{V}}=12\text{mm}$。

6）轴段Ⅵ。①直径：查手册确定 32952 型轴承的安装尺寸，定位轴肩处直径为 $d_{\text{VI}}=260\text{mm}$。②长度：该轴段长度考虑锥齿轮宽度、位置等因素由减速器总体设计确定，取 $l_{\text{VI}}=82\text{mm}$。

7）轴段Ⅶ（右侧滚动轴承）。①直径：同轴承孔径，$d_{\text{VII}}=260\text{mm}$。②长度：同轴承宽度，$l_{\text{VII}}=63.5\text{mm}$。

（5）轴上零件的周向定位与固定　齿轮、半联轴器与轴的周向定位均采用平键连接。按 d_{IV} 由手册查得平键截面 $b\times h=63\text{mm}\times32\text{mm}$，齿轮轮毂与轴的配合为 H7/n6；同理，半联轴器与轴的连接，选用平键为 56mm×32mm，半联轴器与轴的配合为 H7/k6。滚动轴承与轴的周向定位是通过过渡配合的过盈量来保证的，此处选轴的直径尺寸公差为 m6。

2. 轴的强度设计（以截面 B 为例）

计算项目	计算依据	单位	计算结果
1. 轴的力学模型			图 12-18a
2. 轴上外载荷计算 (1)输出轴转矩	$T=9550\times\frac{P}{n}$	N·m	$T=90601.2$

（续）

计算项目	计算依据	单位	计算结果
(2)齿轮圆周力	圆周力 $F_t=\frac{2000T}{d}$	N	$F_t=239605.6$
(3)齿轮径向力	径向力 $F_r=F_t\frac{\tan\alpha_n}{\cos\beta}$	N	$F_r=89124.7$
(4)齿轮轴向力	轴向力 $F_a=F_t\tan\beta$	N	$F_a=50492.8$
3. 轴支反力计算			
(1)水平面支反力	$R_{HA}=R_{HC}=\frac{F_t}{2}$	N	$R_{HA}=R_{HC}=118452.8$
(2)垂直面支反力	$R_{VA}=\frac{F_r\times183-F_a\times\frac{d_2'}{2}}{183+183}$ $R_{VC}=F_r+R_{VA}$	N	$R_{VA}=7603.2$（方向如图） $R_{VC}=96727.9$
4. 弯矩计算及弯矩图			
(1)水平面弯矩及弯矩图	$M_{HB}=R_{HA}\times183$	N · m	图 12-18b $M_{HB}=21676.9$
(2)垂直面弯矩及弯矩图	$M_{VB左}=R_{VA}\times183$ $M_{VB右}=R_{VC}\times183$	N · m	图 12-18c $M_{VB左}=-1391.4$ $M_{VB右}=17701.2$
(3)合成弯矩及弯矩图	$M_{左}=\sqrt{M_{HB左}{}^2+M_{VB左}{}^2}$ $M_{右}=\sqrt{M_{HB右}{}^2+M_{VB右}{}^2}$	N · m	图 12-18d $M_{B左}=21721.5$ $M_{B右}=27986.1$
5. 转矩及转矩图	$T=9550\times\frac{P}{n}$	N · m	图 12-18e $T=90601.2$
6. 当量弯矩及弯矩图			
(1)修正系数	扭转切应力为脉动循环变应力		取 $\alpha=0.6$
(2)轴的抗弯截面系数	$W=0.1d^3$	mm^3	$W=1860962.5$
(3)当量弯矩及弯矩图	$M_{caB左}=M_{B左}$ $M_{caB右}=\sqrt{M_{B右}^2+(\alpha T)^2}$	N · m	图 12-18f $M_{caB左}=21721.5$ $M_{caB右}=61141.7$
7. 轴的弯扭合成强度计算			
(1)危险截面	弯矩、转矩最大截面		选定截面 B
(2)轴的许用应力	查表 12-5	MPa	$[\sigma_{-1b}]=55$
(3)危险截面当量弯曲应力	$\alpha=0.6,\sigma_{caB右}=\frac{\sqrt{M^2+(\alpha T)^2}}{W}$	MPa	$\sigma_{caB右}=33$
8. 轴的疲劳强度计算			
(1)选定危险截面	弯矩较大、直径较小、有应力集中		选定截面 B
(2)抗弯截面系数	$W=0.1d^3$	mm^3	$W=1860962.5$
(3)抗扭截面系数	$W_T=0.2d^3$	mm^3	$W_T=3721925.0$
(4)弯曲应力	$\sigma=\frac{M_{caB右}}{0.1d_B^3}$	MPa	$\sigma=33$
(5)扭转切应力	$\tau=\frac{T}{0.2d_B^3}$	MPa	$\tau=24.3$

（续）

计算项目	计算依据	单位	计算结果
(6)疲劳影响系数			
① 应力集中系数			$k_\sigma \approx 1.65, k_\tau \approx 1.55$
② 尺寸系数	查表 3-2～表 3-4		$\varepsilon_\sigma \approx 0.55, \varepsilon_\tau \approx 0.75$
③ 表面质量系数			$\beta_\tau = \beta_\sigma \approx 0.92$
④ 强化系数	无表面强化处理		取值 $\beta_q = 1$
⑤ 综合影响系数	$K_\sigma = \left(\frac{k_\sigma}{\varepsilon_\sigma} + \frac{1}{\beta_\sigma} - 1\right)\frac{1}{\beta_q}$ $K_\tau = \left(\frac{k_\tau}{\varepsilon_\tau} + \frac{1}{\beta_\tau} - 1\right)\frac{1}{\beta_q}$		$K_\sigma = 3.09, K_\tau = 2.15$
	$\varphi_\tau = \frac{2\tau_{-1} - \tau_0}{\tau_0}$		0.33
(7)弯曲疲劳极限	查表 12-2	MPa	$\sigma_{-1} = 270$ $\tau_{-1} = 157.6$
(8)弯曲安全系数	$S_\sigma = \frac{\sigma_{-1}}{K_\sigma \sigma_a + \varphi_\sigma \sigma_m}$ $\sigma_a = \sigma, \sigma_m = 0$		$S_\sigma = 4.16$
(9)扭转安全系数	$S_\tau = \frac{\tau_{-1}}{K_\tau \tau_a + \varphi_\tau \tau_m}$ $\tau_a = \tau_m = \tau$		$S_\tau = 2.62$
(10)危险截面的计算安全系数	$S_{ca} = \frac{S_\sigma S_\tau}{\sqrt{S_\sigma^2 + S_\tau^2}}$		$S_{ca} = 2.27 > [S] = 1.5$
9. 绘制轴的零件工作图			（略）

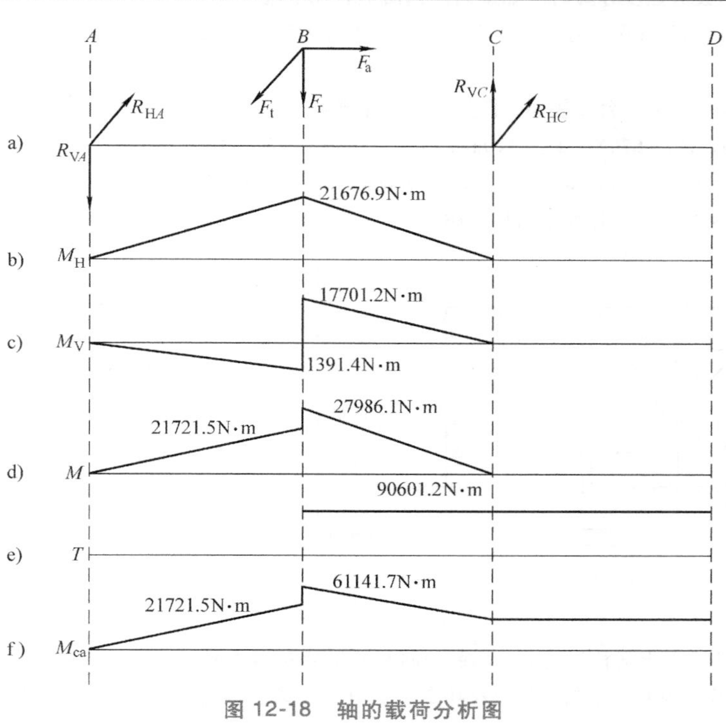

图 12-18 轴的载荷分析图

习　题

12-1　选择与填空题

1）轴上安装有过盈连接零件时，应力集中将发生在轴上__________。

A. 轮毂中间部位　B. 沿轮毂两端部位　C. 距离轮毂端部为 1/3 轮毂长度处

2）某 45 钢轴的刚度不足，可采取__________措施来提高其刚度。

A. 改用 40Cr 钢　B. 淬火处理　C. 增大轴径　D. 增大圆角半径

3）按弯扭合成强度计算轴的应力时，公式中折合系数 α 是考虑__________。

A. 材料抗弯与抗扭的性能不同　B. 弯曲应力和扭转切应力的循环性质不同

C. 强度理论的要求

4）对轴进行表面强化处理，可以提高轴的__________。

A. 静强度　B. 刚度

C. 疲劳强度　D. 耐冲击性能

12-2　分析与思考题

1）何谓转轴、心轴和传动轴？自行车的前轴、中轴、后轴及脚踏板轴分别是什么轴？

2）轴的强度计算方法有哪几种？各适用于何种情况？

3）若轴的强度不足或刚度不足时，可分别采取哪些措施？

4）为什么要进行轴的静强度校核计算？校核计算时为什么不考虑应力集中等因素的影响？

5）什么叫刚性轴？什么叫挠性轴？设计高速运转的轴时，应如何考虑轴的工作转速范围？

6）试说明下面几种轴材料的适用场合：Q235，45，40Cr。

7）何谓轴的临界转速？轴的弯曲振动临界转速大小与哪些因素有关？

8）按弯扭合成强度和按疲劳强度校核轴时，危险截面应如何确定？确定危险截面时考虑的因素有何区别？

9）在进行轴的疲劳强度计算时，如果同一截面上有几个应力集中源，应如何取定应力集中系数？

10）经校核发现轴的疲劳强度不符合要求时，在不增大轴径的条件下，可采取哪些措施来提高轴的疲劳强度？

12-3　图 12-19 所示为一台二级圆锥圆柱齿轮减速器简图，由左端看输入轴为逆时针转动。已知 $F_{t1}=5000\text{N}$，$F_{r1}=1690\text{N}$，$F_{a1}=676\text{N}$，$d_{m1}=120\text{mm}$，$d_{m2}=300\text{mm}$，$F_{t3}=10000\text{N}$，$F_{r3}=3751\text{N}$，$F_{a3}=2493\text{N}$，$d_3=150\text{mm}$，$l_1=l_3=60\text{mm}$，$l_2=120\text{mm}$，$l_4=l_5=l_6=100\text{mm}$。试画出输入轴的计算简图，计算轴的支承反力，画出轴的弯矩图和转矩图，并将计算结果标在图中。

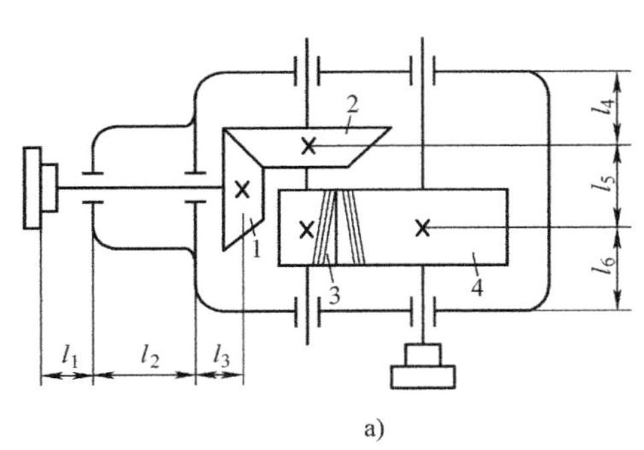

a)

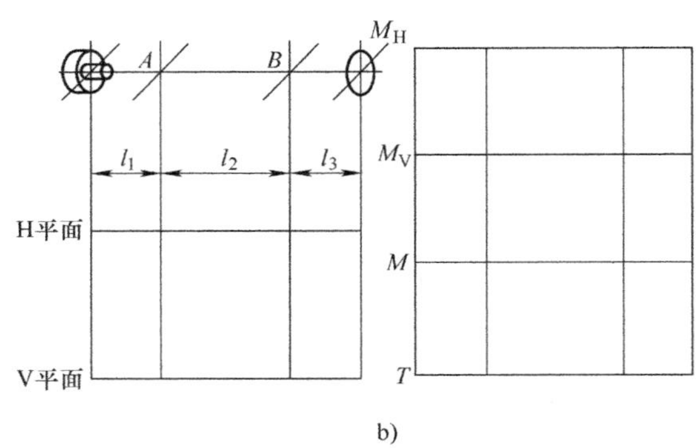

b)

图 12-19　题 12-3 图

12-4　两级展开式斜齿圆柱齿轮减速器的中间轴的尺寸和结构如图 12-20 所示。轴的材料为 45 钢，调质处理，轴单向运转，齿轮与轴均采用 H7/k6 配合，并采用圆头普通平键连接，轴肩处的圆角半径均为 $r=$

1.5mm。若已知轴所受转矩 $T=292\mathrm{N\cdot m}$，轴的弯矩图如图所示。试按弯扭合成理论验算轴上截面Ⅰ和Ⅱ的强度，并精确验算轴的疲劳强度。

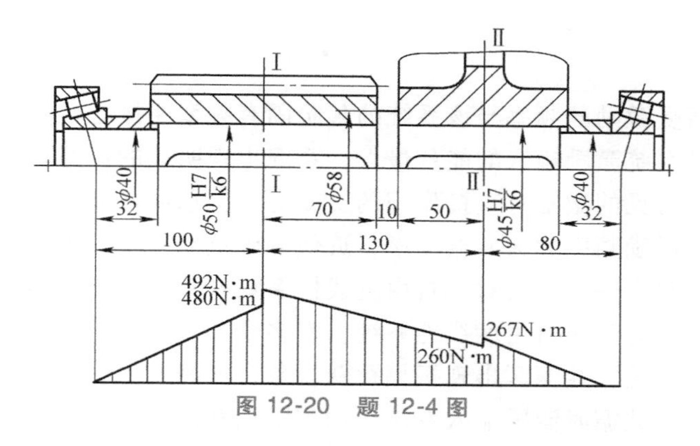

图 12-20 题 12-4 图

12-5 试指出图 12-21 中小锥齿轮轴系中的错误结构，并画出正确结构图。

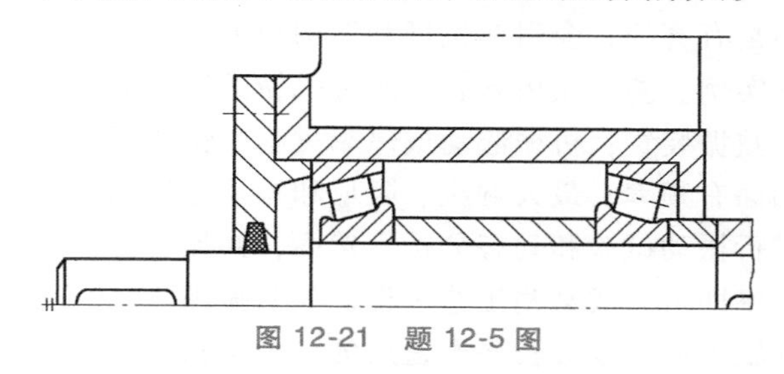

图 12-21 题 12-5 图

12-6 图 12-22 所示为某减速器输出轴的结构图，试指出其设计错误，并画出改正图。

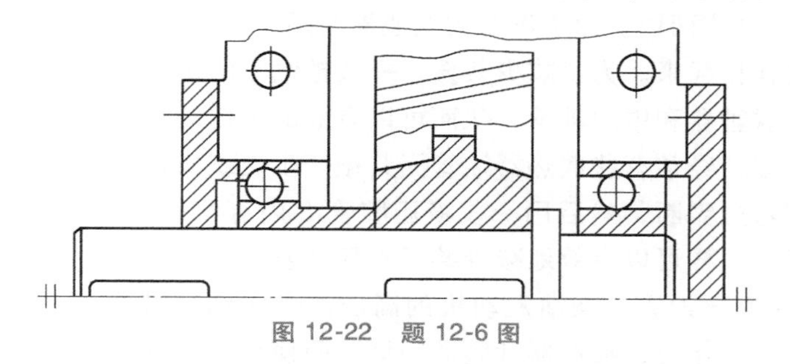

图 12-22 题 12-6 图

12-7 试指出图 12-23 所示轴系零部件结构中的错误，并说明错误原因（轴承采用油脂润滑）。

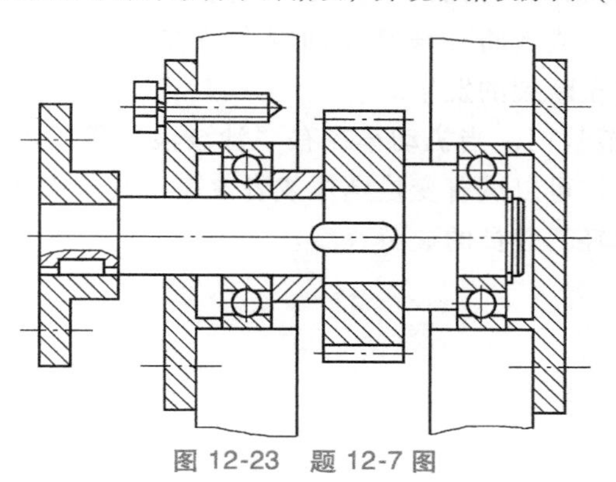

图 12-23 题 12-7 图

知识拓展

共振故事

共振是指系统所受激励的频率与该系统的某阶固有频率相接近时，系统振幅显著增大的现象。共振时，机械系统激励输入的能量最大，系统出现明显的振型。

在机械共振中，常见的激励有直接作用的交变力、支承或地基的振动、旋转件的不平衡惯性力等。共振时的激励频率称为共振频率，近似等于机械系统的固有频率。对于单自由度线性系统，共振频率只有一个。当对单自由度线性系统作频率扫描激励试验时，其幅频响应图上出现一个共振峰。对于多自由度线性系统，有多个共振频率，激励试验时相应出现多个共振峰。对于非线性系统，共振区出现振幅跳跃现象，振峰发生明显变形，并可能出现超谐波共振和次谐波共振。共振时激励输入系统的功与阻尼耗散的功相平衡，共振峰的形状与阻尼密切相关。

在一般情况下共振是有害的，会引起机械和结构很大的变形和变应力，甚至引发破坏性事故，在工程史上不乏实例。防共振措施有：改进机械的结构或改变激励，使机械的固有频率避开激励频率；采用减振装置；机械起动或停车过程中快速通过共振区。另一方面，共振状态包含有机械系统的固有频率、最大响应、阻尼和振型等信息。在振动测试中常人为地再现共振状态，对机械进行振动试验和动态分析。然而，共振也可以是有益的，振动机械利用共振原理，用较小的功率即可完成某些工艺过程，如共振筛等。对汽车来说，其传动轴共振在大多数情况下是传动轴不同心或失去平衡造成的。为了减少汽车零件共振，必须设法提高其“危险转速”的数值，为此，通常可以采取下列技术措施：

1）将长零件设计成两段。由于汽车的变速器与后桥相距较远，因而设计了长长的万向传动装置，将两者连接起来。为了减少共振，一般把汽车的传动轴设计成两段，并且在两段的连接处安装万向联轴器和中间轴承，从而可以有效减少传动轴的长度，减小传动轴发生共振破坏的危害。又如，经常有些散热器油管因共振产生裂纹而漏油，为应对这种情况，可以将散热器油管的拐弯处锯断，然后用一段液压胶管（内有编织钢丝网）把锯断处连接在一起，再用卡箍卡紧，这样可以有效地减少共振破坏的发生。

2）用卡夹固定高压油管。柴油发动机的高压油管又细（外径仅 6mm 左右）又长，安装跨度大。在柴油机工作时，喷油器针阀的频繁开闭使高压油管产生强烈的高频振动，常常造成高压油管两端接头处损坏。为此，不少机型在高压油管的中部设置了卡夹，将高压油管中部固定在邻近的零件上，或者将几根高压油管夹持在一起（如 4125 型柴油机），这样能明显地减少高压油管的共振断裂的发生。

3）适当变换档位或节气门。当机动车在有“沙波浪”等的不良公路上行驶，驾驶员感觉车身振动得难以忍受时，可以试着变换档位或者改变节气门大小，这样往往能减少车辆共振，有利于保护零件和减轻驾驶员的疲劳程度。

第13章 机架类零件

图 13-1 所示为齿轮减速器的箱体，具有机器封闭与支承作用。

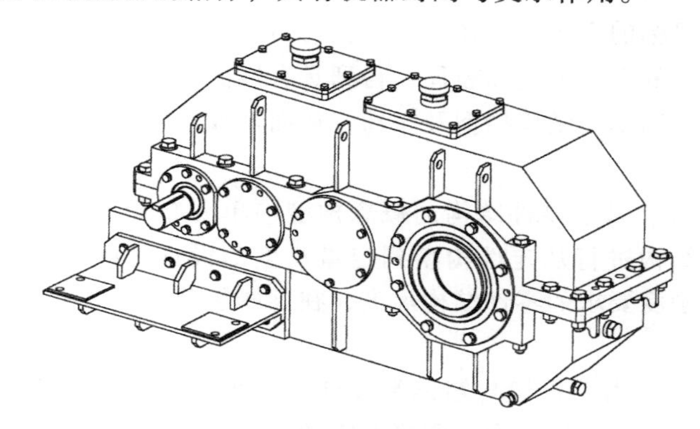

图 13-1　齿轮减速器的箱体

如此复杂结构的零件应如何设计呢？本章将具体介绍机架类零件的设计方法。

13.1　概　　述

机器中支承或容纳其他绝大多数零件的大型主要零件，如底座、机架、箱体、基础板等，称为机架类零件。机架类零件是任何机器必不可少的零件，负责将整机的重量及机器工作时所承受的各种作用力传递给基础，并使机器稳定在基础上，其自身重量约占机器总重量的 70%~90%。因此，机架类零件的轻量化设计是绿色设计的重要内容。

机架类零件设计是在满足功能与性能要求的前提下的结构设计，主要是主体结构构型与内部筋板等结构的分布设计。大多机架类零件由于结构多样且所受工况载荷复杂，因此其性能设计计算较复杂，此外，目前又缺少复杂零件的有效设计方法。传统的机架类零件设计通常是类比设计或设计人员依靠经验进行修改设计。机架类零件的常见结构基本是筋板纵横均匀分布，这种结构不仅使得机架类零件体积与质量大、材料消耗多、成本高，且动态性能差，尤其是运动零件，如机床运动立柱等。因此，传统的复杂零件设计方法已经难以满足零件高性能、轻量化、低成本的设计需求。为此，本章采用编者近年来的研究成果——复杂零件结构设计的概念单元方法设计机架类零件，这种设计方法已在多家企业的机械产品设计中得到应用和推广。

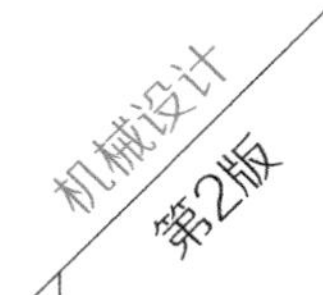

复杂零件结构设计的概念单元方法是基于结构拓扑优化理论与有限元分析软件，结合复杂机械零件的结构与性能设计特点，总结形成的设计计算内容与流程。该方法可以概括为四部分：几何物理模型建立、概念单元设计、强度刚度设计和工艺造型设计。

(1) 几何物理模型建立　依据零件的支承、安装以及辅助操作等功能约束，确定零件的某些几何表面的结构形状和尺寸，将零件内外有占用要求的各部分空间设置为不可变动区域，建立满足零件功能要求的基本几何实体模型；对零件与地基、轴承等位置的其他连接表面，即有传递载荷和位置限制作用的连接面，设置为等效的物理约束方式与载荷作用方式，即构建了零件的几何物理模型。

(2) 概念单元设计　将具有基本几何连接面和最简单的表面形状的零件的几何模型内部充满材料，有几何空间约束或限制的除外；然后，基于结构拓扑优化方法，寻求在载荷和约束作用下满足优化目标的主传力路径，从而获得桁架式结构构型，即概念构型；在此基础上沿传力路径进行材料的合理分配和布局，得到具有性能优良的内部结构，或称基本单元的结构构型及布置方式，即单元结构构型及布局，从而形成零件结构的轻量化骨架，即概念单元设计。

(3) 强度刚度设计　基于零件结构的概念构型与单元布局，以零件结构的强度和刚度要求为依据，对零件结构进行从定性构型到定量尺度的设计，即有限元分析计算和尺度优化，得到满足强度和刚度要求的零件结构尺度，在某些场合下还需要满足热特性、动态特性等要求。

(4) 工艺造型设计　由于机架与箱体类零件结构大而复杂，一般采用铸造和焊接毛坯制造。零件的概念单元结构在满足强度刚度要求的基础上，还需要满足铸造与焊接工艺性的要求，尤其是铸造结构要求的工艺特征多，如筋板最小厚度、相邻筋板厚度比等，因此需要进行工艺设计。同时，机架与箱体类零件的表面形状往往是机器结构的外表主体，因此其还应符合人机工程学和美学，也就是需要对零件结构进行造型设计。

13.2　机架类零件设计要求

13.2.1　机架类零件结构工艺

1. 机架类零件的结构形式

机架类零件因应用场合不同而具有不同的结构形式。常见的结构形式可分为机座（柱）类（如机床床身、主柱及横梁等）、箱体类（如减速器、汽车变速器及机床主轴箱等）、框架类（锻压机机身、汽车车架、桥式起重机桥架等）和板式类（如水压机的基础平台、机床工作台、机器底座等），如图 13-2 所示。

2. 机架类零件的材料

机架类零件的材料需根据机架的工况载荷、性能要求和制造方法等因素进行选用。零件按制造方法主要分为铸造、锻造、螺栓连接、铆接、冲压、轧制和焊接等类型。铸造机架的常用材料为铸铁、铸钢和铝合金等。铸铁的铸造性能好、吸振能力强且价格低廉，广泛用于结构复杂的机架零件；重型机架零件常采用铸钢；机架零件要求重量轻时，常采用铝合金等轻金属。焊接机架具有制造周期短、重量轻和成本低等优点，常在单件、小批量或大型设备中采用。焊接机架常用钢、轻合金型材等材料。目前，一些高精度设备（如加工中心）的机架零件也向采用复合材料方向发展。

3. 机架类零件的工艺

机架的结构类型主要根据功能要求及其制造方法进行确定。

1）铸造机架特点是结构较复杂，有较好的吸振性和机加工性能，常用于成批生产的中小型箱体。

2）焊接机架由钢板、型钢或铸钢件焊接而成。其结构较简单，生产周期较短。焊接机架适用于单件小批量生产及大型箱体。

3）螺栓连接机架和铆接机架适于大型机架零件，也广泛用于需拆卸的场合。

4）其他类型机架，如冲压、轧制、锻造机架。冲压机架适于大批量生产的小型、轻载和结构形状简单的机架。

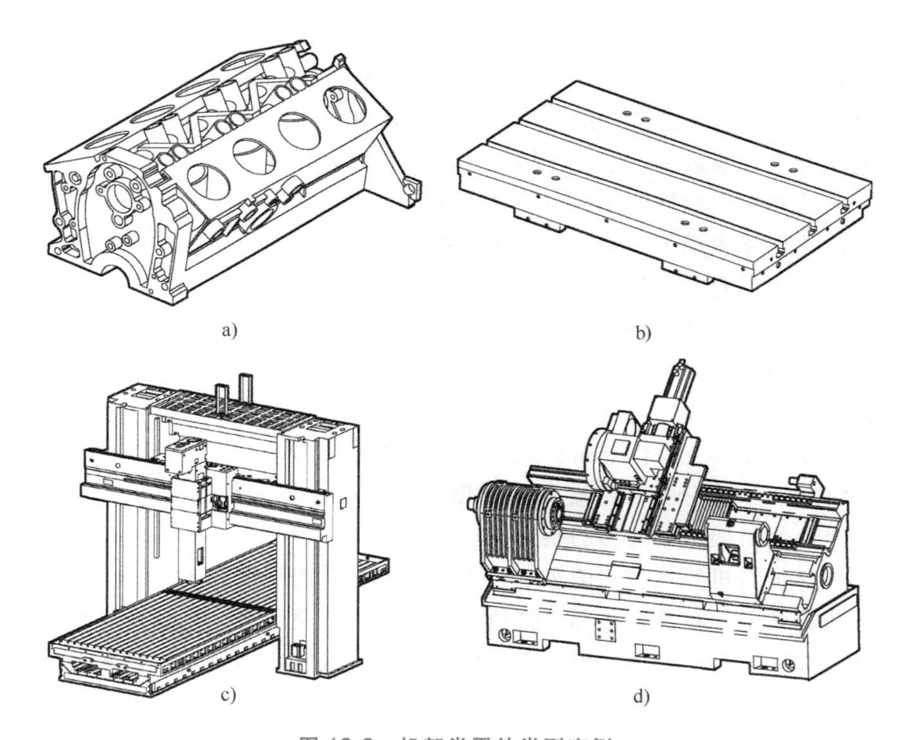

图 13-2 机架类零件类型实例

a）汽车发动机箱体 b）机床工作台 c）加工中心龙门架 d）斜床身车床床身

铸铁机架零件常需进行时效处理。其目的是在不降低铸铁力学性能的前提下，消除铸铁的内应力和机械加工的切削应力，从而减少零件使用中的变形，使其具有良好的几何精度保持性。

铸钢件一般都要经过正火加回火、退火等热处理，热处理的目的是消除铸造内应力和改善力学性能。结构较复杂、力学性能要求较高的机架多采用正火加回火；形状简单的机架采用退火；表面粘砂严重、不易清砂的铸钢机架则可用高温均匀化退火。

在机械零件设计过程中综合考虑制造工艺、装配工艺和维修等方面的工艺性问题。机械

零件的工艺性问题体现在其结构上，故又称为结构工艺性。良好的结构工艺性是指零件结构在现有工艺条件下既能方便制造，又有较低的制造成本。结构工艺性问题覆盖材料选用、毛坯生产、机械加工、热处理、装配等各阶段。

13.2.2 机架类零件性能设计要求

机架类零件大多受载状态复杂。典型的外载荷有连接面处的压力或拉力、弯曲力矩和扭转力矩。其主要失效形式为过大的弹性变形、断裂和失稳。

机架类零件的性能在很大程度上影响机器的整体性能，如整机工作精度、刚度。机器性能常以静态性能、动态性能和热特性进行描述。机械零件静态性能是用来描述零件在静载荷作用下抵抗过量塑性变形或断裂、过大的弹性变形及失稳等失效的能力，评价标准有强度、静刚度和稳定性。零件稳定性描述了细长或薄壁零件受弯曲和压力时抵抗失稳的能力。强度、静刚度考察的主要力学参数为应力、应变和位移。刚度（强度）根据零件的应力类型又分为弯曲刚度（强度）和扭转刚度（强度）。前者零件承受弯曲应力，后者为扭转应力。

机架类零件的动态性能包括固有特性和动态响应特性。机械结构固有特性由自身的质量和刚度分布决定，并决定了结构对动载荷的响应。用来描述结构固有特性的主要影响参数为固有频率和振型等模态参数及动刚度。结构的动态响应分析用来计算零件在动载荷作用下的各种响应特性，这些响应包括位移响应、速度响应、加速度响应以及动应变和动应力等。

机械零件的热性能表现了零件的热传导性能。热力分析即获得零件在热边界条件下的温度分布，进而求出由于温度变化引起的热应力和热变形。

机架类零件性能设计准则即要求零件在给定工况和功能需求的前提下，具有足够的刚度、强度及良好的稳定性。

1. 刚度

机架类零件刚度是其主要性能指标之一。机架类零件的刚度准则是其最大弹性变形 y 小于许用值：$y \leqslant [y]$。刚度分为静刚度和动刚度。静刚度表现为静态载荷下零件抵抗变形的能力。动刚度是衡量机架抗振能力的指标。

机架类零件刚度对机器系统刚度影响较大，如机床系统刚度影响其加工零件的精度。在加工过程中，机床各部件在其自重和工件质量、切削力、驱动力、惯性力、摩擦阻力等作用下将发生变形，如支承件的弯曲变形、零件间结合面的接触变形等。这些变形都会直接和间接地改变刀具与工件的绝对位移，从而改变刀具和工件间原有准确的相对位置，影响机床的加工精度。

提高静刚度和动刚度的途径有：合理设计机架零件的结构、截面形状和尺寸，合理选择壁厚及布置肋板，注意机架的整体刚度和局部刚度以及结合面刚度的匹配等。

2. 强度

机架类零件强度准则是其危险截面的最大应力小于许用值：$\sigma \leqslant [\sigma]$。强度是评定重载机架类零件工作性能的基本指标。机架类零件一般受载状态复杂，其工作应力可能是静应力或交变应力；应力类型也可能是弯曲应力、拉应力、压应力或切应力等。因此，机架类零件的强度应根据机器在运转过程中所承受的最大载荷的大小及类型，确定危险截面的应力类型和大小，从而进行强度设计。

3. 稳定性

受压结构及受弯结构的机架类零件均存在失稳问题，某些板壳结构也存在局部失稳。稳定性用以描述失稳问题，是保证机架正常工作的基本条件，在设计时必须加以校核。

机架类零件除应满足功能和性能要求外，同时还需具有加工及装配工艺性好、相对运动表面的耐磨性高、重量轻和经济性好等特点。

13.3 机架类零件结构与性能设计

13.3.1 几何物理模型建立

机架类零件的几何物理模型是满足功能要求并表征载荷和约束类型、方向和大小属性特征的模型，简称几何物理模型。机械零件的几何物理模型设计主要包括零件基本几何实体模型设计、施加载荷和约束条件两部分，是零件结构设计的基础。

1. 基本几何实体模型

机架类零件的基本几何实体模型是根据零件主要功能结构的（连接面）几何形状、大小和位置，忽略细节结构，利用三维造型软件建立的基本几何模型。

机架类零件的基本几何模型的形状和尺寸大小，取决于其各个功能连接面的大小和位置分布与运动情况，以及安装在其内部或外部的零部件形状、尺寸。零件基本实体模型的构建过程分解为下述三方面：首先，依据零件主要功能确定其主体结构形状和子功能结构的简单形体，一般为简单几何形体，如圆柱体、长方体等（包括内部空心结构），各个连接面形状与结构取决于实际连接结构设计；其次，将主体结构和子功能结构进行组合，从而获得基本实体模型；然后，根据机器相关参数、邻接零件的运动空间或载荷作用位置等确定零件主体结构形状的主要尺寸，图 13-3 所示为加工中心立柱的基本几何实体模型。

2. 载荷与约束

机架类零件的载荷主要是支承结构所受的外载荷，包括机架类零件上的设备质量、机架类零件自身质量、设备运转的动载荷等。对于高架结构，还要考虑风载、雪载和地震载荷。载荷属性包括类型、方向、大小及空间位置。一般机器常具有多种复杂工况，常选用最危险工况或同时加载几种典型工况作为计算工况，并给定合理的工况权重系数。一般提取分布较多的载荷工况作为典型工况，即以零件在一段工作时间内的载荷谱，建立统计学模型作为典型工况。危险工况则是通过分析，确定影响零件性能的最危险工况。零件的载荷是在确定的工况下通过建立力学模型进行求解，最终确定的作用域。

机架类零件的约束是指与邻接零部件间的约束关系和属性。机器是由多个零部件依据一定规则装配构成的。因此，以单一零部件作为独立研究对象时，还必须考虑与其邻接零件的相互作用的约束。零件的约束类型由零件的连接、安装等确定的约束类型、自由度决定。在利用有限元技术进行零件的结构性能分析和设计时，需要将约束转化为有限元的边界条件，并确定约束的等效模型，常用的约束等效模型有位移等效、弹簧单元等效和接触单元等效。若忽略固定连接结合面变形（如焊接），可采用简单的位移全约束；螺栓连接可采用弹簧单元等效模型；若关注零件间结合面特性的动连接，可采用接触单元等效模型。

3. 几何物理模型建立

零件的几何物理模型建立过程包括：①对基本实体模型划分设计域和非设计域；②划分有限元分析的网格；③施加载荷和约束。

设计域是指基本实体模型中结构形状和尺寸均可以变动的部分，是结构拓扑优化设计的对象。非设计域是指由于安装和装配等需求，优化过程中不能变动的部分。图 13-4 给出了加工中心立柱的设计域与非设计域。图 13-5 所示为加工中心立柱的有限元网格划分结果，图 13-6 所示为加工中心立柱的几何物理模型。

综上所述，机架类零件的几何物理模型是在其基本实体模型的基础上确定设计域和非设计域、划分网格、施加载荷和约束条件，完成有限元分析设计而确定的几何物理模型。

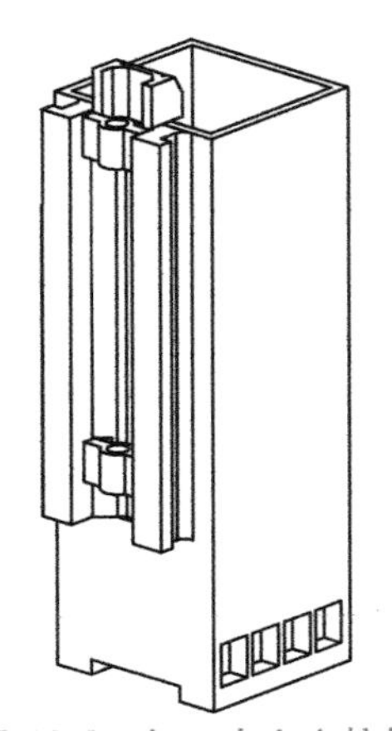

图 13-3 加工中心立柱的基本几何实体模型

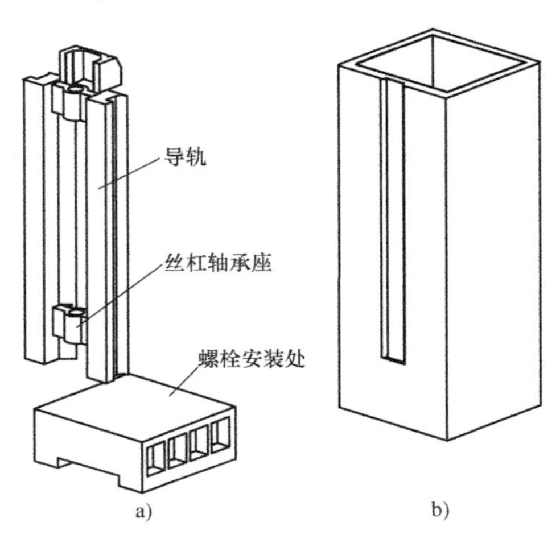

图 13-4 加工中心立柱的设计域和非设计域
a）非设计域 b）设计域

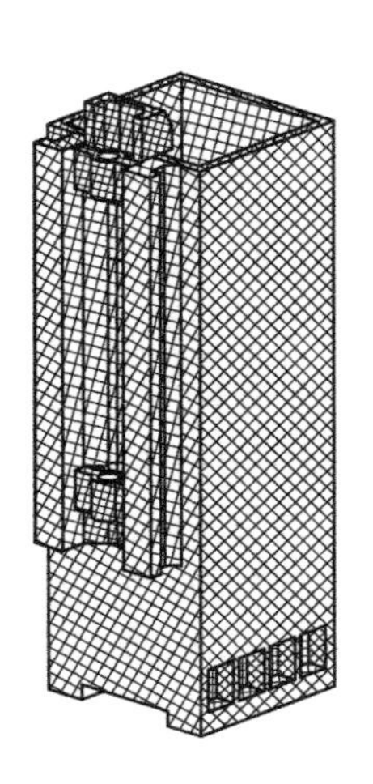

图 13-5 加工中心立柱的有限元网格划分结果

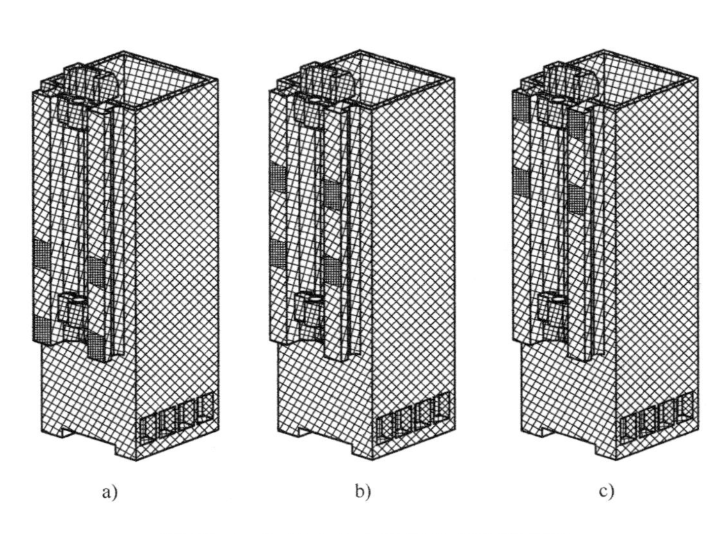

图 13-6 加工中心立柱的几何物理模型
a）工况-1：下极限位置 b）工况-2：中间位置
c）工况-3：上极限位置

13.3.2 概念单元设计

机架类零件的概念单元设计主要有零件结构拓扑优化模型、零件结构概念构型设计、零件结构单元设计三部分，具体阐述如下。

1. 零件结构拓扑优化模型

机架类零件结构拓扑优化模型建立包括目标函数、约束条件、优化变量和优化求解四部分。

（1）目标函数　一般有三类目标函数，即零件结构柔度最小（刚度最大）、零件最小基频最大、零件最小柔度和最小基频最大混合三类目标函数。目标函数应依据零件的应用场合要求选取。

（2）约束条件　主要有性能约束、质量约束、制造工艺约束等，如结构对称性或局部的结构相似性，铸造零件的最大壁厚和最小壁厚、脱模路径与空间，焊接件的材料横截面一致性等。约束条件依据零件的材料与工艺选取。

（3）优化变量　常采用有限元单元密度作为拓扑优化的优化变量。

（4）优化求解　采用有限元软件的求解器求解。

机架类零件在不同工况下，有不同的载荷和约束，因而得到不同的求解结果。每一种结果都体现一种结构构型，图 13-7a～c 是立柱在三种工况下的求解结果，图 13-7d 是立柱综合三种工况的优化结果。

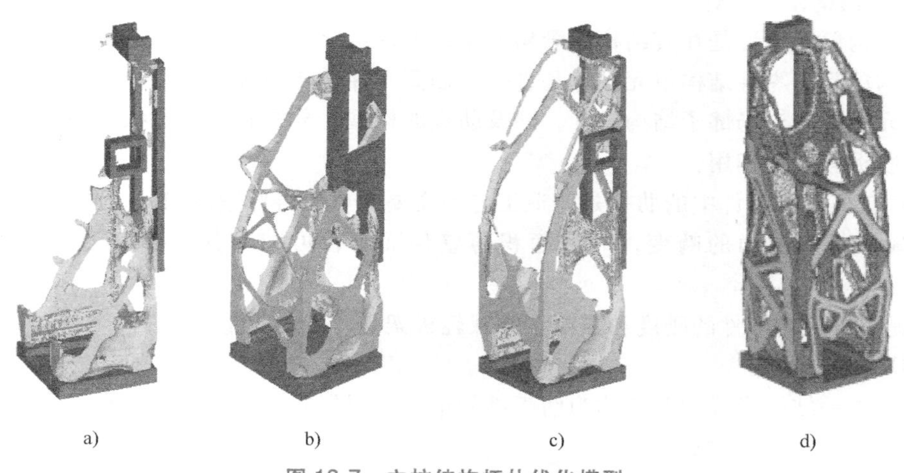

a)　b)　c)　d)

图 13-7　立柱结构拓扑优化模型

2. 零件结构概念构型设计

零件结构概念构型是兼顾多工况的结构拓扑结果，所获得的主体桁架结构，包含主体结构材料分布、壁板与截面形状。图 13-8 所示为立柱结构概念构型。

机架类零件主体结构中常用的截面形状有圆形、工字形和矩形；圆形和矩形截面有实心和中空两类。在截面面积相同的情况下，各截面形状的弯曲和扭转刚度和强度性能不同。不同截面的性能特性如下。

1）圆形截面。扭转性能较高，弯曲性能较低，宜用于受转矩为主的机架类零件。

2）工字形截面。弯曲性能最高，扭转性能很低，宜用于弯曲为主的机架类零件。

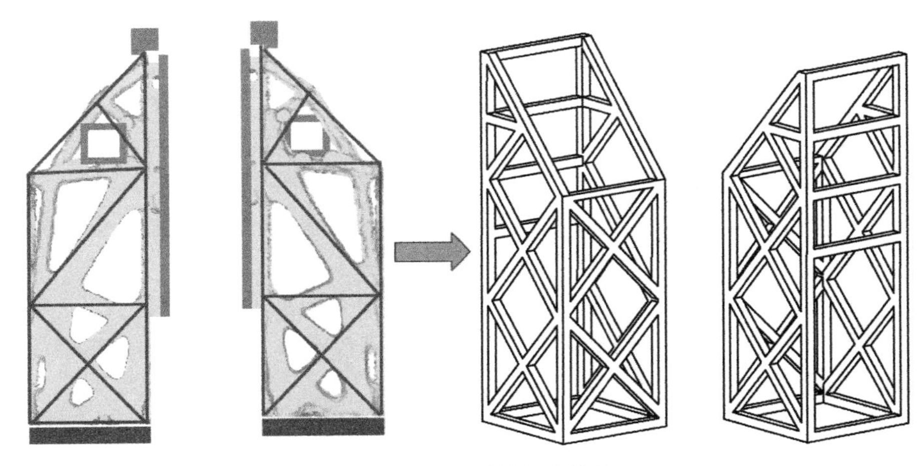

图 13-8　立柱结构概念构型

3）矩形截面。弯曲和扭转性能分别低于工字形和圆形截面的性能，但其综合性能较好。

4）各种形状截面的封闭空心截面性能比实心截面的性能高。

5）加大外轮廓尺寸，使材料远离中性轴，可提高截面弯曲和扭转性能。

6）封闭截面比非封闭截面的弯曲和扭转性能高得多。

3. 零件结构单元设计

零件结构单元设计是在其结构概念构型基础上，结合零件的材料与毛坯制造方式，构造的零件结构单元。零件结构单元设计是进一步提高零件性能的次一级结构设计。机架类零件的结构单元设计属于局部子结构设计，涉及肋板的构型、分布和截面形状等的设计。在机架类零件中肋板有如下作用：

1）铸造机架类零件中的肋板是铸造工艺的需要，可使铸件壁厚均匀，防止铸造缺陷。

2）减小薄壁截面的畸变，对大面积薄壁件而言，可减小其局部变形、薄壁振动和噪声。

3）提高机架类零件的刚度和强度，并减轻机架类零件的重量。

4）具有散热作用。

本书将单一结构形式的肋板称为肋板结构单元。根据制造工艺性不同来分类，工程上常用的肋板单元的结构形式见表 13-1。

表 13-1　肋板单元的结构形式

单元名称	单元模型	单元名称	单元模型
太阳型		V 字型	
十字型		米字型	

（续）

单元名称	单元模型	单元名称	单元模型
斜N型		菱形	

机架类零件的肋板可由单一肋板单元构成。大型机架零件的肋板单元常由按一定规则排列的多个单元组合所构成。肋板布置原则是：传递局部载荷并使邻接各壁板承载均匀，提高机架的刚度和强度；减少薄壁件的畸变和振动；肋板的变形与邻接零件相匹配，如轴承座孔变形适应被支承的轴系变形。肋板单元可基于材料分布和单元结构形式，采用简单的平行、垂直、倾斜等排列方式进行布置。

立柱结构单元及组合如图13-9所示，立柱内部结构单元如图13-10所示。

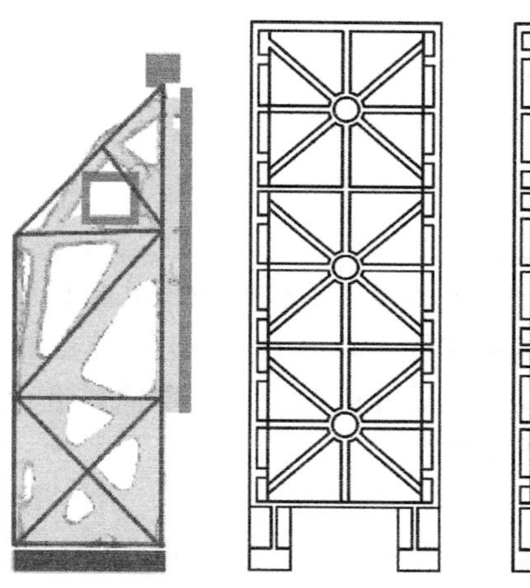

图13-9　立柱结构单元及组合

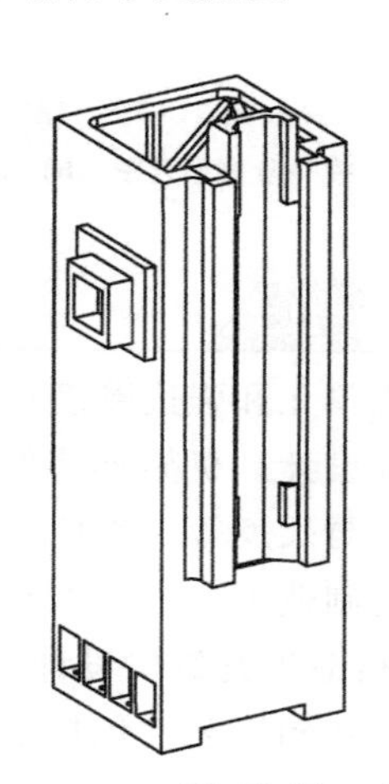

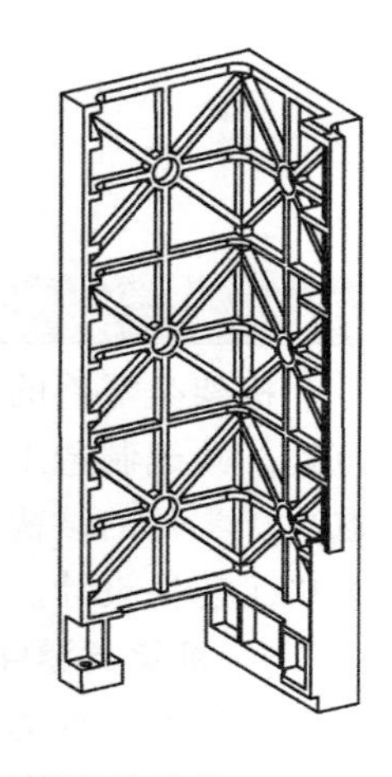

图13-10　立柱内部结构单元

13.3.3　强度与刚度设计

机架类零件的强度和刚度设计准则分别为：$\sigma \leq [\sigma]$ 和 $y \leq [y]$ 。由于机架类零件的结构一般较复杂，因此其变形和应力的定量分析需依赖于有限元分析技术及软件完成。可以依据分析结果进一步改进零件结构方案，从而获得更好的零件强度和刚度性能。图13-11是利用

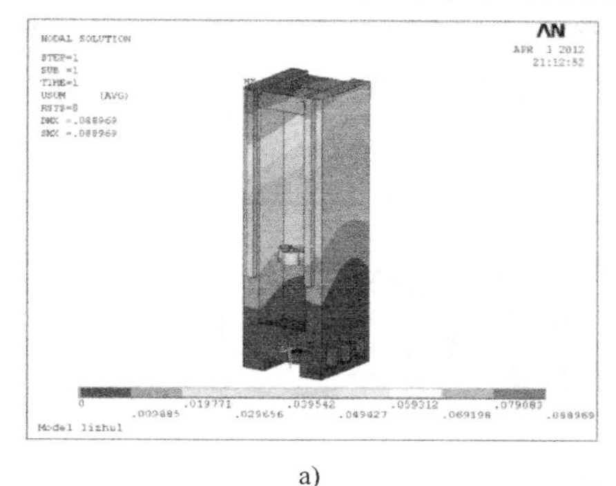

a)

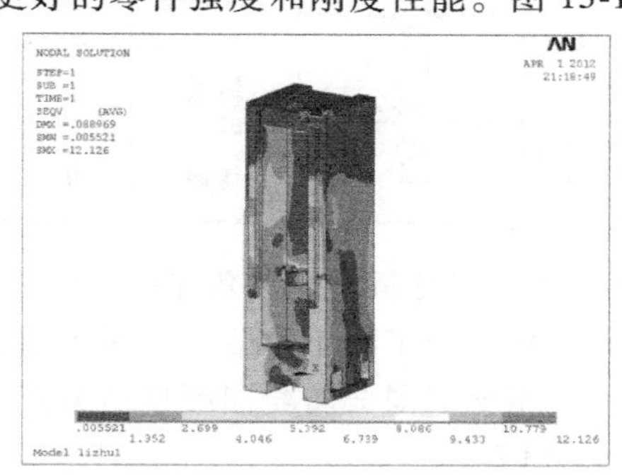

b)

图13-11　立柱的位移云图和应力云图

a）立柱位移云图　b）立柱应力云图

有限元软件分析获得的立柱的位移云图和应力云图。立柱动态性能的模态分析结果如图 13-12 所示，立柱前两阶振型分别为沿着 Y 轴摆动和沿着 X 轴摆动，第三阶振型为立柱绕 Z 轴的转动。

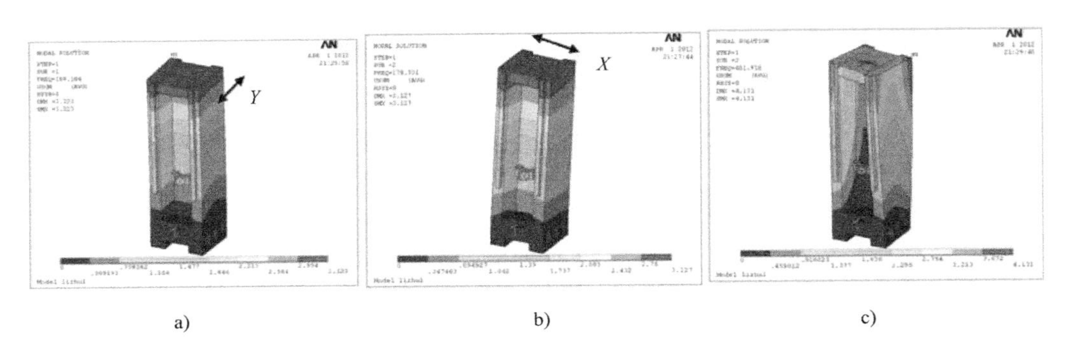

图 13-12 立柱动态性能的模态分析结果

a）立柱一阶振型云图 b）立柱二阶振型云图 c）立柱三阶振型云图

13.3.4 工艺造型设计

机架类零件的概念单元和强度刚度设计虽然考虑了部分工艺因素，但仍然属于几何构型范畴，缺乏制造工艺性设计。机架类零件结构复杂，特别是从零件毛坯的制造工艺性开始就取决于零件的结构形状与尺度等，因此，在概念单元和强度刚度设计的基础上，零件需进行结构工艺性设计。其他制造工艺性参阅相关课程，在此不再论述。

1. 机架类零件的铸造工艺结构设计

机架类零件的铸造结构工艺性包括最大和最小壁厚、脱模路径与空间、结构单元等，其设计内容已在概念单元设计中考虑。在此为避免铸造缺陷和应力集中，主要关注壁板、肋板连接处的结构与尺度。具体应注意以下几个方面。

1）铸件的结构圆角。铸件的壁与壁连接处均应设计结构圆角，见表 13-2。一般铸造内圆角的大小与铸件壁厚相适应，以使转角处内接圆的直径小于相邻壁厚的 1.5 倍。

表 13-2 铸造内圆角半径 R 值 （单位：mm）

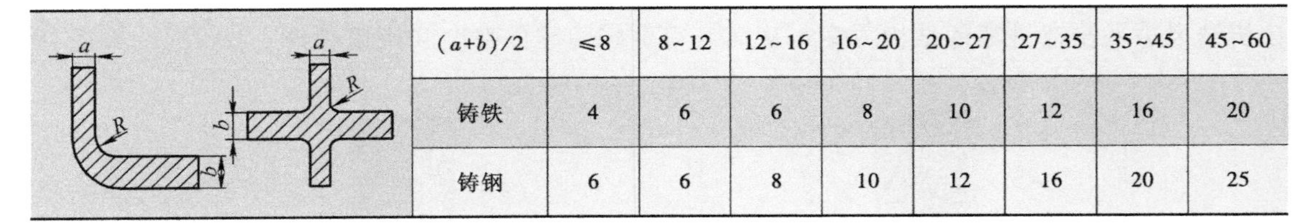

	$(a+b)/2$	≤8	8~12	12~16	16~20	20~27	27~35	35~45	45~60
	铸铁	4	6	6	8	10	12	16	20
	铸钢	6	6	8	10	12	16	20	25

2）铸件壁与壁之间避免锐角连接。铸件壁与壁之间避免锐角连接是为了减小热节（一种铸造过程中产生的热效应，指比周围金属凝固缓慢的节点）和内应力，如图 13-13 所示。

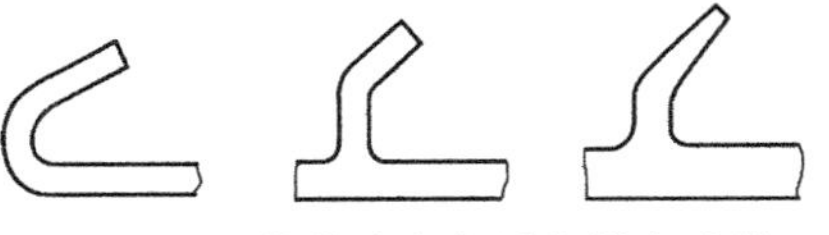

图 13-13 铸件壁之间避免锐角连接

3）铸件的厚壁与薄壁连接。铸件的厚壁与薄壁连接应逐步过渡，以防止应力集中，如图 13-14 所示。

4）铸件壁与壁之间应避免交叉。中、小型铸件壁与壁的连接，应设计成交错接头；大型铸件可采用环状接头，如图 13-15 所示。

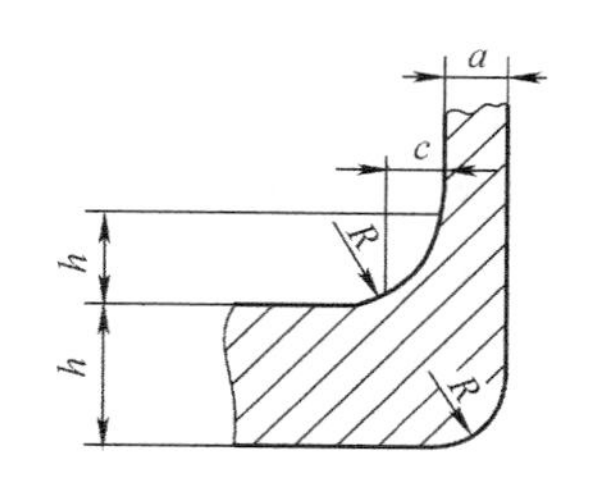

图 13-14　铸件壁过渡结构

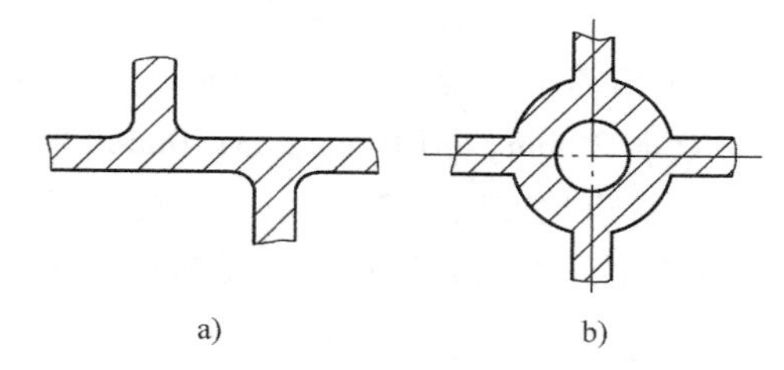

图 13-15　铸件壁或肋的连接形式

a）交错接头　b）环状接头

2. 机架类零件的焊接工艺结构设计

焊接工艺结构设计主要考虑焊缝的布置、数量，应避免过大的应力集中并具有可操作性。具体应注意以下几个方面。

1）足够的焊接操作空间。焊缝布置应考虑留有足够的焊接操作空间，以便于施焊和检验。设计封闭容器时，要留工艺孔，如人孔、检验孔和通气孔。

2）焊缝尽量避开工作应力较大和易产生应力集中的部位。焊缝设计应避开结构最大应力处、结构拐角处，如图 13-16 所示；压力容器一般不用无折边封头，而采用蝶形封头和球形封头。

3）应避免母材厚度方向工作时受拉。其原因是母材厚度方向强度较低，受拉时易产生裂纹。

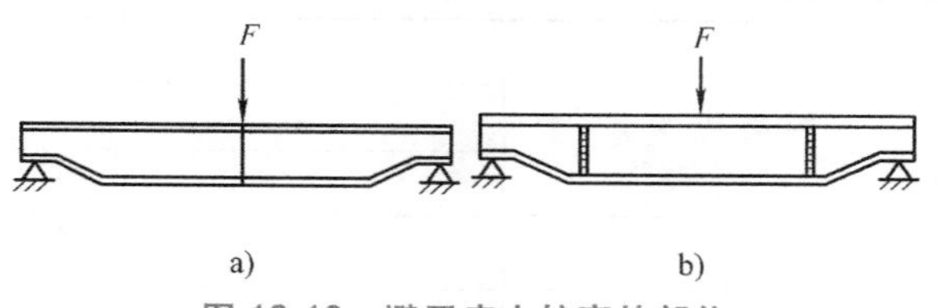

图 13-16　避开应力较高的部位

a）不合理　b）合理

4）应尽量使焊缝避开或远离机加工面。焊缝应远离机加工面，尤其是已加工面，以免影响焊件精度和表面质量，如图 13-17 所示。

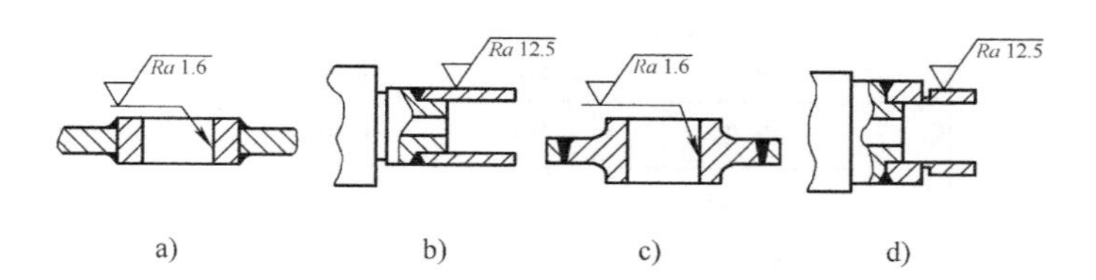

图 13-17　避开机加工面

a)、b）不合理结构　c)、d）合理结构

13.4　工程设计实例

本节以减速器箱体的结构设计为实例，介绍机架类零件的设计过程。

1. 设计任务

设计三级圆柱齿轮减速器箱体（箱体与箱盖）。其功能要求为支承并包容三级齿轮副。

2. 已知条件

该减速器要求采用空心轴悬挂式安装，轴承采用双支点单向固定，如图 13-18 所示。齿轮减速器的轴 Ⅰ 为输入轴，轴Ⅳ为输出轴。输入功率为 65.95kW；输出轴转速为 1000r/min；三级齿轮传动中心距分别为 170mm、236mm、335mm；轴 Ⅰ 、Ⅱ 、Ⅲ与Ⅳ对应的轴承座孔径分别为 ϕ120mm，ϕ140mm、ϕ180mm 和 ϕ278mm；轴承座厚度为 55mm；减速箱内部宽度为 260mm；齿轮 G1、G2、G4、G6 的分度圆直径分别为 ϕ75mm、ϕ279mm、ϕ381mm、ϕ537mm；齿轮箱的工况分为正转和反转两个工况，相应载荷见表 13-3 与表 13-4。

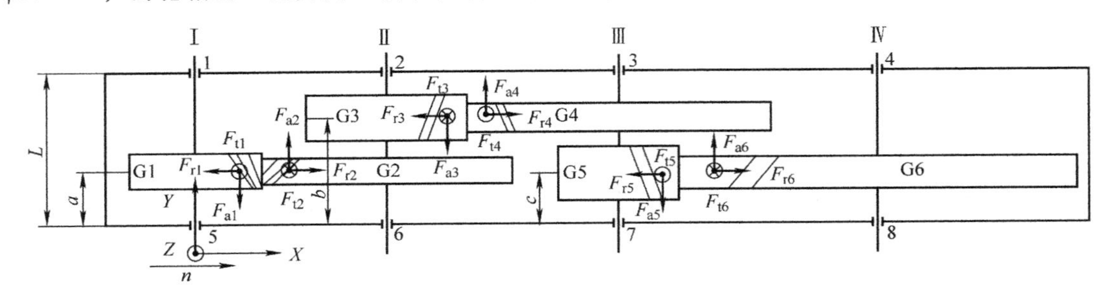

图 13-18　三级展开式圆柱齿轮减速器结构简图

表 13-3　三级圆柱齿轮减速器正转工况箱体载荷

轴承序号	三级圆柱齿轮减速器正转工况		
	上端面轴承		
	X/kN	Y/kN	Z/kN
1	-2.01	0	6.64
2	-7.87	0	-43.94
3	12.43	0	75.41
4	42.62	9.5673	-12.95
	下端面轴承		
5	-4.89	-3.938	11.89
6	19.24	-6.492	-23.66
7	-38.90	-1.5121	93.87
8	21.10	-7.0122	-103.10

表 13-4　三级圆柱齿轮减速器反转工况箱体载荷

轴承序号	三级圆柱齿轮减速器反转工况		
	上端面轴承		
	X/kN	Y/kN	Z/kN
1	-2.93	3.938	-6.64
2	-15.02	6.492	43.94
3	-12.76	1.5121	-75.41
4	-29.15	110.71	23.25

（续）

轴承序号	三级圆柱齿轮减速器反转工况		
	下端面轴承		
	X/kN	Y/kN	Z/kN
5	-3.96	0	-11.89
6	3.65	0	23.66
7	-13.71	0	-93.87
8	73.88	-85.16	101.13

3. 减速器箱体设计

按照机架类零件结构的概念单元设计方法，减速器箱体设计包括几何物理模型建立、概念单元设计、强度刚度设计和工艺造型设计，具体设计过程如下：

（1）建立减速器箱体几何物理模型

1）建立基本实体模型。依据减速器已知几何尺寸（轮廓尺寸、轴承安装孔的大小以及中心距、箱体内部齿轮安装空间的大小等）建立其基本实体模型，如图 13-19 所示。

2）划分网格。模型的网格划分是将上述基本实体模型导入到有限元分析软件中，对结构拓扑优化的设计域进行网格划分（非设计域如图 13-20 中轴承座孔周边环形实体区域）。为了获取较好的网格质量，采用分块网格划分方法。齿轮箱有限元网格划分如图 13-20 所示。

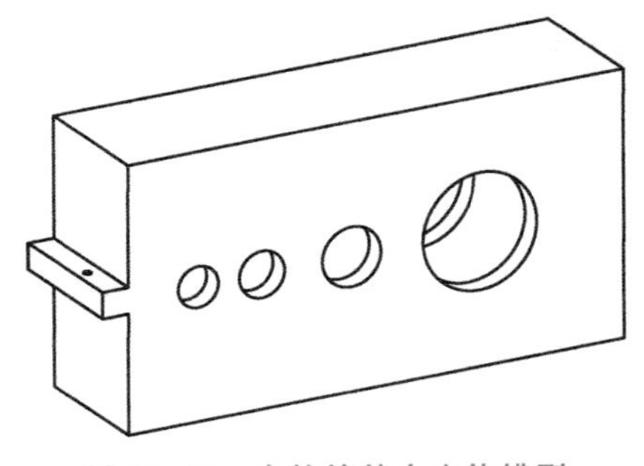

图 13-19　齿轮箱基本实体模型

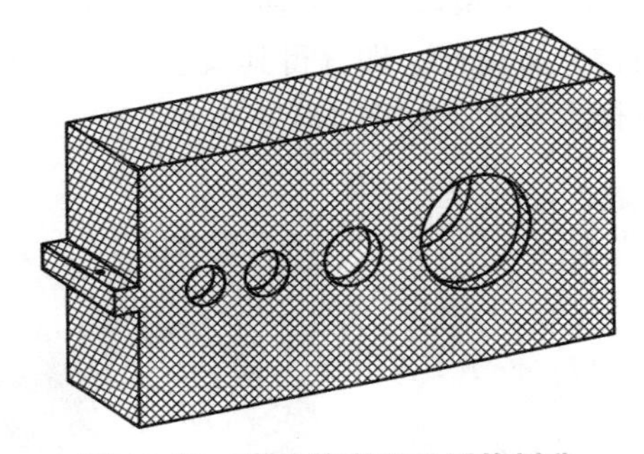

图 13-20　齿轮箱有限元网格划分

3）确定约束等效模型。轴承与箱体轴承座的约束等效模型选择接触单元或弹簧单元。将输出轴与空心轴表面、轴承座孔内表面对应硬点（几何体网格划分中用来控制局部位置必须生成节点的特殊点）位置处的节点，选为弹簧单元。轴承外圈外表面和箱体轴承座孔内表面建立接触单元，形成接触单元对。经上述操作得到接触单元和弹簧单元如图 13-21 所示。

4）施加载荷与约束。在轴承座孔内表面与轴承外圈外表面建立接触以后，将轴承外圈的内环面耦合到中心一点，并在中心点施加各个方向的载荷，如图 13-22 所示。

（2）概念单元设计

1）结构拓扑优化设计。结构拓扑优化的目标函数为加权应变能最小；约束为箱体质量最小（设体积因数上限为 0.3）；优化后的最小成员尺寸为所划网格平均大小的 2 倍，最大成员尺寸为所划网格平均尺寸的 6 倍；采用脱模工艺约束和对称约束；设计变量为单元密度。箱体结构拓扑优化后的密度云图如图 13-23 所示。

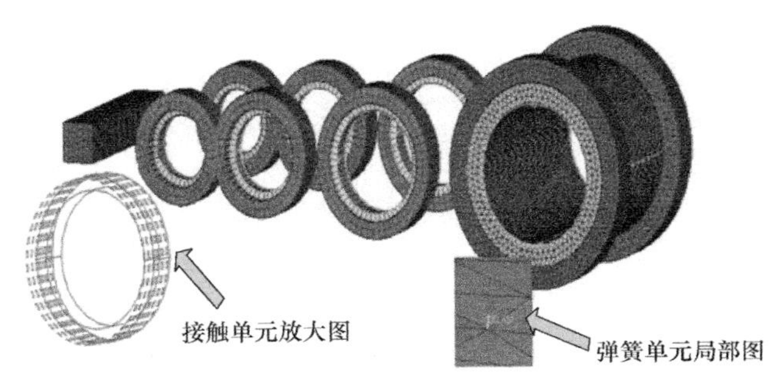

图 13-21　接触单元和弹簧单元示意图

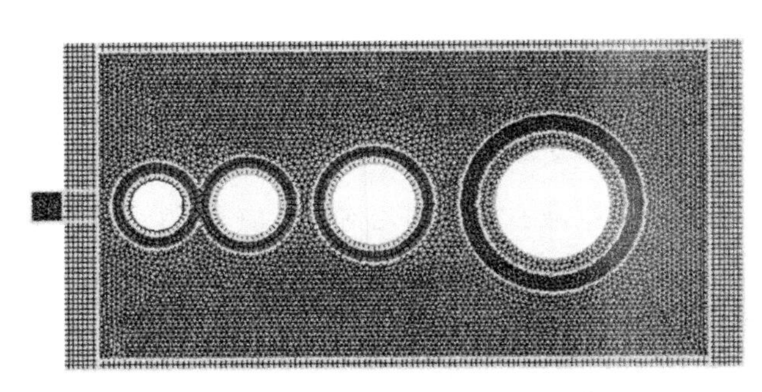

图 13-22　齿轮箱工况载荷施加示意图

2）概念构型设计。箱体的密度云图给出了其主传力路径，结合强度、刚度以及工艺性进行结构方案设计，即获得其概念构型。利用三维绘图软件（如 Pro/E、UG 等），绘制减速器箱体概念构型，如图 13-24 所示。

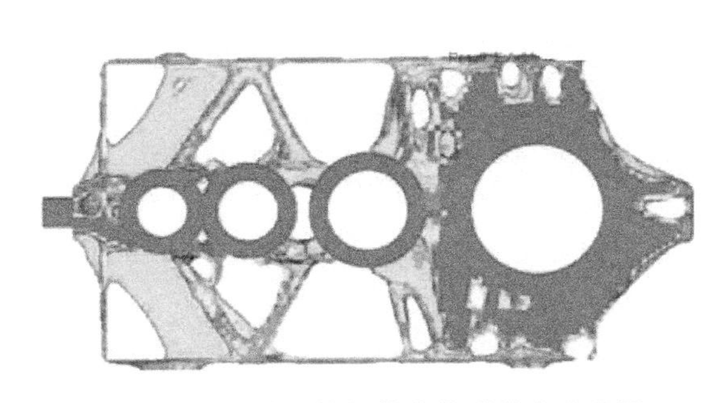

图 13-23　箱体结构拓扑优化后的密度云图

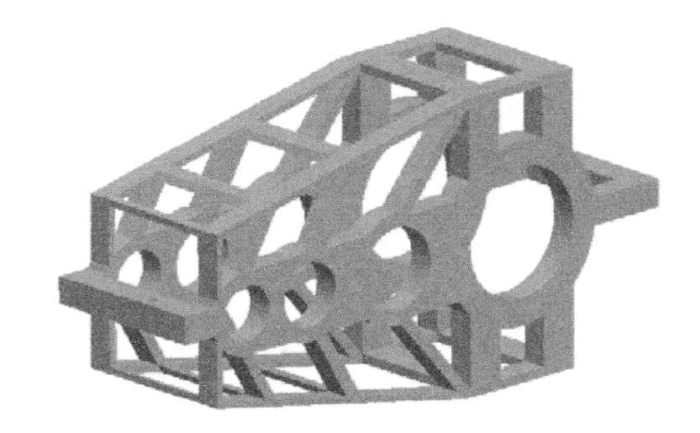

图 13-24　箱体概念构型

（3）强度与刚度设计

1）概念构型强度与刚度分析。将箱体概念构型（图 13-24）导入到有限元分析软件中，施加正转与反转工况载荷（表 13-3 和表 13-4），进行静力计算，得到箱体的应力云图和位移云图，如图 13-25 所示。

有限元静力分析结果表明，箱体概念构型的应力主要集中在输出轴轴承座附近，最大应力 $\sigma_{max}=48.7\text{MPa}\leqslant[\sigma]$；中间轴轴承座附近变形较大，最大位移 $y_{max}=0.09\text{mm}\leqslant[y]$，故满足刚度与强度要求。

2）箱体整体性能计算。进一步完成箱体的肋板和壁板等结构设计，获得其实体结构。

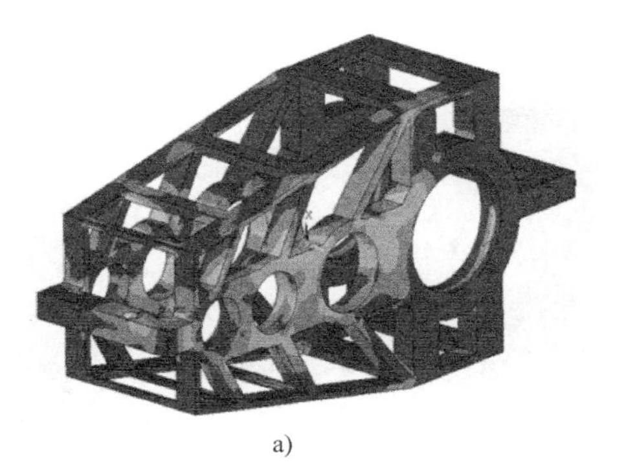

a)

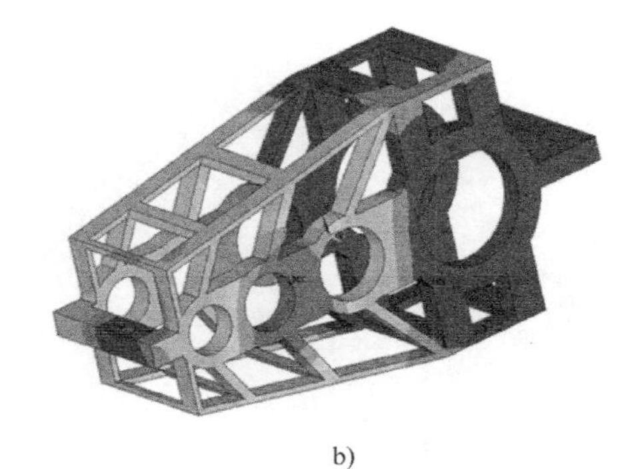

b)

图 13-25　概念构型应力云图和位移云图

a) 应力云图　b) 位移云图

将箱体的实体结构模型导入到有限元软件中进行静力计算，得到箱体的应力云图与位移云图，如图 13-26 所示。

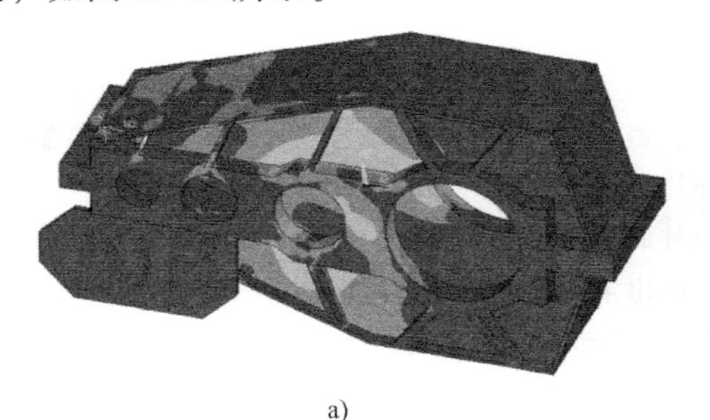

a)

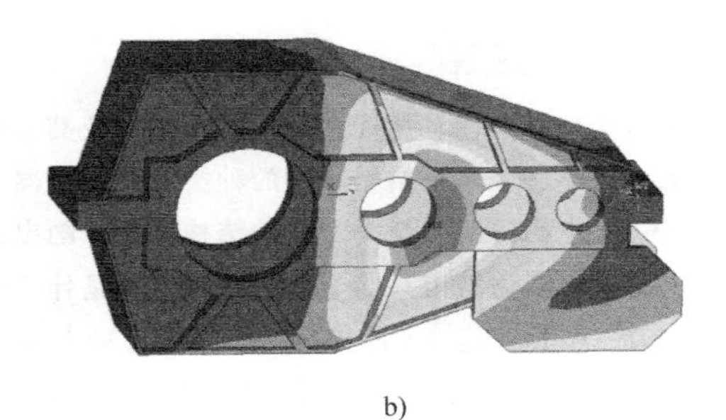

b)

图 13-26　箱体整体应力云图和位移云图

a) 应力云图　b) 位移云图

箱体整体的有限元静力分析结果显示，箱体在正转工况下的最大应力为 38.3MPa，在反转工况下的最大应力值为 41.5MPa，最大应力降低了 47%；在正转工况下最大位移为 0.07mm，在反转工况下最大位移为 0.07mm，最大位移降低了 41.7%。

（4）工艺造型设计　对减速器箱体轮廓及肋板布置进行进一步的工艺造型设计，使减速器的肋板布置更加均匀、美观，同时达到强度刚度要求，如图 13-27 所示。

a)

b)

图 13-27　箱体工艺造型设计方案

a) 方案一　b) 方案二

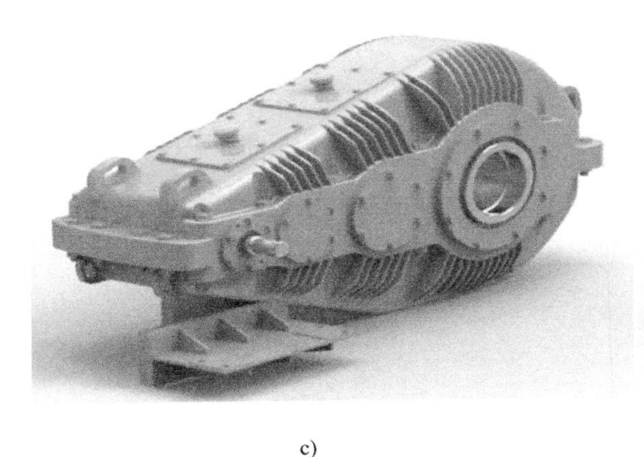

c)

d)

图 13-27 箱体工艺造型设计方案（续）
c）方案三 d）方案四

习题

13-1 列举古代、近代和现代桥梁结构及其变化特点，谈谈对机架类零件结构设计有何启发与借鉴？

13-2 举例说明机架类零件的种类及其在机器中的作用，画出其中一种的整体结构示意图。

13-3 举例说明机架类零件的结构形状，画出其中一种的结构形状示意图。

13-4 你认为城市马路上的路灯杆应该是什么结构？画出示意图，并解释理由。

13-5 依据习题 2-4 曲柄压力机结构布局方案和习题 6-3 移动副结构方案，画出该曲柄压力机机架的结构方案示意图，指出机架各零件的连接形式，并列出设计依据。要求工作台尺寸为 650mm×400mm，实现冲压头在重力方向 100mm 的行程范围内以 50 次/min 的速度往复直线运动，负载最大冲击力 400kN；传动系统和执行系统连接处的机架变形不得超过 0. 02mm。

13-6 依据习题 2-5 螺旋压力机结构布局方案和习题 6-4 移动副结构方案，画出该螺旋压力机机架的结构方案示意图，指出机架各部分的连接形式，并列出设计依据。要求工作台尺寸为 650mm×400mm，实现冲压头在重力方向 100mm 的行程范围内以 20 次/min 的速度往复直线运动，负载最大冲击力 400kN；传动系统和执行系统连接处的机架变形不得超过 0. 02mm。

知识拓展

拓扑优化技术简介

飞机的结构及重量将直接影响其性能、强度、刚度、疲劳寿命、噪声和制造成本等，同时减轻重量还能有效地降低飞行成本。因此减重是飞机设计中的一个重要任务，是衡量飞机市场竞争力的指标之一。飞机结构优化设计是在保证其性能的同时实现轻量化设计的有效手段之一。

结构优化按照设计变量和求解问题的不同，可分为拓扑优化、形状优化和尺寸优化。结构拓扑优化、形状优化和尺寸优化与设计各阶段的对应关系如图 13-28 所示。拓扑优化是获得满足优化目标的结构框架，即结构的材料分布。形状优化是指在结构类型、材料、布局已定的条件下，对几何形状进行优化，寻求结构最理想的几何形状。尺寸优化是指在结构类型、材料、布局、几何形状已定的条件下，求解构件的最优截面尺寸。

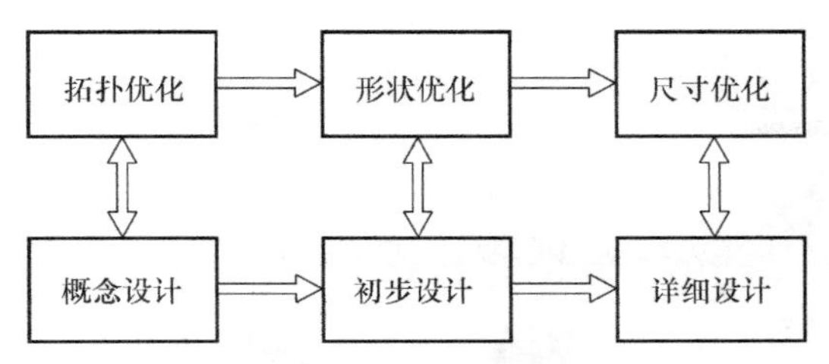

图 13-28 结构优化与设计阶段的关系

拓扑优化分为离散体结构拓扑优化和连续体结构拓扑优化两大类。离散体结构拓扑优化最早可追溯到 1854 年，Maxwell 首次进行了应力约束下最小重量桁架拓扑分析。1904 年，Michell 提出了最小体积的桁架结构设计问题，后被称为 Michell 准则，这被认为是结构拓扑优化理论研究的一个里程碑。连续体结构拓扑优化被公认为是结构优化领域中最为困难、最具有挑战性的课题。1988 年，Bendsoe M. P 和 Kikuchi N 应用了均匀化方法进行优化，目前已获得了广泛的应用。

第14章 弹　簧

某离合器在使用过程中曾多次发生减振弹簧断裂，如图 14-1 所示。

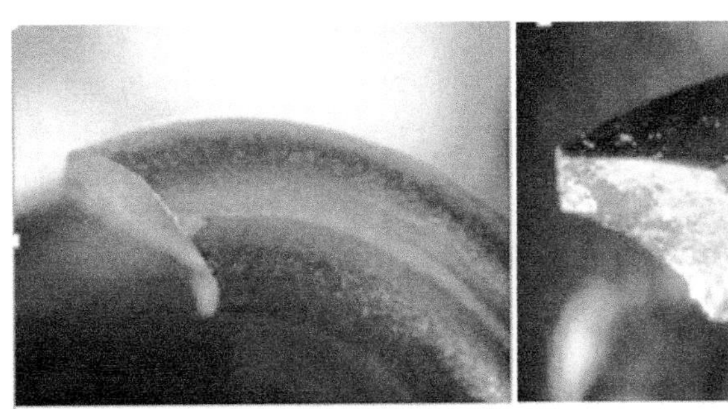
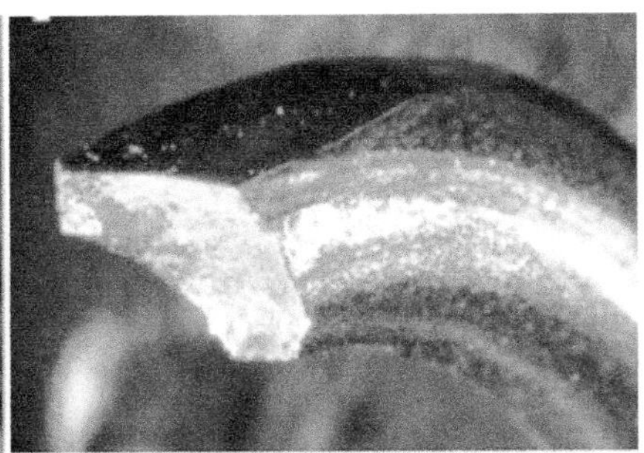

图 14-1　弹簧断裂失效

14.1 概　　述

弹簧是一种广泛使用的弹性元件。它利用变形将机械功或动能转变为相应的变形能（位能），或把变形能转变为机械功或动能。弹簧的主要功用如下。

1）控制运动或零件位置，如离合器中的控制弹簧。

2）吸收振动和冲击能量，如汽车、火车的缓冲弹簧。

3）测量力，如测力器、弹簧秤中的弹簧等。

4）储存能量，如钟表、枪械中的弹簧等。

工程设计中首先根据工作条件、载荷类型、使用的功能特性、变形量等要求选用相应的弹簧类型，然后进行结构与性能设计。

弹簧根据制造成形工艺分为冷卷弹簧和热卷弹簧。冷卷弹簧的成形工艺是在常温下卷绕已经预先热处理过的弹簧钢丝使之成形，一般只需再进行退火处理消除内应力。热卷弹簧的成形工艺是弹簧钢丝在热状态下进行卷制，卷成后需进行淬火和中温回火处理。

14.2 圆柱螺旋弹簧的结构设计

弹簧结构设计主要是确定满足功能需求的结构类型、端部形式及几何尺寸。

14.2.1 弹簧结构类型

弹簧按载荷类型分为拉伸弹簧、压缩弹簧、扭转弹簧和弯曲弹簧；也可按结构形状分为螺旋弹簧（圆柱螺旋弹簧、圆锥螺旋弹簧）、环形弹簧、蝶形弹簧、平面涡卷弹簧和板弹簧等。

螺旋弹簧由弹簧丝卷制而成，制造简单。螺旋弹簧根据受拉力、压力和扭矩分为拉伸弹簧、压缩弹簧和扭转弹簧。

环形弹簧和蝶形弹簧能够承受很大的冲击载荷，具有良好的吸振能力，常用作缓冲弹簧。蝶形弹簧更多用在轴向尺寸受限或载荷很大的场合。

平面涡卷弹簧常用于轴向尺寸小、载荷不是很大的场合，如用作仪器中的储能元件。

板弹簧主要承受弯曲载荷，常用于变形量较大、受载方向尺寸有限制的场合。

弹簧的变形特性常采用特性线（载荷与变形间的关系曲线，主要有线性曲线、非线性曲线等）来描述，是选用弹簧的依据之一。

常用弹簧的类型、性能特点及应用见表 14-1。

表 14-1 常用弹簧的类型、性能特点及应用

类型		结构图	特性线	性能特点及应用
圆柱螺旋弹簧	压缩弹簧			承受压力载荷；特性线呈线性，刚度稳定；结构简单，制造方便，应用广泛 多用于缓冲、减振、储能和控制运动等
	拉伸弹簧			承受拉伸载荷；性能和特点同上 主要用于受拉伸载荷的场合，如棘轮机构中棘爪复位拉伸弹簧
	扭转弹簧			承受扭转载荷；特性线呈线性 主要用于压紧、储能和传动系统中的弹性环节等，如测力计
圆锥螺旋弹簧				承受压力载荷；特性线呈非线性；防共振能力强；结构紧凑，稳定性好 多用于承受较大载荷和减振，如某些汽车变速器

（续）

类型		结构图	特性线	性能特点及应用
环形弹簧		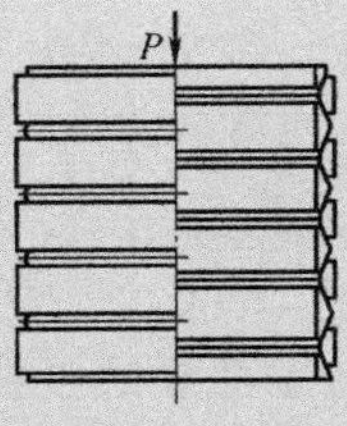	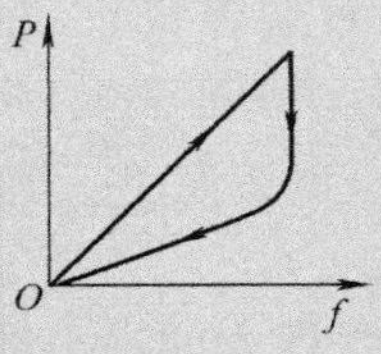	承受压力载荷；吸收能量大，结构紧凑 多用于需吸收很大能量但空间尺寸受限的场合，如起重机的缓冲弹簧、锻锤的减振弹簧
蝶形弹簧		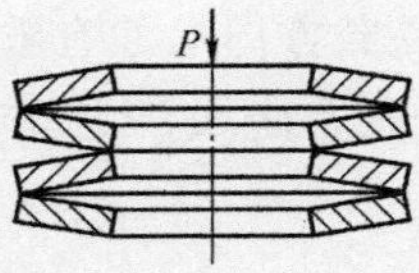	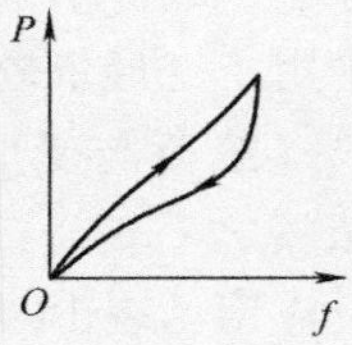	刚度很大；缓冲吸振能力强；具有变刚度特性；采用对合、叠合等不同组合方式，可获得大范围非线性特性 可用于压力安全阀、复位装置等
平面涡卷弹簧	非接触型	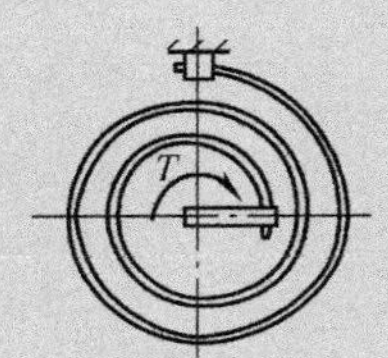	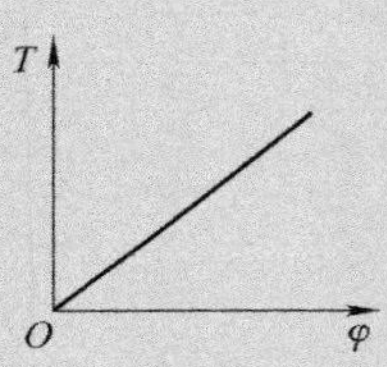	小尺寸金属带绕制而成的涡卷弹簧 可用作测量和压紧元件
	接触型	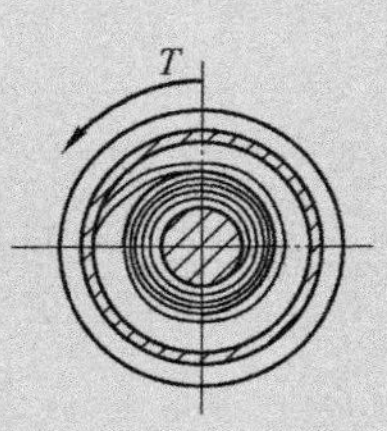	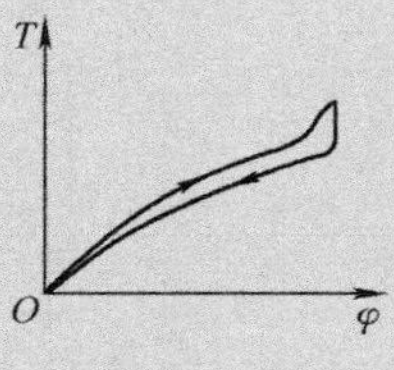	工作可靠，维护简单 主要用作储能元件，如用作钟表、记录仪器中的发条
板弹簧		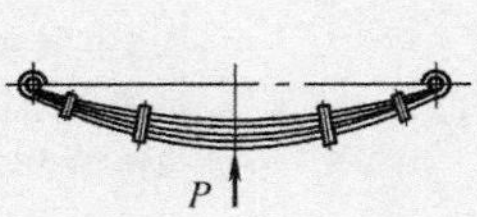	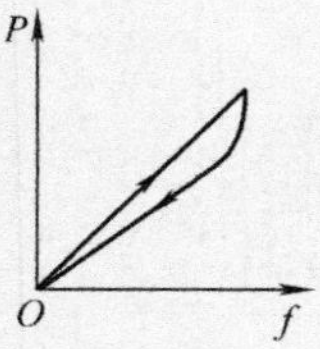	由多片弹簧钢板叠合组成。用于缓冲、减振，其刚度较高，如用于汽车和火车的悬挂装置

14.2.2 圆柱螺旋弹簧几何参数

圆柱螺旋弹簧的主要几何参数有：弹簧钢丝直径 d，弹簧外径 D_2、中径 D、内径 D_1，弹簧节距 p、螺旋角 α 及自由高度 H_0、有效圈数 n、总圈数 n_1 和螺旋旋向等。圆柱螺旋弹簧的几何参数如图 14-2 所示，结构尺寸计算见表 14-2。

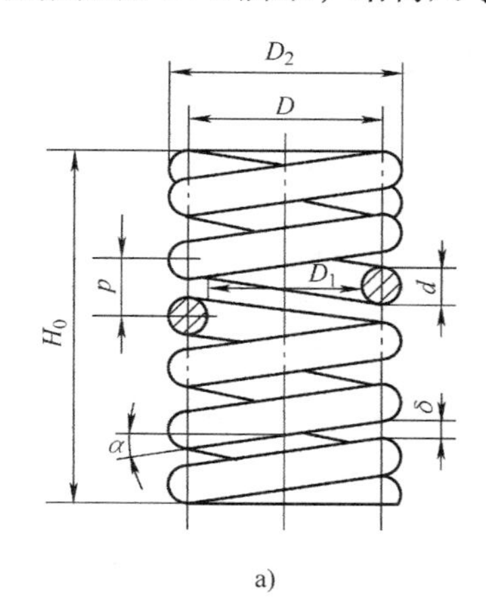

a)

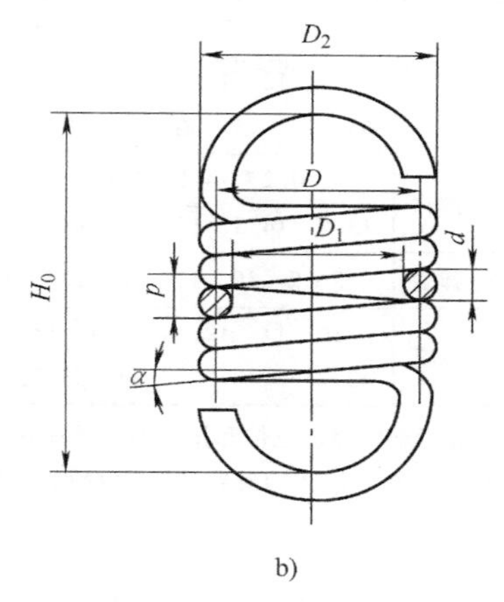

b)

图 14-2 圆柱螺旋弹簧的几何参数

a）压缩弹簧 b）拉伸弹簧

表 14-2 圆柱螺旋弹簧的结构尺寸计算

参数名称及代号	计算公式		备注
	压缩弹簧	拉伸弹簧	
中径 D	$D=Cd$		d 按表 14-3 取标准值
内径 D_1	$D_1=D-d$		
外径 D_2	$D_2=D+d$		
旋绕比 C	$C=D/d$		$4\leqslant C\leqslant 16$，见表 14-7
压缩弹簧高径比 b	$b=H_0/D$		b 在 1~5.3 的范围内取值
自由高度或长度 H_0	两端圈磨平：$H_0=np+(1.5\sim2)d$ 两端圈不磨平：$H_0=np+(3\sim3.5)d$	$H_0=nd+H_h$	H_h 为钩环的轴向长度
工作高度或长度 $H_1,H_2,\cdots,H_n$	$H_n=H_0-\lambda_n$	$H_n=H_0+\lambda_n$	λ_n 为工作变形量
有效圈数 n	根据要求变形量按照式(14-11)和式(14-12)计算		一般 $n\geqslant2$
总圈数 n_1	冷卷：$n_1=n+(2\sim2.5)$ YⅡ型热卷：$n_1=n+(1.5\sim2)$	$n_1=n$	推荐圈数的尾数圆整为整圈或 0.5 圈
节距 p	$p=(0.28\sim0.5)D$	$p=d$	
轴向间距 δ	$\delta=p-d$	$\delta=0$	
展开长度 L	$L=\pi Dn_1/\cos\alpha$	$L\approx\pi Dn_1+L_h$	L_h 为钩环的展开长度
螺旋角 α	$\alpha=\arctan(p/\pi D)$		压缩弹簧：$\alpha=5^\circ\sim9^\circ$
质量 m_t	$m_t=0.24\pi d^2L\gamma$		γ 材料密度，钢 $\gamma=7700\text{kg/m}^3$，铜 $\gamma=8100\text{kg/m}^3$

表 14-3 圆柱螺旋弹簧尺寸系列（摘自 GB/T 1358—2009）

项目		系列值
弹簧丝直径 d/mm		1.00 1.20 1.60 2.00 2.50 3.00 3.50 4.00 4.50 5.00 6.00 8.00 10.0 12.0
弹簧中径 D/mm		10 12 14 16 18 20 22 25 28 30 32 38 42 45 48 50 52 55 58 60 65 70 75 80 85 90 95 100
有效圈数 n/圈	压缩弹簧	4 4.25 4.5 4.75 5 5.5 6 6.5 7 7.5 8 8.5 9 9.5 10 10.5 11.5 12.5 13.5 14.5 15 16 18 20 22 25 28 30
	拉伸弹簧	8 9 10 11 12 13 14 15 16 17 18 19 20 22 25 28 30 35 40 45
自由高度 H_0/mm	压缩弹簧	10 11 12 13 14 15 16 17 18 19 20 22 24 26 28 30 32 35 38 40 42 45 48 50 52 55 58 60 65 70 75 80

注：1. 本表适用于压缩、拉伸和扭转的圆截面弹簧丝的圆柱螺旋弹簧。

2. 本表仅摘取了 GB/T 1358—2009 中的部分值，其他详见标准。

14.3 圆柱螺旋压缩和拉伸弹簧性能设计

弹簧性能设计主要是在指定的工况和载荷条件下，使弹簧满足强度、刚度、振动和稳定性等工作性能要求的设计。在已知结构尺寸参数的情况下，弹簧的性能设计就转化为了性能的校核。

14.3.1 弹簧材料

弹簧材料应具有较高的疲劳极限、屈服极限、足够的冲击韧性和良好的热处理性能。弹簧材料一般根据其工作条件（如载荷类型和属性）、材料的力学性能和制造工艺性选用。常用材料主要有碳素弹簧钢、低锰弹簧钢、硅锰弹簧钢和铬钒钢等，其性能特点见表 14-4。

弹簧材料的许用扭转切应力 $[\tau]$ 和许用弯曲应力 $[\sigma_b]$ 见表 14-5。碳素弹簧钢丝的抗拉强度极限 R_m 按表 14-6 选取。

表 14-4 弹簧钢丝材料及性能

标准名称（标准号）	牌号/组别	直径规格/mm	切变模量 G/MPa	弹性模量 E/MPa	推荐使用温度范围/℃	载荷类型/性能
碳素弹簧钢（GB/T 4357）	SL 型	1.0~10.0	78.5×10^3	206×10^3	-40~150	静载荷/低抗拉强度
	SM 型	0.3~13.0				静载荷/中等抗拉强度
	SH 型	0.3~13.0				静载荷/高抗拉强度
重要用途碳素弹簧钢丝（TB/T 5311）	E	0.1~7.0				动载荷/中等应力
	F	0.1~7.0				动载荷/较高应力
	G	1.0~7.0				振动载荷，如阀门弹簧

14.3.2 圆柱螺旋压缩和拉伸弹簧强度

1. 弹簧失效

圆柱螺旋压缩弹簧和拉伸弹簧的力学模型相同。下面仅以受轴向载荷 F 作用的圆形截面螺旋压缩弹簧为例进行受力分析，如图 14-3 所示。

表 14-5 冷卷压缩及扭转弹簧的许用应力（摘自 GB/T 23935—2009）

应力类型		材料			
		油淬火-退火弹簧钢丝	碳素弹簧钢丝、重要用途碳素弹簧钢丝	弹簧用不锈钢丝	铜及铜合金线材、铍青铜线
静负载许用切应力 [τ]		$0.50R_m$	$0.45R_m$	$0.38R_m$	$0.36R_m$
动负载许用切应力 [τ]	有限疲劳寿命	$(0.40\sim0.50)R_m$	$(0.38\sim0.45)R_m$	$(0.34\sim0.38)R_m$	$(0.33\sim0.36)R_m$
	无限疲劳寿命	$(0.35\sim0.40)R_m$	$(0.33\sim0.38)R_m$	$(0.30\sim0.34)R_m$	$(0.30\sim0.33)R_m$
静负载许用弯曲应力 $[\sigma_b]$		$0.72R_m$	$0.70R_m$	$0.68R_m$	$0.68R_m$
动负载许用弯曲应力 $[\sigma_b]$	有限疲劳寿命	$(0.60\sim0.68)R_m$	$(0.58\sim0.66)R_m$	$(0.55\sim0.65)R_m$	$(0.55\sim0.65)R_m$
	无限疲劳寿命	$(0.50\sim0.60)R_m$	$(0.49\sim0.58)R_m$	$(0.45\sim0.55)R_m$	$(0.45\sim0.55)R_m$

注：1. R_m 为弹簧钢丝抗拉强度极限。冷卷拉伸弹簧的许用切应力，取表中所列值的 80%。

2. 有限疲劳寿命：冷卷弹簧负载循环次数 $N\geqslant10^4\sim10^6$ 次；热卷弹簧负载循环次数 $N\geqslant10^4\sim10^5$ 次。

3. 无限疲劳寿命：冷卷弹簧负载循环次数 $N\geqslant10^7$ 次；热卷弹簧负载循环次数 $N\geqslant2\times10^6$ 次。

4. 若冷卷弹簧负载循环次数 $10^6<N<10^7$、热卷弹簧负载循环次数 $10^5<N<2\times10^6$ 次时，根据使用情况参照有限疲劳寿命或无限寿命计算。

表 14-6 碳素弹簧钢丝抗拉强度极限 R_m （单位：MPa）

直径/mm	GB/T 4357 碳素弹簧钢丝			YB/T 5311 重要用途碳素弹簧钢丝			直径/mm	GB/T 4357 碳素弹簧钢丝			YB/T 5311 重要用途碳素弹簧钢丝		
	SL	SM	SH	E	F	G		SL	SM	SH	E	F	G
1.00	1970	2220	2470	2350	2660	2110	3.50	1560	1760	1970	1760	1970	1710
1.20	1910	2160	2440	2270	2580	2080	4.00	1520	1750	1930	1730	1930	1710
1.60	1820	2050	2290	2140	2450	2010	4.50	1490	1680	1880	1680	1880	1710
2.00	1750	1970	2220	2090	2250	1910	5.00	1450	1650	1830	1650	1830	1660
2.50	1680	1890	2110	1960	2110	1860	5.50	1420	1610	1800	1610	1800	1640
3.00	1620	1830	2040	1890	2040	1810	6.00	1390	1580	1770	1580	1770	1590

注：表中所列抗拉强度为材料标准的上限值。

弹簧钢丝的轴向截面 $A—A$ 上的载荷有作用力 F 及转矩 $T=F\cdot\dfrac{D}{2}$。弹簧钢丝的法向截面 $B—B$ 上作用有横向力 $F\cos\alpha$、弹簧钢丝的轴向力 $F\sin\alpha$、弯矩 $M=T\sin\alpha$ 及转矩 $T'=T\cos\alpha$，如图 14-3a 所示。横向力和转矩产生切应力，轴向力和弯矩分别产生压应力和弯曲应力。因弹簧的螺旋角一般较小（为 5°~9°），所以轴向力和弯矩也较小。因此，弹簧钢丝截面上的应力主要是转矩和横向力产生的切应力 τ_T 和 τ_F。通过分析可知，圆柱螺旋弹簧丝截面主要*承受切应力，最大应力为弹簧钢丝截面内侧的* m 点。

圆柱螺旋弹簧在切应力作用下的主要失效形式为断裂，弹簧断裂多为疲劳断裂。弹簧轴向过载或选材不当会造成过量残余变形，过量变形会导致松弛失效。

2. 弹簧应力

因弹簧螺旋角 α 较小，图 14-3a 所示的弹簧钢丝截面 $B—B$ 上的各载荷分量中近似取 $\sin\alpha\approx0$、$\cos\alpha\approx1$，则弹簧钢丝截面上的应力主要有转矩和横向力产生的切应力 τ_T 和 τ_F，

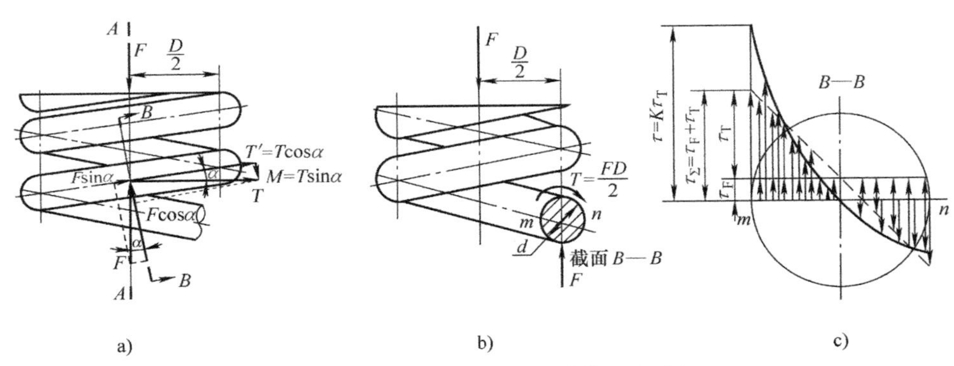

图 14-3 圆形截面螺旋压缩弹簧受力分析

其切应力为

$$\tau=\tau_{\mathrm{F}}+\tau_{\mathrm{T}}=\frac{F}{\pi d^{2}/4}+\frac{FD/2}{\pi d^{3}/16}=\frac{4F}{\pi d^{2}}\left(1+\frac{2D}{d}\right)=\frac{4F}{\pi d^{2}}(1+2C) \tag{14-1}$$

简化计算时，取 $1+2C\approx2C$，即忽略 τ_{F}；再通过引入系数 K 来综合考虑 τ_{F}、弯矩和轴向力所引起的应力对总应力的影响，则螺旋弹簧的强度条件为

$$\tau=K\tau_{\mathrm{T}}=K\frac{8CF}{\pi d^{2}}\leqslant[\tau] \tag{14-2}$$

式中 F——弹簧工作载荷（N），设计时选弹簧危险状态下的最大载荷；

K——曲度系数，即

$$K=\frac{4C-1}{4C-4}+\frac{0.615}{C} \tag{14-3}$$

$[\tau]$——许用切应力（MPa），按表 14-5 选取；

C——旋绕比（又称弹簧指数），$C=D/d$，D 为弹簧中径，d 为簧丝直径。C 的一般范围为 4~16，常用值为 5~8，见表 14-7。

旋绕比 C 是反映弹簧特性的一个重要指标。C 值小，弹簧圈直径小，弹簧的刚度大；反之，C 值大，弹簧圈直径大，弹簧的刚度小，弹簧不稳定，工作时容易发生振颤。因此，通过合理选取旋绕比可控制弹簧弹力。

表 14-7 旋绕比 C（摘自 GB/T 23935—2009）

d/mm	0.2~0.5	>0.5~1.1	>1.1~2.5	>2.5~7.0	>7.0~16	>16
C	7~14	5~12	5~10	4~9	4~8	4~16

3. 圆柱螺旋弹簧设计

根据弹簧强度，确定簧丝直径（mm）为

$$d\geqslant\sqrt{\frac{8KCF}{\pi[\tau]}} \tag{14-4}$$

4. 圆柱螺旋弹簧疲劳强度条件

弹簧承受交变载荷（一般作用次数 $N\geqslant10^{4}$）时，需进行疲劳强度校核。

圆柱螺旋弹簧的疲劳强度条件为计算安全系数 S_{ca} 大于设计安全系数 S_{p}，则有

$$S_{ca}=\frac{\tau_{u0}+0.75\tau_{min}}{\tau_{max}}\geqslant S_p \tag{14-5}$$

式中 τ_{u0}——弹簧材料的脉动循环剪切疲劳极限，按照变载荷作用次数 N 查表 14-8 选取；

τ_{min}、τ_{max}——对应最小和最大工作载荷 F_{min} 和 F_{max} 下的簧丝截面切应力，将 F_{min} 和 F_{max} 分别代入式（14-2）进行计算得到；

S_p——弹簧疲劳强度设计安全系数。弹簧设计计算和材料力学性能数据精确度高时，取 $S_p=1.3\sim1.7$；数据精确度低时，取 $S_p=1.8\sim2.2$。

在安装压缩弹簧时常预加一个初始载荷 F_{min}，使其稳定可靠地固定在安装位置上，一般可以取 $F_{min}=(0.1\sim0.5)F_{max}$，$F_{max}$ 由具体工作条件确定，但应小于极限载荷。

表 14-8　弹簧材料的脉动循环剪切疲劳极限 τ_{u0}

交变载荷作用次数 N	$<10^4$	10^5	10^6	10^7
τ_{u0}	$0.45R_m$	$0.35R_m$	$0.33R_m$	$0.30R_m$

注：1. 本表适用于重要用途碳素弹簧钢丝、油淬火-退火弹簧钢丝、弹簧用不锈钢丝和铍青铜线。
2. R_m 为弹簧钢丝的抗拉强度极限。

5. 圆柱螺旋弹簧静强度

弹簧静强度条件为

$$S_{sca}=\frac{\tau_s}{\tau_{max}}\geqslant S_{pa} \tag{14-6}$$

式中 τ_s——弹簧材料的剪切屈服极限；

S_{sca}——静强度的计算安全系数；

S_{pa}——静强度的许用安全系数，选取与 S_p 相同。

14.3.3 圆柱螺旋压缩和拉伸弹簧刚度

1. 弹簧特性线

弹簧载荷与载荷方向上的变形量之间的关系曲线称为特性线。它反映了弹簧在工作过程中刚度的变化情况，是设计、制造和检验弹簧的基本依据之一。压缩、拉伸和弯曲弹簧的载荷分别为压力、拉力和弯曲力，相应地弹簧在载荷方向上的变形量分别为压缩量、伸长量和挠度；扭转弹簧的载荷是转矩，变形量为扭转变形角。弹簧特性线按其特点分为线性（即载荷与变形量的比值为常数，如等节距圆柱螺旋弹簧）、非线性（如圆锥螺旋弹簧为刚度渐增型）等，常见类型弹簧的特性线见表 14-1。

圆柱压缩弹簧的变形及特性线如图 14-4 所示。弹簧在受载前其自由高度为 H_0；为使其可靠稳定地固定在安装位置上，在安装时常预加一个初始载荷 F_{min}，此时的压缩变形量为 λ_{min}，弹簧高度为 H_1；弹簧受最大工作载荷 F_{max} 时，压缩变形量为 λ_{max}，高度为 H_2；弹簧受工作极限载荷 F_{lim}（弹簧应力达到材料的弹性极限）时，弹簧变形量为 λ_{lim}，高度为 H_3。弹簧最大、最小变形量之差为弹簧的工作行程，即 $h=\lambda_{max}-\lambda_{min}$。

拉伸弹簧按绕制弹簧时其内有无拉力分为无初拉力弹簧及有初拉力弹簧两种。无初拉力弹簧在卷绕时各圈之间留有间隙，其特性线与压缩弹簧的特性线完全相同，如图 14-5b 所示。有初拉力的弹簧在卷绕成形时弹簧的各圈之间相互并紧，并产生一定的轴向压缩力，此

力即为初拉力 F_0。当拉伸外载荷 $F<F_0$ 时，弹簧不发生变形；当 $F \geqslant F_0$ 后弹簧开始发生变形，如图 14-5c 所示，其中 x 为弹簧假想的预变形，即其特性线与无初拉力弹簧的形式完全相同。

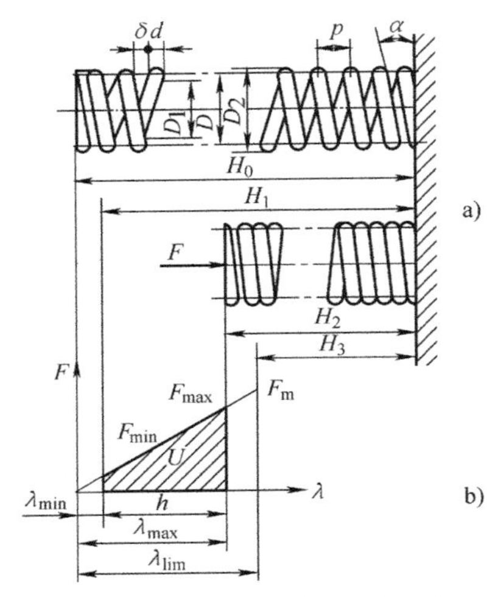

图 14-4　圆柱螺旋压缩弹簧特性线

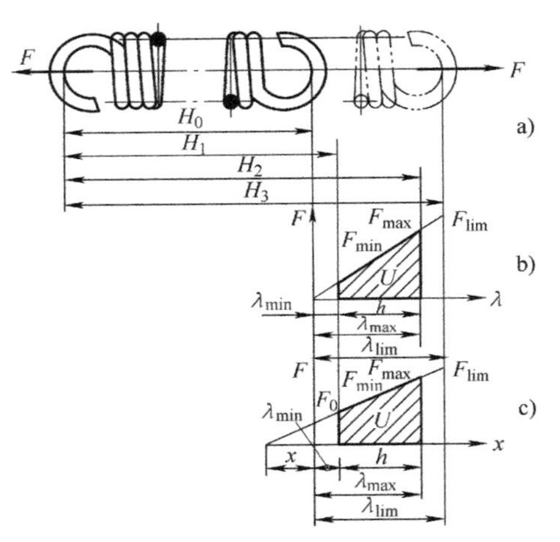

图 14-5　圆柱螺旋拉伸弹簧特性线

2. 弹簧刚度

弹簧刚度表示弹簧产生单位变形所需的载荷，用 k_F 表示。弹簧刚度也为特性线上某点的斜率。刚度为常数（载荷与变形呈线性特性，即具有线性特性线）的弹簧，称为定刚度弹簧。弹簧刚度为变数（载荷与变形呈非线性特性）的弹簧，称为变刚度弹簧。弹簧刚度是表征弹簧性能的主要参数之一。弹簧刚度越大，产生相同变形所需要的力越大，弹簧的弹力也就越大，弹簧越硬；反之则软。刚度渐增型的弹簧将越压越硬，刚度渐减型的弹簧将越压越软。

根据材料力学知识，圆柱螺旋压缩弹簧、无初拉力拉伸弹簧受载后的轴向变形量 λ（mm）为

$$\lambda=\frac{8D^3nF}{Gd^4}=\frac{8C^3nF}{Gd} \tag{14-7}$$

有初拉力 F_0 的拉伸弹簧变形量为

$$\lambda=\frac{8C^3n(F-F_0)}{Gd} \tag{14-8}$$

式中　n——弹簧的有效圈数；

G——弹簧的切变模量，见表 14-4；

F_0——拉伸弹簧初拉力，取决于弹簧的材料、直径、旋绕比和加工方法等。其大小可按下式估算

$$F_0=\frac{\pi d^3}{8D}\tau_0 \tag{14-9}$$

其中，τ_0 为弹簧初切应力下限值，可按经验公式计算：$\tau_0=G/100C$。

由以上所述可知，弹簧刚度 k_F（N/mm）为

$$k_F=\frac{F}{\lambda}=\frac{Gd}{8C^3n}=\frac{Gd^4}{8D^3n} \tag{14-10}$$

弹簧刚度的影响因素有：旋绕比 C、切变模量 G、弹簧钢丝直径 d、有效圈数 n 等，而旋绕比 C 对弹簧刚度影响较大。

3. 弹簧有效工作圈数

弹簧有效工作圈数可依据弹簧刚度来确定。由式（14-7）可以得到圆柱螺旋压缩弹簧和无初拉力拉伸弹簧有效工作圈数 n 为

$$n=\frac{Gd\lambda_{max}}{8C^3F_{max}}=\frac{Gd}{8C^3k_F} \tag{14-11}$$

有初拉力的螺旋拉伸弹簧有效圈数 n 为

$$n=\frac{Gd}{8(F_{max}-F_0)C^3}\lambda_{max} \tag{14-12}$$

其中，F_{max} 和 λ_{max} 分别是弹簧的最大工作载荷和最大变形量。

14.3.4 圆柱螺旋压缩弹簧的稳定性

压缩弹簧的高径比（$b=H_0/D$）较大时，在轴向载荷达到一定值后弹簧将发生较大的侧向弯曲而失去稳定性，如图 14-6a 所示。为保证弹簧的稳定性，限制压缩弹簧的高径比 $b>0.8$，同时根据固定形式需满足下述要求。

1）弹簧两端固定时，$b\leqslant5.3$。

2）弹簧一端固定、一端自由转动时，$b\leqslant3.7$。

3）弹簧两端均自由转动时，$b\leqslant2.6$。

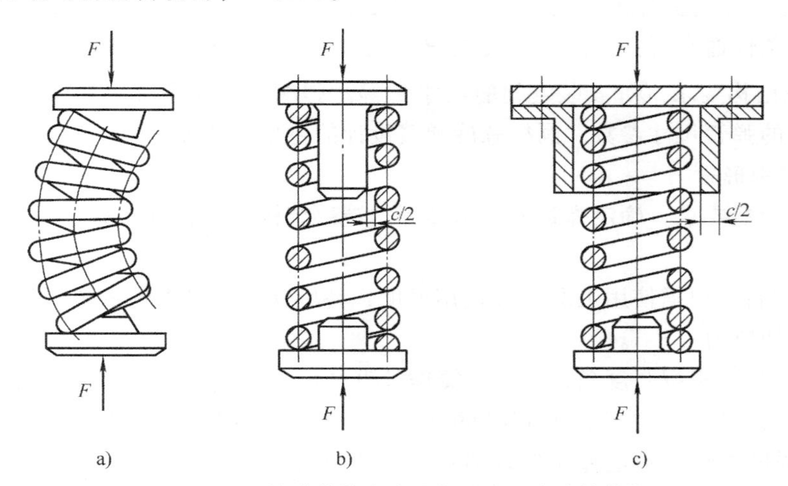

图 14-6 压缩弹簧的失稳现象及防止失稳的措施

弹簧高径比不满足上述要求时，需进行稳定性校核。压缩弹簧的稳定性条件是最大工作载荷 F_{max} 小于临界载荷 F_c，即

$$F_{max}<F_c=C_Bk_FH_0 \tag{14-13}$$

式中 F_c——弹簧的临界载荷；

C_B——不稳定系数，由图 14-7 查取；

k_F——弹簧刚度；

H_0——弹簧的自由高度。

若弹簧的最大工作载荷不满足式（14-13）所示条件时，需重新选择高径比 b 或在结构上采取措施。提高弹簧稳定性的常见结构有弹簧中加装导杆或导套，如图 14-6b、c 所示。

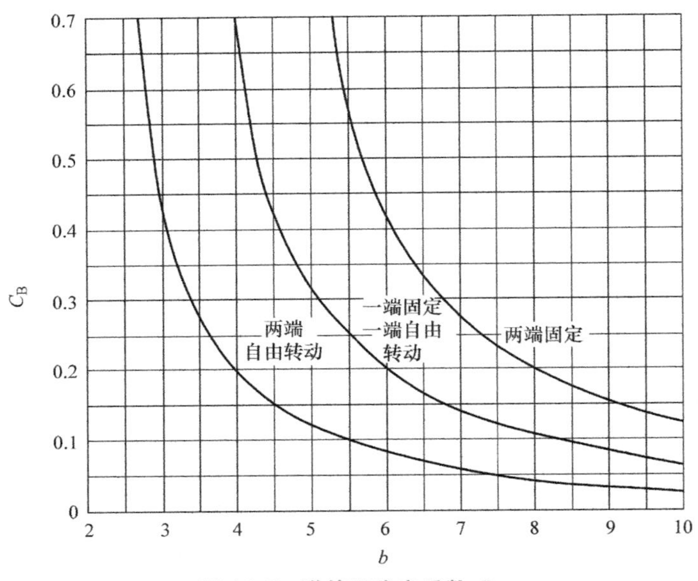

图 14-7　弹簧不稳定系数 C_B

14.3.5　圆柱螺旋压缩和拉伸弹簧设计

弹簧设计条件通常有：功能及工况要求、最大和最小载荷 F_{max} 和 F_{min}、工作行程、弹簧中径 D 以及结构要求（如安装空间的尺寸）等。弹簧设计结果是获得满足功能、性能和结构尺寸要求的弹簧尺寸参数。圆柱螺旋弹簧设计的主要步骤如下。

1. 弹簧结构形式

根据弹簧功能要求，确定弹簧的结构类型、端部结构及安装方式等。

2. 性能设计

1）选择材料。根据使用工况（如使用温度、环境介质、对磁性的要求等）选择弹簧材料，确定许用切应力 $[\tau]$。

2）强度设计。根据强度条件确定弹簧钢丝直径。首先初步选择弹簧的绕旋比 C（常初取 $C=5\sim8$），确定相应弹簧钢丝直径的初选值；按式（14-3）计算曲度系数 K；依据式（14-4）进行强度设计，确定弹簧钢丝直径 d。若弹簧钢丝直径的计算值 d 在初选范围内，则按弹簧钢丝直径系列圆整；若 d 不在初选范围内，需要重新选择 C 值进行计算。

3）刚度设计。根据弹簧的工作行程及刚度确定弹簧有效工作圈数 n。为保证弹簧有稳定的刚度，一般要求压缩弹簧的有效圈数 $n\geqslant2$。

4）弹簧结构尺寸。根据已知条件和弹簧尺寸间关系，确定弹簧直径、高度等几何参数。

5）疲劳强度校核。弹簧承受变载荷且循环次数 $N\geqslant10^4$ 时，校核其疲劳强度。弹簧承

受静载荷，或变载荷且循环次数 $N<10^4$ 时，校核其静强度。

6）压缩弹簧稳定性校核。

7）振动校核。承受变载荷、加载频率很高的圆柱螺旋弹簧，为避免弹簧的谐振，需进行振动校核。其条件是其临界工作频率（工作频率的许用值）要远低于其基本自振频率。

8）详细设计，绘制弹簧工作图。圆柱螺旋弹簧的详细设计可参考机械设计手册。

【例】 试设计一圆截面圆柱螺旋压缩弹簧。已知弹簧承受的最大载荷 $F_{max}=500N$；最大变形量 $\lambda_{max}=40mm$，工作要求弹簧的外径不超过 38mm，端部并紧磨平。

【解】

计算项目	计算依据	单位	设计方案		
			1	2	3
1. 强度设计					
（1）初选旋绕比 C	$C=5\sim8$		7.5	6	5
（2）初选簧丝直径 d	$C=D/d$；$D=30$	mm	4	5	6
（3）弹簧曲度系数 K	$K=\dfrac{4C-1}{4C-4}+\dfrac{0.615}{C}$		1.20	1.25	1.31
（4）弹簧抗拉强度极限 R_m	表 14-6（SM 型碳素弹簧钢丝）R_m	MPa	1730	1650	1580
（5）许用切应力 $[\tau]$	$[\tau]=0.4R_m$	MPa	692	660	632
（6）计算簧丝直径 d	$d\geqslant\sqrt{\dfrac{8KCF_{max}}{\pi[\tau]}}$	mm	4.07	3.81（与假设不符）	3.63（与假设不符）
2. 刚度设计					
（1）弹簧刚度 k_F	$k_F=F_{max}/\lambda_{max}$	N/mm	12.5		
（2）弹簧有效工作圈数 n	$n=\dfrac{Gd}{8C^3k_F}$（括号内为计算值） 表 14-4 知，$G=78.5\times10^3MPa$		8（7.6）		
（3）弹簧的总圈数 n_1	冷卷：$n_1=n+2$		10		
3. 计算弹簧几何参数					
（1）弹簧外径 D_2	$D_2=D+d$	mm	34<38		
（2）节距 p	$p=0.3D$	mm	9		
（3）自由高度 H_0	$H_0=np+1.5d$	mm	78		
4. 弹簧稳定性校核					
高径比 b	$b=H_0/D\leqslant5.3$（两端固定）		2.30<5.3		
5. 弹簧工作图（略）					

14.4 圆柱螺旋扭转弹簧的设计

圆柱螺旋扭转弹簧，常用于储能、压紧或传递转矩等机械装置中，如汽车启动装置中的扭簧。其结构形式见表 14-1。

1. 圆柱扭转弹簧的强度

圆柱螺旋扭转弹簧的特性线是其承受的扭转载荷 T 与扭转角 φ 之间的关系曲线，呈线性特征，见表 14-1。

圆柱螺旋扭转弹簧所承受的扭转载荷 T，在弹簧钢丝法向剖面 $B—B$ 上分解为引起弯曲应力的弯矩 M（$M=T\cos\alpha$）及引起扭转切应力的转矩 $T'=T\sin\alpha$，如图 14-8 所示。

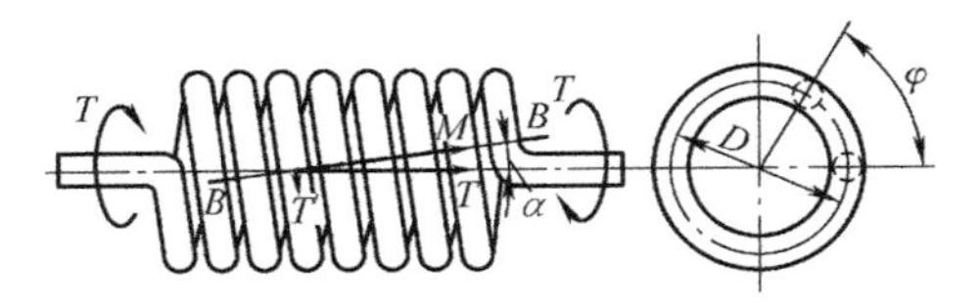

图 14-8　扭转弹簧的受力分析

由于弹簧螺旋角 α 一般很小，故簧丝剖面上的转矩 T'可忽略不计，且 $M\approx T$。因此，弹簧钢丝剖面主要承受弯矩作用，截面上的主要应力为弯曲应力。弹簧钢丝的最大弯曲应力及强度条件为

$$\sigma_b=\frac{K_bT}{W}=\frac{32K_bT}{\pi d^3}\leqslant[\sigma_b] \tag{14-14}$$

式中　W——抗弯截面系数（mm^3），圆形弹簧钢丝 $W=\frac{\pi d^3}{32}$；

K_b——扭转弹簧的曲度系数，圆形截面弹簧钢丝 $K_b=(4C^2-C-1)/[4C^2(C-1)]$，常用 C 值为 4～16；

$[\sigma_b]$——弹簧钢丝的许用弯曲应力（MPa），由表 14-5 选取。

2. 圆柱扭转弹簧的刚度

弹簧在转矩 T（N · mm）作用下产生的扭转角 φ（rad）按材料力学公式进行近似计算。即

$$\varphi=\frac{64DnT}{Ed^4} \tag{14-15}$$

扭转弹簧的刚度 k_T（N · mm/rad）为

$$k_T=\frac{T}{\varphi}=\frac{Ed^4}{64Dn} \tag{14-16}$$

式中　E——弹簧材料的弹性模量，见表 14-4；

D——弹簧中径；

n——弹簧有效工作圈数。

自由状态下，扭转弹簧的相邻各圈间应留有少量间隙（$\delta_0=0.1\sim0.5mm$），否则，工作时各圈接触易产生摩擦与磨损。

3. 圆柱螺旋扭转弹簧的设计

圆柱螺旋扭转弹簧的设计与压缩和拉伸弹簧的设计相似，主要包括性能设计和结构设计。扭转弹簧性能设计首先根据使用工况选定材料；然后利用式（14-4）进行强度设计，确

定弹簧丝直径；再进行刚度设计，确定弹簧的圈数。弹簧的结构设计是根据安装条件等要求确定弹簧结构及其他几何尺寸。

14.5 其他类型弹簧简介

14.5.1 环形弹簧

环形弹簧是由若干具有锥面的垫圈状内、外环相互叠合而组成的一种压缩弹簧，见表14-1。环形弹簧在轴向载荷作用下，内外环接触面间产生法向压力，使内环受压缩而直径减小，外环受拉伸而直径增大。弹簧内外环直径变化，导致其沿圆锥面相对滑动，进而弹簧整体产生轴向变形而起到弹簧作用。

环形弹簧特性线反映了轴向载荷与内、外环在轴向的相对变形之间的关系。环形弹簧加载过程的特性线呈线性；卸载时，内、外环锥形接触面间的摩擦力阻滞了弹簧变形的恢复，导致其卸载特性线与加载特性线不重合，见表14-1。加载和卸载特性线所围成的面积，是摩擦力转化为热能所消耗的功，其大小可达弹簧加载过程所做功的60%~70%。因此，环形弹簧具有很强的缓冲吸振能力，是一种强力弹簧，常应用于空间受限且需要强力缓冲的场合，如用于重型车辆和飞机起落架等的缓冲装置中。

14.5.2 蝶形弹簧

蝶形弹簧是用钢板或钢带加工而成的一种压缩弹簧，见表14-1。实际应用中一般将多个蝶形弹簧组合并安装在导杆或套杆上工作。

蝶形弹簧只能承受轴向载荷，其特性线反映轴向载荷与轴向变形的关系。蝶形弹簧可由多个单片蝶簧组合构成，不同组合的弹簧刚度不同，弹簧特性线呈现非线性关系。蝶形弹簧工作过程中有能量消耗，因此加载和卸载过程的特性曲线不重合。两曲线所围成的面积代表弹簧的内摩擦功。蝶形弹簧常用于空间尺寸小、外载很大的装置中，如应用于机械、矿山等行业的缓冲装置中。

14.5.3 平面涡卷弹簧

平面涡卷弹簧是由等截面细长材料绕制成的平面螺旋线结构的弹簧，见表14-1。涡卷弹簧的卷绕圈数可以很多，变形角大，能在较小体积内存储较多能量。涡卷弹簧依据工作时按相邻圈是否接触分为非接触型和接触型两种。非接触型涡卷弹簧常用来产生反作用力矩，如仪器、钟表中的游丝。接触型涡卷弹簧常用于储存能量，如仪器和钟表机构中的发条。

涡卷弹簧刚度较小，一般在静载荷下工作。涡卷弹簧的工作外载荷为转矩，线材截面受相同大小的弯矩作用，而产生弯曲弹性变形。非接触型涡卷弹簧的特性线呈线性。接触性涡卷弹簧工作行程中的特性线接近线性。涡卷弹簧的卷紧和放松过程的特性线不重合（各圈间有滑动摩擦及弹性滞后），其特性线见表14-1。

涡卷弹簧的受力状态和工作条件与扭转螺旋弹簧基本相同，可利用扭转螺旋弹簧的设计

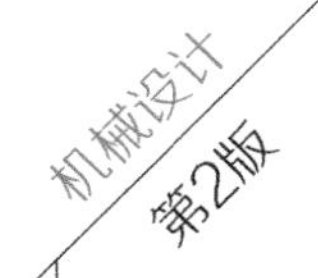

计算方法设计涡卷弹簧。

14.5.4 板弹簧

板弹簧一般是由单片或若干片长度不等的弹簧钢板重叠而成的。板弹簧在受力后产生弯曲变形，且力和变形成正比，即其特性线呈线性，见表14-1。板弹簧的刚度很大，具有很强的缓冲和消振能力，是一种强力弹簧。板弹簧广泛用于汽车、拖拉机和铁道车辆的悬架系统中和某些锻压设备（如弹簧锤）等结构中。

14.5.5 橡胶弹簧

橡胶弹簧是利用橡胶的弹性变形实现弹簧作用的，广泛用于仪器底座、发动机支承、机器隔振等装置中。橡胶弹簧主要有以下几方面特点：

1）能承受多方向的载荷，结构简单。

2）橡胶的弹性模量小，弹簧受载后弹性变形大，易实现理想的非线性特性。

3）橡胶弹簧可通过结构形状的改变满足各方向的刚度要求。

4）橡胶弹簧内阻高，对冲击和高频振动具有良好的吸收能力。

5）橡胶传导声音的能力比钢铁弱得多，所以隔声效果好。

橡胶弹簧的耐高低温的能力和耐油性较差：温度过高橡胶易老化，温度过低橡胶会变硬，这都会降低弹簧的减振能力；潮湿、强光以及与油类接触的环境将影响其使用寿命；长期受载橡胶易发生蠕变。

橡胶是黏-弹性材料，力学性能比较复杂。它的弹性模量不是常数，而与材料的硬度、弹性元件的形状、比例尺寸等有关，精确计算橡胶弹簧的弹性特性相当困难。橡胶受载后形状改变，但体积不改变。设计橡胶弹簧时应避免将橡胶弹簧封闭在一个限定的空间内。

习题

14-1 今有 A、B 两个圆柱螺旋弹簧，其簧丝材料、直径 d 及有效圈数均相同，若弹簧的中径 $D_A>D_B$，试分析：

1）当轴向载荷 F 以相同速度不断增加时，哪个弹簧先坏？

2）当 F 相同时，哪个弹簧的变形大？

14-2 已知一发动机的阀门圆柱螺旋弹簧的安装要求是高度为44~45mm，初压力为50~220N，阀门的工作行程为9mm，工作压力（即最终压力）为460~500N，由于结构限制，弹簧的最小允许内径为16mm，最大允许外径为30mm，试设计此弹簧。

14-3 设计一受静载荷并有初拉力的圆柱螺旋拉伸弹簧。已知工作载荷 $F_1=180\text{N}$，$F_2=160\text{N}$；变形量 $\lambda_1=7\text{mm}$，$\lambda_2=16.5\text{mm}$；弹簧的中径 $D=12\text{mm}$，外径 $D_2<16\text{mm}$，正常工作条件。

14-4 试设计一圆柱螺旋压缩弹簧。已知最小工作载荷 $F_1=150\text{N}$，最大工作载荷 $F_2=250\text{N}$，工作行程 $h=5\text{mm}$，要求弹簧的外径 $D_2<16\text{mm}$。该弹簧为不经常工作的一般用途弹簧，两端固定。

14-5 有一圆柱螺旋扭转弹簧用在760mm宽的门上，如图14-9所示。当门关上后，在手把上加4.5N的推力 F 能把门打开；当门转到180°时，手把上的推力为13.5N。若材料的许用弯曲应力 $[\sigma_b]=1100\text{MPa}$，试求：

1）该弹簧的簧丝直径 d 和中径 D。

2）所需的初始变形角 $\varphi_{\min}$。

3）弹簧的工作圈数。

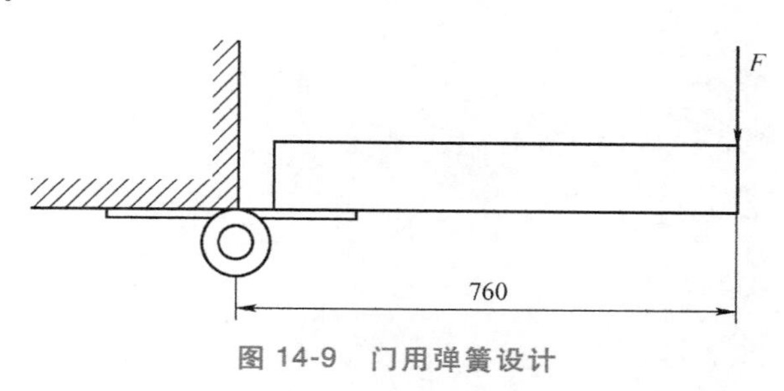

图 14-9 门用弹簧设计

知识拓展

材料大多数都有不同程度的弹性，如果将其弯曲，其在恢复变形的瞬间将释放出很大能量。古代就有应用材料弹性的打猎工具，弹弓应用了动物筋丝或人造杂丝的弹性，在此基础上发展出的弓，把木头的弹性也应用进来。后来人们开始认识到，金属比木头、角质或任何这类有机物质的弹性更大。约公元前 200 年，以弯曲的青铜板为弹簧的抛石机被发明，这种弹簧实际上是最早的板弹簧；在此基础上，另一种抛石机被发明，它利用气缸内空气在受压的情况下产生的弹性工作。

很久以后人们才想到：如果压缩一根螺旋杆，而不是弯曲一根直杆，那么金属弹簧储存的能量就会更大。据伯鲁涅列斯基的小传记载，他制作过一个闹钟，其中使用了若干带弹簧。最近有人指出，在 15 世纪末的一本附有一些奇特的螺旋弹簧钟表图的机械手册中有这个闹钟的图样。这类弹簧也用于现代的捕鼠器。带圈簧（水平压缩而不是垂直压缩的弹簧）的钟表，在 1460 年左右已开始使用了，但基本上是皇室的奢侈品，大约又过了一个世纪，带弹簧的钟表才成为中产阶级人士的标志。

第五篇

典型部件

机器由驱动、传动和执行三大类部件组成，而各个部件之间又需要连接部件（也属于传动部件）。通常驱动件是外购件或标准件，如电动机、发动机等。执行部件又与机器所应用的行业密切相关，多种多样且千差万别。只有传动部件属于通用部件，不涉及所应用行业的专业知识，适合机械专业的初学者，因此以其为典型部件作为本章的讨论内容。

一般而言，部件都能够独立实现运动和动力的变换与传递功能，是由若干零件、组件和单元组成并能形成独立安装的组合体，在原理上属于一个或几个机构。本篇试图将前三篇的动连接、静连接和典型零件的知识应用于机构的结构与性能设计，即依据机构简图进行机构的结构设计和技术性能设计，也就是实现机构简图结构化并计算技术性能参数，呼应第一篇机器结构与性能，与机械原理课程的机构设计相衔接，为过渡到第六篇机器整机结构和技术性能设计奠定基础。

本篇讨论的典型部件为传动部件，主要包括带传动、链传动、齿轮传动、螺旋传动、联轴器和离合器等。本篇将介绍这些部件的结构与技术性能设计。

带传动是一种挠性传动，由两个转动副支承的两个大小不同的带轮通过挠性带连接实现传动，第 15 章将重点阐述带传动的工作状况与技术性能设计，简单介绍带传动的结构设计，而支承的转动副的结构与技术性能将在第 17 章中叙述。

链传动是一种挠性传动，由两个转动副支承的两个大小不同的链轮通过挠性链连接实现传动，第 16 章将重点阐述链传动的工作状况与技术性能设计，简单介绍链传动的结构设计。

齿轮传动包括单级与多级、定轴与行星齿轮机构。单级定轴齿轮机构是由三个构件通过一个齿轮副和两个转动副连接组成，多级齿轮机构组成齿轮传动系统。第 17 章将根据机构简图，应用前四篇的知识分别进行单级定轴与行星齿轮机构的结构与技术性能设计，然后推广到多个齿轮机构组成的多级定轴和行星齿轮传动系统的结构与技术性能设计。

螺旋传动是通过螺旋副连接组成的空间机构，即螺旋机构。本篇第 18 章首先介绍螺旋副的结构与技术性能设计，然后依据螺旋机构的机构简图，分别应用螺旋副和前四篇的知识进行螺旋机构的结构与技术性能设计。

联轴器和离合器均是实现轴与轴之间的连接的部件，前者不能实现被连接的两轴在工作过程中的分开与接合，而后者则能实现被连接两轴间在工作过程中的分开与接合。本篇第 19 章主要介绍联轴器和离合器的结构与技术性能设计。

第15章

带传动

中国西汉扬雄（公元前 53 年～公元 18 年）在《方言》中提到的用于把丝纤维缠绕在锭上为纺梭作准备的卷纬机，是迄今为止最早关于带传动的记载。时至今日，从大到几千千瓦的巨型设备，小到几十瓦的微型装置，甚至包括家电、机器人等精密机械在内，都有带传动的应用。图 15-1 所示即为使用中的带传动。

图 15-1　带传动在机械装置中的应用

带传动利用张紧在带轮上的柔性带传递运动或动力。作为一种机械传动装置，其具有什么样的结构特点、传动特性和优点使其在机械设备中获得如此广泛的应用？又如何进行带传动设计？本章将详细讨论这些问题。

15.1　概　　述

带传动是间接挠性传动，如图 15-2 所示，由主动带轮 1、从动带轮 3 和传动带 2 组成。当主动带轮转动时，利用带和带轮之间的摩擦（或啮合）作用，驱动从动轮一起转动，进而实现运动或动力的传递。带传动结构简单、传动平稳、造价低廉，具有缓冲吸振和过载保护特性，在机械装置中应用广泛。

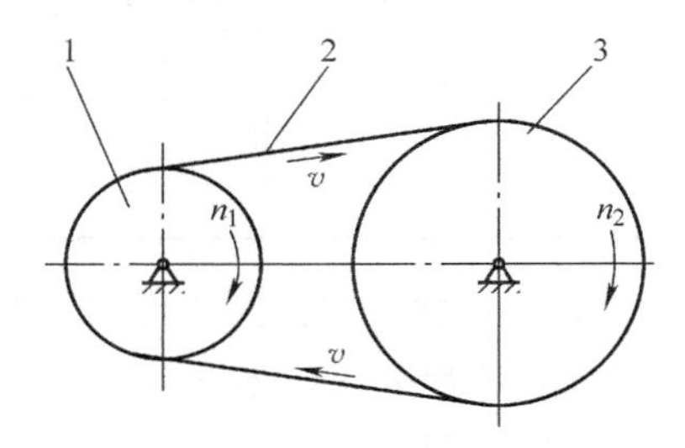

图 15-2　带传动运动示意图

1—主动带轮　2—传动带

3—从动带轮

按工作原理不同，带传动分为摩擦型带传动和啮合型带传动两大类。摩擦型带传动按带的截面形状不同，又可分为平带、V 带、圆带、多楔带等多种传动形式，如图 15-3a～d 所示。啮合型带传动一般又叫同步带传动，如图 15-3e 所示，与摩擦型带传动比较，同步带传动的带轮和带之间没有相对滑动，能够严格保证传动比。但同步带传动对中心距和尺寸精度要求较高。

V 带传动应用广泛，本章以其为例介绍带传动的设计。V 带的横截面为等腰梯形，如图 15-3b 所示，带轮上也有相应的轮槽，靠带两侧面与轮槽两侧面间的摩擦力来工作。根据摩

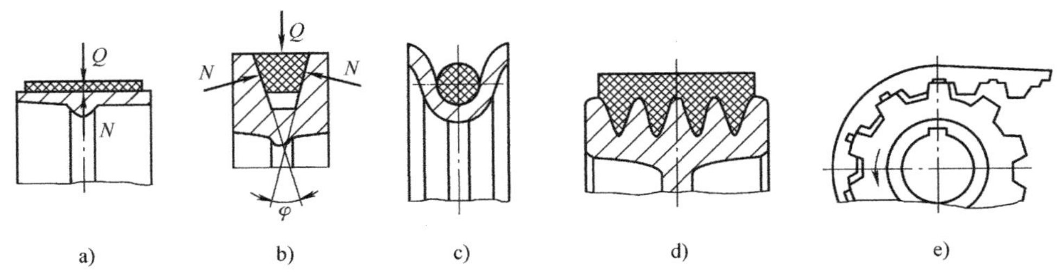

图 15-3 带传动类型

a）平带传动 b）V 带传动 c）圆带传动 d）多楔带传动 e）同步带传动

擦原理，在相同的张紧力下，V 带比平带能产生更大的摩擦力，因而传动能力更强。

标准普通 V 带都制成无接头的环形。其结构由顶胶 1、抗拉体 2、底胶 3 和包布 4 组成，如图 15-4 所示。抗拉体的结构又分为帘布芯和绳芯两种，帘布芯 V 带制造方便，绳芯 V 带柔韧性好，抗弯强度高。

普通 V 带按截面尺寸大小分为 Y、Z、A、B、C、D、E 七种，截面尺寸见表 15-1。

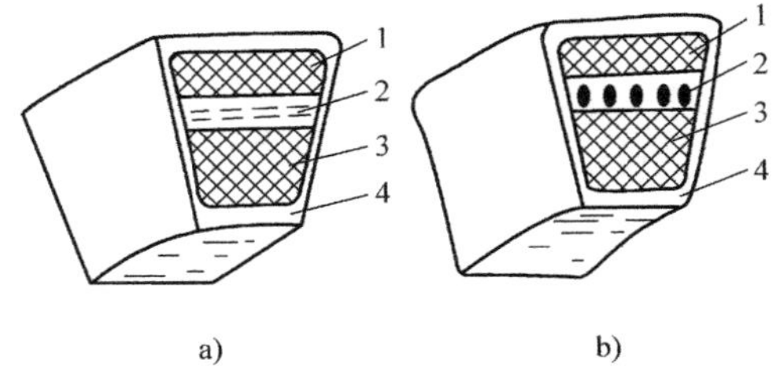

图 15-4 普通 V 带结构

a）帘布芯结构 b）绳芯结构

1—顶胶 2—抗拉体 3—底胶 4—包布

表 15-1 普通 V 带的截面尺寸（摘自 GB/T 11544—2012）

普通 V 带型号	节宽 b_p/mm	顶宽 b/mm	高度 h/mm	横截面积 A/mm²	楔角 φ(°)
Y	5.3	6	4	18	40
Z	8.5	10	6	47	
A	11.0	13	8	81	
B	14.0	17	11	143	
C	19.0	22	14	237	
D	27.0	32	19	476	
E	32.0	38	23	722	

当 V 带垂直于其顶面弯曲时，从剖面上看，顶胶变窄，底胶变宽，在顶胶和底胶之间的某个位置处宽度保持不变，这个宽度称为带的节宽 b_p。把 V 带套在规定尺寸的带轮上，带轮的轮槽与配用 V 带节宽相等处的槽宽称为轮槽基准宽度 b_d，基准宽度处的直径称为带轮基准直径 d_d。

V 带的名义长度称为基准长度。把 V 带套在规定尺寸的测量带轮上，在规定的张紧力下，位于测量带轮基准直径上的周线长度，即为 V 带的基准长度 L_d。基准长度已经标准化。

V 带传动性能设计的主要内容包括：①选择带的参数，如型号、长度和根数；②确定带传动结构参数，如带轮基准直径、中心距及结构尺寸；③确定工作条件参数，如带的初拉力、压轴力等。

普通带传动的性能设计可按图 15-5 所示的带传动设计流程图进行。

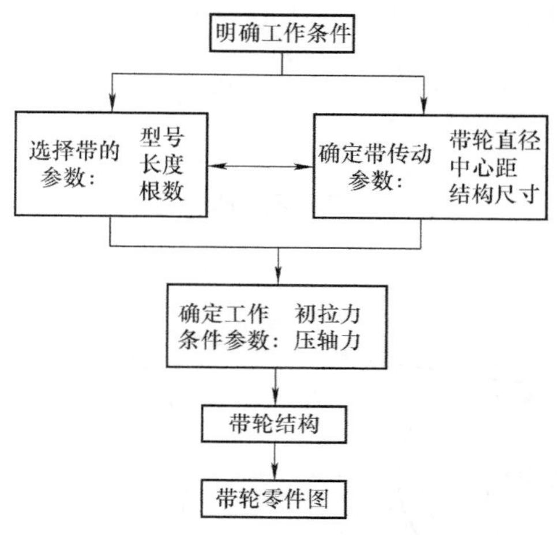

图 15-5 带传动设计流程图

15.2 带传动工作状况分析

15.2.1 带传动的受力分析

工作前，带必须以要求的初拉力 F_0 张紧在带轮上。带传动不工作时，如图 15-6a 所示，带上下两边的拉力都等于 F_0。带传动工作时，如图 15-6b 所示，由于带与带轮间摩擦力的作用，带上下两边的拉力不再相等。带绕进主动轮的一边的拉力由 F_0 增加到 F_1，带被进一步拉紧，故称为紧边；带绕进从动轮的一边的拉力则由 F_0 减少到 F_2，带被相对放松，称为松边。如果近似认为带的总长度不变，并且假设带为线性弹性体，则带的紧边拉力增量等于带的松边拉力减量，即

$$F_1 - F_0 = F_0 - F_2 \tag{15-1}$$

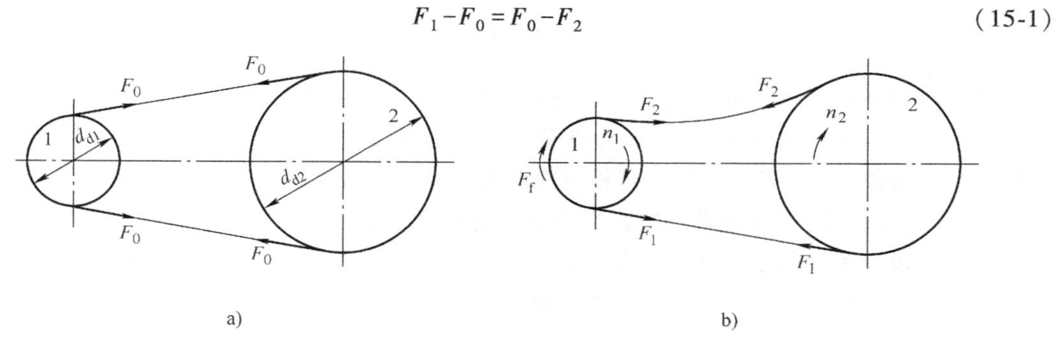

图 15-6 带传动工作原理图
a）不工作状态 b）工作状态

或

$$F_1 + F_2 = 2F_0 \tag{15-2}$$

如取主动轮一端的带为分离体，如图 15-7 所示（径向箭头表示带轮作用于带上的正压

力)，则总摩擦力 F_f 和上下两侧拉力对带轮中心的力矩代数和 $\sum T=0$，即

$$F_f\frac{d_{d1}}{2}-F_1\frac{d_{d1}}{2}+F_2\frac{d_{d1}}{2}=0$$

由上式可得

$$F_f=F_1-F_2 \tag{15-3}$$

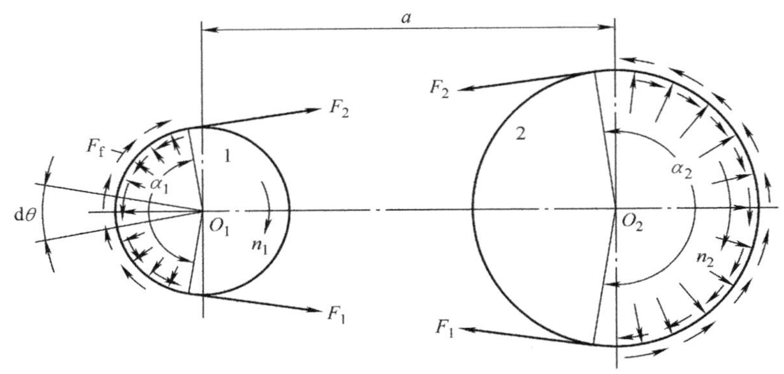

图 15-7　带与带轮的受力分析

带传动的有效拉力 F_e(N) 就是整个接触面上的总摩擦力 F_f，于是有

$$F_e=F_f=F_1-F_2 \tag{15-4}$$

带传动所能传递的功率 P（kW）与有效拉力的关系为

$$P=\frac{F_e v}{1000} \tag{15-5}$$

式中　v——带的速度（m/s）。

将式（15-4）代入式（15-1），可得

$$\begin{cases} F_1=F_0+\dfrac{F_e}{2} \\ F_2=F_0-\dfrac{F_e}{2} \end{cases} \tag{15-6}$$

由式（15-6）可知，带两侧拉力 F_1 和 F_2 的大小，取决于初拉力 F_0 和带传动的有效拉力 F_e。而由式（15-5）可知，F_e 的大小又与功率 P 及带速 v 有关。当传递功率增大时，带两侧的拉力差值（$F_e=F_1-F_2$）也要相应地增大，即带与带轮接触面上的摩擦力要增大。在一定条件下，该摩擦力是有极限的，当需要传递的有效拉力超过该极限值时，带传动将不能正常工作，表现为带与带轮间发生明显的相对滑动，这种现象称为打滑。所以带与带轮间摩擦力的极限值就决定了带传动的最大工作能力。

15.2.2　带传动极限有效拉力及其影响因素

带传动中，当带有打滑趋势时，即其摩擦力达到极限值时，带传动的有效拉力也达到最大值。下面分析最大有效拉力的计算方法和影响因素。

忽略带工作时离心力的影响，取图 15-7 中 $d\theta$ 对应的微小长度带为分离体，放大后如图 15-8 所示，在 x、y 方向列平衡式有

$$\begin{cases} dN=F\sin\dfrac{d\theta}{2}+(F+dF)\sin\dfrac{d\theta}{2} \\ fdN+F\cos\dfrac{d\theta}{2}=(F+dF)\cos\dfrac{d\theta}{2} \end{cases} \tag{15-7}$$

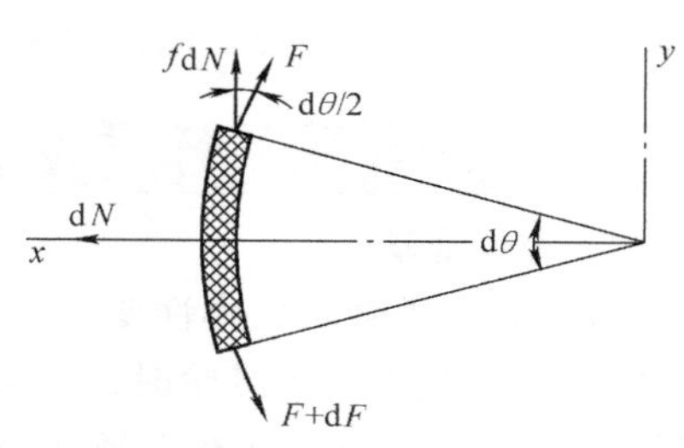

图 15-8 带的微元

式（15-7）中，因 $d\theta$ 很小，可取 $\sin\dfrac{d\theta}{2}\approx\dfrac{d\theta}{2}$，$\cos\dfrac{d\theta}{2}\approx 1$，并略去二次微量 $dF\sin\dfrac{d\theta}{2}$，于是得

$$\begin{cases} dN=Fd\theta \\ fdN=dF \end{cases} \tag{15-8}$$

由式（15-8）可得

$$\frac{dF}{F}=fd\theta \tag{15-9}$$

两边积分得

$$\int_{F_2}^{F_1}\frac{dF}{F}=\int_0^{\alpha}fd\theta \tag{15-10}$$

则

$$\frac{F_1}{F_2}=e^{f\alpha} \tag{15-11}$$

式中　e——自然对数的底（e=2.718）；

f——带与带轮接触面的摩擦系数（对于 V 带，是指其当量摩擦系数 f_v）；

α——带在带轮上的包角，即带与带轮接触弧所对的圆心角，小带轮和大带轮的包角分别为

$$\begin{cases} \alpha_1\approx 180°-\dfrac{(d_{d2}-d_{d1})}{a}\times 57.3° \\ \alpha_2\approx 180°+\dfrac{(d_{d2}-d_{d1})}{a}\times 57.3° \end{cases} \tag{15-12}$$

其中，d_{d1} 和 d_{d2} 分别为小带轮和大带轮的基准直径，a 为两轮的中心距。

将式（15-2）、式（15-4）和式（15-11）联立，可解得带传动所能传递的最大有效拉力 F_{ec}（也称临界摩擦力）为

$$F_{ec}=F_1\left(1-\frac{1}{e^{f\alpha}}\right)=2F_0\frac{1-\dfrac{1}{e^{f\alpha}}}{1+\dfrac{1}{e^{f\alpha}}} \tag{15-13}$$

由式（15-13）可知，F_{ec} 受初拉力、包角和摩擦系数影响。

初拉力直接决定着临界摩擦力的大小，应保证足够的初拉力。

由于小带轮上的包角小于大带轮上的包角，因而小带轮的最大有效拉力较小，打滑总是先从小带轮开始，设计计算时上式中的包角 α 应代以小带轮上的包角 α_1。增大小带轮上的包角 α_1，有利于增大临界摩擦力（最大有效拉力）。增加摩擦系数 f（或当量摩擦系数 f_v），

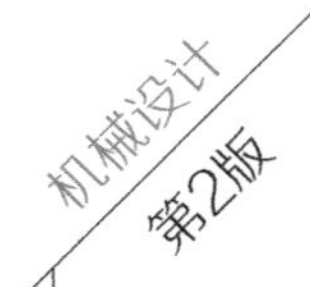

有利于增大临界摩擦力，但摩擦系数增大会使带的磨损加剧，缩短带的使用寿命。

15.2.3 带的弹性滑动和打滑

1. 弹性滑动

带受到拉力会产生弹性变形，变形量与拉力成正比。如图 15-9 所示，当带上任意一点在紧边 A_1 点绕上主动带轮时，其所受的拉力为 F_1，此时带上该点的线速度 v 等于主动轮的圆周速度 v_1（指带轮基准直径处的圆周速度，后同）。当带由 A_1 点转到 B_1 点的过程中，带所受的拉力由 F_1 逐渐降低到 F_2，带的弹性变形也随之逐渐减小，因而带相对于主动带轮的运动是在 A_1 点附近张紧绕进，在 B_1 点附近放松收缩脱开，其速度 v 逐渐低于主动轮的圆周速度 v_1，即带在绕经主动轮过程中，与主动轮之间发生相对滑动。相对滑动现象也发生在从动轮上，但情况恰恰相反：当带从绕上从动轮的 A_2 点向脱开从动轮的 B_2 点运动时，拉力由 F_2 逐渐增大到 F_1，弹性变形量随之逐渐增加，因而带相对于从动轮的运动是在 A_2 点附近放松状态绕进，在 B_2 点附近张紧脱开，所以带的速度便逐渐高于从动轮的圆周速度 v_2，也即带与从动轮间也发生相对滑动。这种由于 F_1、F_2 不相等而导致的带与带轮间的相对滑动称为弹性滑动。

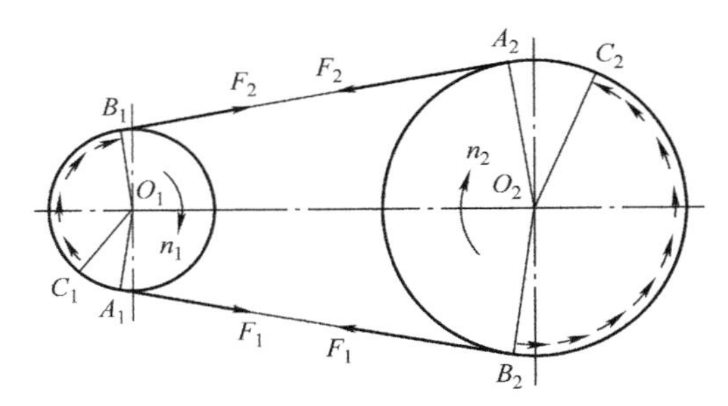

图 15-9 带的弹性滑动示意图

弹性滑动是由于 F_1、F_2 不相等导致的，无法避免，是带传动正常工作时的固有特性。由于弹性滑动的存在，从动轮的圆周速度 v_2 低于主动轮的圆周速度 v_1，即有速度损失。这种速度损失随外载荷的变化而变化，使得带传动不能保证准确的传动比。速度降低量可用滑动率 ε 来评价。ε 的计算式为

$$\varepsilon=\frac{v_1-v_2}{v_1}\times 100\% \tag{15-14}$$

其中

$$\begin{cases} v_1=\dfrac{\pi d_{d1}n_1}{60\times 1000} \\ v_2=\dfrac{\pi d_{d2}n_2}{60\times 1000} \end{cases} \tag{15-15}$$

式中 n_1、n_2——主动轮和从动轮的转速（r/min）。

将式（15-15）代入式（15-14），可得带传动的平均传动比为

$$i_{12}=\frac{n_1}{n_2}=\frac{d_{d2}}{(1-\varepsilon)d_{d1}} \tag{15-16}$$

一般传动中，滑动率因数值不大（$\varepsilon=1\%\sim2\%$），故可不考虑，可得传动比为

$$i_{12}=\frac{n_1}{n_2}\approx\frac{d_{d2}}{d_{d1}} \tag{15-17}$$

2. 带的打滑

带传动正常工作时，弹性滑动并不是发生在全部接触弧上，而是只发生在带离开主、从动轮之前的那一段接触弧上，如图 15-9 中的 C_1B_1、C_2B_2 弧段，这两段弧被称为滑动弧。没有发生弹性滑动的接触弧被称为静止弧，如图 15-9 中的 A_1C_1、A_2C_2 弧段。在带传动速度不变的条件下，随着传递功率的增加，带与带轮间的总摩擦力也随之增加，滑动弧的范围也相应扩大。当总摩擦力增加到临界值时，滑动弧也就扩展为整个接触弧（即 C_1 点与 A_1 点重合），如果再增加传递的功率，带和带轮之间就会发生打滑。打滑会加剧带的磨损，降低从动带轮的转速，甚至使传动失效，故应避免这种情况发生。但同时，打滑能起到过载保护作用。

15.2.4 带的应力分析

工作过程中带的应力由三部分组成：因传递动力而产生的拉应力 σ、带绕带轮弯曲产生的弯曲应力 σ_b、由离心力产生的离心拉应力 σ_c。

1. 拉应力

拉应力分为紧边拉应力 σ_1 和松边拉应力 σ_2

$$\begin{cases}\sigma_1=\dfrac{F_1}{A}\\ \sigma_2=\dfrac{F_2}{A}\end{cases} \tag{15-18}$$

式中 σ_1、σ_2——紧边拉应力、松边拉应力（MPa）；

A——传动带横截面积（mm）^{2}，V 带的数值见表 15-1。

2. 弯曲应力

带绕在带轮上时，在带中会产生弯曲应力 σ_{b1} 和 σ_{b2}

$$\begin{cases}\sigma_{b1}\approx E\dfrac{h}{d_{d1}}\\ \sigma_{b2}\approx E\dfrac{h}{d_{d2}}\end{cases} \tag{15-19}$$

式中 σ_{b1}、σ_{b2}——主动轮、从动轮的弯曲应力（MPa）；

E——带的弹性模量（MPa）；

h——传动带的高度（mm），V 带的数值见表 15-1。

由式（15-19）可知，带越厚，带轮直径越小，带中的弯曲应力越大。为避免过大的弯曲应力，在 V 带设计过程中，应对小带轮的最小直径 d_{min} 加以限制，见表 15-2。

表 15-2 V 带带轮的最小基准直径 d_{min}

带型号	Y	Z	A	B	C	D	E
d_{min}/mm	20	50	75	125	200	355	500

3. 离心拉应力

带绕过带轮作圆周运动时，带本身的质量将引起离心力的作用，该离心力在带的横截面

上会产生附加离心拉应力。这种离心拉应力存在于带的全长范围内，可以表示为

$$\sigma_c = \frac{qv^2}{A} \tag{15-20}$$

式中　σ_c——带的离心拉应力（MPa）；

q——传动带单位长度质量（kg/m），V带的数值见表15-3；

v——带的线速度（m/s）。

表15-3　V带单位长度质量

带型号	Y	Z	A	B	C	D	E
q/(kg/m)	0.023	0.060	0.105	0.170	0.300	0.630	0.970

4. 应力分布及最大应力

综合上述分析，正常工作时带中产生的拉应力、弯曲应力和离心拉应力分布可表示为图15-10。从图中可以看出，带的最大应力出现在紧边开始绕上小带轮处，最小应力出现在松边开始绕上大带轮处，最大应力值为

$$\sigma_{max} \approx \sigma_1 + \sigma_{b1} + \sigma_c \tag{15-21}$$

由图15-10可以看出，带工作过程中，其上任意一点的应力是随着所处位置的变化而变化的，即带工作在变应力状态下，带每回转一周，带上任意一点的应力变化一个周期。当应力循环次数达到一定数值后，带将产生疲劳破坏。

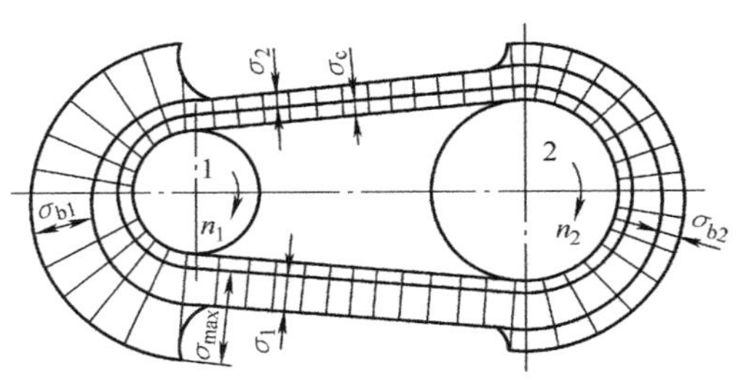

图15-10　带工作时的应力分布

15.3　普通V带传动性能设计

15.3.1　带传动的设计准则

普通带传动靠摩擦力工作，当传递的有效圆周力超过临界摩擦力时，带将在带轮上发生打滑而使传动失效；另外，带在运行过程中由于受循环变应力作用会产生疲劳破坏。因此，带传动的主要失效形式为打滑和带的疲劳破坏。

带传动设计准则：在保证不打滑的条件下，使带具有足够的疲劳强度。

15.3.2　单根V带的基本额定功率与额定功率

1. 单根V带的基本额定功率 P_0

由式（15-21）可知，V带的疲劳强度条件为

$$\sigma_{max} \approx \sigma_1 + \sigma_{b1} + \sigma_c \leqslant [\sigma] \tag{15-22}$$

或

$$\sigma_1 \leqslant [\sigma] - \sigma_{b1} - \sigma_c \tag{15-23}$$

其中，［σ］为在一定条件下，由带的疲劳强度所决定的许用应力。

对 V 带用当量摩擦系数 f_v 替代平面摩擦系数 f，由式（15-6）、式（15-13）和式（15-18），可推导出 V 带在临界打滑状态时的有效拉力 F_{ec} 为

$$F_{ec}=F_1\left(1-\frac{1}{e^{f_v\alpha}}\right)=\sigma_1 A\left(1-\frac{1}{e^{f_v\alpha}}\right) \tag{15-24}$$

联立式（15-5）、式（15-22）和式（15-24）可得到单根 V 带处于临界打滑状态时所能传递的最大功率 P_0（kW）为

$$P_0=\frac{([\sigma]-\sigma_{b1}-\sigma_c)\left(1-\frac{1}{e^{f_v\alpha}}\right)Av}{1000} \tag{15-25}$$

单根普通 V 带在特定条件下所能传递的最大功率 P_0 称为基本额定功率，它是通过在特定条件下的试验得到的，试验条件为：包角 $\alpha=180°$、特定带长、平稳的工作条件。具体数据参见表 15-4。

表 15-4　单根普通 V 带的基本额定功率　（单位：kW）

型　号	小带轮基准直径 d_{d1}/mm	小带轮转速 n_1/(r/min)													
		400	730	800	980	1200	1460	1600	2000	2400	2800	3200	3600	4000	5000
Y	20	—	—	—	0.02	0.02	0.02	0.03	0.03	0.04	0.04	0.05	0.06	0.06	0.08
	31.5	—	0.03	0.04	0.04	0.05	0.06	0.06	0.07	0.09	0.10	0.11	0.12	0.13	0.15
	40	—	0.04	0.05	0.06	0.07	0.08	0.09	0.11	0.12	0.14	0.15	0.16	0.18	0.20
	50	0.05	0.06	0.07	0.08	0.09	0.11	0.12	0.14	0.16	0.18	0.20	0.22	0.23	0.25
Z	50	0.06	0.09	0.10	0.12	0.14	0.16	0.17	0.20	0.22	0.26	0.28	0.30	0.32	0.34
	63	0.08	0.13	0.15	0.18	0.22	0.25	0.27	0.32	0.37	0.41	0.45	0.47	0.49	0.50
	71	0.09	0.17	0.20	0.23	0.27	0.31	0.33	0.39	0.46	0.50	0.54	0.58	0.61	0.62
	80	0.14	0.20	0.22	0.26	0.30	0.36	0.39	0.44	0.50	0.56	0.61	0.64	0.67	0.66
	90	0.14	0.22	0.24	0.28	0.33	0.37	0.40	0.48	0.54	0.60	0.64	0.68	0.72	0.73
A	75	0.26	0.42	0.45	0.52	0.60	0.68	0.73	0.84	0.92	1.00	1.04	1.08	1.09	1.02
	90	0.39	0.63	0.68	0.79	0.93	1.07	1.15	1.34	1.50	1.64	1.75	1.83	1.87	1.82
	100	0.47	0.77	0.83	0.97	1.14	1.32	1.42	1.66	1.87	2.05	2.19	2.28	2.34	2.25
	125	0.67	1.11	1.19	1.40	1.66	1.93	2.07	2.44	2.74	2.98	3.16	3.26	3.28	2.91
	160	0.94	1.56	1.69	2.00	2.36	2.74	2.94	3.42	3.80	4.06	4.19	4.17	3.98	2.67
B	125	0.84	1.34	1.44	1.67	1.93	2.20	2.33	2.50	2.64	2.76	2.85	2.96	2.94	2.51
	160	1.32	2.16	2.32	2.72	3.17	3.64	3.86	4.15	4.40	4.60	4.75	4.89	4.80	3.82
	200	1.85	3.06	3.30	3.86	4.50	5.15	5.46	6.13	6.47	6.43	5.95	4.98	3.47	—
	250	2.50	4.14	4.46	5.22	6.04	6.85	7.20	7.87	7.89	7.14	5.60	3.12	—	—
	280	2.89	4.77	5.13	5.93	6.90	7.78	8.13	8.60	8.22	6.80	4.26	—	—	—

（续）

型号	小带轮基准直径 d_{d1}/mm	小带轮转速 n_1/(r/min)													
		200	300	400	500	600	730	800	950	1200	1460	1600	1800	2000	2200
C	200	1.39	1.92	2.41	2.87	3.30	3.80	4.07	4.66	5.29	5.86	6.07	6.28	6.34	6.26
	250	2.03	2.85	3.62	4.33	5.00	5.82	6.23	7.18	8.21	9.06	9.38	9.63	9.62	9.34
	315	2.86	4.04	5.14	6.17	7.14	8.34	8.92	10.23	11.53	12.48	12.72	12.67	12.14	11.08
	400	3.91	5.54	7.06	8.52	9.82	11.52	12.10	13.67	15.04	15.51	15.24	14.08	11.95	8.75
	450	4.51	6.40	8.20	9.81	11.29	12.98	13.80	15.39	16.59	16.41	15.57	13.29	9.64	4.44
D	355	5.31	7.35	9.24	10.90	12.39	14.04	14.83	16.30	17.25	16.70	15.63	12.97	—	—
	450	7.90	11.02	13.85	16.40	18.67	21.12	22.25	24.16	24.84	22.42	19.59	13.34	—	—
	560	10.76	15.07	18.95	22.38	25.32	28.28	29.55	31.00	29.67	22.08	15.13	—	—	—
	710	14.55	20.35	25.45	29.76	33.18	35.97	36.87	35.58	27.88	—	—	—	—	—
	800	16.76	23.39	29.08	33.72	37.13	39.26	39.55	35.26	21.32	—	—	—	—	—
E	500	10.86	14.96	18.55	21.65	24.21	26.62	27.57	28.52	25.53	16.25	—	—	—	—
	630	15.65	21.69	26.95	31.36	34.83	37.64	38.52	37.14	29.17	—	—	—	—	—
	800	21.70	30.05	37.05	42.53	46.26	47.79	47.38	39.08	16.46	—	—	—	—	—
	900	25.15	34.71	42.49	48.20	51.48	51.13	49.21	34.01	—	—	—	—	—	—
	1000	28.52	39.17	47.52	53.12	55.45	52.26	48.19	—	—	—	—	—	—	—

2. 单根 V 带的额定功率 P_r

实际工作条件下带传动的传动比、带长度及包角等与试验条件不同，需对单根 V 带的基本额定功率予以修正，得到单根 V 带的额定功率

$$P_r = (P_0 + \Delta P_0) K_\alpha K_L \tag{15-26}$$

式中　ΔP_0——传动比 $i>1$ 时，从动轮处弯曲应力降低导致的基本额定功率的增量，见表 15-5；

K_α——应对包角不等于 180°的包角修正系数，见表 15-6；

K_L——应对带长不等于试验规定的特定带长的带长修正系数，见表 15-7。

表 15-5　单根普通 V 带额定功率的增量 ΔP_0　（单位：kW）

型号	传动比 i	小带轮转速 n_1/(r/min)													
		400	730	800	980	1200	1460	1600	2000	2400	2800	3200	3600	4000	5000
Y	1.35~1.51	0.00	0.00	0.00	0.01	0.01	0.01	0.01	0.01	0.01	0.02	0.02	0.02	0.02	0.02
	≥2	0.00	0.00	0.00	0.01	0.01	0.01	0.01	0.02	0.02	0.02	0.02	0.03	0.03	0.03
Z	1.35~1.51	0.01	0.01	0.01	0.02	0.02	0.02	0.02	0.03	0.03	0.04	0.04	0.04	0.05	0.05
	≥2	0.01	0.02	0.02	0.02	0.03	0.03	0.03	0.04	0.04	0.04	0.05	0.05	0.06	0.06
A	1.35~1.51	0.04	0.07	0.08	0.08	0.11	0.13	0.15	0.19	0.23	0.26	0.30	0.34	0.38	0.47
	≥2	0.05	0.09	0.10	0.11	0.15	0.17	0.19	0.24	0.29	0.34	0.39	0.44	0.48	0.60
B	1.35~1.51	0.10	0.17	0.20	0.23	0.30	0.36	0.39	0.49	0.59	0.69	0.79	0.89	0.99	1.24
	≥2	0.13	0.22	0.25	0.30	0.38	0.46	0.51	0.63	0.76	0.89	1.01	1.14	1.27	1.60

（续）

型号	传动比 i	小带轮转速 n_1/(r/min)													
		200	300	400	500	600	730	800	980	1200	1460	1600	1800	2000	2200
C	1.3~1.51	0.14	0.21	0.27	0.34	0.41	0.48	0.55	0.65	0.82	0.99	1.10	1.23	1.37	1.51
	≥2	0.18	0.26	0.35	0.44	0.53	0.62	0.71	0.83	1.06	1.27	1.41	1.59	1.76	1.94
D	1.35~1.51	0.49	0.73	0.97	1.22	1.46	1.70	1.95	2.31	2.92	3.52	3.89	4.98	—	—
	≥2	0.63	0.94	1.25	1.56	1.88	2.19	2.50	2.97	3.75	4.53	5.00	5.62	—	—
E	1.35~1.51	0.96	1.45	1.93	2.41	2.89	3.38	3.86	4.58	5.61	6.83	—	—	—	—
	≥2	1.24	1.86	2.48	3.10	3.72	4.34	4.96	5.89	7.21	8.78	—	—	—	—

表 15-6 包角修正系数 K_α

包角 α	180°	170°	160°	150°	140°	130°	120°	110°	100°	90°	80°	70°
V带	1.00	0.98	0.95	0.92	0.89	0.86	0.82	0.78	0.74	0.69	0.64	0.58
平带	1.00	0.97	0.94	0.91	0.88	0.85	0.82	0.72	0.67	0.62	0.56	0.50

表 15-7 V带的基准长度系列及带长修正系数 K_L

基准长度 L_d/mm	K_L						
	普通V带						
	Y	Z	A	B	C	D	E
450	1.00	0.89					
500	1.02	0.91					
560		0.94					
630		0.96	0.81				
710		0.99	0.82				
800		1.00	0.85				
900		1.03	0.87	0.81			
1000		1.06	0.89	0.84			
1120		1.08	0.91	0.86			
1250		1.11	0.93	0.88			
1400		1.14	0.96	0.90			
1600		1.16	0.99	0.93	0.84		
1800		1.18	1.01	0.95	0.85		
2000			1.03	0.98	0.88		
2240			1.06	1.00	0.91		
2500			1.09	1.03	0.93		

15.3.3 带传动的参数选择

1. 中心距

加大中心距，可增大小带轮包角，减少单位时间内带的循环次数，提高带的寿命。但中心距过大，会加剧带的抖动，降低带传动的平稳性，同时增大结构尺寸。一般初选带传动的

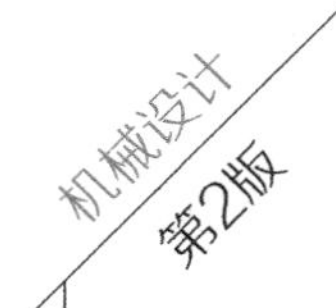

中心距为

$$0.7(d_{d1}+d_{d2}) \leqslant a_0 \leqslant 2(d_{d1}+d_{d2}) \tag{15-27}$$

式中 a_0——初选的带传动中心距（mm）。

2. 传动比

随传动比增大，小带轮包角会减小。当包角减小到一定程度时，就会发生打滑失效。因此，一般带传动的传动比 $i \leqslant 7$，推荐值为 2~5。

3. 带轮的基准直径

当传递功率一定时，减小带轮直径，会增大所需的有效拉力，使 V 带根数增加，而带根数过多，会使带之间的载荷分配均匀性变差。此外，带轮直径过小，还会增大带的弯曲应力。因此，设计时应避免小带轮直径过小，保证 $d_{d1} \geqslant d_{min}$。推荐的 V 带轮的最小基准直径见表 15-2。

4. 带速

给定传递功率时，提高带速可降低有效拉力，减少 V 带的横截面积和所需带的根数，减少带传动的总体尺寸，因此，带传动适宜在高速下工作。带传动一般布置在高速级。但过高的带速，会增大 V 带的离心力，增加单位时间内带的循环次数，不利于提高带传动的疲劳强度和寿命。

适宜的带速一般为 $v=5\sim25\text{m/s}$，最高带速 $v_{max} \leqslant 30\text{m/s}$。

15.3.4 带传动的性能设计

设计 V 带传动时应已知：带传动的工作条件、原动机类型、传递的功率 P、主动轮和从动轮的转速 n_1、n_2 或传动比 i、对传动的尺寸要求等。

参照图 15-5，V 带传动性能设计主要有如下步骤。

1. 确定计算功率 P_{ca}

计算功率 P_{ca} 是根据带所要传递的功率 P 和工作条件确定的。即

$$P_{ca}=K_A P \tag{15-28}$$

式中 P_{ca}——计算功率（kW）；

K_A——载荷工况系数，见表 15-8；

P——所需传递的额定功率（kW）。

表 15-8 载荷工况系数 K_A

工况		K_A					
		空、轻载起动			重载起动		
		每天工作小时数/h					
		<10	10~16	>16	<10	10~16	>16
载荷变动最小	液体搅拌机、通风机和鼓风机（≤7.5kW）、离心式水泵和压缩机、轻负载输送机	1.0	1.1	1.2	1.1	1.2	1.3
载荷变动小	带式输送机（不均匀负荷）、通风机（>7.5kW）、旋转式水泵和压缩机（非离心式）、发电机、金属切削机床、印刷机、旋转筛、锯木机和木工机械	1.1	1.2	1.3	1.2	1.3	1.4

（续）

工况		K_A					
		空、轻载起动			重载起动		
		每天工作小时数/h					
		<10	10~16	>16	<10	10~16	>16
载荷变动较大	制砖机、斗式提升机、往复式水泵和压缩机、起重机、磨粉机、冲剪机床、橡胶机械、振动筛、纺织机械、重载输送机	1.2	1.3	1.4	1.4	1.5	1.6
载荷变动很大	破碎机（旋转式、颚式等）、磨碎机（球磨、棒磨、管磨）	1.3	1.4	1.5	1.5	1.6	1.8

注：1. 空、轻载起动—电动机（交流起动、三角起动、直流并励），四缸以上的内燃机，装有离心式离合器、液力联轴器的动力机。重载起动—电动机（联机交流起动、直流复励或串励），四缸以下的内燃机。

2. 反复起动、正反转频繁、工作条件恶劣等场合，K_A 应乘 1.1。

3. 增速传动时 K_A 应乘下列系数：

增速比（$1/i$）：	1.25~1.74	1.75~2.49	2.50~3.49	≥3.50
系　数：	1.05	1.11	1.18	1.25

2. 选择 V 带型号

根据计算功率 P_{ca} 和小带轮转速 n_1 由图 15-11 选择 V 带型号。

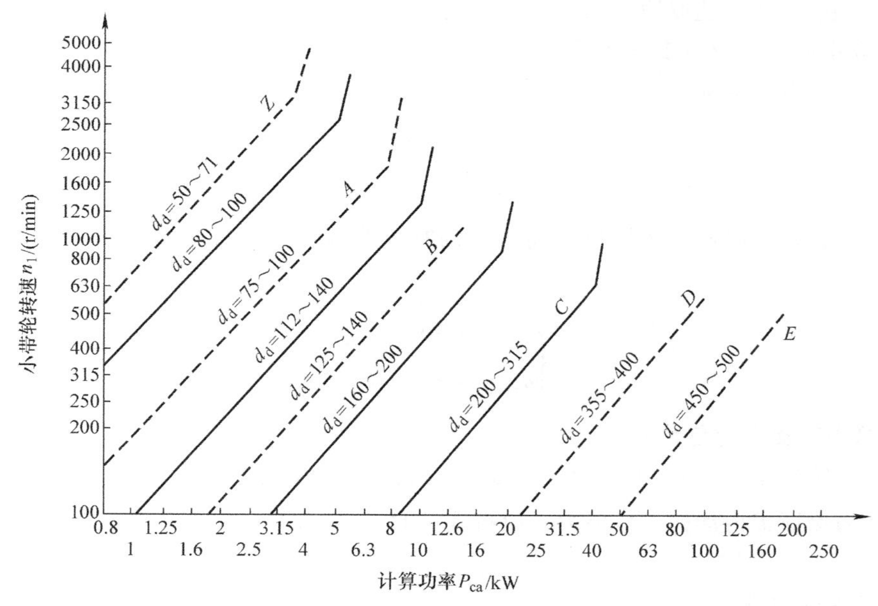

图 15-11　普通 V 带选型图

3. 确定带轮基准直径 d_{d1} 和 d_{d2}

根据 V 带的型号，参考表 15-2 选取 $d_{d1} \geqslant d_{min}$。大带轮基准直径按式（15-17）计算，并按表 15-9 给定的 V 带带轮基准直径系列圆整。仅当传动比要求较精确时，才按式（15-16）计算大带轮直径，这时 d_{d2} 可不按表 15-9 圆整。为提高带的寿命，应尽量采用较大的带轮直径。

表 15-9　V 带带轮基准直径系列

带轮基准直径系列	20, 22.4, 25, 28, 31.5, 35.5, 40, 45, 50, 56, 63, 71, 75, 80, 90, 100, 112, 125, 140, 150, 160, 180, 200, 224, 250, 280, 315, 355, 400, 425, 450, 500, 560, 600, 630, 710, 800

4. 验算带速 v、传动比误差 Δi

按式（15-15）计算带速。一般应使 $v=5\sim25\text{m/s}$，最高不超过 30m/s。

传动比误差不超过 5%，计算公式为

$$\Delta i=\frac{i'-i}{i}\times100\% \tag{15-29}$$

式中　i'——实际传动比；

i——理论传动比。

5. 确定中心距 a 和 V 带基准长度 L_d

1）根据传动、结构要求参考式（15-27）初定中心距 a_0。

2）初选 a_0 后，初算 V 带的基准长度

$$L_{d0}\approx2a_0+\frac{\pi}{2}(d_{d1}+d_{d2})+\frac{(d_{d2}-d_{d1})^2}{4a_0}$$

根据 L_{d0} 由表 15-7 选取适宜的带基准长度 L_d。

3）计算中心距 a 及其变动范围。

传动的实际中心距可取为

$$a\approx a_0+\frac{L_d-L_{d0}}{2} \tag{15-30}$$

考虑制造、安装误差，磨损松弛而产生的补充张紧需要，按下式给出中心距调整变动范围

$$\begin{cases}a_{\min}=a-0.015L_d\\a_{\max}=a+0.03L_d\end{cases} \tag{15-31}$$

6. 验算小带轮上的包角 α_1

由于小带轮包角 α_1 小于大带轮包角 α_2，因此小带轮上的摩擦力较小，打滑一般在小带轮上发生。为保证带传动的工作能力，应按式（15-12）计算小带轮包角，并保证$\alpha_1\geqslant120°$。

7. 确定带的根数 z

$$z=\frac{P_{ca}}{P_r}=\frac{K_AP}{(P_0+\Delta P_0)K_\alpha K_L} \tag{15-32}$$

为使带受力均匀，根数不宜过多，一般应少于 8 根。否则，应重新选择横截面积较大的带型，以减少带的根数。

8. 确定带的初拉力 F_0

由式（15-13），并计入离心力的影响，可得单根 V 带所需的最小初拉力为

$$F_0=500\frac{(2.5-K_\alpha)P_{ca}}{K_\alpha zv}+qv^2 \tag{15-33}$$

对于新的 V 带，初拉力可控制为 $1.5F_0$；对于运转后的 V 带，初拉力可控制为 $1.3F_0$。

安装时为了控制实际 F_0 的大小，可采用图 15-12 所示的方法，在 V 带与两带轮切点的跨度中点施加一规定的与带边垂直的力 G（其值参见表 15-10），使带在每 100mm 上产生 1.6mm 的挠度。

9. 计算带传动的压轴力 F_p

为方便后续轴与轴承的设计，需要计算传动带对轴产生的压轴力 F_p（图 15-13）

$$F_p=2zF_0\sin\frac{\alpha_1}{2} \tag{15-34}$$

式中　α_1——小带轮上的包角。

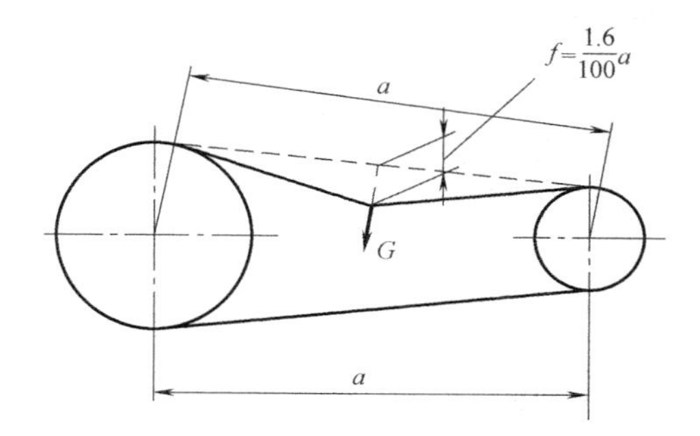

图 15-12　带传动初拉力的控制

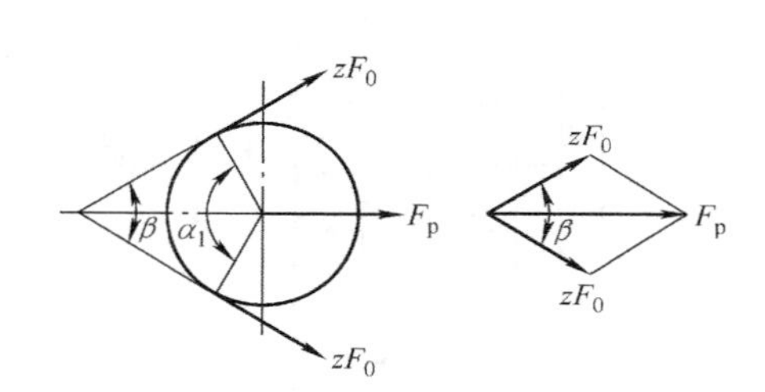

图 15-13　带传动的压轴力

表 15-10　测定初拉力所需的垂直力 G　（单位：N）

带　型	小带轮直径 d_{d1}/mm	带速 v/(m/s)		
		0~10	10~20	20~30
Z	50~100	5~7	4.2~6	3.5~5.5
	>100	7~10	6~8.5	5.5~7
A	75~140	9.5~14	8~12	6.5~10
	>140	14~21	12~18	10~15
B	125~200	18.5~28	15~22	12.5~18
	>200	28~42	22~33	18~27
C	200~400	36~54	30~45	25~38
	>400	54~85	45~70	38~56
D	355~600	74~108	62~94	50~75
	>600	108~162	94~140	75~108
E	500~800	145~217	124~186	100~150
	>800	217~325	186~280	150~225

注：表中高值用于新安装的 V 带或必须保持较高张紧的传动（如高带速，小包角，超载起动，频繁的高转矩起动等）。

15.4 普通V带传动结构设计

15.4.1 V带轮的结构设计

带轮的结构设计是要根据已知的基准直径、转速等条件，确定带轮材料、结构形式、轮槽参数和结构尺寸，确定公差、表面粗糙度以及相关技术要求。

带轮的常用材料为HT150或HT200，速度高时宜采用铸钢或钢板焊接，功率小时可采用铸铝或塑料。

带轮整体结构有实心式（图15-14a）、腹板式（图15-14b）、孔板式（图15-14c）和轮辐式（图15-14d），应根据带轮的基准直径大小进行选择。带轮基准直径 $d_d \leqslant 3d$（d 为轴径）时，可采用实心式；$d_d \leqslant 300\text{mm}$ 时，可采用腹板式或孔板式；$d_d \geqslant 300\text{mm}$ 时，采用轮辐式。

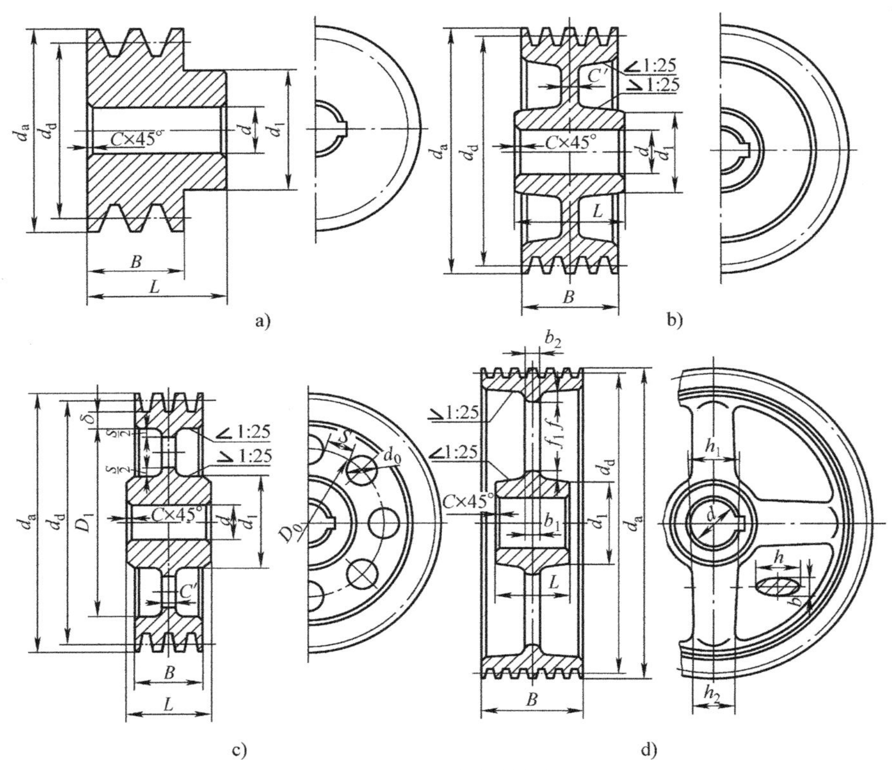

图15-14 V带轮结构

带轮轮槽尺寸根据带的型号确定，具体见表15-11。除轮槽外，带轮其他部分尺寸大都按经验公式决定，可参看机械设计手册有关内容。

15.4.2 带传动的张紧装置

对带传动而言，不仅新带在工作前要张紧，而且带在工作一段时间后还会因磨损和塑性变形而松弛，使初拉力减小，传动能力下降，因此为了保证带传动的传动能力，必须对带定期进行张紧处理。

表 15-11 轮槽截面及其尺寸（摘自 GB/T 13575.1—2008） （单位：mm）

槽型	b_d	h_{amin}	h_{fmin}	e	f_{min}	d_d 与 φ 相对应的 d_d			
						$\varphi=32°$	$\varphi=34°$	$\varphi=36°$	$\varphi=38°$
Y	5.3	1.6	4.7	8±0.3	6	≤60	—	>60	—
Z	8.5	2	7	12±0.3	7	—	≤80	—	>80
A	11	2.75	8.7	15±0.3	9	—	≤118	—	>118
B	14	3.5	10.8	19±0.4	11.5	—	≤190	—	>190
C	19	4.8	14.3	25.5±0.5	16	—	≤315	—	>315
D	27	8.1	19.9	37±0.6	23	—	—	≤475	>475
E	32	9.6	23.4	44.5±0.7	28	—	—	≤600	>600

注：$d_a=d_d+2h_{amin}$。

常见的张紧装置如图 15-15 所示。其中图 15-15a、b 为定期张紧装置，通过定期改变传动中心距来重新调节初拉力，前者用于水平或倾斜度不大的传动中，后者用于垂直或接近垂直的传动中。

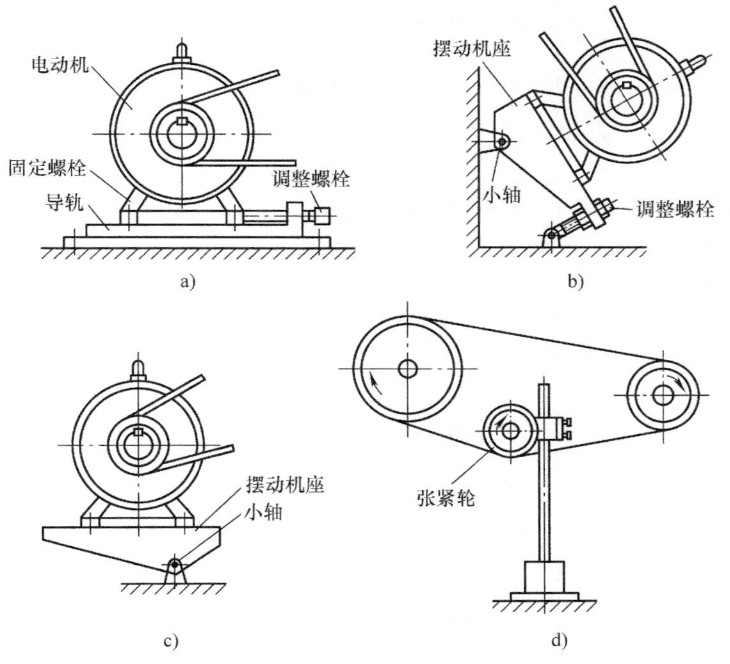

图 15-15 带传动张紧装置

图 15-15c 所示为自动张紧装置，它是将装有带轮的电动机安装在能够摆动的机座上，利用电动机与带轮的自重使带轮随着机座绕固定轴摆动，自动使带始终保持张紧状态。

图 15-15d 所示为采用张紧轮的张紧装置。为使带只受单向弯曲作用并尽量避免对小带轮包角的影响，张紧轮应布置在松边内侧靠近大带轮处。

15.5 V 带传动设计工程实例

【例】 牛头刨床传动系统的第一级采用 V 带传动。已知电动机额定功率 $P=5.5\text{kW}$，转速 $n_1=1430\text{r/min}$，从动轮转速 $n_2=330\text{r/min}$，每天运转时间为 16h。设计该 V 带传动。

【解】

计算项目	计算依据	单位	计算结果
1. 确定计算功率 P_{ca}	由表 15-8、式(15-28)：$P_{ca}=K_A P$	kW	$P_{ca}=7.15$
2. 选择 V 带型号	图 15-11		选择 A 型带
3. 确定带轮基准直径 d_{d1} 和 d_{d2}			
(1)主动轮基准直径 d_{d1}	表 15-2、表 15-9	mm	$d_{d1}=90$
(2)从动轮基准直径 d_{d2}	式(15-16)：$d_{d2}=\dfrac{n_1(1-\varepsilon)}{n_2}d_{d1}$(取 $\varepsilon=2\%$)	mm	$d_{d2}=382.2$ 取 $d_{d2}=400$
(3)验算带速 v	式(15-15)：$v=\dfrac{\pi d_{d1}n_1}{60\times1000}$	m/s	$v=6.74<25$
(4)验算传动比误差 Δi			
1)理论传动比 i	$i=\dfrac{n_1}{n_2}$		$i=4.333$
2)实际传动比 i'	式(15-16)：$i'=\dfrac{d_{d2}}{(1-\varepsilon)d_{d1}}$		$i'=4.535$
3)传动比误差 Δi	式(15-29)：$\Delta i=\dfrac{i'-i}{i}\times100\%$		$\Delta i=4.66\%<5\%$ 故大带轮直径可用
4. 确定中心距 a 和 V 带基准长度 L_d			
(1)初选中心距 a_0	式(15-27)：$0.7(d_{d1}+d_{d2})\leqslant a_0\leqslant2(d_{d1}+d_{d2})$	mm	取 $a_0=500$
(2)初步计算 V 带长度 L_{d0}	$L_{d0}\approx2a_0+\dfrac{\pi}{2}(d_{d1}+d_{d2})+\dfrac{(d_{d2}-d_{d1})^2}{4a_0}$	mm	$L_{d0}\approx1889.7$
(3)选取 V 带基准长度 L_d	表 15-7	mm	$L_d=1750$
(4)计算实际中心距 a	式(15-30)：$a\approx a_0+\dfrac{L_d-L_{d0}}{2}$	mm	$a=430$
5. 验算小轮包角 α_1	式(15-12)： $\alpha_1\approx180°-(d_{d2}-d_{d1})\dfrac{57.3°}{a}$	(°)	$\alpha_1\approx143.8°>120°$
6. 确定 V 带根数 z			
(1)计算单根 V 带额定功率 P_0 和额定功率增量 ΔP_0	表 15-4、表 15-5	kW	$P_0=1.06$ $\Delta P_0=0.168$

（续）

计算项目	计算依据	单位	计算结果
(2)计算包角系数 K_α 和 V 带长度系数 K_L	表 15-6、表 15-7		$K_\alpha=0.90$ $K_L=1.01$
(3)计算 V 带根数 z	式(15-32)：$z=\dfrac{P_{ca}}{P_r}=\dfrac{K_A P}{(P_0+\Delta P_0)K_\alpha K_L}$		$z=6.4$ 取 $z=7$
7. 确定初拉力 F_0	式(15-33)：$F_0=500\dfrac{(2.5-K_\alpha)P_{ca}}{K_\alpha zv}+qv^2$	N	$F_0=137.4$
8. 计算压轴力 F_p	式(15-34)：$F_p=2zF_0\sin\dfrac{\alpha_1}{2}$	N	$F_p=1828.9$
9. 带轮结构设计	$d_{d1}=90\text{mm}, d_{d2}=400\text{mm}$		小带轮选用实心式；大带轮选用轮辐式

习 题

15-1 摩擦型带传动常见的类型有哪几种？各应用在什么场合？

15-2 在单根普通 V 带的基本额定功率表中，单根带的额定功率随小带轮转速增大如何变化？试说明其原因。

15-3 V 带轮的基准直径和 V 带的基准长度是如何定义的？

15-4 某带传动由变速电动机驱动，大带轮的输出转速变化范围为 500～1000r/min。若大带轮上的负载为恒功率负载，应该按哪一种转速设计带传动？若大带轮上的负载为恒转矩负载，应该按哪一种转速设计带传动？为什么？

15-5 V 带传动的传动比不等于 1 时要引入额定功率的增量 ΔP_0，传动比 $i>1$ 为什么会使带传递的功率有所增加？

15-6 带与带轮之间的摩擦系数对带传动有什么影响？为增加传动能力，将带轮工作面加工的粗糙些以增大摩擦系数，这样做是否合理？为什么？

15-7 带传动中的弹性滑动是如何发生的？打滑又是如何发生的？两者有何区别？对带传动各产生什么影响？打滑首先发生在哪个带轮上？为什么？

15-8 在设计带传动时，为什么要限制小带轮最小基准直径和带的最小、最大速度？

15-9 一带式输送机装置如图 15-16 所示。已知小带轮基准直径 $d_{d1}=140\text{mm}$，大带轮基准直径 $d_{d2}=400\text{mm}$，鼓轮直径 $D=250\text{mm}$。为了提高生产率，拟在输送机载荷不变（即拉力 F 不变）的条件下，将输送带的速度 v 提高。设电动机的功率和减速器的强度足够，且更换大小带轮后引起中心距的变化对传递功率的影响可忽略不计。为了实现这一增速要求，试分析采用下列哪种方案更为合理，为什么？

1）将大带轮基准直径 d_{d2} 减小到 280mm。

2）将小带轮基准直径 d_{d1} 增大到 200mm。

3）将鼓轮直径 D 增大到 350mm。

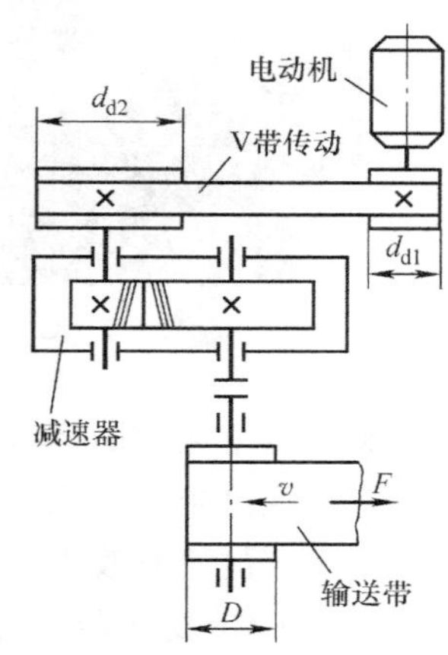

图 15-16 题 15-9 图

15-10 为什么 V 带传动的中心距一般设计成可调节的？在什么情况下需采用张紧轮？张紧轮布置在什么位置较为合理？

15-11 带轮一般采用什么材料？带轮的结构形式有哪些？根据什么来选定带轮的结构形式？

15-12 已知一普通 V 带传动，主动轮转速 $n_1=1460\text{r/min}$，两带轮基准直径 $d_{d1}=140\text{mm}$，$d_{d2}=400\text{mm}$，中心距 $a=815\text{mm}$，采用四根 A 型普通 V 带，一天运转 8h，工作载荷变动较大，试求带传动所允许传递的功率。

15-13 某车床电动机和主轴箱之间为普通 V 带传动，电动机转速 $n_1=1440\text{r/min}$，主轴箱负载为 3.6kW，带轮基准直径 $d_{d1}=90\text{mm}$，$d_{d2}=250\text{mm}$，传动中心距 $a=530\text{mm}$，初拉力按规定条件确定，每天工作 16h，试确定该传动所需普通 V 带的型号和根数。

15-14 一普通 V 带传动传递的功率 $P=7.5\text{kW}$，带速 $v=10\text{m/s}$，测得紧边拉力是松边拉力的两倍，即 $F_1=2F_2$，试求紧边拉力 F_1、有效拉力 F_e 和预紧力 F_0。

15-15 现设计一带式输送机的传动部分，该传动部分由普通 V 带传动和齿轮传动组成。齿轮传动采用标准齿轮减速器，原动机为电动机，额定功率 $P=11\text{kW}$，转速 $n_1=1460\text{r/min}$，减速器输入轴转速为 400r/min，允许传动比误差为±5%，该输送机每天工作 16h，试设计此普通 V 带传动，并选定带轮结构形式与材料。

知识拓展

汽车无级变速器（Continuously Variable Transmission，CVT）能实现传动比的连续无级变化，可在更大范围内真正实现发动机—变速器—载荷的最佳匹配，是汽车制造商和用户追求的理想变速器。

CVT 采用的是金属带传动。它利用金属传动带和工作直径可变的主、从动带轮相配合来实现传动比的连续改变，获得传动系统与发动机工况的最佳匹配。CVT 的主、从动带轮都由左右两半可分合的锥形盘组成，两盘的锥面形成 V 形轮槽的两侧面，与 V 型金属传动带相接触。当两锥形盘沿轴向分离时，V 形轮槽变宽，与带的接触面半径变小；反向变化时，接触面半径变大。通过液压驱动装置协调主从动带轮的轮槽宽度，即可实现 CVT 的真正连续无级变速。CVT 变速器如图 15-17 所示，CVT 工作原理如图 15-18 所示。

图 15-17 CVT 变速器

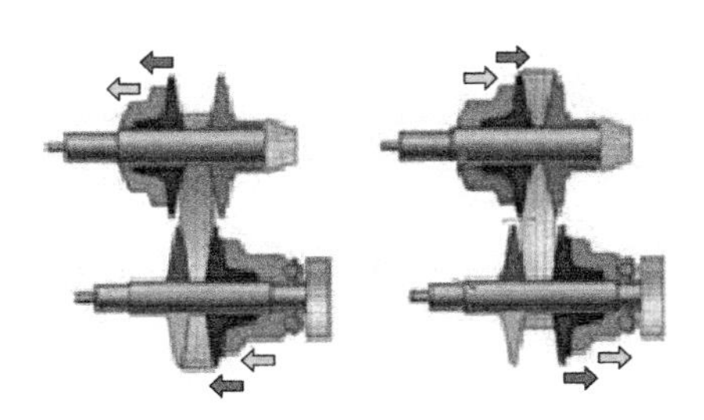

图 15-18 CVT 工作原理图

奔驰公司早在 1886 年就使用了 CVT 技术，将 V 型橡胶带式 CVT 安装在该公司生产的汽车上。但橡胶带式 CVT 传递功率低、工作不稳定、传动带磨损大，因而没能普及开来。经过一百多年的研究改进，采用金属传动带的 CVT 变速器已经很成熟，现今的汽车，已有很多采用了 CVT 变速器，其性能已超过了传统的手动变速器和液力自动变速器，得到广泛认可。

第16章 链传动

链传动是一种间接啮合的传动方式，不仅各种规格的自行车普遍采用链传动作为传动方式，很多机器和机械装置也都使用链传动来传递运动和动力。如图 16-1 所示，链传动可应用于变速自行车，其轮毂内配置有一套不同规格的链轮，自行车行进时，通过变速手柄可以把链条置于不同的链轮上，从而改变传动比，调节车速，以适应不同的路况和骑车人的体力。与其他传动方式相比，链传动具有什么样的结构特点、传动特性，使其获得广泛的应用？链传动设计又要考虑哪些因素？本章将详细讨论这些问题。

图 16-1　链传动应用

16.1 概　　述

链传动是间接啮合传动，如图 16-2 所示，由主、从动链轮和链条组成，通过主、从动链轮轮齿与链节的啮合来传递运动和动力。

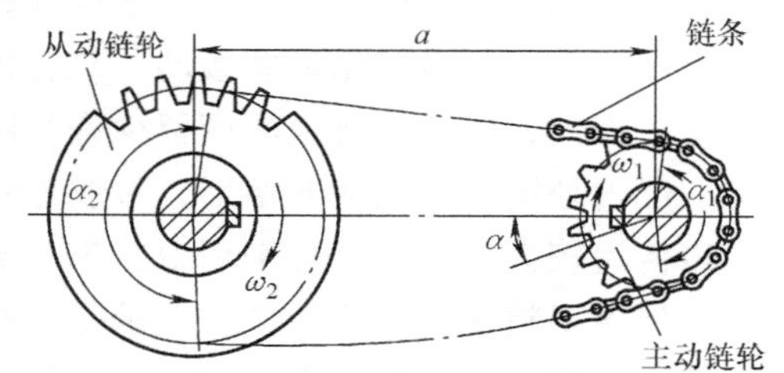

图 16-2　链传动的组成

链传动与齿轮传动相比，制造、安装精度要求较低，成本也低；远距离传动时，结构更轻便。

链传动与摩擦型带传动相比，由于无弹性滑动、平均传动比恒定，因此效率更高；压轴力较小，结构更紧凑；链传动也能在恶劣的环境条件下工作。但链传动只能用于平行轴间的同向传动，并且工作时瞬时传动比不恒定；当高速工作时，振动噪声大；磨损后易发生脱链。

链条按用途可分为传动链、输送链和起重链。输送链和起重链主要用在运输和起重机械中。链条又可以分为齿形链、短节距精密滚子链（简称滚子链）两类。

如图 16-3 所示，齿形链（也称无声链）由一组带有两个齿的链板左右交错并列铰接而成。为防止工作时侧向窜动，齿形链上设有导板，导板有内导板（图 16-3a）和外导板（图 16-3b）两种。齿形链传动平稳、噪声小，但结构复杂、制造难、价格高，应用较滚子链少。

本章主要介绍传动链中的滚子链的设计。

滚子链常用于传动系统的低速级，传递功率在 100kW 以下，链速不超过 15m/s，推荐使用的最大传动比 $i_{max}=8$。

链传动性能设计的主要内容包括如下三点。①选择链参数：型号、节数和排数；②确定链传动结构参数：链轮直径、中心距及结构尺寸；③确定工作条件参数：压轴力等。

链传动设计可按图 16-4 所示的流程进行。

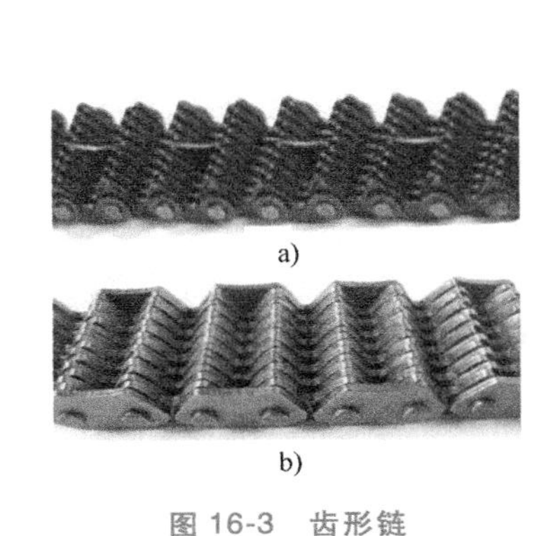

a)

b)

图 16-3　齿形链

明确工作条件

选择链参数：型号 节数 排数

确定链传动结构参数：链轮直径 中心距 结构尺寸

计算压轴力

链轮结构设计

链轮零件图

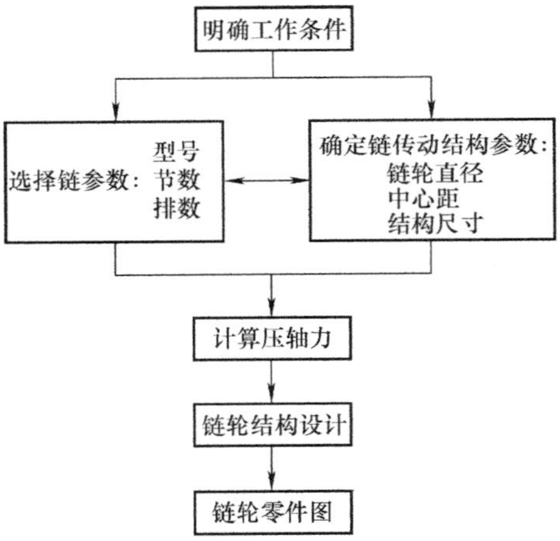

图 16-4　链传动设计流程图

16.2　滚子链的结构特点

滚子链的结构如图 16-5 所示。它由滚子 1、套筒 2、销轴 3、内链板 4 和外链板 5 组成。内链板与套筒间、外链板与销轴间为过盈配合，滚子与套筒间、套筒与销轴间为间隙配合。由于套筒可绕销轴自由转动，这就使内外链板绕上链轮时可产生相对挠曲变形。滚子活套在套筒上，工作时可沿链轮齿廓滚动，减轻齿廓的磨损。链的磨损主要发生在销轴和套筒的接触面上。因此，内、外链板间应留少许间隙，以便润滑油渗入销轴和套筒的摩擦面间。

一般内外链板均制成 8 字形，形成等强度截面，也可减小链的质量、减小惯性力。

需传递较大功率时，可采用双排链（图 16-6）或多排链。多排链的承载能力与排数成正比。但由于精度的影响，各排链承受的载荷不均匀，故排数不宜过多。

国家标准（GB/T 1243—2006）给出滚子链传动的基本参数是节距 p、滚子外径 d_1 和内链板内宽 b_1，对于多排链，还有排距 p_t，如图 16-5 和图 16-6 所示。其中节距 p 是滚子链的主要参数，节距增大时，链节各元件的尺寸也都会相应增大，可传递的功率也随之增大。

滚子链的接头形式如图 16-7 所示。当链节数为偶数时，接头处可用开口销（图 16-7a）或弹簧卡子（图 16-7b）来固定，前者用于大节距链，后者用于小节距链；当链节数为奇数时，需采用图 16-7c 所示的过渡链节。由于过渡链节的链板在工作时受附加弯矩作用，易发生疲劳破坏，因此一般情况最好不用奇数链节数。

链的寿命受元件材料和热处理方法影响很大。链的所有元件均需经过热处理，以提高强度、耐磨性和耐冲击性。

表 16-1 滚子链规格和主要参数（摘自 GB/T 1243—2006）

链号	节距 p nom	滚子直径 d_1 max	内节内宽 b_1 min	销轴直径 d_2 max	套筒孔径 d_3 min	链条通道高度 h_1 min	内链板高度 h_2 max	外或中链板高度 h_3 max	过渡链节尺寸[①] l_1 min	过渡链节尺寸[①] l_2 min	过渡链节尺寸[①] c	排距 p_t	内节外宽 b_2 max	外节内宽 b_3 min	销轴长度 单排 b_4 max	销轴长度 双排 b_5 max	销轴长度 三排 b_6 max	止锁件附加宽度[②] b_7 max	测量力 单排	测量力 双排	测量力 三排	抗拉强度 F_u 单排 min	抗拉强度 F_u 双排 min	抗拉强度 F_u 三排 min	动载强度[③,④,⑤] 单排 F_d min
	mm																		N			kN			N
04C	6.35	3.30[⑥]	3.10	2.31	2.34	6.27	6.02	5.21	2.65	3.08	0.10	6.40	4.80	4.85	9.1	15.5	21.8	2.5	50	100	150	3.5	7.0	10.5	630
06C	9.525	5.08[⑥]	4.68	3.60	3.62	9.30	9.05	7.81	3.97	4.60	0.10	10.13	7.46	7.52	13.2	23.4	33.5	3.3	70	140	210	7.9	15.8	23.7	1410
05B	8.00	5.00	3.00	2.31	2.36	7.37	7.11	7.11	3.71	3.71	0.08	5.64	4.77	4.90	8.6	14.3	19.9	3.1	50	100	150	4.4	7.8	11.1	820
06B	9.525	6.35	5.72	3.28	3.33	8.52	8.26	8.26	4.32	4.32	0.08	10.24	8.53	8.66	13.5	23.8	34.0	3.3	70	140	210	8.9	16.9	24.9	1290
08A	12.70	7.92	7.85	3.98	4.00	12.33	12.07	10.42	5.29	6.10	0.08	14.38	11.17	11.23	17.8	32.3	46.7	3.9	120	250	370	13.9	27.8	41.7	2480
08B	12.70	8.51	7.75	4.45	4.50	12.07	11.81	10.92	5.66	6.12	0.08	13.92	11.30	11.43	17.0	31.0	44.9	3.9	120	250	370	17.8	31.1	44.5	2480
081	12.70	7.75	3.30	3.66	3.71	10.17	9.91	9.91	5.36	5.36	0.08	—	5.80	5.93	10.2	—	—	1.5	125	—	—	8.0	—	—	—
083	12.70	7.75	4.88	4.09	4.14	10.56	10.30	10.30	5.36	5.36	0.08	—	7.90	8.03	12.9	—	—	1.5	125	—	—	11.6	—	—	—
084	12.70	7.75	4.88	4.09	4.14	11.41	11.15	11.15	5.77	5.77	0.08	—	8.80	8.93	14.8	—	—	1.5	125	—	—	15.6	—	—	—
085	12.70	7.77	6.25	3.60	3.62	10.17	9.91	8.51	4.35	5.03	0.08	—	9.06	9.12	14.0	—	—	2.0	80	—	—	6.7	—	—	1340
10A	15.875	10.16	9.40	5.09	5.12	15.35	15.09	13.02	6.61	7.62	0.10	18.11	13.84	13.89	21.8	39.9	57.9	4.1	200	390	590	21.8	43.6	65.4	3850
10B	15.875	10.16	9.65	5.08	5.13	14.99	14.73	13.72	7.11	7.62	0.10	16.59	13.28	13.41	19.6	36.2	52.8	4.1	200	390	590	22.2	44.5	66.7	3330
12A	19.05	11.91	12.57	5.96	5.98	18.34	18.10	15.62	7.90	9.15	0.10	22.78	17.75	17.81	26.9	49.8	72.6	4.6	280	560	840	31.3	62.6	93.9	5490
12B	19.05	12.07	11.68	5.72	5.77	16.39	16.13	16.13	8.33	8.33	0.10	19.46	15.62	15.75	22.7	42.2	61.7	4.6	280	560	840	28.9	57.8	86.7	3720
16A	25.40	15.88	15.75	7.94	7.96	24.39	24.13	20.83	10.55	12.20	0.13	29.29	22.60	22.66	33.5	62.7	91.9	5.4	500	1000	1490	55.6	111.2	166.8	9550
16B	25.40	15.88	17.02	8.28	8.33	21.34	21.08	21.08	11.15	11.15	0.13	31.88	25.45	25.58	36.1	68.0	99.9	5.4	500	1000	1490	60.0	106.0	160.0	9530
20A	31.75	19.05	18.90	9.54	9.56	30.48	30.17	26.04	13.16	15.24	0.15	35.76	27.45	27.51	41.1	77.0	113.0	6.1	780	1560	2340	87.0	174.0	261.0	14600
20B	31.75	19.05	19.56	10.19	10.24	26.68	26.42	26.42	13.89	13.89	0.15	36.45	29.01	29.14	43.2	79.7	116.1	6.1	780	1560	2340	95.0	170.0	250.0	13500

（续）

链号	节距 p nom	滚子直径 d_1 max	内节内宽 b_1 min	销轴直径 d_2 max	套筒孔径 d_3 min	链条通道高度 h_1 min	内链板高度 h_2 max	外或中链板高度 h_3 max	过渡链节尺寸①			排距 p_t	内节外宽 b_2 max	外节内宽 b_3 min	销轴长度			止锁件附加宽度② b_7 max	测量力			抗拉强度 F_u			动载强度③,④,⑤ 单排 F_d min
									l_1 min	l_2 min	c				单排 b_4 max	双排 b_5 max	三排 b_6 max		单排	双排	三排	单排 min	双排 min	三排 min	
	mm																		N			kN			N
24A	38.10	22.23	25.22	11.11	11.14	36.55	36.2	31.24	15.80	18.27	0.18	45.44	35.45	35.51	50.8	96.3	141.7	6.6	1110	2220	3340	125.0	250.0	375.0	20500
24B	38.10	25.40	25.40	14.63	14.68	33.73	33.4	33.40	17.55	17.55	0.18	48.36	37.92	38.05	53.4	101.8	150.2	6.6	1110	2220	3340	160.0	280.0	425.0	19700
28A	44.45	25.40	25.22	12.71	12.74	42.67	42.23	36.45	18.42	21.32	0.20	48.87	37.18	37.24	54.9	103.6	152.4	7.4	1510	3020	4540	170.0	340.0	510.0	27300
28B	44.45	27.94	30.99	15.90	15.95	37.46	37.08	37.08	19.51	19.51	0.20	59.56	46.58	46.71	65.1	124.7	184.3	7.4	1510	3020	4540	200.0	360.0	530.0	27100
32A	50.80	28.58	31.55	14.29	14.31	48.74	48.26	41.68	21.04	24.33	0.20	58.55	45.21	45.26	65.5	124.2	182.9	7.9	2000	4000	6010	223.0	446.0	669.0	34800
32B	50.80	29.21	30.99	17.81	17.86	42.72	42.29	42.29	22.20	22.20	0.20	58.55	45.57	45.70	67.4	126.0	184.5	7.9	2000	4000	6010	250.0	450.0	670.0	29900
36A	57.15	35.71	35.48	17.46	17.49	54.86	54.30	46.86	23.65	27.36	0.20	65.84	50.85	50.90	73.9	140.0	206.0	9.1	2670	5340	8010	281.0	562.0	843.0	44500
40A	63.50	39.68	37.85	19.85	19.87	60.93	60.33	52.07	26.24	30.36	0.20	71.55	54.88	54.94	80.3	151.9	223.5	10.2	3110	6230	9340	347.0	694.0	1041.0	53600
40B	63.50	39.37	38.10	22.89	22.94	53.49	52.96	52.96	27.76	27.76	0.20	72.29	55.75	55.88	82.6	154.9	227.2	10.2	3110	6230	9340	355.0	630.0	950.0	41800
48A	76.20	47.63	47.35	23.81	23.84	73.13	72.39	62.49	31.45	36.40	0.20	87.83	67.81	67.87	95.5	183.4	271.3	10.5	4450	8900	13340	500.0	1000.0	1500.0	73100
48B	76.20	48.26	45.72	29.24	29.29	64.52	63.88	63.88	33.45	33.45	0.20	91.21	70.56	70.69	99.1	190.4	281.6	10.5	4450	8900	13340	560.0	1000.0	1500.0	63600
56B	88.90	53.98	53.34	34.32	34.37	78.64	77.85	77.85	40.61	40.61	0.20	106.60	81.33	81.46	114.6	221.2	327.8	11.7	6090	12190	20000	850.0	1600.0	2240.0	88900
64B	101.60	63.50	60.96	39.40	39.45	91.08	90.17	90.17	47.07	47.07	0.20	119.89	92.02	92.15	130.9	250.8	370.7	13.0	7960	15920	27000	1120.0	2000.0	3000.0	106900
72B	114.30	72.39	68.58	44.48	44.53	104.67	103.63	103.63	53.37	53.37	0.20	136.27	103.81	103.94	147.4	283.7	420.0	14.3	10100	20190	33500	1400.0	2500.0	3750.0	132700

① 对于高应力使用场合，不推荐使用过渡链节。

② 止锁件的实际尺寸取决于其类型，但都不应超过规定尺寸，使用者应从制造商处获取详细资料。

③ 动载强度值不适用于过渡链节、连接链节或带有附件的链条。

④ 双排链和三排链的动载试验不能用单排链的值按比例套用。

⑤ 动载强度值是基于 5 个链节的试样，不含 36A，40A，40B，48A，48B，56B，64B 和 72B，这些链条是基于 3 个链节的试样。

⑥ 套筒直径。

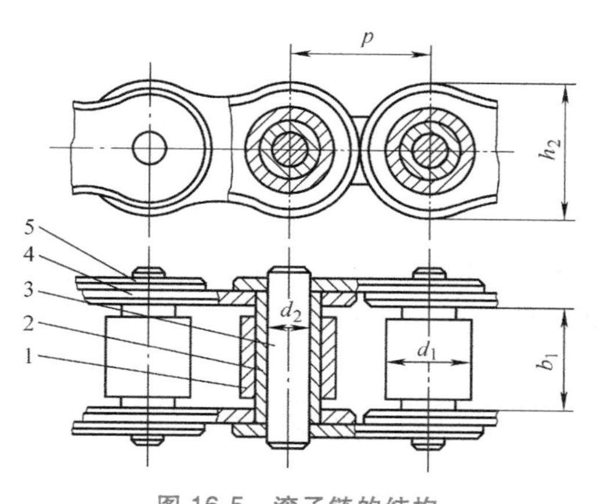

图 16-5 滚子链的结构

1—滚子 2—套筒 3—销轴 4—内链板 5—外链板

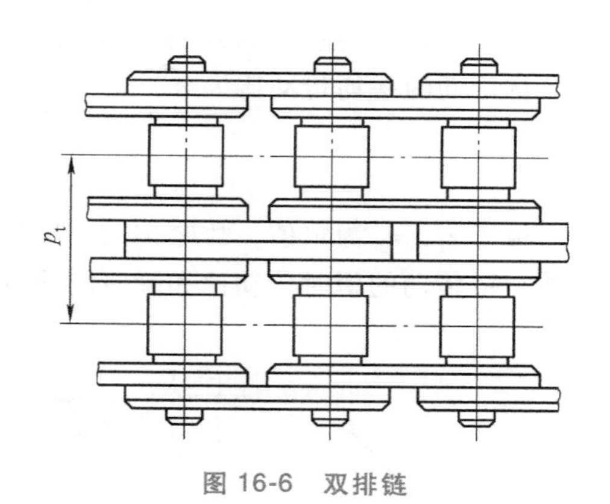

图 16-6 双排链

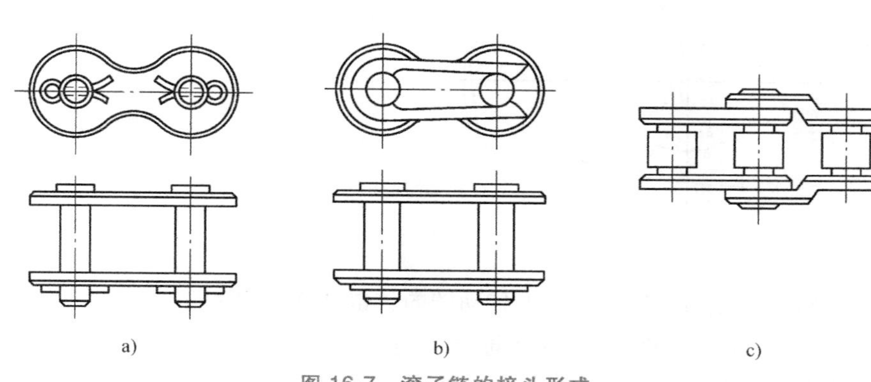

图 16-7 滚子链的接头形式

表 16-1 列出了标准规定的滚子链的规格、主要尺寸和抗拉强度。链号数乘以$\frac{25.4}{16}$mm 即为节距值。后缀 A、B 表示系列，其中 A 系列源于美国，流行于全世界，B 系列源于英国，主要流行于欧洲地区。我国主要使用 A 系列滚子链。

16.3 链传动工作状况分析

16.3.1 链传动运动特性分析

由于链条是刚性链节通过销轴铰接而成的，故当链条绕在链轮上时，链与链轮啮合区段的链节将曲折成正多边形的一部分，如图 16-8 所示。该正多边形的边长等于链条的节距 p，边数等于链轮齿数 z。

传动时，链轮每转过一圈，链条走过的长度为 zp，所以链的平均速度（m/s）为

$$v=\frac{z_1 n_1 p}{60\times1000}=\frac{z_2 n_2 p}{60\times1000} \tag{16-1}$$

式中　z_1、z_2——主、从动链轮的齿数；

n_1、n_2——主、从动链轮的转速（r/min）。

链传动的平均传动比为

$$i=\frac{n_1}{n_2}=\frac{z_2}{z_1} \tag{16-2}$$

由于 z_1、z_2 为定值，故链传动的平均速度和平均传动比都是常数。但即使主动链轮匀速回转，链传动的瞬时传动比和瞬时链速也不是常数，借助图 16-8 分析如下。

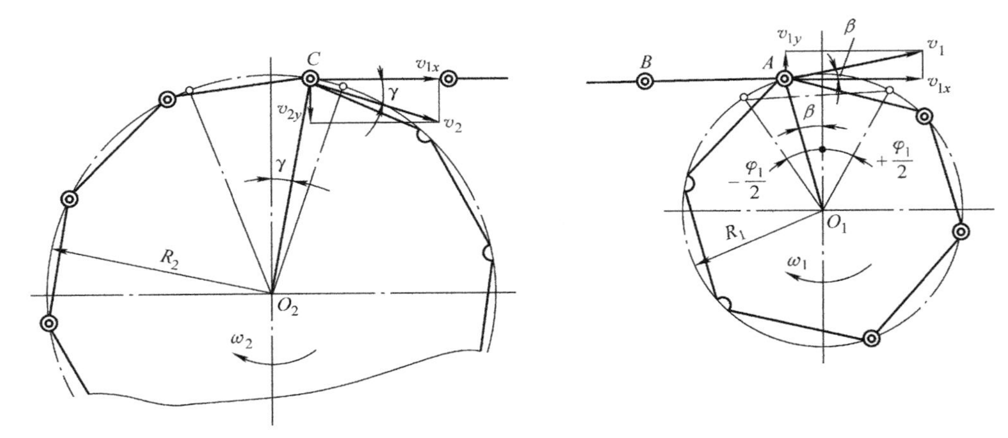

图 16-8　链传动运动分析

假设主动链轮以恒速 ω_1 转动，其上传动链的铰链 A 正在牵引链条运动，忽略其他铰链的牵引作用。由图可见，铰链 A 中心随同主动链轮运动的线速度 $v_1=R_1\omega_1$，方向垂直于 O_1A，与链条前进方向的夹角为 β。因此，铰链 A 在链条前进方向上的速度分量为

$$v_{1x}=v_1\cos\beta=R_1\omega_1\cos\beta \tag{16-3}$$

式中　R_1——主动链轮分度圆半径。

β 是变化的，变化范围为 $\left[-\frac{\varphi_1}{2},\ \frac{\varphi_1}{2}\right]$，$\varphi_1=\frac{360°}{z_1}$为主动链轮上一个链节所对应的中心角。因此，根据式（16-3），即使 ω_1 为常数，链条在前进方向上的瞬时速度 v_{1x} 也是变化的。当 $\beta=\pm\frac{\varphi_1}{2}=\pm\frac{180°}{z_1}$时，$v_{1x}$ 最小；当 $\beta=0$ 时，v_{1x} 最大。v_{1x} 呈周期性变化规律，链轮每转过一个链节，v_{1x} 相应地变化一个周期。这个瞬时链速变化的程度与主动链轮的转速 n_1 和齿数 z_1 有关，转速越高，齿数越少，则瞬时链速变化越大。

此外，铰链 A 的速度还有一个垂直于链前进方向的分量，也是周期变化的，它导致链条上下波动。该分量为

$$v_{1y}=v_1\sin\beta=R_1\omega_1\sin\beta \tag{16-4}$$

链条前进方向的速度变化规律和垂直方向的速度波动规律如图 16-9a、b 所示。

从动链轮上情况类似。由图 16-8 可见，从动链轮上的铰链 C 正在被链条拉动，并由其带动从动链轮以 ω_2 的角速度转动。设链速 v_{1x} 的方向与铰链 C 的线速度方向之间的夹角为 γ，则铰链 C 的线速度为

$$v_2 = R_2\omega_2 = \frac{v_{1x}}{\cos\gamma} \tag{16-5}$$

式中 R_2——从动链轮分度圆半径。

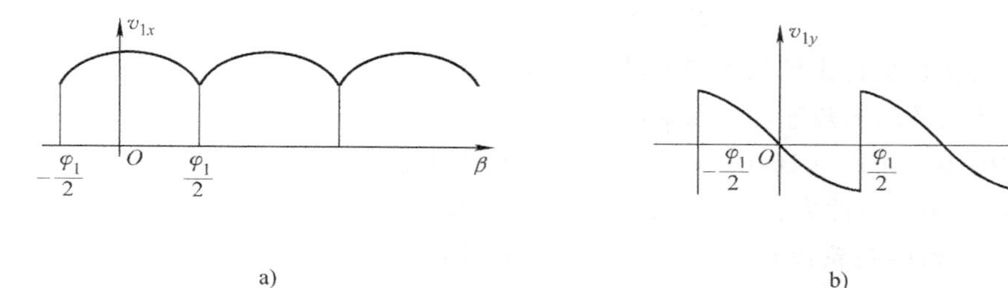

图 16-9 链条速度变化规律

由式（16-5）可求得从动链轮的角速度为

$$\omega_2 = \frac{v_{1x}}{R_2\cos\gamma} = \frac{R_1\omega_1\cos\beta}{R_2\cos\gamma} \tag{16-6}$$

γ 也是变化的，变化范围为$\left[-\frac{\varphi_2}{2}, \frac{\varphi_2}{2}\right]$，$\varphi_2 = \frac{360°}{z_2}$为从动链轮上一个链节所对应的中心角。由式（16-6）可知，即使 ω_1 为常数，ω_2 也是周期性变化的，还可得链传动的瞬时传动比为

$$i = \frac{\omega_1}{\omega_2} = \frac{R_2\cos\gamma}{R_1\cos\beta} \tag{16-7}$$

可见链传动的瞬时传动比也是变化的。这种变化是由链条绕在链轮上的多边形特征引起的，故也将上述现象称为链传动的多边形效应。

只有当 $R_1 = R_2$（即 $z_1 = z_2$），且中心距 a 是节距 p 的整数倍时，瞬时传动比才为常数，且等于 1。

16.3.2 链传动的动载荷

在链传动的工作过程中，瞬时链速和从动链轮转速的变化会引起惯性力的变化及相应的动载荷。链前进方向速度变化引起的惯性力为

$$F_{d1} = ma_c \tag{16-8}$$

式中 m——紧边链条质量（kg）；

a_c——链条变速运动的加速度（m/s^2）。

若主动链轮匀速转动，则

$$a_c = \frac{dv_{1x}}{dt} = \frac{d}{dt}(R_1\omega_1\cos\beta) = -R_1\omega_1^2\sin\beta \tag{16-9}$$

当 $\beta = \pm\frac{\varphi_1}{2} = \pm\frac{180°}{z_1}$时，有

$$(a_c)_{max} = -R_1\omega_1^2\sin\left(\pm\frac{180°}{z_1}\right) = \mp R_1\omega_1^2\sin\frac{180°}{z_1} = \mp\frac{\omega_1^2 p}{2} \tag{16-10}$$

同理，链条沿垂直方向的速度变化，也会引起动载荷。

从动链轮因角加速度引起的惯性力为

$$F_{d2}=\frac{J}{R_2}\frac{d\omega_2}{dt} \tag{16-11}$$

式中 J——从动系统转化到从动链轮轴上的转动惯量（$kg\cdot m^2$）；

ω_2——从动链轮的角速度（rad/s）。

由式（16-10）和式（16-11）可知，链轮的转速越高，节距越大，从动链轮越小，惯性力就越大，相应的动载荷也就越大。

此外，链节和链轮轮齿接触的瞬间，由于链节的运动速度和链轮轮齿的运动速度在大小和方向上的差别，也会发生冲击并有附加的动载荷，如图 16-10 所示。

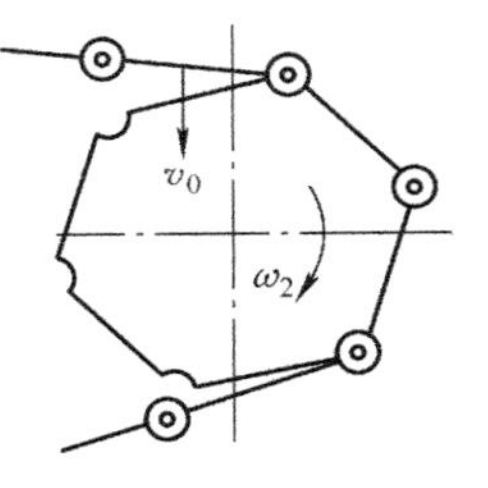

图 16-10 链节和链轮啮合时的冲击

16.3.3 链传动的受力分析

为保证工作中松边不致过松，以避免出现链条的不正常啮合、跳齿或脱链现象，安装时应使链条受到一定的张紧力。张紧力是通过使链条保持适当垂度所产生的悬垂拉力获得的。链传动是啮合传动，与带传动相比，所需的张紧力要小得多。

链传动在工作时，也存在紧边拉力和松边拉力。如果不考虑传动中的动载荷，则紧边拉力和松边拉力分别为

$$\begin{cases}F_1=F_e+F_c+F_f\\F_2=F_c+F_f\end{cases} \tag{16-12}$$

式中 F_e——有效圆周力（N）；

F_c——离心力引起的拉力（N）；

F_f——悬垂拉力（N）。

有效圆周力为

$$F_e=1000\frac{P}{v} \tag{16-13}$$

式中 P——传递的功率（kW）；

v——链速（m/s）。

离心力引起的拉力为

$$F_c=qv^2 \tag{16-14}$$

式中 q——链条单位长度的质量（kg/m）。

悬垂拉力 F_f 为

$$F_f=\max(F_f',F_f'') \tag{16-15}$$

其中：

$$\begin{cases}F_f'=\dfrac{K_fqa}{100}\\F_f''=\dfrac{(K_f+\sin\alpha)qa}{100}\end{cases}$$

式中　a——链传动的中心距（mm）；

K_f——悬垂系数，数值见图 16-11。图中 f 为松边垂度，α 为中心线与水平面的夹角。

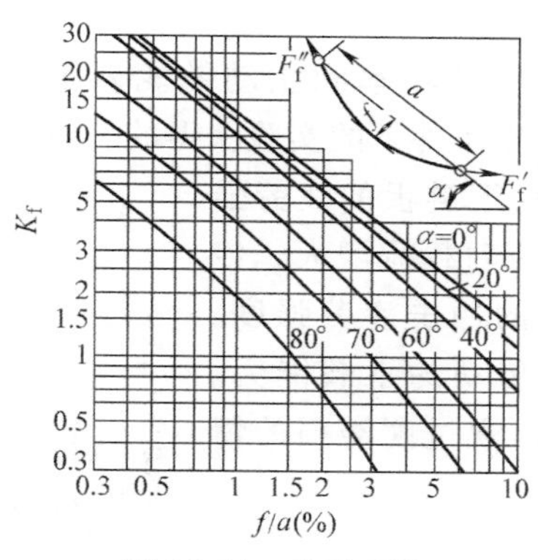

图 16-11　悬垂系数

16.4　链传动性能设计

16.4.1　链传动的失效形式

1. 链板的疲劳破坏

传动中，链条反复受到松边与紧边的变载荷作用，当达到一定的循环次数后，链条就会疲劳。实验及实践证明，在润滑良好、中等速度下工作的链传动，其链板首先出现疲劳断裂。

2. 套筒、滚子的冲击疲劳

链节与链轮轮齿的啮合会引起滚子与链轮间的冲击。高速时，这种冲击载荷很大，使套筒或滚子的表面发生冲击疲劳破坏。

3. 销轴与套筒的胶合

在高速大负荷工况下，链节啮合时受到的冲击能量较大，销轴与套筒间的摩擦热量大、局部温升大、油膜易破裂，导致销轴与套筒工作表面金属的直接接触，产生局部粘着，从而导致销轴与套筒工作表面产生胶合。

4. 链条铰链的磨损

在链的工作过程中，铰链中的销轴与套筒不仅承受较大的压力，而且还有相对转动，导致铰链磨损，结果是链节距增大，链条总长增加，从而使链条的松边垂度发生变化，同时增加了动载荷和运动的不均匀性，引起跳齿、脱链。若润滑不良，还有可能出现急剧磨损现象。

5. 链条的静力破坏

当链速较低时（$v<0.6$m/s），如果链条负载不增加而变形持续增加，即认为链条正在发生静力破坏。导致链条变形持续增加的最小负载将限制链条能够承受的最大载荷。

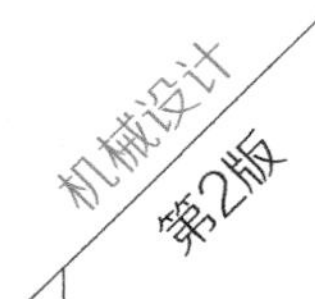

16.4.2 链传动的额定功率

1. 极限功率曲线

链传动的各种失效形式与极限功率和主动链轮转速的关系称为极限功率曲线，如图 16-12 所示。该曲线是通过特定条件下的实验获得的。由图可见，在润滑良好、中等速度下，链传动的承载能力主要取决于链板的疲劳强度。随着转速的增高，链传动的动载荷增大，传动能力主要取决于滚子和套筒的冲击疲劳强度。当转速很高时，胶合将限制链传动的承载能力。图中虚线表示在润滑不良时会出现过度磨损的情况，应予避免，故不作考虑。

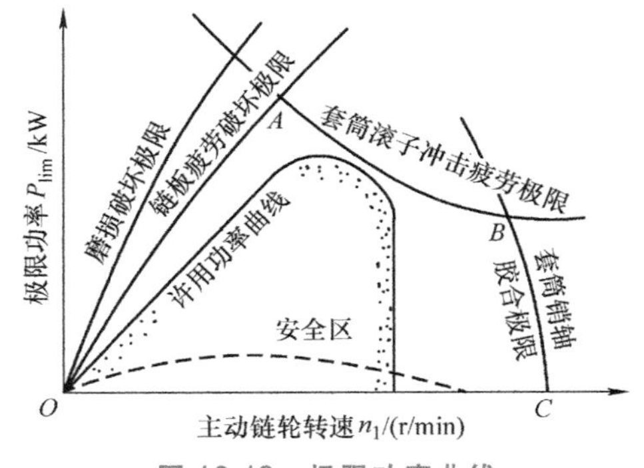

图 16-12 极限功率曲线

2. 额定功率曲线

为了保证链传动工作的可靠性，采用额定功率来限制链传动的实际工作能力。额定功率曲线是以极限功率曲线为基础得到的，如图 16-13 所示。

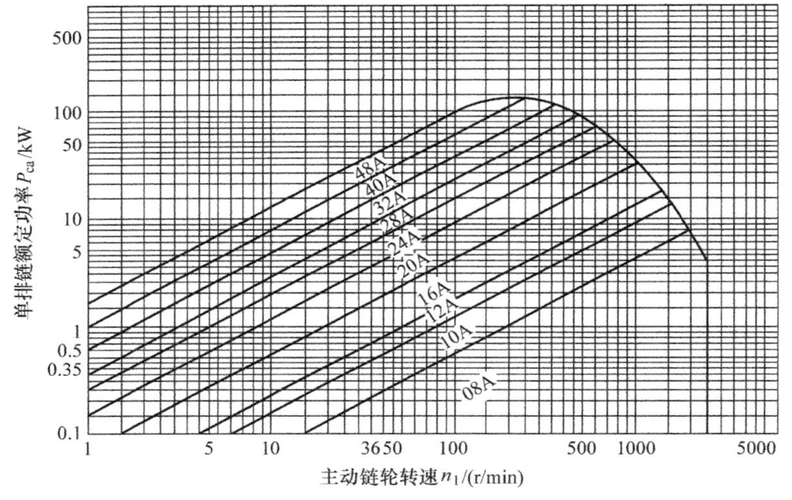

图 16-13 A 系列单排滚子链额定功率曲线

图 16-13 所示额定功率曲线的实验条件为：①主动链轮和从动链轮安装在水平平行放置的轴上；②主动链轮轮齿数 $z_1=25$；③无过渡链节的单排滚子链；④链条长为 120 个链节；⑤传动减速比 $i=3$；⑥链条预期使用寿命 15000h；⑦工作环境温度为-5～70℃；⑧两链轮共面，链条保持规定的张紧度；⑨平稳运转，无过载、冲击或频繁起动；⑩清洁的环境，合适的润滑。

链传动的实际工作条件与实验条件不同时，额定功率应予以修正。修正时应考虑：①工作情况；②主动链轮齿数；③链传动的排数。

16.4.3 链传动的参数选择

1. 链轮齿数 z_1 和 z_2

减少小链轮齿数 z_1，可减小外廓尺寸。但是小链轮过小，会加剧多边形效应。链条在进入和脱出啮合时，链节间相对转角增大，传动的圆周力增大，加速了铰链和链轮的磨损。因此，小链轮的齿数 z_1 不宜过少，一般取 $z_1 \geqslant z_{min}=17$。对于高速传动或承受冲击载荷的链传动，z_1 应不少于 25，且链轮齿应淬硬。

小链轮的齿数 z_1 也不宜取得太大。在传动比一定时，增大 z_1，大链轮齿数 z_2 也需相应增大，这不仅会增大传动的总体尺寸，而且容易导致跳齿和脱链。如图 16-14 所示，$\Delta p=\Delta d\sin(180°/z)$，当磨损量一定时，即链节的增长量 Δp 一定时，链轮的齿数越多，分度圆直径的增加量 Δd 就越大，铰链会越接近齿顶，从而增大了跳齿和脱链的机会。因此，链轮的齿数不宜过多。通常限定大链轮 $z_{2max} \leqslant 114$。

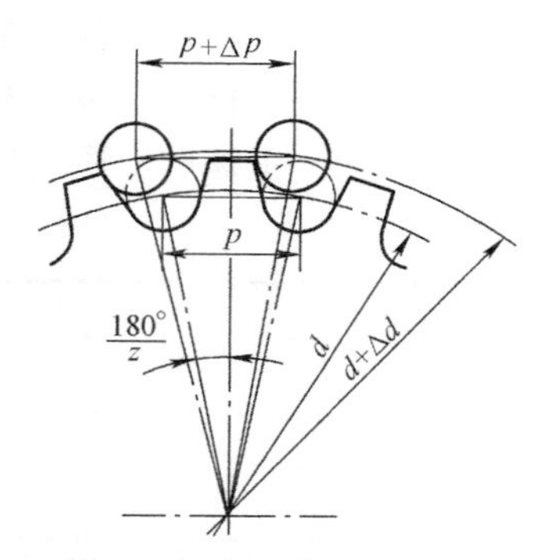

图 16-14 链节距增长量和铰链外移量

链节数一般取为偶数。为使链条和链轮磨损均匀，常取链轮齿数为奇数，并与链节数互质。优先选用的链轮齿数系列为：17、19、21、23、25、38、57、76、95、114。

2. 传动比 i

传动比过大，会使链条在小链轮上的包角减小，将导致同时啮合齿数减少，每个轮齿的载荷增大，加剧轮齿的磨损，且易出现跳齿、脱链现象。一般链传动的传动比 $i \leqslant 6$，常取 $i=2\sim3.5$。

3. 中心距 a

中心距太小，会增加单位时间内链条的循环次数，加剧链的磨损和疲劳，同时使小链轮上的包角变小。中心距太大，会使松边垂度加大，造成松边颤动。设计时，若中心距不受限制，可取 $a_0=(30\sim50)p$，最大可取 $a_{0max}=80p$，有张紧装置或托板时，a_{0max} 可大于 $80p$；若空间紧张，可取 $a_{0max} \approx 30p$。

4. 链的节距 p 和排数

节距 p 增大，会使承载能力增大，但也会使总体尺寸增大，多边形效应加剧，振动、冲击和噪声加重。设计时应在保证承载能力的前提下尽量选取较小节距的单排链。高速、大功率时，可选用小节距的多排链。从经济上考虑，当中心距小，传动比大时，应选小节距的多排链；中心距大，传动比小时，应选大节距的单排链。

16.4.4 链传动的性能设计

链传动性能设计时应已知：链传动的工作条件，原动机类型，传递功率 P，主动链轮和从动链轮的转速 n_1 和 n_2 或传动比 i，对传动的尺寸限制要求等。

链传动性能设计主要是依据性能要求进行选型设计，内容包括：①确定链条型号、链节数 L_p 和排数；②确定链轮齿数 z_1、z_2，确定中心距 a 以及链轮的结构、材料和几何尺寸；③压轴力 F_p、润滑方式和张紧装置等。

链传动性能设计主要有如下步骤。

1）选择链轮齿数 z_1、z_2。按 $z_1 \geqslant z_{min}=17$ 选取小链轮齿数。大链轮齿数为

$$z_2=iz_1 \leqslant 114 \tag{16-16}$$

2）确定单排链计算功率 P_{ca}。根据链传动的工作情况、主动链轮齿数和排数，将所传递的功率折算为单排链计算功率，即

$$P_{ca}=\frac{K_A K_z}{K_p}P \tag{16-17}$$

式中 K_A——工况系数，见表 16-2；

K_z——主动链轮齿数系数，如图 16-15 所示；

K_p——多排链系数，双排链时 $K_p=1.75$，三排链时 $K_p=2.5$；

P——传递的功率（kW）。

表 16-2 工况系数 K_A

载荷种类	从动机械	主动机械		
		电动机、汽轮机、燃气轮机、带有液力偶合器的内燃机	带机械式联轴器的内燃机（≥6 缸）、频繁起动的电动机（>2 次/日）	带机械式联轴器的内燃机（<6 缸）
平稳运转	离心式泵和压缩机、印刷机械、均匀加料带式输送机、纸张压光机、自动扶梯、液体搅拌机和混料机、回转干燥炉、风机	1.0	1.1	1.3
中等冲击	泵和压缩机（≥3缸）、混凝土搅拌机、载荷非恒定的输送机、固体搅拌机和混料机	1.4	1.5	1.7
严重冲击	刨煤机、电铲、轧机、球磨机、橡胶加工机械、压力机、剪床、单缸或双缸泵和压缩机、石油钻机	1.8	1.9	2.1

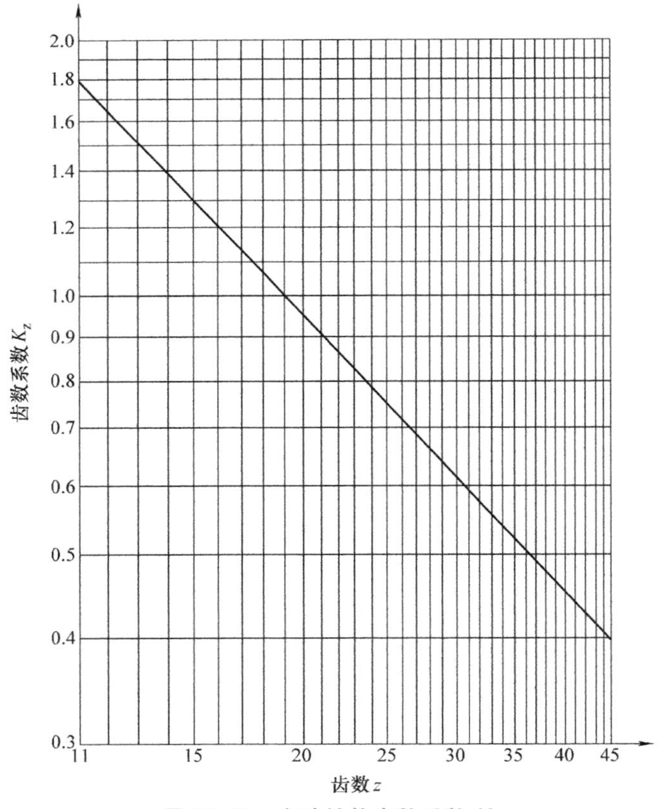

图 16-15 主动链轮齿数系数 K_z

3）确定链条型号和节距 p。链条型号根据计算功率 P_{ca} 和主动链轮转速 n_1 由图 16-13 选定。再由表 16-1 确定链条节距 p。

4）计算链节数和中心距。初选中心距 $a_0=(30\sim50)p$，按下式计算链节数为

$$L_{p0}=2\frac{a_0}{p}+\frac{z_1+z_2}{2}+\left(\frac{z_2-z_1}{2\pi}\right)^2\frac{p}{a_0} \tag{16-18}$$

为避免使用过渡链节，链节数 L_{p0} 应圆整为偶数 L_p。

链传动的计算中心距为

$$a_{ca}=f_1p(2L_p-z_1-z_2) \tag{16-19}$$

式中　f_1——中心距计算系数，见表 16-3。

实际中心距为

$$a=a_{ca}-\Delta a \tag{16-20}$$

式中　Δa——中心距调节量，$\Delta a=(0.002\sim0.004)a_{ca}$。

5）验算链速 v，确定润滑方式。平均链速按式（16-1）计算，一般应使 $v\leqslant15\text{m/s}$。根据链速 v，由图 16-16 选择合适的润滑方式。

6）计算链传动作用在轴上的压轴力 F_p。压轴力 F_p 可近似取为

$$F_p\approx K_{F_p}F_e \tag{16-21}$$

式中　F_e——有效圆周力（N）；

K_{F_p}——压轴力系数，对于水平传动 $K_{F_p}=1.15$；对于垂直传动 $K_{F_p}=1.05$。

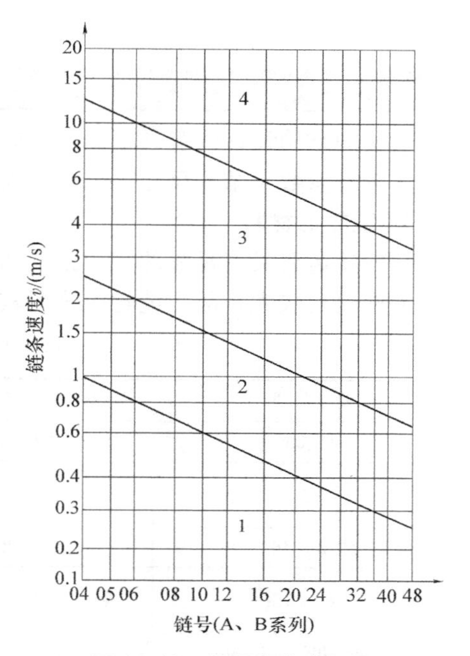

图 16-16　润滑方式选择图

1—人工定期润滑　2—滴油润滑　3—油池润滑或油盘飞溅润滑　4—压力供油润滑

表 16-3　中心距计算系数 f_1

$\frac{L_p-z_1}{z_2-z_1}$	f_1	$\frac{L_p-z_1}{z_2-z_1}$	f_1	$\frac{L_p-z_1}{z_2-z_1}$	f_1	$\frac{L_p-z_1}{z_2-z_1}$	f_1	$\frac{L_p-z_1}{z_2-z_1}$	f_1
8	0.24978	2.8	0.24758	1.62	0.23938	1.36	0.23123	1.21	0.22090
7	0.24970	2.7	0.24735	1.60	0.23897	1.35	0.23073	1.20	0.21990
6	0.24958	2.6	0.24708	1.58	0.23854	1.34	0.23022	1.19	0.21884
5	0.24937	2.5	0.24678	1.56	0.23807	1.33	0.22968	1.18	0.21771
4.8	0.24931	2.4	0.24643	1.54	0.23758	1.32	0.22912	1.17	0.21652
4.6	0.24925	2.00	0.24421	1.52	0.23705	1.31	0.22854	1.16	0.21526
4.4	0.24917	1.95	0.24380	1.50	0.23648	1.30	0.22893	1.15	0.21390
4.2	0.24907	1.90	0.24333	1.48	0.23588	1.29	0.22729	1.14	0.21245
4.0	0.24896	1.85	0.24281	1.46	0.23524	1.28	0.22662	1.13	0.21090
3.8	0.24883	1.80	0.24222	1.44	0.23455	1.27	0.22593	1.12	0.20923
3.6	0.24868	1.75	0.24156	1.42	0.23381	1.26	0.22520	1.11	0.20744
3.4	0.24849	1.70	0.24081	1.40	0.23301	1.25	0.22443	1.10	0.20549
3.2	0.24825	1.68	0.24048	1.39	0.23259	1.24	0.22361	1.09	0.20336
3.0	0.24795	1.66	0.24013	1.38	0.232151	1.23	0.22275	1.08	0.20104
2.9	0.24778	1.64	0.23977	1.37	0.23170	1.22	0.22185	1.07	0.19848

16.5 链传动结构设计

16.5.1 滚子链链轮的结构设计

链轮的结构设计内容是根据已知的链轮分度圆直径、转速等条件，确定链轮材料、结构形式、轮齿参数、结构尺寸、公差、表面粗糙度以及相关的技术要求。

1. 链轮的材料

链轮轮齿要具有足够的疲劳强度和耐磨性。由于小链轮轮齿的啮合次数比大链轮多，所受的冲击也比较大，故小链轮应采用较好的材料制造。链轮常用材料和应用范围见表 16-4。

表 16-4 链轮常用材料和应用范围

材 料	热 处 理	热处理后硬度	应 用 范 围
15、20	渗碳、淬火、回火	50~60HRC	$z \leq 25$，有冲击载荷的主、从动链轮
35	正火	160~200HBW	在正常工作条件下，齿数较多($z>25$)的链轮
40、50、ZG310-570	淬火、回火	40~50HRC	无剧烈振动及冲击的链轮
15Cr、20Cr	渗碳、淬火、回火	55~60HRC	有动载荷及传递较大功率的重要链轮($z<30$)
35SiMn、40Cr、35CrMo	淬火、回火	40~50HRC	优质链条、重要的链轮
Q235、Q275	焊接后退火	140HBW	中等速度、传递中等功率的较大链轮
普通灰铸铁(不低于 HT150)	淬火、回火	260~280HBW	$z_2>50$ 的从动链轮
夹布胶木	—	—	功率小于 6kW、速度较高、要求传动平衡和噪声小的链轮

2. 链轮的结构

链轮的常见结构形式如图 16-17 所示。小直径的链轮可制成整体式（图 16-17a）；中等尺寸的链轮可制成孔板式（图 16-17b）；大直径的链轮，可将齿圈用螺栓连接或焊接在轮毂上（图 16-17c）。

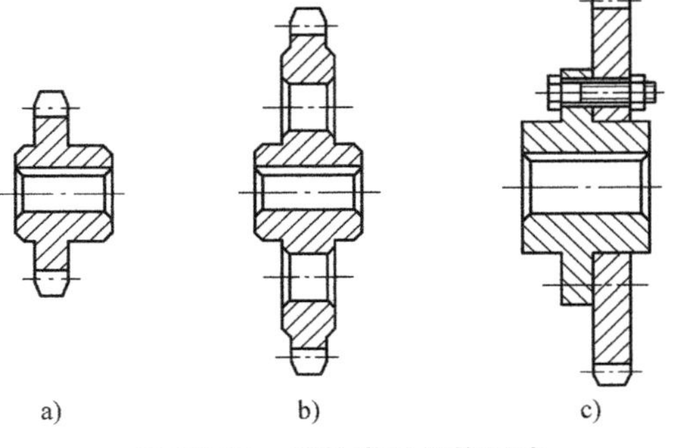

图 16-17 链轮常见结构形式

3. 链轮齿形

滚子链与链轮的啮合是非共轭啮合，链轮齿形的设计比较灵活。GB/T 1243—2006 中没有规定具体的链轮齿形，仅规定了最小和最大齿槽形状及其极限参数，见表 16-5。实际齿槽形状取决于加工轮齿的刀具和加工方法，并应使其位于最小和最大齿槽圆弧半径之间。

4. 链轮的基本参数和主要尺寸

链轮的基本参数是配用链条的节距 p、套筒的最大外径 d_1、排距 p_t 和链轮齿数 z。链轮的主要尺寸见表 16-6 和表 16-7。

表 16-5 滚子链链轮的齿槽形状（摘自 GB/T 1243—2006）

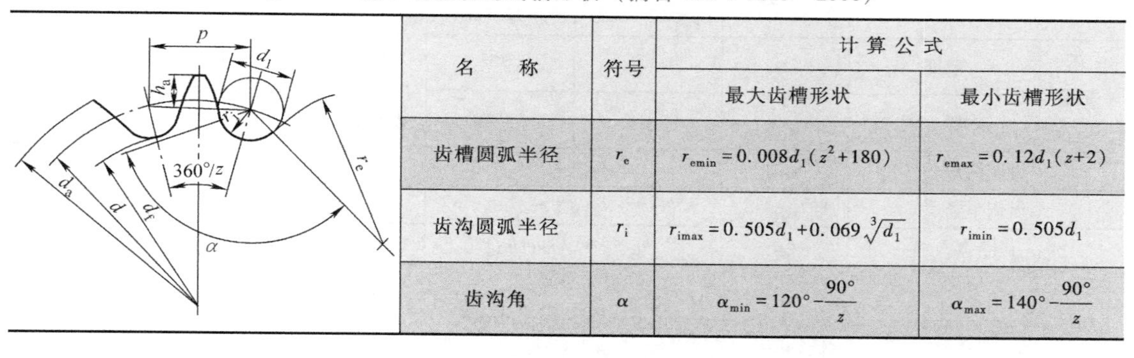

名称	符号	计算公式	
		最大齿槽形状	最小齿槽形状
齿槽圆弧半径	r_e	$r_{emin}=0.008d_1(z^2+180)$	$r_{emax}=0.12d_1(z+2)$
齿沟圆弧半径	r_i	$r_{imax}=0.505d_1+0.069\sqrt[3]{d_1}$	$r_{imin}=0.505d_1$
齿沟角	α	$\alpha_{min}=120°-\frac{90°}{z}$	$\alpha_{max}=140°-\frac{90°}{z}$

表 16-6 滚子链链轮的主要尺寸

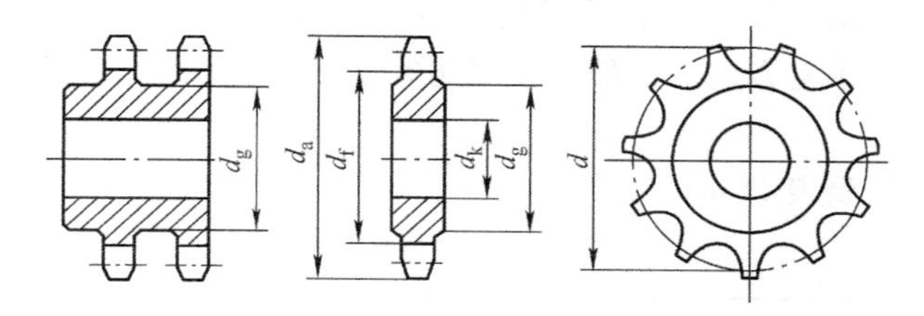

名称	符号	计算公式	备注
分度圆直径	d	$d=p/\sin\frac{180°}{z}$	
齿顶圆直径	d_a	$d_{amin}=d+p\left(1-\frac{1.6}{z}\right)-d_1$ $d_{amax}=d+1.25p-d_1$	d_{amin} 和 d_{amax} 都可应用于最小和最大齿槽形状。d_{amax} 的极限由刀具来限制
齿根圆直径	d_f	$d_f=d-d_1$	
齿高	h_a	$h_{amin}=0.5(p-d_1)$ $h_{amax}=0.625p-0.5d_1+\frac{0.8p}{z}$	为便于绘制放大齿槽形状，用 h_a 来计算节距多边形以上的弦齿高 h_{amin} 对应于 d_{amin}，h_{amax} 对应于 d_{amax}
确定的最大轴凸缘直径	d_g	$d_g=p\cot\frac{180°}{z}-1.04h_2-0.76\text{mm}$	h_2 为内链板高度，见表 16-1

注：d_a、d_g 计算值舍小数取整数，其他尺寸精确到 0.01mm。

表 16-7 滚子链链轮轴向齿廓尺寸

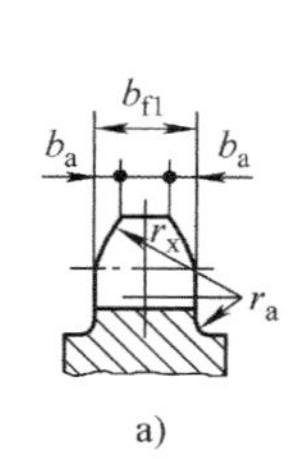

a)

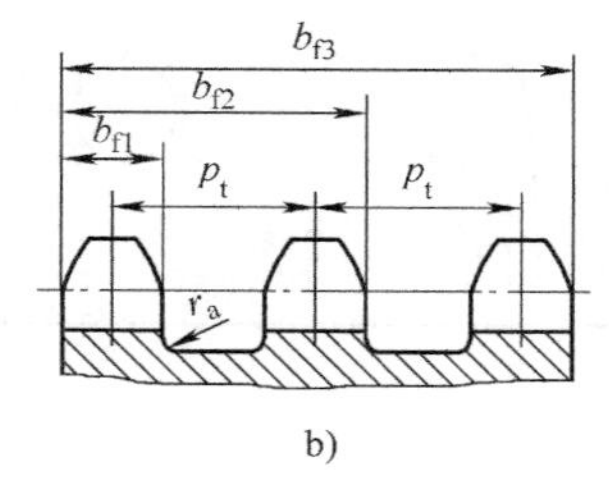

b)

（续）

名称		符号	计算公式		备注
			$p\leqslant 12.7\text{mm}$	$p>12.7\text{mm}$	
齿宽	单排	b_{f1}	$0.93b_1$	$0.95b_1$	$p>12.7\text{mm}$ 时，经使用者和客户同意，也可以使用 $p\leqslant 12.7\text{mm}$ 时的齿宽。b_1 为链节内宽，见表 16-1
	双排、三排		$0.91b_1$	$0.93b_1$	
齿侧倒角		$b_{a公称}$	$b_{a公称}=0.13p$		
齿侧半径		$r_{x公称}$	$r_{x公称}=p$		
齿全宽		b_{fn}	$b_{fn}=(m-1)p_t+b_{f1}$		m 为链条排数

16.5.2 链传动的布置、张紧、润滑和防护

1. 链传动的布置

链传动布置时，链轮必须位于铅垂面内，且两链轮共面。中心线可以水平，也可以倾斜，但是尽量不要处于铅垂方向。一般应使紧边在上，松边在下，避免松边在上时松边垂度过大阻碍顺利啮入。

具体布置时，可参照表 16-8。

表 16-8 链传动的布置

传动参数	正确布置	不正确布置	说明
$i=2\sim3$ $a=(30\sim50)p$ （i 与 a 较佳的场合）	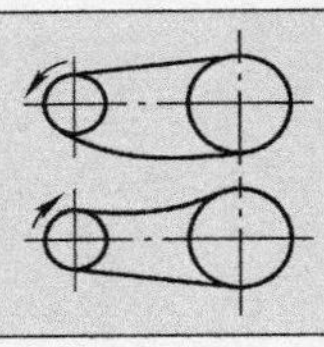		两轮轴线在同一水平面内，紧边在上在下都可以，但在上好些
$i>2$ $a<30p$ （i 大 a 小的场合）	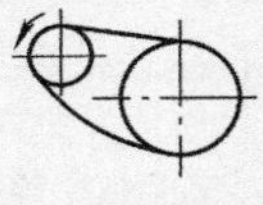	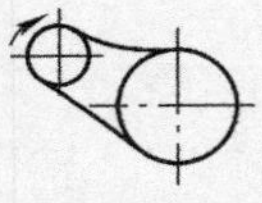	两轮轴线不在同一水平面内，松边应在下面，否则松边垂度增大后，链条易与链轮轮齿相干扰，破坏正常啮合，甚至卡死
$i<1.5$ $a>60p$ （i 小 a 大的场合）	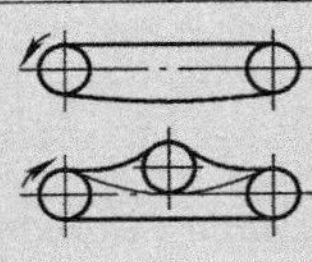	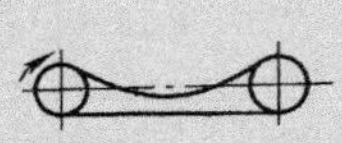	两轮轴线在同一水平面内，松边应在下面，否则松边垂度增大后，松边会与紧边相碰，需经常调整中心距
i、a 为任意值 （垂直传动的场合）	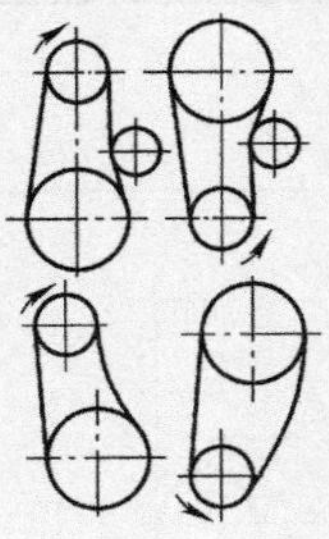	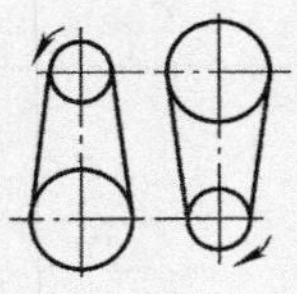	两轮轴线在同一铅垂面内，松边垂度增大，会减少下链轮的有效啮合齿数，降低传动能力。为此应采取以下措施： 1）令中心距可调 2）设张紧装置 3）将上、下两轮偏置，使两轮的轴线不在同一铅垂面内

2. 链传动的张紧

链传动张紧是为了避免出现链条的松边垂度过大导致的啮合不良、链条上下振颤的现象，同时也可增大啮合包角。当中心线与水平线夹角大于 60°时，通常应设张紧装置。

常用的张紧方法有：通过调节中心距来调整张紧程度，这是最简单的张紧方法；当受空间限制而中心距不可调时，可设置张紧轮，如图 16-18 所示。张紧轮可以是链轮，也可以是滚轮。可自动张紧（图 16-18a、b），也可定期张紧（图 16-18c、d），还可用压板或托板张紧（图 16-18e）。当上述措施都难以采用时，也可在链条磨损变长后去掉 1~2 个链节，以恢复适宜的张紧程度。

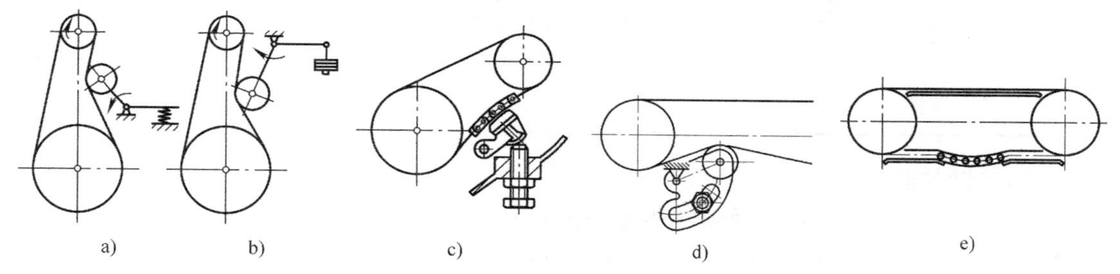

图 16-18 链传动的张紧装置

3. 链传动的润滑

链传动的润滑应引起充分重视，避免因润滑不良出现过度磨损情况，对高速重载链传动尤为重要。良好的润滑可减轻摩擦、减缓磨损，延长链条使用寿命。润滑方式可根据工作速度由图 16-16 选择。润滑方式的说明见表 16-9。

表 16-9 滚子链的润滑方式和供油量

润滑方式	简图	说明	供油量
人工定期润滑		定期在链条松边靠近从动链轮的内外链板间隙处加油	每班加油一次
滴油润滑		用滴油壶或清油器在松边靠近从动链轮的内外链板间隙处滴油	单排链 5~20 滴/min，速度高时取大值
油浴润滑		具有密封的外壳，链条浸入油中	链条浸油深度为 6~12mm，过浅润滑不可靠；过深油易发热变质，且损失大
飞溅润滑		具有密封的外壳，回转时甩油盘将油甩起，经壳体上的集油装置，将油导流到链条上。甩油盘的圆周速度 v>3m/s。当链宽 b>125mm 时，应在链轮两侧装甩油盘	链条不浸入油中。甩油盘浸油深度为 12~25mm

（续）

<table>
<tr><th>润滑方式</th><th>简图</th><th>说明</th><th colspan="5">供油量</th></tr>
<tr><td rowspan="6">油泵润滑</td><td rowspan="6"></td><td rowspan="6">具有密封的外壳，对于高速、重载的链传动采用压力润滑是非常必要的。用油泵强制润滑起到循环冷却作用。喷油嘴应配置在链条的啮入处，其个数应比链条排数多一个</td><td colspan="5">每个喷油嘴供油量/(L/min)</td></tr>
<tr><td rowspan="2">链速 v/(m/s)</td><td colspan="4">节距 p/mm</td></tr>
<tr><td>≤19.05</td><td>25.4～31.75</td><td>38.1～44.45</td><td>≥50.8</td></tr>
<tr><td>8～13</td><td>1.0</td><td>1.5</td><td>2.0</td><td>2.5</td></tr>
<tr><td>>13～18</td><td>2.0</td><td>2.5</td><td>3.0</td><td>3.5</td></tr>
<tr><td>>18～24</td><td>3.0</td><td>3.5</td><td>4.0</td><td>4.5</td></tr>
</table>

4. 链传动的防护

为防止操作人员因意外碰触到链传动中的运动部件而受到伤害，应采用防护罩将其封闭。防护罩兼具防尘作用，以保持较佳的润滑状态。

16.6 链传动设计工程实例

【例】 一带式输送机的低速级传动采用链传动，已知：输送机由电动机驱动，经前级减速后，主动链轮转速 $n_1=90\text{r/min}$，输入功率 $P=3\text{kW}$，传动比 $i=3.2$，载荷平稳，链轮位于铅垂面内，中心线水平布置。试设计此链传动。

【解】

计算项目	计算依据	单位	计算结果
1. 确定主、从动链轮齿数			
1) 主动链轮齿数 z_1	$z_1 \geqslant z_{min}=17$		$z_1=19$
2) 从动链轮齿数 z_2	式(16-16)		$z_2=iz_1=3.2\times19=61\leqslant114$
	表 16-2		$K_A=1.0$
	图 16-15		$K_z=1.0$
2. 确定计算功率	单排链		$K_p=1.0$
	式(16-17)：$P_{ca}=\dfrac{K_AK_z}{K_p}P$	kW	$P_{ca}=1.0\times1.0\times3/1.0=3$
3. 选择链条型号和节距	图 16-13		选择单排 20A 滚子链
	表 16-1	mm	链条节距 $p=31.75$
	$a_0=(30\sim50)p$	mm	$a_0=952.5\sim1587.5$，取 $a_0=1000$
4. 计算链节数和中心距	式(16-18)：$L_{p0}=2\dfrac{a_0}{p}+\dfrac{z_1+z_2}{2}+\left(\dfrac{z_2-z_1}{2\pi}\right)^2\dfrac{p}{a_0}$		$L_{p0}=104.4$，取 $L_p=104$
	表 16-3		中心距计算系数 $f_1=0.24467$

（续）

计算项目	计算依据	单位	计算结果
4. 计算链节数和中心距	式(16-19)：$a_c=f_1p(2L_p-z_1-z_2)$	mm	$a_c=f_1p(2L_p-z_1-z_2)=995$
	式(16-20)：$a=a_c-\Delta a$	mm	$\Delta a=(0.002\sim0.004)a_c\approx2\sim4$ $a=a_c-\Delta a=993\sim991$
5. 验算链速	式(16-1)：$v=\dfrac{z_1n_1p}{60\times1000}=\dfrac{z_2n_2p}{60\times1000}$	m/s	$v=\dfrac{z_1n_1p}{60\times1000}=\dfrac{z_2n_2p}{60\times1000}=0.9<15$
6. 计算压轴力 F_p	式(16-13)：$F_e=1000\dfrac{P}{v}$	N	$F_e=1000\dfrac{P}{v}=3333$
	链轮水平布置 式(16-21)：$F_p\approx K_{F_p}F_e$	N	$K_{F_p}=1.15$ $F_p\approx K_{F_p}F_e=3833$
7. 链轮结构与几何尺寸	选用孔板式链轮		结构与尺寸略
8. 润滑方式	图16-16		采用滴油润滑

习　题

16-1　与齿轮传动相比较，链传动有何特点？

16-2　与带传动相比，链传动有何优缺点？

16-3　在多排链传动中，链的排数过多有何不利？

16-4　对链轮材料的基本要求是什么？对大、小链轮的硬度要求有何不同？

16-5　国家标准对滚子链轮齿形是如何规定的？目前最常用的是哪种齿形？

16-6　为什么链传动的平均传动比是常数，而在一般情况下瞬时传动比不是常数？

16-7　若只考虑链条铰链的磨损，脱链通常发生在哪个链轮上？为什么？

16-8　链节数为什么常取偶数？

16-9　有一链传动，小链轮主动，转速 $n_1=900\text{r/min}$，齿数 $z_1=25$，$z_2=75$。现因工作需要，拟将大链轮的转速降低到 $n_2\approx250\text{r/min}$，链条长度不变，试问：

1）若从动链轮齿数不变，应将主动链轮齿数减小到多少？此时链条所能传递的功率有何变化？

2）若主动链轮齿数不变，应将从动链轮齿数增大到多少？此时链条所能传递的功率有何变化？

16-10　单排滚子链传动，主动链轮转速 $n_1=600\text{r/min}$，齿数 $z_1=21$，从动链轮齿数 $z_2=105$，中心距 $a=910\text{mm}$，该链的节距 $p=25.4\text{mm}$，工况系数 $K_A=1.2$，试求链传动所允许传递的功率 P。

16-11　设计一输送装置用的链传动。已知传递的功率 $P=16.8\text{kW}$，主动链轮转速 $n_1=960\text{r/min}$，传动比 $i=3.5$，原动机为电动机，工作冲击载荷较大，中心距 $a\leqslant800\text{mm}$，水平布置。

16-12　某链传动传递的功率 $P=1\text{kW}$，主动链轮转速 $n_1=48\text{r/min}$，从动链轮转速 $n_2=14\text{r/min}$，载荷平稳，人工定期润滑，试设计此链传动。

16-13　已知主动链轮转速 $n_1=850\text{r/min}$，齿数 $z_1=21$，从动链轮齿数 $z_2=99$，中心距 $a=900\text{mm}$，滚子链极限拉伸载荷为55.6kN，工况系数 $K_A=1$，试求链条所能传递的功率。

知识拓展

链传动的应用历史悠久。今天人们仍在不断地对链传动的结构、特性进行改进，以使其不断扩大应用场合，形成特色链传动。

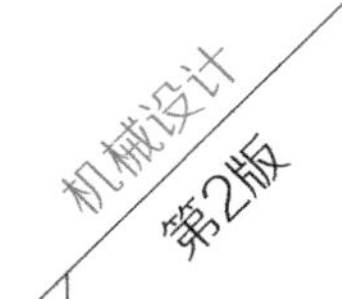

非圆链轮链传动是在传统链传动的基础上，把一个链轮（也可以是两个链轮）制成非圆链轮，则可组成如图 16-19a 所示的非圆链轮链传动。非圆链轮链传动可实现变速传动，它可以把作匀速回转的主动链轮的运动变成按某种规律变速回转的从动链轮的运动。

导轨链传动是把传动链装入呈一定几何形状的导轨中，再配上与之相啮合的链轮作为主动链轮，则可组成如图 16-19b 所示的导轨链传动。导轨链传动中没有从动链轮，它利用链条本身输出运动，可容易地获得复杂几何形状的仿形运动，如对导轨和配套的输出机构进行设计，则可以实现给定的复杂规律的运动，输出包括运动轨迹变化或输出速度变化的运动。

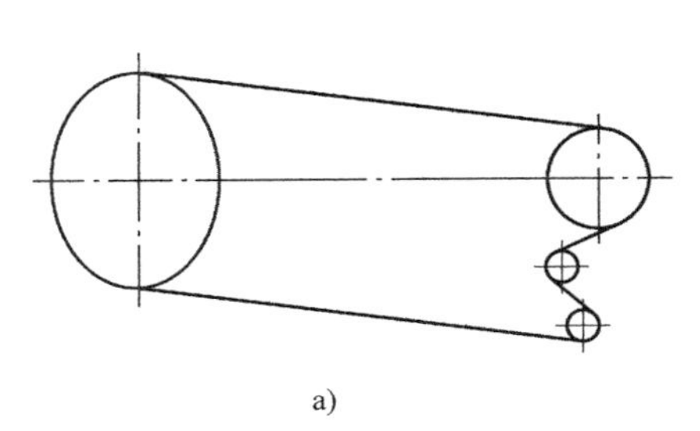
a)

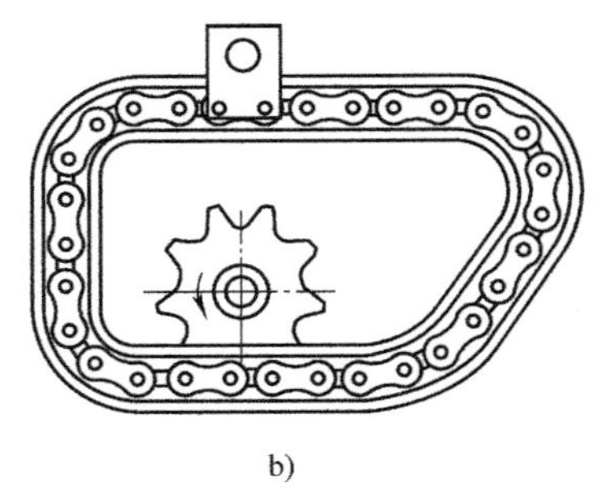
b)

图 16-19　特色链传动
a）非圆链轮链传动　b）导轨链传动

第17章

齿轮传动

由一系列齿轮副、转动副组成的齿轮传动系统称为轮系，它将输入轴的运动和动力传递到输出轴，是机械工程中最常见的传动形式之一。按轮系中各齿轮的几何轴线是否固定可分

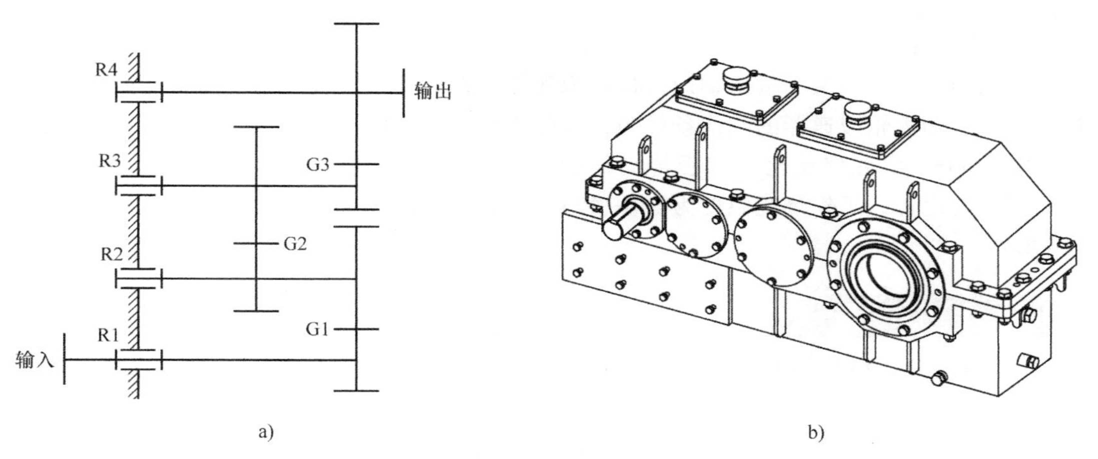

图 17-1 起重机三级定轴齿轮减速器机构简图与外形图

a）三级定轴齿轮减速器机构简图 b）三级定轴齿轮减速器外形图

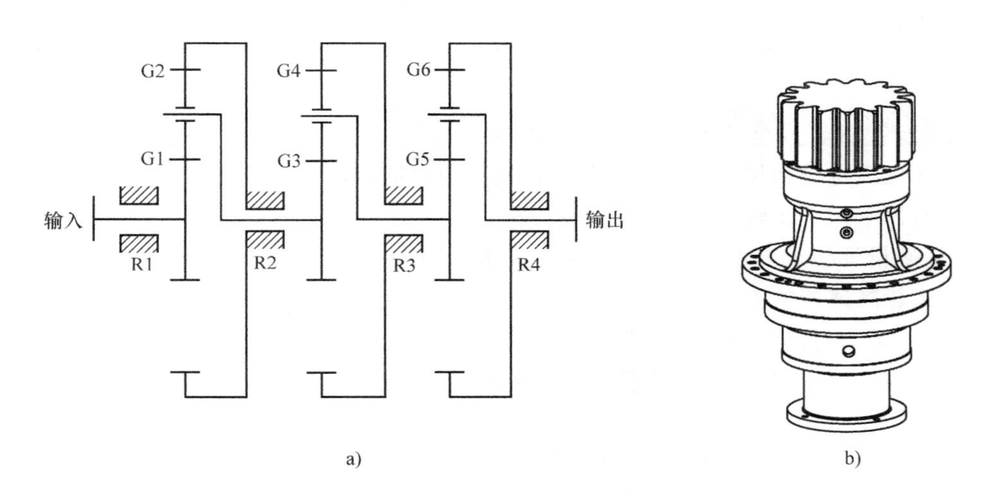

图 17-2 风力发电机组变桨三级行星齿轮减速器机构简图与外形图

a）三级行星齿轮减速器机构简图 b）三级行星齿轮减速器外形图

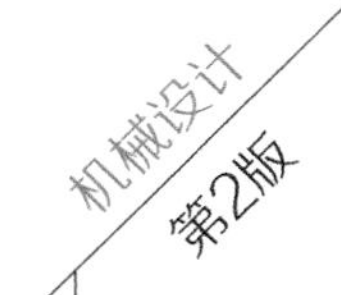

为定轴轮系和行星轮系。当作为一个独立的传动部件时，轮系也称为齿轮减速器，常用来降低转速和增大转矩，具有效率高、可靠性高、工作寿命长、维护简便等特点。齿轮减速器有定轴齿轮减速器、行星齿轮减速器、蜗杆减速器、谐波齿轮减速器等多种类型。

齿轮传动的传动原理与运动几何学在机械原理课程中已经介绍过，基于本书前四篇的内容，本章以起重机三级定轴齿轮减速器（图 17-1）和风力发电机组变桨三级行星齿轮减速器（图 17-2）为例，重点介绍如何依据轮系的机构简图（图 17-1a、图 17-2a）进行齿轮减速器的结构与技术性能设计。

17.1 定轴齿轮传动设计条件与流程

17.1.1 工作条件

首先我们以某起重机三级定轴圆柱齿轮减速器为例，介绍定轴轮系结构与技术性能的设计过程。该定轴齿轮减速器的工作条件为：齿轮工作圆周速度不大于 16m/s，高速轴转速不大于 1000r/min，实际传动比与工程传动比的误差在±5%范围以内，工作时运行平稳，可正、反两方向运转，工作环境温度为-40~45℃，工作寿命为 10 年，每年工作 300 天，每天工作 8h。

17.1.2 性能指标

为便于对该三级定轴圆柱齿轮减速器进行结构方案设计，拟定需要满足的性能指标见表 17-1。

表 17-1 三级定轴圆柱齿轮减速器性能指标

性能指标	额定功率/kW	输入转速/(r/min)	总传动比	强度、刚度要求	寿命要求
指标数据	65.95	≤1000	159	满足各静、动连接与零件强度、刚度要求	10 年

17.1.3 设计流程与内容

依据该三级定轴圆柱齿轮减速器的工作条件与性能指标，其结构与技术性能的方案设计流程主要有以下四个步骤。

1）明确设计要求。主要包括分析功能需求、明确工作条件、确定设计指标等。该三级定轴圆柱齿轮减速器的工作条件与性能指标见 17.1.1 节与 17.1.2 节。

2）设计运动与结构方案。主要包括对关键零件及静、动连接结构方案、多级定轴齿轮机构结构布局方案、减速器构件及运动副结构方案的设计，最终形成定轴减速器技术方案图。

3）设计技术性能。主要包括对减速器各级技术性能分配、定轴减速器力学模型、齿轮副技术性能、轴系技术性能、转动副技术性能、箱体技术性能以及减速器润滑及密封的设计。

4）完成技术方案。主要包括绘制定轴齿轮减速器结构方案图以及编写定轴齿轮减速器技术性能报告等。

17.2　定轴齿轮减速器的结构方案规划

定轴齿轮减速器是由多个齿轮机构组成的定轴轮系，包括轴、齿轮、轴承、箱体等典型零件及其组件。这里介绍如何依据该定轴齿轮减速器的机构简图和技术要求进行结构方案规划，包括单级定轴齿轮机构的结构方案规划，由多个单级定轴齿轮机构组合为多级定轴齿轮机构方案布局，以及通过构件合并（组件）形成多级齿轮机构的结构方案规划。

17.2.1　单级定轴齿轮机构的结构方案

单级定轴齿轮机构是指一对齿轮啮合的传动，且传动时齿轮轴线固定的一种齿轮机构，是最简单的齿轮机构（基本单元）。单级定轴齿轮机构由三个构件（两个轴系与一个箱体）、一个齿轮副和两个转动副构成，两轴系（组件）与箱体（机架）之间通过转动副连接，两轴系组件之间通过齿轮副连接。单个轴系组件应约束五个自由度（三个移动、两个转动）而只保留一个转动自由度以实现定轴转动，即通过间隔一定距离的两个轴承的径向约束和端盖的轴向约束来实现。单级定轴齿轮机构的结构方案可以根据两个轴系组件与齿轮的相对位置关系分为简支和悬臂两种支承结构，而输入轴与输出轴相对于齿轮箱体的布置可以分为同侧布局和异侧布局，典型的结构布局方案见表17-2。

表17-2　单级定轴齿轮机构结构布局方案

名称	机构简图	结构布局方案	说　明
轴系组件转动副结构			悬臂支承结构。轴系组件的两个轴承位于齿轮一侧，间隔一定距离布置，实现两个转动自由度和两个移动自由度的约束，端盖实现轴向的定位约束
			简支支承结构。轴系组件的两个轴承位于齿轮两侧，实现两个转动自由度和两个移动自由度的约束，端盖实现轴向的定位约束

（续）

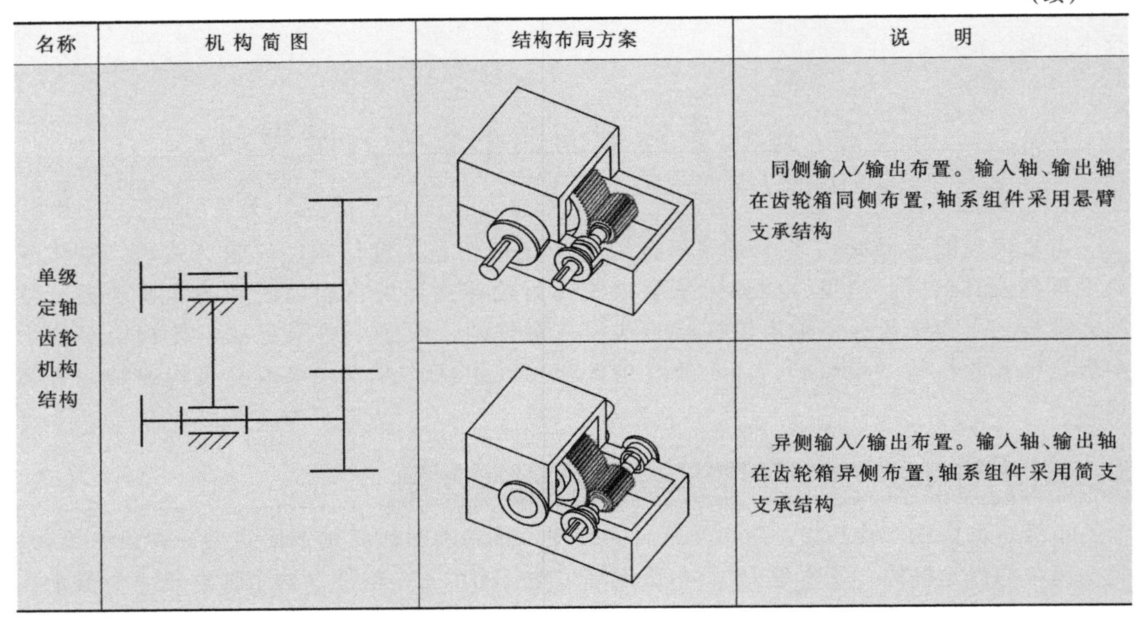

名称	机构简图	结构布局方案	说明
单级定轴齿轮机构结构			同侧输入/输出布置。输入轴、输出轴在齿轮箱同侧布置，轴系组件采用悬臂支承结构
			异侧输入/输出布置。输入轴、输出轴在齿轮箱异侧布置，轴系组件采用简支支承结构

17.2.2 多级定轴齿轮机构的结构布局

多级定轴齿轮传动的传统设计方式是设计者按轴系进行人工设计。本章介绍依据机构简图进行设计，将单级齿轮机构作为传动基本单元，通过多个单元的相对空间位置布局的不同组合，可得到多个整体结构布局方案，再通过构件和机架的合并形成多级定轴齿轮传动机构的结构布局方案。

定轴齿轮机构的布局是指两个齿轮传动机构之间的相对位置关系，为了说明这种布局关系，在单级齿轮机构上建立参考直角坐标系，如图 17-3 所示。在第一级（首级）齿轮机构的输入与输出轴平面（*XOZ* 平面）建立参考系，次级齿轮机构轴线平面相对首级参考齿轮机构轴线平面的位置为平行（共面）或正交，特殊情况下采用非正交（平行）布局，如前后布置（在 *XOZ* 平面沿 *Z* 方向布置）、左右布置（在 *XOZ* 平面沿 *X* 方向布置）、上下布置（在 *YOZ* 平面沿 *Y* 方向布置）。由于上下、左右及前后都对称，因此，两级齿轮机构组合的三根轴线有上下呈 L 形和左右共面两种布局方案，三级定轴齿轮机构的四根轴线呈共面展开（左-左）、L 形（上-上，左/右-上）、Z 形（上-左）和 U 形（上-右）等，四种典型布局方案见表 17-3。

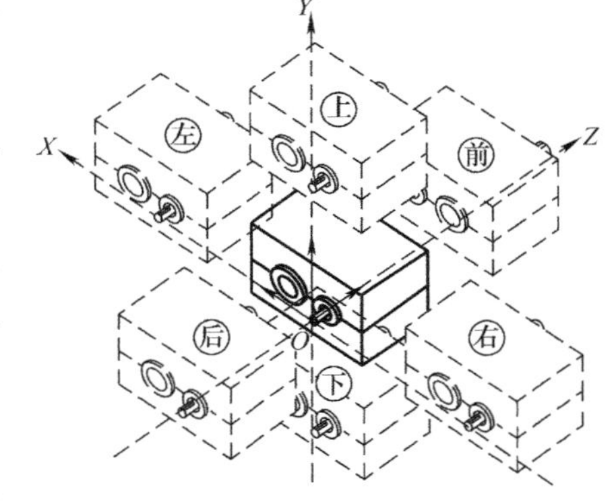

图 17-3 单级齿轮机构坐标系

多级定轴齿轮传动机构由两个以上单级定轴齿轮机构组合而成，前一级的输出轴与后一级的输入轴固定连接，而且具有相同的机架，即一个箱体。因此，在多级定轴齿轮机构的结构方案中需要将前一级的输出构件与后一级的输入构件合并为一个构件，将机架合并为一个箱体，形成多级定轴齿轮机构的整体机架。

表 17-3　三级定轴减速器结构布局方案

布局说明	布局方案	结构方案
共面展开布置：三级定轴齿轮传动机构依次向左展开，轴线在一个平面内	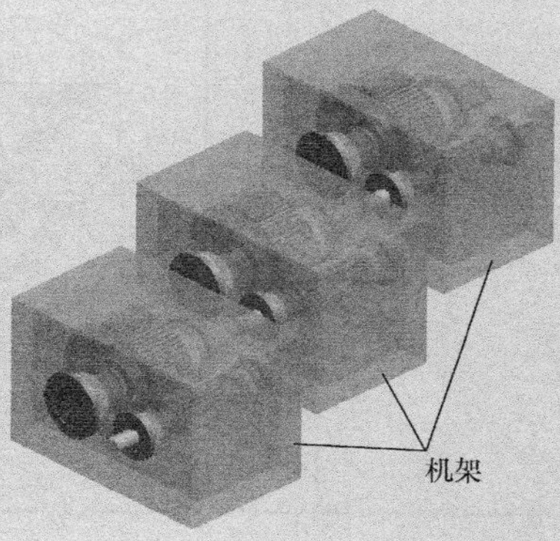 机架	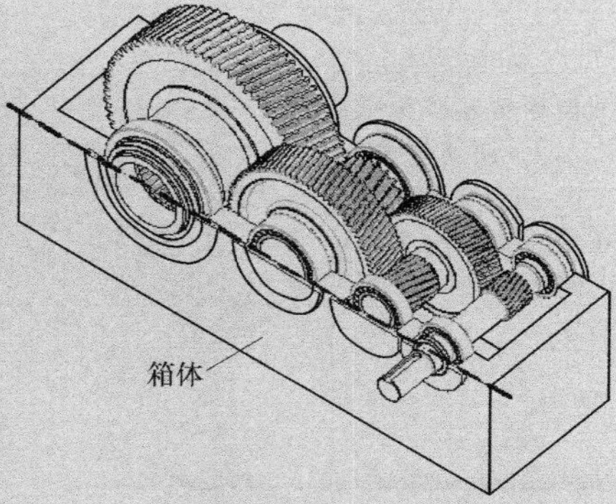 箱体
L 形布置：三级定轴齿轮传动机构依次向上展开，轴线形成 L 形布置	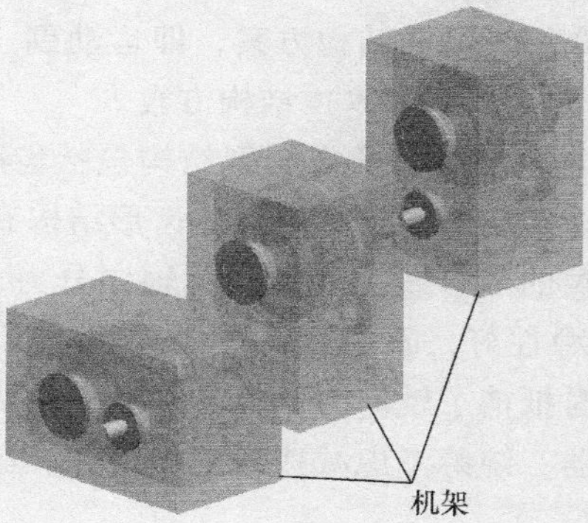 机架	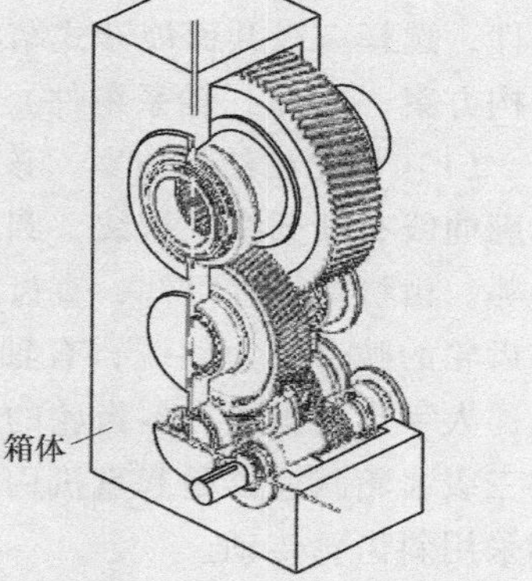 箱体
Z 形布置：三级定轴齿轮传动机构依次向上、向左展开，首级、第三级轴平面在第二级轴平面的异侧，轴线形成 Z 形布置	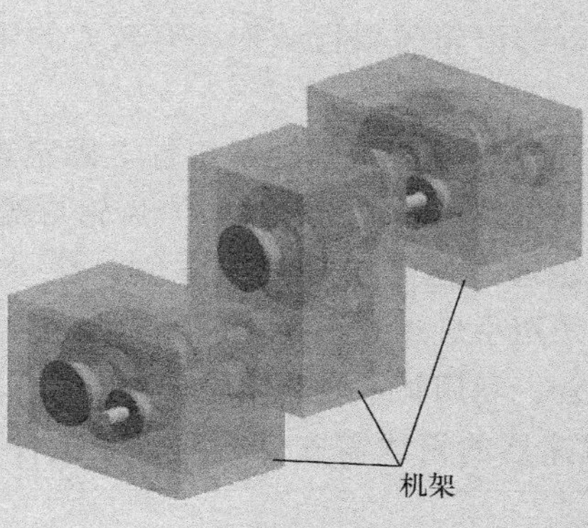 机架	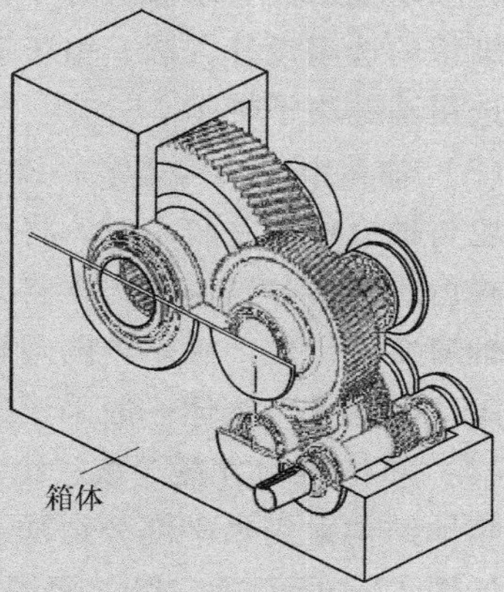 箱体

（续）

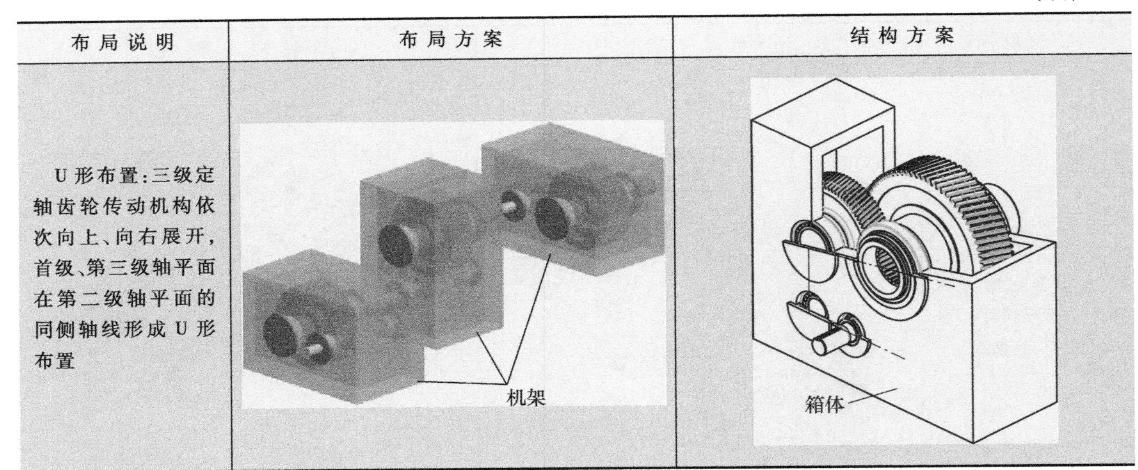

布局说明	布局方案	结构方案
U形布置:三级定轴齿轮传动机构依次向上、向右展开,首级、第三级轴平面在第二级轴平面的同侧轴线形成U形布置	机架	箱体

17.2.3　三级定轴齿轮减速器的结构方案设计

综合上述三级定轴齿轮机构的结构与布局方案，根据该起重机减速器的安装条件和使用条件，选择三级共面展开式结构，在此介绍具体的结构方案，即运动副（齿轮副和转动副）结构方案、构件（轴系组件）结构方案与机架（箱体）结构方案。

（1）齿轮副结构方案　该三级定轴齿轮减速器的齿轮副结构包括齿廓曲线和齿形结构。齿廓曲线有渐开线、摆线、圆弧等，选择常用的渐开线齿廓。齿形结构有直齿、斜齿、人字齿等。由机械原理可知，直齿渐开线齿廓的啮合线为直线，无轴向分力，但有振动和冲击；斜齿轮的啮合线为斜线，有轴向力，平稳性好，重合度大，结构紧凑，适用于高速重载工况；人字齿轮虽具有斜齿轮的优点，同时抵消了轴向力，但其制造条件要求较高。本章设计的三级齿轮减速器是起重机用重载减速器，统筹考虑减速器工作条件、经济性与工艺性，全部采用斜齿轮传动。

（2）转动副结构方案　该三级齿轮减速器有四个转动副，即四个轴系，均采用简支支承结构，将轴承置于齿轮两端，并采用单向固定方式。轴承类型选择滚动轴承，与滑动轴承相比，滚动轴承具有摩擦阻力小、效率高、润滑简便和易于更换等优点。依据第5章介绍的滚动轴承的选型设计方法，由于该减速器的齿轮为斜齿结构，有较大的轴向力和径向载荷，因此选用圆锥滚子轴承。

（3）轴系组件结构方案　该三级齿轮减速器的四组轴系组件上固定连接了共六个齿轮。当齿轮与轴直径相差较小时，将齿轮和轴做成一体式齿轮轴；当齿轮与输入轴直径相差较大时，将齿轮和轴分别制造，再将齿轮与轴通过键连接（周向定位）在一起，而轴向采用轴套和轴肩实现定位。轴承内圈与轴一般采用小量过盈连接实现周向定位，轴向利用轴肩实现单向定位。轴承与箱体一般采用过渡配合，利用轴承端盖定位。

（4）箱体结构方案　该三级齿轮减速器的箱体需支承四组轴系组件，为方便安装与拆卸，箱体结构采用水平剖分结构。

如图17-4所示为三级共面展开式定轴齿轮减速器结构方案图。

上述三级共面展开式定轴齿轮减速器的结构方案图是在机构简图的基础上，增加了机构

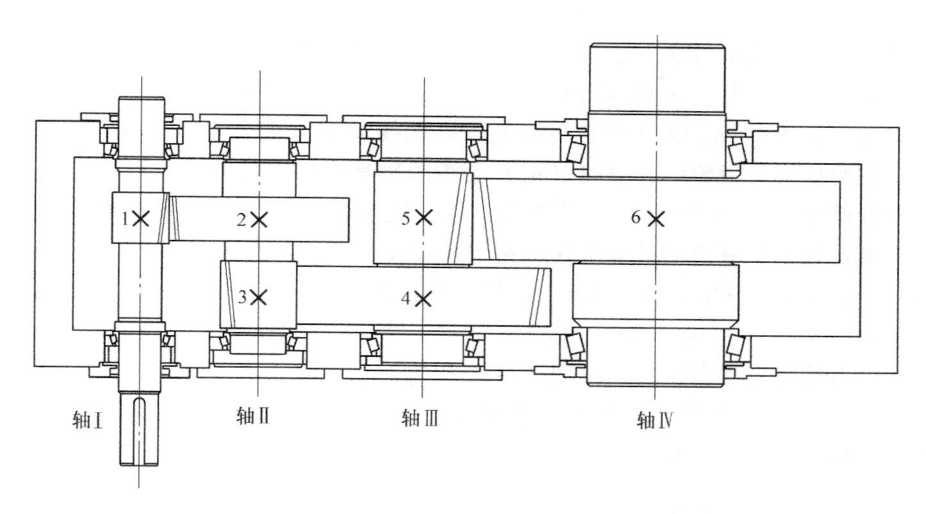

图 17-4 三级共面展开式定轴齿轮减速器结构方案图

（减速器）运动副（动连接）的结构约束关系，组件中各零件之间的静连接方式，没有技术参数（尺度）和性能计算，能为后续的整机和零件的力学模型建立和技术性能设计提供依据，也能为该减速器的工作图（零件图、减速器装配总图）的设计提供结构方案。

17.3 三级定轴齿轮减速器结构与强度设计

三级定轴齿轮减速器的结构与强度设计是根据其技术性能要求，在如图 17-4 所示结构方案图的基础上确定技术参数。由于齿轮传动的技术性能指标较多，为节省篇幅，简化计算过程，本节仅讨论齿轮传动常用的强度指标，进行减速器和典型零件及其连接的强度设计。

17.3.1 传动比分配

减速器传动比分配是影响减速器技术性能的重要因素，直接影响减速器的尺寸、质量、润滑方式等。减速器传动比的分配原则有：①使各级齿轮传动的承载能力大致相等（齿面接触强度大致相等）；②使减速器能获得最小外形尺寸和质量；③使各级传动中大齿轮的浸油深度尽可能相近，以使润滑简便。

定轴轮系传动比的计算公式为 $i=i_1i_2\cdots i_n$，按等强度条件并考虑使外形尺寸和质量较小，采用 $i_k=A^{n-k}i_n$（$1.2\leqslant A\leqslant 1.5$）初步分配各级传动比。三级齿轮传动可取 $A=1.25$，初步得到第一级传动比 $i_1=6.78$，第二级传动比 $i_2=5.42$，第三级传动比 $i_3=4.33$。以初步确定的各级传动比作为齿轮副的设计依据，在齿轮副设计完成后会得到准确的各级传动比。

17.3.2 运动与动力参数

本节通过计算来确定三级定轴齿轮减速器各级传动轴的运动与动力参数，为该减速器的零件与组件的强度计算提供依据。

（1）各轴转速　三级定轴齿轮减速器的各轴转速按 $n_{\mathrm{I}}=n_{\mathrm{i}}$，$n_{K+1}=n_K/i_k$（$K=\mathrm{I}$，$\mathrm{II}$，

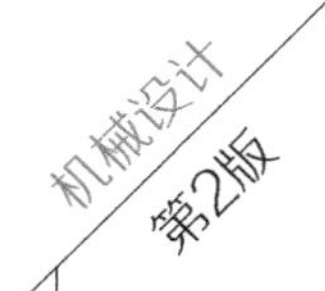

Ⅲ；$k=1$，2，3），$n_o=n_{Ⅳ}$ 计算，其中，n_K（$K=$ Ⅰ，Ⅱ，Ⅲ，Ⅳ）为各轴转速，n_i、n_o 分别为减速器输入转速和输出转速，i_k（$k=1$，2，3）为各级传动比。

（2）各轴功率与转矩　减速器各轴功率由各轴的输入功率和齿轮啮合效率 η_{k1}、考虑轴承摩擦损耗的传动效率 η_{k2} 以及考虑润滑油飞溅和搅动损失的传动效率 η_{k3}（$k=1$，2，3）共同决定。在此仅考虑齿轮啮合效率（η_1）与考虑轴承摩擦损耗的传动效率（η_2）。一对闭式齿轮的啮合效率 $\eta_{k1}=0.98$，一对滚动轴承（油润滑）的考虑摩擦损耗的传动效率 $\eta_{k2}=0.99$，即三级定轴齿轮减速器的各轴功率按 $P_{Ⅰ}=P_i\eta_1$，$P_{K+1}=P_K\eta_k$（$K=$ Ⅰ，Ⅱ，Ⅲ；$k=1$，2，3），$P_o=P_{Ⅳ}$ 计算，其中，P_K（$K=$ Ⅰ，Ⅱ，Ⅲ，Ⅳ）为各轴功率，P_i、P_o 分别为减速器输入功率和输出功率，η_k 为各级传动效率。

三级定轴齿轮减速器各轴转矩按照 $T_K=9550P_K/n_K$（$K=$ Ⅰ，Ⅱ，Ⅲ，Ⅳ）计算，其中，T_K 为各轴转矩。为方便计算，往往忽略传动效率，使各个轴的功率相同而直接计算转矩，这样计算也可保证足够的安全性。

17.3.3 力学模型分析

减速器技术性能设计的依据是载荷。在三级定轴齿轮减速器的机构简图（图 17-1）和结构方案图（图 17-4）的基础上，建立该减速器的齿轮传动系统的力学模型，如图 17-5 所示。

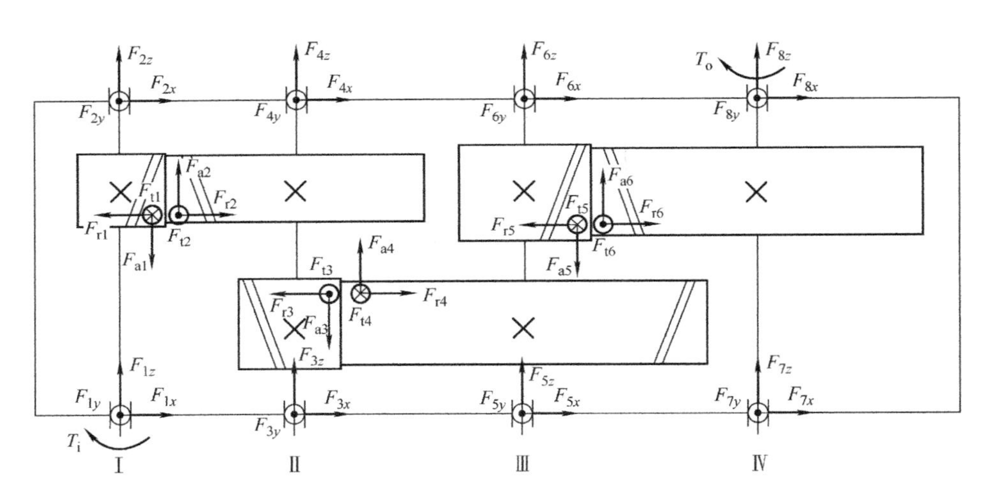

图 17-5　三级定轴齿轮减速器的齿轮传动系统力学模型

（1）齿轮力学模型　齿轮切向力 F_t、轴向力 F_a、径向力 F_r 的计算公式为

$$F_{ti}=\frac{2T_i}{d_i}\qquad F_{ai}=F_{ti}\tan\beta_i\qquad F_{ri}=\frac{F_{ti}\tan\alpha_{ni}}{\cos\beta_i}$$

式中　T_i——第 i 级输入轴传递的转矩（N·mm）；

F_{ti}、F_{ri}、F_{ai}——第 i 级输入轴齿轮的切向力（N）、径向力（N）、轴向力（N）；

d_i、α_{ni}、β_i——第 i 级输入轴齿轮分度圆的直径（mm）、法向压力角（°）、节圆螺旋角（°）。

（2）轴系力学模型　根据如图 17-5 所示齿轮传动系统力学模型得到轴系力学模型，见表 17-4。

表 17-4 轴系力学模型

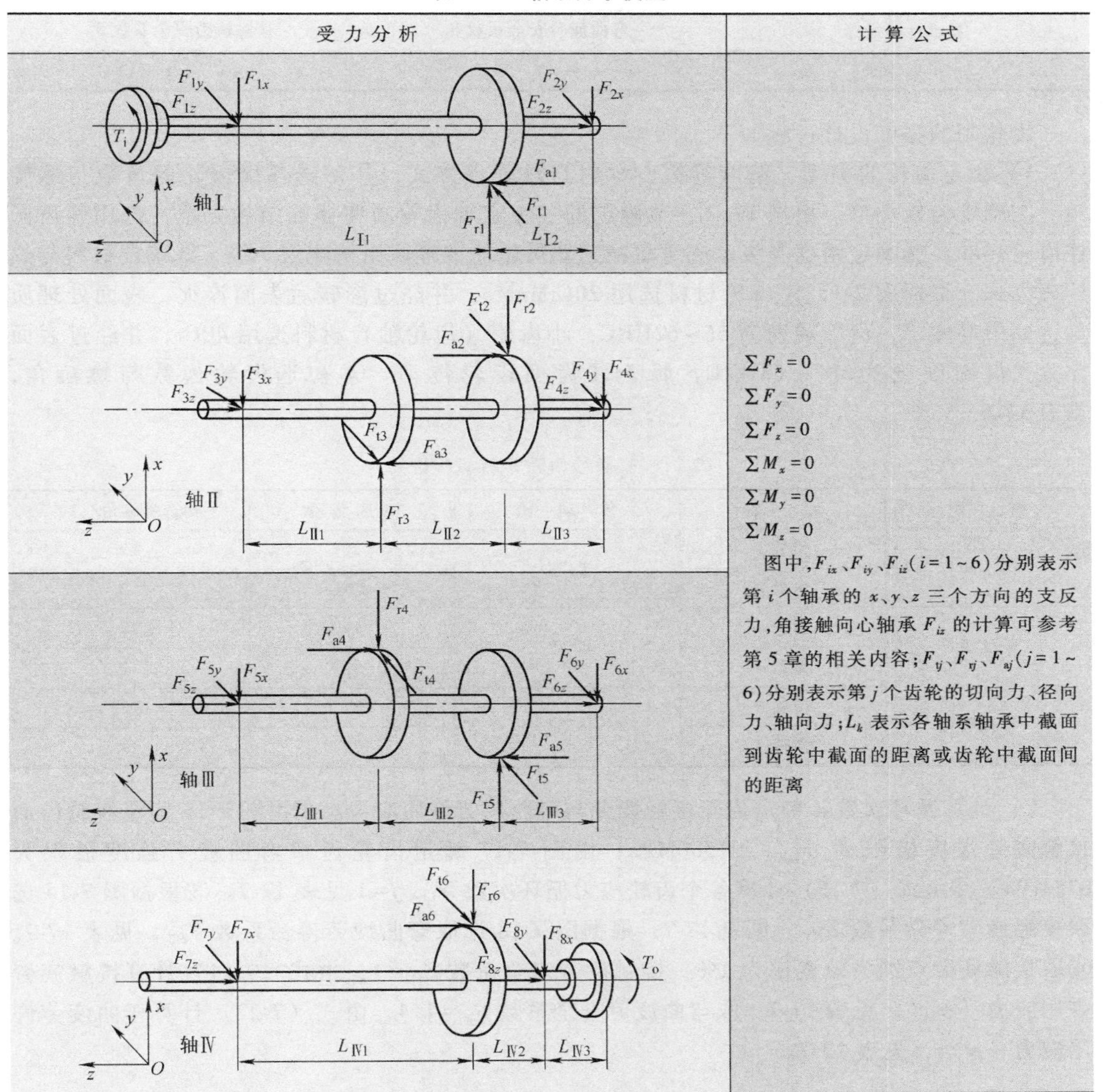

受力分析	计算公式
	$\sum F_x=0$ $\sum F_y=0$ $\sum F_z=0$ $\sum M_x=0$ $\sum M_y=0$ $\sum M_z=0$ 图中，F_{ix}、F_{iy}、F_{iz}($i=1\sim6$)分别表示第 i 个轴承的 x、y、z 三个方向的支反力，角接触向心轴承 F_{iz} 的计算可参考第 5 章的相关内容；F_{tj}、F_{rj}、F_{aj}($j=1\sim6$)分别表示第 j 个齿轮的切向力、径向力、轴向力；L_k 表示各轴系轴承中截面到齿轮中截面的距离或齿轮中截面间的距离

17.3.4 齿轮副强度设计

定轴齿轮传动系统中，需要进行设计的齿轮副强度主要有接触疲劳强度、弯曲疲劳强度和静强度。为使定轴齿轮减速器在整个工作寿命期内满足工作能力要求，设计时需要均衡各齿轮副的承载能力和使用寿命，在保证满足强度要求的同时使减速器的体积最小，尽可能使各齿轮的强度大小相近。起重机减速器齿轮采用优质低碳合金钢，齿面经渗碳淬火处理，属于硬齿面齿轮，齿轮副设计时首先按齿根弯曲疲劳强度条件进行设计，再按齿面接触疲劳强度条件进行校核。

根据设计准则，拟定齿轮副的强度设计技术性能指标见表 17-5。每对齿轮按照相同的强度技术性能指标进行设计，以保证减速器中每对齿轮的等强度设计。

表 17-5　齿轮副的强度设计技术性能指标

技术性能指标	弯曲疲劳安全系数 S_F	接触疲劳安全系数 S_H
指标数据	≥1.25	≥1

齿轮副的强度设计过程如下。

1）确定齿轮的类型、精度等级、材料与热处理方式，并初选各级齿轮的齿数与螺旋角。①确定齿轮类型。根据 17.2.3 节确定的三级定轴齿轮减速器的结构方案，选用斜齿圆柱齿轮传动。②确定精度等级。起重机减速器齿轮的推荐使用精度为 7 级。③确定材料与热处理方式。根据表 7-1，大齿轮材料选用 20CrMnMo，并经过渗碳后表面淬火，表面处理质量达到中等要求，齿面硬度为 56~62HRC；小齿轮（齿轮轴）材料选用 40Cr，并经过表面淬火，齿面硬度为 48~55HRC，属于硬齿面齿轮传动。④初选齿轮齿数与螺旋角，见表 17-6。

表 17-6　初选齿轮齿数与螺旋角

级　别	齿　轮	传　动　比	初选齿数	初选螺旋角/(°)
第Ⅰ级	齿轮 1	6.78	20	12
	齿轮 2		136	12
第Ⅱ级	齿轮 3	5.42	17	12
	齿轮 4		92	12
第Ⅲ级	齿轮 5	4.33	17	12
	齿轮 6		74	12

2）计算循环次数，确定齿轮接触疲劳与弯曲疲劳许用应力。①由图 7-13 确定齿轮齿面接触疲劳强度极限为 $\sigma_{Hlim}=1500\text{MPa}$；由图 7-17 确定齿轮齿根弯曲疲劳强度极限为 875MPa。②由式（7-15）计算各个齿轮应力循环次数 N_L，$j=1$ 见表 17-7。③根据图 7-14 选取接触疲劳寿命系数 Z_{NT}，见表 17-7；根据图 7-18 选取弯曲疲劳寿命系数 Y_{NT}，见表 17-7。④取接触疲劳点蚀失效概率为 1%，接触疲劳安全系数 $S_H=1$，由式（7-14）计算接触疲劳许用应力 $[\sigma_H]$，见表 17-7；取弯曲疲劳安全系数 $S_F=1.4$，由式（7-22）计算弯曲疲劳许用应力 $[\sigma_F]$，见表 17-7。

表 17-7　齿轮接触疲劳与弯曲疲劳许用应力

齿　轮	应力循环次数 N_L	接触疲劳寿命系数 Z_{NT}	接触疲劳许用应力 $[\sigma_H]$/MPa	弯曲疲劳寿命系数 Y_{NT}	弯曲疲劳应力修正系数 Y_{ST}	弯曲疲劳许用应力 $[\sigma_F]$/MPa
齿轮 1	1.44×10^9	0.90	1350	0.86	2	401.3
齿轮 2	2.124×10^8	0.95	1425	0.90	2	420.0
齿轮 3	2.124×10^8	0.92	1380	0.90	2	420.0
齿轮 4	3.92×10^7	0.98	1470	0.98	2	457.3
齿轮 5	3.92×10^7	0.98	1470	0.99	2	462.0
齿轮 6	9.01×10^6	1.08	1620	1.08	2	504.0

3）硬齿面齿轮副设计时首先按齿根弯曲疲劳强度条件进行设计，再按齿面接触疲劳强

度条件进行校核。根据求得的齿根弯曲疲劳许用应力由式（7-31）设计齿轮参数，并进行齿轮弯曲疲劳和接触疲劳校核，校核结果需要满足齿轮副强度设计技术指标，具体计算过程见【例 7-2】。齿轮设计结果见表 17-8。

表 17-8　三级定轴齿轮减速器齿轮几何参数及安全系数

各级齿轮		齿数	模数/mm	螺旋角/(°)	压力角/(°)	齿宽/mm	弯曲疲劳安全系数 S_F	接触疲劳安全系数 S_H
第Ⅰ级	齿轮 1	20	4	11.7	20	80	1.41	1.05
	齿轮 2	136	4	11.7	20	75	1.42	1.06
第Ⅱ级	齿轮 3	17	7	12.38	20	120	1.40	1.12
	齿轮 4	92	7	12.38	20	110	1.42	1.12
第Ⅲ级	齿轮 5	17	10	12	20	190	1.40	1.05
	齿轮 6	74	10	12	20	180	1.41	1.09

17.3.5　轴系结构与强度设计

在三级定轴齿轮减速器的结构方案和轴系力学模型的基础上，根据轴的强度准则（断裂失效或塑性变形）进行轴系强度设计，尽可能实现机器零件的等寿命设计；同时，也要统筹考虑四根轴与齿轮的几何干涉问题。

根据设计要求，拟定轴的强度设计技术性能指标见表 17-9。各轴的强度指标相同，使四根轴的强度大小相近。

表 17-9　轴的强度设计技术性能指标

技术性能指标	轴的静强度安全系数 $S_{S_{ca}}$	轴的疲劳强度安全系数 S_{ca}
指标数据	≥1.2	≥1.3

轴的强度设计过程如下。

1）选取各级传动轴的材料与热处理方式。根据表 12-2，由于起重机载荷较大，因此轴Ⅰ、轴Ⅱ、轴Ⅲ选用 40Cr，调质处理；轴Ⅳ采用 45 钢，调质处理。

2）确定轴的尺寸范围。①确定轴的结构类型。减速器轴Ⅰ、轴Ⅱ、轴Ⅲ采用实心轴结构；轴Ⅳ载荷较大，为减小质量，采用空心轴结构。②确定轴的最小直径。根据表 12-4 取系数 $A_0=99$，β 取 0.5，分别根据式（12-2）和式（12-3）求得各轴的最小直径，轴Ⅰ与联轴器内径系列匹配，轴Ⅱ、轴Ⅲ、轴Ⅳ与轴承内径系列匹配，得到 $d_{\mathrm{I}}=45\mathrm{mm}$，$d_{\mathrm{II}}=80\mathrm{mm}$，$d_{\mathrm{III}}=130\mathrm{mm}$，$d_{\mathrm{IV}}=260\mathrm{mm}$。③确定轴的径向尺寸与轴向尺寸限制。对轴的最大直径的限制为避免与齿轮齿顶圆产生几何空间干涉，即一个轴的半径应与相邻轴齿轮半径之和小于两轴的间距；轴的跨距（两端轴承支承点间的距离）需要保证传动轴上的齿轮与箱体之间不产生几何空间干涉，即轴的跨距应大于轴上齿轮的齿宽与齿轮的轴向定位距离之和。

3）确定轴材料的力学性能。根据轴的直径，参照表 12-2 确定各轴的主要力学性能，轴Ⅰ、轴Ⅱ的直径小于 100mm，抗拉强度极限 $R_m=750\mathrm{MPa}$，屈服强度极限 $R_{eH}=550\mathrm{MPa}$，弯曲疲劳极限 $\sigma_{-1}=350\mathrm{MPa}$，剪切疲劳极限 $\tau_{-1}=200\mathrm{MPa}$，许用弯曲应力 $[\sigma_{-1}]=70\mathrm{MPa}$；轴Ⅲ、轴Ⅳ直径大于 100mm，抗拉强度极限 $R_m=685\mathrm{MPa}$，屈服强度极限 $R_{eH}=490\mathrm{MPa}$，弯曲

疲劳极限 σ_{-1}=335MPa，剪切疲劳极限 τ_{-1}=185MPa，许用弯曲应力 $[\sigma_{-1}]$=70MPa。

4）轴系结构与尺度设计。轴上零件的装配方案和定位方式如图 17-4 所示，第 12 章【例】给出了轴Ⅳ的各轴段直径和长度的具体设计过程，其他各轴段的结构与尺度见表 17-10。

5）轴的强度校核。第 12 章【例】给出了轴Ⅳ的静强度校核与疲劳强度校核计算过程，其他轴的强度校核计算过程与其一致，计算结果见表 17-11。

表 17-10 各轴段结构与尺度

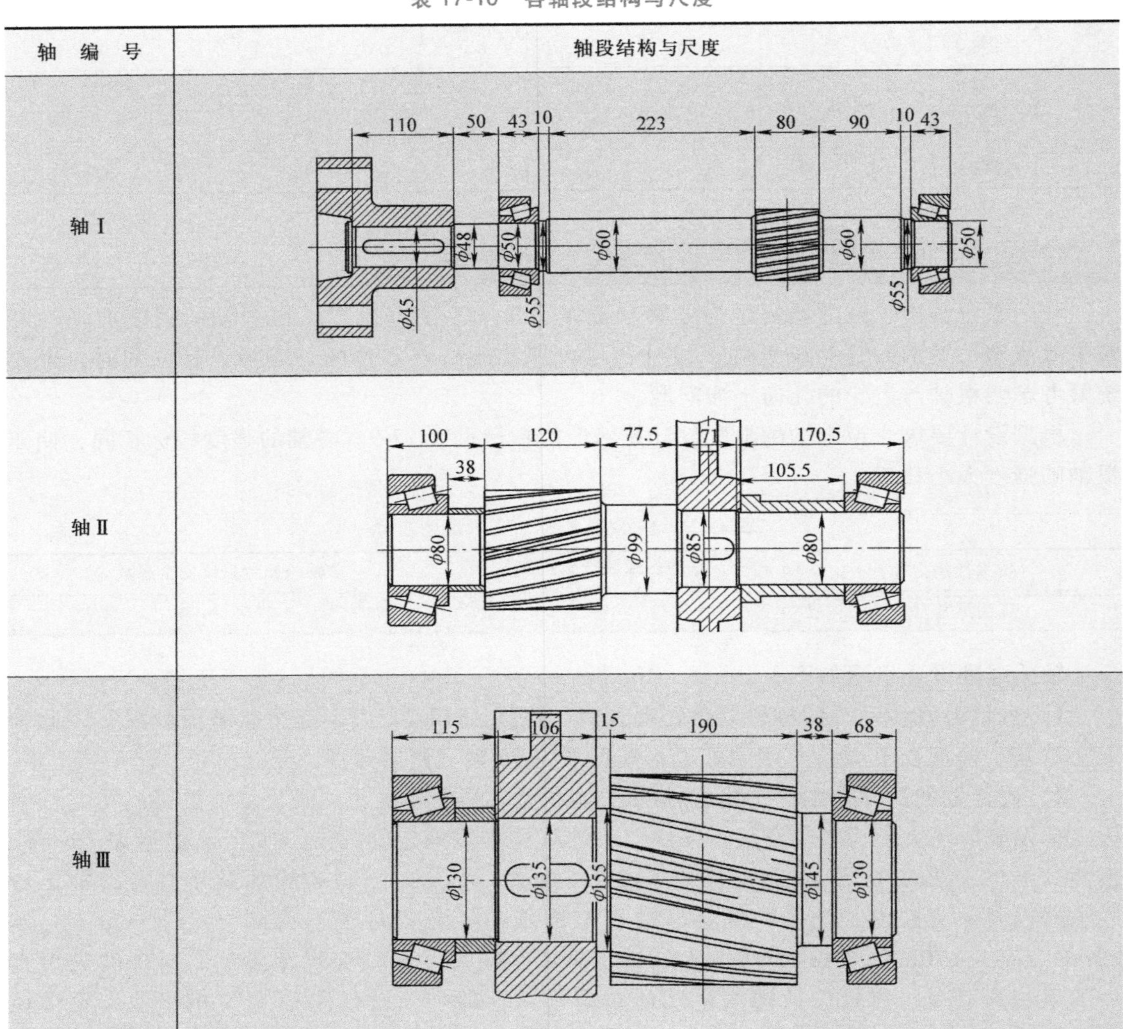

轴 编 号	轴段结构与尺度
轴Ⅰ	110　50　43　10　223　80　90　10　43 φ45　φ48　φ50　φ55　φ60　φ60　φ55　φ50
轴Ⅱ	100　38　120　77.5　71　170.5　105.5 φ80　φ99　φ85　φ80
轴Ⅲ	115　106　15　190　38　68 φ130　φ135　φ155　φ145　φ130

表 17-11 轴的强度校核结果

轴 编 号	轴的计算应力 σ_{ca}/MPa	轴的静强度安全系数 S_{ca}	轴的疲劳安全系数 S_{σ}
轴Ⅰ	62. 34	1. 12	1. 53
轴Ⅱ	30. 22	2. 32	1. 76
轴Ⅲ	15. 24	4. 59	2. 12

17.3.6 轴承选型与寿命设计

在减速器轴系的设计过程中，已经根据轴径、转速、轴的尺寸初选了轴承的型号。本节主要依据各轴的力学模型计算轴承所受支反力，然后根据轴承的基本额定动载荷和当量动载荷对轴承进行寿命计算，具体计算过程参见第 5 章【例 5-2】。三级定轴齿轮减速器轴承主要技术性能指标见表 17-12。

表 17-12 轴承主要技术性能指标

技术性能指标	轴承寿命
指标数据	24000h

三级展开式齿轮减速器轴承的设计结果见表 17-13。

表 17-13 轴承的设计结果

轴承编号		轴承型号	径向力/N	轴向力/N	当量动载荷/N	额定动载荷/N	轴承寿命/h
轴Ⅰ	轴承 1	32310	6921	7465	18550.7	178000	31288
	轴承 2	32310	12353	3633	14823.6	178000	66080
轴Ⅱ	轴承 3	32316	41508	12208	49809.6	388000	106191
	轴承 4	32316	6945	3633	10744.9	388000	17638140
轴Ⅲ	轴承 5	32226	44306	51573	107909.5	552000	141458
	轴承 6	32226	94776	27875	113731.2	552000	118730
轴Ⅳ	轴承 7	32052	77414	81775	174540.7	1120000	1310842
	轴承 8	32052	156297	45970	187556.4	1120000	1031414

17.3.7 箱体结构与强度刚度设计

减速器的箱体是减速器中所有零件支承与安装的基础，在工作过程中，箱体的载荷十分复杂，为了保证足够的强度、刚度和铸造工艺性要求，需要对箱体主体结构构型与肋板单元分布进行设计。齿轮箱箱体的强度设计主要是基于复杂零件结构设计的概念单元方法，以零件结构的强度和刚度要求为依据，对零件结构进行从定性构型到定量尺度的设计。齿轮箱体的强度设计技术性能指标见表 17-14。

表 17-14 齿轮箱体的强度设计技术性能指标

技术性能指标	静强度安全系数
指标数据	≥1.5

减速器齿轮箱箱体结构的概念单元设计主要是依据齿轮箱的安装位置和齿轮、轴、轴承等的相关尺寸，确定箱体的初始几何模型；然后根据力学模型确定齿轮箱各轴承孔承受的载荷，并根据基座的安装约束确定箱体的物理模型；接着根据拓扑优化结果确定齿轮箱箱体的传力路径，得到箱体的概念单元构型——肋板布置形状；最后根据齿轮箱的制造工艺性和外观进行齿轮箱的工艺造型设计。表 17-15 列出了减速器齿轮箱箱体结构设计的过程，具体设计过程及结果参照 13.4 节的工程设计实例。

表 17-15　定轴齿轮减速器箱体的结构概念单元设计过程

几何模型	物理模型	概念单元构型	强度刚度设计	工艺造型设计
	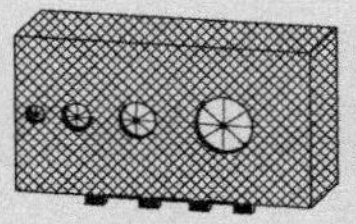	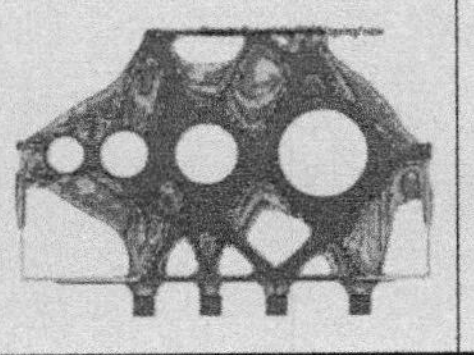		

17.4　三级定轴齿轮减速器的润滑与密封设计

为了保证减速器的工作状况与设计条件一致，在齿轮、轴、轴承组合和箱体的结构与技术性能设计完成后，需要进行齿轮减速器的摩擦学设计，即润滑与密封设计。

17.4.1　减速器润滑设计

减速器的润滑主要包括滚动轴承的润滑和传动件的润滑两部分。润滑不仅可以减小摩擦损失、提高传动效率，还可以防止锈蚀、降低噪声、提高寿命等。

1. 确定润滑方式

减速器传动件常用的润滑方式是浸油润滑和喷油润滑。滚动轴承的常用润滑方式是油润滑和脂润滑。轴承润滑方式按轴承的 dn 值（d 为滚动轴承直径，n 为轴承转速）进行选择。据已确定设计方案经过计算，轴承 dn 值最大为 5×10^4mm · r/min，查手册，依据圆锥滚子轴承 $dn<10\times10^4$mm · r/min，选用脂润滑。齿轮润滑方式与齿轮圆周速度相关。经过计算，齿轮圆周速度最大值为 3.56m/s，对于闭式减速器，当齿轮圆周速度<12m/s 时，采用浸油润滑方式。

2. 选择润滑油及润滑脂

选择轴承润滑脂主要依据轴的转速与工作环境温度。整机工作温度低于 100℃，轴Ⅱ、轴Ⅲ、轴Ⅳ的转速低于 300r/min，可以选用 2 号钙基脂；轴Ⅰ转速在 300~1500r/min 之间，可以选用 1 号或者 2 号钙基脂。齿轮润滑油的选择首先需要根据齿轮的硬度和圆周速度选择润滑油黏度，然后再确定润滑油牌号。减速器一般选用工业闭式齿轮油（GB 5903—2011）。多级齿轮箱的润滑油黏度由各级的平均值确定，计算得到润滑油的运动度为 $310\text{mm}^2/\text{s}$，确定润滑油牌号为 L-CKC，黏度等级为 320。

17.4.2　减速器密封设计

定轴齿轮减速器的密封主要是外伸轴轴承端盖密封和减速器箱体剖分面密封，密封方式主要取决于润滑方式和轴的线速度。该三级定轴齿轮减速器的齿轮采用浸油润滑方式，各轴线速度较低，采用密封圈密封。根据减速器的工作环境，选用一对 J 形骨架式橡胶油封，既能防止润滑油外漏，又能防止灰尘进入减速器箱体内。

该定轴齿轮减速器的滚动轴承采用润滑脂润滑，为了防止轴承中的润滑脂被箱体内齿轮啮合时挤出的热油冲刷、稀释而流失，需要在轴承内侧设置封油盘。

17.5 三级定轴齿轮减速器技术方案

对于三级定轴齿轮减速器而言，其技术方案主要包括技术方案图和设计计算说明书，主要内容包括以下几个方面：

1）运动副的连接结构，如轴与轴承的配合关系、定位和尺寸标注，齿轮副的结构形式等。

2）主要组件的静连接结构，如齿轮与轴的连接关系、尺寸标注，上下箱体与端盖的连接关系等。

3）主要零件的技术性能参数的计算过程与结果，如轴、箱体、齿轮、轴承的强度与刚度、寿命等的计算与分析的过程与结果，得到的各零件的型号、结构和尺寸等。

4）整机的润滑系统、相关连接处的密封方式与结构等。

5）整机的结构与装配方式，如外形尺寸，输入与输出轴、底座等的安装方式与尺寸等。

同时，为了说明上述技术方案的设计依据和计算过程，需要有相应的技术性能设计计算报告，报告内容应包括采用的计算公式、标准、相关数据与资料的来源等。

最终确定了三级定轴齿轮减速器的总体技术方案图，如图 17-6 所示。

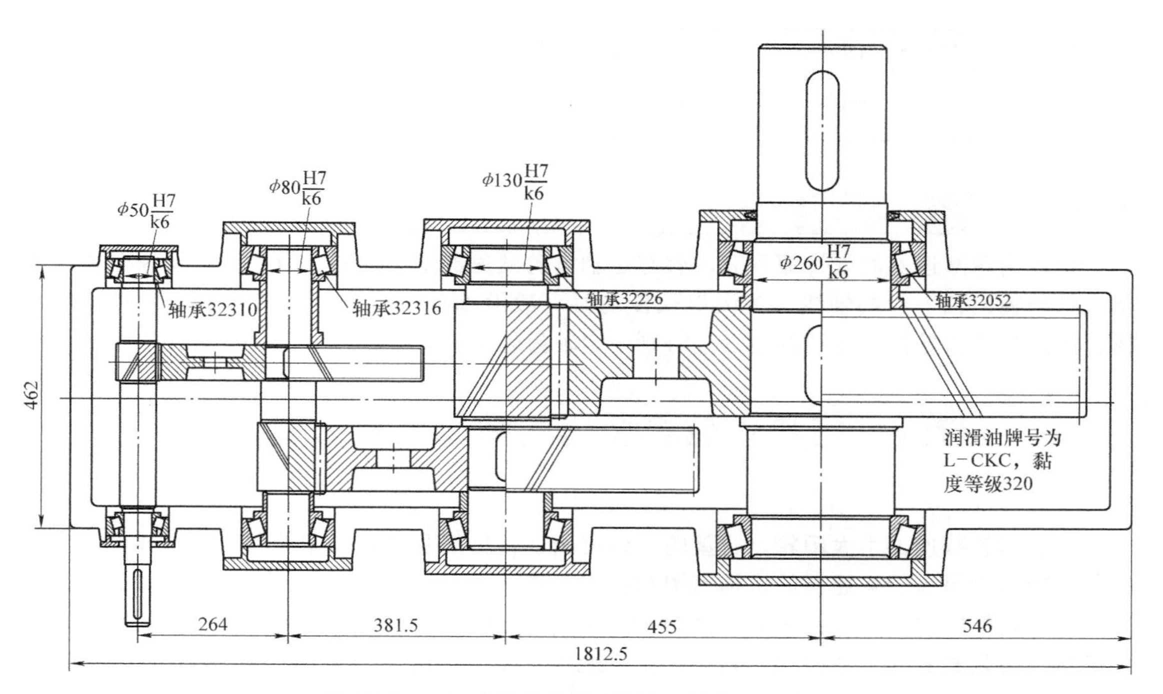

图 17-6 三级定轴齿轮减速器的总体技术方案图

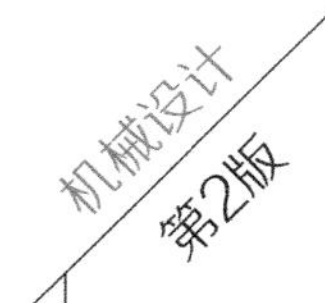

17.6 行星齿轮传动设计条件与流程

在齿轮传动系统中，行星齿轮传动是不同于定轴齿轮传动的另一种重要而又常见的齿轮减速器形式，定轴齿轮传动的传动轴均为固定的，而行星齿轮传动的传动轴可以运动，某些齿轮在传动系统中作行星运动。行星齿轮传动的运动几何学已经在机械原理课程中介绍过了，在此不再赘述，本节以某风力发电机组变桨三级行星齿轮减速器为例，介绍其结构与技术性能的设计过程。

17.6.1 工作条件

风力发电机组的变桨控制系统的主要作用是通过调节叶片迎角以捕获最大风能。变桨减速器是风力发电机组变桨控制系统的核心传动部件，本例的变桨减速器为三级行星齿轮减速器。该减速器的设计要求为：运行平稳，工作时机舱内温度范围为-30~50℃，使用期限为20年（每年工作360天，每天工作24h），叶片间断性双向运转，载荷性质为循环载荷。

17.6.2 性能指标

三级行星齿轮减速器的性能指标见表17-16。

表17-16 三级行星齿轮变桨减速器的性能指标

性能指标	最大输出转矩/N·m	传动比	输出转速/(r/min)	强度、刚度要求	寿命要求
指标数据	10200	159	3	满足各静、动连接与零件强度、刚度要求	20年

17.6.3 设计流程与内容

行星齿轮减速器的设计流程和内容与定轴齿轮减速器基本相同，但由于行星齿轮传动的输入轴与输出轴一般共轴线，多级串联传动时一般沿轴向布置，箱体和行星架为对称回转体，因此行星齿轮传动在结构设计上有别于定轴齿轮传动。

17.7 行星齿轮减速器的整体结构方案规划

行星齿轮减速器由太阳轮、行星轮、内齿圈、行星架及轴系等零件和组件构成。本节介绍如何依据行星齿轮减速器的机构简图和技术要求，进行结构方案和技术性能规划，包括单级行星齿轮机构的结构方案规划，通过构件合并（组件）将多个单级行星齿轮机构组合为多级行星齿轮机构的结构方案布局规划，最终形成本例的三级行星齿轮机构的结构方案规划。

17.7.1 单级行星齿轮机构的结构方案规划

单级行星齿轮机构由太阳轮、行星轮、内齿圈和行星架构成，是多级行星齿轮传动的基本单元。行星轮与行星架构成转动副；太阳轮、行星架分别与机架构成转动副，内齿圈与机架（箱体）属于静连接；太阳轮与行星轮、行星轮与内齿圈构成齿轮副。

对于行星架与行星轮构成的转动副，需要限制五个自由度（三个移动自由度与两个转动自由度）以实现行星轮绕其轴线回转，即靠有一定跨距的两个轴承及轴向定位来实现约束。行星架与行星轮构成的转动副的结构方案同定轴齿轮机构一样，依据行星架支承行星轮的结构形式分为简支式和悬臂式，轴承位置在行星轮内部的称为内简支和内悬臂，轴承位置在行星架上的称为外简支和外悬臂，见表17-17。

单级行星齿轮机构中，输入/输出构件——太阳轮和行星架分别与机架构成两个转动副，在理论上也应该有简支式和悬臂式，但由于行星架实际空间结构的限制，往往采用悬臂式；当多级行星机构组合时，也可利用行星轮的对称性采用太阳轮和行星架浮动式，即省略转动副，有利于均匀行星轮载荷。典型结构见表17-17。

表17-17 单级行星齿轮机构的转动副结构方案

名称	机构简图	结构布局方案	说明
行星架上转动副的结构	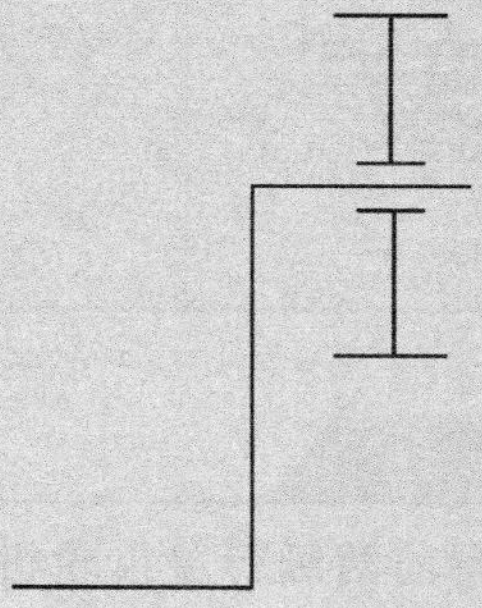	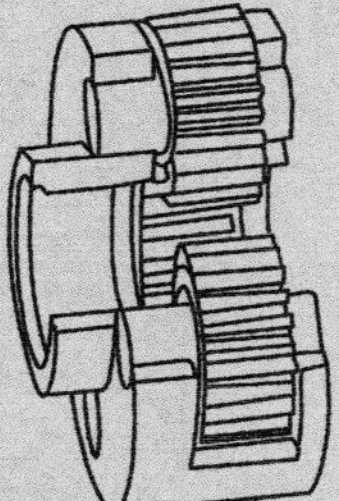 ① 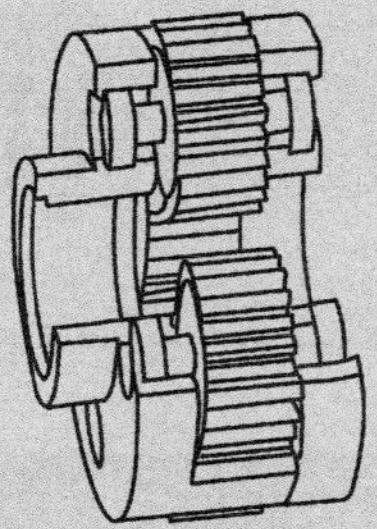 ②	①、②简支式：在行星轮轴两端支承，而两个轴承安装在行星轮内部为内简支，一般采用整体式结构；两个轴承安装在行星架上为外简支，一般采用分开式结构
		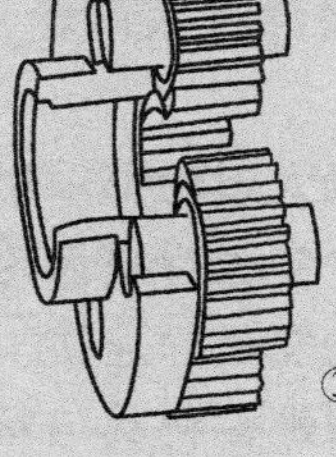 ③	③悬臂式：在行星架上，行星轮轴一端支承，另一端呈悬臂状态，而轴承安装在行星轮内部为内悬臂；两个轴承安装在行星架上为外悬臂

（续）

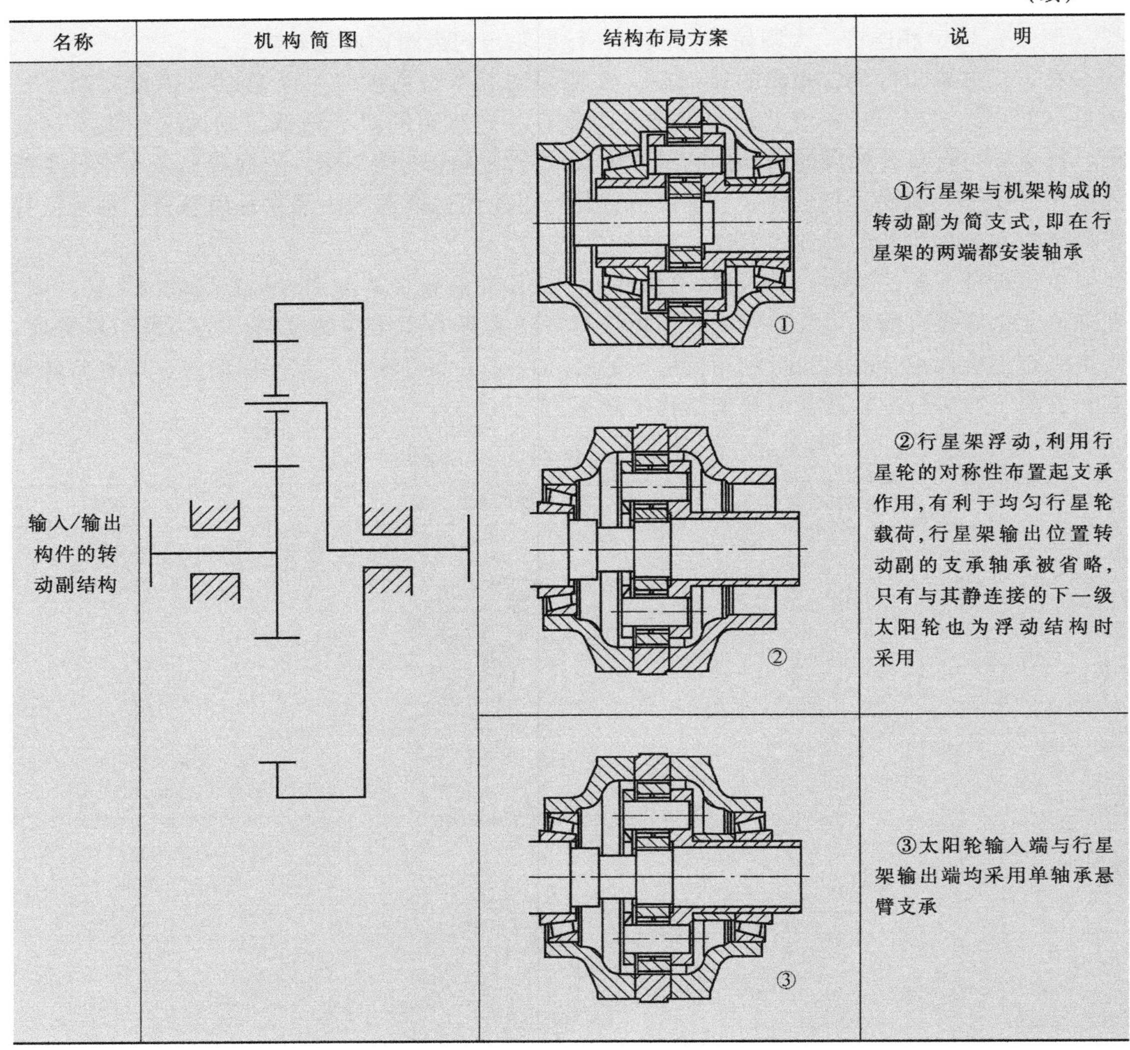

名称	机构简图	结构布局方案	说　明
输入/输出构件的转动副结构		①	①行星架与机架构成的转动副为简支式，即在行星架的两端都安装轴承
		②	②行星架浮动，利用行星轮的对称性布置起支承作用，有利于均匀行星轮载荷，行星架输出位置转动副的支承轴承被省略，只有与其静连接的下一级太阳轮也为浮动结构时采用
		③	③太阳轮输入端与行星架输出端均采用单轴承悬臂支承

17.7.2　两级行星齿轮机构的构件合并结构方案规划

依据三级行星齿轮减速器的机构简图（图 17-2a）进行前两级行星齿轮机构的结构方案设计，即通过构件和机架的合并将两个单级行星齿轮机构组合进而形成两级行星齿轮机构的结构方案规划。由于行星齿轮传动机构具有输入/输出轴共轴线的特点，采用前一级输出构件（行星架）与后一级的输入构件（太阳轮）构件合并为一体（实际上通过花键连接）的方式来实现两级构件的组合。

将前一级的行星架和后一级太阳轮都采用浮动的支承方式，既能消除轴承布置结构上的困难，又有利于多行星轮均载。多级行星齿轮机构的机架合并为同一个箱体，箱体可以是整体式或分离式结构，可利用螺栓实现静连接。各级内齿圈与机架固定。为便于加工和装配，通常将内齿圈分离制造，然后用螺栓将其与箱体静连接。两级行星齿轮机构的构件合并结构方案见表 17-18。

表 17-18 两级行星机构的构件合并结构方案

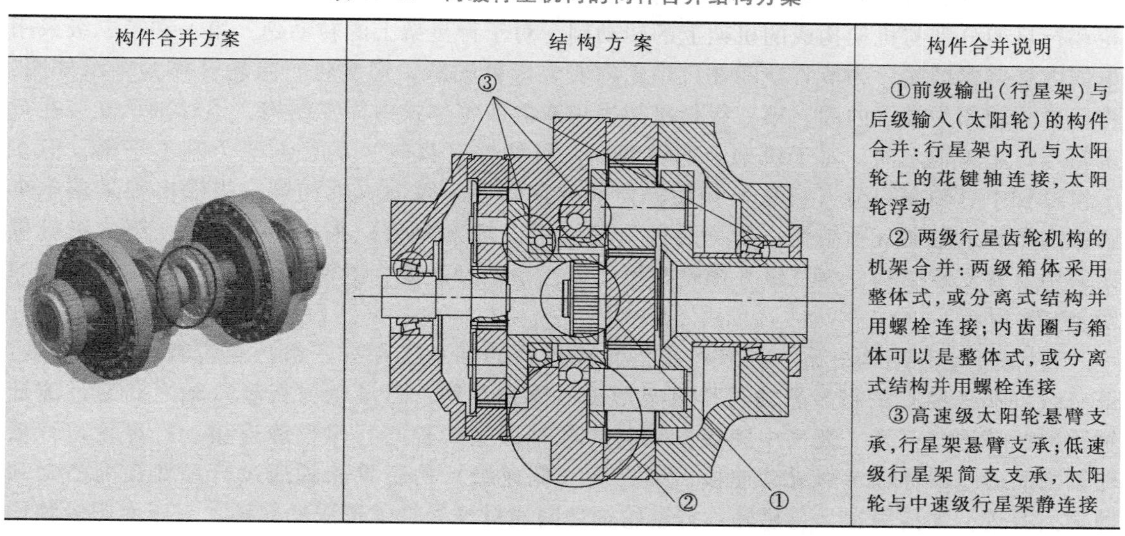

构件合并方案	结构方案	构件合并说明
	③ ② ①	①前级输出（行星架）与后级输入（太阳轮）的构件合并：行星架内孔与太阳轮上的花键轴连接，太阳轮浮动 ② 两级行星齿轮机构的机架合并：两级箱体采用整体式，或分离式结构并用螺栓连接；内齿圈与箱体可以是整体式，或分离式结构并用螺栓连接 ③高速级太阳轮悬臂支承，行星架悬臂支承；低速级行星架简支支承，太阳轮与中速级行星架静连接

17.7.3 三级行星齿轮减速器的结构方案规划

依据上述单级和两级行星齿轮机构的结构方案规划，确定该三级行星齿轮减速器的单级行星齿轮机构采用太阳轮输入和行星架输出，根据机构简图并通过构件合并的方式形成该齿轮减速器的传动方案。在结构上，该三级行星齿轮减速器主要由一级输入太阳轮、一级行星架组件（行星架、行星轮轴系、太阳轮）、二级行星架组件（行星架、行星轮轴系、太阳轮）、三级行星架输出组件、箱体组件（机架与内齿圈）构成。本节根据三级行星齿轮减速器的安装条件和使用条件，对应机构简图以及结构布局方案，具体介绍构件及运动副的结构方案设计。

1）齿轮副结构方案。风力发电机组的变桨系统由多个变桨减速器构成，各个减速器承受的转矩不是很大，且运转较平稳，输出转速较低，考虑经济性与加工工艺性，本例减速器中的齿轮均采用直齿轮。

2）转动副结构方案。在机构简图（图 17-7a）上共有七个转动副，其中三个是行星轮

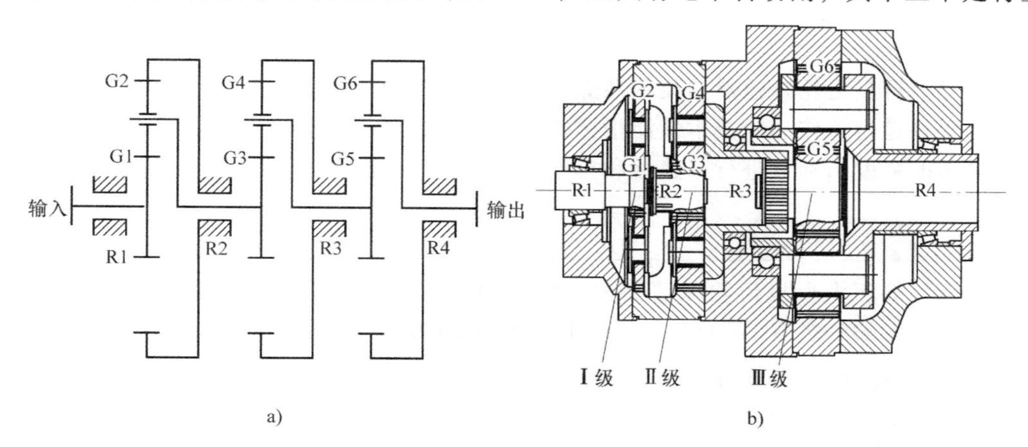

图 17-7 三级行星齿轮减速器机构简图和结构方案图

与行星架构成的行星架上的转动副（对称布置的行星轮转动副视作一个），其余四个是太阳轮和行星架分别与机架构成的机架上的转动副。对于行星架上的转动副，第一和第二级采用单侧内悬臂式结构，为节省空间在行星轮内安装滚针轴承，通常将行星轮孔作为轴承外圈，将行星轮轴作为轴承内圈；第三级行星架采用双侧板整体式内简支结构，滚针轴承安装在行星轮与行星轮轴之间。对于机架上的转动副，虽然轴（齿轮）的径向受力基本平衡，但在工作过程中有轴向载荷（自重）作用，为节省空间第一级输入轴和第三级输出轴采用单个圆锥滚子轴承悬臂支承结构，第一级行星架（第二级太阳轮）采用浮动结构，第二级行星架采用悬臂支承结构，第三级太阳轮与第二级行星架静连接，但轴向需要施加限位约束，如图 17-7b 所示。

3）轴系组件结构方案。三级行星齿轮减速器的轴系组件有三组行星轮轴和太阳轮轴：第一级（高速级）的行星轮轴与行星架形成一体式结构，行星轮与行星轮轴之间通过滚针轴承形成动连接；第二级（中速级）的行星轮轴通过螺栓与行星架静连接，行星轮与行星轮轴之间通过滚针轴承形成动连接；第三级（低速级）的行星轮轴通过行星架孔内凸台和轴端挡板进行轴向固定，行星轮与行星轮轴之间通过滚针轴承形成动连接。三级太阳轮轴均为齿轮轴。

4）行星架结构方案。三级行星齿轮减速器具有三个行星架组件：第一级（高速级）和第二级（中速机）的行星架承受载荷小，采用单侧板悬臂式结构；第三级（低速级）因转速低、承受载荷大，故采用双侧板整体简支式结构。行星架上的行星轮安装孔的个数根据行星轮个数确定。第二级太阳轮与第一级行星架、第三级太阳轮与第二级行星架应通过构件合并为同一构件（零件静连接组件），但考虑工艺性和误差补偿，还是采用花键连接，第三级行星架和输出轴也如此。

5）箱体零件结构方案。箱体是三级行星齿轮减速器的重要支承构件，箱体由连接件和内齿圈通过螺栓连接在一起形成，箱体的剖分面即是连接件与内齿圈的分型面。三级行星齿轮减速器的机构简图和结构方案图如图 17-7 所示，图中对各级行星齿轮机构和齿轮进行了编号。

17.8 三级行星齿轮减速器强度设计

根据三级行星齿轮减速器的技术性能要求，在结构简图（图 17-7b）的基础上确定技术参数。由于行星齿轮传动的技术性能指标较多，为节省篇幅，简化计算过程，本节仅讨论齿轮传动常用的强度指标，进行减速器和典型零件及其连接的强度设计。

17.8.1 传动比分配

本节设计的三级行星齿轮减速器由三级 NGW 行星轮系构成，太阳轮输入、行星架输出、内齿圈固定的单级 NGW 行星轮系的传动比范围为 3.7～10。该三级行星齿轮减速器的总传动比为 159，按照平均分配传动比的原则，计算得到各级平均传动比 $i=\sqrt[3]{159}=5.42$。第一级（高速级）、第二级（中速级）承受载荷相对较小，可采用较大传动比；第三级（低速级）承受载荷相对较大，采用较小传动比。根据 NGW 行星齿轮传动的齿轮组合推荐值，

初步确定各级传动比分别是 $i_1=6.3$，$i_2=5.6$，$i_3=159/(6.3\times5.6)=4.5$。这里初步确定的各级传动比用作齿轮副的设计依据，而在齿轮副设计完成后会得到准确的传动比。

17.8.2 运动与动力参数

通过计算确定三级行星齿轮减速器各运动构件的运动与动力参数，为该减速器零件与组件的强度计算提供依据。

（1）各构件转速　根据三级行星齿轮减速器的工作条件，确定输出转速为 3r/min，再根据各级传动比，按 $n_H=n_a/i_k$（其中 H 表示行星架，a 表示太阳轮，i_k 表示传动比，$k=1$，2，3），计算得到各级太阳轮与行星架的转速，见表 17-19。

（2）各构件转矩　根据三级行星齿轮减速器的工作条件确定最大输出转矩为 10200N·m，再根据各级传动比，按 $T_H=T_a i_k$（其中 H 表示行星架，a 表示太阳轮，i_k 表示传动比），计算得到各级太阳轮与行星架的转矩，见表 17-19。

表 17-19　三级行星齿轮减速器运动与动力参数

构　件	转速 n/(r/min)	传动转矩 T/N·m
Ⅰ级太阳轮	476	64.25
Ⅰ级行星架（Ⅱ级太阳轮）	75.6	404.76
Ⅱ级行星架（Ⅲ级太阳轮）	13.5	2266.67
Ⅲ级行星架	3	10200

17.8.3 力学模型

减速器的技术性能设计依据是载荷，在机构简图和结构方案图的基础上建立三级行星齿轮减速器传动系统的力学模型，如图 17-8 所示。

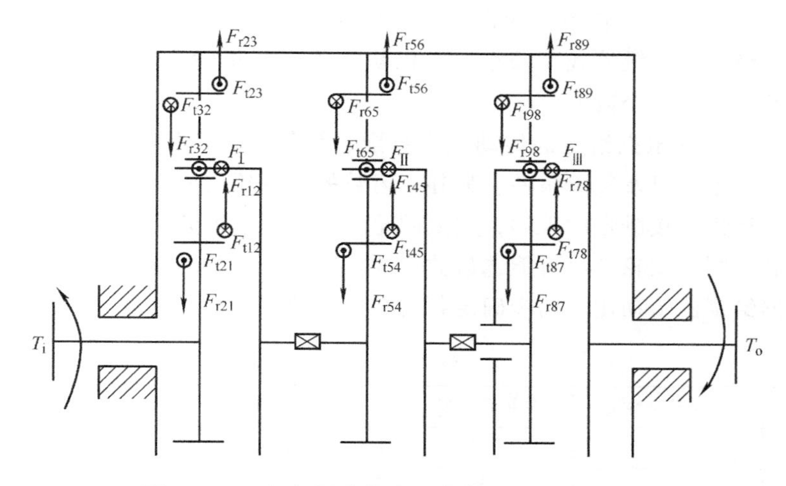

图 17-8　三级行星齿轮减速器传动系统力学模型

根据三级行星齿轮减速器传动系统力学模型，求得分配给各个运动副的集中载荷，得到各齿轮与行星架的力学模型，见表 17-20。

表 17-20　三级行星齿轮减速器齿轮与行星架力学模型

	太阳轮(a)	行星轮(c)	内齿圈(b)	行星架(H)
受力分析图	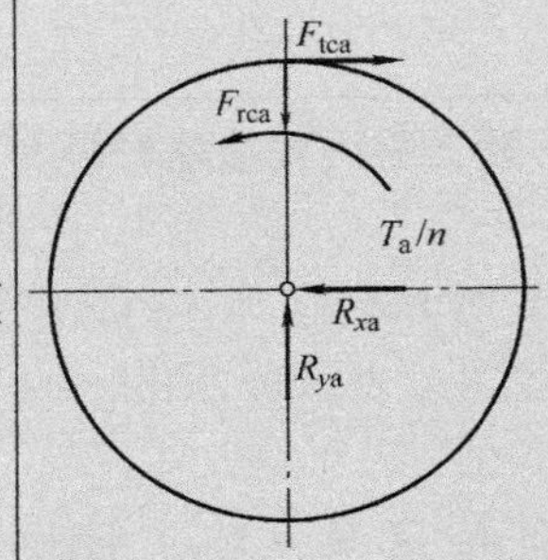 F_{tca}, F_{rca}, T_a/n, R_{xa}, R_{ya}	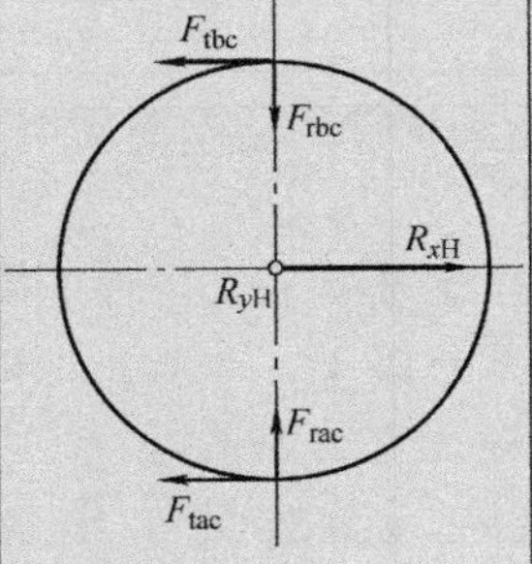 F_{tbc}, F_{rbc}, R_{xH}, R_{yH}, F_{rac}, F_{tac}	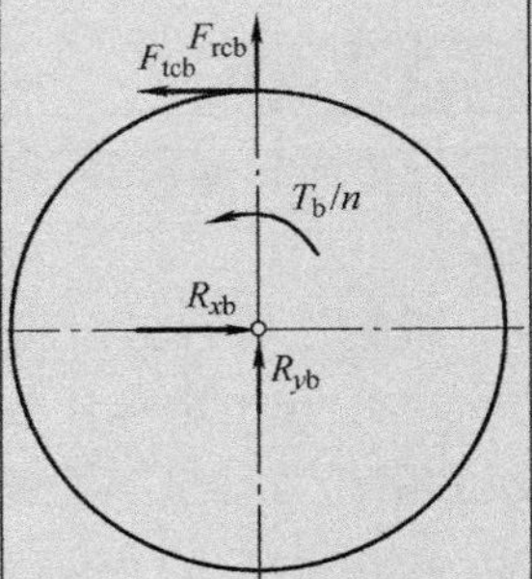 F_{tcb}, F_{rcb}, T_b/n, R_{xb}, R_{yb}	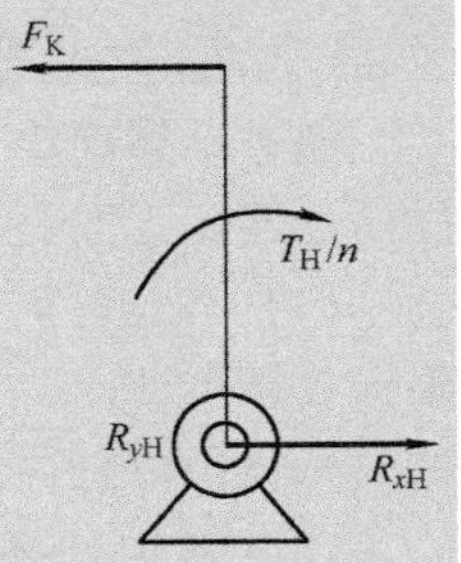 F_K, T_H/n, R_{yH}, R_{xH}
受力分析公式	$F_{tca}=2000T_a/(nd_a)$ $F_{rca}=F_{tca}\tan\alpha_n/\cos\beta$ $R_{xa}=F_{tca}$ $R_{ya}=F_{rca}$ $\sum R_{xa}=0$ $\sum R_{ya}=0$	$F_{tac}=F_{tbc}=F_{tca}$ $F_{rac}=F_{rbc}=F_{tac}\tan\alpha_n/\cos\beta$ $R_{xH}=2F_{tac}$ $R_{yH}=0$ $\sum R_{xc}=0$ $\sum R_{yc}=0$	$F_{tcb}=F_{tbc}=F_{tca}$ $F_{rcb}=F_{rbc}$ $R_{xb}=F_{tcb}$ $R_{yb}=F_{rcb}$ $\sum R_{xb}=0$ $\sum R_{yb}=0$	$F_K=2F_{tac}$ $R_{xH}=F_K$ $R_{yH}=0$ $\sum R_{xH}=0$ $\sum R_{yH}=0$

注：1. 表中 n 为行星轮个数，计算公式适用于 $n\geqslant2$ 的直齿轮或人字齿齿轮行星传动。

2. 转矩单位为 N · m，长度单位为 mm，力单位为 N。

17.8.4　齿轮副强度设计

行星轮系进行齿轮副强度设计时，首先要初步确定行星轮个数，然后根据传动比进行配齿计算，初选齿数，最后基于接触疲劳强度、弯曲疲劳强度及相应的设计准则进行齿轮副强度设计。

（1）行星轮个数　行星轮系中的行星轮个数与载荷大小有关。对于该三级行星齿轮减速器来说，第一级、第二级的载荷较小，可以初步确定行星轮个数 $n=3$；第三级的载荷较大，可以初步确定行星轮个数 $n=4$。

（2）配齿计算　在根据给定的传动比进行配齿计算时，从传动与结构的角度需要保证传动比条件、同心条件以及装配条件。另外，齿数的选择还需要满足齿轮的强度要求，若承载能力主要受工作齿面接触强度限制，则太阳轮应尽可能选齿数多的；若承载能力主要受齿轮弯曲强度限制，则太阳轮应尽可能选齿数少的。此外，对于高速行星齿轮传动，齿轮副齿数应互质。根据给定的传动比，初步确定各齿轮齿数及传动比，见表 17-21。

表 17-21　初步确定的各齿轮齿数及传动比

编　号	行星轮个数 n	太阳轮齿数 z_a	行星轮齿数 z_c	内齿圈齿数 z_b	传　动　比
第Ⅰ级	3	13	29	71	6.46
第Ⅱ级	3	13	23	59	5.53
第Ⅲ级	4	23	29	81	4.52

（3）齿轮副强度设计　行星齿轮的强度设计过程与定轴齿轮一致，齿轮副强度设计的

技术性能指标也与定轴齿轮一致，见 17.3.4 节。每对齿轮按照相同的强度技术性能指标进行设计，以保证减速器中每对齿轮为等强度设计，具体设计结果见表 17-22。

表 17-22 行星齿轮减速器齿轮几何参数与安全系数

编号	齿轮	行星轮个数	齿数	模数/mm	齿宽/mm	弯曲疲劳安全系数 S_F	接触疲劳安全系数 S_H
第Ⅰ级	太阳轮	3	13	3	21	1.40	1.08
	行星轮		29	3	28	1.41	1.04
	内齿圈		71	3	45	1.44	1.15
第Ⅱ级	太阳轮	3	13	3	37	1.42	1.06
	行星轮		23	3	46	1.41	1.10
	内齿圈		59	3	45	1.45	1.12
第Ⅲ级	太阳轮	3	23	3.5	40	1.42	1.06
	行星轮		29	3.5	44	1.41	1.10
	内齿圈		81	3.5	45	1.46	1.14

17.8.5 行星轮轴强度设计

在三级行星齿轮减速器结构方案和力学模型的基础上，根据轴的强度准则进行行星轮轴强度设计。根据三级行星齿轮减速器的设计要求，拟定轴的强度设计技术性能指标见表 17-23。各轴的强度指标均相同，以使各行星轮轴的强度相近。

表 17-23 行星轮轴的强度设计技术性能指标

技术性能指标	轴的静强度安全系数 S_{ca}	轴的疲劳强度安全系数 S_σ
指标数据	≥1	≥1.5

行星轮轴结构简单，主要受弯矩作用，根据静强度指标确定轴的最小直径，结合齿轮及初选轴承的尺寸确定轴的最终直径，最后校核轴的疲劳强度安全系数，具体计算结果见表 17-24。

表 17-24 行星轮轴的强度校核结果

编号	轴最小直径/mm	轴的计算应力 σ_{ca}/MPa	轴的静强度安全系数 S_{ca}	轴的疲劳安全系数 S_σ
第Ⅰ级	27(30)	39.12	1.53	5.86
第Ⅱ级	48(60)	28.08	2.14	8.23
第Ⅲ级	72(80)	39.05	1.54	5.88

17.8.6 轴承选型与寿命设计

三级行星齿轮减速器分别有行星轮轴承——滚针轴承，行星架轴承——深沟球轴承，输出轴和输入轴轴承——圆锥滚子轴承。减速器中轴承型号初选过程见第 5 章【例 5-2】，本节主要依据各构件力学模型计算轴承所受支反力，然后根据轴承的基本额定动载荷和当量动载荷对轴承进行寿命计算。三级行星齿轮减速器轴承的主要技术性能指标见表 17-25，三级行星齿轮减速器轴承的强度设计结果见表 17-26。

表 17-25　三级行星齿轮减速器轴承的主要技术性能指标

技术性能指标	轴承寿命
指标数据	170000h

表 17-26　三级行星齿轮减速器轴承的强度设计结果

轴　承	轴承型号	径向力/N	轴向力/N	当量动载荷/N	额定动载荷/N	轴承寿命/h
输入轴轴承	30208	1648	0	1978	63000	286323
高速级行星轮轴承	$K30\times35\times17$	1100	0	1320	12800	390958
中速级行星轮轴承	$K60\times68\times30$	6920	0	8304	56000	225462
低速级行星轮轴承	$K80\times88\times30$	14080	0	16896	65000	223603
中速级行星架轴承	6412	10379	0	12455	109000	304562
低速级行星架轴承	6328	63354	0	80904	275000	328048
输出轴轴承	6332	63354	0	80904	313000	505021

17.8.7　行星架结构与强度设计

行星齿轮传动中的行星架有两个主要功能，一是将输入端的转矩传递给行星轮，二是约束行星轮的运动。行星架结构比较复杂，需按照复杂零件的设计过程进行设计。根据三级行星齿轮减速器的设计要求，拟定行星架的强度设计技术性能指标，见表 17-27。

表 17-27　行星架的强度设计技术性能指标

技术性能指标	静强度安全系数
指标数据	≥1.3

以三级行星齿轮减速器第三级的整体式行星架为例，说明行星架设计过程如下：

1）根据减速器的结构方案确定行星架类型，然后根据已经计算得到的齿轮、行星轮轴以及选定的轴承等的结构尺寸确定行星架的初始几何模型，如图 17-9 所示。

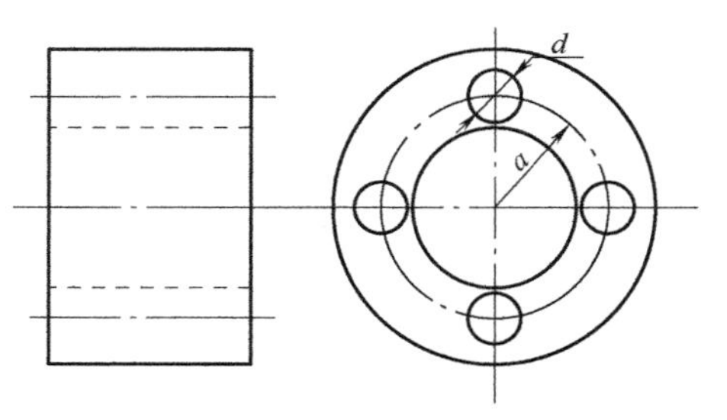

图 17-9　行星架的初始几何模型

① 根据行星轮轴线与太阳轮轴线的间距 a，确定行星轮中心孔的位置。

② 行星轮轴承安装在行星轮轴上，行星轮轴安装在行星架孔内，根据行星轮轴的直径确定行星架上的孔径 d。

③ 行星架的两个侧板通过中间连接板（梁）连接在一起。两个侧板的厚度通常取 $s=(0.16\sim0.28)a$。

④ 根据太阳轮尺寸确定输入孔内径；根据输出轴的尺寸确定输出孔的内径。

⑤ 行星架输入孔外径与输出孔外径根据内径尺寸以及轴承标准系列尺寸初步确定，进行结构设计及校核后可以进一步修正。

2）按照复杂零件结构设计的概念单元方法，对行星架进行概念设计、强度和刚度设计以及工艺造型设计，设计过程见表 17-28。

表 17-28 行星架设计过程

几何模型	物理模型	概念单元构型	强度刚度设计	工艺造型设计

设计出的行星架静强度计算结果为 317.5MPa，行星架材料为 QT700-2A，许用强度极限为 420MPa，安全系数为 1.32，满足技术性能要求。

17.8.8 箱体结构与强度、刚度设计

三级行星齿轮减速器箱体是轮系的各基本构件安装的基础，也是行星齿轮传动的重要组成部分。在箱体的结构设计时，要根据制造工艺、安装工艺、使用维护及经济性等条件来决定其具体的结构形式，具体设计过程与定轴齿轮减速器箱体的设计过程一致。

根据已经确定的结构方案，确定箱体结构为轴向剖分式结构，采用铸造工艺，材料为 HT200。内齿圈通过螺栓连接成为箱体的一部分，因此铸造箱体分成三部分。在进行结构设计时可以整体建模，也可以分开建模。根据三级定轴齿轮减速器的设计要求，拟定铸造箱体的强度设计技术性能指标，见表 17-29。

表 17-29 铸造箱体的强度设计技术性能指标

技术性能指标	静强度安全系数
指标数据	≥1.3

按照复杂零件结构设计的概念单元方法，对三级行星齿轮减速器的输出端箱体进行概念设计，强度、刚度设计以及工艺造型设计，设计过程见表 17-30。

表 17-30 三级行星齿轮减速器输出端箱体设计过程

几何模型	物理模型	概念单元构型	强度刚度设计	工艺造型设计

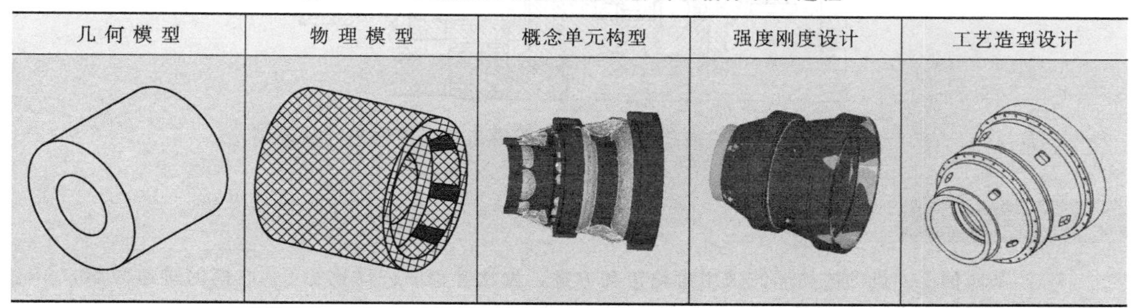

设计出的箱体静强度计算结果为 92.5MPa，箱体材料为 QT400-18A 许用强度极限为 220MPa，静强度安全系数为 2.38，满足技术性能要求。

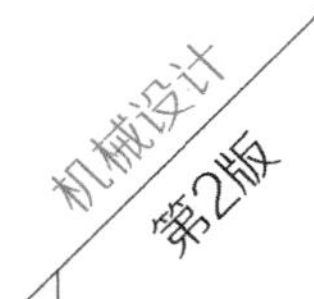

17.9 三级行星齿轮减速器的润滑与密封设计

三级行星齿轮减速器润滑方式的确定方法与定轴齿轮减速器一致，根据轴承 dn 值以及齿轮线速度的计算结果可以确定行星齿轮减速器的轴承应采用润滑脂润滑，齿轮应采用浸油润滑。结合三级行星齿轮减速器的工作条件，各级齿轮随轮毂转动，因此确定齿轮润滑方式为浸油润滑，在减速器箱体内灌装润滑油，浸润所有零部件。计算得到润滑油黏度为 $290\text{mm}^2/\text{s}$，确定润滑油牌号为 L-CKC，黏度等级为 300。

三级行星齿轮减速器的密封主要是外伸轴轴承端盖密封和减速器箱体剖分面密封。密封方式主要取决于润滑方式和轴的线速度。该三级行星齿轮减速器的齿轮采用浸油润滑方式，各轴线速度较低，采用密封圈密封。根据减速器的工作环境，选用一对 J 形骨架式橡胶油封。

17.10 三级行星齿轮减速器技术方案图

通过对三级行星齿轮减速器的齿轮、轴、滚动轴承、行星架、箱体的技术性能设计，同时考虑了润滑与密封，最终确定了该三级行星齿轮减速器的总体设计技术方案图，如图 17-10 所示。

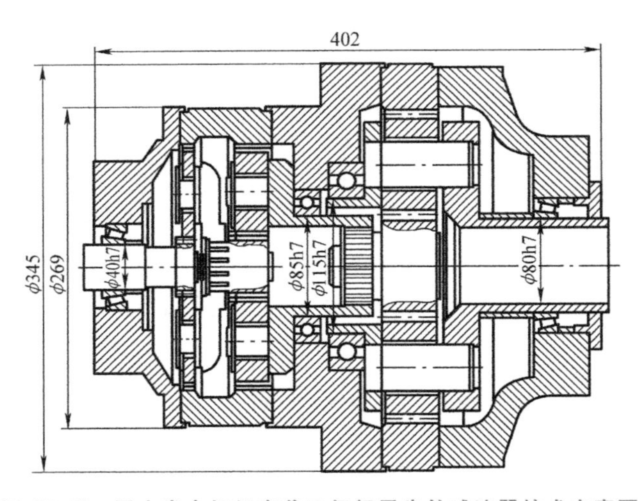

图 17-10 风力发电机组变桨三级行星齿轮减速器技术方案图

习 题

17-1 某曲柄压力机的传动部件采用齿轮传动方案，齿轮传动的传动比为 5，曲柄的转速为 50r/min，试设计该齿轮减速器的结构布局方案。

17-2 某螺旋压力机的传动部件采用齿轮传动方案，齿轮传动的传动比为 8，输出轴的转速为 72r/min，试设计该齿轮减速器的结构布局方案。

知识拓展

行星齿轮减速器的发展趋势

行星齿轮减速器的主要传动结构为行星轮、太阳轮、内齿圈。由于结构原因，行星齿轮减速器的单级减速比最小为 3，最大一般不超过 10，常见减速比有：3、4、5、6、8、10。减速器级数一般不超过 3 级，但有部分定制的大减速比减速器可做到 4 级减速。与其他减速器相比，行星齿轮减速器具有高刚度、高精度（单级可做到 1′以内）、高传动效率（单级为 97%～98%）、高转矩/体积比、终身免维护等特点，因此，特别适用于航空发动机、起重运输、石油化工和兵器等要求体积小、质量轻、精度高的装置中，行星齿轮传动已得到越来越广泛的应用。一种应用了行星齿轮传动的增速机如图 17-11 所示。

图 17-11　3MW 风力发电机的增速机

目前，在世界机械技术革新的推动下，减速器的产品性能也在逐年提高。对于行星齿轮减速器来说，其发展方向主要有以下几个方面。

1）品种多样化。目前世界上已有 50 多个行星齿轮传动系列，由此演化出多种形式的减速器产品。

2）高转速、大功率。随着行星齿轮传动技术的发展，现有的高速渐开线行星齿轮传动装置功率已达到 2000kW，输出转矩已达到 4500kN · m，突破了长期以来行星齿轮传动效率高，但传动比不大的发展瓶颈。

3）硬齿面、高精度。目前行星齿轮减速器在制造过程中普遍采用渗碳和渗氮等表面热处理方法，制造精度已达 6 级以上。通过提高齿面硬度和制造精度，行星齿轮减速器在保证承载能力的前提下，齿轮尺寸变得更小，进一步降低能耗。

4）实现机电一体化。微型机器更需要由微电动机与微型行星齿轮减速器组合成紧凑的齿轮传动装置，使它具备驱动和减速传动两种功能。实现机电一体化，使电动机与行星齿轮减速器两者合一而成为一种低速电动机，从而使该组合体的输出轴直接与工作机相连接，有效进行变速调节。

此外，行星齿轮减速器也有缺点：材料要求严格、结构精细复杂、制造和装配较普通类型产品困难。但随着对行星齿轮传动技术的深入了解和掌握，对国外行星齿轮传动技术的引进和消化吸收，我国的行星齿轮传动技术将逐渐成熟，制造水平也会不断提高，行星齿轮减速器的应用将更加广泛。

第18章 螺旋传动

螺旋传动是将回转运动变换为直线运动的一种常用传动类型，通常由螺旋副、转动副、移动副及相关构件组成。在第三篇静连接中介绍了螺纹连接及其参数，而螺旋传动中的螺旋副是以螺旋面（螺纹）作为运动副元素，与连接螺纹类似。由于螺旋副具有导程小、传动比大等特点，在机械中有广泛应用，如螺旋压力机、台虎钳、机床进给系统、千分尺等。

18.1 螺旋副概述

螺旋副是两构件直接接触，只有螺旋运动一个自由度而约束其他五个自由度的空间连接形式，两构件的运动副元素为螺旋面，在结构上通常将一个构件设计为细长的而另一个很短，分别称为螺杆和螺母，也称丝杠副，有滚动与滑动两种形式。其中，滚动螺旋副已经专业化生产。本节将介绍螺旋副选型设计计算的基本过程。

18.1.1 螺旋副

螺旋副保持两构件间有一个螺旋运动自由度，既相对转动又相对直线移动，两者呈线性关系而约束其他运动自由度。构成螺旋副的两构件实际上是弹性体，实现对五个自由度的约束需要满足如下结构与技术性能要求。

1）螺旋副元素的几何形状。螺旋副元素一般为形状简单的螺旋面，如阿基米德螺旋面、渐开线螺旋面、正螺旋面等。螺旋副元素的几何形状不仅要有较好的承载能力和润滑性能，使得两构件能通过螺旋副的元素传递运动和动力，而且要有较好的工艺性。

2）螺旋副的结构约束。两螺旋副元素几何表面直接接触，使其有相对转动与相对直线移动成线性关系，而其他运动自由度需要附加结构约束，如螺旋副结构往往需要有一定的螺纹长度、辅助导向和其他运动副（如转动副和移动副）组合结构。

3）螺旋副的技术性能。即组成螺旋副的实际零件材料及其结构（螺纹）必须具有足够的强度、刚度与稳定性等。

18.1.2 螺旋副的类型及应用

螺旋副按螺旋面的摩擦性质不同，分为滑动螺旋副、滚动螺旋副、静压螺旋副等。

1）滑动螺旋副结构简单，便于制造，易于自锁。但其主要缺点是摩擦阻力大、传动效率低（一般为30%~40%）、磨损快、传动精度低等。滑动螺旋副的设计应满足传动功能的

要求，如强度、传动精度、耐磨性和效率等。其螺纹牙截面有矩形、梯形、锯齿形等几种，具体形式参照第 9 章螺纹连接。

滑动螺旋副的主要零件是螺杆和螺母。螺杆的材料应具有足够的强度和耐磨性，以及良好的加工性。不重要的螺杆可以不经淬硬处理，材料一般用 Q275、45、50、Y40 和 Y40Mn 等。重要的螺杆要求耐磨性好时需经淬硬处理，可选用 T12、65Mn、40Cr、40WMn、19CrMoAlA 等。对于精密的传导螺旋还要求热处理后有较好的尺寸稳定性，可选用 9Mn2V、CrWMn、38CrMoAl 等，并在加工中进行适当次数的时效处理。螺母材料常选用 ZCuZn25Al6Fe3Mn3。受重载的调整螺旋副，螺母材料可用 35 钢或球墨铸铁，低速轻载时可选用耐磨铸铁。尺寸大的螺母可用钢或铸铁做外套，内部用离心铸造法浇注青铜，高速螺母还可以浇注巴氏合金。钢套材料常用 20、45 及 40Cr。某些机床进给螺杆的螺母采用渗铜的铁基粉末冶金，某些调整螺母用加铜的粉末冶金，使用效果也很好。

2）滚动螺旋副和静压螺旋副的摩擦阻力小，传动效率高（一般为 90%以上），但结构复杂，特别是静压螺旋还需要供油系统，因此，只有在要求高精度、高效率的重要传动中才宜采用，如数控精密机床、测试装置或自动控制系统中的螺旋传动等。

滚动螺旋副通常包含三个基本元件：外圆柱面带凹形弧面滚道的螺杆（习惯上也称滚珠丝杠），球形滚动体，以及内圆柱面带凹形弧面滚道且包含使滚珠循环的对应结构的滚珠螺母，因而滚动螺旋副又常被称为滚珠丝杠副。实际应用表明，由于滚动摩擦代替了滑动摩擦，因而螺旋副的工作特点也发生了显著的变化：①传动效率可提高至 90%~98%，平均为滑动螺旋副的 2~3 倍，可节省动力 1/2~3/4，有利于主机的小型化和减轻劳动强度；②摩擦力矩小，接触刚度高，使温升及热变形减小，有利于改善主机的动态特性和提高工作精度；③工作寿命长，平均可达滑动螺旋副的 10 倍左右；④传动无间隙，无爬行，运转平稳，传动精度高；⑤具有很好的高速性能，其临界转速 d_0n 值（d_0 为滚珠丝杠公称直径，单位为 mm；n 为转速，单位为 r/min）可达 2×10^5mm · r/min 以上，可实现线速度 120m/min 的高速驱动；⑥具有传动的可逆性，既可把旋转运动转化为直线运动，也可把直线运动转化为旋转运动，且逆传动效率与正传动效率相近；⑦已经实现系列尺寸标准化，并出现了冷轧滚珠丝杠，提供了多用途的廉价产品，应用于精度要求不是很高的场合，节能并延长寿命；⑧不会发生自锁。其缺点主要表现为：①抗冲击振动性能较差；②承受径向载荷的能力差；③结构较复杂（但结构比静压螺旋简单且维修方便）。

按照 GB/T 17587.3—2017 的规定，滚动螺旋副的精度划分为 0、1、2、3、4、5、7、10 八个等级，分别对应标准公差等级 IT0~IT5、IT7、IT10。0 级最高，10 级最低，2 级和 4 级不优先采用。

滚珠丝杠副的制造成本主要取决于制造精度和长径比。精度越高、长径比越大，则工艺难度越大，成品合格率越低。所以应合理分析使用要求，并慎重选择滚珠丝杠副的精度。

18.1.3　螺旋副的技术性能设计

螺旋副主要由丝杠与螺母组成，结构布置有单丝杠驱动、多丝杠驱动、螺母驱动等形式，其结构与技术性能设计可依据螺旋传动设计要求、运行工况及载荷，确定丝杠的强度、额定寿命或动载荷、静载荷、极限转速及定位精度等。

1. 滑动螺旋副的选型设计过程

1）根据螺旋传动的已知设计条件，针对应用场合进行空间结构布局，确定丝杠作用载荷大小、行程长度、定位精度、快速移动速度、刚度、预期寿命、使用环境（振动、热）等必要条件。

2）初选丝杠导程精度。根据丝杠螺纹有效长度、螺纹加工类型选择导程精度。

3）确定丝杠轴外径及导程。根据丝杠长度、预压等级确定丝杠轴的外径及导程。

4）确定丝杠轴的安装方法。根据装配工艺、精度等级、工况条件选择丝杠的安装方式。

5）计算轴向载荷、允许转速，判断是否满足负荷要求，如果不符合要求，则重新选型。

6）选择螺母型号。

7）计算轴向刚度、定位精度。如果不符合要求，则重新选型。

2. 滑动螺旋副性能设计

滑动螺旋副工作时，主要承受转矩及轴向拉力（或压力）的作用，此外，在螺杆和螺母的旋合螺旋面间存在较大的相对滑动。通常情况下，其失效形式主要是螺旋面磨损。因此，滑动螺旋副的基本尺寸（即螺杆直径与螺母高度）通常是根据耐磨性条件确定的。对于受力较大的传力螺旋，还应校核螺杆危险截面以及螺母螺纹牙的强度，以防止发生塑性变形或断裂；对于要求自锁的螺杆，应校核其自锁性；对于精密的传动螺旋，应校核螺杆的刚度（螺杆的直径应根据刚度条件确定），以免受力后螺距变化引起传动精度降低；对于长径比很大的螺杆，应校核其稳定性，以防止螺杆受压后失稳；对于高速的长螺杆，还应校核其临界转速，以防止产生过度的横向振动等。在设计时，应根据螺旋传动的类型、工作条件及其失效形式等，选择适当的设计准则，不必逐项进行校核。

1）耐磨性计算。螺旋副耐磨性计算主要通过螺纹中径 d_2（mm）体现，根据螺旋副参数间的关系，确定螺旋副的主要结构参数。

滑动螺旋的磨损与螺纹工作面上的压力、滑动速度、螺纹表面粗糙度及润滑状态等因素有关，其中最主要的因素是螺纹工作面上的压力，压力越大螺旋副越容易发生过度磨损。因此，滑动螺旋的耐磨性计算，主要是限制螺纹工作面上的压力 p（MPa），使其小于材料的许用压力 p_p（参见第三篇静连接第9章螺纹连接）。

设作用于螺杆的轴向力为 F（N），螺纹承压面积为 A（mm^2），螺纹工作高度为 h（mm），螺母高度为 H（mm），螺旋副导程为 P（mm），螺纹的工作圈数为 $u=\frac{H}{P}$，材料的许用压力为 p_p（MPa），则螺纹工作面上的耐磨性经验计算式为

$$p=\frac{F}{A}=\frac{F}{\pi d_2 hu}=\frac{FP}{\pi d_2 hH}\leqslant p_p \tag{18-1}$$

为了导出设计计算式，令 $\phi=\frac{H}{d_2}$，则可得

$$d_2\geqslant\sqrt{\frac{FP}{\pi h\phi p_p}} \tag{18-2}$$

对于矩形和梯形螺纹，$h=0.5P$；对于30°锯齿形螺纹，$h=0.75P$。当螺母为整体式时，

磨损后间隙不能调整，为使受力较均匀，工作圈数不能过多，宜取 $\phi=1.2\sim2.5$；当螺母为剖分式或兼作支承时，间隙能够调整，可取 $\phi=2.5\sim3.5$；当要求传动精度较高，寿命较长时，允许取 $\phi=4$。

算出螺纹中径 d_2 后，应根据国家标准选取相应的公称直径 d 和螺距 P。由于旋合各圈的螺纹牙受力不均，螺纹工作圈数不宜超过 10 圈。

螺纹几何参数确定后，对于有自锁性要求的螺旋副，还应校核螺旋副是否满足自锁条件。即

$$\psi \leqslant \phi_v = \arctan\frac{f}{\cos\beta} = \arctan f_v \tag{18-3}$$

式中 ψ——螺纹升角（°）；

ϕ_v——当量摩擦角（°）；

f_v——螺旋副的当量摩擦系数；

f——摩擦系数，见表 18-1。

表 18-1 滑动螺旋副的许用压力 p_p 及摩擦系数 f

螺旋副材料	速度范围/(m/s)	许用压力 p_p/MPa	摩擦系数 f
钢对青铜	<0.05 0.1~0.2 >0.25	11~25 7~10 1~2	0.08~0.10
钢对耐磨铸铁	0.1~0.2	6~8	0.1~0.12
钢对铸铁	<0.04 0.1~0.2	13~18 4~7	0.12~0.15
钢对钢	低速	7.5~13	0.11~0.17
淬火钢对青铜	0.1~0.2	10~13	0.06~0.08

注：1. 当 $\phi<2.5$ 或人力驱动时，p_p 可提高 20%。

2. 当螺母为剖分式时，p_p 应降低 15%~20%。

2）螺杆与螺母的强度计算。螺杆的强度计算是通过确定影响强度的关键参数螺纹小径 d_1，并根据参数间的关系，确定螺旋副的其他主要结构参数。

受力较大的螺杆需进行强度计算。螺杆工作时承受轴向压力（或拉力）F 和转矩 T 的作用。螺杆危险截面上既有压缩（或拉伸）应力，又有切应力。因此，校核螺杆强度时，就要计算其等效应力。通常根据第四强度理论求出危险截面的计算应力 σ_{ca}（MPa），其强度条件为

$$\sigma_{ca} = \sqrt{\sigma^2+3\tau^2} = \sqrt{\left(\frac{F}{A}\right)^2+3\left(\frac{T}{W_T}\right)^2} \leqslant [\sigma] \tag{18-4}$$

或

$$\sigma_{ca} = \frac{1}{A}\sqrt{F^2+3\times\left(\frac{4T}{d_1}\right)^2} \leqslant [\sigma] \tag{18-5}$$

式中 F——螺杆所受的轴向压力（或拉力）（N）；

A——螺杆螺纹段的危险截面面积（mm^2），$A=\frac{\pi}{4}d_1^2$；

W_T——螺杆螺纹段的抗扭截面系数（mm^3），$W_T=\frac{\pi}{16}d_1^3=A\frac{d_1}{4}$；

d_1——螺杆螺纹小径（mm）；

T——螺杆所受的转矩（N · mm），$T=F\tan(\psi+\phi_v)\frac{d_2}{2}$；

$[\sigma]$——螺杆材料的许用应力（MPa）。

螺纹牙有时会发生剪切或挤压破坏，且由于一般螺母的材料强度低于螺杆，故通常只需校核螺母螺纹牙的强度。如果将一圈螺纹沿螺母的螺纹大径 D（mm）展开，则可看作宽度为 πD 的悬臂梁。假设螺母每圈螺纹所承受的平均压力为 F/μ（μ 为螺杆的长度系数）并作用在以螺纹中径 d_2 为直径的圆周上，则螺纹牙危险截面的剪切强度条件为

$$\tau=\frac{F}{\pi Db\mu}\leqslant[\tau] \tag{18-6}$$

螺纹牙危险截面的弯曲强度条件为

$$\sigma_h=\frac{6Fl}{\pi Db^2\mu}\leqslant[\sigma_b] \tag{18-7}$$

式中　b——螺纹牙根部的厚度（mm），对于矩形螺纹：$b=0.5P$，对于梯形螺纹，$b=0.65P$；对于30°锯齿形螺纹，$b=0.75P$，P 为螺纹螺距（mm）；

l——弯曲力臂（mm）；

$[\tau]$——螺母材料的许用切应力（MPa）；

$[\sigma_b]$——螺母材料的许用弯曲应力（MPa）。

当螺杆和螺母的材料相同时，由于螺杆的螺纹小径 d_1 小于螺母的螺纹大径 D，故应校核螺杆螺纹牙的强度。此时，上述两式中的 D 应改为 d_1。

3）螺杆的稳定性计算。对于长径比大的受压螺杆，当轴向压力 F 大于某一临界值时，螺杆就会发生侧向弯曲而丧失其稳定性。因此，在正常情况下，螺杆承受的轴向力 F 必须小于临界载荷 F_{er}。据此，螺杆的稳定性条件为

$$S_{sc}=\frac{F_{er}}{F}\geqslant S_s \tag{18-8}$$

式中　S_{sc}——螺杆稳定性的计算安全系数；

S_s——螺杆稳定性安全系数，对于传力螺旋（如起重螺杆等），$S_s=3.5\sim5.0$；对于传动螺旋，$S_s=2.5\sim4.0$；对于精密螺杆或水平螺杆，$S_s>4.0$；

F_{er}——螺杆的临界载荷，其与螺杆的柔度 λ_s 有关，当 $\lambda_s<40$ 时，不必进行稳定性校核，当 $\lambda_s>40$ 时，必须进行稳定性校核。

$$\lambda_s=\frac{\mu l}{i}$$

式中　μ——螺杆的长度系数，见表18-2；

l——螺杆的工作长度（mm），螺杆两端支承时取两支点间的距离为工作长度 l；螺杆一端以螺母支承时以螺母高度方向的中截面到另一端支点的距离为工作长度 l；

i——螺杆危险截面的惯性半径（mm），若螺杆危险截面面积 $A=\frac{\pi}{4}d_1^2$，则 $i=\sqrt{\frac{I}{A}}=\frac{d_1}{4}$，$I$ 的计算方法见式（18-9）。

表 18-2　螺杆的长度系数 μ

端部支承情况	长度系数 μ	端部支承情况	长度系数 μ
两端固定	0.50	两端不完全固定	0.75
一端固定,一端不完全固定	0.60	两端铰支	1.00
一端铰支,一端不完全固定	0.70	一端固定,一端自由	2.00

注：1. 若采用滑动支承时，则以轴承长度 l_0 与直径 d_0 的比值来确定支承情况。$l_0/d_0\leqslant1.5$ 时，为铰支；$l_0/d_0=1.5\sim3.0$ 时，为不完全固定；$l_0/d_0\geqslant3.0$ 时，为固定支承。
2. 若以整体螺母作为支承，仍按上述方法确定。此时，取 $l_0=H$。
3. 若以剖分螺母作为支承，可视为不完全固定支承。
4. 若采用滚动支承且有径向约束时，可视为铰支；有径向和轴向约束时，可视为固定支承。

临界载荷 F_{er} 可按欧拉公式计算。即

$$F_{er}=\frac{\pi^2EI}{(\mu l)^2} \tag{18-9}$$

式中　E——螺杆材料的拉压弹性模量，$E=2.06\times10^5$MPa；

I——螺杆危险截面的惯性矩（mm^4），$I=\frac{\pi d_1^4}{64}$。

若上述计算结果不满足稳定性条件，应适当增加螺杆的小径 d_1。

3. 滚动螺旋副的选型设计过程

1）选择使用条件，包括目标从动部件的物理参数、运动特征参数、精度要求等。

2）确定丝杠精度、轴向间隙，应根据工作要求及产品性能选择。

3）暂定丝杠长度，选择导程、轴径和安装方式，轴长选择应在最大行程和螺母长度的基础上留置足够富余量，导程应根据最大移动速度要求和电动机最高转速计算确定。

4）验算轴向允许载荷、极限转速。

5）选择型号（螺母类型）。

6）计算工作寿命。

7）刚性检验、定位精度检验。

8）其他性能校核。

4. 滚动螺旋副性能设计

与滑动螺旋副相比，滚动螺旋副具有较高传递效率，如图 18-1 和图 18-2 所示，既可以将旋转运动变为直线运动，也可以将直线运动变为旋转运动。

1）推力和转矩的关系。施加转矩可产生的推力为

$$F_a=\frac{2\pi\eta_1T}{P_h} \tag{18-10}$$

式中　F_a——丝杠推力（N）；

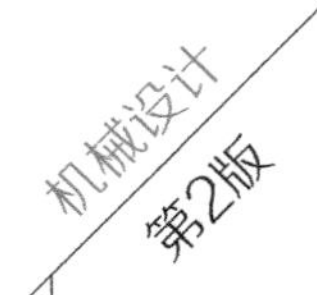

η_1——丝杠正效率，如图 18-1 所示；

T——丝杠力矩（N · mm）；

P_h——丝杠导程（mm）。

施加推力可产生的转矩为

$$T=\frac{F_a\eta_2P_h}{2\pi} \tag{18-11}$$

式中　η_2——丝杠反效率，如图 18-2 所示。

其余符号意义同式（18-10）。

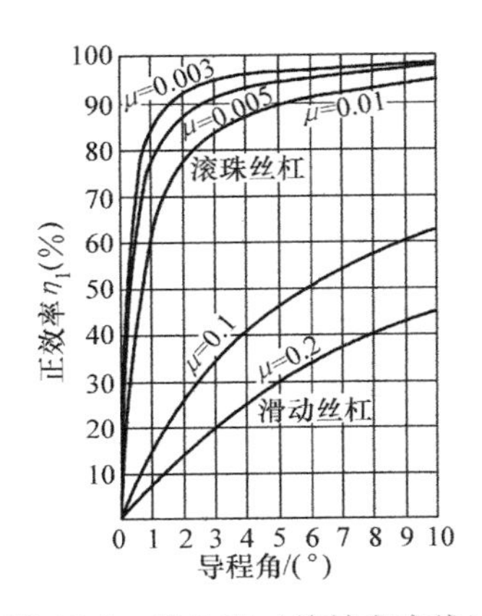

图 18-1　正效率（旋转变直线）

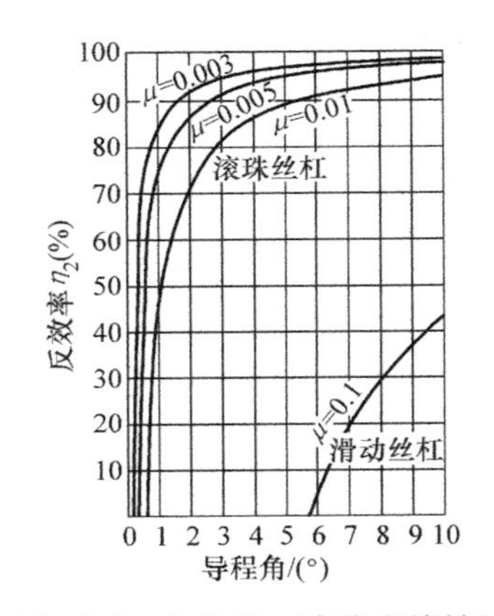

图 18-2　反效率（直线变旋转）

2）静态安全系数为

$$S_s\leqslant\frac{C_{0a}}{F_{amax}} \tag{18-12}$$

式中　C_{0a}——滚动螺旋副的基本额定静载荷。

S_s 的取值与滚动直线导轨相同，见表 6-12。

3）额定寿命 $L_{10}(r)$ 为

$$L_{10}=\left(\frac{C_a}{f_wF_a}\right)^3\times10^6 \tag{18-13}$$

式中　C_a——滚动螺旋副的基本额定动载荷（N）；

f_w——载荷系数，同滚动直线导轨副，见表 6-14；

F_a——滚动螺旋副所承受的当量轴向载荷（N）。

若滚动螺旋副工作时只有一种稳定工况，F_a 即为其承受的轴向载荷；若有多种工况，应分别计算不同工况下同向轴向载荷 F_{ai}，再分别按正、反向求等效轴向载荷。即

$$F_a=\sqrt[3]{\frac{1}{l}\sum(F_{ai}^3l_i)} \tag{18-14}$$

式中　l——总行程（m）；

l_i——对应第 i 个工况，载荷为 F_{ai} 时的行程（m）。

4）允许轴向负荷为

$$P_{a2}=\frac{\pi}{4}d_1^2\sigma=116d_1^2 \tag{18-15}$$

式中 P_{a2}——允许轴向负荷（N）；

σ——许用拉应力，$\sigma=147\text{MPa}$；

d_1——螺纹小径（mm）。

5）受压失稳载荷为

$$P_{a1}=\xi\frac{d_1^4}{l_a^2}\times10^4 \tag{18-16}$$

式中 P_{a1}——受压力时的失稳临界载荷（N）；

l_a——安装间距（mm）；

d_1——螺纹小径（mm）；

ξ——安装方法系数，固定-自由：$\xi=1.3$；固定-支承：$\xi=10$；固定-固定：$\xi=20$。

6）共振临界转速为

$$N_1=\lambda\frac{d_1}{l_a^2}\times10^7 \tag{18-17}$$

式中 N_1——共振临界转速（r/min）；

λ——安装方法系数，固定-自由：$\lambda=3.4$；支承-支承：$\lambda=9.7$；固定-支承：$\lambda=15.1$；固定-固定：$\lambda=21.9$。

除上述几项外，必要时还应进行刚度计算、进给精度计算等，可参考滑动螺旋副的计算过程和计算公式。

18.2 螺旋传动设计条件与流程

螺旋传动包括三个构件和三个运动副，构成空间运动链。如果分别将螺母、丝杠和移动构件作为机架，可得到不同类型的螺旋机构。一般情况下以丝杠为驱动件，而螺母固定为机架或为移动构件。

如图 18-3 所示的加工中心 X 轴子系统就是一种常见的螺旋传动系统，其由电动机、螺

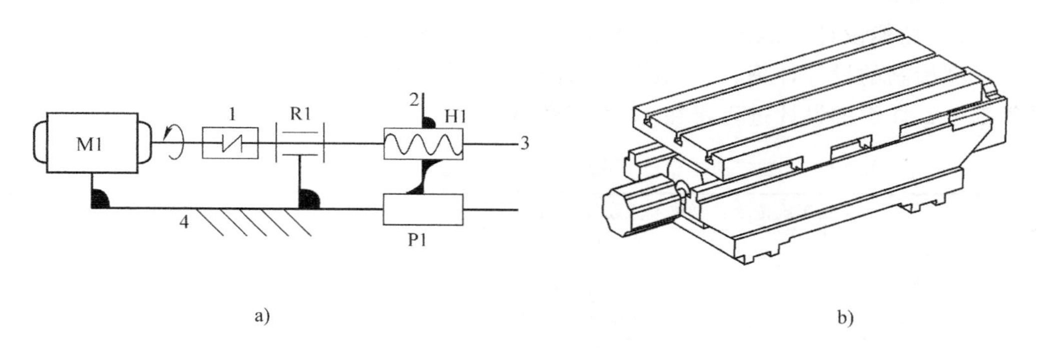

图 18-3 加工中心 X 轴子系统与外形图

a）X 轴子系统机构与结构简图 b）X 轴子系统外形图

旋机构、工作台组成。其中构件 1 为联轴器，构件 2 为执行工作台，构件 3 为丝杠，构件 4 为机架。M1 为电动机，R1 为转动副，P1 为移动副，H1 为螺旋副。

18.2.1 螺旋传动设计条件

一般而言，螺旋传动主要分为力变换型（或传力型）和运动变换型（或传递运动型），它们分别具有如下特征。

1）力变换型（或传力型）螺旋传动以传递动力为主，要求以较小的转矩产生较大的轴向推力，用以克服工作阻力。这种传力型螺旋传动的主要特征是承受很大的轴向力，工作速度也不高，而且通常需要有自锁能力。由于对精度要求低，因此可以使用滑动螺旋副来提供较大的轴向力，如螺旋压力机等。

2）运动变换型（或传递运动型）螺旋传动以传递运动为主，有时也可承受较大的轴向载荷。这种螺旋传动常需在较长时间内连续工作，工作速度较高，要求具有较高的传动精度。精度要求高时，可以采用滚动螺旋副作为传动螺旋副，如果精度要求不高，考虑适当降低成本，可以选用滑动螺旋副。在如图 18-3 所示的加工中心 *X* 轴子系统中，由于螺旋副的存在，因此可实现电动机回转运动与工作台直线运动的转换。

为阐述螺旋传动的结构与技术性能设计过程，本章以立式加工中心 *X* 轴子系统设计要求（表 18-3）作为螺旋传动设计条件进行介绍。

18.2.2 螺旋传动设计流程

依据上述设计条件，进行螺旋机构的整体结构与布局方案设计，建立力学模型，设计计算性能参数，主要针对驱动部件（电动机的型号参数）、联轴器部件和关键支承与传动部件（轴承、导轨、丝杠的型号参数）进行螺旋传动系统的总体方案布局与结构方案设计。

以立式加工中心 *X* 轴子系统的螺旋传动设计为例，设计流程可分为如下四个阶段。

1）设计需求。主要包含分析功能需求、确定设计指标、明确设计条件三部分。*X* 轴螺旋副的主要设计技术参数见表 18-3。

2）结构规划。螺旋传动的结构规划主要包括螺旋副的选型与结构布置、转动副的结构布置、移动副的选型与结构布置以及螺旋传动的结构方案设计四部分，详细的结构规划过程将在 18.3 节介绍。

3）技术性能设计。螺旋传动的技术性能设计主要包括螺旋传动的力学模型建立与求解、滚动螺旋副的设计计算、转动副的设计计算、移动副的设计计算、螺旋传动的润滑方式选择等部分，详细的设计过程将在 18.4 节介绍。

表 18-3 立式加工中心 *X* 轴子系统的主要设计技术参数（输入条件）

X 轴螺旋传动主要技术参数名称		单位	具体参数
切削载荷	*X* 轴切削载荷	N	-3000
	Y 轴切削载荷	N	-4000
	Z 轴切削载荷	N	-5000
驱动部件	电动机功率	kW	0.8
	电动机转速范围	r/min	0~3000

（续）

X 轴螺旋传动主要技术参数名称			单位	具体参数
连接部件	联轴器	扭转刚度	N · m/rad	>320
		转矩	N · m	>3
		扭转滞后角	(°)	0.1
	轴承	寿命	年	8
		刚度	N/μm	175
		额定静载荷	kN	2
	导轨	寿命	年	8
		精度	级	P_2
	丝杠	寿命	年	8
		导程定位精度	μm	16
		导程重复定位精度(300mm 变动量)	μm	6
		快移速度	m/min	30
		快移加速度	m/s^2	2.5
工作台		X 轴坐标行程	mm	450
		质量	kg	90
		最大承重	kg	150
		尺寸(长×宽)	mm×mm	700×320
工作环境条件		电源	V	220±10%
		相对湿度		≤80%
		气源压力	MPa	0.5~0.8
		环境温度	℃	8~40

4）技术方案。螺旋传动技术方案主要包括螺旋传动结构与技术性能方案的总体描述、螺旋传动性能计算过程和依据说明两部分。

18.3 螺旋传动结构方案规划

立式加工中心 *X* 轴进给系统采用螺旋传动，由螺旋副、转动副和移动副组成，包括丝杠单元、轴承单元和导轨单元的选型与结构布局设计，移动副（导轨与执行构件）设计将在第 20 章介绍。

18.3.1 螺旋副结构与选型

对于滑动螺旋副，需要进行结构设计，即螺杆、螺母结构以及与其他构件的连接结构的设计。除螺纹部分外，螺杆的结构与轴的结构相同，设计过程可参见第 12 章轴的相应部分。螺杆通常为单一零件，但如果因功能需要而必须很长时，可采用分段制造，并通过装配的方式接成长螺杆，两端部位需制出定心圆柱（为构成转动副提供条件），而不能仅通过螺纹副定心。另外还需细心修整端面，以保证螺纹准确过渡，并通过径向销定位。螺杆的轴端结构需保证螺母能够正确安装，除非全部使用开合螺母（可分离成两半），否则，完整螺纹的起始端必须从直径足够大的一段轴端部开始。如螺杆需与其他零件连接，还应制出相应的连接

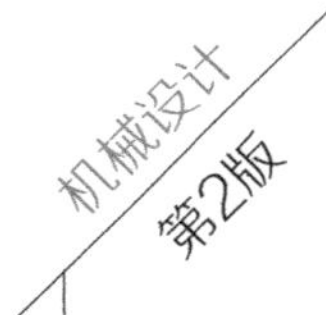

结构。

螺母结构大多数为整体式，这种螺母结构较简单，加工方便，缺点是磨损后间隙不可调整。必要时可将螺母制成剖分式结构，如卧式车床中的丝杠传动，磨损后可重新调整工作间隙。细长螺杆在水平位置工作时，为了防止产生过大的弯曲变形，需采用中间拖架，此时螺母宜制成开口式结构，开口的扇形角应确保中间托架不阻碍开口螺母的通行。螺母通常是通过螺纹连接与其他零件固定的，也可以直接在体积较小的零件上制出。图 18-4 所示为台虎钳螺旋传动示意图，图 18-5 所示为卧式车床床鞍螺旋传动示意图。

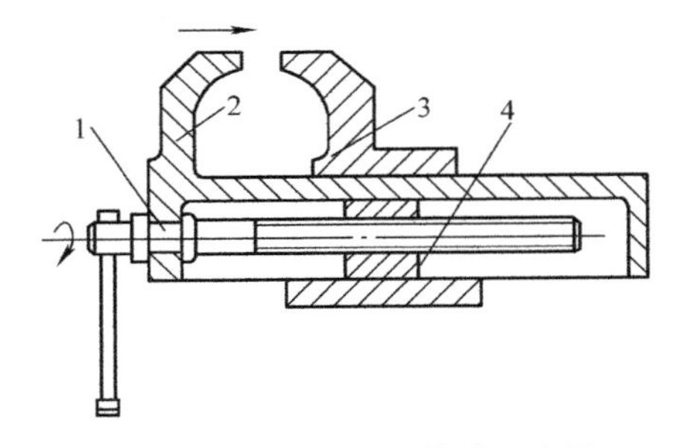

图 18-4　台虎钳螺旋传动示意图

1—螺杆　2—活动钳口　3—固定钳口　4—螺母

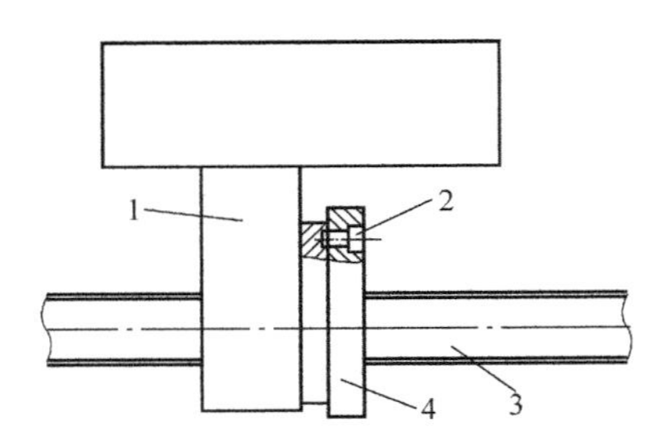

图 18-5　卧式车床床鞍螺旋传动示意图

1—床鞍　2—螺栓　3—丝杠　4—开合螺母

对于滚动螺旋副，已经形成螺旋副单元而且已实现系列化和标准化，可直接选型采购。

本例的立式加工中心 *X* 轴子系统的螺旋传动为普通精度要求，可采用滚动螺旋副单元，简便易行。

18.3.2　转动副结构方案

在螺旋传动中，丝杠与机架构成转动副，其结构形式有悬臂和简支两种，类似于第 17 章齿轮传动中的转动副结构。对于较短的丝杠，采用悬臂结构，即在一端安装可承受双向轴向力的轴承装置，另一端为自由无约束状态，如图 18-6 所示。丝杠较长时，多采用简支结构，即一端固定，另一端游动的轴承装置，如图 18-7 所示。对于有较高刚度要求的螺旋传动，也可采用两端固定的轴承装置连接，如图 18-8 所示。

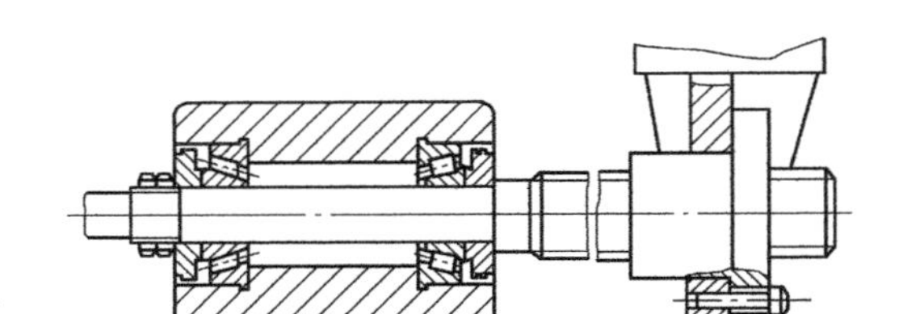

图 18-6　一端固定一端自由的丝杠支承结构方式

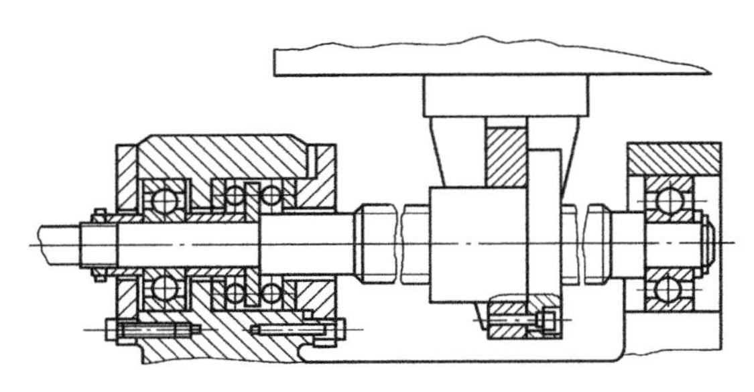

图 18-7　一端固定另一端游动的丝杠支承结构方式

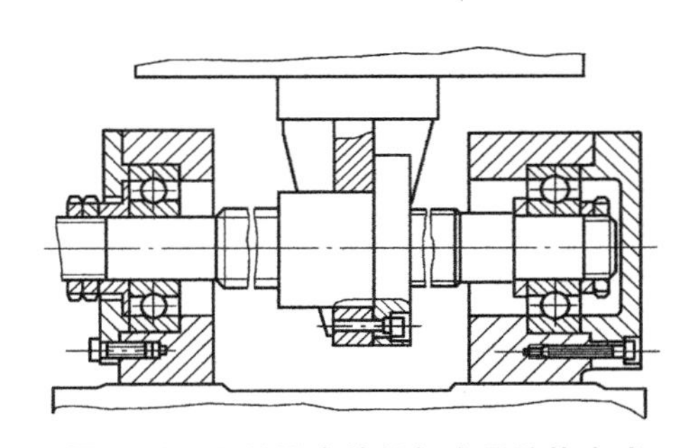

图 18-8　两端固定的丝杠支承结构方式

由于螺旋传动的转动副在丝杠回转运动时承受轴向力，转动副的结构为多轴承组合形式，兼顾径向和轴向载荷，轴承组合方式与结构也可分为双支点单向固定、单支点双向固定、两端游动支承三种方式。由于丝杠在回转轴运动后将产生一定的轴向变形量，为了便于装配，同时结合 X 向的行程要求，该案例选择一端固定、一端游动的支承方式。

18.3.3 移动副结构方案

螺旋传动的移动副具有支承执行构件和导向移动的作用。移动副结构形式在第二篇第 6 章移动副中已作过介绍。机床进给系统的移动副称为导轨副，有滚动导轨与滑动导轨（矩形、山形等）两种。滚动导轨适用于轻载、高速的工况，滑动导轨适合于重载、低速的工况。依据加工中心的载荷和快移速度要求，该移动副选择球滚动导轨结构，如图 18-9 所示。

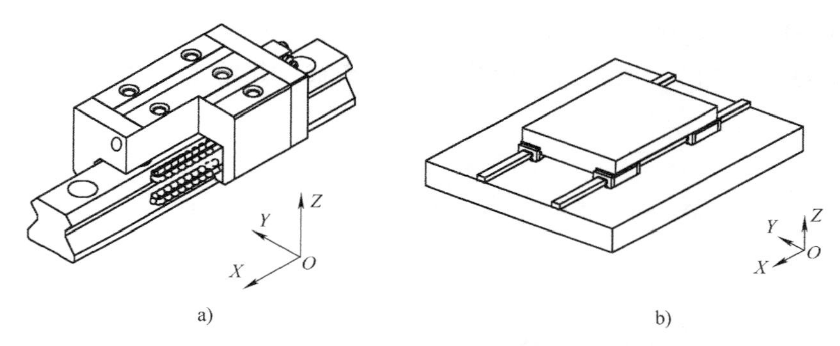

图 18-9 螺旋传动移动副结构示意图

a）滚动导轨结构 b）移动副空间结构布局

螺旋传动移动副中的导轨有多种形式，形成不同的移动副结构。但机床进给系统中的移动导轨需要符合机床特点和整体结构规划，有关内容将在第 20 章介绍。本例中的三轴立式加工中心 X 轴子系统带动工作台沿 X 轴方向运动，而工件和工作台的重力沿 Z 轴方向，远大于 X 轴方向的工作载荷，因此该加工中心的移动副结构形式采用滚动导轨支承 Z 轴方向载荷，如图 18-9a 所示。根据该立式加工中心的连接面尺寸，为减小各零件因倾覆力矩产生的变形，增强系统的刚度，提高传动系统稳定性，移动副采用水平共面分布的双导轨四滑块结构形式，如图 18-9b 所示。

18.3.4 螺旋传动的总体结构方案

螺旋传动系统有单驱动和双驱动两种方式，如图 18-10 所示。图 18-10a 所示方案的结构布局适用于中小型加工中心的传动部件；图 18-10b 所示方案的结构布局适用于大型加工中心移动部件的传动结构，或精度较高、跨距较大的立式、重型子系统的驱动。由于本案例的机床属于小型加工中心，所以选择图 18-10a 所示方案。

对于加工中心的 X 轴子系统，由伺服电动机驱动螺旋传动再带动移动构件移动实现 X 轴进给，综合考虑螺旋副的驱动速度和驱动载荷，该方案中伺服电动机与螺旋传动（丝杠）采用联轴器连接。联轴器有刚性联轴器（无补偿能力）和挠性联轴器（有补偿能力）两大类。结合精度要求，该传动系统需要位移补偿，可以选择挠性联轴器，具体形式及安装方式参见第 19 章。

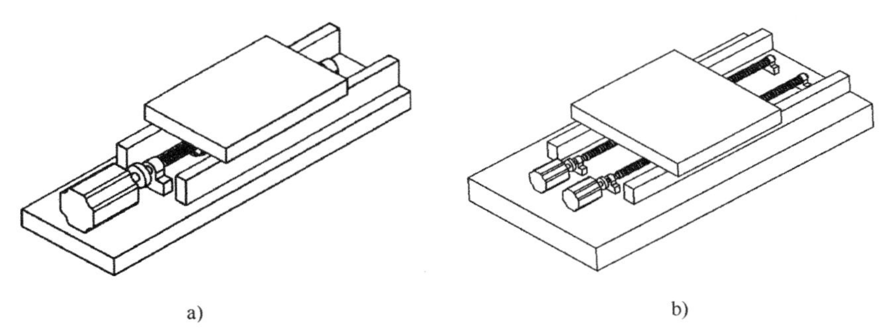

a) b)

图 18-10 螺旋副空间布置示意图

a）单驱动结构布置 b）双驱动结构布置

根据上述结构方案规划，立式加工中心的 X 轴子系统由驱动电动机、联轴器、转动副（轴承）、移动副（导轨）、螺旋副（丝杠螺母）组成，其结构形式与布局方案参见图 18-13。

18.4 螺旋传动的技术性能设计

18.4.1 螺旋传动的力学模型

根据立式加工中心 X 轴（螺旋传动）结构方案和设计条件（表 18-3），以移动副几何中心为坐标原点，建立 X 轴螺旋传动子系统力学模型，如图 18-11 所示。从图中可知系统外载为作用在工作台上的 X、Y、Z 三向切削力 F_X、F_Y、F_Z 和三向弯矩 M_X、M_Y、M_Z，以及工作台、工件组件重力 G_1。图中（X_F，Y_F，Z_F）表示切削力作用位置，（X_{G1}，Y_{G1}，Z_{G1}）表

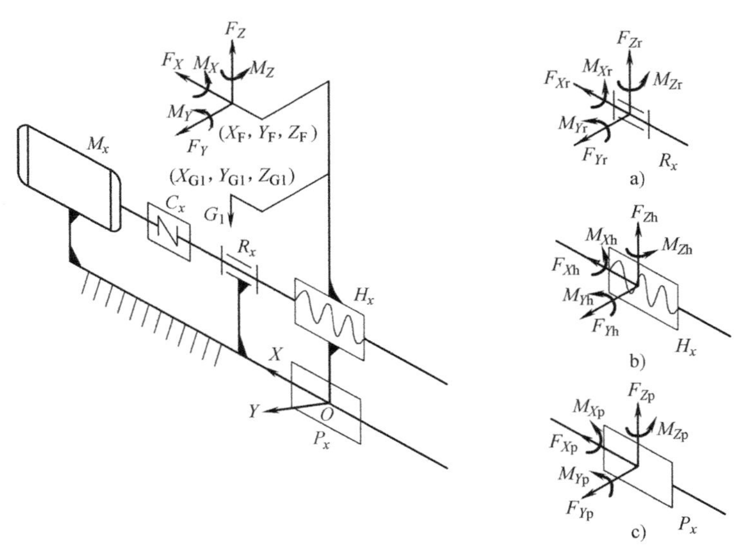

图 18-11 立式加工中心 X 轴子系统移动副力学模型

a）转动副载荷 b）螺旋副载荷 c）移动副载荷

示工作台与工件组件重心坐标。外载通过移动构件（工作台、动导轨、螺母）将载荷作用至机架，同时通过丝杠将螺母轴向载荷作用在轴承支座上。因此，移动副结合面承受了 F_Y、F_Z 和三向弯矩 M_X、M_Y、M_Z、重力 G_1 及其附加弯矩；螺旋副仅承受轴向载荷 F_X；转动副承受轴向载荷 F_X。

X 轴进给系统各运动副载荷求解过程如下。

1）选取移动构件（包括工作台、动导轨、螺母）为分力体，移动副中动导轨载荷为

$$\begin{cases}\sum F(X)=0 & F_{X\text{p}}=0\\ \sum F(Y)=0 & F_{Y\text{p}}=-F_Y\\ \sum F(Z)=0 & F_{Z\text{p}}=G_1-F_Z\\ \sum M(X)=0 & M_{X\text{p}}=F_Y\cdot Z_F-F_Z\cdot Y_F+G_1\cdot Y_{G1}-M_X\\ \sum M(Y)=0 & M_{Y\text{p}}=F_Z\cdot X_F-F_X\cdot Z_F-G_1\cdot X_{G1}-M_Y\\ \sum M(Z)=0 & M_{Z\text{p}}=F_X\cdot Y_F-F_Y\cdot X_F-M_Z\end{cases} \tag{18-18}$$

2）选取螺旋副分力体，螺旋副中螺母载荷为

$$\begin{cases}\sum F(X)=0 & F_{X\text{h}}=-F_X\\ \sum F(Y)=0 & F_{Y\text{h}}=0\\ \sum F(Z)=0 & F_{Z\text{h}}=0\\ \sum M(X)=0 & M_{X\text{h}}=0\\ \sum M(Y)=0 & M_{Y\text{h}}=0\\ \sum M(Z)=0 & M_{Z\text{h}}=0\end{cases} \tag{18-19}$$

3）选取丝杠和转动副为分力体，转动副载荷为

$$\begin{cases}\sum F(X)=0 & F_{X\text{r}}=F_{X\text{h}}\\ \sum F(Y)=0 & F_{Y\text{r}}=0\\ \sum F(Z)=0 & F_{Z\text{r}}=0\\ \sum M(X)=0 & M_{X\text{r}}=0\\ \sum M(Y)=0 & M_{Y\text{r}}=0\\ \sum M(Z)=0 & M_{Z\text{r}}=0\end{cases} \tag{18-20}$$

根据表 18-3 所列已知条件，代入式（18-18）、式（18-19）、式（18-20），计算出移动副、螺旋副和转动副的载荷，利用式（20-2）载荷分配数据，得出各个移动副滑块受力载荷情况，计算结果见表 18-4。

表 18-4　X 轴螺旋传动系统丝杠与导轨载荷求解结果　（单位：N）

力符号	F_{Y11}	F_{Z11}	F_{Y12}	F_{Z12}	F_{Y13}	F_{Z13}	F_{Y14}	F_{Z14}	$F_{X\text{h}}$
数值	753	1247	753	1247	1965	−6019	9644	1660	3000

18.4.2　螺旋副性能设计

依据三轴立式加工中心 X 轴进给系统的结构方案，结合 18.1 节螺旋副技术性能设计方法和表 18-3 所列设计条件，滚动螺旋副的设计步骤和计算结果见表 18-5。

表 18-5 滚珠丝杠螺旋副技术性能设计

计算内容	计算依据	计算结果
①导程选择	$P_{hmin}=1000iv_{max}/n_w$	$P_h=10mm$
②最大轴向载荷	$F_{amax}=F_{Xh}$	$F_{amax}=3000N$
③最大容许拉伸载荷	$P_{a2}=116d_1^2,(d_1=26.4mm)$	$P_{a2}=80847N$
④共振临界转速	$n_1=\lambda d_1/l_a^2\times10^7,(\lambda=15.1,l_a=450mm)$	$n_1=13178r/min$
⑤计算静态安全系数	$S=C_{0a}/F_{amax}$	$S=24.3667$
⑥轴向当量载荷	$F_{am}=\sqrt[3]{(2\times L_S)^{-1}\sum_{i=1}^{6}(F_{ai}^3 l_i)}$ L_S 为丝杠行程	$F_{am}=3000N$
⑦工作寿命计算	$L=\left(\frac{C_a}{f_w\cdot F_{am}}\right)^3\times10^6$	$L=8.725\times10^8r$
⑧每分钟平均转数	$n_m=\frac{2\times n\times L_S}{P_h}$ n 为螺母往返次数，暂取 $n=5r/min$	$n_m=450r/min$
⑨计算工作寿命时间	$L_h=\frac{L}{60n_m}$	$L_h=3.23\times10^4h$
滚珠丝杠选型结果	SBN 3210-7	

18.4.3 转动副技术性能设计

结合三轴立式加工中心 X 轴进给系统的结构方案，螺旋传动中的转动副由两轴承组成，依据丝杠工况载荷确定轴承额定寿命、预紧、刚度、精度等指标。参考第 5 章滚动轴承的具体设计流程和技术性能参数，该立式加工中心 X 轴进给系统中的转动副（双支点单向固定）轴承设计计算的主要结果见表 18-6。

表 18-6 滚动轴承转动副技术性能设计

计算内容	计算依据	计算结果
①当量动载荷	$P=f_p(XF_r+YF_a)$ f_p 取 1.5	$P=4500N$
②基本额定动载荷	$C=P\sqrt[3]{60\times10^{-5}nL_h'}$	$C=68036N$
滚动轴承选型结果	滚动轴承代号为 7307B 的角接触球轴承	

18.4.4 移动副技术性能设计

立式加工中心进给系统中的移动副为滚动导轨，其性能设计需要依据运行工况与载荷情况，确定滚动导轨的技术参数，包括额定寿命或动载荷、静载荷、快移速度等指标等。参照第 6 章移动副的设计过程和参数计算，主要计算结果见表 18-7。

18.4.5 螺旋传动的润滑

当使用螺旋传动进行驱动时，为保证各运动副正常运转，必须提供有效的润滑方式。机床中常用的润滑方式有脂润滑和油润滑。

表 18-7 滚动导轨移动副技术性能设计

计算内容	计算依据	计算结果
②当量动载荷	$P_{m1}=\sqrt[3]{(\sum P_2^3 \cdot l_i)/L}$	$P_{m1}=16998\text{N}$
③寿命计算	$L_1=[f_H f_T f_c C/(f_w \cdot P_{m1})]^3 \times 50$	$L_1=510\text{km}$
滚动导轨选型结果	SR45W	

该立式加工中心的丝杠和轴承的额定转速为3000r/min，丝杠可以使用黏性较小的润滑脂，如THK AFA润滑脂，轴承可以选用KD-H2300型号的润滑脂。考虑到轴承及丝杠的传动对环境要求高，因此润滑脂要采用密封形式。

由于导轨的载荷变化较大，容易产生边界润滑及由于半干润滑导致的爬行现象，可以使用含防爬剂的润滑脂。

螺旋传动移动副的润滑示意图如图18-12所示。

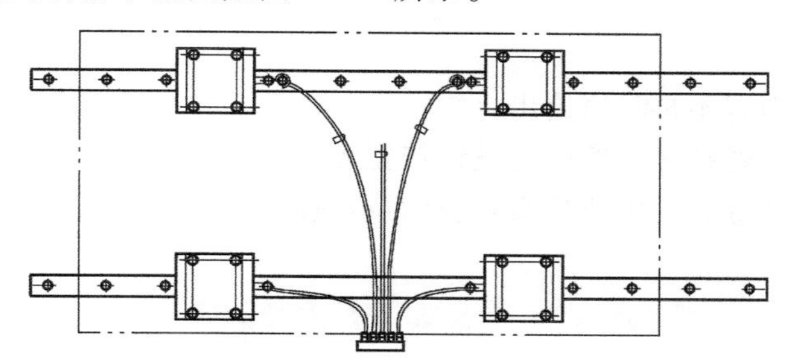

图 18-12 螺旋传动移动副的润滑示意图

18.5 螺旋传动的技术方案

该立式加工中心X轴进给系统包括螺旋副、移动副、转动副和相关零部件以及润滑、密封及其附件等，技术方案如图18-13所示，其结构和技术性能设计计算内容与第17章齿

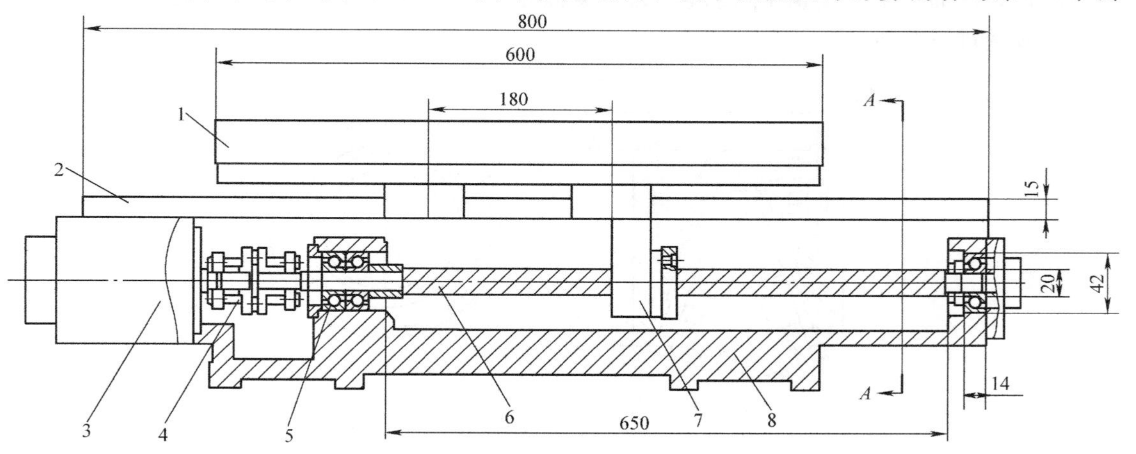

图 18-13 螺旋传动的总体技术方案图

1—工作台 2—导轨 3—伺服电动机 4—联轴器 5—轴承 6—丝杠 7—螺母 8—机架

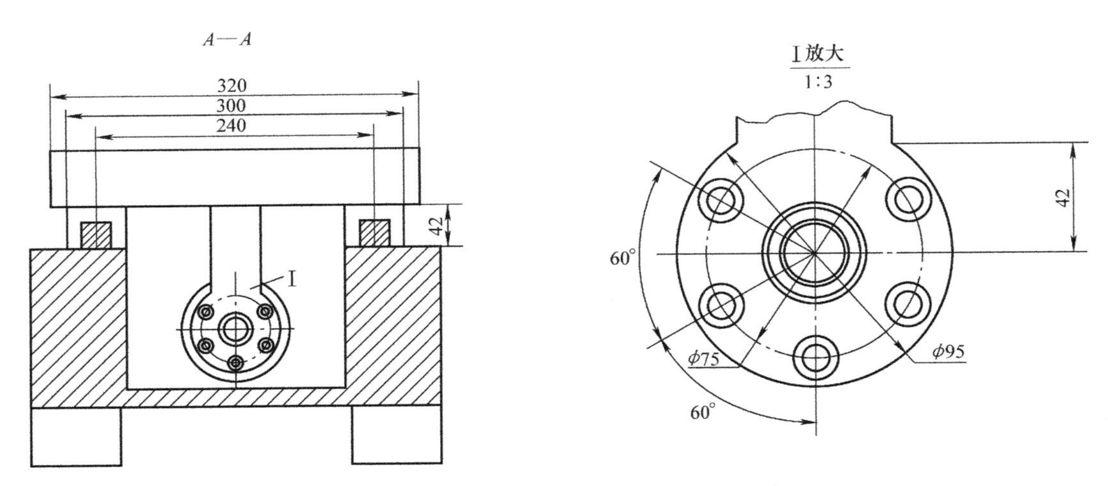

图 18-13 螺旋传动的总体技术方案图（续）

轮传动的技术方案类似，不再具体给出。

同时，为了说明上述技术方案图的设计依据和计算过程，包括采用的计算公式、标准、相关数据与资料的来源等，还需要撰写相应的技术性能设计计算报告。

18.6 静压螺旋副简介

静压螺旋副的工作原理如图 18-14 所示，压力油经节流器进入内螺纹牙两侧的油腔，然后经回油通路流回油箱。螺杆不受力时，处于中间位置，此时牙两侧的间隙和油腔压力都相等。当螺杆受轴向力 F_a 而左移时，间隙 h_1 减小，h_2 增大，使牙左侧压力大于右侧，从而产生一平衡 F_a 的液压力，如图 18-14a 所示。在图 18-14b 中，如果每一螺纹牙侧开三个油腔，则当螺杆受径向力 F_r 而下移时，油腔 A 侧间隙减小，压力增高，B 和 C 侧间隙增大，压力降低，从而产生一平衡 F_r 的液压力。类似地，当螺杆受弯曲力矩时，也有平衡能力，可自行画图进行分析。

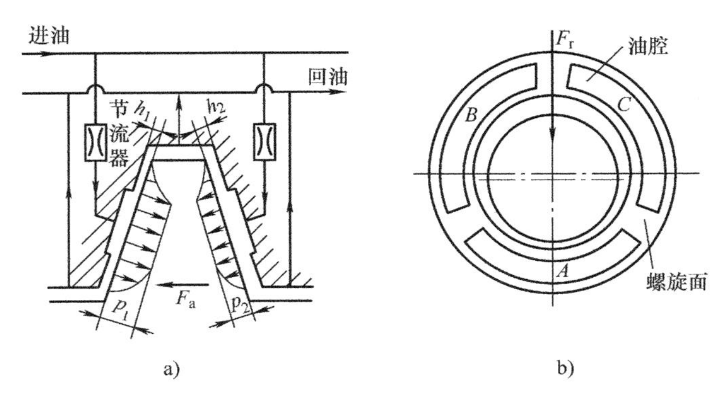

图 18-14 静压螺旋传动工作原理图

a）受轴向力时 b）受径向力时

习　题

18-1　列举生活或工程中的螺旋传动实例，并画出其结构示意图。

18-2　画出钳工台虎钳中螺旋传动结构示意图，分析各个运动副的结构约束。

18-3　如何提高机床进给系统的精度？

18-4　某螺旋压力机压头（滑块）往复移动（20次/分），行程100mm，负载最大冲击力400kN，螺旋传动转速72r/min，压头及其连接结构质量40kg，定位精度0.01mm，重复定位精度0.015mm，采用习题6-4的移动副结构形式，进行螺旋传动的技术性能设计：

1）螺旋副：支承形式，丝杠螺杆直径、导程及型号。

2）转动副：轴承形式及选择理由。

3）移动副：移动副截面形式、型号。

知识拓展

新式直线运动系统——直线电动机

直线电动机的结构，可以看作是将一台旋转电动机沿径向剖开，并将电动机的圆周展开成直线而形成。直线电动机的初级相当于旋转电动机的定子，直线电动机的次级相当于旋转电动机的转子，当初级通入电流后，在初级与次级之间的气隙中产生行波磁场，在行波磁场与次级永磁体的作用下产生驱动力，从而实现运动部件的直线运动。直线运动系统在机床中的应用如图18-15所示。

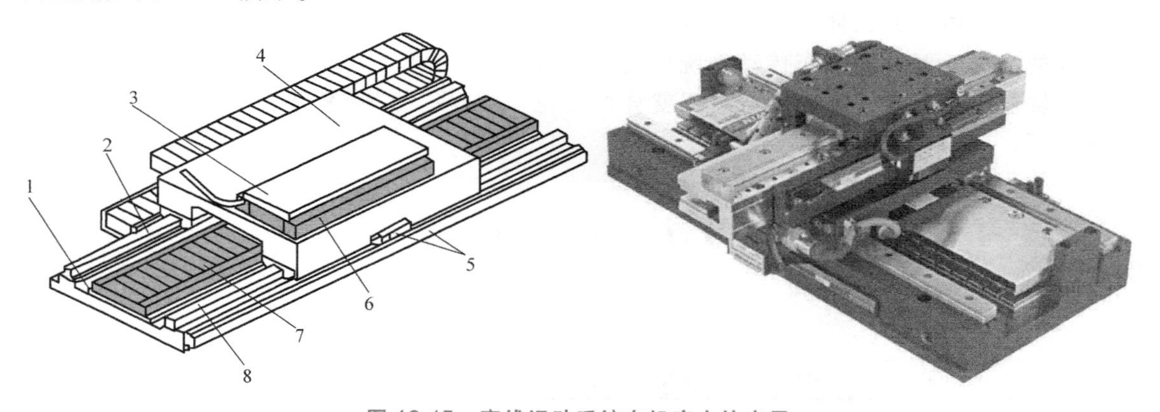

图18-15　直线运动系统在机床中的应用

1—次级冷却板　2、8—滚动导轨　3—初级冷却板　4—工作台　5—位置测量系统　6—初级　7—次级

直线电动机进给系统彻底改变了传统的螺旋传动存在的弹性变形大、响应速度慢、存在反向间隙、易磨损等先天性的缺点，并具有速度高、加速度大、定位精度高、行程长度不受限制等优点，逐渐发展成为高速进给系统领域的主导研制方向。同时，直线电动机也应用于其他工程领域，如磁悬浮列车、电磁推进船的驱动等。

第19章

联轴器、离合器、制动器

在现代生活中，汽车已日益普及，图 19-1 为其传动系统示意图。

汽车都是以发动机为动力源的，汽车起动以后，发动机进入运转状态。如果驾驶员不操作，发动机只是空转，汽车并不前进；驾驶员操作时，汽车可以相应地前进、转弯、后退，并可随时停车；发动机输出轴与驱动轮轴之间的相对位置随车体承载不同而变化。这个过程中有几个问题值得思考：是什么部件执行了驾驶员的指令而使汽车随着人的意愿进退呢？运动是如何传递到驱动轮轴的呢？车体是怎么样来适应这些变化而使平稳运动的？这就要讲到汽车传动系统中的三个部件：联轴器、离合器、制动器。本章就详细讨论这些问题。

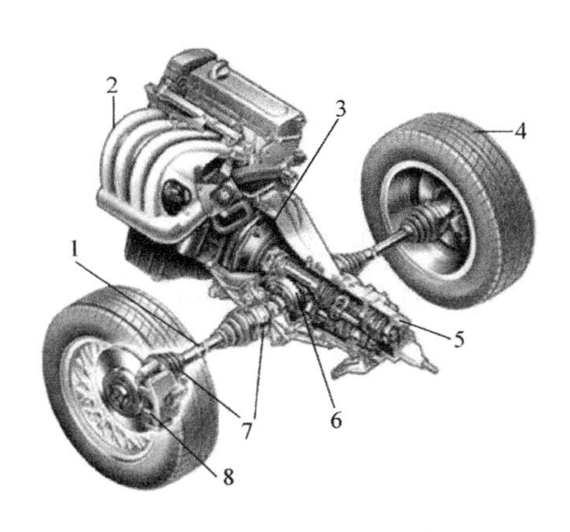

图 19-1　汽车传动系统

1—传动轴　2—发动机　3—离合器　4—前轮　5—变速器　6—主减速器与差速器　7—等速万向节　8—制动器

19.1　联　轴　器

19.1.1　联轴器的类型及特点

联轴器用来连接两轴，在两轴间传递运动和动力，使两轴在运行过程中不分开。

联轴器所连接的两轴在制造、安装中存在误差，承载后会变形，温差也会引起变形，这都使两轴出现不同轴线的状况，从而影响两轴间的运动传递均匀性，甚至使轴端承受附加载荷。两轴的相对误差形式如图 19-2 所示。为适应这些误差，减少对运动传递均匀性和附加载荷的影响，就要求选用的联轴器具有一定的适应相对误差的能力；同时为了避免冲击振动在两轴间传递，也要求联轴器具有一定的缓冲、吸振功能。

根据对各种误差是否有补偿能力（即能否在两轴发生相对位移的条件下保持正常的连接功能），联轴器可分为无补偿能力的刚性联轴器和有补偿能力的挠性联轴器两大类。挠性联轴器根据是否具有缓冲、吸振功能又可分为无弹性元件的挠性联轴器和有弹性元件的挠性联轴器两类。

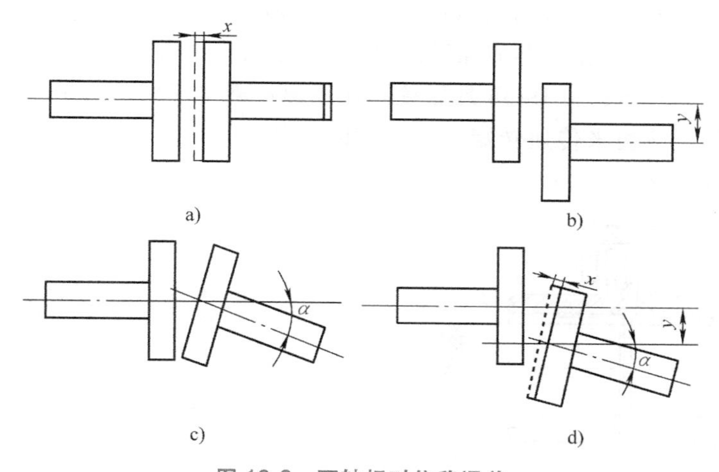

图 19-2　两轴相对位移误差

a）轴向位移 x　b）径向位移 y　c）角位移 α　d）综合位移 x、y、α

联轴器具体分类（节选自 GB/T 12458—2017）如下：

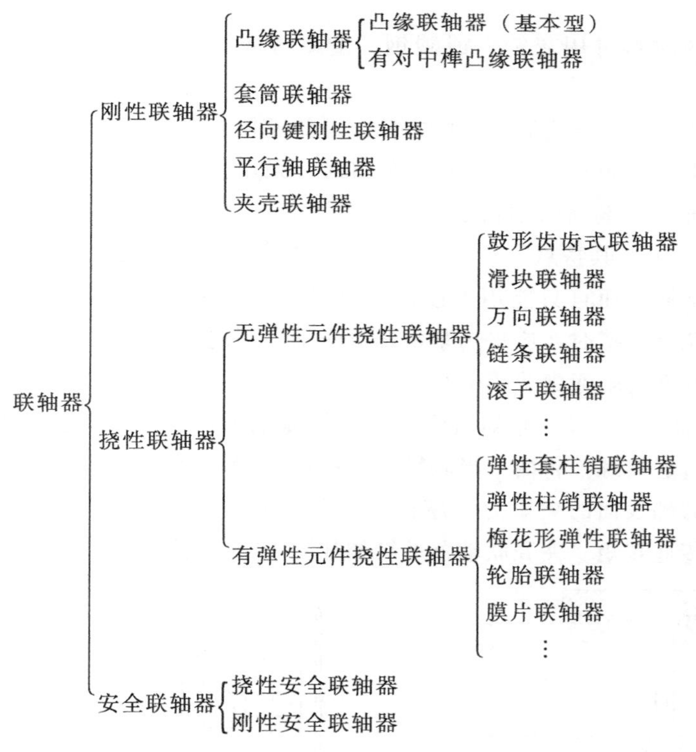

1．刚性联轴器

刚性联轴器对被连接两轴间的各种相对位移无补偿能力，故对两轴的对中性要求较高。当两轴有相对位移时，会引起附加载荷。但这类联轴器结构简单、紧凑，成本低。

刚性联轴器有：凸缘联轴器、径向键刚性联轴器、套筒联轴器和夹壳联轴器等。

（1）凸缘联轴器　凸缘联轴器是把两个带有凸缘的半联轴器用键分别与两轴连接，然后用螺栓把两个半联轴器联成一体，以传递运动和转矩。两个半联轴器有两种连接方式：图 19-3a 是靠两个半联轴器上的凸肩和凹槽定位对中，用普通螺栓连接，利用半联轴器结合面间的摩擦力来传递转矩；图 19-3b 是靠铰制孔用螺栓来实现两轴的半联轴器对中并连接，利用螺栓杆受挤压、剪切来传递转矩。图 19-3b 结构尺寸小，但由于要求螺栓与螺栓孔配合，故加工精度要求高。

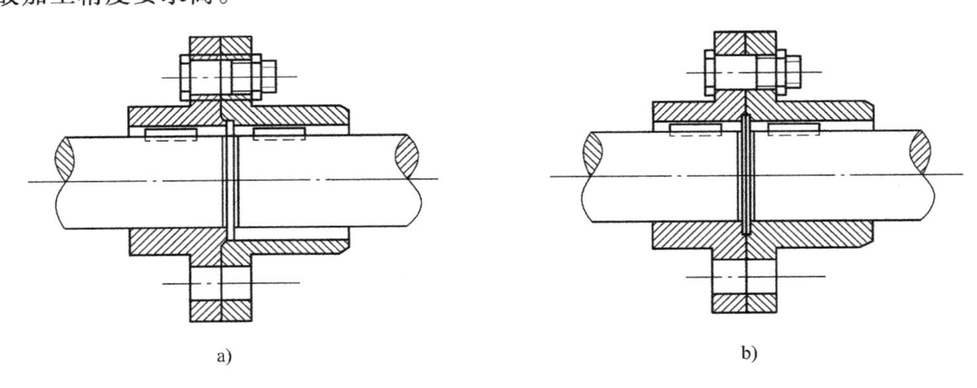

图 19-3　凸缘联轴器

凸缘联轴器的材料可用灰铸铁或碳钢，重载时或圆周速度大于 30m/s 时应用铸钢或锻钢。

凸缘联轴器的特点是结构简单、成本低、可传递较大转矩，但无相对位移补偿能力，故当转速低、无冲击、轴的刚度大、对中性较好时常采用。

（2）套筒联轴器　套筒联轴器是用一个整体套筒并辅以键、花键或锥销实现两轴间的连接，如图 19-4 所示。其特点是径向尺寸小、结构简单、成本低。但装拆时须轴向移动所连接的轴，造成不便，而且只能用于连接两直径相同的轴。适用于工作平稳，对中好的轴系。当采用键或花键连接时，应采用紧定螺钉作轴向固定。为了既保证连接的对中精度又便于套筒的拆装，套筒与轴通常采用 H7/k6 配合。

（3）夹壳联轴器　夹壳联轴器可看作是套筒联轴器的变型：将套筒沿轴向剖分为两个半联轴器，再通过连接螺栓将两个半联轴器连接并夹紧在轴的外圆上。当传动转矩较小时，可利用半联轴器与轴表面的夹紧力（摩擦力）传递转矩；当传动转矩大时，可在半联轴器与轴之间安装键传递转矩。夹壳联轴器的结构如图 19-5 所示。

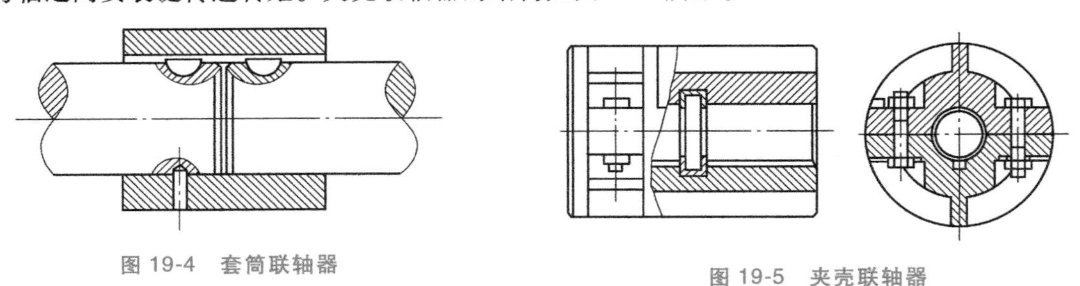

图 19-4　套筒联轴器

图 19-5　夹壳联轴器

夹壳联轴器由于由两半构成，其最大优点是拆卸方便，不需要沿轴向移动即可进行拆

装。但两轴径必须相同，并要严格对中，两轴对中误差会引起较大的附加载荷。

2. 挠性联轴器

(1) 无弹性元件挠性联轴器　这类联轴器因具有挠性，故可补偿两轴间的相对位移。但因无弹性元件，故不能缓冲减振。常用的有以下几种：

1) 齿式联轴器。齿式联轴器如图 19-6 所示，由带有外齿的两个内套筒 1、2 和带有内齿的两个外套筒 3、4 组成，其中两个内套筒通过键分别与两轴相连接，两个外套筒在外凸缘处用螺栓连接。内、外套筒上的齿数和模数相同，轮齿通常为渐开线齿廓，压力角为 20°，齿数一般为 30~80。由于内套筒上外齿的齿顶做成椭球面或鼓形，齿侧有较大的侧隙，所以可以补偿两轴的不同轴和偏斜。

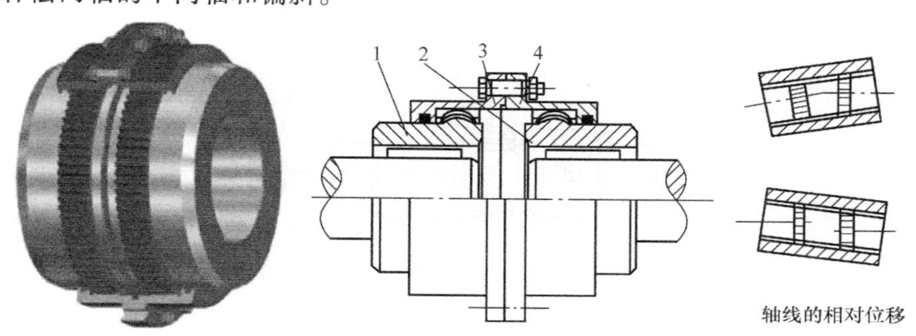

图 19-6　齿式联轴器

1、2—内套筒　3、4—外套筒

齿式联轴器承载能力大，工作可靠，具有综合误差补偿能力。但结构复杂，制造成本高，不能缓冲减振。在重型机械中应用广泛。

2) 滑块联轴器。滑块联轴器如图 19-7 所示，由两个在端面上开有凹槽的半联轴器 1、3 和一个两面带有相互垂直凸牙的中间盘 2 组成。因凸牙可在凹槽中滑动，故可补偿两轴间的相对径向位移误差。

因为半联轴器与中间盘组成移动副，为了减少摩擦磨损，其元件工作表面要进行热处理，以提高硬度和使用寿命。中间盘要加注油孔进行润滑。当径向位移误差较大时，中间盘会产生较大的离心力，增大动载荷及磨损，因此选用时应注意其工作转速不得大于规定值。

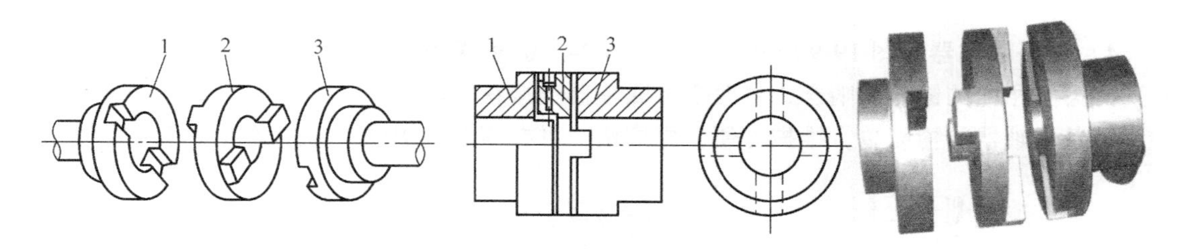

图 19-7　滑块联轴器

1、3—半联轴器　2—中间盘

3) 十字轴式万向联轴器。十字轴式万向联轴器结构如图 19-8a 所示，它由两个叉形接头，一个中间连接块和轴销组成；轴销互相垂直配置并分别把两个叉形接头与中间连接块连接起来。这种联轴器允许两轴间有较大的夹角，而且运行中两轴的夹角发生变化时仍可正常工作。但夹角过大时，传动效率会显著降低，一般两轴夹角小于 30°。

这种联轴器的缺点是：当主动轴角速度 ω_1 为常数时，从动轴的角速度 ω_2 并不是常数，而是在一定范围内变化，这将导致产生附加动载荷。为了改善这种情况，常将十字轴式万向联轴器成对使用，如图 19-8b 所示。但应注意安装时必须保证 O_1 轴、O_3 轴与中间轴之间的夹角相等，并且中间轴两端的叉形接头应在同一平面内。只有这样，双万向联轴器才可以得到 $\omega_1=\omega_3$。

由于十字轴式万向联轴器能在空间两相交轴间传递运动，而且结构紧凑，维护方便，故广泛应用于汽车、多头钻床等机器的传动中。

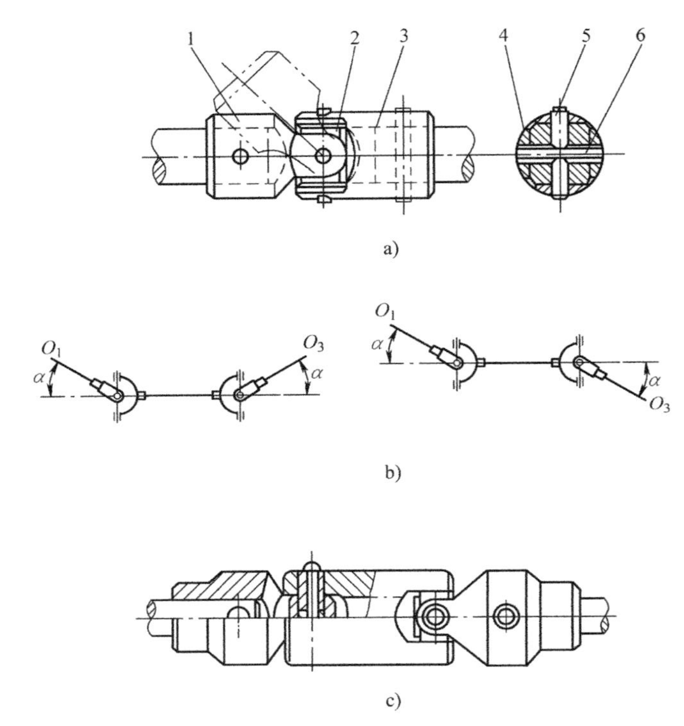

图 19-8　十字轴式万向联轴器

1、3—叉形接头　2—中间件　4—销套　5—销轴　6—铆钉

4）链条联轴器。图 19-9 所示为链条联轴器。链条联轴器一般利用一条双列链条与两个并列的齿数相同的链轮相啮合，将两个半联轴器连接在一起。

链条联轴器结构简单，维护方便，更换快，可在高温、潮湿、多尘条件下工作，但当反

图 19-9　链条联轴器

转时有空行程，故不宜用于冲击载荷较大的双向传动中。

（2）有弹性元件挠性联轴器　因为这类联轴器装有弹性元件，所以既可以补偿两轴间的相对位移，还具有缓冲减振能力。

弹性元件的材料有金属和非金属两种。非金属有橡胶、塑料等，特点是质量轻价格便宜，有良好的弹性滞后性能，因而减振能力强。金属材料制成的弹性元件（主要为各种弹簧）则强度高、尺寸小、寿命较长。由于弹性元件的形式越来越多，使得这类联轴器种类丰富，应用很广。

1）弹性套柱销联轴器。这种联轴器的结构与凸缘联轴器相似，只是用套有弹性套的柱销代替了连接螺栓。因为通过弹性套传递转矩，故可以缓冲减振。弹性套的材料常用耐油橡胶，并做成如图 19-10 所示的截面形状，以提高其弹性。半联轴器与轴的配合孔可做成圆柱形或圆锥形。

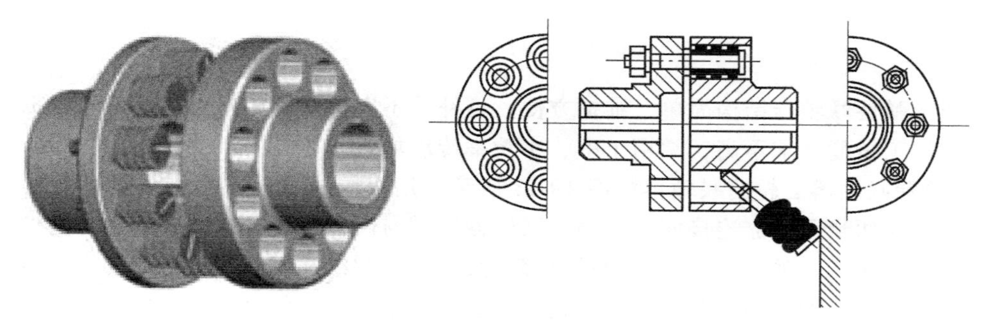

图 19-10　弹性套柱销联轴器

弹性套柱销联轴器适于连接两同轴的传动轴，位移误差补偿能力不强，更主要的是利用其减振、缓冲性能。其外形尺寸较小、重量较轻、承载能力较大，要求安装精度较高。常用于正反转变化较多、起动较频繁的高、中速传动。

2）弹性柱销联轴器。弹性柱销联轴器如图 19-11 所示。两个半联轴器通过键分别与两轴连接，再用多个弹性柱销将两个半联轴器连接起来，利用弹性柱销受剪切传递转矩。为防止弹性柱销滑出，两侧固定有挡板。弹性柱销一般用尼龙制造。为了增加补偿量，常将柱销的一端制成球形。由于尼龙对温度较敏感，工作温度限制为-20~70℃。

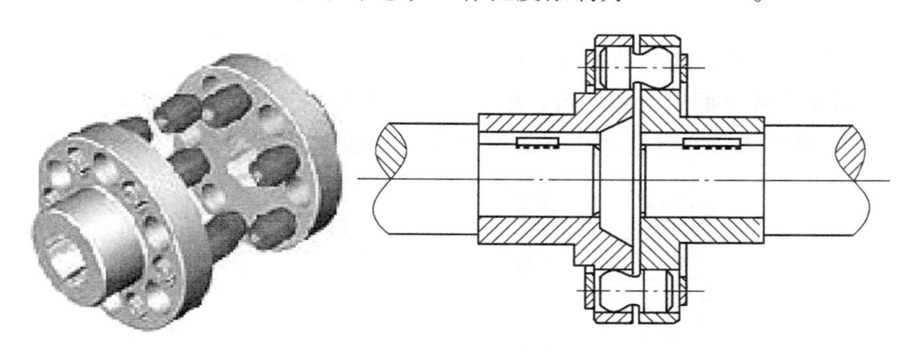

图 19-11　弹性柱销联轴器

弹性柱销联轴器结构简单，制造容易，更换方便，柱销较耐磨。但弹性差，补偿量较小。主要用于载荷较平稳、起动频繁、轴向窜动量较大、缓冲要求不高的场合。

3）梅花形弹性联轴器。梅花形弹性联轴器如图 19-12 所示。半联轴器的轴孔可做成圆柱形或锥形，与轴通过键连接。装配联轴器时，将梅花瓣形的弹性元件夹紧在两半联轴器端面的凸齿中间，通过其传递转矩并起缓冲减振作用。弹性元件可根据使用要求选用不同硬度的橡胶弹性体、铸型尼龙等材料。

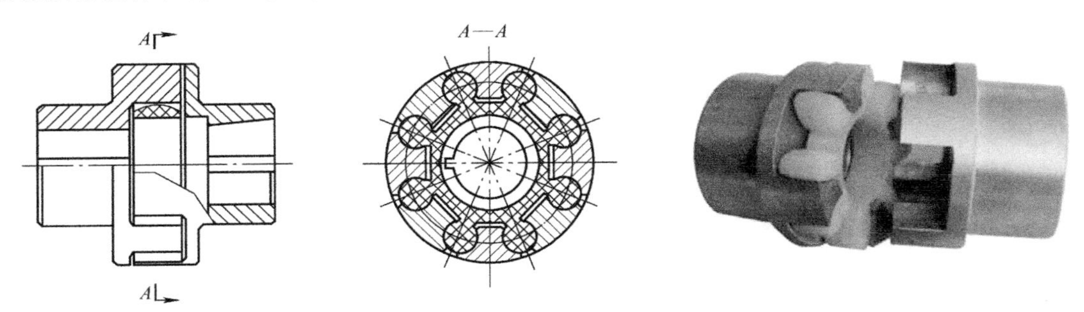

图 19-12　梅花形弹性联轴器

梅花形弹性联轴器结构简单，维护方便，可补偿不大的两轴相对偏移，具有减振、缓冲能力，对加工精度要求不高，常用于中、小功率传动场合。

4）轮胎联轴器。轮胎联轴器如图 19-13 所示。用橡胶或橡胶织物制成轮胎状的弹性元件，用螺栓与两半联轴器连接而成，两半联轴器用键与两轴连接。轮胎联轴器的弹性好，扭转刚度小，减振能力强，补偿两轴相对位移量大，不需润滑。但径向外形尺寸大，传递大转矩时会产生较大附加轴向载荷。适用于较大冲击、频繁起动、频繁换向的传动系统。

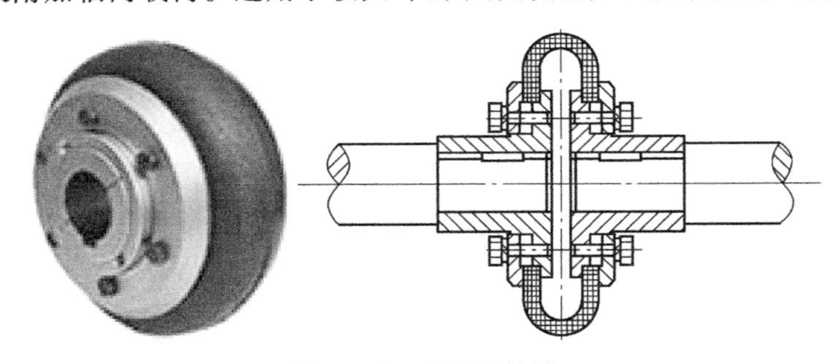

图 19-13　轮胎联轴器

5）膜片联轴器。膜片联轴器如图 19-14 所示，其弹性元件为一定数量的很薄的多边形（或圆形）金属膜片叠合而成的膜片组，膜片上有沿圆周均布的若干个螺栓孔，用铰制孔用螺栓交错间隔与两半联轴器分别相连。这样将膜片组上的弧段分为交错受压和受拉的两部

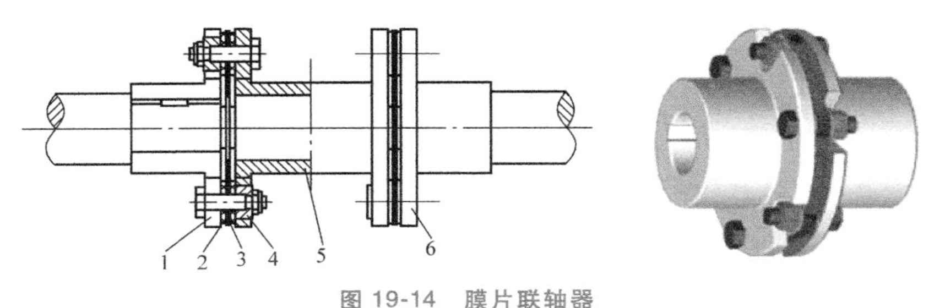

图 19-14　膜片联轴器

1、6—半联轴器　2—垫圈　3—膜片组　4—衬套　5—中间轴

分，受拉部分传递转矩，受压部分趋向皱折。当所连接的两轴存在综合位移时，金属膜片将产生波状变形。膜片联轴器结构简单，拆装方便，工作可靠，无噪声。但由于扭转弹性补偿、缓冲减振能力不强，故常用于载荷较平稳的高速传动中。

6）其他金属联轴器。还有其他采用金属弹性元件的联轴器，如图 19-15 所示，有螺旋弹簧联轴器、蛇形弹簧联轴器和直杆弹簧联轴器等。

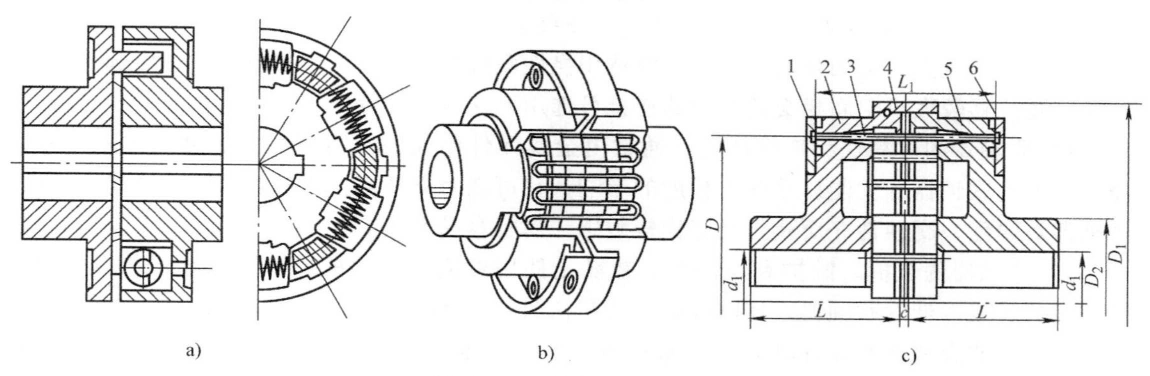

图 19-15 其他金属联轴器

a）螺旋弹簧联轴器 b）蛇形弹簧联轴器 c）直杆弹簧联轴器

1、4、6—密封盖 2、5—半联轴器 3—杆弹簧

3. 安全联轴器

这里仅介绍棒销剪切式安全联轴器。这种联轴器有单剪的（图 19-16a）和双剪的（图 19-16b）两种。现以单剪式为例加以说明，其结构类似凸缘联轴器，但不用螺栓，而用钢制销钉连接。销钉装入经过淬火的两段钢制套管中，过载时即被剪断。销钉直径 d 可按额定转矩根据剪切强度计算，准备剪断处应预先切槽，使剪断处的残余变形最小，以免毛刺过大，有碍于更换报废的销钉。

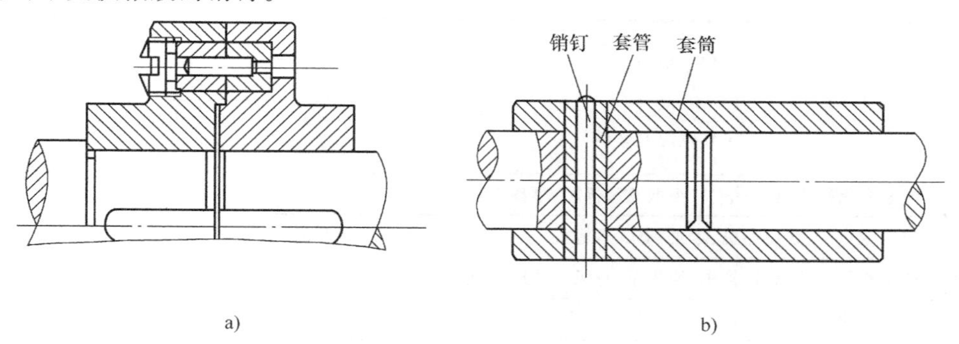

图 19-16 棒销剪切式安全联轴器

19.1.2 联轴器的选用

首先根据安装精度、误差补偿能力及缓冲、吸振要求选择联轴器的类型，再根据传递转矩大小和转速的高低计算并确定具体规格型号。

1. 选择联轴器的类型

类型选择时应考虑以下问题。

1）所需传递转矩的大小和性质以及对缓冲吸振能力的要求。如大功率重载传动，可选用齿式联轴器；对冲击载荷大或要求消除轴系扭振的系统，可选用轮胎联轴器等具有高弹性的联轴器。

2）联轴器工作转速的高低和引起离心力的大小。对于高速传动轴，应选用平衡精度高的联轴器，如膜片联轴器等，而不宜选用存在偏心的滑块联轴器等。

3）两轴相对位移误差的性质和大小。对安装调整后难以保证严格对中的轴系，或工作中两轴将产生较大的附加相对位移时，应选用挠性联轴器。当径向位移较大时，可选滑块联轴器，角位移较大或空间相交的两轴的连接可选用万向联轴器等。

4）联轴器的可靠性和工作环境。通常由金属元件制成的不需润滑的联轴器比较可靠；需要润滑的联轴器的性能易受润滑程度的影响，且可能污染环境。含有橡胶等非金属元件的联轴器对温度、腐蚀性介质及强光等比较敏感，而且容易老化。

5）联轴器的装拆、维护和经济性。在满足使用性能要求的前提下，应选用装拆方便、维护简单、成本低的联轴器。如刚度联轴器结构简单，装拆方便，可用于低速刚度大的传动轴。一般的非金属弹性元件联轴器（如弹性套柱销联轴器、弹性柱销联轴器、梅花形弹性联轴器等）由于具有良好的综合性能，广泛适用于一般的中小功率传动。

2. 确定联轴器的规格型号

（1）确定联轴器的计算转矩　考虑机器起动时的动载荷和运转中可能出现的过载情况确定联轴器的计算转矩 T_c，即

$$T_c = K_A T \tag{19-1}$$

式中　T_c——计算转矩（N·m）；

T——理论转矩（N·m）；

K_A——工况系数，见表 19-1。

表 19-1　工况系数 K_A

工作机		K_A			
		原动机			
分类	工作情况及举例	电动机、汽轮机	四缸及以上内燃机	双缸内燃机	单缸内燃机
Ⅰ	转矩变化很小，如发电机、小型通风机、小型离心泵	1.3	1.5	1.8	2.2
Ⅱ	转矩变化小，如压缩机、木工机床、运输机	1.5	1.7	2.0	2.4
Ⅲ	转矩变化中等，如搅拌机、增压泵、有风轮的压缩机、压力机	1.7	1.9	2.2	2.6
Ⅳ	载荷变化和冲击载荷中等，如织布机、水泥搅拌机、拖拉机	1.9	2.1	2.4	2.8
Ⅴ	转矩变化和冲击载荷大，如造纸机、挖掘机、起重机、碎石机	2.3	2.5	2.8	3.2
Ⅵ	转矩变化大并具有极强烈冲击载荷，如压延机、无飞轮的活塞泵、中型初轧机	3.1	3.3	3.6	4.0

（2）确定联轴器规格型号　根据所选联轴器类型及计算转矩 T_c，按照 $T_c \leqslant [T]$ 选定联轴器规格型号，$[T]$ 为所选类型联轴器的许用转矩。

（3）校核最大转速　被连接轴的最高工作转速 n 不应超过所选联轴器的许用转速 n_{max}，即 $n \leqslant n_{max}$。

（4）协调轴孔直径　每种规格型号的联轴器对应的轴孔直径均有一个范围，有的给出轴孔直径的最大和最小值，有的给出适用轴孔直径的尺寸系列，所选直径应当在此范围内。被连接两轴的直径可以是不同的，两个轴端的形状也可以不同，如主动轴轴端为圆柱形，从动轴轴端为圆锥形。

（5）规定部件相应的安装精度　根据所选联轴器允许轴的相对位移偏差，规定轴系零部件相应的安装精度。标准中通常只给出单项位移偏差的允许值，如果存在多项位移偏差，则必须根据联轴器的尺寸大小计算出相互影响的关系，以此作为规定部件的安装精度的依据。

19.2　离　合　器

19.2.1　离合器的类型及特点

离合器是一种通过不同操作方式，在机器运行过程中，根据工作需要使两轴结合或分离的装置。

案例中轿车的传动系统就包含了离合器。汽车起动后踩下离合器踏板，使发动机输出轴与传动系统分离，发动机空转，汽车静止；当松开离合器踏板，发动机输出轴与传动系统结合，汽车开始运动。

离合器按其工作原理分为嵌合式和摩擦式，按其操作方式又分为机械离合器、气压离合器、液压离合器、电磁离合器、超越离合器和离心离合器等。

与牙嵌离合器比较，片式离合器具有下列优点：①可在运行中随时分合两轴；②过载时摩擦面将发生打滑，具有保护作用；③结合分离平稳，冲击振动较小。

常用离合器分类如下：

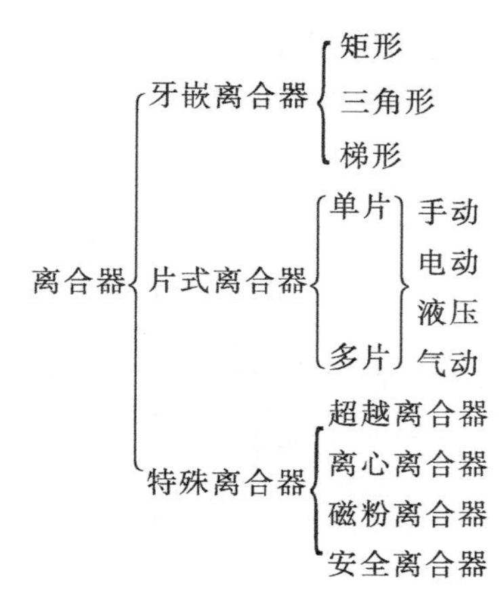

这里只介绍几种常用的离合器。

1. 牙嵌离合器

牙嵌离合器如图19-17所示。由两个端面上有牙齿的半离合器组成，两个半离合器分别用键或花键与主从动轴连接，并通过操纵机构使其中之一作轴向移动，控制端面上的牙齿互相嵌合或脱开，以达到主、从动轴离、合的目的。

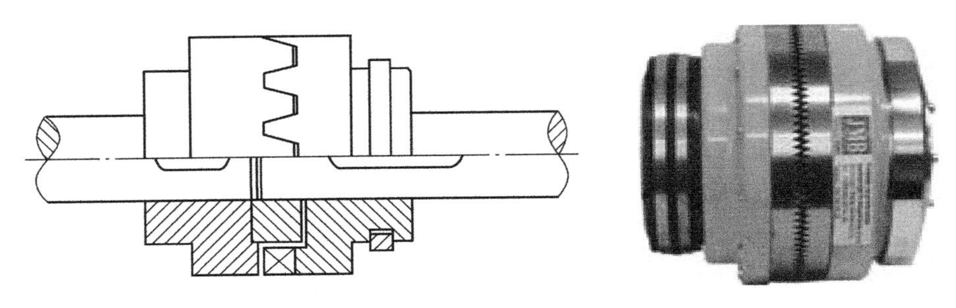

图 19-17　牙嵌离合器结构示意图

牙型有矩形、锯齿形、梯形、三角形等几种形式，牙数可取 3~60。矩形牙型结合后运转稳定，锯齿形、梯形牙强度高，可以传递较大的转矩，三角形牙所需离合行程短。为保证良好对中，在主动轴的半离合器上固定有滑环，从动轴可在滑环中自由转动。由于是刚性牙齿，所以牙嵌离合器只宜在两轴静止或转速差很小时进行分合，否则牙齿可能会因受冲击而折断。离合器的离合操纵可通过手动杠杆、液压、气动或电磁的吸力等方式实现。牙嵌离合器的常用材料为低碳合金钢（如 20Cr、20MnB），经渗碳淬火处理后使牙面硬度达到 56~62HRC，有时也采用中低合金钢（40Cr、45MnB），经表面淬火等处理后硬度达到 48~52HRC。

牙嵌离合器结构简单，外轮廓尺寸小，成本低；由于同时嵌合的牙数多，故承载能力高，可传递较大的转矩；接合后主从动轴无相对滑动，传动平稳，在不需要运行中分、合的场合应用很广。

2. 片式离合器

片式离合器有单片式和多片式两种。

图 19-18a 所示为干式单片离合器，摩擦片 3、4 分别安装在主动轴 1 和从动轴 2 上，通过移动滑环 5，可操纵摩擦片 4 沿导向键在从动轴 2 上移动，从而使两摩擦片结合或分离。轴向压力 Q 使两摩擦盘工作表面产生摩擦力，设摩擦力合力作用在半径为 R_f 的圆周上，则可传递的最大转矩 $T_{max}=QfR_f$，式中 f 为摩擦系数。

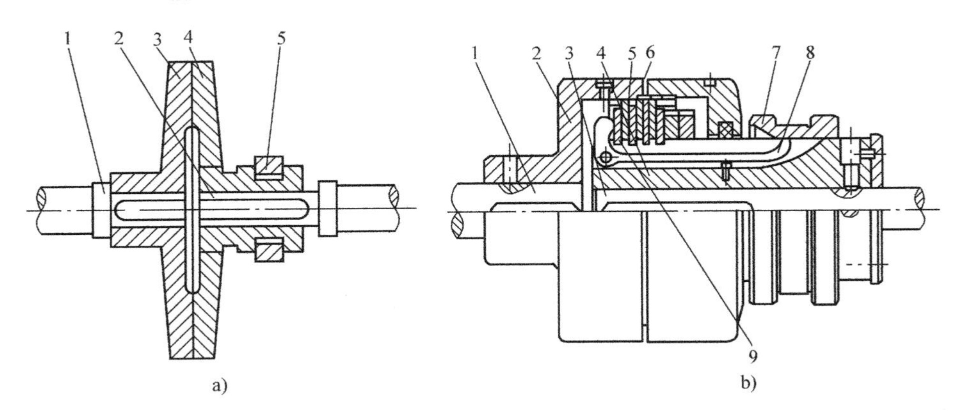

图 19-18　片式离合器

a）干式单片离合器　b）多片离合器

由于只有一个摩擦面，干式单片离合器多用于转矩在 2000N · m 以下的轻型机械。

图 19-18b 为多片离合器，外壳 2 与主动轴 1 连接，从动轴 3 与套筒 4 相连接，外壳内装有一组外摩擦片 5，它的外圆具有凸齿可插入外壳内的纵向凹槽，因而随外壳一起回转，它的内孔不与任何零件接触。套筒 4 上装有一组内摩擦片 6，它的外圆不与任何零件接触，而内孔具有花键与套筒上的花键槽相配合，因而与套筒一起旋转。这样，就有两组形状不同的摩擦片相间布置。若将滑环 7 向左移动，杠杆 8 顺时针摆动，压板 9 将摩擦片压紧，离合器处于结合状态；若将滑环 7 向右移动，杠杆 8 在弹簧力作用下逆时针方向摆动，压板 9 松开，离合器分离。

无论单片还是多片，摩擦片材料常用淬火钢或压制石棉板片。多片离合器由于摩擦面数目多，传递转矩大。但片数过多将使各层间分布不均匀，所以一般不超过 12~15 片。

片式离合器在起动过程中，通过控制结合速度，利用片间的相对滑动，从动轴转速从零逐渐达到主动轴的转速，起动平稳。但这种相对滑动要消耗一部分能量，并引起摩擦片磨损、发热。

利用摩擦片作为结合元件，结构形式多样（单片、多片、干式、湿式、常开式、常闭式等)，其结构紧凑，传递转矩大，安装调整方便，能在高速下进行离合，故应用广泛。

3. 齿形离合器

图 19-19 所示为齿形离合器，它由一对具有相同齿数模数的内、外齿轮构成，而且其中一齿轮可沿轴向移动使两齿轮啮合或脱开，实现离合。齿形离合器结构简单、紧凑，传递力矩大，并可双向回转。但为避免打齿，齿形离合器应在静止或低转速差状态下结合。为提高齿的抗弯强度并使结合顺利，外齿可制成短齿。为避免内齿轮过渡曲线部分在结合时发生干涉，常加大内齿轮的齿顶圆直径，当 $z \geqslant 27$ 时，内齿轮的齿顶圆比标准的大 $0.4m$（m 为模数)；当 $z<27$ 时，内齿轮的齿顶圆加大到与基圆相等或更大些。

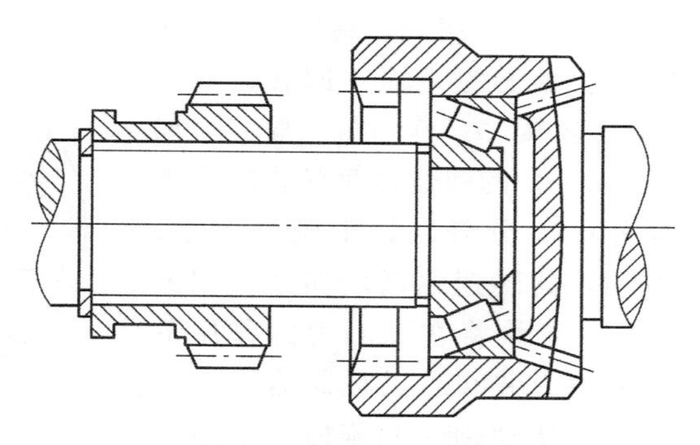

图 19-19 齿形离合器

4. 超越离合器

超越离合器利用主、从动件的相对速度大小或方向的变化，实现自动接合或脱离，从而达到下述目的：在传动链不脱开的情况下使从动件获得快慢两种速度；只在一个方向传递转矩，相反方向则空转，防止逆转；通过超越离合器的适当组合，实现从动件某种规律的间歇运动。超越离合器有棘轮式、牙嵌式、楔块式、滚柱式等多种。滚柱离合器接合平稳，空程短，传递转矩范围大，可在任何转速差下工作。

图 19-20 所示为滚柱离合器，主要由星轮 1、外圈 2、滚柱 3 和弹簧顶杆 4 组成。弹簧的作用是将滚柱压向星轮的楔形槽内，使滚柱与星轮及外圈相接触。

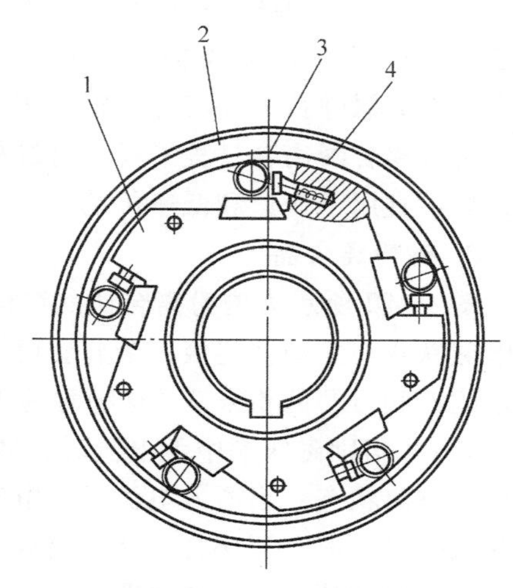

图 19-20 滚柱离合器

1—星轮 2—外圈 3—滚柱 4—弹簧顶杆

星轮和外圈均可作为主动轮。星轮为主动件并作顺时针方向旋转时，滚柱将被摩擦力带动而滚向空隙的收缩部分，并楔紧在星轮和外圈之间，使外圈随星轮一起转动，这时离合器处于接合状态；当星轮反转时，滚柱受摩擦力的作用，滚到空隙的宽敞部分，不再楔紧在星轮与外圈之间，星轮转速超过外圈，这时离合器处于分离状态。

如果外圈在随星轮旋转的同时，又从另一条运动链获得转向相同但速度更大的运动，离合器也将处于分离的状态，即从动轮的转速超过主动件时，不能带动主动件回转但也不产生干涉。这种从动件超越主动件的特性称为超越运动特性。

滚柱离合器工作时没有噪声，宜于高速转动。但制造精度要求较高，可在机械中用来防止逆转或完成单向传动，常用于汽车、拖拉机和机床等设备中。

5. 离心离合器

离心离合器是利用离心力的作用来控制接合或分离的一种离合器，有常开式和常闭式两种。前者当主动轴转速达到一定值时，能自动接合；后者相反，当主动轴转速达到一定值时能自动分离。

图 19-21 所示为离心离合器。它由与从动轴相连的外鼓轮 1、与主动轴相连的蹄块 2、弹簧 3 和销轴 4 组成。蹄块 2 可绕固定在主动轴上的销轴 4 回转，其一端受弹簧力作用。常开式（图 19-21a）的弹簧力使蹄块的摩擦面与外鼓轮分开，处于脱开状态，当主动轴的转速逐渐增加并达到某一值时，蹄块将在离心力的作用下克服弹簧力并与外鼓轮结合，带动外鼓轮及从动轴一起旋转。常闭式（图 19-21b）情况相反，弹簧力使蹄块的摩擦面与外鼓轮接触，处于接合状态，当主动轴的转速逐渐增加并达到某一值时，蹄块将在离心力的作用下克服弹簧力并与外鼓轮脱离接触而使主从动轴处于分开状态。

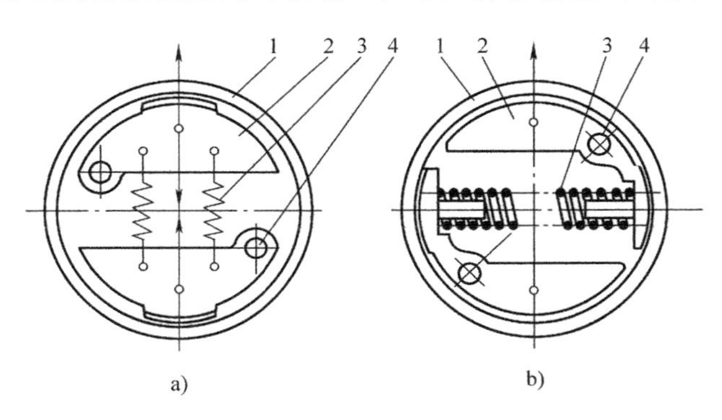

图 19-21　离心离合器

a）常开式　b）常闭式

1—外鼓轮　2—蹄块　3—弹簧　4—销轴

离心离合器离合过程平稳，有过载保护功能。但由于其传递转矩的能力与转速平方成正比，故不宜用于变速和低速传动。

6. 磁粉离合器

图 19-22 所示为磁粉离合器的结构原理图。金属套筒 1 为从动件，嵌有环形励磁线圈 3 的电磁铁 4 与主动轴连接，金属套筒 1 与电磁铁 4 之间留有间隙，一般为 1.5~2mm，内装少量的铁和石墨的粉末 2（这种称为干式；如采用羰基化铁加油为工作介质时，则称为油式或湿式）。当励磁线圈中无电流时，散沙似的粉末不阻碍主、从动件之间的相对运动，离合器处于分离状态；当通入电流后，电磁粉末即在磁场作用下被吸引而聚集，从而将主、从动件联系起来，离合器接合。这种离合器在过载滑动时会产生高温，当温度超过电磁粉末的居里点时，磁性消失，离合器即分离，从而可以起到保护作用。此外它还具有缓冲起动、调速的能力，因而获得了广泛应用。对电磁粉末颗粒的大小，应有一定要求，工作一段时间后电

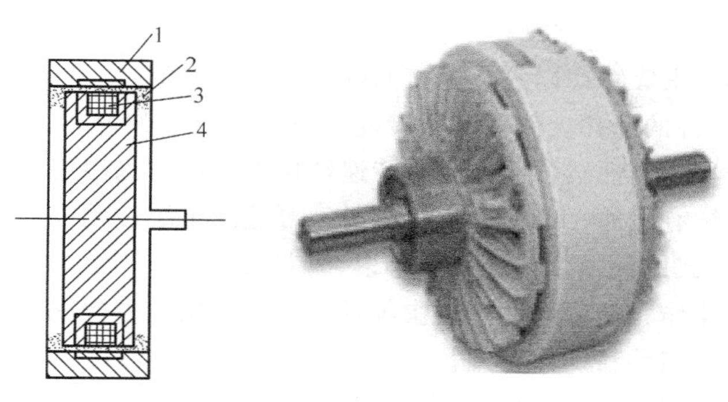

图 19-22　磁粉离合器

1—金属套筒　2—铁和石墨的粉末　3—励磁线圈　4—电磁铁

磁粉末磨损，则需进行更换。

7. 安全离合器

安全离合器有片式、钢球式、牙嵌式、圆锥式等多种结构形式，这里只介绍钢球安全离合器。图 19-23a 所示为钢球安全离合器结构，由主动齿轮 1、从动盘 2、外套筒 3、弹簧 4、调节螺母 5 组成。主动齿轮 1 空套在轴上，外套筒 3 用花键与从动盘 2 连接，同时又用键与轴相连。在主动齿轮 1 和从动盘 2 的端面圆周上布有数量相等的钢球座孔（一般为 4～8 个），钢球座孔中装入钢球大半后收口，以免滚珠掉出。正常工作时，由于弹簧 4 的推力使两盘的滚珠相互交错压紧，如图 19-23b 所示，主动齿轮传来的转矩通过钢球、从动盘、外套筒而传给从动轴。当转矩超过许用值时，弹簧被过大的轴向分力压缩，使从动盘向右移动，原来交错压紧的滚珠因被放松而相互滑过，此时主动齿轮空转，从动盘停止转动；当载荷恢复正常后，可自动复位重新传递转矩。弹簧压力的大小可用螺母 5 来调节。这种离合器由于钢球表面受到冲击过大会变形、磨损，故适用于传递较小转矩的装置中。

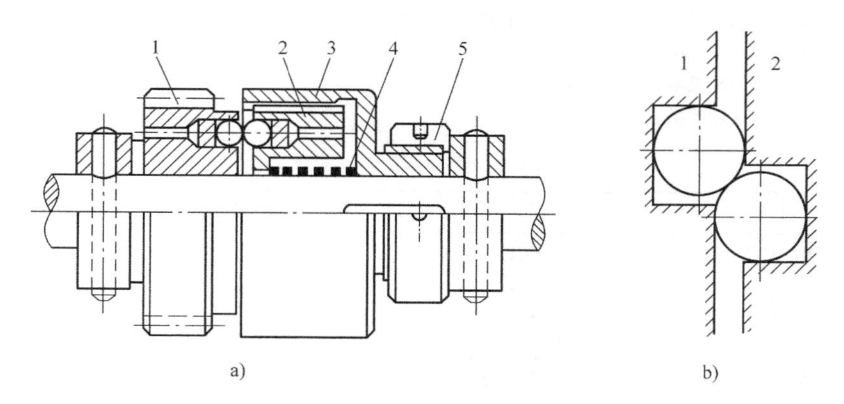

图 19-23　钢球安全离合器

1—主动齿轮　2—从动盘　3—外套筒　4—弹簧　5—调节螺母

19.2.2　离合器的选用

首先按操作要求、载荷特性、工作环境等选择离合器类型，再通过计算确定具体规格型号。

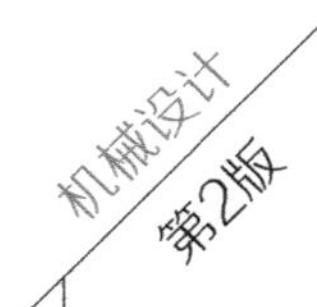

1. 选择离合器类型

离合器类型选择应主要考虑以下几个方面因素。

1）离合器接合元件的选择。停车或低转速差下离合、不频繁离合的场合可选用刚性接合元件，如牙嵌离合器，刚性结合元件具有传递转矩大、传速比固定、不产生摩擦热、体积小等优点。当传动系统有缓冲、吸振能力要求时，可选用半刚性元件，如摩擦片。

2）离合器操作方式的选择。接合次数不多、传递载荷不大时，可选用气动或液压操作方式；中小型、频繁操作、接合速度要求快等场合，可选用电磁操纵方式；动作不频繁、要求经济性的情况下可选用手动操作方式。

3）离合器容量的选择。根据机械设备的工作需要选择离合器的容量，包括转矩容量和热容量。

4）离合器寿命的选择。根据操作频繁程度以及离合器接合元件的磨损性质，合理选择离合器的寿命。

2. 确定离合器规格型号

按照表 19-2 所列公式计算离合器的计算转矩，按 $T_c \leqslant [T]$ 在选定的类型中确定离合器的规格型号。

表 19-2 计算转矩计算公式

类 型	计算公式
牙嵌离合器	$T_c = K_A T$
片式离合器	$T_c = \dfrac{K_A T}{K_m K_v}$

注：T_c—离合器计算转矩（N · m）；

T—离合器的理论转矩（N · m）。对于牙嵌离合器，T 为稳定运转中的最大工作转矩或原动机的公称转矩；对于片式离合器，可取运转中的最大工作转矩或接合过程中工作转矩与惯性转矩之和作为理论转矩；

K_A—工况系数，见表 19-3，对于干式单片离合器可取较大值，对于湿式单片离合器可取较小值；

K_m—离合器接合频率系数，见表 19-4；

K_v—离合器滑动速度系数，见表 19-5。

表 19-3 离合器工况系数 K_A

机械类别		K_A	机械类别	K_A
金属切削机床		1.3~1.5	曲柄式压力机械	1.1~1.3
汽车、车辆		1.2~1.3	拖拉机	1.5~3
船舶		1.3~2.5	轻纺机械	1.2~2
起重运输机械	在最大载荷下接合	1.35~1.5	农业机械	2~3.5
	在空载下接合	1.25~1.35	挖掘机械	1.2~2.5
活塞泵（多缸）、通风机（中等）、压力机		1.3	钻探机械	2~4
冶金矿山机械		1.8~3.2	活塞泵（单缸）、大型通风机、压缩机、木材加工机床	1.7

对离合器的基本要求是：工作可靠、接合平稳、分离迅速而彻底；结构简单、质量轻、外形尺寸小、从动部分转动惯量小；操纵方便、省力；散热性和耐磨性好，使用寿命长。

表 19-4　离合器接合频率系数 K_m

离合器每小时接合次数	≤100	120	180	240	300	≥350
K_m	1.00	0.96	0.84	0.72	0.60	0.5

表 19-5　离合器滑动速度系数 K_v

摩擦面圆周速度 $v_m/(m/s)$	1	1.5	2	2.5	3	4	5	6	8	10	13	15
K_v	1.35	1.19	1.08	1.00	0.94	0.86	0.80	0.75	0.68	0.63	0.59	0.55

注：$v_m=\dfrac{\pi D_m n}{60000}$；$D_m=\dfrac{D_1+D_2}{2}$；$D_1$、$D_2$ 为摩擦面的内、外径（mm）；n 为离合器的转速（r/min）。

19.3 制　动　器

19.3.1 制动器的类型及特点

制动器是用于机构、机器的减速或使其停止运行的装置，有时也用作调节和限制设备的运动速度，它是保证设备正常安全工作的重要部件。

为了减小制动转矩，缩小制动器尺寸，应将制动器安装在机构的高速轴上。安全制动器则安装在低速轴上或卷筒上，以防传动系统断轴时物体坠落。特殊情况也有将制动器装在中速轴上的。

制动器根据工作原理分为摩擦制动器和非摩擦制动器，根据原始工作状态可以分为常闭式和常开式。常闭式制动器靠弹簧或重力的作用经常处于制动状态，而机构工作时，可利用人力或驱动部件使制动器放松。与此相反，常开式制动器经常处于放松状态，只有施加外力时才能使其制动。

按照摩擦方式常用制动器分类如下：

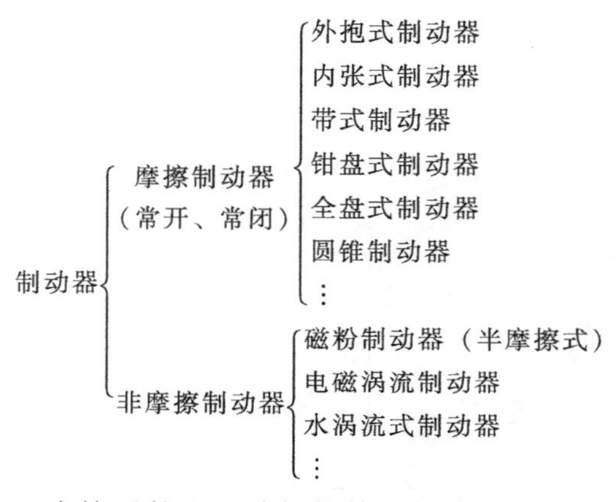

制动器主要由制动架、摩擦元件和驱动部件等三部分组成。许多制动器还装有间隙自动调整装置。

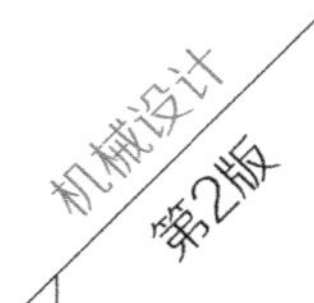

1. 摩擦制动器（常闭式、常开式）

摩擦制动器包括外抱式制动器、内张式制动器、带式制动器、钳盘式制动器1全盘式制动器和圆锥制动器。

（1）外抱式制动器　外抱式制动器由制动瓦、制动轮和制动力施加杠杆机构组成。图19-24所示为外抱式制动器的工作原理。当电磁铁线圈断电时，主弹簧将左、右两制动臂收拢，两个瓦块同时闸紧制动轮，为制动状态。当电磁铁线圈通电时，动铁芯2绕销轴1转动，迫使推杆移动压缩主弹簧，左、右两制动臂的上端距离增大，两瓦块离开制动轮，处于放松状态。两个制动臂对称布置在制动轮两侧，并将两个瓦块铰接在其上，这样可使两瓦块下的正压力相等，也使两制动臂上的合闸力相等，从而消除制动轮上的横向力。将电磁铁装在制动臂上，可使制动行程较短。

这种制动器制动开启迅速，尺寸小、质量轻、维修方便，易于调整瓦块和制动轮之间的间隙。但制动时冲击较大、所需开启力大，不宜用于制动力矩大和需要频繁制动的场合。

（2）内张式制动器　图19-25所示为内张式制动器的工作原理图。两个制动蹄分别与机架的制动底盘铰接，制动轮与被制动轴连接。制动轮内圆柱表面装有耐磨材料的摩擦瓦。当压力油进入液压缸后，使两制动蹄在液压缸推力 F 作用下压紧制动轮内圆柱面，从而实现制动。松闸时，将油路卸压，弹簧收缩，使制动蹄离开制动轮，实现放松。

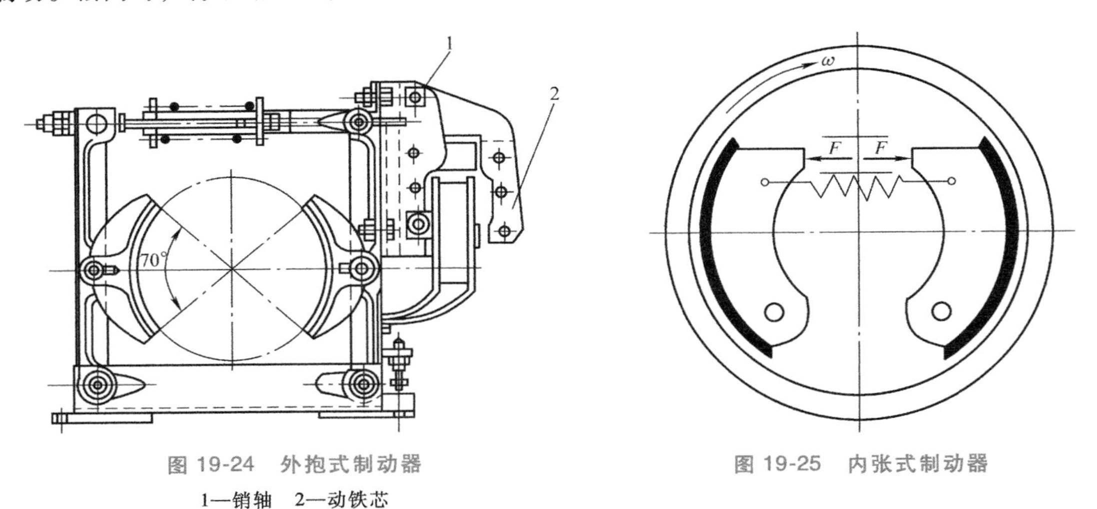

图19-24　外抱式制动器

1—销轴　2—动铁芯

图19-25　内张式制动器

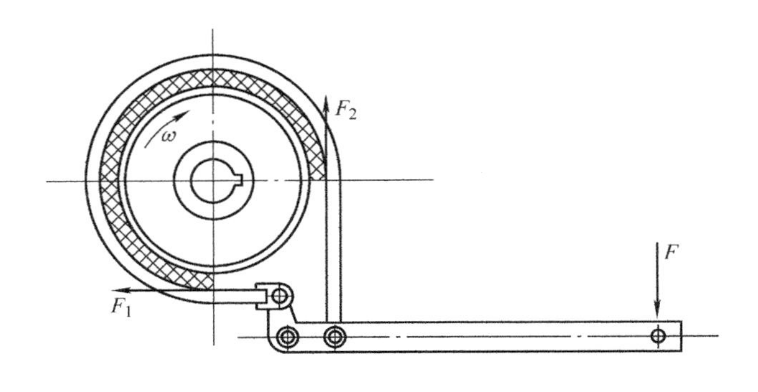

图19-26　带式制动器

（3）带式制动器　带式制动器是由包在制动轮上的制动带与制动轮之间产生的摩擦力矩来制动的，图 19-26 所示为简单的带式制动器。在制动力 F 作用下，制动带紧包在制动轮上，实现制动。放松制动力 F 则实现放松。带式制动器结构简单，由于包角大，制动力矩也很大。但制动带磨损不均匀，易断裂，对轴的横向作用力也较大。

（4）钳盘式制动器　钳盘式制动器利用轴向压力使圆盘形摩擦面被压紧而实现制动。图 19-27 所示为常见的钳盘式制动器。当制动油排空时，制动盘两侧的制动活塞在弹簧作用下缩回，使摩擦块离开制动盘而放松；当充入制动油时，活塞伸出使摩擦块压紧制动盘而制动。钳盘式制动器散热快、质量轻、结构简单、调整方便，特别是高负载时耐高温性较好，制动效果稳定，而且不怕泥水侵袭，在轿车制动系统中广泛应用。

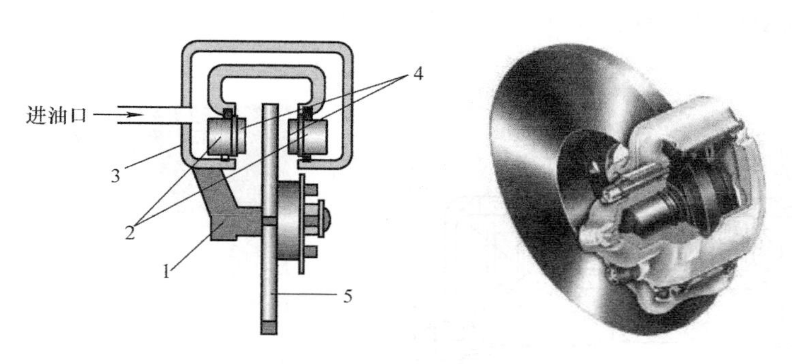

图 19-27　钳盘式制动器

1—车桥部　2—活塞　3—制动钳体　4—摩擦块　5—制动盘

2. 非摩擦制动器

非摩擦制动器包括磁粉制动器、电磁涡流制动器、水涡流制动器等。水涡流制动器常用于特大功率场合，这里不做介绍。

（1）磁粉制动器　磁粉制动器与磁粉离合器工作原理相同，如将磁粉离合器的从动转子固定即转化为制动器。原理如图 19-28 所示，在定子和转子间的空隙中填充磁粉，利用磁粉磁化时产生的剪切力来使转子制动。可调节励磁电流控制制动力矩的大小。常用于传动系统制动或调速、张力控制等场合。

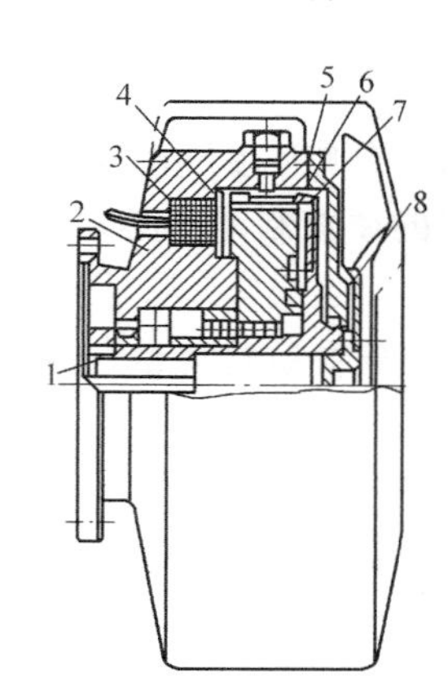

图 19-28　磁粉制动器

1—非磁性铸铁套　2、5—固定部分　3—励磁线圈　4—非磁性圆盘　6—磁粉　7—薄壁圆筒　8—风扇

磁粉制动器制动力矩与励磁电流呈线性关系的特点，使其具有调整方便、响应快、结构简单、无冲击振动等特点，应用很广泛。

（2）电磁涡流制动器　电磁涡流式制动器利用涡流损耗来吸收能量，达到制动目的。由于其制动转矩与激磁电流呈良好的线性关系，可调节励磁电流来控制制动转矩大小，具有响应快、结构简单等优点。

图 19-29 所示为电磁涡流制动器原理示意图，采用静止外凸极和旋转内电枢结构。内电枢与原动机一起旋转，如果励磁线圈未接通电源，磁极周围表面除了极少量剩磁，没有磁场存在，电枢自由转动不切割磁通。而接通励磁线圈的电源，在磁极周围便形成磁场，当电枢转动时便切割磁通，产生一个自成短路的电磁涡流，其与磁场相作用就形成一个反转矩，对回转的电枢起制动作用。制动力矩的大小取决于通入励磁线圈的电流大小和整个磁路的饱和程度。

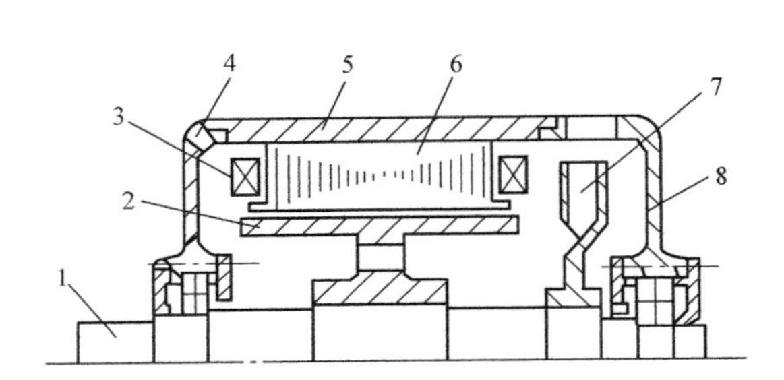

图 19-29　电磁涡流制动器

1—轴伸　2—电板　3—励磁线圈　4—前端盖　5—机座　6—叠片凸板　7—风扇　8—后端盖

19.3.2　制动器的选用

1. 选择制动器类型

根据使用要求和工作条件选定制动器类型，选择时应考虑以下几点。

1）需要考虑传动系统的工作性质和工作条件。如起重机为确保起升和变幅结构安全必须采用常闭式制动器，水平运动机构如车辆、起重机运行机构等为准确定位常采用常开式制动器。

2）必须充分考虑制动器的任务类型。如制动器力矩必须有足够的裕度；矿井提升机一般在高速轴和卷筒轴设置双重制动；用于重物下降控制的摩擦制动器必须考虑热平衡，避免过热使制动失效等。

3）应考虑应用场所的安装空间，按空间限制情况选择制动器类型。并尽量将制动器安装在电动机或高速轴上，减少所需安装空间。

2. 确定制动器规格型号

类型确定后，按 $T_c \leqslant [T]$ 在选定的类型中确定制动器的规格型号，$[T]$ 为制动器许用制动转矩。计算制动转矩 T_c 可按下述方法确定。

（1）水平制动　被制动的只是惯性质量，如车辆制动等。计算制动转矩 T_c(N · m) 为

$$T_c = T_t - T_f \tag{19-2}$$

式中 T_t——负载转矩，此时仅为换算到制动轴上的传动系统惯性转矩（N·m）；

T_f——换算到制动轴上的总摩擦阻力转矩（N·m）。

（2）垂直制动　被制动的有垂直负载和惯性质量，而垂直负载是主要的，如提升设备中的制动应保证重物的可靠悬吊。计算制动转矩 T_c(N·m）为

$$T_c = T_t S_p \tag{19-3}$$

式中 T_t——换算到制动轴上的负载转矩，计算公式为

$$T_t = \frac{T_1}{i}\eta \tag{19-4}$$

式中 T_1——垂直负载对负载轴的转矩（N·m）；

i——制动轴到负载轴的传动比；

η——从制动轴到负载轴的机械效率；

S_p——保证重物可悬吊的制动安全系数，见表19-6。因有较大储备，故惯性转矩可不计。

表19-6　制动安全系数 S_p 的推荐值

设备类型		S_p	备　注
矿井提升机		3	
起重机械的提升机构	手动、机动的轻级工作制	1.5	JC值≈15%
	机动的中级工作制	1.75	JC值≈25%
	机动的重级工作制	2.0	JC值≈40%
	机动的特重级工作制	2.5	JC值≈60%
	双制动中每一台制动器	1.25	

注：1. 同时配备两台制动器。

2. 接电持续率 JC 值用于在工作循环时间小于等于10min的场合，由下式确定：

$$JC=\frac{\text{在起重机一个工作循环中该机构的运转时间}}{\text{起重机一个工作循环的总时间}}\times 100\%$$

一般按计算制动转矩选择制动器规格型号即可，但对于下降制动或在较高环境温度下频繁工作的制动器还需进行热平衡计算。这是由于摩擦面温度过高时，摩擦系数会降低，保持不了稳定的制动转矩，并会加速摩擦元件的磨损。热平衡计算可参见《机械设计手册》有关内容。

习　题

19-1　联轴器、离合器有何区别？各用于什么场合？

19-2　试比较刚性联轴器、无弹性元件挠性联轴器和有弹性元件挠性联轴器各有何优缺点？各适用于什么场合？

19-3　十字轴式万向联轴器适用于什么场合？为何常成对使用？在成对使用时如何布置才能使主、从动轴的角速度随时相等？

19-4　在联轴器和离合器设计计算中，引入工作情况系数 K_A 是为了考虑哪些因素的影响？

19-5　牙嵌离合器和片式离合器各有何优缺点？各适用于什么场合？

19-6　有一链式输送机用联轴器与电动机相连接。已知传递功率 $P=15$kW，电动机转速 $n=1460$r/min，电动机输出轴直径 $d=42$mm。两轴同轴度好，输送机工作时起动频繁并有轻微冲击。试选择联轴器的类型

和型号。

19-7　一棒销剪切式安全联轴器如图19-30所示，传递转矩 $T_{max}=800\text{N}\cdot\text{m}$，销钉直径 $d=6\text{mm}$，销钉材料用45钢正火，销钉中心所在圆的直径 $D=100\text{mm}$，销钉数 $z=2$，取 $[\tau]=0.7R_m$。试求此联轴器在载荷超过多大时方能起到安全保护作用。

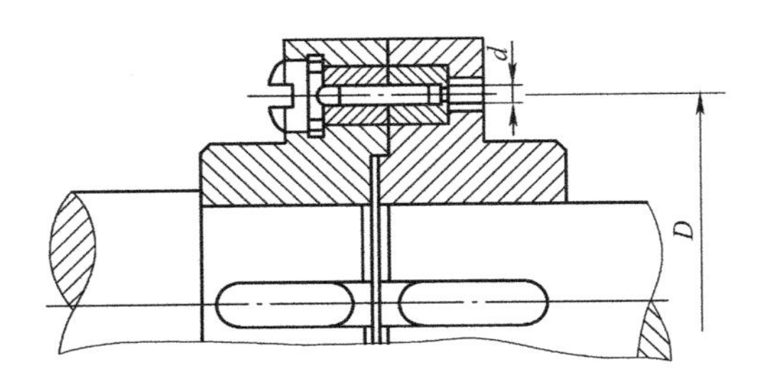

图19-30　题19-7图

知识拓展

离合器在汽车中的应用非常典型。早期乘用车连接发动机与传动系统的是片式离合器，踩下或松开离合器踏板，即可将发动机与传动系统断开或接通，如图19-31所示。离合器通断控制与变速器换挡手柄动作相配合，即在离合器断开的短暂时间内，手动改变变速器挡位，改变汽车行驶速度，这就是手动挡汽车的变速模式，其驾驶舒适性较差。

自动挡汽车用液力变矩器替代了片式离合器，液力变矩器工作原理如图19-32所示。发动机起动后就带动泵轮旋转，将其容腔中的工作液甩向涡轮，当转速达到一定值时，利用工作液的循环冲击带动涡轮一起回转并将运动传递到行星变速器，从而实现由发动机转速控制的动力自动接合。自动挡汽车普遍采用行星传动作为变速机构，当固定行星传动的不同构件时可得到不同的传动比和输出转向。利用行星传动的这一特点，再用一系列的离合器、制动器及超越离合器与之相匹配，实现不同构件的固定，这样就可以得到不同的速比和运动输出方向。自动变速器结构如图19-33所示。自动挡汽车无离合器踏板，也无变速挡杆，驾驶中驾驶人只需控制加速踏板深浅即可改变发动机转速，控制芯片根据发动机的转速，使离合器、制动器与超越离合器组合动作，进而得到与发动机输出特性相匹配的速比，使汽车行驶在合适的速度。自动挡汽车提高了驾驶舒适性。但由于液力变矩器是“软”连接，并且换

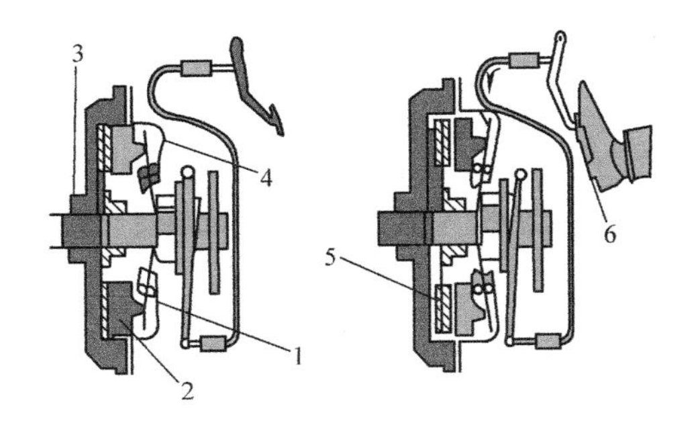

图19-31　汽车片式离合器示意图
1—膜片弹簧　2—从动盘　3—飞轮
4—离合器盖　5—压盘　6—离合器踏板

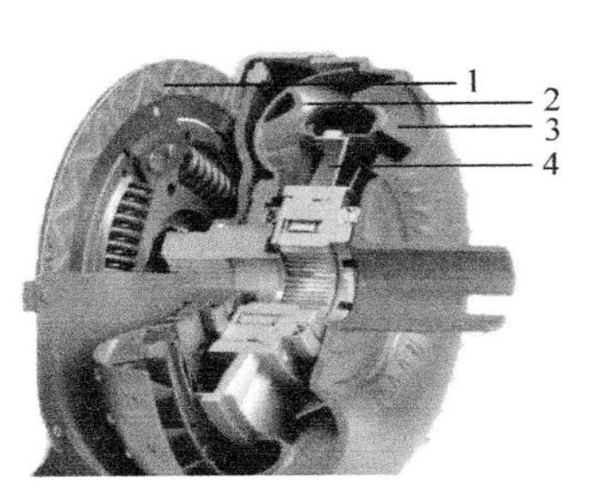

图19-32　液力变矩器结构图
1—锁止离合器　2—涡轮
3—泵轮　4—导轮

挡时动力切断、车速降低，导致油耗增加；此外，由于速比是有级的，换档时驾驶员可感到换挡冲击。

双离合变速器结合了手动变速器和自动变速器的优点，不使用液力变矩器，而是采用两套离合器，通过两套离合器的相互交替工作，来达到无间隙换挡的效果。两组离合器分别控制奇数挡与偶数挡，换挡之前，控制芯片会通过控制预先将下一挡位齿轮啮合，在得到换挡指令之后，迅速向发动机发出指令，使发动机转速升高，然后控制下一挡位的离合器迅速接合，同一瞬时断开前一组离合器，完成一次升挡动作。因为换挡时间极短，发动机的动力断层也就非常有限，可有效降低油耗。

图 19-33 自动变速器结构图

连续可变传动（CVT，Continuously Variable Transmission）是真正的无级变速器。CVT中用高强度钢 V 带作为传动元件，并且主从动带轮都由两半组成，一半为固定的，而另一半可沿轴向滑动，每半个带轮的内侧都是锥面，两侧相对构成 V 形槽，V 带安装其上。通过液压来控制主从动带轮的可移动侧的位置，从而改变带轮锥面与带啮合点的工作直径，使一个带轮直径增大，而另一个带轮直径减小，实现传动比的连续无级变化。行驶中智能控制系统根据加速踏板位置、发动机转速、车速等随时计算并判断驾驶员意图，连续无级改变传动速比，实现汽车的最佳平稳行驶。

第六篇

典型机器

本书的前五篇介绍了机器零件与部件的技术设计，包括典型零件的结构与技术性能设计、零件间的动连接与静连接、典型部件的结构与技术性能设计，它们是机器设计的主要组成部分。但在机器设计过程中，一般是先整机、后部件与零件设计。由于机器整机在功能原理上往往与实际应用行业密切关联，属于具体专业或行业领域范畴，但在机械结构本体上又包括多个子系统与多个部件，属于机械设计内容。因此，本篇试图在结构与技术性能上体现子系统、部件、零件与机器整机之间的关系，简略介绍机器整机技术方案设计（结构方案与技术性能）的主要过程与基本方法，为过渡到机械行业（专业）设备设计架设桥梁。

由于篇幅所限，本篇仅以一种立式加工中心为例，介绍整机、子系统、部件和典型零件的技术方案设计过程，以体现本书从零件、部件到整机的内容体系。

第20章

立式加工中心技术方案设计

本章以一种立式加工中心为典型机器实例，进行机器结构与性能的技术方案设计。该立式加工中心的机构简图与整机方案如图 20-1 所示。

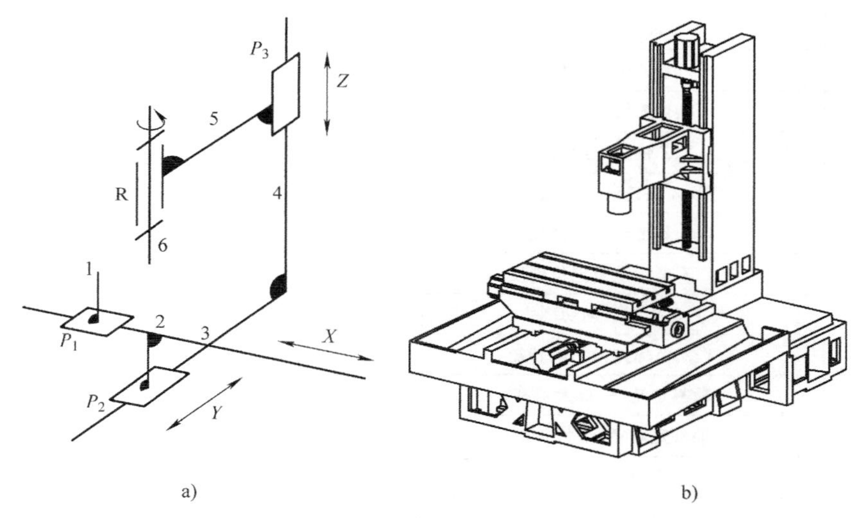

图 20-1　某立式加工中心

a）机构简图　b）整机方案

1—工作台　2—滑台　3—床身　4—立柱　5—主轴箱　6—主轴

该立式加工中心主要由机械、控制、润滑与冷却等多个子系统组成，其机械部分主要由 X、Y、Z 轴进给系统及主轴系统组成。那么，如何依据图 20-1a 所示的运动简图进行结构与性能的技术方案规划设计呢？本章将分五节具体介绍。

20.1　立式加工中心的设计条件与流程

20.1.1　设计条件

1. 工作条件

根据机床设计相关国家标准及机床用户需求，该立式加工中心不仅适用于板类、盘类、壳体类等零件的加工，也适用于精密模具类零件的加工。零件通过一次装夹可完成铣、镗、钻、扩、铰、攻螺纹等多道加工工序，主要进行铣削加工。机床实现三个坐标方向进给和主轴回转切削运动功能，要求主轴运转平稳，每天工作 8h，每年工作 300 天。

2. 主要技术性能参数

立式加工中心整机技术参数与载荷参数见表 20-1。

表 20-1 立式加工中心整机技术参数与载荷参数

序号	参数名称	数据	单位
1	设计寿命	8	年
2	主轴 X、Y、Z 向刚度	$\geqslant 2.0\times10^4$	N/mm
3	工作台规格(长×宽)	700×320	mm×mm
4	工作台质量	90	kg
5	工作台最大载重	150	kg
6	主轴转速范围	0~10000	r/min
7	X、Y、Z 坐标行程	450、350、380	mm
8	X、Y、Z 切削速度	0~10000	mm/min
9	X、Y、Z 快速进给速度	30、30、30	m/min
10	X、Y、Z 快速进给加速度	2.5	m/s^2
11	X、Y、Z 坐标定位精度	0.016	mm
12	X、Y、Z 坐标重复定位精度	0.006	mm
13	X、Y、Z 坐标方向切削力	3000、4000、5000	N
14	X、Y、Z 坐标方向切削转矩	0、0、35	N·m
15	主轴额定功率、最大功率	5.5、7.5	kW
16	主轴额定转矩、最大转矩	35、46	N·m
17	轴承温升	≤30	℃
18	相对湿度	≤80%	

20.1.2 设计流程

依据该三轴立式加工中心的功能与性能指标和设计条件，其整机结构与性能技术方案设计流程如下。

1）明确设计要求。主要包括功能需求分析、确定设计指标、明确设计条件三部分。该立式加工中心的功能要求、设计指标与设计条件见 20.1.1 节。

2）运动与结构方案设计。主要有运动方案设计、总体布局方案设计、移动副结构方案设计、子系统结构方案设计、整机结构方案设计等。

3）技术性能设计。主要包括整机力学模型求解、移动副技术性能设计、子系统技术性能设计、主轴系统技术性能设计等。

4）支承零件结构设计。主要包括几何物理模型设计、概念模型设计、强度刚度设计、工艺造型设计等，可参考第 13 章机架类零件设计过程。

5）技术方案设计。主要有整机结构与性能的技术方案表述、技术参数的设计过程、结果与计算依据，以及整机结构与性能技术设计报告编写等。

20.2 立式加工中心整机运动与结构方案

20.2.1 整体运动方案

在选择与确定加工中心运动方案时，需遵循以下原则。

1）缩短机床传动链。在其他条件相同的情况下，应把运动分配给质量小的执行件，缩短传动链。这是因为运动部件（包括工件或刀具）的质量越小，所需的电动机功率和传动件尺寸也越小。

2）提高加工精度。保证机床具有与所要求的加工精度相适应的刚度和抗振性，尽量缩短传动链。

3）缩小机床占地面积。

依据图 20-1a 中的机床运动简图，该立式加工中心由工作台 1、滑台 2、床身 3、立柱 4、主轴箱 5 和主轴 6 等构件组成，实现三个坐标方向的移动和主轴旋转，分别选择不同构件作为机架，可产生四种典型整机运动方案，见表 20-2。

表 20-2　立式加工中心运动方案

方案序号	机架构件	机构简图	构件实体运动示意图	方案简述
1	工作台	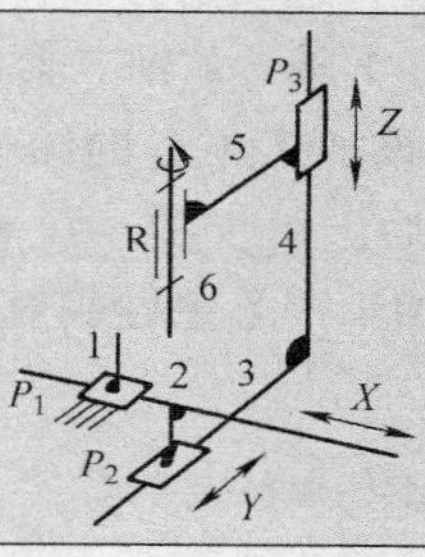	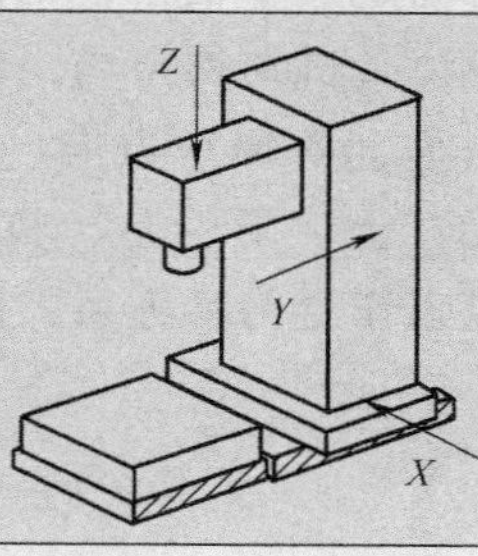	滑台 *X* 向移动 立柱 *Y* 向移动 主轴箱 *Z* 向移动
2	滑台	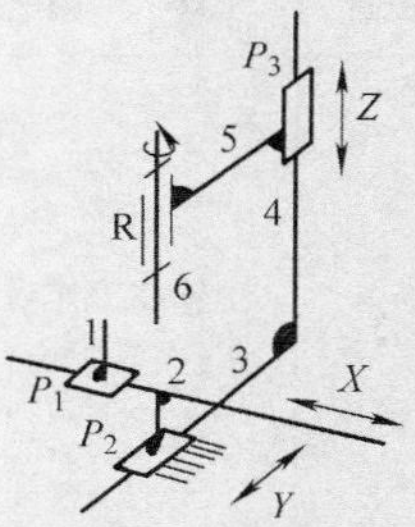	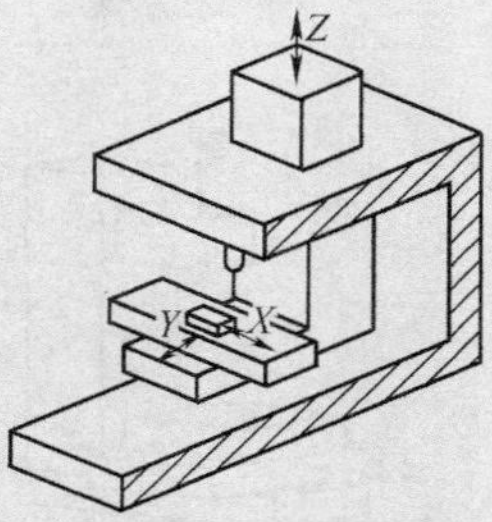	工作台 *X* 向移动 立柱 *Y* 向移动 主轴箱 *Z* 向移动
3	立柱	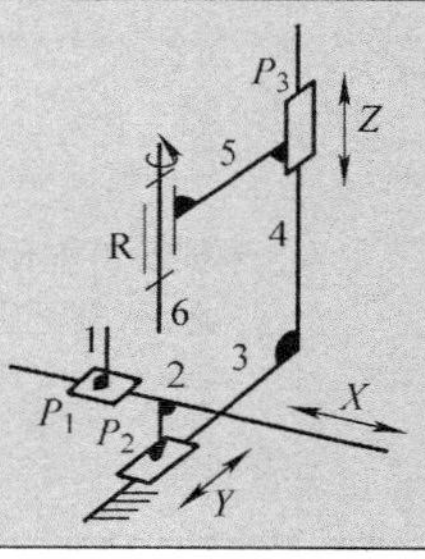	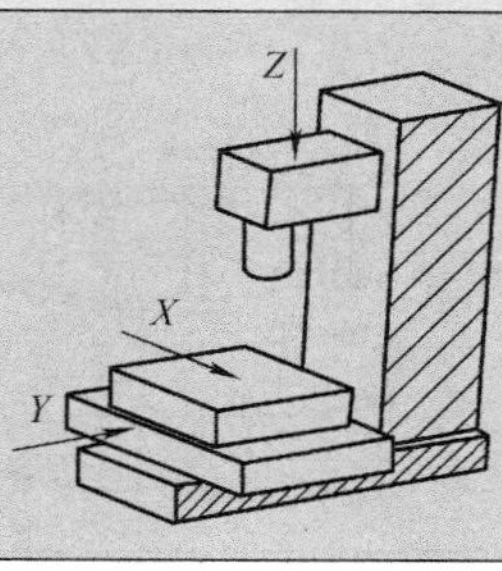	工作台 *X* 向移动 滑台 *Y* 向移动 主轴箱 *Z* 向移动

续表

方案序号	机架构件	机构简图	构件实体运动示意图	方案简述
4	主轴箱	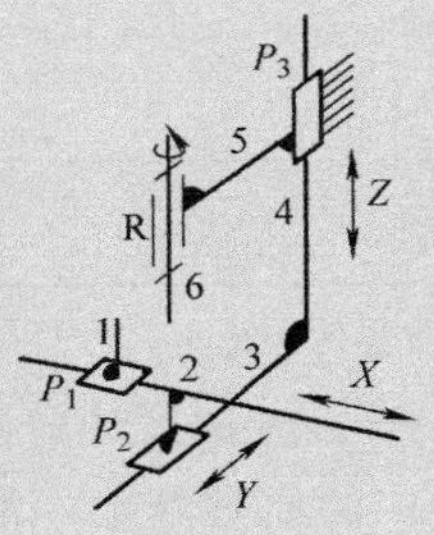	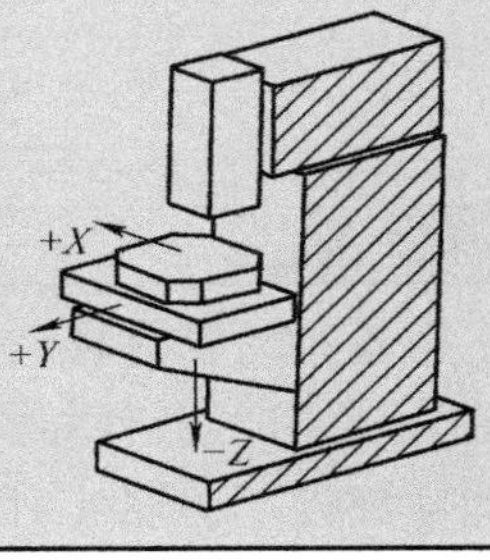	工作台 X 向移动 滑台 Y 向移动 托盘 Z 向移动

该立式加工中心最大承重 150kg，工作台自重约 90kg，属于小型加工中心。为提高机床的动态性能，选择质量较小的构件作为运动构件或执行构件，与其他支承件相比，主轴（主轴箱）和工作台（工件）重量较轻，可作为执行运动构件，而立柱与床身需要具有足够的刚度，将其作为机架，即立式加工中心有两个执行运动构件。综合以上因素，该立式加工中心选择立柱与床身为机架，工作台 X 向进给、滑台 Y 向进给和主轴箱 Z 向进给的运动方案，即表 20-2 中的方案 3。

20.2.2 整体布局方案设计

在确定立柱与床身固定、主轴箱、工作台和滑台运动的方案作为该立式加工中心的运动构型后，需要进一步设计整机结构布局，即 X 轴、Y 轴、Z 轴三轴和主轴的相对位置。由设计条件确定了主轴为铅垂（Z 轴）方向，那么，该加工中心的结构方案布局中主轴相对工作台的六种位置关系为：上、下，左、右，前、后。由于前、后和左、右布局属于对称结构，可省略一部分，以工作台为参考系，该立式加工中心主轴相对工作台的位置不同的四种结构布局见表 20-3。

表 20-3　整机结构布局方案示意图

序号	类　型	布局方案	序号	类　型	布局方案
1	主轴在工作台上侧	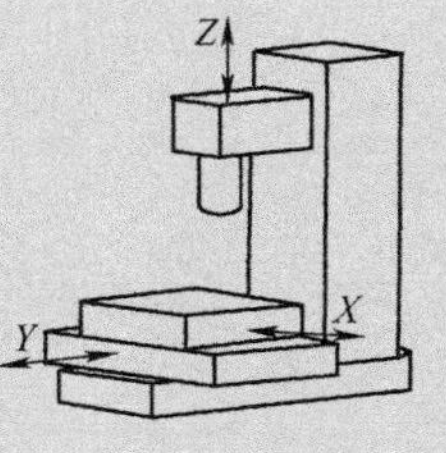	3	主轴在工作台（左）右侧	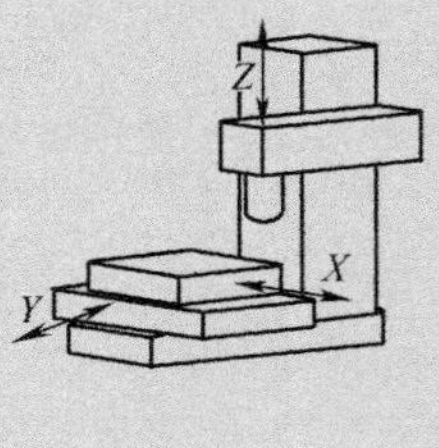
2	主轴在工作台下侧	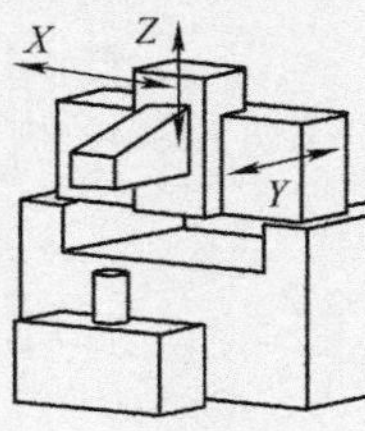	4	主轴在工作台之后（前）	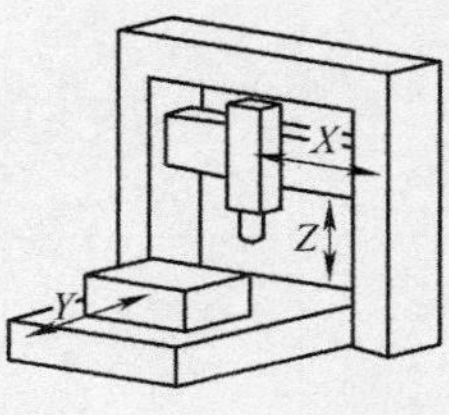

由于该立式加工中心有轻载、短行程的特点，故选择主轴箱在工作台上方和后方的结构布局形式，即表 20-3 中的方案 1。

20.2.3 整机移动副结构形式

该加工中心整机包含 *X* 轴、*Y* 轴、*Z* 轴三个子系统和主轴单元，三个子系统之间通过移动副连接叠加。由于移动副结构形式的不同，整机结构方案因而也具有多样性。在没有其他约束条件的情况下，组成移动副的两构件具有相互包容关系，如单侧、双侧和内外包容，其中单侧分为前、后、左、右、上、下六种方案，双侧有前后、左右、上下三种方案，内外包容有四面内包容和外包容两种方案。对于具有特定移动方向的移动副，在该移动方向难以形成包容关系，如 *Z* 轴方向的移动副要实现上下移动，上下包容的结构类型就会不便实施，可以舍去。

该立式加工中心的主轴箱与立柱之间的移动副，即 *Z* 轴子系统移动副的结构形式见表 20-4，由于前、后和左、右属于对称结构，结构形式仅画出其中一种。

表 20-4 *Z* 轴子系统移动副结构形式

序号	结构形式描述	运动副结构形式	序号	结构形式描述	运动副结构形式
1	前(后)单侧外挂	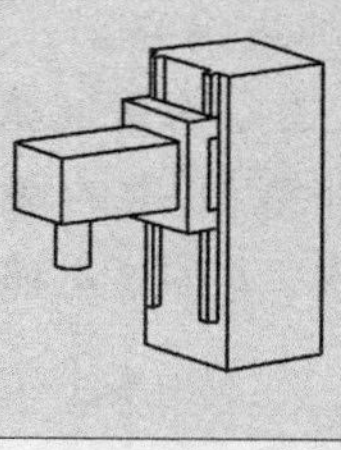	5	前后两侧内包容	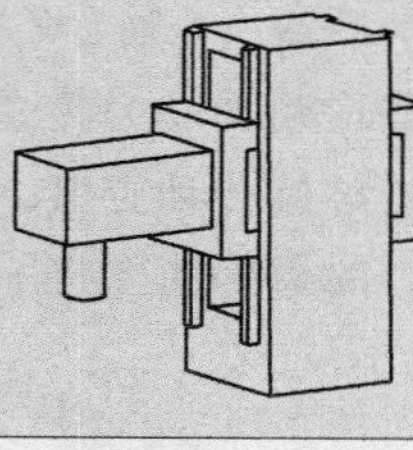
2	右(左)单侧外挂	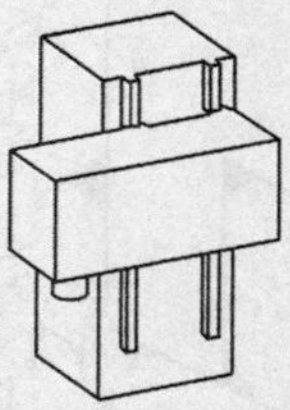	6	左右两侧内包容	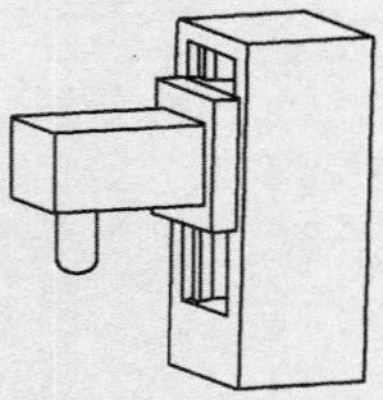
3	前后两侧外挂	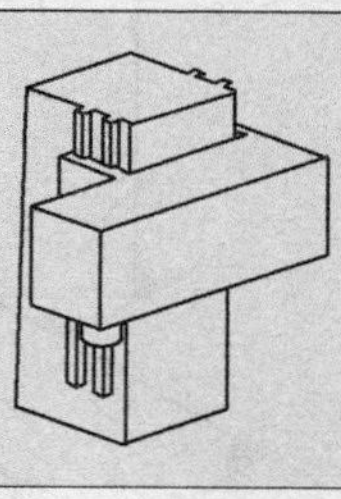	7	四侧外包容左右外挂	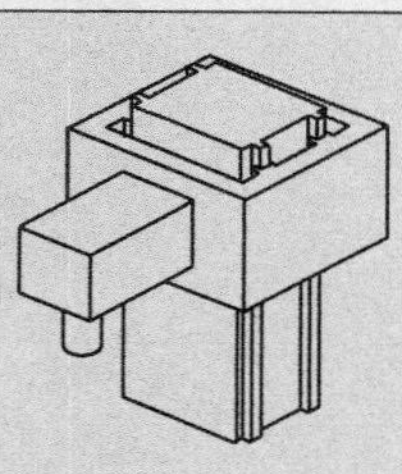
4	左右两侧外挂	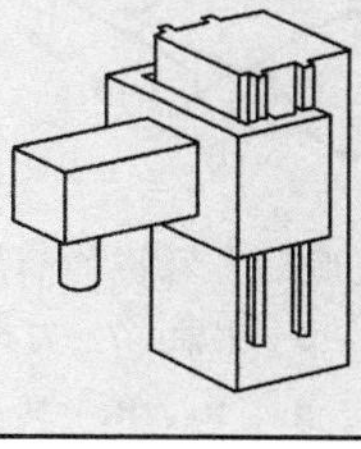	8	四侧外包容四周外挂	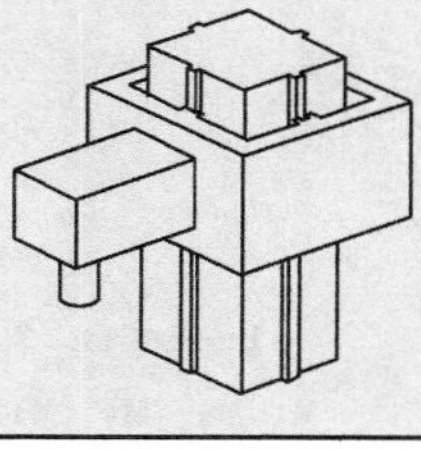

依据该立式加工中心的轻载类型和选用的运动方案，可选用表 20-4 中的方案 1，即前单侧外挂的移动副结构。

同理，工作台与滑台之间的 *X* 轴子系统、滑台与床身之间的 *Y* 轴子系统的移动副的结构形式也有类似方案，不再赘述。选择的结构形式见表 20-5。

表 20-5　*X* 轴、*Y* 轴子系统移动副结构形式

系统名称	*X* 轴子系统移动副结构形式	*Y* 轴子系统移动副结构形式
移动副结构形式	X	X Y

20.2.4　子系统结构方案

X 轴、*Y* 轴、*Z* 轴子系统要实现三个坐标方向的进给移动，需要由驱动部件通过传动部件将运动和动力传递到执行部件。由于该立式加工中心为普通精度要求，因此可采用简单易行的螺旋传动方案。根据表 20-2 中的运动方案 3 和第 18 章的螺旋传动方案，将该立式加工中心的机构简图进一步细化，如图 20-2 所示。*X* 轴、*Y* 轴、*Z* 轴子系统的结构方案由三种运

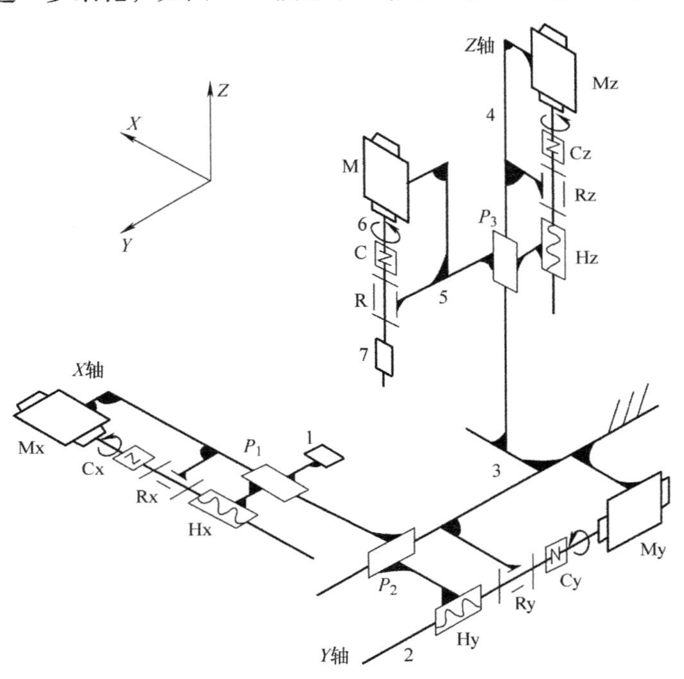

图 20-2　立式加工中心整机运动方案机构简图

1—工作台　2—滑台　3—床身　4—立柱　5—主轴箱　6—主轴　7—刀具　P_1、P_2、P_3—移动副

M、Mx、My、Mz—电动机　C、Cx、Cy、Cz—联轴器　R、Rx、Ry、Rz—转动副　Hx、Hy、Hz—螺旋副

动副（螺旋副、转动副、移动副）的结构方案决定。

（1）螺旋副结构方案　螺旋副主要有滑动螺旋副、滚动螺旋副和静压螺旋副三种，驱动形式有单驱动和双驱动两种方式。由第 18 章可知，单驱动形式适用于中小型加工中心，双驱动形式适用于大型加工中心或精度较高、跨距较大的子系统。该机床属于中小型加工中心且为中轻载工况，因此选用单驱动滚珠丝杠螺旋副，见图 18-10a。

（2）转动副结构方案　螺旋传动中的转动副主要用于支撑和传递螺旋副运动，有悬臂和简支两种结构形式。为了保证子系统的传动精度和刚度，该机床进给系统选用一端固定一端游动的转动副支撑方式，见图 18-7。

（3）移动副结构方案　移动副在螺旋传动子系统中具有支撑执行构件和导向移动的作用，有滚动导轨与滑动导轨（矩形、山形等）两种。依据该立式加工中心的载荷和快移速度要求，该移动副选择球滚动导轨结构，如图 18-9 所示。为减小各零件因倾覆力矩产生的变形，增强系统的刚度，提高传动系统稳定性，采用双导轨四滑块的结构形式。

综上所述，该立式加工中心 *X* 轴、*Y* 轴、*Z* 轴子系统均采用电动机直驱滚珠丝杠、双导轨四滑块执行直线运动的结构形式。其中 *X* 轴、*Y* 轴子系统水平安装，*Z* 轴子系统沿铅垂方向安装。各子系统结构方案见表 20-6。

表 20-6　*X* 轴、*Y* 轴、*Z* 轴子系统结构方案

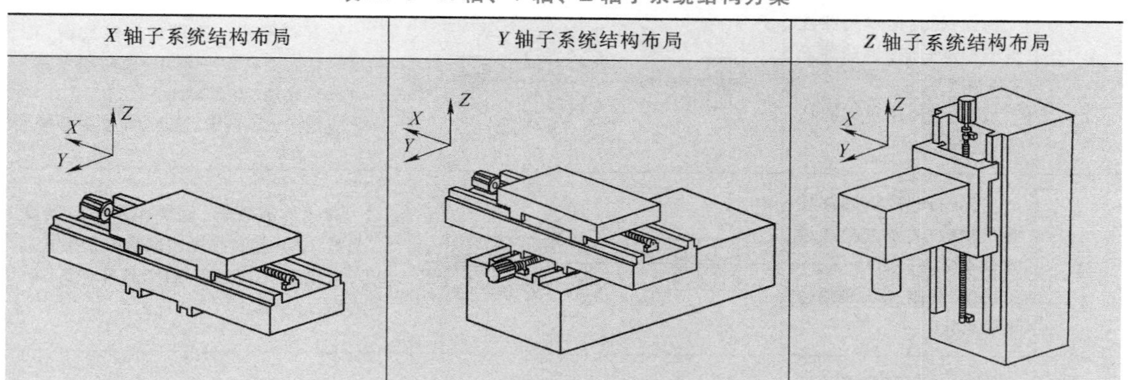

X 轴子系统结构布局	*Y* 轴子系统结构布局	*Z* 轴子系统结构布局

20.2.5　主轴单元结构方案

主轴单元要实现回转切削功能，可采用伺服电动机直接驱动，也可以通过传动部件（减速器）增大力矩后驱动执行部件。该立式加工中心采用电动机直驱方式。对于加工中心而言，主轴单元的结构与性能对机床的精度及其特性影响很大，是机床设计的核心与难点所在。尽管主轴是单一转动副，但由于切削工件的工作要求，主轴上有径向和轴向载荷，而且必须悬臂布置，这都使主轴载荷状况颇为复杂，主轴轴承配置形式的选定对机床整机、支承部件性能的优劣将有重要影响。常见机床高速主轴轴承配置形式见表 20-7，主要有前、后两支承（表 20-7 中配置形式 1～6）和前、中、后三支承两种支承形式（表 20-7 中配置形式 7、8）。由于该立式加工中心主轴转速较高，综合考虑机床刚度、承重能力、转速等因素，选择“超高速角接触球轴承+超高速角接触球轴承”的主轴轴承配置形式（表 20-7 中形式 1）。

表 20-7 主轴轴承配置形式及应用场合

序号	主轴轴承配置形式	主轴轴承配置示意图	应用场合
1	前侧:超高速角接触球轴承2列(DT) 后侧:超高速角接触球轴承2列(DT)	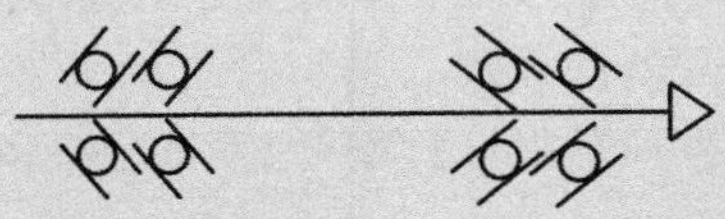	适用于超高速旋转主轴,采用弹簧预紧。虽刚度略低,但在高速及温升性能方面较好 应用于加工中心、磨床主轴、电主轴等
2	前侧:超高速角接触球轴承2列(DB) 后侧:超高速单列圆柱滚子轴承	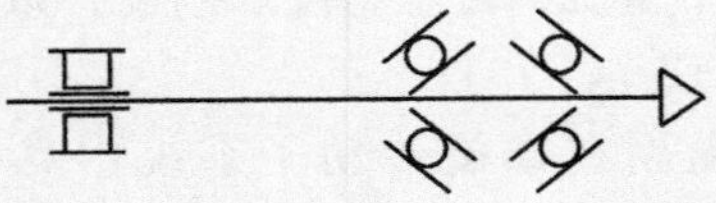	定位预紧方式下可应用于高速运转主轴,径向和轴向刚度高于形式1 应用于加工中心等
3	前侧:超高速角接触球轴承4列 后侧:超高速单列圆柱滚子轴承	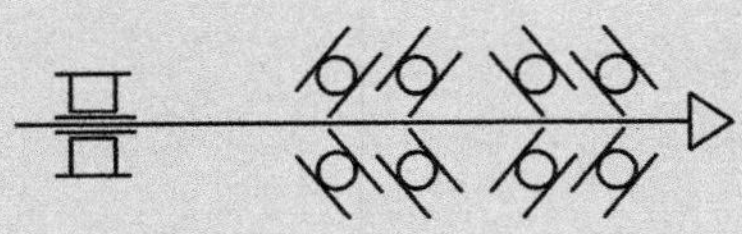	相比于形式2,高速性能较弱,但径向和轴向刚度高于形式2 应用于NC车床、铣床、加工中心等
4	前侧:超高速角接触球轴承3列 后侧:超高速单列圆柱滚子轴承	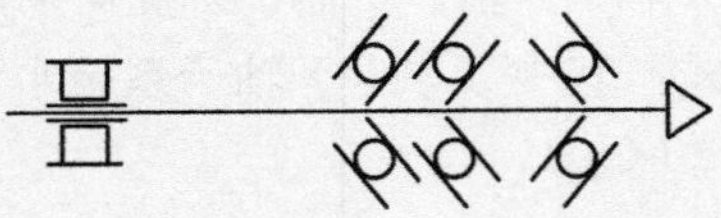	相比于形式3、5,高速性能及刚度都较弱 应用于NC车床、铣床、加工中心等
5	前侧:超高速单列圆柱滚子轴承+角接触球轴承2列(DB) 后侧:超高速单列圆柱滚子轴承	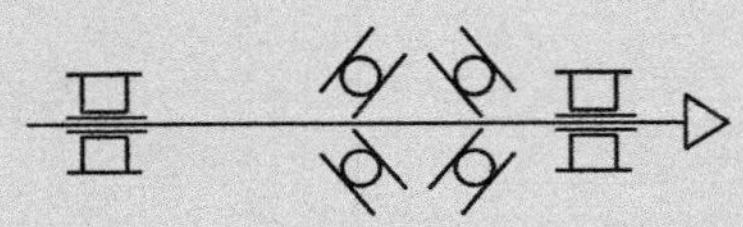	具有与形式3同等的旋转性能,在前侧装有圆柱滚子轴承,径向刚度高,可进行高速、重切削加工 应用于NC车床、铣床、加工中心等
6	前侧:高刚度双列圆柱滚子轴承+高刚度角接触球轴承2列(DB) 后侧:高刚度双列圆柱滚子轴承	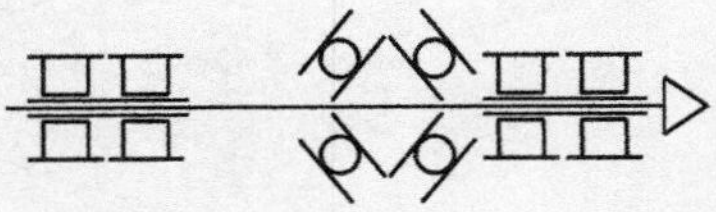	高速性能较弱,但径向及轴向刚度最好,是具有高刚度的轴承配置形式 应用于NC车床、铣床、镗床、加工中心等
7	前侧:双列圆柱滚子轴承+双列推力球轴承 中部:双列圆柱滚子轴承 后侧:深沟球轴承	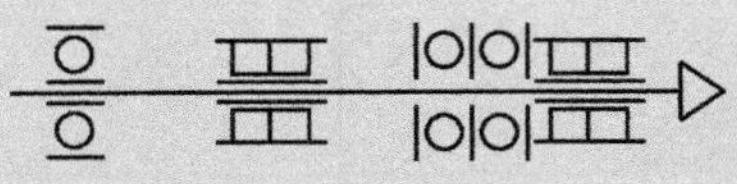	径向和轴向刚度高,承载能力大;极限转速低,主轴向后热伸长 应用于卧式车床、重型车床、落地镗床等
8	前侧:角接触球轴承 中部:圆锥滚子轴承 后侧:深沟球轴承	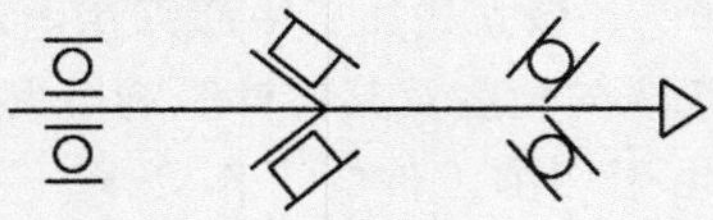	径向和轴向刚度较高,极限转速低,结构简单方便调整 适用于卧式车床、卧式铣床等

20.2.6 整机结构方案

综合上述各节的结构方案，该加工中心的整机结构方案为：立柱与床身组件为机架，立柱固定于床身之上，工作台沿滑台导轨实现 X 向运动，滑台沿床身导轨实现 Y 向运动，主轴箱沿立柱导轨实现 Z 向运动，整机结构方案布局如图 20-3 所示。

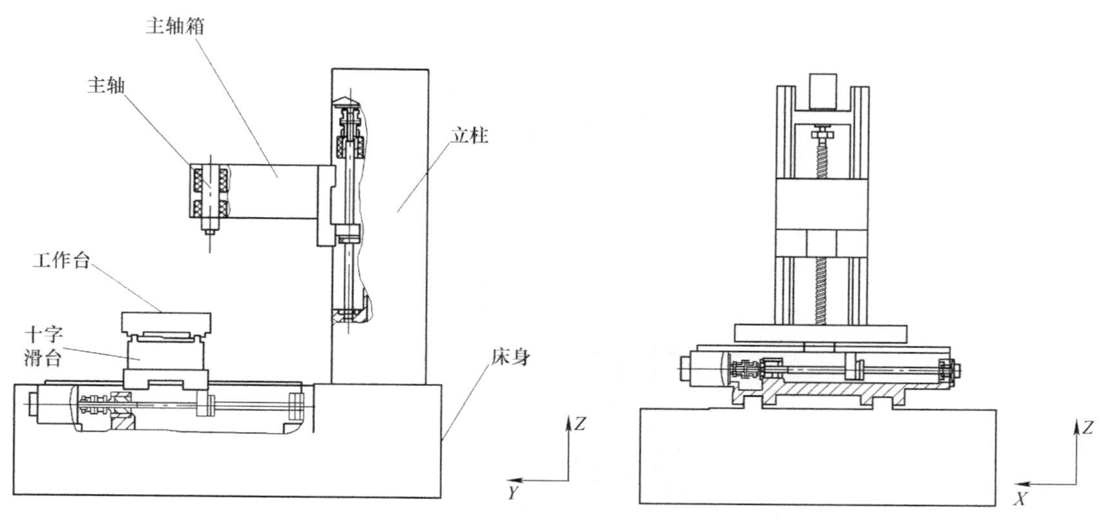

图 20-3　立式加工中心整机结构方案布局

20.3　立式加工中心技术性能设计

立式加工中心技术性能设计的任务是在上述结构方案的基础上，确定具体结构和连接的尺度，确保技术性能达到设计要求，为后续的详细设计和零件设计提供可执行的技术方案。基于 20.1 节的技术性能指标要求，分别设计计算各子系统与运动副及主要零部件的技术性能参数。

20.3.1　整机力学模型

载荷是技术性能设计的依据，基于此，建立整机及主要零部件的力学模型，求得各结合面和零部件的载荷。如图 20-3 所示结构布局的加工中心的整机力学模型如图 20-4 所示，与其机构简图（图 20-2）相对应。

图 20-4 中，G_i 为各个构件（支承件 i）的自重。由于机床支承件重力引起的载荷往往超过切削载荷，机床需要有较好的精度特性，机床支承件的结构往往需要有较高的刚度，从而减少支承件重力引起的精度变化。为了体现这一因素，在技术性能设计时，需要预先估计各个支承件的重量与重心位置，求得各运动副的载荷（包括支承件重量），待各个支承件的详细设计完成后，再对各支承件的重量及重心位置进行校正，重新校核载荷和子系统技术性能。

在估算立式加工中心各支承件的重量及重心时，假定箱体类支承件为中空长方体薄壁结构，板梁类支承件为长方体实体结构，基本外形尺寸以工作台参数为依据进行估算。需综合考虑工作空间内最大工件轮廓尺寸，X、Y、Z 坐标行程，支承件间运动干涉条件，截面高宽比等因素；箱体厚度按照工艺最小铸壁厚选择；通过三维造型方法按几何形状和均匀密度来计算重量与重心位置。整机载荷求解的已知条件见表 20-8。

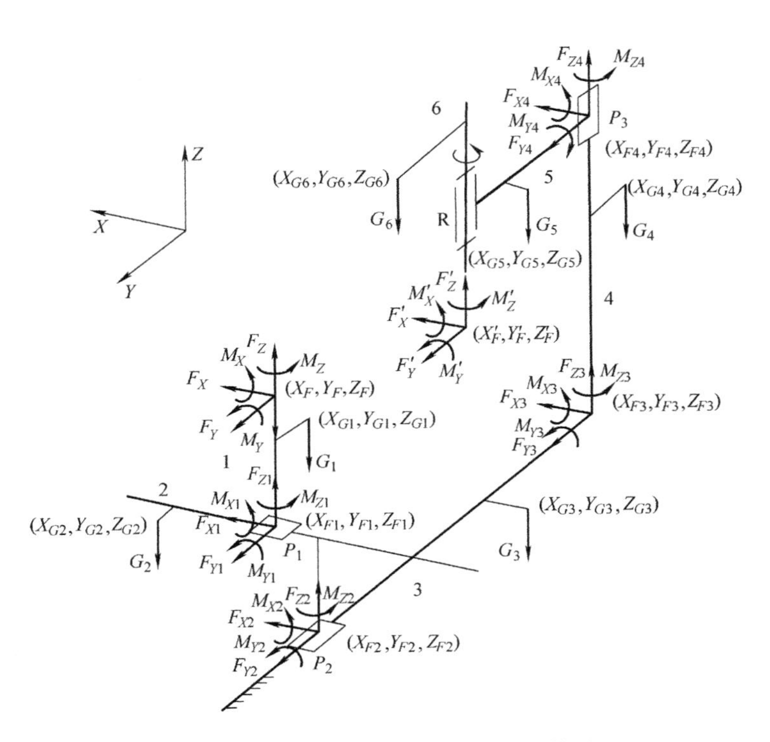

图 20-4 立式加工中心的整机力学模型

1—工作台 2—滑台 3—床身 4—立柱 5—主轴箱 6—主轴

表 20-8 整机载荷求解已知条件

序号	参数名称	参数代号	数据	单位
1	切削力	F_X、F_Y、F_Z	3000、4000、5000	N
2	切削力坐标	X_F、Y_F、Z_F	0、0、1607	mm
3	工件外形尺寸	长、宽、高	500×500×500	mm×mm×mm
4	工作台外形尺寸	长、宽、高	700×320×83	mm×mm×mm
5	工作台及工件重量	G_1	1680	N
6	工作台及工件重心位置	X_{G1}、Y_{G1}、Z_{G1}	0、0、597	mm
7	滑台外形尺寸	长×宽×高×壁厚	1210×470×242×16	mm×mm×mm×mm
8	滑台重量	G_2	1090	N
9	滑台重心位置	X_{G2}、Y_{G2}、Z_{G2}	0、0、455	mm
10	床身外形尺寸	长×宽×高×壁厚	1630×1176×470×30	mm×mm×mm×mm
11	床身重量	G_3	9800	N
12	床身重心位置	X_{G3}、Y_{G3}、Z_{G3}	0、0、128	mm
13	立柱外形尺寸	长×宽×高×壁厚	1076×500×1791×30	mm×mm×mm×mm
14	立柱重量	G_4	4560	N
15	立柱重心位置	X_{G4}、Y_{G4}、Z_{G4}	0、-670、1155	mm
16	主轴箱外形尺寸	长×宽×高×壁厚	670×530×536×20	mm×mm×mm×mm

（续）

序号	参数名称	参数代号	数 据	单 位
17	主轴箱重量	G_5	4000	N
18	主轴箱重心位置	X_{G5}、Y_{G5}、Z_{G5}	0、-150、1904	mm
19	主轴外形尺寸	长×直径×壁厚	686×140×20	mm×mm×mm
20	主轴重量	G_6	3600	N
21	主轴重心位置	X_{G6}、Y_{G6}、Z_{G6}	0、0、1947	mm
22	切削力反力	F'_X、F'_Y、F'_Z	-3000、-4000、-5000	N
23	工件受力点坐标	X'_F、Y'_F、Z'_F	0、0、1607	mm

注：1. 表中数据对应工况：工作台位于滑台 X 向导轨中间位置，滑台位于床身 Y 向导轨中间位置，主轴箱位于立柱 Z 向导轨上端极限位置。

2. 整机坐标系原点位于床身与地面结合面中心。

3. 在该工况下，P_1 连接面坐标系原点在整机坐标系中的位置为（0，0，555），P_2 连接面坐标系原点在整机坐标系中的位置为（0，0，355），P_3 连接面坐标系原点在整机坐标系中的位置为（0，-470，1904），立柱与床身固定连接面坐标系原点在整机坐标系中的位置为（0，-670，355），切削力作用点在整机坐标系中的位置为（0，0，1607）。

依据图 20-4 的力学模型，以刀具端至载荷求解连接面间的零件组件为分力体，列出各个零件连接面的力平衡方程为：

$$\begin{cases} \sum F(X)=0 & F_{Xi}=-F_{Xm} \\ \sum F(Y)=0 & F_{Yi}=-F_{Ym} \\ \sum F(Z)=0 & F_{Zi}=-F_{Zm}+\sum G_n \\ \sum M(X)=0 & M_{Xi}=F_{Ym}Z_{Fm}-F_{Zm}Y_{Fm}+\sum G_nY_{Gn}-M_{Xm} \\ \sum M(Y)=0 & M_{Yi}=F_{Zm}X_{Fm}-F_{Xm}Z_{Fm}-\sum G_nX_{Gn}-M_{Ym} \\ \sum M(Z)=0 & M_{Zi}=F_{Xm}Y_{Fm}-F_{Ym}X_{Fm}-M_{Zm} \end{cases} \tag{20-1}$$

其中，当连接面位于工作台与机架（床身）之间时，当量载荷和当量转矩 F_{Xm}、F_{Ym}、F_{Zm}、M_{Xm}、M_{Ym}、M_{Zm} 对应为切削载荷 F_X、F_Y、F_Z、M_X、M_Y、M_Z；当连接面位于刀具与机架（床身）之间时，F_{Xm}、F_{Ym}、F_{Zm}、M_{Xm}、M_{Ym}、M_{Zm} 对应为切削载荷反作用力 F'_X、F'_Y、F'_Z、M'_X、M'_Y、M'_Z。G_n 表示各连接面承受的重力载荷，X_{Gn}、Y_{Gn}、Z_{Gn} 是与 G_n 对应的重心坐标。

代入表 20-8 中的相应数据，求解出各连接面上的集中载荷，见表 20-9。

表 20-9 各连接面集中载荷

连接面类型	连接面位置	载荷参数	载荷数据	单 位
移动副（动连接面）	P_1 连接面集中载荷	F_{X1}、F_{Y1}、F_{Z1}	-3000、-4000、-3320	N
		M_{X1}、M_{Y1}、M_{Z1}	3700000、-2775000、0	N · mm
	P_2 连接面集中载荷	F_{X2}、F_{Y2}、F_{Z2}	-3000、-4000、-2230	N
		M_{X2}、M_{Y2}、M_{Z2}	4500000、-3375000、0	N · mm
	P_3 连接面集中载荷	F_{X4}、F_{Y4}、F_{Z4}	3000、4000、2600	N
		M_{X4}、M_{Y4}、M_{Z4}	2988000、4488000、-2436000	N · mm
静连接面	立柱与床身静连接面集中载荷	F_{X3}、F_{Y3}、F_{Z3}	3000、4000、17160	N
		M_{X3}、M_{Y3}、M_{Z3}	-10083200、4821000、0	N · mm

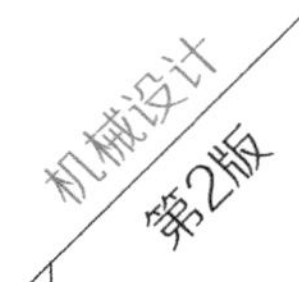

20.3.2 移动副结构参数与滚动导轨载荷

1. 移动副结构参数

该加工中心的 X、Y、Z 三轴进给系统的移动副选用双滚动导轨四滑块结构形式，其结构尺度对支承件的刚度和精度特性有较大影响，如两导轨的跨距 L_a 和单根导轨上两滑块的间距 L_b。为了合理设置 L_a 和 L_b，需综合考虑支承件结构和尺度范围内最佳的导轨跨距及滑块间距，采用有限元分析方法，使移动副达到连接面整体变形最小、便于安装、传动平稳的目的，主要步骤有：①建立几何模型；②有限元静态性能分析；③提取连接面位移数据；④计算结果对比分析；⑤确定移动副结构参数。

在此以 Z 轴子系统为例，建立 Z 向运动副的连接零件主轴、主轴箱、立柱及其连接面的几何实体模型，如图 20-5 所示。施加表 20-1 中的切削载荷，按照图 20-5a 中导轨的等效方式进行导轨约束等效，建立导轨跨距分析的有限元物理模型，进行有限元静态分析，如图 20-5b 所示；提取四个滑块面的变形信息，通过变换矩阵合成，得出 X、Y、Z 三向整体位移变形；以主轴刀具端的 X、Y、Z 三向刚度为评价指标，确定滚动导轨移动副的结构参数。由于导轨跨距 L_a 决定了 Y 向扭转刚度和 Z 向弯曲刚度，滑块间距 L_b 决定了 X 向弯曲刚度和 Y 向扭转刚度，以导轨跨距 L_a 和滑块间距 L_b 为自变量，刚度为因变量，经过多组模型计算，得到图 20-6。

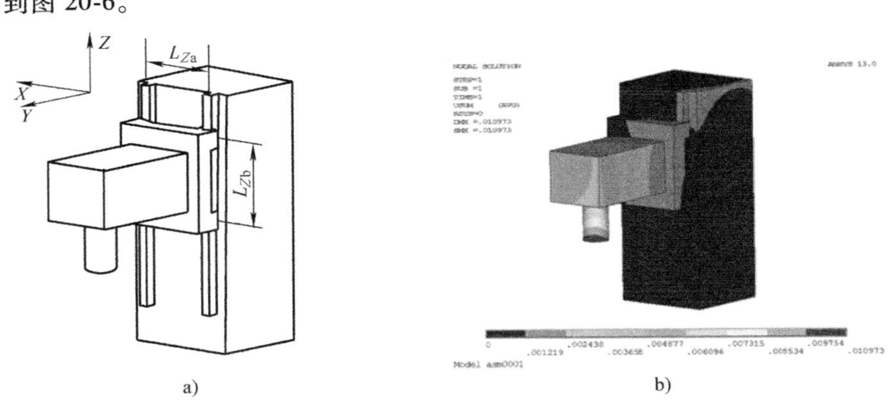

图 20-5　Z 向子系统移动副有限元分析模型

a）几何模型　b）有限元静态位移云图

依据设计要求，X、Y、Z 向结合面刚度指标应不小于 2×10^4N/mm，由图 20-6 确定 Z 向导轨跨距 L_{Za} 为 190mm，滑块间距 L_{Zb} 为 200mm。用同样的方法建立 X、Y 向导轨连接面的计算模型，确定 X、Y 向移动副连接面的导轨跨距和滑块间距与刚度的关系曲面：确定 X 向导轨跨距 L_{Xa} 为 240mm，滑块间距 L_{Xb} 为 186mm；Y 向导轨跨距 L_{Ya} 为 450mm，滑块间距 L_{Yb} 为 215mm。

2. 滚动导轨的载荷分布

由于该加工中心移动副均为双滚动导轨四滑块结构，因此，需要将通过整机力学模型计算得到的移动副上的集中力（力矩）分配到各个滑块上，以便进行滚动导轨的选型计算。滚动导轨与支承件、滑块与支承件都采用螺栓组连接，无论是对滚动导轨的选型计算还是对支承件的设计计算，这些螺栓组连接形成的载荷分布都影响不大，在此不予考虑。

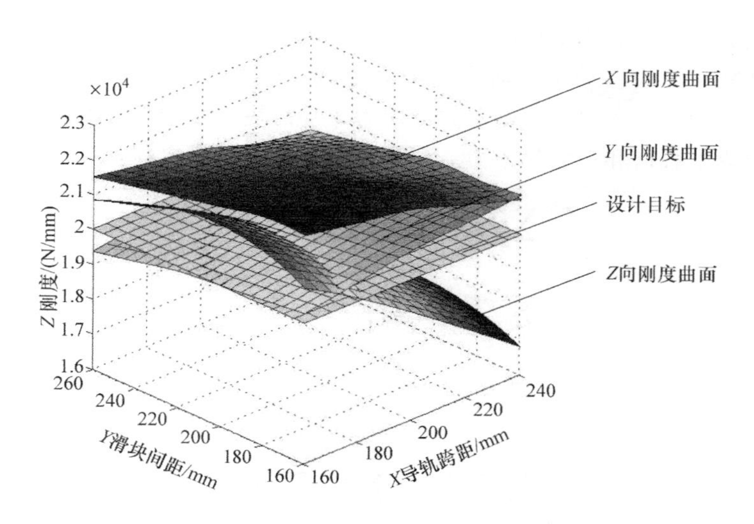

图 20-6　Z 向导轨跨距和滑块间距与 X、Y、Z 三向刚度的关系曲面

为了便于计算，根据 18.4.1 节的介绍，在此简化移动副单个滑块的受力状况：导轨在运动方向上不受力，仅受其余两个坐标方向的力，如图 20-7 和图 20-8 所示，而导轨在运动方向上的力完全由丝杠承受（$\boldsymbol{F}_{Xh}$、$\boldsymbol{F}_{Yh}$）。

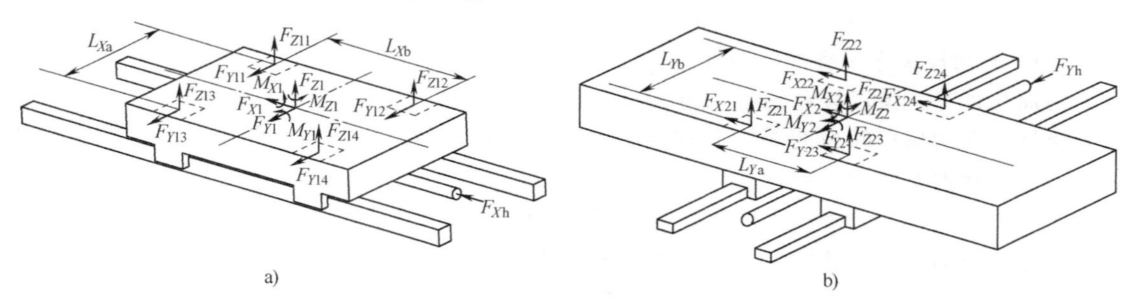

图 20-7　滚动导轨滑块的受载示意图

a）X 向滚动导轨　b）Y 向滚动导轨

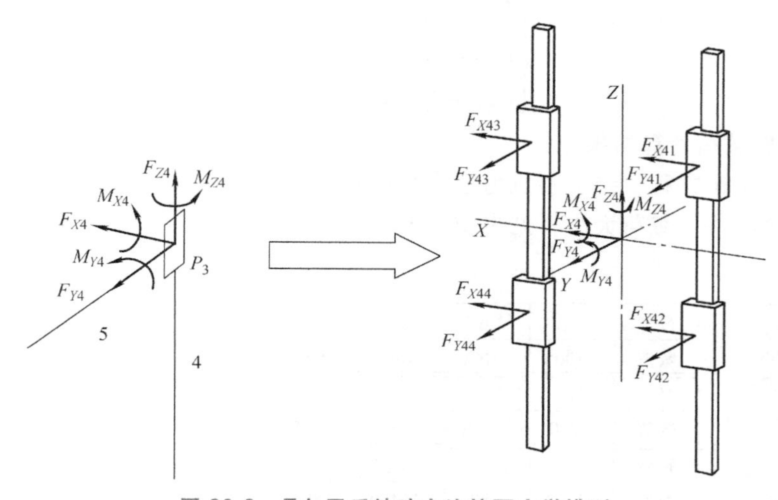

图 20-8　Z 向子系统动态连接面力学模型

规定以连接面几何中心为坐标原点，建立与整机坐标系方向相同的坐标系。从垂直纸面的坐标轴正向观察，滑块移动正方向指向纸面上方，以此视角命名右侧上方滑块为 1 号滑块，右侧下方滑块为 2 号滑块，左侧上方滑块为 3 号滑块，左侧下方滑块为 4 号滑块。分配动连接面的三向集中载荷和三向集中力。列出以下 6 个力平衡方程。

$$\begin{cases}\sum_{j=1}^{4} F_{Xij} = F_{Xi} \\ \sum_{j=1}^{4} F_{Yij} = F_{Yi} \\ \sum_{j=1}^{4} F_{Zij} = F_{Zi} \\ \sum_{j=1}^{4} F_{Zij}Y_{ij} - \sum_{j=1}^{4} F_{Yij}Z_{ij} = M_{Xi} \\ \sum_{j=1}^{4} F_{Xij}Z_{ij} - \sum_{j=1}^{4} F_{Zij}X_{ij} = M_{Yi} \\ \sum_{j=1}^{4} F_{Yij}X_{ij} - \sum_{j=1}^{4} F_{Xij}Y_{ij} = M_{Zi}\end{cases} \tag{20-2}$$

式中　i——图 20-4 中各连接面编号；

　　　j——动连接面中各滑块编号。

为简化计算，设定移动副移动方向的坐标轴为 U 轴，连接平面内另一坐标轴为 V 轴，垂直坐标平面的坐标轴为 W 轴，与连接面 $O\text{-}XYZ$ 坐标系对应坐标方向相同。由于滑块本身不承受其运动方向的力，则有

$$F_{Uij}=0 \tag{20-3}$$

运动方向的载荷由其方向上的丝杠承受，即

$$F_{Ui}=F_{U\mathrm{h}} \tag{20-4}$$

根据各方向的承载特性，有以下协调方程

$$\begin{cases}F_{Vi1}=F_{Vi3} \\ F_{Vi2}=F_{Vi4} \\ F_{Wi1}-F_{Wi3}=F_{Wi2}-F_{Wi4}\end{cases} \tag{20-5}$$

3. 滚动导轨载荷计算结果

依据上述力平衡方程，结合整机力学模型的计算结果（表 20-9）可计算出 X、Y、Z 向滚动导轨上 4 个滑块的载荷大小，见表 20-10。

表 20-10　X、Y、Z 滚动导轨滑块载荷　　（单位：N）

X 向滚动导轨载荷分配结果	符号	F_{Y11}	F_{Z11}	F_{Y12}	F_{Z12}	F_{Y13}	F_{Z13}	F_{Y14}	F_{Z14}	$F_{X\mathrm{h}}$
	数值	-1000	-1079	-1000	-15998	-1000	14338	-1000	-581	-3000
Y 向滚动导轨载荷分配结果	符号	F_{X21}	F_{Z21}	F_{X22}	F_{Z22}	F_{X23}	F_{Z23}	F_{X24}	F_{Z24}	$F_{Y\mathrm{h}}$
	数值	-750	13658	-750	-7273	-750	6158	-750	-14773	-4000
Z 向滚动导轨载荷分配结果	符号	F_{X41}	F_{Y41}	F_{X42}	F_{Y42}	F_{X43}	F_{Y43}	F_{X44}	F_{Y44}	$F_{Z\mathrm{h}}$
	数值	11970	-60	-10470	14880	11970	-12880	-10470	2060	2600

20.3.3 子系统技术性能设计

参考第 18 章相关内容进行 X 轴、Y 轴、Z 轴三个子系统的性能设计计算：初选丝杠型号与轴径，进行滚珠丝杠螺旋副的强度和寿命校核；依据丝杠的加减速过程、平均载荷和额定寿命要求，对滚动导轨移动副进行选型设计；经过确定轴承类型、接触角、安装方式，径向载荷、轴向载荷计算，径向当量静载荷计算、寿命校核、静强度校核，进行滚动轴承转动副的选型设计。以 Z 轴子系统为例说明滚珠丝杠螺旋副、滚动导轨移动副、滚动轴承转动副的设计过程，见表 20-11。

表 20-11　Z 轴子系统技术性能设计

步　骤	公　式	计算结果
(1)滚珠丝杠螺旋副技术性能设计		
①导程选择	$P_{hmin}=1000iv_{max}/n_w$	$P_h=10mm$
②最大轴向载荷	$F_{amax}=F_{Zh}$	$F_{amax}=2600N$
③最大容许拉伸载荷	$P_{a2}=116d_1^2,(d_1=30.4mm)$	$P_{a2}=107200N$
④共振临界转速	$n_1=\lambda d_1/l_a^2\times10^7,(\lambda=15.1,l_a=480mm)$	$n_1=19924r/min$
⑤计算静态安全系数	$S=C_{0a}/F_{amax}$	$S=31.65$
⑥轴向当量载荷	$F_{am}=\sqrt[3]{(2\times L_S)^{-1}\sum_{i=1}^{6}(F_{ai}^3l_i)}$ L_S 为丝杠行程	$F_{am}=2600N$
⑦工作寿命计算	$L=\left(\frac{C_a}{f_wF_{am}}\right)^3\times10^6$	$L=1.60\times10^9r$
⑧每分钟平均转数	$n_m=\frac{2\times n\times L_S}{P_h}$ n 为螺母往返次数，暂取 $n=5r/min$	$n_m=380r/min$
⑨计算工作寿命时间	$L_h=\frac{L}{60n_m}$	$L_h=7.01\times10^4h$
滚珠丝杠选型结果	滚珠丝杠的型号 SBN3610-7	
(2)滚动轴承转动副技术性能设计		
①当量动载荷	$P=f_p(XF_r+YF_a)$	$P=3900N$
②基本额定动载荷	$C=P\sqrt[3]{6\times10^{-5}nL_h'}$	$C=58964N$
滚动轴承选型结果	滚动轴承选代号为 7307B 的角接触球轴承	
(3)滚动导轨移动副技术性能设计		
②当量动载荷	$P_{m1}=\sqrt[3]{(\sum P_i^3l_i)/L}$	$P_{m1}=25350N$
③寿命	$L_1=[f_Hf_Tf_CC/(f_wP_{m1})]^3\times50$	$L_1=643km$
滚动导轨选型结果	滚动导轨的型号 SR55W	

遵循以上选择流程，可进行 X、Y 向的滚珠丝杠螺旋副、滚动导轨移动副、滚动轴承转动副的选型计算，X、Y、Z 三轴子系统结构与性能设计结果见表 20-12。与设计指标相比，均达到设计要求，且有安全裕量。

表 20-12　X、Y、Z 三向子系统结构与性能设计结果

滚珠丝杠螺旋副	型　号	厂　家	丝杠轴颈
X 轴子系统	SBN 3210-7	THK	32mm
Y 轴子系统	SBN 3210-7	THK	32mm
Z 轴子系统	SBN 3610-7	THK	36mm
滚动导轨移动副	型　号	厂　家	轨道宽度
X 轴子系统	SR45W	THK	45mm
Y 轴子系统	SR45W	THK	45mm
Z 轴子系统	SR55W	THK	48mm
滚动轴承转动副	型　号	厂　家	最大转速
X 轴子系统	7307B	NSK	3000r/min
Y 轴子系统	7307B	NSK	3000r/min
Z 轴子系统	7307B	NSK	3000r/min

20.3.4　主轴技术性能设计

1. 主轴电动机选型

根据负载要求和惯量匹配、加减速时间要求，结合机械原理课程中机械系统动力学的电动机选择流程，选出主轴电动机型号为：5.5/7.5kW（35/46N · m）FANUC 0i-MD-αiI6/10000i。

2. 主轴轴承选型

主轴轴承的最大特点是一般都会成对使用，与第 5 章中介绍的单列轴承相比，选型过程只是多了轴承径向载荷和轴向载荷分配过程，其余过程相同。

（1）串联成对（DT）组合轴承径向载荷分配过程　根据该立式加工中心主轴轴承的配置形式，主轴属于多支点轴系，把每个轴承看作一个支承点，则主轴轴承径向力的支承示意图如图 20-9 所示，此类支点载荷问题属于静不定问题，可参考第 12 章多支承轴的性能计算的相关内容。

多列轴承组合时，为明确每个轴承所承受的总径向载荷 F_r 和总轴向载荷 F_a，在考虑外部径向载荷 F_{re}、外部轴向载荷 F_{ae} 及预紧力 F_{a0} 的情况下，必须计算出每个轴承的载荷分配。

（2）串联成对（DT）组合轴承轴向载荷分配过程

1）在承受外部径向载荷 F_{re} 时，总预紧力 $F_{ap}=(F_{re}\times1.2\times\tan\alpha+F_{a0})/2$，如果 $F_{ap}<F_{a0}$，则 $F_{ap}=F_{a0}$。

2）每个轴承承受的轴向载荷为：$F_{a1}=\dfrac{2}{3}F_{ae}+F_{ap}$；$F_{a2}=F_{ap}-\dfrac{1}{3}F_{ae}$；如果 $F_{a2}<0$，表示没有预紧，则 $F_{a1}=F_{a0}$，$F_{a2}=0$。

双列背对背成对（DB）组合轴承配置形式如图 20-10 所示，主轴轴承选型过程见表 20-13。

表 20-13　主轴轴承选型过程

步　骤	公　式	计算结果
① 当量动载荷	$P=f_p(XF_r+YF_a)$	$P=1983.4\text{N}$
② 基本额定动载荷	$C=P\sqrt[3]{6\times10^{-5}nL'_h}$	$C=24683\text{N}$
滚动轴承选型结果	代号为 7208AC 的角接触球轴承	

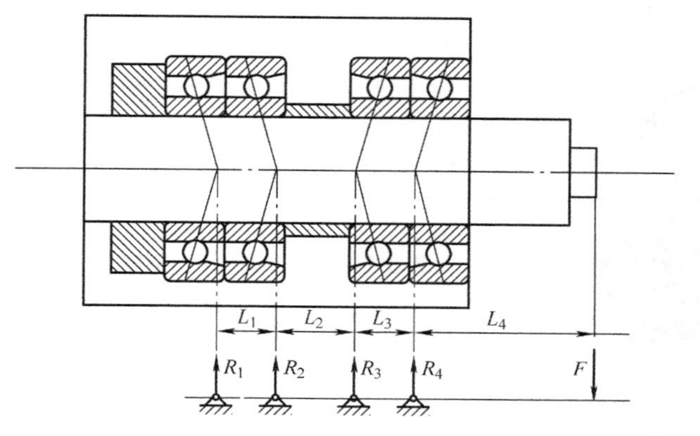

图 20-9　主轴轴承径向载荷求解示意图

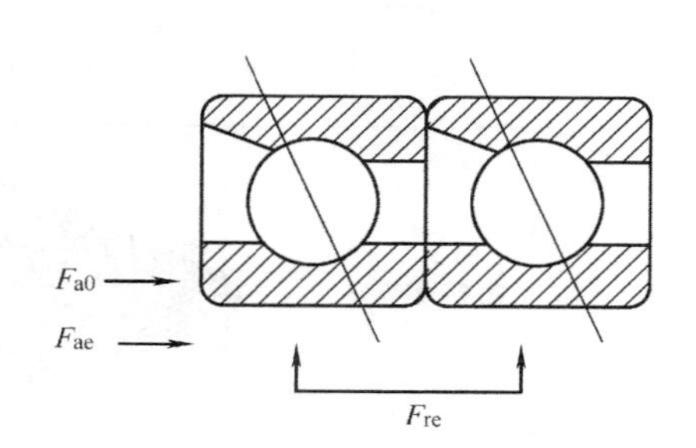

图 20-10　双列背对背成对（DB）组合轴承配置形式

20.4　立式加工中心支承件结构设计

该立式加工中心有五个支承件，分别是主轴箱、立柱、床身、滑台、工作台，属于复杂机械零件。在第 13 章已介绍了复杂零件结构设计的概念单元方法，并以立式加工中心立柱为例介绍了设计过程，在此以滑台为例，简述应用结构概念单元方法设计机床支承件的过程，并给出该立式加工中心五个零件的结构设计结果，展现该立式加工中心支承件结构设计过程的完整性。

复杂零件结构设计的概念单元方法有四个步骤：①几何物理模型建立，模拟实际工况的载荷和约束，建立简单几何实体模型和有限元物理模型；②零件结构概念单元设计，在几何物理模型基础上进行拓扑优化，获得传力路径，建立结构概念构型，并进行局部结构单元设计；③强度和刚度设计，依据工况载荷对概念构型进行强度和刚度设计，确定具体结构尺度；④工艺造型设计，结合制造工艺性和使用性，美化外观形状等。该立式加工中心十字滑台按概念单元方法进行的结构设计过程见表 20-14。

同样，应用结构设计的概念单元方法可进行立式加工中心其他支承件结构设计，结果见表 20-15。

应用结构设计的概念单元方法获得刚度质量比较好（大）的零件结构。有限元计算表明：各个支撑件的 X、Y、Z 向刚度均在 $2.0\times10^4\text{N/mm}$ 设计指标之上，满足设计要求。

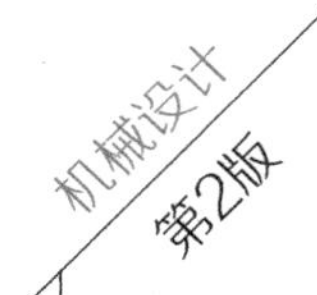

表 20-14　十字滑台结构设计过程

设计阶段	设计步骤	设计结果	设计描述
几何物理模型建立	几何模型		$L_s=1210\text{mm}$ $W_s=470\text{mm}$ $H_s=242\text{mm}$
	载荷求解		$F_{Y31}=-727.75\text{N}, F_{Z31}=280.95\text{N}$ $F_{Y32}=-469.15\text{N}, F_{Z32}=1074.10\text{N}$ $F_{Y33}=-727.75\text{N}, F_{Z33}=1270.50\text{N}$ $F_{Y34}=-469.15\text{N}, F_{Z34}=2625.50\text{N}$
	物理模型		有限元网格类型:四面体和六面体 有限元网格尺寸:10mm 网格总数:145728 个 六面体网格数:65363 个
概念构型设计	传力路线		$\begin{cases} \min S(\boldsymbol{X})=\sum w_i C_i(\boldsymbol{X})+NOR \\ \text{subject to}\begin{cases} V_i(\boldsymbol{X})/V_0 \leqslant \Delta \\ 0 \leqslant x_k \leqslant 1, k=1 \end{cases} \end{cases}$
	概念构型		拓扑优化结果的规整化处理结果
强度刚度设计	单元设计		主壁板宽度 $T_1=15\text{mm}$ 主筋板宽度 $T_2=12\text{mm}$ 主筋板高度 $T_3=20\text{mm}$
	刚度校核		质量 $=0.112\text{t}$ 刚质比 $=117.78(\text{mm}\cdot\text{t})^{-1}$ 动态基频 $=105.20\text{Hz}$

（续）

设计阶段	设计步骤	设计结果	设计描述
工艺造型设计	工艺参数及造型设计		圆角直径 10mm 设置必要的运输、装配工艺孔

表 20-15　立式加工中心支承件结构设计方案

零件名称	主轴箱	立柱	床身	十字滑台	工作台
零件结构					
质量/t	0.086	0.357	0.652	0.112	0.084
Z 向刚度/(N/mm)	2.707×10^4	2.955×10^4	3.061×10^4	2.634×10^4	2.120×10^4
动态基频/Hz	141.20	152.63	120.06	105.20	98.74

20.5　立式加工中心整机结构与技术性能设计方案

将所设计支承件进行连接装配，形成立式加工中心整机结构方案，利用有限元计算分析该立式加工中心的整机方案，结果如图 20-11 所示，与设计要求相比，该立式加工中心整机 X 向静刚度为 2.85×10^4N/mm，Y 向静刚度为 3.32×10^4N/mm，Z 向静刚度为 2.64×10^4N/mm，均达到在工作空间内各工况位置下主轴 X、Y、Z 向静刚度不小于 2×10^4N/mm 的设计要求。

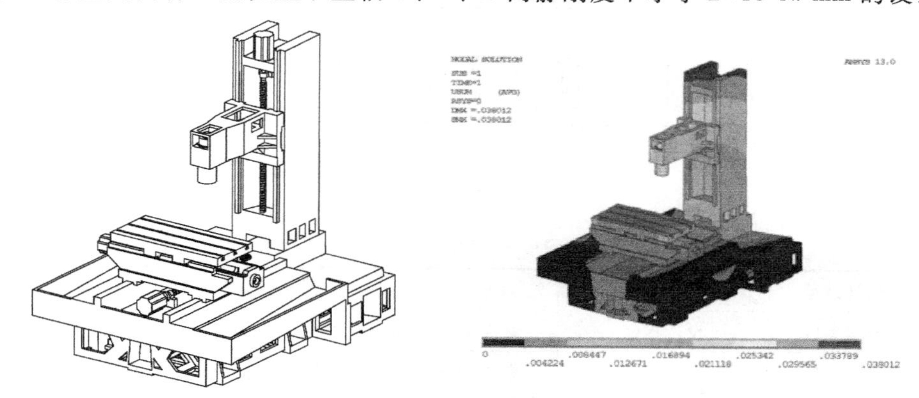

图 20-11　立式加工中心有限元计算分析结果

至此，形成立式加工中心整机结构方案，如图 20-12 所示，将上述设计过程和计算数据整理成技术性能设计报告（略），报告所需包含主要内容见表 20-16。

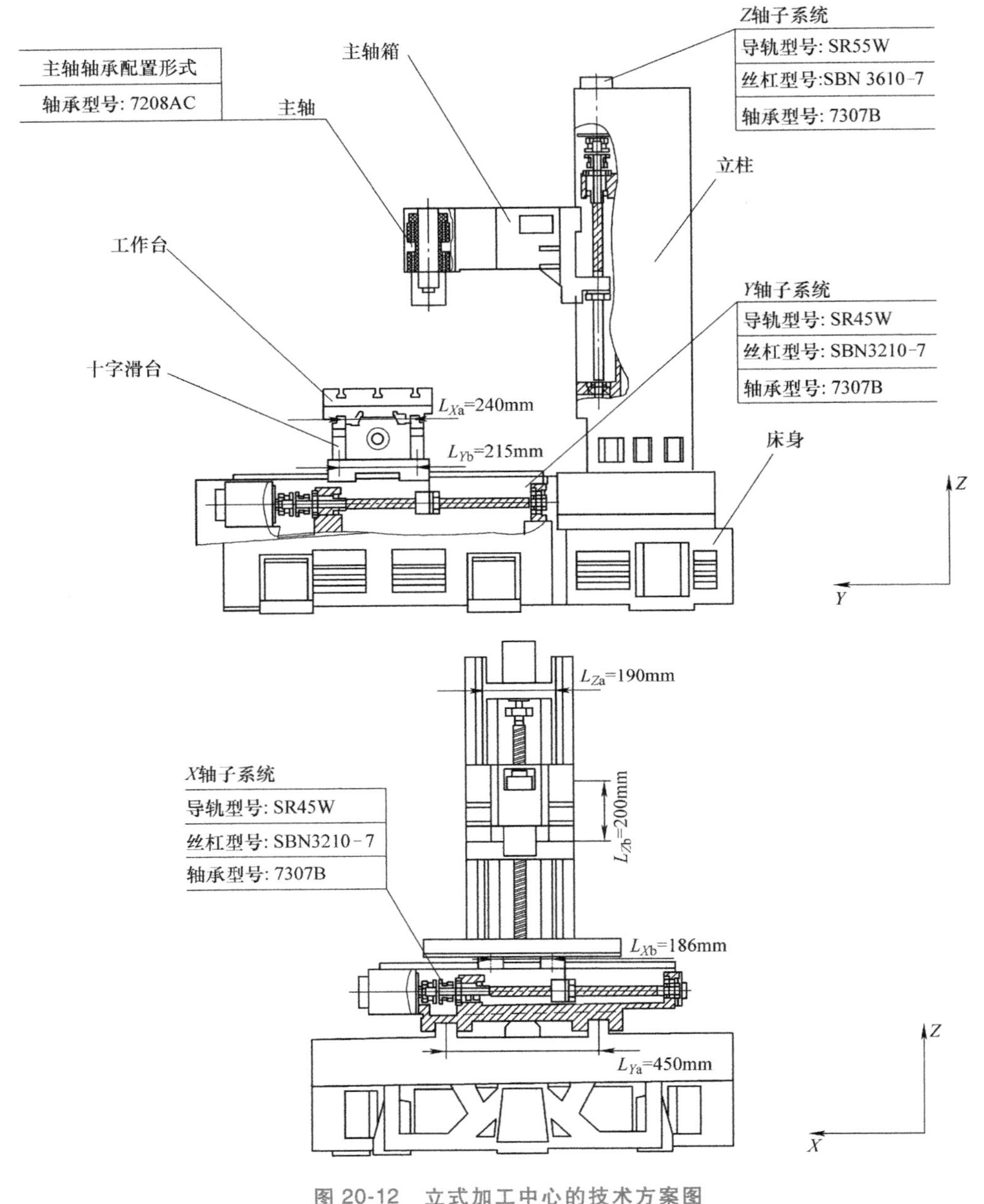

图 20-12 立式加工中心的技术方案图

表 20-16 立式加工中心结构与技术性能设计报告主要内容

序号	设计过程	设计步骤	设计参数与结果
1	技术参数	设计指标	整机 X、Y、Z 向刚度 2×10^4 N/mm，设计寿命 8 年（见表 20-1）
2	整机结构方案设计	运动方案设计	变换机架，结合设计条件，选择床身作为机架的运动方案（见表 20-2）

（续）

序号	设计过程	设计步骤	设计参数与结果
2	整机结构方案设计	布局方案设计	根据主轴与工作台的相对位置关系，得出四种布局方案，选择主轴在工作台上方的布局方案（见表 20-3）
		移动副结构形式选择	以移动副的相互包容关系为原则，综合机床运动方案，选择外挂式结构（见表 20-4）
		子系统结构方案设计	根据机床载荷类型和布局方案，*X* 轴、*Y* 轴、*Z* 轴子系统均选择双导轨四滑块、单滚珠丝杠驱动的传动形式，主轴选择超高速角接触球轴承 2 列（DT）+超高速角接触球轴承 2 列（DT）的配置形式（见表 20-6）
3	技术性能设计	建立整机力学模型	根据整机结构方案，分析载荷物理模型，建立整机各个位置的力学模型（如图 20-4 所示）
		确定移动副结构参数	建立导轨跨距、滑块间距的有限元模型，依据设计指标，确定移动副技术参数（如图 20-6 所示）
		子系统技术参数设计	通过连接面载荷分配，对 *X* 轴、*Y* 轴、*Z* 轴子系统以及主轴单元进行运动副选型（见表 20-12）
4	支承件结构设计	确定设计要素	设计目标：在满足刚度的条件下质量最小（见表 20-14）
		建立优化物理模型	建立支承件优化模型，读取连接面分配载荷，划分有限元网格，建立物理模型（见表 20-14）
		按概念单元方法进行结构设计	依据最佳传力路径进行概念模型和单元的结构设计（见表 20-14）
		强度刚度设计	结构尺度和性能校核（见表 20-14）
5	整机结构技术方案	整机装配	将支承件设计结果进行装配，形成整机结构方案（如图 20-12 所示）
		设计指标校核	对整机结构方案进行性能分析，验证是否达到设计指标，如达到指标进行下一步设计，否则重新进行设计（如图 20-12 所示）
		润滑系统设计	润滑采用油脂润滑，导轨润滑可采用容积分配器搭配注油，定量供给导轨所需用油，减少润滑油的浪费，避免环境污染
		设计结果输出	输出整机结构及零件工程图
		编写设计报告	按照设计步骤，详尽整理设计依据和设计结果

至此，立式加工中心整机结构与技术性能设计方案形成。

习　题

20-1　某曲柄压力机以电动机为驱动部件，以曲柄滑块机构为执行部件，实现冲压头重力方向上的（滑块）往复直线运动，往复频率 50 次/min，行程 100mm，负载公称压力 40t，电动机输出转速 1440r/min，额定功率 4kW，每天工作 8h，每年工作 300 天，设计寿命 15 年。试草拟该曲柄压力机的整机技术方案：

1）规划该曲柄压力机的驱动、传动和执行部件的结构布局方案，阐述各部件之间的连接与安装方式，画出整机结构布局方案与连接方式示意图。

2）规划曲柄压力机执行部件（曲柄滑块机构）的结构方案，画出该曲柄滑块机构的结构布局示意图。

3）建立曲柄压力机的整机力学模型，计算曲柄滑块机构各个运动副及其结构单元（轴承或导向面）上的载荷。

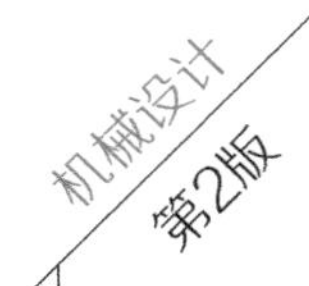

4）试用拓扑优化软件对压力机机架进行结构方案设计。

5）设计曲柄压力机的传动与执行机构的润滑与密封系统，画出管路示意图，并在整机结构示意图上对应处标注。

6）拟订曲柄压力机的设计任务书、设计计算报告格式和写作内容要求。

20-2 某螺旋压力机以电动机为驱动部件，以螺旋机构为执行部件，实现冲压头重力方向上的（滑块）往复直线运动，往复频率 20 次/min，行程 100mm，负载公称压力 40t，电动机输出转速 1440r/min，额定功率 4kW，每天工作 8h，每年工作 300 天，设计寿命 15 年。试草拟该螺旋压力机的整机技术方案：

1）规划螺旋压力机的驱动、传动和执行部件的结构布局方案，阐述各部件之间的连接与安装方式，画出整机结构布局方案与连接方式示意图。

2）规划螺旋压力机执行部件（螺旋机构）的结构方案，画出该螺旋机构的结构布局示意图。

3）建立螺旋压力机的整机力学模型，计算螺旋机构各个运动副及其结构单元（轴承或导向面）上的载荷。

4）试用拓扑优化软件对压力机机架进行结构方案设计。

5）设计螺旋压力机的传动与执行机构的润滑与密封系统，画出管路示意图，并在整机结构示意图上对应处标注。

6）拟订螺旋压力机的设计任务书、设计计算报告格式和写作内容要求。

知识拓展

数控机床发展史

数字控制机床是利用数字代码形式的信息来控制刀具按预期的工作程序、运动速度和轨迹进行自动加工的机床，简称数控机床。数控机床具有广泛的适应性，加工对象改变时只需要改变输入的程序指令。加工性能比一般的自动机床高，可以精确加工复杂型面，因而适用于加工中小批量、改型频繁、精度要求高、形状又较复杂的工件，并能获得良好的经济效果。

1952 年，麻省理工学院在一台立式铣床上，装上了一套试验性的数控系统，成功地实现了同时控制三轴的运动，这台机床被称为世界上第一台数控机床，虽然它只是一台试验性机床。直到 1954 年 11 月，第一台工业用的数控机床才正式由美国本迪克斯公司正式生产出来。

1960 年，其他一些工业国家，如德国、日本都陆续开始开发、生产和使用数控机床。数控机床中最初出现并被使用的是数控铣床，因为数控铣床能够解决普通机床难于胜任的，曲线或曲面零件的加工难题。然而，由于当时的数控系统采用的是电子管，体积庞大，功耗高，因此除了在军事部门使用外，在其他行业没有得到推广使用。这之后，由于点位控制的数控系统比起轮廓控制的数控系统要简单得多，点位控制的数控机床得到了迅速发展。因此，数控铣床、压力机、坐标镗床快速推广，统计资料表明，到 1966 年实际使用的约 6000 台数控机床中，85%是点位控制的机床。

1974 年，使用微处理器和半导体存储器的微型计算机数控装置（简称 MNC）得以成功研制，这是第五代数控系统。数控装置的功能大幅增加，而体积和价格大幅降低，可靠性也得到极大的提高。

20 世纪 80 年代初，随着计算机软、硬件技术的发展，出现了能进行人机对话式自动编制程序的数控装置。同时数控装置趋于小型化，可以直接安装在机床上；数控机床的自动化程度进一步提高，开始具有自动监控刀具破损和自动检测工件等功能。

经过几十年的发展，目前的数控机床已实现了计算机控制并在工业界得到广泛应用，在模具制造行业的应用尤为普及。针对车削、铣削、磨削、钻削和刨削等金属切削加工工艺及电加工、激光加工等特种加工工艺的需求，开发了各种门类的数控加工机床。

参考文献

[1] 成大先．机械设计手册［M］．5版．北京：化学工业出版社，2008.

[2] 钟洪，张冠坤．液体静压动静压轴承设计使用手册［M］．北京：电子工业出版社，2007.

[3] 闻邦椿．机械设计手册［M］．5版．北京：机械工业出版社，2010.

[4] 机械设计手册编委会．机械设计手册［M］．新版．北京：机械工业出版社，2004.

[5] 陈心昭，权义鲁．现代实用机床设计手册［M］．北京：机械工业出版社，2006.

[6] 吴宗泽．机械设计师手册［M］．2版．北京：机械工业出版社，2009.

[7] 汪曾祥，魏先英，刘祥至．弹簧设计手册［M］．上海：上海科学技术文献出版社，1986.

[8] 濮良贵，纪名刚．机械设计［M］．8版．北京：高等教育出版社，2006.

[9] 邱宣怀，郭可谦，吴宗泽，等．机械设计［M］．4版．北京：高等教育出版社，1997.

[10] 彭文生，黄华梁，王均荣，等．机械设计［M］．武汉：华中理工大学出版社，1996.

[11] 曲玉峰，关晓平．机械设计基础［M］．北京：中国林业出版社，2006.

[12] 牛锡传．轴的设计［M］．北京：国防工业出版社，1993.

[13] 李建功．机械设计［M］．4版．北京：机械工业出版社，2007.

[14] 朱龙根．机械设计［M］．北京：机械工业出版社，2006.

[15] 刘向峰．机械设计教程［M］．北京：清华大学出版社，2008.

[16] 清华大学机械设计教研组，中央广播电视大学机械组．机械零件［M］．北京：中央广播电视大学出版社，1986.

[17] 王德伦，高媛．机械原理［M］．北京：机械工业出版社，2011.

[18] 高泽远，姚玉泉，李林贵．机械设计［M］．沈阳：东北工学院出版社，1988.

[19] 张磊，王冠五．机械设计［M］．北京：冶金工业出版社，2011.

[20] 孔凌嘉，王晓力，王文中．机械设计［M］．2版．北京：北京理工大学出版社，2013.

[21] 陆凤仪，钟守炎．机械设计［M］．北京：机械工业出版社，2007.

[22] 李伯民，马峻，温海骏，等．现代工业系统概论［M］．北京：国防工业出版社，2006.

[23] 郑志祥，周全光，刘天一，等．机械零件［M］．北京：高等教育出版社，1992.

[24] 胡世炎．机械失效分析手册［M］．成都：四川科学技术出版社，1989.

[25] 广州机床研究所．摩擦学与密封件［M］．北京：机械工业出版社，1995.

[26] 张直明，张言羊，谢友柏，等．滑动轴承的流体动力润滑理论［M］．北京：高等教育出版社，1986.

[27] 庞志成，陈世家．液体静压动静压轴承［M］．哈尔滨：哈尔滨工业大学出版社，1991.

[28] 北京钢铁学院．机械零件［M］．北京：人民教育出版社，1980.

[29] 王晓东，周鹏翔．轴系部件设计［M］．北京：机械工业出版社，1989.

[30] 陈家瑞．汽车构造［M］．2版．北京：机械工业出版社，2005.

[31] 王聪．数控车削中心复杂零件结构设计方法研究［D］．大连：大连理工大学，2009.

[32] 马超．机床结构设计方法研究及在立柱设计中的应用［D］．大连：大连理工大学，2010.

[33] 金双峰，程鹏，姜膺，等．弹簧的失效分析与预防技术［J］．金属热处理，2011（S1）：140-144.

[34] 戴曙．金属切削机床设计［M］．北京：机械工业出版社，1981.

[35] 吴宗泽．机械设计［M］．北京：高等教育出版社，2001.

[36] 李霞．影响弹簧失效的主要因素及其预防措施［J］．科技资讯，2009（27）：140.

[37] 胡小华，马林，黄飞波．扭转弹簧氢脆断裂失效分析［J］．金属制品，2009（1）：101-104.

[38] 张耀灵．弹簧的失效分析［J］．机械创造，1993（3）：10-13.

[39] 董汉武，高岩，郑志军．主汽门操纵座弹簧的断裂失效分析［J］．机械工程材料，2007，31（1）：60-62.

[40] 彭荣济．现代综合机械设计手册［M］．北京：北京出版社，1998.